Weingut
Müller-Catoir
2003er Scheurebe
Haardter Mandelring Spätlese
alk. 11,0 % vol. · Pfalz · 750 mie

CATENA
ALTA
1997
CABERNET SAUVIGNON

SPECIMEN
2000
PETRVS
POMEROL
Grand Vin
MIS EN BOUTEILLES AU CHATEAU
APPELLATION POMEROL CONTROLEE

1er GRAND CRU CLASSÉ
Château Pavie
SAINT-ÉMILION GRAND CRU
Appellation Saint-Émilion Grand Cru Contrôlée
1998
MIS EN BOUTEILLE AU CHATEAU

GRAND VIN
DE
HATEAU LATOUR
PREMIER GRAND CRU CLASSÉ
2001
PAUILLAC

BAROLO 2000
Denominazione di Origine Controllata e Garantita
Brunate
RED WINE PRODUCT OF ITALY
ESTATE BOTTLED BY AZIENDA AGRICOLA
ROBERTO VOERZIO - LA MORRA - ITALIA
14.5% BY VOL   750 ML

Moët et Chandon à Epernay
Champagne
Cuvée Dom Pérignon
Rosé
Vintage 1985

ALSACE

Clos Jebsal
PINOT GRIS
2001
DOMAINE ZIND HUMBRECHT

Meursault-Perrières
APPELLATION MEURSAULT 1ER CRU CONTRÔLÉE
J-F COCHE-DURY
PROPRIÉTAIRE-VITICULTEUR A MEURSAULT (CÔTE-D'OR)

Meursault Les Narvaux 2002

2001
CHATEAU
MOUTON ROTHSCHILD
PAUILLAC

Griotte-Chambertin
Grand Cru
CLAUDE DUGAT
PROPRIÉTAIRE-VITICULTEUR A GEVREY-CHAMBERTIN (CÔTE-D'OR) FRANCE

2000
COS D'ESTOURNEL

CÔTE-RÔTIE
APPELLATION CÔTE RÔTIE CONTRÔLÉE
E.GUIGAL

LE HAUT-LIEU
SEC
2002
VOUVRAY
APPELLATION VOUVRAY CONTRÔLÉE

Veuve Clicquot Ponsardin
REIMS
LA GRANDE DAME
Champagne
BRUT
1996

CHATEAU
L'EGLISE-CLINET
2000
POMEROL
APPELLATION POMEROL CONTROLEE
DENIS DURANTOU

PUR SANG

ESTATE 1994 BOTTLED
EISELE VINEYARD
NAPA VALLEY
Syrah
ARAUJO
ESTATE WINES

CHAMPAGNE
KRUG
À REIMS · FRANCE
BRUT
KRUG ROSÉ

Cuvée de mon Aieul
2001
Châteauneuf du Pape
APPELLATION CHÂTEAUNEUF DU PAPE CONTROLÉE

DOMAINE DES BAUMARD
2002   2002
QUARTS DE CHAUME
Appellation Quarts de Chaume Contrôlée

DOMAINE DE LA JANASSE
CHÂTEAUNEUF DU PAPE
APPELLATION CHÂTEAUNEUF DU PAPE CONTRÔLÉE
MIS EN BOUTEILLE AU DOMAINE

CHEVALIER-MONTRACHET
"Les Demoiselles"
GRAND CRU
Appellation Chevalier-Montrachet Contrôlée
LOUIS JADOT
Domaine des Héritiers Louis Jadot

Châteauneuf-du-Pape
APPELLATION CHÂTEAUNEUF-DU-PAPE CONTRÔLÉE
Réserve des Célestins
Product of France
Alc. 14 % vol.   Red Rhone Wine
HENRI BONNEAU   750 ml

the hussy

MAZIS-CHAMBERTIN
Grand Cru
APPELLATION MAZIS-CHAMBERTIN CONTRÔLÉE
Bernard DUGAT-PY
Propriétaire · Viticulteur à
GEVREY-CHAMBERTIN
FRANCE

ORNELLAIA
2001
Tenuta dell'Ornellaia

DOMAINE DU PEGAU
Châteauneuf du Pape
APPELLATION CHÂTEAUNEUF-DU-PAPE CONTRÔLÉE
13,5 % vol.   Mis en Bouteille à la propriété   750 ml

Abreu
Cabernet Sauvignon
Napa Valley   1996

BURGE FAMILY WINEMAKERS
BAROSSA VALLEY
1998
DRAYCOTT
RESERVE
SHIRAZ
PRODUCT OF AUSTRALIA
750ML   ALCOHOL 14.5% BY VOL

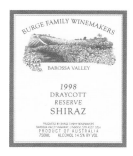
HERMITAGE
APPELLATION HERMITAGE CONTRÔLÉE
VIN DE PAILLE
1996

Récolte   2001
BARBE RAC
Châteauneuf-du-Pape
1996
M. CHAPOUTIER

SCREAMING
EAGLE

La Belle Hélène
DE
Michel & Stephane Ogier
CÔTE-ROZIER
CÔTE-RÔTIE
APPELLATION CÔTE-RÔTIE CONTRÔLÉE

Musigny
Grand Cru
Appellation Contrôlée
LEROY

GRAND VIN DE BOURGOGNE
BATARD-MONTRACHET
GRAND CRU
DOMAINE MICHEL NIELLON

Puligny-Montrachet 1er Cru
LES PUCELLES
DOMAINE LEFLAIVE
PROPRIÉTAIRE A PULIGNY-MONTRACHET (CÔTE-D'OR)

GRANDE ANNÉE
1996
BOLLINGER
CHAMPAGNE
BRUT

ALSACE
APPELLATION ALSACE CONTRÔLÉE
Clos Ste Hune
RIESLING 1999

"CUVÉE DE LA REINE DES BOIS"
Domaine de la Mordorée
2001
CHATEAUNEUF-DU-PAPE
APPELLATION CHÂTEAUNEUF DU PAPE CONTRÔLÉE
RED RHONE WINE

EX VOTO
ERMITAGE
E.GUIGAL

CHATEAU RAYAS
CHATEAUNEUF-DU-PAPE
APPELLATION CHÂTEAUNEUF-DU-PAPE CONTRÔLÉE

Châteauneuf du Pape
Les Cailloux

Château de Beaucastel
HOMMAGE A JACQUES PERRIN
CHÂTEAUNEUF-DU-PAPE
APPELLATION CHÂTEAUNEUF-DU-PAPE CONTRÔLÉE

SOCIÉTÉ CIVILE DU DOMAINE DE LA ROMANÉE-CONTI
PROPRIÉTAIRE A VOSNE-ROMANÉE (CÔTE-D'OR) FRANCE
LA TÂCHE
APPELLATION CONTRÔLÉE
ANNÉE 2002
Mis en bouteille au domaine

DOMAINE CHARVIN
Châteauneuf-du-Pape
APPELLATION CHÂTEAUNEUF-DU-PAPE CONTRÔLÉE

GRAND VIN
CHATEAU
LYNCH-BAGES
GRAND CRU CLASSÉ
PAUILLAC

HILLSIDE SELECT
Shafer
2001
Napa Valley
Stags Leap District
CABERNET SAUVIGNON
Grown, Produced & Bottled by
Shafer Vineyards, Napa, CA
Alcohol 14.9% by Volume

CÔTE-RÔTIE
LA LANDONNE
APPELLATION CÔTE-RÔTIE CONTRÔLÉE
R. ROSTAING, Propriétaire à Ampuis (Rhône) France

Prestige des Hautes Garrigues
GIGONDAS
Domaine Santa Duc
2001   2001

For Pat and Maia

谨以此书
献给帕特和玛亚

世界葡萄酒教父

罗伯特·帕克

世界顶级
葡萄酒及酒庄全书

The World's Greatest Wine Estates

以现代视角解读葡萄酒

[美] 罗伯特·帕克 Robert M. Parker, Jr. /著

晋阳/审校　　王晶晶 焦志倩/译

北京联合出版公司

停下，转身，一条长而直的路

伸向远方

我已经选择了这条漫长的路——

只有上帝才知道它将引领我

去往何处

此刻我不能停下脚步

——架构乐队《陆上行舟》

(The Frames "Fitzcarraldo")

contents
目 录

殿堂级大师的灵魂之作

晋阳

晋阳： 酒美网产品事业部副总裁兼首席葡萄酒专家、中国葡萄酒文化教育专家、葡萄酒作家、葡萄酒评论家、品酒师。1999年赴法国留学，毕业于法国波尔多葡萄酒学院，获得法国国家葡萄酒与烈酒高级技师文凭。多次担任葡萄酒大赛专家评委及葡萄酒讲师。

葡萄酒是名符其实的文化遗产

罗伯特·帕克的《罗伯特·帕克世界顶级葡萄酒及酒庄全书》中文版要与中国葡萄酒爱好者见面了。能为帕克的巨著作序，我深感荣幸。早在2007年，我在法国波尔多参加国际葡萄酒及烈酒博览会期间，就已经见到了该书的原版。在惊叹该书高度专业的文字与精美画面的同时，也对帕克有了更深入的了解。

作为世界葡萄酒界的"教父级人物"，帕克不仅影响了全世界的葡萄酒爱好者，也对葡萄酒产业的发展起到了推动作用。关于帕克的葡萄酒传奇人生，相信他的发烧友了解的要比我多。谨借此机会表达一下我对本书与葡萄酒的一些拙见，抛砖引玉。

本书的意义不仅仅是为大家介绍全球最优秀的酒庄及葡萄酒，更重要的是阐述了葡萄酒的真谛，以及帕克个性鲜明的葡萄酒哲学，引导我们去欣赏、评估、收藏与享用葡萄酒。

在帕克的观念中，葡萄酒是文明的象征，是优美而充满智慧的，是大自然与人相互渗透的产物，是名符其实的文化遗产。葡萄种植者以他们的理解与心中的形象去酿酒，同时把这种理念传达给消费者，使他们知道为什么他们的酒与其邻居的酒不同；为什么这款酒有覆盆子、樱桃的味道，而那款酒有黑醋栗与雪松的味道；为什么霞多丽（Chardonnay）在夏布利（Chablis）的白垩泥灰岩中酿造出带有矿物质味道的干白，而在香槟产区却可以酿造成细腻活泼的气泡酒。

商业化让葡萄酒"失去了传统"

然而，当今大量的商业葡萄酒的出现磨灭了葡萄酒的意义。

商业葡萄酒的生产者并不关心消费者的体验，他们磨掉葡萄酒的产区特点，磨掉年份差别，即使在非常恶劣的年份也要用技术或调配方式去寻求一个均衡的状态，以至于每个年份的酒都差不多。而"真正葡萄酒"的酿造者与消费者之间是息息相关的，酿造者应该对葡萄酒及其消费者有同样的热情。他们应该尊重自然、土壤，并权衡葡萄酒工艺的发展。不好的年份要坚守伦理，甚至应该不再酿酒。

商业葡萄酒的生产者为了追求高产量而滥用农药、杀虫剂、除草剂、化肥。而真正葡萄酒的酿造者明白这些化学物质的害处，他们会合理地利用大自然，保护生物圈。他们会投入更高的成本用于有机耕种方法，用可持续发展的眼光造福子孙后代。有机葡萄酒寻求的不应该是时尚与潮流，而应是传统，这是人类的历史积淀。

葡萄酒要体现自然与文化

葡萄酒犹如生活，它带有一些诗意，带有根源的标记，带有历史的记忆，带有一定的尺度与尊重。我们应该对所有葡萄酒保持敏感度，不管是法国的还是新世界的葡萄酒，都要能体现出"土壤"的特点。不要沉湎于掩盖了真实"土壤"的世俗的品尝。对我来说，葡萄酒如果不和土壤、传统与人的天赋相结合，就不是真正的葡萄酒。葡萄酒是天赋与热情、伦理与科学、乐趣与尺度的融合体。如果你只为了解渴，可以喝其它饮料。葡萄酒应该尊重文化。

我们反对葡萄酒带有世界统一性的口味，完全借助现代化技术生产矫揉造作的葡萄酒没有意义。为什么要去酿造一款过度成熟、浓郁、酵母和酶过分修饰的葡萄酒呢？频繁的、扭曲的反渗透浓缩法，大量运用百分百新橡木桶，只是为了增加带有机械的香草、西番莲与烟熏的味道。把科技推到首位对葡萄酒来说是一件没有感情的事情。酿造葡萄酒不仅仅要有质量尺度的把握，更要体现出自然的表现力，而不是一味绞尽脑汁地改良与优化技术。虽然一些酒借助技术而焕然一新，变得柔顺可口、浓重浓郁、常年保持一个均衡的质量，但同时也失去了酿造葡萄酒的乐趣。

更可怕的是，这些过多人工参与、被高度设计出来的葡萄酒的价格往往超过当地特级酒庄葡萄酒的数倍，让人咋舌。当然，这最终都要由消费者来买单。

本书囊括了全世界的精品葡萄酒

在本书中，帕克以现代的角度看待世界顶级的酒庄，他没有循规蹈矩地片面强调历史的重大意义，而是大胆甚至冒险地将一些只有短短 20 年历史的酒庄列入其中。声誉、名气与价钱已经变得不重要，任何有理想和远见、辛勤耕耘的酒庄都可以崭露头角。帕克以大量的篇幅描述了波尔多葡萄酒产业的发展与变化，更多地站在革新派的角度对墨守成规、委曲求全的保守派发出挑战。这是传统与现代的对话，在两者的碰撞中，也许我们能够更好地认识葡萄酒的本质。

本书的一大特点是，所有葡萄酒都是帕克评分 90 分以上的，而且几乎囊括了全世界所有重要葡萄酒产区的精品。帕克首创的"百分制评分标准"淋漓尽致地表现了葡萄酒细腻微妙的变化与差别，使葡萄酒爱好者能更容易做出选择。也许正是这种独特的视角以及时时刻刻的思考与质疑，使帕克成为葡萄酒界的殿堂级人物，并不可避免地成为各类争议的核心。不过，无论你喜不喜欢他，他都在影响并改变着这个疯狂的葡萄酒世界。

帕克将他近 30 年的职业经验倾囊送出，浓缩成了本书。它不只是一本葡萄酒购买指南，也是投资和收藏葡萄酒的必备工具书。

2012 年 6 月

评分之外，更要"理解"葡萄酒

赵凡

被评分左右的销量，被"神化"的帕克

赵凡：著名葡萄酒专栏作家、波尔多葡萄酒学校国际讲师；英国著名"葡萄酒与烈酒学位"（WSET Diploma Level 4）证书持有人。

我认识一个美国芝加哥开葡萄酒专卖店的老板。他的店里有两款加州的 **Chardonnay** 葡萄酒并列码堆销售，一款酒的下面标注着："帕克评分：86 分"，另一款标注着："帕克评分：90 分"，分值的下面附有帕克的简短评语。两款酒的售价都是 10 美元。一周后统计销量，被帕克评为 90 分的酒销量是 86 分的 10 倍。第二周，这两款酒的分值被摘去，但保留了评语。一周后发现，两款酒的销量基本一致。

帕克对美国葡萄酒消费者的影响力由此可见一斑。出于对帕克的高度评价，很多人把他"神化"了，比如在日本葡萄酒市场上，人们就把帕克视为"神"。我国消费者对他的评价虽然没达到如此程度，但受其影响也很巨大。

就我个人来说，帕克有几个特点是我非常钦佩的：

一、他非常认真敬业。比如他有严谨的时间表，如果他计划从 10 点到 12 点去参观波尔多的某个酒庄，这个时间会非常准确，不会出现拖半小时，甚至时间安排不开就不去的情况。

二、他是律师出身，有很强的驾驭文字的能力，他的书读起来饶有趣味。有人说："我喜欢詹姆斯·罗宾森的大脑和罗伯特·帕克的心。"罗宾森很智慧，而帕克很热情。帕克的书读起来、翻译起来远比罗宾森的要容易。

三、他有非常多的品酒经验，并愿意和我们分享。

个人偏好可以不同，评酒的"绝对标准"应该一样

我现在每天都品饮葡萄酒，也经常评酒，近年来平均每年要品 3000 到 4000 款酒。人们对酒的评价会受到个人价值偏好的影响。有的酒非常好，比如高档雪利酒，但有些人"喝不惯"。再如，我的口味偏好和帕克不太一样，他喜欢浓郁一些的酒，我喜欢清淡一些的。虽然偏好不同，但酒的质量是有绝对的评价标准的，优质葡萄酒会有下面的特点：

一、呈色"自然"。 葡萄酒的颜色应该不过浅也不过深，而不是有些人认为的越深越好。当然，

只有在拥有丰富的品酒经验后，我们才会知道什么是葡萄酒的"自然"色泽。比如巴罗洛，有人说它的颜色是太阳在天空留下最后一抹余晖的颜色。

二、有纯净或复杂的香气。纯净和复杂是两种截然不同的风格，互相不可取代。纯净不是简单，复杂是指气味多样。

三、口感平衡。不同的葡萄酒有不同的平衡方式，Chablis 的平衡跟 Sauternes 的平衡当然是不同的。

四、有长度。"长度"指的是在喝下葡萄酒之后，余香在口中停留的时间。多数情况下，越好的葡萄酒，余香越持久，且令人愉悦。

五、有典型性。"典型性"就是指一类葡萄酒的整体风格，它由葡萄品种、酿造工艺等因素决定。喝波尔多酒时要能感觉到波尔多酒特有的味道，喝巴罗洛酒时要能感觉到巴罗洛酒特有的味道。就如同我们到饭店点了烤鸭，应该吃起来像烤鸭，而不能像牛排。

六、有个性。比如都是波尔多酒，有 Latour、Margaux 等不同品牌，但它们各自有各自的特点。

把上面的因素综合在一起，才能判断一款葡萄酒的优劣。不过，要具备这种能力需要长期学习和实践经验的积累。

帕克的经验极其丰富。我们没有办法亲自品尝每款酒，但是可以通过阅读有经验的人的品酒记录来增加自己的见识。

要"理解"葡萄酒，先要了解酒庄

我有帕克的几本书。《帕克葡萄酒购买指南》是他对葡萄酒评分的大汇总，此外还有各个地区的评分书籍，如《波尔多葡萄酒购买指南》。如果你想从源头上了解法国波尔多，应该先看他的《波尔多》一书。

分数是帕克书中的重要内容。对于多数消费者来说，查分数可能比理解一款酒更容易、更切实。分数可以简化人对酒的认识，我们可以不读天花乱坠甚至难以理解的品评词句，但只要有分数，购买就成了很简单的行为。刚刚接触葡萄酒的人会更关注分数，但了解一段时间后会发现，如果只是简单地用分数来评价葡萄酒，就抹去了酒的内涵和风格，这些东西是不能拿数字来衡量的。

真正的葡萄酒爱好者都会对酒庄感兴趣。中文书籍中详细描写酒庄的很少，帕克的著作也大多是品酒记录，写酒庄的书不多。现在我们手里这本书是他写酒庄的最大部头、最著名的一本。我已经过了看品酒记录和分数的阶段，现在我更喜欢看详实的酒庄介绍，包括它们的历史背景、现在的经营状态、所有者的观念、生产工艺……这些内容我更感兴趣。

如果你已经不满足于只靠分数来"选酒"，而要开始去"理解"葡萄酒，也就是了解葡萄产地、酿酒的人、酒庄特点、酿造工艺……那么本书就是非常好的参考书。

什么是"理解"呢？在 Maison Louis Jadot 酒庄，我跟一个酿酒师在一个酒窖里转了一下午，逐个品尝 80 多桶酒。酿酒师 Jacques Ladiere 已经 60 多岁了，对葡萄酒的经验和感悟很丰富。他守着一桶 2005 年的 Batard Montrachet 葡萄酒对我说："苹果乳酸菌发酵还没有完全完成，里面还有一点点声音。Batard 酒只有两桶，每桶的进展也不一样……"再如，在博若莱的 Chateau des Jacques 酒庄的地下酒窖有三块牌子，上面写着："想要一星期的快乐，可以杀一头猪（每天有肉吃）；想要一年的快乐，可以去结婚；想要一辈子的快乐，可以每天到这儿来喝我们的酒。"大酒庄的产品让我们品到的不是那种扑面而来的东西，而是艺术、经验、感悟，你会从中体验到一种安静祥和而沉稳的东西。

进口酒提高了我们的消费品质

本书的涉猎范围很广，我们可以从书中了解到世界各地的优秀酒庄。我经常出国，每年会到法国勃艮第住一个月，到香槟住一个星期。本书中的多数酒庄我都去过，也会结识那里的酿酒师或庄主。

这本书所列的法国酒庄数量最多，有 80 家。法国对我国的葡萄酒业影响很大。喝葡萄酒的国人都知道"赤霞珠"和"波尔多"，我们国产的葡萄有 90% 是赤霞珠，要宣传赤霞珠，就要借势其原产地——法国的波尔多。这也是波尔多在中国葡萄酒市场上受重视的原因。这是我国葡萄酒行业造成的，我们太依赖法国。

在国人的观念中，法国是欧洲文化的符号。大家好像也都觉得法国在生活情趣上领先一些，虽然事实并不一定如此。法国和意大利几乎不进口葡萄酒，主要是消费当地产品。而我国则更像美国，进口很多，本地生产也很多，两者相互促进。

中国的葡萄酒市场是由国产酒打开的，很多人都是在知道了张裕、长城之后，才知道有葡萄酒这个东西，但我们对葡萄酒消费品质的提高是由进口酒带来的。从整体上看，国产酒和进口酒的品质有一定差距，这种差距可能还比较大。不怕不识货，就怕货比货，我们只有在接受了进口酒之后，才会发现国产酒的不足。这对国产酒的生产商是一种促进，让他们开始面对竞争，尽管这种竞争现在还不太"直接"。

我国的两次葡萄酒热潮

葡萄酒是一个高速增长、欣欣向荣的行业。近些年我国葡萄酒市场发生了翻天覆地的变化，人们对葡萄酒的热衷度远远超过了十年前。不管是为了追求时尚、健康还是味道，越来越多的人开始关注、消费、收藏葡萄酒。新闻媒体也对此津津乐道，出版社也会翻译和出版外国的葡萄酒类书籍，而这类书在十几年前的国内几乎是找不到的。

回过头看，我国近年有两次葡萄酒热潮：

第一次热潮：1996 年，由于对外开放的原因，外国人把饮用葡萄酒的习惯带到中国，这带动了一批国内的葡萄酒消费者。由此产生了第一次葡萄酒热潮，但这个热潮很快就消失了。进口酒的高峰随之被国产酒取代，原因主要有两个：一是当时的政策对进口酒控制得比较严，没有太多的公司去引进；二是当时的国产葡萄酒厂家做了很多工作，让国产酒占领市场。1997年，东南亚经济危机导致了葡萄酒消费的下滑，但沉寂了一段时间后又缓慢地增长了起来。到了1999年、2000年，葡萄酒热潮浮出水面。

第二次热潮：不知道和2003年的"非典"有没有关系，从2003年到2006年，我国波尔多酒进口量的增长率每年都超过100%，甚至在某些年份达到300%。从那时开始至今，我国葡萄酒市场的整体涨幅为平均每年30%~40%，这包括葡萄酒的生产和进口两方面。

本书是投资收藏葡萄酒的重要参考书

现在，我国的葡萄酒消费者、从业者以及准备从事此行业的人对葡萄酒的情绪都很高涨，这将促进葡萄酒在未来的发展。

一、国产酒：未来我国会出现很多小型的酒庄。以前，我国的葡萄酒生产主要集中在几个大型厂家，如张裕、长城、王朝、威龙等。现在已经涌现了很多有活力的小酒庄，如怡园、波龙堡、银色高地等。这样的小酒庄在以前是生存比较艰难的，现在开始会越来越好。它们弥补了国产酒在品质上的空白，也使消费者的选择更多样化。

二、进口酒：未来我国的进口酒种类会越来越丰富。由于种种原因，很多人刚接触进口葡萄酒时喝的只是波尔多，但现在我们进口的勃艮第酒越来越多了，进口香槟、意大利的酒也多起来了。德国、奥地利这些生产传统白酒的国家的葡萄酒也在涌入我国市场……我国消费者的选择范围会越来越广。不过，我们对美国葡萄酒的进口有下降趋势。

由于产地等原因，高端酒的未来产量不会增加太快，而喝葡萄酒的人数则增长迅速，有两个方式可以解决其中的矛盾：一是扩大葡萄酒的品尝种类，不要所有人都去喝拉菲，即使它再好——有机会可以喝它，但喝不到并不会影响品酒的能力和档次。真正的葡萄酒爱好者要丰富自己所品的酒的种类，品的种类越多，对酒的理解就会越深。不是说只要喝过拉菲，我们就可以从不懂酒变为懂酒了。二是高端酒的价格可能会向上浮动，这会促进投资和收藏。

帕克的书对于消费者的投资一直都具有引导作用，本书也是如此。虽然他在书中并没暗示读者哪些酒可以投资，但他确实影响了投资——很多人基于他的影响力而品尝或收藏他评价高的酒。

2012年6月

世界第一评酒师
味蕾下的全球顶级葡萄酒

世界葡萄酒界的"主心骨"

葡萄酒是极佳的滋补品，可以美容养颜、延缓衰老、预防多种疾病。现在，全球的葡萄酒年产量约为 350 亿瓶，已经供过于求，所以，了解和选购优质酒是必然趋势。

罗伯特·帕克
(ROBERT M. PARKER, JR.)

我们刚接触葡萄酒时会遇到三个词：赤霞珠、波尔多、罗伯特·帕克。三个词中，第一个是中国产量最大的葡萄品种，第二个是世界最大的葡萄产区，第三个是最好的葡萄酒评酒师。如果对世界上的评酒师进行排名，罗伯特·帕克将毫无争议地坐头把交椅。他的评分几乎是一款葡萄酒能否畅销的"命运指挥棒"。下面先看看葡萄酒业内人士对他的评价：

"全世界 40 个葡萄酒生产国中，法国名列第一。法国葡萄酒业最怕的人不是其他国家的葡萄酒生产商，而是一位美国人：帕克。"

"帕克是当代名符其实的酒神！他的鼻子如同帕瓦罗蒂的嗓子、邓肯的脚尖、米开朗基罗的右手一样。如果对他的身体器官进行估价，他的鼻子是最贵的。他的'灵犬鼻'被投保 100 万美元。"

"没有他设定的葡萄酒等级，生产商们顿时失去了标准，不知该如何给自己的葡萄酒定价。而买家也犯了难，在波尔多 2.4 万种葡萄酒中不知道该选哪一种。波尔多顿时失去了主心骨。"

"帕克既可以成就一个葡萄园，也可以毁灭它。在法国波尔多的葡萄园里，每到一定季节，人们就会互相告知：帕克就要来了！"

"帕克也许是世界上唯一一个能真正影响葡萄酒市场的人。美国的很多经销商都认一个死理：没有帕克的鉴定，他们的一切努力都会付之东流。"

评酒天才的 30 年职业生涯

1947 年，帕克在美国出生。大学里他主修历史专业，之后进入法律学院学习。1967 年他还在大学时，一次赴法国与女友度假，晚餐时他第一次喝葡萄酒，顿时感到极大不同。此后他在法国旅游的一个半月中，每天都喝葡萄酒。从此他迷恋上了葡萄酒，并最终决定选择葡萄酒作为终身的事业。

从未有过种葡萄和酿酒经历的帕克，凭借对于葡萄酒天然的敏感直觉，逐渐成长为鉴酒权威。他有异于常人的对单宁的强烈抗力，使他一天品尝上百种酒仍能保持味觉的敏锐。除了评酒外，帕克还具有丰富的葡萄酒知识，对葡萄酒的历史、发展和现状均了如指掌，随时可以谈出自己的看法。此外，他还有超强的记忆力，五年前品过的酒仍能记忆犹新。比如法国电视台曾现场考验他，主持人临时要求他盲品波尔多酒，猜酒的年份。他正确猜中十种中的九种。

1975 年他想写一本关于葡萄酒品评的"消费指南"，但由于缺少资料，且家人认为他应该在法律方面追求更高的造诣，此事被暂时搁置。1978 年，想出版葡萄酒品评的想法正式成形，他向母亲借了 2000 美元，创办了杂志《葡萄酒倡导者》。开始时，订阅这份杂志的不到 600 人，但 20 年后拥有了 4 万多订户，遍及 37 个国家，对世界各地的葡萄酒消费者有很重要的影响。

1984 年他辞职后全心致力于葡萄酒的写作。1985 年，他的第一部著作《波尔多》出版，受到了国际酒界的一致好评。此书的英文版、法文版、日文版、德文版、瑞典文版相继出版。1987 年他出版了《帕克葡萄酒购买指南》一书，1989 年出版了此书的第二版，1993 年出版第三版，1995 年出版第四版……1997 到 1998 年间，此书的法文版接连 27 个星期被列为"法国十大畅销书"。1998 年，他的第十部书——第三版《波尔多》出版……这些有关葡萄酒的著作不仅在美国是畅销书，在法国、日本、德国、瑞典、俄罗斯等国也都是畅销书。2005 年，他的新书《罗伯特·帕克世界顶级葡萄酒及酒庄全书》是名副其实的葡萄酒巨著。

100 分制：主宰葡萄酒命运的魔棒

在帕克之前，评酒家用文字来描述酒的颜色、香味、口感，有的人用几颗星来定等级，也有人将酒划分为 20 级。而帕克的厉害在于，他将葡萄酒分为 50 分到 100 分共 50 个等级，这种复杂程度是其他评酒师无法相比的。（当然，也有人认为人类味觉的敏感度不可能达到如此精确的程度。）在这个评分系统中，一瓶葡萄酒的基本分数为 50 分、色泽和澄清度占 5 分、香气占 15 分、口感和余韵占 20 分、整体表现及陈年潜力占 10 分。等级标准如下：

96 ~ 100 分：有葡萄酒的所有优秀品质。

90 ~ 95 分：有特别的复杂性和高品质。

80 ~ 89 分：有精妙之处，没有明显缺陷。

70 ~ 79 分：简单、无伤大雅。

60 ~ 69 分：有明显的不足，缺乏特色。

50 ~ 59 分：无法接受。

2006 年，帕克说："过去 28 年来我一直在写酒，品尝了超过 30 万款葡萄酒，但只有 157 款得到满分，占 0.0005%。"

不接受贿赂的"独行侠"

世界的葡萄酒产区主要集中于欧洲。由于气候和专业技术等原因，法国是世界上最大的葡萄酒生产国（这从本书中就可以看出：正文的一半内容都是关于法国的）。而波尔多是法国最大的葡萄酒产区，许多享有世界声誉的品牌都出产于此。这里的大厂家起初对帕克不屑一顾，但是帕克照样为他们的品牌打分——分数大都在 84 ～ 85 分左右。随后，这些酒的销量突然下降，酒庄主们这才感觉到帕克的影响力。酒商们明白，帕克少打一分，酒就要降一个档次，价格便会降一个等级，银子不知道要少收入多少。酒商们都知道，一旦某款酒被帕克给出 90 分以上评价，其价格会迅速上涨，甚至成为市场热点。在国际葡萄酒市场，甚至有一条"帕克定律"：帕克评为 90 分以上的酒买不到，90 分以下的酒卖不动。

为此，很多酒商费尽心思，希望能够收买帕克。但他极力避免利益冲突，不接受任何贿赂，他的评酒事业不涉及任何商业活动。由于不接受酒庄提供的葡萄酒，他每年独自购买葡萄酒要花费 15 万美元。他有 3 间私家酒窖，总储量达 1.2 万瓶，他也因此被称为"独行侠"。他忠实于自己内心的判断，直率敢言，所以他的评价权威可信，在葡萄酒界拥有极高的声望。一些精明的评酒师已经形成了习惯，就是不和帕克一起出现在同一个评酒会上。

"法国国家骑士荣誉勋章"

帕克是史上惟一一位被两位法国总统及一位意大利总统授予最高总统荣誉的葡萄酒作家兼评论家。1993 年，密特朗总统授予帕克"法国国家骑士荣誉勋章"。1998 年，帕克又获得美国美食和饮料最高奖项的最高荣誉奖"1997 年葡萄酒和烈酒年度人物"。1999 年，希拉克总统签署法令，授予他"法国国家骑士荣誉勋章"。希拉克总统在爱丽舍宫亲自为他授勋，并称"帕克是世界上对法国葡萄酒评论中最被追随、最具影响力的葡萄酒评家。我亲眼看到，克林顿总统在挑选葡萄酒时，自动参考帕克的意见而作决定。"

此外，很多著名杂志都对帕克做过报导，如《时代》《新闻周刊》等。《洛杉矶时报》认为："帕克是葡萄酒消费者的热情斗士"、"他无论何时何处都是最有力的葡萄酒评家"、"他是一位感性的，热情的葡萄酒爱好者，促进了整个西方世界葡萄酒质量的广泛提高，并提高了葡萄酒爱好者的兴趣、知识和品位。"在英国《滗酒器》杂志 2007 年发布的《全球葡萄酒界影响力排行榜》上，帕克排名第一位。

美国人绝对相信知名评酒师的评语，评酒师说哪种酒好，哪种酒就会畅销。帕克虽然不是酒商和消费者惟一信赖的评酒师，但他在葡萄酒市场上的影响力没人能超越。

"葡萄酒教父"的三本巨著

对帕克赋予"葡萄酒教父"、"世界第一评酒师"等称号毫不为过。要找葡萄酒的消费参考书，这个教父的著作就是首选：

2008 年第七版的《帕克葡萄酒购买指南》（Parker's Wine Buyer's Guide），全球销量超过 100 万本。此书从年份、产区、气候等各方面介绍世界各地的葡萄酒，以 100 分制来给葡萄酒打分，并有详细年份的品酒记录。

2003 年第四版的《波尔多》（Bordeaux），评论了绝大部分波尔多酒（包括个别酒庄），是了解波尔多酒的重要书籍。

2005 年出版的《罗伯特·帕克世界顶级葡萄酒及酒庄全书》（The World's Greatest Wine Estates）汇聚了帕克 30 年的评酒经验。在此书中，他在全球范围内选出了最优秀的 156 家酒庄，以及这些酒庄的 2600 种葡萄酒，详细介绍了每个酒庄，并对每种葡萄酒进行品评、打分。被列入此书的葡萄酒都是 90 分以上的。（前面说过，90 分以上的葡萄酒会成为市场热点）所以，此书当之无愧为一本"顶级葡萄酒"品评全书。另外，此书中有大量的酒庄照片、地图、酒瓶标签，以及葡萄园的种植数据、酒的酿制过程、近期最佳年份，并详细记录每个酒庄的地址、庄园主人姓名、电话、邮箱、网址等，方便读者查询、购买。

本书的四大价值

本书在全译帕克原著的基础上，图片、版式也与原书保持了一致。概括来说，本书有如下价值：

一、购买指南：本书汇集了全世界顶级的 2600 款葡萄酒，追求高品质的葡萄酒发烧友可以按书中的介绍去购买。

二、珍藏必备：如果你是一个葡萄酒爱好者或研究者，对于这本一网打尽全世界最佳酒庄和葡萄酒的百科全书，没有理由不珍藏一本在家。

三、参观向导：如果你是一个对葡萄酒感兴趣的旅行家，本书就是一本"世界级酒庄"的旅游地图，一书在手，156 家顶级酒庄一览无余。

四、投资凭据：如果你想在葡萄酒界进行大宗投资，比如收购某个酒庄或批量购买葡萄酒，那么，本书中权威、详实、可靠的第一手资料无疑是你的首选参考。

在这部巨著的翻译过程中，我们得到了国内葡萄酒专家的支持，力争做到专业概念的准确。书中存在的不足之处，恳请广大读者批评指正。

编者谨识

2012 年 6 月

这本书是关于艺术家、工艺家、革命家以及坚持传统的人的书。他们有一个共同点，就是对卓越品质的执著追求，他们的内心、灵魂和非凡的才华都通过特色鲜明、久负盛名的美酒体现出来。本书记载的美酒背后是各种不同的人，有与世隔绝的隐士，也有通晓天下的旅者。他们的酒窖有的非常古老，堪比中世纪酒窖的样子；有的则很现代化，像美国国家航空航天局的指挥中心——拥有当今世界最先进的技术。酒窖的主人虽然与他们所酿的酒一样各不相同，但他们都全身心地投入到自己的葡萄园中，只为酿造出最香醇的美酒。他们相信品尝美酒所带来的愉悦是无穷的，是人类文明的顶峰。简而言之，他们将一种普通的饮品升华成了一门艺术。

所以，定义"顶级"几乎是天方夜谭，尤其是针对一种农业产品，不过请允许我提出自己的观点。

顶级的可行性定义

顶级酒品的基本要素

什么是顶级酒品？这是酒界最具争议的话题。难道顶级的酒不像顶级艺术或者音乐那样，非常个性化和主观吗？我同意，对于艺术、音乐或者美酒的欣赏和享受因人而异，同时我也相信，就像高水准的艺术和音乐一样，顶级的美酒一定是为社会所认同的（除了少数逆向投资者）。很少有艺术爱好者会认为，毕加索、伦勃朗、培根、马蒂斯、凡·高或者米开朗基罗不是杰出的艺术家。或许有一些持不同观点的人对于音乐家肖邦、莫扎特、贝多芬、勃拉姆斯，或者比较现代的作曲、作词家，例如鲍勃·艾伦、披头士或者滚石的杰出才华不以为然，但是绝大部分人还是认为他们创造的音乐非比寻常。

美酒亦如此。大部分品酒者都认为木桐·罗斯柴尔德 1945 (Mouton Rothschild 1945)、奥比昂 1945 (Haut-Brion 1945)、白马庄园 1947 (Cheval Blanc 1947)、柏图斯 1947 (Pétrus 1947)、拉图 1961 (Latour 1961)、木桐·罗斯柴尔德 1982 (Mouton Rothschild 1982)、里鹏 1982 (Le Pin 1982)、雄师酒庄 1982 (Léoville-Las-Cases 1982)、奥比安 1989 (Hout-Briton 1989)、玛歌 1990 (Margaux 1990) 以及柏图斯 1990 (Pétrus 1990) 等著名的法国波尔多红葡萄酒都是 20 世纪葡萄酒中的经典。虽然喜好因人而异，不应该强迫任何人假装喜欢毕加索的作品，或者一瓶拉图 1961，不过对于世界上大多数美好的事物而言，高质量的事物总是能得到普遍认可。

对于世界顶级的美酒，人们达成一致的意见包括两个方面，一是原产地，二是酿制工艺。顶级美酒均来自地理位置优越的葡萄园，那里的小气候很适合某

种葡萄的生长。经典美酒，不论是产自法国、意大利、西班牙、美国，还是澳大利亚，都需要采用产量较低的传统葡萄栽培法，另外葡萄必须真正成熟，而非只是理论上成熟。我花了 28 年的时间品尝了超过 30 万种酒，但从未遇见一种顶级美酒是由未完全成熟的果实酿制而成。有人喜欢未完全成熟的橘子、桃子、杏子或者樱桃的味道吗？葡萄产量低并且完全成熟，对于酿制高品质的美酒来说是非常重要的。但令人惊诧的是，很多酿酒厂并不见得理解这一最基本的原则。

除了收获成熟的果实，以及避免葡萄园生产过量等常识外，酿酒厂自己的酿酒哲学也非常重要。无与伦比的美酒（不论是红葡萄酒、白葡萄酒还是香槟）总是出自相似的酿酒哲学，例如：①让葡萄园的土地（土壤、小气候、特殊性）发挥自己的优势；②保留各品种葡萄的纯正，或者保持混合葡萄的特色；③避免人为改变该年份葡萄酒的特点；④坚持一种不受干涉的酿酒哲学，不使用高科技的加工技术——简单说，就是让酒自然发酵，而非人为地改变酒本身的特点；⑤尽量减少对酒的处理和净化，只有这样，瓶中的酒才能尽可能地体现该年份葡萄园和葡萄品种的特点。酿酒者坚持这些酿酒哲学，简化外部净化程序，比如澄清和过滤，并且降低含硫水平（硫能干燥葡萄、漂白酒，还会加重单宁的味道），才能酿制出芳香扑鼻、味道浓郁、口感迷人的好酒。而只有这样的酒，才会留在品尝者的记忆中，那滋味令他们久久无法忘怀。假设美酒源于何处已经达成广泛意义上的共识，那么接下来就是我对于美酒的可行性定义。也就是说，顶级美酒应具备哪些特点呢？

1. 既能撩动味蕾，又能愉悦心智。 顶级的美酒既能够满足味觉的需求，又能挑战人的思维力与领悟力。世界上有很多酒只是单纯的好喝，有一点娱乐价值，但是却不够复杂。酒是否能够愉悦心智，是一个更为主观的问题。专家们称为"复杂"的酒，不仅能保证果实成熟、品质优良，更拥有多维的、饱满的、极具层次感的芳香和滋味。

2. 能让品尝者保持兴趣。 我已经说过，我曾品尝过的最顶级的美酒，单从其扑鼻的芳香就很容易辨识。绝对不会有人说它们简单、单调，或者像我的一位朋友一样，将其称之为"浓葡萄汁"。美酒能让品尝者们意犹未尽，不只是因为能在第一时间撩动他们的味蕾，更因为其浓郁饱满的芳香和多层次的味道。

3. 能保持芳香和味道适中。 这里，我可以用在高级餐厅用餐来作比喻。高级料理通常是集纯正、浓烈、平衡、质感、芳香和味道于一身。将顶级料理与好料理区别开来，或者将顶级美酒与美酒区别开来的，就是其能否在保持味道浓郁的同时，又不会过度。新世界（尤其是澳大利亚和美国）的酿酒商酿制的酒，量多、味重、醒目，但是却都过度了。而欧洲的顶级酒庄，历经几个世纪的风雨，积累了丰富的经验，已经掌握了使酒既美味香醇又不会过度的技巧。不过，新世界的葡萄园（尤其是加利福尼亚）很快就跟上了脚步，那帕、索诺玛以及加州的其他地区，于 20 世纪 90 年代酿制的酒就是最好的证明。20 世纪 90 年代，加利福尼亚州最著名的酒保留了其传统的浓烈和饱满，但是却不再像一二十年前酿制的酒，有一种粗糙的单宁的味道，令人的味蕾感觉麻木。

4. 多品尝一口味道就更好。 我尝过的大多数美酒，最后一口总是较第一口的味道更好，酒香层次也更加丰富，似乎在酒杯中完全释放开来。读者们，你们有没有想过，为什么最令人回味无穷的那杯酒总是最后一杯？

5. 越陈越香。 这是美酒不容置疑的品质。欧洲品酒作家曾经的观点一度非常流行，即要成就一瓶顶级美酒，其刚刚酿制好时，口感必须非常糟糕。但是，我的经验却证明一个完全相反的事实——味道酸而烈，刚酿制好时既无果香，也无任何其他特色的酒，存放越久就越糟糕。就像上面所说的，新酿制的顶级美酒通常还未完全成熟，需要在酒窖储存 10 到 12 年的时间（例如加利福尼亚卡勃耐、波尔多、罗纳河葡萄酒），但是这些酒应该始终保持很好的口感，这样即便是缺乏经验的品尝者，至少也能称赞酿酒的葡萄熟透了。如果酒在刚酿制好时，不能显示果实的鲜嫩丰满，那么不管储存多久，也不会有太大的改善。毋庸置疑，顶级美酒一定越陈越香。我所说的"越陈越香"，是指酒储存的时间越长，其味道就会越香醇。很多酿酒厂（尤其是新世界的酿酒厂）总是宣称他们酿制的酒"陈才香"，但这只是他们在大家面前耍的一个小花招。实际上，他们应该说的是"陈更糟"。这些酒可以置于瓶中一二十年，但在刚酿制好的时候，味道才较可口。

6. 特色鲜明。 顶级美酒特色鲜明，这就是它们与普通酒的区别。同样，产于好年份的酒也是如此。"经典的年份"总是被人们拿来表示葡萄园在某一特定年份酿制的葡萄酒。经典年份里的顶级美酒绝对不同寻常，它们特色鲜明，并且很容易辨识——芳香的味道和质感。波尔多红葡萄酒 1982 和 1990 味道香醇、口感绵密；波尔多红葡萄酒 1986 单宁味道强烈，陈放潜力巨大；那帕和索诺玛赤霞珠 1994 味道饱满、口感扎实；而巴罗洛 1990 口感浓烈又散发出水果的清香，这些美酒都是各自年份的代表。

7. 能反映自己的原产地。 谈到众人皆知的法国园地概念，一句亚洲谚语似乎非常适用——"一知半解可能编出好故事，但只有融会贯通才能产生大智慧。"这个模糊又很吸引人的园地概念认为，就是那一小块园地决定了酒的特质。纵观全世界，法国人最关心园地问题。那么为什么不呢？法国根据园地的土壤和产出，精心编制了一份园地等级表，许多著名的葡萄园都位列其中。法国人相信，世界上没有任何其他葡萄能与他们的黑品诺、霞多丽、卡勃耐、席拉等相提并论，因为他们的园地都是世上绝无仅有的。法国最著名的产酒区——勃艮第，经常被人们赞颂为园地最好的地区。支持园地说的人认为，同一品种产自不同的土壤，就会有不同的特色。他们最引以为傲的就是勃艮第葡萄园被划分为不同的等级：特级葡萄园、高级葡萄园、乡村葡萄园和一般葡萄园。当然，他们声称自己不看标签就能尝出一瓶酒产自哪里。

令人倍感惋惜的是，园地这一概念已经成为一种政治口号，很多情况下错得非常离谱，更不必再提一些久远的言论。比如，品尝斯纳路马内或者香贝丹时，要确定它们的"原产地"。园地说的领袖们晓之以理、动之以情地阐述，确定"原产地"的重要性，其中有一位曾说真正的酒就是"土地的声音"。

然而，就像有关品酒的其他方面一样，园地说的观点并没有任何科学依据。他们所说的正是，许多勃艮第人和法国顶级葡萄园所有者们所宣称的——真正的美酒一定要有出处。

在这个问题上持不同意见的人，我们称之为"现实主义者"或者"现代主义者"。他们认为，园地只是能影响酒之风格、品质、特色等众多因素中的一个。园地的土壤、状态、小气候确实会影响其产出的酒，不过以下所列出的各项也发挥着同样的作用。

根茎——植株产量是多还是少？

酵母——酿酒者使用葡萄园野生的酵母还是市场

上购买的酵母？不同的酵母，不管是野生的还是市场上售卖的，都会赋予酒不同的芳香、味道和质感。

产出和葡萄树树龄——葡萄园的产出量越高，所酿的酒味道就越淡。低产量一般控制在2吨／英亩或者35—40百升／公顷，这样的葡萄园所酿制出的酒，味道会更加浓郁，特点也更为突出。另外，新葡萄园的产出总是过量，而老葡萄园果实较小，酿的酒也少。新葡萄园经常通过间苗来增加酒的浓度。

丰收原则——在果实还未成熟时采摘（味道青涩、寡淡），以保持更多酸性，还是等到果实完全成熟（酸味较少），使其味道更加饱满、浓郁？

酿造法和设备——很多技术都能改变酒的香气和味道，而且不同的设备（压榨机）对酒的影响非常大。

发酵容器——酒是在橡木桶、水泥缸、不锈钢缸还是大橡木缸中发酵？新橡木所占比例是多少？所有这些容器中，只有橡木能够影响酒的品质。另外，将酒从一个容器转移到另一个容器也会对酒的香气和味道产生一定的影响。让酒与沉淀物接触的时间延长（认为这样酒的味道会更饱满，更有层次），还是频繁过滤，避免混入一些残渣？

澄清和过滤——就算是园地说支持者们倍加推崇的佳酿，也会因为频繁的澄清和过滤而失去本身丰富的韵味。酿酒者在酿酒过程中有没有戴小山羊皮白手套，或者够不够专心？

装瓶时间——酿酒者提早装瓶以保持酒香，还是延后装瓶使酒更加成熟？毫无疑问，装瓶时间的选择会对酒产生很大的影响。

酒窖温度和卫生条件——有些酒窖温度较低，而有些则较高。酒窖的温度不同，酒的风味也会不同。酒窖的温度较低时，酒的发酵过程会比较缓慢，也不易于被氧化；而酒窖的温度较高时，香气和味道的形成过程会加快，酒易于被氧化。另外，酒窖是干净还是脏乱呢？

这里仅仅列出了会影响酒之风格、品质和特色的部分因素。正如现代主义者所说，尽管酿酒者全心追求酒的高品质，但他们做出的选择对酒产生的影响，可能比葡萄园本身要大得多。

关于对园地说的看法，我相信葡萄园是酿制美酒的重要因素。但是，我必须强调，园地说最具说服力的例子并非来自勃艮第，而是产自阿尔萨斯和德国的白葡萄酒。如果有人要为园地说辩护，我必须指出，只有低产量的葡萄园，使用葡萄园内的野生酵母，在中性容器中发酵（比如旧木桶、水泥缸或者不锈钢缸），并且尽量减少酒窖活动，装瓶时不做或者少做澄清和过滤，才能酿造出美酒佳酿。

很多园地说的拥护者们只是为了维护传统。如果有人坚持园地决定酒的一切，那么为什么消费者还要评价产自勃艮第最著名的特级葡萄园区——香贝丹（Chambertin）的酒？这个占地32英亩的葡萄园有23个独立酒庄，但只有少数几个致力于酿造杰出的美酒。所有的人都把这块土地奉为美酒圣地，但是，我认为只有几个酒庄——勒罗伊（Domaine Leroy）、蓬索（Domaine Ponsot）、卢梭（Domaine Rousseau）和伊瑟索（Domaine des Chézeaux）（蓬索为伊瑟索酿酒）所酿制的酒才配得上葡萄园的好名声。但勒罗伊、蓬索和卢梭所酿制的香贝丹却又各不相同，蓬索的香贝丹口感最优雅、柔软、圆润；勒罗伊的香贝丹越陈越香，口感绵密而耐人寻味；卢梭的香贝丹颜色最深，储存在新的橡木桶中，味道、风格、质感都更具现代感。不过，勃艮第的美酒爱好者们在商店酒架上看见的勃艮第酒，很有可能产自其余18到20个酒庄（我从没考虑过那些将别人酿的酒混合后再销售的酒商），那些酒平淡无奇，有的甚至让人生厌。产自哪个酒庄的酒才能为香贝丹代言？是勒罗伊、蓬索还是卢梭？

事实上，勃艮第任何一个重要的葡萄园都存在这样的争议。例如，哥尔顿-查理曼（Corton-Charlemagne）以及酿制该酒的4个声名远扬的酒庄。其

中，费弗莱公司（Faiveley）所拥有的园地最珍贵，该园地位于小山顶上，产自这里的哥尔顿—查理曼雅致、高贵。与之相对应的是，路易斯·拉图（Louis Latour）生产的哥尔顿-查理曼更加浓缩，橡木味和酒精味较重，口感丰富。另外，勒罗伊哥尔顿-查理曼越陈越香，口感苦烈，更像是一种富含单宁的红葡萄酒，而非白葡萄酒。而科什-杜里（Coche-Dury）所酿制的酒含有矿物质元素，口感润滑、饱满，果香盖过了橡木的味道。园地说的支持者们若要证实葡萄园的价值，那么，哥尔顿-查理曼究竟归属于哪块土壤？

园地说的支持者们是幼儿园的智力开发老师吗？多品尝少讲话？当然不是。不过，我们可以指责他们，

盲目地吞咽下酒国度里最难以置信的一个故事。另一方面，现实主义者应该懂得，不管产自日夫里的酒多么浓烈，也绝对没有认真负责的酒庄所酿制的富思尼-罗马内特级葡萄酒所具有的丰富和质感。

总而言之，平庸的葡萄园酿不出顶级美酒，而顶级美酒在一定程度上，的确需要显示出它的原产地。不过，热爱品酒的人应该像看待盐、胡椒、大蒜一样看待园地，它们是很多料理的重要组成部分，有了它们，料理才会芳香扑鼻、味道鲜美；但如果单独食用，则难以下咽。而且，园地的新陈代谢将很多重要的问题隐藏起来，让我们一起去发现真正能酿出值得品尝的美酒的庄园吧！

想想吧，这些酿酒的艺术家们一年12个月只有一次机会。在葡萄园辛苦劳作11个月后，就到了一年中最重要的时刻——决定采摘果实的日期。日期一旦确定，就一定要执行。果实可能过熟或者未熟，他们的目标就是采摘的时机刚刚好。不过，刚刚好并不容易实现，尤其是受葡萄园自然因素的影响。酿酒者们实际上每天都在工作，不是在葡萄园就是在酒窖。他们是酒窖里新酿美酒的监护人，是葡萄园的管理员，负责修剪果树、维持果园的健康，保证果园的产量，以及整个园区的平衡。酿酒者必须有很强的接受能力。厨师在厨房度过糟糕的一天，24小时以后就可以重新证明自己；而酿酒者需要工作11个月，再用10到20天的时间采摘果实，然后只有一次机会证明自己的价值。

酿酒者，不论男女，都对这项辛苦的工作充满了热情。他们拒绝敷衍，监护园地内的每一寸土地就是他们的职责。他们唯一的愿望，就是尽自己最大的力量，将最天然、最纯正的葡萄酒奉献给消费者。顶级美酒背后的这些男女酿酒者们，在很大程度上只是大自然谦卑的服务者。

我敢肯定，这本书里介绍的大多数酿酒者们，都有能力在其他工作领域获得更赚钱的职位，但是，他们坚信酒并不是生意，而是一种文化。它将人与自然和土地连接起来，它反映了最好的文明，它将形形色色的人聚集在一起分享喜悦，它是西方文明社会的重要组成部分。

何 为 顶 级

以现代角度看酒庄

历史的意义

为什么说本书是以现代的角度看世界顶级酒庄，我认为虽然酒庄的历史意义重大，但却并不是唯一的因素。本书中介绍的很多酒，都产自一些相对较新的酒庄，有的只有短短20年的历史，但是我相信这些酒庄庄主的承诺，相信酒庄所在的葡萄园很有潜力，所以我愿意冒险将它们列入本书中。我坚持任何酒庄至少要酿出10个年份酒——对于酿酒时限来说，这段时间已非常短暂，否则一定不会被列入本书中。这就表明，绝大多数酒庄都有一段令人津津乐道的历史。不过，对我而言，声誉、名气、价钱等等并不重要，真正重要的是，该葡萄园或者酒庄能否在任何年份都酿制出高品质的美酒。我在列酒单时，注重记录，而选出的这些酒庄，就算在大自然不友好的年份里，都取得了杰出的成绩。

未来的意义

人们无法抵御美酒的吸引力，20世纪末的二三十年就证明了这一点。顶级的认证能激励其他认真的酒庄主们加快脚步，提高酒的品质。将来，我认定的这些世界顶级美酒的酿造者们，会像灯塔一样，指引着成百上千的、同样致力于酿造高品质美酒的酿酒者向前进。

全球性：酒界的神话

当今世界加快了市场全球化的趋势，跨国公司为了吸引更多的消费者，只用有限的葡萄品种酿酒，所酿之酒单调、乏味。这是现在酒界流行的、最似是而非的观点。这种观点忽视了真正的现实，那就是酒界已经变得竞争更激烈、更多元、更开放。这些批评家们称，全球化导致酒的品质愈发平庸、单一，特色鲜明、艺术气息浓厚的酒庄，被越来越多的单一酒生产商们所取代。这个观点的致命点在于，它虽然流行，却毫无根据，至今尚无任何证据能够证明其正确性。

真正的事实是，今天（本书写作于2002到2005年，书中所有时间以此为基点），酒的品质比10年或25年以前有了显著的提升。而且，很多证据显示，相比10年或者25年以前，现在的酒风格更加多样化。十几年前，有多少世界一流的美酒源自意大利本地栽培的葡萄？没有。然而，在今天的意大利南部，这些葡萄品种迎来了复兴。

10年或者20年前，有多少酒产自西班牙的

里奥哈地区？十几年前，有谁会因为一瓶穆维多（Mourvedre）、棠普尼罗（Tempranillo）、歌海娜（Grenache）、佳利酿（Carignan）或者梦恰（Mencia）葡萄酒而激动不已？而现在，许许多多的世界名酒不仅产自这些庄园，还有很多其他新地区，比如普里奥拉托、托罗、胡米利亚和比耶若。全球主义者们如何能证明，世界的美酒越来越稀少，越来越单一？

酒界的扩张并不仅仅出现在一两个国家。用葡萄牙当地葡萄品种酿制的进餐白葡萄酒，品质越来越高，不仅新奇而且独特。在阿尔及利亚、黎巴嫩和摩洛哥，古老的歌海娜和佳利酿葡萄园被人们重新发现。这些都证明酒界正在向积极、多元、时尚的方向发展。

10年前，没有人谈论产自澳大利亚西部的酒，从巴罗莎和麦克拉伦谷，到玛格利特河以南。一二十年前，关于澳大利亚的谈话，仅仅围绕着那些在美国市场上扬眉吐气的大型企业。而现在，无数注重酒品质的小酒庄，已经成了全美高级售酒商店的常客。我们还不能忘记来自澳大利亚和新西兰的美酒，十几年前，它们都闻所未闻。而且这些酒都各具特色，并没有全球统一的味道。

美国的酿造技术也发展迅速，不仅有品质上的提升，更有风格上的多样化。想一想索诺玛海岸、安德森河谷、帕索·罗布尔山和桑塔丽塔山以西等等，这些新葡萄种植园区生产的独特而高品质的佳酿，已经走向了全世界，但是15到20年前，这里却无人问津。

另外，在俄勒冈州和华盛顿州，现在有多少种酒？就算那些最保守的，不惜一切代价想要保持现状的人，都不得不承认，在过去的10年间，高级酿酒厂的数量增加了3倍以上。不论是黑品诺（Pinot Noir）、赤霞珠还是灰皮诺（Pinot Gris），味道都各不相同。

在国际化进程中，酿酒行业内的竞争也越来越激烈。现在越来越多的年轻人在重新发现葡萄园的价值，或者开辟了新的葡萄园后，潜心研究如何酿制出独一无二的美酒。这些酿酒的年轻一代中，已经有很多人离成功不远了。

很多事实都证明，全球化（标准化）在很大程度上是人为捏造的，没有任何令人信服的证据。不论去哪里，我都发现在酿酒的过程中，不直接用手进行操作的酒庄比用手进行操作的酒庄多，并且采用有机和生物动力学料理果园，越来越多的生产者懂得自己作为管理者，需要承担起责任，保证葡萄园的健康发展。

下面，我们聚焦世界最著名的传统美酒之乡——法国。20年前，阿尔萨斯曾是世界最大酒庄的所在地，勃艮第和罗纳河谷就是这一地区的代表。这些酒庄不仅垄断了酿酒业，还在全世界为该地区赢得了美誉。今天，在阿尔萨斯、勃艮第和罗纳河谷，更具艺术气息的高端中小型酒庄的崛起，彻底改变了世界对该地区的印象。而且在郎格多克—鲁西永地区和卢瓦尔河谷，也出现了许多追求品质和特色的酒庄。这些葡萄园区究竟有多少个风格迥异的新兴高端酒庄，50个还是100个？实际上更多。超过200多个酒庄，在10年或者15年以前，它们并不酿酒或者所酿的酒不受欢迎，而现在却在世界高端酒界扮演着重要的角色。

最后，谈一谈法国最著名的保守园区——波尔多。波尔多地区分为不同等级的古老葡萄园区，现在酿制的酒比20年前更加香醇，而且这里还出现了一些专心于酿酒、勤劳认真的酿酒者，尤其是在圣艾美侬和波默罗，以及这两个神圣园区以东的地方，这些酿酒者使得这里的酒品质越来越高。

全球化的观点很吸引革命浪漫主义者，以及他们的后代。他们看起来似乎害怕发生任何变革，包括产自新兴地区的、味道很好的新酒。就像虚伪的政治家一样，他们以为不断地重复这些莫须有的话，就能使其成为真理。

换一个角度想想，如果我是在25年前写这本书，那么现在本书中70%的酒庄都不会被涵盖进来。当时，这些酒庄酿的酒很一般，或者根本还未出现。当时真正闻名世界的酒可能只有十几种，而且全部来自法国，尤其是波尔多、勃艮第和香槟。

为什么现在名酒的品种变得如此之多？是什么变

化为我们带来了这些名酒？以下一些原因会令人感到信服。

最好的例子便是世界美酒之乡——波尔多。波尔多地区的酒庄是本书的主要内容，也是世界最具影响力的葡萄园区。正是在这里证明了，品质的巨大提升是可以发生的，不过，这个道理在世界其他顶级酒庄也同样得到了验证。虽然地区的名字不同，葡萄品种的名字不同，庄园主和庄园的名字也不同，但是，你会发现波尔多仍然是世界名酒的中心，这里酿制什么，如何酿制，总是会被其他地区模仿，只不过是在完全不同的地区，使用完全不同的葡萄品种，酿成的酒也迥然不同。

那么，为什么现在的酒比 20、30、40 或者 50 年前的更好？我将原因归为三类：①葡萄园的巨大变化；②酒窖条件的提升和发酵技术的显著进步；③酿制和装瓶技术的进步。

葡萄园的巨大变化

波尔多一直在葡萄园的看护和管理领域领先于全世界。20 世纪六七十年代，年近八旬的埃米尔·佩诺教授（Dr. Emile Peynaud）和著名的酿酒学教授帕斯卡·瑞比奥·加永（Dr. Pascal Ribeau-Gayon），开始提倡葡萄栽培管理的变革。帕斯卡教授从 1977 年到 1995 年，任波尔多大学酿酒系主任。他们建议推迟葡萄的收获日期，以使果实更加成熟，从而降低酸味，单宁的味道更加甘甜，而且果香也更加凸显。推迟了果实的收获日期后，所酿制的酒酸度下降，酒精含量稍微升高，而且如果收获过程没有受到雨水的影响的话，熟透的果实会特别香甜。这个建议的提出已经有三四十年的历史了。

除了这些变化，为了防止葡萄腐烂而采取喷洒药剂等各种措施已于 20 世纪 70 年代出现，到 80 年代开始盛行。较近的一些好年份不少，比如 2002 年、1999 年、1994 年、1983 年、1979 年和 1978 年，毫无疑问的是，50 年代和 60 年代的酒都被葡萄霉烂给破坏掉了。同时，越来越多的人接受了酿酒哲学以葡萄园为本的观点（许多认真的酿酒者们坚持认为葡萄园关系到酒 90% 的品质），提倡更多地使用有机技术，保证葡萄园的健康。同时，也兴起了重新理解栽培技术的运动。新技术（即"极端栽培技术"或者"彻底栽培技术"）在 20 世纪 80 年代和 90 年代成为了栽培的标准。这种技术包括在冬天和春天大量剪枝，在夏天稀释果实（剪去一些葡萄串），从而减少收成。如果葡萄园经营状况良好，也可能增加收成。不过因为剪枝和稀释，顶级葡萄园的收成大幅度减少，从 80 年代中期最高产量 60~100 百升 / 公顷，减为现在的 25~50 百升 / 公顷。其他更加极端的栽培技术还包括拨开叶子（保证空气流通，并且使果实更充分地接触阳光）、修整藤蔓（保证阳光照射充足），以及继续进行克隆和嫁接技术的研究，淘汰产量过多、果实过大的品种。采摘葡萄也需要很小心，最好放置于特别设计的较小的容器内，避免碰伤和开裂。

到 2005 年为止，波尔多的葡萄园发展良好，产量较少，果实较小，而品质却越来越高。所有这些都是为了保留庄园特色的精髓，体现年份的特点，凸显品种的风格。

酒窖条件和发酵技术的显著进步

著名的奥比安葡萄庄园，在 20 世纪 60 年代最先使用温控不锈钢发酵桶，随后拉图也于 1964 年使用该项技术。虽然现在一些前卫的酿酒家们用敞口温控发酵木桶（在温控不锈钢桶出现之前，使用的是古老的大木桶）代替了温控不锈钢发酵桶，然而温控发酵桶的优点在于，可以使酿酒者尽量晚一些采摘葡萄，这样果实中的酚化物完全成熟，含糖量更高。如果气候条件允许，酿酒者们可以从容不迫地采摘，将熟透的果实放进发酵桶内，只要摁下按钮，就可以控制桶内的温度。以前，采摘到完全成熟的果实只是一种偶发事件，事实上，因为用熟透的果实酿酒比较困难，所以并不鼓励待果实完全成熟后再采摘。正是由于酿酒

者没能控制好发酵温度，很多梅多克（Médoc）1947，更不必说梅多克1929，因为酸度过量而被破坏了。如果温度过高，将糖分转化为酒精的酵母就会被杀死，并且引发一连串反应，最后导致酒变质。如果收获的季节天气炎热，这个问题发生的几率就会大大提高。酿酒者用冰块来降低发酵桶的温度，并不是葡萄园的传说，1947年、1949年和1959年，这样的事情真的发生过。温控发酵桶，不管是不锈钢桶还是木桶，都是非凡的技术进步，从此酒的品质大大提升，瑕疵越来越少，单宁的味道更加成熟甘甜，酸度降低。

另外，所有顶级酒庄现在都会在分拣台上进行精心挑选（将受损的果实和杂物挑拣出来）。葡萄一进酒窖，工作人员就要对其进行仔细的检查，丢弃所有腐烂的、不够成熟的、有病虫害的和受损的葡萄。其仔细程度因酒庄的不同而不同，不过可以肯定的是，用于酿造顶级酒的葡萄的挑拣过程最严格。一些完美主义酒庄还设有第二分拣台（用途是另一组工作人员对已经经过挑拣的葡萄进行第二次挑拣，进一步找出任何植物茎秆、叶子，或者看起来有问题的果实，将其丢弃）。

冷浸法现在流行起来了，以前只有北部较寒冷的园区（勃艮第和北罗纳河）才用这种方法，因为酒窖的温度太低，通常四五天之后才能开始发酵。冷浸法得到了不少前卫酿酒者们的支持，他们认为冷浸4到8天能压榨出更多酚化物，令酒的味道更芳香，颜色也更深。一些更激进的酿酒者，为了使酒更芳香，颜色

更深，甚至向浸泡的葡萄汁中添加小干冰球。

发酵通常需要 10 到 15 天，不过现在时间加长了，因为理论证明只有经过 21 到 30 天甚至更长时间的发酵，所形成的单宁的味道才能变得更加香醇和饱满。

最基本的是，每一个顶级酒庄都要配备一流的温控发酵桶、不锈钢桶或者敞口小木桶（过去十年间这已经成为圣艾美侬地区的流行趋势）才可以。所有顶级酒庄都要在除梗前，有时还需在除梗后，进行严格的挑拣。越来越多的酒庄对葡萄进行冷浸，其中一些酒庄还延长浸渍时间。总而言之，现代葡萄酒的酿制都在严格的监督下进行，相比 30 或者 50 年前，现在的酿酒环境更加卫生、科学，并且有温度控制设备。所以，曾经因为控制不好发酵温度而产生的一系列问题，比如微生物或者挥发性的酸性，现在都不会再出现了。

今天，最具争议的酿酒技术莫过于反向渗透（reverse osmosis）（用设备除去葡萄汁中所含的水分）和熵（entrophy）（通过一个真空装备除去水分，浓缩葡萄汁）。过去，一般采用一种名为"赛格尼（saignee）"的方法，在发酵桶内用虹吸管将部分液体吸出，以增加葡萄汁的浓度。这种方法非常有效，只是在 20 世纪 80 年代早期，一些顶级酒庄开始谨慎地使用反向渗透技术（利奥维尔·拉斯卡斯酒庄率先使用新技术）。这种浓缩技术到目前已被广泛使用达 20 年之久。最初，我对此持怀疑态度，可事实是，利奥维尔·拉斯卡斯酒庄生产的酒始终保持高水准。在那些虽然有好收成，但是却被雨水稀释的年份里，这些设备只要谨慎使用，确实能够提升酒的品质，而无丝毫害处。在很多顶级酒庄里，反向渗透技术已经成为一种标准的酿酒程序，不过只会在收获葡萄时雨水较多、葡萄汁浓度较低的年份里使用。这种技术并不是毫无风险，因为在浓缩葡萄汁的同时，也将瑕疵浓缩了。这就是为什么在进行这项技术操作时，一定要小心谨慎的原因。然而，对于天资过人、技艺高超的酿酒者来说，他们在谨慎的同时，还要有选择地使用该方法。对于这项技术到底有没有改变酒的风格，还有待证明。虽然我对此项技术表示怀疑，甚至批评使用这样的设备，但是我不得不承认，在使用得当的基础上，它还是非常有效的。不过，有许多愚蠢的酿酒者，他们不减少产量，而不计后果地过度使用这项浓缩技术，一定会造成严重的后果，他们也绝对不会酿出意味深长的好酒。

酿酒和装瓶技术的进步

波尔多葡萄酒品质的一致提升，最主要的原因是由埃米尔·佩诺教授和帕斯卡·瑞比奥·加永教授（以及他们的支持者们）发起的运动，即缩短装瓶时间（一到两周），而不是一有需求就立即装瓶，或者是长至6到9个月的装瓶时间（在30到50年前，这是普遍情况）。1970年以前，许多酒庄庄主将装满酒的木桶卖给酒商，甚至装船运给英格兰和比利时的酒商，然后这些酒商再不慌不忙地将酒装瓶。好在这样的事情在30多年前就已经停止了。今天，酒在桶里储存的时间越短，它的果香就越清新、浓郁，并且在装瓶后，酒还有继续发展的潜力。这种趋势已经在顶级葡萄庄园中流行起来了。

另外，在过去25年间，酒窖内的卫生设备也有了显著的改善。很多批评家声称新橡木的比例增长迅速，而且现在波尔多可见的新橡木，相比20或者30年前，数量有了显著增加。旧橡木是细菌生长的温床，容易引起变味和腐烂，新橡木就避免了因卫生条件不佳而引起的种种问题。但是，如果酒的浓度不足，就难以冲抵新橡木的味道，所以明智的酿酒者一般会采

用年份折中的橡木桶。一位勃艮第人（实际上是比利时人——杰·玛丽·许芬斯 Jean-Marie Guffens）针对新橡木说道："酿酒时千万不要使用过旧的橡木……不然酿制的酒就不够饱满。"尽管新橡木很适合赤霞珠、美乐（Merlot）、品丽珠（Cabernet Franc）、席拉（Syrah）和小味多（Petit Verdot），不过橡木味道过重也会破坏酒的味道，遮盖葡萄品种、年份和葡萄园的特色。

一些小型酒庄采取的木桶酸发酵（malolactic fermentation）也是一项具有争议的操作程序（实际上并非如此，只是一些无知的观察者们这样理解）。其实，所有顶级红酒都经过酸发酵，简单说，就是将葡萄汁浓烈的酸味变得稍微柔和、甘甜。大型酒庄仍然在大木桶内进行酸发酵，然后再将酒转移到小酒桶内，储存16到20个月。小酒庄则更倾向于在小酒桶内进行酸发酵，因为他们认为这样做，酒的味道与橡木的味道会融合得更好，酒在早期的味道也会更加香醇，那么每年春天来到波尔多品尝该年份新酿酒的记者或者酒评家们，就会比较喜欢。小木酒桶酸发酵并不算一项新技术，在勃艮第已经有几十年的历史，甚至一个世纪以前就有酒庄使用该技术。只是随着大型发酵桶的出现和发展，这项技术渐渐淡出了人们的视野。小木桶酸发酵会让酒在早期散发出一种迷人、性感的味道，不过到了12个月以后，在小木酒桶进行酸发酵的酒，与在大酒桶酸发酵然后转移到小木桶中的酒，就变得没有什么区别。后一种酒较前一种成熟得慢，但是在一年后，它们就能像在小木桶酸发酵的酒一样，充分吸收橡木的味道。

分级程序的巨大变化也使酒的品质有了很大程度的提升。本书中介绍的很多酒庄，为了能让自己庄园的佳酿名列世界顶级名酒之一，放弃了35%甚至更多的葡萄汁。这些被放弃的葡萄汁用来制成二等酒，酿制二等酒也并不是一项新发明。一百多年以前，利奥维尔·拉斯卡斯酒庄就开始了该种酒的酿制，玛尔戈酒庄紧随其后。不过，20世纪80年代和90年代，顶级波尔多酒庄的分级制度变得愈发苛刻。现在许多顶级酒庄还生产三等酒，或者出售散装酒。

其他改变还有对于年份较久的红酒，在运输过程中要避免过度震荡。今天，许多酒在出产的第一年就会经过3到4次运输，震荡会加倍，进步的酿酒者们坚信，这会使酒受损，加快酒的成熟和脱水。少数一些酿酒者们已经开始延长酒与酒糟接触的时间，这是另一项从勃艮第人那里学来的技巧。酒糟是酿酒过程中的沉淀物，包括酵母、固体颗粒，通常在发酵结束以后，把酒挤入酒桶的过程中将其除去。这些进步人士认为，如果酒糟是无害的，那么与酒糟接触的时间越长，酒就越有质感，味道越饱满，并且也更能体现葡萄园和葡萄品种的特色。我同意他们的观点。不过，波尔多红酒在酿制的过程中，几乎与酒糟不接触。在波尔多，接触酒糟仍然富有争议，是一项前卫的酿酒技巧。

酿酒技术的另一项发展是微气泡冲击（microbullage）。这项技术起源于法国的马德兰，目的是为了让单宁过重的酒，味道变得甘甜和柔和，后来这项技术相继在卡奥尔和圣艾美侬流行起来。该技术是指在发酵结束以后，用软管将少量氧气输入发酵桶内，或者在储存酒的过程中，将氧气输入小木桶里。在波尔多（主要是圣艾美侬），聪明的斯特凡·德勒农古（Stéphane Derenoncourt）对他监管的酒，成功地应用了该项技术。他支持微气泡冲击的理论是正确的，认为在酒储存在小酒桶中时输入还原性氧气，可以避免酒过度激烈地震荡。他有理由相信这个经过精确测量的氧化过程，相比激烈的推压过程，帮助酒保留了更多葡萄园和葡萄品种的特色。该技术的另一种形式称为微氧（clicage），它们本质上是指同一件事，只是微氧是用来对储存在小酒桶内的酒进行微氧气处理，而不是大酒桶中的酒。率先使用该技术的酿酒者得到的结果是积极的。酒并没有被破坏（一些批评家曾这样警告），而且实际上，也没有理由认为酒会被破坏，因为该技术如果不过度使用的话，比传统的推压轻柔得多。

以前，不管是颜色较深的压榨酒，还是高品质的自由发酵的酒，一般都需要添加单宁，而不去考虑酒的平衡或者和谐。现在，酿酒者们根据酒的需要，选择添加适量的单宁，或者根本不添加。分次、少量添加单宁，确保不会因为一次性添加过量的单宁而破坏了酒的味道。

接下来的程序中，最重要的应该是选择澄清还是过滤，以及净化或者过滤的程度。两种程序都有可能破坏酒的精华，降低其品质，失去甘醇和清香。以前很少过滤酒，但是经常用蛋清来澄清酒，以减弱单宁的味道。几年前，用来酿酒的葡萄一般都未完全成熟，而且没有去梗，所以单宁的味道非常强烈，甚至还有葡萄藤蔓、叶子之类的杂质，澄清能帮助减弱酒的酸涩。今天，待葡萄完全成熟后才进行采摘，再加上上面所述的各个因素，单宁的味道已经柔和很多了，除非有细菌滋生的问题（以防蛋白质或者其他物质影响酒的质感），否则没有像过去那样过度澄清和过滤的必要。

总之，现在澄清和过滤较少，这样保证了酒更加浓郁、香醇，有质感，并且保持地域特色。很多顶级酒庄的做法很智慧，不是机械地进行澄清和过滤，而是根据年份的不同，作出不同的决定。波尔多酒今天能取得如此辉煌的成就，其中一个原因就是酿酒者们在关于是否需要澄清或者过滤的问题上，作出了正确的选择，而不像20世纪六七十年代或者八十年代初期一样，机械地完成这一程序。

正是因为上述诸多原因，今天顶级的美酒相比20到50年前的酒，都取得了长足的进步。现在，人们能够品尝出一瓶酒的地域和年份特色，而在20、30、40或者50年以前，要做到这点相当困难。现在的酒不仅在早期味道就好，而且顶级美酒的成熟曲线也变得更长、更宽。与无知的批评家们所预测的惨淡未来相反，现在的酒愈陈愈香，而且相比以前的酒，它们在酿成装瓶后的任何时期，尝起来都更加可口。

不过，的确还存在一些消极方面。例如，波尔多1947年酿制的许多酒中，例如：柏图斯、拉图波默罗（Latour à Pomerol）伊凡吉尔（I'Evangile）、拉弗勒（Lafleur）以及最著名的白马，有一些存在残余的糖分、挥发性酸度较高、酒精含量和 PH 值非常高等缺陷，现代的酒类学家们一定会为此而昏厥。可悲的是，尽管已经取得了诸多进步，但在现代酒类学家中仍只有少数几位能够接受，比如以白马命名的白马 1947。真正品尝过原始状态的白马 1947 的人才会明白，为什么许多称职的观察家们把该酒列入波尔多地区最经典的酒品之列。所有的瑕疵在其非比寻常的特色面前，已经消失得无影无踪。或者，也正是由于这些瑕疵，才使该酒拥有自己的风格和特色。所以，提醒一句：尽管技术的进步，使酒的品质在不断提升，但是仍然有一些酒正是由于不完美，才成就了经典。在决定是否使用新技术时，需要考虑酒本身的特点，比如 1947 年份的各类酒。

以下几点是可以肯定的：①葡萄栽培知识、酿酒知识的丰富，再加上合适的气候条件，会使所酿的酒更为经典；②葡萄园状况的改善，也能帮助葡萄保持高品质；③自然酿制的流行，减少了对果实和酒造成的损伤；④柔和的处理技术，保持了果实、年份和地域的特色；⑤现在的装瓶技术，致力于将葡萄的精华入瓶，并且保证瓶中的氧化程度较低。所以，用上述方法酿成的酒，较以前的酒，保存的时间更长，而且味道更好。

需要强调的一点是：现在的酒品尝的时间提前了很多，所以其保存时间也缩短了，这种观点是虚妄的、无知的。其他虚假的猜想还有上文提过的，现在的酒尝起来过分相似，缺少以前酒的多样性和艺术气息。就像我已经说过的那样，这是浪漫主义反对者们最愚蠢的观点，他们还未能提供任何证据支持自己的这一

观点。实际上，他们毫无意义的观察早已被真实的酒界所出卖。

今天，酿酒的果实更加健康、成熟，酒的酸性下降，单宁的味道也变甜了。通过分析可知，现代名酒的单宁指数和提取物浓度与过去的经典名酒保持在同一水平线上，甚或是更高。只是因为酒内单宁的味道较甜，酸性较弱，所以在早期就可以品尝，这并不与它们能保存多久相冲突。比如，波尔多1959年份酒，有人认为它的酸性太低，不易保存（而现在大部分1959经典年份酒仍然保持着其原始状态），以及波尔多1982年份酒，很多狭隘的观察者们称，该类酒必须在1990年以前品尝，否则就会变成醋。1959年份酒现在仍然处于成熟的过程中，最好的还有20到30年的陈放时间。波尔多1982顶级年份酒，至少还有30到50年的陈放时间。

想想看，有谁愿意回到30或者40年前的酒界吗？那时的情况是：①只有四分之一不到的著名酒庄能酿出与其官方名誉相匹配的美酒；②黯淡而不纯净的味道被说成是地域的特色之一；③著名酒庄酿制的单宁含量颇高、单调、无特色的酒，被那些趋炎附势的酒杂志冠以"经典"的名号，而这些酒杂志只有依靠酒业的施舍才能存活下去；④酿酒的葡萄还未完全成熟，酸性的单宁指数过高，使酒的味道很难和谐；⑤没有年轻而富有创造力的酿酒艺术家们将无名地区、过时葡萄所酿的酒推向全世界；⑥没有世界范围内的品质提升。

当然，争论还会继续，同一酒庄酿制的酒，现在的保存时间没有过去的久，或者更糟糕的是，技术的进步以及全球化，彻底破坏了酒的特色。当然，关于波尔多、勃艮第、意大利或者加利福尼亚存在一个历史性的谬论，那就是酒的年份越久才越香。实际上，这些地区的经典年份里，只有少数几种酒称得上陈酿，而大部分酒在可以品尝之前就已经出现了瑕疵，或者已被损坏。

简而言之，千万不要再说，现代著名的酒与传统经典酒不能相提并论。酒界的反对者们，如果继续贬低现代酒，就会被年轻一代的酿酒者们所威胁，他们会在无名的酒庄和葡萄园里，充分发挥潜力，酿制出惊艳世界的美酒。

名酒不能规模生产

根据一般规则，名酒的数量相对有限。这就形成了酿酒界的一种趋势，真正的世界名酒不能简单进行工业规模的生产。只有在波尔多生产两到三万箱酒的大型酒庄内，顾客才能接触到大量的美酒。不过，这是规则外的特例。本书介绍的大部分酒只有四五百到二三千箱，相对于全球永无止尽的需求来说，这是极少的。

书中提到的绝大部分酒是在街边的售酒商店里找不到的，只有在重要的国际大都市的顶级酒店里才会有有限的几瓶，哪怕是最小型酒庄的佳酿。而只有在一个地方，你才能找到所有这些酒，甚至包括最古老的陈酿，那就是酒品拍卖会。

酒品拍卖深受酒品消费者的钟爱，他们能够在这里取得产量极少的一等名酒或者陈年佳酿。最著名的是佳士得（Christies）和苏富比（Sotheby）葡萄酒拍卖行，其他的还有纽约萨奇斯（Zachys）、芝加哥（Chicago）葡萄酒公司、莫雷尔（maurel）葡萄酒拍卖、纽约零售拍卖行（Retail auction house in New York），以及 winebid.com、winecommune.com 和 eBay.com（网上拍卖）。读者们如果想要在拍卖会上得到倾心的好酒，应该先获取拍卖行的邮寄名单，或者先在网站上注册。

在拍卖会上买酒有几个不利因素，一是需要支付佣金，其次酒的出处必须经过验证，而且拍卖行提供的酒的酒窖的条件，也应该进一步核实。最近，高级法院的判决似乎倾向于支持酒庄向消费者直接销售和运送酒，不过仍不可能完全放开对酒销售的管制，因为法律部门对其公布时的真正价值持有异议。

品酒的专业语言

不要惊讶，品酒的行话是一个完整的语言系统，不懂酒的人可能会觉得这些语言做作而虚伪。但其实，这种语言与其他专业性较强学科的专业用语并没有什么区别。在本书的结尾处，我列有一个词汇表，其中很多词汇都在本书中出现过。

ARGENTINA
阿根廷

　　具有讽刺意味的是，在过去 200 年里，阿根廷几乎每个家庭都种植葡萄或者自己酿酒，但是直到 10 年或者 15 年以前，才出现了一批年轻的葡萄庄园主，慢慢开始认识到自己的国家，尤其是门多萨省酿制的葡萄酒具有巨大的潜力。过去，这一行业被传统的观念，即数量优先于质量给破坏了。现在，这里的佳酿足以在世界舞台上与其他地区的美酒竞争。阿根廷最有远见的人是尼古拉斯·卡泰纳（Nicolás Catena），他发起的回归传统栽培技术、追求高品质酒的运动，给酿酒业带来了一轮又一轮的新突破，将阿根廷推到世界现代酿酒改革的风头浪尖。另一个具有讽刺意味的事实是，在法国长期遭到排挤、不受重视的葡萄品种——马尔贝克（Malbec），在阿根廷却酿出了芳香扑鼻、品质高贵、保存时间长的一等好酒。马尔贝克是阿根廷红葡萄酒的希望，除此之外，赤霞珠、美乐以及其他著名的法国葡萄品种——霞多丽（Chardonnay），都在阿根廷新兴酿酒业取得了巨大成功。

BODEGA CATENA ZAPATA
卡泰纳·萨帕塔酒庄

酒品：

卡泰纳·萨帕塔赤霞珠和马尔贝克（Catena Zapata Cabernet Sauvignon and Malbec）

赤霞珠尼古拉斯·卡泰纳·萨帕塔（Cabernet Sauvignon Nicolás Catena Zapata Vineyard）

赤霞珠阿格雷洛（Cabernet Sauvignon Agrelo Vineyard）

卡泰纳·阿尔塔霞多丽阿德里安娜园（Chardonnay Adrianna Vineyard Catena Alta）

卡泰纳·阿尔塔马尔贝克白芷（Malbec Angélica Vineyard Catena Alta）

庄园主：尼古拉斯·卡泰纳（Nicolás Catena）

地址：Calle Cobos,(5519) Agrélo, Luján de Cuyo, Mendoza, Argentina

电话：(54) 261 490 0214 / 0215 / 0216

传真：(54) 261 490 0217

邮箱：export@catenazapata.com

网址：www.catenawines.com

联系人：杰夫·毛斯巴赫（Jeff Mausbach）

jeffm@catenazapata.com

参观规定：提供英语、西班牙语、法语、德语讲解；周一至周五 9:00-18:00；参观需提前 24 小时预约。

葡萄园

占地面积：6 个葡萄园，总面积 1032 英亩

葡萄品种：马尔贝克、霞多丽、赤霞珠、美乐、灰皮诺、长相思（Sauvignon Blanc）、品丽珠、赛美隆（Semillon）、席拉、小味多、桑娇维赛（Sangiovese）、塔纳特（Tanat）

平均树龄：23 年（最古老的植株栽于 1930 年，最年轻的栽于 1997 年）

种植密度：超过 70 年的白芷葡萄园（Angélica Vineyard）5,500 株 / 公顷；较新的葡萄园 4,000 株 / 公顷。

平均产量：8 吨 / 公顷（4 吨 / 英亩）

酒的酿制

葡萄分批采摘，然后分开酿酒，这样可以密切关注酿酒的全过程。一流的温控发酵和陈放于法国橡木桶，这些与波尔多的传统酿酒哲学很相似。新橡木对酒的调味非常重要。为了体现地域和葡萄的特色，需将酒储存起来。

年产量

卡泰纳·阿尔塔霞多丽（Catena Alta Chardonnay）：24,900 瓶

卡泰纳·阿尔塔赤霞珠（Catena Alta Cabernet Sauvignon）：66,000 瓶

卡泰纳·阿尔塔马尔贝克（Catena Alta Malbec）：66,000 瓶

尼古拉斯·卡泰纳·萨帕塔（Nicolás Catena Zapata）：42,000 瓶

平均售价（与年份有关）：15~80 美元

近期最佳年份

2003 年，2002 年，2001 年（仅限霞多丽），1997 年（仅限赤霞珠），1996 年（仅限马尔贝克）

卡泰纳家族来自意大利栽植葡萄的省份——马希。事实上，尼古拉·卡泰纳是一位葡萄园工人的儿子。他于19世纪移民到阿根廷，并且定居在门多萨，那时，这里刚刚开始发展葡萄栽培业。1902年，尼古拉·卡泰纳开垦了自己的第一个葡萄园。1963年，他的孙子尼古拉斯·卡泰纳，在获得了经济学博士学位后，接管了家族企业。

尼古拉斯·卡泰纳感谢加利福尼亚，让他彻底改变了自己看待葡萄栽培和葡萄酿酒的方法。1982年，他受邀成为伯克利加利福尼亚大学农业经济学系的客座教授。那时，每逢周末，他就去参观那帕山谷。罗伯特·蒙达维（Robert Mondavi）及其家人所做的大量的投资和研究，令他震惊不已。他开始相信同样的做法在阿根廷也一定会取得巨大的收益。他曾坦率地说，参观罗伯特·蒙达维葡萄园多次，看到他们在葡萄栽培和酿酒领域不断钻研并取得的成果后，便想到："上帝，为什么不能在门多萨试一试呢？"卡泰纳于20世纪80年代初回国后，便开始进行一系列研究，寻找门多萨最适合栽培霞多丽、赤霞珠和马尔贝克的地区和小气候。同时，他还研究欧洲和加利福尼亚的哪些克隆品种最适合门多萨的葡萄栽培条件和土壤条件。但是，所有这些都与当地葡萄种植者的观念背道而驰，因为他们认为葡萄收成越多，所酿的酒就越好，反对降低收成和使用嫁接与克隆技术。

1991年，卡泰纳所酿制的酒第一次出现在美国，就获得了巨大的成功，不论是霞多丽还是赤霞珠都非常受欢迎。他趁势推出了卡泰纳·阿尔塔品牌，以及一个更加认真、严格的作业线，同样反响很大。这是来自卡泰纳·萨帕塔葡萄园最好的赤霞珠、马尔贝克和霞多丽。他的旗舰名酒——尼古拉斯·卡泰纳·萨帕塔，便是由赤霞珠和马尔贝克混合酿制的，于1997年面世。该酒在阿根廷举行的很多盲品酒赛上，打败了著名的法国名酒——拉图、奥比安和一些产自那帕山谷的酒，并且始终保持着前两名的位置。这样的结果告诉卡泰纳，自己的葡萄园仍然有着待开发的潜力，这鼓励着他不断探寻。

人们主要品尝由单一葡萄园酿制的酒，不过尼古拉斯·卡泰纳不断地尝试，将在不同小气候和地理环境下生长的葡萄品种混合起来酿酒，他认为这样酿成的酒口感更加复杂。这样到了2005年面世的酒，混合了不同小气候的特色，称谓上也写明是门多萨，而不是某一个具体的葡萄园。唯一例外的是卡泰纳·阿尔塔霞多丽，酿制该酒的葡萄仍然全部产自阿德里安娜葡萄园。尽管在我写本书的时候，这些酒还没有揭开面纱，但是储存于卡泰纳·萨帕塔酒窖的单一马尔贝克2002马上就要开始装瓶了。

为卡泰纳·萨帕塔酒窖提供葡萄的主要葡萄园有：白芷葡萄园（Angelica Vineyard），这个占地195英亩的葡萄园，土壤是冲积形成的，其中富含黏土、碎石和沙子，除了少数霞多丽外，其他全部用来种植马尔贝克和赤霞珠，这个葡萄园是以卡泰纳母亲的名字命名的；乌斯马尔葡萄园（Uxmal Vineyard），园区土壤富含石灰石、沙子和黏土，这里的葡萄品种繁多，主要是霞多丽、赤霞珠、马尔贝克，以及少数美乐、长相思、赛美隆、席拉、桑娇维赛、品丽珠和小味多；阿德里安娜葡萄园

卡泰纳和他的女儿

(Adrianna Vineyard)（267英亩），主要种植马尔贝克，除此之外还有美乐、霞多丽、赤霞珠、黑品乐、维欧尼（Viognier）和长相思；多明我葡萄园（Domingo Vineyard），这个葡萄园是以卡泰纳父亲的名字命名的，它占地87英亩，主要种植霞多丽，另外还有一些黑品诺和赤霞珠；弗吉尼亚葡萄园（Virginia Vineyard），这个葡萄园是以卡泰纳家族另一位成员的名字命名的，它占地147英亩，主要种植霞多丽，不过还有一些美乐和马尔贝克；尼科西亚葡萄园（Nicasia Vineyard），这个葡萄园是以卡泰纳外祖母的名字命名的，同样主要种植马尔贝克，还有少数霞多丽、品丽珠、塔纳特、托开（Tokai）和美乐。所有这些葡萄园都位于海拔比较高的地方，从2850米（白芷葡萄园）到4830米（阿德里安娜葡萄园）。

卡泰纳现在更有了女儿劳拉的支持和帮助。他已经成为南美洲最具远见的企业家之一，而且他所生产的佳酿，也反映了他坚持不懈提升阿根廷美酒品质的决心。

CABERNET SAUVIGNON NICOLAS CATENA ZAPATA
赤霞珠尼古拉斯·卡泰纳·萨帕塔

1999 Cabernet Sauvignon Nicolás Catena Zapata
赤霞珠尼古拉斯·卡泰纳·萨帕塔 1999

评分：94分

作为卡泰纳的旗舰名酒，赤霞珠尼古拉斯·卡泰纳·萨帕塔 1999值得赋予这样的荣誉称号。该酒由2%赤霞珠和18%马尔贝克混合酿制而成，倒入酒杯后，一股浓郁的果香扑鼻而来。虽然它并不是由1997年轰动一时的葡萄酿制的，但是口感高雅、绵密、顺滑，而且富有层次感，散发出丁香和甘草的芳香，让人回味无穷。最佳饮用期：现在开始到2015+（"2015+"的意思是2015年以后，后文相同——编者注）。

1997 Cabernet Sauvignon Nicolás Catena Zapata
赤霞珠尼古拉斯·卡泰纳·萨帕塔 1997

评分：95分

赤霞珠尼古拉斯·卡泰纳·萨帕塔 1997是卡泰纳·阿尔塔酒庄的经典之作。大约有5%的马尔贝克混入1000箱葡萄酒中，所以有些国家的市场上又将其称为尤尼柯（Cuvee Unico）。该酒呈深黑紫色，黑加仑的刺鼻混合着橡木的舒润，味道饱满、浓郁，并散发出一丝奇怪的烤肉味，但各种味道达到惊人的和谐和平衡。再过10到15年是最佳品尝时间。

CATENA ALTA CABERNET SAUVIGNON ZAPATA VINEYARD
卡泰纳·阿尔塔赤霞珠萨帕塔园

1999 Catena Alta Cabernet Sauvignon Zapata Vineyard
卡泰纳·阿尔塔赤霞珠萨帕塔园 1999

评分：91分

卡泰纳·阿尔塔赤霞珠萨帕塔园 1999呈深红色，散发着巧克力和黑莓的香味。不像1997年份酒含100%赤霞珠，该酒除了赤霞珠外，还含有10%马尔贝克。加仑、黑莓和香料的味道丰富而有层次，酒体饱满，韵味悠长。恭喜尼古拉斯·卡泰纳和佩佩·加兰特（Pepe Galante），成功地将这一系列酒综合起来。最佳饮用期：现在开始到2010年。

1997 Catena Alta Cabernet Sauvignon Zapata Vineyard
卡泰纳·阿尔塔赤霞珠萨帕塔园 1997

评分：92分

卡泰纳·阿尔塔赤霞珠萨帕塔园 1997呈深红色，散发着黑莓、香料和加仑的味道，馥郁饱满。该酒果肉丰富、味道较强烈，口感绵密、华丽而高雅，最后还有浓厚的成熟单宁的味道。这款上乘美酒足以和世界上任何经典红酒相媲美。最佳饮用期为：现在开始到2012+。

卡泰纳·阿尔塔赤霞珠萨帕塔园 1997 酒标

CATENA ALTA CHARDONNAY ADRIANNA VINEYARD
卡泰纳·阿尔塔霞多丽阿德里安娜园

2001 Catena Alta Chardonnay Adrianna Vineyard
卡泰纳·阿尔塔霞多丽阿德里安娜园 2001

评分：93分

卡泰纳·阿尔塔霞多丽阿德里安娜园 2001的芳香令人久久无法忘怀。该酒比较强烈，口感顺滑、丰富，而浓郁的味道并没有遮盖其清新和纯净，另外还能品到一丝白葡萄、

茴芹和奶油的香味。请在接下来的 4 年内品尝该酒。

CATENA CABERNET SAUVIGNON AGRELO VINEYARD

卡泰纳赤霞珠阿格雷洛园

1999 Catena Cabernet Sauvignon Agrelo Vineyard
卡泰纳赤霞珠阿格雷洛园 1999

评分：90 分

卡泰纳赤霞珠阿格雷洛园 1999 呈红宝石色，散发着浓浓的黑莓果香。酒体浓密、紧实，阵阵的黑莓果香不断撩动着品尝者的味蕾，久久挥之不去。这款精心酿制的酒，令那些贵 2 到 3 倍的赤霞珠颜面尽失。最佳饮用期：现在开始到 2010+。

CATENA ZAPATA

卡泰纳·萨帕塔

1999 Catena Zapata
卡泰纳·萨帕塔 1999

评分：94+ 分

酒杯中散发着浓郁的黑莓果香，虽然该酒不是用 1997 年的葡萄酿制的，但是仍然拥有绵密、高贵、丰润的口感。酒的味道并不十分强烈，但是丁香、黑莓和甘草的香味浑然天成，余韵悠长。最佳饮用期：现在开始到 2012 年。

1997 Catena Zapata
卡泰纳·萨帕塔 1997

评分：95 分

作为尼古拉斯·卡泰纳潜心研究、精心酿制的美酒，这款深黑紫色的卡泰纳·萨帕塔 1997，加仑与橡木的味道完美相融。这款强烈、浓郁的酒，达到了令人惊讶的平衡与和谐。最佳饮用时间：现在开始到 2015 年。

AUSTRALIA

澳大利亚

令人难以置信的是，25 年前，在美国很少看到产自澳大利亚的葡萄酒。就算是著名的奔富酒园，这座被很多观察者看做是南半球最高端的酒园，在 1977 年前也没有向美国出口葡萄酒。但是，在过去二三十年间，澳大利亚葡萄酒的产量却迅速增加，现在几乎每个葡萄酒专卖店都会提供几百种澳大利亚酒。

南澳大利亚最经典的葡萄酒，是由席拉（Shiraz）、歌海娜（Grenache）酿制而成的，有时也将这两种葡萄和赤霞珠混合酿制。南澳大利亚地域辽阔，有很多人们耳熟能详的风景区，比如芭萝莎山谷、麦克拉伦山谷、克莱尔山谷、伊甸山谷、阿德莱德丘陵以及库纳瓦拉。除此之外，这里还分布着许多著名的葡萄园，比如拉顿布里（Wrattonbully）、弗勒里厄半岛（Fleurieu Peninsula）、河地（Riverland）、帕斯维（Padthaway）、班森山脉（Mount Benson）、兰霍恩河岸（Langhorne）和袋鼠岛（kangaroo Island）。用古老的席拉和歌海娜酿酒，世界再没有任何地方能与麦克拉伦山谷和芭萝莎葡萄园（Barossa vineyard）相媲美。不过，这里的酒总是受到欧洲品酒家们的批评，他们认为这些酒口感太重、酒精太多、味道夸张。虽然有些酒确实如此，但是其中仍不乏一些经典之作，它们味道饱满、强烈，不仅在初期就拥有绝佳的口感，而且在瓶中陈放 10 到 15 年以后，会变得更加成熟、高雅。简单来说，正如我不相信在澳大利亚人们能复制欧洲经典名酒一样，世界其他地方也不可能像南澳大利亚的酿酒者一样，酿制出如此独特而原始的美酒。讽刺的是，30

年前，澳大利亚政府还鼓励农民们停止栽植古老的席拉和歌海娜，而换成国际流行的葡萄品种，比如美乐和赤霞珠。当时政府官员们认为，这些葡萄品种才代表了澳大利亚葡萄栽植业的未来。幸亏当时很多农民拒接接受这一建议，现在澳大利亚最具代表性的干葡萄酒，正是由这两种曾经濒临灭绝的葡萄品种酿制而成。

另一件具有讽刺意味的事实是，澳大利亚本国的批评家们似乎也同意欧洲品酒家的观点，对用席拉、歌海娜所酿制酒的烈度持有偏见。在澳大利亚酒评界甚至达成了共识，认为位于芭萝莎山谷、伊甸山谷和麦克拉伦山谷的酒庄，应该停止生产此类酒，并且向法国、西班牙和意大利学习，模仿他们的酿酒方式。这一提议将会带来一场灾难，因为至今尚没有任何国家有能力将法国、西班牙和意大利的经典名酒酿制得更加出色。同样，任何欧洲国家也不可能复制澳大利亚的成功，因为他们不具备酿制高贵、精致葡萄酒所必需的气候条件。但是，那些自信能够超越欧洲的澳大利亚酿酒者们，很快就力不从心了，他们酿制的酒缺乏特色与内涵。

不过，澳大利亚也酿出了一批优雅的酒，尤其在维多利亚和西澳大利亚地区，主要是玛格丽特河流域。维多利亚这个地区非常有趣，这里生产席拉、赤霞珠，还有一些美乐和歌海娜，将饱满和精致集为一体。读者应该尝一尝产自名气较小的葡萄园区的美酒，如本迪戈（Bendigo）、季隆（Geelong）、格兰皮恩斯（Grampians）、比利牛斯（Pyrenees）和亚拉河谷（Yarra Valley）。维多利亚还是澳大利亚（以及酒界）最伟大的珍藏之一——拉瑟格伦（Rutherglen）加度葡萄酒的原产地，这款酒足以与产自欧洲的任何加度葡萄酒相媲美。另外，除了一些少量、限量的陈酒外，这里酒的售价相当便宜。

BURGE FAMILY WINEMAKERS
伯奇家族酒庄

酒品：德瑞考特席拉（Draycott Shiraz）

庄园主：瑞克·伯奇（Rick Bruge）和布朗温·伯奇
（Bronwyn Burge）

地址：P.O. Box 330, Barossa Valley Highway, Lyndoch, SA,
5351, Australia

电话：(61) 8 8524 4644

传真：(61) 8 8524 4444

邮箱：draycott@burgefamily.com.au

网址：www.burgefamily.com.au

联系人：瑞克·伯奇（Rick Burge）

参观规定：星期四到星期一 10:00-17:00；星期二和星期三谢
绝参观。

葡萄园

占地面积：25 英亩（10 公顷）

葡萄品种：席拉、歌海娜、赤霞珠、慕合怀特（Mourvèdre）、
美乐、仙粉黛（Zinfandel）、纳比奥罗（Nebbiolo）、
多瑞加（Touriga）、萨娆（Souzao）、赛美隆、麝香
（Muscat Blanc）

平均树龄：葡萄园于 20 世纪 60 年代开始种植席拉，产量保
持在较低水平，在近 12 到 15 年期间，又栽植了其他
品种的植株。

种植密度：大约 660 株 / 英亩

平均产量：席拉葡萄园 1.5~2.5 吨 / 英亩

酒的酿制

　　瑞克·伯奇坚持不干预原则。在芭萝莎，他让席拉自然
生长，并尽量减少使用杀菌剂，而且杜绝任何肥料。如果实
在太干旱，为了保证下一季葡萄的产量，他才会允许进行少
许灌溉。请相信，酿酒的关键在于葡萄园，而不是酿酒者。
瑞克·伯奇认为自己的工作仅仅是将收获的葡萄转换成酒成
品，他坚持葡萄只有味道和单宁均成熟后才能采摘。在保持
低产量和良好通风的基础上，他在实现单宁与果实完全成熟
的同时，还将 pH 值和酸度控制在合理范围内。他将橡木看
做是一位厨师，为酒调味，而不决定酒的味道和质感。酿制
德瑞考特席拉使用的是法国橡木桶，以及少数几个较大的美
国橡木桶。葡萄园使用的新橡木的比例在 25% 到 35% 之间，
酒在木桶中储存的时间在 11 个月到 13 个月之间。

　　有人曾问瑞克·伯奇，他的个人哲学是什么？他说："想
要酿出经典美酒，就需要保持谦虚。当认识到对于这奇妙的
饮品，这生活的润滑剂，你所知甚少时，就离成功不远了。
少说大话、空话，让消费者自愿来了解你的产品。"

年产量

　　德瑞考特席拉的产量不确定

　　平均价格（与年份有关）：27~60 美元

近期最佳年份

　　2003 年，2002 年，2001 年，1998 年，1996 年，1991 年，
1990 年，1986 年

　　这个著名的酒庄位于芭萝莎山谷（澳大利亚栽植古
老席拉和歌海娜的中心），创始人 1855 年从英格
兰威尔特郡移居于南澳大利亚。20 世纪 20 年代末，葡
萄的价格大跌，无人问津，伯奇家族必须决定，是将
葡萄留在葡萄藤上任其腐烂，还是学习酿酒。瑞克·伯
奇的祖父珀西瓦尔（Percival）决定开始酿酒。这个占
地 25 英亩的葡萄园，包括德瑞考特区、橄榄丘区和歌
海娜区，一共收获了 75 吨葡萄，而且在其短暂的历史

瑞克·伯奇

上，生产了很多经典的美酒，比如 1986 年、1990 年、1991 年、1996 年、1998 年、2001 年、2002 年 和 2003 年的年份酒。从 20 世纪 30 年代到 80 年代初，该葡萄园渐渐被人们所熟知，尤其是其生产的甜葡萄酒，但是瑞克·伯奇又带领着酒庄，酿制高档的进餐酒。

DRAYCOTT SHIRAZ
德瑞考特席拉

2001 Premium Draycott Shiraz
高档德瑞考特席拉 2001

评分：95 分

作为伯奇酒庄的旗舰酒，高档德瑞考特席拉 2001 产量有限（480 箱）。该酒由 90% 的席拉、6% 的慕合怀特以及 4% 的歌海娜混合酿制而成，平均陈放时间可达 40 年。其中有一半陈放在法国橡木桶中，而另一半则陈放在美国橡木桶中。2001 年是德瑞考特自 1986 年以来的最好年份。酒体呈饱和的紫色，散发着加仑的味道，还混合着甘草、樟脑以及一丝香草的芳香。味道扎实、纯净，并且富有层次感，令人回味无穷。这款经典的芭萝莎席拉味道强烈，却又平衡和谐，15 年以后尝起来会更好。简单说，这款酒太棒了！

2000 Premium Draycott Shiraz
高档德瑞考特席拉 2000

评分：92 分

伯奇酒庄的这款经典酒不再是备选，而已经成为"高档"酒品中的一员。高档德瑞考特席拉 2000 呈深紫色，味道强烈而饱满。虽然 2000 年份酒并不像 2001 年和 2002 年一样，得到很高的评价，但是经过酿酒者们的努力，这款酒散发着黑莓酱浓郁的果香，另外还混合着洋槐花、胡椒粉以及橡木的芳香。酒等量陈放在法国橡木桶和美国橡木桶中，味道饱满、强烈而纯净，而且层次感鲜明。现在品尝味道已经不错，如果再陈放 7 到 8 年或者更久，它将会更加出色。

1998 Draycott Shiraz
德瑞考特席拉 1998

评分：90 分

德瑞考特席拉 1998 口感饱满、丰富，味道甘甜，弥漫着加仑和黑莓的香味。该款酒味道强烈而纯净，建议在 7~8 年内品尝。

1998 Draycott Reserve Shiraz
德瑞考特珍藏版席拉 1998

评分：99 分

很难再找到其他席拉酒能与德瑞考特珍藏版席拉 1998 相媲美。可惜的是，这款酒只酿制了 195 箱。酿酒的葡萄产自有着 40 年历史的葡萄园，酒体呈深蓝紫色，看起来就像

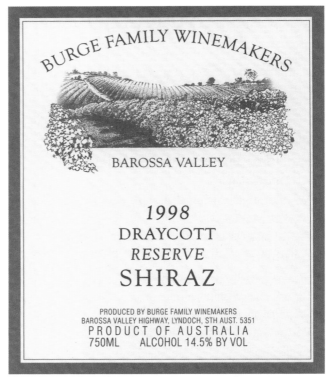

德瑞考特席拉 1998 酒标

一瓶佳酿葡萄酒而非进餐葡萄酒。巧克力的香气、甘草清新、黑莓和蓝莓的果香，以及加仑的味道融合在一起，味道饱满而丰富，再加上适合的酸性和单宁，所有这些勾勒出一个完美的整体。该款酒纯净而强烈，浓郁的味道弥漫在口腔中将近一分钟。酸度较低，甘油含量较高，酒精含量为 14.5%。品尝这款酒，一定会为你留下美好的回忆。最佳饮用期：现在开始到 2025+。

1996 Draycott Shiraz
德瑞考特席拉 1996

评分：92 分

德瑞考特席拉 1996 呈深紫色，散发着浓郁的果香，以及胡椒、尼古丁和泥土的味道。酒甘甜、强烈而有质感，甘油含量较高。这款酒现在就可以品尝，或者也可以再储存 11 年以上。

1996 Draycott Reserve Shiraz
德瑞考特珍藏版席拉 1996

评分：95 分

德瑞考特珍藏版席拉 1996 呈不透明的紫色，散发着新橡木的香味，并混合着黑莓、胡椒的味道。酒体浓厚而黏稠，口感扎实而有层次感，整体达到了和谐平衡。这款有着天鹅绒般油滑质感的葡萄酒，现在就可以品尝，不过最好再陈放 2 到 3 年，这样它会变得更加丰富。该款酒可以保存 20 年以上。

CHAMBERS ROSEWOOD
钱伯斯玫瑰郡

酒品：

    顶级密思卡岱（Grand Muscadelle Tokay）

    顶级麝香葡萄酒（Grand Muscat）

    限量密思卡岱（Rare Muscadelle Tokay）

    限量麝香葡萄酒（Rare Muscat）

庄园主：威廉·比尔·钱伯斯（William Bill Chambers）

地址：Barkly Street, Rutherglen, Victoria, 3685, Australia

电话：(61) 2 6032 8641

传真：(61) 2 6032 8101

邮箱：wchambers@netc.net.au

联系人：威廉·钱伯斯

参观规定：星期一到星期六 9:00-17:00；星期日上午 11:00-17:00；星期五、圣诞节和新军团日早上谢绝参观；可预约公共汽车。

葡萄园

种植面积：大约 120 英亩

葡萄品种：麝香、密思卡岱（Muscadelle）、席拉、赤霞珠、雷司令（Riesling）、神索、多瑞加、白古娃（Gouais）、帕洛米诺马（Palomino）

平均树龄：25 年

种植密度：600 株／英亩

平均产量：1~2 吨／英亩

酒的酿制

    酿酒的葡萄——麝香和密思卡岱，全部来自他们自己的葡萄园，保持地域特色非常重要。酿好的酒储存于旧橡木桶中，最好是之前放过麝香和密思卡岱的橡木桶。这种陈酿佳酿每十年就有一次或者两次会装满所有的木桶。

年产量

    数据保密

    顶级密思卡岱（Tokay）

    顶级麝香

    限量密思卡岱（Tokay）

    限量麝香

    平均价格（与年份有关）：70~280 美元（375 毫升）

近期最佳年份

    加强型葡萄酒，最佳年份各不同。

第一代威廉·钱伯斯 1807 年生于英格兰诺福克郡的韦斯顿朗维尔。他在法国做葡萄园园丁期间，与儿子掌握了葡萄园种植和温室栽培的技术。1856 年，他结束了自己的工作，带领全家迁往澳大利亚。

    19 世纪 50 年代末，钱伯斯家族在拉瑟格伦定居了下来。他们在一位德国移民——安东·鲁斯（Anton Ruche）的酒庄和葡萄园对面，开辟了自己的葡萄园。钱伯斯说，正是这位德国人向他们介绍和指导酿酒这门艺术。

    1876 年，威廉去世，他的儿子——飞利浦（Philip）继承了家族产业，他购买了更多的地种植葡萄，并将葡萄园命名为"玫瑰郡"，因为是用玫瑰做的篱笆，将葡萄园和房屋分开。飞利浦去世以后，他的儿子威廉——人们多称为威尔，接管了家族产业。

    1895 年，拉瑟格伦地区的葡萄园面积已经达到了

史蒂芬和比尔·钱伯斯

14000 英亩，到 19 世纪末，葡萄根瘤蚜给该地区的葡萄园带来了巨大的灾难，其中很多园区就此消失，未再重建。不知花费了多少心血和汗水，钱伯斯庄园才从这次挫折中恢复过来，直到 1917 年玫瑰郡才得以再植。

威尔克服重重困难，在维多利亚、悉尼和布里斯班举行的酒展中赢得了冠军，获得了奖金和奖牌。在墨尔本参展的那些年，他先后 27 次赢得冠军，并且积极参与产业的各个方面。1956 年，威尔去世。

祖父去世以后，威廉·比尔·钱伯斯，罗斯沃瑟酿酒学专业的金牌毕业生，也是家族第四代传人，结束了为期 8 年在斯坦利葡萄酒公司营销家族产品的工作，回到玫瑰郡，开始了自己的酿酒事业。

比尔是一位令人尊敬的品酒家，他的味蕾非常敏感。在澳大利亚所有的省会酒展以及众多地方酒展上，都能见到他的身影。

在比尔的悉心领导下，葡萄园继续扩张并且改善。酒窖内的酒桶、酿酒设备以及绝缘和制冷设备的数量也不断增加，此外，他还新建了一个水库，完善了灌溉系统，用来帮助葡萄园度过干旱的季节。

2001 年，比尔的儿子史蒂芬（Stephen）首次酿酒，成为了玫瑰郡第五代家族传人，并继续保持着家族传统。

葡萄园的植株很多都超过 80 年了，园内的土壤呈酸性、红棕色。葡萄园的名字有尼尔逊、修女院和马场。古老的葡萄树极其珍贵，结出的果实风味鲜明而独特，是较年轻的葡萄树上的果实所不具备的。与新葡萄园不同，这里同一个园区种植着各种不同的葡萄品种。

玫瑰郡的夏天异常炎热，但是一般并不潮湿，日照时间长，温度为 15 摄氏度~40 摄氏度。冬天寒冷，霜冻有时候会影响花苞开放。

以下的品尝记录仅仅记载了四种酒，按照索莱拉系统（Solera system），它们的年份各不相同。正因为如此，不同酒的品尝记录，不会相差太大。另外还有一种较便宜的酒（简单地叫做麝香或者密思卡岱），虽然不够资格记录在本书中，但是绝对可以让品酒者了解威廉·钱伯斯家族的风格。

N.V. Grand Muscadelle Tokay
N.V. 顶级密思卡岱（Tokay）

评分：97 分

顶级密思卡岱呈深琥珀色，浓度很高，散发着焦糖、无花果、太妃糖和梅干的香味。这款饱满、复杂、强烈的葡萄酒，酸性适中，并且永远都不会令人生腻。

N.V. Grand Muscat
N.V. 顶级麝香

评分：99 分

顶级麝香呈深琥珀色，散发着咖啡、红糖、糖蜜、梅干、无花果和香料的味道。这款酒真是无与伦比！

N.V. Rare Muscadelle Tokay
N.V. 限量密思卡岱（Tokay）

评分：99 分

作为一款顶级美酒，限量密思卡岱呈深琥珀色，散发着浓郁的糖蜜、红糖和香料的味道。酒体浓度很高，口感润滑，意味悠长，令人陶醉。

N.V. Rare Muscat
N.V. 限量麝香葡萄酒

评分：100 分

比限量密思卡岱更惊艳的是限量麝香。这款酒呈深琥珀色，酒香浓郁，酒体浓稠，甜味悠长，却不会生腻或者过度。我自己储存了半瓶，已经超过 15 年了，而且在这期间，酒的质感没有任何退化。但是，只要开瓶了，就应该在 3 到 4 天内饮完。

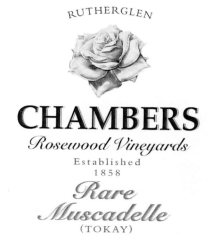

N.V. 顶级密思卡岱（Tokay）酒标

CLARENDON HILLS
克拉伦登山酒庄

酒品：各种产自单一葡萄园的歌海娜和席拉葡萄酒
庄园主：罗马·布里泰斯克（Roman Bratasiuk）
地址：363 The Parade, Kensington Park, SA, 5068, Australia
电话：(61) 8 8364 1484
传真：(61) 8 8364 1484
邮箱：clarendonhills@bigpond.com
网址：www.clarendonhills.com.au
联系人：罗马·布里泰斯克（Roman Bratasiuk）
参观规定：只接受预约访客

葡萄园

占地面积：200 英亩
葡萄品种：歌海娜、美乐、席拉、赤霞珠
平均树龄：歌海娜 75 年，美乐 25 年，席拉 75 年，赤霞珠 60 年
种植密度：行内间隔 3 英寸，行间间隔 6 英寸
平均产量：1.5~2 吨 / 英亩

酒的酿制

在克拉伦登山没有秘密，也没有虚夸。古老的葡萄树（自然生长、手工修剪、手工采摘）产量很少，葡萄在敞口不锈钢桶内自然发酵 14 到 21 天。只用法国橡木桶，在桶内陈化 18 个月后成熟（大部分还与酒糟接触）。克拉伦登山的酒不进行任何澄清和过滤，是为了保持本年份葡萄和葡萄园的特色，并且更好地搭配美食。

罗马·布里泰斯克

年产量

克拉伦登歌海娜（Clarendon Vineyard Grenache）：9,000 瓶
康格瑞拉歌海娜（Kangarilla Vineyard Grenache）：11,000 瓶
布卢伊特泉歌海娜（Blewitt Springs Vineyard Grenache）：9,000 瓶
希金博特姆歌海娜（Hickinbotham Vineyard Grenache）：8,000 瓶
罗马斯歌海娜（Romas Vineyard Grenache）：8,000 瓶
丽安达席拉（Liandra Vineyard Syrah）：14,000 瓶
莫里茨席拉（Moritz Vineyard Syrah）：12,000 瓶
布鲁克蒙席拉（Brookman Vineyard Syrah）：8,000 瓶
希金博特姆席拉（Hickinbotham Vineyard Syrah）：8,000 瓶
皮戈特阮哲席拉（Piggott Range Vineyard Syrah）：7,000 瓶
艾斯崔丽丝席拉（Astralis Vineyard Syrah）：8,000 瓶
平均价格（与年份有关）：40~90 美元

近期最佳年份

2003 年，2002 年，2001 年（这三个年份都非常突出），1998 年，1996 年，1992 年

罗马·布里泰斯克是麦克拉伦山谷一位具有传奇色彩的酿酒师，他坚持用老葡萄园区的葡萄自然酿酒。虽然他也认真酿一些美乐和赤霞珠，不过歌海娜和席拉才是世界顶级的。就像本书里介绍的很多其他酿酒者一样，他的酿酒哲学也是低产量、尽量减少人为干预并尊重葡萄园、葡萄和年份的特色。他说，与散布在麦克拉伦山谷的很多高科技、现代化的酒庄相比，自己的酒庄就像是葡萄栽培的"侏罗纪公园"。布里泰斯克钟爱法国名酒，他在法国待了很长一段时间，品尝过最好的席拉和歌海娜，以及赤霞珠和美乐。很明显，法国葡萄酒是他的参照，也正因为如此，他才选择用法国橡木桶，而不是美国橡木桶陈化葡萄酒，尽管后者在南澳大利亚非常流行。新橡木的使用比例

各不相同，歌海娜是30%，席拉较高，其中旗舰酒艾斯崔丽丝席拉最高，达到了100%。他所酿制的葡萄酒融合了典雅和澳大利亚酒的强烈，而且对于这样成熟和浓稠的葡萄酒来说，它们的陈化潜力非比寻常。

布里泰斯克很少得到澳大利亚媒体的赞扬，主要是因为他的倔强，以及对这种被澳大利亚大型酒厂出资购买的媒体的轻蔑。除此之外，只要品尝过一次克拉伦登山酒庄酿制的葡萄酒，你就会更加懂得布里泰斯克，这位对工作充满热情、对传统工艺倍加推崇的酿酒者，他通过认真地工作，实现了典雅和强烈的统一。

GRENACHE
歌海娜

2003 Blewitt Springs Vineyard Old Vines Grenache
布卢伊特泉古园歌海娜 2003

评分：94 分

罗马·布里泰斯克说，布卢伊特泉古园歌海娜 2003 是歌海娜的"多莉·帕顿（Dolly·Parton）"。布卢伊特泉古园的土壤中含有石英和沙子，很肥沃。这款葡萄酒呈宝石红紫色，芳香浓郁、撩人，混合着果香和甘草香，口感扎实，味道强烈。10 年以后饮用这款酒估计口感会更佳。最佳饮用期：现在开始到 2012 年。

2003 Clarendon Vineyard Old Vines Grenache
克拉伦登古园歌海娜 2003

评分：93 分

克拉伦登古园歌海娜 2003（葡萄树种植于 1920 年）散发出樱桃酱的香味，以及淡淡的甘草和土壤的清新。这款酒味道强烈、浓郁、丰富，适合在接下来的 7 到 10 年内饮用。

2003 Hickinbotham Vineyard Old Vines Grenache
希金博特姆古园歌海娜 2003

评分：93 分

希金博特姆古园歌海娜 2003 呈典雅的深宝石紫红色，散发出覆盆子、草莓、樱桃果酱、淡淡的无花果和木炭混合的浓郁芳香。这款酒的浓度比克拉伦登系列的更高。最佳饮用期：现在开始到 2012 年。

2003 Kangarilla Vineyard Old Vines Grenache
康格瑞拉古园歌海娜 2003

评分：94 分

康格瑞拉古园歌海娜 2003（园区的土壤多沙，上面覆盖着厚厚的黏土层）是歌海娜 2003 系列中除了最顶级的罗马斯外，口感最饱满的一款葡萄酒。这款酒酒体浓稠，散发出黑樱桃、覆盆子的果香，以及土壤、砂岩和凤仙花混合的

香味，酒味强烈、丰富，整体感觉绚丽而均衡，单宁的味道很容易辨识。它需要继续窖藏 1 到 2 年，然后在接下来的 10 到 15 年内饮用。

2003 Romas Vineyard Old Vines Grenache
罗马斯古园歌海娜 2003

评分：96 分

克拉伦登山的旗舰歌海娜当属罗马斯古园歌海娜 2003，这是一款最浓稠、最具特色的葡萄酒。这款酒是精选种植在布卢伊特泉葡萄园最高处的葡萄酿制而成的，酒体呈深宝石紫红色，散发出覆盆子和黑莓的果香，并混有一丝樟脑香。口感浓郁、丰富、高雅、令人陶醉。这款饱满而浓郁的葡萄酒装瓶 1 到 3 年味道最佳，应该可以存放 12 到 15 年。

2002 Blewitt Springs Vineyard Old Vines Grenache
布卢伊特泉古园歌海娜 2002

评分：93 分

布卢伊特泉古园歌海娜 2002 有着糖果、樱桃酒、胡椒粉和甘草的混合芳香，浓郁而饱满，并混有酸味和橡木味，以及单宁的味道。这款酒比较强烈、典雅，既复杂又绚丽，令人惊讶。在接下来的 10 年内饮用这款酒，一定会成为一次愉悦的品酒经历。

2002 Clarendon Vineyard Old Vines Grenache
克拉伦登古园歌海娜 2002

评分：95 分

克拉伦登古园歌海娜 2002 散发出樱桃酒、甘草和鲜花混合的清香。口感强烈、丰富而撩人，余韵悠长，隐约能品出一点单宁的味道，不过果香和甘油香仍占主导地位。这款毫无瑕疵的美酒适合在接下来的 10 到 14 年内饮用。

2002 Hickinbotham Vineyard Old Vines Grenache
希金博特姆古园歌海娜 2002

评分：92 分

希金博特姆古园歌海娜 2002 尝起来很像黑品诺，但它比 2003 年的年份酒更加撩人。它有着矿物质和香草的混合风味，味道很有层次感，也更加强烈，稠的酒体中隐约还有一丝烟草和土壤的味道。这款酒在装瓶后还能储藏 2 到 3 年，然后在 12 到 15 年后品尝。我认为此款酒并不能像希金博特姆 2003 那样给品酒者带来愉悦。

2002 Kangarilla Vineyard Old Vines Grenache
康格瑞拉古园歌海娜 2002

评分：94 分

康格瑞拉古园歌海娜 2002 的味道圆润而强烈，拥有纯净的樱桃酒的香味。酒体果香和甘油香四溢，口感丰富，余韵悠长。这款酒适合在接下来的 10 到 15 年内饮用。

2002 Romas Vineyard Old Vines Grenache
罗马斯古园歌海娜 2002

CLARENDON HILLS

OLD VINES GRENACHE

CLARENDON

2002

Hickinbotham Vineyard

750ML

罗马斯古园歌海娜 2002 酒标

评分：96 分

罗马斯古园歌海娜 2002 呈宝石紫红色，拥有浓郁的黑莓、松露、亚洲香料、无花果和甘草混合的香味。味道强烈、饱满而富有层次，酒体浓稠。这款葡萄酒可以现在品尝，也可以先窖藏 10 到 12 年。歌海娜该系列的产量分别为 800 到 1000 箱。有趣的是，对比 2002 年和 2001 年的年份酒，罗马·布里泰斯克认为歌海娜 2001 系列比 2002 系列更为出色，但是 2002 年却酿出了最好的席拉葡萄酒。

2001 Blewitt Springs Vineyard Old Vines Grenache
布卢伊特泉古园歌海娜 2001

评分：95 分

布卢伊特泉古园歌海娜 2001 呈深紫红色，拥有浓郁的红莓和黑莓的果香，以及鲜花、香料和凤仙花的芳香，味道浓厚、丰富、圆润而均衡。这款美酒真是令人无法抗拒！最佳饮用期：现在开始到 2012 年。

2001 Clarendon Vineyard Old Vines Grenache
克拉伦登古园歌海娜 2001

评分：95 分

克拉伦登古园歌海娜 2001 香味浓郁，有着淡淡的胡椒、香草、梅子、无花果、黑莓和橡木混合的清香。味道强烈、浓厚，富有层次感，整体和谐均衡而纯净，非常完美。这款酒是古园歌海娜最杰出的代表，适合在未来的 10 年内饮用。

2001 Hickinbotham Vineyard Old Vines Grenache
希金博特姆古园歌海娜 2001

评分：92 分

希金博特姆古园歌海娜 2001 也是备受赞誉的酒品之一。这款酒味道强烈、丰富，口感高雅、淳朴，散发出浓郁的果香，并混有胡椒和甘草的香味。这款酒适合在接下来的 10

年内饮用。

2001 Kangarilla Vineyard Old Vines Grenache
康格瑞拉古园歌海娜 2001

评分：95~97 分

康格瑞拉古园歌海娜 2001（葡萄树龄长达 80 年）呈绚丽的深紫色，散发出紫罗兰的清香和黑莓、覆盆子、甜草莓的果香，性感撩人。酒体扎实、清透而浓稠，酒味强烈、丰富而和谐，余韵悠长，酒香可持续 45 秒之久。这款经典的歌海娜葡萄酒适合在未来的 15 年内饮用。

2001 Romas Vineyard Old Vines Grenache
罗马斯古园歌海娜 2001

评分：98 分

或许宣称罗马斯古园歌海娜 2001 是目前为止罗马·布里泰斯克所酿制的最经典的葡萄酒还为时尚早，但的确也很难想象还会有其他葡萄酒能超越这款。这款酒几乎完美无缺，酒体呈深紫红色，味道刚开始很清淡，但接着就会散发出浓郁而纯净的芳香，并伴有覆盆子、黑莓和胡椒混合的香味，隐约中还有一丝香料和树木的清新，最后还会涌出焚香的味道。这款酒味道强烈却不过度，纯净而又不乏绚丽，浓稠的果汁和甘油令其口感极佳，让人回味无穷。它真是酒中极品啊！最佳饮用期：现在开始到 2016 年。

1999 Blewitt Springs Vineyard Old Vines Grenache
布卢伊特泉古园歌海娜 1999

评分：92 分

钟爱华丽的品酒者，一定会对这款特别的布卢伊特泉古园歌海娜 1999（酒精含量为 14.5%）情有独钟。该酒味道清新，覆盆子的果香中混合着一丝桃子和杏的味道，这表明酿酒时葡萄已经完全成熟了。这款酒味道强烈、饱满、浓郁，余韵悠长，甘油的润滑和果汁的甘甜让它的口感极佳。这款酒适合在接下来的 6 到 7 年内饮用。

1999 Kangarilla Vineyard Old Vines Grenache
康格瑞拉古园歌海娜 1999

评分：91 分

康格瑞拉古园歌海娜 1999（酒精含量为 14.5%）的味道与教皇新堡红酒（Chateauneuf du Pape）很相似。这款酒的酒量、酒味和酒香都达到了很高的标准，散发着樱桃酒的味道、还混合着黑覆盆子和樱桃的果香，以及一丝焚药草和香脂木的味道。酒体呈紫红色，酒味浓郁而富有层次感。我认为这款酒适合在接下来的 3 到 5 年内饮用。

1999 Romas Vineyard Old Vines Grenache
罗马斯古园歌海娜 1999

评分：92 分

罗马斯古园歌海娜 1999 有新橡木的味道，让人感觉非常舒服、温馨。这款酒散发出浓郁的樱桃酒、覆盆子、樱桃和无花果混合的芳香，酒味强烈（酒精含量为14.5%）而丰富，重度和酒量也恰到好处，味道富有层次感，口感甚佳。该酒可以保存7到9年的时间。

1998 Blewitt Springs Vineyard Old Vines Grenache
布卢伊特泉古园歌海娜 1998

评分：92 分

布卢伊特泉古园歌海娜1998呈深宝石红色，有着覆盆子和草莓的果香，伴有香木、药草和胡椒的味道，并混合着泥土的清新。酒精含量高，酒香浓郁，令人陶醉。另外甘油含量高，口感极佳。这款葡萄酒现在就可以饮用，也可以再窖藏5到7年。

1998 Clarendon Vineyard Old Vines Grenache
克拉伦登古园歌海娜 1998

评分：93 分

这款酒目前仍然年轻而有活力，酒体呈深紫红色，甘甜的樱桃酒味混合着熟透了的桃子和樱桃的果香。酒味强烈而饱满，很有层次感，酸性适中，口感极佳。这款轰动一时的古园歌海娜应该在未来的10到13年内饮用。

1998 Kangarilla Vineyard Old Vines Grenache
康格瑞拉古园歌海娜 1998

评分：90 分

康格瑞拉古园歌海娜1998呈宝石红色，有着胡椒和普罗旺斯香草的芳香，味道较为强烈，柔润而淳朴，单宁含量适中，余韵丰富悠长，令人陶醉。这款酒适合在接下来的5到7年内饮用。

SYRAH
席拉

2003 Astralis Vineyard Syrah
艾斯崔丽丝席拉 2003

评分：99+ 分

克拉伦登山艾斯崔丽丝葡萄园中，最经典的席拉酒当属艾斯崔丽丝席拉2003，这款酒总共有600到800箱。之前我已经说明，与著名的奔富酒园葡萄酒相比，这款艾斯崔丽丝席拉具有以下特点：①更加天然，不添加单宁；②酿酒的葡萄来自同一个葡萄园；③不是由公司企业酿制的；④在法国橡木桶中陈化，而非美国橡木桶；⑤明确地保留了地域特色。不过，这款酒应该在10年后饮用，而不是现在。作为最具代表性的席拉葡萄酒，艾斯崔丽丝席拉2003备受瞩目，同样令人赞叹的还有艾斯崔丽丝席拉2002。酒体呈黑紫色，散发出白色花朵、巧克力、黑果和咖啡混合的芳香，酒味纯净、强烈而有质感。该酒应该在酒窖中再陈放5到8年。最佳饮用期：2012到2025+。

2003 Brookman Vineyard Syrah
布鲁克蒙席拉 2003

评分：95 分

布鲁克蒙席拉2003呈深紫色，有着浓郁、纯净的蓝莓和黑莓果香，以及樟脑、香料和松露的味道。酒味饱满，口感极佳，单宁的味道完全融入酒中，令人回味无穷。再过10到15年，这款酒的味道会更好。

2003 Hickinbotham Vineyard Syrah
希金博特姆席拉 2003

评分：95+ 分

希金博特姆席拉2003非常惊艳。酒体散发出甘草、烟熏、黑加仑和烤肉的味道，酒味强烈、饱满。这款高雅、均衡的席拉葡萄酒在接下来的2到3年内，味道会达到巅峰，而且还能存放15年之久。

2003 Liandra Vineyard Syrah
丽安达席拉 2003

评分：93 分

丽安达席拉2003散发出浓郁的黑果、胡椒、香草和甘草混合的味道。酒味强烈而富有层次，而且异常纯净（克拉伦登山葡萄酒的共同特点）。2 到 3 年后为最佳饮用时间，而且还能存放 12 到 15 年。

2003 Moritz Vineyard Syrah
莫里茨席拉 2003

评分：93 分

莫里茨席拉 2003 最出众的是它的和谐和纯净。酒体呈饱和的宝石紫红色，散发出黑果的甘甜、花朵的芬芳、咖啡和巧克力混合的味道。口感如天鹅绒般丝滑，余韵悠长，均衡和谐。该酒早期味道就不错，5 到 7 年以后会达到巅峰，而且还可以存放 15 到 16 年。

2003 Piggott Range Vineyard Syrah
皮戈特阮哲席拉 2003

评分：93+ 分

酿制皮戈特阮哲席拉 2003 的葡萄来自土壤为多石页岩的葡萄园。这款席拉酒只有耐心的顾客才能买到。该酒口感丰富，味道饱满、精纯，散发出鲜花的芬芳、蓝莓的果香、甘草的清新，以及胡椒和矿物质的味道。酒味较强烈，均衡感和高贵感达到了惊人的和谐。因为味道中隐藏着浓重的单宁，所以我认为它还需要陈放 4 到 5 年的时间。另外，它还能存放 20 到 25 年。这款席拉 2003 的风格很像法国葡萄酒。

2002 Astralis Vineyard Syrah
艾斯崔丽丝席拉 2002

评分：99 分

艾斯崔丽丝席拉 2002 足以与罗马·布里泰斯克在其 15 年的职业生涯中酿制的任何一款名酒相媲美。酿制该酒的葡萄产自有着 75 年历史的古老席拉葡萄园。酒体呈蓝黑色，味道凸显了葡萄园的特色。一打开酒瓶，鲜花的芬芳、加仑的刺鼻、黑莓的果香、烤肉的焦味以及新皮革和泥土的味道扑鼻而来，尝一口，味道强烈、浓郁。这款酒单宁甘甜，口感润滑，回味绵长，给人难以置信的雅致和高贵的感觉。很多欧洲著名人士称，澳大利亚葡萄酒味道太重，但恰恰是这些天赋过人，富有远见的酿酒者们，在古老的葡萄园中收获了成熟而纯净的葡萄，并用它们酿出了具有欧洲风格的葡萄酒，只是更为饱满和浓厚，而艾斯崔丽丝席拉 2002 便是其中杰出的代表。最佳饮用期：2012 到 2025+。

2002 Brookman Vineyard Syrah
布鲁克蒙席拉 2002

评分：96 分

布鲁克蒙席拉 2002 比 2003 更令人赞叹。这款酒现在仍处于初期，酒体呈饱满的蓝紫色，散发出黑莓和蓝莓的果香，另外还混合着鲜花、石墨、香草、咖啡和甘草的味道。酒的味道浓郁、丰富，悠长的余韵可以持续一分钟以上。另外，果香和甘油的味道遮盖了单宁浓重的味道。建议装瓶后再存放 3 到 5 年以上，然后在未来的 20 年内饮用。

2002 Hickinbotham Vineyard Syrah
希金博特姆席拉 2002

评分：97 分

希金博特姆席拉 2002 呈饱满的紫色，有着墨香、黑莓的果香、甘草的清新，以及烟熏味和咖啡和加仑的味道。酒的味道浓厚而富有层次，而且特色鲜明，这就是罗马·布里泰斯克最擅长的——为味道强烈而浓厚的古老葡萄赋予鲜明的特色和优雅的高贵。这款酒可能是我尝过的该葡萄园所酿的最好的葡萄酒。虽然这款酒现在就可以饮用，不过再陈放 20 年以上会更好。

2002 Liandra Vineyard Syrah
丽安达席拉 2002

评分：93 分

丽安达席拉 2002 有着黑果、洋槐花和胡椒的味道，隐约中还带有新橡木的味道。酒味强烈、饱满而优雅，余韵悠长。这款席拉酒建议在接下来的 10 到 15 年内饮用。

2002 Moritz Vineyard Syrah
莫里茨席拉 2002

评分：95 分

莫里茨席拉 2002 风味淳朴，酒体多汁、浓厚而精纯，颜色为饱满的紫色，散发出木榴油、洋槐花、黑莓和黑茶混合的味道，很像澳大利亚版 50% 科尔纳斯（Cornas）和 50% 埃尔米塔日（Hermitage）的混合体。建议装瓶后再存放 2 到 3 年，然后在以后的 15 年内饮用。

2002 Piggott Range Vineyard Syrah
皮戈特阮哲席拉 2002

评分：97 分

皮戈特阮哲席拉 2002 酒体呈黑紫色，味道绚丽，余味悠长，有着碎岩石的味道，还有烤肉味，黑莓和蓝莓的果香，以及松露、香料和咖啡的味道。尝一口这款浓郁、绚丽的席拉酒，层层加仑的香醇和甘油的润滑会淹没你的味蕾，特色鲜明而清晰。这款酒更适合有耐心的品酒家，建议在酒窖中再陈放 4 到 5 年，而且该酒应该还能存放 20 年之久。皮戈特阮哲席拉鲜明的特色是值得称赞的，因为该葡萄园中的葡萄树都是自然生长，树龄达 35 到 40 年之久。

2001 Astralis Vineyard Syrah
艾斯崔丽丝席拉 2001

评分：99 分

艾斯崔丽丝席拉 2001 可能与 2002 一样引人注目。墨香、黑莓果香、甘草香、咖啡香以及洋槐花香融合在一起，酒味浓郁，单宁的味道甘甜，一点也不过度。这款杰出的席拉葡萄酒在 10 到 12 年间味道会最好，而且还可以存放 30 到 40 年。

2001 Brookman Vineyard Syrah
布鲁克蒙席拉 2001

评分：94 分

布鲁克蒙席拉 2001 给人留下的印象非常深刻。酒体呈饱满的蓝紫色，散发出烟草、甘草、洋槐花和黑果混合的香味。酒味强烈而浓郁，至少还能存放 20 年之久。

2001 Hickinbotham Vineyard Syrah
希金博特姆席拉 2001

评分：95 分

这款希金博特姆席拉 2001 彻底征服了我。酒味浓烈，散发出黑莓果香，另外还混合着甘草、香子兰、烟草和泥土的芬芳，口感润滑、绵密，令人回味无穷。尝一口，它的味道能在嘴中弥漫开来，足足能停留 60 秒钟。最佳饮用期：2007~2020 年。

2001 Liandra Vineyard Syrah
丽安达席拉 2001

评分：93 分

丽安达席拉 2001 有着洋槐花的芳香，隐约中还能闻到黑莓果香、葡萄干香以及甘草和香子兰的味道。酒味强烈、浓重，在嘴中缓慢而又有节奏地成倍增加。最佳饮用期：现在开始到 2018 年。

2001 Moritz Vineyard Syrah
莫里茨席拉 2001

评分：93 分

莫里茨席拉 2001 的味道比 2002 更加优雅。酒体浓稠，花香满溢，隐约中还能闻到黑莓、木榴油、泥土和橡木混合的味道。尽管酒味极其浓郁，但这款席拉葡萄酒的味道到 2007 年才会达到最佳，并且能持续到 2020 年。

2001 Piggott Range Vineyard Syrah
皮戈特阮哲席拉 2001

评分：96 分

皮戈特阮哲席拉 2001 可能是克拉伦登山席拉系列葡萄酒中，与 2002 年份酒最为相近的一款。该酒散发出馥郁的黑果香，隐约中还有丝丝香子兰、烟草和石墨混合的香味。酒味浓烈、厚重，连绵不绝。2008 到 2025 年间味道会最佳。

1999 Astralis Vineyard Syrah
艾斯崔丽丝席拉 1999

评分：92 分

与我第一次品尝该酒相比，这次的味道更好，不过仍然没有完全成熟。艾斯崔丽丝席拉 1999 呈紫色，有着浓郁的黑莓香，以及甘草和香料的味道。该酒酒味强烈、复杂，很有层次感。大约 6 到 7 年以后酒味会达到最佳。最佳饮用期：2008~2025 年。

1998 Astralis Vineyard Syrah
艾斯崔丽丝席拉 1998

评分：98 分

艾斯崔丽丝席拉 1998 刚刚开始从相对休眠的状态中苏醒过来。现在这款酒的味道最佳，这再一次表明，克拉伦登山酿制的酒比产自欧洲的酒，在装瓶后需要更长的时间味道才会成熟。该酒酒体呈饱满的蓝紫色，散发出成熟的果香，以及石墨、香子兰、矿物质和香草混合的味道。酒味扎实、绵密而悠长（将近 50 秒钟），很好地遮盖了单宁的酸味。这款酒现在没有辜负人们的期望，呈现出该年份葡萄备受赞誉的品质。3 年前，我说这款酒还需要在酒窖中陈放 5 年左右的时间，不过现在我认为它还需要再陈放 4 到 6 年的时间才会变得较为成熟。毫无疑问，这款特色鲜明、层次丰富的席拉酒当属世界顶级的葡萄酒，而且一定会成为经典。最佳饮用期：2007~2030 年。

1998 Brookman Vineyard Syrah
布鲁克蒙席拉 1998

评分：94 分

布鲁克蒙席拉 1998（900 箱）与罗纳葡萄酒很相似。这款席拉葡萄酒特色鲜明、纯度高，酒体浓稠，呈不透明的紫色，散发出胡椒、黑茶、矿物质和甘草混合的味道。尝一口，酒味强烈，口感润滑，余韵悠长。该酒现在就可以饮用，也可以再等 10 到 15 年。

1998 Hickinbotham Vineyard Syrah
希金博特姆席拉 1998

评分：92 分

希金博特姆席拉 1998（600 箱）呈黑紫色，酒味强烈、饱满，酒体精纯，散发出黑茶的烟熏味以及黑莓和橡木的味道，果味纯净，而且还带着泥土香和胡椒味。建议在接下来的 7 到 10 年内饮用这款经典的席拉葡萄酒。

1998 Piggott Range Vineyard Syrah
皮戈特阮哲席拉 1998

评分：92 分

皮戈特阮哲席拉 1998（900 箱）给我留下了极其深刻的印象。该酒散发出淡淡的薄荷味黑莓果香，酒味强烈、纯净，酒体浓稠、精纯。这款席拉酒还应该存放 10 到 15 年的时间。

1997 Astralis Vineyard Syrah
艾斯崔丽丝席拉 1997

评分：98 分

艾斯崔丽丝席拉 1997 完美地呈现了该年份酒和葡萄品种的特色。该酒酒体为饱满的紫色，现在刚刚开始显现席拉葡萄酒的胡椒味以及浓郁的黑莓果香和加仑的味道，而且新橡木的味道被彻底吸收了，口感柔润而成熟。不过，现在这款酒还非常年轻，再陈放一段时间，其味道一定会更加丰富和复杂。最佳饮用期：2006~2024 年。

1996 Astralis Vineyard Syrah
艾斯崔丽丝席拉 1996

评分：97 分

这款酒现在还不成熟，还需要在酒窖中陈放 10 年以上的时间。酒味精纯、强烈，层次丰富，果香浓郁，单宁含量高。该酒虽然呈现出单宁和酒精的和谐均衡，不过仍像从酒桶中取出的样品，而非已有 7 年历史的成品酒。最佳饮用期：2009~2040 年。

1995 Astralis Vineyard Syrah
艾斯崔丽丝席拉 1995

评分：96 分

强烈的酒味混合着黑莓果香、烟草清香以及一丝熏肉和鲜花的味道。这款酒的味道有细微的差别，酒体黏稠，酒味丰富，可以与新、旧世界酿制的任何席拉葡萄酒相媲美。该酒果香馥郁，甘油含量高，整体均衡协调。最佳饮用期：2006~2027 年。

1994 Astralis Vineyard Syrah
艾斯崔丽丝席拉 1994

评分：95 分

该年份的这款酒（仅仅酿制了 150 箱）首次吸引我的注意，是在一次盲品会上。该酒呈深紫色，散发出黑果的甘甜，以及咖啡、甘草、松露和烟草混合的味道。酒味强烈，口感柔润，余韵悠长，在嘴中能弥漫 40 到 45 秒，单宁的味道很甘甜。该酒虽然已经比较成熟了，不过再陈放 3 到 4 年一定会更加完美。它至少还能存放 20 年之久。

GREENOCK CREEK VINEYARD & CELLARS
格里诺克·克里克葡萄园与酒庄

酒品：单一葡萄园席拉葡萄酒系列，和伦费尔特葡萄酒（Roennfeldt Wines）

庄园主：迈克尔·沃（Michael Waugh）和安娜贝勒·沃（Annabelle Waugh）

地址：Radford Road, Seppeltsfield, SA, 5360, Australia

电话：(61) 8 85628 103

传真：(61) 8 85628 259

邮箱：greenockcreek@ozemail.com.au

联系人：迈克尔·沃和安娜贝勒·沃（Michael or Annabelle waugh）

参观规定：每天都对外开放，除了星期二、耶稣受难日和圣诞节之外；开放时间为11:00am-5:00pm

葡萄园

占地面积：45 英亩

葡萄品种：赤霞珠、歌海娜

平均树龄：35 年

种植密度：每行间隔 12 米，葡萄植株间隔 7 到 8 米，大约 480 株 / 英亩

平均产量：1~1.75 吨 / 英亩

酒的酿制

格里诺克·克里克酒庄的目标是酿制柔润的葡萄酒，在酒窖中陈放相当长的一段时间，以达到酒精、果汁和酸性的平衡。葡萄在敞口及容量达 4 到 8 吨的石质发酵罐中发酵，然后转移到大酒桶中进行酸发酵。这两种雷德福路葡萄酒都陈放在新橡木桶中（席拉酒陈放在美国新橡木桶中，而赤霞珠酒则陈放在法国新橡木桶中），36 个月以后装瓶，然后再存储 2 年才对外销售。其他席拉酒和赤霞珠酒分别装在美国和法国大酒桶中存放 12 个月，而歌海娜则装在法国橡木桶中陈化 16 个月，大酒桶新旧橡木的比例大约为 12:1。7 月份时，葡萄酒不进行过滤直接装瓶，并于每年的 9 月中旬对外销售。

年产量

康纳斯顿歌海娜（Cornerstone Grenache）：2,250 瓶

赤霞珠（Cabernet Sauvignon）：3,500 瓶

七英亩席拉（Seven Acre Shiraz）：5,000 瓶

克里克区席拉（Creek Block Shiraz）：2,750 瓶

爱丽丝席拉（Alice's Shiraz）：15,000 瓶

爱普瑞科特区席拉（Apricot Block Shiraz）：9,000 瓶

伦费尔特路席拉（Roennfeldt Road Shiraz）：2,500 瓶

伦费尔特路赤霞珠（Roennfeldt Road Cabernet Sauvignon）：600 瓶

平均价格（与年份有关）

伦费尔特路葡萄酒系列：220~300 美元

席拉葡萄酒系列：45~85 美元

近期最佳年份

格里诺克·克里克酒庄的第一个酿酒年份是 1984 年，所以并没有太多选择。不过到现在为止，还没有一个糟糕的年份，其中以 1992 年到 1994 年最为出色。

格里诺克·克里克酒庄的酿酒者非常传统，他们网罗芭萝莎地区古老的、自然生长的、低产量的葡萄园，酿制了大量的红葡萄酒。这些酒酸性均衡，并且拥有很大的陈放潜力。庄园主迈克尔·沃和安娜贝勒·沃是罗克福德桀骜不驯的奥卡拉汉（O'Callaghan）的学生（奥卡拉汉是芭萝莎地区用古老席拉酿酒的创始人）。他们酿制的传统歌海娜和赤霞珠葡萄酒非常出众，不过最经典的仍然是单一园区席拉葡萄酒系列，以及两种伦费尔特路席拉和赤霞珠葡萄酒系列。酿酒用的所有葡萄都来自 19 世纪初开垦的葡萄园区，石灰石和蓝灰砂岩上是厚厚一层由冲积形成的黏土、红壤，沙壤土上还散布着花岗岩。沃夫妇从来不购买葡萄，每年只用葡萄园中自然成熟的葡萄酿酒，其中顶尖葡萄园区有：

伦费尔特路席拉（玛若诺格葡萄园）（Marananga Vineyard）：这个占地 3 英亩的葡萄园已经有 70 年的历史了，园区的土壤是红壤，平均产量为 1 吨 / 英亩。

伦费尔特路赤霞珠（玛若诺格葡萄园）（Marananga Vineyard）：这个已经有 70 年历史的葡萄园占地仅仅 1 英亩，园区土壤为黏土，平均产量为 1 吨 / 英亩。

克里克区席拉（赛普斯菲尔德葡萄园）（Seppelts-field Vineyard）：这个葡萄园已有 50 年的历史，产量为 2~2.5 吨 / 英亩，园区土壤为冲积形成，非常肥沃。

七英亩席拉（赛普斯菲尔德葡萄园）（Seppeltsfield Vineyard）：七英亩席拉葡萄园园区为红色沙壤土，其下是石灰石和蓝灰砂岩，削减产量后，产量为 1~1.5 吨 / 英亩。

爱普瑞科特区席拉（玛若诺格葡萄园）（Marananga Vineyard）：沃家族最新开发的葡萄园。该园区位于一个陡峭的坡上，占地 9 英亩，土壤中富含花岗岩和黏土。年轻的植株种植于 1995 年。

爱丽丝席拉（赛普斯菲尔德葡萄园）（Seppeltsfield Vineyard）：该葡萄园占地 14 英亩，园区土壤为重沙壤土和轻沙壤土，土壤下面是花岗岩。葡萄园所在的土坡面朝西，年产量为 1~1.5 吨 / 英亩。这是沃家族最年轻的葡萄园，植株种植于 1997 年。

对于一个酿酒首年份为 1984 年的酒庄，尽管提供葡萄的芭萝莎葡萄园已有很长的历史，但所酿的酒始终保持着较高的水准，不论是芭萝莎地区经典的年份，还是比较困难的年份。该酒庄葡萄酒的品质令我感到十分震惊，毫无疑问，这要归功于庄园主的不懈努力。不过，除此之外，克里斯·林兰（Chris Ringland）这位澳大利亚的酿酒天才也功不可没。

ROENNFELDT ROAD CABERNET SAUVIGNON
伦费尔特路赤霞珠

1998 Roennfeldt Road Cabernet Sauvignon
伦费尔特路赤霞珠 1998

评分：100 分

伦费尔特路赤霞珠 1998 拥有酿于波尔多经典年份如 1945 年、1947 年、1959 年、1961 年和 1982 年葡萄酒的精纯。该葡萄酒加仑的芳香四溢，酒味浓郁而强烈，在嘴中久久消散不去，能足足停留 60 秒以上。这款赤霞珠红酒味道丰富，具有很大的潜力，现在还需要在酒窖中陈放 2 到 3 年或者更久，在未来的 20 年内味道会最好。可惜的是，这款杰出的澳大利亚顶级红葡萄酒的产量非常有限。

1997 Roennfeldt Road Cabernet Sauvignon
伦费尔特路赤霞珠 1997

评分：93+ 分

伦费尔特路赤霞珠 1997 呈深紫红色，酒味浓郁，散发出强烈的加仑味道，并混合着树木、香子兰、雪松木和烟草的味道。这款酒口感复杂，酒体精纯，味道丰富、强烈，酒

香在嘴中能停留 60 秒以上。这个芭萝莎山谷的传奇，还应该陈放 20 年时间。最佳饮用期：现在开始到 2025 年。

1996 Roennfeldt Road Cabernet Sauvignon
伦费尔特路赤霞珠 1996

评分：94 分

伦费尔特路赤霞珠 1996（120 箱，酿酒所用的葡萄均采自拥有 50 年历史的葡萄园）是迈克尔·沃和克里斯·林兰在芭萝莎的罗克福德酒庄酿制的。这款赤霞珠在法国新橡木桶中陈放了 3 年之久。该酒的酒精含量为 13.4%，与芭萝莎地区的标准相比较低。酒体呈不透明的紫色，散发出蓝莓和黑莓浓郁的果香，另外还混合着鲜花、樟脑和香子兰的味道。酒味强烈、饱满，口感丰润、纯净并富有层次感。这真是意味深长的一款酒啊！最佳饮用期：现在开始到 2020 年。

1995 Roennfeldt Road Cabernet Sauvignon
伦费尔特路赤霞珠 1995

评分：99 分

酿制伦费尔特路赤霞珠 1995 的葡萄全部采摘于拥有 50 年历史的葡萄园。该酒在法国新橡木桶中陈放了 3 年，完美地吸收了橡木的味道。这款轰动一时的赤霞珠葡萄酒呈紫色，散发出木炭香，以及黑醋栗、雪松木、矿物质和甘草的味道。该酒酒味强烈、饱满，口感纯净且富有层次，果香成熟、均衡。尝一口，各种层次的果香滑过味蕾，却没有明确的分界线，香气在嘴中四溢，久久消散不去。这款经典的红酒现在就可以饮用，不过最好还是再存放 1 到 2 年或者更久。最佳饮用期：现在开始到 2025 年。

ROENNFELDT ROAD SHIRAZ
伦费尔特路席拉

1998 Roennfeldt Road Shiraz
伦费尔特路席拉 1998

评分：98+ 分

就像伦费尔特路赤霞珠一样，酿制伦费尔特路席拉 1998（235 箱）的葡萄全部采摘于产量只有 0.75~1 吨／英亩的葡萄园中，酒体浓度极高。这款红葡萄酒酒味强烈、饱满，散发出黑莓浓郁的果香，尝一口，香气在嘴中回荡，能停留 60 秒以上。该酒酒体精纯，味道丰富，潜力无穷。虽然席拉葡萄酒的味道与赤霞珠相比更容易受影响，不过这款席拉酒的味道仍然非常地道。可惜的是，这款世界顶级的澳大利亚红葡萄酒产量非常有限。最佳饮用期：2007~2025+。

1997 Roennfeldt Road Shiraz
伦费尔特路席拉 1997

评分：98+ 分

伦费尔特路席拉 1997 几乎是完美的。酒体呈不透明的紫色，散发出黑莓酒香，还混合着松露和泥土的清香。酒味

强烈、浓郁，口感多汁、润滑，不同层次的酒香撩动着人的味蕾，绵延不绝、均衡和谐，余韵长达 55 秒。这款酒现在还非常年轻，应该在 3 到 4 年后味道会最好，而且还能保存 20 年之久。

1996 Roennfeldt Road Shiraz
伦费尔特路席拉 1996

评分：100 分

伦费尔特路席拉 1996 酒体呈黑紫色，散发出浓郁的烟草、木炭香，以及黑莓酒香和一丝烤土司的味道。尝一口，味道精纯，不同层次的香气在嘴中弥漫，却不会过度，很难在其他地方找到比它更精纯的葡萄酒了。尽管单宁的含量较高，不过丰富的果味和甘油却很好地遮盖了这一点。所有这些都彰显了酿酒者高超的技艺，因此值得大家花重金购买这款席拉酒。最佳饮用期：现在开始到 2018 年。

1995 Roennfeldt Road Shiraz
伦费尔特路席拉 1995

评分：100 分

这款席拉葡萄酒味道较甜，散发出黑莓酒香，另外还混合着矿物质、烟草和松露的味道。酒味浓郁、饱满，却不过度，香气充溢，在嘴中足以停留一分钟时间。酒体纯净而精炼，味道奇特而富有层次，堪称席拉葡萄酒中的佼佼者，也是我所尝过的最棒的席拉酒之一。最佳饮用期：现在开始到 2030 年。

SHIRAZ SINGLE-VINEYARD CUVÉES
单一葡萄园席拉葡萄酒系列

2001 Apricot Block Shiraz
爱普瑞科特区席拉 2001

评分：99+ 分

爱普瑞科特区席拉 2001 是芭萝莎地区席拉葡萄酒的典型代表。这款酒酒体呈深紫红色，散发着黑色覆盆子果香、洋槐花香，以及其他香料的味道。酒味强烈、浓郁，口感绵密、纯净，有层次感。该酒初期就可以品尝，或者也可以陈放到 2018~2020 年。

2001 Creek Block Shiraz
克里克区席拉 2001

评分：100 分

克里克区席拉 2001 完美无瑕。酒体呈深紫色，散发着烟灰和焦油的味道，还混合着松露、黑莓和加仑的味道。甘油含量高，酒味强烈而浓郁，余韵悠长，该酒具备了葡萄酒的精髓。最佳饮用期为：2008~2020 年。

2001 Seven Acre Shiraz
七英亩席拉 2001

评分：98 分

七英亩席拉 2001 呈深紫色，酒体精纯，酒味强烈，余韵悠长，口感高雅而纯净。这款席拉葡萄酒在酿制过程中没有使用新橡木桶，所以保留了葡萄和葡萄园的特色。最佳饮用期为：2008 年到 2022 年。

2000 Apricot Block Shiraz
爱普瑞科特区席拉 2000

评分：96 分

爱普瑞科特区席拉 2000 是芭萝莎地区该年份的代表。酒体呈紫红色，不透明，精炼而纯净，酒味强烈而浓郁，口感极佳，绵密而有质感。这款芭萝莎地区的经典名酒，余韵悠长，香气在嘴中弥漫长达 60 秒。尽管现在酒还不够成熟，不过仍然显现出巨大的潜力，就算该年份很具挑战性。最佳饮用期为：现在到 2018 年。

2000 Seven Acre Shiraz
七英亩席拉 2000

评分：94+ 分

七英亩席拉 2000 比爱普瑞科特区席拉酒更具泥土气息，它的酒体散发着焦油和木榴油，以及黑加仑和甘草的味道，隐约还有一丝松露的味道。虽然比其他席拉更加强烈、原始、野性，但是这款酒的口感非常绵密、酒味浓郁而饱满。最佳饮用期为：现在到 2014 年。

1999 Apricot Block Shiraz
爱普瑞科特区席拉 1999

评分：93 分

爱普瑞科特区席拉 1999，酒体呈现紫色，不透明，各种不同的香气混合在一起，有白色花朵、胡椒、甜黑莓、甘草和黑加仑的味道。酒味纯净、强烈，口感丰富，有层次，酸性较低，单宁的味道也成熟了。请在未来 12 年到 14 年间，品尝这款魅力十足的美酒。

1999 Creek Block Shiraz
克里克区席拉 1999

评分：96 分

那黑加仑、鞍皮革、香子兰、香料和雪松的味道，让人想起产自波尔多地区的葡萄酒。将酒倒入玻璃酒杯中，席拉葡萄酒的特点（拥有沥青和黑莓的味道）就显现出来了。酒体浓缩、精纯，酒味强烈、浓郁，却不过度，而且单宁含量和酸度达到了平衡。这款经典的席拉葡萄酒，应该能陈放 20 年，而且毫不费力。最佳饮用期为：2006~2020 年。

1999 Seven Acre Shiraz
七英亩席拉 1999

评分：94 分

七英亩席拉 1999，酒体呈紫色，不透明，甘草的清新混合着黑莓果酱的甘甜，还混合着白色鲜花、胡椒和一丝土司的味道。酒味饱满、丰富，口感绵密、纯净，酒香撩人，能

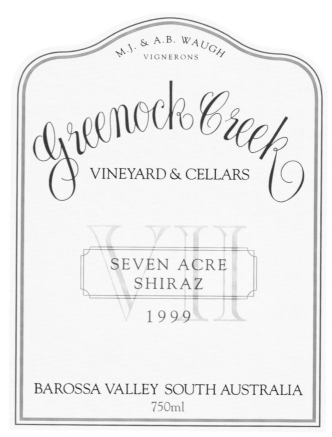

七英亩席拉 1999 酒标

在嘴中停留将近 40 秒钟。这款极具魅力的席拉葡萄酒（750 箱），代表了芭萝莎山谷所能酿制的最杰出的葡萄酒。最佳饮用期为：现在到 2019 年。

1998 Apricot Block Shiraz
爱普瑞科特区席拉 1998

评分：94 分

这款 100% 席拉葡萄酒呈深紫红色，不透明，酒体散发着沥青、烟草、黑莓和黑醋栗的味道。酒味浓郁、强烈，口感复杂、纯净，而且平衡、和谐。这款高度浓缩的葡萄酒，从现在开始一直到 2020 年，口感最佳。

1998 Creek Block Shiraz
克里克区席拉 1998

评分：98 分

这款席拉葡萄酒散发着牛血、新鞍皮革、黑莓利口酒、烟草和泥土的味道。酒味强烈、浓郁，酒香持久，口感精纯、成熟，体现了酿酒的高超技艺，不过可惜的是，酒量非常少。看起来，这款酒应该可以存放 20 到 30 年的时间。

1998 Seven Acre Shiraz
七英亩席拉 1998

评分：92 分

格里诺克·克里克葡萄酒，酒味普遍强烈，而这款席

拉葡萄酒却与众不同，口感高贵、典雅。该酒酒体呈深紫红色，散发着黑覆盆子果香，还混合着黑莓、红醋栗、胡椒和香木的味道。酒味浓重、饱满，口感绵密。其中单宁的味道，还需要一段时间才能成熟，不过这款酒应该还能存放10到13年之久，届时味道将会更佳。

1997 Creek Block Shiraz
克里克区席拉 1997

评分：95 分

克里克区席拉 1997 的酒体呈紫色，不透明，酒香甘醇，尝一口，香气在嘴中弥漫，久久不会散去。这款味道强烈的席拉葡萄酒，可以称做是席拉酒中的皇后。它酒味浓郁、凝练，口感饱满、成熟。初期就可以品尝，或者也可以先存放20年再品尝。

1997 Seven Acre Shiraz
七英亩席拉 1997

评分：94 分

七英亩席拉 1997 为紫色，不透明，散发着黑醋栗和甘草迷人的香气，酒味强烈、纯净，口感饱满、绵密，尝一口，酒香在嘴中弥漫，沁人心脾。这款酒的酸性较低，葡萄汁凝练、精纯，现在品尝，就令人赞不绝口，不过再存放4到5年，味道会更复杂，未来20年内，均可品尝。

1996 Creek Block Shiraz
克里克区席拉 1996

评分：96 分

克里克区席拉 1996 为深紫色，有散发着新烘咖啡豆迷人的清香，另外还混合着黑醋栗、黑莓的果香，以及甘草和香料的味道。这款酒味道非常成熟，口感柔润、饱满，酒香在嘴中停留时间超过 45 秒。虽然酒精含量较高，但是浓缩、

精纯的葡萄汁将酒精和单宁的味道几乎完美地遮盖住了。最佳饮用期为：现在到 2020 年。

1996 Seven Acre Shiraz
七英亩席拉 1996

评分：97 分

七英亩席拉 1996 散发着迷人的紫罗兰的香味，酒味复杂而和谐，浓缩而对称。最佳饮用期为：现在到 2025 年。

1995 Creek Block Shiraz
克里克区席拉 1995

评分：95 分

克里克区席拉 1995 的酒精含量较低，为 14.1%，更像是黑莓果酱、葡萄汁酒，而不是葡萄酒。葡萄含量丰富，浓度高，不过尝起来，酒的味道并不会如你想象的那么浓厚。这款酒酒体精纯、浓稠，有矿物的味道，同样也有一点单宁的味道。在任何品酒会上，它都有足够的魅力，让品酒家们驻足品尝。这款杰出的席拉葡萄酒，口感丰富、饱满，在未来的 10 到 15 年里，会变得更加成熟。

1995 Seven Acre Shiraz
七英亩席拉 1995

评分：98 分

七英亩席拉 1995 酒体呈紫色，不透明，散发着迷人的香气，有黑莓利口酒的味道，也有樱桃和黑醋栗的果香，以及焦油和胡椒的味道。该酒在陈放过程中，只有 25% 使用了新橡木桶，不过这一点很难辨识，因为酿酒的葡萄浓度很高，而且相当纯净。口感黏稠、绵密，酒味细致而纯净。这款出色的，几乎完美无瑕的席拉葡萄酒，应该还可以存放 20 年时间，甚至更久，而且无需花费太多力气。真是一款令人赞不绝口的美酒！

NOON WINERY
诺恩酒厂

酒品：

　　伊利克斯（Eclipse）（70% 歌海娜，30% 席拉）

　　珍藏版席拉（Reserve Shiraz）

　　珍藏版赤霞珠（Reserve Cabernet Sauvignon）

庄园主：诺恩酒厂股份有限公司，德鲁·诺恩（Drew Noon），里根·诺恩（Reagan Noon）

地址：Rifle Range Road, P.O. Box 88, McLaren Vale, SA, 5171, Australia

电话：(61) 8 8323 8290

传真：(61) 8 8323 8290

联系人：德鲁（Drew）或者雷（Rae）

参观规定：每年只有很短的一段时间，酒窖对顾客开放（大概是从 11 月份开始的 4 个周末）；请提前致电，咨询酒窖中是否有存酒，酒厂会建议参观时间。

葡萄园

占地面积：歌海娜 9.88 英亩；席拉 3.95 英亩；赤霞珠 2.96 英亩

葡萄品种：歌海娜、席拉、赤霞珠

平均树龄：歌海娜种植于 1934 年~1943 年；席拉种植于六十年代初；赤霞珠种植于七十年代初。

植株密度：大约 1,800 株 / 公顷

平均产量：2~4 吨 / 英亩（30~60 百升 / 公顷）

酒的酿制

　　诺恩酒厂的酒皆为手工酿制，使用传统的敞口发酵桶和篮式压榨机，产量很少。酒在小型（300 升）和大型（2,500 到 4,500 升）橡木桶中存放 18 个月，待成熟后再装瓶（在每年收获季后的 9 月份），不进行任何澄清和过滤。

　　酒在酿制和成熟过程中，添加剂的含量和人为的干预程度降到最低，使葡萄酒尽可能保持天然。

年产量

　　伊利克斯：12,000 瓶（酒厂标志性的红葡萄酒——70% 歌海娜，30% 席拉）

珍藏版席拉：4,500 瓶

珍藏版赤霞珠：6,000 瓶

平均价格（年份不同，价格有浮动）：45~60 美元

最佳近期年份

　　诺恩酒厂（1997 年以来）在以下年份所酿的葡萄酒均堪称一流：

杰出：1998 年、2002 年

优秀：1997 年、2001 年

一般：1999 年、2000 年

诺恩酒厂的创始人是德鲁的父亲——大卫（David）。大卫以前是一名法国教师，1976 年，他决定冒一次险，放弃了自己的教师职业，开始以酿红葡萄酒为生。酿酒的葡萄采摘于一个古老的歌海娜葡萄园。曾经，大卫·诺恩购买了一点席拉葡萄，与歌海娜混合，酿制出酒厂标志性的红葡萄酒——他最初将这款浓郁的红葡萄酒命名为"勃艮第"，不过现在人们称之

德鲁·诺恩

为"伊利克斯"。另外，诺恩还购买了一些赤霞珠，因为当时在澳大利亚，大多数品酒者们认为，歌海娜葡萄酒是最顶级的红葡萄酒。

过去 27 年间，酿酒技术以及酒产量，几乎没有任何变化。

直到 1987 年，购买葡萄的渠道才发生了改变。从那时开始，诺恩家族只从住在兰霍恩河的博里特（Borrett）家族那里，购买葡萄。这些葡萄的品质非常出众。几年后，诺恩家族与博里特家族成了好朋友，博里特家族成为了诺恩酒厂酿制珍藏版席拉和赤霞珠红葡萄酒，稳定、唯一的葡萄供应园。

诺恩酒厂未来并没有扩大酿酒规模的计划，因为担心无法保证酒的品质和一致性。

这个小型酒厂酿制的葡萄酒，品质一流，质量上乘，堪称世界顶级。德鲁·诺恩和他的妻子——雷，已经接管了他父亲于 1934 年到 1945 年期间，开辟的葡萄园。葡萄园占地面积超过 10 英亩，土壤为沙壤土和红黏土，到九十年代末以后，葡萄园产出的葡萄，品质愈发突出。有趣的是，德鲁·诺恩在成为酿酒家之前，曾经受过品酒学的专门教育，现在他已经成为了澳大利亚为数不多的几位酿酒大师之一。诺恩是新一代年轻、开明的酿酒者之一，他们的目标只有一个：尽最大可能酿最好的酒。

由于葡萄香气迷人，味道纯净馥郁，所酿的酒注定会吸引全世界的目光。诺恩酒厂所酿的酒，尝起来含蓄、平衡而复杂，像凝结了酿酒葡萄品种的精华，浓度和精纯达到了极致，而且我从未觉得有丝毫过度。葡萄酒浓厚而饱满，装瓶后，拥有巨大的陈放潜力。与德鲁·诺恩和雷·诺恩所酿的葡萄酒相比，人生真是太短暂了。

CABERNET SAUVIGNON RESERVE
珍藏版赤霞珠

2002 Cabernet Sauvignon Reserve
珍藏版赤霞珠 2002

评分：96 分

珍藏版赤霞珠 2002 散发着浓郁的石墨、黑加仑、新鞍皮革和中国红茶以及香子兰的味道。酒味强烈、浓重，口感纯净、高洁，酒香浓郁、复杂。作为澳大利亚迄今最负盛名的赤霞珠葡萄酒之一，该酒在 3 到 5 年以后，味道最佳，而且能一直保持 20 年，甚至更久。

2001 Cabernet Sauvignon Reserve
珍藏版赤霞珠 2001

评分：93~96 分

诺恩酒厂著名的珍藏版赤霞珠 2001，酒香浓郁，有层次，纯净的黑加仑的味道，与橡木味、酸味、酒精和单宁的味道完美融合。酒味纯净而强烈，尝一口，酒香弥漫，并且能停留很长时间。这款经典美酒应该能够再陈放 12 到 15 年。太棒了！

2000 Cabernet Sauvignon Reserve
珍藏版赤霞珠 2000

评分：95 分

珍藏版赤霞珠 2000 呈深蓝紫色，酒体不透明，瓶装酒的味道比酒桶中的酒更加迷人。这款酒品质一流，有黑加仑、雪松、甘草、烟草和香子兰纯净的味道。倒入玻璃酒杯中，还有巧克力的香气扑鼻而来。这款赤霞珠酒味强烈、浓郁，口感绵密、丰富，香气在嘴中弥漫，并且能停留 45 秒钟，令人回味无穷。25 年后，这款酒味道依然很好。

1999 Cabernet Sauvignon Reserve
珍藏版赤霞珠 1999

评分：94 分

珍藏版赤霞珠 1999 堪称澳大利亚的波亚克（Pauillac）。酒体浓稠，呈紫红色，经典赤霞珠拥有的雪松木、烟草、黑醋栗、矿物、铅笔削和新橡木的味道，从酒杯中弥漫开来。尝一口，酒味强烈而浓重，口感精纯而有层次，甘油成分较高，酒香馥郁而连续，并且能停留很长时间，单宁、酒精的味道，以及酸味完美地融合在一起。这款酒的酒精含量为 14.6%，用来酿制这种 100% 赤霞珠葡萄酒的葡萄，采摘于有 25 年到 30 年历史的葡萄园，可惜的是产量只有 290 箱。最佳饮用期为：现在到 2020 年。

1998 Cabernet Sauvignon Reserve
珍藏版赤霞珠 1998

评分：98 分

珍藏版赤霞珠 1998 几乎完美无缺，酒体呈黑紫色，散发着黑樱桃、黑加仑的甘醇，酒香浓郁、撩人而有质感，并且还可以在嘴中停留 50 秒钟。这款酒的酒精含量较高，但是却不会让人感觉过热，酒味纯净而匀称，而且未来 10 年到 15 年，味道会更佳。珍藏版赤霞珠 1998 应该再存放 20 年，或者更久。这是酿酒业的杰作，建议在品尝前 48 小时开瓶，味道最佳。这真是澳大利亚酿酒天才无与伦比的杰作！

1997 Cabernet Sauvignon Reserve
珍藏版赤霞珠 1997

评分：95 分

尽管珍藏版赤霞珠 1997 看起来很黏稠，其实，它非常干，没有任何用晚熟的葡萄酿制的阿马罗内（Amarone）葡萄酒的特色。这款赤霞珠酒味浓郁、强烈、纯净而平衡，目前还很年轻，仍未完全成熟，不过已经显示了陈放所必需的各种潜力。最佳饮用期为：现在到 2025 年。

ECLIPSE
伊利克斯

2002 Eclipse
伊利克斯 2002

评分：97 分

伊利克斯 2002（70% 歌海娜和 30% 席拉）是葡萄园选择和管理成功的典范。这款红葡萄酒酒体呈深紫红色，散发着黑果、甘草、香子兰、石墨和亚洲香料，以及一丝焚香的味道。酒味强烈、纯净，口感高雅，酒香持续。很难确定这款美酒还能陈放多少年，不过我认为，它应该在酿成后的 10 年到 12 年间品尝。

2001 Eclipse
伊利克斯 2001

评分：94 分

伊利克斯 2001（65% 歌海娜和 35% 席拉）的香味也比较内敛，不过却含蓄地显现出一流的品质。酒体呈紫色，不

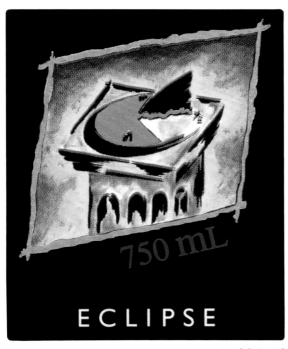

伊利克斯酒标

透明，有木炭、烟草、黑莓和甜樱桃的芳香。酒味强烈、饱满、口感纯净、丰富，酒香浓郁、连续，足足可以在嘴中停留一分钟的时间。陈放在新旧美国大橡木酒桶中 18 个月之后装瓶，不过滤。这款酒显示了巨大的提升潜力，尽管我想很多读者无法推迟品尝美酒的时间……而且，他们为什么要推迟呢？请在未来 10 年内品尝。

1999 Eclipse
伊利克斯 1999

评分：94 分

伊利克斯 1999（66% 的歌海娜和 34% 的席拉）的酒精含量为 14.9%。该酒酒体呈现紫色，不透明，有黑莓、黑醋栗浓郁的果香，还混合着甘草、松露和香子兰的味道。酒味强烈、成熟、华贵，口感纯净、有层次。请在未来 15 年到 16 年品尝。

1998 Eclipse
伊利克斯 1998

评分：96 分

伊利克斯 1998 的酒精含量达到了惊人的 15.7%，而酒精的味道，却完全由浓郁的黑莓利口酒的味道，以及甘甜的果香遮盖住了。酒味强烈、浓郁，有黑醋栗、吐司、胡椒和甘草的芳香，口感丰富、凝练。单宁的味道甘甜，酸性较低，给人一种梦幻般的感觉。请在未来 10 年到 15 年以上时间品尝。同样，这款经典美酒品尝前 48 小时开瓶，味道更佳。

1997 Eclipse
伊利克斯 1997

评分：94 分

伊利克斯 1997（65% 的歌海娜和 35% 的席拉）呈紫色，酒体不透明，酒精含量高达 16.3%，不过却在一定程度上遮盖了酒精的味道。这款酒有与樱桃、黑莓利口酒很相似的酒香和酒味，口感圆润。不过虽然这款酒非常浓郁、饱满，但尝起来并不会过重，也不像晚收型葡萄酒。对我而言，位于兰霍恩河葡萄种植区的葡萄园，葡萄酿制的酒，酒精含量很高，但是却没有那些酒精含量较低的酒，经常带有的干萎的味道。这款未经过滤的，席拉歌海娜混合葡萄酒，味道很强烈，陈放 10 到 15 年后，会变得更加优雅。

SHIRAZ RESERVE
珍藏版席拉

2002 Shiraz Reserve
珍藏版席拉 2002

评分：99 分

这款蓝紫色的珍藏版席拉 2002 几乎完美无缺，它的口感会让人想起机油，酒味浓郁、强烈，口感纯净、丰富，酒

香饱满。在席拉葡萄酒中，这款酒堪称最为精纯的酒品之一，而且酒味平衡、高雅、特色鲜明，是一款有灵魂的葡萄酒。该酒在世界其他地方很难仿制。我很高兴看到，生产此类酒的一些酿酒者，减少了产量。最佳饮用期为：2006~2016+。

2001 Shiraz Reserve
珍藏版席拉 2001

评分：99 分

珍藏版席拉 2001 的芳香、纯净、质感和饱满度，都令人赞叹。这款酒的酒精含量高达 15.9%，酒味强烈、浓重，不过对于这样一款烈酒，它的口感非常高雅。该酒酒体呈深黑紫色，不透明，酒香四溢，酒味浓重、饱满而平衡，有香木、酒精和单宁的味道，还混合着一丝酸味。3 到 4 年以后，该酒口感最佳，而且还应该能维持 15 年以上。这真是一款经典的古园席拉葡萄酒！

1999 Shiraz Reserve
珍藏版席拉 1999

评分：96 分

珍藏版席拉 1999 的酒精含量达到了 15.2%。席拉葡萄园平均有 35 到 40 年的历史。葡萄酒分别陈放在大橡木桶和小橡木桶中。这款席拉酒酒体呈蓝紫色，不透明，倒入玻璃

酒杯中，散发出浓郁的黑莓利口酒的味道，另外还混合着香料、胡椒、沥青和甘草的芳香。口感柔润、饱满，酒香馥郁、持续，酸味、单宁和酒精的味道完美地融为一体。这带有传奇色彩的席拉酒，成就了 1999 年这一普通年份的经典。最佳饮用期为：现在到 2020 年。

1998 Shiraz Reserve
珍藏版席拉 1998

评分：98 分

珍藏版席拉 1998 为黑蓝色，酒体不透明，有紫罗兰、黑色覆盆子和黑莓利口酒的味道，非常迷人。酒味浓郁、饱满，甘油含量较高，口感柔润，酒香在嘴中可以停留几分钟。这是另一款杰出的席拉葡萄酒。最佳饮用期为：现在到 2020 年。

1997 Shiraz Reserve
珍藏版席拉 1997

评分：98 分

珍藏版席拉 1997 与干波特葡萄酒很相似。该酒酒体呈黑紫色，不透明，有浓郁的黑莓果香，以及甘草、亚洲香料和焦油的味道。尝一口，酒味饱满而平衡，令人惊叹，酒精（15.8%）、单宁的味道以及酸味，在绵延不绝的果香中，消失不见。最佳饮用期为：现在到 2025 年。

PENFOLDS
奔富酒庄

酒品：

奔富酒庄格兰奇葡萄酒（Grange）

奔富酒庄 Bin707 赤霞珠红葡萄酒（Bin 707 Cabernet Sauvignon）

酒庄主：南方葡萄酒业（Southcorp Wines）

地址：Penfolds Magill Estate Winery,78 Penfold Road, Magill, SA,5072,Australia

Penfolds Nuriootpa Winery,Tanunda Road,SA,5355, Australia

电话：玛吉尔庄园——（61）412 208 634；努里乌特帕——(61) 8 8568 9389

传真：玛吉尔庄园——（61）8 882391182；努里乌特帕——(61) 8 8568 9493

邮箱：玛吉尔庄园——penfolds.magill@cellar-door.com.au；努里乌特帕——penfolds.bv@cellar-door.com.au

网址：www.penfolds.com

联系人：玛吉尔庄园——大卫·马特斯（David Matters）；努里乌特帕——李·塔特（Lea Tatt）

参观规定：

玛吉尔庄园酒厂：除圣诞节、元旦和受难日当天外，每天上午 10:30 到下午 4:30 对外开放

努里乌特帕酒厂：除圣诞节、元旦和受难日当天外，周一到周五每天上午 10 点至下午 5 点对外开放；周六、周日和法定假日全天均对外开放

葡萄园

占地面积：

卡利姆纳葡萄园（Kalimna Vineyard）：总面积为 700 英亩，其中栽种面积为 378 英亩

寇兰山葡萄园（Koonunga Hill Vineyard）：总面积为 700 英亩，其中栽种面积为 378 英亩

奔富玛吉尔庄园葡萄园：12.9 英亩

奔富麦克拉伦谷葡萄园（Penfolds Mclaren Vale Vineyards）：122.9 英亩

葡萄品种：赤霞珠，席拉，歌海娜，沙美龙，霞多丽，慕合怀特（Mataro），美乐，赛娇维赛，雷司令，品丽珠，琼瑶浆（Traminer），以及其他品种

平均树龄：

卡利姆纳葡萄园：42 号园区（用来酿制 707 窖葡萄酒）的葡萄树树龄为 120 年；其他葡萄树为 50 年

寇兰山葡萄园：一半为 30 年；另一半为 7 年

奔富玛吉尔庄园葡萄园：大多数为 50 年；少数为 15 年

奔富麦克拉伦谷葡萄园：一半为 38 年；另一半为 14 年

种植密度：1,200~2,000 株 / 公顷

平均产量：视葡萄园和葡萄品种而定，平均产量为 1,000~9,000 千克 / 公顷。酿制格兰奇葡萄酒和 707 窖葡萄酒使用的葡萄产量都非常低，通常为 1,000~3,000 千克 / 公顷

酒的酿制

奔富酒庄的酿酒方式映射了该酒庄葡萄酒的独特性。他们首先会对生理上已经成熟的葡萄进行严格的筛选，而且特别注重葡萄的单宁酸成熟状况，然后把筛选出的葡萄放入酒桶中发酵。为了获得独特的葡萄酒风格，他们会谨慎地选用橡木酒桶。他们的中心目标是使酿制出的葡萄酒拥有丰富的中期口感、优秀的酒色和装瓶后长久的寿命。

年产量

奔富酒庄格兰奇葡萄酒：8,000~10,000 箱

奔富酒庄 Bin707 赤霞珠红葡萄酒：10,000~14,000 箱

非常优质的纳帕谷赤霞珠红葡萄酒也有大约 2,000 箱

平均售价（与年份有关）：40~185 美元

近期最佳年份

2001 年，1998 年，1996 年，1991 年，1990 年，1986 年，1982 年，1978 年，1976 年，1971 年

马克思·舒伯特（Max Schubert）（1915-1994 年）是奔富酒庄的前任首席酿酒师，他曾说过："真正的卓越是一个不间断的、无止境的旅程，而不是一个目的地。"

奔富酒庄是澳大利亚葡萄酒历史上最成功的葡萄酒厂之一，它拥有 150 年的辉煌历史，不过最为人熟知的还是它的奔富酒庄格兰奇葡萄酒，这款葡萄酒被大多数人誉为南半球（Southern Hemisphere）最优质的葡萄酒。

"奔富"这一名字取自于一个从英国移民到澳大利亚的年轻英国医生。他出生于 1811 年，是家中 11 个兄弟姐妹中最年幼的一个，曾在伦敦圣巴塞罗缪医院（St. Batholomew's Hospital）学医，毕业于 1838 年。和大多数医生一样，他有一个坚定的信仰，那就是葡萄酒具有医疗价值。所以在 1845 年，他从法国南部将一些葡萄树剪枝带到南澳阿德雷德市（Adelaide）市郊的玛吉尔，并把它们种植在自己的农舍旁。他和妻子玛丽（Mary）为他们的农舍取名为"格兰奇"（The Grange），这一名字来源于他妻子在英格兰家的名字。

奔富医生于 1870 年逝世，但是他的妻子仍继续管理着葡萄园和酒厂，那时的奔富酒庄主要酿制加强葡萄酒［波特酒（port）和雪利酒（sherry）］。那时候的葡萄酒产量非常突出，有史料记载，1881 年时玛吉尔庄园中贮藏的葡萄酒接近 500,000 升，据当地居民称，这几乎占了当时整个南澳地区葡萄酒产量的三分之一。

在整个"二战"期间，奔富酒庄仍然只酿制加强葡萄酒、一些白兰地和少量的干型佐餐葡萄酒，不过"二战"后消费者的口味开始发生变化。到 1950 年，

马克思·舒伯特已经基本控制了该酒厂的葡萄酒酿制，他从 20 世纪 30 年代早期开始在该酒厂当少年信差，之后他开始在奔富酒庄的葡萄酒酿制方面展开一系列深远的改革。

1951 年，舒伯特从欧洲游览归来后，开始尝试酿制第一款格兰奇埃米塔日实验年份酒，这款葡萄酒以席拉为主要原料，受到了法国罗纳河谷产区长寿葡萄酒的启发。那个时候舒伯特并没有想到，60 年后这款酒会成为葡萄酒界的旗舰葡萄酒，而且被大多数想酿制出世界一流水平红葡萄酒的澳大利亚酿酒师当做参考标准。

除此之外，奔富酒庄还酿制出了许多其他的葡萄酒，依我看来，其中最好的要数 707 窖赤霞珠红葡萄酒。奔富家族于 1962 年放弃了对酒庄的部分控股权，该公司的股票开始上市，最终在 1976 年完全放弃了他们的控股权。

BIN 707 CABERNET SAUVIGNON
奔富酒庄 Bin707 赤霞珠红葡萄酒

1998 Bin 707 Cabernet Sauvignon
奔富酒庄 Bin707 赤霞珠红葡萄酒 1998

评分：90 分

出色的 1998 年款 707 窖赤霞珠红葡萄酒是一款深厚、丰富、强劲的红葡萄酒，彰显出丰富含量的黑醋栗水果。它纯粹，拥有良好统一的橡木味、酸度和单宁酸，入口后表现出宽阔的口感。这款葡萄酒虽然仍然比较年轻而且葡萄味明显，但它拥有很大的发展潜力。最佳饮用期：现在开始到 2015 年。

1994 Bin 707 Cabernet Sauvignon
奔富酒庄 Bin707 赤霞珠红葡萄酒 1994

评分：90 分

奔富酒庄 1994 年出产的最令人印象深刻的赤霞珠红葡萄酒就是这款 707 窖葡萄酒。这款红葡萄酒呈暗紫红色，轰动、向后而且单宁浓郁，表现出丰富含量的黑莓和黑醋栗水果，新橡木酒桶带来浓重的烘烤香子兰味，还有口感尖刻的单宁水平。尽管这款酒较为封闭，但它的结构仍然坚实，而且入口后内涵巨大。建议在接下来的至少 15 年内饮用。

1993 Bin 707 Cabernet Sauvignon
奔富酒庄 Bin707 赤霞珠红葡萄酒 1993

评分：94 分

奔富酒庄 1993 年出产的三款价格奢侈的葡萄酒就包括这款令人惊叹的 707 窖赤霞珠红葡萄酒。这款葡萄酒呈不透

明的紫色，表现出果酱、黑加仑、香子兰、欧亚甘草和泥土风味混合的巨大鼻嗅，还有相当集中的水果、甘油和酒体。读者们也会在它内涵惊人的余韵中发现大量的甘甜单宁酸。因为这款轰动、体积巨大的赤霞珠红葡萄酒中酸度低、单宁成熟，所以它易亲近。惊人的精粹度表明这款葡萄酒的饮用效果在今后的 5 到 10 年以上仍将不错。

GRANGE
奔富酒庄格兰奇葡萄酒

1999 Grange
奔富酒庄格兰奇葡萄酒 1999　　评分：92 分

1999 年款格兰奇葡萄酒并不像 1998 年、1996 年、1991 年和 1990 年出产的几款格兰奇年份酒那样优质。它通体呈深宝石红色或深紫色，散发出蓝莓和桑葚风味混合的陈酿香，以及花香味的果香。这款葡萄酒中度酒体到重酒体，拥有令人惊叹的酸度，还有相当多层次的水果和精粹物。它虽然不厚重，但是优雅且层次良好，还需要 2 到 3 年的时间窖藏，应该可以贮存 12 到 15 年。

1998 Grange
奔富酒庄格兰奇葡萄酒 1998　　评分：99 分

1998 年款格兰奇葡萄酒将会成为一个传奇。它是用 97% 的席拉和 3% 的赤霞珠混合酿制而成，酒精度高达 14.5%。酒色为墨色或紫色，散发出黑醋栗奶油、蓝莓和花

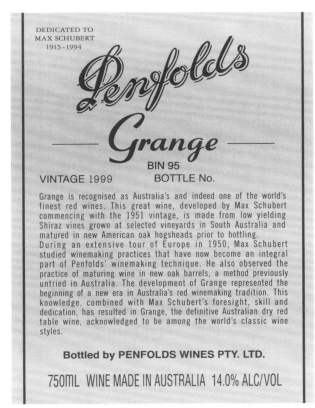

奔富酒庄格兰奇葡萄酒 1999 酒标

香风味混合的异常强烈的鼻嗅。倒入杯中后，还会出现肥肉、梅子和可乐风味的香气。这是一款无缝的葡萄酒，拥有甘甜的单宁酸、良好统一的酸度和感人的精粹物，还有一层又一层的黑莓和黑醋栗水果风味充满口腔。它的和谐性、清新性和卓越的长度（余韵可以持续一分钟左右）都表明它是一个空前的经典。最佳饮用期：2006~2030 年。

1997 Grange
奔富酒庄格兰奇葡萄酒 1997　　评分：94 分

这款葡萄酒似乎是一款经典的格兰奇葡萄酒（是用 96% 的席拉和 4% 的赤霞珠混合酿制而成），不过它比向后的 1996 年款葡萄酒稍微柔软和向前一些。它的酒色为饱满的紫色，散发出黑莓利口酒、樱桃、樟脑、巧克力、梅子和摩卡咖啡风味混合的美妙甘甜鼻嗅。这款葡萄酒质感丰裕，相当柔软、多层次和诱人，很好地表现出格兰奇葡萄酒的明显个性，而且表现风格无缝、诱人。这款上乘的格兰奇葡萄酒可以与更加令人振奋的 1996 年款相媲美。最佳饮用期：现在开始到 2022 年。

1996 Grange
奔富酒庄格兰奇葡萄酒 1996　　评分：93 分

1996 年款格兰奇葡萄酒呈暗紫色，散发出甘甜梅子、黑莓、黑醋栗和些许欧亚甘草、巧克力、浓咖啡混合的风味。它是用 94% 的席拉和 6% 的赤霞珠混合酿制而成，酒精度达 14%+。这款葡萄酒多层次、质感油滑、强劲、相当强烈，单宁稍显浓厚，余韵最长可持续 40 秒，它还需要 4 到 5 年的良好窖藏。最佳饮用期：2006~2025 年。这款格兰奇葡萄酒在更加接近饮用巅峰期时应该可以得到更高的评分。

1995 Grange
奔富酒庄格兰奇葡萄酒 1995　　评分：92 分

这是一款令人印象深刻的格兰奇葡萄酒，有可能像 1995 年酿制的很多葡萄酒一样，最终会表现得更加优质。这款 1995 年年份酒是用 94% 的席拉和 6% 的赤霞珠混合酿制而成，酒色呈饱满的紫红色或紫色，散发出甘甜的黑莓利口酒的芬芳，还混有黑醋栗、欧亚甘草和新橡木的风味。这款葡萄酒有结构、果酱丰裕、强劲，拥有惊人水平的精粹物、甘油和黑色水果口味。它绵长、成熟，还拥有隐藏的酸度和单宁酸。最佳饮用期：现在开始到 2018 年。

1994 Grange
奔富酒庄格兰奇葡萄酒 1994　　评分：91 分

这是第一款在酒瓶上带有激光标记识别码的格兰奇葡萄酒，这种酒瓶有效杜绝了假酒的出现。这款酒是用 89% 的席拉和 11% 的赤霞珠混合酿制而成，散发出些许烘烤橡木的风味，还混有块茎作物、湿泥土、黑莓利口酒、李子和欧亚甘草混合的醇香。这款葡萄酒深厚、强劲，虽然入口后不是很复杂，但是口感多层次而且丰富。这款年轻的格兰奇葡萄酒继续进化后，得到的评分会提高，这将不足为奇。最佳饮用期：现在开始到 2020 年。

1993 Grange
奔富酒庄格兰奇葡萄酒 1993　评分：91 分

由于 1993 年的降雨量过大，而且生长环境比较温和，所以这是一个收成不太佳的年份。这款 1993 年年份酒的表现很好，尽管它可能不会呈现出最佳格兰奇年份酒那样多的微妙成分。这款酒是用 86% 的席拉和 14% 的赤霞珠混合酿制而成，酒色呈不透明的紫色，散发出黑加仑和雪松风味混合的鼻嗅，还混有泥土、块菌和些许樟脑的风味。这款葡萄酒强劲、深厚、有点庞大，不过非常集中、有力和绵长。最佳饮用期：现在开始到 2018 年。

1992 Grange
奔富酒庄格兰奇葡萄酒 1992　评分：92 分

这是一款非常果香的格兰奇葡萄酒，似乎出产于一个酿制出的葡萄酒都相当美妙年轻的年份。它的酒色为深紫色，散发出甘甜的黑莓或樱桃的果香，还有些许微弱的雪松和欧亚甘草风味作背景。这款酒质感油滑、深厚、丰满，虽然没有某些优质年份出产的格兰奇葡萄酒那样多的微妙成分，不过却非常集中和厚重。最佳饮用期：现在开始到 2017 年。

1991 Grange
奔富酒庄格兰奇葡萄酒 1991　评分：93 分

这款葡萄酒拥有大方、开放、甘甜的个性，酒色为深紫色，是用 95% 的席拉和 5% 的赤霞珠混合酿制而成，表现出美妙的水果和非常丰富、结构松散的风格，重酒体，甘油含量高，低酸度，还有上乘的纯度。这是一款果酱丰裕和满足人感官的葡萄酒，由黑醋栗奶油水果、焦油和欧亚甘草风味所主导。最佳饮用期：现在开始到 2017 年。

1990 Grange Hermitage
奔富酒庄格兰奇埃米塔日葡萄酒 1990
评分：94 分

这款 1990 年年份酒是自具有纪念意义的 1986 年款葡萄酒以来，最优质、最复杂和最丰富的一款格兰奇葡萄酒。它是可以与 1986 年款、1982 年款、1981 年款和 1980 年款相匹敌的、最优质的一款"年轻的"格兰奇葡萄酒。这款葡萄酒呈不透明的紫色，伴有果酱的黑色覆盆子和黑醋栗水果风味混合的甘甜鼻嗅，还混有矿物质、欧亚甘草和烘烤橡木的风味。它相当强劲，拥有多层次、多维度的感觉，而正是这种感觉将真正深远的格兰奇葡萄酒与只是一般出色的格兰奇葡萄酒区分开来。这款葡萄酒惊人的集中、油滑，还有着可以持续 50 秒以上的余韵。它还需要一到两年的时间窖藏，应该可以一直保存到 2020 年。

1990 Grange
奔富酒庄格兰奇葡萄酒 1990
评分：92 分

被打开的三瓶 1990 年款格兰奇葡萄酒似乎不同寻常的浓缩，而且它非常内敛和封闭。当然，它仍是一款非常完满、丰富的格兰奇葡萄酒，已经在整个葡萄酒界受到广泛称赞。它沉重、厚重，不过目前的表现还不是很好。奇怪的是，这款酒带有凉爽的气候特点，红醋栗和黑加仑水果果香中有着淡淡的近乎薄荷脑的清香，这让我百思不得其解。这款葡萄酒还表现出些许尖刻的酸度，我估计它才刚刚封闭起来，还需要 4 到 5 年的时间才会再次打开。它似乎是一款不寻常的格拉奇葡萄酒，不过这三瓶被打开的葡萄酒的发展状态却很一致。酒色当然是健康饱满的紫色，体积巨大，口感均衡。虽然所有像这样表现得无法预期的格拉奇葡萄酒都让人非常迷惑，不过我仍然对这款年份酒的最终潜力表示非常乐观。最佳饮用期：2007~2025 年。

1989 Grange Hermitage
奔富酒庄格兰奇埃米塔日葡萄酒 1989
评分：93 分

这是一款非常兴奋型、风格几乎堕落的格兰奇葡萄酒，是用 91% 的席拉和 9% 的赤霞珠混合酿制而成，酿酒用的葡萄来自三个地方——巴洛萨（Barossa）的卡利姆纳（Kalimna）、奔富酒庄在巴洛萨的其他资源和麦克拉伦谷（McLaren Vale）——它们美妙丰裕，与波美侯葡萄酒风格相近，还有着超级成熟的特点。这款葡萄酒呈现出樱桃利口酒、小红莓和黑醋栗混合的风味，诱人、强劲、非常柔软、风格向前。从它拥有的巨大结构和高浓缩度来看，这并不是一款真正意义上的经典格兰奇葡萄酒，不过它仍然内涵丰富，非常肥厚和多肉。它还可以持续发展二十多年，不过像去年一样，年轻时饮用起来的口感也不同寻常的多水和可口。在所有年轻的格兰奇年份酒中，这款葡萄酒也许是他们在过去的二十几年中酿制出的最让人愉快的一款葡萄酒，至少相对于如此相对年轻的葡萄酒来说是这样的。最佳饮用期：现在开始到 2018 年。

1988 Grange Hermitage
奔富酒庄格兰奇埃米塔日葡萄酒 1988
评分：91 分

这是一款不同寻常的柔软和多水果的格兰奇葡萄酒，是用 94% 的席拉和 6% 赤霞珠混合酿制而成。它表现出黑醋栗奶油糖浆、泥土、胡椒和焦糖混合的风味。对于这样一款相对年轻的格兰奇葡萄酒来说，它有点柔软和易亲近，不过余韵中仍有着大量的结构和单宁酸。从年数上来说，它当然比其他一些更老的姐妹款更加芬芳和进化。这款葡萄酒拥有甘甜、强劲的梅子、樱桃和黑醋栗的果味，还有些许独特的巧克力糖和沥青的风味。最佳饮用期：现在开始到 2016 年。

1987 Grange Hermitage
奔富酒庄格兰奇埃米塔日葡萄酒 1987
评分：90 分

这款格兰奇葡萄酒风格轻盈、优雅，是用 90% 的席拉和 10% 的赤霞珠混合酿制而成，酒色为深宝石红色或深紫色，散发出香辣的鼻嗅，还伴有些许新橡木味、黑色樱桃和黑莓的口味。这款葡萄酒的余韵中表现出些许干型的单宁酸，考虑到这款年份酒足够厚重的风格，或许这一表现最终会变得令人烦恼。不过，这款酒还是拥有很多讨喜的方面，它非常纯粹、成熟、中度酒体到重酒体。最佳饮用期：现在开始到2016年。

1986 Grange Hermitage
奔富酒庄格兰奇埃米塔日葡萄酒 1986

评分：99 分

这款葡萄酒是一个目前和将来的传奇，长久以来，它都被奔富酒庄的酿酒团队视为20世纪80年代最优质的格兰奇葡萄酒。不过这又有什么疑问呢？它是用87%的席拉和13%的赤霞珠混合酿制而成，酒精度接近14%。我有幸有过将近12次品尝这款葡萄酒的机会，而且给它的评分一直在96分到100分之间。在2002年7月时它的表现几近完美，酒色呈不透明的紫色，散发出黑醋栗奶油、香烟、巧克力、欧亚甘草、新鞍皮革和胡椒风味混合的撩人鼻嗅。这款葡萄酒多肉、巨大、集中，而且多维度，还拥有非凡的力量，以及似乎只有最优质的年份酒才拥有的美妙统一的酸度、单宁酸和酒精。另外，这款葡萄酒仍处于婴儿期，理想上还需要2到4年的窖藏。这是一款让人难以抗拒的格兰奇葡萄酒。最佳饮用期：现在开始到2030年。

1985 Grange Hermitage
奔富酒庄格兰奇埃米塔日葡萄酒 1985

评分：90 分

这款酒被视为一款更加"抑制"的格兰奇葡萄酒，虽然均衡，不过有点方正或庞大，余韵中带有干型的酸涩单宁酸，因此评分中有一个问号。它的酒色仍为健康的深紫色，表现出明显的胡椒、沥青、泥土和黑醋栗奶油的特性，不过单宁酸似乎越来越成问题。和往常一样，这仍是一款年轻的葡萄酒，所以就产生了一个尚需时间才能回答的问题："它到底只是未进化和向后的，还是过于单宁的？"最佳饮用期：现在开始到2015年。

1984 Grange Hermitage
奔富酒庄格兰奇埃米塔日葡萄酒 1984

评分：94 分

在我来看，这款葡萄酒拥有空前的最佳表现，是用95%的席拉和5%赤霞珠混合酿制而成，它被视为一款风格相对向前、易亲近的格兰奇葡萄酒。酒色仍然是深紫红色或深紫色，表现出大量的甘甜黑醋栗，还有巧克力和烘烤新橡木混合的风味。它丰裕、甘美多汁，拥有美妙的强度，重酒体，而且惊人的精粹。它的酸度好像相对较低，而且集中，单宁酸也相当成熟。建议在接下来的12到18年内饮用。

1983 Grange Hermitage
奔富酒庄格兰奇埃米塔日葡萄酒 1983

评分：92 分

从记录上来看，1983年是奔富酒庄葡萄采收期最早的一

年，这一年先后受到了毁灭性的灌丛大火和3月份严重的洪水影响。这款葡萄酒是用94%的席拉和6%的赤霞珠混合酿制而成，口味中仍表现出大量的单宁酸，不过它相当有力、丰富，还有着高酸度的特点。它的口味有点自相矛盾。它似乎非常年轻，非常向后，还需要至少3到4年的时间窖藏。现在还无法确定它能不能成为一款无缝的经典葡萄酒。最佳饮用期：2006~2020年。

1982 Grange Hermitage
奔富酒庄格兰奇埃米塔日葡萄酒 1982

评分：95 分

这款1982年年份酒是目前我最喜欢喝的格兰奇年份酒之一，用马克思·舒伯特低调的话语来概括，1982年是一个"非常好"的年份。这款葡萄酒是用94%的席拉和6%的赤霞珠混合酿制而成，它的风格松散而诱人。酒色为深宝石红色或深紫色，表现出甘甜的黑色覆盆子、果酱梅子和黑醋栗的果味，这款葡萄酒品尝起来像是一款干型年份波特酒，而且好像接近完全成熟的状态。这款葡萄酒的酸度似乎较低，单宁酸甘甜，它坚实、成熟、丰富、有力、魅惑，并且美妙丰裕，实在让人难以抗拒。最佳饮用期：现在开始到2016年。

1981 Grange Hermitage
奔富酒庄格兰奇埃米塔日葡萄酒 1981

评分：94 分

酿酒师约翰·杜瓦尔（John Duval）把这款1981年年份酒称为一款"强劲、单宁的格兰奇葡萄酒"。这只是一款仍然基础、未进化、尚处于惊人年轻时期的葡萄酒，非常有力，酒色为墨紫色。这款葡萄酒内涵巨大、向后、深厚、强劲、强健，拥有大量巧克力浸染的梅子、焦糖和黑醋栗的混合风味。这款庞大的格兰奇葡萄酒拥有较高的单宁酸和巨大的吸引力，还有一点酸涩的倾向，可能并不能完全同化高含量的单宁酸，不过我们还有很多理由对它的未来持乐观态度。最佳饮用期：现在开始到2025年。

1980 Grange Hermitage
奔富酒庄格兰奇埃米塔日葡萄酒 1980

评分：94 分

这是一款惊人的格兰奇葡萄酒，1980年也是一个收成不太佳的年份。这款酒是用96%的席拉和4%的赤霞珠混合酿制而成，似乎仍然年轻，酿制风味非常满足人的感官。它的酒色为深宝石红色或深紫色，边缘没有任何琥珀色。鼻嗅中带有液态沥青、胡椒、黑醋栗奶油和黑莓的风味，倒入杯中后几乎没有什么变化，不过通气后会出现更加甘甜的梅子、李子和巧克力的风味。它非常强劲、有力、无缝，还拥有含量完美的甘油和精粹物，它现在刚刚达到可饮用性的巅峰时期。最佳饮用期：现在开始到2016年。

1979 Grange Hermitage
奔富酒庄格兰奇埃米塔日葡萄酒 1979

评分：92 分

　　马克思·舒伯特在 1993 年时曾这样评价这款年份酒——"未完全达标"。这款葡萄酒是用 87% 的席拉和 13% 的赤霞珠混合酿制而成。对于技术人员来说，这是奔富酒庄最后一年在酒瓶上使用白色薄膜，而在接下来的 1980 年便换成了深红色箔纸。这款年份酒呈深宝石红色或石榴红色，散发出块根蔬菜、可乐、焦糖、黑加仑和焦油风味混合的不寻常鼻嗅。它的口感甘甜，不过余韵中的甜味会稍微减弱，好像变得越来越狭窄，单宁酸逐渐变成主导。如果这是这款葡萄酒的主要进化方向，那就让人不安了。当然，它现在仍然丰满，不过可能最终会变干，而不是变得健康或者宽阔。这是一款需要密切关注的年份酒。最佳饮用期：现在开始到 2016 年。

1978 Grange Hermitage
奔富酒庄格兰奇埃米塔日葡萄酒 1978

评分：95 分

　　这款 1978 年格兰奇葡萄酒似乎在我每次品尝的时候都会变得更加优质，它是用 90% 的席拉和 10% 的赤霞珠混合酿制而成，已经成为一款轰动的葡萄酒。这款酒拥有非凡的强度和满足人感官的口感，还表现出樟脑、咖啡、果酱的黑色水果、皮革和黑醋栗奶油混合的风味，倒入杯中后，还会出现胡椒和液态沥青的风味。这款葡萄酒质感非常油滑，深厚、耐嚼、柔软，而且非常多水。由于它现在接近最高成熟时期，所以酒色中带有少许琥珀色。它可以现在饮用，也适合在接下来的二十几年中饮用。

1977 Grange Hermitage
奔富酒庄格兰奇埃米塔日葡萄酒 1977

评分：93 分

　　这款葡萄酒被视为一款好酒，但并不是一款出色的格兰奇葡萄酒，不过我一直都觉得它品质上乘。这款酒是用 91% 的席拉和 9% 的赤霞珠混合酿制而成，这些葡萄生长于一个相对比较凉爽的年份。它重酒体，散发出咖啡、黑醋栗奶油、焦糖、皮革、微弱的胡椒和桉树风味混合的美妙复杂鼻嗅。这款葡萄酒非常丰富，仍然有点未进化，比大多数格兰奇年份酒表现出更多的新橡木味。它的酒色仍然是深宝石红色或深紫色，似乎还需要至少 2 到 3 年的时间才能完全成熟。它非常甘甜、耐嚼，但是异常均衡。最佳饮用期：现在开始到 2018 年。

1976 Grange Hermitage
奔富酒庄格兰奇埃米塔日葡萄酒 1976

评分：100 分

　　这款 1976 年年份酒一直是最让人惊叹的格兰奇葡萄酒之一，是用 89% 的席拉和 11% 的赤霞珠混合酿制而成，酒精度为 13.9%，也是第一款在释放时价值 20 美元的澳洲葡萄酒。我分别 6 次品尝过这款葡萄酒，每次给它的评分都在 96 分到 100 分之间。它在奔富酒庄的玛吉尔庄园（Magill estate）有过一次杰出的表现。它的酒色为不透明的紫色，厚重、强劲，对于我来说，是一款经典的格兰奇葡萄酒。倒入杯中后，它会散发出黑莓利口酒、黑醋栗、木炭、新鞍皮革和矮树丛混合的风味。这是一款奇妙的葡萄酒，巨大、深厚、质感油滑、异常集中，不过所有成分都完美和谐，它还尚未完全成熟。最佳饮用期：现在开始到 2020 年。这款酒绝对是一个传奇！

1975 Grange Hermitage
奔富酒庄格兰奇埃米塔日葡萄酒 1975

评分：92 分

　　这款 1975 年年份酒被视为一款"优质但却单宁的格兰奇葡萄酒"，是用 90% 的席拉和 10% 的赤霞珠混合酿制而成。这是一款甘甜、宽阔、强劲的葡萄酒，酒中的单宁酸当然已经美妙统一，还散发出微弱的皮革、液态沥青、黑莓和咖啡的风味。它非常有力、丰富、深厚、强健，相当浓缩，含有大量的甘油和糖分，还有着非凡的清新性和活力。建议在接下来的 12 到 15 年内饮用。

1973 Grange Hermitage
奔富酒庄格兰奇埃米塔日葡萄酒 1973

评分：90 分

　　这款年份酒被视为"酿自于一个普通年份的好酒"，是用 95% 的席拉和 5% 的赤霞珠混合酿制而成。2002 年 7 月，它在阿德雷德市（Adelaide）时表现出色，散发出黑莓果酱、甘甜泥土、梅子、红糖和烟草风味混合的惊人鼻嗅。这款多层次、集中且非常清新的葡萄酒强劲、深厚、丰富，而且完全成熟，甚至在余韵中还表现出些许浓咖啡浸染的巧克力风味。它在今后的 4 到 6 年内饮用效果仍将不错。

1971 Grange Hermitage
奔富酒庄格兰奇埃米塔日葡萄酒 1971

评分：96 分

　　我分别在五种情况下品尝过这款葡萄酒，而每一次它都是一款奇妙的格兰奇埃米塔日葡萄酒的典型。这款葡萄酒一直都表现出经典的格兰奇葡萄酒特有的水果含量、强度和复杂性。事实上，这是自 1955 年第一次酿制以来第一款优质的格兰奇埃米塔日葡萄酒。酒色为成熟的石榴红色，边缘还带有明显的琥珀色或橙黄色。动人的果香中包含雪松、焦糖、咖啡、巧克力和大量的果酱黑色樱桃、黑色水果混合的风味。考虑到它满足人感官的质感、极好的丰富性、优化性和惊人的浓缩度，它很容易被误当做一款古老、动人的波美侯产区葡萄酒。自从我 1990 年第一次品尝它开始，这款葡萄酒就已经达到完全成熟的状态，不过它还有能力再持续 2 到 3 年。这是真真切切的东西！

TORBRECK VINTNERS
托布雷酒庄

酒品：

托布雷酒庄元素葡萄酒（The Factor）

托布雷酒庄后裔葡萄酒（Descendant）

托布雷酒庄小块土地葡萄酒（RunRig）

托布雷酒庄友人葡萄酒（Les Amis）

庄园主：大卫·鲍威尔（David Powell）

地址：Roennfeldt Road,Marananga,SA,5356,Australia

电话：(61) 8 8562 4155

传真：(61) 8 8562 4195

邮箱：dave@torbreck.com

网址：www.torbreck.com

联系人：酒厂经理大卫·马特斯（Liz Ellis）

联系信箱：cellardoor@torbreck.com

参观规定：除圣诞节和受难日当天外，对外开放时间为每天
的上午 10 点至下午 6 点

葡萄园

占地面积：250 英亩

葡萄品种：席拉、歌海娜、慕合怀特、维欧尼、玛珊、瑚
珊、沙美龙、芳蒂娜（Frontignac）

平均树龄：60 年

种植密度：1,500 株 / 公顷

平均产量：2,300 升 / 公顷

酒的酿制

托布雷酒庄的酿酒哲学是——优质葡萄酒是在葡萄园中
通过装瓶前的培养而酿制出来的。酿酒用的葡萄大多采收自
老藤葡萄树，这些葡萄树是从巴洛萨山谷（Barossa Valley）
的不同子产区中挑选而出的。他们根据水果口味的成熟度，
而不是糖分水平来判断葡萄的采收期，因此可以从葡萄树上
获得最理想单宁酸含量和生理成熟性的葡萄。他们采用非常
传统的酿酒技术，一开始先对葡萄进行轻柔去梗，然后慢慢
泵打入顶端开口的发酵容器中，每天循环旋转两次，强制性
彻底减载一次。不进行扩展浸渍，发酵过程结束后，用一个
篮子对所有的葡萄皮进行压榨，二级苹果酸 - 乳酸发酵是在
酒桶中自发进行的，使用每一个单一葡萄园的本土菌种。

所有的托布雷酒庄葡萄酒都代表了巴洛萨产区最优质、
最古老的葡萄树特性，也代表了大卫·鲍威尔非常着迷的罗
纳河谷酿酒哲学。他们主要使用晒干的橡木酒桶，在某些情
况下，比如酿制少年葡萄酒（the Cuvée Juvenile）时，他们
根本不会使用橡木酒桶。某些葡萄酒会被放在橡木酒桶中陈
年 30 个月之久，比如小块土地葡萄酒，而且这些偶像葡萄
酒还会配合使用少量的法国新橡木酒桶。托布雷酒庄的所有
葡萄酒都不会进行澄清和过滤，他们会使用能够加强葡萄酒
口味、质感和风格的非人工干涉方式酿酒。托布雷酒庄的目
标是保持葡萄酒的集中性，以及丰富、成熟的葡萄与微弱、
和谐的橡木味之间的均衡。

年产量

托布雷酒庄樵夫沙美龙葡萄酒（Woodcutters Semillon）：
60,000 瓶

托布雷酒庄樵夫席拉红葡萄酒（Woodcutters Shiraz）：
120,000 瓶

托布雷酒庄少年葡萄酒：60,000 瓶

托布雷酒庄农场葡萄酒（The Steading）：60,000 瓶

托布雷酒庄二世葡萄酒（The Struie）：48,000 瓶

托布雷酒庄元素葡萄酒：18,000 瓶

托布雷酒庄后裔葡萄酒：12,000 瓶

托布雷酒庄小块土地葡萄酒：18,000 瓶

托布雷酒庄友人葡萄酒：1,800 瓶

托布雷酒庄小茅屋葡萄酒（The Bothie）：12,000 瓶

平均售价（与年份有关）：25~150 美元

近期最佳年份

2002 年，2001 年，1998 年

尽管托布雷酒庄只有 10 年的历史，但他们却拥有澳大利亚最神圣的葡萄酒产区，即巴洛萨产区内一些最古老的葡萄园。

大卫·鲍威尔出生于南澳地区的阿德雷德（Adelaide）市，并在这里长大。他的父亲是一名会计，大卫也很快走上了与他父亲相似的职业道路，在阿德雷德大学学习经济学。在大卫还是一个学生的时候，他通过叔叔开始接触葡萄酒，不过他很快发现自己在巴洛萨山谷投入的时间越来越多。

大学毕业后的 25 年中，大卫·鲍威尔一直在著名的庄园以及欧洲、美国和巴洛萨山谷的葡萄酒产区学习酿酒艺术。这些经验向他证明了巴洛萨产区独特的个性和重要价值，也让他相信了该山谷葡萄园遗产的重要性，虽然其他人觉得它已经过时了。

在 20 世纪 90 年代早期，大卫·鲍威尔开始接触当地的土地所有者，询问他们已经忽视的葡萄园，其中大多数都已经死气沉沉、杂草丛生。随着时间的推移，大卫又将它们培植出了生气，还有一个小块葡萄园长出他用来酿酒的干型葡萄。接着，他开始与土地所有者商谈使用这些葡萄园的合同，在巴洛萨山谷复兴了传统的合作耕种方式。"托布雷"这个名字源自苏格兰的一片森林，大卫与苏格兰森林委员会有合约时曾在那里工作过。他协商合同的葡萄园中可以保证最优质的巴洛萨产区席拉、歌海娜和慕合怀特的正常供应，同时还确保他可以获得世界上一些最古老葡萄树上的葡萄。

在意识到巴洛萨产区拥有培植罗纳河谷红白葡萄品种的潜力之后，大卫购买了玛拉南戈一块 30 英亩大的土地，并且种上了维欧尼、玛珊和瑚珊葡萄树。这其中一部分土地就是著名的后裔葡萄园，里面种满了专门用来酿制后裔葡萄酒的席拉葡萄树。大卫还在 1995 年至 1996 年间从所有的小块土地葡萄园中剪下许多剪枝用来种植。1999 年，大卫又购买了另外两个老葡萄园，和其他 6 个葡萄园用来实施托布雷合作耕种计划。他和当地种植者的合同越签越多，到 2003 年底，他已经和当地 35 位拥有老藤葡萄树庄园的葡萄种植者签有长期合同。

大卫·鲍威尔很快成为澳大利亚酿制罗纳河谷影响下的轰动红葡萄酒的天才之一。我已经赞扬过他早期的年份酒，酒的质量（和价格）仍在继续攀升，因为它们不仅是澳大利亚而且是全世界最激动人心的葡萄酒。这些葡萄酒不仅拥有巨大的力量，而且集个性、卓越的纯度和对称性于一身。托布雷酒庄的红葡萄酒都非常令人惊叹，甚至有一些不是很昂贵的葡萄酒也是如此。当然，小块土地葡萄酒已经成为世界上最流行的葡萄酒之一，它可以被当做是澳大利亚的吉佳乐世家罗第丘产区莫林葡萄酒。

这些葡萄酒不仅饮用起来令人叹服，而且还能享受到巨大的乐趣，不过这就是它的全部吗？

DESCENDANT
托布雷酒庄后裔葡萄酒

2002 Descendant
托布雷酒庄后裔葡萄酒 2002

评分：96 分

呈深宝石红色或深紫色的 2002 年后裔葡萄酒是一款动人的葡萄酒，散发出碎黑莓、覆盆子、欧亚甘草、洋槐花、金银花和杏仁风味混合的美妙芳香，其中金银花和杏仁风味是由这款席拉主导的葡萄酒中少量的维欧尼带来的。它强劲、质感丰裕，拥有良好的单宁酸、结构和纯度，以及宽广、宽阔并能持续将近一分钟的余韵。这款酒还需要一到两年的时间窖藏，应该可以贮存 12 到 15 年。

2001 Descendant
托布雷酒庄后裔葡萄酒 2001

评分：98 分

2001 年款后裔葡萄酒是用 92% 的席拉和 8% 的维欧尼混合酿制而成，酿酒用的葡萄采收自产量大约为 1,500 千克/英亩的葡萄园中。这款令人惊叹的澳大利亚红葡萄酒散发出金银花、黑莓、黑醋栗奶油、欧亚甘草、咖啡和香料风味混合的瑞士自助餐式芳香。这款引人入胜的巴洛萨山谷葡萄酒拥有惊人的水果纯度和巨大的强度，而且口味、力量和优雅性良好均衡。它在接下来的 8 到 10 年内饮用效果应该仍将不错。

2000 Descendant
托布雷酒庄后裔葡萄酒 2000

评分：94 分

2000 年后裔葡萄酒是一款单一葡萄园席拉葡萄酒，其中包含了 8% 的维欧尼。这款奇特的葡萄酒呈墨紫色，爆发出黑

莓利口酒、欧亚甘草和维欧尼的金银花特性相混合的美妙甘甜鼻嗅。它拥有很好的结构、惊人的长度（余韵可以持续 50 秒）和让人难以置信的水果纯度。看到它在瓶中变得坚实起来，我也不会觉得惊讶。这款拼尽全力、劲力十足的席拉葡萄酒是巴洛萨谷水果的独特表达。最佳饮用期：现在开始到 2015 年。

1999 Descendant
托布雷酒庄后裔葡萄酒 1999

评分：93 分

1999 年款后裔葡萄酒是用 92% 的席拉和 8% 的维欧尼混合酿制而成。酒色为深紫色，伴有黑莓、黑醋栗奶油和花香风味的混合馨香，它有着巨大的酒体，以及惊人的脂肪和甘油，还有着无缝、堕落、丰富的余韵。在这款葡萄酒生命的前 7 年到 8 年内饮用，乐趣会非常大。

1997 Descendant
托布雷酒庄后裔葡萄酒 1997

评分：96 分

1997 年后裔葡萄酒（100% 的席拉和维欧尼果渣一起发酵）是一款拥有力量和优雅的典型葡萄酒，虽然并不厚重，但它的浓缩度却非常卓越。这款呈黑色或紫色的葡萄酒表现出阴柔、丝滑的肉感，拥有迷人水平的丰富性、惊人甘甜的单宁酸和多层次的口味。在杯中，这款酒发展得非常动人，一瓶被打开 48 小时的葡萄酒呈现出额外的微妙成分和复杂性。这款葡萄酒强劲但并不笨重，是酿酒史上的一款杰作，也是饮用效果惊人的席拉红葡萄酒。在澳大利亚，没有其他的葡萄酒与它近似。事实上，它与马赛尔·吉佳乐（Marcel Guigal）的单一葡萄园罗第丘杜克酒最为相近。最佳饮用期：现在开始到 2011 年。

THE FACTOR
托布雷酒庄元素葡萄酒

2002 The Factor
托布雷酒庄元素葡萄酒 2002

评分：99 分

值得注意的是，2002 年款元素葡萄酒（100% 席拉）甚至可能比 2001 年款更加令人惊叹。它表现出黑莓利口酒般的强度和巧克力般的丰富性，还有着黑莓、覆盆子和樱桃的果香。这款动人的葡萄酒拥有油滑的质感、清新的酸度和甘甜的单宁酸，它良好的饮用效果应该可以保持 15 年。有趣的是，这款 2002 年元素葡萄酒没有 2001 年款所具有的罗第丘风格的烘烤成分，无疑是因为 2002 年比 2001 年凉爽很多。

2001 The Factor
托布雷酒庄元素葡萄酒 2001　评分：98 分

精美的 2001 年年份酒是一款 100% 的席拉葡萄酒，拥有

比其他的席拉姐妹款更加烘烤的和罗第丘的特性。这款强烈、丰富的葡萄酒拥有黑莓、蓝莓、意大利焙炒咖啡、香烟和一种烘烤的成分，还有着巨大的结构和惊人的密度，以及宽阔、深厚、深远的口感。最佳饮用期：现在开始到 2014 年。

2000 The Factor
托布雷酒庄元素葡萄酒 2000

评分：95 分

2000 年时鲍威尔决定不酿制小块土地葡萄酒，这一决定为 2000 年款元素葡萄酒带来了很大的好处。它是一款令人叹服的葡萄酒，拥有极好的丰富性和多维度，有着极好的黑莓利口酒风格的水果，还混有黑醋栗奶油、液态欧亚甘草、浓咖啡和皮革的风味。它甘甜、宽阔而且丰裕，是一款健壮的、享乐主义的、口感充实的席拉葡萄酒，它在 8 到 13 年内饮用效果应该仍将不错。

1999 The Factor
托布雷酒庄元素葡萄酒 1999

评分：97 分

令人惊叹的 1999 年款元素葡萄酒呈不透明的墨色或蓝色或紫色，伴有新鞍皮革、胡椒、木榴油、香烟和蓝莓利口酒的风味。这款强劲、相当集中、惊人纯粹的席拉葡萄酒，与该酒庄的旗舰款葡萄酒——小块土地葡萄酒质量相当。最佳饮用期：现在开始到 2016 年。

1998 The Factor
托布雷酒庄元素葡萄酒 1998

评分：93 分

1998 年元素葡萄酒是一款让人震惊的葡萄酒，它柔软，散发出黑色水果、香烟、欧亚甘草和液态沥青混合的、明显奢华的陈酿香，是一款超级精粹、有着天鹅绒般柔滑质感，并且奢华、纯粹、丰富和完美均衡的席拉红葡萄酒，最好在它生命的前十年饮用。最佳饮用期：现在。

LES AMIS
托布雷酒庄友人葡萄酒

2002 Les Amis
托布雷酒庄友人葡萄酒 2002

评分：99 分

2002 年款友人葡萄酒是托布雷酒庄葡萄酒系列中最卓越的葡萄酒之一，是用 100% 的歌海娜酿制而成。它酿自于一个古老的、干旱种植的歌海娜葡萄园，该园种植于 1901 年，躲过了 30 年前巴洛萨谷和麦克拉伦谷遭受的拔掉老藤葡萄树事件。当时政府的知识阶层鼓励在寒冷气候地区发展葡萄园，并断定像巴洛萨谷和麦克拉伦谷这样较温暖的南澳地区是无关紧要的。很明显，这是一个非常愚蠢的错误。幸运的是，一些古老的葡萄园被拯救了。友人葡萄酒是大卫·鲍威

尔向法国的教皇新堡红葡萄酒表达的敬意，后者是世界上最受轻视的优质红葡萄酒。这款酒让人讶异的地方是，歌海娜似乎在大量新橡木桶中表现很差，不过这款葡萄酒在法国新橡木酒桶中陈年了18个月，橡木味已经被非凡的格林诺克溪（Greenock Creek）水果完全吸收。这是一款令人惊叹的葡萄酒，它呈现出墨色或宝石红色或紫色，散发出碎覆盆子和黑色樱桃利口酒风味的异常诱人的芳香。这款强劲、多维度的红葡萄酒表现出令人应接不暇的水果口感、甘油和强度，它的酒精含量是所有托布雷酒庄葡萄酒中最高的一款（高达16.5%），而平均酒精度是14.5%，但它清新、有活力，轮廓惊人的清晰。毫无疑问，取得这样一项辉煌成就的关键是老藤葡萄树。在接下来的10到12年或者更长的时间里，它的饮用效果应该仍将不错。

2001 Les Amis
托布雷酒庄友人葡萄酒 2001

评分：96 分

这款2001年年份酒是托布雷酒庄酿制的第一款友人葡萄酒，是用100%采收自经过修枝的老藤葡萄树的歌海娜酿制而成，它的酒精度为15%，不过有点成功地隐藏了它的橡木味。这款厚重、强劲的葡萄酒是一款威严的红葡萄酒，拥有极好的成熟性和丰富性，散发出大量樱桃白兰地、胡椒和香料的风味，丝毫没有坚硬的边缘。遗憾的是，这款令人叹服的葡萄酒产量只有100箱。建议在接下来的4到6年内饮用。

RUNRIG
托布雷酒庄小块土地葡萄酒

2001 RunRig
托布雷酒庄小块土地葡萄酒 2001　　评分：99+ 分

2001年款小块土地葡萄酒一直非常完美，堪称是轰动、超现实的1998年款的后续款。它是托布雷酒庄的旗舰款葡萄酒，是用97%的席拉和3%的维欧尼混合酿制而成，所用葡萄都采收自老藤葡萄树，其中有一些树龄接近140年，这些葡萄树都栽种于巴洛萨的4个区域——玛拉南戈（Marananga）、寇兰山（Koonunga Hill）、摩帕（Moppa）和格林诺克（Greenock）。这款有力、强劲的2001年年份酒散发出黑醋栗奶油、黑莓利口酒、油墨、浓咖啡、石墨和杏仁橘子果酱风味混合的馨香。它的口感相当丰富，质感宽阔，就像多层次的摩天大楼从舌面上滑过，而且没有丝毫沉重感。这是酿酒史上的一款杰作，不过仍需要2到3年的瓶中陈年，然后在接下来的15到20年内饮用。

1999 RunRig
托布雷酒庄小块土地葡萄酒 1999　　评分：97 分

1999年小块土地葡萄酒是一款未经澄清和未过滤的美酒，拥有非凡的浓缩度和强度。它有结构、强健，拥有杰出

的密度和类似干型年份波特酒一样的浓缩度，还有着香烟、黑莓、黑醋栗、皮革与咖啡等混合的动人风味，倒入杯中后，它还会表现出维欧尼带来的甘甜橘子果酱的特性。这款崇高的席拉红葡萄酒是新世界出产的最优质的葡萄酒之一，应该继续窖藏3到4年，然后在接下来的20到30年内饮用。

1998 RunRig
托布雷酒庄小块土地葡萄酒 1998　　评分：99 分

这款1998年年份酒是用97%的席拉和3%的维欧尼混合酿制而成，在法国橡木桶陈年大约18个月后装瓶，它很可能是目前为止最集中的一款小块土地葡萄酒。酒色为不透明的紫色，陈酿香中表现出热带水果、黑莓利口酒、黑醋栗奶油、香烟和金银花风味的奇特混合。一旦散发出令人振奋的芳香，这款酒就会变得奢华和强劲，在口中表现出摩天大楼般的惊人浓缩度和长度。大量展开的黑色水果显露出美妙统一的木材、酸度、单宁酸和酒精（酒精度为14.5%），它几乎完美均衡，余韵可以持续将近一分钟。这款奢侈、令人叹服的极品表现出同类葡萄酒少有的复杂度和清晰轮廓。最佳饮用期：现在开始到2016年。

1997 RunRig
托布雷酒庄小块土地葡萄酒 1997　　评分：98 分

托布雷酒庄的1997年款小块土地葡萄酒非常令人惊叹。这款巨大、奇特的葡萄酒散发出蓝莓利口酒、黑醋栗、花朵、少许过熟桃子和甘甜香子兰的混合风味，是一款丰富、强劲、质感柔软的葡萄酒。它代表着澳大利亚版的马赛尔·吉佳乐的罗第丘莫林酒，而且橡木味也被美妙地统一了。这款葡萄酒酸度低，口感受到惊人的水果水平、丰富性和复杂性的影响，这款令人惊奇的葡萄酒甚至可能得到一个完美的评分。它在接下来的6到8年内饮用效果应该仍将不错。

1996 RunRig
托布雷酒庄小块土地葡萄酒 1996　　评分：96 分

这款1996年年份酒倒入杯中后会跃出动人的果香，还表现出樱桃利口酒、香烟、吐司、烘烤香草和黑莓水果的风味。它强劲，拥有精美的浓缩度、油滑的质感、低酸度，以及美妙统一的单宁酸和酒精（酒精度为14.5%）。这款惊人的葡萄酒可以现在饮用，也可以再窖藏5到7年。

1995 RunRig
托布雷酒庄小块土地葡萄酒 1995

评分：95 分

这是一款非常丰富、令人叹服的葡萄酒，拥有令人惊叹的果香和口味。从它散发出烘烤香子兰、熏猪肉、黑色覆盆子、黑莓和黑醋栗的芳香，到惊人比例、深厚、中度酒体到重酒体的口味，这款质感丝滑、无缝、多汁、多水的葡萄酒完全是一款非常诱人的美酒。通气后，它还会出现少许单宁酸，而且这款酒喝起来仍然年轻。这款小块土地葡萄酒现在就可以饮用，不过它还可以毫不费力地进化6到12年。

VERITAS WINERY
芙瑞塔酒庄

酒品：

芙瑞塔酒庄哈尼施园席拉红葡萄酒（Hanisch Shiraz）

芙瑞塔酒庄海泽园席拉红葡萄酒（Heysen Shiraz）

酒庄主：宾德家族（the Binder family）领导人：罗夫·G·宾德（Rolf G. Binder）

地址：Winery-Seppeltsfield Road, Dorrein via Tanunda; Postal-P.O.Box 126,Tanunda,SA,5352, Australia

电话：(61) 8 8562 3300

传真：(61) 8 8562 1177

邮箱：cellar@veritaswinery.com

网址：www.veritaswinery.com

联系人：罗夫·宾德（Rolf Binder）

参观规定：酒窖对外开放时间——周一至周五，上午 10:00 到下午 4:30；周末或节假日，上午 11:00 到下午 4:00；团队和游客——只接受应邀客人

葡萄园

占地面积：葡萄园的总面积为 98.8 英亩，分为两个葡萄园——克里罗庄园（Chri Ro Estate）和西部山脊葡萄园（Western Ridge）

葡萄品种：34.6 英亩的席拉

平均树龄：席拉葡萄树栽种于 1972 年和 1985 年

种植密度：1990 年之前栽种的葡萄树：986 株 / 公顷；1990 年之后栽种的葡萄树：1,734 株 / 公顷

平均产量：红葡萄——3,000~8,000 千克 / 公顷

酒的酿制

芙瑞塔酒庄的酿酒哲学是让葡萄园来讲述自己的故事。对葡萄进行压榨是为了保证发酵时拥有更多的完整浆果，发酵是在 8 吨重的开口发酵器中进行的。某些发酵过程会使用倒立的板子，这样可以酿制出丰富、口感丰满的葡萄酒，而且大多数时候都会通过循环旋转控制，这样可以带来更多的重量和后期口感。

芙瑞塔酒庄从 1955 年建立伊始就开始使用老式的螺旋压榨。最初的压榨可以精粹和浸渍葡萄皮，不过最后对于渣饼按压则非常柔和，产生一种近乎温柔的"篮压"效果。他们想尽量避免按压过于强烈，因为他们宁愿把一些果汁留在渣饼中，也不愿葡萄酒过于坚硬。

酿酒师罗夫·宾德曾这样比喻——"如果说葡萄酒是手，那么葡萄就像是手套"，而且它们必须彼此非常适合。橡木桶的正确使用至关重要，尤其是新橡木桶必须慎用。他们一般都倾向于使用重新刮干净的旧橡木桶，这样不仅可以为葡萄带来更多的美妙橡木口味，还可以避免橡木味过重。正如宾德所说的那样，"巴洛萨水果已经拥有如此强烈、丰满的特性，为什么还要给它加入大量橡木味呢？"

像哈尼施园葡萄酒和海泽园葡萄酒这样的优质葡萄酒，都要在橡木酒桶中陈年 22 个月。葡萄酒最终的混合和完成非常重要。挑选完桶酒并进行混合后，一般会加入蛋清对葡萄酒进行非常轻微的澄清，然后经过非常温和的过滤再装瓶。

芙瑞塔酒庄一直避免使用现代技术，因为他们认为酿制葡萄酒的过程非常简单，没有必要去改变传统的酿造工艺。

年产量

芙瑞塔酒庄哈尼施园席拉红葡萄酒：3,600 瓶

芙瑞塔酒庄海泽园席拉红葡萄酒：7,000 瓶

平均售价（与年份有关）：30~80 美元

近期最佳年份

2002 年，2001 年，1998 年，1996 年，1994 年，1991 年

罗夫·宾德

芙瑞塔酒庄由罗夫·宾德的父母老罗夫·宾德和弗朗西斯卡·宾德（Fransiska Binder）建于1955年，他们是在"二战"后从欧洲移民到澳大利亚的。

其实，罗夫爵士来到澳大利亚时什么都没有，幸运的是他拥有足够的语言知识，所以可以担任法院的口译员。后来他在法院结识了两位绅士——克里斯·弗雷尔（Chris Vohrer）和威尔海姆·阿贝尔（Wilhelm Abel），他们俩已经在巴洛萨谷建立了最初的酒厂。罗夫爵士在战前学过化学，他认为酿酒是一个逻辑延伸。后来，弗雷尔和阿贝尔收他当了学徒，经过十年的学习，罗夫爵士获得了一个购买酒厂的机会。1955年，他购买了一家庄园，并把它改名为"芙瑞塔酒庄"。

酒厂最初生产的是加强葡萄酒，同时也酿制几款干红葡萄酒。因为他们为很多地区提供"送货上门"的服务，所以公司的葡萄酒广为人知。

20世纪60年代中期，罗夫爵士购买了一些土地，其中一部分已经种满了老藤席拉葡萄树和玛塔罗（Mataro）葡萄树。1972年，大部分未被开垦的土地上都被种上了葡萄树，并且取名为哈尼施葡萄园和海泽葡萄园。

20世纪80年代早期时，他们的女儿克里斯塔（Christa）和小罗夫（Rolf Jr.）先后从罗斯沃瑟农业学院（Roseworthy Agricultural College）毕业，并且加入了酿酒事业。小罗夫从1982年开始在芙瑞塔酒庄工作，而克里斯塔去了外地求学，十年后才返回芙瑞塔酒庄，并且带回了大量白葡萄酒的酿制技术。

罗夫爵士很努力地使酒厂不再酿制加强葡萄酒，转而发展红葡萄酒风格。20世纪80年代，该酒厂继续发展它的葡萄园，种植了更多的席拉、玛塔罗、沙美龙、雷司令和赤霞珠葡萄树。

毫无疑问，酿制于哈尼施葡萄园和海泽葡萄园的两款席拉红葡萄酒都是世界一流的葡萄酒，拥有卓越的果香和口味维度。这两款酒似乎都拥有15到20年的进化潜力，而且可以与南澳的著名葡萄酒，即奔富酒庄的格兰奇葡萄酒相媲美。

HANISCH SHIRAZ
芙瑞塔酒庄哈尼施园席拉红葡萄酒

2002 Hanisch Shiraz
芙瑞塔酒庄哈尼施园席拉红葡萄酒 2002

评分：98 分

轰动的 2002 年款哈尼施园席拉红葡萄酒呈深紫色，相当丰富，散发出木榴油、蓝莓、黑莓和黑醋栗奶油混合的、让人难以置信的芳香。天鹅绒般柔滑的单宁酸表明它非常成熟，而且它所有的结构成分也极好的统一。这款未进化但是易亲近的席拉红葡萄酒重酒体，拥有惊人的深度、多层次的口感和巨大的纯度，以及可以持续 60 秒左右的余韵。它在 2 到 3 年后应该会达到巅峰状态，然后可以持续 12 到 15 年或者更久。这真是一款出色的巴洛萨谷席拉红葡萄酒！

2001 Hanisch Shiraz
芙瑞塔酒庄哈尼施园席拉红葡萄酒 2001

评分：92+ 分

2001 年款哈尼施园席拉红葡萄酒带有某些 20 世纪 70 年

代中后期出产的优质钻石溪红葡萄酒（Diamond Creek Cabernets）的芳香。这款深紫色的席拉葡萄酒散发出焦土、黑醋栗奶油、黑莓、欧亚甘草和香烟混合的馨香。这款惊人的葡萄酒丰裕、丰富而且强劲，拥有比哈尼施园其他葡萄酒更加向前的水果风格，还有着可以持续45秒的余韵。它从现在到2016年间应该会处于最佳状态。

1999 Hanisch Shiraz
芙瑞塔酒庄哈尼施园席拉红葡萄酒 1999

评分：92 分

1999 年款哈尼施园席拉红葡萄酒呈墨紫色，爆发出果酱黑色水果、欧亚甘草、新鞍皮革和胡椒风味混合的惊人鼻嗅。这款体积巨大但完美均衡的葡萄酒强劲且无缝，拥有非凡的浓缩度和纯度，它应该有着 9 到 10 年的良好饮用效果。它远比 1998 年款和 1996 年款处于相同年龄时更加进化和易亲近。最佳饮用期：现在开始到 2012 年。

1998 Hanisch Shiraz
芙瑞塔酒庄哈尼施园席拉红葡萄酒 1998

评分：99 分

近乎完美的 1998 年款哈尼施园席拉红葡萄酒散发出牛血、黑莓和果酱黑醋栗利口酒混合的风味。这款 1998 年年份酒黏稠但并不沉重，巨大而强劲，惊人的浓缩，余韵可以持续将近一分钟。它代表了席拉品种的本质，产量为 300 箱。因为这款酒如此的奢侈丰富，所以现在就可以饮用，不过至少再过 3 到 6 年才会发展出二等微妙成分。它应该可以保存至少 20 到 25 年。

1997 Hanisch Shiraz
芙瑞塔酒庄哈尼施园席拉红葡萄酒 1997

评分：97 分

1997 年款哈尼施园席拉红葡萄酒喝起来像是一款干型的年份波特酒。酒色为不透明的紫色，拥有黑莓、皮革、森林气味、欧亚甘草和胡椒混合的动人陈酿香，这款强烈、超级浓缩、惊人精粹的席拉葡萄酒相当巨大。相对于它庞大的体积来说，它惊人的均衡，并且轮廓清晰。因为足够柔软和易亲近，所以这款酒现在就可以饮用，不过它尚处于漫长生命的开始阶段，应该还需要 20 年的时间进化。最佳饮用期：现在开始到 2020 年。

1996 Hanisch Shiraz
芙瑞塔酒庄哈尼施园席拉红葡萄酒 1996

评分：97 分

这款 1996 年哈尼施园席拉红葡萄酒让我非常震惊（酒精度为 15.1%），它爆发出大量果酱蓝莓、黑莓水果、巧克力糖、焦油、欧亚甘草和巧克力风味混合的醇香。这是一款惊人强烈、巨大的老藤席拉葡萄酒，但它却更像是一款干型波特酒而非干型佐餐葡萄酒。这款惊人的葡萄酒拥有油滑的质感和可以持续 40 秒的余韵，它应该还可以保存 20 到 25 年。

HEYSEN SHIRAZ
芙瑞塔酒庄海泽园席拉红葡萄酒

2002 Heysen Shiraz
芙瑞塔酒庄海泽园席拉红葡萄酒 2002

评分：93+ 分

2002 年海泽园席拉红葡萄酒是一款深宝石红色或深紫色、结构紧致的葡萄酒，散发出香料盒和花朵风味混合的、诱人并独特的鼻嗅。它拥有花朵和黑莓风味的惊人强烈口味，多层次，重酒体，拥有坚实的单宁酸。建议先窖藏 2 到 3 年，然后在接下来的 12 到 15 年内饮用。

2001 Heysen Shiraz
芙瑞塔酒庄海泽园席拉红葡萄酒 2001

评分：90+ 分

呈现出饱满紫色的 2001 年款海泽园席拉红葡萄酒是封闭的（至少在我品尝的那天是这样的），散发出潮湿森林地被物、黑莓利口酒和少量焦油风味混合的、紧致但有前景的鼻嗅。这款初级葡萄酒强劲、耐嚼而且油滑，含有高度的单宁酸（大都被丰富的水果所隐藏），拥有前景的提升潜力。最佳饮用期：现在开始到 2020 年。

1998 Heysen Shiraz
芙瑞塔酒庄海泽园席拉红葡萄酒 1998

评分：96 分

1998 年款海泽园席拉红葡萄酒呈不透明的黑色或紫色，伴有覆盆子、黑莓、黑醋栗和樱桃风味混合的奢华果香，通气后，还会出现香烟、胡椒、欧亚甘草和泥土风味混合的陈酿香。入口后，这款葡萄酒质感油滑，而且极其强劲，拥有美妙的纯度和多层次的口味。这是一款令人陶醉的优质澳大利亚葡萄酒，产量为 400 箱。最佳饮用期：现在开始到 2020 年。

1997 Heysen Shiraz
芙瑞塔酒庄海泽园席拉红葡萄酒 1997

评分：96 分

这款呈不透明的黑色或紫色的葡萄酒散发出花朵、欧亚甘草、黑莓和新鞍皮革风味混合的芳香。这款强劲、肥厚、多水、低酸度的葡萄酒，将会是席拉爱好者们所尝过的最浓缩和强烈的席拉葡萄酒之一。它绵长、有力而且集中，现在就可以饮用，不过它可以毫不费力地陈年 20 年。最佳饮用期：现在开始到 2020 年。

1996 Heysen Shiraz
芙瑞塔酒庄海泽园席拉红葡萄酒 1996

评分：91 分

这款诱人的席拉葡萄酒呈不透明的紫色，伴有胡椒味和焦油味，甘甜而且多层次，散发出果酱黑莓水果和微弱的新橡木风味。这是一款巨大、有力、强劲的葡萄酒，余韵会在口中一直萦绕不去。它仍然年轻，可以轻易地再陈年 7 到 10 年。

AUSTRIA

奥地利

　　可以说最优质的奥地利葡萄酒都是葡萄酒界最神秘的葡萄酒。这些激动人心的葡萄酒满载口味，而且相当复杂，拥有惊人的矿物质深度，世界上只有少数葡萄酒可以达到这一深度。当然，奥地利是一个非常小型的酿酒国家，虽然最优质的葡萄酒几乎没有很好的价值，不过它们确实是好酒。

　　奥地利的葡萄酒文化在整个欧洲都算是很古老的。最开始是凯尔特人（Celts）酿制葡萄酒，罗马人征服这片土地之后，他们带着自己的葡萄培植风格取代了凯尔特人。因为在欧洲的大部分地区，大多数中世纪的葡萄培植都是由修道院控制的，而且直到19世纪80年代，著名的根瘤菌灾害几乎毁坏了所有的奥地利葡萄园，这一情况也没多大改变。当然，20世纪又经历了奥匈帝国（the Austro-Hungarian empire）的覆灭、两次世界大战和奥地利经济的彻底毁坏，那时的奥地利葡萄酒文化基本上就是对廉价葡萄酒和最低谷的工业耕种的夸大。第二次世界大战后的大多数奥地利葡萄酒都是为了满足对低价甘甜污水的欲望而生产的，这些低劣品被德国超市以工业用量买进。也许这是无法避免的，但是所有这些变故都造成了1985年的灾难性后果。当时一些奥地利和意大利的种植者们发现，可以通过向葡萄酒中加入二甘醇（一种常用的抗冻剂）而人为地使他们的葡萄酒变得更加甘甜，这一掺假丑闻几乎毁掉了奥地利仅剩的声誉，不过剩下的一线希望就是，优秀的酿酒商越发坚定了自己的决心，而且更加努力地重塑奥地利葡萄酒的形象。

　　从那以后，奥地利葡萄酒就开始大步向精品葡萄酒文化迈进，甚至连最腻烦的葡萄酒鉴赏家都承认了奥地利出产的优质雷司令葡萄酒和绿维特利纳葡萄酒拥有出色的、令人叹服的品质。不可否认，最受崇敬的奥地利葡萄酒产区仍是瓦豪产区，该产区内顶尖的种植者出产了非常有力的干白葡萄酒，它们都拥有令人印象深刻的陈年潜力。这些葡萄酒都拥有不可否认的特性，以及响应风土条件的果香和口味。它们并不是害羞的葡萄酒，其中最有力的叫做祖母绿葡萄酒（Smaragd），尽管相当干型，但是酒精含

量一般都在 13% 到 14% 之间。在克雷姆斯谷（Kremstal）和坎普谷（Kamptal）附近，葡萄酒的风格稍有改变，你会遇到更多的霞多丽葡萄酒和一些优质的起泡葡萄酒，偶尔还会遇到一款无害的黑品诺葡萄酒。在奥地利其他地区，葡萄酒的质量显然比较混杂，通常只有一名与众不同的种植者超越该地区的平庸者。不过布尔根兰州（Burgenland）出产的优质葡萄酒数量越来越多，甚至出现了一些相当吸引人的红葡萄酒，该地区是奥地利红葡萄酒的主要葡萄培植区。布尔根兰州［四个子产区之一，属于诺伊齐德勒产区（Neusiedlersee）］伟大闪亮的成功故事是阿洛伊斯·格莱士（Alois Kracher）的惊人葡萄酒系列，关于格莱士的葡萄酒在接下来的几页中会有描述。当然，奥地利还有其他的葡萄培植区，特别是史泰利亚产区（Styria）和奥地利下游的一些子产区，比如温泉产区（Thermenregion）和威菲尔特产区（Weinvierdel），但是有一个明显的特例，那就是瓦豪产区最优秀的酿酒商在国际舞台上展示的令人叹服的葡萄酒。

WEINGUT FRANZ HIRTZBERGER
赫兹伯格酒庄

酒品：

> 赫兹伯格酒庄霍尼沃格尔园祖母绿绿维特利纳葡萄酒
> (Grüner Veltliner Smaragd Honivogel)
>
> 赫兹伯格酒庄辛格雷戴尔园祖母绿雷司令葡萄酒
> (Riesling Smaragd Singerriedel)

酒庄主：伊姆加德·赫兹伯格（Irmgard Hirtzberger）和弗朗
　　　　茨·赫兹伯格（Franz Hirtzberger）

地址：Kremser Strasse 8,3620 Spitz,Austria

电话：(43) 27 13 22 09

传真：(43) 27 13 22 09020

邮箱：weingut@hirtzberger.com

网址：www.hirtzberger.com

联系方式：请与上述地址联系

参观规定：只接受预约访客

葡萄园

占地面积：30 英亩

葡萄品种：45% 的绿维特利纳（Grüner Veltliner），40% 的雷
　　　　司令（Riesling），剩下的 15% 是灰皮诺（Pinot Gris）、
　　　　白贝露（Pinot Blanc）和霞多丽（Chardonnay）

平均树龄：25~30 年

种植密度：6,000~6,500 株 / 公顷

平均产量：2,500~4,500 升 / 公顷

酒的酿制

　　所有的葡萄酒都在不锈钢酒桶中发酵，然后放入非常传统的木桶中陈年，所用酒桶的容量为 3,000-5,000 升，10 到 12 个月后装瓶。

年产量

　　数量保密。

> 赫兹伯格酒庄红色大门园菲德斯比绿维特利纳葡萄酒
> (Grüner Veltliner Federspiel Rotes-Tor)
>
> 赫兹伯格酒庄霍尼沃格尔园祖母绿绿维特利纳葡萄酒
> (Grüner Veltliner Smaragd Honivogel)
>
> 赫兹伯格酒庄红色大门园祖母绿绿维特利纳葡萄酒
> (Grüner Veltliner Smaragd Rotes-Tor)
>
> 赫兹伯格酒庄豪茨雷恩园祖母绿雷司令葡萄酒 (Riesling Smaragd Hochrain)

平均售价（与年份有关）：20~80 美元

近期最佳年份

2000 年，1999 年，1994 年

弗朗茨·赫兹伯格是奥地利瓦豪产区伟大的酿酒商之一，他是一个完美主义者，于 1983 年从他的父亲那里接管了酒庄。他的葡萄园都位于瓦豪产区的最西端，接近施皮茨镇，这个区域拥有瓦豪产区最寒冷的风土条件。赫兹伯格已经在他的葡萄园中种植了 45% 的绿维特利纳和 40% 的雷司令，以及很少量的

弗朗茨·赫兹伯格

灰皮诺、白贝露和霞多丽。他最优质的两大葡萄园之一是辛格雷戴尔葡萄园（Singerriedel），位于他们家 13 世纪时住房的正后方。辛格雷戴尔园种植在陡峭的南偏东南方向的斜坡上，生产着奥地利最优质的雷司令。他的第二大优质葡萄园是霍尼沃格尔葡萄园（Honivogel），该园中种的主要是绿维特利纳，种植于辛格雷戴尔园下面更低的斜坡上。赫兹伯格酒庄的大多数葡萄酒都需要在瓶中陈年 4 到 5 年后，才会获得优雅、均衡、深奥和异常复杂的个性。

　　赫兹伯格酒庄的完美主义哲学使得他们的葡萄酒几乎带有少许魔力，拥有非常少量的残余糖分，以及轮廓惊人清晰、清醇、矿物质主导的风格。弗朗茨·赫兹伯格和 F.X. 皮希勒（F.X. Pichler）被并称为瓦豪产区的两大传奇酿酒商。

GRÜNER VELTLINER SMARAGD HONIVOGEL

赫兹伯格酒庄霍尼沃格尔园祖母绿绿维特利纳葡萄酒

2003 Grüner Veltliner Smaragd Honivogel
赫兹伯格酒庄霍尼沃格尔园祖母绿绿维特利纳葡萄酒 2003

　　评分：94 分

　　赫兹伯格的 1990 年款霍尼沃格尔园祖母绿葡萄酒是我所尝过的最优质的绿维特利纳葡萄酒之一。它的鼻嗅中显露出满载具有表现力的茴香风味的矿物质，它的粘土、矿物质和梨子口味都被安置在丰富、集中、深厚且完全干燥的个性中。这款有力、巨大的葡萄酒拥有特别悠长和纯粹的余韵。建议从现在开始到 2009~2010 年间饮用这款美酒。

2000 Grüner Veltliner Smaragd Honivogel
赫兹伯格酒庄霍尼沃格尔园祖母绿绿维特利纳葡萄酒 2000

评分：92 分

中度酒体并且有力的 2000 年款霍尼沃格尔园祖母绿绿维特利纳葡萄酒是一款深厚的葡萄酒，散发出烘烤梨子和香料风味的芳香。这款宽阔、强烈的葡萄酒满载烟熏味的白色水果，其口味能一直萦绕在口中，最后随着令人印象深刻的悠长余韵一同散去。最佳饮用期：2006~2014 年。

1999 Grüner Veltliner Smaragd Honivogel
赫兹伯格酒庄霍尼沃格尔园祖母绿绿维特利纳葡萄酒 1999

评分：92 分

1999 年款霍尼沃格尔园祖母绿绿维特利纳葡萄酒的果香中带有金银花、洋槐花和岩石的风味。这款有着烟草、雪松和矿物质口味的葡萄酒拥有极好的清晰轮廓、精确性和焦点。它中度酒体，质感丝滑，拥有悠长、口味丰富的余韵。最佳饮用期：现在开始到 2008 年。

1997 Grüner Veltliner Smaragd Honivogel
赫兹伯格酒庄霍尼沃格尔园祖母绿绿维特利纳葡萄酒 1997

评分：91 分

1997 年款霍尼沃格尔园祖母绿绿维特利纳葡萄酒表现出成熟的白色水果果香，以及轻度到中度酒体的特性，即强烈、集中而且超级均衡。这款葡萄酒拥有惊人的吸引力，还有着充实的矿物质、岩石和泥土般的口味。建议从现在开始到 2012 年间饮用这款美酒。

1994 Grüner Veltliner Smaragd Honivogel
赫兹伯格酒庄霍尼沃格尔园祖母绿绿维特利纳葡萄酒 1994

评分：90 分

酿制这款 1994 年霍尼沃格尔园祖母绿绿维特利纳葡萄酒时使用的葡萄都采收于 11 月 15 号。这款葡萄酒表现出成熟水果和一种奇特香料成分混合的惊人鼻嗅。这款丰富、深厚、强劲的干型葡萄酒拥有豪华的果香和口味，还有可以持续 30+ 秒的余韵，是一款杰出的绿维特利纳葡萄酒。它可以与 F.X. 皮希勒和路德维希·吉德乐（Ludwig Hiedler）酿制的葡萄酒匹敌。最佳饮用期：现在开始到 2011 年。

RIESLING SMARAGD SINGERRIEDEL
赫兹伯格酒庄辛格雷戴尔园祖母绿雷司令葡萄酒

2000 Riesling Smaragd Singerriedel
赫兹伯格酒庄辛格雷戴尔园祖母绿雷司令葡萄酒 2000

评分：94 分

白色花朵和矿物质风味组成了极佳的 2000 年款辛格雷戴尔园祖母绿雷司令葡萄酒的鼻嗅。这款中度酒体的葡萄酒拥有丰富、深厚、质感油滑的特性，它厚重的核心和相当悠长的余韵中都带有宽阔多波的蜜甜矿物质和糖甜苹果风味。最佳饮用期：现在开始到 2016+。

1999 Riesling Smaragd Singerriedel
赫兹伯格酒庄辛格雷戴尔园祖母绿雷司令葡萄酒 1999

评分：94 分

这款中度酒体、丝滑质感和水晶般透明的葡萄酒拥有深度、力量和丰富性。它特别均衡，而且满载矿物质、梨子、苹果和马鞭草的口味，这些口味都萦绕在它悠长、精确的余韵中。赫兹伯格家族从 1991 年开始了这样一个传统，即在葡萄采收期多次穿梭于每一个葡萄园，并且每次只采摘最成熟的葡萄。1999 年时他们这样来回穿梭了 5 次（最后一次是在 12 月 1 号），以采收用于酿制辛格雷戴尔园祖母绿雷司令葡萄酒的葡萄。最佳饮用期：现在开始到 2017 年。这款美酒真是棒极了！

1994 Riesling Smaragd Singerriedel
赫兹伯格酒庄辛格雷戴尔园祖母绿雷司令葡萄酒 1994

评分：95 分

1994 年款辛格雷戴尔园祖母绿雷司令葡萄酒的有力果香中表现出蜜甜的矿物质风味。入口后，这款中度酒体的葡萄酒拥有令人惊叹的深度、纯度和焦点。它永无止境的特性满载厚厚的杏仁、甘菊、马鞭草和糊状梨子的风味。对于瓦豪产区内的大部分区域来说，1994 年确实是一个过于温暖的年份，但是对于施皮茨周围更加凉爽的气候来说，它又是一个特殊的年份。建议从现在开始到 2013~2017 年间饮用这款佳酿。

WEINGUT ALOIS KRACHER
格莱士庄园

酒品：

格莱士庄园威尔士雷司令贵腐精选白葡萄酒（Welschriesling Trockenbeerenauslese）新浪潮类（Nouvelle Vague）

格莱士庄园霞多丽贵腐精选白葡萄酒（Chardonnay Trockenbeerenauslese）（新浪潮类）

格莱士庄园施埃博贵腐精选白葡萄酒（Scheurebe Trockenbeerenauslese）湖泊之间类（Zwischen den Seen）

格莱士庄园威尔士雷司令贵腐精选白葡萄酒（Welschriesling Trockenbeerenauslese）（湖泊之间类）

酒庄主：阿洛伊斯·格莱士（Alois Kracher）

地址：Apetlonerstrasse 37, A-7142 Illmitz, Austria

电话：(43) 2175 3377

传真：(43) 2175 33774

邮箱：office@kracher.at

网址：www.kracher.com

联系人：蜜雪拉·格莱士（Michaela Kracher）

参观规定：只接受预约访客

葡萄园

占地面积：50 英亩

阿洛伊斯·格莱士

葡萄品种：30% 的霞多丽，40% 的威尔士雷司令（Welschriesling），10% 的施埃博（Scheurebe），10% 的琼瑶浆（Traminer），10% 的奥托麝香（Muskat-Ottonel）

平均树龄：25 年

种植密度：6,500 株 / 公顷

平均产量：1,500 升 / 公顷

酒的酿制

格莱士酒庄的贵腐精选葡萄酒分为两类，即"湖泊之间类"和"新浪潮类"。"湖泊之间类"包括该地区经典的甜型葡萄酒，这类葡萄酒都在不锈钢酒罐中发酵，大酒桶中陈年。这些都是水果主导的品种，比如施埃博、威尔士雷司令和奥托麝香，焦点都集中在清新性和水果特性上。"新浪潮类"都是具有国际风格的葡萄酒，在法国小橡木酒桶中陈年，比如琼瑶浆葡萄酒和霞多丽葡萄酒，这两类葡萄酒大多是变种葡萄酒。他们寻求长时间的酵母接触，这在酿酒过程中也就有了更高的风险，但是已经被现代设备最小化了。这些葡萄酒在酒桶中陈年的时间大约为 20 个月。从 1991 年开始，每个年份最典型的葡萄酒都被装瓶为"陈年窖藏"（Grande Cuvée）。该庄园三分之一的葡萄树生长于沙质风土条件的土壤中，三分之二生长于砂砾质土壤中。

年产量

当前的葡萄酒系列包括一款逐粒精选葡萄酒，如果可能的话，还包括一款冰白葡萄酒，再就是集合系列，该系列视年份而定——包含不同数量的贵腐精选葡萄酒，所有的葡萄酒都张贴着一个独特的金黄色标签。贵腐精选葡萄酒的归类根据葡萄酒的浓缩度而确定，这方面的决定性因素不仅包括残余糖分，还包括味道、酸度、酒精度和精粹物。

贵腐精选葡萄酒（Trockenbeerenauslese）：45,000 瓶（半瓶装）

逐粒精选葡萄酒（Beerenauslese）：40,000 瓶（半瓶装）

冰白葡萄酒（Eiswein）：4,000 瓶（半瓶装）

干白葡萄酒（Dry wines）：15,000 瓶

平均售价（与年份有关）：50~100 美元

近期最佳年份

2000 年，1998 年，1995 年，1981 年，1979 年，1976 年，1973 年

1981 年，阿洛伊斯·路易斯·格莱士（Alois "Luis" Kracher）从他的父亲那里接管了酒庄，他父亲是发现泽温克尔（Seewinkel）地区拥有酿制优质贵腐葡萄酒潜力的先驱之一。阿洛伊斯·格莱士爵士现在仍在管理葡萄园，他的儿子小阿洛伊斯·格莱士是参与葡萄培植的第二代人。小阿洛伊斯创造了一种新的甜葡萄酒风格，这种酒的水果性、细腻性和均衡性比甜度更加重要，而且他很快成为世界上最著名的甜葡萄酒酿制者之一。

小阿洛伊斯是一个擅长措辞的酿酒商，他可以像讨论自己葡萄园的葡萄培植技术那样，与世界上最优秀的主厨讨论各种复杂菜肴的成分。他的葡萄园离纽西迪尔湖（Lake Neusidil）很近。讽刺的是，他从不想接管父亲的酒庄，因为他接受的是化学工程师培训，不过当他接管以后，就像本书中提到的很多酿酒商一样，在追求完美的道路上毫不妥协。这个庄园的土壤大多是黑土和沙子的混合，而且在酿酒过程中一直使用天然酵母。当然，格莱士酿制的葡萄酒分为前面提到的两种独特风格，不过他所做的事情都非常有趣，他甚至已经酿制出了一些产量非常有限而且非常有前景的干红，与世界水平的甜葡萄酒一样优质。他也是本书中提到的另一名酿酒商的搭档，即加州西恩夸农酒庄（Sine Qua Non）的酒庄主曼弗雷德·克兰科尔（Manfred Krankl），他们俩使用采收自中南海岸（South Central Coast）的葡萄，酿制了大量令人惊叹不已的甜葡萄酒，这些葡萄酒都以"K.先生（Mr. K.）"的名义出售。

CHARDONNAY TROCKENBEERENAUSLESE
格莱士庄园霞多丽贵腐精选白葡萄酒

2000 #3 Chardonnay Trockenbeerenauslese Nouvelle Vague
格莱士庄园新浪潮类霞多丽贵腐精选 3 号白葡萄酒 2000

评分：94 分

这款 2000 年新浪潮类霞多丽贵腐精选 3 号葡萄酒的鼻嗅中带有黄油硬糖、橘子口味的糖果和强烈的杏仁风味的馨香。它拥有惊人的丰富性和出色的均衡性，还表现出大量香甜的黄色梅子口味，是一款质感油滑、中度酒体到重酒体的葡萄酒。这款轮廓清晰、巨大、具有表现力的葡萄酒（酒精度为 12.5%，残余糖分为 178.2 克/升，总酸度为 6 克/升）适合在接下来的 15 年内饮用。

2000 #7 Chardonnay Trockenbeerenauslese Nouvelle Vague
格莱士庄园新浪潮类霞多丽贵腐精选 7 号白葡萄酒 2000　评分：94 分

这款糖浆般的 2000 年款新浪潮类霞多丽贵腐精选 7 号葡萄酒（酒精度为 7.5%，残余糖分为 295.9 克/升，总酸度为 6.5 克/升）的鼻嗅中带有黄油硬糖、奶油和桃子的风味。这款质感如奶油般润滑的葡萄酒，其口感像鹅绒枕头般柔软，它深厚、强劲的特性会让人想起黄油方糖与炼乳搅拌混合的口味。建议在接下来的 15 年内饮用。

1999 #7 Chardonnay Trockenbeerenauslese Nouvelle Vague
格莱士庄园新浪潮类霞多丽贵腐精选 7 号白葡萄酒 1999　评分：96 分

这款有着糖甜苹果风味的 1999 年新浪潮类霞多丽贵腐精选 7 号葡萄酒是一款丰裕、油滑、令人震惊的葡萄酒。它像糖浆一样深厚，而且集中和均衡，表现出一波又一波强烈的梨子和苹果果酱风味。这款葡萄酒的个性和似乎无穷尽的余韵中也满载着香料、红醋栗和杏仁的风味。建议在接下来的 20 到 30 多年内饮用。

1998 #2 Chardonnay Trockenbeerenauslese Nouvelle Vague
格莱士庄园新浪潮类霞多丽贵腐精选 2 号白葡萄酒 1998

评分：93 分

这款浅黄色的 1998 年新浪潮类霞多丽贵腐精选 2 号葡萄酒散发出果酱桃子、杏仁和灰霉菌风味的芳香。它中度酒体到重酒体，而且深厚，是一款拥有甘甜红覆盆子、果冻杏仁、糖甜桃子和香料口味的葡萄酒。它厚重且质感油滑，但也纯粹和清新。最佳饮用期：现在开始到 2020 年。

1998 #9 Chardonnay Trockenbeerenauslese Nouvelle Vague
格莱士庄园新浪潮类霞多丽贵腐精选 9 号白葡萄酒 1998

评分：96 分

1998 年新浪潮类霞多丽贵腐精选 9 号葡萄酒是一款强烈甘甜、肥厚并且糖甜的葡萄酒，散发出橡木、香子兰、吐司、洋槐花和焦糖奶油的风味。它强劲而且有力，是一款厚重（但是和谐）的葡萄酒，拥有糖衣橘子、糖甜苹果和蜂蜜包裹的果酱风味，似乎无穷尽的余韵中表现出额外层次的奢侈果冻水果味道。建议在接下来的 20 到 25 年内饮用这款卓越的葡萄酒。

1998 #13 Chardonnay Trockenbeerenauslese Nouvelle Vague
格莱士庄园新浪潮类霞多丽贵腐精选 13 号白葡萄酒 1998

评分：98 分

1998 年款新浪潮类霞多丽贵腐精选 13 号白葡萄酒是格莱士酒庄在该年份酿制的最集中的葡萄酒。这款强劲、强健的葡萄酒表现出雪松、香料、杏仁和过熟桃子的风味。它相当厚重，几乎像糖浆似的，圆润、性感的个性中带有大量的果酱和果冻水果。这款具有鲁本斯绘画特征的（Rubenesque）（鲁本斯擅长绘制宗教、神话、历史、风俗、肖像以及风景画，画风受文艺复兴美术影响，具有热情洋溢地赞美人生欢乐的宏伟气势，有着色彩丰富、运动感强的独特风格——译者注）葡萄酒无缝，具有表现力的口味轮廓中含有无法计量的水果（大多数为杏子）、香料和灰霉菌风味。这款和谐、强健、优雅的葡萄酒的水果特性还可以保持至少 12 年，而且陈年潜力比本书中提到的任何葡萄酒都长。

1996 #8 Chardonnay Trockenbeerenauslese Nouvelle Vague
格莱士庄园新浪潮类霞多丽贵腐精选 8 号白葡萄酒 1996

评分：95 分

这款葡萄酒格莱士只酿制了 400 瓶，它含有 168 克／升的残余糖分、11.8% 的酒精度和 9.6 克／升的酸度。这款惊人的贵腐精选葡萄酒散发出椰子掺杂的过熟杏仁、桃子和灰霉菌的风味。它的口味轮廓表现出法国苏玳白葡萄酒（Sauternes）的风格，而且更加清新和有活力。这款雅致的葡萄酒拥有超级清晰的轮廓、上乘的宽度和奶油般的质感，并且满载烘烤黄色水果的示道。这款酒中度酒体到重酒体，完美集中，它的余韵中表现出糖甜柠檬的口味，似乎可以永远持续下去。建议从现在开始到 2015 年间饮用。

1995 #13 Chardonnay Trockenbeerenauslese Nouvelle Vague
格莱士庄园新浪潮类霞多丽贵腐精选 13 号白葡萄酒 1995

评分：96 分

这款产量为 800 瓶的葡萄酒包含 250 克／升的残余糖分、8.5% 的酒精度和 11 克／升的酸度，在新橡木酒桶中发酵和陈年 16 个月后装瓶。它是我所尝过的最优质的晚收霞多丽葡萄酒。这款杰作拥有粉红葡萄柚、白胡椒、烟熏的风味，并且满载焙烤番木瓜、芒果、杏仁、桃子的非凡个性，它如此的深厚，以至于几乎需要一副刀叉。多么惊人均衡的酸度和长度啊！建议从现在开始到 2030+ 年间饮用。

SCHEUREBE TROCKENBEERENAUSLESE
格莱士庄园施埃博贵腐精选白葡萄酒

2000 #5 Scheurebe Trockenbeerenauslese Zwischen den Seen
格莱士庄园湖泊之间类施埃博贵腐精选 5 号白葡萄酒 2000

评分：96 分

这款巨大、强劲的 2000 年湖泊之间类施埃博贵腐精选 5 号葡萄酒（酒精度为 11.5%，残余糖分为 212.8 克／升，总酸度为 6.5 克／升）倒入杯中后，会爆发出辛辣的黄色水果、

香料和灰霉菌风味混合的馨香。它拥有与 10W40 机油一样的密度和深度，是一款糖浆、果酱、黏稠的葡萄酒。它满载香料的个性中带有大量果酱杏仁、樱桃和桃子的风味。最佳饮用期：现在开始到 2030 年。

2000 #9 Scheurebe Trockenbeerenauslese Zwischen den Seen
格莱士庄园湖泊之间类施埃博贵腐精选 9 号白葡萄酒 2000

评分：97 分

2000 年款湖泊之间类施埃博贵腐精选 9 号葡萄酒倒入杯中后，会散发出甘甜的橡木味、灰霉菌和果冻杏仁的风味。这款强劲的葡萄酒是糖尿病患者的噩梦（酒精度为 6.5%，残余糖分为 347.8 克／升，总酸度为 7.6 克／升），口感厚实，表现出糖浆层次的果冻桃子和香料味的干杏仁风味。它拥有不可思议的力量、密度和长度。最佳饮用期：现在开始到 2045 年。

1999 #5 Scheurebe Trockenbeerenauslese Zwischen den Seen
格莱士庄园湖泊之间类施埃博贵腐精选 5 号白葡萄酒 1999

评分：95 分

这款充满香料味的 1999 年湖泊之间类施埃博贵腐精选 5 号葡萄酒，会让人想起杜松浆果、丁香和过熟桃子风味的馨香。这款轮廓美妙清晰、如果冻般的葡萄酒丰富、高度浓缩、厚重，而且余韵惊人的悠长。最佳饮用期：现在开始到 2030 年。

1999 #9 Scheurebe Trockenbeerenauslese Zwischen den Seen
格莱士庄园湖泊之间类施埃博贵腐精选 9 号白葡萄酒 1999

评分：98 分

这款 1999 年湖泊之间类施埃博贵腐精选 9 号葡萄酒的鼻嗅中带有花朵、香料和杏仁的风味。杏仁果酱的爱好者们将会喜欢这款超级集中的、果冻般的葡萄酒。它巨大的体积和深度被怡神的酸度极好地支撑着。这款葡萄酒像美国政府的年度预算提案一样深厚。建议在接下来的 35+ 年内饮用。

1998 #3 Scheurebe Trockenbeerenauslese Zwischen den Seen
格莱士庄园湖泊之间类施埃博贵腐精选 3 号白葡萄酒 1998

评分：95 分

这款橙黄色或黄色的 1998 年湖泊之间类施埃博贵腐精选 3 号葡萄酒，从杯中爆发出香料、荔枝核、玫瑰和糖甜的白葡萄干风味。它美妙集中、清新、中度酒体，带有烟熏矿物质和大量果酱黄色水果风味。这款相当绵长的葡萄酒表现出坚实单宁的脊柱，对于一款白葡萄酒来说比较罕见，但确是一款典型的施埃博葡萄酒。它把力量、浓缩度和均衡性优雅性结合在了一起，相当令人印象深刻。最佳饮用期：现在开始到 2020+。

1998 #12 Scheurebe Trockenbeerenauslese Zwischen den Seen

格莱士庄园湖泊之间类施埃博贵腐精选 12 号白葡萄酒 1998

评分：93 分

这款金色的 1998 年湖泊之间类施埃博贵腐精选 12 号葡萄酒拥有化学物质风味的鼻嗅，其中还表现出白胡椒和全麦饼干风味的芳香。这款葡萄酒中度酒体到重酒体，而且丰富多汁，它肥厚但美妙清新的个性中表现出层次丰富的果冻黄色水果。当鼻嗅中的化学物质风味接触空气后，这款酒还会显现出蜜饯般的特性，并表现出焦糖和黄油硬糖的口味。这款酒在接下来的 2 到 5 年内应该会表现出水果风味，而它在 2007 年至 2030+ 年间则会是一款陈年的、深色的、重灰霉菌的葡萄酒，而且由焦糖口味主导。读者们可以根据自己的喜好选择饮用时间。

1996 #3 Scheurebe Trockenbeerenauslese Zwischen den Seen

格莱士庄园湖泊之间类施埃博贵腐精选 3 号白葡萄酒 1996

评分：92 分

这款产量为 5,400 瓶的葡萄酒包含 176 克 / 升残余糖分、9.6% 的酒精度和 11.6 克 / 升酸度。这款贵腐精选葡萄酒的果香中带有烟熏热带水果和灰霉菌的风味。这款葡萄酒拥有上乘的焦点和油滑的质感，还有着具有表现力的口味轮廓，其中充满了复杂层次的甘甜桃子、杏仁、覆盆子和柠檬的果味。建议在接下来的 15 年内饮用。

1995 #3 Scheurebe Trockenbeerenauslese Zwischen den Seen

格莱士庄园湖泊之间类施埃博贵腐精选 3 号白葡萄酒 1995

评分：94 分

这款 1995 年年份酒的产量是 2,600 瓶，酒中含有 174 克 / 升残余糖分、12% 的酒精度和 9 克 / 升酸度，使用旧酒桶发酵，然后分离倒入不锈钢酒罐中，陈年 10 个月后装瓶。它令人陶醉、超级均衡和优雅的个性中散发出芒果、猕猴桃和粉红葡萄柚的果香，还混有油滑多层次的荔枝核、矿物质、钢铁和脆爽白色葡萄的风味。最佳饮用期：现在开始到 2018+。

1995 #4 Scheurebe Trockenbeerenauslese Zwischen den Seen

格莱士庄园湖泊之间类施埃博贵腐精选 4 号白葡萄酒 1995

评分：96 分

这款产量为 1,000 瓶的葡萄酒包含 197 克 / 升残余糖分、11.5% 的酒精度和 10.5 克 / 升酸度，使用旧酒桶发酵和陈年，10 个月后装瓶。这款葡萄酒拥有荔枝、糖甜粉红葡萄柚、猕猴桃和香料烟草的风味，还有着由相当丰富的花香、焦糖覆盖的杏仁、花朵、糖甜苹果和清新香草风味构成的巨大、有力的核心。建议从现在开始到世界末日（Armageddon）（或者当瓶塞分裂时，以两者中先发生的为准）时饮用。

1995 #6 Scheurebe Trockenbeerenauslese Zwischen den Seen

格莱士庄园湖泊之间类施埃博贵腐精选 6 号白葡萄酒 1995

评分：94~96 分

这款 1995 年年份酒含有 130 克 / 升残余糖分、11% 的酒精度和 9.5 克 / 升酸度（产量为 2,000 瓶），在旧酒桶中发酵和陈年，18 个月后装瓶（这份品酒笔记来自一个酒桶样品，因为我品尝的酒瓶样品已经被瓶塞污染了）。这款油滑并有着芒果、番木瓜、香蕉、杏仁和甘甜清凉茶口味的葡萄酒，散发出糖甜粉红葡萄柚、白胡椒和香料味红色浆果（覆盆子、樱桃和草莓）的风味。建议从现在开始到 2020+。

1995 #14 Scheurebe Trockenbeerenauslese Zwischen den Seen

格莱士庄园湖泊之间类施埃博贵腐精选 14 号白葡萄酒 1995

评分：96 分

这款产量为 2,300 瓶的葡萄酒含有 310 克 / 升残余糖分、7% 的酒精度和 12 克 / 升酸度，在旧酒桶中发酵和陈年，18 个月后装瓶。这款酒散发出香烟、香料、麝香草、迷迭香、烘烤香草、糖甜苹果、白胡椒和红醋栗风味混合的馨香，拥有甘甜清凉茶、樱桃、矿物质和香料味红色水果风味的巨大丝滑核心（我发现这款高度浓缩的白葡萄酒在年轻时经常表现出红色水果的果香和口味）。因为它拥有完美均衡的酸度，所以惊人的油滑，但却精美的雅致。我大胆推测这款酒在《人猿星球》（The Planet of the Apes）之后的年代，其饮用效果也仍将令人惊叹。

WELSCHRIESLING TROCKENBEERENAUSLESE NOUVELLE VAGUE

格莱士庄园新浪潮类威尔士雷司令贵腐精选白葡萄酒

1999 #10 Welschriesling Trockenbeerenauslese Nouvelle Vague

格莱士庄园新浪潮类威尔士雷司令贵腐精选10 号白葡萄酒 1999

评分: 98 分

在阿洛伊斯·格莱士看来，这款 1999 年新浪潮类威尔士雷司令贵腐精选 10 号葡萄酒是他 1999 年酿制的最集中的一款葡萄酒，它的果香中带有白胡椒掺杂的黄色水果风味。这款黏稠葡萄酒的特性中表现出香烟、果冻桃子、果酱杏仁和大量香料的风味。它相当丰富，几乎到了费力的程度，而且已经表现出少量焦糖的口味，这将对它以后的特性产生深远的影响。建议在接下来的 35 年内饮用。这款酒真是棒极了！

1998 #4 Welschriesling Trockenbeerenauslese Nouvelle Vague

格莱士庄园新浪潮类威尔士雷司令贵腐精选4 号白葡萄酒 1998

评分: 95 分

1998 年款新浪潮类威尔士雷司令贵腐精选 4 号葡萄酒的酒色中呈现出少许金色，这款中度酒体到重酒体的葡萄酒表现出糖甜白葡萄干和焦糖风味的芳香。入口后，它肥厚、深厚而且厚重，有着大量果冻水果、香料和灰霉菌的口味，过熟的杏仁能征服品尝者的味蕾（我的品酒笔记中赞道"哇哦！雷霆万钧！"），而且不削减它们一分一秒的吸引力。值得注意的是，考虑到这款葡萄酒的强度和厚度，它表现得清新、良好均衡和精确。建议在接下来的 20 年内饮用。

WELSHRIESLING TROCKENBEERENAUSLESE ZWISCHEN DEN SEEN

格莱士庄园湖泊之间类威尔士雷司令贵腐精选白葡萄酒

2000 #4 Welschriesling Trockenbeerenauslese Zwischen den Seen

格莱士庄园湖泊之间类威尔士雷司令贵腐精选4 号白葡萄酒 2000

评分: 95 分

2000 年款湖泊之间类威尔士雷司令贵腐精选 4 号葡萄酒的果香轮廓中表现出香烟、灰霉菌桃子和香料的风味。这是一款明确、中度酒体到重酒体的葡萄酒，拥有糖浆、芒果和西番莲果的口味，活跃的酸为它带来吸引人的怡神个性。最佳饮用期：现在开始到 2030 年。

格莱士庄园湖泊之间类威尔士雷司令贵腐精选 8 号
白葡萄酒 2000 酒标

2000 #8 Welschriesling Trockenbeerenauslese Zwischen den Seen

格莱士庄园湖泊之间类威尔士雷司令贵腐精选8 号白葡萄酒 2000

评分: 98 分

2000 年款湖泊之间类威尔士雷司令贵腐精选 8 号葡萄酒（酒精度为 7.5%，残余糖分为 314.2 克 / 升，总酸度为 7.2 克 / 升）表现出烟熏杏仁、芒果、满载灰霉菌的番木瓜和西番莲果的风味。它黏稠、糖浆般的核心带有白胡椒、果酱桃子、梨子、各种奇特水果和大量香料的味道。这款酒相当复杂、厚重，而且惊人的集中，它无休止的口味轮廓也丝毫不会削减吸引人的口感。建议在接下来的 35 到 45 年内饮用。

2000 #10 Welschriesling Trockenbeerenauslese Zwischen den Seen

格莱士庄园湖泊之间类威尔士雷司令贵腐精选 10 号白葡萄酒 2000　评分: 99 分

考虑到之前葡萄酒的凝结天性和不断增加的力量,读者们或许能够理解我看见这款 2000 年湖泊之间类威尔士雷司令贵腐精选 10 号葡萄酒(酒精度为 5.5%,残余糖分为 399.6 克/升,总酸度为 7.8 克/升)从瓶中倒入我的杯中后,我接近它时所怀有的不安情绪。这款葡萄酒呈青铜色,带有糖蜜风味,拥有令人惊叹的深度、密度和丰富性。品尝这款酒就像喝蜂蜜一样,不过又没有蜂蜜那样复杂。它超级深厚,庞大的个性为品酒者带来油滑杏仁和罐装桃子的口味,黏稠的水果中还带有尖刻的隐藏酸度。考虑到酸度和糖分都容易保存这一事实,这款葡萄酒无疑将比瓶塞更持久,还可能比酒瓶的寿命更长!

1999 #8 Welschriesling Trockenbeerenauslese Zwischen den Seen

格莱士庄园湖泊之间类威尔士雷司令贵腐精选 8 号白葡萄酒 1999　评分: 96 分

这款白胡椒和杏仁风味的 1999 年款湖泊之间类威尔士雷司令贵腐精选 8 号葡萄酒是一款丰富、集中、巨大的葡萄酒。这款油滑葡萄酒的特性中带有掺杂胡椒风味的白色和黄色水果。它有力而且深厚,拥有超级悠长的余韵。最佳饮用期: 现在开始到 2035+。

1998 #6 Welschriesling Trockenbeerenauslese Zwischen den Seen

格莱士庄园湖泊之间类威尔士雷司令贵腐精选 6 号白葡萄酒 1998　评分: 92 分

1998 年款湖泊之间类威尔士雷司令贵腐精选 6 号葡萄酒因为灰霉菌含量巨大,所以拥有霉味的鼻嗅,同时也表现出大量甘甜的白色和黄色水果。它充满过熟的水果口味,并且拥有香料味灰霉菌带来的独特风味。这款超级集中的葡萄酒拥有充足含量的酸度,可以完好保留它丰富多汁、丰裕深厚的特性。建议在接下来的 15+ 年内饮用这款雅致的贵腐葡萄酒。

1998 #11 Welschriesling Trockenbeerenauslese Zwischen den Seen

格莱士庄园湖泊之间类威尔士雷司令贵腐精选 11 号白葡萄酒 1998　评分: 96 分

1998 年款湖泊之间类威尔士雷司令贵腐精选 11 号葡萄酒呈黄色,还带有金黄色的色调,它表现出白色桃子、杏仁、香烟、灰霉菌和新碎的白胡椒芳香。这款葡萄酒中度酒体到重酒体,优雅,满载糖甜金桔、果冻桃子、香料和新鲜杏仁的风味,它把清晰轮廓、力量和浓缩度非凡地结合在了一起。这款质感堕落的葡萄酒强烈、纯粹,而且相当绵长。最佳饮用期: 现在开始到 2030+。

1997 #7 Welschriesling Trockenbeerenauslese Zwischen den Seen

格莱士庄园湖泊之间类威尔士雷司令贵腐精选 7 号白葡萄酒 1997　评分: 94 分

1997 年款湖泊之间类威尔士雷司令贵腐精选 7 号葡萄酒深厚,几乎无法穿透的鼻嗅中带有香料味的红色和白色水果口味。入口后,这款异常集中、深厚、黏稠、堕落和向后的葡萄酒带有无法计量的红色、黄色和白色水果,覆盖舌面的多层次蜜甜水果口味可以持续两分钟甚或更久。建议在接下来的 7 年中饮用这款华丽、甘甜的葡萄酒。

1996 #9 Welschriesling Trockenbeerenauslese Zwischen den Seen

格莱士庄园湖泊之间类威尔士雷司令贵腐精选 9 号白葡萄酒 1996　评分: 97 分

这款产量为 700 瓶的葡萄酒含有 231 克/升残余糖分、9.8% 的酒精度和 8.5 克/升酸度。这款令人极为惊讶的贵腐精选 9 号葡萄酒表现出香柠檬[一种梨子形状的柑橘属水果,最初用来为格雷伯爵茶(Earl Grey)调味]、覆盆子、樱桃、黑醋栗和灰霉菌风味的令人垂涎的果香。这款酒拥有绸缎般柔滑的质感和中度酒体到重酒体的特性,它超级集中、高度复杂,而且有力。它具有表现力的特性和惊人悠长的余韵中都带有多层次的红色水果、芒果、菠萝、番木瓜和粉红葡萄柚的风味。建议现在或在接下来的 20 年中饮用这款动人的葡萄酒。

1995 #1 Welschriesling Trockenbeerenauslese Zwischen den Seen

格莱士庄园湖泊之间类威尔士雷司令贵腐精选 1 号白葡萄酒 1995　评分: 93 分

这款葡萄酒的产量为 5,000 瓶,残糖量为 195 克/升,酒精度为 11%,酸度为 8.5 克/升,先在旧酒桶中发酵,然后分离放入不锈钢酒罐中以保持这款葡萄酒的清新性,陈年 10 个月后装瓶。鲜花与香料的清香从这款口感甘甜,有着泥土芬芳和杏仁果酱香味的琼浆中飘逸而出。从现在开始到 2015+ 年间它将处于最佳状态。

1995 #2 Welschriesling Trockenbeerenauslese Zwischen den Seen

格莱士庄园湖泊之间类威尔士雷司令贵腐精选 2 号白葡萄酒 1995　评分: 95 分

这款 1995 年年份酒在旧酒桶中发酵和陈年,10 个月后装瓶,酒中的残余糖分为 236 克/升,酒精度为 8.5%,酸度为 10 克/升,它的产量大约为 900 瓶。这款葡萄酒的果香中表现出糖甜菠萝风味,超级深厚的核心中带有矿物质、香草、香料、泥土、金属、花香、杏仁、桃子、苹果蜜饯和红色浆果的口味。它惊人、高度集中的酸度与油滑的甜度完美均衡,其余韵可以持续 40 秒左右! 建议从现在开始到 2020+ 年间饮用。

WEINGUT JOSEF NIGL
尼玖酒庄

酒品：

尼玖酒庄雷司令私藏葡萄酒（Riesling Privat）

尼玖酒庄仙佛丁堡豪埃格园雷司令葡萄酒（Riesling Senftenberger Hochäcker）

酒庄主：马丁·尼玖（Martin Nigl）

地址：Priel 8,A-3541 Senftenberg,Austria

电话：(43) 2719 2609

传真：(43) 2719 2609 4

邮箱：info@weingutnigl.at

网址：www.weingutnigl.at

联系人：马丁·尼玖（Martin Nigl）

参观规定：周一至周六，上午 8:00-12:00 和下午 1:00-5:00

葡萄园

占地面积：63 英亩

葡萄品种：40% 的绿维特利纳，40% 的雷司令，剩下 20% 的为品丽珠、慕客来（Gelber Muskateller）、霞多丽和蓝茨威格（Blauer Zweigelt）

平均树龄：10~30 年

种植密度：6,000 株 / 公顷

平均产量：绿维特利纳（4,000~5,000 升 / 公顷）；雷司令（3,000~4,000 升 / 公顷）

酒的酿制

尼玖家族根据每一个葡萄园和每一个葡萄品种的个性酿制葡萄酒。适当地降低产量，既不需要加糖也不需要脱酸。尼玖酒庄主要使用钢制酒罐进行酿酒和陈年，装瓶时间为春天（4 月和 5 月）。

年产量

尼玖酒庄独立马车绿维特利纳葡萄酒（Grüner Veltliner Kremser Freiheit）：15,000 瓶

尼玖酒庄仙佛丁堡豪埃格园雷司令葡萄酒：6,000 瓶

尼玖酒庄雷司令私藏葡萄酒：6,000 瓶

尼玖酒庄老藤绿维特利纳葡萄酒（Grüner Veltliner Alte Reben）：3,200 瓶

尼玖酒庄珍藏绿维特利纳干白葡萄酒（Grüner Veltliner Privat）：4,800 瓶

平均售价（与年份有关）：20~100 美元

近期最佳年份

2000 年，1997 年

约瑟夫·尼玖（Joseph Nigl）和他的儿子马丁在 20 年前就敢于把自己的资源专门用于酿酒，这样使得他们荣升为奥地利顶级酿酒商的速度更加令人震惊。他们的葡萄园位于克雷姆斯谷（Kremstal）的山坡梯田上，并且与河谷毗邻，园中的昼夜温度变化极大，而且会出现雾，这些条件都有利于葡萄的成熟。据马丁·尼玖称，这些气候上的因素也增加了葡萄酒的香馥、水果和优雅性。其他的庄园葡萄园则散布在几个不同的地方，包括位于克雷姆斯市内的小块葡萄园。更干燥的气候、占优势的黄土以及其他因素使得克雷姆斯的葡萄酒与森弗腾堡（Senftenberg）的葡萄酒区别开来。发酵开始于天然酵母。精选的维特利纳葡萄酒，以及来自森弗腾堡的优雅"皮瑞（Piri）"葡萄酒和高贵、丰富、高度精粹的"老藤（Alte Reben）"（老藤葡萄树）葡萄酒都值得一提。酿自于豪埃格葡萄园（Hochäcker vineyard）的雷司令葡萄酒多年来一直都是很多奥地利葡萄酒鉴赏家们的最爱。更加抑制的"皮瑞"葡萄酒表现出更多的水果和优雅性，但仍然有其他人更喜欢几乎丰裕的克雷姆斯雷腾（Kremsleiten）雷司令葡萄酒，其中最优质的要数珍藏类葡萄酒，它们都惊人的可口。

RIESLING KREMSER KREMSLEITEN
尼玖酒庄克雷姆斯雷腾马车雷司令葡萄酒

2000 Riesling Kremser Kremsleiten
尼玖酒庄克雷姆斯雷腾马车雷司令葡萄酒 2000
评分：92 分

这款出色的 2000 年款克雷姆斯雷腾马车雷司令葡萄酒的鼻嗅中表现出蜜甜的矿物质风味，它中度酒体而且明亮。这款集中、水果主导的葡萄酒表现出良好精粹的柠檬、砂砾、梨子和岩石的口味。这款清新但是深厚和丰富的葡萄酒适合在接下来的 7 年中饮用。

RIESLING KREMSLEITEN PIRI
尼玖酒庄克雷姆斯雷腾皮瑞雷司令葡萄酒

2001 Riesling Kremsleiten Piri
尼玖酒庄克雷姆斯雷腾皮瑞雷司令葡萄酒 2001
评分：92 分

这款 2001 年克雷姆斯雷腾皮瑞雷司令葡萄酒的果香中带有烟熏、蜜甜的矿物质风味，入口后爆发出具有穿透力的清凉茶、矿物质和苹果的口味。这款葡萄酒轻酒体到中度酒体，特别良好均衡，外向型，充满水果风味，而且有力。最佳饮用期：现在开始到 2012 年。

RIESLING PRIVAT
尼玖酒庄雷司令私藏葡萄酒

2001 Riesling Privat
尼玖酒庄雷司令私藏葡萄酒 2001   评分：94 分

2001 年款珍藏雷司令葡萄酒倒入杯中后，会爆发出岩石和柑橘属水果的风味。这款上乘的葡萄酒拥有相当集中、中度酒体的特性，含有脆爽苹果、糖甜柠檬和蜜甜岩石的风味。这款表现力惊人的葡萄酒清新而且被水果主导，拥有异常悠长的余韵。最佳饮用期：现在开始到 2016 年。

2000 Riesling Privat
尼玖酒庄雷司令私藏葡萄酒 2000   评分：93 分

2000 年款珍藏雷司令葡萄酒的果香由日光沐浴的矿物质风味主导。入口后，这款上乘的葡萄酒表现出与这个温暖、成熟年份出产的葡萄酒一样的丰富性和深度，不过它也表现出惊人的优雅性和清晰轮廓。这款葡萄酒高度细致，拥有大量的干型精粹物和极具表现力的梨子、苹果、矿物质和白垩口味。最佳饮用期：现在开始到 2015+。

1997 Riesling Privat
尼玖酒庄雷司令私藏葡萄酒 1997   评分：94 分

这款茴香风味的 1997 年款珍藏雷司令葡萄酒拥有有力、多层次的个性，充满浓缩的水果。它中度酒体的个性中带有苹果、梨子和强壮的茴香或薄荷成分。这款极具表现力但是雅致、口味强烈的葡萄酒拥有惊人悠长、柔软的余韵。建议在接下来的 9 年中饮用。

RIESLING SENFTENBERGER HOCHÄCKER
尼玖酒庄仙佛丁堡豪埃格园雷司令葡萄酒

2001 Riesling Senftenberger Hochäcker
尼玖酒庄仙佛丁堡豪埃格园雷司令葡萄酒 2001
评分：92 分

2001 年款仙佛丁堡豪埃格园雷司令葡萄酒表现出矿物质和岩石风味的鼻嗅，它是一款拥有强烈纯度、力量和优雅性的葡萄酒。这款葡萄酒中度酒体，质感如绸缎般柔滑，而且宽阔。它复杂的口味轮廓和整个悠长、清晰的余韵中都带有糖甜柠檬、砂砾和熏肉的风味。最佳饮用期：现在开始到 2014 年。

2000 Riesling Senftenberger Hochäcker
尼玖酒庄仙佛丁堡豪埃格园雷司令葡萄酒 2000
评分：93 分

2000 年款仙佛丁堡豪埃格园雷司令葡萄酒的果香中带有甘甜的清凉茶风味，柑橘属水果、岩石、砂砾和有力集中的隐藏矿物质构成了这款中度酒体葡萄酒的个性。它丰富而且质感如绸缎般柔滑，表现出异常悠长、纯粹的余韵。最佳饮用期：现在开始到 2015 年。

WEINGUT FRANZ XAVER PICHLER
皮希勒酒庄

酒品：

皮希勒酒庄 F.X. 无限雷司令葡萄酒（Riesling F. X. Unendlich）

皮希勒酒庄杜恩斯泰纳凯勒堡绿维特利纳葡萄酒（Grüner Veltliner Dürnsteiner Kellerberg）

皮希勒酒庄斯泰纳塔祖母绿雷司令葡萄酒（Riesling Smaragd Steinertal）

皮希勒酒庄 M 祖母绿绿维特利纳葡萄酒（Grüner Veltliner Smaragd M）

酒庄主：弗兰茨·塞维尔·皮希勒（Franz Xaver Pichler）和卢卡斯·皮希勒（Lucas Pichler）

地址：Oberloiben 27,3601 Dürnstein, Austria

电话：(43) 2732 85375

传真：(43) 2732 85375 11

邮箱：winery@fx-pichler.at

网址：www.fx-pichler.at

联系人：弗兰茨·塞维尔·皮希勒和卢卡斯·皮希勒

参观规定：只接受预约访客

葡萄园

占地面积：30 英亩

葡萄品种：50% 绿维特利纳，47% 雷司令，3% 品丽珠

平均树龄：40 年

种植密度：平地 4,000 株 / 公顷；坡地 6,000 株 / 公顷

平均产量：平地 4,500 升 / 公顷；坡地 4,000 升 / 公顷

酒的酿制

这个非常个性的酿酒方式是一个完全痴迷、知识渊博的人的杰作。葡萄非常低产（全年都会对葡萄树进行有力打薄），葡萄酒都是用天然酵母发酵，在温度可以控制的不锈钢酒罐中发酵 3 周后，放入旧橡木酒桶（容量为 3,000 升到 5,000 升）中陈年 4 到 6 个月。皮希勒坚持不澄清、不浓缩，也不加糖，因为用他的话说，这些葡萄酒都是"天然酿酒方式的本质"。

年产量

皮希勒酒庄"弗洛恩维恩园"菲德斯比绿维特利纳葡萄酒（Grüner Veltliner "Frauenweingarten" Federspiel）：8,000 瓶

皮希勒酒庄"克劳斯特萨茨"菲德斯比绿维特利纳葡萄酒（Grüner Veltliner "Klostersatz" Federspiel）：6,000 瓶

皮希勒酒庄"来自平台"祖母绿绿维特利纳葡萄酒（Grüner Veltliner "Von den Terrassen" Smaragd）：5,000 瓶

弗兰茨·塞维尔·皮希勒和他的儿子卢卡斯·皮希勒

皮希勒酒庄"洛伊布纳堡"祖母绿绿维特利纳葡萄酒（Grüner Veltliner "Loibnerberg" Smaragd）：6,000 瓶

皮希勒酒庄"杜恩斯泰纳凯勒堡"祖母绿绿维特利纳葡萄酒（Grüner Veltliner "Dürnsteiner Kellerberg" Smaragd）：6,000 瓶

皮希勒酒庄"M"（纪念）祖母绿绿维特利纳葡萄酒 [Grüner Veltliner "M"（Monumental）Smaragd]：4,000 瓶

皮希勒酒庄"斯泰纳塔"祖母绿雷司令葡萄酒（Riesling "Steinertal" Smaragd）：7,000 瓶

皮希勒酒庄"洛伊布纳堡"祖母绿雷司令葡萄酒（Riesling "Loibnerberg" Smaragd）：8,000 瓶

皮希勒酒庄"杜恩斯泰纳凯勒堡"祖母绿雷司令葡萄酒（Riesling "Dürnsteiner Kellerberg" Smaragd）：7,000 瓶

皮希勒酒庄"M"（纪念）祖母绿雷司令葡萄酒 [Riesling "M"（Monumental）Smaragd]：3,000 瓶

皮希勒酒庄"无限"雷司令葡萄酒（Riesling "Unendlich"）：3,000 瓶

皮希勒酒庄祖母绿长相思葡萄酒（Sauvignon Blanc Smaragd）：7,000 瓶

平均售价（与年份有关）：20~100 美元

近期最佳年份

2002 年，2001 年，1999 年，1997 年，1995 年，1994 年，1993 年，1992 年，1990 年，1986 年，1985 年，1983 年，1979 年，1977 年，1973 年

弗兰茨·塞维尔·皮希勒是一个戏剧爱好者、业余画家，以及世界上最优秀的绘画和雕刻鉴赏家，同行都称他为 F.X.，他本人就像他的葡萄酒一样有趣。当问 F.X. 和他有天赋、爱交际的儿子卢卡斯他们的做法与他们的邻居有什么不同时，他们的答案基本上都和本书中提到的每一位葡萄酒酿制者一样："我们在葡萄园中努力工作，采收前比大多数想要成熟葡萄的人等待更长的时间，我们在葡萄园中多次来回穿梭，然

后什么也不做，我们让葡萄酒自行酿制。"皮希勒酒庄就像是奥地利版罗曼尼 - 康帝酒园（Romanée-Conti）或拉图酒庄（Château Latour）。瓦豪产区有很多优秀的酿酒商，但 F.X.·皮希勒是公认的确实做得最好的名字和参考标准，不管雷司令或绿维特利纳产自他的哪一个葡萄园——洛伊布纳堡（Loibnerberg）、凯勒堡（Kellerberg），或者是斯泰纳塔（Steinertal）。关于质量，他毫不畏缩，一些葡萄酒瓶贴上字母"M"，即"纪念"。皮希勒的葡萄酒受到奥地利饮酒大众最高的崇敬，我一直觉得如果这些葡萄酒酿制于法国，它的名声将与那个神圣的葡萄酒王国中任何一家顶级酒庄的葡萄酒一样伟大。我在 2004 年年初饮用的几款 1990 年年份酒状态仍然卓越，而且我能肯定这些顶级年份的葡萄酒可以持续 20 年或者更久。

F.X. 皮希勒是这个家族式酒庄的第五代管理者，而且他的葡萄酒确实是具有传奇色彩的东西。

GRÜNER VELTLINER SMARAGD DÜRNSTEINER KELLERBERG
皮希勒酒庄杜恩斯泰纳凯勒堡祖母绿绿维特利纳葡萄酒

2000 Grüner Veltliner Smaragd Dürnsteiner Kellerberg
皮希勒酒庄杜恩斯泰纳凯勒堡祖母绿绿维特利纳葡萄酒 2000

评分：92 分

2000 年款杜恩斯泰纳凯勒堡祖母绿绿维特利纳葡萄酒产自一个东南向的葡萄园，该葡萄园享有典型的凉爽夜晚。它矿物质主导的果香带来多汁、相当丰富的特性，还有宝贵的奇特水果。这款葡萄酒内涵如此厚重，以至于它还需要窖藏才能出现成熟的番木瓜、芒果和香料味梨子的口味。最佳饮用期：2006~2014 年。

1999 Grüner Veltliner Smaragd Dürnsteiner Kellerberg
皮希勒酒庄杜恩斯泰纳凯勒堡祖母绿绿维特利纳葡萄酒 1999

评分：91 分

1999 年款杜恩斯泰纳凯勒堡祖母绿绿维特利纳葡萄酒表现出强烈的烟熏矿物质芳香和轻酒体到中度酒体的特性，它充满了砂砾和杏仁的风味。虽然缺少热带影响和 2000 年款的享乐主义吸引力，不过这仍是一款拥有深度、纯度和力量的出色葡萄酒。最佳饮用期：现在开始到 2012 年。

1995 Grüner Veltliner Smaragd Dürnsteiner Kellerberg
皮希勒酒庄杜恩斯泰纳凯勒堡祖母绿绿维特利纳葡萄酒 1995

评分：92 分

黄色或金色的 1995 年款杜恩斯泰纳凯勒堡祖母绿绿维特利纳葡萄酒散发出稻草、岩石和胡椒味香烟风味混合的芳香。这款喧闹的葡萄酒的口味轮廓和奇妙余韵中都带有烟草、奎宁、茴香、艳丽的柑橘属水果、成熟的杏仁和大量香料的风味。建议从现在开始到 2010-2011 年间饮用。

GRÜNER VELTLINER SMARAGD M
皮希勒酒庄 M 祖母绿绿维特利纳葡萄酒

1999 Grüner Veltliner Smaragd M
皮希勒酒庄 M 祖母绿绿维特利纳葡萄酒 1999

评分：93 分

1999 年款 M 祖母绿绿维特利纳葡萄酒表现出极佳矿物质和甘菊风味的鼻嗅，还有巨大葡萄酒所具有的强度和清晰轮廓。这款轻酒体到中度酒体、丰富、高度集中的葡萄酒和它整个相当悠长的余韵中都带有液态矿物质、脆爽苹果和香料的风味。建议从现在开始到 2012 年间饮用。

1997 Grüner Veltliner Smaragd M
皮希勒酒庄 M 祖母绿绿维特利纳葡萄酒 1997

评分：92 分

1997 年款 M 祖母绿绿维特利纳葡萄酒的芳香和口味中都带有茴香利口酒、梨子、香烟和矿物质的风味。这款轻酒体到中度酒体、质感丝滑的葡萄酒拥有卓越的浓缩度和深度，还有相当干型的精粹物和惊人的均衡性。最佳饮用期：现在开始到 2009 年。

RIESLING F.X.UNENDLICH
皮希勒酒庄 F.X. 无限雷司令葡萄酒

2000 Riesling F. X. Unendlich
皮希勒酒庄 F.X. 无限雷司令葡萄酒 2000

评分：97 分

这款得到经久称赞的 2000 年款 F.X. 无限雷司令葡萄酒酿自于混合的小块葡萄园 [92% 来自洛伊本堡（Loibenberg），8% 来自凯勒堡]，表现出花香和金银花浸染的芳香。这款中度酒体到重酒体的葡萄酒拥有巨大的丰富性、浓缩度、力量和纯度。它流云般的质感带有萦绕在它永无止境的余韵中的第四波复杂的香料味梨子、矿物质、糖甜苹果和茴香口味。

与名字有关的一段品酒笔记：1991 年，F.X. 皮希勒梦想酿制一款拥有非凡浓缩度和深度的葡萄酒，以至于它的余韵可以无穷尽，并且公布如果他能够实现这个目标的话，他将

皮希勒酒庄 F.X. 无限雷司令葡萄酒

把它命名为"无限",在德语中意思就是"无穷尽"。7 年后,他酿制出了第一款无限葡萄酒,即 1998 年款无限葡萄酒。这款 2000 年年份酒是他第二次酿制的无限葡萄酒。最佳饮用期:现在开始到 2020+。

1998 Riesling F. X. Unendlich
皮希勒酒庄 F.X. 无限雷司令葡萄酒 1998

评分: 94 分

这款黄色的 1998 年款 F.X. 无限雷司令葡萄酒散发出岩石和香料风味的烟熏、灰霉菌芳香。这款完全干燥的葡萄酒拥有惊人的均衡性和庞大的个性,还有一波又一波的覆盆子、白色桃子、梨子和番木瓜的水果风味,它的灰霉菌口味一直延续到整个悠长余韵消失。建议从现在开始到 2011 年间饮用这款集中的巨无霸。

RIESLING SMARAGD DÜRNSTEINER KELLERBERG
皮希勒酒庄斯泰纳塔凯勒堡祖母绿雷司令葡萄酒

2000 Riesling Smaragd Dürnsteiner Kellerberg
皮希勒酒庄斯泰纳塔凯勒堡祖母绿雷司令葡萄酒 2000

评分: 92 分

这款 2000 年斯泰纳塔凯勒堡祖母绿雷司令葡萄酒的芳香中带有加糖的甘菊茶风味。它是一款干型的、中度酒体的葡萄酒,拥有出色的丰富性,并带有多波蜜甜矿物质、焦糖岩石和楤梓的口感,这些口味一直萦绕在它巨大的余韵中。最佳饮用期:现在开始到 2016 年。

1999 Riesling Smaragd Dürnsteiner Kellerberg
皮希勒酒庄斯泰纳塔凯勒堡祖母绿雷司令葡萄酒 1999

评分: 92 分

1999 年款斯泰纳塔凯勒堡祖母绿雷司令葡萄酒的鼻嗅中表现出香料、梨子和苹果的风味。这款中度酒体和多汁的葡萄酒质感柔软,拥有接近 2000 年款的丰富性、成熟性和宽度。它悠长、柔软的余韵中带有多层次的苹果、白色桃子和矿物质风味。建议在接下来的 9 年内饮用。

1998 Riesling Smaragd Dürnsteiner Kellerberg
皮希勒酒庄斯泰纳塔凯勒堡祖母绿雷司令葡萄酒 1998

评分: 91 分

这款拥有香料味矿物质风味的 1998 年款斯泰纳塔凯勒堡祖母绿雷司令葡萄酒表现出的灰霉菌风味没有我尝过的其他 1998 年年份酒那样明显。它中度酒体,拥有钢铁般的个性,还有清新的矿物质和香料口味。建议在接下来的 2 到 3 年内饮用。

1997 Riesling Smaragd Dürnsteiner Kellerberg
皮希勒酒庄斯泰纳塔凯勒堡祖母绿雷司令葡萄酒 1997

评分: 96 分

1997 年款斯泰纳塔凯勒堡祖母绿雷司令葡萄酒稳重、石英般的芳香为它带来华贵的复杂性和深远的个性。它清新、中度酒体的特性中带有茴香、洋蓟、覆盆子、柑橘和黑醋栗的口味。这款丰富、质感柔滑的葡萄酒拥有优秀的纯度和几乎"无限的"余韵。最佳饮用期:现在开始到 2018 年。这款酒真是棒极了!

1995 Riesling Smaragd Dürnsteiner Kellerberg
皮希勒酒庄斯泰纳塔凯勒堡祖母绿雷司令葡萄酒 1995

评分: 94 分

1995 年款斯泰纳塔凯勒堡祖母绿雷司令葡萄酒散发出柑橘属水果、薄荷和甘甜清凉茶风味的鼻嗅。它激光般的特性中带有艳丽青柠檬、香料味茴香球茎和杏仁的风味。这款轻酒体到中度酒体的葡萄酒是一款几乎线性、极其悠长的葡萄酒,拥有巨大的浓缩度,尚需窖藏。最佳饮用期:现在开始到 2020 年。

1992 Riesling Smaragd Dürnsteiner Kellerberg
皮希勒酒庄斯泰纳塔凯勒堡祖母绿雷司令葡萄酒 1992

评分: 93 分

F.X. 皮希勒的惊人优质的 1992 年款斯泰纳塔凯勒堡祖母绿雷司令葡萄酒证明优秀的酿酒商可以战胜差劲的年份。它的强烈白色花朵和矿物质果香("极好的鼻嗅!"——这是我的笔记)带来一个复杂、有力、丰裕的多汁水果核心。它奶油质感的特性和悠长、纯粹的余韵中都带有金银花浸染的茴香风味。

WEINGUT PRAGER
普拉格庄园

酒品：

普拉格庄园奥切雷腾园祖母绿雷司令葡萄酒（Riesling Smaragd Achleiten）

普拉格庄园克劳斯园祖母绿雷司令葡萄酒（Riesling Smaragd Klaus）

普拉格庄园奥切雷腾园白色教堂祖母绿绿维特利纳葡萄酒（Grüner Veltliner Smaragd Weissenkirchen Achleiten）

普拉格庄园成长的博登施泰因祖母绿雷司令葡萄酒（Riesling Smaragd Wachstum Bodenstein）

酒庄主：伊尔泽·博登施泰因（Ilse Bodenstein）和托尼·博登施泰因（Toni Bodenstein）

地址：A-3610 Weissenkirchen 48, Austria

电话：(43) 2715 2248

传真：(43) 2715 2532

邮箱：prager@weissenkirchen.at

网址：www.weingutprager.at

联系人：伊尔泽·博登施泰因或托尼·博登施泰因

参观规定：周一至周六均对外开放

葡萄园

占地面积：35 英亩

葡萄品种：75% 的雷司令和 25% 的绿维特利纳

平均树龄：

雷司令：30 年（最古老的：克劳斯园 47 年；奥切雷腾园 45 年）

绿维特利纳：35 年 [最古老的：泽威瑞塔勒园（Zwerithaler）55 年；奥切雷腾园 46 年]

种植密度：4,500~7,000 株 / 公顷

平均产量：祖母绿绿维特利纳不足 6,000 千克 / 公顷；祖母绿雷司令不足 5,000 千克 / 公顷

酒的酿制

普拉格庄园通常在 10 月中旬到 11 月底采收葡萄，总是分多次进行人工采收，而且只把最成熟和最健康的葡萄放入发酵酒桶中。

葡萄都被去梗，而且进行几个小时以上的发酵以从葡萄皮中精粹果香物质。绝不加糖，葡萄经过压榨后，未经过滤的葡萄汁被放入钢罐中发酵，基本上都是加入本土酵母。所有的祖母绿葡萄酒都是完全干型的。发酵过程通常持续 3 到 4 周，为了保持葡萄酒的透明性和矿物质性，不会进行苹果酸 - 乳酸发酵。与酒糟和优质酵母一起陈年 2 个月后，葡萄酒被分离，绿维特利纳葡萄酒被储存在大木桶中，雷司令葡萄酒被放在钢罐中。绿维特利纳葡萄酒在大木桶中放置 4 个月左右后装瓶，雷司令葡萄酒则需要放置 5 到 6 个月。

年产量

绿维特利纳葡萄酒：

菲德斯比，恒德伯格园（Hinter der Burg）：10,000 瓶

祖母绿，威腾堡园（Weitenberg）：2,500 瓶

祖母绿，泽威瑞塔勒园：2,500 瓶

祖母绿，奥切雷腾园：5,000 瓶

雷司令葡萄酒：

菲德斯比，施坦瑞格园（Steinriegl）：17,000 瓶

菲德斯比，瑞茨林格园（Ritzling）：3,000 瓶

祖母绿，豪勒瑞园（Hollerin）：2,500 瓶

祖母绿，凯瑟堡（Kaiserberg）：3,000 瓶

祖母绿，施坦瑞格园：6,000 瓶

祖母绿，克劳斯园：6,500 瓶

祖母绿，奥切雷腾园：7,500 瓶

祖母绿，成长的博登施泰因：3,500 瓶

平均售价（与年份有关）：25~55 美元

近期最佳年份

2002 年，2000 年，1999 年，1997 年，1993 年，1990 年

弗朗茨·普拉格（Franz Prager）推荐的最佳年份：1979 年，1969 年，1959 年，1953 年

普拉格家族的很多代人都在这个历史上著名的酒厂工作过，现在由伊尔泽·博登施泰因和托尼·博登施泰因共同管理这个庄园。对于阅读这本书的所有读者来说，他们的中心哲学都不意外："葡萄酒应该反映它们的葡萄园地点。"

这家酒厂在 1302 年时最先属于一位修道院圣职人员，1715 年被传给普拉格家族。有趣的是，在普拉格家族的档案中，有一封可以回溯至 1715 年的信中提到过三个葡萄园，即瑞茨林格园、恒德伯格园和施坦瑞格园，这三个葡萄园现在仍然归该庄园所有。弗朗茨·普拉格仍是这个地区的葡萄培植先驱之一，而且被亲切地称为"瓦豪黑手党"之一，因为他使该地区因为优质而被标示在世界地图上。他的女儿伊尔泽·博登施泰因和女婿托尼·博登施泰因于 1988 年接管了酒庄，伊尔泽最初接受的是环境工程师训练。尽管该酒庄涵盖了 35 英亩的土地，不过产量却很低，在

富产的年份也只有 90,000 多瓶。事实上，这里所有的葡萄都位于极其陡峭、梯田状、倾斜的山坡上，园中种有 75% 的雷司令和 25% 的绿维特利纳。

GRÜNER VELTLINER SMARAGD WEISSENKIRCHEN ACHLEITEN
普拉格庄园奥切雷腾园白色教堂祖母绿绿维特利纳葡萄酒

2000 Grüner Veltliner Smaragd Weissenkirchen
普拉格庄园奥切雷腾园白色教堂祖母绿绿维特利纳葡萄酒 2000　评分：91 分

　　2000 年款奥切雷腾园白色教堂祖母绿绿维特利纳葡萄酒具有优秀表现力的鼻嗅中散发出杏仁、桃子和茶叶风味的馨香。这是一款中度酒体、多层次、丰富、强烈、多汁的葡萄酒，拥有有力的胡椒味杏仁口味。最佳饮用期：现在开始到 2011 年。

RIESLING SMARAGD ACHLEITEN
普拉格庄园奥切雷腾园祖母绿雷司令葡萄酒

2000 Riesling Smaragd Achleiten
普拉格庄园奥切雷腾园祖母绿雷司令葡萄酒 2000

　　评分：95 分

　　这款拥有花朵和液态岩石风味的 2000 年奥切雷腾园祖母绿雷司令葡萄酒是一款阴柔、集中和雅致的葡萄酒。它有着纯粹、激光般的个性，中度酒体，表现出复杂多波的糖甜柑橘皮、红醋栗和矿物质的风味。这款相当绵长的葡萄酒从现在到 2018+ 年间应该会处于最佳状态。

1999 Riesling Smaragd Weissenkirchen Achleiten
普拉格庄园奥切雷腾园白色教堂祖母绿雷司令葡萄酒 1999　评分：92 分

　　这款拥有岩石和矿物质风味的 1999 年奥切雷腾园白色教堂祖母绿雷司令葡萄酒中度酒体、有力，而且紧致环绕。相对于它持久的个性来说，这款柑橘、矿物质和白色水果主导的葡萄酒拥有出色的强度和复杂度。建议在接下来的 3 年内饮用。

RIESLING SMARAGD KLAUS
普拉格庄园奥切雷腾园祖母绿雷司令葡萄酒

2000 Riesling Smaragd Klaus
普拉格庄园奥切雷腾园祖母绿雷司令葡萄酒 2000

　　评分：94 分

　　2000 年款奥切雷腾园祖母绿雷司令葡萄酒爆发出复杂的白色桃子和苹果果香。这是一款强劲、强健、有力并且深厚的葡萄酒，它深远的苹果掺杂的水果核心清新、具有表现力，而且质感如天鹅绒般柔滑。这款非凡的、中度酒体到重酒体的葡萄酒适合从现在开始到 2015+ 年间饮用。

1999 Riesling Smaragd Weissenkirchen Klaus
普拉格庄园克劳斯园白色教堂祖母绿雷司令葡萄酒 1999　评分：92 分

　　1999 年款克劳斯园白色教堂祖母绿雷司令葡萄酒散发出矿物质、柠檬和梨子的馨香。它中度酒体而且质感丝滑，拥有出色的深度、强度和焦点。它强烈的口味轮廓和令人印象深刻的悠长余韵中都带有白色花朵、砂砾、矿物质和奎宁的风味（还有少许会让人想起杜松子酒和补药的风味）。建议在接下来的 3 到 5 年内饮用。

RIESLING SMARAGD WACHSTUM BODENSTEIN
普拉格庄园成长的博登施泰因祖母绿雷司令葡萄酒

2000 Riesling Smaragd Wachstum Bodenstein
普拉格庄园成长的博登施泰因祖母绿雷司令葡萄酒 2000　评分：91 分

　　2000 年款成长的博登施泰因祖母绿雷司令葡萄酒的酒色中呈现出些许的黄色（多数瓦豪产区的葡萄酒在年轻时都相当清晰），表现出有力的矿物质成分点缀的甘甜的清凉茶芳香，层次丰富的蜜甜矿物质（这款葡萄酒其实是干型的）被它明亮的酸度集中。这款酒具有表现力，良好均衡，多口味，而且有力。建议从现在到 2012 年间饮用。

1999 Riesling Smaragd Weissenkirchen Wachstum
普拉格庄园成长的博登施泰因白色教堂祖母绿雷司令葡萄酒 1999　评分：94 分

　　这款上乘的 1999 年成长的博登施泰因白色教堂祖母绿雷司令葡萄酒拥有柑橘属水果、花朵、白胡椒、金银花朵和矿物质风味混合的鼻嗅，中度酒体，而且具有爆发力。这款有力、美妙细致和强烈的葡萄酒为品酒者带来深厚层次的液态矿物质和白色水果的口感。它拥有精美的均衡性，具有表现力和优雅的个性，还有着似乎无穷尽的余韵。建议在接下来的 5 到 7 年内饮用这款葡萄酒。

FRANCE
法国

ALSACE
阿尔萨斯

阿尔萨斯这个边疆区域被德国和法国争夺了数个世纪，也许是世界上最不受重视和未充分利用资源的优质白葡萄酒产区。它不仅是一个被风景如画的中世纪村庄美化的童话般的地区，而且还是法国一些最卓越葡萄园的所在地。再者，与大多数法国葡萄酒产区不一样，阿尔萨斯生产的大多数顶级葡萄酒都以葡萄品种命名，像雷司令、琼瑶浆（Gewurztraminer）和托卡伊灰皮诺（Tokay Pinot Gris）这些最优质的品种，葡萄的名字都被印在酒标上，使得它们相对更容易被理解。一些酿酒商也会进一步以葡萄园为他们的葡萄酒命名，但是在阿尔萨斯只有极少数酿酒商会把不同品种混合在一起。

阿尔萨斯曾是最后真正定级为最优质风土条件的法国葡萄酒产区之一，现在有 50 个特级酒园因为与某一品种名字有关而出现在酒标上。阿尔萨斯葡萄酒令人迷惑的地方是几乎不可能确定它们是属于干型、半干型、微甜型还是特甜型。甜点葡萄酒类最顶端的葡萄酒叫做晚收型葡萄酒（Vendanges Tardives）和贵腐选粒葡萄酒（Sélections de Grains Nobles），其实都是甜葡萄酒，但是所有在那以下的、大约 98% 的产量通常都没有任何说明，消费者们都是通过拔掉瓶塞品尝来进行确定的。也有很多葡萄种植者声称特级酒园系统的界定差强人意，有很多应该被评为特级酒园的酒庄还没有被认可。更复杂的问题是，在阿尔萨斯，很多传统的酿制商几乎都忽视了葡萄园命名系统，继续用品种和他们个人的质量等级——"珍藏（Réserve）"或"特酿（Special Cuvée）"为他们的葡萄酒命名。

我选择讲述的酿酒商都是用最低程度干涉的技术，来创造拥有非凡成熟性、纯度和浓缩度并且能够强烈反应它们的风土条件的葡萄酒。

DOMAINE WEINBACH

温巴赫酒庄

酒品：

温巴赫酒庄圣 - 凯瑟琳特酿雷司令葡萄酒（Riesling Cuvée Sainte-Catherine）

温巴赫酒庄斯克拉斯伯格特级酒园圣 - 凯瑟琳窖藏雷司令葡萄酒（Riesling Grand Cru Schlossberg Cuvée Sainte-Catherine）

温巴赫酒庄圣 - 凯瑟琳窖藏托卡伊灰皮诺葡萄酒（Tokay Pinot Gris Cuvée Sainte-Catherine）

温巴赫酒庄劳伦斯特酿托卡伊灰皮诺葡萄酒（Tokay Pinot Gris Cuvée Laurence）

温巴赫酒庄奥登堡劳伦斯窖藏托卡伊灰皮诺葡萄酒（Tokay Pinot Gris Altenbourg Cuvée Laurence）

温巴赫酒庄西奥特酿琼瑶浆葡萄酒（Gewurztraminer Cuvée Théo）

温巴赫酒庄奥登堡劳伦斯窖藏琼瑶浆葡萄酒（Gewurz-traminer Altenbourg Cuvée Laurence）

所有被酿制的贵腐选粒葡萄酒和贵腐精选葡萄酒（Quintessence Sélection de Grains Nobles）

酒庄主：柯莱特·福勒、凯瑟琳·福勒（Catherine Faller）和劳伦斯·福勒（Laurence Faller）

地址：Colos des Capucins,25,Route du Vin, 68240 Kaysersberg, France

电话：(33) 03 89 47 13 21

传真：(33) 03 89 47 38 18

邮箱：contact@domaineweinbach.com

网址：www. domaineweinbach.com

联系人：凯瑟琳·福勒或劳伦斯·福勒

参观规定：通过预约可以在周一到周六的上午 9:00~11:30 和下午 2:00~5:00 前来参观；周日和节假日不对外开放

葡萄园

占地面积：66 英亩

葡萄品种：42% 的雷司令，27% 的琼瑶浆，13% 的托卡伊灰皮诺，6% 的白贝露和欧塞瓦（Auxerrois），4.5% 的西万尼（Sylvaner），3.5% 的奥托麝香和阿尔萨斯麝香（Muscat d'Alsace），0.5% 的夏瑟拉（Chasselas），3.5% 的黑品诺

平均树龄：29 年

种植密度：5,800~6,500 株 / 公顷

平均产量：4,000~4,500 升 / 公顷（2002 年：4,050 升 / 公顷）

酒的酿制

在温巴赫酒庄，首要关心的是葡萄的质量，而且特别关注的是他们的葡萄园。他们的所有葡萄园都采用有机方式培植，自 1998 年以来，已经有 23 英亩采用严格的生物动力方式耕作，其目的是保持葡萄树健康和低产量，以及让每一种风土条件以最真实可行的方式表达自己。该酒厂严格遵守最低程度干涉的哲学。葡萄经过柔和、缓慢、整串压榨后，放入容量为 600 升到 6,000 升之间的中性大橡木桶中发酵，分别陈年 40 年到 100 多年不等。发酵时只使用本土酵母，因为福勒家族认为这些酵母支持长时间、缓慢的发酵过程，可以加强葡萄酒的深度和复杂度，并增加葡萄酒原产地的微妙成分。她们的雷司令葡萄酒是发酵速度最慢的，经常持续发酵到夏天的采收期。一些非常甘甜的贵腐选粒葡萄酒或贵腐精选葡萄酒的发酵时间可能长达 4 到 5 年。

年产量

温巴赫酒庄珍藏西万尼葡萄酒（Sylvaner Réserve）：7,000 瓶

温巴赫酒庄珍藏白贝露葡萄酒（Pinot Blanc Réserve）：11,000 瓶

温巴赫酒庄珍藏麝香葡萄酒（Muscat Réserve）：5,000 瓶

温巴赫酒庄珍藏黑品诺葡萄酒（Pinot Noir Réserve）：6,000 瓶

温巴赫酒庄全员珍藏西万尼葡萄酒（Riesling Réserve Personnelle）：7,000 瓶

温巴赫酒庄西奥窖藏雷司令葡萄酒（Riesling Cuvée Théo）：8,000 瓶

温巴赫酒庄斯克拉斯伯格特级酒园雷司令葡萄酒（Riesling Grand Cru Schlossberg）：14,000 瓶

温巴赫酒庄圣 - 凯瑟琳特酿雷司令葡萄酒（Riesling Cuvée Sainte-Catherine）：12,000 瓶

温巴赫酒庄斯克拉斯伯格特级酒园圣 - 凯瑟琳窖藏雷司令葡萄酒：6,000 瓶

温巴赫酒庄"新颖（L'Inédit）"斯克拉斯伯格特级酒园圣 - 凯瑟琳窖藏雷司令葡萄酒：2,000~4,000 瓶

温巴赫酒庄圣 - 凯瑟琳窖藏托卡伊灰皮诺葡萄酒：6,000 瓶

温巴赫酒庄劳伦斯特酿托卡伊灰皮诺葡萄酒：3,500 瓶

温巴赫酒庄奥登堡劳伦斯窖藏托卡伊灰皮诺葡萄酒：3,000 瓶

温巴赫酒庄全员珍藏琼瑶浆葡萄酒（Gewurztraminer Réserve Personnelle）：5,500 瓶

温巴赫酒庄西奥特酿琼瑶浆葡萄酒：6,000 瓶

温巴赫酒庄劳伦斯窖藏琼瑶浆葡萄酒（Gewurztraminer Cuvée Laurence）：5,500 瓶

温巴赫酒庄奥登堡劳伦斯窖藏琼瑶浆葡萄酒：5,500 瓶

温巴赫酒庄列支敦士登特级酒园劳伦斯窖藏琼瑶浆葡萄酒（Gewurztraminer Grand Cru Furstentum Cuvée Laurence）：4,000 瓶

温巴赫酒庄 GC 斯克拉斯伯格雷司令晚收型葡萄酒（Riesling GC Schlossberg Vendanges Tardives）：1,000 瓶

温巴赫酒庄 GC 斯克拉斯伯格雷司令贵腐选粒葡萄酒（Riesling GC Schlossberg Sélection de Grains Nobles）：150~500 瓶

温巴赫酒庄 GC 斯克拉斯伯格雷司令贵腐精选葡萄酒（Riesling GC Schlossberg Quintessence de Grains Nobles）：150~250 瓶

温巴赫酒庄奥登堡托卡伊灰皮诺晚收型葡萄酒（Tokay Pinot Gris Altenbourg Vendanges Tardives）：2,000 瓶

温巴赫酒庄奥登堡托卡伊灰皮诺贵腐精选葡萄酒（Tokay Pinot Gris Altenbourg Sélection de Grains Nobles）：300~600 瓶

温巴赫酒庄奥登堡托卡伊灰皮诺浓粹贵腐葡萄酒（Tokay Pinot Gris Altenbourg Quintessence de Grains Nobles）：150~600 瓶（1995）

温巴赫酒庄 GC 曼博格琼瑶浆晚收型葡萄酒或贵腐选粒葡萄酒（Gewurztraminer GC Mambourg Vendanges Tardives or SGN）：800 瓶

温巴赫酒庄奥登堡琼瑶浆晚收型葡萄酒（Gewurztraminer Altenbourg Vendanges Tardives）：2,000 瓶

柯莱特·福勒（中间）与女儿凯瑟琳和劳伦斯

温巴赫酒庄 GC 列支敦士登琼瑶浆晚收型葡萄酒（Gewurztraminer GC Furstentum Vendanges Tardives）：2,500瓶（1998）

温巴赫酒庄奥登堡琼瑶浆贵腐选粒葡萄酒（Gewurztraminer Altenbourg Sélection de Grains Nobles）：200~800瓶

温巴赫酒庄 GC 列支敦士登琼瑶浆贵腐选粒葡萄酒（Gewurztraminer GC Furstentum Sélection de Grains Nobles）：300~2,500瓶（1998）

温巴赫酒庄奥登堡托琼瑶浆贵腐精选葡萄酒（Gewurztraminer Altenbourg Quintessence de Grains Nobles）：150~250瓶

（并不是所有年份都会酿制各个品种和风土条件的晚收型葡萄酒、贵腐选粒葡萄酒和贵腐精选葡萄酒，这取决于各年份的潜力和所酿制品种的采收选择。）

平均售价（与年份有关）：20~390美元

近期最佳年份

2002 年，2001 年，2000 年，1998 年，1994 年，1990 年，1989 年，1983 年

温巴赫酒庄是一个古老的庄园，由嘉布遣修道院（the monastery of Capuchin）的修道士建于 1612 年，书面文献显示温巴赫酒庄的很多葡萄园早在 890 年就被首次种植。福勒兄弟于 1898 年获得这份财产，他们的儿子和侄子西奥成为阿尔萨斯有名望和突出的

葡萄培植家，还是该地区限制产量、界定风土条件与提升质量的最有力的拥护者。西奥去世后，他精力充沛的妻子柯莱特（也是阿尔萨斯最优秀的大厨之一）接管了庄园，他们的女儿凯瑟琳和劳伦斯成年后，共同组成了一个妇女三人领导小组，她们都属于世界上最有天赋的酿酒师。现在劳伦斯·福勒为主力，她的姐姐和母亲进行辅佐。该酒庄的宝石是嘉布姗庄园，一个真实、合法的"葡萄园"，被四堵墙包围，位于福勒浪漫精致的房屋前面。

西奥窖藏葡萄酒是他们最优质的葡萄酒之一，以福勒家族的男性命名，当然现在也有一些窖藏以两个女儿，即劳伦斯和凯瑟琳的名字命名。此外，福勒家族使用的术语总是有点让人迷惑不解。嘉布姗庄园占地面积虽然只有 13 英亩，不过这个名字在所有酒瓶上都可以看得到。他们的另一处地产是斯克拉斯伯格特级酒园，位于一个陡峭梯田的南向和东南向斜坡上，主要是富含粘土、沙子和矿物质并以花岗岩为基岩的冲积土壤。该葡萄园横跨凯撒斯堡（Kaysersberg）的两个村庄，是温巴赫酒庄的发源地，靠近凯恩特泽姆（Kientzheim）。劳伦斯·福勒从 20 世纪 90 年代早期接管酿酒时就开始进行微妙的改革：葡萄园中的打薄更加严酷，倾向于酿制更多更干型的葡萄酒而不是更甜型的葡萄酒。福勒家族也会从其他两个特级酒园中酿酒，即列支敦士登（一个南偏东南向、非常陡峭、卵石泥灰石的斜坡，被种在石灰岩和砂石上）和奥登堡（另一个陡峭的东南向斜坡，粘土和石灰岩土壤，带有更多一点的石膏和基本的土壤类型）。

GEWURZTRAMINER ALTENBOURG CUVEE LAURENCE
温巴赫酒庄奥登堡劳伦斯窖藏琼瑶浆葡萄酒

2001 Gewurztraminer Altenbourg Cuvée Laurence
温巴赫酒庄奥登堡劳伦斯窖藏琼瑶浆葡萄酒 2001

评分：92 分

2001 年款奥登堡劳伦斯窖藏琼瑶浆葡萄酒辉煌的花香味鼻嗅为它带来一种味美、性感、香料味的个性。这款高度浓缩的葡萄酒为品酒者带来大量柔滑质感的多波黄色梅子、杏仁和香料的口感，并且一直萦绕在它广阔的余韵中。它是一款丰裕、中度酒体、充满香料口味的琼瑶浆葡萄酒，适合在

接下来的 6 年内饮用。

2000 Gewurztraminer Altenbourg Cuvée Laurence
温巴赫酒庄奥登堡劳伦斯窖藏琼瑶浆葡萄酒 2000

评分：95 分

据这家受到高度重视的酒庄的酿酒师劳伦斯·福勒说："无可争议的 2000 年年份酒必须被视为过去十年中最优质的年份酒之一。它让我想起 1998 年年份酒，但是它具有更多的灰霉菌风味，不过多得不多。"

这款超级丰醇、丰裕的 2000 年奥登堡劳伦斯窖藏琼瑶浆葡萄酒是一款比劳伦斯窖藏更加雅致、更加厚重的葡萄酒，它被非常和蔼的柯莱特·福勒女士，即该酒庄的资深女长辈描述为"油滑的"。它结构深厚，中度酒体到重酒体，均衡而且深远，它强有力的香料味和艳丽的个性中满载水果。难道是玛丽莲·梦露（Marilyn Monroe）转世投胎成为葡萄酒了吗？最佳饮用期：现在开始到 2014 年。

1999 Gewurztraminer Altenbourg Cuvée Laurence
温巴赫酒庄奥登堡劳伦斯窖藏琼瑶浆葡萄酒 1999

评分：92 分

这款拥有白色花朵、桃子和香烟风味的 1999 年奥登堡劳伦斯窖藏琼瑶浆葡萄酒是一款丰满、良好集中、中度酒体到重酒体的葡萄酒，玫瑰、香料、白色桃子和金银花赋予了它肥厚、深厚的特性。另外，这款葡萄酒拥有惊人悠长和纯粹的余韵。它不是一款奇特风格或口味的琼瑶浆葡萄酒，但它丰醇且轮廓清晰的特性中传递出大量非常微妙成分的口味。最佳饮用期：现在开始到 2012 年。

1998 Gewurztraminer Altenbourg Cuvée Laurence
温巴赫酒庄奥登堡劳伦斯窖藏琼瑶浆葡萄酒 1998

评分：93 分

1998 年款奥登堡劳伦斯窖藏琼瑶浆葡萄酒的鼻嗅中带有过量的香料和丰满的黄色水果风味。这款深厚的、有着蜂蜜个性的葡萄酒中度酒体，质感如天鹅绒般柔滑，而且风格放纵，包含黄色水果、丁香和杜松果果混合的风味。这款外向、性感的葡萄酒适合从现在到 2010 年间饮用。

1994 Gewurztraminer Altenbourg Cuvée Laurence
温巴赫酒庄奥登堡劳伦斯窖藏琼瑶浆葡萄酒 1994

评分：95 分

温巴赫酒庄的 1994 年琼瑶浆葡萄酒都是强烈的、充满香料味的葡萄酒。基于读者们对于这一品种的葡萄酒要么喜爱要么厌恶，我只把这款琼瑶浆葡萄酒推荐给那些喜欢炫耀、挑衅风格葡萄酒的读者。卓越的 1994 年奥登堡劳伦斯窖藏琼瑶浆葡萄酒是一款未上等级的贵腐选粒葡萄酒，最终的酒精度是 16.4%，因此这款葡萄酒不适合与口味精致的菜肴搭配。它巨大、蜜甜、奇特的鼻嗅中表现出灰霉菌的风味。它巨大、丰醇而且强劲，是一款半干型、强有力、轰动的琼瑶浆葡萄酒。遗憾的是，它的产量只有 4,000 瓶。

GEWURZTRAMINER ALTENBOURG QUINTESSENCE DE GRAINS NOBLES
温巴赫酒庄奥登堡托琼瑶浆贵腐精选葡萄酒

2000 Gewurztraminer Altenbourg Quintessence de Grains Nobles
温巴赫酒庄奥登堡托琼瑶浆贵腐精选葡萄酒 2000

评分：97 分

巨大的 2000 年奥登堡托琼瑶浆贵腐精选葡萄酒（残糖量为 190 克 / 升）是一款令人惊叹的葡萄酒，充满了香料味梨子、百合、玫瑰、百花香和杏仁风味的馨香。入口后，这款强劲的拳头产品甘甜、深厚、质感油滑，而且满含香料味糖甜苹果、樱桃、覆盆子和芒果的水果风味。这款酒特别良好均衡，艳丽的个性可以持续将近一分钟。它真是棒极了！最佳饮用期：现在开始到 2030 年。

1999 Gewurztraminer Altenbourg Quintessence de Grains Nobles
温巴赫酒庄奥登堡托琼瑶浆贵腐精选葡萄酒 1999

评分：97 分

1999 年奥登堡托琼瑶浆贵腐精选葡萄酒是一款惊人的、拥有香料和橘子皮香味的葡萄酒，它中度酒体到重酒体、奢华、质感柔滑，而且阴柔。这款异常丰醇的葡萄酒会让人想起糖浆浸湿的白色桃子、荔枝核、玫瑰和糖果风味，不过它仍保留着惊人优雅的质感。它是一款华丽的葡萄酒，拥有与众不同的浓缩度和深度，还有着独特的个性。最佳饮用期：现在开始到 2025 年。

GEWURZTRAMINER ALTENBOURG VENDANGES TARDIVES
温巴赫酒庄奥登堡琼瑶浆晚收型葡萄酒

2001 Gewurztraminer Altenbourg Vendanges Tardives
温巴赫酒庄奥登堡琼瑶浆晚收型葡萄酒 2001

评分：91 分

2001 年款奥登堡琼瑶浆晚收型葡萄酒散发出美妙的花香味鼻嗅，伴随其中的是性感、无缝和柔软的个性。这款丰醇但良好集中、丰满的葡萄酒满载香料味的黄色水果风味。建议从现在开始到 2014 年间饮用。

1999 Gewurztraminer Altenbourg Vendanges Tardives
温巴赫酒庄奥登堡琼瑶浆晚收型葡萄酒 1999

评分：94 分

1999 年款奥登堡琼瑶浆晚收型葡萄酒从杯中爆发出玫瑰、荔枝核和香料的芳香，它强劲、丰醇而且丰裕，是一款令人叹服的、巨大但优雅的葡萄酒。它丰醇的个性中包含糖甜浆果、玫瑰精油、紫罗兰、芒果、水煮梨和丁香的风味。最佳饮用期：现在开始到 2014 年。

GEWURZTRAMINER CUVEE D'OR QUINTESSENCE SELECTION DE GRAINS NOBLES

温巴赫酒庄奥尔黄金特酿浓粹琼瑶浆贵腐精选葡萄酒

1994 Gewurztraminer Cuvée d'Or Quintessence Sélection de Grains Nobles

温巴赫酒庄奥尔黄金特酿浓粹琼瑶浆贵腐精选葡萄酒 1994

评分：98 分

你是否在寻找一款比所有苏玳白葡萄酒（Sauternes）和产自法国卢瓦尔河谷（Loire Valley）的甜葡萄酒更加浓缩的葡萄酒？那就尝尝这款 1994 年奥尔窖藏琼瑶浆贵腐精选葡萄酒吧。这款葡萄酒表现出使人错乱的精粹物，有着油滑、超级浓缩、甘甜的风格，并被怡神的酸度美妙支撑。这款非凡纯粹、惊人强烈的葡萄酒非常不可思议，像这样的葡萄酒都有似乎无限的寿命（可能还有 40+ 年）。虽然它的价格可能惊人的昂贵，但是记住，半瓶就足够 12 到 16 个人饮用。

GEWURZTRAMINER CUVÉE THÉO

温巴赫酒庄西奥特酿琼瑶浆葡萄酒

2000 Gewurztraminer Cuvée Théo

温巴赫酒庄西奥特酿琼瑶浆葡萄酒 2000

评分：90 分

这款充满花香和香料味的 2000 年西奥窖藏琼瑶浆葡萄酒轻酒体到中度酒体，质感柔滑，而且阴柔。它丰醇、活泼的特性中表现出大量美妙细致的花朵浸染的梨子风味。建议在 2009 年之前饮用这款讨人喜欢、使人愉悦的葡萄酒。

1999 Gewurztraminer Cuvée Théo

温巴赫酒庄西奥特酿琼瑶浆葡萄酒 1999

评分：90 分

这款有着荔枝和玫瑰香味的 1999 年西奥窖藏琼瑶浆葡萄酒是一款丰醇、宽阔、中度酒体的葡萄酒。在这个阶段，这款柔软、味美和富含水果（多为白色桃子和杏仁）风味的葡萄酒尝起来更像是一款灰皮诺葡萄酒，而不是琼瑶浆葡萄酒。但是，它奢华质感的余韵中展现出芒果和其他奇特水果的风味。建议从现在开始到 2007 年间饮用。

1994 Gewurztraminer Cuvée Théo

温巴赫酒庄西奥特酿琼瑶浆葡萄酒 1994

评分：94 分

多年来，我每年都会购买一箱温巴赫酒庄的西奥窖藏琼瑶浆葡萄酒（我仍然有两瓶极好的 1989 年年份酒，它们在 1996 年时仍是非凡年轻且色彩鲜艳的葡萄酒）。1994 年年份酒（500 箱）呈现出淡金色，似乎比它的年龄暗示得更加成熟。这款厚重、烟熏、油滑的葡萄酒散发出白巧克力、胡椒、荔枝核和玫瑰花瓣风味混合的强烈鼻嗅，拥有不同寻常的黏度和口感精粹度。这是一款劲力十足、放纵的琼瑶浆葡萄酒，拥有明显的个性。它与穆恩斯特奶酪（Muenster cheese）（我空前最爱的葡萄酒＋奶酪组合之一）、肥鹅肝酱或者丰盛的酸菜腊肠（choucroute garni）（一种阿尔萨斯的腊肠和泡菜，是一款超级棒的菜肴）搭配将会非常美妙。温巴赫酒庄的 1994 年款琼瑶浆葡萄酒都是强烈并有着香料味的葡萄酒。最佳饮用期：现在开始到 2015 年。

GEWURZTRAMINER FURSTENTUM CUVEE LAURENCE

温巴赫酒庄列支敦士登劳伦斯特酿琼瑶浆葡萄酒

1999 Gewurztraminer Furstentum Cuvée Laurence

温巴赫酒庄列支敦士登劳伦斯特酿琼瑶浆葡萄酒 1999

评分：92 分

1999 年款列支敦士登劳伦斯窖藏琼瑶浆葡萄酒倒入杯中后，会爆发出糖甜和果酱的白色桃子风味。这款强劲、丰裕和味美的葡萄酒非常丰醇，而且拥有令人印象深刻的深度。它性感的特性和特别悠长、纯粹的余韵中都带有多层次的甘甜白色水果、香料、芒果和少量红色浆果混合的风味。这是一款喧闹、口味丰满的琼瑶浆葡萄酒，适合在 2011~2013 年之前饮用。

GEWURZTRAMINER FURSTENTUM QUINTESSENCE DE GRAINS NOBLES

温巴赫酒庄列支敦士登浓粹琼瑶浆贵腐葡萄酒

2001 Gewurztraminer Furstentum Quintessence de Grains Nobles

温巴赫酒庄列支敦士登浓粹琼瑶浆贵腐葡萄酒 2001

评分：100 分

2001 年列支敦士登琼瑶浆贵腐精选葡萄酒是一款拥有卓越复杂性、深度和丰醇性的葡萄酒，达到液态的完美程度。它胡椒、花香味的鼻嗅中表现出荔枝、玫瑰、樱桃、芒果和烟熏灰霉菌的风味。入口后，水煮梨或香料味的梨子、焦糖苹果、糖甜柑橘属水果和大量香料争相吸引品酒者的注意。这款葡萄酒中度酒体到重酒体，极其美妙的集中，质感丝滑，而且性感，绝对会让你激动不已！建议在 2006 年至 2020+ 年间饮用。这款酒真是棒极了！

RIESLING CUVEE SAINTE-CATHERINE

温巴赫酒庄圣－凯瑟琳特酿雷司令葡萄酒

2001 Riesling Cuvée Ste.-Catherine
温巴赫酒庄圣－凯瑟琳特酿雷司令葡萄酒 2001
评分：93 分

拥有香料味梨子和百合风味的 2001 年款圣－凯瑟琳窖藏雷司令葡萄酒，酿自于该酒庄同一个葡萄园中最低海拔高度的小块葡萄园，它散发出梨子掺杂卵石和白胡椒混合的有力核心风味。这款葡萄酒中度酒体、丰醇，而且浓缩，爆发出超级的水果深度和极佳的口味纯度。最佳饮用期：2006~2015 年。

2000 Riesling Cuvée Ste.-Catherine
温巴赫酒庄圣－凯瑟琳特酿雷司令葡萄酒 2000
评分：91 分

拥有梨子风味的 2000 年款圣－凯瑟琳窖藏雷司令葡萄酒，其菩提树和柑橘口味的特性中表现出大量的深度。它轻酒体到中度酒体，是一款浓缩、紧致缠绕、完全干型和复杂的葡萄酒，它拥有经过窖藏会变得更加优质的潜力。建议从现在开始到 2015 年间饮用。

1999 Riesling Cuvée Ste.-Catherine
温巴赫酒庄圣－凯瑟琳特酿雷司令葡萄酒 1999
评分：90 分

1999 年款圣－凯瑟琳窖藏雷司令葡萄酒讨人喜欢的果香中带有大量矿物质、岩石和清凉茶的风味。相对于它丰醇、丰满和深厚的个性来说，这是一款拥有令人愉悦宽度的葡萄酒，它满溢出液态矿物质般的口味。这款味美、轮廓美妙清晰的葡萄酒中度酒体到重酒体，而且拥有惊人持久的余韵。最佳饮用期：现在开始到 2010 年。

1997 Riesling Cuvée Ste.-Catherine
温巴赫酒庄圣－凯瑟琳雷司令葡萄酒 1997
评分：92 分

酿制 1997 年款圣－凯瑟琳雷司令葡萄酒的葡萄中 90% 以上都采收自 25 到 45 年树龄的老藤葡萄树，它们生长于福勒的斯克拉斯伯格小块葡萄园中更低的部分。它的果香中表现出甘甜的茶叶掺杂的矿物质风味，这是一款极具表现力、中度酒体到重酒体并且雅致的葡萄酒。它的白垩味柠檬果汁口味中爆发出精炼的纯度、力量、宽度和长度。最佳饮用期：现在开始到 2010+。

1995 Riesling Cuvée Ste.-Catherine
温巴赫酒庄圣－凯瑟琳雷司令葡萄酒 1995
评分：94 分

1995 年款圣－凯瑟琳雷司令葡萄酒散发出奎宁、红醋栗和矿物质风味混合的诱人鼻嗅，酒色为更暗的稻草色或金色，是一款伴随兴奋、强劲、干型、花香风味和口味的葡萄酒，特别的绵长和丰醇，拥有大量白色桃子般的口味。这款体积巨大、优雅的雷司令葡萄酒把力量和细腻性惊人地结合在了一起，令人印象深刻，是一个年轻但令人叹服的例子。最佳饮用期：现在开始到 2009 年。

RIESLING SCHLOSSBERG
温巴赫酒庄斯克拉斯伯格雷司令葡萄酒

2001 Riesling Schlossberg
温巴赫酒庄斯克拉斯伯格雷司令葡萄酒 2001

评分：91 分

2001 年款斯克拉斯伯格雷司令葡萄酒，酿自于该酒庄的斯克拉斯伯格特级酒园中海拔高度最高的小块葡萄园，表现出杏仁和白色花朵的芳香。这款酒中度酒体，有着绸缎般柔滑的质感，并表现出奶油矿物质和梨子怀旧风味的口味。它拥有惊人的广阔性、丰醇性（但是细致）、浓缩度和长度。最佳饮用期：现在开始到 2012 年。

2000 Riesling Schlossberg
温巴赫酒庄斯克拉斯伯格雷司令葡萄酒 2000

评分：90 分

2000 年款斯克拉斯伯格雷司令葡萄酒，酿自于斯克拉斯伯格园接近顶部的一个小块葡萄园，拥有花香味的鼻嗅和强烈、集中的个性。它是一款线性、完全干型、轻酒体到中度酒体的葡萄酒，有着花边状的特性，并表现出柑橘浸染的矿物质风味。最佳饮用期：现在开始到 2012 年。

1995 Riesling Schlossberg
温巴赫酒庄斯克拉斯伯格雷司令葡萄酒 1995

评分：92 分

中度酒体的 1995 年款斯克拉斯伯格雷司令葡萄酒表现出钢铁和矿物质风味混合的惊人鼻嗅。这款中度酒体到重酒体、高度精粹、干型但是向后的雷司令葡萄酒，入口后会表现出橘子和西番莲果风味的果香。这款上乘、超级浓缩的葡萄酒应该可以保存到 2008 年至 2013 年，或者更久。

RIESLING SCHLOSSBERG CUVEE STE.-CATHERINE
温巴赫酒庄斯克拉斯伯格圣－凯瑟琳特酿雷司令葡萄酒

2001 Riesling Schlossberg Cuvée Ste.-Catherine
温巴赫酒庄斯克拉斯伯格圣－凯瑟琳特酿雷司令葡萄酒 2001

评分：95 分

2001 年款斯克拉斯伯格圣－凯瑟琳窖藏雷司令葡萄酒的鼻嗅中可以发现法国糖衣杏仁糖果（dragées）、石英和岩石风味的馨香。它拥有鼓舞人心的宽度、浓缩度和丰醇性，深厚的特性中表现出大量岩石、矿物质和梨子的风味。这款中度酒体、柔滑质感的葡萄酒丰醇但是高度集中和纯粹，并且显示出特别悠长和细致的余韵。最佳饮用期：2006~2016 年。

2000 Riesling Schlossberg Cuvée Ste.-Catherine
温巴赫酒庄斯克拉斯伯格圣－凯瑟琳特酿雷司令葡萄酒 2000

评分：93 分

2000 年款斯克拉斯伯格圣－凯瑟琳窖藏雷司令葡萄酒的豪华芳香中表现出金银花朵、各种白色花朵和矿物质的风味。这款中度酒体、大方的葡萄酒为品酒者带来有力的蜜甜矿物质（我的笔记中写着"大量地！"）和梨子口味。这款有力、集中的葡萄酒应该在接下来的 9 到 11 年内饮用。

1999 Riesling Schlossberg Cuvée Ste.-Catherine
温巴赫酒庄斯克拉斯伯格圣－凯瑟琳特酿雷司令葡萄酒 1999

评分：91 分

1999 年款斯克拉斯伯格圣－凯瑟琳窖藏雷司令葡萄酒矿物质和奎宁风味的鼻嗅中带有鲜明的果香强度，它精确的口味轮廓中可以发现大量烘烤矿物质、晒干的砂砾、梨子和佛手柑的风味。这款葡萄酒拥有激光般的焦点，还有着丝滑质感和水果向前的特性。建议从现在开始到 2012 年间饮用。

1995 Riesling Schlossberg Cuvée Ste.-Catherine
温巴赫酒庄斯克拉斯伯格圣－凯瑟琳特酿雷司令葡萄酒 1995

评分：94 分

呈现出浅金黄色的 1995 年款斯克拉斯伯格圣－凯瑟琳窖藏雷司令葡萄酒，表现出封闭系列的果香（通气后还会出现些许杏仁、桃子和矿物质般的风味）、惊人的纯度和成熟性，它有着极其高的酸度，以及向后、酸涩、中度酒体到重酒体的风格。这款葡萄酒倒入杯中后会有巨大的进步，它能够再持续 10 年甚或更久。

1994 Riesling Schlossberg Cuvée Ste.-Catherine
温巴赫酒庄斯克拉斯伯格圣－凯瑟琳特酿雷司令葡萄酒 1994

评分：95 分

1994 年款斯克拉斯伯格圣－凯瑟琳窖藏雷司令葡萄酒是我尝过的最惊人的干型雷司令葡萄酒之一。极其强劲而且特别浓缩，拥有惊人的果香（砂砾、湿润钢铁、橘子和其他柑橘属水果）、多层次的浓缩度和准确的精确性，这款惊人纯粹、非常精致的雷司令葡萄酒可能会再持续十年或者更久，它是酿酒史上的一款杰作！最佳饮用期：现在开始到 2020 年。

1993 Riesling Schlossberg Cuvée Ste.-Catherine
温巴赫酒庄斯克拉斯伯格圣－凯瑟琳特酿雷司令葡萄酒 1993

评分：94 分

这款放纵、惊人丰醇、强劲、干型的 1993 年斯克拉斯伯格圣－凯瑟琳窖藏雷司令葡萄酒是该酒庄的顶级窖藏雷司令葡萄酒。痴迷于干型、劲力十足的雷司令葡萄酒的读者应该努力获得一瓶这款非常丰醇但却宜人轻盈的雷司令葡萄酒。多层次的浓缩水果伴随着热带水果、苹果和矿物质风味混合的陈酿香。且不论它的强度、力量和精粹度，这款葡萄酒总的来说并不厚重和松弛。这款葡萄酒是生长在填满岩石和矿物质土壤中的极其成熟的雷司令葡萄的本质体现，其余韵可以持续将近一分钟。

RIESLING SCHLOSSBERG QUINTESSENCE DE GRAINS NOBLES
温巴赫酒庄斯克拉斯伯格雷司令浓粹贵腐葡萄酒

2001 Riesling Schlossberg Quintessence de Grains
温巴赫酒庄斯克拉斯伯格雷司令浓粹贵腐葡萄酒 2001

评分：97 分

这款令人惊叹的贵腐精选葡萄酒显示出 2001 年的灰霉菌，丰富而且纯粹。2001 年款斯克拉斯伯格雷司令贵腐精选葡萄酒深远的果香中带有橘子皮、糖甜血橙和烘烤杏仁的风味。这款葡萄酒宽阔、丰醇而且性感，有着优雅的本质。它非常细致、极其集中的特性中表现出令人愉快的糖甜橘子、西番莲果和花香的口味。这款崇高的琼浆玉液产量只有 160 升。最佳饮用期：2009~2025+。

RIESLING SCHLOSSBERG SELECTION DEGRAINS NOBLES
温巴赫酒庄斯克拉斯伯格雷司令贵腐精选葡萄酒

2000 Riesling Schlossberg Sélection de Grains Nobles
温巴赫酒庄斯克拉斯伯格雷司令贵腐精选葡萄酒 2000

评分：94 分

2000 年款斯克拉斯伯格雷司令贵腐选粒葡萄酒（残糖量为 162 克 / 升）倒入杯中后，杯子的边缘可以看见焦糖的痕迹。它的鼻嗅由灰霉菌风味主导，带有深厚、强劲、泥土的个性。这款具有果酱特性的葡萄酒厚重而且甘甜，拥有特别悠长、清新的余韵。最佳饮用期：现在开始到 2014 年。

TOKAY PINOT GRIS ALTENBOURG QUINTESSENCE DE GRAINS NOBLES
温巴赫酒庄奥登堡托卡伊灰皮诺浓粹贵腐葡萄酒

2001 Tokay Pinot Gris Altenbourg Quintessence de
温巴赫酒庄奥登堡托卡伊灰皮诺浓粹贵腐葡萄酒 2001

评分：99 分

2001 年款奥登堡托卡伊灰皮诺贵腐精选葡萄酒爆发出怀旧的香料、满载灰霉菌的杏仁、桃子果酱、樱桃和白胡椒风味混合的醇香。这款巨大、非常丰醇的葡萄酒包含 200 克 / 升的残余糖分，但是被很好地均衡了，而且富有酒味（不像某些超级甘甜、果冻般的甜点葡萄酒）。它深厚的特性和似乎无穷尽的余韵中可以发现大量焦糖杏仁、香料和少许强烈的西番莲果风味。最佳饮用期：现在开始到 2030 年。

TOKAY PINOT GRIS ALTENBOURG SELECTION DE GRAINS NOBLES
温巴赫酒庄奥登堡托卡伊灰皮诺贵腐精选葡萄酒

2000 Tokay Pinot Gris Altenbourg Sélection de Grains Nobles
温巴赫酒庄奥登堡托卡伊灰皮诺贵腐精选葡萄酒 2000

评分：96 分

2000 年款奥登堡托卡伊灰皮诺贵腐选粒葡萄酒（残糖量为 160 克 / 升）的芳香中带有棉花糖和烟斗丝的风味。它是一款豪华、中度酒体到重酒体的美酒，质感深厚、厚重，而且浓缩。它充满橘子、杏仁和桃子风味的特性中拥有极好的清晰轮廓。最佳饮用期：现在开始到 2025+。

1998 Tokay Pinot Gris Altenbourg Sélection de Grains Nobles

温巴赫酒庄奥登堡托卡伊灰皮诺贵腐精选葡萄酒 1998

评分：99 分

惊人的 1998 年款奥登堡托卡伊灰皮诺贵腐选粒葡萄酒酿自于一个完整的小块葡萄园，没有分类，所以这款惊天动地的琼浆玉液拥有适中的数量（1,867 瓶）。它高度香料味的鼻嗅中表现出大量灰霉菌浸染的烟熏黄色水果。入口后，这款强劲的葡萄酒奔涌出大量杏仁、桃子和甘甜清凉茶般的口味。它强烈而且非常丰醇，略微保有不真实的精确性。这款完美均衡的葡萄酒极其浓缩，而且质感奢华，有着令人印象深刻的优雅和雅致。最佳饮用期：2006~2025+。

TOKAY PINOT GRIS CUVEE LAURENCE
温巴赫酒庄劳伦斯特酿托卡伊灰皮诺葡萄酒

2001 Tokay Pinot Gris Cuvée Laurence

温巴赫酒庄劳伦斯特酿托卡伊灰皮诺葡萄酒 2001

评分：93 分

2001 年款劳伦斯窖藏托卡伊灰皮诺葡萄酒的鼻嗅中带有烟熏杏仁和泥土点缀的风味。它是一款奢侈的葡萄酒，相当成熟、奢华，但是良好均衡。这款丰裕、浓缩的葡萄酒带有强烈层次的满载香烟的白色桃子风味。建议在 2006 年至 2015 年间饮用。

1997 Tokay Pinot Gris Cuvée Laurence

温巴赫酒庄劳伦斯特酿托卡伊灰皮诺葡萄酒 1997

评分：92 分

1997 年劳伦斯窖藏托卡伊灰皮诺葡萄酒是一款兴奋型、复杂、集中、浓缩和强烈的葡萄酒，酿酒用的葡萄生长在奥登堡（Altenbourg）葡萄园较低部分的葡萄树上，它表现出金银花和香烟覆盖的桃子果香。这款上乘的葡萄酒拥有非凡

的均衡性、吸引力、准确性和迷人的丰裕性。最佳饮用期：现在开始到 2010 年。

1995 Tokay Pinot Gris Cuvée Laurence

温巴赫酒庄劳伦斯特酿托卡伊灰皮诺葡萄酒 1995

评分：95 分

我尝过的两款 1995 年托卡伊灰皮诺葡萄酒都拥有高度精粹的口味和吸引力，以及该年份极高的酸度。半干型的 1995 年款劳伦斯窖藏托卡伊灰皮诺葡萄酒尝起来像是一款晚收型葡萄酒。这款葡萄酒含有一定量的残余糖分，但是酸度如此之高以至于多数读者会把它当做干型葡萄酒。柠檬草、蜜甜杏仁、白色桃子和橘子果酱风味混合的诱人鼻嗅为这款强劲、惊人清新的葡萄酒提供了一个引人注目的介绍，它拥有巨大剂量的力量和精粹物——都与不真实的优雅性和细腻性结合在一起。它是酿酒史上的一款杰作！建议从现在开始到 2015 年间饮用这款令人叹服的葡萄酒。

TOKAY PINOT GRIS QUINTESSENCE DE GRAINS NOBLES
温巴赫酒庄托卡伊灰皮诺浓粹贵腐葡萄酒

1997 Tokay Pinot Gris Quintessence de Grains Nobles

温巴赫酒庄托卡伊灰皮诺浓粹贵腐葡萄酒 1997

评分：96 分

该酒庄贵腐选粒水平的葡萄酒似乎不够浓缩和有力，不足以让饮酒者不知所措。温巴赫酒庄酿制出了一些世界上低于贵腐精选水平的最强烈的葡萄酒。这款有着果酱和糖浆特性的琼浆玉液结合了巨大的糖分水平和宜人的酸度，读者们应该知道这款葡萄酒注定可以替代甜点啜饮，它确实过于强烈和主导性太强而不能与多数食物进行搭配。这款糖衣桃子和杏仁风味的 1997 年款托卡伊灰皮诺贵腐精选葡萄酒拥有上乘的优雅性，它精美的酸度可以均衡它异常深厚和过熟的黄色水果、糖甜樱桃、覆盆子果酱口味的果汁核心。最佳饮用期：现在开始到 2030+。

DOMAINE ZIND-HUMBRECHT
辛特 - 鸿布列什酒庄

酒品：

    辛特 - 鸿布列什酒庄温德斯布尔庄园雷司令葡萄酒（Riesling Clos Windsbuhl）

    辛特 - 鸿布列什酒庄布兰德特级酒园雷司令葡萄酒（Riesling Brand）

    辛特 - 鸿布列什酒庄塔恩兰根圣尤班庄园雷司令葡萄酒（Riesling Rangen de Thann Clos St.-Urbain）

    辛特 - 鸿布列什酒庄温德斯布尔庄园灰皮诺葡萄酒（Pinot Gris Clos Windsbuhl）

    辛特 - 鸿布列什酒庄塔恩兰根圣尤班庄园灰皮诺葡萄酒（Pinot Gris Rangen de Thann Clos St.-Urbain）

    辛特 - 鸿布列什酒庄温德斯布尔庄园琼瑶浆葡萄酒（Gewurztraminer Clos Windsbuhl）

    辛特 - 鸿布列什酒庄亨斯特园琼瑶浆葡萄酒（Gewurztraminer Hengst）

    辛特 - 鸿布列什酒庄塔恩兰根圣尤班庄园琼瑶浆葡萄酒（Gewurztraminer Rangen de Thann Clos St.-Urbain）

    辛特 - 鸿布列什酒庄锐贝萨庄园托卡伊灰皮诺葡萄酒（Tokay Pinot Gris Clos Jebsal）

    各种晚收型选粒葡萄酒和贵腐选粒葡萄酒

等级：阿尔萨斯产区葡萄酒

酒庄主：奥利维耶·鸿布列什（Olivier Humbrecht）和里奥纳德·鸿布列什（Leonard Humbrecht）

地址：4,Route de Colmar, 68230 Turckheim,France

电话：(33) 03 89 27 02 05

传真：(33) 03 89 27 22 58

邮箱：o.humbrecht@wanadoo.fr

联系人：玛格丽特·鸿布列什（Margaret Humbrecht）和奥利维耶·鸿布列什

参观规定：只接受预约访客；售酒时间为上午 8:30-11:30 和下午 1:30-5:00

葡萄园

占地面积：98.8 英亩

葡萄品种：30% 雷司令，30% 琼瑶浆，29% 灰皮诺，0.5% 黑品诺，1% 麝香，9.5% 佐餐葡萄酒（霞多丽、欧塞瓦、白贝露）

平均树龄：30 年

种植密度：6,000~10,000 株 / 公顷

平均产量：2,800~4,000 升 / 公顷

酒的酿制

    辛特 - 鸿布列什酒庄的葡萄采收一般会为期 3 个多月，因为只有在某一小块葡萄园中的葡萄已经达到他们认可的完全成熟状态时才会被采摘。葡萄都被整串进行压榨，而且他们倾向于包含大量沉重的酒糟，这样口味的精粹物和额外的质感都可以被充分利用。所有材料都是在重力的作用下移动，与优质的酒糟一起陈年，几乎不使用硫。发酵过程完全自然——使用本土酵母，不添加酶和像氧、氮、澄清剂、维生素这样的添加剂。辛特 - 鸿布列什酒庄的发酵过程都非常缓慢，3 个月到一年不等，非常甜型的葡萄酒发酵时间甚至更长，更干型的窖藏 12 到 18 个月后装瓶。

年产量

    各个年份的瓶酒产量大有不同。

辛特（Zind）

    辛特 - 鸿布列什酒庄特汉姆爱恨味麝香葡萄酒（Muscat Herrenweg de Turckheim）

    辛特 - 鸿布列什酒庄格尔戴特麝香葡萄酒（Muscat Goldert）

雷司令

    辛特 - 鸿布列什酒庄贾贝尔施维尔雷司令葡萄酒（Riesling Gueberschwihr）

    辛特 - 鸿布列什酒庄特汉姆雷司令葡萄酒（Riesling Turckheim）

    辛特 - 鸿布列什酒庄塔恩雷司令葡萄酒（Riesling Thann）

    辛特 - 鸿布列什酒庄特汉姆爱恨味雷司令葡萄酒（Riesling Herrenweg de Turckheim）

    辛特 - 鸿布列什酒庄奥赛尔庄园雷司令葡萄酒（Riesling Clos Häuserer）

    辛特 - 鸿布列什酒庄汉姆堡雷司令葡萄酒（Riesling Heimbourg）

    辛特 - 鸿布列什酒庄温德斯布尔庄园雷司令葡萄酒

    辛特 - 鸿布列什酒庄布兰德特级酒园雷司令葡萄酒

    辛特 - 鸿布列什酒庄塔恩兰根圣尤班庄园雷司令葡萄酒

灰皮诺

    辛特 - 鸿布列什酒庄特汉姆爱恨味灰皮诺葡萄酒（Pinot Gris Herrenweg de Turckheim）

    辛特 - 鸿布列什酒庄罗腾堡灰皮诺葡萄酒（Pinot Gris Rotenberg）

    辛特 - 鸿布列什酒庄汉姆堡灰皮诺葡萄酒（Pinot Gris Heimbourg）

辛特 - 鸿布列什酒庄锐贝萨酒园灰皮诺葡萄酒（Pinot Gris Clos Jebsal）

辛特 - 鸿布列什酒庄温德斯布尔庄园灰皮诺葡萄酒

辛特 - 鸿布列什酒庄塔恩兰根圣尤班庄园灰皮诺葡萄酒

辛特 - 鸿布列什酒庄贾贝尔施维尔琼瑶浆葡萄酒（Gewurztraminer Gueberschwihr）

辛特 - 鸿布列什酒庄特汉姆琼瑶浆葡萄酒（Gewurztraminer Turckheim）

辛特 - 鸿布列什酒庄温泽恩汉姆琼瑶浆葡萄酒（Gewurztraminer Wintzenheim）

辛特 - 鸿布列什酒庄特汉姆爱恨味琼瑶浆葡萄酒（Gewurztraminer Herrenweg de Turckheim）

辛特 - 鸿布列什酒庄汉姆堡琼瑶浆葡萄酒（Gewurztraminer Heimbourg）

辛特 - 鸿布列什酒庄温德斯布尔庄园琼瑶浆葡萄酒

辛特 - 鸿布列什酒庄格尔戴特琼瑶浆葡萄酒（Gewurztraminer Goldert）

辛特 - 鸿布列什酒庄亨斯特园琼瑶浆葡萄酒

辛特 - 鸿布列什酒庄塔恩兰根圣尤班庄园琼瑶浆葡萄酒

辛特 - 鸿布列什酒庄温德斯布尔庄园琼瑶浆晚收葡萄酒（Gewurztraminer Clos Windsbuhl Vendange Tardive）

辛特 - 鸿布列什酒庄锐贝萨酒园皮诺贵腐选粒葡萄酒（Pinot Clos Jebsal Sélection de Grains Nobles）

辛特 - 鸿布列什酒庄塔恩兰根圣尤班庄园灰皮诺贵腐选粒葡萄酒（Pinot-Gris Rangen de Thann Clos St.-Urbain Sélection de Grains Nobles）

辛特 - 鸿布列什酒庄温德斯布尔庄园灰皮诺贵腐选粒葡萄酒（Pinot-Gris Windsbuhl Sélection de Grains Nobles）

平均售价（与年份有关）：35~475 美元

近期最佳年份

奥利维耶（1985 年至今）：2002 年，2001 年，2000 年，1998 年，1995 年，1994 年，1990 年，1989 年

里奥纳德（1951 年至 1989 年）：1989 年，1986 年，1985 年，1983 年，1976 年，1971 年，1969 年，1967 年，1966 年，1964 年，1961 年

里奥纳德·鸿布列什和奥利维耶·鸿布列什组成的父子团队代表了阿尔萨斯酿酒事业的顶点，他们的体格和完全应得的名誉都比生命本身更加巨大。这家卓越的酒庄包括法国一些最优质的葡萄园，已经采用推进低产、更加自然的酿酒方式，当然还有风土条件主导的葡萄酒运动的前端。他们酒庄租借的土地上写着阿尔萨斯的"谁的谁"，在布兰德特级酒园、亨斯特园、格尔戴特园、爱恨味园、奥赛尔庄园、温德斯布尔庄园，当然还有著名的兰根葡萄园内的圣尤班庄园都有重要的小块葡萄园。他们采取的每一步行动都有一个共同的目的——酿制最优质的葡萄酒。稠密的葡萄树间距，很可能是阿尔萨斯最低产（长期措施）的原因，这些条件下酿制出的葡萄酒不仅拥有异常丰满的口味，而且还有着令人印象非常深刻的陈年潜力，甚至一些低级别的葡萄酒都可以持续十年甚至二十年才会衰退。

依照法国的标准，辛特 - 鸿布列什酒庄是一个相对年轻的酿酒庄园，由里奥纳德·鸿布列什和吉纳维夫·辛特（Genevieve Zind）建于 1959 年。他们的儿子奥利维耶在过去的十年中已经逐渐接管了酒庄，是酿制法国葡萄酒的第一高手。尽管他对于自己的成就总是轻描淡写，但是他严肃的学术行为绝不会因为他别样脚踏实地和和蔼可亲的个性而黯然。你可以说他的葡萄酒都是传统酿酒技术的精髓，不过奥利维耶·鸿布列什非常善于运用现代方法来解决一些长久存在的问题。关于消费者对于阿尔萨斯瓶酒是干型还是甜型的疑惑，他回应说鸿布列什已经开始在每瓶酒的酒标上打印一种等级标示，用 1 到 5 五个数字来表示葡萄酒的可感知甜度——"1"表示完全干型；"2"表示虽然技术上不是干型的，但是入口后的甜度并不明显；"3"表示随着陈年会逐渐消失的中等甜度；"4"表示甜型葡萄酒；"5"表示以晚收型葡萄酒和贵腐选粒葡萄酒命名的特别的不老仙酒。这是为了让消费者了解他的葡萄酒而设计的一个简单系统。

品尝辛特 - 鸿布列什酒庄酒窖内的葡萄酒可以真正体会到葡萄酒的果香、口味、质感和整体个性是如何受土壤类型和微气候影响的。他们拥有温泽恩汉姆园多产的平地、格尔戴特葡萄园和亨斯特葡萄园中以石灰岩为基础的土壤、奥赛尔庄园的泥灰土、布兰德特级酒园的花岗岩、圣尤班庄园的火山片岩、兰根葡萄园内的小块葡萄园，以及温德斯布尔庄园各种泥灰土、石灰岩和砂岩土壤。最后一个是他们最著名的葡萄园，尽管还不是一个特级酒园，但是温德斯布尔庄园已经证明自己绝对称得上这一称号。

世界上没有几款葡萄酒能达到辛特 - 鸿布列什酒庄的雷司令葡萄酒、琼瑶浆葡萄酒和托卡伊灰皮诺葡萄

酒那样的高度。由同一个技艺精湛的酿酒师酿制，几乎不可能从中挑出最优质的葡萄酒，不过品酒笔记将会为读者提供一个关于这些葡萄酒的足够准确的印象。

GEWURZTRAMINER CLOS WINDSBUHL
辛特－鸿布列什酒庄温德斯布尔庄园琼瑶浆葡萄酒

2001 Gewurztraminer Clos Windsbuhl
辛特－鸿布列什酒庄温德斯布尔庄园琼瑶浆葡萄酒 2001

评分：91 分

蜜甜的香料组成了这款 2001 年庄温德斯布尔庄园琼瑶浆葡萄酒的芳香轮廓。这款酒味美、质感柔滑，而且宽阔，拥有上乘的口感和悠长多口味的余韵，在它的核心中可以发现胡椒味梨子和香料的风味。毫无疑问，这是一款出色的白葡萄酒，但它并不是一款优质的琼瑶浆葡萄酒，因为它缺少琼瑶浆品种的典型口味和表现力。建议从现在开始至 2012 年间饮用。

2000 Gewurztraminer Clos Windsbuhl
辛特－鸿布列什酒庄温德斯布尔庄园琼瑶浆葡萄酒 2000

评分：91 分

2000 年温德斯布尔庄园琼瑶浆葡萄酒是一款干型的、香料风味的葡萄酒，它细致、中度酒体的特性中可以辨出丰富层次的黄色水果和花朵风味。它展现出出色深度的水果味和宽度，是一款优雅、精雕细刻的琼瑶浆葡萄酒。最佳饮用期：现在开始到 2012 年。

1997 Gewurztraminer Clos Windsbuhl
辛特－鸿布列什酒庄温德斯布尔庄园琼瑶浆葡萄酒 1997

评分：95 分

这款浅绿稻草色的 1997 年款温德斯布尔庄园琼瑶浆葡萄酒从杯中爆发出令人垂涎的百花香和香料风味的芳香。这款干型、中度酒体到重酒体、喧闹的葡萄酒拥有非凡的丰醇性，但是它的高（不可感知的）酒精度赋予了它轻盈的特性。它豪华细致的特性中表现出菠萝浸透的矿物质和花朵风味，它们的口味一直延续到它令人印象深刻的悠长余韵中。建议现在饮用这款美酒。

GEWURZTRAMINER CLOS WINDSBUHL VENDANGE TARDIVE
辛特－鸿布列什酒庄温德斯布尔庄园琼瑶浆晚收葡萄酒

2001 Gewurztraminer Clos Windsbuhl Vendange Tardive
辛特－鸿布列什酒庄温德斯布尔庄园琼瑶浆晚收葡萄酒 2001

评分：95 分

这是奥利维耶·鸿布列什第一次从他的温德斯布尔庄园小块葡萄园中酿制的晚收型葡萄酒。果酱杏仁风味的 2001 年款温德斯布尔庄园琼瑶浆晚收型葡萄酒拥有相当深厚的特性，而且被甘甜的白色桃子和黄色梅子包裹。这款有力、超级成熟、烟熏味的葡萄酒是中度酒体到重酒体，相当味美，余韵纯粹而且特别悠长。最佳饮用期：现在开始到 2020 年。

GEWURZTRAMINER HENGST
辛特－鸿布列什酒庄亨斯特园琼瑶浆葡萄酒

2001 Gewurztraminer Hengst
辛特－鸿布列什酒庄亨斯特园琼瑶浆葡萄酒 2001

评分：91 分

这款性感、味美的 2001 年亨斯特园琼瑶浆葡萄酒是中度酒体、丝滑质感，而且良好均衡。这款葡萄酒的果香和口味轮廓中都可以发现水煮梨、香料、矿物质和苹果的风味。建议从现在开始到 2010 年间饮用。

2000 Gewurztraminer Hengst
辛特－鸿布列什酒庄亨斯特园琼瑶浆葡萄酒 2000

评分：93 分

2000 年款亨斯特园琼瑶浆葡萄酒中度酒体到重酒体，相当厚重，是一款宽阔、丰富的葡萄酒，而且满载丰醇性。它拥有香料味梨子、矿物质和甜苹果风味的果香口味。这款酒有着丰裕的质感，建议从现在开始到 2013 年间饮用。

1999 Gewurztraminer Hengst
辛特－鸿布列什酒庄亨斯特园琼瑶浆葡萄酒 1999

评分：92 分

这款有着滑石粉、花朵和香料风味的 1999 年亨斯特园琼瑶浆葡萄酒拥有讨人喜欢的柔滑质感的特性。这款轮廓清晰、细致的葡萄酒中度酒体，非常清新，以玫瑰、紫罗兰和淡淡的白色水果风味愉悦着品酒者的味觉。建议从现在开始到 2008~2009 年间饮用这款佳酿。

1998 Gewurztraminer Hengst
辛特－鸿布列什酒庄亨斯特园琼瑶浆葡萄酒 1998

评分：94 分

这款有着豪华的玫瑰和荔枝风味的 1998 年亨斯特园琼瑶浆葡萄酒是重酒体，质感油滑，它深厚但清新、细致和优雅，还被荔枝核口味包裹。这款葡萄酒的高水平酒精度（15.9%）透过黏稠的水果略有显现，但是它外向、集中和水果主导的个性也为它增色不少。最佳饮用期：现在开始到 2012 年。

1997 Gewurztraminer Hengst
辛特 - 鸿布列什酒庄亨斯特园琼瑶浆葡萄酒 1997

评分：95 分

中度酒体到重酒体的 1997 年款亨斯特园琼瑶浆葡萄酒的非凡花香和蜂蜜味果香为它带来完美均衡的特性，它具有超级表现力的核心带有宽阔的矿物质、梨子和荔枝果汁浸透的甜苹果风味。这款有着天鹅绒般柔滑质感的葡萄酒适合现在饮用。

GEWURZTRAMINER HENGST VENDANGE TARDIVE
辛特 – 鸿布列什酒庄亨斯特园琼瑶浆晚收葡萄酒

1994 Gewurztraminer Hengst Vendange Tardive
辛特 - 鸿布列什酒庄亨斯特园琼瑶浆晚收葡萄酒 1994

评分：99 分

1994 年款亨斯特园琼瑶浆晚收型葡萄酒代表着琼瑶浆的本质。尽管它含有将近 5% 的残余糖分，但尝起来很像是干型葡萄酒，其天然酒精度为惊人的 17+%。这款巨大、惊人强烈、单宁浓郁、有结构的葡萄酒的原料采收自有着 30 到 65 年树龄的葡萄树。这是一款烟熏的、令人极为惊讶的丰醇葡萄酒，口感非常不可思议。它到世纪之交时才会达到成熟的高峰期，而且这一时期会保持 20 到 25 年。这款美酒接近完美！

1990 Gewurztraminer Hengst Vendange Tardive
辛特 - 鸿布列什酒庄亨斯特园琼瑶浆晚收葡萄酒 1990

评分：96 分

1990 年亨斯特园琼瑶浆晚收型葡萄酒是一款很棒的葡萄酒，拥有令人惊叹的樱桃、荔枝核和玫瑰风味的鼻嗅，还有着黏稠、丰醇、耐嚼而且持续的口味，以及巨大、爆发性的余韵。这款巨大的葡萄酒拥有灼人的高酸度。最佳饮用期：现在开始到 2015 年。

GEWURZTRAMINER RANGEN DE THANN CLOS ST.-URBAIN
辛特 – 鸿布列什酒庄塔恩兰根圣尤班庄园琼瑶浆葡萄酒

1999 Gewurztraminer Rangen de Thann Clos St.-Urbain
辛特 - 鸿布列什酒庄塔恩兰根圣尤班庄园琼瑶浆葡萄酒 1999

评分：91 分

拥有矿物质风味的 1999 年塔恩兰根圣尤班庄园琼瑶浆葡萄酒更像是一款托卡伊灰皮诺葡萄酒，而不是琼瑶浆葡萄酒。从它味美但细致的特性中可以辨出大量香烟和香料的风味，它的口味轮廓中可以发现矿物质、金属屑、肉桂和豆蔻的味道。虽然它并不能满足消费者们对于典型琼瑶浆葡萄酒的渴望，但是那些想要一款高度集中并有着香料味的托卡伊葡萄酒的消费者会非常喜爱这款葡萄酒。建议从现在开始到 2008~2009 年间饮用。

1998 Gewurztraminer Rangen de Thann Clos St.-Urbain
辛特 - 鸿布列什酒庄塔恩兰根圣尤班庄园琼瑶浆葡萄酒 1998

评分：97 分

高级的 1998 年款塔恩兰根圣尤班庄园琼瑶浆晚收型葡萄酒拥有贵腐选粒葡萄酒的琥珀色或金色，鼻嗅中的甜橘子、灰霉菌、红色浆果和泥土风味争相吸引品酒者的嗅觉。这款中度酒体、放纵黏稠的葡萄酒是享乐主义者的大爱，品尝起来也招人喜爱。它的口感与充满焦糖、可可粉、矿物质、甜柑橘和柠檬味岩石的数百万微小蓬松的"枕头"相当。它诱人、复杂而且深远，没有反映出单葡萄品种的葡萄酒典型的荔枝、玫瑰精油、花香的风味。在奥利维耶·鸿布列什看来，它代表着"兰根园风土条件的纯粹本质"。最佳饮用期：现在开始到 2018+。

1997 Gewurztraminer Rangen de Thann Clos St.-Urbain
辛特 - 鸿布列什酒庄塔恩兰根圣尤班庄园琼瑶浆葡萄酒 1997

评分：98 分

很遗憾，这款惊人的、金色的 1997 年款塔恩兰根圣尤班庄园琼瑶浆葡萄酒的产量只有 500 瓶。这款琼浆玉液是超低产量（1,200~1,500 升 / 公顷）的产物，它的果香和口味都被清新的芒果风味主导，最终这款中度酒体、细致、动人雅致和相当多口味的葡萄酒也许应该得到一个完美的分数。鸿布列什把巨大的丰醇性和力量与完美的精确性和纯度结合起来的方式纯属天赋。这款拳头产品带有岩石、白垩、矿物质、亚洲茶叶、火石、玫瑰和不计其数的热带水果风味。饮完后的几分钟，我的杯子中继续呈现出惊人的矿物质和蜜甜水果的风味。足够幸运获得这款被设定为基准的葡萄酒的读者，应该从现在开始到 2010 年间饮用。

1996 Gewurztraminer Rangen de Thann Clos St.-Urbain
辛特 - 鸿布列什酒庄塔恩兰根圣尤班庄园琼瑶浆葡萄酒 1996

评分：95 分

1996 年款塔恩兰根圣尤班庄园琼瑶浆葡萄酒拥有接近 17% 的酒精度和 2% 的残糖量。葡萄在 11 月的第一个星期采收，它的发酵过程会持续 12 个月！要我怎么描述这样一款迷人、撩人和多维度的葡萄酒呢？它的酒色为中度金色，伴有蜜甜葡萄柚、烘烤咖啡、白色巧克力糖、荔枝核和葡萄汁风味混合的醇香。这款有力、丰醇、特别纯粹的葡萄酒油滑并黏稠，拥有蜜茶般的特性，在接下来的 10 到 20 年内将继续以冰川的速度发展。这款葡萄酒应该以匙量饮用，而且只与最丰富的菜肴搭配——一种放纵但奢华的混合。

1995 Gewurztraminer Rangen de Thann Clos St.-Urbain

辛特－鸿布列什酒庄塔恩兰根圣尤班庄园琼瑶浆葡萄酒 1995

评分：96 分

该年份最优质的四款琼瑶浆葡萄酒指的是 1995 年款亨斯特园葡萄酒、1995 年款温德斯布尔庄园葡萄酒、1995 年款汉姆堡葡萄酒和 1995 年款塔恩兰根圣尤班庄园葡萄酒。我估计圣尤班庄园葡萄酒将备受争议。遗憾的是，只有极少数读者会有机会品尝到这款 1995 年兰根园琼瑶浆葡萄酒，因为它的产量只有 450 瓶。这款葡萄酒表现出高等的深金黄色，拥有爆发性和蜜甜的鼻嗅，还有着巨大的精粹度和惊人干型、强劲、超级强烈的余韵，尝起来和分析起来几乎让人疲劳。葡萄在达到贵腐选粒葡萄酒的糖分水平时才会被采收，产量只有微量的 950 升／公顷，这款琼瑶浆葡萄酒要用将近一年的时间才能完成发酵。它是一款干型、惊人浓缩的葡萄酒，我怀疑它其实可以被归为食物一类——因为它是如此的丰醇！这款佳酿还可以贮存 12 年以上。

GEWURZTRAMINER RANGEN CLOS ST.-URBAIN SELECTION DE GRAINS NOBLES
辛特－鸿布列什酒庄兰根圣尤班庄园琼瑶浆贵腐精选葡萄酒

1993 Gewurztraminer Rangen Clos St.-Urbain Selection de Grains Nobles

辛特－鸿布列什酒庄兰根圣尤班庄园琼瑶浆贵腐精选葡萄酒 1993

评分：99 分

1993 年款兰根圣尤班庄园琼瑶浆贵腐选粒葡萄酒是我尝过的最卓越的甜葡萄酒之一。它的产量只有 25 箱，其中 5 箱跨越大西洋被运到美国。这款葡萄酒表现出深橘黄色或焦糖色，有着橘子果酱风味的鼻嗅，并伴有灰霉菌和奇特的水果。这款酒拥有油滑、黏稠的质感和惊人的酸度，以及可以持续 60 多秒的余韵。它几乎过于丰醇和强烈而不能被归类为饮料，因此称它为一种食物亦不为过。它有一个极好的特异天性，在接下来的 40 多年中饮用效果应该都不错。

GEWURZTRAMINER RANGEN DE THANN CLOS ST.-URBAIN VENDANGE TARDIVE
辛特－鸿布列什酒庄塔恩兰根圣尤班庄园琼瑶浆晚收葡萄酒

2000 Gewurztraminer Rangen de Thann Clos St.-Urbain Vendange Tardive

辛特－鸿布列什酒庄塔恩兰根圣尤班庄园琼瑶浆晚收葡萄酒 2000

评分：98 分

在它年轻未进化的个性出现时，这款令人极为惊讶的 2000 年塔恩兰根圣尤班庄园琼瑶浆晚收型葡萄酒拥有得到完美评分的潜力。这款浓缩的酒表现出真实深度的水果、高水平的精粹物和惊人的均衡性。这款相当复杂的葡萄酒的口味轮廓中带有香料点缀的樱桃、覆盆子、黑醋栗、番木瓜、芒果和果酱杏仁的风味。它强劲，质感油滑，而且有力，体现出了琼瑶浆的本质。这款美酒真是超凡脱俗！最佳饮用期：2008~2030 年。

PINOT GRIS CLOS WINDSBUHL
辛特－鸿布列什酒庄温德斯布尔庄园灰皮诺葡萄酒

2001 Pinot Gris Clos Windsbuhl

辛特－鸿布列什酒庄温德斯布尔庄园灰皮诺葡萄酒 2001

评分：96 分

2001 年温德斯布尔庄园灰皮诺葡萄酒是一款拥有巨大成熟性的葡萄酒。它拥有晚收型葡萄酒的甜度（对于鸿布列什来说，它因为缺少足够的灰霉菌，所以不足以赢得贵腐这一称号），但又保持了雅致和均衡的特性。它的芳香中带有矿物质、烟熏杏仁和白色桃子的风味，它质感丝滑，中度酒体到重酒体，而且有力，是一款宽阔、强烈多味、放纵的葡萄酒，满载香烟掺杂的水煮梨和桃子风味，并拥有惊人悠长、充满水果味的余韵。最佳饮用期：2008~2025+。

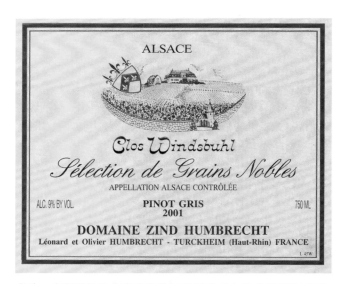

辛特－鸿布列什酒庄布兰德特级酒园雷司令葡萄酒 2001 酒标

1998 Pinot Gris Clos Windsbuhl

辛特－鸿布列什酒庄温德斯布尔庄园灰皮诺葡萄酒 1998

评分：93 分

1998 年款温德斯布尔庄园灰皮诺葡萄酒烟熏、杏仁风味的芳香中没有表现出任何灰霉菌的风味，矿物质、樱桃、覆盆子和其他各种各样的红色水果主导着它的个性。这款中度酒体到重酒体的葡萄酒纯粹、复杂而且惊人的丰醇，它拥有奢侈的特性和柔滑的质感，奢华而且优雅。最佳饮用期：现在开始到2012+。

1997 Pinot Gris Clos Windsbuhl
辛特－鸿布列什酒庄温德斯布尔庄园灰皮诺葡萄酒 1997

评分：93 分

呈现出健康的、浅稻草色的1997年款温德斯布尔庄园灰皮诺葡萄酒拥有强烈的香烟、矿物质、梨子和香草风味的鼻嗅。这款葡萄酒中度酒体、质感丝滑，丰醇而且丰满，它年轻、未发展的个性中带有多层次的水煮梨、矿物质和岩石风味。最佳饮用期：现在开始到2012年。

1996 Pinot Gris Clos Windsbuhl
辛特－鸿布列什酒庄温德斯布尔庄园灰皮诺葡萄酒 1996

评分：95 分

这款浅稻草色的1996年温德斯布尔庄园灰皮诺葡萄酒的芳香中带有洋蓟利口酒和少量刺鼻的柑橘水果风味。这款葡萄酒宽阔、丰裕，中度酒体到重酒体，它美妙清晰的口味轮廓中充满了蜜甜的黄色水果和糖甜柠檬的风味。最佳饮用期：现在开始到2012年。

PINOT GRIS CLOS WINDSBUHL VENDANGE TARDIVE
辛特－鸿布列什酒庄温德斯布尔庄园灰皮诺晚收型葡萄酒

1994 Pinot Gris Clos Windsbuhl Vendange Tardive
辛特－鸿布列什酒庄温德斯布尔庄园灰皮诺晚收型葡萄酒 1994

评分：98 分

这款惊人的、金黄色的1994年温德斯布尔庄园灰皮诺晚收型葡萄酒表现出巨大的灰霉菌香烟、蜂蜜、香料和奇异水果风味的鼻嗅。这款质感放纵、强劲的葡萄酒为品酒者带来香料掺杂的芒果、超级成熟的杏仁和甘甜的桃子口感。它是一款盛气凌人的葡萄酒，口味和结构的强度巨大，但是保持着惊人的优雅性和均衡性。最佳饮用期：现在开始到2020+。

1990 Pinot Gris Clos Windsbuhl Vendange Tardive
辛特－鸿布列什酒庄温德斯布尔庄园灰皮诺晚收型葡萄酒 1990

评分：100 分

品尝这款纪念性的温德斯布尔庄园灰皮诺晚收型葡萄酒是一种让人极为惊讶的体验，它的完满性令人震惊。这款酒拥有典范的宽度、质感、雅致性、均衡性和长度，虽然一开始它向前而且似乎展现出了所有特质，但是后来它开始呈现

出经过窖藏后才会有的隐藏力量和浓缩度。浅金色的1990年年份酒爆发出灰霉菌掺杂的甜苹果风味的巨大的香料味鼻嗅，它强劲，质感如天鹅绒般柔滑，而且丰裕，是一款精致的葡萄酒，散发出榅桲、水煮梨、杜松浆果、焦糖覆盖的矿物质和淡淡的菠萝风味。它纯粹、集中的余韵是无穷尽的，似乎可以在口中保持一分钟。令人惊奇的是，这款琼浆玉液般的美酒的水果浓度和均衡的结构完全覆盖了它的糖分，它是液体的天堂。建议从现在开始到2020年间饮用。

RIESLING BRAND
辛特－鸿布列什酒庄布兰德特级酒园雷司令葡萄酒

2001 Riesling Brand
辛特－鸿布列什酒庄布兰德特级酒园雷司令葡萄酒 2001

评分：98 分

2001年款布兰德特级酒园雷司令葡萄酒是我尝过的最优质的干型雷司令葡萄酒之一，被奥利维耶·鸿布列什断言为"与1990年款相似，但是拥有更好的均衡性"。它强烈成熟的鼻嗅中表现出复杂的液态岩石和烟熏梨子的馨香。这款复杂的葡萄酒中度酒体到重酒体，相当浓缩和宏伟深厚，充满苦杏仁、液态矿物质、梨子、花朵和香料风味的口感。这款干型的葡萄酒余韵奢华，口味丰富，无缝，而且惊人的悠长。布兰德特级酒园出产的雷司令葡萄酒陈年得惊人良好，随着时间的流逝，其复杂性和力量会有所增加，所以如果看到这款葡萄酒几年后得到完美的分数，我一点也不会感到惊讶。最佳饮用期：2008~2022年。

2000 Riesling Brand
辛特－鸿布列什酒庄布兰德特级酒园雷司令葡萄酒 2000

评分：97 分

奥利维耶·鸿布列什说："如果说一个葡萄园能够拥有一个完美的年份，那么2000年就是布兰德特级酒园的完美年份。"他还补充2000年款布兰德特级酒园雷司令葡萄酒"和1989年款或1998年款相像，虽然没有它们甘甜，但却拥有额外的丰醇性、酸度和灰霉菌"。它丰富的鼻嗅中表现出水煮梨、白色桃子、液态矿物质和杏仁的风味。入口后，这款中度酒体到重酒体的葡萄酒相当丰醇、丰裕而且丰满，多层次的茶叶掺杂的矿物质和大量白色水果争相吸引饮酒者的注意。错综复杂，它有力的特性一直延续到它异乎悠长的余韵中。这款巨大的葡萄酒在2007~2020年间将会达到最佳状态。

1999 Riesling Brand
辛特－鸿布列什酒庄布兰德特级酒园雷司令葡萄酒 1999

评分：92 分

拥有液态矿物质风味的 1999 年布兰德特级酒园雷司令葡萄酒是一款天鹅绒般柔滑质感、中度酒体的葡萄酒，采收时产量为 2,500 升 / 公顷。它是鸿布列什最丰醇的 1999 年款雷司令葡萄酒，拥有性感、味美、阴柔的特性，充满了成熟的梨子、水果泥、清凉茶和香料的风味。它拥有出色的深度和表现出浆果般水果风味的悠长余韵。建议从现在开始到2013 年间饮用。

1997 Riesling Brand
辛特 - 鸿布列什酒庄布兰德特级酒园雷司令葡萄酒 1997

评分：96 分

雷司令葡萄酒 1997 绝对可以跻身于鸿布列什酒庄那一串长长的佳酿名单中，所用的葡萄全部产自于这座位于山坡上的向阳的葡萄园。这款酒散发出香料、水煮梨和樱桃风味的包容、超级丰富的鼻嗅，随之而来的是质感深厚、令人印象非常深刻和强劲的核心。这款如天鹅绒般柔软的轰动葡萄酒满载佛手柑、洋槐花、蜜甜的白色桃子和粘土的风味，它们的口味一直持续到它令人极为惊讶的余韵消失时。最佳饮用期：现在开始到 2012 年。

RIESLING BRAND VENDANGE TARDIVE
辛特 - 鸿布列什酒庄布兰德特级酒园雷司令晚收葡萄酒

2000 Riesling Brand Vendange Tardive
辛特 - 鸿布列什酒庄布兰德特级酒园雷司令晚收葡萄酒 2000

评分：98 分

这款强劲的葡萄酒从杯中爆发出百合、桃子、杏仁和大量香料的风味，它惊人的性感、深厚、厚重，而且掺杂着灰霉菌的风味。它奇特、杏仁果酱口味的特性中拥有卓越的均衡性和无休止的余韵。最佳饮用期：2007~2025 年。

RIESLING CLOS HAUSERER
辛特 - 鸿布列什酒庄奥赛尔庄园雷司令葡萄酒

2001 Riesling Clos Häuserer
辛特 - 鸿布列什酒庄奥赛尔庄园雷司令葡萄酒 2001

评分：93 分

2001 年款奥赛尔庄园雷司令葡萄酒的芳香轮廓中带有甘甜的梨子和香料风味。它是一款宽阔、性感的葡萄酒，充满了多层次的砂砾、奎宁、香料和矿物质口味，而且所有的这些成分都萦绕在它特别悠长的余韵中。这款酒中度酒体，质感丝滑，表现出巨大的丰醇性和精致的均衡性。最佳饮用期：2006~2014 年。

2000 Riesling Clos Häuserer
辛特 - 鸿布列什酒庄奥赛尔庄园雷司令葡萄酒 2000

评分：92 分

灰霉菌的榛子组成了这款 2000 年奥赛尔庄园雷司令葡萄酒的芳香轮廓。它宽阔、中度酒体的特性中带有矿物质点缀的柑橘属水果风味，并展现出讨人喜欢的、高度集中的个性，它不仅浓缩、深厚，而且良好精粹。最佳饮用期：2006~2014 年。

1999 Riesling Clos Häuserer
辛特 - 鸿布列什酒庄奥赛尔庄园雷司令葡萄酒 1999

评分：90 分

拥有滑石粉和矿物质风味的 1999 年款奥赛尔庄园雷司令葡萄酒轻酒体、细致，而且轮廓清晰。这款美妙成熟、有着矿物质和柑橘口味的葡萄酒明亮，拥有出色的吸引力和悠长、满载清凉茶的余韵。这款微妙、成分美妙的葡萄酒随着陈年可能会进步很多。最佳饮用期：现在开始到 2012 年。

RIESLING CLOS WINDSBUHL
辛特 - 鸿布列什酒庄温德斯布尔庄园雷司令葡萄酒

2001 Riesling Clos Windsbuhl
辛特 - 鸿布列什酒庄温德斯布尔庄园雷司令葡萄酒 2001

评分：94 分

2001 年款温德斯布尔庄园雷司令葡萄酒的鼻嗅中表现出强烈的香料味矿物质和白色花朵的风味。它酿自于辛特 - 鸿布列什酒庄不计其数的租地中最凉爽的葡萄园，用于酿制这款宽阔、口感充实的葡萄酒的葡萄采收于 11 月。它相当纯粹和持久，拥有岩石、脆梨和矿物质包裹的中度酒体特性。最佳饮用期：2007~2015 年。

RIESLING CLOS WINDSBUHL VENDANGE TARDIVE
辛特 - 鸿布列什酒庄温德斯布尔庄园雷司令晚收葡萄酒

2000 Riesling Clos Windsbuhl Vendange Tardive
辛特 - 鸿布列什酒庄温德斯布尔庄园雷司令晚收葡萄酒 2000

评分：97 分

矿物质、丁香浸染的梨子和桃子组成了这款 2000 年温德斯布尔庄园雷司令晚收型葡萄酒的芳香轮廓。这款令人惊叹的葡萄酒把特别的力量和丰醇性与宏大的细节和均衡性结合在一起。这款酒中度酒体到重酒体，丰裕、丰满而且强烈，它阴柔的口味轮廓被香料味的红色浆果主导。建议在2007 年到 2020+ 年间饮用。

RIESLING RANGEN DE THANN CLOS ST.-URBAIN
辛特－鸿布列什酒庄塔恩兰根圣尤班庄园雷司令葡萄酒

2001 Riesling Rangen de Thann Clos St.-Urbain
辛特 - 鸿布列什酒庄塔恩兰根圣尤班庄园雷司令葡萄酒 2001

评分：96 分

有力、阳刚的 2001 年款塔恩兰根圣尤班庄园雷司令葡萄酒从杯中爆发出烟熏矿物质的风味。它是一款宽阔、厚重、浓缩、徘徊不去的葡萄酒，满载梨子和矿物质的风味。这款不同寻常的葡萄酒中度酒体、质感柔滑，而且强烈，是一款适合从现在开始到 2020 年间饮用的候选酒。

2000 Riesling Rangen de Thann Clos St.-Urbain
辛特 - 鸿布列什酒庄塔恩兰根圣尤班庄园雷司令葡萄酒 2000

评分：96 分

2000 年款塔恩兰根圣尤班庄园雷司令葡萄酒的灰霉菌、杏仁、矿物质和榅桲风味的鼻嗅中表现出令人惊叹的果香深度。这款中度酒体到重酒体的葡萄酒相当浓缩，包含黏稠的香烟浸渍的白色水果，而且拥有不同寻常的均衡性。它是一款深远、复杂的葡萄酒，表现出惊人的、鼓舞人心的余韵。最佳饮用期：2006~2018 年。

1998 Riesling Rangen de Thann Clos St.-Urbain
辛特 - 鸿布列什酒庄塔恩兰根圣尤班庄园雷司令葡萄酒 1998

评分：94 分

满载灰霉菌的 1998 年款塔恩兰根圣尤班庄园雷司令葡萄酒发酵了一年多，它的酒色中呈现出淡淡的金色，充满香烟、杏仁、桃子和热带水果风味的鼻嗅会让人想起灰皮诺葡萄酒。入口后，这款丰裕、中度酒体到重酒体的葡萄酒塞满香料味的苹果、超级成熟的黄色水果与多层次的矿物质、泥土和岩石混合的风味。它宽阔而强烈，不仅丰醇，而且清新。这款完美均衡的葡萄酒拥有窖藏后变得更加巨大的潜力。最佳饮用期：现在开始到 2014+。

1997 Riesling Rangen de Thann Clos St.-Urbain
辛特 - 鸿布列什酒庄塔恩兰根圣尤班庄园雷司令葡萄酒 1997

评分：96 分

从分析学的角度来看，1997 年款塔恩兰根圣尤班庄园雷司令葡萄酒与惊人的 1994 年款完全一致。它酿自于圣尤班葡萄园陡峭的南向斜坡，圣尤班葡萄园堪称是阿尔萨斯的蒙哈榭葡萄园（Montrachet）。这款酒表现出让人迷惑的果香复杂性，十分明确的花朵、岩石、泥土和矿物质风味与佛手柑、梨子和白色桃子风味争相吸引品酒者的注意。入口后，它表现出宏伟的纯度、清晰的轮廓、优雅性、力量、丰醇性和焦点的特性。这款中度酒体到重酒体、质感丝滑的葡萄酒相当厚重、浓缩和强烈，并且丝毫不见沉重。最佳饮用期：现在开始到 2015 年。

TOKAY PINOT GRIS CLOS JEBSAL
辛特－鸿布列什酒庄锐贝萨庄园托卡伊灰皮诺葡萄酒

2001 Tokay Pinot Gris Clos Jebsal
辛特 - 鸿布列什酒庄锐贝萨庄园托卡伊灰皮诺葡萄酒 2001

评分：94 分

2001 年款锐贝萨庄园托卡伊灰皮诺葡萄酒的梅子果酱果香中可以辨出烟熏灰霉菌的风味。它没有罗腾堡（Rotenberg）灰皮诺葡萄酒甘甜，是一款宽阔、中度酒体、柔滑质感的葡萄酒，满载白色和黄色水果口味。这款深厚、香料味的葡萄酒复杂而且质感良好，表现出悠长、掺杂榅桲风味的余韵。最佳饮用期：2006~2020 年。

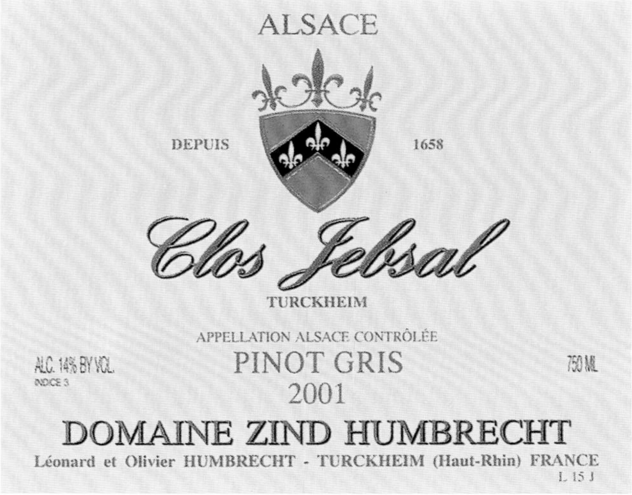

辛特 - 鸿布列什酒庄锐贝萨庄园托卡伊灰皮诺葡萄酒 2001 酒标

1997 Tokay Pinot Gris Clos Jebsal
辛特 - 鸿布列什酒庄锐贝萨庄园托卡伊灰皮诺葡萄酒 1997

评分：95 分

1997 年款锐贝萨庄园托卡伊灰皮诺葡萄酒获得 15.3% 的酒精度，同时保留了 25 克的残余糖分。这款葡萄酒表现出清新的佛手柑和玫瑰风味的鼻嗅，它深厚、强劲，质感如天鹅绒般柔滑，而且具有爆发力，拥有世界一流的力量。这款酒的花香味极其浓郁，并拥有淡淡的岩石风味作背景。最佳饮用期：现在开始到 2020 年。

TOKAY PINOT GRIS CLOS JEBSAL SÉLECTION DE GRAINS NOBLES
辛特－鸿布列什酒庄锐贝萨庄园托卡伊灰皮诺贵腐精选葡萄酒

2000 Tokay Pinot Gris Clos Jebsal Sélection de Grains Nobles
辛特 - 鸿布列什酒庄锐贝萨庄园托卡伊灰皮诺贵腐精选葡萄酒 2000

评分：98 分

它酿自于产量为 14 升 / 公顷的葡萄园，2000 年款锐贝萨庄园托卡伊灰皮诺贵腐选粒葡萄酒显示出 147 克 / 升的残糖量。这款果酱和糖浆般的葡萄酒的鼻嗅中带有糖甜橘子皮、黄色梅子、杏仁、桃子和香烟点缀的风味。这款巨大、相当浓缩的葡萄酒满载香料、胡椒和大量超级成熟的黄色水果口味。最佳饮用期：2007~2040 年。

1997 Tokay Pinot Gris Clos Jebsal Sélection de Grains Nobles
辛特 - 鸿布列什酒庄锐贝萨庄园托卡伊灰皮诺贵腐精选葡萄酒 1997

评分：97 分

1997 年款锐贝萨庄园托卡伊灰皮诺贵腐选粒葡萄酒呈淡淡的金色，散发出果酱杏仁、樱桃和草莓的风味，还有非常厚重、超级甘甜的特性。它强劲、强烈，而且含有果冻般的黄色水果和矿物质味道。最佳饮用期：现在开始到 2040 年。

TOKAY PINOT GRIS CLOS WINDSBUHL
辛特－鸿布列什酒庄温德斯布尔庄园托卡伊灰皮诺葡萄酒

2000 Tokay Pinot Gris Clos Windsbuhl
辛特 - 鸿布列什酒庄温德斯布尔庄园托卡伊灰皮诺葡萄酒 2000

评分：95 分

艳丽的 2000 年款温德斯布尔庄园托卡伊灰皮诺葡萄酒爆发出味美的桃子、香料和杏仁的风味。这款中度酒体到重酒体的葡萄酒拥有惊人的深度，满载矿物质和水煮梨的味道。大多数被灰霉菌感染的葡萄串都已经被挑选出来，因此这款与众不同、真正干型的葡萄酒纯粹的特性中只有少许灰霉菌。最佳饮用期：2006~2020 年。

1999 Tokay Pinot Gris Clos Windsbuhl
辛特 - 鸿布列什酒庄温德斯布尔庄园托卡伊灰皮诺葡萄酒 1999

评分：93 分

1999 年款温德斯布尔庄园托卡伊灰皮诺葡萄酒拥有烟熏矿物质风味的芳香。这款质感丝滑的葡萄酒中度酒体，丰醇而味美，高度细致、花边状的特性中表现出多层次的苹果、桃子和白色浆果的水果风味。它拥有出色的脂肪和深度，但是目前它的水果味道仍然年轻。这款葡萄酒拥有巨大的复杂性和强烈、有力的特性。建议从现在开始到 2015 年间饮用。

1997 Tokay Pinot Gris Clos Windsbuhl
辛特 - 鸿布列什酒庄温德斯布尔庄园托卡伊灰皮诺葡萄酒 1997

评分：94 分

1997 年款温德斯布尔庄园托卡伊灰皮诺葡萄酒从杯中散发出糖甜杏仁和奇异水果的香味。这款非常有力、强烈的葡萄酒强劲、厚重，具有爆发力而且清新。虽然缺少之前的葡萄酒拥有的精致的微妙成分，但是它以无法计量的黄色水果和矿物质味道盛情款待了品酒者的味觉。它复杂，质感如天鹅绒般柔滑，宽阔的余韵中有着大量的杏仁和白垩口味。建议从现在开始到 2015+ 年间饮用。

TOKAY PINOT GRIS RANGEN DE THANN CLOS ST.-URBAIN
辛特－鸿布列什酒庄塔恩兰根圣尤班庄园托卡伊灰皮诺葡萄酒

2001 Tokay Pinot Gris Rangen de Thann Clos St.-Urbain
辛特 - 鸿布列什酒庄塔恩兰根圣尤班庄园托卡伊灰皮诺葡萄酒 2001

评分：94 分

对于这个兰根园中的灰皮诺小块葡萄园，鸿布列什又采收了两次。这些葡萄树离图尔河（river Thur）最近（只有几码远），被挑出的葡萄用来酿制贵腐选粒葡萄酒，其中位于陡峭斜坡更高地方的葡萄被用于酿制和装瓶为 2001 年款塔恩兰根圣尤班庄园托卡伊灰皮诺葡萄酒（等级标示为 3）。这款葡萄酒虽然没有温德斯布尔庄园葡萄酒丰裕，但它表现出枪火石、烟熏矿物质和成熟梨子的醇香。它非常优雅，是一款宽阔但酸涩的葡萄酒，满载岩石、香烟、梨子、香料和苹果的味道。这款中度酒体的葡萄酒拥有上乘的均衡性和长度。最佳饮用期：现在开始到 2020 年。

2000 Tokay Pinot Gris Rangen de Thann Clos St.-Urbain
辛特 - 鸿布列什酒庄塔恩兰根圣尤班庄园托卡伊灰皮诺葡萄酒 2000

评分：97 分

令人叹服的 2000 年塔恩兰根圣尤班庄园托卡伊灰皮诺葡萄酒是一款宏伟的拳头产品，拥有优质红葡萄酒的宽度、酒体和深度。这款质感丰裕的葡萄酒强劲，拥有天鹅绒般的柔滑质感，以及果酱包裹的多层次的矿物质、香烟和香料风味，它们的口味在无休止的余韵中似乎获得了动力。最佳饮用期：2007~2025 年。

1997 Tokay Pinot Gris Rangen de Thann Clos St.-Urbain

辛特 - 鸿布列什酒庄塔恩兰根圣尤班庄园托卡伊灰皮诺葡萄酒 1997

评分：95 分

在奥利维耶·鸿布列什看来，1997 年款塔恩兰根圣尤班庄园托卡伊灰皮诺葡萄酒强烈地发酵了 3 个月。这款强劲的葡萄酒的芳香中带有烘烤杏仁和矿物质的风味，它高度浓缩的特性中拥有杰出的焦点、精确性、复杂性、力量和纯度。这款完全干型、清新、相当多口味（但是花边状的）、惊人绵长的葡萄酒表现出美妙细致的矿物质口味，会让人想起赢得经久掌声的夏布利白葡萄酒（Chablis）。最佳饮用期：现在开始到 2020 年。

1996 Tokay Pinot Gris Rangen de Thann Clos St.-Urbain

辛特 - 鸿布列什酒庄塔恩兰根圣尤班庄园托卡伊灰皮诺葡萄酒 1996

评分：95 分

深金色的 1996 年款塔恩兰根圣尤班庄园托卡伊灰皮诺葡萄酒让我想起自己的童年，那时候我的母亲经常会焙烤甜馅饼。这款内涵惊人的灰皮诺葡萄酒会爆发出香料、馅饼面团、肉类汤汁和蜂蜜混合的奇特陈酿香。入口后，它尝起来很像白松露油，这是我很少体验过的（有时候，我发现埃米塔日白葡萄酒和埃米塔日麦秆葡萄酒展现出相似的特点）。它极其强劲和深厚，适度甘甜，而且内涵巨大，是一款酿酒典型。这款葡萄酒将会优雅地进化到 2015~2017 年。

TOKAY PINOT GRIS RANGEN DE THANN CLOS ST.-URBAIN SÉLECTION DE GRAINS NOBLES

辛特 – 鸿布列什酒庄塔恩兰根圣尤班庄园托卡伊灰皮诺贵腐精选葡萄酒

1998 Tokay Pinot Gris Rangen de Thann Clos St.-Urbain Sélection de Grains Nobles

辛特 - 鸿布列什酒庄塔恩兰根圣尤班庄园托卡伊灰皮诺贵腐精选葡萄酒 1998

评分：98 分

1998 年款塔恩兰根圣尤班庄园托卡伊灰皮诺贵腐选粒葡萄酒拥有 13.5% 的酒精度和 160 克残余糖分。尽管没有使用任何新橡木，但它的芳香中仍表现出香子兰、有力的香烟和香料的风味。这是一款混有覆盆子、杏仁、桃子、香料和吐司口味的葡萄酒，拥有宏伟的宽度和惊人悠长的余韵。尽管它的口味轮廓中拥有油滑、几乎果冻般的特性，但是它仍有着出色的辉煌焦点。这是一款不同寻常的葡萄酒，有着巨大的进步空间。建议在接下来的 20 到 25+ 年内饮用这款佳酿。

MAISON TRIMBACH
婷芭克世家

酒品：

婷芭克世家圣桅楼葡萄园雷司令葡萄酒（Riesling Clos Ste.-Hune）

婷芭克世家圣桅楼园雷司令晚收型或优等葡萄酒（Riesling Clos Ste.-Hune Vendange Tardive or Hors Choix）

等级：阿尔萨斯产区葡萄酒

酒庄主：梅笙·婷芭克（Maison Trimbach）

地址：15,Route de Burgheim,68150 Ribeauville,France

电话：（33）03 89 73 60 30

传真：（33）03 89 73 89 04

邮箱：contact@maison-trimbach.fr

网址：www.maison-trimbach.fr

联系人：伯纳德·婷芭克（Bernard Trimbach）和休伯特·婷芭克（Hubert Trimbach）

参观规定：周一到周五，上午 8:00-12:00 和下午 1:30-5:30

葡萄园

占地面积：63 英亩的葡萄树归该酒庄所有，另外还有 140 英亩葡萄树的合同

葡萄品种：41% 雷司令，33% 琼瑶浆，15% 灰皮诺，10% 白贝露，1% 麝香

平均树龄：25~50+ 年

种植密度：5,800~6,500 株 / 公顷

平均产量：5,000 升 / 公顷

酒的酿制

婷芭克世家的葡萄酒都不会进行苹果酸 - 乳酸发酵，它们都放在不锈钢酒罐或中性木桶或旧木桶中发酵和陈年，而且都在该年份的 12 个月之内装瓶，但一些甘甜的珍品除外。

年产量

婷芭克世家瑞丽石庄园主窖藏琼瑶浆葡萄酒（Gewurztraminer Cuvée des Seigneurs de Ribeaupierre）：3,000 箱

婷芭克世家圣桅楼葡萄园雷司令葡萄酒：7,000 瓶

婷芭克世家费雷德里克 - 埃米尔窖藏雷司令葡萄酒（Riesling Cuvée Frédéric-Emile）：3,000 箱

平均售价（与年份有关）：125~150 美元

近期最佳年份

1999 年，1995 年，1990 年，1989 年，1983 年，1981 年，1976 年，1971 年，1967 年

婷芭克公司是法国最古老的公司之一，由吉恩·婷芭克（Jean Trimbach）建于 1626 年。自 19 世纪晚期以来，该酒庄的葡萄酒已经获得了杰出的国际认可。他们最优质的葡萄酒产自于圣桅楼葡萄园，该葡萄园是一个 3.2 英亩大小并且完全被围起来的园地，代表罗萨克特级酒园（the grand cru Rosacker Vineyard）的一个附属小块葡萄园（阿尔萨斯的葡萄酒法规定，任何单独拥有的庄园葡萄园都不能获得特级酒园的称号）。婷芭克家族两百多年前就开始拥有这个园地，第一款年份酒酿制于 1919 年。圣桅楼葡萄园的葡萄树栽种于黏土和石灰岩的土壤中，树龄低于 30 年，平均产量在 5,000 升 / 公顷左右。因为该酒庄的葡萄酒发展得很慢，所以陈年得很好，婷芭克世家的年份酒在瓶中陈年至少 4 年之后才会释放。

圣桅楼葡萄园中种着典型的雷司令，毫无疑问，它生产着法国最优质的雷司令，可以与世界上所有的雷司令匹敌。圣桅楼葡萄园把卓越的矿物质性与惊人的浓缩度和强度结合在一起，它们通常都隐藏在不同

寻常水平的酸度之下。这是一款有力、浓缩的葡萄酒，但它总是给人留下精致、微妙和清新的印象。

RIESLING CLOS STE.-HUNE
婷芭克世家圣桅楼葡萄园雷司令葡萄酒

2000 Riesling Clos Ste.-Hune
婷芭克世家圣桅楼葡萄园雷司令葡萄酒 2000

评分：93 分

白色水果、柑橘和蜜甜葡萄柚风味混合的卓越陈酿香从这款中度酒体、浓缩、集中的白葡萄酒中散发出来。它展示出岩石、沙砾和柑橘的成分，虚假的清新酸度之下隐藏着巨大的浓缩度。建议在接下来的 10 到 15 年内饮用。

1999 Riesling Clos Ste.-Hune
婷芭克世家圣桅楼葡萄园雷司令葡萄酒 1999

评分：94 分

这款年份酒散发出精致的柠檬或青柠檬风味，并伴有青草和岩石的潜在风味，拥有上乘的深度和丰醇性，还有着中度酒体、强烈的余韵。这款酒仍然比较基础，它应该会在 2007 年至 2015 年间达到最佳状态。

1998 Riesling Clos Ste.-Hune
婷芭克世家圣桅楼葡萄园雷司令葡萄酒 1998

评分：92 分

这款 1998 年年份酒最初结构紧致，进化很快，表现出精致的柠檬或青柠檬的特性，并混有淡淡的杏仁和钢铁般的矿物质性，感觉像分解的烟熏岩石。此外，它还有着脆爽、中度酒体的余韵。我最开始以为这款年份酒会很长寿，但是我怀疑它将会进化很快，建议在接下来的 8 到 10 年内饮用这款葡萄酒。

1997 Riesling Clos Ste.-Hune
婷芭克世家圣桅楼葡萄园雷司令葡萄酒 1997

评分：91 分

1997 年款圣桅楼葡萄园雷司令葡萄酒表现出强有力的花朵香味和成熟的杏仁风味，会让人想起一款抑制的维欧尼葡萄酒，它丰裕质感的个性中表现出桃子、香水、白垩和金银花朵的口味。这款中度酒体到重酒体且异常丰醇的葡萄酒拥有超级集中和矿物质主导的余韵。因为它把自己从婷芭克世家的寒冷酒窖中区分出来，所以它应该会成为十年中最优质的圣桅楼葡萄园葡萄酒之一。最佳饮用期：现在开始到 2012+。

1996 Riesling Clos Ste.-Hune
婷芭克世家圣桅楼葡萄园雷司令葡萄酒 1996

评分：93 分

这款中度酒体、厚重和高度集中的 1996 年年份酒带有柠檬风味的脆爽和年轻的果香。它表现出异常有层次的青柠檬浸透的矿物质、鲜明的柔滑质感和巨大的丰醇性。这款惊

婷芭克世家圣桅楼葡萄园雷司令葡萄酒 1999 酒标

人绵长的葡萄酒相当有结构，浓缩且向后。建议从现在开始到 2015 年间饮用这款珍品。

1995 Riesling Clos Ste.-Hune
婷芭克世家圣桅楼葡萄园雷司令葡萄酒 1995

评分：94 分

1995 年款圣桅楼葡萄园雷司令葡萄酒当然是这个微型的独占葡萄园（单独拥有的葡萄园）出产的最优质葡萄酒之一。奶油香草、矿物质、糖甜青柠檬和水煮梨风味混合的深远鼻嗅带来超级丰醇、干型、黏稠的水果核心，一层又一层的岩石、沙砾、香料味苹果和液态矿物质会迷惑饮酒者的味觉一分多钟。这是一款极有吸引力的葡萄酒，拥有无限的复杂性、力量和精确性。最佳饮用期：现在开始到 2015+。

1983 Riesling Clos Ste.-Hune
婷芭克世家圣桅楼葡萄园雷司令葡萄酒 1983

评分：96 分

1983 年年份酒是婷芭克世家圣桅楼葡萄园出产的最优质年份酒之一。它是一款极其有力、丰醇、轮廓惊人清晰的葡萄酒，散发出蜜甜青苹果、液态板岩和阿尔萨斯出产的最优质葡萄酒带有的汽油风味混合的鼻嗅。这是一款最强劲、丰醇和干型的雷司令葡萄酒。最佳饮用期：现在开始到 2016 年。

RIESLING CLOS STE.-HUNE VENDANGE TARDIVE
婷芭克世家圣桅楼葡萄园雷司令晚收葡萄酒

1989 Riesling Clos Ste.-Hune Vendange Tardive or Hors Choix
婷芭克世家圣桅楼葡萄园雷司令晚收葡萄酒 1989

评分：99 分

虽然这是一款晚收型葡萄酒，但它并不是一款特别甘甜的葡萄酒。它表现出金银花和杏仁果酱的风味，有着惊人的矿物质特性和芳香。这是一款动人、强劲、非常优雅的葡萄酒，拥有卓越的微妙成分和精致性，是婷芭克世家的传奇葡萄酒之一。它完全成熟，这一巅峰状态应该会保持到 2012+。

BORDEAUX
波尔多

　　无可厚非，波尔多产区在本书中占有主导地位，尽管我的选择程序非常严酷，可能还有两三打酒庄可以被添加进来。这一情况产生的原因有很多，不仅包括一群才能卓越的酒类学家和葡萄酒酿造商，还有顶级的酒庄主为了保持在世界市场上的领先地位做出的特别承诺，而可以做到这一点的唯一方式就是获得高质量的葡萄酒并且一如既往地保持下去。

　　当提到葡萄园和葡萄酒质量的评级时，法国便成了世界的核心，没有任何地方比波尔多更占优势。1855 年，一群葡萄酒经纪人齐聚波尔多，并对该地区最优质的酒庄进行了评级。这次具有历史意义的评级，即"1855 年纪龙德葡萄酒评级（Classification of the Wines of Gironde）"被用来促进波尔多葡萄酒产业的发展，并建立了完备的葡萄酒质量评级标准。这次评级主要以葡萄园的声誉和葡萄酒的售价为依据。但是，酒庄主和酿酒师都早已发生了变化，由于他们的疏忽、无知、无能和贪婪，其中很多名噪一时的酒庄已经有数个阶段酿制的葡萄酒不够可口。但是，不管怎样，1855 年的评级仍是有影响力的，而且被波尔多的其他地区争先效仿，比如巴萨克（Barsac）葡萄酒和苏玳（Sauternes）葡萄酒，圣爱美隆产区的评级，甚至经常被贬损地称为中级酒庄（Cru Bourgeois）的低水平葡萄酒酒庄也依照此法进行了评级。然而，所有这些评级都有很大的不足，而且没有包含很多卓越的酒庄在内。比如波尔多最著名的葡萄酒产区之一——波美侯产区，它就从未被评级，而且之前提到的所有列表中都不包含任何波美侯产区酒。不过，"1855 年的纪龙德葡萄

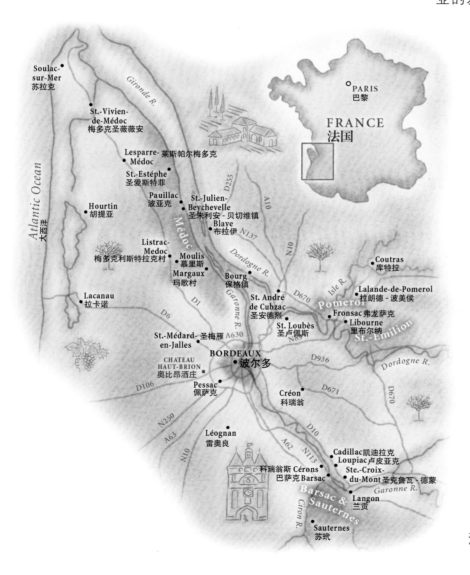

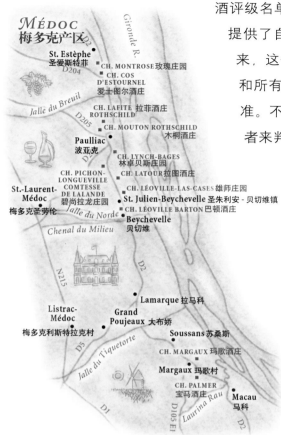

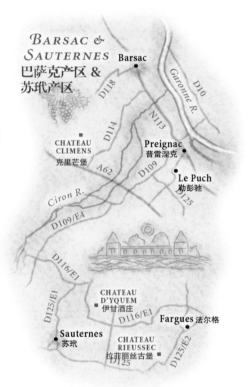

酒评级名单"仍是一份重要的历史文件。在我的《波尔多》一书中，我提供了自己以过去40年中的葡萄酒质量为依据的个人评级，在我看来，这份列表比1855年评选出的名单要名符其实得多。现在的市场和所有波尔多葡萄酒的售价决定了波尔多葡萄酒质量的真正评级标准。不论1855年的评级如何，最优质的葡萄酒最终是由葡萄酒消费者来判定的，而不是带有投资兴趣的葡萄酒经纪人。

另外，波尔多葡萄酒已经成为世界顶级葡萄酒的参考标准，不论在阿根廷、美国、澳大利亚、意大利还是西班牙，每一个严谨的酿酒商总是想用自己最优质的葡萄酒与波尔多葡萄酒做对比。

现在波尔多的酿酒业比20年、30年、40年甚至50年前要好很多，而且顶级酒庄现在酿制的优质葡萄酒的数量也空前的多，这些酒庄都应得到巨大的赞誉。他们接受在葡萄园中进行重要的进步性变革；他们在酒窖中使用现代技术来做实验；他们相信通过更天然的酿酒方法和更少操作的装瓶程序可以保持葡萄酒的本质。当然，他们也热衷于世界的竞争——所有这些行为都使波尔多保持了它优质葡萄酒的顶峰位置。

CHÂTEAU ANGÉLUS

金钟酒庄

等级：一等特级酒庄（Premier Grand Cru Classé），圣爱美隆
　　　列级酒庄产区（Appellation St.-Emilion Grand Cru）

酒庄主：宝拉弗雷斯特家族（De Boüard de Laforest family）

地址：Château Angélus,33330 St.-Emilion,France

电话：(33) 05 57 24 71 39

传真：(33) 05 57 24 68 56

邮箱：chateau-angelus@chateau-angelus.com

网址：www.chateau-angelus.com

联系人：休伯特·宝拉弗雷斯特（Hubert de Boüard de Lafor-
　　　　est）或艾曼纽尔·达里尼（Emmanuelle d'Aligny）

参观规定：参观前必须预约

葡萄园

占地面积：57.8 英亩

葡萄品种：50% 的美乐，47% 的品丽珠，3% 的赤霞珠（Ca-
　　　　bernet Sauvignon）

平均树龄：35 年

种植密度：7,000~8,000 株 / 公顷

平均产量：2,500~3,000 升 / 公顷

酒的酿制

　　在分拣台工作的工人至少和采收葡萄的工人一样多。不用泵或管道，而是使用传输带把所有葡萄运入大桶（钢制大桶、木制大桶和混凝土大桶）内。大桶的宽度比高度大，以使葡萄与空气的接触面积尽可能的最大，而且在漫长的浸渍过程中会对葡萄进行向下按压和循环旋转。葡萄酒很早就被放入酒桶中，在里面进行苹果酸 - 乳酸发酵（从 1983 年开始采用这一工艺）。葡萄酒和酒糟放在一起发酵 6 到 8 个月（从 1988 年开始采用这一工艺），期间不进行澄清和过滤（从 1988 年开始采用这一工艺）。在酒桶中陈年 20 到 28 个月不等，第二年秋天装瓶。

年产量

　　金钟酒庄正牌干红（Château Angélus）：75,000 瓶

　　金钟酒庄副牌钟声干红（Carillon de l'Angélus）：10,000 瓶

　　平均售价（与年份有关）：75~100 美元

近期最佳年份

　　2003 年，2002 年，2001 年，2000 年，1998 年，1996 年，1995 年，1990 年，1989 年

　　金钟酒庄靠近著名的圣爱美隆钟楼，位于闻名的斜坡（pied de côte）之上，它是宝拉弗雷斯特家族七代人激情奉献的产物。该酒庄的名字源自于一小块种有葡萄树的土地，在那里可以同时听到三所当地教堂发出的金钟声——玛泽拉特小礼堂（the Chapel of Mazerat）、玛泽拉特圣马丁教堂（the Church of St.-Martin of Mazerat）和圣爱美隆教堂（the Church of St.-Emilion）。

　　金钟酒庄是爱美隆产区内非常受欢迎的一家酒庄。该酒庄的葡萄酒拥有巨大的产量（大部分被出口）、漂亮的酒标和迷人、柔软的风格，它们已经能够在圣爱美隆葡萄酒的热衷者中建立坚定的拥护团。金钟酒庄位于玛泽拉特山谷（Mazerat Valley），葡萄园种植在更低斜坡上的钙质粘沃土和黏土 - 沙砾土壤中，整个葡萄园都能享受到完美的南向光照。

　　在 20 世纪六七十年代，金钟酒庄酿制了一款葡萄酒，这款酒的生命开始于迷人的水果强度，然后解体为一种只有短短几年生命的物质。然而，这一切在 20 世纪 80 年代发生了改变。著名的波尔多酒类学家米歇尔·罗兰（Michel Rolland）被聘请来担任咨询师，而且他坚持要求该酒庄把葡萄酒放在 100% 的橡木酒桶中陈年。之前的葡萄酒都在大桶中陈年，但没有经历任何橡木陈年。在小橡木酒桶中发酵 [与波美侯产区的里鹏庄园（Le Pin）很像]，是为了给葡萄酒增添非凡的复杂度和强度。但是，只有小酒庄或者花大量资金在劳力上的酒庄才会以这种方式陈年他们的葡萄酒，因为这是一个花时间并且极累人的过程。

　　可是，结果是令人震惊的。毫无疑问，年轻的酒

庄主——休伯特·宝拉弗雷斯特也更加严格地挑选出最优质的小份作为最终的葡萄酒。在1985年的圣爱美隆产区葡萄酒评级中，金钟酒庄被拒绝提升为一等特级酒庄，但是它在1996年获得了这项晋升。

"新"金钟酒庄风格仍然强调早期的易亲近性和强烈、丰醇、柔软、肥厚的水果特性。但是，现在的葡萄酒颜色要深很多，而且更加浓缩，拥有更加坚挺的单宁酸来帮助它陈年得更好。这在过去和现在都是通过使用常识性的葡萄培植技术、更低的产量、更成熟的采收和酿酒时名义上不进行干涉实现的。金钟酒庄仅仅采用历史悠久的勃艮第酿酒技术，比如寒冷的发酵前浸渍，在酒桶中进行苹果酸-乳酸发酵，与酒糟一起培养葡萄酒。

CHATEAU ANGELUS
金钟酒庄正牌干红

2003 Château Angélus
金钟酒庄正牌干红 2003

评分：94~96 分

由于它的酒庄主之一，即休伯特·宝拉弗雷斯特异常努力的工作和卓越的技巧，金钟酒庄又一次取得波尔多产区伟大的成功。这款2003年年份酒是用55%的品丽珠和45%的美乐混合酿制而成。一些品丽珠窖藏达到了将近16%的天然酒精度。它通体呈墨色或紫色，拥有花朵、红色水果和黑色水果、铅笔屑、香烟和焙烤咖啡混合的惊人芳香，是一款丰裕、使人头晕的葡萄酒，有着大量的甘油、极低的酸度和60+秒左右的余韵。这款兴奋型、理智悦人、强劲的葡萄酒是一款内涵巨大并且丰满的美酒，它深厚，果汁口味如瀑布般滑过味蕾，因此我估计这款2003年年份酒年轻时的饮用效果会很不错，它还可以陈年15到20年。它也许是一款现代版的1947年对应酒。

2002 Château Angélus
金钟酒庄正牌干红 2002

评分：92 分

考虑到它高比例的品丽珠（占47%，还有50%的美乐和3%的赤霞珠），这款2002年年份酒是一款有点反典型的金钟酒庄葡萄酒，表现出优秀的等级和潜在的复杂性。它蓝色或紫色的酒色伴随着强劲、优雅和甘甜的特性，并把细腻性与力量和权威性结合在了一起。因为品丽珠含量较高，这款酒可能会是迄今为止金钟酒庄出产的果香风味最令人叹服的葡萄酒之一。它悠长、中度酒体到重酒体的余韵中显示出了醇厚的单宁酸。毫无疑问，它是圣爱美隆产区内最完全、浓缩和撩人的2002年年份酒之一。最佳饮用期：2008~2020 年。

2001 Château Angélus
金钟酒庄正牌干红 2001

评分：93 分

这款酒是休伯特·伯哈德（Hubert de Boüard）的另一次出色成果。2001 年金钟酒庄正牌干红（产量为 6,250 箱）是一款更加轮廓清晰的新版 2000 年年份酒。它已经摆脱了过多的单宁酸，而且好像比我在装瓶前所设想的要进化和结构松散很多。它的酒色为深紫色，伴随着木榴油、木炭、黑莓、梅子、黑醋栗和意大利焙烤咖啡风味混合的丰富鼻嗅。它优雅，中度酒体，而且丰醇、纯粹、良好比例的余韵中拥有可测量的成熟性和适中的结构，虽然没有 2000 年款和 2003 年款巨大，但是也美妙地结合为一体。最佳饮用期：2007~2017 年。

2000 Château Angélus
金钟酒庄正牌干红 2000

评分：96 分

2000 年年份酒是一款惊人成熟、浓缩、厚重的葡萄酒，散发出黑莓利口酒和年份波特酒的果香。倒入杯中后，还会出现石墨、湿润岩石、香烟、烧烤香料和橄榄枝的混合风味。它在口中展开多层次的口感，重酒体，强劲和丰醇，但是惊人的泰然自若、良好均衡而且纯粹。它相当向后，是目前为止金钟酒庄酿制的最优质的葡萄酒之一。它真是棒极了！最佳饮用期：2009~2030 年。

1998 Château Angélus
金钟酒庄正牌干红 1998

评分：95+ 分

1998 年年份酒是一款使人赞叹不已的葡萄酒，呈不透明的紫色，散发出香烟、欧亚甘草、梅子、黑色覆盆子和黑莓风味混合的特别陈酿香，倒入杯中后还会出现咖啡和巧克力的风味。这款 1998 年年份酒强劲、艳丽、轮廓清晰、美妙均衡而且多层次，有力、丰富的余韵中带有良好统一的单宁酸，但它仍需要窖藏。最佳饮用期：2008~2025 年。

1996 Château Angélus
金钟酒庄正牌干红 1996

评分：91+ 分

这是一款巨大、有力的金钟酒庄葡萄酒，呈现出饱满的黑色或宝石红色或紫色，还有着干香草、烤肉、新鞍皮革、梅子利口酒和黑醋栗风味混合的、内涵令人印象深刻的鼻嗅，入口后还会出现橄榄的风味。这款甘甜、强劲、异常浓缩的葡萄酒反典型地向后，而且单宁惊人的浓郁。它在即将装瓶时显示出更多的甜度和向前性，但是我建议进行 3 到 4 年的窖藏为宜。最佳饮用期：2007~2025 年。

1995 Château Angélus
金钟酒庄正牌干红 1995

评分：95 分

这是该年份出产的一款上乘葡萄酒。金钟酒庄的这款 1995 年年份酒呈不透明的紫色，是一款巨大、有力、丰醇的葡萄酒，含有大量成熟、甘甜的单宁酸。这款酒的果香中包含普罗旺斯橄榄、果酱黑色樱桃、黑莓、巧克力糖和吐司的混合风味。这是 1995 年款圣爱美隆产区一等特级酒庄葡萄酒中最浓缩的一款。最佳饮用期：现在开始到 2025 年。

1994 Château Angélus
金钟酒庄正牌干红 1994

评分：92 分

1994 年年份酒是另一款油墨般、呈紫色或黑色的葡萄酒，散发出熏肉、烧烤香料、山胡桃木和大量黑醋栗和樱桃白兰地混合的无比美好的风味。考虑到这款满含精粹物的葡萄酒的巨大、强劲个性，它惊人的水果纯度和浓度与它整体的均衡性都让人惊叹。它是酿酒史上的一款杰作！最佳饮用期：现在开始到 2020 年。

1990 Château Angélus
金钟酒庄正牌干红 1990

评分：96 分

这是 1989 年年份酒一个更加柔软、多肉甚至艳丽的版本。酸度似乎更低，酒精和甘油含量稍高，但是这款厚重、呈宝石红色或紫色的葡萄酒的边缘已显示出少许的粉红色，正在美妙地发展，是一款让人满意的兴奋型和理智型葡萄酒。它非常强劲、极其丰醇、纯粹，带有木榴油、香烟、黑莓和黑醋栗混合的强烈风味，这款撩人的葡萄酒至少还有 10 到 15 年的良好饮用效果。最佳饮用期：现在开始到 2015 年。对这款年份酒和 1989 年款进行盲品总是让人神魂颠倒。

1989 Château Angélus
金钟酒庄正牌干红 1989

评分：96 分

这是一款优质的金钟酒庄葡萄酒，同时也是年轻有天赋的休伯特·伯哈德酿制的两到三款最优质的葡萄酒之一。它仍然拥有年轻、饱满的宝石红色或紫色，还有液态欧亚甘草、黑醋栗奶油、橄榄酱、雪松、香料盒和香子兰风味混合的甘甜鼻嗅。它丰裕而且丰醇，是一款证明 1989 年极高声誉的年份酒之一。这款葡萄酒极其强劲，可以现在饮用，也可以再窖藏至少 10 到 15 年。最佳饮用期：现在开始到 2015 年。

CHÂTEAU AUSONE
欧颂酒庄

等级：圣爱美隆产区一等特级酒庄

酒庄主：米舍利娜·沃捷（Micheline Vauthier），凯瑟琳·沃
　　　捷（Catherine Vauthier）和阿兰·沃捷（Alain Vauthier）

地址：Château Ausone, 33330 St.-Emilion,France

电话：(33) 05 57 24 68 88

传真：(33) 05 57 74 47 39

邮箱：château.ausone@wanadoo.fr

网址：www.château-ausone .com

参观规定：只欢迎葡萄酒专业人士

葡萄园

占地面积：17.3 英亩

葡萄品种：50% 美乐，50% 品丽珠

平均树龄：50~55 年

种植密度：6,000~7,000 株 / 公顷

平均产量：3,500 升 / 公顷

酒的酿制

在温度可以控制的木制大桶中发酵和浸渍 3 到 4 周。在新橡木酒桶中进行苹果酸 - 乳酸发酵和 19 到 23 个月的陈年，期间每三个月进行一次分离。稍微澄清，但是不进行任何过滤。

年产量

欧颂酒庄正牌干红（Château Ausone）：20,000~23,000 瓶

欧颂酒庄副牌小教堂干红（Chapelle d'Ausone）：7,000 瓶

平均售价（与年份有关）：$150~500

近期最佳年份

2003 年，2002 年，2001 年，2000 年，1999 年，1998 年，1996 年，1995 年，1983 年，1982 年，1976 年

如果第一次到波尔多的游客只能参观一个酒庄和葡萄园的话，它将会是小小的欧颂酒庄（参观仅限于葡萄酒贸易）。欧颂酒庄位于圣爱美隆产区中世

纪城墙之外的一个山坡上，拥有一个壮观的地理位置，还有它种满非常古老的葡萄树的微小葡萄园和广阔的石灰岩洞穴构成的酒窖，这些都使得它更加让人震惊。欧颂酒庄以罗马诗人奥索尼厄斯（Ausonius）的名字命名，他在公元 320 年至 395 年间居住于此地。他也因为在该地区（明显离波尔多比离圣爱美隆更近）拥有一个葡萄园而出名，而且在欧颂酒庄还有罗马遗址，至于奥索尼厄斯本人是否与这家酒庄有关则非常让人怀疑。

尽管欧颂酒庄有着巨大的历史意义，而且它事实上拥有整个波尔多产区用于酿制葡萄酒的最受仰慕的地理位置（一个陡峭的西南向斜坡），但是它在 20 世纪六七十年代时的葡萄酒质量却很平庸——甚至欠佳。

欧颂酒庄微小的产量使得它的葡萄酒几乎没有市场供应，甚至比著名的波美侯产区的帕图斯（Pétrus）酒庄葡萄酒更加罕见，不过价格却便宜很多。欧颂酒庄的风格完全不同于圣爱美隆产区内的另一个著名酒庄——白马酒庄。

尽管拥有欧颂酒庄股权的两大家族看起来似乎有着友好的关系，但是他们在酿酒哲学上经常发生内部争吵和不断的摩擦，最终沃捷家族于 20 世纪 90 年代买下了杜伯沙隆夫人（Madame Dubois-Challon）的全部股权。酿酒师帕斯卡·得贝克（Pascal Delbeck）被阿兰·沃捷取代，阿兰·沃捷可以从里布尔纳（Libourne）的米歇尔·罗兰（Michel Rolland）那里得到酒类学咨询。虽然坚定的支持者抱怨欧颂酒庄现在的酿酒风格更加向前和商业化，但这只是那些别有用心的人发的牢骚而已。沃捷和罗兰做出的最有意义的变革包括：在天气条件允许的情况下，稍微迟一点进行葡萄采收；在酒桶而不是酒罐中进行苹果酸 - 乳酸发酵；进行更加严格的筛选；引进第二款葡萄酒。新体制下的初步努力已经产生了令人惊叹的葡萄酒，它们表现出所有欧颂酒庄葡萄酒的优雅、细腻、以非凡的矿物质为基础的个性，以及更高的浓缩度和强度。事实上，这些欧颂酒庄葡萄酒在酒桶和瓶中培养时已经相当出色，而且没有丢失任何杜伯沙隆和得贝克支持者眼中的"典型特征"。我预期在阿兰·沃捷鼓舞人心的领导下，欧颂酒庄会更加坚持不懈地达到质量的更高峰。

CHATEAU AUSONE
欧颂酒庄正牌干红

2003 Château Ausone
欧颂酒庄正牌干红 2003

评分：98~100 分

所有认识阿兰·沃捷的人在获知他酿制的 2003 年欧颂酒庄正牌干红与它完美的 2000 年款相当卓越时，都不会感到惊讶。他在所有方面都是一个完美主义者，会监督每一个细节，而且乐于接受可能会加强欧颂酒庄葡萄酒卓越风土条件的新酿酒技术。这款奇妙的 2003 年优质葡萄酒酿制于产量为 2,300 升／公顷的葡萄园，产量只有 1,500 箱。它是用 55% 的品丽珠和 45% 的美乐混合酿制而成，是我从酒桶中尝过的最优质的葡萄酒之一。酒色为墨色或紫色，伴有花朵、覆盆子、黑莓、矿物质利口酒和淡淡的楒梓风味混合的、非凡出色且庄严优美的陈酿香。它极其丰醇但是轻盈和无缝，拥有几乎无穷尽的余韵（可以持续 70 秒以上），这是一款精致、巨大的葡萄酒。与处于相同年龄的 2000 年款相比，因为低酸度和更高的酒精度，它似乎更加讨人喜欢。我估计它将会封闭起来，然后在 10 到 20 年后再次出现。这里卓越的风土条件造就了这款令人惊叹的 2003 年年份酒。最佳饮用期：2015~2050+。

2002 Château Ausone
欧颂酒庄正牌干红 2002

评分：94 分

阿兰·沃捷似乎从不出错。这款 2002 年欧颂酒庄葡萄酒是该年份的一款候选酒，很明显，它是来自波尔多右岸地区最优质的 2002 年年份酒（一个偏爱以赤霞珠为基础的梅多克葡萄酒的年份）。它呈现出不透明的蓝色或紫色，还有着会让人想起碎岩石利口酒、覆盆子、黑加仑和欧亚甘草风味混合的醇香。它异常纯粹、精确，中度酒体到重酒体，虽然含有高水平的单宁酸，但被同样惊人水平的浓缩水果很好地均衡了。尽管在 100% 的新橡木桶中陈年，带给这款深远的 2002 年年份酒惊人的浓缩度和质感，但是木材味并不易

察觉。它是出自波尔多产区最严谨和最认真的酿酒师手中的另一款酿酒杰作！

2001 Château Ausone
欧颂酒庄正牌干红 2001

评分：98 分

让我们全体起立为阿兰·沃捷鼓掌，因为这是他酿制出最令人叹服的葡萄酒的第四个垂直年份之一。这款 2001 年欧颂酒庄葡萄酒增加了比我预料中更多的重量，是该年份的最佳年份酒。这款墨色或紫色的 2001 年年份酒爆发出碎岩石、覆盆子、黑莓、黑醋栗奶油、欧亚甘草和香烟混合的、花香的芳香。正是这款葡萄酒在杯中和口中展现的多层次口味和微妙成分使得它如此轰动。它是一款异常强烈的葡萄酒，但要得到惊人的优雅和良好均衡，理想上还需要 10 年的时间窖藏，它应该可以持续 40 到 50 年！阿兰·沃捷是一个完美主义者，这一点从他在过去的 6 年中酿制的欧颂酒庄葡萄酒便可看出。向足够幸运获得了一到两瓶，而且能够活到它们达到最佳状态时享用的读者致敬！最佳饮用期：2012~2050+。

2000 Château Ausone
欧颂酒庄正牌干红 2000

评分：100 分

这是阿兰·沃捷酿制的一款惊人的葡萄酒，技艺精湛地抓住了欧颂酒庄风土条件的特质。它的酒色为饱满的黑色或紫色，伴有油墨、樱桃、黑莓、蓝莓风味混合的动人果香，还有着湿润岩石或液态矿物质的特性。这款葡萄酒入口后拥有杰出的鼻嗅与惊人的丰醇性和纯度，抛开它的精粹物、力量和丰醇性，它非常轻盈，拥有超现实的精致性。它是酿酒史上的一款杰作，也是有魔力的风土条件的一次令人叹服的展现。它应该会是传奇，但是很遗憾，超过 50 岁的人很可能看不到它接近成熟的状态。最佳饮用期：2020~2075 年。

1999 Château Ausone
欧颂酒庄正牌干红 1999

评分：95 分

这款 1999 年欧颂酒庄葡萄酒是该年份的最佳葡萄酒吗？深紫色的酒色，欧亚甘草、矿物质、黑莓和蓝莓利口酒风味混合的令人叹服的陈酿香，惊人清晰的轮廓，高含量的单宁酸，上乘的精粹物，以及杰出的丰醇性，这一切都是一款传奇酒的特性。这款葡萄酒似乎不可能酿自于像 1999 年这样一个年份，因为他削减了该年微少作物产量中的四分之一，所以阿兰·沃捷只酿制了 20,000 瓶，结果却超级惊人，但这款葡萄酒仍需要 10 到 12 年的时间窖藏。最佳饮用期：2015~2050 年。

1998 Château Ausone
欧颂酒庄正牌干红 1998

评分：94+ 分

这款呈不透明深紫色的葡萄酒散发出液态矿物质、黑

莓、黑色覆盆子和花朵风味混合的、抑制但纯粹的芳香。它中度酒体到重酒体，含有高水平的单宁酸，但却有着绵长、超级纯粹、对称的口感，这款令人惊叹不已、极其复杂的欧颂酒庄葡萄酒还需要6到7年的时间窖藏。最佳饮用期：2010~2050年。

1997 Château Ausone
欧颂酒庄正牌干红 1997

评分：91 分

这款暗紫色的葡萄酒是该年份最优质的葡萄酒之一，它复杂、多维度的陈酿香中表现出黑色覆盆子、黑莓、矿物质和花香风味混合的馨香。入口后，它中度酒体，带有甘甜、成熟的水果和坚实的单宁酸。对于该年份来说，它拥有良好的酸度，以及悠长、内涵令人印象深刻、中度单宁的余韵，而且它将是该年份最长寿的葡萄酒之一。最佳饮用期：2007~2020年。

1996 Château Ausone
欧颂酒庄正牌干红 1996

评分：93+ 分

1996年款欧颂酒庄正牌干红的酒色呈深宝石红色或黑色或紫色，散发出蓝莓、黑莓、矿物质、花朵、巧克力糖和微弱新橡木风味混合的微妙芳香。入口时给人优雅的感觉，并带有甘甜的成熟性和精致、浓缩的丰醇性，这款葡萄酒的特征是淡雅而不是艳丽。甘甜的中期口感使它与20世纪七八十年代的很多不鼓舞人心的欧颂酒庄葡萄酒区分开来。这款葡萄酒高雅，而且目前比较柔和，拥有巨大的陈年潜力。最佳饮用期：2008~2040年。

1995 Château Ausone
欧颂酒庄正牌干红 1995

评分：93 分

这款1995年年份酒表现出欧颂酒庄葡萄酒非凡的矿物质性，但是更加具有果香的特性，并给人留下更加丰醇、多维度的口感印象，而且质感更加丰满——这是风土条件出色的表达。这款葡萄酒呈现出深宝石红色或紫色，还有春季花朵、矿物质、泥土和黑色水果风味混合的、显露但却结构紧致的鼻嗅。这款中度酒体的1995年年份酒丰醇，相对于一款年轻的欧颂酒庄年份酒来说，它拥有丰裕的质感，而且惊

人的性感，表现出精致均衡的酸度、单宁酸、酒精和水果风味。尽管它还不是无缝的，但是呈现出一款卓越进化的瓶酒的所有成分。这款葡萄酒将以冰川的速度进化30到40年。最佳饮用期：2010~2045年。

1990 Château Ausone
欧颂酒庄正牌干红 1990

评分：92+ 分

1990年欧颂酒庄正牌干红并不是一款迷人、早熟的葡萄酒。它封闭，酒色为深暗的宝石红色，边缘没有任何琥珀色或橘黄色。这款葡萄酒的水果味道更加甘甜，在口中更加强健、丰醇和宽阔，没有丧失欧颂酒庄葡萄酒明显的矿物质性、香料和黑醋栗水果风味。这款中度酒体到重酒体的葡萄酒拥有美妙的甘甜水果内核，需要继续窖藏15到20年。这款1990年年份酒可以与1983年款和1982年款匹敌吗？也许吧……但还不能确定。最佳饮用期：2008~2030年。

1983 Château Ausone
欧颂酒庄正牌干红 1983

评分：91 分

对于欧颂酒庄来说，这款葡萄酒是一款非常成功的年份酒，似乎接近完全成熟的状态，但是了解这家酒庄的历史后，你会发现它还可以很好地储存50年甚或更久。这款葡萄酒呈暗石榴红色，边缘已出现大量的琥珀色，水果蛋糕、香料盒、矮树丛、欧亚甘草与果酱红色和黑色水果混合的甘甜风味从杯中翻滚而出。这款葡萄酒中度酒体、圆润，根据该酒庄的标准接近丰裕，还有香料味、有点清瘦的余韵。最佳饮用期：现在开始到2025+。

1982 Château Ausone
欧颂酒庄正牌干红 1982

评分：91 分

这款暗石榴红色的葡萄酒边缘已出现明显的琥珀色。这款相对芬芳的欧颂酒庄年份酒倒入杯中后，会跳跃出瘦弱烟草、红加仑果酱、香料盒和雪松混合的甘甜风味。入口后，口感甘甜，带有惊人的甘油和成熟性，但是后来的余韵会变窄，不过它拥有大量单宁酸、坚实性和结构。这款葡萄酒似乎已经走出休眠阶段，但是还不确定它将会怎样发展。最佳饮用期：2008~2030年。

CHÂTEAU CHEVAL BLANC
白马酒庄

等级：一等特级酒庄（A）

酒庄主：伯纳德·阿诺特（Bernard Arnault）和艾伯特·弗雷尔 (Albert Frère)

地址：Château Cheval Blanc,33330 St.-Emilion,France

电话：(33) 05 57 55 55 55

传真：(33) 05 57 55 55 50

邮箱：contact@chateau-chevalblanc.com

网址：www.chateau-chevalblanc.com

联系人：塞西勒·苏派瑞（Cécile Supéry）

参观规定：参观前必须预约

葡萄园

占地面积：91.4 英亩

葡萄品种：58% 品丽珠，42% 美乐

平均树龄：45 年

种植密度：8,000 株 / 公顷

平均产量：3,500 升 / 公顷

酒的酿制

在温度可控制的不锈钢酒罐和混凝土大桶中发酵和浸渍 3 到 4 周。苹果酸 - 乳酸发酵完成后，放入新橡木桶中陈年 18 个月，期间每 3 个月进行一次分离。加入蛋白澄清，但不过滤。

年产量

白马酒庄正牌干红（Château Cheval Blanc）：100,000 瓶

白马酒庄副牌小白马干红（Le Petit Cheval）：40,000 瓶

平均售价（与年份有关）：125~500 美元

近期最佳年份

2001年，2000年，1999年，1998年，1995年，1990年，1985年，1983年，1982年

毫无疑问，白马酒庄葡萄酒是波尔多产区影响最深远的优质葡萄酒之一。在过去的近50年中，只有白马酒庄葡萄酒一直稳居圣爱美隆产区分级制度的榜首，生产出了具有代表性的爱美隆产区优质葡萄酒。但是，因为欧颂酒庄的复兴，以及圣爱美隆法定产区由汽车修理工先驱们（avant-garde garagistes）所发起的质量改革运动（突如其来的生产者把质量要求推到极限），白马酒庄的风头逐渐被欧颂酒庄所掩盖。白马酒庄葡萄酒独具特色，引人注目。白马酒庄正好位于波美侯产区和圣爱美隆格拉芙产区（Graves）的交界处。波美侯产区内两个位列"百大"的酒庄——乐王吉尔堡（l'Evangile）和康瑟扬酒庄（La Conseillante）与白马酒庄之间只有一条小路隔开。所以长久以来，白马酒庄一直被指责其生产的葡萄酒既像波美侯酒又像圣爱美隆酒。

在波尔多"八大知名酒庄"中，白马酒庄葡萄酒的可饮用性可以说是最广的。白马酒庄葡萄酒在第一次装瓶时通常比较可口，在顶级年份中还有能力获得重量和持久性。梅多克产区内任何一家一级酒庄（First Growths），以及波美侯产区的帕图斯酒庄（Pétrus），都不敢声称自己的葡萄酒有这样的灵活性。白马酒庄葡萄酒拥有早期的可饮用性和早熟性，还拥有可以陈年20到30年的内涵、整体均衡性和强度，只有奥比昂酒庄（Haut-Brion）葡萄酒可与之相提并论。尽管有人质疑早在它真正的威严性体现出来之前就已经消耗太多了，但在众多强劲、丰醇的年份酒中，白马酒庄葡萄酒进化得出奇的好。

在我看来，白马酒庄葡萄酒就是白马酒庄葡萄酒——既不同于我所尝过的其他圣爱美隆产区酒，也不同于任何波美侯产区酒。它的酿制选用了几乎等量的品丽珠和美乐，这是很罕见的。其他的酒庄在酿酒时都没有选用如此多的品丽珠。白马酒庄的土壤多为沙砾、沙子和黏土，下面由含铁量极高的岩层支撑，这种土壤中培养出的葡萄能达到最佳状态，酿造出的葡萄酒极其丰醇、成熟、强烈、黏稠。

白马酒庄酿制的葡萄酒的风格无疑为它广大的受欢迎性做出了贡献。酒色为深宝石红色，在非常优质的年份它是一款丰裕、丰醇和有葡萄味的葡萄酒，它强劲、性感并且味美，而且年轻时容易让人觉得可以饮用，其陈酿香特别独特。最优质的白马酒庄葡萄酒甚至比像玛歌酒庄（Château Margaux）这样的梅多克一级酒庄出产的葡萄酒更加芬芳，其矿物质、薄荷醇、奇异香料、烟草和强烈超熟的黑色水果风味几乎势不可挡。

正如我在品酒笔记中所描述的那样，白马酒庄能够酿制出放纵般奇特的葡萄酒，同时拥有不可思议的深度和丰醇性。但是，在某些年份它却成为波尔多产区最让人失望的"八大"酒庄之一。在20世纪60年代到70年代的几十年中，白马酒庄并不是一个有实力的表演者。但是，由于管理者雅克·埃希拉（Jacques Hébrard）越来越关注质量和细节，他们的葡萄酒质量在20世纪80年代时变得更加一致。埃希拉的继承人——皮埃尔·卢顿（Pierre Lurton）已经把白马酒庄葡萄酒的质量和一致性推上了更高的高度。2000年、1999年和1998年三款连续的年份酒是自1949年、1948年和1947年出色的三部曲以来最优质的白马酒庄葡萄酒。

白马酒庄和奥比昂酒庄仍然是波尔多产区"八大知名酒庄"中所产葡萄酒价格最便宜的两个酒庄。

CHATEAU CHEVAL BLANC
白马酒庄正牌干红

2003 Château Cheval Blanc
白马酒庄正牌干红 2003

评分：89~92分

正如皮埃尔·卢顿承认的那样，在2003年夏天这样闷热、空前的高温下，拥有一个种植于沙砾质土壤的葡萄

园并不容易。只有 50% 的产物用于酿制这款白马酒庄葡萄酒，它是用 60% 的品丽珠和 40% 的美乐混合酿制而成（多年来品丽珠比例最高的一次）。这是一种更加精致、优雅的白马酒庄风格，它更多地体现在水果中而不是大小、结构和强度中。这款柔软、风格细腻、中度酒体的葡萄酒中度强烈的芳香中表现出小红莓、芒果、樱桃和碎岩石混合的风味。入口后，它高雅、柔软、纯粹，而且增量很多。最终的混合中加入了大约 4% 的压榨葡萄酒。产量只有 3,000 升 / 公顷，采收期是白马酒庄最早的一年，其中美乐采收于 9 月 1 号到 5 号，品丽珠采收于 9 月 10 号到 15 号。最佳饮用期：2008~2018 年。

2002 Château Cheval Blanc
白马酒庄正牌干红 2002

评分：89 分

我预期这款葡萄酒会表现出更大的强度、重量和复杂的芳香。这款暗宝石红色的白马酒庄正牌干红 2002 是用等量的品丽珠和美乐混合酿制而成，展现出可可粉、薄荷、小红莓、黑色樱桃和花朵风味混合的缄默芳香。这款酒中度酒体，带有惊人的活力、清新性和冷气候个性，它并没有巨大的 2000 年款和 1998 年款与被低估的 1999 年款和 2001 年款那样的丰醇性、酒体和口感持久性。这通常是一款适合年轻时饮用的神秘葡萄酒，而且它倾向于经过桶中和瓶中陈年后表现出更多的特性。就让我们拭目以待吧！最佳饮用期：2007~2017 年。

2001 Château Cheval Blanc
白马酒庄正牌干红 2001

评分：93 分

该酒庄的葡萄酒一般在年轻时就封闭起来，但是这款 2001 年白马酒庄正牌干红从瓶中倒出后，所表现出的柔软、丰裕甚至性感的程度都让我非常惊讶。它的酒色为深宝石红色或紫色，伴有小红莓、黑加仑、薄荷醇、亚洲香料和矮树

白马酒庄正牌干红 2001 酒标

丛风味混合的甘甜醇香。60% 的美乐和 40% 的品丽珠的诱人混合表现出味美的甜度、中度酒体和成熟、良好统一的单宁酸。这是一款充满个性的、有特色的葡萄酒，它在 2007 年至 2018 年间应该会处于最佳状态。

2000 Château Cheval Blanc
白马酒庄正牌干红 2000

评分：100 分

这款 2000 年年份酒是用 53% 的美乐和 47% 的品丽珠混合酿制而成，呈现出饱满的紫色，散发出黑莓、蓝莓、巧克力糖和摩卡咖啡风味混合的、含蓄但引人注意的陈酿香。尽管它比较紧致，但通气后会散发出欧亚甘草、薄荷醇和新鞍皮革的风味。它丰裕而且强劲，拥有低酸度、甘甜的单宁酸和不足 60 秒的余韵，无疑与 1990 年款和 1982 年款同样深远。我仍然相信这款 2000 年年份酒有潜力成为自神话般的 1947 年款和 1949 年款以来最令人叹服的白马酒庄葡萄酒，但还需要耐心等待。最佳饮用期：2010~2030+。

1999 Château Cheval Blanc
白马酒庄正牌干红 1999

评分：93 分

这款有着复杂、爆炸性芬芳的 1999 年款白马酒庄正牌干红是用 59% 的美乐和 41% 的品丽珠混合酿制而成，表现已经很好，对于生命早期时拘谨但在瓶中会增加重量和丰醇性的葡萄酒来说，这是一个好的迹象。从风格上来讲，这款葡萄酒很可能与 1985 年款、1966 年款和 1962 年款年份酒非常相像。酒色为深宝石红色，略带紫色，一旦散发出薄荷醇、皮革、黑色水果、欧亚甘草和摩卡咖啡风味混合的轰动陈酿香，这款葡萄酒就表现出中度酒体、非凡的优雅性和纯度，以及没有坚硬边缘的甘甜、和谐口味。这是一款细腻、迷人和浓缩的无缝美酒，也是一款激动人心的白马酒庄葡萄酒，可以在相对年轻时饮用。最佳饮用期：2006~2022 年。

1998 Château Cheval Blanc
白马酒庄正牌干红 1998

评分：98+ 分

正如我经常对待白马酒庄葡萄酒一样，我严重低估了这款葡萄酒。这款酒自装瓶以来已经增加了重量，是一款潜在不朽的葡萄酒。它是用 55% 的品丽珠和 45% 的美乐混合酿制而成，表现出饱满的紫色，散发出薄荷醇、梅子、桑葚、新鞍皮革、可可粉和香子兰风味混合的辉煌鼻嗅。这款酒有着比我记忆中它年轻时明显更加丰满的酒体，拥有惊人无缝的质感与巨大的浓缩度和精粹物。这款强劲但豪华纯粹和优雅的葡萄酒完美均衡，当然是空前优质的白马酒庄葡萄酒之一。如果能够像它在自装瓶以来的 3 年中那样继续进化，那么这款葡萄酒肯定可以与 2000 年款、1990 年款和 1982 年款匹敌。最佳饮用期：2009~2030 年。

1996 Château Cheval Blanc
白马酒庄正牌干红 1996

评分：90 分

这款优雅、重量适中的 1996 年白马酒庄正牌干红表现出进化的深石榴红色或紫红色。这款中度酒体的葡萄酒典型优雅，拥有黑色水果、椰子、香烟和吐司风味混合的复杂鼻嗅。入口时，展现出甘甜的水果和充实的复杂度，还有着味美、如天鹅绒般柔滑质感的余韵。对于一款 1996 年年份酒来说，它非常柔软和进化。最佳饮用期：现在开始到 2015 年。

1995 Château Cheval Blanc
白马酒庄正牌干红 1995

评分：92 分

1995 年年份酒是一款讨人喜欢并且诱人的白马酒庄葡萄酒，是用 50% 的美乐和 50% 的品丽珠混合酿制而成。这款葡萄酒并没有发展出像它相对年幼的姐妹款 1996 年年份酒那样多的脂肪和重量，但它似乎是一款出色的白马酒庄葡萄酒，拥有迷人的香烟、黑加仑和咖啡混合的奇特陈酿香。它复杂、丰醇，满含中度酒体到重酒体的纯粹口味，余韵中带有惊人坚实的单宁酸。与更加甘甜、成熟的 1996 年年份酒不同，1995 年款可能更加有结构和潜在长寿。最佳饮用期：现在开始到 2020 年。

1990 Château Cheval Blanc
白马酒庄正牌干红 1990

评分：100 分

这款葡萄酒已经超过了它的劲敌——1982 年年份酒。这款丰裕、极其浓缩的葡萄酒是一款十足的琼浆玉液，呈深宝石红色，边缘略带亮光，伴有黑色水果、黑醋栗、咖啡、薄荷醇和皮革风味混合的爆炸性鼻嗅。这款无缝的、经典的葡萄酒没有坚硬的边缘，呈现出极好统一的甘油、单宁酸、酸度和酒精。这款葡萄酒从年轻时就表现出豪华的特性，但是现在显露出更多的果香和口味的微妙成分。这真是一款令人惊叹的葡萄酒！最佳饮用期：现在开始到 2015 年。

1985 Château Cheval Blanc
白马酒庄正牌干红 1985

评分：93 分

这是一款拥有相当诱人风格的白马酒庄葡萄酒，年轻时就已经很可口，并继续美妙地发展着。尽管它好像已经达到完全成熟的状态，但是仍表现出大量甘甜的梅子、摩卡咖啡、咖啡、黑加仑水果、些许薄荷醇、巧克力和可乐的风

味。这款葡萄酒味美，中度酒体到重酒体，非常柔软，现在和接下来的 5 到 7 年中饮用效果都会比较理想。

1983 Château Cheval Blanc
白马酒庄正牌干红 1983

评分：94 分

白马酒庄的 1983 年正牌干红是一款辉煌的葡萄酒，也是该年份最佳年份酒的候选酒之一，表现出远比相对年长的姐妹款——1982 年年份酒更加进化的酒色。它散发出甘甜的果酱梅子、黑加仑、香烟、咖啡和亚洲香料混合的爆炸性果香风味，丰裕，中度酒体到重酒体，而且味美，是一款豪华、非常性感、诱人的白马酒庄葡萄酒，自它装瓶以来表现得始终如一的可口。尽管酒色中出现越来越多的琥珀色，但是没有任何衰退的迹象。单宁酸仍然甘甜，水果味非常明显，这款葡萄酒完整无缺。最佳饮用期：现在开始到 2010 年。

1982 Château Cheval Blanc
白马酒庄正牌干红 1982

评分：96 分

这款酒在生命的早期一直是一款完美的葡萄酒，但是它似乎进入了一个呈现出更多单宁酸的阶段，虽然仍表现出它年轻时的特别奇特的丰裕性，但现在已经不是一个主要特点了。不过，这款强劲、非常味美、已经达到最佳成熟状态的葡萄酒有很多让人惊叹的地方。从杯中跳跃出红色和黑色水果、欧亚甘草、香料盒和焚香混合的甘甜风味。入口后，这款葡萄酒多层次而且非常丰醇，它在杯中放置得越久，似乎会发展出越多的有趣微妙成分，然后突然下降。这是一款让人着迷的白马酒庄葡萄酒，当然也是 1964 年至 1990 年间最优质的白马酒庄葡萄酒。最佳饮用期：现在开始到 2016 年。

1964 Château Cheval Blanc
白马酒庄正牌干红 1964

评分：96 分

这是一款轰动的白马酒庄葡萄酒，而且很可能是 20 世纪六七十年代酿制的最优质的白马酒庄葡萄酒，仍然拥有深暗的石榴红色，散发出咖啡、黑色水果和香料盒混合的杰出芳香。这款葡萄酒丰裕而且多肉，拥有巨大的力量。它仍然非常强健，也带有需要摆脱的稍微醇厚的单宁酸，但是从寿命的角度来看，这款酒似乎接近不朽。根据储藏未受破坏的瓶酒表现来看，我估计这款葡萄酒仍然处于青春期的末期，还没有达到成熟的巅峰期。最佳饮用期：现在开始到 2025 年。

CHÂTEAU COS D'ESTOURNEL
爱士图尔酒庄

等级：1855 年的二等酒庄（Second Growth in1855）

酒庄主：米歇尔·雷比尔先生（Mr. Michel Reybier）2000 年
时成为该酒庄的新酒庄主

地址：Cos d'Estournel,33180 St.-Estèphe,France

电话：(33) 05 56 73 15 50

传真：(33) 05 56 72 59

邮箱：estournel@estournel.com

网址：www.estournel.com

联系人：让 - 纪尧姆·普拉斯（Jean-Guillaume Prats）

参观规定：私人观光和品酒必须提前预约，周一到周五对外
开放；法语或英语观光

葡萄园

占地面积：160.1 英亩

葡萄品种：60% 赤霞珠，30% 美乐，2% 品丽珠

平均树龄：35 年

种植密度：8,000~10,000 株 / 公顷

平均产量：4,000 升 / 公顷

酒的酿制

为了保持产量、理智竞争（合理的低），葡萄园中进行
了较多的修枝。爱士图尔酒庄正牌红葡萄酒在混凝土大桶中
酿制，而副牌宝塔红葡萄酒则在钢制大桶中酿制。

预冷浸处理持续 10 到 15 天，根据年份和酚类物质成熟
度的不同进行调整，以适应精粹处理。葡萄酒放在橡木酒桶
中陈年 18 到 22 个月。

爱士图尔酒庄虽然对传统保持着应有的尊重，但是它并
不反对创新，而且每年都会尝试新实验。

年产量

爱士图尔酒庄正牌红葡萄酒（Cos d'Estournel）：200,000 瓶

爱士图尔酒庄副牌宝塔红葡萄酒（Les Pagodes de Cos）：
130,000 瓶

平均售价（与年份有关）：35~125 美元

近期最佳年份

2003 年，2002 年，2001 年，2000 年，1996 年，1995
年，1989 年，1986 年，1985 年，1982 年

路易斯·加斯帕德·爱士图尔（Louis Gaspard d'Estournel）出生于 1762 年，当时正处于路易斯十五世统治时期，他于 1853 年去世，即拿破仑三世时期，享年 91 岁。在他的一生中，他只有唯一的酷爱——爱士图尔酒庄。19 世纪初期和中期，爱士图尔酒庄的葡萄酒价格比很多最有名望的波尔多酒更高，而且被出口至遥远的印度。事实上，路易斯·加斯帕德·爱士图尔以"圣爱斯特菲王公（the Maharajah of St.- Estèphe）"而闻名。

1852 年，路易斯·加斯帕德·爱士图尔被为了扩大和美化庄园所积累的债务压倒，无奈之下他把酒庄卖给了一个伦敦银行家——马汀斯（Martyns）。马汀斯允

许他留下，并让他继续住在庄园内，1853年时他在那里去世，两年后他的工作达到了最高贡献——1855年的评级将爱士图尔酒庄置于圣爱斯特菲产区首位。

1869年，马汀斯把爱士图尔酒庄卖给了厄拉祖（the Errazu）家族——一个巴斯克（Basque）贵族家族，后者又于1889年把它卖给霍斯汀兄弟（the Hostein brothers）。1917年，爱士图尔酒庄被卖给费尔南德·金尼斯特（Fernand Ginestet），即领先的波尔多葡萄酒商人之一。他的孙子——让-玛丽·普拉斯（Jean-Marie Prats）、伊芙·普拉斯（Yves Prats）和布鲁诺·普拉斯（Bruno Prats）后来继承了酒庄。

1998年，普拉斯兄弟（the Prats brothers）把爱士图尔酒庄卖给了太阳集团（the Taillan group）的拥有者，即梅洛家族（the Merlaut family）和以莫亚诺先生（Mr. Moyano）为代表的阿根廷投资商。

2000年爱士图尔酒庄又一次被出售，它现在归雷比尔庄园公司（the Société des Domaines Reybier）所有，

由费尔南德·金尼斯特的曾孙和布鲁诺的儿子——让-纪尧姆（Jean-Guillaume）管理，1970年至1998年间，他也是爱士图尔酒庄的经理。

这家酒庄很像一座亚洲宝塔，位于接近波亚克（Pauillac）边界以北的一座山脊上，俯视着它著名的邻居——拉菲酒庄（Lafite Rothschild）。1982年至1996年间，爱士图尔酒庄葡萄酒已经越来越有实力，而且大多数年份中它都可能酿制出梅多克最优质的葡萄酒之一。经过一个短暂的了无生气的中断期（1997-1999年）之后，该酒庄很快又反弹回来。一款反典型的梅多克葡萄酒，爱士图尔酒庄葡萄酒因为混合成分中美乐比例较高（占40%）而比较独特，而且新橡木酒桶的使用也在平均水平之上（为60%-100%）。这一比例的美乐在梅多克产区是最高的使用量，因此近期年份出产的爱士图尔酒庄葡萄酒都明显带有多肉、丰富质感的特性。

这是少有的几个主要的波尔多酒庄之一，坚定不

移地支持在酒桶陈年之前和装瓶之前都对葡萄酒进行过滤。但是，前任管理者和酒庄主布鲁诺·普拉斯则属于新葡萄酒技术的先锋，1989年时，他决定去除第二次的装瓶前过滤。结果有目共睹——虽然爱士图尔酒庄正牌红葡萄酒在20世纪五六十年代一直屈居玫瑰庄园（Montrose）葡萄酒之后，但是到了20世纪80年代，它们一跃成为波尔多最受欢迎的葡萄酒之一。读者们也应该知道爱士图尔酒庄正牌红葡萄酒在很多困难年份中也特别成功，尤其是在1993年、1992年和1991年。尽管近期多次易主，但是该酒庄仍然被完美地管理着，而且在2001年至2003年间成功演绎了出色的葡萄酒三部曲。

COS D'ESTOURNEL
爱士图尔酒庄正牌红葡萄酒

2003 Cos d' Estournel
爱士图尔酒庄正牌红葡萄酒 2003

评分：96~98 分

在米歇尔·雷比尔和由让-纪尧姆·普拉斯领导的有才华的酿酒团队的卓越努力下，爱士图尔酒庄正牌红葡萄酒的质量从2000年款开始一直在提升。这款2003年年份酒是这个神圣的酒庄酿制出的最优质的葡萄酒之一。这款产量为15,000箱的窖藏是用70%的赤霞珠（反典型的高）、27%的美乐、2%的小味多和1%的品丽珠混合酿制而成，pH值为3.72，酒精度为13.5%，是一款实在但异常优雅的红葡萄酒。它没有任何过熟（梨子、鞍皮革等）或者奇特的迹象，只有经典的黑加仑、液态欧亚甘草、黑莓、香烟和香料的风味。酿制这款窖藏用了70%的作物产量，它们都来自于3,000升/公顷的低产葡萄园。爱士图尔酒庄似乎每件事都做对了，等到葡萄完全成熟时才采收（美乐采收于9月12号到14号，品丽珠和赤霞珠采收于9月18号到25号）。这款葡萄酒拥有2003年北部梅多克产区酒典型的深厚性和油滑性，还有卓越的清晰轮廓和优雅性，它是我尝过的最令人印象深刻的年轻爱士图尔酒庄葡萄酒。但是，它的单宁酸含量较高，因此还需要耐心等待。最佳饮用期：2012~2030年。这款酒真是棒极了！

2002 Cos d' Estournel
爱士图尔酒庄正牌红葡萄酒 2002

评分：94 分

2002年款爱士图尔酒庄正牌红葡萄酒是该年份出产的一款出色的葡萄酒，是用58%的赤霞珠、38%的美乐、3%的品丽珠和1%的小味多混合酿制而成，酿酒用的葡萄采收自3,200升/公顷的低产葡萄园。它是优雅和惊人的力量结合的波尔多产区酒的一个出色代表，但是它绝没有超过限度。它复杂的芳香中包含香烟、欧亚甘草、红加仑和黑加仑、香子兰、香料盒和亚洲香料的风味。这款葡萄酒中度酒体，拥有美妙的纯度和优雅性，有着上乘的口感和质感，还有悠长、丰富的余韵。它不是一款巨大的拳头产品，但是很明显，让-纪尧姆·普拉斯充分开发了他的葡萄园的潜力，而且并没有像他的一些同事那样试图过度开发。最佳饮用期：2008~2022年。

2001 Cos d' Estournel
爱士图尔酒庄正牌红葡萄酒 2001

评分：93 分

2001年款爱士图尔酒庄正牌红葡萄酒是一款极好的葡萄酒，是用65%的赤霞珠和35%的美乐混合酿制而成，展现出黑加仑、雪松、香料盒和欧亚甘草风味混合的、泰然自若的、高贵的陈酿香，倒入杯中后还会出现少量的巧克力糖风味。这款酒中度酒体，带有甘甜的水果（大多为黑色）和良好统一的木材味，它在口中会增量很多，以不足50秒的余韵结束。建议在接下来的15+年间饮用这款高雅、抑制但实在的红葡萄酒。

2000 Cos d' Estournel
爱士图尔酒庄正牌红葡萄酒 2000

评分：92+ 分

我每次品尝这款葡萄酒时，发现它在重量上都有所增加，结构也有所增长。事实上，它在瓶中的表现比之前都要优秀。它是用60%的赤霞珠、38%的美乐和2%的品丽珠混合酿制而成，这款2000年爱士图尔酒庄正牌红葡萄酒只有与它的接替者——2001年款相比才会遭受失败。酒色为带蓝色的深紫色，散发出雪松、欧亚甘草、蓝莓、黑醋栗、香子兰和铅笔屑风味混合的、含蓄但可察的陈酿香。这款中度酒体、稍微有力的爱士图尔酒庄葡萄酒拥有相对高含量的单宁

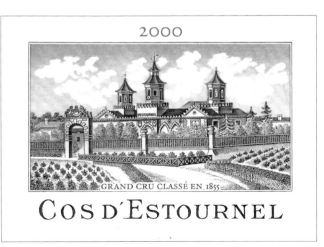

爱士图尔酒庄正牌红葡萄酒 2000 酒标

酸、杰出的中期口感和持久的余韵。纯度和古典风格是这款一流的葡萄酒的特征。最佳饮用期：2010~2022 年。

1996 Cos d'Estournel
爱士图尔酒庄正牌红葡萄酒 1996

评分：93+ 分

使用 65% 的赤霞珠和 35% 的美乐混合酿制而成，这是一款巨大、向后的葡萄酒，会让人想起 1986 年款爱士图尔酒庄正牌红葡萄酒。这款 1996 年年份酒拥有不透明的紫色，有着黑醋栗、烘烤香草、咖啡、烘烤新橡木风味组成的纯粹馨香。它在口中表现巨大，是我所尝过的最有结构和浓缩的年轻爱士图尔酒庄正牌红葡萄酒之一。这款深厚、有结构、单宁浓郁的葡萄酒自从装瓶后就有意义地封闭了起来，它还需要 2 到 3 年的窖藏，而且应该可以保存 30 到 35 年。它是一款令人惊叹的爱士图尔酒庄葡萄酒，但是还需要耐心等待。最佳饮用期：2006~2030 年。

1995 Cos d'Estournel
爱士图尔酒庄正牌红葡萄酒 1995

评分：95 分

1995 年款爱士图尔酒庄正牌红葡萄酒拥有非凡的强度和易亲近性，是一款比强健、向后的 1996 年款更加性感、更加兴奋型的葡萄酒。它丰裕，拥有向后的果香（大量黑色水果、吐司和大量香料混合的风味），这款惊人的爱士图尔酒庄葡萄酒拥有非凡的强度，重酒体，多层次的果酱水果被酒中的新橡木味美妙地支撑着。因为它的低酸度和甘甜单宁酸，这款 1995 年年份酒在年轻时将会让人难以抗拒，尽管它可以陈年 20 到 30 年。最佳饮用期：现在开始到 2025 年。

1990 Cos d'Estournel
爱士图尔酒庄正牌红葡萄酒 1990

评分：95 分

这款 1990 年年份酒用它闪现出的丰裕的美乐（大约占混合成分的 40%）混合果酱的赤霞珠，一直吸引着品酒者。这款超级浓缩的葡萄酒带有烘烤香草和甘甜、果酱的黑色水果风味的鼻嗅，被丰裕和肉质的欧亚甘草、香料盒和雪松风味浸染。这款浓缩的葡萄酒纯粹而且强劲，已经进入成熟高

峰期。这款葡萄酒开放，讨人喜欢，而且让人无法抗拒。最佳饮用期：现在开始到 2015 年。

1986 Cos d'Estournel
爱士图尔酒庄正牌红葡萄酒 1986

评分：93+ 分

1986 年爱士图尔酒庄正牌红葡萄酒是一款高度精粹的葡萄酒，呈黑色或紫色（边缘表现出些许粉红色），成熟的梅子、欧亚甘草和黑加仑风味的陈酿香中带有大量吐司和香烟的风味。它正以冰川的速度进化，展现出厚重、巨大、成熟、极其浓缩的口味，拥有让人印象深刻的深度和丰醇性。它拥有力量、重量和单宁酸，而且是一款适合长期陈年的葡萄酒。最佳饮用期：现在开始到 2020 年。

1985 Cos d'Estournel
爱士图尔酒庄正牌红葡萄酒 1985

评分：92 分

1985 年款爱士图尔酒庄正牌红葡萄酒向前，拥有惊人的吐司风味与浓缩的红色和黑色水果（尤其是黑色樱桃）。这款酒丰醇、味美、绵长，中度酒体至重酒体，非常芬芳，它的口味和果香中都带有大量甘甜的黑色水果、矿物质和香料风味。这款葡萄酒已完全成熟，不可能再有提升。最佳饮用期：现在开始到 2010 年。

1982 Cos d'Estournel
爱士图尔酒庄正牌红葡萄酒 1982

评分：96 分

与很多 1982 年年份酒一样，这款爱士图尔酒庄葡萄酒讨人喜欢、丰裕，而且年轻时就可以饮用。这款 1982 年年份酒反典型的深厚、超级浓缩、丰醇而有力，它不透明的暗宝石红色或紫色的酒色中没有表现出任何陈年的迹象。虽然单宁酸已经出现，但是这款酒表现出惊人甘甜的黑加仑和黑色樱桃水果内核。这款葡萄酒是已经进入成熟高峰期的爱士图尔酒庄葡萄酒一个年轻但是相当有前景的例子，酒中含有大量的甘油和酒体。它还拥有至少 15 年的生命。最佳饮用期：现在开始到 2018 年。

CHÂTEAU L'EGLISE-CLINET
克里奈教堂堡

等级：波美侯产区的葡萄酒并没有被官方定级

酒庄主：法米尔·杜兰图（Famille Durantou）或克里奈教堂堡 GFA

地址：L'Eglise-Clinet,33500,Pomerol,France

电话：(33) 05 57 259 659

传真：(33) 05 57 252 196

邮箱：eglise@denis-durantou.com

网址：www.eglise-clinet.com

联系人：丹尼斯·杜兰图（Denis Durantou）

参观规定：参观前必须预约

葡萄园

占地面积：11.12 英亩

葡萄品种：85% 美乐，15% 品丽珠

平均树龄：40 年

种植密度：6,500~7,000 株 / 公顷

平均产量：3,500~3,800 升 / 公顷

酒的酿制

在容量为 3,000 至 5,000 升、温度可以控制的小不锈钢酒罐中发酵和浸渍 15 到 21 天，在 40%~70% 的新橡木桶中陈年 15 到 18 个月，澄清但不过滤。

年产量

克里奈教堂堡正牌红葡萄酒（Château L'Eglise-Clinet）：12,000~15,000 瓶

克里奈教堂堡副牌小教堂红葡萄酒（La Petite Eglise）：15,000~20,000 瓶

平均售价（与年份有关）：90~150 美元

近期最佳年份

2001 年，2000 年，1998 年，1995 年，1990 年，1989 年，1988 年，1986 年，1985 年

克里奈教堂堡源自于 18 世纪的家庭庄园，是波美侯产区内最不为人知的酒庄之一。该酒庄葡萄

酒带有波美侯产区典型的肥厚、多水、多汁、丰富水果的风格，酿制方式令人惊叹而且传统，但是因为产量微小，所以很不容易品尝到。葡萄园位于教堂后面的波美侯高原上，那里的土壤是深厚的沙砾层混合沙子、黏土和铁质。

克里奈教堂堡是波美侯产区在 1956 年毁灭性的冰冻灾害后未被重新种植的少有的几个葡萄园之一（1985 年和 1987 年的霜冻也没有任何葡萄树被毁坏），因此它的葡萄树都非常古老，有一些甚至超过 100 年。

直到 1983 年，波美侯产区更大和更出名的勒内庄园（Clos René）的酒庄主——皮埃尔·拉塞尔（Pierre Lasserre），在分益耕种制度下（the métayage system，一种葡萄园租赁协议）耕种了这个葡萄园，而且酿制出了一款丰醇、良好均衡、柔软、坚实的葡萄酒。从

那以后，该酒厂就被年轻、极其专注的丹尼斯·杜兰图管理，他试图把这个微小的葡萄园带到非官方的波美侯产区等级制度的最顶端。他成功的秘诀包括对质量的卓越保证和葡萄树的树龄（平均树龄为40~45年），再加上在富产或者困难年份中四分之一的作物被降级用于酿制二等葡萄酒，即克里奈教堂堡副牌小教堂红葡萄酒。再怎么为丹尼斯·杜兰图的努力鼓掌都不过分。

一瓶克里奈教堂堡正牌红葡萄酒的价格较高，正如鉴赏家承认的那样，这是该产区最贵的12款葡萄酒之一。

CHÂTEAU L'EGLISE-CLINET
克里奈教堂堡正牌红葡萄酒

2002 Château L' Eglise-Clinet
克里奈教堂堡正牌红葡萄酒 2002

评分：90分

葡萄种植者丹尼斯·杜兰图酿制的一款特别强烈的葡萄酒，他把自己的葡萄园管理得非常出色，而且酿制出了真正优质的葡萄酒。这款深宝石红色或紫色的波美侯产区葡萄酒散发出纯粹的覆盆子和樱桃风味、微弱的木材味和淡淡的泥土味混合的醇香。它单宁适中，中度酒体到重酒体，强烈而且纯粹，是该年份显著成功的葡萄酒之一，它在2008年至2018年间将会处于最佳状态。

2001 Château L' Eglise-Clinet
克里奈教堂堡正牌红葡萄酒 2001

评分：94分

丹尼斯·杜兰图已经酿制出该年份最实在的葡萄酒之一，是2001年的一款杰作。很遗憾，这款由85%的美乐和15%的品丽珠混合而成的佳酿，其产量只有1,500箱。这款清澈透明的葡萄酒是一款美酒，呈现出深宝石红色或紫色，还有红色和黑色水果、花朵、甘甜的橡木味、淡淡的欧亚甘草和巧克力糖风味混合的辉煌鼻嗅。它丰裕，中度酒体到重酒体，浓缩，单宁浓郁而且口感持久（余韵可以持续40秒）。建议窖藏2到4年，最好在2007年至2020年间饮用。

2000 Château L' Eglise-Clinet
克里奈教堂堡正牌红葡萄酒 2000

评分：96分

这款美酒确实令人惊叹，它可能是杜兰图近几年来酿制的另一款优质经典。目前看来，很难相信它竟然可以与惊人的1998年款或者1995年款匹敌，甚至超越它们。这款2000年年份酒已经进化得越来越强大，它令人赞叹不已。酒

克里奈教堂堡正牌红葡萄酒 2000 酒标

色为饱满的宝石红色或紫色，散发出桑葚、无花果和黑醋栗混合的纯粹水果风味，并混有淡淡的欧亚甘草和烘烤橡木味。它表现出美妙的口感、巨大的结构、甘甜的单宁酸和相对较低的酸度，以及可以持续60多秒的余韵，我预测这款葡萄酒将会封闭起来，将近10年后才会再次打开。这款葡萄酒来自于一个绝不同意某些革新派酿造商采用的新颖、激进或者浮夸技术的酒庄主。低产量、成熟水果和不人为干涉的酿酒技术在这款酒里达到了最纯粹的境界。最佳饮用期：2010~2035+。

1999 Château L' Eglise-Clinet
克里奈教堂堡正牌红葡萄酒 1999

评分：92分

1999年款克里奈教堂堡正牌红葡萄酒已经美妙地进化，它是该年份的明星之一，是优雅与力量结合的非凡表达。酒色为不透明的紫色，伴有黑色覆盆子、黑醋栗、欧亚甘草、石墨、巧克力糖和泥土风味混合的芳香，甘甜而且宽阔，它是纯度、对称和均衡的典范。温和的单宁酸表明它还需要更长时间的窖藏。最佳饮用期：现在开始到2025年。

1998 Château L' Eglise-Clinet
克里奈教堂堡正牌红葡萄酒 1998

评分：94+分

这款葡萄酒应该会是该年份最长寿的波美侯产区酒之

一。它向后，而且从装瓶时就封闭起来，但是不要误会……这是一款让人惊叹不已、严肃的陈年佳酿。酒色为不透明的紫色，伴有甘甜的黑色覆盆子、香子兰、焦糖和矿物质风味混合的、抑制但有前景的陈酿香。这款葡萄酒强劲，单宁有力，质感美妙，而且满载精粹物（各种各样的黑色水果）。尽管它正处于爆满的边缘，但是买者至少还需要等待 3 到 4 年。最佳饮用期：2008-2035 年。

1997 Château L'Eglise-Clinet
克里奈教堂堡正牌红葡萄酒 1997

评分：91 分

它是该年份最浓缩、诱人和值得陈年的葡萄酒之一。这款暗宝石红色或紫色的 1997 年年份酒拥有极好的对称性，以及丰富含量的诱人的黑色覆盆子和樱桃水果。它重酒体、肥厚，拥有耐嚼的中期口感，而且余韵中带有烘烤黑莓、咖啡和烘烤橡木的风味。这是该年份一款上乘的葡萄酒，它适合现在饮用（因为它的低酸度和甘甜的单宁酸），或者再窖藏 12+ 年。这款酒棒极了！

1996 Château L'Eglise-Clinet
克里奈教堂堡正牌红葡萄酒 1996

评分：93 分

这是少有的几款深远的 1996 年波美侯产区酒之一，克里奈教堂堡正牌红葡萄酒是一款不同寻常的丰醇、浓缩的葡萄酒，在瓶中表现出色，尽管它显示出紧致的结构。酒色为暗宝石红色或紫色，伴有木炭、果酱黑醋栗、覆盆子和淡淡的过熟风味，倒入杯中后，还会出现香料味的橡木风味。它肥厚、浓缩，中度酒体到重酒体，拥有多层次、多维度、高微妙成分的果香。这款强健的波美侯产区酒直到 2020 年才会达到巅峰状态。

1995 Château L'Eglise-Clinet
克里奈教堂堡正牌红葡萄酒 1995

评分：96 分

这是该年份最令人惊叹的葡萄酒之一，克里奈教堂堡的 1995 年年份酒在酒桶和酒瓶中都让人惊叹。酒色为不透明的紫色，这款葡萄酒的果香已经封闭，但它散发出黑色覆盆子、樱桃白兰地、香烟、樱桃和巧克力糖风味的混合芳香。它强劲而且丰醇，拥有高含量的单宁酸，还有着深远水平的水果和丰醇性，这款厚重、轮廓特别清晰、多层次、多维度的克里奈教堂堡正牌红葡萄酒只暗示出它的最终潜力。这似乎是酿酒史上的一个传奇，我不能成功地表述这款葡萄酒在口中的非凡质感。它拥有非凡的强度和丰醇性，没有沉重感——真是酿酒史上的一款杰作！最佳饮用期：2010~2030 年。

1990 Château L'Eglise-Clinet
克里奈教堂堡正牌红葡萄酒 1990

评分：92 分

这款酒似乎已接近它的成熟高峰期，但同时仍然相对年轻和清新，这款暗紫红色或紫色的 1990 年年份酒的边缘正开始出现淡淡的琥珀色。这款强劲、质感丰裕的葡萄酒散发出可乐、黑色樱桃果酱、香烟、麦芽巧克力和泥土风味混合的甘甜鼻嗅，含有非常低的酸度和仍然明显的单宁酸，拥有非常耐嚼的中期口感和甘甜、多层次的余韵。这是一款令人印象非常深刻的葡萄酒，仍在继续变得越来越强大。最佳饮用期：现在开始到 2023 年。

1985 Château L'Eglise-Clinet
克里奈教堂堡正牌红葡萄酒 1985

评分：95 分

我最后一次品尝它时，这款超级明星酒与一款有着浓烈香草味、未成熟、消瘦的帕图斯酒庄葡萄酒（该年份最让人失望的葡萄酒之一）非常接近。这款葡萄酒仍然呈现出非常饱满的不透明的宝石红色或紫色，几乎远没有任何其他的 1985 年年份酒进化。这款酒散发出甘甜的小红莓、黑色樱桃、黑莓水果、矿物质、利器和淡淡的雪松风味。它丰醇、强劲，拥有惊人的纯度、轮廓非常清晰的口感、巨大的丰醇性，以及可以持续将近 45 秒的悠长余韵。这款酒在杯中与更多空气接触后似乎增量很多，而且与该年份的大多数葡萄酒相比，它当然是一款以蜗牛的速度进化的 1985 年年份酒。最佳饮用期：现在开始到 2023 年。

CHÂTEAU L'EVANGILE
乐王吉尔堡

等级：波美侯产区的葡萄酒没有被官方定级

酒庄主：罗斯菲尔德（拉菲）男爵酒庄（Domaines Barons de Rothschild Lafite）

地址：Château L'Evangile,33500 Pomerol,France

电话：(33) 05 57 55 45 55

传真：(33) 05 57 55 45 56

邮箱：evangile@wanadoo.fr

网址：www.lafite.com

联系人：让·帕斯卡·维札特（Jean Pascal Vazart）

参观规定：参观前必须预约，只限周一至周五对外开放

葡萄园

占地面积：34.6 英亩

葡萄品种：78% 美乐，22% 品丽珠

平均树龄：35 年

种植密度：6,000~7,500 株 / 公顷

平均产量：3,800 升 / 公顷

酒的酿制

　　乐王吉尔堡葡萄酒是传统文化的产物，采用人工采收的方式，而且在葡萄园中进行严格的筛选，在小型或中等大小的水泥和不锈钢大桶中酿制。在大多数年份中，葡萄酒基本上都在新橡木酒桶中放置 18 到 20 个月，这是罗斯菲尔德（Rothschild）管理下的一个改变，因为杜卡斯（Ducasse）拥有该酒庄时几乎不用新橡木酒桶。

年产量

　　乐王吉尔堡正牌红葡萄酒（Château L'Evangile）：2,000~3,000 箱 / 年

　　乐王吉尔堡副牌徽章红葡萄酒（Blason de L'Evangile）：2,000~3,000 箱 / 年

　　平均售价（与年份有关）：50~175 美元

近期最佳年份

　　2001 年，2000 年，1998 年，1995 年，1990 年，1985 年，1982 年，1975 年

乐王吉尔堡以法兹勒（Fazilleau）的名字出现在 1741 年的土地记录中。在 19 世纪与 20 世纪之交，该酒庄差不多就已经达到了它目前的布局，占地 32 英亩，后来被卖给一位名叫伊桑贝尔（Isambert）的律师，他把酒庄改名为"乐王吉尔堡。"

　　1862 年，乐王吉尔堡被保罗·查博隆（Paul Chaperon）购买，他的后代，即杜卡斯家族一直拥有这家酒庄直到 1990 年。正是保罗·查博隆使得该酒庄闻名于世。到 1868 年，乐王吉尔堡葡萄酒被公认登记为"上波美侯产区一等酒庄葡萄酒"。查博隆大约在 1900 年过世，此后他的后代一直管理着该酒庄，直到 20 世纪 60 年代路易斯·杜卡斯（Louis Ducasse）接管了酒庄。那时候酒庄正处于衰退期，已经被 1956 年的霜冻彻底毁坏。为了复原葡萄园和恢复乐王吉尔堡的名誉，杜卡斯做出了很大努力。在他 1982 年去世后，他的遗孀西蒙·杜卡斯（Simone Ducasse）继续管理酒庄。

　　1990 年，罗斯菲尔德（拉菲）男爵酒庄从杜卡斯家族获得了乐王吉尔堡。罗斯菲尔德家族最开始的行动是从最优质的小份中做出更加精细的选择来酿制一款二等葡萄酒，即乐王吉尔堡副牌徽章红葡萄酒。他们也努力提高葡萄树的健康状况，进行了大量的修复和复原种植工作，最终在 1998 年完成。

　　2003 年至 2004 年，他们对酒罐室和 chais（法语，存放桶装酒的酒库）进行了一次彻底翻新，完成了酒庄的重新布局。

　　所有尝过 2001 年、2000 年、1998 年、1995 年、1990 年、1989 年、1985 年、1982 年、1975 年、1961 年、1950 年和 1947 年乐王吉尔堡葡萄酒的人都清楚地知道，该酒庄酿制出的葡萄酒拥有崇高的丰醇性和令人叹服的特性。该酒庄北边与几家知名的酒庄即康

瑟扬酒庄（La Conseillante）、威登庄园（Vieux Château Certan）和帕图斯酒庄（Pétrus）接壤，南边与出色的圣爱美隆白马酒庄相邻。这个占地面积为34.6英亩的葡萄园出色的位于深厚的沙砾质土壤上，其土壤中还混有黏土和沙子。拥有这些优势，我相信乐王吉尔堡（尽管从不是一个始终如一的典范）可以酿制出与帕图斯酒庄酒、花堡酒和白马酒庄酒匹敌的葡萄酒，其实现在情况已是如此。

罗斯菲尔德家族（拉菲·罗斯菲尔德家族）在1990年购买了该酒庄的控制股权，2000年他们和艾伯特·弗雷尔（Albert Frère，一位对白马酒庄感兴趣的比利时富商）成为100%的酒庄主。他们清楚地知道这家酒庄有着无限的潜力，而且乐王吉尔堡可能很快就能在质量和令人遗憾的价格上与帕图斯酒庄和花堡抗衡。

已故的路易斯·杜卡斯一直坚信这个葡萄园的独特性，而且经常声色俱厉地向前来参观的葡萄酒批评家们宣称，乐王吉尔堡与邻近的帕图斯酒庄一样优秀，甚至比它更加复杂。出色的杜卡斯女士几年前过世，享年95岁，当时她仍然坚持管理乐王吉尔堡的日常运作。我还记得20世纪90年代早期时与这位令人称奇的女士共同进餐，当时她从自己的个人酒窖中倒出1964年、1961年和1947年三款年份酒。在一次大量巧克力糖、小牛肉和牛里脊的奢华午餐的最后，我注意到杜卡斯女士是唯一一位品尝了每份菜肴，而且比客人更快喝完每一杯辉煌葡萄酒的人！

既然乐王吉尔堡完全归罗斯菲尔德所有，我充分相信这家酒庄迟早可以与帕图斯酒庄和白马酒庄抗衡。它是一个迷人的葡萄园，正如出产的优质葡萄酒所证明的那样，当时还没有任何作物被降级用于酿制二等葡萄酒，而且有点凭感觉碰运气地酿制和培养葡萄酒。这一切在罗斯菲尔德家族完美主义的体制下都将改变。这是一款已经拥有出色的成绩记录的波美侯产区酒，而且很可能会达到更高的高度和价格。

CHÂTEAU L'EVANGILE
乐王吉尔堡正牌红葡萄酒

2002 Château L' Evangile
乐王吉尔堡正牌红葡萄酒 2002

评分：90 分

深宝石红色或紫色的 2002 年款乐王吉尔堡正牌红葡萄酒是该年份最令人印象深刻的波美侯产区酒之一，是用 75% 的美乐和 25% 的品丽珠混合酿制而成，展现出黑莓、覆盆子与淡淡的泥土和巧克力糖风味混合的、强劲且甘甜的芳香。它拥有惊人的深度和味觉持久性、中度的酒体、出色的清新性，还有丰醇、成熟的水果口味和被良好隐藏的酸度，以及美妙多层次的余韵。我本来预期它的近邻——白马酒庄葡萄酒会拥有如此好的表现。向乐王吉尔堡的经理——让-帕斯卡·维札特致敬，因为他对自己的第一款年份酒付出了值得称赞的努力。最佳饮用期：2007~2018 年。

2001 Château L' Evangile
乐王吉尔堡正牌红葡萄酒 2001

评分：91 分

虽然没有达到 2000 年年份酒极高的质量水平，但是这款深宝石红色或紫色的 2001 年乐王吉尔堡正牌红葡萄酒仍是一款美酒。它散发出牛血、黑色水果和白色花朵的风味，中度酒体而且味美，拥有甘甜的单宁酸和柔顺、丰裕的质感，还有悠长、丰富的余韵，且余韵中显露出淡淡的森林地被物、巧克力糖和欧亚甘草的风味。最佳饮用期：2006~2017 年。

2000 Château L' Evangile
乐王吉尔堡正牌红葡萄酒 2000

评分：96+ 分

2003 年早期我把一瓶 2000 年年份酒打开放置了 11 天，每天晚上倒出一两盎司进行评估后再塞上瓶塞。这款葡萄酒确实拒绝氧化，第三天时迈进了一大步，后来到第八天开始丢失些许水果特性。它是一款令人惊叹的乐王吉尔堡葡萄酒，可以与近期的最佳年份酒匹敌，比如 1998 年款、1995 年款、1990 年款，当然还有 1992 年款。通气后，这款酒深厚、油滑，呈现出饱满的紫色，并伴随着蓝莓、黑莓、巧克力糖、洋槐花、焦油和石墨的风味。它强劲，拥有巨大的丰裕性、强度和纯度，还有丝滑的单宁酸和悠长、有力、浓缩的余韵，并带有淡淡的可可粉或巧克力风味。我最开始认为这是 1975 年年份酒的现代克隆，不过现在我不敢肯定。2000 年乐王吉尔堡正牌红葡萄酒是一款庞大、强烈、有力的葡萄酒，但是单宁酸明显比备受争议的 1975 年款更加甘甜。最佳饮用期：2008~2030+。

1998 Château L' Evangile
乐王吉尔堡正牌红葡萄酒 1998

评分：95+ 分

这款酒是用 80% 的美乐和 20% 的品丽珠混合酿制而成，在 45% 的新橡木桶中陈年。这款惊人、厚重的宝石红色或紫色乐王吉尔堡正牌红葡萄酒充满了浓缩的黑莓和覆盆子水果，洋槐花般的特性使葡萄酒变得更加复杂，迸发出的果香中还出现太妃糖、欧亚甘草和巧克力糖的风味。这款葡萄酒强劲，拥有上乘的纯度，余韵中有着适度的单宁酸。1998 年年份酒是 2000 年款一个值得敬重的对手，应该是自上乘的 1995 年款和 1990 年款以来最优质的乐王吉尔堡葡萄酒。最佳饮用期：2009~2035 年。

1995 Château L' Evangile
乐王吉尔堡正牌红葡萄酒 1995

评分：92 分

这款葡萄酒封闭、向后，而且在酒桶中稍比在瓶中令人印象深刻。它是一款出色的乐王吉尔堡葡萄酒，可能会比奢华的 1990 年款更加长寿，但是可能不如后者风格丰裕，但它仍是该年份的顶级葡萄酒之一。酒色为深宝石红色或紫色，伴有矿物质、黑色覆盆子、泥土和香料风味混合的芳香。与装瓶前的样品相比，装瓶后的葡萄酒似乎变得更加柔和（难道是因为过多地澄清和过滤？），并拥有多层次的果肉和口味维度。余韵中的高单宁酸和入口后的大量甘甜水果风味表明这款酒将会格外特别。如果不进行过滤而支持自然装瓶，它会不会更加优质呢？我认为会。但是据说，这款酒极高的单宁酸水平还是无法掩盖它出色的成熟性、纯度和深度。最佳饮用期：2007~2020 年。

1994 Château L' Evangile
乐王吉尔堡正牌红葡萄酒 1994

评分：90 分

乐王吉尔堡的 1994 年年份酒是该年份成功葡萄酒之一，酒色为深宝石红色或紫色，散发出欧亚甘草、黑色覆盆子、黑醋栗、淡淡的烘烤香草和湿润泥土风味混合的甘甜鼻嗅。这款酒为中度酒体到重酒体，非常丰裕，它的前期末和中期口感相当丰富。和大多数最优质的 1994 年年份酒一样，它的缺陷之一是缺少甜度和相对干型、单宁的余韵。不过，这是该年份出产的最高质量的葡萄酒，给人带来很多惊喜，尽管它的风格似乎相对坚实、强健和有结构。最佳饮用期：现

在开始到 2020 年。

1990 Château L' Evangile
乐王吉尔堡正牌红葡萄酒 1990

评分：96 分

这是最优质乐王吉尔堡葡萄酒的一个惊人例子。酒色为深宝石红色或紫色，边缘带有些许琥珀色，这款葡萄酒拥有黑色巧克力糖、焦糖、麦芽巧克力、甘甜的黑色覆盆子和黑莓风味混合的豪华鼻嗅。这款酒强劲，含有大量甘油，这些使得它拥有非常丰裕、几乎黏稠的口感。它喝起来仍然年轻，不过在它整个生命中都易亲近。这款葡萄酒没有大量的单宁酸，且大多数都被丰富的水果精粹物和它的黏度所隐藏了。它是一款非常优质的乐王吉尔堡正牌红葡萄酒，才刚刚开始发展青春期的二等微妙成分。最佳饮用期：现在开始到 2024 年。

1985 Château L' Evangile
乐王吉尔堡正牌红葡萄酒 1985

评分：95 分

这是一款美妙的乐王吉尔堡正牌红葡萄酒，也是该年份的顶级成功葡萄酒之一，酒色仍是非常浓厚的宝石红色或紫色，边缘只有一点点亮光。这款中度酒体到重酒体、非常浓缩、良好均衡、甘甜、真实有力但却优雅的葡萄酒倒入杯中后，会散发出液体、黑色覆盆子、黑莓、欧亚甘草和淡淡的巧克力糖风味混合的经典鼻嗅。它已经达到完全成熟的状态，而且应该会保持一段时间。最佳饮用期：现在开始到 2017 年。

1982 Château L' Evangile
乐王吉尔堡正牌红葡萄酒 1982

评分：98 分

这是一款令人惊叹的葡萄酒，我每次品尝时，它的重量似乎都有所增加。这款古老风格的葡萄酒（意思是会让人想起 20 世纪 40 年代晚期的一些年份酒）拥有不透明的、昏暗的紫红色或紫色，边缘只带有一点点亮光，鼻嗅中散发出新鞍皮革的风味，还混有黑莓利口酒、欧亚甘草、香烟、牛血和巧克力糖的风味，这真是一款性感的美酒。它非常丰裕、黏稠和强烈，拥有重酒体、美妙的丰醇性和大量的甘油，这款葡萄酒似乎还有至少 15 到 20 年的进化能力。这是一款卓越的葡萄酒，在我看来，它是自 1975 年款和 1961 年款之后最优质的乐王吉尔堡葡萄酒。最佳饮用期：现在开始到 2025 年。

CHÂTEAU HAUT-BRION
奥比昂酒庄

等级：1855 年的一等酒庄（First Growth in1855）

酒庄主：克拉伦斯·狄龙酒业（Domaine Clarence Dillon SA）

地址：Château Haut-Brion,135,avenue Jean Jaurès, 33600 Pessac, France

邮政地址：法国佩萨克企业特投（Pessac Cedex）转交克拉伦斯·狄龙酒业（Domaine Clarence Dillon）邮编：33608

电话：(33) 05 56 00 29 30

传真：(33) 05 56 98 75 14

邮箱：info@haut-brion.com 或 visites@haut-brion.com

网址：www.haut-brion.com

联系人：图瑞德·赫尔-艾卡拉斯（Turid Hoel-Alcaras）和卡拉·库恩（Carla Kuhn）

参观规定：参观前必须预约，周一到周四，上午 8:30-11:30 和下午 2:00-4:30；周五，上午 8:30-11:30

葡萄园

占地面积：160.7 英亩

葡萄品种：45% 赤霞珠，37% 美乐，18% 品丽珠

平均树龄：36 年

种植密度：8,000 株／公顷

平均产量：3,500~4,500 升／公顷

酒的酿制

年轻的葡萄酒在一系列温度可以控制的不锈钢酒罐中（奥比昂酒庄是第一家使用这种设备的酒庄，始于 1961 年）发酵和浸渍 15 到 20 天，然后葡萄酒被温和地转移到 100% 的新橡木酒桶中（这是自 18 世纪以来奥比昂酒庄的一个传统）陈年 22 到 26 个月，时间的长度取决于各年份的强度和力度。葡萄酒还会加入蛋白澄清，但是只在必要时才会过滤。

红葡萄酒年产量

奥比昂酒庄正牌红葡萄酒（Château Haut-Brion）：132,000 瓶

奥比昂酒庄副牌小奥比昂红葡萄酒（Château Bahans Haut-Brion）：88,000 瓶

平均售价（与年份有关）：50~300 美元

白葡萄酒年产量

奥比昂酒庄正牌白葡萄酒（Château Haut-Brion）：7,800 瓶

奥比昂酒庄副牌白葡萄酒（Les Plantiers du Haut-Brion）：5,000 瓶

平均售价（与年份有关）：75~100 美元

近期最佳年份

2003 年，2000 年，1998 年，1995 年，1990 年，1989 年，1985 年，1982 年，1975 年

奥比昂酒庄的历史横跨五个世纪，是所有葡萄园中最古老和最著名的一个。该酒庄真正的创立者，即让·彭塔克（Jean de Pontac）出生于 1488 年，比哥伦布发现美洲的时间还早 4 年。1525 年 4 月 23 日，37 岁的彭塔克先生与姬恩·伯龙（Jeanne de Bellon）结婚，他当时是波尔多议会（the Parliament of Bordeaux）的一名民事和刑事司法常务官，伯龙小姐则是里布尔纳市（Libourne）市长的女儿，她带来位于佩萨克村（Pessac）的"奥比昂"财产作为自己嫁妆的一部分。

让·彭塔克细心地规划和建造了这个酒庄。彭塔克是波尔多最强大的男人之一，他结过 3 次婚，有 15 个孩子，活到 101 岁高龄。他的四儿子——阿诺德二世·彭塔克（Arnaud II de Pontac）是巴扎斯的主教（Bishop of Bazas），继承了他的大部分奥比昂财产，但不包括酒堡。

阿诺德·彭塔克是彭塔克的继承人之一，对酒堡周围的葡萄园很感兴趣。他是一个酿酒能手，通过采用像补充加注和转换酒桶这样的酿酒技术以及指导品酒来检验他的葡萄酒的陈年效果。阿诺德·彭塔克的奥比昂葡萄酒是新型的葡萄酒，在英国被称为"新法国红葡萄酒"。从它第一次以"奥比昂"而不是"格拉芙（Graves）"的称号出售开始，这一通用术语一直被沿用至今。

17世纪末，奥比昂葡萄酒闻名整个欧洲。著名的日记作家塞缪尔·佩皮斯（Samuel Pepys）于1663年4月10日在伦敦皇家橡木酒馆（Royal Oak Tavern）品尝了这款葡萄酒，之后便有了这样一条著名的评论："我在那里喝了一款叫做候贝（Ho-Bryan）的法国葡萄酒，它拥有我前所未闻的美妙和最特别的口感。"

到18世纪中期，该酒庄已经开始习惯性地为葡萄酒装瓶。1769年1月，奥比昂酒庄的酒窖大师维耶隆先生（M. Viallon），在他的账簿中记载了1764年13小橡木桶年份酒的装瓶。9年后，他又记载了同一种年份酒的新装瓶。很可能只有在接到订单后葡萄酒才会被装瓶。木材中有益的单宁酸使得维耶隆可以把葡萄酒放在酒桶中长达8年或者更久。尽管成本很高，但是装瓶后很快就会有利润。奥比昂酒庄的1784年年份酒的售价为325英镑/桶，1787年，这款年份酒价值600英镑/桶，而到1789年，它价值700英镑/桶。

托马斯·杰弗森（Thomas Jefferson）是当时从美国到巴黎的外交特使，他1787年3月25日来到奥比昂酒庄。参观完葡萄园之后的第二天，杰弗森就给他弗吉尼亚（Virginia）的朋友弗朗西斯·埃普斯（Francis Eppes）写信："我无法控制自己邀请你一起加入一个小块葡萄园的欣喜之情。欧布瑞恩（Obrion）葡萄园，是建造得最好的四个葡萄园之一，而且建于1784年。72瓶酒将会被分别打包寄给你。"

在给驻波尔多的美国荣誉领事约翰·邦德菲尔德（John Bondfield）的一封信中，杰弗森这样写道："奥比昂酒庄酒是一等葡萄酒，似乎比我在法国能够喝到的任何其他葡萄酒更能取悦美国人的味觉。"他的通信显示，由于他的天赋和建议，不仅在杰弗森担任总统期间，而且在华盛顿总统（Washington）、麦迪森总统（Madison）和门罗总统（Monroe）时期，白宫里提供的都是奥比昂酒庄葡萄酒。

1855年，波尔多商会（the Bordeaux Chamber of Commerce）代表巴黎世界博览会委员会（the Committee of the Paris Universal Exposition）对纪龙德（Gironde）的优秀酒庄进行了评级。62个葡萄园被判断值得评级，但是只有4个被评为"一等酒庄"，奥比昂酒庄就是其中之一，其他3个分别是拉菲酒庄

（Lafite）、玛歌酒庄（Margaux）和拉图酒庄（Latour）。

1870 年，一瓶奥比昂酒庄葡萄酒的售价为 5 英镑（当时几乎相当于 25 美元），以恒定价值估计，大约是现在价格的五倍。

1875 年，埃希娜（Eschenauer）公司垄断了该酒庄葡萄酒的销售，标示出一瓶酒的创记录价格——100 英镑！之后，奥比昂酒庄酒成了波尔多产区价格最高的葡萄酒。

与此同时，葡萄园接连受到灾害的打击：1852 年，粉孢菌灾害；1881 年，霉菌肆虐；1885 年，根瘤蚜灾害。这三大灾害中，最具破坏力的是粉孢菌和霉菌灾害。1851 年至 1854 年间和 1881 年至 1884 年间的采收量只有正常水平的五分之一。荒谬的是，虽然根瘤蚜并没有立即影响到产量，但是它的根除成本却更高，而且对于葡萄酒商来说是极具破坏性的，需要嫁接和重新种植所有的波尔多葡萄树以抵抗美国的被嫁接葡萄树。奥比昂酒庄的重新种植工作于 1990 年完成。

1933 年，一位美国银行家和金融家克拉伦斯·狄龙想在法国寻找一家酒庄。在他侄子的陪伴下，狄龙参观了几个不同的产区，包括波尔多产区。在著名的朝臣丹尼尔·劳顿（Daniel Lawton）的引导下，他参观了白马酒庄、玛歌酒庄和最后的奥比昂酒庄——这几个酒庄很可能当时都在出售，但是狄龙有些犹豫。

1934 年，酒庄主以保持葡萄园"永久性"为条件把奥比昂酒庄提供给波尔多市，但他的请求被拒绝了。狄龙的合伙人之一听说此事之后，给他发海底电报，"如果你快速行动的话，奥比昂酒庄可以被买下来。"狄龙最终回复："快速行动。"

1939 年"二战"爆发时，狄龙返回美国，在酒庄建了一个野战医院——留给法国政府任意使用。他的外甥塞莫·威勒（Seymour Weller），变成了一位法国公民和奥比昂酒庄的总裁，在德国侵占期间管理这份财产。该酒庄被占领军接管，成为纳粹德国空军（Luftwaffe）飞行员的一个公共厕所。

奥比昂酒庄葡萄酒的风格数年来已经发生了变化。

20 世纪 50 年代和 60 年代早期华丽丰醇、泥土味、几乎甘甜的葡萄酒在 1966 年至 1974 年间被更加轻盈、单调、随和、有点过分简单的红葡萄酒风格替代，而且缺少一等酒庄葡萄酒应有的丰醇性和深度。这到底是故意的，还是奥比昂酒庄处于有点衰退的时期，这仍是一个疑问。但是，奥比昂酒庄的员工对于这样的改变都比较性急和敏感。从 1975 年的年份酒开始，葡萄酒又更多呈现出 1966~1974 年之前存在的泥土味的丰醇性和浓缩度。奥比昂酒庄葡萄酒的质量从 1975 年开始反弹。毫无疑问，奥比昂酒庄现在酿制的葡萄酒完全合乎它的一等酒庄地位。事实上，从 1979 年开始，所有的葡萄酒始终都位列该地区出产的最优质葡萄酒，也是我个人的最爱。

让·德尔马斯（Jean Delmas）在 1961 年至 2003 年间管理奥比昂酒庄，他被公认是法国甚至世界上最有天赋和最有见识的酿酒师和管理者之一。他对无性系选择进行的最先进的调查在法国是无与伦比的。20 世纪 80 年代出现了超级富产的作物，与他在波美侯产区的对应酿酒师，即帕图斯酒庄的克里斯蒂安·穆义（Christian Moueix）很像，于是德尔马斯也开始通过剪掉葡萄串来打薄作物。这无疑说明了 1989 年款拥有更高浓缩度和卓越质量的原因，它可能是自 1959 年款和 1961 年款以来最令人叹服的奥比昂酒庄葡萄酒，堪称一个现代传奇。

有趣的是，在盲品会上奥比昂酒庄酒经常被当做所有一等酒庄酒中果香最重而且最向前和最轻盈的葡萄酒，事实上，这种酒容易蒙蔽品酒者。它并不是那么轻盈，只是与众不同罢了，尤其是与有更重橡木味、多肉和单宁的梅多克产区酒和来自右岸更加柔软、美乐主导的葡萄酒放在一起品尝时。尽管具有早熟性，但它拥有获得重量和质感的能力，还有在顶级年份陈年 30 年以上的潜力，使它比任何其他一等酒庄葡萄酒的可饮用性更加宽阔。从果香上看，一款优质年份出产的奥比昂酒庄葡萄酒简直无与伦比。

在从 1975 年开始提高奥比昂酒庄正牌红葡萄酒质

量的同时，奥比昂酒庄副牌小奥比昂红葡萄酒这款二等葡萄酒的质量也开始提升。小奥比昂红葡萄酒目前是波尔多产区最优质的二等葡萄酒之一，在某些年份，只被拉图酒庄（Château Latour）著名的二等葡萄酒和拉图酒庄副牌加强红葡萄酒（Les Forts de Latour）超越。

奥比昂酒庄酿制的白葡萄酒继续位列格拉芙产区最优质的葡萄酒。但是，按照酒庄主的请求，它从未被评级，因为产量非常微小。不过，在让·德尔马斯的负责下，白葡萄酒的质量也越来越强大，他一直追求酿制一款拥有和奇妙的蒙哈榭葡萄酒（Montrachet）一样质感丰裕的白葡萄酒。像 2003 年、2001 年、1998 年、1994 年、1989 年和 1985 年这些近期年份酒都是令人惊讶的葡萄酒，拥有崇高的丰醇性和复杂度。

在一份个人笔记中，我也应该加上经过 30 多年对很多波尔多产区酒的严肃品尝后的记录，我注意到自己口味的唯一变化就是我越来越钟爱奥比昂酒庄葡萄酒。随着我越来越老，还有让·德尔马斯肯定会说的"越来越聪明"，这款葡萄酒烟熏、矿物质、雪茄烟盒、甘甜的黑加仑特性对我也越来越有吸引力。让·德尔马斯于 2003 年退休，他自豪地让他的儿子让-菲利普（Jean-Philippe）接手管理了这个出色的酒庄。

CHATEAU HAUT-BRION
奥比昂酒庄正牌红葡萄酒

2003 Château Haut-Brion
奥比昂酒庄正牌红葡萄酒 2003

评分：95~98 分

这是德高望重的让·德尔马斯监管的最后一款年份酒。他在这一年退休让贤给他的儿子——让-菲利普，来继续他们将近九十年管理奥比昂酒庄的家庭传统。

在自然母亲（Mother Nature）挑战格拉芙产区酿酒商克服反常天气状况的年份中，完美主义者德尔马斯正确地做出每一步行动，耸立于他所在领域内竞争的顶端。这款深远的葡萄酒（58% 的美乐，31% 的赤霞珠和 11% 的品丽珠的混合）代表 60% 的作物，拥有刚过 13% 的高天然酒精含量和极其高的 pH 值：3.8。在这种意义上，它与 1990 年款、1989 年款、1961 年款和 1959 年款这些优质年份酒差不多，但是又与所有这些年份都不同。2003 年，美乐的采收日期空前的早

（8 月 25 号），到 9 月 15 号时，所有作物都已经被采收完毕。更加不同寻常的是，用于酿制非凡深远的 2003 年款奥比昂酒庄白葡萄酒的葡萄采收期为 8 月 13 号至 15 号！

2003 年款奥比昂酒庄正牌红葡萄酒表现出该年份的丰裕性和低酸度，但是它拥有比 2000 年款还要高的单宁酸水平。酒色为深宝石红色或紫色，伴有小红莓、焦土、矿物质、蓝色和黑色水果风味的经典芳香。它拥有相当丰醇和强烈的口感，但是既不过熟也不沉重。这款酒是用低产的 3,600 升 / 公顷的葡萄酿制的，它拥有深厚和甘甜的良好内核。我认为它不能达到完美的 1989 年款的高度，但它仍是一款酿制精美、宽阔、中度酒体到重酒体的红葡萄酒，拥有活力、清新性和美妙的质感，但却没有任何过熟的迹象。最佳饮用期：2009~2025 年。

2002 Château Haut-Brion
奥比昂酒庄正牌红葡萄酒 2002

评分：92 分

或许是因为在相对凉爽的年份，一等酒庄的风土条件会更加出色，奥比昂酒庄酿制的这款美妙经典、精确和集中的 2002 年年份酒呈现出深宝石红色或紫色，拥有惊人优雅的芳香（碎岩石、梅子、黑色樱桃、红醋栗、无花果和泥土的风味）。这款葡萄酒拥有令人印象深刻的可测量力量和优雅性，而且以中度酒体、良好结构和异常纯粹的方式体现。对于奥比昂酒庄来说，让如此年轻的奥比昂酒庄使命葡萄酒（La Mission Haut-Brion）在竞争中占据优势是不寻常的，但是 2002 年年份酒却做到了。最佳饮用期：2010~2024 年。

2001 Château Haut-Brion
奥比昂酒庄正牌红葡萄酒 2001

评分：94 分

奥比昂酒庄的 2001 年年份酒装瓶较晚（2003 年 9 月底），它拥有明显无误的高贵性和迅速增加的复杂性，通体呈紫红色或紫色。这款由 52% 的美乐、36% 的赤霞珠和 12% 的品丽珠混合成白酒比较内敛，装瓶后变得相当封闭，不过它表现出酸甜的樱桃、黑加仑、欧亚甘草、香烟和碎岩石的纯粹风味。这款酒中度酒体，拥有杰出的纯度、坚实的单宁酸和生糙、有结构的余韵，它还需要 5 到 7 年的时间窖藏。最佳饮用期：2009~2020+。

2000 Château Haut-Brion
奥比昂酒庄正牌红葡萄酒 2000

评分：98+ 分

将 2000 年款奥比昂酒庄正牌红葡萄酒与完美的 2000 年款奥比昂酒庄使命葡萄酒进行比较将会十分诱人。但是，这款葡萄酒不如使命葡萄酒肥厚、油滑、艳丽和庞大，它更像一位出色的外交家。它是一款拥有强度、权威性和可测量的抑制性的葡萄酒，也是一款极度优雅的葡萄酒，酒色为深宝石红色或紫色，有着焦土、液态矿物质、梅子、黑加仑、樱

1998 Château Haut-Brion
奥比昂酒庄正牌红葡萄酒 1998

评分: 96+ 分

这是一款奇妙的奥比昂酒庄葡萄酒，它展现出深宝石红色或紫色，还有香烟、泥土、矿物质、铅笔、黑加仑、樱桃和香料风味混合的、紧致但惊人有前景的鼻嗅。这款强劲的葡萄酒在味蕾上虽然缓慢，但却令人信服地打开，表现出丰醇、多层次、惊人纯粹、对称的风味，并且拥有美妙的甜度、成熟的单宁酸和可以持续将近 45 秒的余韵。它尝起来像是液态贵族，真的是找不到更好的方式来形容这款美酒。1998 年年份酒无疑是自惊人的 1989 年款和 1990 年款以及巨大的 2000 年款以来最优质的奥比昂酒庄葡萄酒。但是必须要耐心等待，因为它不像那 3 款年份酒那样炫耀和向前。最佳饮用期: 2008~2035 年。

1996 Château Haut-Brion
奥比昂酒庄正牌红葡萄酒 1996

评分: 95 分

这款酒只有 60% 的总产量被用于最终的混合，包括 50% 的美乐、39% 的赤霞珠和 11% 的品丽珠。这款葡萄酒从第一次装瓶开始就已经完全封闭起来，不过它仍拥有巨大的潜力。这是一款相对有结构、有着向后风格的奥比昂酒庄葡萄酒，不像 1989 年款和 1990 年款这样更甘甜的年份酒带有提前的趣味性。这款葡萄酒通体呈深宝石红色，拥有焦土、干香草、黑加仑、香烟和淡淡的无花果风味混合的、微弱但是显露的鼻嗅。这款酒非常浓缩，单宁有力，拥有中度的酒体和出色的对称性，但是目前这款葡萄酒似乎已经进入深度休眠的状态。最佳饮用期: 2008~2035 年。

1995 Château Haut-Brion
奥比昂酒庄正牌红葡萄酒 1995

评分: 96 分

1995 年款和 1996 年款葡萄酒是奥比昂酒庄出产的两款上乘的年份酒，在两者之间来回品尝非常有趣。与更加有结构和强健的 1996 年年份酒相比，这款 1995 年年份酒似乎拥有更加甘甜的单宁酸，而且更加肥厚和无缝。1995 年当然是出色的管理者让·德尔马斯完美处理的一个年份，结果便产生了这款深宝石红色或紫色的葡萄酒。它拥有燃烧木材的灰烬、香子兰、香料盒、泥土、矿物质、甘甜的樱桃、黑加仑、梅子般的水果风味混合的、紧致但有前景的鼻嗅，中度酒体到重酒体，拥有高水平的成熟但甘甜的单宁酸，还有可以很好地持续 40 到 45 秒的余韵。这款葡萄酒刚开始从顽固和向后的封闭状态中摆脱出来。最佳饮用期: 2006~2035 年。

1994 Château Haut-Brion
奥比昂酒庄正牌红葡萄酒 1994

评分: 92 分

这是该年份中惊人的睡眠葡萄酒之一，这个年份虽然雨

桃、铅笔和微弱的香料味橡木风味混合的芳香，随之而来的是一款精致但有力、多口味、多层次、高微妙成分、异常纯粹和无缝的葡萄酒。奥比昂酒庄已经酿制出如此之多的近期经典，现在说 2000 年款比 1998 年款、1995 年款、1990 年款和 1989 年款更优质还为时过早，不过它当然是一款奇妙的葡萄酒，拥有美妙的持久性、长度和复杂性。它是用 51% 的美乐、42% 的赤霞珠和 7% 的品丽珠混合酿制而成，即使参照奥比昂酒庄的标准，它也应该会不同寻常的长寿。最佳饮用期: 2012~2040 年。

1999 Château Haut-Brion
奥比昂酒庄正牌红葡萄酒 1999

评分: 93 分

深深的梅子、红醋栗和矿物质风味从浓缩、美妙均衡、纯粹的 1999 年款奥比昂酒庄正牌红葡萄酒中显现而出，它似乎与 1985 年款和 1979 年款出自于相同的原料。这款酒丰富的水果风味中带有明显的石墨和矿物质风味，中度酒体到重酒体，成分微妙，微弱且深厚，而且撩人优雅，它以一种似乎只有奥比昂酒庄有能力达到的风格酿制而成。它的余韵极其悠长，单宁酸甘甜，整体的印象是雅致、力量和成熟性的完美交织。最佳饮用期: 2007~2025 年。

量很大，但却出产了比很多人意料中更多款成功的葡萄酒。奥比昂酒庄拥有巨大的排水系统，它在这个湿润的9月采收期起到了很大的作用。这款酒的酒色为深紫红色或宝石红色，边缘略带亮光，有机肥料、巧克力糖、泥土、香料盒、干香草和欧亚甘草风味与甘甜的黑色樱桃和红醋栗争相表现。这款葡萄酒为中度酒体，拥有相对丰满、耐嚼的口感，它当然是该年份大约6款顶级的葡萄酒之一。虽然单宁酸仍然可察，但是这款酒似乎比奥比昂酒庄1995年和1996年出产的两款更强劲的葡萄酒更加易亲近。最佳饮用期：现在开始到2024年。

1990 Château Haut-Brion
奥比昂酒庄正牌红葡萄酒 1990

评分：98 分

这是一款深远的奥比昂酒庄葡萄酒，也是过去的25年中优质的奥比昂酒庄葡萄酒之一，这款葡萄酒在不朽的1989年款的巨大阴影下有点丢失的感觉。它仍在继续壮大，事实上比1989年款更加进化。它表现出焦土、芬芳的烟熏香草、烟草、甘甜的黑醋栗、无花果和黑加仑风味混合的经典奥比昂鼻嗅，是一款非常丰裕和性感的葡萄酒，拥有重酒体、巨大的浓缩度、上乘的纯度和低酸度，以及非常甘甜、无缝统一的单宁酸。这款葡萄酒已经表现出巨大的复杂性和易亲近性，而且让人极其难以抗拒。最佳饮用期：现在开始到2020年。

1989 Château Haut-Brion
奥比昂酒庄正牌红葡萄酒 1989

评分：100 分

这又是一款不朽的葡萄酒之一，也是过去的半个世纪中最优质的年轻波尔多葡萄酒之一。1989年款奥比昂酒庄正牌红葡萄酒始终如一的奇妙，几乎肯定是该年份和其他年份举行的所有盲品会上得分最高的葡萄酒。它是一款无缝、崇高的经典，也是杰出的风土条件和它独特特性的体现。这款葡萄酒仍表现出非常深厚、黏稠的宝石红色或紫色，有着从焦土、液态矿物质、石墨、黑莓和黑加仑果酱到吐司、欧亚甘草和香料盒风味的壮观、年轻但是惊人的瑞士自助餐式芳香。这款黏稠、强劲、低酸度的葡萄酒中水果、精粹物和甘油含量都惊人的吸引人，这款葡萄酒出色的对称性、卓越的纯度和无缝性都是现代传奇葡萄酒的特征。它的发展仍然处于青春期前期，我估计它再过2到3年才会达到完全成熟的巅峰状态，但这应该是一款可以与该酒庄酿制的最优质的葡萄酒匹敌的奥比昂酒庄酒。因为它的生命太短暂了，所以不能尽可能多地饮用这款葡萄酒！它是1959年款的一个现代克隆吗？最佳饮用期：现在开始到2030年。

1988 Château Haut-Brion
奥比昂酒庄正牌红葡萄酒 1988

评分：92 分

这是一款有着更加坚实结构的奥比昂酒庄葡萄酒，酿制风格与1996年款有点相似。这款深暗的、呈石榴红色的葡

萄酒表现出欧亚甘草、矮树丛、有机肥料、巧克力糖、干香草、木榴油与甜的黑色樱桃和红醋栗混合的风味，它中度酒体、丰醇，但是仍然有结构。这款葡萄酒在味蕾上渐次展开，表现出上乘的密度和大量复杂的格拉芙产区成分。它才刚刚达到完全成熟的巅峰状态。最佳饮用期：现在开始到2025年。

1986 Château Haut-Brion
奥比昂酒庄正牌红葡萄酒 1986

评分：94 分

这款葡萄酒虽然继续向后，但是陈酿香中开始发展出二等微妙成分，从烘烤香草和甘甜的雪茄烟发展到有机肥料、皮革味、大量甘甜的樱桃和黑加仑水果风味。我10年前对它的希望有点过高。这款葡萄酒仍然年轻，相当纯粹，中度酒体到重酒体，但是在18岁的年龄，余韵中仍带有有点提高、酸涩的单宁酸，这开始让我觉得它永远也不会完全统一。正如一直以来的情况一样，对一款注定拥有半个世纪寿命的葡萄酒进行判断有时候是比较困难的，考虑到它经历的不同阶段，我不知道这款葡萄酒能否像我曾经预期的那样深远。最佳饮用期：2008~2030年。

1985 Château Haut-Brion
奥比昂酒庄正牌红葡萄酒 1985

评分：95 分

这是一款辉煌诱人、经典的奥比昂酒庄葡萄酒。这款1985年奥比昂酒庄正牌红葡萄酒已经达到完全成熟的巅峰状态，酒色为深宝石红色或石榴红色，边缘带有些许亮光。雪松、干香草、香烟、木榴油和黑色的樱桃、梅子、红醋栗风味混合的非常复杂的鼻嗅从杯中跃然而出，入口后，它圆润、浓缩，中度酒体到重酒体，拥有天鹅绒般柔滑的质感和美妙统一的酒精、酸度和单宁酸。它真是一款美酒！最佳饮用期：现在开始到2012年。

1982 Château Haut-Brion
奥比昂酒庄正牌红葡萄酒 1982

评分：96 分

与一等酒庄的1982年年份酒一样深远，这款葡萄酒当然不是该年份最深远的葡萄酒之一。让·德尔马斯一直把它与1959年款对比，也许它将绝妙地增加重量和长度，然后最终可以与那款完美的葡萄酒匹敌。但是，这款葡萄酒似乎与不朽的1989年款，甚至与2000年款、1998年款、1996年款、1995年款和1990年款这些奥比昂酒庄优质葡萄酒都相去甚远。不过，它仍然是一款相对年轻的葡萄酒，酒色呈深宝石红色，边缘才刚刚显示出一点粉红色。这款酒表现出甘甜的黑加仑、梅子和甘甜的矿物质风味，并伴有中度酒体、非常优雅的风格，含有成熟的单宁酸、美妙的水果风味和45秒的余韵。它的年轻特性一点也不惊人，但是这款酒似乎没有顶级1982年年份酒的重量、丰裕性和浓度。最佳饮用期：现在开始到2022年。

CHÂTEAU LAFITE ROTHSCHILD
拉菲酒庄

等级：1855 年的一等列级酒庄（Premier Cru Classé 1855）

酒庄主：罗斯柴尔德（拉菲）男爵酒庄（Domaine Barons de Rothschild Lafite）

地址：Château Lafite Rothschild,33250 Pauillac,France

电话：(33) 05 56 73 18 18

传真：(33) 05 56 59 26 83

邮箱：clesure@lafite.com

网址：www.lafite.com

联系人：查尔斯·切瓦里耶（Charles Chevallier）或者与塞西莉亚·雷苏尔（Cécilia Lesure）预约

参观规定：参观前必须预约，只限周一至周五对外开放

葡萄园

占地面积：247.1 英亩

葡萄品种：70% 赤霞珠，25% 美乐，3% 品丽珠，2% 小味多

平均树龄：30 年

种植密度：8,500 株 / 公顷

平均产量：5,000 升 / 公顷

酒的酿制

葡萄在葡萄园中经过人工采收后分类，先后在橡木大桶和不锈钢大桶中进行古典酿制，然后根据所选择的品种、成熟性和单宁酸的可精粹性进行为期 3 周的浸渍。在新橡木酒桶（由拉菲酒庄自己的制桶部门制造）中放置 18 到 20 个月，以使年轻葡萄酒变得成熟。拉菲酒庄酒在装瓶前会进行非常轻微的澄清和过滤。

年产量

拉菲酒庄正牌红葡萄酒（Château Lafite Rothschild）：18,000~25,000 箱

拉菲酒庄副牌小拉菲红葡萄酒（Carruades de Lafite）：20,000~25,000 箱

平均售价（与年份有关）：150~750 美元

近期最佳年份

2003 年，2002 年，2001 年，2000 年，1999 年，1998 年，1996 年，1995 年，1990 年，1988 年，1986 年，1983 年，1982 年

拉菲这个名字源自于加斯科涅（Gascony）语"la hite"，意思是"小丘"。拉菲第一次被提及的时间可以追溯到 13 世纪，但是这家庄园直到 17 世纪才开始作为一个酿酒庄园赢得声誉。17 世纪 70 年代和 80 年代初期时，拉菲葡萄园的种植应该归功于雅克·塞古尔（Jacques de Ségur）。

到 18 世纪早期，拉菲酒庄已经在伦敦打开了自己的市场。1732 年至 1733 年间，英国首相罗伯特·沃波尔（Robert Walpole）每三个月就会购买一桶拉菲酒庄葡萄酒。

尼古拉斯·亚历山德罗·塞古尔侯爵（Marquis Nicolas Alexandre de Ségur）提高了酿酒技术，而且最重要的是，他提高了葡萄酒在国外市场和凡尔赛王宫的声望。在一位富有才干的大使，即马瑞奇尔·黎塞留（the Maréchal de Richelieu）的支持下，他成为知名的"葡萄酒王子（The Wine Prince）"，而拉菲酒庄的葡萄酒则成为了"国王之酒（The King's Wine）"。1755 年，马瑞奇尔被任命为圭延（Guyenne）州长，后来他重返法国时，路易十五评价他说："马瑞奇尔，你看起来比你当时去圭延之前年轻了 25 岁。"马瑞奇尔回答："尊敬的陛下，难道您还不知道我终于发现青春之泉了吗？我发现拉菲酒庄的葡萄酒都是能让人精力充沛的美酒——它们就如奥林匹斯山上诸神的食物一样可口。"

塞古尔伯爵（The Count de Ségur）由于债台高筑，所以被迫于 1784 年卖掉了拉菲酒庄。尼古拉斯·皮埃尔·皮查德（Nicolas Pierre de Pichard）是波尔多议会的首任主席，也是伯爵的亲戚，他利用"亲属权力"立法买下了该酒庄。

到 18 世纪 80 年代晚期，拉菲酒庄有了一个国际拥护团，包括像后来的美国总统托马斯·杰弗逊（Thomas Jefferson）这样的高官。杰弗逊在凡尔赛王宫

担任大使时，就对葡萄酒酿制产生了热情，并且考虑在他自己的国家发展。1787 年 3 月在波尔多停留的时候，他细化了酒庄的等级，并且把拉菲酒庄酒指名为四大主要葡萄酒之一。

塞古尔家族对拉菲酒庄的管理由于法国大革命时期尼古拉斯·皮埃尔·皮查德被处决而残酷地结束。在拉菲酒庄的前厅有一张古老的海报，上面公布了该酒庄在 1797 年 9 月 12 号的公开出售。那时对该酒庄的描述是"主要的梅多克葡萄酒，酿制着整个波尔多产区最优质的葡萄酒"。

1815 年，波尔多著名的葡萄酒专家劳顿（Lawton）在他们的经纪行日志上发布了一份梅多克葡萄酒的最初评级，并且宣告拉菲酒庄酒是"整个梅多克产区最上乘的葡萄酒"。1855 年巴黎全国博览会（the Universal Paris Exposition）的年份等级表正式地把拉菲酒庄评为一等酒庄，而且还是一个"优质葡萄酒的引导者"。

1868 年 8 月拉菲酒庄又一次被公开出售时，被詹姆斯·罗斯柴尔德男爵（Baron James de Rothschild）买下。詹姆斯男爵是罗斯柴尔德家族法国分支的首脑，在购买拉菲酒庄 3 个月后去世，然后该酒庄变成他三个儿子——艾尔冯斯（Alphonse）、古斯塔夫（Gustave）和埃德蒙（Edmond）的共有财产。那时候酒庄拥有 183 英亩的葡萄园。巧合的是，1868 年款拉菲酒庄酒成为该年份中价格最高的葡萄酒，创下了一条保持了一整个世纪的记录。

19 世纪末和 20 世纪的前 50 年都是具有毁灭性的。根瘤蚜危机与随之而来的第一次世界大战和经济大萧条，都导致葡萄酒价格上的严重下跌。大萧条带来了一场空前的金融危机，迫使罗斯柴尔德家族卖掉了酒庄的部分葡萄园。尽管经历了这一系列的麻烦，但仍有几款优质年份酒被酿制出来——1899 年、1900 年、1906 年、1926 年和 1929 年年份酒。

第二次世界大战使得这一时期愈加灰暗，随着 1940 年 6 月法国战败，德国人占领了梅多克。罗斯柴尔德家族的财产被没收并且被当做农业技能学校公

开管理。一支德国驻军盘踞在拉菲酒庄和木桐酒庄（Château Mouton Rothschild），而且酒庄遭受了古老年份酒的征用和掠夺。罗斯柴尔德男爵在 1945 年底才重新获得拉菲酒庄的所有权。

艾利男爵（Baron Elie）领导一个修复葡萄园和建筑物，以及完全重建对这座酒庄的管理的计划。清澈透亮的 1953 年年份酒和非常优质的 1955 年年份酒是该酒庄恢复的有力证明。但是，波尔多葡萄园在 1956 年 2 月遭受了一系列可怕的霜冻，此后在 1959 年和 1961 年酿制了新一轮杰出的年份酒。随着新市场的发展，特别是美国市场份额的增加，20 世纪 60 年代使得这次复兴得以完成。

1973 年至 1976 年的国际原油危机袭击波尔多之后，该酒庄再次反弹，在艾瑞克·罗斯柴尔德男爵（Baron Eric de Rothschild）的管理下酿制出了 1975 年和 1976 年年份酒。葡萄园中，重新种植和修复的工作继续进行着，肥料被重新评估，除草剂的使用也被限制。酒窖中，不锈钢酒罐组被安装在橡木酒罐和一种新的圆形陈年酒库旁边。

拉菲仍然是波尔多产区最著名的酒庄和葡萄酒品牌，而且还有——它优雅、小尺寸和素雅的酒标——已经成为财富、名望、历史、尊重和拥有卓越寿命的葡萄酒的代名词。

虽然自 1975 年以来的年份已经出产了一系列连续的最高级拉菲酒庄葡萄酒，但是 1961 年至 1974 年间出产的葡萄酒相对于一座一等酒庄来说则惊人的平庸。我还是搞不清楚，为什么很多葡萄酒批评家在品尝了一些这个时期出产的拉菲酒庄葡萄酒之后没有喊冤。该酒庄的官方地位一直都是葡萄酒的酿制风格轻盈、优雅，而且在盲品会上往往被更加强劲、强壮的葡萄酒挫败，当然这种事情确实时有发生。但是，拉菲酒庄的平庸在一些非常优质的年份特别明显——1971 年、1970 年、1966 年、1961 年、1949 年、1945 年 —— 这些年份中出产的葡萄酒在酒色方面都有着惊人的不足，而且过于干型，橡木味过重，酸度反常的高。这几款年份酒，即 1974 年款、1971 年款和 1969 年款——完全失败但是却以拉菲的名义高价发布上市。

对于这些失误的原因，罗斯柴尔德家族不可能透露，但是 20 世纪 60 年代和 70 年代早期的年份酒存在的问题似乎与以下几点有关：第一，缺勤的酒庄主住在巴黎，只是偶尔到拉菲酒庄监管庄内的操作。当然，从 1975 年开始，拉菲酒庄一直处于忧虑的和尽心尽力的艾瑞克·罗斯柴尔德的勤奋管理下。第二，以前拉菲酒庄的葡萄酒一般都在橡木酒桶中陈年至少 32 到 36 个月，然而现在最多陈年 20 到 30 个月，毫无疑问这让拉菲酒庄的葡萄酒喝起来更加有果味和清新。第三，拉菲酒庄目前的酿酒员工采收葡萄的时间更晚，使得葡萄酒拥有更高的成熟性和更低的酸度，而且筛选程序无疑更加严格。自 1990 年以来，对于拉菲酒庄来说，去掉高达 60% 的采收量已经很正常，要么大批量地卖掉，要么降级酿制二等葡萄酒。最后，拉菲酒庄葡萄酒会在更短的时间内进行装瓶。根据某些未经证实的传言，拉菲酒庄之前经常把装瓶操作拖延 8 到 12 个月，而且各瓶酒之间的差异会达到让人不能接受的水平。现在所有的葡萄酒都会在 2 到 3 周内完成装瓶。

不管过去如何，至少拉菲酒庄现在正酿制着令人叹服的葡萄酒，当查尔斯·切瓦里耶（Charles Chevallier）被邀请管理酒庄时，明显开始于 1975 年的

质量转变也在 20 世纪 90 年代中期加快了速度。自 1981 年以来，拉菲酒庄在 2003 年、2002 年、2001 年、2000 年、1999 年、1998 年、1996 年、1995 年、1990 年、1988 年、1987 年、1986 年、1983 年、1982 年和 1981 年这样的年份中已经酿制出了一些梅多克产区最优质的葡萄酒。

CHÂTEAU LAFITE ROTHSCHILD
拉菲酒庄正牌红葡萄酒

2003 Château Lafite Rothschild
拉菲酒庄正牌红葡萄酒 2003

评分：98~100 分

这是我尝过的最深远的葡萄酒之一。有人说对于拉菲酒庄来说 2003 年是一个反典型的年份，但是它让我想起处于相同时期的 1982 年年份酒。据推断它比较向后，2003 年年份酒也能拥有 1959 年款在 1960 年 3 月时表现出的品尝效果吗？表现出相当的丰醇性、清新性和鲜美性。2003 年款拉菲酒庄葡萄酒是该年份最佳年份酒的候选酒之一，是用 86% 的赤霞珠、9% 的美乐、3% 的品丽珠和 2% 的小味多（美乐采收于 9 月 8 号到 12 号，赤霞珠采收于 9 月 15 号到 24 号）混合酿制而成，它拥有非凡的丰醇性和芳香。酿制该酒的葡萄产量低至 3,400 升 / 公顷，天然酒精度略低于 13%，pH 值为惊人高的 3.9，而且总酸度只有 2.9，这些数字都与 1982 年款和 1959 年款这样成熟、浓缩的年份酒基本相同。这款酒的酒色为墨色或宝石红色或紫色，散发出黑色水果、雪松、亚洲大豆和香脂醋混合的、惊人成熟的芳香，它展现出厚重的丰醇性，但是对于如此油滑的葡萄酒（惊人含量的甘油）来说，其口感惊人的清新和有力。在这种意义上，它很反典型，但是与 1982 年款一样，我估计在接下来的一到两年中随着单宁酸的出现，2003 年款将会变得轮廓更加清晰。它惊人的质感印象让我困惑不解，因为我从没尝过这样一款拉菲酒庄葡萄酒。这真是一款值得用房子作抵押的一等酒庄葡萄酒！最佳饮用期：2010~2035 年。

2002 Château Lafite Rothschild
拉菲酒庄正牌红葡萄酒 2002

评分：94 分

正如我过去表明的那样，在查尔斯·切瓦里耶的管理下，自 1994 年以来，拉菲酒庄已经酿制出了相当连续的一系列有纪念意义，甚至很可能具有历史意义的葡萄酒。这款 2002 年年份酒只会为切瓦里耶杰出的简历增光添彩。47% 的作物被用于酿制这款顶级葡萄酒，它是用 87% 的赤霞珠、9.5% 的美乐和 3.5% 的品丽珠混合酿制而成。它闻起来和喝起来都像是铅笔利口酒、黑醋栗和樱桃果酱的混合。这款酒通体呈不透明的紫色，相对轻盈，但是超级浓缩和强烈。它

会让人想起重量更轻的 1996 年年份酒，但是它比 1996 年款更加向前，是一款可以得到完美分数的葡萄酒。2002 年款拉菲酒庄正牌红葡萄酒是拥有完美和谐性、非凡浓缩并且极具吸引力的果汁。最佳饮用期：2011~2038 年。

2001 Château Lafite Rothschild
拉菲酒庄正牌红葡萄酒 2001

评分：94 分

2001 年款拉菲酒庄正牌红葡萄酒呈现出深厚的、饱满的紫红色或紫色，伴有铅笔利口酒般的风味，并混有甘甜的红加仑和黑加仑、梅子、雪松的鼻嗅。86.5% 的赤霞珠和 13.5% 的美乐这种混合是拉菲酒庄的一个经典例子。这款酒极其优雅，中度酒体，拥有强烈的浓缩度、丰醇性和甘甜的单宁酸，它似乎正处于快速进化的阶段，至少已经远比近期的拉菲年份酒向后和有力。这款高级的 2001 年年份酒在 2007 年至 2018 年间应该会处于最佳状态。

2000 Château Lafite Rothschild
拉菲酒庄正牌红葡萄酒 2000

评分：100 分

很好，真好，太好了！拉菲酒庄又做到了。自从 1994 年经理查尔斯·切瓦里耶从他喜爱的苏玳产区酒庄留赛克堡（Rieussec）（也归罗斯柴尔德家族所有）转移到拉菲酒庄开始，这个卓越的酒庄已经酿制出了一系列连续的深远葡萄酒。2000 年款拉菲酒庄正牌红葡萄酒是用 93.3% 的赤霞珠和 6.7% 的美乐（只有 36% 的作物被用于酿制这一等级）混合酿制而成，它拥有不透明的宝石红色或紫色，伴有液态矿物质或岩石、石墨、桑葚、黑加仑、焦糖和烟草风味混合的卓越醇香。入口后，它惊人的轻盈，但是似乎有点把强烈的口味包裹进一层又一层的水果和丰醇的口感中。这是一款令人叹服的葡萄酒，拥有卓越的精确性和杰出的强度，以及无缝的、明显高水平的单宁酸。这款葡萄酒在 2003 年 1 月和 2 月品尝时诱人的开放和美妙，但是我确定它将会封闭起来。其余韵持续时间可长达 72 秒！这是一款迷人十足的葡萄酒。最佳饮用期：2011~2050 年。

1999 Château Lafite Rothschild
拉菲酒庄正牌红葡萄酒 1999

评分：95 分

这款拉菲酒庄正牌红葡萄酒的酒瓶上标示出一个雕刻的"1999"和一片阴影，以记录 1999 年 8 月发生的具有重大历史意义的事件——拉菲酒庄出产的一款典型葡萄酒。这款奇妙的葡萄酒优雅，口味强烈，几乎轻柔的多层次的口感毫无沉重感地打开。它的酒色为不透明的宝石红色或紫色，伴有铅笔、石墨、雪松、黑醋栗奶油、吐司和香子兰风味混合的复杂陈酿香。它中度酒体，拥有奢华层次的丰醇性但极轻的重量，还有集甘甜性、成熟性与和谐性为一体的余韵。这款卓越的拉菲酒庄葡萄酒越来越像是崇高的 1953 年款的现代

克隆。其实，只有三分之一的产量被用于酿制这款高级葡萄酒！最佳饮用期：2007~2030 年。

1998 Château Lafite Rothschild
拉菲酒庄正牌红葡萄酒 1998

评分：98 分

这款葡萄酒是用 81% 的赤霞珠和 19% 的美乐混合酿制而成，只代表了拉菲酒庄总采收量的 34%。在一个不够完美的梅多克年份，它从一出产就已经令人惊叹，在进化过程中又增加了更多的重量和清新性。这款呈不透明紫色的 1998 年年份酒接近完美，铅笔、香烟、矿物质和黑加仑水果风味的惊人鼻嗅从杯中雄伟地奔涌而出。这款葡萄酒优雅但却深远丰醇，表现出拉菲酒庄酒的本质特性。这款葡萄酒惊人的多层次，但是绝不沉重，含有甘甜的单宁酸，余韵甘甜，超级丰富，但是完美均衡和悠长（50 多秒）。最佳饮用期：2007~2035 年。

1997 Château Lafite Rothschild
拉菲酒庄正牌红葡萄酒 1997

评分：92 分

因为只有 26% 的作物被用于最终的混合，结果这款 1997 年拉菲酒庄正牌红葡萄酒的产量只有 15,000 箱。读者们不应该因为 1997 年左右的负面新闻而忽视这款葡萄酒。它呈现出不透明的深紫色，还有雪松木、黑加仑、铅笔和矿物质风味混合的、豪华甘甜并宽阔的芳香。这款酒拥有肥厚的中期口感、中度的酒体、爆炸性的水果风味和丰富性，还有柔软的单宁酸和天鹅绒般柔滑的质感。它是一款美妙、令人叹服的拉菲酒庄葡萄酒，年轻时就可以饮用，但是有希望进化 15+ 年。尽管它是我尝过的最向前的拉菲酒庄葡萄酒之一，但是因为这一特性它变得更加迷人。千万不要错过这款酒哦！最佳饮用期：现在开始到 2017 年。

1996 Château Lafite Rothschild
拉菲酒庄正牌红葡萄酒 1996

评分：100 分

从装瓶以来我已经尝过 6 次，毫无疑问 1996 年款拉菲酒庄正牌红葡萄酒是自 1986 年款和 1982 年款以来这个著名酒庄出产的最优质的葡萄酒。2000 年款会不会这么深远呢？只有 38% 的作物被认为足够优秀而放入最终的混合，其中赤霞珠的比例反典型的高（83% 的赤霞珠、7% 的品丽珠、7% 的美乐和 3% 的小味多）。这款厚重的葡萄酒可能是我尝过的最强劲、最巨大的拉菲酒庄酒，它还需要很多年的时间才能苏醒，因此我估计当我们都过了 50 岁才有可能严肃地考虑我们是否应该预付定金购买多箱这款葡萄酒。它也是拉菲酒庄第一款用一种新雕刻的酒瓶装瓶的葡萄酒，这种酒瓶专为防止假冒伪劣产品而设计。这款葡萄酒展现出看起来深厚、呈宝石红色或紫色的酒色，伴有铅笔、矿物质、花朵和黑加仑风味的出色鼻嗅。这款酒极其有力和强劲，对于一款年轻的葡萄酒来说，它拥有卓越的复杂性。这款巨大的拉菲酒庄葡萄

酒拥有渗出的精粹物和丰醇性，但却成功地保持了它经典优雅的个性。这款葡萄酒甚至比它装瓶前还要丰醇，毫无疑问它应该可以持续40到50年。最佳饮用期：2012~2050年。

1995 Château Lafite Rothschild
拉菲酒庄正牌红葡萄酒 1995

评分：95分

这款1995年拉菲酒庄正牌红葡萄酒（只有三分之一的采收量被用于最终的混合）是用75%的赤霞珠、17%的美乐和8%的品丽珠混合酿制而成。它呈现出暗宝石红色或紫色，伴有粉末状矿物质、香烟、杂草、黑醋栗风味的甘甜鼻嗅。这款中度酒体、精致但辉煌纯粹、轮廓清晰的拉菲酒庄葡萄酒呈现出水果的美妙甘甜性。这款1995年年份酒虽然没有1996年款有力和厚重，但是它酿制美妙，拥有出色的开端和卓越的前景。最佳饮用期：2008~2028年。

1994 Château Lafite Rothschild
拉菲酒庄正牌红葡萄酒 1994

评分：90+分

使用将近100%的赤霞珠酿制而成，这款呈暗宝石红色或紫色的葡萄酒顽固的向后，没有吸引力，而且口感朴素和收敛。这款葡萄酒拥有大量的重量和惊人的纯度，没有任何草木味和不成熟水果的味道，这款1994年拉菲酒庄葡萄酒可能会有酸涩和令人失望的口味，但却拥有一套惊人的果香（这会让人想起拉菲酒庄另一款以赤霞珠为基础的葡萄酒，即1961年年份酒吗？）。我仍对这款葡萄酒抱有期望，但是买家应该再等5年再拔掉瓶塞。最佳饮用期：2010~2030年。

1990 Château Lafite Rothschild
拉菲酒庄正牌红葡萄酒 1990

评分：92分

1990年年份酒是一款成熟、丰醇，拥有美妙质感但是优雅、口感充实的拉菲酒庄酒。这款葡萄酒拥有卓越的丰醇性，淡淡的明确无误的拉菲芳香由矿物质、雪松、石墨和红色水果风味构成，它中度酒体到重酒体，有着适中的重量、惊人的丰富性和整体的均衡，余韵中的单宁酸非常明显。它应该是一款40-到50-年的拉菲酒庄葡萄酒，和我猜想的最终表现一样出色，我认为这款1990年拉菲酒庄葡萄酒不能与2000年款、1998年款、1996年款、1988年款、1986年款和1982年款的等级、质量和复杂性匹敌。最佳饮用期：2008~2040年。

1989 Château Lafite Rothschild
拉菲酒庄正牌红葡萄酒 1989

评分：90分

它是一款经典的拉菲酒庄葡萄酒，才刚刚走出休眠期。这款暗宝石红色、中度酒体的葡萄酒的鼻嗅和香料味余韵中都带有新橡木风味。它是一款经典优雅、抑制、素雅风格的拉菲酒庄葡萄酒。在最终的分析中，这款葡萄酒缺少该酒庄最优质葡萄酒深远的深度和中期口感。最佳饮用期：2006~2025年。

1988 Château Lafite Rothschild
拉菲酒庄正牌红葡萄酒 1988

评分：94分

这款1988年年份酒是拉菲酒庄的一个经典表达。这款深色的葡萄酒（呈深紫红色或宝石红色）展现出雪松、微弱的香草、干核水果、矿物质、沥青、铅笔和黑醋栗风味混合的典型拉菲酒庄陈酿香。它极其浓缩，拥有出色集中的口味和巨大的单宁酸，这款向后但内涵令人印象深刻的拉菲酒越来越像是该年份的最佳年份酒！最佳饮用期：现在开始到2035年。

1986 Château Lafite Rothschild
拉菲酒庄正牌红葡萄酒 1986

评分：100分

15岁时，这款1986年拉菲酒庄酒易亲近，但是仍然拥有年轻、青春期葡萄酒的个性。奇妙的1986年年份酒拥有出色的丰醇性、深厚的酒色、中度的酒体、雅致和谐的质感和上乘的长度，雪松、栗子、矿物质和丰富的水果风味混合的具有穿透性的芳香是这款葡萄酒的特征。它有力、厚重、丰醇，而且单宁浓郁，中度酒体到重酒体，拥有令人惊讶的水果精粹物。这款拉菲酒庄葡萄酒拥有巨大的潜力，但仍然需要耐心等待。最佳饮用期：现在开始到2040年。

1983 Château Lafite Rothschild
拉菲酒庄正牌红葡萄酒 1983

评分：92分

这款葡萄酒展现出深宝石红色或石榴红色，边缘只有淡淡的琥珀色，铅笔、吐司、红色和黑色水果、矿物质与烘烤香草风味混合的芳香鼻嗅非常撩人。入口后，这款葡萄酒表现出对于拉菲酒庄来说相当巨大的酒体和丰富的力量，以及多肉、丰醇、甘甜的中期口感。它绵长、优雅、丰满，而且惊人的多肉，考虑到20世纪80年代的黄金十年中优质年份的数目，这款出色的拉菲酒庄葡萄酒似乎在很大程度上被人遗忘了。最佳饮用期：现在开始到2019年。

1982 Château Lafite Rothschild
拉菲酒庄正牌红葡萄酒 1982

评分：100分

它仍然非凡的年轻，这款巨大的（根据拉菲酒庄的标准来看也是厚重的）葡萄酒应该会是自1959年款以后最优质的拉菲酒庄酒。它散发出香草、黑加仑、香子兰、铅笔和雪松风味混合的、异常强烈并且令人叹服的陈酿香。这款葡萄酒表现出相当大量的单宁酸，以及对于拉菲酒庄酒来说令人惊讶的、反典型的力量和浓缩度。这款葡萄酒的优雅特征并没有因为该年份倾向于出产有力和油滑质感、深厚、多汁的葡萄酒而妥协。它丰醇、完满而且仍然年轻，是一款令人惊叹的拉菲酒庄葡萄酒，也是1959年款的一个现代克隆。最佳饮用期：现在开始到2040年。

CHÂTEAU LAFLEUR
花堡

等级：波美侯产区的葡萄酒没有被官方评级

酒庄主：雅克·基诺多及其家族（Jacques Guinaudeau and family）

地址：Château Lafleur,33500 Pomerol,France

邮政地址：法国穆亚克（Mouillac）名城古堡（Château Grand Village）邮编：33240

电话：(33) 05 57 84 44 03

传真：(33) 05 57 84 83 31

联系人：西尔维·基诺多（Sylvie Guinaudeau）和雅克·基诺多

参观规定：参观前必须预约

葡萄园

占地面积：11.1 英亩

葡萄品种：50% 品丽珠，50% 美乐

平均树龄：超过 30 年

种植密度：5,900 株 / 公顷

平均产量：3,800 升 / 公顷

酒的酿制

根据年份的不同情况，发酵和浸渍会持续 15 到 21 天不等。然后葡萄酒被直接转移到橡木酒桶中进行苹果酸 - 乳酸发酵，它们在酒桶（三分之一到三分之二的新橡木）中会放置 18 到 20 个月。葡萄酒会加入新鲜的蛋白进行澄清，但是不会系统地进行过滤。

年产量

花堡正牌红葡萄酒（Château Lafleur）：12,000 瓶

花堡副牌思维红葡萄酒（Les Pensées de Lafleur）：3,000 瓶

平均售价（与年份有关）：200~500 美元

近期最佳年份

2003 年，2001 年，2000 年，1999 年，1995 年，1990 年，1989 年，1985 年，1982 年

我对这个微型的波美侯葡萄园一直都有着个人的偏爱。20 世纪 70 年代中期，当我第一次开始品尝花堡酒时，我就发现自己不知道该对它作出怎样的评价。但是在我的小品酒团队中，我们经常发现花堡酒和帕图斯酒庄酒一样令人叹服。1978 年时我第一次去参观花堡，当时我几乎不会讲法语，发现两位年长的酒庄主（现在已经过世）——特丽萨·罗宾（Thérèse Robin）和玛丽·罗宾（Marie Robin）两姐妹，虽然身体虚弱，但是非常有魅力。尽管这两位未婚女子岁数已经不小，但是在 20 世纪 70 年代晚期我去参观的时候，她们仍骑着自行车到乐凯堡（Le Gay），即花堡和乐凯堡的官方接待中心。毫无疑问她们被我的体格逗乐了，说我像金牛（公牛）先生（Monsieur Le Taureau）。我走在微小的酒库中，看起来可能确实有点过于庞大，酒库里面装着酒桶，同时也是一群鸭、鸡和兔子的窝。花堡酒庄过去和现在都像是一个仓舍而不是酒厂，我总是很吃惊，在当时那样恶劣的情况下怎么能酿制出拥有如此巨大的精粹度和使人完全错乱的特性的葡萄酒？

现在的花堡由外甥女和外甥，即西尔维·基诺多和雅克·基诺多拥有和管理。他们从 1985 年年份酒开始负责，并且于 2002 年买下了酒庄。他们最初的决定之一是拒绝装瓶任何 1987 年款花堡葡萄酒。他们用一款二等葡萄酒——花堡副牌思维红葡萄酒取而代之。考虑到这个微型酒庄的微小产量，这是相当引人注意的。酒窖几乎没有任何变化，只是没有了鸭、鸡和兔子，以及它们排出的粪便。另外，花堡现在在多数年份中都会得益于 50% 的新橡木酒桶。

他们的葡萄酒是不是变得更加优质了？波美侯产区内只有几款葡萄酒始终有能力挑战，而且有时候能够超过帕图斯酒庄酒，花堡酒当然仍是其中之一，甚至已故的让 - 皮埃尔·穆义（Jean-Pierre Moueix）曾经亲口向我承认过。我有幸很多次把花堡葡萄酒和帕图斯酒庄葡萄酒放在一起品尝，这足以让我知道前者是一款一点一滴都与帕图斯酒庄酒一样卓越的葡萄酒。在很多年份中，从芳香来看，它甚至都比帕图斯酒庄

葡萄酒更加复杂，这无疑是因为葡萄园中拥有老藤品丽珠葡萄树的缘故。

花堡的优越性大多存在于土壤中，其深厚、沙砾质的基床中富含铁质和沙子，而且具有极其重要的磷钾矿层特性。虽然多年来产量都非常微小，但这正好反映了罗宾两姐妹的父亲的座右铭："质量重于数量。"

古老年份的花堡酒都具有传奇色彩，但是没有混合的结果，它的历史也就没有了传奇色彩。1971 年款和 1970 年款本来可以更加优质的，还有最近的 1981 年款，但都被粪便的味道给毁坏了。葡萄酒正在被一位酒类学家监督，即使老藤葡萄树（花堡在 1956 年的冰冻之后没再重新种植过）不得不被挖出，但平均树龄仍然令人印象深刻。

自 1982 年以来 [1982 年款和 1983 年款由克里斯蒂安·穆义（Christian Moueix）和他超级谨慎的酒类学家让 - 克劳德·柏图（Jean-Claude Berrouet）酿制]，花堡酒变得没有那么奇特了，可能也受到现代酒类学家对技术的参数更加痴迷的影响。不过，根据波尔多产区的

花堡正牌红葡萄酒 2000 酒标

最高标准测量，花堡酒仍然是最独特、奇特和优质的葡萄酒之一——不仅在波美侯产区，在全世界亦是如此。

CHÂTEAU LAFLEUR
花堡正牌红葡萄酒

2003 Château Lafleur
花堡正牌红葡萄酒 2003

评分：93~96 分

在花堡，美乐采收于 9 月 1 号和 2 号，品丽珠采收于 9 月 12 号和 13 号。这款惊人的花堡正牌红葡萄酒拥有惊人的酒精度和低酸度，酒中加入了压榨葡萄酒，结果成了一款深宝石红色或紫色的葡萄酒，散发出花朵、蓝莓、覆盆子、桑葚和樱桃风味混合的醇香。这款酒有着非凡的优雅性和强度，具有低酸度和高 pH 值的风格，还拥有相当巨大的力量，这些都表明它将适合在比之前多数葡萄酒更早的年龄饮用。我估计这款酒的酒精度在 13% 和 13.5% 之间，pH 值在 3.8 到 4.0 的范围内。最佳饮用期：2008~2020+。

2002 Château Lafleur
花堡正牌红葡萄酒 2002

评分：91 分

这是该产区在一个明显困难年份出产的有点让人意外的葡萄酒。花堡的 2002 年款正牌红葡萄酒代表了老藤葡萄的本质，而且拥有有结构、深厚和浓缩的口味。这款中度酒体、深宝石红色或紫色的葡萄酒展现出令人印象深刻的纯度，持久、绵长的味道给人一种甘甜的樱桃白兰地和欧亚甘草的感觉。如果这款葡萄酒想要得到略高于 90 分的分数，那它还有一些生糙的单宁酸需要被分解。但是，它将会非常长寿，特别是相对于波美侯产区酒来说。最佳饮用期：2011~2025 年。

2001 Château Lafleur
花堡正牌红葡萄酒 2001

评分：92+ 分

它在酒桶中的表现比在瓶中稍微令人印象深刻，这款葡萄酒的品丽珠成分已经自动显现出来，并表现出独特的香草、灯笼椒、植物的特性，使得我的评分不能再高。不过这款 2001 年波美侯产区酒仍有很多讨喜的地方，它拥有饱满的宝石红色或紫色，散发出有力的果香（樱桃白兰地、覆盆子和黑莓），具有泥土味、强健、厚实的特性，还有着比我所尝过的所有波美侯产区酒更具单宁味道的个性。这款酒虽然不是花堡通常酿制的巨大的拳头产品，但是它仍然被很好地酿制。最佳饮用期：2009~2019 年。

2000 Château Lafleur
花堡正牌红葡萄酒 2000

评分：100 分

2000 年款花堡正牌红葡萄酒已经积累到绝妙的 100 分，

我一点都不惊讶。在瓶中，这款葡萄酒显示出深紫红色或紫色，还有樱桃白兰地、淡淡的黑色巧克力糖、覆盆子和矿物质风味混合的极佳鼻嗅。单宁酸有所呈现，但是好像在悄悄地向强烈明显靠近。花堡酒内涵巨大，丰醇，而且强劲，拥有惊人的耐嚼性，同时还具有感官刺激性。它纯粹、厚重而且丰醇，拥有不同寻常含量的甘油和水果，几乎隐藏了高含量的单宁酸，还有可以持续 60+ 秒左右的余韵，这是一项引人注目的成就，而且……也许可能是自 1982 年款以来最优质的花堡酒。最佳饮用期：2012~2040+。

1999 Château Lafleur
花堡正牌红葡萄酒 1999

评分：93 分

它是一次出色的成功，这款 1999 年年份酒是该年份的明星之一。花堡的 1999 年年份酒反典型的有力和浓缩，呈墨黑、饱满的紫色，伴有黑色樱桃果酱、液态矿物质、覆盆子和香料风味混合的动人鼻嗅。它超级浓缩，异常纯粹，含有偏高的单宁酸，这款厚重、有力、内涵令人印象深刻的葡萄酒应该会是花堡的一个经典。最佳饮用期：2010~2025 年。

1998 Château Lafleur
花堡正牌红葡萄酒 1998

评分：94 分

这款葡萄酒被从瓶中倒出时摆脱了过度的单宁酸，似乎发展得比我估计的要好很多。酒色为深宝石红色或紫色，散发出甘甜的樱桃白兰地和黑莓利口酒的风味，还伴有液态矿物质和淡淡的紫罗兰风味。这款酒强劲，单宁浓郁，非常厚重和向后，但是极好的浓缩、纯粹和强烈。这似乎是一款经典的花堡葡萄酒，注定要有意义地长期陈年。最佳饮用期：2015~2040+。

1996 Château Lafleur
花堡正牌红葡萄酒 1996　　评分：92+ 分

这是另一款在瓶中已经进步的花堡葡萄酒，与装瓶前品尝时非常向后和酸涩的葡萄酒形成对比，我仍然认为它是美妙的 1966 年款的现代克隆。它虽然不是最强烈和宽阔的花堡葡萄酒，但是拥有饱满的宝石红色或紫色，还有矿物质、黑色覆盆子、黑莓和几乎钢铁般的矿物质液体风味混合的甘甜鼻嗅。这是一款有力的葡萄酒，含有梅多克风味的单宁酸和结构，它仍然非常封闭，但是比我之前猜测的要有前景很多，而且仅次于一场冒险。这是一款适合有耐心的鉴赏家的葡萄酒。最佳饮用期：2012~2030+。

1995 Château Lafleur
花堡正牌红葡萄酒 1995　　评分：93+ 分

这是另一款惊人向后、单宁浓烈的花堡葡萄酒，呈不透明的宝石红色或紫色，散发出黑莓利口酒、蓝莓、覆盆子和矿物质风味混合的、紧致但有前景的鼻嗅。这款葡萄酒强劲，拥有剧烈干型、收敛的单宁酸，但有多层次、非常巨大、沉重的口感。这款酒非常年轻，难以征服，但是天哪，它是如此奇妙！我不能确定这款酒是不是需要至少 20 年才可以饮用，事实上它可能需要比 1998 年款更多的时间。最佳饮用期：2020~2050 年。

1994 Château Lafleur
花堡正牌红葡萄酒 1994　评分：91 分

它仍然向后，但却是该年份伟大的成功之一。这款 1994 年年份酒仍然呈深宝石红色或紫色，散发出梅子、淡淡的李子、泥土、巧克力糖和矿物质的风味。倒入杯中后，还会出现一些钢铁般的矿物质花堡特性。这仍是一款单宁味很重、向后、中度酒体到重酒体的葡萄酒，需要长时间的窖藏。考虑到这款葡萄酒没有一些其他顶级花堡年份酒所具有的浓缩度，我不确定它的单宁酸是否会一直啮合。最佳饮用期：2010~2025 年。

1990 Château Lafleur
花堡正牌红葡萄酒 1990　评分：96 分

它仍然在发展，但是变得更加有形。这款葡萄酒表现出惊人的精粹物，有着深紫色的酒色和樱桃白兰地风味的甘甜鼻嗅，与教皇新堡产区著名的稀雅思酒庄葡萄酒相差无几。这款葡萄酒强劲，有点奇特，但是仍然非常年轻，还没有达到青春期。入口后，它黏稠的质感、深远的丰醇性和卓越的纯度都表明它是酿酒史上的一个潜在传奇。这款葡萄酒仍需要长时间的窖藏。最佳饮用期：2008~2040 年。

1989 Château Lafleur
花堡正牌红葡萄酒 1989　评分：96 分

在 2002 年两次与 1990 年款放在一起品尝的情况下，1989 年款花堡正牌红葡萄酒变得更加内敛。这款葡萄酒需要更多诱哄才会从鼻嗅中散发出欧亚甘草、黑色樱桃利口酒、泥土和巧克力糖的风味。入口后，这款葡萄酒强劲、味重、向后，而且非常紧致，拥有灼口水平的单宁酸和极其高含量的精粹物，单宁酸更加坚实，水果似乎没有那么甘甜，但是仍然极其成熟，进化速度远比 1990 年款缓慢。最佳饮用期：2012~2045 年。

1988 Château Lafleur
花堡正牌红葡萄酒 1988　评分：93 分

它始终是最佳年份酒最有力的候选酒之一。花堡的 1988 年年份酒拥有暗紫红色或宝石红色，散发出白色花朵、樱桃白兰地和覆盆子风味混合的极佳鼻嗅。这款葡萄酒甘甜、圆润，而且美妙纯粹，拥有适度的单宁酸，中度酒体到重酒体，还有极好的优雅性和复杂性。这款酒比我之前预料中苏醒得更快。最佳饮用期：现在开始到 2025 年。

1986 Château Lafleur
花堡正牌红葡萄酒 1986　评分：93 分

它呈现出深暗的、浓厚的宝石红色或紫色，酒色还有非常微小的进化，花堡的 1986 年年份酒似乎最终冻结，是一款有结构、单宁很重、向后的巨酒，仍然需要长时间的窖藏。不论我怎样给这款葡萄酒通气，它似乎总是不能摆脱单宁酸和结构的覆盖。它的水果似乎甘甜，这款葡萄酒拥有花堡的明显风味，即樱桃白兰地混合覆盆子、矿物质、花朵和巧克力糖的风味。这款酒中度酒体，在口中感觉沉重，但却单宁味很重和向后。它到底会成熟吗？最佳饮用期：2008~2035 年。

1985 Château Lafleur
花堡正牌红葡萄酒 1985　评分：94 分

这是该年份最优质的葡萄酒之一，可能是成熟最慢和长寿潜力最大的葡萄酒。2002 年时两次和帕图斯酒庄葡萄酒一起品尝，这款 1985 年花堡正牌红葡萄酒似乎来自一个困难的年份。它并不像帕图斯酒庄葡萄酒那样，它要厚重很多，酒色也更加饱满，而且拥有更大的酒体、体积和强度。事实上，帕图斯酒庄酒看起来像是花堡酒的一个消瘦的、香草味道的、清瘦的姐妹。这款葡萄酒非常特别，散发出无花果、梅子、矿物质、紫罗兰、黑色覆盆子和欧亚甘草的风味。它依然厚重，酒色呈饱满的宝石红色或紫色，拥有重酒体、美妙的纯度和惊人的水果，对于花堡来说这是一款巨大的年份酒，而且当然位居这个微小酒庄酿制出的最优质葡萄酒之列。最佳饮用期：2008~2030 年。

1983 Château Lafleur
花堡正牌红葡萄酒 1983　评分：92 分

它已完全成熟，但是状态仍然比多数 1983 年款波美侯产区酒好很多。花堡的 1983 年年份酒拥有中度宝石红色的酒色，边缘带有大量粉红色。亚洲香料、欧亚甘草、巧克力糖和果酱樱桃白兰地风味混合的、非常奇特且几乎不寻常的鼻嗅，伴随着这款中度酒体到重酒体、梅子味、多肉的葡萄酒，它拥有甘甜的单宁酸和低酸度，风格非常进化。它当然是过去的 20 年中花堡出产的非常优质的年份酒之一，也是最进化和即可饮用的葡萄酒。最佳饮用期：现在开始到 2015 年。

1982 Château Lafleur
花堡正牌红葡萄酒 1982　评分：100 分

2002 年品尝了五次，2003 年一次，这款葡萄酒每一次都突显为一款庞大的葡萄酒，即使在这个优质年份。这款葡萄酒仍然拥有非常浓厚、昏暗的宝石红色或紫色，黑色樱桃利口酒、覆盆子、矿物质、香烟、些许利器和白色花朵风味混合的、几乎过熟的鼻嗅从杯中激增而出，带有巨大的力量和持久力。它非常深厚，拥有黏稠的质感，让人想起 20 世纪 40 年代晚期的一些波美侯产区年份酒。高含量的精粹物和巨大、丰裕的口味——这款葡萄酒带有瀑布般的甘油、水果和精粹物口感。这款酒几乎超过限度，但是相对于它巨大的尺寸来说，轮廓惊人的清晰。这是一款卓越、浓缩、令人叹服的葡萄酒，应该会不朽。这款酒在近几次品尝中都有一生中最好的表现，但是仍然比较年轻。最佳饮用期：现在开始到 2025 年。

CHÂTEAU LATOUR
拉图酒庄

等级：一等特级酒庄——波亚克

酒庄主：弗朗索瓦·皮诺先生（Mr. François Pinault）

地址：Château Latour Saint-Lambert, 33250 Pauillac, France

电话：(33) 05 56 73 19 80

传真：(33) 05 56 73 19 81

邮箱：info@chateau-latour.com

网址：www.chateau-latour.com

联系人：索尼娅·法夫罗（Sonia Favreau）（客户关系经理）

参观规定：周一到周五对外开放（法国法定节假日除外），上午 8:30-12:30 和下午 2:00-5:00；个人和自由旅游团必须提前预约，团队人数仅限 15 人以下

葡萄园

占地面积：163 英亩

葡萄品种：75% 赤霞珠，4% 品丽珠，20% 美乐，1% 小味多

平均树龄：50 年（拉图酒庄正牌干红）；35 年（拉图酒庄副牌加强干红）；10 年（拉图酒庄副牌波亚克干红）

种植密度：10,000 株 / 公顷

平均产量：5,100 升 / 公顷

酒的酿制

发酵期间，每天在 29℃ 到 30℃ 的温度下进行两次循环旋转。根据葡萄酒的年份和结构不同，酒精发酵期间进行一到三次的分离操作。根据葡萄品种和小块土地的树龄不同，在大桶中的放置时间为 15 到 25 天不等。压榨葡萄酒在酒桶中完成苹果酸 - 乳酸发酵后，与自由葡萄酒混合，这一直是在 2 月底之前完成。高级葡萄酒在新橡木酒桶中陈年 16 到 18 个月。每年的 6 月到 7 月之间装瓶。

年产量

拉图酒庄正牌干红（Château Latour）：180,000 瓶

拉图酒庄副牌加强干红（Les Forts de Latour）：150,000 瓶

拉图酒庄副牌波亚克干红：40,000 瓶

平均售价（与年份有关）：125~500 美元

近期最佳年份

2003 年，2002 年，2001 年，2000 年，1996 年，1995 年，1990 年，1982 年

拉图酒庄的葡萄栽培历史始于 1378 年，当时英法百年战争处于最激烈的时期。塞古尔家族（the de Ségur family）于 1670 年获得拉图酒庄，所有权持续了将近 200 年，直到 1963 年。

拉图酒庄酿制出的葡萄酒拥有美妙的酒色、复杂度和水果纯度，还有有力和持久的特性，它的这一声誉在 19 世纪时就被建立起来了。1855 年，拉图酒庄被定为一等酒庄，那时候对参加在巴黎举行的国际会展（the International Exhibition）的梅多克产区和格拉芙产区最优质的葡萄酒进行了评级。

1963 年至 1993 年间，拉图酒庄归英国的大臣所有，期间对葡萄园、酒桶室和酒窖进行了大量投资。两位举世闻名的英国作家——休·约翰逊（Hugh Johnson）和已故的哈利·沃（Harry Waugh），在那个时期担任拉图酒庄的顾问。该酒庄 1993 年时被弗朗索瓦·皮诺先生购得，它又重新回到了法国人手中。弗朗索瓦·皮诺是一名葡萄酒爱好者，也是拉图酒庄的顾问，购买这个酒庄是为了酿制自己最喜欢的葡萄酒。他也是一个完美主义者，在他的管理之下，酒庄的年份酒一年胜过一年。

拉图酒庄的葡萄园位于波亚克产区和圣 - 朱利安产区的交界处，正好位于雄狮酒庄（Léoville-Las-Cases）有围墙的葡萄园的正北方，因为它奶白色的外墙颜色和军事堡垒般的塔楼，所以从路上很容易被发现。酒标上明显地描绘了这个令人钦佩的塔楼，从塔头上可以俯瞰所有的葡萄园和纪龙德河 17 世纪时的遗址，它被建在一个被英国人用来防御海盗入侵的 15 世纪的军事堡垒的地点。

这里酿制的葡萄酒已经成为优秀、平庸和差劲的年份中始终如一出色的完美模型。出于这个原因，长久以来很多人都把拉图酒庄酒视为梅多克产区最优质的葡萄酒。拉图酒庄在平庸和差劲的年份仍能酿制出波尔多产区最优质葡萄酒的声誉——比如 1974 年、1972 年和 1960 年年份酒——已经完全被证实，不过在一些差劲的波尔多年份——1984 年、1980 年和 1977 年——拉图酒庄的葡萄酒惊人的轻盈，而且在质量上不敌很多其他酒庄的葡萄酒。拉图酒庄的葡萄酒也拥有一个引人注意的记录，即顽固地缓慢发展，需要 20 到 25 年的良好瓶中陈年，才能摆脱它的单宁的影响而表现出惊人的力量、深度和丰醇性。这种风格通常被评论员称为男性、阳刚和强壮，可能已经在 1983 年至 1989 年间经历了一个微弱但是非常明显的软化过程。但是这被拉图酒庄的员工予以坚决的否认，可我的品酒表明了一种更加柔和和易亲近的风味。幸运的是，这种不好的趋势很快就被摒弃了，因为自 1990 年以后拉图酒庄又一次酿制出了轰动的葡萄酒。

然而，1982 年款和 1986 年款无疑都是优质的拉图酒庄葡萄酒，总体说来，该酒庄没有一个显赫的十年。很明显，这是因为酿酒厂（cuverie）太小而不能应付 1986 年、1985 年和 1983 年巨大的产量，结果，发酵罐不得不被快速清空以容纳即将到来的葡萄。后来地下酒窖和酿酒厂都被扩大——刚好赶上应付 1989 年——波尔多最大采收量的年份。2000 年，一项花费数百万的巨大翻新工程为拉图酒庄带来了最先进科技的酿酒和储藏设备。但是，对 1989 年款、1988 年款和

1983 年款拉图酒庄葡萄酒客观的品酒分析给人留下了这样一个印象：这些年，拉图酒庄酒成了一种比 20 世纪之前的任何十年中都更加有意义的、轻盈而且不那么有力和浓缩的葡萄酒。但是，20 世纪 90 年代的十年见证了改革的转变，而且在弗朗索瓦·皮诺和他现在的助手——弗雷德里克·安杰雷（Frédéric Engerer）完美的管理下，任何不够完美的地方都不被允许。

拉图酒庄酒仍然是世界上最浓缩、丰醇、单宁味重和强劲的葡萄酒之一。成熟后，它拥有令人叹服的陈酿香，并带有清新的核桃、皮革、黑加仑和沙砾矿物质的风味。入口后，它会成为一款拥有卓越丰醇性的葡萄酒，但是绝不会沉重。

CHÂTEAU LATOUR
拉图酒庄正牌干红

2003 Château Latour
拉图酒庄正牌干红 2003

评分：98~100 分

这是我所尝过的三款最优质的年轻波尔多产区酒之一，拉图酒庄的 2003 年款正牌干红是该年份最佳年份酒的候选酒之一（在我看来，拉图酒庄的 2002 年款正牌干红是该年份的最佳年份酒）。这个卓越的酒庄已经酿制出一款惊人丰醇、浓缩的波亚克产区酒，而且没有任何过熟或太重的迹象。它是用 81% 的赤霞珠、18% 的美乐和 1% 的小味多混合酿制而成，只有 53% 的产量用于酿制这款葡萄酒，酒精度为 13%。经理弗雷德里克·安杰雷告诉我，最终的混合中加入了 6% 的压榨葡萄酒，美乐采收于 9 月 8 号到 13 号，赤霞珠采收于 9 月 22 号到 30 号。这是一款卓越的葡萄酒，呈现出褐色或紫色的酒色，还有黑醋栗奶油、黑莓和微弱的甘甜橡木味为背景的非凡陈酿香。它厚重、多层次的质感带来无缝丰富的甘油、精粹物和丰醇性口感，品酒者必须非常努力才能发现它的结构和单宁酸。在这种意义上，这款 2003 年年份酒会让人想起 1982 年款在相同年龄时的出色表现。和无可厚非优质的 2000 年款拉图酒庄葡萄酒放在一起品尝，2003 年款的浓缩度几乎是它的两倍，还表现出不可思议的水果味。事实上，我认为我从未尝过这样一款拉图酒庄葡萄酒。不知道 1961 年款在相同时期喝起来是什么样的？它非凡的纯粹，拥有可以持续七十多秒的余韵，这是酿酒史上的一款杰作和传奇！遗憾的是，拉图酒庄的微小产量意味着它的产量只有 10,000 箱。最佳饮用期：2010~2040 年。

2002 Château Latour
拉图酒庄正牌干红 2002

评分：96 分

没有胆量，就没有荣耀吗？如果现在让我选，我将会选它作为最佳年份酒。它是一款庞大、惊人浓缩、高度精粹、内涵惊人的拉图酒庄葡萄酒，而且是酿酒史上的潜在传奇。看到 2000 年款和 1996 年款这样近期的优质拉图酒庄酒如何勇敢面对 2002 年款将会很有趣，后者很可能不会获得前两款年份酒的荣耀。严谨的弗雷德里克·安杰雷告诉我，酿酒原料的产量只有 2,300~2,400 升 / 公顷，最终的混合是 74% 的赤霞珠、25% 的美乐与少量的品丽珠和小味多。它的 pH 值惊人的高（为 3.87），天然酒精度（未加糖）超过 13%，因此这是一款惊人有力的葡萄酒。它证明采收晚的酿酒师可以获益于深秋里的小阳春天气（the Indian summer），大约 51% 的产量用于酿制这款高级葡萄酒。那么它尝起来像什么呢？这是一款巨酒，而且异常纯粹和优雅，通体呈不透明的紫色，并表现出惊人强烈的液态矿物质、黑醋栗奶油和欧亚甘草风味的鼻嗅。这款葡萄酒的惊人纯度、迷人质感、强劲力量以及水果、精粹物、和谐性的厚重表现，都表明它是一款具有纪念意义的拉图酒庄葡萄酒，还需要相当长的时间窖藏才可以饮用。我不认为它和 2002 年款木桐酒庄（Mouton）葡萄酒一样向后，但是它远没有 2002 年款拉菲酒庄葡萄酒易亲近。清澈透明的 2002 年款拉图酒庄正牌干红是出自卓越酒庄的杰作，它已经竭尽全力，在一个不正常的年份出产的一款惊人深远的葡萄酒。最佳饮用期：2015~2050+。

2001 Château Latour
拉图酒庄正牌干红 2001

评分：95 分

这款产自新翻修的拉图酒庄的葡萄酒在瓶中的表现甚至比在酒桶中更好。在梅多克产区，拉图酒庄葡萄酒被视为年份最佳酒，而且可能只有少量右岸的酒庄酒可以超越它，比

拉图酒庄正牌干红 2001 酒标

如欧颂酒庄葡萄酒和柏菲酒庄（Pavie）葡萄酒。这是一款出色的葡萄酒，应该远比轰动的 2000 年款可以更早饮用。2001 年款拉图酒庄正牌干红呈现出通体的墨色或宝石红色或紫色，拥有黑加仑、碎岩石、香子兰、淡淡的巧克力糖和橡木味混合的辉煌陈酿香。它是用 80% 的赤霞珠、基本均衡的美乐与少量的品丽珠和小味多混合酿制而成，在口中表现出对于如此年轻的拉图酒庄来说反典型的甜度，它还有着美妙统一的单宁酸、酸度和木材味，令人震惊。这款葡萄酒为品尝者的味蕾带来惊人的质感、纯度和风度。在我三次品尝这款瓶装酒时，这款味美、强劲的拉图酒庄酒都惊人的开放。但是，不要误会它的陈年能力，尽管它比较早熟，但是仍可以持续 20 到 25 年。最佳饮用期：2007~2025 年。

2000 Château Latour
拉图酒庄正牌干红 2000

评分：98+ 分

这款 2000 年年份酒的产量只有 14,000 箱（仅有 48% 的葡萄被用来酿制这款高级葡萄酒），它接近完美。这是一款真正优质的葡萄酒，表现出完美的均衡性和优质的细腻性，但体积有些庞大，它拥有可以与出色的 1996 年款匹敌的深厚性和浓度。这款呈饱满的暗宝石红色或紫色的葡萄酒在第一次检查时好像几乎不引人注意，但是通气后，会出现香子兰、特别纯粹的矿物质浸染的黑醋栗和泥土风味。这款酒强劲，而且单宁浓烈，它几乎接近榜样性的完美。与之前的年份酒相比，拉图酒庄的 2000 年年份酒是苦烈的。很明显，它没有 1990 年款和 1982 年款的丰裕性，但是这款葡萄酒拥有非凡的纯度、清晰的轮廓、无缝性和清新性，这使得它与之前的年份酒区分开来。无论如何，它是惊人的，还有至少 50 年的进化能力。最佳饮用期：现在开始到 2050 年。

1999 Château Latour
拉图酒庄正牌干红 1999

评分：93 分

寻找拉图酒庄宏伟的 1971 年款或 1962 年款的现代版本的读者，可以试一下这款动人的 1999 年款拉图酒庄葡萄酒。这是一款强劲、浓缩的葡萄酒，展现出深宝石红色或紫色，有着矿物质、黑加仑、苹果和香子兰风味混合的经典鼻嗅。它绵长、成熟，中度酒体，拥有高水平的甘甜单宁酸。这款惊人丰满、浓缩的 1999 年年份酒 5 年后应该就可以饮用，它还将持续 30 年。

1998 Château Latour
拉图酒庄正牌干红 1998

评分：90 分

这款酒与 1996 年款、1995 年款、1990 年款和 1982 年款这些轰动、超级浓缩的经典葡萄酒并不相同。这款 1998 年年份酒拥有暗石榴红色或紫色的酒色，散发出矮树丛、雪松、核桃、欧亚甘草浸染的黑加仑风味混合的复杂陈酿香。

尽管这款酒中度酒体到重酒体，单宁中度，但它的中期口感中仍然缺少真正优质的葡萄酒所必需的广阔性。而且，它的单宁酸稍微有点侵略性，尽管这对于年轻的拉图酒庄葡萄酒来说非常常见。最佳饮用期：2009~2030 年。

1996 Château Latour
拉图酒庄正牌干红 1996

评分：99 分

它是一款令人惊叹的拉图酒庄葡萄酒！这款 1996 年年份酒可能是 1966 年款的现代克隆，只是更加成熟。波美侯产区、圣爱美隆产区和格拉芙产区在这个年份中的差异很大，对于北梅多克产区的晚收赤霞珠来说它让人难以置信，因为 9 月末和 10 月初那里的天气极好。它的酒色为不透明的紫色，伴有黑醋栗浸染的微弱矿物质风味的惊人甘甜、纯粹的果香。这款厚重的葡萄酒拥有虚假水平的精粹物，重酒体，含有强烈成熟但丰富的单宁酸，有着可以持续将近一分钟的余韵。它比 1995 年款更加经典和厚重，并表现出 50 到 70 年的长寿潜力。尽管它仍处于婴儿时期，但是尝一瓶将会受到很多教益。最佳饮用期：2015~2050 年。

1995 Château Latour
拉图酒庄正牌干红 1995

评分：96+ 分

这是一款美酒！呈不透明深紫色的 1995 年年份酒仍显年轻的芳香中展现出果酱黑醋栗、香子兰和矿物质的风味。它中度酒体到重酒体，拥有卓越的纯度和上乘的浓缩度，以及悠长、强烈、成熟、能持续 40 秒的余韵，这是拉图酒庄出产的一款华丽的葡萄酒。这款葡萄酒倒入杯中后，还会出现意大利焙烤咖啡和烘烤新橡木的风味。但是，这款经典还需要相当长时间的窖藏。最佳饮用期：2012~2050 年。

1990 Château Latour
拉图酒庄正牌干红 1990

评分：96 分

这并不是我之前以为的令人惊讶的拳头产品，尽管它的酒色为深宝石红色或紫色，但它没有 2000 年、1996 年和 1995 年这样的年份酒所具有的饱满性。它拥有烘烤、泥土、燥热年份的特性，有着极其低的酸度和清新、诱人、丰裕质感的口味，以及含有相当大量甘油和单宁酸的强劲余韵。这款葡萄酒刚入口时甘甜、易亲近，而且诱人，但是入口后又会变得封闭起来。它还需要至少 5 年时间的窖藏，并将持续 25 到 30 年，但它是否会像很多观察者，包括我所认为的那样，成为一款不朽的经典呢？最佳饮用期：2010~2036 年。

1988 Château Latour
拉图酒庄正牌干红 1988

评分：91 分

它是酿自于这个被低估年份的一款表现最好的葡萄酒，暗石榴红色的 1988 年款拉图酒庄正牌干红的边缘已出现少许琥珀色，散发出液态焦油、梅子、黑加仑、雪松和矮树丛风味混合的陈酿香，并伴随着甘甜的入口口感。它中度酒体到重酒体，拥有卓越的成熟性和成熟的单宁酸。它是一款经典、优雅的拉图酒庄葡萄酒，拥有比 1990 年和 1989 年这样成熟的年份酒更加肉质的、蔬菜般的口味。1988 年年份酒才刚刚进入成熟的高峰期，这一时期应该可以持续 25 年。最佳饮用期：现在开始到 2025 年。

1986 Château Latour
拉图酒庄正牌干红 1986

评分：90+ 分

1986 年年份酒一直都很出色，几乎达到崇高的境界。香料、胡椒味的陈酿香中表现出干香草和红醋栗风味的芳香。它中度酒体、酸涩，但是年轻、有活力而且浓缩，这款葡萄酒仍然需要 4 到 5 年时间的窖藏。它在该年份（更加偏爱北梅多克产区和赤霞珠）被自己的对手，即拉菲酒庄（Lafite Rothschild）酒和木桐酒庄（Mouton Rothschild）酒所超越。

CHÂTEAU LÉOVILLE BARTON
利奥维耶 - 巴顿酒庄

等级：1855 年的二等酒庄

酒庄主：巴顿家族（The Barton Family）

地址：Château Léoville Barton, 33250 St.-Julien-Beychevelle, France

电话：(33) 05 56 59 06 05

传真：(33) 05 56 59 14 29

邮箱：chateau@leoville-barton.com

网址：www.leoville-barton.com

联系人：安东尼·巴顿（Anthony Barton）

参观规定：参观前必须预约，工作日的上午 9:00-11:00 和下午 2:00-4:00

葡萄园

占地面积：123.6 英亩

葡萄品种：72% 赤霞珠，20% 美乐，8% 品丽珠

平均树龄：30 年

种植密度：9,000 株 / 公顷

平均产量：5,000 升 / 公顷

酒的酿制

这家波尔多酒庄是传统酿酒方式的一个典型代表，不过它也会使用去梗机、压榨机和温度控制器这样的现代设备。在容量为 20,000 升的橡木大桶中发酵，温度控制在 30℃到 32℃之间。发酵完成后，葡萄被继续留在大桶中大约两周，然后果汁被分离到另一个大桶中进行苹果酸 - 乳酸发酵，接着葡萄酒被转移到橡木酒桶中（50% 新的）。这款葡萄酒每三个月进行一次分离，在水中加入蛋白进行澄清。第二年的 7 月装瓶。

年产量

利奥维耶 - 巴顿酒庄正牌红葡萄酒（Château Léoville Barton）：264,000 瓶

利奥维耶 - 巴顿酒庄副牌珍藏红葡萄酒（Réserve de Léoville Barton）：55,000 瓶

平均售价（与年份有关）：30~100 美元

近期最佳年份

2003 年，2000 年，1996 年，1995 年，1990 年，1986 年，1985 年，1982 年

三家利奥维耶酒庄，即拉卡斯酒庄（Las Cases）、波菲酒庄（Poyferré）和巴顿酒庄，最开始都是大利奥维耶酒庄的一部分。休·巴顿（Hugh Barton）于 1826 年购买了葡萄园的四分之一左右，把它变成了利奥维耶 - 巴顿酒庄。这座酒庄到目前为止仍在巴顿家族的名下，这样的记录只被郎高亚 - 巴顿酒庄（Château Langoa Barton）打破，该酒庄于 1821 年也被休·巴顿购得。据他的玄孙安东尼·巴顿称，人们对巴顿家族长期拥有这座酒庄的原因有一个流传很久的错误看法，即因为巴顿家族是爱尔兰人，所以不受法国律法约束，而法国律法规定所有的财产都要平均分给孩子。但其实，这并不是事实，因为巴顿家族完全遵守法国的司法。

我们通常认为，利奥维耶 - 巴顿酒庄葡萄酒在质量上明显胜于它的兄弟酒庄——郎高亚 - 巴顿酒庄，这两个酒庄都归安东尼·巴顿所有。和其他酒庄主不一样，巴顿的混合酿酒原料中只有少量柔软、清新的美乐（不过 20 世纪 80 年代中期的种植量增至 20%），然而相对于圣 - 朱利安产区和梅多克产区的大部分地区来说，赤霞珠的比例相对较高一些。

利奥维耶 - 巴顿酒庄葡萄酒都是在郎高亚 - 巴顿酒庄酿制，因为奥利维耶并没有酒堡。利奥维耶 - 巴顿酒庄主要的葡萄园都位于圣 - 朱利安龙船镇的正后方，而且向

西延伸，与塔博酒庄（Château Talbot）的大葡萄园相交。

20 世纪 70 年代的反复无常已经被 20 世纪 80 年代、90 年代和 21 世纪初期的保守系列出色成功的葡萄酒所替代。自 1985 年以来，安东尼·巴顿已经完善而非改变了葡萄酒的传统风味。在所有的顶级圣 - 朱利安产区酒中，它呈现出最高的价值。

CHÂTEAU LÉOVILLE BARTON
利奥维耶 - 巴顿酒庄正牌红葡萄酒

2003 Château Léoville Barton
利奥维耶 - 巴顿酒庄正牌红葡萄酒 2003

评分：93~95+ 分

利奥维耶 - 巴顿酒庄的 2003 年年份酒（四次品尝的笔记一样）是该年份的超级明星之一，是一款有力、丰醇、强健的葡萄酒，拥有不透明的紫红色或紫色，还有高含量的单宁酸、低酸度和油墨般的口味，这种口味有着深远的深度和口感穿透性。它在酒色的饱满性和力量上会让人想起 2000 年年份酒，但它拥有更低的酸度和更加多肉、肥厚的口感，我估计它的酒精度也会稍微高一点。这款内涵惊人的圣 - 朱利安产区酒应该会是该年份最长寿的葡萄酒之一。它将需要 4 到 8 年时间的窖藏，并且可以持续 25 到 30 年。它是来自于安东尼·巴顿的另一款出色的葡萄酒，它在过去的 15 年左右已经显示出赚大钱的本领。

利奥维耶 - 巴顿酒庄正牌红葡萄酒 2002 酒标

2002 Château Léoville Barton
利奥维耶 - 巴顿酒庄正牌红葡萄酒 2002

评分：92 分

酒色为宝石红色或紫色，伴有需要从杯中诱哄的含蓄果香。考虑到这家酒庄的木材体制，这款酒拥有惊人数量的新橡木味和一种不同寻常的成分。这是一款单宁很重、向后的葡萄酒，中度酒体到重酒体，含有强劲、粗糙的单宁酸（使得口感很难具有穿透性）和丰富的深度，辉煌的精粹物被掩埋在结构之下，它还有纯粹、丰富的余韵。这似乎是另一款经典的利奥维耶 - 巴顿酒葡萄酒，应该只适合有耐心的鉴赏家购买。最佳饮用期：2011~2025 年。

2001 Château Léoville Barton
利奥维耶 - 巴顿酒庄正牌红葡萄酒 2001

评分：92+ 分

它在瓶中始终如一（我尝过三次），是一款出色的葡萄酒，尽管它还没有达到 2000 年款的惊人水平。对于一款年轻的利奥维耶 - 巴顿酒葡萄酒来说，它悦人而且可亲近，展现出饱满的紫红色或紫色，还有湿泥土、黑醋栗奶油、香烟、香子兰和烟草风味混合的经典的波尔多芳香。它中度酒体到重酒体，丰醇，拥有高含量但良好统一的单宁酸，以及悠长、能持续 40 秒左右的余韵。它应该会是一款出色的葡萄酒，也是梅多克产区的明星之一。但是，耐心是必需的。最佳饮用期：2008~2020 年。

2000 Château Léoville Barton
利奥维耶 - 巴顿酒庄正牌红葡萄酒 2000

评分：96 分

它在瓶中让人十分惊讶，但是非常封闭和向后，拥有巨大的力量和结构。这款呈饱满的紫色的 2000 年利奥维耶 - 巴顿酒庄酒是这家酒庄酿制出的最优质的葡萄酒之一，拥有香烟、泥土、石墨、樟脑、湿泥土、果酱黑醋栗、雪松和淡淡的蘑菇风味。它在口中感觉巨大，甚至有些庞大，拥有巨大的精粹度、持续向后的厚重口味和丰富的单宁酸，它应该会是该年份最长寿的葡萄酒之一，也是利奥维耶 - 巴顿酒庄酿制的最令人叹服的葡萄酒之一。但是，任何不能推迟喜悦至少 10 年的人应该回避这款巨酒。最佳饮用期：2015~2040 年。

1998 Château Léoville Barton
利奥维耶 - 巴顿酒庄正牌红葡萄酒 1998

评分：91 分

这款强健、强劲、经典酿制的圣 - 朱利安产区葡萄酒呈不透明的紫色，表现出令人印象深刻的浓缩度，拥有黑色水果、铁质、泥土和香料味木材的风味，还有耐嚼、高度精粹的口味和有力的口感，以及长达 30 年的寿命。这是一款纯粹、毫不妥协、传统风格的葡萄酒，它的真实性、优美和质量让人震惊。最佳饮用期：2007~2035 年。

1996 Château Léoville Barton
利奥维耶 - 巴顿酒庄正牌红葡萄酒 1996

评分：92+ 分

令人印象深刻的 1996 年年份酒是一款经典之作。尽管这款酒有着向后的特性，但是它展现出深宝石红色或紫色，还有丰富的黑加仑水果，并混合着香料味橡木和巧克力糖般的风味。这款葡萄酒酿制出色，强劲且结构紧致，拥有超凡的力量与出色的浓缩度和纯度。它应该会是一款长寿的利奥维耶 - 巴顿酒庄葡萄酒（该酒庄几乎所有的近期顶级年份酒都拥有这一特点），而且有点像是该年份的一款休眠葡萄酒。但是，它仍需要耐心等待。最佳饮用期：2007~2030 年。

1995 Château Léoville Barton
利奥维耶 - 巴顿酒庄正牌红葡萄酒 1995

评分：91 分

这款 1995 年年份酒装瓶之后有点封闭和抑制，但是仍然令人印象深刻。酒色为暗宝石红色或紫色，拥有橡木味的鼻嗅与黑醋栗、香子兰、雪松和香料混合的经典风味。它厚重，中度酒体到重酒体，含有比 1996 年款更加柔软的单宁酸，而且更易亲近，但在味蕾上没有十分满载的效果。这款 1995 年年份酒是一款出色的圣 - 朱利安产区酒典范。最佳饮用期：现在开始到 2025 年。

1990 Château Léoville Barton
利奥维耶 - 巴顿酒庄正牌红葡萄酒 1990

评分：94 分

它仍然向后和单宁味重，而且内涵惊人，但是开始慢慢走出它的婴儿期。这款呈不透明的石榴红色或紫色的葡萄酒散发出欧亚甘草、湿泥土、甘甜的黑加仑、木材和些许矮树丛的风味。它非常强劲，拥有大量的甘油和浓缩度，并被令人印象深刻的单宁酸所支撑。这款葡萄酒是更加向后的 20 世纪 90 年代的年份酒之一，但是刚刚开始从婴儿期向青春期过渡。它是一款与众不同的葡萄酒，在酒桶中和瓶中的早期生命中似乎已经比我所预期的更加优质。最佳饮用期：现在开始到 2030 年。

1986 Château Léoville Barton
利奥维耶 - 巴顿酒庄正牌红葡萄酒 1986

评分：91+ 分

这款葡萄酒仍然向后（这一事实让人很挫败），表现出非常深暗的宝石红色，边缘带有淡淡的粉红色。从纯粹的水果主导的风味到二等特性中都开始出现果香，诱哄之后出现甘甜的泥土、巧克力糖、黑加仑、矮树丛和欧亚甘草的风味。入口后，这款酒有力而且厚重，拥有高含量的单宁酸和令人印象深刻的浓缩度，以及惊人的、有点古老风格的个性。最优质的 1986 年款梅多克产区酒都是让人震惊的葡萄酒，但绝不是表现出很大魅力的葡萄酒。和它很多来自梅多克产区的姐妹款一样，这款葡萄酒比实际享受到的更加让人

惊艳。我仍然对所有成分会合为一体抱有很大的希望。最佳饮用期：2006~2030 年。

1985 Château Léoville Barton
利奥维耶 - 巴顿酒庄正牌红葡萄酒 1985

评分：92 分

这款 1985 年年份酒是一款极好的葡萄酒，可能代表了绝佳的 1953 年款更加现代的克隆。它的酒色为暗宝石红色或石榴红色，伴有甘甜的红色水果、黑加仑、香子兰、水果蛋糕、烟草、雪松和泥土风味混合的、紧致复杂且成熟的鼻嗅。这款葡萄酒中度酒体，拥有特别的甜度和柔和的单宁酸，以及柔软、非常美妙多层次的余韵。它是一款经典的、重量适中的波尔多产区酒，可以现在饮用，也可以在接下来的 10 年中饮用。最佳饮用期：现在开始到 2010 年。

1982 Château Léoville Barton
利奥维耶 - 巴顿酒庄正牌红葡萄酒 1982

评分：94 分

利奥维耶 - 巴顿酒庄出产的这款 1982 年年份酒仍然是该年份最向后的葡萄酒之一，拥有巨大的精粹度、高含量的单宁酸和有点古老的风格，会让人想起一些 20 世纪 40 年代晚期的波尔多产区酒。酒色仍然是浓厚甚至昏暗的、不透明的宝石红色或石榴红色，这款葡萄酒散发出欧亚甘草、雪松、黑色巧克力糖和甘甜的黑醋栗水果风味。我在 2002 年时两次饮用过这款酒，我的品酒笔记与我上次品尝时，即 1997 年几乎一致，这显示出这款葡萄酒的进化速度有多慢。这款葡萄酒入口后巨大，但是仍然带有一些相当生糙、高含量的单宁酸。它是一款经典的圣 - 朱利安产区酒，带有肉和黑加仑的风味，拥有美妙的质感和惊人年轻、有活力的口感，但在接下来的五六年里我不会再碰这款酒。安东尼·巴顿认为它比年轻的年份酒更加"具有田园风味"。另外，这款 1982 年年份酒没有使用新橡木酒桶。最佳饮用期：2009~2035 年。

CHATEAU LEOVILLE-LAS-CASES
雄狮酒庄

级别：1855 列级名庄二级庄

酒庄主：德龙家族 (the Delon family)

地址：Château Léoville-Las-Cases,33250 St.-Julien-Beychevelle, France

电话：(33) 05 56 73 25 26

传真：(33) 05 56 59 18 33

邮箱：leoville-las-cases@wanadoo.fr

联系人：杰克莱音·马兰吉（Jacqucline Marange）

参观规定：参观前必须预约

葡萄园

占地面积：240 英亩

葡萄品种：65% 赤霞珠，19% 美乐，13% 品丽珠，3% 小味多

平均树龄：30 年

种植密度：8,000 株 / 公顷

平均产量：4,200~5,000 公升 / 公顷

酒的酿制

在温度可以调控的木质大酒桶、水泥发酵池和不锈钢大酒桶中进行 12 到 20 天的发酵浸渍。根据年份不同，更换 50%~100% 比例不等的新橡木酒桶进行 12 到 24 个月的陈年。装瓶前只澄清，不过滤。

年产量

雄狮酒庄（Château Léoville-Las-Cases）（正牌）：216,000 瓶

小雄狮（Clos du Marquis）（副牌）：240,000 瓶

平均售价（与年份有关）：50~150 美元

最佳年份

2003 年，2002 年，2000 年，1998 年，1996 年，1995 年，1990 年，1986 年，1982 年

雄狮酒庄无疑是波尔多地区知名度最高且葡萄酒品质最为优异的酒庄之一，它与波尔多五大名庄之一的拉图酒庄（Latour）比肩为邻。雄狮酒庄风景如画的主葡萄园占地超过 100 英亩，而它的商标上画着的就是这片封闭的葡萄园。雄狮酒庄是波尔多面积最大的酒庄，谈到对酒的酿制一丝不苟和对酒的高品质热情饱满、始终如一的追求，其他几个酒庄有可能与它一争高下，但绝不可能超越它。雄狮酒庄现由米歇尔·德龙（Michel Delon）和他新近上任的儿子让·休伯特 (Jean-Hubert) 共同掌管。米歇尔·德龙是一位非常骄傲的人，人们对他的评价毁誉参半。他的批评者和许多人都宣称他在卖酒的时候耍花招，通过在收成好的年份减少酒的产量，人为地抬高酒的价格，但是却没有人能够质疑雄狮酒卓越的品质。一位酿酒艺术上的唯美主义者酿制出的酒不仅在圣祖利安，甚至在

整个梅多克区（Médoc）都注定是最好的！德龙一样对品质管控的要求近乎严苛，在收成极佳的年份，比如1986年，德龙却将收成的一半都淘汰掉，在1990年其淘汰率更是达到了67%，试问有谁有魄力做到这一点？还有哪个酒庄能够在生产出副牌酒的同时又推出正牌酒［贝格农园（Bignarnon）］？又有谁能够奢侈地在装着空调的酒库里铺上大理石地板？不管你喜不喜欢他，米歇尔·德龙在著名酿酒人米歇尔·罗兰（Michel Rolland）（并非利布尔纳的酿酒专家）和雅克·狄波兹赫（Jacques Depoizier）的协助下，在20世纪80年代和90年代能够始终如一地酿制出梅多克区最好的葡萄酒。现在，他的儿子有望能将他的事业进一步发扬光大。

雄狮酒庄的葡萄酒在"二战"之后质量一直忽好忽差，直到1975年之后才取得了一系列的成功。2000、1996、1995、1994、1990、1986、1985、1982、1978以及1975年的红酒都堪称完美。事实上，这些年份酒完全可以与梅多克区一级酒庄的葡萄酒相媲美。

与雄狮酒庄在圣祖利安地区最主要的竞争对手宝嘉龙酒庄（Chateau Ducru-Beaucaillou）相比，雄狮酒庄出产的红酒颜色更加深厚，单宁含量高，深广豪迈，密集且浓缩，当然它们需要在酒窖里成熟的时间也更长。它们是传统的红酒，是专门为那些有耐心的行家准备的，因为它们需要10到15年的时间才能成熟得恰到好处。假如摒弃1855年波尔多的葡萄酒评级名单，而重新对所有的酒庄进行评级的话，雄狮酒庄、宝嘉龙酒庄，也许还有巴顿酒庄（Léoville Barton）和拉露丝酒庄（Gruard Larose），就很有可能获得一级酒庄的称号，这是众望所归。

CHATEAU LEOVILLE-LAS-CASES
雄狮酒庄

2003 Château Léoville-Las-Cases
雄狮酒庄葡萄酒 2003

评分：94~96+分

这款红酒的产量很低，每公顷的产量仅为2,120公升，是用9月11日到9月26日收获的葡萄酿制而成，混合原料中包括70.2%赤霞珠、17.2%美乐和12.6%品丽珠。13.27%的酒精含量略低于雄狮酒庄在2002年创下的酒精含量记录，PH值为3.82。2003年雄狮酒庄只选出了54%的收成作正牌酒。它呈现出深红宝石色或深紫色，雄狮酒庄葡萄酒特有的纯净和一层层成熟纯净的黑樱桃、黑加仑被立体的矿物和微妙的橡木芳香有机地结合在了一起。酒体适中饱满，单宁甘甜，但又不像许多同时期的葡萄酒那样奢华张扬。这款比例精当、口碑极佳的2003年经典葡萄酒是让·休伯特·德龙和他的员工们共同取得的辉煌成就。最佳饮用期：2010~2030年。

2002 Château Léoville-Las-Cases
雄狮酒庄葡萄酒 2002

评分：95分

2002年款的雄狮酒庄葡萄酒（原料混合比例为66.7%赤霞珠、14.5%美乐、13.9%品丽珠和少量的小味多）是休·赫伯特·德龙（Jean-Hubert Delon）的又一力作。它是雄狮酒庄历年来天然酒精含量最高的一款酒（酒精含量高达13.5%，2000年的是12.9%，1982年的为12.8%，1990年的是13.2%）。每公顷产量很低，仅为2,700公升。赫伯特只选出了当年收成的43%制成了2002年的年份酒，对酒中的精粹物和酚含量都进行了严格的测量。这款酒呈非常深邃的黑紫色，看起来像是雄狮酒庄出产的果汁饮料。它结构密集、口感浓郁、后味绵长、单宁味丰富，却又雄浑高贵、英姿十足，这款酒的纯度极高，表现力强，回味悠长，酒香能在口中存留45秒之久。显而易见，雄狮酒庄推出的这款葡萄酒早已具有列级酒庄酒的高品质（这也早已不是什么新闻了），有足够的实力去冲击列级酒庄酒的称号。最佳饮用期：2015~2030+。

2001 Château Léoville-Las-Cases
雄狮酒庄葡萄酒 2001

评分：93+分

休·赫伯特·德龙认为2001年年份酒足以和2000年年份酒相媲美，虽然我不太赞同这种说法，但是这两款年份酒的确相差无几。2001年雄狮酒庄葡萄酒的（仅选用了当年收成的40%）原料混和比例为69%赤霞珠、19.5%美乐和少量的品丽珠。这款酒将香草、黑加仑、黑樱桃和铅笔屑的清香完美地糅合到一起，酒体高雅适中，颜色为饱和的深紫色，单宁浓度高，后味绵长而富有层次。这款优雅的葡萄酒将雄狮酒庄的特点体现得淋漓尽致，需要再存放5到7年才会逐渐成熟，它将会是梅多克地区保存时间最长的一款酒。最佳饮用期：2011~2030年。

2000 Château Léoville-Las-Cases
雄狮酒庄葡萄酒 2000

评分：99分

2000年雄狮酒庄葡萄酒特意加重了酒体，跟刚从酒桶中倒出来时一样令人印象深刻，从瓶中倒出来时更是熠熠生辉。这款只选用了当年收成的35%酿制的红酒，原料中混合了76.8%赤霞珠、14.4%美乐和8.8%品丽珠。酒香醇厚，酒体为不透明的深紫色，散发出浓郁的香草、甜樱桃、黑加仑芳香，还有些许的甘草风味。酒体厚实饱满，质感极强，刚中带柔，顺滑如丝。入口时，酒香溢满整个口腔，悠长的余韵能在口中停留 60 秒之久。虽然这只是一款年轻的葡萄酒，但却十分的纯净。它那紧致的口感、丰富的层次令人神魂颠倒，称得上是酒中的上乘之作，无可争议地成为雄狮酒庄的代表产品之一。从某种意义上讲，它也是为了向 2000 年逝世的上任庄园主——完美主义者米歇尔·德龙致敬！最佳饮用期：2012~2040 年。

1999 Château Léoville-Las-Cases
雄狮酒庄葡萄酒 1999

评分：91 分

这款红葡萄酒呈墨宝石红色，散发出经典的香草、黑莓和红醋栗香气，以及淡淡的烤橡木风味。它的酒体适中，单宁甘甜，一直保持着新酿酒的口感，几乎没有随着岁月的变迁而发生变化（这对于一款 1999 年的红酒来讲并不多见）。超乎寻常的纯净和高度的和谐成为它独特的标志。这款优异的雄狮酒庄葡萄酒的最佳饮用期为 2006 到 2022 年之间，是世界顶级葡萄酒之一。

1998 Château Léoville-Las-Cases
雄狮酒庄葡萄酒 1998

评分：93 分

1998 年雄狮酒庄葡萄酒已被公认为是梅多克地区最好的葡萄酒之一。它的颜色为深黑色或紫红色，散发出浓郁的雄狮酒庄葡萄酒特有的味道——黑色覆盆子、樱桃、烟熏和石墨混合的、纯粹到奢华的香味。入口时单宁结构紧实、酒体适中饱满、酒香浓郁、十分纯净，并且口感十分匀称。这款葡萄酒是继 1996 年、1995 年和 1988 年年份酒之后雄狮酒庄的又一得意之作。最佳饮用期限：2006~2025 年。

1996 Château Léoville-Las-Cases
雄狮酒庄葡萄酒 1996

评分：98+ 分

这是雄狮酒庄出产的一款声名远播的葡萄酒，也是波尔多地区目前质量最优的葡萄酒之一，足以与雄狮酒庄 2000、1990、1986 和 1982 年的葡萄酒一较高下。这款酒的特点依然是使用 sur-maturite(熟透了的) 赤霞珠为原料，然而却又很好地保留了它固有的传统，结构匀称，口感丰富绵长，并且典雅高贵。这款酒呈黑色或深紫色，带有黑加仑、樱桃利口酒、吐司和矿物质混合的芬芳。初尝时口味浓烈，口感丰富，单宁柔和，酒香浓郁，然而却不会有丝毫的涩重和混乱之感。把它倒入酒杯中后，口感会变得更加丰富。这款酒卓越非凡、毫无瑕疵、余韵绵长，并且有着非比寻常的优雅。这款圣祖利安区葡萄酒的代表之作是在拉图酒庄的影响下酿制而成的，尽管单宁味道甘甜，但我还是建议将它窖藏 4 到 5 年后再饮用。最佳饮用期：2010~2040 年。

1995 Château Léoville-Las-Cases
雄狮酒庄葡萄酒 1995

评分：95 分

如果不是因为雄狮酒庄在 1996 年又接连推出了一款绝佳的葡萄酒，那人们肯定会为几瓶雄狮酒庄葡萄酒 1995 争得不可开交，因为它是雄狮酒庄历史上一次巨大的成功。酒体呈不透明的红宝石色或紫色，异常的纯净，完美地糅合了黑果、矿物质、香草和香料的芳香。入口时的口感丰富得令人难以置信，并且与它的小弟（1996 年年份酒）相比，单宁味道更加的浓郁。正是因为香甜熟透的黑加仑、使用新橡木酒桶的明智决定、惊人的矿物质特性以及雄狮酒庄对筛选果实的一贯严格要求，才使得这款酒如此的引人注目。它的单宁含量跟 1996 年年份酒的不相上下，但却少了几分甘甜。这款经典之作的回味绵长得令人难以置信。雄狮酒庄只精选出 35% 的收成，充分确保了这款葡萄酒的质量。最佳饮用期：2008~2025 年。

1994 Château Léoville-Las-Cases
雄狮酒庄葡萄酒 1994

评分：91 分

这是该年份梅多克地区出产的酒体略显厚重的一款葡萄酒，颜色为不透明的深紫色，口感极其丰富，香味浓郁，带有纯黑樱桃和黑加仑的果香，并夹杂着坚硬的矿物质风味、土壤味以及高档的橡木味，层层香味叠加。酒体适中饱满，入口即可感受到酒的甘甜爽口，口感丰富。这款酒单宁含量很高，而且精粹物之多和保存期限之长都令人印象深刻。1994 年雄狮酒庄葡萄酒就入选了梅多克 6 款上等佳酿之一。最佳饮用期：从现在开始到 2025 年。

1990 Château Léoville-Las-Cases
雄狮酒庄葡萄酒 1990

评分：97 分

由于这款酒的酒体和特性需要经过岁月的洗涤才能逐渐地沉淀显现，所以我曾经低估了这款酒，认为它很年轻。实际上，作为雄狮酒庄的佳酿之一，这款酒绝对称得上是香醇馥郁。这主要得益于 1990 年葡萄的良好收成、特别甜美的单宁以及相对较低的酸度。酒体呈不透明的深红李子色或紫色，倒入杯中后，黑加仑、樱桃、矿物质、铅笔和香草的芳香会变得更加浓郁。酒体特别饱满、丰润，集中程度也很高，酒色均匀，口感均衡得近乎完美（这一向是雄狮酒庄葡萄酒的标志性特征）。这款酒看似年轻，却极易入口。最佳饮用期：从现在开始到 2035 年。

1989 Château Léoville-Las-Cases
雄狮酒庄葡萄酒 1989

评分：90 分

这款酒的颜色为深红宝石色（远远比不上 1990 年的饱

和），呈现出几分国际化的风范，带有新橡木的清香和非常成熟的黑加仑果香，并夹杂几分矿物质和石墨的芬芳。酒体适中，优雅高贵，几乎没有 1990 年年份酒的那种强劲、密集和层层的浓郁。因为 1989 年年份酒的产量很大，所以会让人感觉这一年的筛选或许并没有按照规定严格执行，又或许是为了使酚类物质达到彻底成熟而提前几天进行了葡萄采摘。这款酒仍需要在瓶中进行 15 年甚至更长时间的陈年。尽管这款雄狮酒庄葡萄酒是难得的佳酿，但仍算不上是该酒庄的上乘之作。最佳饮用期：从现在开始到 2016 年。

1988 Château Léoville-Las-Cases
雄狮酒庄葡萄酒 1988

评分：92 分

这款雄狮酒庄葡萄酒表现出色，比 1989 年年份酒的知名度更高，且与价格更昂贵的葡萄酒相比，它更为成功。酒体呈暗红色或深紫色，带有灌木、水果蛋糕、雪松、黑樱桃以及红醋栗混合的丰富香气。入口时单宁适中，但却可以感受到水果的甘甜，口感强劲。这款酒给人的整体感觉是酒色匀称，酒体适中饱满，是梅多克地区相当经典的一款葡萄酒。最佳饮用期：从现在开始到 2020 年。

1986 Château Léoville-Las-Cases
雄狮酒庄葡萄酒 1986

评分：100 分

这款雄狮酒庄葡萄酒一直是已故的米歇尔·德龙生前最得意的作品。我们经常把这款酒与 1982 年年份酒搭配品尝，因为我本人更加中意后者。当然，这两款酒的风格截然不同。1986 年年份酒是古典主义的一座纪念碑，单宁味浓烈，口感鲜明，饱满的酒体中带着甜美的气息，成熟的黑加仑混合着香草、甜瓜、水果蛋糕以及众多的香料一起散发出浓郁的香气。这款酒质地密集，却又特别清新、刚劲有力。它看起来很年轻，单看外表很难相信它还远没有完全成熟。雄狮酒庄葡萄酒 1986 是该酒庄的代表作之一，也使人不得不重新审视

号称是梅多克地区顶级的、以赤霞珠酿制的葡萄酒 1986 是否真的名副其实。最佳饮用期：从现在开始到 2035 年。

1985 Château Léoville-Las-Cases
雄狮酒庄葡萄酒 1985

评分：94 分

1985 年年份酒是雄狮酒庄推出的一款结构较松散却品质极优的葡萄酒。它带有铅笔、甜黑樱桃、黑加仑以及少许灌木和新橡木的甜美芳香，酒体适中饱满，口感强劲，单宁柔和，酒香尤其浓郁。这款酒尝起来似乎依然带点未成熟的青涩之感，假如能在瓶中继续进行陈年的话，我相信它的优点会更好地展现出来。然而，低酸度和甘甜的单宁又表明这是一款已进入成熟期的葡萄酒。最佳饮用期：从现在开始到 2018 年。

1982 Château Léoville-Las-Cases
雄狮酒庄葡萄酒 1982

评分：100 分

这是一款发展较慢的葡萄酒，但已经开始脱离青涩的少年阶段。颜色为暗宝石红色或暗紫色，带有石墨、焦糖、黑樱桃酱、黑加仑和矿物质的芳香。由于这款酒需要与空气接触一段时间后才能将封闭的香味慢慢释放出来，所以强烈建议在饮用之前提前 2 到 4 个小时把它打开醒酒。这款低酸度的葡萄酒味道鲜明，酒香极其浓郁并且出人意料地新鲜。与已故的米歇尔·德龙先生相比，我学到的更多是关于酒的享乐主义的观点。也许正因为如此，与 1986 年年份酒相比，我更钟情于这一款。但实际上，对于任何一位经典梅多克红酒爱好者来说，这两款酒都是酒窖里必不可少的珍品，因为在酒杯中它们就是完美的代名词。1982 年年份酒甘油、精粹物含量极高，密集程度也很高，但它看起来似乎仍是一款很年轻的葡萄酒，而且尝起来也像是窖藏了 7 到 8 年的波尔多红酒，而不像是 20 年的陈酿。这款酒绝对称得上是雄狮酒庄的泣血之作。最佳饮用期：从现在开始到 2035 年。

CHATEAU LEOVILLE-POYFERRE
波菲酒庄

级别：1855 列级名庄二级庄

酒庄主：圣·祖利安 GFA（GFA Domaine St.-Julien）

地址：Léoville Poyferré,33250 St.-Julien-Beychevelle, France

电话：(33) 05 56 59 08 30

传真：(33) 05 56 59 60 09

邮箱：lp@leoville-poyferre.fr

网址：www.leoville-poyferre.fr

联系人：蒂德里尔·库威里尔（Didier Cuvelier）

参观规定：参观前必须预约，星期一至星期五上午 9:00-12:00，下午 2:00-5:30

葡萄园

占地面积：197.6 英亩

葡萄品种：65% 赤霞珠，25% 美乐，8% 小味多，2% 品丽珠

平均树龄：25 年

种植密度：8,000 株 / 公顷

平均产量：4,200~5,000 公升 / 公顷

酒的酿制

在温度可以调控的酒槽中进行 15 到 30 天的发酵浸渍。根据年份不同，更换 75% 的新橡木酒桶进行 22 个月的陈年，并用蛋清进行澄清，不过滤。

年产量

波菲酒庄（正牌酒）（Chateau Leoville Poyferre）：250,000 瓶

穆林·雷切（副牌酒）（Moulin-Riche）：130,000 瓶

平均售价（与年份有关）：25~55 美元

最佳年份

2003 年，2000 年，1996 年，1990 年，1983 年，1982 年

与另外两个雄狮酒庄的兄弟一样，波菲酒庄一度属于马奎斯·德·露维利（Marquis de Léoville）在梅多克地区的一片产业。在法国大革命时期，这片产业被充了公，在一次公开拍卖会上，波菲先生和另外两个买家共同将这片产业买了下来。

每当谈到波菲酒庄未来的发展前景时，任何一位有见识的波尔多人都会一致认为波菲酒庄完全具有生产出整个梅多克地区最醇厚葡萄酒的实力。实际上，也有一些人认为波菲酒庄的土质比圣祖利安区里其他任何一个二级酒庄的土质都要好。然而自 1961 年起，关于波菲酒庄的故事就不那么尽如人意了，尽管这个故事最后是以喜剧收场的。波菲酒庄对酒窖进行现代化的改造，增加了副牌酒，提高了使用新橡木酒桶的比例，迪迪尔·古维利亚（Didier Cuvelier）日益严格的管理，再加上酿酒专家利布尔纳（Libourne）的天赋，而著名酿酒人米歇尔·罗兰（Michel Rolland）最终使波菲酒庄得以跻身圣祖利安精英酒庄的行列。20 世纪 80 年代，两款最优质的红酒依然是果香浓郁的 1983 年年份酒和美妙的 1982 年年份酒，这两款酒都充分展现出波菲酒庄葡萄酒的醇厚和丰富。而到了 20 世纪 90 年代，波菲酒庄于 1990 年就推出了一款顶级红酒，接着在 1995 年、1996 年及 2000 年，该酒庄又付出巨大的努力，推出一款款优质葡萄酒。所有这一切都表明，波菲酒庄已经开始发掘出它那不容小觑的潜力了。2002 年和 2003 年年份酒同样质量上乘，在最近 10 到 15 年之间都算得上是首屈一指的了。

CHATEAU LEOVILLE POYFERRE
波菲酒庄

2003 Château Léoville Poyferré
波菲酒庄葡萄酒 2003　评分：94~96 分

2003 年年份酒是波菲酒庄的上乘之作，这款酒在三个不同的时间品尝却能有着相同的口感。酒体呈深宝石红色或深紫色，香味扑鼻，酒虽成熟但却异常的新鲜。浓郁、醇厚、纯净的酒液如急流般瞬间包围所有的味蕾。木材的清香、酸度、单宁和酒度在葡萄酒美妙的口感中完美地融为一体。它很容易使人想起那款引人注目的波菲酒庄葡萄酒 1990。最佳饮用期：2009~2025 年。

2002 Château Léoville Poyferré
波菲酒庄葡萄酒 2002　评分：92~94 分

作为波菲酒庄的一款明星酒，波菲酒庄葡萄酒 2002 呈饱和的深紫色，伴有泥土、甘草、黑加仑、烤新橡木混合的、浓郁甘甜的诱惑气息。酒体适中饱满，有着一种潜在的、非常纯净浓郁的酸度，回味极其绵长，可以长达 40 秒之久。这款圣祖利安区的头等酒要窖藏 5 到 8 年，其口感才会达到最佳状态，保存时间可长达 20 年。这款酒真是太棒了！

2001 Château Léoville Poyferré
波菲酒庄葡萄酒 2001　评分：90 分

这款 2001 年年份酒有着梅子、黑加仑、焦糖和辣橡木混合的、诱惑而迷人的香味，味道淡雅但却富有质感，层次分明，纵横交错。酒体适中，前味性感，酸度很低，单宁成熟。这款酒的所有美妙之处都是诱惑人的致命因素，尽管如此，它仍需陈年窖藏。最佳饮用期：现在。

2000 Château Léoville Poyferré
波菲酒庄葡萄酒 2000　评分：95 分

哇！这款红酒真是的引人入胜。不透明的紫色酒液散发出黑莓和黑加仑浓郁的果香（香味扑鼻），并夹杂着矿物质、烟熏和泥土特殊的风味。波菲酒庄葡萄酒 2000 奢华丰满，与另外两位兄弟——雄狮酒庄和巴顿酒庄（Léoville Barton）的葡萄酒相比，它的口感要平易近人得多。它酸度低，单宁甜美，回味奢华，层次感强。这款 2000 年年份酒一直在进行着显著的改善，并且看起来也已经取得了巨大的成功，足以与鼎鼎大名的 1996 年年份酒和 1990 年年份酒一较高下。最佳饮用期：2009~2030 年。

1996 Château Léoville Poyferré
波菲酒庄葡萄酒 1996　评分：93 分

我已经一连三次品尝了"神话般的"波菲酒庄葡萄酒 1996，毫无疑问，它可以与 2000 年年份酒并称为自那款引起轰动的波菲酒庄葡萄酒 1990 之后，该酒庄推出的最好的两款葡萄酒。酒体适中饱满，呈现出深黑或深紫的色泽，带有雪松、黑果酱、烟熏、松露和淡淡的橡木清香。含在口中时，水果精粹物、单宁和饱满的结构都会令人印象深刻，是力量

和细腻的完美结合。这款酒在杯子里醒的时间越长，口感就会越好。就它的精粹物和口感的丰富程度来讲，这款酒发展较慢，醇厚复杂。在接下来的 30 年里，它应该是波菲酒庄最适合饮用的葡萄酒之一了。最佳饮用期：2007~2028 年。

1995 Château Léoville Poyferré
波菲酒庄葡萄酒 1995

评分：90+ 分

波菲酒庄葡萄酒 1995 呈不透明的紫色，单宁浓度高，酒体浓厚，酒香浓郁，尽管它不像 1996 年年份酒那么发展较慢，但仍需要 2 到 3 年时间的窖藏。在 1995 年年份酒复杂又很年轻的芳香中，还伴有吐司、黑加仑、矿物质和隐约的烟草风味。强烈浓郁的黑加仑和蓝莓味可能比 1996 年年份酒稍弱，但这款佳酿仍然十分紧凑，富有层次感。最佳饮用期：从现在开始到 2030 年。

1990 Château Léoville Poyferré
波菲酒庄葡萄酒 1990

评分：96 分

波菲酒庄葡萄酒 1990 是该酒庄近 25 年来推出的较为醇厚的几款酒之一。这款酒我曾在 2002 年前后品尝过三次，尽管它在年轻时就已经打开了，但尝起来仍像是从没开封过一样香醇。酒液的颜色依然是饱满的、浓厚的、不透明的红宝石色或紫色，带有纯度很高的黑加仑酱甜的味道，中间还掺杂着淡淡的浓咖啡、香草、野姜花和矿物质的芳香。酒体十分饱满，酸度很低，单宁浓度特别高，精粹物质量绝佳，层次分明，个性鲜明。这绝对是一款上乘的波菲酒庄葡萄酒。最佳饮用期：2008~2030 年。

1983 Château Léoville Poyferré
波菲酒庄葡萄酒 1983

评分：91 分

它是 1983 年葡萄酒中的超级明星，卓绝的地位至今都未衰退。1983 年波菲酒庄推出的是一款暗红色的葡萄酒，散发出梅子酒香甜的味道，并混杂着甘草、黑加仑和普罗旺斯香草的风味。这款酒圆润迷人，丰满醇厚，酸度较低，果香浓郁，口感层次分明。最佳饮用期：2010 年之前。

1982 Château Léoville Poyferré
波菲酒庄葡萄酒 1982

评分：94 分

这又是波菲酒庄的一款杰作，它不似 1990 年年份酒宏伟壮阔，但却更加醇厚、强劲，它的单宁浓度、精粹物和酒液密度也都极高。尽管如此，这款酒仍然呈现出一种年轻的深紫色。虽然 1982 年年份酒并没有近年来酿造的几款酒单宁圆润，但是却酒香浓郁，酒体醇厚，足以弥补它在单宁结构方面小小的缺憾。这款酒酒体十分饱满，味道也很香醇，有点像是该年度葡萄酒中的一匹黑马。它仍然需要进行一段时间的窖藏。最佳饮用期：2006~2025 年。

CHATEAU LYNCH-BAGES
林卓贝斯酒庄

级别：1855 列级名庄五级庄

酒庄主：凯斯家族（The Cazes family）

地址：Château Lynch-Bages,33250 Pauillac, France

电话：(33) 05 56 73 24 00

传真：(33) 05 56 59 26 42

邮箱：infochateau@lynchbages.com

网址：www. lynchbages.com

联系人：让·米歇尔·凯斯（Jean-Michel Cazes）

参观规定：参观前必须预约（通过邮件或电话预约）。每天都对外开放，包括周末，圣诞节当天和元月一日暂闭。

葡萄园

占地面积：235 英亩

葡萄品种：

红葡萄：73% 赤霞珠，10% 品丽珠，15% 美乐，2% 小味多

白葡萄：40% 赛美隆（Semillon），40% 长相思，20% 密斯卡岱（Muscadelle）

平均树龄：红葡萄 35 年；白葡萄 15 年

种植密度：红葡萄 8,700 株 / 公顷；白葡萄 8,700 株 / 公顷

平均产量：5,000 公升 / 公顷

酒的酿制

在 35 个可调控温度的不锈钢酒槽里进行发酵，多年以来这套系统已经经过了多次的改进和现代化改造。大约在 20 年以前，林卓贝斯酒庄引进了一种新的提取法，包括在发酵过程中为了提取强劲丰富的单宁，经常 délestage（从葡萄渣中反复地榨取剩余残酒）。这一方法现在已经成为波尔多地区一道标准的酿酒工艺。林卓贝斯酒庄的地下装有 20 个小型酒槽，由于简单的重力作用，酒自然往下流，所以这一道工艺显得尤为简单。酒完全从酒槽中分离，使葡萄皮破裂，并且加快了同类精粹物的提取，之后精粹物又重新被送回到酒槽中去。

在 écoulage（在酒槽中挤压榨酒）时，榨出来的葡萄酒被直接装入桶中。乳酸发酵在酒槽和酒桶（50% 是在酒桶中发酵）中进行。为了保留精华，只进行轻微过滤。之后，将酒装入橡木酒桶中（每年橡木酒桶的更新比例为 60%），用传统方式进行陈年，并且也用传统方式定期换桶（一桶接一桶）。

年产量

林卓贝斯酒庄（正牌）（Château Lynch-Bages）：38,000 箱

林卓贝斯酒庄二牌干红（副牌）（Haut-Bages Averous）：8,000 箱

平均售价（与年份有关）：35~85 美元

近期最佳年份

2000 年，1996 年，1990 年，1989 年，1986 年，1982 年

林卓贝斯酒庄位于波尔多的"葡萄酒之路"（Route du Vin，D2），南邻单调的商业区波亚克（Pauillac）。它坐落于一座小山上，而这座山不出意料地被称为"贝斯高原"（Bages plateau）。林卓贝斯酒庄在村子里鹤立鸡群，毗邻纪龙德河（Gironde River），前面就是奢华的高迪贝斯酒庄（Château Cordeillan Bages）饭店。直到最近，人们评价林卓贝斯葡萄酒场的建筑时所能用的最好字眼就是"实用"。然而，林卓贝斯酒庄的确从酒厂建筑的修整翻新和酿造工艺的革新中获益匪浅。现在酒庄的门面焕然一新，新增了酒窖和不锈钢酒槽以及目前最先进的试酒间。除了这些近期的变动外，林卓贝斯酒庄基本上保持了 16 世纪的原貌不变。

该酒庄的名字取自于托马斯·林卓（Thomas Lynch），他是爱尔兰移民的后裔，他的家族在 17、18 世纪时掌管着这片产业以及贝斯高原。林卓贝斯酒庄被托马斯·林卓卖掉后，又几经易手，最终在 1937 年被让·查尔斯·凯斯（Jean-Charles Cazes）——现任庄园主让·米歇尔·凯斯的祖父购得。当时的让·查尔斯·凯斯已经是一位颇有名望的企业主和酿酒师，掌管着圣爱斯泰夫产区（St-Estèphe）最好的一座中级酒庄——奥德比斯酒庄（Chateau Les Ormes de Pez）。此后，他一直掌管着这两座酒庄，直到 1966 年由他的儿

子安德烈接手。安德烈是一位著名的政治家，曾担任波亚克地区市长一职将近 20 年时间。1973 年安德烈卸任，他的儿子让·米歇尔·凯斯走马上任，开始掌管林卓贝斯酒庄和奥德比斯酒庄。1976 年，让·米歇尔做出了他商业生涯中最明智的一个决定——聘请睿智的丹尼尔·罗斯（Danniel Llose）经营林卓贝斯酒庄和奥德比斯酒庄。

在让·米歇尔的父亲安德烈的经营下，林卓贝斯酒庄在 20 世纪 50 年代（1959、1957、1955、1953 和 1952 年年份酒都算得上是那个十年里的顶级葡萄酒）和 60 年代（1966、1962 和 1961 年）都取得了巨大的成功。然而在让·米歇尔接任后，酒庄却接连遭受了一系列的失败。1972 年的葡萄酒尚在酒桶中时就已经变质了，甚至在他接手后第一年酿制的 1973 年年份酒，很大程度上也是一次失败的经历，紧接着 1974 年的葡萄酒也不尽人意，而 1975 年年份酒质量参差不齐，根本没有达到林卓贝斯酒庄一贯的水平。让·米歇尔·凯斯意识到老式的木质酒槽不仅存在着卫生方面的隐患，

在那些气候过冷或过热的年份也很难控制发酵时的温度。同时（20 世纪 70 年代后期），凯斯家族开始尝试一种全新的风格，连续几年生产出口感更加清淡、优雅的林卓贝斯酒庄葡萄酒，但这让该酒庄的铁杆粉丝和坚定的支持者们都十分的失望沮丧。幸运的是，1980 年让·米歇尔·凯斯在酒庄里安装了 25 个巨大的不锈钢酒槽，最终使该酒庄自 1971 年至 1979 年的低迷衰退现象戛然而止了。1981 年，林卓贝斯酒庄终于打了一个漂亮的翻身仗，并且自此以后几乎每年都能酿制出上乘的葡萄酒。

林卓贝斯酒庄的葡萄园位于木桐酒庄 (Mouton Rothschild) 和北边的拉菲堡 (Lafite Rothschild) 之间，南靠拉图酒庄、碧尚女爵堡（Pichon-Longueville Comtesse）和碧尚男爵堡（Pichon Longueville Baron）。尽管林卓贝斯酒庄进行了大规模的现代化改造和重建，但是他们仍然坚持传统的酿酒工艺，当然是在传统的基础上加以改进。自 1980 年起，就像我之前提到过的那样，林卓贝斯酒庄开始在不锈钢酒槽里酿酒，之后

就将酒直接注入小型的法国橡木酒桶中。

在"1855 年纪龙德葡萄酒评级"中，林卓贝斯酒庄位列最后一级，被评为列级名庄五级庄。而如今在我所认识的葡萄酒专家中，没有一个不觉得林卓贝斯酒庄葡萄酒的质量其实早已与二级酒庄葡萄酒的质量不相上下了。英国人奥斯·克拉克（Oz Clarke）开玩笑地说道，那些"1855 年葡萄酒评级"的坚定拥护者一定都是些清教徒，因为他们"不忍心承认像林卓贝斯这么心胸开阔的酒庄真的会和那些气量狭小的酒庄是差不多的。"

就像很难抵制住林卓贝斯酒庄葡萄酒的诱惑一样，我们也很难不去夸赞让·米歇尔·凯斯，这位平易近人、总是乐于接受新事物并且爱好社交的庄园主，正是在他的带领下，林卓贝斯酒庄的国际影响力日益加大。这位自信飞扬的凯斯家族成员曾在美国求学，说着一口地道的英语。他具有全球性的战略目光，凡是和他交谈过的人都知道他希望自己酿制出来的葡萄酒强劲有力、心胸开阔，直接或间接反映出波亚克产区顶级葡萄酒的地位和特性。正是因为这个原因，所以比起单宁浓度更高、味道更加浓烈的 1988 和 1986 年年份酒，他更中意 1985 年和 1982 年的林卓贝斯酒庄葡萄酒。他不知疲倦，不仅是自家葡萄酒的代言人，还是整个波尔多地区的代表。但凡是在波尔多地区召开的年会、座谈会或国际品酒会，你都会看到凯斯先生的身影。在波亚克地区［可能除了碧尚拉龙酒庄（Pichon-Lalande）的朗格桑夫人（Madame Lencquesaing）外］，没有人像他那样走南闯北，为自己至爱的林卓贝斯酒庄葡萄酒和波尔多出产的所有葡萄酒卖力宣传。2001 年，法国总统希拉克最终认可了凯斯先生为法国的声誉和文化做出的突出贡献，授予了他法国最高级别奖章——法兰西共和国荣誉军团勋章。

CHATEAU LYNCH-BAGES
林卓贝斯酒庄

2002 Château Lynch-Bages
林卓贝斯酒庄葡萄酒 2002

评分：90 分

这款经典的葡萄酒拥有 1999 年年份酒的醇厚，但却缺

少了它的魅力。林卓贝斯酒庄葡萄酒 2002 颇具层次感，单宁柔和，呈深宝石红色或紫色，酒体适中饱满，带有林卓贝斯黑加仑和土壤的风味，无论是入口口感、中段口感还是余味都强劲有力。这款酒还需要进行 2 到 3 年的窖藏，应该进行 12 到 15 年的陈年。如果酒的质地和后味也能（理应如此）随着陈年而进一步完善的话，那它就值得拥有更高的分数。最佳饮用期：2009~2020 年。

2000 Château Lynch-Bages
林卓贝斯酒庄葡萄酒 2000

评分：95+ 分

这是一款口感绝对醇厚的葡萄酒，尝起来有一种 1990 年年份酒与 1989 年年份酒混合的味道。有意思的是，当我请让·米歇尔·凯斯挑选出林卓贝斯酒庄四款顶级年份葡萄酒时，他把 1989 年年份酒排在了第一位，接着是他认为在品质上不相上下的三款葡萄酒——1990、1996 以及 2000 年年份酒。林卓贝斯酒庄葡萄酒 2000 呈深紫色，甘油和精粹物丰富，有浓烈、香甜的黑加仑味道，隐约又透出新鞍皮革，泥土和烟草叶的淡淡清香。2000 年年份酒口感强劲，中味醇厚、多汁，单宁成熟圆润，回味绵长而富有层次。我知道这款酒十分美妙，会让人忍不住在它还很年轻时就迫不及待地打开品尝，但至少还要等上好几年的工夫，它的特性才会一点点显露出来，这一过程至少要持续 25 年。最佳饮用期：2008~2025 年。

1999 Château Lynch-Bages
林卓贝斯酒庄葡萄酒 1999

评分：90 分

林卓贝斯酒庄葡萄酒 1999 简直就是林卓贝斯酒庄葡萄酒 1962 的现代版。酒体呈深宝石红色或紫色，带有一股前进密集的黑加仑和泥土的芬芳。酒体适中丰满，口感饱满、多汁，单宁味道浓厚，结构平衡，回味绵长、纯净并带有一股熟透的水果味。这款酒迷人的口感至少能保存 12 到 15 年，也许还会更长。

林卓贝斯酒庄葡萄酒 2002 酒标

1996 Château Lynch-Bages
林卓贝斯酒庄葡萄酒 1996

评分：91+ 分

林卓贝斯酒庄葡萄酒 1996 是该酒庄的一款佳酿，它不如 1995 年年份酒和 1990 年年份酒发展速度快，但它延续了那款单宁味道浓烈、口感强劲的 1989 年年份酒的风格。它的颜色为不透明的深紫色，散发出干香草、烟草、黑加仑和橡木烟熏味混合的特殊香味。酒体饱满，比例匀称，这款醇厚、柔软、纯净的林卓贝斯酒庄葡萄酒保存时间相当可观。最佳饮用期：从现在开始到 2025 年。

1995 Château Lynch-Bages
林卓贝斯酒庄葡萄酒 1995

评分：90 分

当梅多克地区大部分的 1995 年年份酒仍然还在密封窖藏时，林卓贝斯酒庄葡萄酒尝起来已经十分柔软迷人，单宁味若隐若现。林卓贝斯酒庄葡萄酒 1995 与豪放强劲的 1996、1990、1989 和 1986 年年份酒风格迥异。酒体呈深宝石红色，散发出烟熏、泥土和黑加仑的甜美芳香。这款丰腴、圆润、性感、醇厚、水果味道浓烈的林卓贝斯酒庄葡萄酒适合在年轻时饮用，但也需要进行 10 年以上的陈年。最佳饮用期：从现在开始到 2015 年。

1990 Château Lynch-Bages
林卓贝斯酒庄葡萄酒 1990

评分：95 分

奢华甚至有些浮夸的林卓贝斯酒庄葡萄酒 1990 是一款发展速度较快、十分讨人喜欢并且很美味的葡萄酒，与酒体厚重、后进、单宁味道浓烈的 1989 年年份酒形成鲜明对比。1990 年年份酒散发出甘甜、紧实的黑加仑芳香，其中还混杂着烟熏、烤橡木味和烤香草味的清香。让人垂涎欲滴的水果、大量的精粹物和高浓度的甘油浓缩成这款美妙的葡萄酒。酒体饱满、质地紧实、口感丰富、强劲有力的低酸度林卓贝斯酒庄葡萄酒品尝起来毫无坚硬之感。最佳饮用期：从现在开始到 2020 年。

1989 Château Lynch-Bages
林卓贝斯酒庄葡萄酒 1989

评分：95 分

与 1990 年年份酒相比，这款颜色为不透明紫色的林卓贝斯酒庄葡萄酒 1989 发展得较为缓慢，也更加低调。但是，它却是林卓贝斯酒庄的代表，称得上是近 30 年来酒庄里出产的最优质的一款酒。这款后进、口感强劲、质地密集的葡萄酒纯度极高，酒体丰腴，能像推土机般瞬间占领你的每一寸味蕾。1989 年年份酒豪迈奔放，强劲醇厚。最佳饮用期：从现在开始到 2020 年。

1988 Château Lynch-Bages
林卓贝斯酒庄葡萄酒 1988

评分：90 分

毋庸置疑，林卓贝斯酒庄葡萄酒 1988 是该年度梅多克北部地区生产的一款最为强劲的葡萄酒之一。酒体呈深宝石红色或紫色，散发出成熟、浓郁的香气，清新的橡木味中包裹着烤黑色覆盆子、红醋栗和甘草的芳香，展现出朴实、健康的特性。酒体丰腴、口感丰富，透着一股迷人的雪松、草本和黑果的风味。这款丰满、醇厚的葡萄酒恰恰体现出林卓贝斯酒庄的风格。最佳饮用期：从现在开始到 2010 年。

1986 Château Lynch-Bages
林卓贝斯酒庄葡萄酒 1986

评分：90 分

林卓贝斯酒庄葡萄酒 1986 呈黑紫色，口感极其丰富，单宁浓度特别高。但是，它的单宁含量是否过高，口感是否有些麻辣？我怀疑这个问题至少在 10 年之内都没有人能够回答。至于现在，人们更多的是称赞它不同寻常的醇厚，而不是它的迷人和美味。尽管 1986 年年份酒十分醇厚，并且已经接近成熟，但它仍是一款相当年轻的葡萄酒。最佳饮用期：从现在开始到 2020 年。

1985 Château Lynch-Bages
林卓贝斯酒庄葡萄酒 1985

评分：90 分

这款酒刚酿造出来时味道就十分美味，特别迷人。酒体呈李子色或石榴色的葡萄酒已经完全成熟，散发出甘甜的黑加仑芬芳，并夹杂着烟熏橡木和烤香草的味道，酒体适中（在酒的醇厚和丰富度上远比不上 1990、1989、1986 及 1982 年的葡萄酒）。林卓贝斯酒庄葡萄酒 1985 十分的丰满多汁，结构均衡，窖藏四五年后再饮用，其风味会更佳。低酸度、丰腴多汁、甜美的单宁以及酒杯边缘琥珀色的酒液无不显示出这款葡萄酒的成熟。最佳饮用期：从现在开始到 2006 年。

1982 Château Lynch-Bages
林卓贝斯酒庄葡萄酒 1982

评分：94 分

林卓贝斯酒庄葡萄酒 1982 依然在持续发展着，这款酒再窖藏五六年后口感就会非常好了，它现在依然强劲有力、葡萄味浓烈、生机勃勃，带有黑加仑的果香，质地十分滑腻、醇厚且鲜美多汁。这款酒的香味并不复杂，但它却是这座著名酒庄推出的酒体醇厚葡萄酒中如教科书般的典型，酒体丰腴，入口柔顺。再窖藏 10 到 12 年，它能展现出更完美的酒体。

CHATEAU MARGAUX
玛歌酒庄

级别：1855 列级名庄一级庄

酒庄主：门彻洛波鲁斯家族 (Mentzelopoulos)

地址：Château Margaux,33460 Margaux, France

邮寄地址：BP31,33460 Margaux, France

电话：(33) 05 57 88 83 83

传真：(33) 05 57 88 31 32

邮箱：chateau-margaux@ chateau-margaux.com

网址：www. chateau-margaux.com

联系人：蒂娜·比泽德 (Tina Bizard)

参观规定：参观前必须预约，周一到周五上午 10:00-12:00，
下午 2:00-4:00

葡萄园

占地面积：192.7 英亩（只包括葡萄种植面积）

葡萄品种：75% 赤霞珠，20% 美乐，5% 品丽珠和小味多

平均树龄：35 年

种植密度：10,000 株 / 公顷

平均产量：4,500 公升 / 公顷

酒的酿制

在温度可控的木质酒槽里进行 3 个星期的发酵和浸渍，在全新的橡木酒桶里进行 18 到 24 个月的陈年。装瓶前只澄清，不过滤。

年产量

玛歌酒庄正牌（Château Margaux）：200,000 瓶

玛歌红亭副牌（Pavillon Rouge du Château Margaux）：200,000 瓶

平均售价（与年份有关）：75~350 美元

近期最佳年份

2003 年，2000 年，1996 年，1995 年，1990 年，1986 年，1985 年，1983 年，1982 年

通向梅多克地区南部的贵族酒庄——玛歌酒庄，一路风景秀丽，景色绝佳。第一次到这里参观的客人在看到这座贵族酒庄时都会惊喜不已，它就悄无声息地坐落在宝马酒庄（Château Palmer）北面的小公园里。

玛歌酒庄的历史可以追溯到公元 12 世纪，当时被称作"玛尔戈红葡萄酒的故乡"。它的酿酒史并不太长，从 1522 年到 1582 年间，皮埃尔·德·勒斯托纳克 (Pierre de Lestonnac) 开始系统地将主要生产谷物作物的农田改造为葡萄园。1705 年，《伦敦公报》成为玛歌酒庄的第一位顾客，之后凭借着玛歌酒庄葡萄酒 1771，该酒庄第一次出现在克利斯蒂拍卖行的拍卖名单上。

英国首相罗伯特·沃波尔爵士（Sir Robert Walpole）每 3 个月就会从玛歌酒庄购买 4 桶酒（大约有 100 箱），根据酒庄的档案记录，"并不总是会付款的"。当时就任美国驻法国大使的托马斯·杰斐逊 (Thomas Jefferson) 也对玛歌酒庄葡萄酒情有独钟，他不仅品尝，而且付钱购买了 1784 年年份酒，他是这样

评价这款葡萄酒的——整个波尔多地区再也找不出比这更好的酒了。

到了 20 世纪，玛歌酒庄开始强制使用酒瓶来装酒，第一批被装瓶的就是 1924 年年份酒，但是艰难的时光随之而来。先是 20 世纪 30 年代灾难性的 10 年，紧接着就是战争，结果玛歌酒庄被出售，1950 年被吉内斯特家族（Ginestets）购得。之后，除了生产出一款不朽的 1953 年年份酒之外，玛歌酒庄葡萄酒的质量一直时好时差，在经历了 20 世纪 60 年代到 70 年代这 20 年令人沮丧的平庸期后，那个时候，在缺乏经济管理头脑的皮埃尔和伯纳德·吉内斯特（Bernard Ginestet）的领导下（世界石油危机以及 1973 年和 1974 年葡萄酒市场的崩溃是导致他们失败的主要原因），玛歌酒庄生产出了许多口感单调、酒香淡薄、缺乏个性的葡萄酒。1977 年，玛歌酒庄又被转手卖给了安迪·门彻洛波鲁斯（André and Laura Mentzelopoulous）。他立即花费巨资对葡萄园和酿酒设备进行了修复和改造。忧心忡忡的评论家们都认为，要想恢复玛歌酒庄昔日的风采还需要相当长的一段时间，但事实却是，玛歌酒庄仅用了一年时光便重现生机，在 1978 年让全世界再次见证了玛歌酒庄的不朽与伟大。

但不幸的是，安迪·门彻洛波鲁斯却无福享受成功带来的荣耀，他还没来得及看到自己倾注了无数心血酿制的第一批葡萄酒成长为细致优雅、口感丰富、悠远复杂的顶级葡萄酒，就与世长辞了，把酒庄留给了他优雅的妻子劳拉和冰雪聪明的女儿科琳娜。她们身边人才济济，其中最为出色的就是酒庄的经营者——保罗·庞坦勒维（Paul Pontallier）。自 1978 年赢得开门红后，玛歌酒庄又接连取得了一系列成功，生产的葡萄酒口感丰富、结构匀称、强大得令人惊叹。可以毫不夸张地说，在 20 世纪 80 年代，整个波尔多地区都找不出比玛歌酒庄葡萄酒更出色的酒了。

重新焕发生机的玛歌酒庄葡萄酒口感丰富，深度惊人，多层次的酒香中带有成熟黑加仑、辛辣橡木及香草的芬芳。现在人们普遍认为，较之1977年以前由吉内斯特家族生产的葡萄酒，门彻洛波鲁斯家族酿制的葡萄酒颜色更为饱满、丰厚，酒体丰腴，单宁味道浓烈。

玛歌酒庄也出产干白葡萄酒。酒庄在29.6英亩的葡萄园里种的全是长相思，专门用来生产"玛歌白亭"(Pavillon Blanc du Château Margaux)。它在橡木酒桶里发酵，在木桶中再经过10个月的陈年期之后装瓶。喜欢追根溯源的人们可能会想要知道，玛歌白亭是在一个名叫亚伯·劳伦特的小酒庄(Château Abel-Laurent)酿制的，这个酒庄距玛歌酒庄仅几百码远。玛歌白亭是梅多克地区最好的一款干白葡萄酒，气味清新，果味浓烈，隐约透出一股淡淡的药草味和橡木味。

CHATEAU MARGAUX
玛歌酒庄

2003 Château Margaux
玛歌酒庄葡萄酒 2003

评分：96~100 分

尽管在酒质量的稳定方面，玛歌区生产的葡萄酒比不上波亚克区（Pauillac）和圣·达史提芬区（St.-Estèphe），但玛歌酒庄的经营者保罗·庞坦勒维却能够生产出"玛歌酒庄葡萄酒2003"这款绝世佳酿。这款酒单从品质方面就远胜玛歌区的任何一个酒庄。从3,000公升/公顷的低产量来看，当年这款酒的产量仅占玛歌酒庄总产量的45%，而且风格上也兼具了1990年年份酒和1996年年份酒的特点。这款呈不透明紫色的佳酿，散发出春花、蓝莓、黑加仑、甘草和香草的独特芬芳。酒体厚重，结构宏大，尽管香味浓郁，却无丝毫涩重之感。将酒倒入酒杯后，会有一股白巧克力的醇香和花香扑面而来。入口时，口感与玛歌酒庄葡萄酒1990很相似，但余味却又会让人想起玛歌酒庄葡萄酒1996。这款酒极其纯净，酒体适中饱满，相对于浓郁的口感而言，它尝起来轻盈如羽，回味持久，余韵能持续一分钟。最佳饮用期：2012~2040 年。

2002 Château Margaux
玛歌酒庄葡萄酒 2002

评分：93 分

酒体醇厚绵长，玛歌酒庄葡萄酒2002会让人情不自禁地想起玛歌酒庄葡萄酒1999。然而，2002年年份酒的原料

比例为87%赤霞珠和5%小味多，其余的是品丽珠，实际上它却带着1996年年份酒的风味，但又缺少这款佳酿的力度、紧致和完美性。这款酒的颜色是健康的深宝石红色或紫色，散发出黑加仑、甘草、干药草、香草和壤质土的芬芳。酒体适中，酒液纯净，口味优雅。此外，这款酒也没有2000、1996、1995、1990、1986、1985、1983和1982年年份酒不同寻常的风味、绵长的回味和超现实的卓越质量。尽管如此，它仍不失为门彻洛波鲁斯家族和出色的经营者保罗·庞坦勒维小心经营下的一款博人眼球的佳酿。最佳饮用期：2011~2026 年。

2001 Château Margaux
玛歌酒庄葡萄酒 2001

评分：93 分

从瓶中倒出这款风味绝佳的葡萄酒后，会发现它有几分1985年年份酒和1999年年份酒的影子。这款酒呈深宝石红色或紫色，香甜优雅，酒体结构紧密细致，散发出花朵、黑加仑利口酒、黑莓和雪松的芳香。它的原料混合比例为82%赤霞珠、7%美乐、7%小味多以及4%品丽珠。这款前进、丰腴的美酒现在即可饮用，窖藏15到20年后口感会更佳，它也是该年度最优雅的葡萄酒之一。

2000 Château Margaux
玛歌酒庄葡萄酒 2000

评分：100 分

玛歌酒庄葡萄酒2000代表着该酒庄葡萄酒的最高水平，它在2002年11月下旬进行装瓶，从瓶中品尝甚至比直接从桶里品尝味道还要好。这款酒的产量占当年总产量的40%，原料混合比例为90%赤霞珠和10%美乐。尝起来口感兼具丰满多汁的1990年年份酒和结构性强、纯净清凉的1996年年份酒的特征。宝石红色或紫色的色泽饱满得像要从瓶中溢出来，散发出浓郁的黑加仑利口酒味道，中间又混杂着野姜花、甘草、浓咖啡和烤橡木的风味。酒体紧实，口感纯净，层次感强，口味浓郁，余韵可长达70+秒之久。自然装瓶，不进行过滤，这正是这片非同寻常的葡萄园优雅和力量的完美体现。玛歌酒庄葡萄酒2000绝对是葡萄酒酿造史上的旷世杰作，在我之前，我的一些同行早已提出这款酒会成为年度最佳葡萄酒。当然，它只是年度最佳葡萄酒中的一款，即使是如此高水平质量的比拼，竞争对手也很多。这款酒真是太棒了！最佳饮用期：2012~2050 年。

1999 Château Margaux
玛歌酒庄葡萄酒 1999

评分：94 分

这款呈深红李子色或深紫色的佳酿性感迷人，早已散发出层层叠叠的复杂香味。它出人意料地魅力十足，口感圆润，与1985年年份酒颇为相似，既没有什么一鸣惊人的特质，口感也不够醇厚，它的美妙要含到嘴里才能体味出来，

玛歌酒庄葡萄酒 2001 酒标

余味绵长，口感纯净。比起朴实无华的 1998 年年份酒，保罗·庞坦勒维先生更中意这款葡萄酒，我也同样如此。这是一款典型的玛歌酒庄葡萄酒，口感丰富，委婉细致，结构匀称平衡。这款酒在年轻时即可饮用，窖藏 20 年后，其风味会更佳。它的发展速度十分缓慢，这一点可能跟被我大大低估的梅多克 1962 年年份酒有相似之处。最佳饮用期：从现在开始到 2017 年。

1998 Château Margaux
玛歌酒庄葡萄酒 1998

评分：91+ 分

玛歌酒庄葡萄酒 1998 呈现出 1988 年年份酒的特征，色泽为深宝石红色或紫色，单宁味道浓烈、朴实无华但却十分优雅，并伴有沥青、黑莓、洋槐花和香甜的烤橡木风味。该款酒质地细腻丰富，酒体适中，非常适合长距离运输。最佳饮用期：2008~2030 年。

1996 Château Margaux
玛歌酒庄葡萄酒 1996

评分：99 分

毫无疑问，玛歌酒庄葡萄酒 1996 是在门彻洛波鲁斯家族管理下推出的一款经典葡萄酒。从许多方面讲，它都是玛歌酒庄的精髓和典范——酒体适中，非常优雅，有着令人称道的复杂性。简而言之，它是酒中的美人！这款呈不透明紫色的佳酿散发出纯粹的黑莓、黑加仑、吐司和花朵的清香，口感甘甜，质地紧实，酒体丰腴，所有的一切都恰到好处。这款酒的混合原料中（85% 赤霞珠和 10% 美乐，剩下的是小味多和品丽珠），赤霞珠的比例是自 1986 年以来最高的一次。虽然酒已经盖上了盖子，但依然闻得到极其甘甜和纯粹的水果香味。这款酒含在嘴里时极富层次感，尽管强劲有力、十分醇厚，但口感依然轻盈优雅得令人难以置信。它有能力超越 2000、1995、1990、1986、1983 以及 1982 年年份酒吗？时间会证明一切。就本人而言，单从口感上来讲，我更喜欢饱满有黏性的玛歌酒庄葡萄酒 1990，但是我也坚信这款酒会跟大部分浓郁的玛歌酒庄葡萄酒一样酒气四溢，口感丰富。它绝对是年度最佳葡萄酒的有力竞争者之一。最佳饮用期：2010~2045 年。

1995 Château Margaux
玛歌酒庄葡萄酒 1995

评分：95 分

玛歌酒庄葡萄酒 1995 仍在不断地发展充实，正在慢慢地成为门彻洛波鲁斯家族执掌下的一颗冉冉升起的新星。它呈现出不透明的红宝石色或紫色，带有甘草和甜美的烟熏新橡木风味，中间混杂着美味的黑果、甘草和矿物质的芬芳。酒体适中饱满，口感极其丰富，结构均衡，余味中有强烈的单宁味。尽管这款酒结构宏大又很年轻，但却十分的平易近人。比起大名鼎鼎的兄弟——1996 年年份酒，1995 年年份酒显得更加柔和圆润。在接下来的半个世纪，一直追寻和见证这两款葡萄酒的发展和演变该是多么美妙的一件事啊！最佳饮用期：2010~ 2040 年。

1994 Château Margaux
玛歌酒庄葡萄酒 1994

评分：91+ 分

这款曾经几乎被人遗忘的葡萄酒似乎又重新受到人们的关注。由于顶级酒庄的严格挑选程序，1994 年年份酒一直醇厚浓郁，但单宁的浓度总是过高，口感苦涩。玛歌酒庄葡萄酒 1994 一直就是年度最佳葡萄酒的候选者。这款酒仍然呈现出浓密的梅子色或深紫色，散发出浓郁甘甜的黑果香味，并混杂着甘草、樟脑和香草的风味，还伴有淡淡的花香。酒体紧实强劲，但是单宁已经柔化，不像 20 世纪 90 年代末期那样比较坚硬涩口。1994 年年份酒还可窖藏几十年，尽管浓重的单宁味不会完全消散，但它依然有望变得更加完美无瑕。最佳饮用期：2008~2025 年。

1990 Château Margaux
玛歌酒庄葡萄酒 1990

评分：100 分

玛歌酒庄葡萄酒 1990 是力量与优雅相结合的完美典范，这款葡萄酒似乎是在沉睡了近 10 年之后，近几年来才开始逐渐觉醒。酒体呈深宝石红色或紫色，散发出甘美的黑果、紫罗兰、烟熏、樟脑和甘草混合的雅致芬芳。酒体适中饱满，质地如丝绸般柔顺，尝起来仍然像是只窖藏了四五年的酒，但是酒香却很浓郁，似乎已经脱离了那个持续了 10 年呆板不活跃的阶段。尽管这款酒的酸度很低，但却特征鲜明，单宁浓度非常高，呈现出浓郁的成熟水果和甘油的芬芳，精粹物丰富。酒的颜色会随着它自身的不断发展而发生变化，这款酒的美妙香味也只是刚刚开始形成，酒体丰腴，口感丰富，绝对称得上是该年度的一款佳酿。现在即可饮用，最佳饮用期至少长达三四十年。最佳饮用期：从现在开始到 2040 年。

1989 Château Margaux
玛歌酒庄葡萄酒 1989

评分：90 分

在它的弟弟——玛歌酒庄葡萄酒 1900 面前，玛歌酒庄葡萄酒 1989 就显得黯然失色。这款酒呈深红李子色或石榴色，带有新鞍皮革和烤橡木的风味，并夹杂着淡淡的黑樱桃和黑加仑的果香。酒体适中，单宁浓度相对较高，酒香浓郁，口感纯净，但是余味却很短暂，不够饱和。这款佳酿在瓶中可继续发展，酒体会更加醇厚，但它依然算不上是玛歌酒庄的上乘之作。最佳饮用期：2006~2025 年。

1986 Château Margaux
玛歌酒庄葡萄酒 1986

评分：98 分

玛歌酒庄葡萄酒 1986 是该酒庄的经典之作，也是近 50 年来单宁浓度最高、发展最缓慢的一款葡萄酒。这款酒至今仍在以极其缓慢的速度不断发展进化着，它的颜色也还是深宝石红色或深紫色，在葡萄酒与酒杯接触的边缘颜色会稍浅。经过几个小时的醒酒后，酒香会变得愈发浓烈。这款酒散发出烟熏、吐司、黑加仑利口酒、矿物质和野姜花混合的芳香，酒体十分丰腴，单宁甘甜浓郁，口感极其纯净并且强劲有力。单看它的陈年期，这款酒称得上是不朽的佳酿。现在这款酒已经脱离了婴幼儿期，逐渐走向成熟。最佳饮用期：2008~2050 年。

1985 Château Margaux
玛歌酒庄葡萄酒 1985

评分：95 分

这款优美甘甜的玛歌酒庄葡萄酒几近成熟，酒体呈深红李子色或深紫色，散发出浓郁甘甜的黑加仑果香，并夹杂着甘草、吐司、灌木和鲜花的芳香。酒体适中饱满，单宁柔软顺滑，中味丰满、多汁、鲜美、层次丰富。这款质地丰润、如天鹅绒般细致柔软的葡萄酒已经进入了成熟期，最佳饮用期至少还可以持续 10 到 15 年（在保存良好的状态下）。在接下来的 20 多年里，人们有幸可以享用美味、迷人、丰腴多汁的玛歌酒庄葡萄酒 1985。最佳饮用期：从现在开始到 2015 年。

1983 Château Margaux
玛歌酒庄葡萄酒 1983

评分：96 分

正如我一直所说的那样，这是一款能夺人心魄的美酒。自 1998 年以来，我已先后十多次品尝过这款美酒，但品尝过后，我发现有近一半的酒都被酒瓶上的软木塞给糟蹋了。说实话，我几乎要怀疑葡萄酒的部分储藏区是否存在 TCA（氯苯甲醚）问题了。半数葡萄酒都带着一股子软木塞味，这一比例要远远高出平常年份。然而，如果清除掉软木塞的味道，这款玛歌酒庄葡萄酒 1983 完全成熟的速度甚至比我在 4 年前预计的速度还要迅速。酒体呈深红李子色或深紫色，散发出浓郁的烟熏药草、潮湿的土壤味、蘑菇和甘甜的黑加仑利口酒混合的芬芳，同时又糅着一股香草和紫罗兰的芳香。酒体适中饱满、深沉浓郁，口感丰富且强劲有力，单宁甘甜，酒香浓郁。最佳饮用期：从现在开始到 2020 年。

1982 Château Margaux
玛歌酒庄葡萄酒 1982

评分：98+ 分

曾经一度，我认为玛歌酒庄葡萄酒 1983 是该酒庄出产的最为经典、品质最优的一款葡萄酒。但我毕竟是凡人，也有出错的时候——玛歌酒庄葡萄酒 1982 显然品质更优，绝对完胜 1983 年年份酒。这款酒刚酿制出来时结构粗矿、强劲有力，充满了男子汉气概，甚至可以说是玛歌酒庄风格较粗糙的一款酒。它的单宁浓度特别高，精粹物量大，口感丰富。随着岁月的流逝，它变得日渐柔和，单宁也变得细致优雅。这款佳酿呈不透明的紫色或石榴色，散发出熏香、松露、烟熏、黑加仑、鲜花和潮湿泥土混合的香味。酒体特别丰腴，甘油、精粹物和单宁含量都特别高。玛歌酒庄葡萄酒 1983 算得上是门彻洛波鲁斯家族执掌下玛歌酒庄出产的一款结构最宏大、酒香最醇厚的葡萄酒了。在细致和优雅方面，它也许永远比不上 2000 年、1996 年和 1990 年年份酒，尽管单宁浓重，但它似乎永远缺少这些年份酒的古典雅致。虽然如此，这款酒却越来越强大，很快成为玛歌酒庄历史上最引人注目的明星酒之一。最佳饮用期：从现在开始到 2035 年。

CHATEAU LA MISSION HAUT-BRION
修道院红颜容酒庄

级别：列级名庄（红葡萄酒）

酒庄所有人：克兰斯帝龙酒业公司（Domaine Clarence Dillon SA）

地址：Château La Mission Haut-Brion,67,rue Peybouquey, 33400 Talence, France

电话：(33) 05 56 00 29 30

传真：(33) 05 56 98 75 14

邮箱：info@haut-brion.com 或 visites@haut-brion.com

网站：www.mission-haut-brion.com

联系人：卡拉·库恩（Carla Kuhn）

参观规定：参观前必须预约，周一到周四：上午 9:00-11:00，下午 2:00-4:30 ；周五：上午 9:00-11:30

葡萄园

占地面积：51.6 英亩

葡萄品种：45 % 美乐，48% 赤霞珠，7% 品丽珠

平均树龄：21 年

种植密度：10,000 株 / 公顷

平均产量：4,500 公升 / 公顷

酒的酿制

修道院红颜容酒庄的葡萄采摘是全人工操作，在葡萄园内的卡车上设置筛选台进行初次筛选。酒槽为不锈钢质地，总容积为 4,755 加仑。在酒槽内的发酵和倒灌都由电脑系统控制，在测量过压榨好的葡萄汁和残渣的温度后，电脑主要监控着葡萄酒的均质化和温度。发酵时的平均温度为 30℃，之后在 100% 的全新橡木酒桶里进行 22 个月的陈年。用新鲜鸡蛋清澄清，自然装瓶不过滤。

年产量

修道院红颜容酒庄正牌（Château La Mission Haut-Brion）：72,000 瓶

修道院红颜容副牌（La Chapelle de la Mission Haut Brion）：36,000 瓶

平均售价（与年份有关）：125~500 美元

近期最佳年份

2000 年，1998 年，1995 年，1990 年，1989 年，1985 年，1982 年

位于塔朗斯区的修道院红颜容酒庄一度为奥比昂酒庄（Haut-Brion）的一部分，它生产出的葡萄酒是整个波尔多地区首屈一指的顶级佳酿。该酒庄恰巧被一条铁路（RN 250）一分为二，对面就是其长期竞争对手奥比昂酒庄。在 20 世纪的大部分时间里，修道院红颜容酒庄一直都保持着无与伦比的高品质葡萄酒的记录。

1682 年，修道院红颜容葡萄园的酒庄主将它遗赠给由圣·文森特德保罗（St. Vincent de Paul）建立的一个宗教组织，这个组织被称为"遣使会"（Preachers of the Mission）。他们在那里建立了一座小型教堂，它至今仍保留在酒庄内。修道院的宗教信徒使这个酒庄开始小有名气，一些名流如波尔多地区的大主教、德·黎塞留大元帅和吉耶纳省省长的到访使得酒庄声名鹊起。法国大革命爆发后，修道院红颜容酒庄的僧侣们纷纷撤资，酒庄随即被出售，但是名声却越来越响。

修道院红颜容酒庄葡萄酒开始出现在世界各国贵族们的餐桌上。修道院的档案记录表明，1922 年，1918 年份的拉菲葡萄酒售价为每桶 8 法郎，玛歌酒庄和拉图酒庄的为每桶 9 法郎，而修道院红颜容酒庄的葡萄酒竟然高达 10 法郎，在当时仅低于奥比昂酒庄 14 法郎的价格。第一次世界大战之后（1919 年），酒庄被弗雷德里克·渥尔特纳（Fréderic Woltner）和他的家族

买下，整个渥尔特纳家族都对葡萄酒的酿制怀有极大的热情，立志要不断提高修道院红颜容酒庄葡萄酒的品质。修道院红颜容酒庄在整个 20 世纪几乎都是由渥尔特纳家族掌管，而正是他们的努力才奠定了酒庄现在的名望和世界一流葡萄酒的品质。

1983 年，奥比昂酒庄的酒庄主——迪伦家族从渥尔特纳家族的后人手中买下了修道院红颜容酒庄。在穆西公爵夫人（已故的前驻法大使和肯尼迪总统时期的财政部长—道格拉斯·迪伦之女）领导和让·伯纳·德尔马 (Jean-Bernard Delmas，波尔多地区十分出色的酿酒师) 经营下的克兰斯帝龙酒业公司接管酒庄。他们积极追求葡萄酒的卓越品质，研究并使用了本土无性系选择的方法移植新的葡萄品种，对原有的 chais（传送带）进行了现代化的改装，并建起了在现有的技术水平下最先进的 cuvier（酒槽）。最新的科学酿酒技术与修道院红颜容酒庄神奇的传统工艺完美的结合，使这座古老的酒庄成为世界上最时髦、最优秀的酒庄之一。

在渥尔特纳家族掌管的 65 年时间里，修道院红颜容酒庄赢得了巨大的声誉。渥尔特纳本人的才华在整个波尔多地区也得到了广泛的认同。他是一位才华横溢的品酒师和酿酒专家，并在 1926 年率先安装使用易清洗的涂瓷釉容器进行发酵，成为使用这项技术的第一人。许多评论家都认为，修道院红颜容酒庄葡萄酒之所以质地密集、口感丰富、强劲有力、果香浓郁，

全都要归功于这些矮胖短小的酒槽。在发酵过程中，酒槽特殊的形状增加了葡萄皮与葡萄汁的接触面积。直到 1987 年，这种酒槽才被由计算机控制的最先进的发酵设备所替代。

修道院红颜容酒庄出产的葡萄酒口感极其丰富、酒体丰腴、色泽优美、单宁含量高。我曾有幸品尝过修道院红颜容酒庄 1921 年年份酒，这是一款可以在酒瓶里很轻易地保存 30 到 50 年的葡萄酒，一直以来都比它的主要竞争对手——奥比昂酒庄葡萄酒的口感更为丰富和更加强劲有力。除此之外，在收成很差或一般的年份，修道院红颜容酒庄都能一如既往地保持高品质（与波亚克区的拉图酒庄一道，它在整个波尔多地区拥有在收成差的年份里却酿制出高品质葡萄酒的最好记录），所有的这些都使得修道院红颜容酒庄成为波尔多地区举世闻名的酒庄之一。

自 1983 年起，吉恩·德尔马斯加快了将他的酿酒标记标记在酒庄出产的所有葡萄酒上的步伐。1983 年，修道院红颜容酒庄被再次转手后，这种酿酒的标记也立即消失得无影无踪了。德尔马斯将原料中美乐的比例增加到 45%，降低了赤霞珠和品丽珠的比例。另外，他也开始着手淘汰旧橡木酒桶，而在渥尔特纳家族经营管理期间，由于资金短缺这一点根本无法做到。跟奥比昂酒庄一样，现在的修道院红颜容酒庄已经能做到在 100% 的新橡木酒桶中进行陈年了。

德尔马斯酿制出的第一款葡萄酒品质优异，但却

不如之前顶级的修道院红颜容酒庄葡萄酒浓烈、口感丰富，它只是一款工艺精湛但却缺少一点灵魂和个性的葡萄酒。然而，在 1987 年，由于安装了当时最先进的酿酒设备，该酒庄葡萄酒的品质很快恢复到黄金期的高水准。在吉恩·德尔马斯一丝不苟的管理下，修道院红颜容酒庄葡萄酒变得愈加纯净，瑕疵（挥发性酸度过高，在某些年份较老的葡萄酒中单宁粗糙）也不再明显。在经历了 1983 年至 1986 年的过渡时期后，修道院红颜容酒庄葡萄酒终于又重现生机，如 1987 年的绝世佳酿、1988 年的一枝独秀以及 1989 年的奢华完美。毫无疑问，修道院红颜容酒庄葡萄酒 1989 绝对是该酒庄最近 10 年最优质的一款葡萄酒。而在 20 世纪 90 年代，由于 9 月的潮湿多雨，葡萄的收成并不理想，但修道院红颜容酒庄却依然每年都能酿制出波尔多地区顶级的葡萄酒。当然，修道院红颜容酒庄葡萄酒 2000 是绝世佳作，而 1998 年年份酒与之相比也毫不逊色。

新风格的修道院红颜容酒庄葡萄酒不大可能会跟以前年份酒一样，虽然陈年期十分漫长，但是不会显得难以亲近，也不会再出现偶尔年份的单宁粗糙的情况。总而言之，修道院红颜容酒庄现在仍然保持着作为一级酒庄的高水准。

CHATEAU LA MISSION HAUT-BRION
修道院红颜容酒庄

2003 Château La Mission Haut-Brion
修道院红颜容酒庄葡萄酒 2003

评分：90~92 分

跟它鼎鼎大名的兄弟——奥比昂酒庄一样，修道院红颜容酒庄葡萄酒 2003 以 13.25% 的酒精含量以及只精选出 60% 的收成榨汁发酵造就了它的顶级品质。酒体紧实，强劲有力，密封性极好，呈现出浓郁的紫色，个性严谨，口感略缺圆润。这款酒是由 52% 赤霞珠、40% 美乐和 8% 品丽珠混合酿制而成，不论是在结构上还是在深度方面都表现优异。这款 2003 年年份酒绝对不会令我想起 1989 年年份酒或 1990 年年份酒，实际上，它与单宁味道浓烈的 1995 年年份酒有几分相似。并且在这一时期，似乎它比同为一级酒庄的胞兄奥比昂酒庄的略胜一筹。最佳饮用期：2010~2025 年。

2002 Château La Mission Haut-Brion
修道院红颜容酒庄葡萄酒 2002

评分：90 分

后味干性单宁味道浓烈，这可能是装瓶后的一种后遗症。尽管如此，修道院红颜容酒庄葡萄酒 2002 还是强劲有力，呈现出浓郁的红宝石色或紫色，散发出热岩石的甘甜气息，又带着黑加仑、梅子、樱桃和香料混合在一起的香气。这款葡萄酒中度酒体，单宁适中，口感鲜明，但是需要对单宁进行密切监测。如果这款酒的整体性能够得到进一步提升的话，它会更加出色，生命力也会更加持久。在目前阶段，它与 1996 年年份酒和 1988 年年份酒在结构上很相似。最佳饮用期：2008~2020 年。

2001 Château La Mission Haut-Brion
修道院红颜容酒庄葡萄酒 2001

评分：91+ 分

与名气更大的邻居奥比昂酒庄一样，修道院红颜容酒庄葡萄酒 2001 装瓶之后又窖藏了相当长一段时间。这款酒的原料混合比例为 62% 赤霞珠、35% 美乐以及 3% 的品丽珠，呈现出紫黑色泽（比奥比昂酒庄葡萄酒的颜色要深），散发出焦土、木材、焦油、黑加仑还有隐约的山胡桃木紧致但却悠长的芳香。酒体适中、稳固、强劲有力，充满了男性的阳刚气息。它是一款适合长时间窖藏的葡萄酒。最佳饮用期：2010~2020+。

2000 Château La Mission Haut-Brion
修道院红颜容酒庄葡萄酒 2000

评分：100 分

作为修道院红颜容酒庄的超级明星，这款葡萄酒与 1989 年、1982 年和 1975 年年份酒一样醇厚绵长。它比 1989 年年份酒的结构更加鲜明，单宁味更重；而与 1982 年年份酒相比，它更加成熟雅致，但却不够醇厚；它比 1975 年年份酒的口感更加甘甜、纯净。这款酒既不奢华张扬，也称不上平易近人，但是它的前途却不可限量！迟早，人们只有在 1959 年年份酒与 1961 年年份酒的强势组合下才能意识到修道院红颜容酒庄葡萄酒有如此大的潜力。带着装瓶后的一丝紧涩，这款呈墨紫色的葡萄酒散发出黑莓、蓝莓、吐司、焦土、沥青、石墨和烟熏混合的芳香。这款酒的质地十分紧实醇厚，中味和后味也十分奢华，口感惊人的丰富，极富层次感，包含了我所能想到的世界上任何其他一种酒所能带给我的感官享受和精神上的愉悦。这是吉恩·伯纳德·德尔马斯、他的儿子吉恩·飞利浦以及整个酿酒团队共同努力下所取得的非凡成就。它那非同一般的后味竟能持续一分多钟的时间。最佳饮用期：2011~2045 年。

1999 Château La Mission Haut-Brion
修道院红颜容酒庄葡萄酒 1999

评分：91 分

这款精美复杂的葡萄酒，散发出樱桃利口酒、梅子、雪茄烟、新鲜烟草和焦土的风味，它深沉、优雅，却又严谨、细致。酒体适中饱满，修道院红颜容酒庄葡萄酒 1999 与 1985 年、1983 年、1971 年和 1962 年年份酒几乎像是从一个模子里刻出来的。这款酒称不上醇厚，但却极其的复杂饱满，愉悦而理智。最佳饮用期：从现在开始至 2018 年。

1998 Château La Mission Haut-Brion
修道院红颜容酒庄葡萄酒 1998 　评分：94 分

　　这款经典丰腴的葡萄酒，散发出焦土、矿物质、黑果和铅笔混合的气息，还伴随着淡淡的木材清香。酒体超级纯净，中味豪迈奔放，酒香浓郁；后味单宁甜美、绵长有力却又十分的精妙。这款优质葡萄酒需要进行 3 到 4 年的窖藏，它是继 1990 年年份酒和 1989 年年份酒这个超级二重奏之后，又一款得到我肯定的修道院红颜容酒庄葡萄酒。最佳饮用期：2007~2030 年。

1996 Château La Mission Haut-Brion
修道院红颜容酒庄葡萄酒 1996 　评分：90 分

　　这是一款发展缓慢、有点坚硬却充满阳刚气息的修道院红颜容酒庄葡萄酒，它的色泽仍是一种深沉、不透明的红宝石色或紫色，香味封闭却十分悠长，带着黑果的香气，并混合着巧克力的醇香和香甜的橡木清香。这款强劲有力、丰腴饱满的葡萄酒需要一段时间才能达到最佳状态。与其他顶级的修道院红颜容葡萄酒相比，它还带着些许的艰涩，不够柔和圆润。最佳饮用期：2008~2025 年。

1995 Château La Mission Haut-Brion
修道院红颜容酒庄葡萄酒 1995 　评分：94 分

　　修道院红颜容酒庄葡萄酒 1995 的发展速度极其缓慢，它那深沉的红宝石色或紫色浓郁得像要溢出杯子。它散发出烟熏和焦土的甜味，并混杂着黑加仑、蓝莓和日益浓郁的矿物质芬芳。含在口中时，这款结构均衡、强劲有力、中度至饱满酒体的葡萄酒，香味惊人的浓郁，精粹物丰富，单宁味道尤其浓烈。这款酒还很年轻，从它的整个发展历程来看，它甚至还算不上是一个青少年，但是余韵却很悠长，且很浓郁。最佳饮用期：2010~2030 年。

1994 Château La Mission Haut-Brion
修道院红颜容酒庄葡萄酒 1994 　评分：91 分

　　它是一款在收成不好的年份里酿制的上佳修道院红颜容葡萄酒，带着经典的焦土气味，略带干药草、胡椒、甘甜的烟草、烟熏黑加仑以及樱桃混合的芳香。中等至饱满酒体，甘油含量高，深度惊人，完全没有稀释或植物单宁的迹象。最佳饮用期：从现在开始到 2015 年。

1990 Château La Mission Haut-Brion
修道院红颜容酒庄葡萄酒 1990 　评分：96 分

　　跟它精致优雅的姐妹——奥比昂酒庄葡萄酒一样，修道院红颜容酒庄葡萄酒 1990 变得愈加的醇厚和丰富，现在已然成了修道院红颜容酒庄 25 年来上好的佳酿之一。这款酒呈深红宝石色、深紫色或深红李子色，散发出普罗旺斯香草的甜美气味，并混杂着雪松、焦土、木榴油、黑加仑以及黑莓的

芳香。酒体饱满到甚至有些黏稠，酸度很低，酒香层层叠加。这是一款极其引人注目的修道院红颜容葡萄酒，已经表现出相当可观的复杂性。最佳饮用期：从现在开始到 2025 年。

1989 Château La Mission Haut-Brion
修道院红颜容酒庄葡萄酒 1989

评分：100 分

　　这是一款醇厚的修道院红颜容酒庄葡萄酒，呈现出深红宝石色或深紫色，带着浓咖啡、焦油、烟草、矿物质、黑莓、蓝莓和黑加仑的浓香。各种香味的大杂烩与饱满、黏稠、不透明的酒体相得益彰，散发出甘甜美味的水果香味，然而极高的单宁浓度和酸度会让人为之一振。虽然从整个发展历程来看，它充其量还只是个青少年，与它那位出色的姐妹——1990 年年份酒相比还略显青涩。这是一款奇妙的混合型葡萄酒，是当代的一个传奇。最佳饮用期：从现在开始到 2025 年。

1988 Château La Mission Haut-Brion
修道院红颜容酒庄葡萄酒 1988

评分：90 分

　　这是一款浓郁甘甜却又轮廓鲜明的葡萄酒，1988 年年份酒的颜色为深红李子色或石榴色，酒液与酒杯接触处闪闪发光。这款强劲有力、朴实无华的葡萄酒散发出木榴油、焦土、甘甜黑樱桃和咖啡的香味，还略微带一点巧克力的味道。这款十分有质感且醇厚浓郁的葡萄酒，永远都不会成为修道院红颜容酒庄最和谐的佳酿，但是它的口感醇厚饱满，十分充实。最佳饮用期：从现在开始到 2014 年。

1982 Château La Mission Haut-Brion
修道院红颜容酒庄葡萄酒 1982

评分：100 分

　　这是修道院红颜容酒庄在 1975 年到 2000 年间酿制的一款最强劲有力、最为浓郁醇厚并且得天独厚的葡萄酒，它看起来似乎仍然发展缓慢，但前途光明。我曾反复研究过这款葡萄酒，拿不准它到底算是 1961 年年份酒还是 1959 年年份酒的现代版本，但是我本人越来越倾向于后者。这款酒带着一种朦胧的、不透明的深红李子色或石榴色，酒液与酒杯接触的边缘也不会闪闪发光。经过几个小时的醒酒后，它便开始散发出一种黑果、焦土、甘草、松露、石墨和潮湿土壤混合的奇妙香味。酒香极其浓郁，充满着力量和深度，这款酒一直让我觉得它是 1959 年年份酒的再现，与 1989 年年份酒形成有趣的对比，2000 年年份酒也是如此。1989 年年份酒的单宁更加甘甜，也更加的细致优雅，不像 1982 年年份酒一样充满阳刚之气，口感浓郁。这两款酒都很合我的口味，但是风格却迥然不同。2000 年年份酒精粹物丰富，也更强劲有力，但口感却更加精致微妙。1982 年年份酒的单宁含量也极高，保证了它还可以继续窖藏至少 30 年时间，它的饮用期可长达几乎 50 年之久。最佳饮用期：2007~2040 年。

CHATEAU LA MONDOTTE
拉梦多酒庄

级别：圣·艾美隆超级名庄

酒庄主：德·内佩革伯爵（Counts von Neipperg）

地址：Château La Mondotte,Bp34,33330 St.-Emilion, France

电话：（33）05 57 24 71 33

传真：（33）05 57 24 67 95

邮箱：info@neipperg.com

网站：www .neipperg.com

联系人：斯蒂芬·德·内佩革伯爵（Count Stephan von Neipperg）

参观规定：谢绝参观

葡萄园

占地面积：11.1 英亩

葡萄品种：75 % 美乐，25% 品丽珠

平均树龄：45 年

种植密度：5,500 株 / 公顷

平均产量：2,500 公升 / 公顷

酒的酿制

这座袖珍型的葡萄园位于圣·艾美隆东部的石灰石高地。粘性土壤、充沛的阳光和低产量，所有这些都使得拉梦多酒庄葡萄酒十分的奢华饱满，色泽深沉，结构性极佳，同时还带有一种不可思议的果味和细致的口感，不断地挑逗人的味觉。

葡萄全部是由人工采摘，并在除梗之前和之后进行两次挑选。在温度可控的橡木酒槽中进行 25 天的发酵，重压葡萄皮盖进行浸渍。新酿出的葡萄酒连同酒渣在木桶中（每年的更新比例为 90%~100%）进行 18 个月以上的陈年，不澄清不过滤。

年产量

拉梦多酒庄（La Mondotte）：9,500 瓶

平均售价（与年份有关）：150~250 美元

近期最佳年份

2003 年，2001 年，2000 年，1998 年，1986 年

古老的德·内佩革家族是法国贵族，这个家族的历史可以追溯到 12 世纪初。几百年来，这个家族出了许多著名的战士和政治家，但是却不忘自家是酿酒起家，一直没有放弃酿酒的手艺。

1971 年，约瑟夫·休伯特·德·内佩革伯爵 (Count Joseph-Hubert von Neipperg) 买下了圣·艾美隆地区的四座酒庄——大炮嘉芙丽酒庄 (Conon La Gaffelière)、拉梦多酒庄、卢克杰酒庄 (Clos de l' Oratoire) 以及佩侯酒庄 (Peyreau)。尽管这个家族一次性买下了四座酒庄，但是却将大部分的精力和资金都投入到了大炮嘉芙丽酒庄上。1983 年，德·内佩革伯爵将圣·艾美隆区的四座酒庄都交给他的儿子斯蒂芬打理。斯蒂芬接受了任命，并聘任史蒂芬·杜胡隆夫 (Stéphane Derenoncourt) 做酿酒师。

值得一提的是，拉梦多酒庄在极短的时间里就取得了非凡的成就。尽管它与圣·艾美隆区的其他内佩革酒庄是同时被买下的，但是在相当长的一段时间内，拉梦多酒庄一直处于另外两个酒庄——大炮嘉芙丽酒庄和卢克杰酒庄的阴影之下。然而，1996 年，拉梦多酒庄葡萄酒却受到了前所未有的高度认同和赞赏，斯蒂芬·德·内佩革和他的袖珍酒庄一夜间声名鹊起，成为了人们关注的焦点。

当被问及为何没有早一点意识到拉梦多酒庄的潜力时，斯蒂芬·德·内佩革解释道："人们一直在问我这个问题，其实最主要的原因是经济问题。自 1984 年起大炮嘉芙丽酒庄和自 1991 年起卢克杰酒庄已经花费了我们大部分的财力和精力。当这两座酒庄运转良好时，我们才把注意力放到了拉梦多酒庄上，因为我们从一开始就知道这座酒庄的品质非凡。

"我们取得的巨大成功只是一贯努力的副产品。我们真正想做的是将酿酒理念应用到一座如珠宝般璀璨的酒庄上，袖珍型的拉梦多酒庄则为我们将部分理念转化为现实提供了一个绝佳的机会。产量低就意味着我们可以快速地进行技术测试，并且费用相对低廉。"

"造就一款好葡萄酒的关键是风土特征，普普通通的土壤上绝对产不出上等佳酿。在拉梦多酒庄酿酒时，我们不必改变酿酒的风格来适应任何平庸的口感标准。例如，就像如果我们说拉梦多酒庄是圣·艾美隆地区的柏图斯酒庄 (Pétrus) 那就未免太可笑了。这片葡萄园

有它自己独特的风格。"

在我所喝过的葡萄酒中，拉梦多酒庄葡萄酒是最醇厚年轻的一款波尔多葡萄酒。不管它是想要成为柏图斯酒庄葡萄酒还是圣·艾美隆的里鹏酒庄 (Le Pin) 葡萄酒都不是痴心妄想，因为这款葡萄酒的确是难得的上等佳酿。现在的拉梦多酒庄已经博得了大众的眼球，并招致了一些不必要的嫉妒。

LA MONDOTTE
拉梦多酒庄

2003 La Mondotte
拉梦多酒庄葡萄酒 2003

评分：93~96 分

这片葡萄园位于典型的粘土或石灰石高地上，它在 2003 年获得了巨大的成功。这款酒的原料混合比例为 80% 美乐和 20% 品丽珠，酒体呈深邃的墨紫色，散发出烘焙浓咖啡、黑莓、黑加仑利口酒、矿物质和花朵深沉而又雅致的混合美妙香味。这款酒口感浓郁，酒体丰腴，酸度低，强劲有力，极其优雅且轮廓清晰。它虽然不是那种令人惊艳的酒，但却是一款层次分明、质地细腻雅致的圣·艾美隆葡萄酒，它的妙处需要慢慢地品尝和体会，酒体极其纯净，存在感强。最佳饮用期：2007~2018 年。

2002 La Mondotte
拉梦多酒庄葡萄酒 2002

评分：90 分

我曾经前后三次品尝过这款葡萄酒，它似乎是拉梦多酒庄自 1996 年以来酿制出的品质最差的年份酒了。这款酒的原料混合比例为 80% 美乐和 20% 品丽珠，酒的颜色为深紫色，散发出蔓越橘和黑莓的果香，质地细腻柔滑，但却带有单宁的苦涩，回味干涩、过度萃取、短暂且不连贯。也许延长陈年的时间会使它的口感更加丰富，质地也会更优。虽然拉梦多酒庄葡萄酒 2002 的品质优异，甚至称得上是一款佳酿，但是它并没有达到以往在斯蒂芬·德·内佩革和他的天才顾问史蒂芬·杜胡隆夫领导下的一贯水准。最佳饮用期：2008~2016 年。

2001 La Mondotte
拉梦多酒庄葡萄酒 2001

评分：94 分

对于拉梦多酒庄葡萄酒来讲，这款酒优雅非常且出人意料地低调。醇厚、美味、呈现不透明紫色色泽的拉梦多酒庄葡萄酒 2001 口感日渐浓郁；黑樱桃、黑加仑利口酒、吐司和矿物质混合而成的香味魅人心魄，适中饱满的酒体与恰到

拉梦多酒庄葡萄酒 2001 酒标

好处的木头味、酸度和单宁相得益彰，余韵悠长。最佳饮用期：从现在开始到2017年。

2000 La Mondotte
拉梦多酒庄葡萄酒 2000

评分：98+ 分

11.1英亩的葡萄园以及每公顷仅为2,500公升的低产量，由80%美乐和20%品丽珠混合酿制而成的拉梦多酒庄葡萄酒几乎是完美无瑕的。拉梦多酒庄葡萄酒2000呈现出几乎可以沾到杯壁的饱满的墨紫色，黑莓和黑加仑的果香味中合着樱桃、香草、浓咖啡、摩卡咖啡的芳香，还带着一丝洋槐花的花香，香味紧致而悠长。未澄清、未过滤的酒液口感极其醇厚、紧致，质地非常纯净，层次分明，回味黏稠、饱满，留香可在口中停留一分钟之久。尽管这款酒十分浓烈，结构却很丰富，层次细腻。2000年年份酒是斯蒂芬·德·内佩革和史蒂芬·杜胡隆夫强强联手的又一泣血之作。最佳饮用期：2007~2030年。

1999 La Mondotte
拉梦多酒庄葡萄酒 1999

评分：94 分

与1997年年份酒一样，1999年年份酒是拉梦多酒庄有史以来推出的发展最快、最平易近人的一款葡萄酒。酒体呈不透明的深紫色，散发出香甜的黑果、石墨、甘草和灌木的清香。酒体饱满而奢华，精粹物极其丰富，口感也香醇得令人难以置信。大量的甘油、果香和精粹物掩盖了浓烈的单宁味道。值得一提的是，它的余韵可持续35到45秒。拉梦多酒庄葡萄酒1999称得上是1999年相当不错的一款葡萄酒了。最佳饮用期：从现在开始到2020年。

1998 La Mondotte
拉梦多酒庄葡萄酒 1998

评分：96+ 分

1998年年份酒足以在酿酒史上留下浓墨重彩的一笔，它十分醇厚，呈现出不透明的黑色或深紫色，带着非常纯粹的黑果香味，其中又透出雪松、香草和乳脂软糖的香气。质地油滑，黑莓或黑加仑和精粹物含量极高，层层叠叠的香味在味蕾上跳跃。尽管它与波特酒有几分相像，但它并不是一款适合在年轻时就饮用的葡萄酒。总之，拉梦多酒庄葡萄酒1998绝对是一款佳酿。最佳饮用期：2008~2030年。

1997 La Mondotte
拉梦多酒庄葡萄酒 1997

评分：94 分

这款酒是拉梦多酒庄的又一力作，并且毫无疑问是该年度最佳葡萄酒之一。1997年年份酒呈现出饱和的深紫色，带着黑莓、紫罗兰、矿物质和香甜的烤橡木味混合在一起的浓郁香味。酒体结构庞大，然而却十分匀称，质地柔软顺滑。与鼎鼎大名的1996年年份酒相比，1997年年份酒更具魅力，也更加的平易近人。建议这款酒在2015年之前享用。

1996 La Mondotte
拉梦多酒庄葡萄酒 1996

评分：97 分

拉梦多酒庄葡萄酒1996是该酒庄的明星酒，也是该年度让人惊艳的一款葡萄酒。它口感丰富、酒香浓郁、单宁结构紧凑，浓重的紫色表明精粹物丰富、醇厚。这款超级醇厚的葡萄酒充满了烤咖啡、甘草、蓝莓、黑加仑的浓香以及烟熏的新橡木味。酒体丰腴，口感多样，层次分明，果香味道浓烈，质地柔和细腻，入口粘黏，余韵可达45秒。单宁甘甜紧致，简直可以与波特酒相媲美！这款一鸣惊人的拉梦多酒庄葡萄酒的最佳饮用期是2006到2025年之间。

CHATEAU MONTROSE
玫瑰酒庄

级别：1855 列级酒庄第二级

酒庄主：让·路易斯·沙墨路（Jean-Louis Charmolüe）

地址：Château Montrose,33180 St.-Estèphe, France

电话：(33) 05 56 59 30 12

传真：(33) 05 56 59 38 48

网站：www .chateaumontrose-charmolue.com

联系人：飞利浦·德·拉格瑞克（Philippe de Laguarigue）

参观规定：参观前必须预约；星期一至星期五：早上 8:30-
12:00，下午 2:00-5:30

葡萄园

占地面积：169.2 英亩

葡萄品种：64% 赤霞珠，31% 美乐，4% 品丽珠，1% 小味多

平均树龄：39 年

种植密度：9,000 株 / 公顷

平均产量：4,200 公升 / 公顷（近 13 年来每公顷的年产量从
3,200 公升到 5,200 公升不等）

酒的酿制

酒精发酵传统上是在可控温的不锈钢酒槽中进行的。发

让·路易斯·沙墨路与他的妻子

酵期间，进行日常的循环旋转和大规模的循环旋转（在用泵将葡萄重新送回酒槽中之前，先在地下酒槽中对一半的葡萄进行压榨）。整个装桶过程会持续 21 天左右，具体时间的长短取决于酿酒年份的具体特点。苹果酸 - 乳酸发酵是在不锈钢酒槽中进行的。

玫瑰酒庄葡萄酒在木桶中进行 18 到 19 个月的陈年，酒桶的更新比例为 50%~70%。每 3 到 4 个月进行一次分离酒脚，并用蛋清对酒进行澄清，但不进行过滤。

年产量

玫瑰酒庄（Château Montrose）正牌：15,000~200,000 瓶

玫瑰夫人（La Dame de Montros）副牌：85,000~160,000 瓶

平均售价（与年份有关）：50~150 美元

近期最佳年份

2003 年，2002 年，2001 年，2000 年，1996 年，1995 年，1990 年，1989 年，1986 年，1982 年

1778 年，依泰利·西奥多·杜姆林（Etienne-Theodore Dumoulin）买下了一块 80 公顷（200 英亩）的山地，上面长满了石南花。石南花淡粉色的花朵使得他将这片新产业命名为"玫瑰山"，而玫瑰酒庄则建于 1815 年。到了 1825 年，该酒庄里还只种植了 12 到 15 英亩的葡萄，而到了 1832 年，葡萄园的面积已经扩大到了 85 英亩。

1855 年，玫瑰酒庄被评为梅多克地区的二级酒庄。那时，玫瑰酒庄的年产量为 100 到 150 吨，即 10,000 到 15,000 箱。1866 年之前，这片产业一直由杜姆林家族打理，之后玫瑰酒庄被转卖给了马修·多尔福斯（Mathieu Dollfus）。马修·多尔福斯去世后，该酒庄又再次被他的继承人让·赫斯顿（Jean Hostein）卖掉，他同时还拥有两座相邻的酒庄——爱士图尔酒庄（Châteaux Cos d'Estournel）和珀美丝酒庄（Pomys）。

1896 年，让·赫斯顿把玫瑰酒庄卖给了自己的女

婿路易斯·沙墨路（Louis Charmolüe），自此以后，该酒庄就由沙墨路家族掌管，家族的盾徽也出现在了酒标上。1925 年之前，路易斯·沙墨路一直是玫瑰酒庄的主人，之后由阿尔伯·沙墨路（Albe Charmolüe）接任，一直掌管到 1944 年。接着下一任酒庄主就是伊冯·沙墨路夫人（Mrs. Yvonne Charmolüe），1960 年，她又将玫瑰酒庄交给了她的儿子让·路易斯·沙墨路。

自此之后，玫瑰酒庄就进行了一系列的技术革新，特别是在 1983 年建立了一个新酒窖，2000 年又修建了一个新的酿酒厂。

作为梅多克地区地理位置最好的葡萄园，并且拥有当地最干净、修筑地最好的酒窖，多年以来玫瑰酒庄这个名字一直与那些结构宏大、醇厚、强劲有力的秃鹰联系在一起，而这些酒一般都需要窖藏几十年才会达到最佳饮用状态。比如说，前波尔多葡萄酒行业协会（CIVB）会长让·保罗·若弗雷（Jean Paul Jauffret）就曾在 1982 年拿玫瑰酒庄 1908 年的年份酒招待我，他把我的眼睛蒙上，让我猜一下它的年龄。这瓶酒缺量并不大，而且尝起来也至少比它真实的年龄年轻了 30 岁。

很显然，让·路易斯·沙墨路这位平易近人的酒庄主婉拒了顾客们对醇厚、单宁浓重葡萄酒的要求，而使玫瑰酒庄葡萄酒的风格变得更加“和顺”。这种风格上的转变在 20 世纪 70 年代末和 80 年代初表现得尤其明显，这一时期原料里增加了美乐的比重，而相对减少了赤霞珠和小味多的使用。然而，玫瑰酒庄的粉丝们并不喜欢这种“新”风格。于是，自 1986 年起玫瑰酒庄又重新恢复到原来那种强劲有力、深沉复杂的风格，会令人不禁联想起 1975 年之前的葡萄酒。当然，2003 年、2000 年、1996 年、1990 年和 1989 年年

份酒都是这个酒庄自 1961 年以来难得一见的佳酿。值得一提的是，这些年份的葡萄酒实际上都已经具备了一级酒庄的品质。任何曾有幸品尝过玫瑰酒庄最佳年份葡萄酒——1970 年、1964 年、1961 年、1959 年、1955 年和 1953 年年份酒的人都会毫不犹豫地证明这样一个事实：玫瑰酒庄生产出的一系列醇厚复杂的葡萄酒应该被称作圣·达斯特区的拉图酒庄酒。自 1953 年至 1971

年和自 1989 年至今的这两个时期内，玫瑰酒庄酿制的葡萄酒都特别的强劲，经常荣登梅多克北部地区最佳葡萄酒的名单。

凡是到圣·达斯特区参观的游客们都会看到那坐落在高地上的、外表朴素的玫瑰酒庄，从那里可以俯瞰吉伦河河口的壮丽景色。这座由沙墨路家族掌管的酒庄的确值得一看：那古老的、巨大的敞口橡木桶，崭新的木桶以及发酵的酒窖都是一道不可错过的风景。

CHATEAU MONTROSE
玫瑰酒庄

2003 Château Montrose
玫瑰酒庄葡萄酒 2003

评分：96~100 分

这款美妙的玫瑰酒庄葡萄酒 2003 是精选出 78% 的收成酿制而成。葡萄是在 9 月 11 日至 26 日进行采摘，原料混合比例为 62% 赤霞珠、34% 美乐、3% 品丽珠以及 1% 小味多。产量极低，每公顷仅产 3,500 公升。这款葡萄酒的 pH 值极高（3.9），酒精含量为 13.2%，可以想象成是品质卓越的 1989 年年份酒与 1990 年年份酒的混合体。它的颜色为墨紫色，浸透出黑加仑利口酒、新锯木材、烟熏、碎石和野姜花混合的浓烈而又奇特的香气。这款酒口感丰富、质地柔滑、酒体丰腴、口感醇厚而不轻浮，回味可长达 60 秒。2003 年年份酒是玫瑰酒庄的一款经典之作，绝对有足够的实力打败 2000 年、1990 年和 1989 年年份酒。鉴于它的低酸度以及不可思议的绝佳口感，5 到 6 年之后就可以饮用了，最佳饮用期可持续 25 到 30 年。

2002 Château Montrose
玫瑰酒庄葡萄酒 2002

评分：91 分

这款酒是由精选出 56% 的收成酿制而成的，原料混合比例为 62% 赤霞珠、32% 美乐、4% 品丽珠和 2% 小味多。它的颜色是结构性极佳的红宝石色或紫色，但口感却是浑然一体，后味略带涩口的重单宁味。玫瑰酒庄葡萄酒 2002 香味复杂，入口甘甜，但强劲的余韵以及单宁味强烈的后味都使得它的得分大打折扣。最佳饮用期：2010~2020 年。

2001 Château Montrose
玫瑰酒庄葡萄酒 2001

评分：91 分

这款有着浓重深紫色的玫瑰酒庄葡萄酒 2001 散发出土壤、堆肥、饱满多汁的黑加仑和樱桃混合的香甜气息。它酒体适中、香醇浓厚、单宁略高、强劲有力，是该年度圣·达

斯特区发展最为缓慢的一款葡萄酒。它的原料混合比例为 62% 赤霞珠、34% 美乐，剩下的就是小味多和品丽珠。这款酒需要进行 5 至 6 年的窖藏，最佳饮用期长达 15 或 16 年。

2000 Château Montrose
玫瑰酒庄葡萄酒 2000

评分：96 分

玫瑰酒庄近几年来接连推出佳酿，而玫瑰酒庄葡萄酒 2000 无疑是继大获成功的 1990 年年份酒和 1989 年年份酒之后最引人注目的一款年份酒了。这款酒单宁浓烈，发展极其缓慢，酒体呈结构性极强的墨紫色，富含金合欢、压碎的黑莓、黑加利口酒、香草、烟熏山胡桃木以及矿物质混合的风味。酒体特别丰满、强劲、浓厚且层次感强，这款梦幻般的玫瑰酒庄葡萄酒可以保存 30+ 年以上。它的原料混合比例为 63% 赤霞珠、31% 美乐、4% 品丽珠和 2% 小味多，有着少见的纯净和绵长。最佳饮用期：2010~2040 年。

1999 Château Montrose
玫瑰酒庄葡萄酒 1999

评分：90 分

玫瑰酒庄葡萄酒 1999 的颜色为黑色或紫色，散发出纯粹的黑果味，并混杂着矿物质、烟熏和土壤的风味。酒香尤其浓厚，口感出人意料的浓烈醇厚，单宁适中。这款酒无论是从规模、浓度，还是适中至饱满的力度来讲都不出彩。最佳饮用期：2006~2025 年。

1998 Château Montrose
玫瑰酒庄葡萄酒 1998

评分：90+ 分

这是一款典型的玫瑰酒庄葡萄酒，1998 年年份酒呈深紫色，散发出美味的黑加仑、甘草、土壤和烟熏的甜美气息。它是一款浓烈且饱满的葡萄酒，单宁柔和完美。鉴于玫瑰酒庄的密封性较强，所以它从瓶中倒出来后的口感比我预想中的要好。最佳饮用期：从现在开始到 2030 年。

1996 Château Montrose
玫瑰酒庄葡萄酒 1996

评分：91+ 分

玫瑰酒庄葡萄酒 1996 是一款十分有潜力的葡萄酒，呈现出结构性极强的深红宝石色或深紫色，并带有新橡木、美味的黑加仑、烟熏、矿物质和新鞍皮革混合的香味。它极富层次性，口感醇厚，酒体适中至饱满，单宁甘甜，质地柔和，中味香醇，后味极其绵长。最佳饮用期：2009~2025 年。

1995 Château Montrose
玫瑰酒庄葡萄酒 1995

评分：93 分

玫瑰酒庄葡萄酒 1995 是一款圆润饱满、充满异国情调且果香浓郁的葡萄酒，与 1996 年年份酒相比，它的口感更

加丰厚，精粹物也更为丰富。1995年年份酒减少了赤霞珠的比重，所以酒体更加丰腴，平易近人。它的颜色为不透明的黑色、红宝石色或紫色，散发出黑果、香草和甘草成熟甘美的香味。1995年年份酒十分浓烈，但却出人意料的平易近人（单宁如天鹅绒般柔顺丝滑，酸度极低）。这款美妙的玫瑰酒庄葡萄酒要等到2028年才能达到顶峰时期。

1994 Château Montrose
玫瑰酒庄葡萄酒 1994

评分：90 分

不透明的深紫色表明这款酒的质地相当醇厚，玫瑰酒庄葡萄酒1994算得上是梅多克北部地区在1994年推出的最成功的葡萄酒之一了。它带着美味的黑果、梅子、香料和土壤混合的隐秘香气。精粹物丰富，酒体纯净，浓郁的黑加仑果味伴随着适度而成熟的单宁。酒体适中，口感香醇，这款优质的玫瑰酒庄葡萄酒现在即可饮用，最佳饮用期可一直持续到2020年。

1990 Château Montrose
玫瑰酒庄葡萄酒 1990

评分：100 分

这款威严壮丽的葡萄酒十分醇厚，甘甜美味的水果、液化的矿物质、新鞍皮革和香烤牛排的口味交织融合在一起。噙在口中时，口感极其醇厚，精粹物丰富，甘油味道浓烈，单宁甜美，酒液如丝绸般从舌尖掠过。它气势恢宏、口感肥厚，是一款得天独厚的上等佳酿。由于尚未开始密封，且酒中的富裕物质还未消除，所以这款酒相对比较平易近人。由于它口感甘甜、香浓醇厚，精粹物含量高，而酸度则特别低，因此玫瑰庄园葡萄酒1990现在即可品尝享用，但是它更适合做未来葡萄酒中的传奇。最佳饮用期：从现在开始到2030年。

1989 Château Montrose
玫瑰酒庄葡萄酒 1989

评分：97 分

作为玫瑰酒庄的上等佳酿，1989年年份酒绝对是该年度红酒中的超级明星。它呈现出不透明的深红宝石色或紫色，散发出矿物质、黑果、金合欢花、雪松和木材混合的甘甜芬芳。这款酒酒体丰腴，高度萃取的葡萄酒酸度极低，绵长的余韵中带着柔和的单宁味。它比我原先预料的口感更加丰富，层次也更加复杂，既有甘甜的水果层，也有如天鹅绒般柔滑的甘油层。玫瑰酒庄葡萄酒1989在品质上与完美的玫瑰酒庄葡萄酒1990很接近，堪称是一款惊世绝作。最佳饮用期：从现在开始到2025年。

1986 Château Montrose
玫瑰酒庄葡萄酒 1986

评分：91 分

这是一款玫瑰酒庄的转型之作，当时玫瑰酒庄试图使酒的风格变得更加柔和，而1986年年份酒则是这一短暂的弯路时期推出的一款佳作。这款葡萄酒呈深红宝石色或深紫色，边缘带有些许的亮光。它丰满、浓烈、强劲有力，散发出红醋栗、黑醋栗、矿物质和香料混合的芳香，酒体适中饱满。这款单宁味道浓郁、强劲有力的玫瑰酒庄葡萄酒虽仍年轻，但却平易近人。另外，它层次复杂、极富质感，回味中带有浓郁甜美的单宁口味。最佳饮用期：从现在开始到2025年。

1982 Château Montrose
玫瑰酒庄葡萄酒 1982

评分：91 分

尽管玫瑰酒庄葡萄酒1982的发展速度极快，但要达到顶峰时期还需10年。这款酒呈健康的深红宝石色或石榴色，黑果馥郁甘甜的果香中萦绕着新橡木、甘油和扑鼻的花香，酒体丰满醇厚，回味中单宁略显干涩。这款结构极其匀称、口感丰富、酒香醇厚的葡萄酒现在即可享用，它是玫瑰酒庄中少见的、发展持续且迅速的一款葡萄酒。最佳饮用期：从现在开始到2015年。

CHATEAU MOUTON ROTHSCHILD
木桐酒庄

级别：1973 年列级酒庄第一级

酒庄主：菲丽嫔·德·罗斯柴尔德女爵 (Baroness Philippine de Rothschild GFA)

地址：Château Mouton Rothschild,33250 Pauillac, France

电话：(33) 05 56 59 22 22

传真：(33) 05 56 73 20 44

邮箱：webmaster @bpdr.com

网址：www.bpdr.com

联系人：技术经理：帕特里克·莱昂（Patrick Léon）；商务主管：赫维·伯兰（Hervé Berland）

参观规定：参观前必须预约（电话：33 05 56 73 21 29 或传真：33 05 56 73 21 28），周一到周四：上午 9:30-11:00，下午 2:00-4:00，周五：上午 9:30-11:00，下午 2:00-3:00；从 4 月份到 10 月份：周末和节假日均开放（仅有 4 个参观时间点：上午 9:30 和 11:00，下午 2:00 和 3:30）

葡萄园

占地面积：205 英亩

葡萄品种：77% 赤霞珠，12% 美乐，9% 品丽珠，2% 小味多

平均树龄：46 年

种植密度：8,540 株 / 公顷

平均产量：4,000~5,000 公升 / 公顷

酒的酿制

　　葡萄收获时都是人工采摘的，全部放在小篮子里。当葡萄被送入酿造房，在去梗之前会放到筛选台上进行筛选，目的是将枝叶挑出，只留下优质的果实。随后，葡萄由于重力作用，会自然落入发酵桶中。

　　木桐酒庄的发酵桶全部是由橡木制成，而且酒庄的每一幢建筑都融入了真正的酿酒艺术，酒精发酵大约需要一周的时间。

　　经过 4 至 5 周的发酵和浸渍，葡萄酒被直接倒入新橡木酒桶中；接着就是苹果酸 - 乳酸的发酵，这期间会有许多酒被糅合在一起；随后被转入新橡木酒桶中进行 18 至 22 个月的陈年；每 4 个月用传统方法定期分离脚酒。木桐酒庄的目标就是酿制出强劲有力且拥有不弱的继续陈年实力的葡萄酒。

年产量

　　木桐酒庄正牌（Château Mouton Rothschild）：300,000 瓶

　　小木桐副牌（Le Petit Mouton de Mouton Rothschild）：43,000 瓶

　　木桐之银翼（波尔多白酒）（Aile d'Argent）：13,000 瓶

　　平均售价（与年份有关）：125~300 美元

近期最佳年份

　　2003 年，2002 年，2000 年，1998 年，1996 年，1995 年，1989 年，1986 年，1982 年

　　1853 年，罗斯柴尔德家族（Baron Nathaniel de Rothschild）在英国一支的成员——纳撒尼尔·德·罗斯柴尔德男爵买下了"木桐园酒庄"（Château Brane-Mouton），并将它更名为"木桐·罗斯乔德酒庄"（Château Mouton Rothschild）（简称木桐酒庄）。1922 年，他的孙子菲利普·德·罗斯柴尔德男爵 (Baron Philippe de Rothschild)(1902 年 ~1988 年) 将这片产业买了下来。

　　1924 年，菲利普男爵成为在酒庄里装瓶的第一人。1926 年，他修建了著名的"大酒窖 grand chai"——一座宏伟的百米木桶大厅，这个酒窖现在已经成为木桐酒庄的主要景点了。1933 年，他买下了邻近的木桐·达马邑酒庄（Château Mouton d'Armailhacq）——1855 年的列级酒庄，并将它更名为"达马邑酒庄（Château d'Armailhac）"，进一步扩展了家族产业。

　　木桐酒庄和木桐酒庄葡萄酒是已故的庄园主菲利普·德·罗斯柴尔德男爵独一无二的创举。难怪在他 21 岁正式接手酒庄时，就对木桐酒庄寄予了厚望。但是，他对木桐酒庄的形象和档次提升之大超出了所有人的意料。同时他也是梅多克地区改变 1855 年波尔多分级结果的第一人，也是迄今为止唯一的一个。

　　经过多年不断的游说和努力，1973 年，木桐酒庄正式被定为一级酒庄。欣喜若狂的男爵将原来充满不甘和挑衅的酒标"Premier ne puis, second ne daigne, Mouton suis"（我不能第一，但我不甘第二，我是木

桐）"换成了"Premier je suis, second je fus. Mouton ne change"（今我第一，昔我居次，木桐不变）。

1988年1月男爵逝世，他那同样魅力十足的女儿菲丽嫔成为了这个庞大的葡萄酒王国新的精神领袖。她同样得到了在赫维·伯兰（Hervé Berland）领导下才华横溢的木桐酒庄酿酒团队的大力拥护和支持。

我可以肯定地说，在我所喝过的顶级波尔多葡萄酒中，有相当一部分都是木桐酒庄的葡萄酒。2003年、2000年、1996年、1995年、1986年、1982年、1959年、1955年、1953年、1947年、1945年和1929年年份酒都是木桐酒庄的上等佳酿。然而，我也曾碰到过太多毫不出彩的木桐酒庄葡萄酒，这对一座一级酒庄来讲简直就是耻辱，也会令那些花了钱的消费者深感不快。1990年、1980年、1979年、1978年、1977年、1976年、1974年、1973年、1967年和1964年年份酒的品质明显达不到一级酒庄的水平。即使是在1990年和1989年——这两个历史上出了名的好年份，木桐酒庄生产的葡萄酒也毫不起眼，缺乏一级酒庄在收成极佳的年份里所应有的醇厚。

尽管如此，木桐酒庄之所以能取得如此巨大的商业成功，其原因是多方面的。首先，木桐酒庄的酒标是收藏家们争先收藏的对象。自1945年起，菲利普·德·罗斯柴尔德男爵每年都会聘请一位艺术家为酒标进行特别创作，最后那幅画会被印到酒标的最上面。木桐酒庄的酒标不乏大师的作品，从欧洲大家米罗、毕加索、夏卡尔、科克托到美国艺术家沃霍尔、玛瑟韦尔以及1982年的约翰·休斯敦。其次，在好年份里丰满的木桐酒庄葡萄酒与朴素典雅的拉菲堡葡萄酒，以及强劲有力、单宁浓重、醇厚密集、充满阳刚之气的拉图酒庄葡萄酒风格迥异。最后，木桐酒庄自己保留的毫无瑕疵的酒庄建筑，以及酒庄里那座宏伟的葡萄酒博物馆已经成为梅多克（也许还是波尔多地区）最著名的旅游景点了。

CHATEAU MOUTON ROTHSCHILD
木桐酒庄

2003 Château Mouton Rothschild
木桐酒庄葡萄酒 2003　　评分：95~98 分

2003年年份酒的产量极低，每公顷葡萄园仅产2,800公

菲丽嫔女爵与菲利普·德·罗斯柴尔德男爵在一起

升。这款酒是由76%赤霞珠、14%美乐、8%品丽珠和2%小味多混合酿制而成，pH值为3.8，酒精含量为12.9%（这一点与拉菲堡酒庄葡萄酒几乎旗鼓相当），总酸度为3.5（比其他一级酒庄葡萄酒都要高出很多）。木桐酒庄葡萄酒2003在风格上与1982年年份酒十分接近，但是却更加的柔和圆润。1982年和1947年的赤霞珠恰好是在同一天收获的，真是一个有趣的巧合。这款酒浓重的黑紫色泽一直晕到杯壁，散发出浓郁的烘焙浓咖啡的香气，典型的木桐酒庄黑加仑利口酒的香味萦绕其中，它那强劲润滑的口感瞬间就能捕获你的味蕾，透出浓烈醇厚的甘宁口味。这款天生丽质的2003年年份酒仍然处于不断地发展进化中，但毋庸置疑，它仍是该年度最出色的葡萄酒之一。如果我的直觉没有出错的话，它是一款自1982年年份酒以来最成熟奢华的木桐酒庄葡萄酒了。最佳饮用期：2012~2035 年。

2002 Château Mouton Rothschild
木桐酒庄葡萄酒 2002

评分：94+ 分

这又是一款年度最佳葡萄酒的热门候选，木桐酒庄葡萄酒2002的产量仅为20,000箱（2000年的产量为25,000箱），每公顷葡萄园仅产出3,100公升。这款葡萄酒的原料混合比例为78%赤霞珠、12%美乐、9%品丽珠以及1%小味多，它的色泽应该是木桐酒庄2002年之前结构性最佳、色泽最饱满的年份了。口感丰富，带着明显的黑加仑利口酒的味道，其中又混杂着烟熏、可可、皮革和甘草的芳香。单宁依然很强劲，但是口感却出乎意料的醇厚、劲道、丰富。酚醛

木桐酒庄葡萄酒 2001 酒标

含量几乎要打破一向丰腴适中的木桐酒庄葡萄酒的记录了。根据以往木桐酒庄的记录，我猜木桐酒庄葡萄酒 2002 在装瓶后至少还需要窖藏 10 到 15 年时间才能重出江湖。毫无疑问，这款酒绝对拥有陈年的天分，适合长时间窖藏。最佳饮用期：2015~2040 年。

2001 Château Mouton Rothschild
木桐酒庄葡萄酒 2001

评分：90 分

这款酒由 86% 赤霞珠、12% 美乐和 2% 品丽珠混合酿制而成，呈现出不透明的深紫色，醇厚的木桐酒庄葡萄酒 2001 并不具备一等酒庄葡萄酒所特有的精致和完美的结构，这款酒散发出浓郁的黑加仑利口酒的味道，酒液浑然一体，酒体适中至饱满，余味中单宁有些许的涩重之感（我发现装在桶中的酒也有这一特点）。2001 年年份酒很干，口感不够圆润，发展速度也很缓慢，至少要等上 10 年才适合饮用。让我们一起期待它能够继续发展，变得愈加甘甜，但是究竟会不会如我们所愿还很难说。最佳饮用期：2013~2025+。

2000 Château Mouton Rothschild
木桐酒庄葡萄酒 2000

评分：97+ 分

正如我在 2001 年 4 月作的一份关于千禧年年份酒的报告中预言的那样，所有人都希望菲丽嫔·德·罗斯柴尔德女爵在千禧年之际能做出一番建树，而她也果然没有辜负所有人的期望。凡是见到过木桐酒庄葡萄酒 2000 不凡包装的人，无不惊叹于它的巧妙与精美。酒瓶设计得十分特别，一个酒瓶的价值简直抵得上一瓶酒了！她的才华可见一斑，但是真正有价值的还是装在瓶里的酒——木桐酒庄葡萄酒 2000！这款酒需提前 24 到 48 个小时开瓶醒酒，口感才能达到最佳状态。这款 2000 年年份酒混合了 86% 赤霞珠与 14% 美乐酿制而成，呈现出结构性很强的红宝石色或紫色，散发出吐司、咖啡、甘草、黑加仑利口酒和烤坚果的淡雅而绵长的清香。醇厚、劲道，发展缓慢，十分的纯净，带着浓郁的烤橡木味，木桐酒庄葡萄酒 2000 酒体丰腴、口感浓烈、单宁浓重，24 至 48 个小时的醒酒会激发出它的无限潜能。这款一鸣惊人的葡萄酒有着少见的持久生命力，它可能不像梅多克区其他的一级酒庄葡萄酒那样令人印象深刻，但是给它一点时间，它定不会令你失望。最佳饮用期：2015~2050+。

1999 Château Mouton Rothschild
木桐酒葡萄酒庄 1999

评分：93 分

木桐酒庄葡萄酒 1999（原料比例为 78% 赤霞珠、18% 美乐和 4% 品丽珠）的产量占到了该酒庄当年总产量的 60%。这款梦幻的 1999 年年份酒算得上是 1985 年年份酒或 1962 年年份酒的现代版本。它的色泽呈饱满的红宝石色或紫色，雪松木、黑加仑利口酒、烟熏、咖啡和干药草的奢华香味缠绕在一起。它的发展速度很快，强劲丰醇，酒体既复杂，又丰厚多汁、馥郁丰饶、余韵悠长。后味中的单宁表明这款酒在一两年内会有细微的变化。1999 年年份酒是一款复杂的、经典的木桐酒庄葡萄酒。最佳饮用期：从现在开始到 2030 年。

1998 Château Mouton Rothschild
木桐酒庄葡萄酒 1998

评分：96 分

木桐酒庄葡萄酒 1998 已成为继毫无瑕疵的木桐酒庄葡萄酒 1986 之后，品质最优的年份酒。跟许多其他酒庄出产的 1998 年年份酒一样，这款酒已经变得十分醇厚，引人注目。即使现在在酒瓶里，这款黑紫色的葡萄酒在结构、丰富度和规模方面依然在不断地完善。原料混合比例为 86% 赤霞珠、12% 美乐和 2% 品丽珠（只精选出当年 57% 的收成），这是一款强劲有力、超级醇厚的葡萄酒，融合了意大利焙炒咖啡、黑加仑利口酒、烟熏、新马鞍皮革、石墨和甘草的芳香。它的口感十分厚重，酒香特别醇厚，入口单宁有一种灼热之感，口感层次性极强，能瞬间捕获你的味蕾。这又是一款保存期长达 50 年的木桐酒庄葡萄酒，但是要享用这款酒还需要耐心地等待，它大约还需要 10 年的时间才可以饮用。尽管如此，这款酒绝对完胜 1995 年、1990 年和 1986 年年份酒！最佳饮用期：2012~2050 年。

1997 Château Mouton Rothschild
木桐酒庄葡萄酒 1997

评分：90 分

当年木桐酒庄只精选出了 55% 的收成酿制出 1997 年年份酒，它也是近年来发展速度最快且最为成熟的一款木桐酒庄葡萄酒，凝聚了这个年份所有的魅力与优雅。这款葡萄酒的混合原料为 82% 赤霞珠、13% 美乐、3% 品丽珠和 2% 小味多，酒体呈深红宝石色或紫色，散发出浓郁的雪松木、黑莓利口酒、黑加仑和咖啡混合的香味。它口感丰厚、成熟，圆润饱满，酸度很低，单宁柔和，酒香浓郁绵长。这款美味的木桐酒庄葡萄酒 1997 还需要再窖藏至少 15+ 年，它是该年份的一款上等佳酿。

1996 Château Mouton Rothschild
木桐酒庄葡萄酒 1996

评分：94+ 分

木桐酒庄的员工们一致认为 1996 年年份酒比 1995 年年份酒要复杂得多，但却不够香醇。我承认在所有的一级酒庄中，这款酒出人意料地快速发展，并且香味也很复杂。它散发出浓郁的意大利焙炒咖啡、黑加仑利口酒、烟熏橡木和酱油混合而成的特色酒香，尝起来会有黑加仑、覆盆子、咖啡和新马鞍皮革的风味。酒体丰腴、成熟、丰富、醇厚，平衡性一流。这款酒的矛盾之处在于：单从口感来看，这是一款很年轻的葡萄酒，但是它的香味又会让人觉得它已经有相当长的历史了。最佳饮用期：2007~2030 年。

1995 Château Mouton Rothschild
木桐酒庄葡萄酒 1995

评分：95+ 分

与浓烈的木桐酒庄葡萄酒 1996 相比，木桐酒庄葡萄酒 1995 显得更加的平易近人。它由 72% 赤霞珠、19% 美乐和 9% 品丽珠混合酿制而成，酒体呈饱满的紫色，并带有不易察觉的黑加仑、松露、咖啡、甘草和香料混合的芳香。噙在口中时，这款葡萄酒的口感简直"棒极了"：口感醇厚饱满，中味丰富，后味层次感强，极富质感，余韵至少能持续 40+ 秒之久。酒体极其纯净，单宁浓烈，但直觉告诉我，与豪迈大气的 1996 年年份酒相比，1995 年年份酒的酸度更低，同时也稍显醇厚。最佳饮用期：2010~2030 年。

1994 Château Mouton Rothschild
木桐酒庄葡萄酒 1994

评分：90 分

木桐酒庄葡萄酒 1994 呈完全饱和的深紫色，融合了经典的木桐酒庄风格：甜美的黑果果香辅以烟熏、吐司、香料和雪松的余香。酒体适中至饱满，酒质集中，层次感强，单宁强劲，果味丰富浓郁。这款葡萄酒的风格与 1988 年年份酒有几分相似。最佳饮用期：从现在开始到 2025 年。

1989 Château Mouton Rothschild
木桐酒庄葡萄酒 1989

评分：90 分

木桐酒庄葡萄酒 1989 是一款上等佳酿，但如果与 2000 年、1998 年、1996 年、1995 年、1986 年和 1982 年年份酒相比，它将会黯然失色。这款葡萄酒呈深红宝石色，边缘已经开始呈现出粉红色和琥珀色。酒香出人意料的香浓，充溢着雪松、甘甜的黑果、铅笔和浓郁的烤橡木气息。酒体适中、精致优雅、风格独特，与 1985 年年份酒没什么两样，唯独缺少好年份所应有的醇厚与深度。1989 年年份酒是一款优质的木桐酒庄葡萄酒，现在已经几近成熟，在接下来的 15 至 20 年内都适合饮用。最佳饮用期：从现在开始到 2020 年。

1988 Château Mouton Rothschild
木桐酒庄葡萄酒 1988

评分：92 分

1988 年是梅多克地区最好的年份之一，这款深石榴色或深红李子色的木桐酒庄葡萄酒 1988 散发出诱人的气息：亚洲香料、干草药、矿物质、咖啡、黑加仑和甘甜橡木混合而成的芳香萦绕不散。与 1989 年年份酒一样，这款酒的酒香也十分撩人，而且它的口感还在随着岁月的流逝而变得愈加深沉，比我先前认为的要好得多。含在口中时，你会发现它比 1989 年年份酒更加紧实、醇厚，单宁也更加浓烈，酒体丰腴而成熟。这款雄浑大气的木桐酒庄葡萄酒 1988 还可以再保存 15 至 20 年，刚酿出来时我真是低估了它的价值。如果没估计错的话，这款酒将会超越名气更大的 1990 年和 1989 年年份酒。最佳饮用期：2008~2030 年。

1986 Château Mouton Rothschild
木桐酒庄葡萄酒 1986

评分：100 分

木桐酒庄葡萄酒 1986 极其香浓醇厚、蓬勃大气，与 1982 年、1959 年和 1945 年年份酒在品质而非风格上相比，这款完美无瑕的绝世好酒还只是处于婴孩时期。有意思的

是，在 1998 年，我已经将装有 1986 年年份酒的大酒瓶提前 48 个小时打开醒酒，即使如此，它尝起来仍像是刚从酒桶中取出来的样酒一般！我怀疑木桐酒庄葡萄酒 1986 还需要至少窖藏 15 到 20 年的时间，而它至少有 50 到 100 年的陈年潜力！与近几年来葡萄酒高昂的售价相比，这款酒在精品酒类市场还算是"物美价廉"。等到 1986 年年份酒真正成熟之时，我不敢肯定还有多少读者能有机会亲口品尝到。这是一款经典的木桐酒庄葡萄酒，它有着浓郁的黑加仑利口酒的味道，酒体超级纯净，后味层次丰富到令人咋舌的地步。现在它品尝起来依然很年轻，像是只有 5 到 6 岁！这真是一款惊世绝作！最佳饮用期：2008~2060 年。

1985 Château Mouton Rothschild
木桐酒庄葡萄酒 1985

评分：90+ 分

尽管木桐酒庄一向将 1985 年年份酒比做 1959 年年份酒，但其实这款酒与 1989 年、1962 年或 1953 年年份酒更为相似。浓郁复杂的亚洲香料、烤橡木和草药的芬芳中透焕出成熟的水果香味，这款酒口感丰富绵长，性感撩人。1985 年，这款酒排在奥比昂酒庄（Haut-Brion）和玛歌酒庄之后，屈居第三。建议那些想找美味香浓的木桐酒庄葡萄酒的读者直接无视这款年份酒，因为它是一款柔软顺滑、发展速度快、酒体适中、优雅而成熟的葡萄酒。它至少还可以珍藏 15+ 年。最佳饮用期：从现在开始到 2015 年。

1982 Château Mouton Rothschild
木桐酒庄葡萄酒 1982

评分：100 分

这款呈饱满深紫色的木桐酒庄葡萄酒 1982 是所有 1982 年年份酒中发展速度最为缓慢的一款。装瓶之后的前五六年，这款明星酒就引得万人瞩目，酒体超级醇厚，且风格独特。自 20 世纪 80 年代起，1982 年年份酒就开始逐渐密封窖藏，很难估测它什么时候会一揭庐山真面目。在享用之前，我习惯于提前 12 到 24 个小时开瓶醒酒。它酒体醇厚、质地柔滑，有着美味的果香和丰富的口感，所有这一切都是这个上好年份的证明。但是，这款酒的发展速度极其缓慢，尝起来就好像是不到 10 岁的新酒。这款大气强劲的木桐酒庄葡萄酒单宁浓重、酒体醇厚，比 1970 年和 1961 年年份酒的口感要丰富得多。若说它已经超越了 1959 年和 1945 年年份酒也毫不为过！如果想要品尝到更加成熟的木桐酒庄葡萄酒 1982，那还需再窖藏 5 到 10 年。跟拉图酒庄葡萄酒一样，它的保存期可长达五六十年，但拉图酒庄葡萄酒 1982 却比它好接近得多。那些缺乏自制力的受虐狂们要注意，这款酒至少需要提前 8 到 12 个小时醒酒。将它倒入密封的圆形酒瓶中，然后等待 30 个小时，那它所有美好的品质将会展露无遗。木桐酒庄葡萄酒 1982 真称得上是一个传奇！最佳饮用期：2007~2065 年。

CHATEAU PALMER
宝马酒庄

级别：1855 列级名庄三级庄

酒庄主：宝马酒庄酒业公司（SC Château Palmer）

地址：Château Palmer,Cantenac,33460 Margaux, France

电话：（33）05 57 88 72 72

传真：（33）05 57 88 37 16

邮箱：chateau-palmer @ chateau-palmer.com

网址：www. chateau-palmer.com

联系人：开发经理为伯纳德·德·拉格·德·莫科斯（Bernard de Laage de Meux）

参观规定：参观前必须预约；从 4 月份到 10 月份每天均可；10 月至次年 3 月，周一至周五。

葡萄园

占地面积：128.4 英亩

葡萄品种：47% 美乐，47% 赤霞珠，6% 小味多

平均树龄：38 年

种植密度：10,000 株 / 公顷

平均产量：4,500 公升 / 公顷

酒的酿制

由手工采摘的葡萄一被送入酿造房，就会按照不同的种类和不同的葡萄种植区域进行仔细分类，之后对葡萄进行分拣、去梗和破皮。各个种植区的葡萄都会从酒庄内 42 个酒槽中挑选一个分别进行发酵，这样便于弄清楚每个种植区在过去一年里的品质和潜力。

葡萄在酒槽内进行 8 至 10 天的发酵，为了促进发酵，并增加酚类化合物的精粹物含量，新酿出的葡萄酒一天内

要进行几次循环旋转。之后葡萄酒要进行大约 20 天的浸渍，在这期间对温度要进行小心地调控，并且要不断地进行品尝，以确定将酒从酒槽中倾倒出来的最佳时机。将"自流液"与酒渣进行分离，酒渣之后会进行重新压榨，取得"压榨液"。自流液和压榨液都要进行苹果酸 - 乳酸发酵，以稳定葡萄酒的特性，降低酸度。

苹果乳酸发酵一结束，葡萄酒就立即进行分离，装入橡木桶中；之后在橡木桶中进行 18 到 21 个月的陈年，装瓶时不进行过滤。

年产量

宝马城堡（Château Palmer）正牌：120,000~140,000 瓶

宝马挚友（Alter Ego de Palmer）副牌：80,000~100,000 瓶

平均售价（与年份有关）：75~125 美元

近期最佳年份

2002 年，2001 年，2000 年，1999 年，1995 年，1989 年，1983 年

查尔斯·宝马（Charles Palmer）是驻守在惠灵顿的一位英国将军，1814 年他买下了这座酒庄，这时拿破仑的统治刚刚结束。在接下来的 40 多年里，这位将军将他的资产投资到这座酒庄上，买下邻近的大片葡萄园，进一步扩展自己的产业。

1853 年，从事银行业的帕里耶（Péreire）家族买下了宝马酒庄。这些新的庄园主们都是 19 世纪首屈一指的大企业家，曾在乔治·尤金·霍斯曼（Georges-Eugène Haussmann，时任巴黎警察局局长）和拿破仑三世（Napoleon III）的指挥下，负责巴黎的重建工作。1856 年，他们聘任建筑师宝玓（Burguet）主持修建了优雅别致的庄园城堡和那座引人注目的高塔。

20 世纪 30 年代，严重的经济危机迫使他们不得不卖掉酒庄，而当时的宝马酒庄也已经处于无人管理的状态了。这次几个涉足葡萄酒贸易的波尔多

酒商——来自英国的希齐家族（Sichel）、荷兰的麦拉·贝丝家族（Mähler-Besse）以及波尔多本地的金尼斯特·麦尔赫家族（Ginestet-Miahle）于 1938 年合力买下了宝马酒庄。经过他们不懈的努力，到了 20 世纪 70 年代，宝马酒庄终于重拾昔日的风采，恢复了之前的名誉和声望。

宝马酒庄里那座引人注目的楼塔状城堡庄严地坐落于波尔多的"葡萄酒之路"旁，恰好位于小村子伊桑（Issan）正中间。游客们都觉得这是一个值得停下脚步并拍照留念的美景胜地。而对那些葡萄酒狂热者来说，这座酒庄更大的意义在于它能酿制出波尔多地区顶级的葡萄酒。

论及酒体的醇厚，宝马酒庄与其他一级酒庄相比毫不逊色。在 2002 年、2001 年、2000 年、1999 年、

1998 年、1996 年、1995 年、1989 年、1983 年、1975 年、1970 年、1967 年、1966 年和 1961 年，它的表现甚至比许多一级酒庄还要出色。虽然宝马酒庄名义上只是一座三级酒庄，但它的葡萄酒价格却定位在一二级酒庄之间，充分显示出波尔多酒商、国外进口商和世界各地的消费者对该酒庄葡萄酒的推崇与尊重。

宝马酒庄仍然按照传统方式酿酒，毫无疑问，它那令人羡慕不已的一连串的成功记录是几种因素共同作用的结果。它的 assemblage（葡萄原料的混合）十分的与众不同，美乐的比例高达 47%。在混合原料中使用如此高比例的美乐解释了宝马酒庄葡萄酒为什么会拥有泊美洛式的饱满、柔顺、馥郁及肉质感十足的特点。然而，它那引人注目的酒香却又带着典型的玛歌酒庄式香味。宝马酒庄葡萄酒也是浸渍时间最长的葡

萄酒之一（20~28天），浸渍时葡萄皮与葡萄汁充分接触，这也就解释了为什么宝马酒庄葡萄酒在多数年份色泽饱满、精粹物丰富、单宁充沛的原因了。还有最后一个原因，那就是该酒庄的经营者一直坚决拒绝对他们的葡萄酒进行过滤。

1961年至1977年，宝马酒庄连续多年蝉联玛歌产区最优质葡萄酒冠军，直到1978年玛歌酒庄异军突起，取代了宝马酒庄而跃居首位。虽然近几年宝马酒庄表现优异，完全表现出了一级酒庄的水平，但是直到目前为止，该酒庄还只能是屈居第二。20世纪90年代后期，宝马酒庄对酒窖进行了大刀阔斧的创新改革，再加上推出了副牌酒，所有这一切都使得该酒庄葡萄酒的品质更上一层楼。

宝马酒庄葡萄酒最典型的风格就是它那引人侧目的新酒香气和陈酿香气。我一直都觉得，仅靠嗅觉蒙瓶试酒就能辨别出宝马酒庄一些上好年份的佳酿。它散发出泊美洛式浓郁的果香，但是却有着玛歌酒庄葡萄酒的复杂性和特点。宝马酒庄葡萄酒质地饱满丰厚、柔和圆润、甘美芬芳，而且总是散发出浓郁绵长的果香。

CHÂTEAU PALMER
宝马酒庄

2003 Château Palmer
宝马酒庄葡萄酒 2003

评分：88~91分

宝马酒庄葡萄酒 2003 是一款具有进化风格的葡萄酒，呈现出深红宝石色或紫色微染的色泽，有着性感、复杂的芳香和中度酒体，但是却缺少了近三个年份以来宝马酒庄葡萄酒所达到的深度，并且需要进行至少15年以上的陈酿。由68%赤霞珠、20%美乐和12%小味多混合酿制成了该年产量超低的年份酒——每公顷葡萄园仅产2,500公升。2003年年份酒有着无可争辩的细腻、浓郁的果香和优雅风致。尽管它没有宝马酒庄葡萄酒最好年份所具有的醇厚与力度，但是如果中能能够略微再饱满一点的话，那它绝对就是一款上等佳酿了。最佳饮用期：2006~2018年。

2002 Château Palmer
宝马酒庄葡萄酒 2002

评分：93分

酿酒业中的旷世杰作，宝马酒庄葡萄酒 2002（原料混合比例为52%赤霞珠、40%美乐和8%小味多）表现出极强的强度，散发出极其复杂和引人注目的金合欢花与黑加仑利

口酒的芳香，还带着一丝浓咖啡香和隐隐的灌木丛气味。尽管这款酒特别的醇厚、浓郁、饱满，后味中单宁浓烈，有着足够的精粹物和甘油以保持酒体的平衡，但它还是一款需要被人遗忘7至10年的葡萄酒。8,500箱宝马酒庄葡萄酒 2002 有着与2000年年份酒如出一辙的性质和风格。最佳饮用期：2012~2025+。

2001 Château Palmer
宝马酒庄葡萄酒 2001

评分：90+分

这是一款充满阳刚之气的葡萄酒，宝马酒庄葡萄酒 2001（原料混合比例为51%赤霞珠、44%美乐和5%小味多）呈现出结构性极强的紫色和紫色光晕。尽管这款酒密闭且后进，但它却出人意料的强劲、富有层次感和令人惊叹的丰满，散发出淡淡的木炭、黑色水果、泥土和灌木的混合清香。虽然2001年年份酒已经有了巨大的发展，但是它还需要进行5至7年的窖藏才能逐渐分解柔化掉浓重的单宁。最佳饮用期：2010~2022年。

2000 Château Palmer
宝马酒庄葡萄酒 2000

评分：96分

宝马酒庄葡萄酒 2000 可能最后会跟宝马酒庄葡萄酒 1999 一样优秀，但说到底这两款酒还是有着很大不同的。如果说1999年年份酒有着女性的优雅和细致，那么2000年年份酒则更像是一位刚强有力的男性，强劲、浓烈、单宁充沛。该年份只精选出一半的收成酿制成这款绝世佳酿，原料混合比例为53%赤霞珠和47%美乐。虽然它的单宁仍很强劲，但入口时已经变得十分甘甜了。墨紫色的酒液中包含着大量的精粹物，口感醇烈豪放。要享用这款美酒，我们需要有比等待美丽性感的1995年年份酒更多的耐心。

宝马酒庄葡萄酒 1999 酒标

1999 Château Palmer
宝马酒庄葡萄酒 1999

评分：95 分

这是宝马酒庄的一款明星酒，宝马酒庄葡萄酒 1999 是自 1961 年和 1966 年年份酒以来最杰出的一款葡萄酒。它由 48% 赤霞珠、46% 美乐和 6% 小味多混合酿制而成，散发出紫罗兰和其他春花的浓烈花香，并辅有甘草、黑加仑和淡淡的木材余香。该年份只精选出 50% 的收成酿制成这款佳酿，口感多样，既强劲有力，又不乏细致优雅。单宁甘甜顺滑，如天鹅绒般轻抚你的味蕾，余韵绵长，可长达 45 秒。这款酒真是难得的酒中珍品！最佳饮用期：从现在开始到 2025 年。

1998 Château Palmer
宝马酒庄葡萄酒 1998

评分：91 分

这是一款经典的玛歌葡萄酒。宝马酒庄葡萄酒 1998 在瓶中的 élevage（后期提高）过程中，酒体变得更加的醇厚饱满。它呈深紫色，散发出黑色水果、甘草、融化的沥青、吐司和淡淡的洋槐花混合的奢华香气。这款由相同比例的美乐和赤霞珠，再加上大量的小味多混合酿制而成的 1998 年年份酒丰腴而严谨，陈年期可达 20 至 25 年，是该年份玛歌产区，乃至整个梅多克区最优质的葡萄酒之一。最佳饮用期：从现在开始到 2028 年。

1996 Château Palmer
宝马酒庄葡萄酒 1996

评分：91+ 分

由 55% 赤霞珠、40% 美乐以及 5% 小味多精制而成的宝马酒庄 1996 年年份酒在瓶中表现优异。结构性极佳的深紫色的酒体令人惊艳，充斥着乌梅、红醋栗、甘草和烟熏迟缓却饱满的香味。入口时香浓郁，但紧接着注意力就会被它平衡的结构和单宁给转移。这款极具天赋又尤为后进的宝马酒庄葡萄酒很可能会发展成为宝马酒庄葡萄酒 1966 的现代版。虽然它有着极为丰富的甘甜果香，单宁也十分的柔滑细致，但是还需要进行 2 到 3 年的窖藏。最佳饮用期：2007~2028 年。

1995 Château Palmer
宝马酒庄葡萄酒 1995

评分：90 分

宝马酒庄葡萄酒 1995 的美乐含量特别高（大约有 43%）。这款口感极其丰富、酸度很低、充满肉感的葡萄酒年轻时就十分的诱人，并且具有极佳的陈年潜力。这款酒呈深红宝石色或深紫色，烟熏、烤新橡木味与浓郁的樱桃果酱味、花香以及微妙的巧克力醇香完美地糅合在一起。酒体适中饱满、丰腴而不乏精致优雅的 1995 年年份酒真是让人移不开眼。最佳饮用期：从现在开始到 2020 年。

1990 Château Palmer
宝马酒庄葡萄酒 1990

评分：90 分

在经历了一段散漫脱节的时期之后，1990 年年份酒已经变得更加的紧致和密集。有着深红李子色或石榴色的宝马酒庄葡萄酒 1990 飘逸着烘烤水果、香料、焚香和甜甘草的甜美香味，并混杂着巧克力、梅子与黑樱桃的奇异香气。这款口感甘美、酸度极低并有着天鹅绒般柔滑质地的葡萄酒已经完全成熟，如果保存得当的话，它还有望将这种巅峰状态继续保持 5 到 10 年。它性感开放的风格下，有着完美甘甜的深度。最佳饮用期：从现在开始到 2012 年。

1989 Château Palmer
宝马酒庄葡萄酒 1989

评分：95 分

这是 1989 年年份酒中的超级明星，宝马酒庄葡萄酒 1989 一直保持着深红李子色或紫色，边缘微微显现出些许的粉色和隐隐的琥珀色，散发出木炭、野姜花（或许是洋槐花？）、甘草、梅子和黑加仑混合的醇香。这款酒优雅别致、酒体适中饱满、口感醇厚、质地匀称，似乎已经完全成熟，此外口感又十分和谐均衡，它有望发展成为完美无缺的 1953 年年份酒的现代版。最佳饮用期：从现在开始到 2020 年。

1983 Château Palmer
宝马酒庄葡萄酒 1983

评分：98 分

这款酒的发展状况愈加强劲，是当仁不让的最佳年份酒的热门候选。在近年来的一些品酒会上，它甚至已经超越了玛歌酒庄葡萄酒。宝马酒庄葡萄酒 1983 有着不透明的李子色或紫色色泽，香气浓郁、复杂多变，散发出熏鸭、野姜花、雪松、亚洲香料、黑加仑利口酒、融化的沥青以及浓咖啡的混合气息。这款酒超级醇厚、强劲有力、酒体丰腴、结构宏大，不可否认，它是宝马酒庄近 40 年来最醇厚、浓烈的一款葡萄酒。1983 年年份酒已经摆脱了在头 10 到 15 年间一直存在的单宁粗糙的问题，并且变得日益的柔和匀称，引人注目。它是自 1961 年年份酒以来宝马酒庄最不同寻常的一款葡萄酒。最佳饮用期：从现在开始到 2020 年。

CHATEAU PAVIE
柏菲酒庄

级别：圣·艾美隆特级庄 B 级

酒庄主：杰拉德·佩斯和尚塔尔·佩斯（Gérard and Chantal Perse）

地址：Château Pavie,33330 St.-Emilion, France

电话：(33) 05 57 55 43 43

传真：(33) 05 57 24 63 99

邮箱：vignobles.perse@ wanadoo.fr

网址：www. vignoblesperse.com

联系人：戴尔芬·瑞高（Delphine Rigau）或克里斯汀·弗瑞缇构特（Christine Fritegotto）只通过传真或电子邮件

参观规定：参观前必须预约

葡萄园

占地面积：103.7 英亩

葡萄品种：70% 美乐，20% 品丽珠，10% 赤霞珠

平均树龄：43 年

种植密度：5,500 株 / 公顷

平均产量：2,800~3,000 公升 / 公顷

酒的酿制

柏菲酒庄有三种截然不同的风土，每一种都有自己独特的小气候：石灰岩台地；上面覆盖有黏土的斜坡和坡脚处——中间夹杂有碎石的沙质黏土。柏菲酒庄的风土特别适合葡萄的种植——贫瘠的土壤，朝南的向阳位置，斜坡为葡萄园提供了自然优良的排水系统，特殊的地形恰好可以挡住凛冽的北风，好似一个天然的防冻装置。尽管如此，柏菲酒

庄那块种在斜坡上的葡萄园不仅成熟得不是特别早，反而要冒更大的气候风险。这就是杰拉德·佩斯总是致力于保持较低产量的原因了。

1998 年，杰拉德·佩斯买下这块葡萄园之初，他就对葡萄园一些基本的技术进行了大胆的革新和改良。他着手进行了一项工程浩大的再植计划，这项计划完全是以科学为依据，综合考虑了葡萄品种和土壤类型而制定出来的。30% 的葡萄园种上了品丽珠（柏菲酒庄风土最佳的地方），60% 种上了美乐，其余的 10% 则种上了赤霞珠。

佩斯同时也对酒窖和里面的设备进行了彻底的重建和更新。他修建了一个全新的发酵房，以替代原有的旧式发酵房。新发酵房里安装了大型的独立酒槽，对不同地块的葡萄分别进行独立发酵。佩斯还购买了 20 个可以控制温度的木质酒桶，葡萄园里 20 块葡萄地恰好是每块一个。

佩斯也安装了新型的、极具创意的葡萄处理系统：使用传送带将葡萄从筛选台直接运送到酒槽上部，然后进行挤压、去梗，最后再将葡萄送入酒槽发酵。

柏菲酒庄以前那座位于斜坡上的陈酿酒窖太过于阴冷潮湿，因此也同样被换掉了。精心设计并装修一新的陈酿酒窖紧邻着发酵酒窖，极具审美价值和技术含量。佩斯的酒窖的确富有革命性，绝对算得上是波尔多地区最漂亮实用的酒窖了。

柏菲酒庄特殊的风土造就了该酒庄葡萄酒浓烈醇厚的特点。保持适中的发酵温度，而且为了保持葡萄酒的纯净而不会进行长时间的浸渍。柏菲酒庄葡萄酒天然的丰富性和深度使苹果酸 - 乳酸发酵和陈年在 100% 的新橡木酒桶中进行成为了可能。

年产量

柏菲酒庄：100,000 瓶

平均售价（与年份有关）：125~275 美元

近期最佳年份

2003 年、2002 年、2001 年、2000 年、1999 年、1998 年

史料表明，早在公元 4 世纪，柏菲酒庄和欧颂酒庄（Ausone）就最先在圣·艾美隆地区开始种植葡

萄。但是，直到19世纪泰勒曼家族（Talleman）和皮加斯家族（Pigasse）买下柏菲酒庄后，它才逐渐开始为人所知。

1855年，一位来自波尔多的酒商费迪南·布法德（Ferdinand Bouffard）买下了法亚尔·泰勒曼（Fayard-Talleman）家族所持有的柏菲酒庄股份。之后，他又相继买下了柏菲酒庄四周的一些小葡萄园，将整个葡萄园的面积扩展到了50公顷（123.5英亩），这其中还包含了另一个自己管理的葡萄园，就是后来我们所说的柏菲德凯斯（Pavie-Decesse）。

几年之后，第一次世界大战末期，费迪南·布法德将柏菲酒庄卖给了艾伯特·波特（Albert Porte），该家族掌管柏菲酒庄直至1943年，之后将其转手给华勒泰家族（Valette）。这之后，柏菲酒庄一直由华勒泰家族的成员管理，直到1998年，该酒庄又迎来了新主人——杰拉德·佩斯。

在圣·艾美隆所有的特级酒庄里，就数柏菲酒庄的葡萄园面积最大，而产量也是邻近的欧颂酒庄的7倍，是伽夫莉叶古堡（La Gaffelière）的两倍。柏菲酒庄的葡萄园方位相当好，全部是朝南的向阳位置，酒庄的东南方就是圣·艾美隆（仅5分钟的车程），而整个葡萄园恰好坐落于城镇山坡的东段。

在佩斯家族执掌之前，尽管柏菲酒庄的产量居高不下，名气也很大，但是酒的品质却差强人意，算不上是圣·艾美隆区的顶级酒庄。有许多年份，柏菲酒庄葡萄酒的酒体十分轻浮，呈现出接近棕色的浅淡色泽，成熟的速度也极快。幸运的是，那段质量反复无常的时期已经成为了历史。然而在圣·艾美隆区，柏菲酒庄的大多数葡萄酒仍不适宜在年轻时就饮用，因为大多数年份酒都很后进，至少需要在瓶中进行7到10年的陈年醇化。柏菲酒庄在20世纪90年代表现得尤为令人失望，这也是促使华勒泰先生将它出售的主要原因之一。而1998年，佩斯家族刚刚接手就使柏菲酒庄葡萄酒的质量取得了质的飞跃。这个家族仅用了7年的时间就使柏菲酒庄迅速崛起，这已经成为当代波尔多的一个传奇。如今，柏菲酒庄葡萄酒已经跻身于世界顶级葡萄酒的行列，在整个圣·艾美隆区也只有白马酒庄（Cheval Blanc）可以在价格上而不是质量上与它一较高下了。

CHÂTEAU PAVIE
柏菲酒庄

2003 Château Pavie
柏菲酒庄葡萄酒 2003

评分：96~100分

这是庄园主尚塔尔·佩斯和杰拉德·佩斯共同努力下创造出的又一款超满分葡萄酒。酿制这款2003柏菲酒的葡萄产量为3,000公升/公顷，这款酒由70%美乐、20%品丽珠和10%赤霞珠混合酿制而成，口感超级丰富、矿物质充裕、结构感鲜明，散发出贵族般的气质。它将圣·艾美隆区最佳风土的优势发挥得淋漓尽致，石灰岩和黏土恰好抵挡住了2003年夏季的酷热。2003年年份酒呈墨色，边缘泛着紫色，散发出浓郁的矿物质、黑色和红色水果、香醋、甘草和烟熏的气息，超乎寻常的丰富感、非凡的清新和鲜明的结构会立刻俘虏你的味蕾。回味单宁味浓烈，但是低酸度和略高的酒精含量（13.5%）都表明这款酒在4到5年内就可享用。最佳饮用期：2011~2040年。这款绝世佳酿与欧颂酒庄葡萄酒和柏图斯酒庄（Pétrus）葡萄酒并称为2003年波尔多右岸最伟大的三大献礼。

2002 Château Pavie
柏菲酒庄葡萄酒 2002

评分：95分

这款酒包括了之前是克吕斯酒庄（La Clusière）而现在却属于柏菲酒庄的92英亩葡萄园酿制出的葡萄酒，原料混合比例为70%美乐、20%品丽珠和10%赤霞珠。这一次，柏菲酒庄葡萄酒又一次成为最佳年份酒的热门候选，是尚塔尔·佩斯和杰拉德·佩斯共同给世界的献礼，他们一直坚守着要酿制出整个波尔多地区生命力最持久、最醇厚复杂葡萄酒的承诺。2002年，柏菲酒庄葡萄酒的产量接近8,000箱。该款年份酒的浸渍期为4到5周，苹果酸-乳酸发酵和陈年都在100%的新橡木酒桶中进行。跟佩斯家族掌管下的任何一款年份酒一样，2002年年份酒在装瓶之前不澄清、不过滤。这款酒呈现出结构性极佳的深紫色，浓郁的液态矿物质气味表现出柏菲酒庄极佳的风土条件，黑加仑利口酒和樱桃利口酒的甜美香气与融化的甘草和香料味交相呼应。酒体醇厚饱满、优雅精致、结构鲜明，绝对是2002年年份酒中的绝品，陈年期可长达30年。最佳饮用期：2008~2025年。

2001 Château Pavie
柏菲酒庄葡萄酒 2001

评分：96分

好吧，柏菲酒庄葡萄酒2001又一次被推举为最佳年份酒的候选酒。朝南葡萄园的优秀光照条件再加上石灰岩土壤，2001年年份酒由70%美乐、20%品丽珠和10%赤霞珠混合酿制而成。在不澄清、不过滤的自然装瓶之前，它已经经过了 6 周的苹果酸 - 乳酸发酵，并在新橡木酒桶中进行了长达 24 个月的陈年。一些波尔多酒商觉得它甚至比 2000 年年份酒还要好，但是我觉得这种说法有点夸张了。它有一种似墨深的红宝石色或墨紫色，有着一股紧致但却悠长的碎石气味，黑莓、樱桃和黑加仑的果香辅以淡淡的烟熏味和隐约的甘草味。这款酒强劲有力，有着令人心动的优雅细致，各成分的协调性极强，质地极富层次感，余韵可长达 50 多秒。虽然单宁浓重，但却十分的柔和。再给它三四年的时间，在下一个 20 年里再品尝。它是 2001 年年份酒中的明珠，同时也是事事追求完美的经营者会有力推动酒的品质提高的一个很好的佐证。

2000 Château Pavie
柏菲酒庄葡萄酒 2000

评分：100 分

相信杰拉德·佩斯吧！人们以前觉得他一再信誓旦旦地宣称 2000 年年份酒是迄今为止柏菲酒庄最好的一款葡萄酒的说法有点为时过早，且有傲慢自大之嫌。但在 2003 年先后 6 次品尝过这款由 60% 美乐、30% 品丽珠和 10% 赤霞珠混合酿制而成的葡萄酒（每公顷产量极低，仅为 2,800 到 3,000 公升）后，我坚信它绝对是波尔多葡萄酒中不朽的珍品。这款酒在 2003 年 3 月装瓶，比其他 2000 年年份酒足足晚了 9 个月。酒体呈现出饱满的深紫色，充满了液态矿物质、黑莓、樱桃、黑加仑的酒香，并略带香料、雪松及野姜花的风味。口感醇厚丰富、精粹度高，然而又不乏细腻精致、活力四射，余韵能持续 60+ 秒之久。这正是佩斯的批评者们害怕他酿制出来的精品酒——这是一个不妥协、永生不朽的奇迹，代表着波尔多最好风土的精髓。因生命太过短暂，恐怕无缘品尝柏菲酒庄葡萄酒 2000 了。最佳饮用期：2012~2050 年。

1999 Château Pavie
柏菲酒庄葡萄酒 1999

评分：95 分

作为最佳年份酒的候选酒，柏菲酒庄葡萄酒 1999 有着饱满的深红宝石色或紫色，散发出碎矿物质、烟熏、甘草、樱桃利口酒和黑加仑的浓郁香气。口感极其纯净、层次丰富，质地柔滑细腻，结构平衡。单宁含量表明它还需要进行一到两年的窖藏，完全陈年则至少需要 25 年以上的时间。最佳饮用期：从现在开始到 2030 年。

1998 Château Pavie
柏菲酒庄葡萄酒 1998

评分：95+ 分

这是一款生命力有 50 年之久的葡萄酒，饱满的深紫色

柏菲酒庄葡萄酒 1998 酒标

酒体散发出黑色水果、液态矿物质、烟熏和石墨混合的、浓郁而罕见的香气。酒体极其丰满却有骨架，口味十分浓烈，有着令人惊讶的醇厚。中味香醇，后味可持续一分钟之久。这款柏菲酒庄的经典之作还需要进行 2 到 3 年的窖藏。它真正是葡萄酒中的旷世杰作！最佳饮用期：2006~2045 年。

1990 Château Pavie
柏菲酒庄葡萄酒 1990

评分：90 分

它是柏菲酒庄 1982 至 1998 年间最杰出的一款葡萄酒，当然也是前任庄园主让·保罗·华勒泰书写的最后辉煌。柏菲酒庄葡萄酒 1990 呈深红宝石色，边缘还带有琥珀色，香料和淡淡的药草味与泥土、黑樱桃、矿物质的香味相得益彰。酒体适中饱满，口感劲道、肉感十足，酸度极低，单宁适中。这款酒似乎已经进入了成熟的巅峰时期。最佳饮用期：从现在开始到 2015 年。

CHATEAU PETRUS
柏图斯酒庄

级别：柏美洛区并未对葡萄酒进行官方评级

酒庄所有人：柏图斯酒业公司

地址：Pétrus, 33500 Pomerol, France

邮寄地址：c/o SA Ets Jean-Pierre Moueix,BP 129,54 quai du Priourat,33502 Libourne,France 由休·皮埃尔·莫埃尔（Jean-Pierre Moueix）先生转交

电话：(33) 05 57 51 78 96

传真：(33) 05 57 51 79 79

联系人：弗雷德里克·路斯皮德（Frédéric Lospied）

参观规定：参观前必须预约，并且只对与本公司有贸易往来的专业人士开放

葡萄园

占地面积：28.4 英亩

葡萄品种：95% 美乐，5% 品丽珠

平均树龄：35 年

种植密度：6,500 株 / 公顷

平均产量：3,600 公升 / 公顷

酒的酿制

在温度可控的水泥酒槽中进行 20 到 24 天的发酵和浸渍，在 100% 新的橡木酒桶中进行 20 个月的陈年。装瓶前会进行澄清，但不过滤。

年产量

柏图斯酒庄：25,000~30,000 瓶

平均售价（与年份有关）：250~500+ 美元

近期最佳年份

2003 年，2001 年，2000 年，1998 年，1990 年，1989 年，1982 年

作为世界上最珍贵、价格也最昂贵的葡萄酒之一，柏图斯酒庄并没有什么惊心动魄的历史。利布尔纳隆芭酒店（Hotel Loubat）的主人长期以来一直都是柏图斯酒庄的主要股东，直到 1961 年，已故的休·皮

埃尔·莫埃尔得到了酒庄的部分股权，到 2002 年则拥有了柏图斯酒庄 100% 的股权。酒庄原来葡萄园的面积仅有 16 英亩，1969 年购买了 12 英亩 [柏图斯酒庄的邻居嘉仙庄（Gazin）的一部分] 使葡萄园的面积进一步扩大。20 世纪 40 年代之前，柏图斯酒庄一直默默无名，直到 1945 年、1947 年和 1950 年年份酒的横空出世，它才开始慢慢引起人们的关注。

现在作为柏美洛区最著名的葡萄酒，在过去的 40 年，柏图斯葡萄酒已经一步步成为整个波尔多地区最知名，同时也是最昂贵的红葡萄酒了。这座在 2004 年被重新翻修过的不起眼的建筑常以自家的葡萄园为荣，该葡萄园坐落于柏美洛高地中部，土壤性质为空隙较大的黏土。这个占地面积仅为 28.4 英亩的袖珍型葡萄园酿制出来的葡萄酒得到了和世界上其他葡萄酒相等的礼遇和珍视。带着传奇性色彩的休·皮埃尔·莫埃尔先生（1913—2003）高贵优雅、学识渊博，他一手缔造了柏图斯葡萄酒的辉煌，同时也使整个柏美洛区的葡萄酒名声大噪。1937 年，他在利布尔纳成立了自己的公司，在比利时和北欧地区为柏美洛区许多优质葡萄酒开拓市场。他在商业上的成功使他有能力买下更多更好的葡萄园，其中最著名的当属卓龙（Trotanoy）(1953)、奇葩古堡（La Fleur-Pétrus）(1953)、马格德莱娜 (Magdelaine) (1954) 和柏图斯——之前他只拥有柏图斯的部分股份，直到 2002 年才全部将它买下。

尽管这片产业名义上是归让·弗朗索瓦·莫埃尔（Jean-Francois Moueix）所有，但是他性情孤僻，不善交际，所以它们实际上是由他的弟弟（只比他小一岁）克里斯蒂安·莫埃尔（Christian Moueix）打理的，负责葡萄的栽种管理和葡萄酒的酿制。同时，克里斯蒂安·莫埃尔在美国的纳帕谷（Napa Valley）也拥有旗舰产业。克里斯蒂安·莫埃尔跟他那过着隐居生活的哥哥截然不同，他身材颀长、英俊不凡、富有魅力、外向开朗，并且娶了一名美国女子为妻，看上去就像是

《名利场》杂志上的封面人物一样耀眼。避开他的外貌和性格不谈，他也是一位很精明的葡萄酒商。这两兄弟经过慎重的选择之后，柏图斯酒庄的葡萄园里大部分都种上了 100% 的纯美乐。

柏图斯酒庄迄今已经出产了数不清的颇具传奇色彩的年份酒，它们的价格自然也是水涨船高，早已是"高处不胜寒"了。虽然柏图斯酒庄已经被世界上大部分的葡萄酒制造者们奉若神明了，但是肯定会有人（特别是鉴于 1976 年以来柏图斯酒庄的成就记录）有这样的疑问——"如今的柏图斯酒庄还在延续昔日的辉煌吗？"不得不承认，柏图斯酒庄在 1988、1986、1983、1981、1979、1978 和 1976 年的表现都差强人意，但是自 1989 年起，柏图斯酒庄就已经恢复到了最佳状态，接连推出了一系列顶级葡萄酒。柏图斯酒庄的2003 年、2000 年、1998 年、1990 年、1989 年、1975 年、1971 年、1970 年、1964 年、1961 年、1950 年、1948 年、1947 年、1945 年、1929 年和 1921 年年份酒都算得上是我所品尝过的葡萄酒中的佼佼者了。

PÉTRUS
柏图斯酒庄

2003 Pétrus
柏图斯酒庄葡萄酒 2003

评分：96~98+ 分

柏图斯是柏美洛区唯一一个种植在蓝色黏土上的葡萄园，柏图斯酒庄每年都会在 9 月的第一个星期（2 号、3 号和 4 号）利用仅仅 3 天的时间将美乐全部采摘完毕，并且不用像许多邻近的酒庄一样遭受 2003 年破纪录的高温，因为它们的葡萄园都属于砾石土壤。正因如此，柏图斯酒庄葡萄酒 2003 才能成为波尔多右岸最出色的 2003 年年份酒之一，但是它的产量却很低，当年只酿制出了 1,650 箱。虽然13%~13.5% 的酒精含量并没有克里斯蒂安·莫埃尔预期的那么高，但是这款酒的酸度却很低，PH 值也达到了 3.9 以上，因此口感肥厚，十分具有层次感，肉感十足且质地柔滑。深红宝石色或深紫色的酒体散发出红色水果和黑色水果果酱的果香，同时又辅以甘草、香草和灌木的清香。丰腴的酒体强度很高，并且带着显著的清新，但却没有丝毫过熟的迹象（李子干、葡萄干等）。这款一鸣惊人的 2003 年年份酒是柏图斯酒庄不俗的成就，尤其是它开创了一种全新的风格，引得与这座神圣的酒庄相毗邻的柏美洛其他酒庄竞相效仿。最佳饮用期：2010~2030 年。

2002 Pétrus
柏图斯酒庄葡萄酒 2002

评分：92 分

克里斯蒂安·莫埃尔曾认真考虑过不酿制柏图斯酒庄葡萄酒 2002，鉴于这个事实，我十分惊讶于 2002 年年份酒的出色表现。然而，葡萄酒只生产到一半就停了下来，结果这一年只生产出 1,800 箱。这款酒最终没有辜负顶级酒庄的盛名，它有着深红李子色或深紫的色泽，桑葚、黑莓和香草的浓郁芬芳中透焕出丝丝的巧克力糖和甘草的风味。它的口感十分纯净，酒体适中饱满，回味中甘宁也恰到好处。柏图斯酒庄葡萄酒 2002 不是一款让人惊艳的葡萄酒，既不浓烈又不是特别醇厚，但却是柏美洛区 2002 年最佳年份酒之一。值得一提的是，它与柏美洛区其他三座引人注目的酒庄的葡萄酒，即拉菲乐王吉尔徽章干红葡萄酒（L'Evangile）、花堡红葡萄酒（Lafleur）和从乐凯堡葡萄酒（Le Gay）的生命力一样长久。最佳饮用期：2011~2025 年。

2001 Pétrus
柏图斯酒庄葡萄酒 2001

评分：95+ 分

这一年，除了里鹏酒庄葡萄酒 2001（Le Pin）外，其他所有年份酒都无出其右。柏图斯酒庄葡萄酒 2001（当年的产量为 2,160 箱）比柏美洛区出产的其他任何葡萄酒都更加有深度，口感也更加丰富。这款酒呈现出结构性极佳的深红宝石色、深李子红或深紫色，带着紧致但却悠长的香草、樱桃利口酒、融化的甘草和黑加仑的香味，同时还有着淡淡的巧克力糖和泥土的芳香。它口感丰富、酒体丰腴，有着出人意料的厚度与强度，在浓郁果香和丰富精粹物掩饰下的 2001 年年份酒有着鲜明的骨感。你可以再进行 3 到 6 年的窖藏，并在接下来的 20 年时间里慢慢品尝，因为它是该年份生命力最持久的葡萄酒之一，更不用说也是其中最醇厚的一款了。

我曾告诉过克里斯蒂安·莫埃尔，说（尽管我不确定他是否同意我的看法）柏图斯酒庄葡萄酒 2001 在风格上与柏图斯酒庄葡萄酒 1971 十分相似，但是与之相比略少了单宁，而多了几分醇厚。

2000 Pétrus
柏图斯酒庄葡萄酒 2000

评分：100 分

这是柏图斯酒庄又一惊世佳作！柏图斯酒庄葡萄酒 2000 的酒体重量和水平都在不断地增强和提高。单从酒瓶看，就可以看出这是一款极其完美的葡萄酒，跟 1998 年年份酒颇为相像。这款酒边缘泛着墨李子红或墨紫色，香味起初发散得很慢，几分钟后就会变得十分浓郁，并带着烟熏、黑莓、樱桃、甘草的芳香，以及明显的巧克力糖和灌木的气味。醇厚的酒体强劲有力，会使人不禁想起干年份波特酒。它带着极好的成熟度，质地平顺柔和，余韵可长达 65 秒。我无法

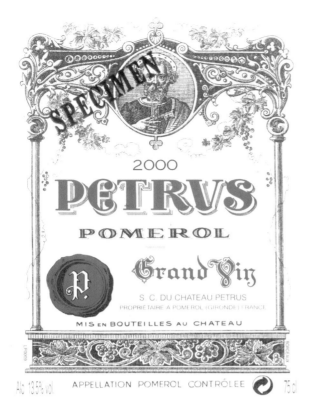

柏图斯酒庄葡萄酒 2000 酒标

同时品尝到 2000 年年份酒与同样完美的 1998 年年份酒，但两者比较起来，似乎柏图斯酒庄葡萄酒 2000 显得更加蓬勃大气，也更具有阳刚之气，它比柔和的柏图斯酒庄葡萄酒 1998 的单宁更加浓烈，结构也更加鲜明。这款酒为伟大的柏图斯酒庄更添传奇色彩！最佳饮用期：2015~2050 年。

1999 Pétrus
柏图斯酒庄葡萄酒 1999

评分：94 分

这款酒在风格上与品质极佳的 1967 年年份酒和 1971 年年份酒十分相似。尽管不像 1998 年年份酒和 2000 年年份酒那样引人注目，跟柏图斯酒庄一贯的风格不同，但这款酒发展速度比较缓慢，有着完美的强度和纯度。柏图斯酒庄葡萄酒 1999 呈现出浓厚的、几乎是不透明的红宝石色或紫色，带着甘甜的黑莓、桑葚和水果味的巧克力糖香味。酒体丰腴，酸度较低，纯度极佳，单宁甘甜。1999 年年份酒的产量仅为 2,400 箱，3 到 4 年后即可饮用，寿命有 20 年之久。最佳饮用期：2007~2030 年。

1998 Pétrus
柏图斯酒庄葡萄酒 1998

评分：100 分

克里斯蒂安·莫埃尔觉得 1999 年年份酒甚至比 1989 年年份酒和 1990 年年份酒还要好，而最后的结果可能会证明

他是对的。然而，要最终证明究竟哪一款年份酒才是众望所归的酒中之王，还需要 5 到 6 年的时间。柏图斯酒庄葡萄酒 1998 无疑是一款上乘佳酿，呈深李子红色或深紫色，浓郁的黑色水果果香辅以焦糖、摩卡咖啡和香草的风味。酒体有着少见的纯净、超级醇厚、极其丰满，有着绝妙的低酸度和甘甜的单宁，中味极佳，还有着柏图斯酒庄葡萄酒一贯的丰富性，余韵可持续 40 到 45 秒。但要享用这款酒你必须要有足够的耐心。该款年份酒的产量仅为 2,400 箱，比正常年份整整少了 1,600 箱。最佳饮用期：2010~2040 年。

1997 Pétrus
柏图斯酒庄葡萄酒 1997

评分：91 分

这款后进的 1997 年年份酒（当年的产量为 2,300 箱）需要再进行 2 至 3 年的窖藏。它呈现出深李子红色、深红宝石色或深紫色，散发出摩卡咖啡、干番茄皮和黑色水果的封闭香气。含在口中时，你会发现它是最浓烈的 1997 年年份酒之一，展现出众的醇厚、绵长、劲道、深度、丰富的单宁和极佳的口感。你可以把这款酒看做是上好的柏图斯酒庄葡萄酒 1967 的现代版。最佳饮用期：2006~2025 年。

1996 Pétrus
柏图斯酒庄葡萄酒 1996

评分：92 分

柏图斯酒庄葡萄酒 1996 是一款宽厚、宏大、很直接的葡萄酒，有着不透明的深紫色，甘甜的浆果果香与泥土、吐司和咖啡的香味相得益彰。酒体丰腴且强劲有力，单宁浓烈，发展缓慢，因此要品尝这款酒（只有不到 50% 的葡萄酒是在柏图斯装瓶的）还需要一定的耐心。它是柏图斯酒庄浓烈葡萄酒的代表，但是却少了 1997 年年份酒的甘甜，和多维的 1995 年年份酒的纯净、丰富和多变的层次。最佳饮用期：2010~2035 年。

1995 Pétrus
柏图斯酒庄葡萄酒 1995

评分：95+ 分

毫无疑问，柏图斯酒庄葡萄酒 1995 绝对是该年份的超级明星，它的个性与那款超乎寻常的后进且强劲的柏图斯酒庄葡萄酒 1975 十分相似。这不是一款在年轻时即可饮用的年份酒（比如说完美的 1989 年年份酒与 1990 年年份酒）。它呈不透明的红宝石色或紫色，充满着吐司、黑色水果果酱和烘烤咖啡等令人神魂颠倒的香气。1995 年年份酒的精粹物多到可以浸染牙周，酒体醇厚，浓烈而鲜明的单宁味道中萦绕着浓郁的黑色水果芳香。这款杰出的葡萄酒天生就具有层层叠叠的精粹物，是一款气势恢宏、单宁丰富、极为强劲的柏图斯酒庄葡萄酒，其存储潜力至少有 50 年。最佳饮用期：2012~2050 年。

1994 Pétrus
柏图斯酒庄葡萄酒 1994

评分：92 分

柏图斯酒庄葡萄酒 1994 有着不透明的紫色或黑色，带着甘甜的香子兰、吐司、樱桃酱和黑加仑的香味。饱满、浓厚的酒体中透焕着层层叠叠的风味，回味中带着甘甜，甘油含量高且颇具深度。它有着柏图斯酒庄葡萄酒经典的风格，酒体醇厚、口感纯净、回味悠长，在 2006 年到 2035 年之间会达到顶峰。

1993 Pétrus
柏图斯酒庄葡萄酒 1993

评分：90 分

这款酒是该年度最醇厚的年份酒之一，呈现出饱和的紫色或李子红色，带着黑色水果、亚洲香料和香子兰的甜香。它的口感丰富、强劲、浓厚、纯净，是酿酒业中的精品。这款浓烈强壮、天生就独具优势的柏图斯酒庄葡萄酒 1993 酸度低，但单宁浓重，这表明它还需要窖藏 8 到 10 年的时间。它的寿命有 30 年之久，是 1993 年年份酒中生命力最强的一款。最佳饮用期：从现在开始到 2016 年。

1990 Pétrus
柏图斯酒庄葡萄酒 1990

评分：100 分

1990 年年份酒是柏图斯酒庄的珍宝，在风格上与 1970 年年份酒颇为相近，或者可以说是现代版的 1947 年年份酒。它仍然呈现出浓重的红宝石色或紫色，边缘没有亮点。经过一段时间的醒酒后，焦糖、香甜的香草味、黑莓和黑加仑利口酒的香气扑面而来，其中还萦绕着淡淡的烟草和雪松味。这款酒十分宽厚，具有极强的黏性，酒体丰腴，酸度很低，但是口感极其丰富，个性柔和。柏图斯酒庄葡萄酒 1990 还很年轻，它甚至还没有进入青春期，但是已经可以品尝，虽然它的特性还没有完全展现出来。这是一款极具魅力的柏图斯酒庄葡萄酒，比 1998 年年份酒略显甘甜、饱满，也许比 1998 年年份酒和 1989 年年份酒发展进化的速度更快。最佳饮用期：2007~2040 年。

1989 Pétrus
柏图斯酒庄葡萄酒 1989

评分：100 分

与它的弟弟 1990 年年份酒相比，1989 年年份酒更加封闭，单宁也更加浓烈，但却更加的耀眼、醇厚。玻璃杯可能会因它染上梦幻般的色彩，但颜色却是确定无疑的——深沉的红宝石色或紫色，边缘无亮点。含在口中时，你会发现这款酒的口感有着截然不同的特性，强度很高、口感丰富、十分的醇厚，且单宁浓度高，然而却极具骨感，跟它的弟弟一样，余韵可长达一分钟之久。柏图斯酒庄葡萄酒 1989 似乎并不像柏图斯酒庄葡萄酒 1990 那样进化速度快，直觉告诉我 1989 年年份酒的单宁含量要更高一些，但是两款酒都很美妙无比。最佳饮用期：2010~2040 年。

1988 Pétrus
柏图斯酒庄葡萄酒 1988

评分：91 分

随着这款酒的草本植物气息愈发浓烈，且馥郁的果香中也开始透焕出单宁味，它开始变得日益凌厉。刚开始时这款酒的颜色是深红宝石色或紫色，但是现在边缘却慢慢开始显现出琥珀色。这是柏图斯酒庄一款酒体适中、优雅细致的葡萄酒，与众不同的雪松味和芹菜味中，夹杂着淡淡的焦糖、甘甜的桑葚和黑色的浆果香味。它的陈年期跟我预想的有很大出入，接下来的 8 到 10 年可能是它的最佳饮用期。

1982 Pétrus
柏图斯酒庄葡萄酒 1982

评分：90~98 分

我已经喝了整整一箱储存完好的柏图斯酒庄葡萄酒 1982，这款不同寻常的葡萄酒十分的令人费解。其中一些瓶中的酒十分特别——甘甜、丰富、丰满、丰硕，它们不仅散发出草本植物的气息，同时又兼具巧克力、雪松、黑莓酱和红醋栗的香气。1982 年年份酒酒体丰腴，单宁浓厚，那些最好的葡萄酒还十分的醇厚、丰富。但是其他瓶中的一些酒似乎却带着植物和烘烤的气味，虽也带有几分甘甜，但却不像其他瓶中的酒那样美妙。很难弄明白这到底是怎么回事。这款酒虽然看起来似乎已经接近成熟了，但实际上还应该再妥善窖藏至少 20 年的时间。最后我要提及一点，从还装在酒桶里起，直到今天，它仍是迄今为止我品尝过的最令人难忘的一款葡萄酒，当然也是一款完美无瑕的葡萄酒。尽管以我个人观点来看，自从装瓶之后，1982 年年份酒就再也没有达到在酒桶里的状态，我怀疑这是由于过度的澄清和过滤造成的。但庆幸的是，自从 20 世纪 80 年代后期以来，柏图斯酒庄已经不再进行过滤了。最佳饮用期：从现在开始到 2023 年。

CHATEAU PICHON-LONGUEVILLE BARON
碧尚男爵酒庄

级别：1855 列级酒庄第二级

酒庄所有人：安盛保险公司（AXA Millésimes）

地址：Château Pichon-Longueville Baron,33250 Pauillac, France

电话：(33) 05 56 73 17 17

传真：(33) 05 56 73 17 28

邮箱：infochato@pichonlongueville.com

网址：www .chateaupichonlongueville.com

联系人：总经理：克里斯蒂安·希利（Christian Seely）；技术总监：让·雷内·马提侬（Jean-René Matignon）

参观规定：每个工作日：早上 9:00- 下午 12:30，下午 2:00-6:30；周六和周日参观前必须预约；15 人以下参观团可以免费品尝葡萄酒；15 人以上团体每人次收费 3 欧元

葡萄园

占地面积：173 英亩

葡萄品种：60% 赤霞珠，35 % 美乐，4% 品丽珠，1% 小味多

平均树龄：27 年

种植密度：9,000 株 / 公顷

平均产量：4,500 公升 / 公顷

酒的酿制

　　碧尚男爵酒庄风土中历史最悠久的区域主要种植的是赤霞珠，用来酿制正牌酒；而历史稍短的 49 英亩的葡萄园里种植的主要是美乐，用来酿制副牌酒——龙戈维的小塔（Les Tourelles de Longueville）。这些小地块产出的葡萄都是分开酿制的，目的就是为了保持碧尚男爵酒庄葡萄酒一贯的风格和质量。

　　在所有的葡萄品种中，碧尚男爵酒庄特别关注赤霞珠，目的就是为了确保这种葡萄不会提前收获。1991 年，它制定出一个成熟指数，用以指导葡萄中酚类成分的处理演化，目的就是弄清楚成熟期与风土类型之间的关系。碧尚男爵酒庄的主要目标就是保持水果原有的品质和原始的香味。

　　酒精发酵以及部分的苹果酸 - 乳酸发酵是在容积为 50 至 220 公升不等的不锈钢大桶中进行的，较小的地块则用较小的桶酿，并且各个地块是分开酿制的。另外用来进行酒精酿制的酵母也是特别精选出来的。发酵时温度保持在 26℃—31℃ 之间，并且将葡萄汁不停地循环旋转。浸皮期为 5 到 15 天不等，在这期间要一桶一桶地尝试。

　　那些最好地块产出的葡萄（酿制顶级葡萄酒的原料）发酵过后，在木制酒桶中进行陈年。在陈年期第一个阶段过程中，在品尝过几桶酒的味道之后，就开始将酒进行混合集中，第一次混合大约是在 2 月底或 3 月初。之后在更新比例为 60%~80% 的橡木桶中进行为期 16 个月的陈年。

年产量

　　碧尚男爵酒庄（Château Pichon-Longueville Baran）正牌：240,000 瓶

　　龙戈维的小塔（Les Tourelles de Longueville）副牌：150,000 瓶

　　平均售价（与年份有关）：40~100 美元

近期最佳年份

　　2003 年，2002 年，2001 年，2000 年，1998 年，1996 年，1995 年，1990 年，1989 年，1988 年，1986 年，1982 年

现在的碧尚男爵酒庄是在 1851 年由拉乌尔·碧尚·朗格维尔男爵（Raoul de Pichon Longueville）创立的，1933 年至 1988 年间归布迪尔家族（Bouteiller）所有。之后，该酒庄又被安盛保险公司买下，在著名的酿酒师让·米歇尔·凯斯（Jean-Michel Cazes）的领导下，碧尚男爵酒庄又重振雄风，再现往日风采。

　　1989 年，与蓬皮杜文化中心（Georges Pompidou Centre）联合举办的关于重建现代葡萄栽培建筑的建筑竞标活动在巴黎举行。庄园主选定了法国建筑师让·德·加斯汀纳（Jean de Gastines）和美国建筑师帕特里克·狄龙（Patrick Dillon）组成联合的法美团队，他们的设计成功地将传统与现代完美地结合在一起，是一座气势磅礴的建筑。

　　2001 年，让·米歇尔·凯斯正式从安盛保险公司退休，英国人克里斯蒂安·希利接手了安盛保险公司在波尔多地区以及国外的所有产业：碧尚男爵酒庄、碧波行古堡（Pibran）、肯德布朗（Cantenac Brown）、苏

克里斯蒂安·希利

特罗酒庄（Suduiraut）、小村酒庄（Petit-Village）、杜诺瓦酒庄（Quinta do Noval）（葡萄牙）和野猪岩酒庄（Disznökó）（匈牙利），以及自 2002 年起归属安盛公司的朗格多克区（Coteaux du Languedoc）的贝拉·奥克斯酒庄（Château Belles Eaux）。

就这样，碧尚·朗格维尔·男爵酒庄，通常被简称为碧尚男爵酒庄，终于恢复了它备受推崇的列级酒庄二级庄的地位。

葡萄园恰好坐落于沙砾土土质的向阳山坡上，大部分面积都与拉图酒庄接壤。据推测，碧尚男爵酒庄葡萄酒在 20 世纪六七十年代之所以会毫不出彩，原因就在于对葡萄栽种的漫不经心和差劲的酒窖管理。我还记得在 6 月一个极其炎热的下午曾路过碧尚男爵酒庄，结果却看到一些刚刚装瓶的葡萄酒被随意地堆放在酒窖外面，暴露在无情的阳光下。不过，这种轻率鲁莽的行为在现在早已不复存在了。

撇开华丽的赞美之词和公关方面的努力不谈，能证明波亚克区再一次拥有两个伟大的碧莎酒庄的最好证据就是碧尚男爵酒庄自 1986 年以来酿制的葡萄酒。

碧尚男爵酒庄葡萄酒已经成为 20 世纪 90 年代的超级明星，而这一荣誉通常是由梅多克区出产的最宏伟的葡萄酒夺得。

CHÂTEAU PICHON-LONGUE VILLE BARON
碧尚男爵酒庄葡萄酒

2003 Château Pichon-Longueville Baron
碧尚男爵酒庄葡萄酒 2003

评分：92~94+ 分

碧尚男爵酒庄葡萄酒 2003 会使人不由自主地想起碧尚男爵酒庄葡萄酒 1990，2003 年年份酒对于一款波尔多经典酒来讲十分强劲，酒精含量较高（13.46%），pH 值也较高（为 3.85），酸度低（3.1）。当年的产量为 3,100 公升每公顷，这款酒由 65% 的赤霞珠和 35% 的美乐混合酿制而成，酒体呈墨紫色，充满了浓郁醇厚的酱油、黑莓、黑加仑利口酒、矿物质和花香混合而成的芳香，酒体丰腴浓烈，带着水果的纯净和深度。这款美酒经过在酒桶中的进化发展会变得更有质感、有骨架，余韵可长达 45+ 秒钟之久。最佳饮用期：2009~2025 年。

2002 Château Pichon-Longueville Baron
碧尚男爵酒庄葡萄酒 2002

评分：91 分

虽然这款酒算不上是该酒庄的上乘之作，但是依然有可能成为一款品质上佳的美酒——如果所有的品质都能聚集在一起的话。碧尚男爵酒庄葡萄酒 2002 有着出人意料的异香，进化程度也较高，黑色水果、灌木、烤橡木的香味中隐隐透出摩卡咖啡的香醇。2002 年年份酒柔软且质感十足，酒体适中，口感超级纯净，但却没有期望中的浓烈和醇厚。它虽是一款不错的酒，但与 2001 年年份酒和 2000 年年份酒相比还略显不足。最佳饮用期：从现在开始到 2014 年。

2001 Château Pichon-Longueville Baron
碧尚男爵酒庄葡萄酒 2001

评分：92 分

在梅多克区该年度的所有年份酒中，碧尚男爵酒庄葡萄酒 2001 算是一款比较成功的葡萄酒。红宝石色或紫色的酒体完美地彰显出它至上的等级、优雅的贵族气质和良好的教养。它散发出黑加仑利口酒、甘草和焚香的香味，甘甜圆润、豪迈大气、质感十足，酒体适中饱满，结构感强，单宁成熟饱满，有着 30 到 35 秒的悠长余韵。这款酒现在即可饮用，但窖藏 12 到 15 年后风味会更佳。我曾前后三次品尝过装瓶后的碧尚男爵酒庄葡萄酒 2001，它比装在酒桶中时的口感要好得多。

2000 Château Pichon-Longueville Baron
碧尚男爵酒庄葡萄酒 2000

评分：96 分

这是一款杰作，是碧尚男爵酒庄的代表，并且是继碧尚男爵酒庄葡萄酒 1989 和 1990 之后，我最欣赏的一款年份酒。墨紫色的酒体散发出烧烤香料的味道，并混合着新鞍马皮革、黑加仑利口酒、融化的甘草和木榴油的风味，还略带淡淡的香草味。2000 年年份酒酒体丰腴、醇厚，回味绵延悠长，竟然可以达到 1 分钟。这款酒口感极其纯净，质地柔滑细腻，提升发展的空间极大。真是一款美妙的 2000 年年份酒！最佳饮用期：2008~2028 年。

1998 Château Pichon-Longueville Baron
碧尚男爵酒庄葡萄酒 1998

评分：90 分

这是一款极具波亚克风格的葡萄酒，酒体呈深紫色。碧尚男爵酒庄葡萄酒 1998 散发出甜美的甘草、烟熏、沥青、黑莓和黑加仑利口酒的气味。含在口中时，你可以充分感受到它的优雅，而并非完全成熟，酒体适中；入口时和中味都可感受到甘甜的水果味和细腻的质地，后味中单宁适中饱满。它不像 1996 年、1990 年或 1989 年年份酒那样出色，但它仍不失为一款佳酿。最佳饮用期：2006~2020 年。

1996 Château Pichon-Longueville Baron
碧尚男爵酒庄葡萄酒 1996

评分：91 分

碧尚男爵酒庄葡萄酒 1996 的原料比例中赤霞珠的含量特别高（约 80%），因此酒体特别的厚重。不透明的紫色酒体焕透着烟草、新马鞍皮革、烘烤咖啡和黑加仑的诱人气息。1996 年年份酒十分的醇厚，酒体适中饱满，发展缓慢，单宁含量适中，但是甜美的果香味浓郁，大量的甘油和精粹物平衡了葡萄酒的结构。这款颇具天资的、经典的碧尚男爵酒庄葡萄酒的巅峰时期应该是 2007 到 2028 年之间。

1995 Château Pichon-Longueville Baron
碧尚男爵酒庄葡萄酒 1995

评分：90 分

碧尚男爵酒庄葡萄酒 1995 新橡木酒桶的置换比例明显比平常年份低，有着一贯的精致优雅，但却更加的朴实无华。这款酒呈深红宝石色或紫色，带有浓郁的黑加仑果香以及淡淡的咖啡味和烟熏烤橡木味。含在口中时，1995 年年份酒比 1996 年年份酒的酒体更加轻巧、浓烈，但适中至饱满的酒体却显得柔和、优雅，果香浓郁，口感出乎意料的丰富。最佳饮用期：从现在开始到 2016 年。

1990 Château Pichon-Longueville Baron
碧尚男爵酒庄葡萄酒 1990

评分：96 分

这是一款难得一见的精品，碧尚男爵酒庄葡萄酒 1990 的颜色为紫色，呈现出这一年份特有的过熟的烤焦特点，但是却能够将各成分都处理得恰如其分。1990 年年份酒丰富、艳丽，酸度极低，与 1989 年年份酒相比，它的单宁含量明显较低；各部分均衡醇厚，雪松、黑色水果、泥土香、矿物质和香料味交织融合。在口感上，果酱、甘草、木材和甘甜的单宁味配合得恰到好处。与结构性更强、更加后进的卓越的 1989 年年份酒相比，这款酒品尝起来要有趣得多（更具快乐主义的精神）。如果可能的话，这两款酒都应该在读者们的酒窖里占有一席之地。1990 年年份酒现在即可饮用，最佳饮用期长达 25 年甚至更久。

1989 Château Pichon-Longueville Baron
碧尚男爵酒庄葡萄酒 1989

评分：95+ 分

碧尚男爵酒庄葡萄酒 1989 进化的速度非常之缓慢，不透明的深紫色表明这款酒十分的厚重，精粹物丰富。厚重饱满的 1989 年年份酒是难得的好酒，烟熏、巧克力和黑加仑的浓香与烤橡木味相得益彰。它极富层次感，口感中带着香甜的水果味，具有先天的优越性，发展缓慢，单宁浓重，这款精妙的 1989 年年份酒至少还需要进行 30 年的窖藏。毫无疑问，这绝对是一款上好的碧尚男爵酒庄葡萄酒。最佳饮用期：2006~2030 年。

1988 Château Pichon-Longueville Baron
碧尚男爵酒庄葡萄酒 1988

评分：90 分

碧尚男爵酒庄葡萄酒 1988 有望入选该年份最佳葡萄酒。它出乎意料的大气磅礴，散发出橡木、黑加仑和甘草的清香，颜色较重（已经开始呈现出粉色和琥珀色），口感丰富，单宁柔和，酒体适中饱满。1988 年年份酒已经褪掉了浓重的单宁外衣，正慢慢地走向完全成熟。最佳饮用期：从现在开始到 2010 年。

1982 Château Pichon-Longueville Baron
碧尚男爵酒庄葡萄酒 1982

评分：92 分

我早期对这款葡萄酒的评论是一次彻头彻尾的失败。在酒桶中和装瓶之初，它还是一款骨架宏大、成熟、果香四溢的葡萄酒，酸度和结构都为零。然而可以很负责任地说，波尔多地区的葡萄酒从来不会缺少，即使是在最成熟、最肥美的年份里也必不可少的一种成分就是单宁。由于这款酒已经开始进化，所以它的结构更加的鲜明，也更加的匀称。实际上，它是碧尚男爵酒庄在那段众所周知的低迷期里一款少见的上等佳酿。完全成熟的 1982 年年份酒呈现出浓重的、不透明的深红宝石色、紫色或石榴色，散发出浓郁的雪松、甘甜的黑加仑和香料的香味。而碧尚男爵酒庄葡萄酒丰腴的酒体、高度的醇厚和与 1982 年年份酒相似的丰富柔滑的质地以及厚重的、果酱味浓郁的、略甜的余韵，所有这些品质相互融合，提供了一次绝佳的饮用体验。鉴于这款酒纯熟和绵密顺柔的特点，它应该在接下来的 10 到 15 年间饮用。

PICHON-LONGUEVILLE COMTESSE DE LALANDE

碧尚女爵酒庄

级别：1855 列级酒庄第二级

酒庄主：梅·伊利莲·兰奎姗（May-Eliane de Lencquesaing）

地址：Pichon-Longueville Comtesse de Lalande,33250 Pauillac, France

电话：(33) 05 56 59 19 40

传真：(33) 05 56 59 26 56

邮箱：pichon@pichon-lalande.com

网址：www . pichon-lalande.com

联系方式：访问网站，或通过以上电话号码或传真号码进行联系

参观规定：参观访问前必须预约

葡萄园

占地面积：185.3 英亩

葡萄品种：45% 赤霞珠，35 % 美乐，12% 品丽珠，8% 小味多

平均树龄：30 年

种植密度：9,000 株 / 公顷

平均产量：4,500 公升 / 公顷

酒的酿制

在不锈钢酒槽中进行 18 到 24 天的发酵浸渍，在橡木桶中进行 18 到 20 个月的陈年，每半年进行一次换桶，每 3 个月进行一次分离。装瓶前只澄清，不过滤。

年产量

碧尚女爵酒庄（Château Pichon-Longueville Comtesse de Lalande）（正牌）：180,000 瓶

女爵珍藏（Réserve de la Comtesse）（副牌）：160,000 瓶

平均售价（与年份有关）：50~125 美元

近期最佳年份

2003 年，2002 年，2001 年，2000 年，1996 年，1995 年，1986 年，1982 年

18 世纪末，路易十六（Louis XIV）在访问梅多克区时曾特别提到过这座碧尚女爵酒庄，它也一度是

葡萄种植界国王——皮埃尔·马祖尔·鲁臣（Pierre de Mazure de Rauzan）手中的产业，而 1770 年，他的女儿特丽萨·鲁臣（Thérèse de Rauzan）与雅克·德·碧尚·朗格维尔（Jacques de Pichon-Longueville）结婚，皮埃尔·马祖尔·鲁臣就将这片葡萄园作为嫁妆送给了女儿，此后这片葡萄园便一直隶属于碧尚家族。直到 1850 年，葡萄园的五分之三由碧尚男爵的三个姐妹继承，葡萄园开始分裂；1926 年，这三姐妹拥有的葡萄园正式合并到一起。正是当初那片联合到一起的产业造就了今天的碧尚女爵酒庄。

如今的碧尚·朗格维尔·女爵酒庄（简称为碧尚女爵酒庄）是整个波亚克区名气最大，同时也是自 1978 年以来波亚克区葡萄酒品质最能保持稳定高水准的酒庄，它完全有能力与本区三大举世闻名的一级酒庄一较高下。自 1961 年以来，碧尚女爵酒庄葡萄酒一直保持着优良的品质，但是毫无疑问，在精力充沛的掌舵人兰奎姗夫人（经常被同龄人亲切地称为将军夫人）领导下的碧尚女爵酒庄在 20 世纪 70 年代末和 80 年代初，其葡萄酒的品质有了巨大的提升。

碧尚女爵酒庄葡萄酒的酿制方法非常巧妙，葡萄酒呈现出很深的色泽，质地柔顺，溢满水果的浓香，在年轻时即可饮用。它与玛歌区的宝马酒庄一样，都是以在原料中大量使用美乐而闻名，但是碧尚女爵酒庄葡萄酒却有着必不可少的单宁、深度和丰富特性，能够进行 10 到 20 年的陈年。毫无疑问，原料中美乐比例较高（35%）也是这款酒之所以柔软、充满肉感的部分原因。

20 世纪 80 年代，碧尚女爵酒庄不惜重金购置更新了酿酒设备；1980 年建起一座全新的发酵酒桶；1988 年又修建了新的木桶陈年酒窖和试酒间（从这里可以欣赏到临庄拉图酒庄的风景），酒窖的上面是一座规格较高的展览馆。碧尚女爵酒庄所有的更新重建工程全部在 1990 年完工，之后兰奎姗夫人正式定居到与碧尚

男爵酒庄隔路相望的碧尚女爵酒庄。酒庄的葡萄园分布在波亚克和圣·祖利安（St.-Julien）两个地区，人们一般都认为后者解释了碧尚女爵酒庄葡萄酒之所以如此柔软细腻的原因。

PICHON-LONGUEVILLE COMTESSE DE LALANDE
碧尚女爵酒庄

2003 Pichon-Lalande
碧尚女爵酒庄葡萄酒 2003

评分：93~95 分

该款年份酒的产量极低，每公顷葡萄园的产量仅为3,900 公升。碧尚女爵酒庄这一年从 9 月 17 日便开始采收葡萄，一直持续到这一月底才结束。2003 年年份酒对于碧尚女爵酒庄来说算是一款较为强劲的葡萄酒（酒精含量为13%），pH 值为 3.8，总酸度为 3.15。这款酒由 65% 赤霞珠、31% 美乐以及 4% 小味多混合酿制而成，不透明的紫色色泽一直晕到杯壁，散发出春花、黑加仑利口酒和黑莓的甜美香气，同时还辅以淡淡的烘焙浓咖啡醇香。这款酒浓密、醇厚，酒体适中至饱满，口感尤其纯净，而且没有丝毫的过熟之感。它年轻时即可饮用，饮用期为 15 到 20 年。尽管在相似的发展阶段中，2003 年年份酒仍比 1982 年年份酒的风格更显经典，但这两款酒却有着明显的相似之处。最佳饮用期：2008~2020 年。

2002 Pichon-Lalande
碧尚女爵酒庄葡萄酒 2002

评分：94 分

这是一款单宁浓重、超级醇厚的葡萄酒，由 51% 赤霞珠、34% 美乐、9% 品丽珠以及 6% 小味多混合酿制而成，当年产量仅为每公顷 3,300 公升（2000 年为 4,500 公升）。2002 年年份酒呈现出极有层次感的紫色，透焕出紧致却悠长的无花果、黑加仑利口酒、甘草和香草的风味，且微妙的烟熏橡木味若隐若现。它单宁充足、结构匀称、口感纯净、极富层次感、余韵悠长，并不适合在年轻时饮用。这款酒酒体适中，需要进行 7 到 8 年的窖藏，是碧尚女爵酒庄一款令人印象深刻并且结构性极佳的葡萄酒。最佳饮用期：2012~2025 年。

2001 Pichon-Lalande
碧尚女爵酒庄葡萄酒 2001

评分：93 分

独特的紫罗兰香、黄豆、胡椒、黑莓、红醋栗和树皮混合而成的香气使碧尚女爵酒庄葡萄酒 2001 呈现出与众不同的风格。这款酒的颜色为深红宝石色或紫色，是由 50% 赤霞珠、36% 美乐以及高达 14% 小味多混合酿制而成，结构性极佳，口感甜美，风格较为封闭，但又有着丰富、质感十足、口感持续的特点。大量使用小味多使得这款酒的结构性更强，但少了原初的魅力。最佳饮用期：2007~2018 年。

2000 Pichon-Lalande
碧尚女爵酒庄葡萄酒 2000

评分：97 分

碧尚女爵酒庄葡萄酒 2000 是一款上等佳酿，完全可以与 1996 年年份酒、1995 年年份酒，甚至是近乎完美的 1982 年年份酒相媲美。它的原料混合比例为 50% 的赤霞珠、34% 的美乐、10% 的小味多，其余的是品丽珠。这款酒呈现结构性极强的深紫色，散发出的味道是独特却颇具争议性的香味大杂烩：不仅有黑加仑利口酒、紫罗兰和香草的芳香，还带着橄榄酱和树皮的味道，毫无疑问，是小味多赋予了它近似橄榄味的清香。含在口中时，你会发现它醇厚、饱满、口感圆润丰富。当 2000 年年份酒倒入杯中时，紫罗兰的花香、融化的甘草味、独特的橄榄酱香与黑加仑利口酒、意大利培炒咖啡、雪松交相融合，丝丝缕缕地从酒杯中逸出。它酒体丰腴，口感纯净，质地柔滑，我猜想这款酒虽然相对比较年轻，但发展进化速度却非常快。碧尚女爵酒庄葡萄酒 2000 有着戏剧性、近乎火焰式的风格，从某种意义上讲，它也许并不是典型的波亚克酒，但的确是一款经典美酒。最佳饮用期：2007~2025 年。

1996 Pichon-Lalande
碧尚女爵酒庄葡萄酒 1996

评分：96 分

碧尚女爵酒庄葡萄酒 1996 真是棒极了！对碧尚女爵酒庄来讲，赤霞珠的比例在最后一次混合中一向是一反常态地高。在正常年份，美乐在最后混合中的比例一般为 35%~50%，但是 1996 年年份酒的原料混合比例却是 75% 的赤霞珠、15% 的美乐、5% 的品丽珠以及 5% 的小味多。当年只精选出 50% 的收成酿制成的顶级葡萄酒，酒体呈现出饱满的红宝石色或紫色，散发出一股香甜的、接近过熟的赤霞珠果香，而蓝莓、黑莓、黑加仑的清香中又隐隐透出上等的烤新橡木味。这款酒酒体深沉饱满，口感醇厚、甘甜、丰富。2002 年 1 月我品尝这款酒时，它已经完全协调了。鉴于 1996 年年份酒的赤霞珠比例一反常态地高，猜想它将会密

封保存。它的单宁含量遂高，但在馥郁的果香面前也要甘拜下风了。这款葡萄酒真的会成为另一款碧尚女爵酒庄葡萄酒 1982 吗？让我们拭目以待！最佳饮用期：2007~2025 年。

1995 Pichon-Lalande
碧尚女爵酒庄葡萄酒 1995

评分：95 分

1995 年年份酒是碧尚女爵酒庄出产的一款近乎完美的葡萄酒，美乐的使用使它带上了咖啡、巧克力和樱桃的香气，而赤霞珠和品丽珠又赋予它复杂的黑莓及黑加仑的果香。这款酒有着不透明的黑色、红宝石色或紫色，散发出性感奢华的吐司、黑色水果和雪松的芬芳。它的口感细腻微妙，酒体丰腴，层次感强。碧尚女爵酒庄葡萄酒 1995 必是当年年份酒中的传奇之一。最佳饮用期：从现在开始到 2020 年。

1994 Pichon-Lalande
碧尚女爵酒庄葡萄酒 1994

评分：91 分

这款葡萄酒是 1994 年年份酒中的明星酒，饱和的紫色酒体散发出浓郁奇异的烟熏、黑加仑、亚洲香料以及甜美的香草芬芳。醇厚、丰富、恰到好处的单宁风味充分展示出适中至饱满的酒体，它拥有极佳的结构、出众的纯度、经典的层次感以及绵长纯净的回味。这款上佳的碧尚女爵酒庄葡萄酒可以毫不费力地继续进化 15 到 18 年。最佳饮用期：从现在开始到 2020 年。

1989 Pichon-Lalande
碧尚女爵酒庄葡萄酒 1989

评分：93 分

碧尚女爵酒庄葡萄酒 1989 已经接近成熟，酒体呈深红宝石色或深李子红色，边缘微微带些亮点，散发出李子和黑加仑利口酒的香气，并夹杂着香草和石墨的味道。这款酒柔软黏稠，酒体适中至饱满，口感层次分明且多变，酸度极低，单宁甜美，带着碧尚女爵酒庄一贯具有的纯净和优雅。尽管它还残存着单宁的味道，但这款年份酒已经达到了成熟的巅峰期，它将会继续保持这种成熟状态 10 到 15 年。最佳饮用期：从现在开始到 2017 年。

1988 Pichon-Lalande
碧尚女爵酒庄葡萄酒 1988

评分：90 分

碧尚女爵酒庄葡萄酒 1988 朴实无华，不太引人注目，但却是这一年年份酒中非常成功的一款葡萄酒。这款酒呈深红石榴色，透焕出堆肥、泥土、黑加仑、甘草和似有似无的烟草味混合而成的迷人芬芳。它酒体适中，中味甘甜大气，后味中单宁稍显粗糙。1988 年年份酒现在已经完全成熟，适合在接下来的 5 到 10 年中饮用。最佳饮用期：从现在开始到 2015 年。

1986 Pichon-Lalande
碧尚女爵酒庄葡萄酒 1986

评分：94 分

　　这款酒酿制于碧尚女爵酒庄发展停滞不前的时期，呈深红宝石色或紫色的 1986 年年份酒单从色泽上看，仍像是一款只有 4 到 5 岁大的酒。这是碧尚女爵酒庄自 1975 年到 1996 之间单宁最浓重、发展最缓慢的一款葡萄酒。它一直以来都是密封保存的，直到最近才打开。碧尚女爵酒庄葡萄酒 1986 带着雪松、黑加仑、泥土、香料和甘草的芳香，酒体适中至饱满，结构性极强，口感醇厚，单宁味道依然浓重，它是该酒庄不多见的一款宽厚并充满男子气概的葡萄酒。最佳饮用期：从现在开始到 2015 年。

1985 Pichon-Lalande
碧尚女爵酒庄葡萄酒 1985

评分：90 分

　　这款酒现在已经完全成熟了，酒体边缘微微带些粉红色，略带药草味的樱桃和黑加仑的甜美香气，与尘土味和新橡木味交相融合。碧尚女爵酒庄葡萄酒 1985 酒体适中，细致优雅，香味浓郁，十分讨人喜欢。它虽然没有顶级年份酒的厚重、深度和多样性，但却性感撩人、魅力十足。最佳饮用期：现在。

1983 Pichon-Lalande
碧尚女爵酒庄葡萄酒 1983

评分：90 分

　　这款酒似乎才开始渐入佳境，在近期的品尝中表现极佳。它自酿成之日起就令人感到惊艳，与精妙的 1982 年年份酒在市场上的表现不分伯仲。碧尚女爵酒庄葡萄酒 1983 至今仍然呈现出健康的深红石榴色，边缘微微露出琥珀色；散发出独特的沥青、烟草、雪茄匣子气息，与樱桃和黑加仑的甜美香味相得益彰。含在口中时，酒体适中至饱满，但似乎原有的果香已经变得极淡，后味中可以品尝出一丝单宁味和些许的酸味。尽管如此，1983 年年份酒仍是一款被低估、被众人遗忘的碧尚女爵酒庄葡萄酒。最佳饮用期：现在。

1982 Pichon-Lalande
碧尚女爵酒庄葡萄酒 1982

评分：100 分

　　仅在 2002 年一年时间，我就前后不下 6 次地一再品尝这款葡萄酒。它在年轻时的表现堪称完美，装瓶之后也依然是 1982 年这个伟大的年份中最令人满意的一款葡萄酒，既有理智之美，又不乏享受快乐。这款酒依然呈现出深红石榴色或李子色或深紫色，散发出甜美的黑加仑利口酒的香味，并辅以李子、樱桃、香草和烟熏的芬芳。它酒体丰腴浓郁，柔软舒适，质地黏稠，果香、甘油和酒精含量都极高。碧尚女爵酒庄葡萄酒 1982 的酸度一直都出人意料的低，完全成熟，就此而言，它跟任何一款碧尚女爵酒庄葡萄酒，或者说是波尔多葡萄酒一样令人愉悦。我惊讶于这款年份酒的长寿，它的边缘至今没有，可能也不会出现琥珀色的边缘，当然也丝毫没有任何要衰退的迹象。然而，我却无法期望这款酒能够好运持续，因为它毕竟已经有 20 岁了。最佳饮用期：从现在开始到 2012 年。

CHATEAU TROTANOY

卓龙酒庄

级别：柏美洛产区并未进行葡萄酒的官方评级

庄园主：卓龙酒庄酒业有限公司（SC Château Trotanoy）

地址：Trotanoy, 33500 Pomerol, France

邮寄地址：c/o, SA Ets Jean-Pierre Moueix, BP129, 54, quai du Priourat, 33502, Libourne

电话：(33) 05 57 51 78 96

传真：(33) 05 57 51 79 79

联系人：弗雷德里克·罗斯皮尔德（Frédéric Lospied）

参观规定：参观访问前必须预约，且只对与本公司有葡萄酒贸易往来的专业人士开放

葡萄园

占地面积：17.8 英亩

葡萄品种：90% 美乐，10% 品丽珠

平均树龄：35 年

种植密度：6,200 株 / 公顷

平均产量：3,900 公升 / 公顷

酒的酿制

在温度可控的水泥酒槽中进行 20 天的发酵浸渍，在橡木桶中进行 20 个月的陈年，橡木桶的更新比例为 40%。装瓶前只澄清不过滤。

年产量

卓龙酒庄（Château Trotanoy）：30,000 瓶

不生产副牌酒

平均售价（与年份有关）：75~225 美元

近期最佳年份

2003 年，2001 年，2000 年，1998 年，1982 年

历史上，卓龙酒庄曾是柏美洛乃至整个波尔多地区品质最好的酒庄之一。自 1976 年起，卓龙酒庄的葡萄酒沦为二级酒庄的水平，而在 1976 年之前，人们经常把它看做是一级酒庄。

自 1953 年起，卓龙酒庄就一直由休·皮埃尔·莫埃尔旗下的一家公司掌管。卓龙酒庄没有任何标志，这座低调酒庄的葡萄园位于柏图斯酒庄（Chateau Pétrus）以西一公里的地方，在柏美洛教堂和嘉杜索（Catusseau）村之间，土壤由表层的碎石土和下层的黏土组成。卓龙酒庄葡萄酒的酿制与处理方法与柏图斯酒庄（同样归莫埃尔家族所有和经营）几乎如出一辙，唯一的区别是卓龙酒庄新橡木桶的更新比例仅为 40%。

直到 20 世纪 70 年代末，卓龙酒庄葡萄酒一直都还是醇厚饱满、口感丰富，通常需要进行整整 10 年的窖藏才能达到巅峰状态。在某些年份，强劲有力、丰腴醇厚的卓龙酒庄葡萄酒与柏图斯酒庄葡萄酒几乎不相上下。它一直保持着令人羡慕的良好酿造记录，有时甚至在波尔多地区比较差的年份里，它也能酿制出绝世佳酿。1967 年、1972 年和 1974 年年份酒就是最好的例证，卓龙酒庄这三款年份酒都是当年度整个波尔多地区难得的两到三款佳酿之一。

但是到了 20 世纪 70 年代末期，卓龙酒庄葡萄酒的风格开始变得更加的柔和清淡，尽管 1982 年年份酒又重现其丰腴、醇厚、丰富、饱满的特性，但毕竟大势已去。直到 1995 年才又开始酿制出品质上佳但不会令人惊艳的葡萄酒。毫无疑问，产生这些变化的原因是，卓龙酒庄的袖珍葡萄园重新种植了葡萄树，较年轻的葡萄酒与年老的葡萄酒相混合，因此葡萄酒的品质随之发生了改变。不管到底是什么原因，总之结果是，卓龙酒庄失去了跻身柏美洛产区前三、前四座最佳酒庄的资格，并在 20 世纪 80 年代末（1982 年年份酒除外）被许多新起之秀赶上并超过，这其中就包括：克里耐堡（Clinet）、克里奈教堂堡（Chateau L'Eglise Clinet）、里鹏酒庄（Le Pin）、拉芙乐城堡（Chateau Lafleur Gazin）、乐凯堡（Chateau La Fleur de Gay）、乐王吉尔堡（L'Evangile）、拉康斯雍酒庄（La Conseillante），甚至邦巴斯德酒庄（Le Bon Pasteur）在某些年份都能凌驾于卓龙酒庄之上。然而，多亏了克里斯蒂安·莫埃尔（Christian Moueix）先生以及他手下员工的竞争意识和卓绝的才华，卓龙酒庄衰颓的境况才慢慢得以扭转。近几年来的卓龙酒庄葡萄酒都十分的强劲有力，包括漂亮

优雅的 1995 年年份酒、引起轰动的 1998 年年份酒，以及品质卓越的 2000 年、2001 年和 2003 年年份酒。

由于受到全世界葡萄酒行家们的一致追捧，所以卓龙酒庄葡萄酒价格昂贵。尽管如此，它的售价还是很少能超过柏图斯酒庄的一半，这是一个值得铭记的事实，因为它的确（在某些年份）与伟大的柏图斯酒庄葡萄酒在各方面都十分的相像。

CHÂTEAU TROTANOY
卓龙酒庄

2003 Château Trotanoy
卓龙酒庄葡萄酒 2003　评分：90~92+ 分

卓龙酒庄葡萄酒 2003 是柏美洛区为世界献上的一款最强劲有力、单宁最醇厚的葡萄酒（对于这一年份来讲，要做到这一点并不容易）。这款十分猛烈、酒体丰腴、口感强劲的葡萄酒还需要进行 4 到 6 年的窖藏。单宁虽有些许的粗糙，但是这款呈深红宝石色或紫色的卓龙酒庄葡萄酒 2003 还是有许多值得称道的品质。焦土、多种维生素、黑樱桃、新马鞍皮革和泥土的清香慢慢地从这款精彩的红葡萄酒中飘出。这一年份的葡萄收获期早得出奇，美乐在 9 月的 2 号、3 号和 4 号采摘，品丽珠在 9 月 9 号采摘。最佳饮用期：2008~2020 年。

2001 Château Trotanoy
卓龙酒庄葡萄酒 2001　评分：90+ 分

这款极富男子气概的佳酿呈现出深红李子色或石榴色，充满了马鞍皮革、灌木以及黑色水果的香味。它除了具有这一年度年份酒所特有的沉郁、酒体适中、发展缓慢的风格外，口感醇厚丰富、单宁紧致，隐约中还带着一股巧克力糖的甜香。卓龙酒庄葡萄酒 2001 不具备拉图酒庄和柏图斯酒庄葡萄酒的迷人魅力及陈年特性，这款强劲有力、结构性极佳的葡萄酒还需进行 2 到 3 年的窖藏，可以保存 12 到 15 年。

2000 Château Trotanoy
卓龙酒庄葡萄酒 2000　评分：92+ 分

我并不认为这款酒可以与品质绝佳的 1998 年年份酒相媲美，但是这两款酒在市场上的销售情况却不相上下。它的酒体呈深红李子色或石榴色，香味比较密闭，醒酒之后可以嗅到淡淡的无花果、黑樱桃、泥土香和雪松的味道；另外单宁味道浓郁，后味沉郁后进，因此要品尝这款葡萄酒需要极大的耐心。最佳饮用期：2009~2030 年。

1998 Château Trotanoy
卓龙酒庄葡萄酒 1998　评分：96+ 分

1998 年年份酒是自 1961 年年份酒以来最好的一款卓龙酒庄葡萄酒了。这款酒的结构性极佳，先天条件十分优越，呈现出深红宝石或深紫色泽，酒体丰腴，口感超级丰富，混合着太妃糖、巧克力糖的浓香以及黑莓、樱桃和红醋栗的果香。前味、中味和后味之间有着明显不同；单宁丰富，但口感甘甜，中味和后味浓烈而颇有嚼劲。卓龙酒庄葡萄酒 1998 是柏美洛区在极佳的年份中出产的一款夺人心魄的美酒。最佳饮用期：2006~2035 年。

1995 Château Trotanoy
卓龙酒庄葡萄酒 1995　评分：93 分

毫无疑问，1995 年年份酒绝对算得上是卓龙酒庄 1982 年到 1998 年出产的一款品质最佳的葡萄酒了。它的颜色为结构性极佳的红宝石色，边缘微微泛着深红色。2002 年我曾有几次有幸品尝过这款酒，感觉那时它还相当的封闭。尽管这款酒具有一定的欺骗性，但它的确散发出泥土香、覆盆子、黑樱桃和隐约的甘草味；酒体适中至饱满、强劲有力、十分后进。尽管它口感均衡，磅礴大气，但是浓重的单宁也就意味着它可能是 1970 年年份酒的现代版本。不管怎样，时间会证明一切。最佳饮用期：2010~2025 年。

1990 Château Trotanoy
卓龙酒庄葡萄酒 1990　评分：90 分

卓龙酒庄葡萄酒 1990 的进化程度非常高，并且远比它的大哥（柏图斯酒庄葡萄酒 1900）更加成熟。它的颜色为深红李子色，边缘已经略带琥珀色。这款酒的发展速度特别快，口感甘甜，酸酸甜甜的樱桃果味中带着一丝药草、甘草、无花果和泥土的香味。1990 年年份酒酒体适中，有着甜美的果香，酸度极低，回味极富层次感。总的来看，这是一款优雅细致但却低调朴素的卓龙酒庄葡萄酒，虽然品质上佳，但与柏美洛最好的年份酒相比仍稍显逊色。最佳饮用期：从现在开始到 2012 年。

1982 Château Trotanoy
卓龙酒庄葡萄酒 1982　评分：92 分

卓龙酒庄葡萄酒 1982 已完全成熟、香味馥郁，甜美的药草味和吐司、草莓酱以及黑樱桃果香的混合香味让人为之倾倒，其中又隐隐透出摩卡咖啡和雪松的清香。深石榴色泽的酒体适中至饱满，口感醇厚丰富，酸度极低，余韵深厚绵长，甘油含量可观。1982 年年份酒虽然没有再提升的空间，但是它会继续保持这种巅峰状态长达 10 到 15 年。

CHATEAU DE VALANDRAUD
瓦伦德罗酒庄

级别：特级酒庄

庄园主：让·吕克·图内文（Jean-Luc Thunevin）与穆丽尔·安德鲁（Murielle Andraud）

地址：Château de Valandraud,6,rue Guadet, F-33330 St.-Emilion, France

电话：(33) 05 57 55 09 13

传真：(33) 05 57 55 09 12

邮箱：thunevin@thunevin.com

网址：www.thunevin.com

联系人：让·吕克·图内文

参观规定：谢绝参观

葡萄园

占地面积：19.8 英亩

葡萄品种：70％ 美乐，25% 品丽珠，2.5% 马尔贝克，2.5% 赤霞珠

平均树龄：30 年

种植密度：6,500 株 / 公顷

平均产量：3,000~4,000 公升 / 公顷

酒的酿制

所有的葡萄全部是从原始的农场式葡萄园纯手工采摘下来的。经过冷却浸渍（这跟勃艮第酿酒法十分的相似，即冷却浸渍、在木桶中进行苹果酸 - 乳酸发酵、陈年时酒液与酒渣不分离），不进行循环旋转，但却要进行踩皮。在木桶中进行苹果酸 - 乳酸发酵，酒液与酒渣一起陈年直到第一次分离。在 100% 的新橡木桶中进行 18 个月的陈年，自然装瓶，不澄清、不过滤。

年产量

瓦伦德罗酒庄（Château de Valandraud）正牌：11,000 瓶

维治尼（Virginie de Valandraud）副牌：10,000 瓶

平均售价（与年份有关）：175~250 美元

近期最佳年份

2003 年，2002 年，2001 年，1998 年，1995 年，1994 年，1993 年

1989 年，让·吕克·图内文与妻子穆丽尔·安德鲁买下了圣·艾美隆峡谷里一小块面积为 0.6 公顷的土地，它恰好位于柏菲酒庄（Pavie-Macquin）和杜克特酒庄（La Clotte）之间。他们在 1991 年酿制出了第一款年份酒，完全是两个人自己装瓶的。

从那时起，他们就陆陆续续地在圣·叙尔皮斯（St.-Sulpice de Faleyrens）、圣·艾美隆、圣·艾蒂安·利丝（St.-Etienne de Lisse）买下了其他土地和产业。瓦伦德罗酒庄并没有官方评级，但是许多葡萄酒行家都把它看做是整个波尔多地区最好的几家酒庄之一。这位患有强迫症但才华横溢的酒庄主图内文先生这些天以来总是笑得像只柴郡猫一样，他在为不澄清、不过滤且超级丰富的瓦伦德罗酒庄葡萄酒所取得的名望与价格而高兴。在妻子穆丽尔·安德鲁的帮助下，图内文先生凭借在圣·艾美隆区的几小块葡萄园建起了一座袖珍酒庄。由于图内文先生以前经营过酒店，又在圣·艾美隆开过餐馆，一直在跟葡萄酒打交道，所以他懂得酿制出绝佳的葡萄酒意味着什么。

很显然，评审团还无法判断出瓦伦德罗酒庄陈年效果如何，但是他们的葡萄酒口感却极其丰富、醇厚、结构性较强。即使是在 1994 年、1993 年和 1992 年这种较差的年份里，该酒庄依然能够酿制出佳酿。世界各地那些身家过亿的葡萄酒收藏家们都不约而同地将瓦伦德罗酒庄看做是波尔多地区一颗小而璀璨的明珠。虽然酒庄不乏批评者（主要是波尔多地区一些嫉妒的贵族们），但它的影响力还将进一步扩大。图内文先生现在已经成为一名炙手可热的葡萄酒顾问，他的奉献精神，他对酿制优质葡萄酒的承诺，以及他本人极其灵敏的味觉（更确切地说是在他同样才华横溢的合作人的帮助下）已经改造了圣·艾美隆地区许多默默无闻的酒庄，而瓦伦德罗酒庄已经成为注重葡萄酒品质顾客的首选。

与米歇尔·罗兰（Michel Rolland）一样，瓦伦德

罗酒庄的成功极大地鼓舞了新一代年轻的酿酒师们不断酿制出更高品质的葡萄酒。从这一点来说，整个波尔多地区都受益良多。

CHÂTEAU DE VALANDRAUD
瓦伦德罗酒庄

2003 Château de Valandraud
瓦伦德罗酒庄葡萄酒 2003　　评分：93~96 分

作为波尔多地区年轻一代葡萄酒庄主们的精神领袖，大名鼎鼎的让·吕克·图内文在瓦伦德罗酒庄短短的历史上却酿制出了一流的葡萄酒。2003 年份平均每公顷的产量为 2,800 公升，这 1,000 箱瓦伦德罗酒庄葡萄酒是由 50% 的美乐、40% 的品丽珠以及少量的马尔贝克与赤霞珠混合酿制而成。墨紫色或蓝紫色的酒体散发出浓郁的黑色水果、灌木、甘草、碎石、可可、浓咖啡及香料的芬芳，强烈的口感和浓郁的水果香味瞬间溢满整个口腔。单宁柔和圆润，充满了成熟的迷人风姿，长达 50 秒之久的余韵让人印象深刻。这款佳酿应该算是瓦伦德罗酒庄迄今为止酿制出的最为宽厚、生命力最为持久的一款葡萄酒了。最佳饮用期：2008~2020+。

2002 Château de Valandraud
瓦伦德罗酒庄葡萄酒 2002　　评分：93 分

这是在穆丽尔·安德鲁和让·吕克·图内文手中诞生出的又一款佳酿。瓦伦德罗酒庄葡萄酒 2002 呈现出层次性极强的红宝石色或紫色，充满了巧克力、浓咖啡、黑加仑和樱桃的迷人芬芳。它口感浓厚，酒体适中至饱满，紧实而强劲。与 2001 年年份酒相比，2002 年年份酒少了几分柔滑和饱满，但仍不失为一款口感均衡的美酒。在未来的 2 到 5 年间，它就可以摆脱涩重的单宁了。这款酒在未来的 12 到 15+ 年间最适宜饮用。最佳饮用期：2007~2018 年。

2001 Château de Valandraud
瓦伦德罗酒庄葡萄酒 2001　　评分：94 分

说起来可能令人难以置信，瓦伦德罗酒庄葡萄酒 2001 甚至比瓦伦德罗酒庄葡萄酒 2000 还要好，这款酒是穆丽尔·安德鲁和让·吕克·图内文的得意之作。它呈现出极具渗透性的李子红色或紫色，奢华的法芙娜巧克力甜香中又萦绕着意大利烘焙咖啡、黑莓、樱桃酱和红醋栗的芳香。酒体丰腴，质地性感撩人，口感纯净、丰富，2001 年年份酒是波尔多地区葡萄酒改革浪潮中的佳作。最佳饮用期：2007~2020 年。

2000 Château de Valandraud
瓦伦德罗酒庄葡萄酒 2000　　评分：93 分

每当谈论起瓦伦德罗酒庄葡萄酒 2000 的时候，让·吕克·图内文总是显得十分谦逊，就好像这款酒有什么缺陷似的。当然，这是一款上等佳酿，我前后三次品尝过装瓶之后的 2000 年年份酒，对它哪里是一个"爱"字了得！深紫色的

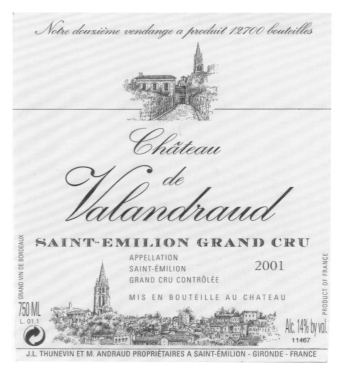

瓦伦德罗酒庄葡萄酒 2001 酒标

酒体散发出浓咖啡、可可、巧克力、李子、黑加仑和樱桃的馥郁香味，带给人一种置身天堂的快感。酒体适中至饱满，单宁略显涩重，但是酸度极低、富有层次性、口感丰富且极为纯净，瓦伦德罗酒庄葡萄酒 2000 绝对是图内文风格葡萄酒的里程碑之作。但它可能是一款在饮用之前要进行 3 到 5 年窖藏的瓦伦德罗酒庄葡萄酒。最佳饮用期：2008~2019 年。

1999 Château de Valandraud
瓦伦德罗酒庄葡萄酒 1999

评分：90 分

香甜的咖啡、摩卡咖啡、皮革、黑樱桃和红醋栗的浓香是瓦伦德罗酒庄葡萄酒 1999 最大的特点。它口感纯净，质感十足，结构饱满，能给人带来愉悦的享受，具有鲜明、绵长、非凡的特性。最佳饮用期：从现在开始到 2015 年。

1998 Château de Valandraud
瓦伦德罗酒庄葡萄酒 1998

评分：93 分

瓦伦德罗酒庄葡萄酒 1998 是一款经典的圣·艾美隆葡萄酒，颜色为深李子红色或深紫色，充满优雅的摩卡咖啡、咖啡、樱桃、黑莓和巧克力混合的芬芳。与之前的年份酒比起来，这款酒更加的细腻，并且更具本土特色。酒体适中至饱满，质地醇厚，浓郁的巧克力醇香扑面而来；口感是少有的纯净，结构平衡，余韵悠长，它应该算是瓦伦德罗酒庄迄今为止出产的最优雅的一款葡萄酒了。最佳饮用期：从现在开始到 2020 年。

让·吕克·图内文

1996 Château de Valandraud
瓦伦德罗酒庄葡萄酒 1996

评分：91 分

从装瓶过后，瓦伦德罗酒庄葡萄酒 1996 的结构更显坚实。这款粘性的葡萄酒有着传说中的厚重色泽（饱和的深红宝石色、深李子红色、深紫色），充满异域情调的香味已经开始出现端倪，散发出碘酒、烘烤咖啡、黑色水果果酱和烤面包的香味。这款酒酒体适中至饱满，单宁甘甜，质地柔软细腻，口感极其纯净，余韵悠长。最佳饮用期：从现在开始到 2018 年。

1995 Château de Valandraud
瓦伦德罗酒庄葡萄酒 1995

评分：95 分

这款精美的瓦伦德罗酒庄葡萄酒 1995 在所有让·吕克·图内文酿制出的葡萄酒中是首屈一指的。它呈饱满的紫色，散发出烘烤药草、黑色水果（樱桃、红醋栗和黑莓）以及上等的烤橡木味（后一种成分只是有细微的差别）。1995 年年份酒丰满醇厚，富有层次感的果香、甘油和精粹物，然而结构却浑然一体。这款酒有着伟大葡萄酒应该具有的一切品质，似乎是迄今为止瓦伦德罗酒庄酿制出的品质最佳的葡萄酒，余韵可超过 30 秒钟。在成熟、馥郁的果香掩饰下，几乎感觉不到

浓重的单宁味。最佳饮用期：从现在开始到 2020 年。

1994 Château de Valandraud
瓦伦德罗酒庄葡萄酒 1994

评分：92+ 分

这款酒的颜色为不透明的紫色，香味较为封闭（甜美的黑加仑和木头清香，烟熏味中又带着晾晒的气味），瓦伦德罗酒庄葡萄酒 1994 受到人们的狂热追捧。这款酒口感特别纯净，风味绝佳，中味中带着甘甜的水果香；酒体饱满、富有层次感，后味粘黏。1994 年年份酒毫无悬念地当选为当年度最佳年份酒之一。最佳饮用期：从现在开始到 2020 年。

1993 Château de Valandraud
瓦伦德罗酒庄葡萄酒 1993

评分：93 分

毫无疑问，瓦伦德罗酒庄葡萄酒 1993 是这一年所有年份酒中最为醇厚的一款葡萄酒。它的颜色为不透明的紫色，甜美成熟的黑樱桃和黑加仑果香与淡淡的橡木味、若有若无的矿物质、巧克力糖的香味相得益彰。酒体丰腴，口感浓厚而没有坚硬的边角感，这款醇厚的令人难以置信的 1993 年年份酒是一款少见的佳酿，特别是在一个似乎产不出这样好酒的年份，它的出现更显得难能可贵了。这款酒最好在未来的 15 到 20 年间饮用。

SWEET WHITE BORDEAUX
波尔多甜白葡萄酒

CHATEAU CLIMENS
克利芒酒庄

级别：1855 年列级酒庄一级庄

庄园主：贝蕾妮斯·勒顿（Bérénice Lurton）

地址：Château Climens,33720 Barsac, France

电话：(33) 05 56 27 15 33

传真：(33) 05 56 27 21 04

邮箱：contact@chateau-climens.fr

网址：www. chateau-climens.fr

联系人：贝蕾妮斯·勒顿

参观规定：参观前必须预约，从周一到周五，上午：8:30-12:00，下午：2:00-6:00；8 月份及收获期间谢绝参观

葡萄园

占地面积：74 英亩

葡萄品种：100% 的赛美容

平均树龄：35 年

种植密度：6,600 株 / 公顷

平均产量：平均产量为 1,300 公升 / 公顷；正牌酒的产量为 700 公升 / 公顷（20 年来的平均产量）

酒的酿制

克利芒酒庄的风土条件独一无二。它坐落在巴萨克区海拔最高的地方，一整块葡萄园恰好将酒庄团团围住。葡萄园内的土壤是红色土质中间夹杂着些许的石块，包括覆盖在石灰石上的一层稀薄的粘土和铁质沙土。

特殊的土壤加上斜坡构成了天然的良好排水系统。在独特的气候条件下——早上雾气弥漫，下午艳阳高照，葡萄会染上贵霉菌。这种霉菌只长在成熟的葡萄上，会使葡萄变得更加的甘甜，内部结构也会发生改变，而这正是酿制优质的甜白葡萄酒所必需的。

在被送入酒窖压榨之前，每一粒葡萄都在葡萄园中的筛选台上经过了精挑细选，之后放入木桶中直接进行发酵，并不需要额外添加培养酵母。刚酿出的葡萄酒要放到阴凉避荫处，目的是使鲜美的水果和鲜花的芬芳能够更加的浓郁。木桶发酵过程中也只允许在小型的独立酒槽中进行分开酿制。

在接下来的几个月里，要不断地对新酿出的葡萄酒进行尝味，直到完成最终的混合，这样优质葡萄酒就新鲜出炉了。诚信是克利芒酒庄的立身之本，因此在较差的年份，比如说 1984 年、1987 年、1992 年和 1993 年，为了保住自己的金字招牌，克利芒酒庄干脆放弃了酿制葡萄酒。在装瓶之前，克利芒酒庄葡萄酒要在橡木桶中进行差不多 20 个月的陈年。

年产量

克利芒酒庄（Château Climens）正牌：25,000 瓶

克利芒柏树（Cyprès de Climens）副牌：10,500 瓶

平均售价（与年份有关）：45~125 美元

近期最佳年份

2003 年，2002 年，2001 年，2000 年，1999 年，1997 年，1991 年，1990 年，1989 年，1988 年，1986 年，1983 年

毫无疑问，伊甘酒庄（Château d'Yquem）是巴萨克区，甚至是整个苏玳（Sauternes）区最知名的酒庄，它出产全法国最醇厚，同时也是最昂贵的甜白葡萄酒。但是我发现最适合于佐餐，并且喝起来口感最复杂、最具魅力的甜白葡萄酒却是巴萨克区的克利芒酒庄葡萄酒。自 1971 年起，克利芒酒庄就由大名鼎鼎的勒顿家族执掌，这个家族在波尔多地区统治着一个颇具规模的葡萄酒王国，包括玛歌区的班·卡塔纳酒庄（Châteaux Brane Cantenac）、杜霍酒庄（Durfort-Vivens）和狄士美酒庄（Desmirail）。所有这些酒庄生产出的葡萄酒都是百里挑一的，但是没有哪一个酒庄享有克利芒酒庄在巴萨克区的至高地位。

两个世纪以来，克利芒酒庄一直被认为是巴萨克区两大顶级酒庄之一［另一个是库玳酒庄（Coutet）］。

72 英亩的葡萄园和毫不起眼的只有一层的酒庄（唯一的标志性特征就是酒庄的两边各有一座用石板做屋顶的塔楼）坐落于一个叫做松明子（La Pinesse）的小村子，这里也是巴萨克区地势最高的高地，海拔足足有70 英尺。一些评论家宣称正是这种海拔高度为克利芒酒庄提供了得天独厚的良好排水系统，在雨水较多的年份，克利芒酒庄就比其他地势较低的酒庄更具优势。

虽然这里大部分酒庄的名字都可以追溯到之前的历届庄主，但是没有人知道克利芒酒庄的名字究竟是如何得来的。19 世纪，这座酒庄大部分时间都是由拉克斯特（Lacoste）家族执掌的，那时他们生产一种叫做"克利芒·拉克斯酒庄"的葡萄酒，那时这座 70 英亩大小的葡萄园年产量高达 6,000 箱。然而 19 世纪末，一场灾难性的葡萄根瘤蚜虫病毁掉了波尔多地区大部分的葡萄园，其中也包括克利芒酒庄。1871 年，阿尔弗雷德·瑞贝（Alfred Ribet）买下了克利芒酒庄，之前他已经拥有 Pexoto 酒庄，这座酒庄随后被并入了今天的斯格拉哈伯酒庄（Château Sigalas Rabaud）。

1885 年，瑞贝又将它转让给亨利·古诺伊胡（Henri Gounouilhou）。之后，克利芒酒庄一直归古诺伊胡家族所有，直到 1971 年被卢西恩·勒顿（Lucien Lurton）买下。作为波尔多地区最知名的日报——《西南报》（Sud-Ouest）主编的古诺伊胡以及他的继任者不仅改善了克利芒酒庄葡萄酒的品质，同时也大大提高了酒庄的知名度。充满传奇色彩的1947年、1937年和1929年年份酒使得克利芒酒庄凌驾于它鼎鼎大名的邻居库玳酒庄（Château Coutet），甚至与伟大的伊甘酒庄都可以一较高下。

　　勒顿家族的布里吉特（Brigite）和贝蕾妮斯所做的只是巩固这座卓绝不凡的酒庄原有的名望而已。他们对酒庄唯一的改变，就是拔掉了种植在葡萄园中红色黏土沙质土壤上少量的密斯卡岱（Muscadelle）。目前，克利芒酒庄葡萄园里种植的是100%的赛美容，他们相信赛美容才是最适合酒庄风土的葡萄。克利芒酒庄一直避免在原料中使用赛娇维赛，因为这种葡萄酿制出的葡萄酒在几年之内就会丧失原有的香味。由于勒顿家族一直坚持每年只移植3%~4%的葡萄树，因此葡萄树的平均树龄保持在35岁左右。另外，他们每公顷仅为1,600公升的低产量一直是苏玳区或者说是巴萨克区产量最低的酒庄之一（如今，在绝大多数重要酒庄都已经将产量翻倍的情况下，克利芒酒庄依然维持平均年产量为3,333箱，虽然它的面积比19世纪中期的葡萄园还要大1.6英亩，能做到这一点真是难能可贵）。毋庸置疑，单凭这个数据就能解释克利芒酒庄葡萄酒如此醇厚和品质如此之高的原因了。

　　发酵是在木桶中进行，装瓶之前，在容量为55加仑的橡木桶中进行12到18个月的陈年。在大多数年份，橡木桶的更新比例为33%，以至于葡萄酒会有一股清新木桶香与丰富的蜂蜜菠萝、香草、杏子等香气。

　　克利芒酒庄如此宝贵的原因还在于，它生产出了这一地区最具魅力、最为高雅的葡萄酒。毫无疑问，单单论力度、粘度及丰富度，克利芒酒庄恐怕永远都不是伊甘酒庄的对手，甚至还不及拉菲丽丝酒庄（Chateau Rieussec）、旭第侯酒庄（Chateau Suduiraut）和库玳酒庄的超级葡萄酒。然而，如果是拿葡萄酒的平衡性与精细度来衡量一款酒的好坏，那克利芒酒庄是当之无愧的酒中之王，理应获得该地区最经典、最优雅葡萄酒的称号。许多佐餐酒喝多了不免使人产生厌腻之感，但是克利芒酒庄一些顶级年份酒却充满着浓郁、甘美和异域风情的蜂蜜菠萝的果香，中间又带着柠檬的酸味，这使得克利芒酒庄葡萄酒风味独特，

那令人愉悦的香味久久萦绕不散。

　　一直以来作为巴萨克区或者说是苏玳区最为醇厚的葡萄酒，这款由100%赛美容酿制而成的葡萄酒就是优雅与力度完美结合的最好典范。

CHÂTEAU CLIMENS
克利芒酒庄

2003 Château Climens
克利芒酒庄葡萄酒2003

评分：94~97分

　　克利芒酒庄葡萄酒2003有着非同寻常的浓烈，肥厚丰满，口感丰富，即使现在它还年轻，但已经带上了1990年年份酒的风采。酒体的淡淡金黄色中带着一丝绿色，散发出金银花的浓郁香气，口味甘甜、强劲有力，质地柔和细腻，已经开始显示出良好的复杂度。这款酒比2001年年份酒的发展速度相对更快，也许还更加的甘甜、饱满。但是，2003年年份酒是否能具有2001年年份酒那种超乎现实的优雅，让我们拭目以待吧！最佳饮用期：2010~2035年。

2002 Château Climens
克利芒酒庄葡萄酒2002

评分：94分

　　在见识过风华绝代的克利芒酒庄葡萄酒2001之后，我猜想大部分读者都不会对巴萨克区和苏玳产区这款2002年的甜白葡萄酒有太多的兴奋和期待。然而实际上，克利芒酒庄葡萄酒2002是一款难得的佳酿，比克利芒酒庄葡萄酒2000品质更优。这款葡萄酒有着浓郁的灰霉菌味道，但是既没有鲜明的结构，也缺乏2001年年份酒的那份超凡的优雅。它口感甘甜，酒体丰满、肥厚，强度较高，带着1989年年份酒的风格。最佳饮用期：2010~2035年。

2001 Château Climens
克利芒酒庄葡萄酒2001

评分：100分

　　克利芒酒庄葡萄酒2001是一款少见的佳酿，颜色呈浅金黄色至中度金黄色，隐隐透出一丝绿色，散发出热带水果（主要是菠萝）、金银花和鲜花的淡雅清香。这款酒酒体适中，口味丰富，质感十足，口感纯净、甜而不腻，余韵特别悠长，萦绕于口中久久不去。风华绝代的2001年年份酒充满着传奇色彩。最佳饮用期：2010~2040+。

2000 Château Climens
克利芒酒庄葡萄酒2000

评分：89+分

　　酒庄的经营者们对2000年年份酒充满了期待。尽管这个年份是历史上出了名的差年份，但是那些本来手中只有用

提早采摘的葡萄酿制出葡萄酒的酒商们，在进行完最后一次混合后却发现，这一年份的葡萄酒的品质出乎意料的好。这一年的产量低得惊人（平均每公顷产量为400公升）。克利芒酒庄葡萄酒2000尽管缺乏层次感（装瓶后我曾立即品尝过），但却散发出浓郁的蜜桔、菠萝果香，淡淡的梨子味以及些许的黄油和金银花的香气。这款酒酒体适中而优雅，口感超级纯净，是克利芒酒庄的代表作之一。最佳饮用期：2007~2020年。

1999 Château Climens
克利芒酒庄葡萄酒 1999

评分：94 分

克利芒酒庄葡萄酒1999呈现出中度金黄色至深金黄色，酸度相对较高，层次性稍差，但是口感却极其纯净，散发出浓郁的金银花、菠萝和其他一些热带水果的香味，并辅以矿物质和若有若无的橡木味。当年度只精选出63%的收成，在9月19日至10月18日酿成了这款克利芒酒庄葡萄酒1999，每公顷产量仅为900公升。这款酒的寿命特别长，但显而易见，它永远无法超越像是2001年、1997年、1996年、1990年、1989年和1988年年份酒之类的佳酿。最佳饮用期：2008~2025年。

1998 Château Climens
克利芒酒庄葡萄酒 1998

评分：92 分

这是克利芒酒庄推出的一款十分早熟、进化速度特别快的葡萄酒，对于那些希望能够买到一款口味甘甜适中，且适宜在接下来的15到20年间饮用的巴萨克葡萄酒的人来说，克利芒酒庄葡萄酒1998绝对是不二之选。当年的产量为每公顷1,300公升（精选了64%的收成酿制而成），原料为100%的赛美容。这款酒呈中度金黄色并稍带绿色的色泽，口感成熟，肥厚丰满，强度极高，酸度适中，充满了金银花、奶油、热带水果和灰霉菌的味道。最佳饮用期：从现在开始到2020年。

1997 Château Climens
克利芒酒庄葡萄酒 1997

评分：93 分

这是克利芒酒庄一款出色的葡萄酒，浓郁的野姜花味中揉入了黄油菠萝、柑橘、金银花和香草的香味。适中至饱满的酒体，口感纯净，层次感强。最佳饮用期：从现在开始到2022年。

1996 Château Climens
克利芒酒庄葡萄酒 1996

评分：90 分

这是一款细致优雅、风格细腻的克利芒酒庄葡萄酒（由100%的赛美容酿制），散发出鲜明的、甚至称得上是浓烈的

柑橘味，以及淡淡的金银花和奶油葡萄柚的清香。1996年年份酒酸甜可口，含在口中时酸度稍显浓烈，但无论如何，它都不是一款酒体沉重、浓烈的葡萄酒；相反，它细致优雅，血统纯正。最佳饮用期：从现在开始到2015年。

1990 Château Climens
克利芒酒庄葡萄酒 1990

评分：96 分

随着时间的流逝，克利芒酒庄葡萄酒1990变得日益浓烈。当年度产量极低，仅为每公顷1,000公升，因此这款出色的1990年年份酒的总产量为3,000箱。中度金黄色至深金黄色的酒体充满了金银花、香草、菠萝、洋槐花、焦糖奶油和烤果仁味的香气。它厚度十足，有着克利芒酒庄葡萄酒少见的浓烈（每公升的残留糖分为130克，这个数字对于这个酒庄的葡萄酒来讲算是很高了），绵长的余韵可持续一分钟之久。尽管1990年年份酒极其醇厚，但适中的酸度又使得这款酒显得质感十足。最佳饮用期：从现在开始到2035年。

1989 Château Climens
克利芒酒庄葡萄酒 1989

评分：94 分

这款酒仍处于不断地发展进化中，尽管我更中意于与它

关系最密切的两位兄弟——优雅细致的1988年年份酒和强劲有力的1990年年份酒，但我不得不承认，1989年年份酒仍是克利芒酒庄一款出色的靓酒。克利芒酒庄葡萄酒1989的产量为每公顷1,100公升，酒精含量达到14.5%，每公升的残留糖分为123克。它的颜色为中度金黄色，诱人的焦糖奶油香味中混杂着羊毛脂、蜡、蜜桔、香草的味道，以及似乎是热带水果的果香。酒体十分饱满，口感甘甜、醇厚，似乎是一款极佳的克利芒酒庄葡萄酒，并且从瓶中倒出来的口感比我原先设想的从酒桶中倒出的口感要好得多。最佳饮用期：从现在开始到2025年。

1988 Château Climens
克利芒酒庄葡萄酒 1988

评分：96 分

这一直是我最喜欢的一款克利芒酒庄葡萄酒，但它的进化程度远远低于1990年年份酒和1989年年份酒，带着巴萨克葡萄酒一贯的优雅。克利芒酒庄葡萄酒1988的产量为每公顷1,200公升，糖的含量为14.4%，每公升的残留糖分为106克；在柑子皮、融化的奶油和过熟的菠萝微妙的香气中，还揉进了淡淡的烤橡木清香。适中至饱满的酒体，既不像1990年年份酒那样过分浓烈，又没有1989年年份酒那样的甘甜。但是对于这样一款强劲有力又十分醇厚的葡萄酒

来说，拥有这样轻盈的口感真的是难能可贵了。克利芒酒庄葡萄酒1988是一款仍然需要在酒瓶中继续进行陈年的佳酿。最佳饮用期：2006~2025年。

1986 Château Climens
克利芒酒庄葡萄酒 1986

评分：96 分

这又是一款低产量高品质的克利芒酒庄葡萄酒（产量不到1,000箱），酒精含量为14.5%，每公升的残余糖分为101克。克利芒酒庄葡萄酒1986呈深黄色，焦糖奶油味中带着橘子果酱、菠萝利口酒和热带水果的香味，以及淡淡的可可和香草味。这款酒酒体适中至饱满，极其醇厚，灰霉菌含量极高，后味中带着淡淡的焦糖和橘子酱味，口感柔和平顺而又骨感十足。最佳饮用期：从现在开始到2020年。

1983 Château Climens
克利芒酒庄葡萄酒 1983

评分：93 分

1983年年份酒现在依然是一款日益强劲的葡萄酒，目前散发出蜂蜜、爆米花、菠萝和葡萄柚的香气，以及些许的蜡烛和羊毛脂气味。这款酒口感极其丰富，酸味恰到好处，灰霉菌含量可观，酒体丰腴，口感强烈，又是一款即将达到巅峰期的出色靓酒。最佳饮用期：从现在开始到2016年。

CHATEAU RIEUSSEC
拉菲丽丝酒庄

级别：1855 年列级酒庄一级庄

庄园主：罗斯柴尔德男爵拉菲集团（Domaines Barons de Rothschild）

地址：Château Rieussec,33210 Fargues, France

电话：(33) 05 57 98 14 14

传真：(33) 05 57 98 14 10

网址：www.lafite.com

联系人：埃里克·科勒（Eric Kohler）

参观规定：参观访问前必须预约（从周一到周五）

葡萄园

占地面积：186 英亩

葡萄品种：90 % 赛美容，6% 长相思，4% 密斯卡岱

平均树龄：25 年

种植密度：7,300 株 / 公顷

平均产量：1,500 公升 / 公顷

酒的酿制

拉菲丽丝酒庄的酿酒哲学是基于严格的挑选过程以及精良的酿酒设备。用来发酵的橡木桶来自于拉菲酒庄的制桶作坊，每年拉菲丽丝酒庄用于 élevage（后期提高）的橡木桶的更新比例为 60%。前后一共需要花费 30 个月的时间才能酿制出一级酒庄葡萄酒。

年产量

拉菲丽丝酒庄（Château Rieussec）正牌：产量与年份有关，但平均年产量为 6,000 箱（1993 年的产量为 0，2000 年的产量仅为 3,000 箱）

拉菲科斯酒庄或拉菲贵族甜（Château de Cosse/ Clos Labère）副牌，苏玳产区：2,000~6,000 箱

拉菲丽丝白 (R De Rieussec) 干白葡萄酒，格拉夫产区 (Graves)：平均年产量为 2,000 箱

平均售价（与年份有关）：45~100 美元

近期最佳年份

2003 年，2002 年，2001 年，2000 年，1990 年，1989 年，1988 年

18世纪，拉菲丽丝酒庄还是郎贡地区加尔默罗会（Carmes de Langon）修士们的财产，在法国大革命期间，酒庄被充公，在一次拍卖中作为"国家财产"公开售卖给马海勒先生（Mr. Marheilhac），那时他已是里奥南村（Léognan）拉卢韦尔酒庄（Château La Louvière）的庄主了。

拉菲丽丝酒庄历史上曾几经易主：查尔斯·克里宾（Charles Crepin，1870年）、鲍尔·迪弗利耶（Paul Defolie，1892年）、班尼尔先生（Mr. Bannil，1907年）、之后是盖斯奎东（Gasqueton）家族[圣·爱斯特芙的加隆·希格尔城堡（Chteau Calon-Ségur）的所有者]，战争期间是P.F.贝利[P.F. Berry，美国公民，维克特·德·博泽特（Vicomte de Bouzet）的兄弟]，之后是巴拉雷斯奎（Mr.Balaresque，1957年），再后来是阿尔伯特·尤利尔（Albert Vuillier，1971年），他对索泰尔纳"甜葡萄酒"十分热衷。

快到苏玳产区时，游客们远远就可以看到拉菲丽丝酒庄以及它那座矗立在最高山坡上的望塔。拉菲丽丝酒庄的葡萄园连绵于法歌村与苏玳区的山丘上，从那里可以俯瞰加龙河（Garonne）左岸，海拔高度仅次于伊甘酒庄。整座葡萄园里连为一体，这在波尔多地区可不常见，绝大部分葡萄园都与神圣的伊甘酒庄相毗邻。

拉菲丽丝酒庄一直以来都享有盛誉，自1971年阿尔伯特·尤利尔接手以来，葡萄酒的品质更是又迈上了一个新台阶，这就要归功于增加了新橡木桶的更换比例，并且更加频繁地穿行于葡萄园间，一遍又一遍地巡视采摘，只摘取贵腐完美的葡萄。实际上，一些拉菲丽丝酒庄的评论者宣称，在尤利尔掌管下酿制出的葡萄酒在陈年时，颜色会逐渐地变深（比如说1976年年份酒）。之后，尤利尔又将酒庄转手卖给罗斯柴尔德男爵拉菲集团。罗斯柴尔德男爵拉菲集团不惜花费重金，不遗余力地对拉菲丽丝酒庄进行了精益求精的改造。这次改造的效果很明显，使得拉菲丽丝酒庄一跃成为排名前四位的顶级酒庄。有钱的收藏者们都一致认为2003年、2002年、2001年、1990年、1989年和1988年年份酒都是拉菲丽丝酒庄的顶级葡萄酒。

CHATEAU RIEUSSEC
拉菲丽丝酒庄

2003 Château Rieussec
拉菲丽丝酒庄葡萄酒 2003

评分：93~96 分

拉菲丽丝酒庄葡萄酒 2003 的颜色为浅金色至中度金黄色，焦糖奶油的浓香辅以淡淡的太妃糖、焦糖橘子和融化奶油的清香。这款酒体饱满、极尽奢华、丰富到极致的葡萄酒，口感浓烈、十分耐嚼，带着明显的甜味；此外酸度极佳，带着浓郁的木香味，酒精含量也恰到好处。2003 年年份酒是拉菲丽丝酒庄的一款力作，堪与几近完美的 2001 年年份酒相媲美。最佳饮用期：2011~2028 年。

2002 Château Rieussec
拉菲丽丝酒庄葡萄酒 2002

评分：94 分

拉菲丽丝酒庄葡萄酒 2002 呈中度金黄色，有着浓郁的烤热带水果香味，还夹杂着若有若无的橘子酱和焦糖奶油的芳香。酒体适中至饱满，口感极其丰富浓厚，发展潜力非常大。比起那款美妙得无法言喻的 2001 年年份酒，这款年份酒的水果香味更加浓郁。最佳饮用期：2009~2035 年。

2001 Château Rieussec
拉菲丽丝酒庄葡萄酒 2001

评分：99 分

这款酒是拉菲丽丝酒庄的不朽之作！2001 年年份酒呈现出淡金黄色至中度金黄色，散发出诱人的金银花、烟熏橡木、焦糖热带水果、焦糖奶油和金万利的混合香气。这款酒醇厚、丰满，由于酸度适中，因而显得浓而不腻；浓郁的灰霉菌香味加上 70 至 75 秒长的余韵。这款出色的拉菲丽丝酒庄葡萄酒在 2010 到 2035 年间会达到巅峰状态。

2000 Château Rieussec
拉菲丽丝酒庄葡萄酒 2000

评分：91 分

接近于琥珀色的色泽提醒了我：1983 年年份酒还很年轻。橘子酱、焦糖奶油、黑黄油和烟熏的香味从拉菲丽丝酒庄葡萄酒 2000 中袅袅溢出，它的口感较为复杂、性感诱人、丰满醇厚；强度极高，酸度平衡，带着浓浓的水果香和灰霉菌的气味。2000 年年份酒毫无争议地成为苏玳区年度最佳葡萄酒的热门候选之一。最佳饮用期：从现在开始到 2018 年。

1999 Château Rieussec
拉菲丽丝酒庄葡萄酒 1999

评分：91 分

拉菲丽丝酒庄葡萄酒 1999 有着极佳的酸度，它发展缓慢，甚至有点封闭，但是口感却十分的甘甜，充满了野姜花、桃子、焦糖以及好闻的灰霉菌芳香。由于它相对的封闭性，这款适中至饱满酒体的葡萄酒并不显得十分的华丽、绚烂，但是却回味悠长、层次分明，令人印象深刻。然而，想要享用这款美酒还需要一定的耐心。最佳饮用期：2006~2020 年。

1998 Château Rieussec
拉菲丽丝酒庄葡萄酒 1998

评分：92 分

这是拉菲丽丝酒庄的又一力作！拉菲丽丝酒庄葡萄酒 1998 呈现出中度至深沉的金黄色，充满了烟熏、烤橡木、香草、可可、金银花、桃子的混合香味，甚至还有些许的菠萝果香。这款酒非常醇厚、口感甘甜，与它的小弟弟 1999 年份酒不同的是，它的味道十分直接，进化速度非常之快，很适合在接下来的 12 到 15 年间饮用。1998 年年份酒有望当选年度最佳葡萄酒。

1997 Château Rieussec
拉菲丽丝酒庄葡萄酒 1997

评分：93 分

1997 年年份酒是拉菲丽丝酒庄的得意之作，丰腴、甘甜的酒体散发出浓郁的灰霉菌清香，金银花、焦糖、桃子和焦糖奶油的甜香也是扑面而来。较高的酸度足以支撑起葡萄酒的结构，平衡相对较高的糖分（每公升为 120 克）。跟绝大多数的年份酒一样，拉菲丽丝酒庄葡萄酒 1997 也是由 90% 的赛美容、7% 的长相思和 3% 的密斯卡岱酿制而成。最佳饮用期：从现在开始到 2025 年。

1996 Château Rieussec
拉菲丽丝酒庄葡萄酒 1996

评分：92+ 分

深沉金黄色的酒体带着新橡木、焦糖、焦糖奶油和金银花的香味，拉菲丽丝酒庄葡萄酒 1996 口感甘甜、结构性极佳，但似乎在装瓶后就一直处于封闭状态。这款酒极富层次性，醇厚饱满，优点多多。然而，要享用这款美酒还需要有一定的耐心，因为它的寿命似乎非常长，发展空间也极大。最佳饮用期：2008~2040 年。

1990 Château Rieussec
拉菲丽丝酒庄葡萄酒 1990

评分：94 分

这是一款有着深沉金黄色泽的上等佳酿，浓郁的香料味中夹杂着焦糖桃子、杏子和金银花的香味扑面而来。这款酒酒体饱满、丰厚多汁，恰到好处的酸度不至于使它显得过分浓烈和甜腻。它的层次感强，粘性十足，似乎现在即可饮用，但是再保存 20 到 25 年绝对没有问题。最佳饮用期：从现在开始到 2025 年。

1989 Château Rieussec
拉菲丽丝酒庄葡萄酒 1989

评分：93 分

没有哪一款酒会像 1989 年年份酒那样带给我如此多的欢乐，简直像是在一起品尝卓越的 1990 年、1989 年和 1988 年年份酒一样。拉菲丽丝酒庄葡萄酒 1989 的风格似乎是介于精致、优雅但几乎封闭的 1988 年年份酒和强劲有力、光彩耀眼的 1990 年年份酒之间，但它绝不是一款平庸不堪的酒。中度至深沉的金黄色泽似乎没有 1990 年年份酒那样强烈，但是绝对比 1988 年年份酒的颜色要深得多；丰厚的果味、烟熏味和泥土香中焕透出焦糖奶油、金银花、熟透的菠萝和其他热带水果的香气。这款酒厚度十足，酸度极低，口味甘甜，口感极其丰富，质地黏稠，后味醇厚；酒体的重量似乎还可以继续增强，表现更加出色，就跟 1990 年年份酒一样。最佳饮用期：从现在开始到 2025 年。

1988 Château Rieussec
拉菲丽丝酒庄葡萄酒 1988　评分：94 分

也许是这款酒纯粹的精致细腻一直令我心动不已，论起绚丽和强劲，它绝对不敌 1990 年年份酒和 1989 年年份酒，但是不易察觉、彬彬有礼然而却又不容小觑的可可、橘子果酱、焦糖奶油、金银花和淡淡的橡木味，不论是在香气还是风味方面都完美得无懈可击。拉菲丽丝酒庄 1988 酒体丰腴，虽不似 1990 年年份酒和 1989 年年份酒那般甘甜，但是个性十足，酸度极佳，结构性强。这款酒如此出众，几乎可以长存不朽了。最佳饮用期：从现在开始到 2035 年。

1986 Château Rieussec
拉菲丽丝酒庄葡萄酒 1986　评分：90 分

由于这款酒已经上了年纪，因此看起来似乎不如以前出色。也许是由于它刚刚进入封闭期，但是我以前给出的分数却比最近打的分数要高上 1~3 分。拉菲丽丝酒庄葡萄酒 1986 呈深金黄色，散发出甜美的金银花、白玉米、桃子和些许的烤橡木味。中等至饱满的酒体带着橘子果酱、杏子和烘烤坚果的清香，极佳的酸度使它显得优雅细致、质感十足。然而美中不足的是，它的回味似乎有些干，并且余韵也明显没有原来那么悠长了。1986 年年份酒可能恰好在经历一个笨拙的时期。最佳饮用期：从现在开始到 2015 年。

1983 Château Rieussec
拉菲丽丝酒庄葡萄酒 1983　评分：92 分

淡金黄色的酒体中带有微不可见的绿色，拉菲丽丝酒庄葡萄酒 1983 产自苏玳区一个极为出色的年份，当然也是酒庄内最靓的葡萄酒之一。它结构性极佳、酸度平、深厚复杂、回味悠长、口感丰富、质地粘黏，这款酒尽管醇厚浓烈，但却浓而不腻、十分爽口。1983 年年份酒的平衡性极佳，余韵悠长，在口中久久不散，是这一年年份酒的代表。最佳饮用期：现在。

CHATEAU D'YQUEM
伊甘酒庄

级别：1855 年列级酒庄一级庄

酒庄所有人：路易威登集团（LVMH）

地址：Château d'Yquem,33210 Sauternes, France

电话：(33) 05 57 98 07 07

传真：(33) 05 57 98 07 08

邮箱：info@yquem.fr

网址：www.yquem.fr

联系人：瓦莱丽·莱亨格（Valérie Lailheugue）

参观规定：只接受专业人士及葡萄酒爱好者的书面预约，周
一到周五下午 2:00 或 3:30

葡萄园

占地面积：308.8 英亩，每年份只使用其中的 254.2 英亩葡萄

葡萄品种：80% 赛美容，20% 长相思

平均树龄：30 年（每年的重植面积为 3 公顷）

种植密度：6,500 株 / 公顷

平均产量：平均产量为 800 公升 / 公顷

酒的酿制

葡萄要一粒一粒地经过连续几次的摘选，只摘取染上贵霉菌的葡萄。酒精度数最低为 20 度（密度为 1145）。在 6 周时间内平均进行 6 次精选。

在 100% 的新橡木桶中进行发酵和成熟，装瓶之前要进行 3 年半的陈年，期间绝不加糖。

年产量

伊甘酒庄（Château d'Yquem）正牌：平均年产量为 110,000 瓶

伊甘酒庄干白葡萄酒（Y）：波尔多干白葡萄酒只在某些年份才有，它必须满足几个非常严格的条件才能生产出来。1959 年年份酒是第一款波尔多干白葡萄酒。目前存世的干白葡萄酒有 2000 年、1996 年、1994 年、1988 年、1986年、1985 年、1980 年、1979 年、1978 年、1977 年、1973年、1972 年、1971 年、1969 年、1968 年、1966 年、1965 年、1964 年、1962 年、1960 年和 1959 年

平均售价（与年份有关）：200~500 美元

近期最佳年份

2001 年，1999 年，1997 年，1995 年，1990 年，1989 年，1988 年，1986 年，1983 年

历史学家们已经证实，早在 1593 年，伊甘酒庄周围的土地就被称作"伊甘"，这个名字出现在一份土地转让的文件中。伊甘酒庄，或者说是它的部分酒庄是在 12 世纪修建的。等到 1785 年，当吕·沙律斯（Lur Saluces）家族成为这座酒庄的主人时，伊甘酒庄早已是举世闻名了。托马斯·杰斐逊（Thomas Jefferson）在 1784 年从该酒庄订购了 250 瓶葡萄酒，之后，他代表总统乔治·华盛顿（George Washington）又订购了 360 瓶 1787 年年份酒，同时也为他自己订了 120 瓶。伊甘酒庄在俄罗斯更是大受欢迎，沙皇本人就是伊甘酒庄的超级粉丝，也是这种仙液琼浆的大买家。当然，自此以后，伊甘酒庄的超级地位再也无人能够撼动。

伊甘酒庄位于苏玳区的正中心，恰好坐落于一座小小的山头上，可以俯视周围许多一级酒庄。从 1785 年到 1997 年，这座酒庄一直是由一个家族掌管。酒庄的上一任庄园主就是亚历山大·德·吕·沙律斯伯爵（Comte Alexandre de Lur Saluces），1968 年，他从叔叔手中继承了这座酒庄。1997 年，这个庞大的家族将伊甘酒庄卖给了路易威登集团，但是吕·沙律斯家族仍然具有伊甘酒庄的经营权，直到 2004 年亚历山大·德·吕·沙律斯伯爵退休，路易威登集团才算是全部拥有了伊甘酒庄。之后，白马酒庄（Cheval Blanc）总管皮埃尔·勒顿（Pierre Lurton）接任了伊甘酒庄总管一职。

伊甘酒庄的伟大与与众不同当然是几种因素共同造就的。首先是由于它那得天独厚的自然条件，据说伊甘酒庄有着自己的小气候。其次，吕·沙律斯家族用 60 多英里长的管子为伊甘酒庄制作了精良的排水系统。最后，同时也是最重要的一个原因，伊甘酒庄之所以

能远远凌驾于临庄之上，是因为伊甘酒庄只专注于酿制最优质的葡萄酒，而从不考虑损失或经济困难。

在伊甘酒庄，他们会骄傲地宣称，每株葡萄树只能酿出一杯葡萄酒。到了收获的季节，150名采摘工一粒一粒地将完全成熟的葡萄采摘下来，他们采摘葡萄的过程通常要持续6到8周，期间最少要4次穿行于整个葡萄园中。1964年，他们甚至在葡萄园内仔细巡检了13次，而收获的葡萄最终被认定为不适合酿酒，因此伊甘酒庄那一年一瓶酒都没有酿制。几乎没有哪一个酒庄愿意或者说有足够的经济实力舍弃所有收成。

伊甘酒庄葡萄酒有着令人难以置信的陈年潜力。由于它的口感是如此的丰富、醇厚、甘甜，以至于绝大多数的伊甘酒庄葡萄酒在不到10岁时就被喝掉了。然而事实却是，伊甘酒庄葡萄酒通常需要15到20年

的时间才能达到巅峰状态，而且它的清新和丰富的口感至少可以保持50到75年，甚至更长时间。我喝过的最好的一款伊甘酒庄葡萄酒是1921年年份酒，它在口中的清新与鲜活，奢华和丰富的口感令我终生难忘。

伊甘酒庄对品质始终如一的追求并没有停止，新酿制出的葡萄酒会在新橡木桶中进行不少于3年的陈年，期间会有20%的酒液被蒸发掉。当酒庄的主管认为可以开始装瓶之时，只有那些保存状态极好的葡萄酒才有资格进行装瓶。在一些特别好的年份，像1980年、1976年和1975年，只有20%的酒会被淘汰掉；在较差的年份，比如1979年，60%的酒都被淘汰了；而在灾难性的1978年，伊甘酒庄宣布85%的酒都没有达到伊甘酒庄一贯的水准。就我所知，还没有哪一个酒庄会有如此严格的挑选程序。为了避免葡萄酒的丰

富性遭到破坏，伊甘酒庄从不进行过滤。

伊甘酒庄也同时生产叫做"Y"的干白葡萄酒。这是一款十分与众不同的酒，散发出的香味根本不像是出自伊甘酒庄，但口感是干的，一般情况下酒体都十分丰腴，酒精含量较高。伊甘酒庄的干白葡萄酒强劲有力，以我个人看来，它适合于搭配像是鹅肝酱等较为油腻的食物。不同于波尔多其他著名的葡萄酒，伊甘酒庄葡萄酒不作为古董酒卖，也不提前出售，一般是在葡萄酒酿制后的第四年以极高的价格出售。但是鉴于它巨大的人力投入、承受的风险以及严苛的挑选过程，它是为数不多的几款值得贴上天价标签的奢侈品葡萄酒。

CHÂTEAU D'YQUEM
伊甘酒庄

2001 Château d' Yquem
伊甘酒庄葡萄酒 2001

评分：100 分

伊甘酒庄葡萄酒 2001 简直是完美的代名词，淡金色的酒体中带着一丝绿色，尽管香味还有一点点放不开的感觉，但是打开瓶塞后，浓郁的蜂蜜热带水果、橘子果酱、菠萝、甘甜的焦糖奶油和奶油坚果味还是会扑面而来。丰腴的酒体带着清冽的酸度，口感醇厚丰满，2001 年年份酒浓而不腻，清冽的酸度使它带上激光般的集中特性。在过去，这款雄浑大气、英姿勃发的伊甘酒庄葡萄酒算是最具传奇性色彩的年份酒之一；在将来，它还可以毫不费力地再进行长达 75 年以上的陈年。最佳饮用期：2010~2075 年。

1998 Château d' Yquem
伊甘酒庄葡萄酒 1998

评分：95 分

伊甘酒庄葡萄酒 1998 是一款极其成功的年份酒，风格优雅细腻，不似 1990 年、1989 年和 1988 年年份酒那般让人移不开眼。它结构性较强，散发出甜美的焦糖奶油、菠萝、杏子和野姜花的馨香。这款酒酒体适中至饱满，虽然没有伊甘酒庄最宽厚丰富的年份酒那样甘甜，但口感却是难得的纯净、细腻和复杂。1998 年年份酒现在已经可以饮用，但是窖藏 30 至 50 年后口感会更佳，这一点是毫无疑问的。

1997 Château d' Yquem
伊甘酒庄葡萄酒 1997

评分：96 分

它的面世曾引起了巨大的轰动，这款酒可能是自 1990 年以来伊甘酒庄最好的年份酒了，但我这么说绝对没有贬损 1996 年年份酒之意，因为伊甘酒庄葡萄酒 1996 最后几乎达到了 1997 的水平。伊甘酒庄葡萄酒 1997 呈现出淡金黄色的色泽，充满了焦糖、金银花、桃子、杏子和烟熏木头的诱人香味；酒体丰满，质地黏稠，有着不易察觉的极佳酸度，口感甘甜，甘油含量较高。最佳饮用期：从现在开始到 2055 年。

1996 Château d' Yquem
伊甘酒庄葡萄酒 1996

评分：95+ 分

与绚丽香浓的 1997 年年份酒相比，伊甘酒庄葡萄酒 1996 显得低调而收敛，尽管它的内在极其丰富，它所需要的只是更多的耐心。淡淡的金黄色酒体散发出紧致却悠长的烤榛子味，并夹杂着焦糖奶油、香草豆、蜂蜜、橘子酱和桃子的清香。这款酒体适中至饱满的伊甘酒庄葡萄酒十分浓烈，但风格却显得过于拘束和谨慎；另外，它的酸度也使得这款酒显得太过收敛。这款酒的酒体质量已经摆在那里，质地柔滑细腻，而口感也是一如既往的纯净，毫无瑕疵。对于 1996 年年份酒来说，耐心是最大的美德。最佳饮用期：2012~2060 年。

1995 Château d' Yquem
伊甘酒庄葡萄酒 1995

评分：93 分

伊甘酒庄葡萄酒 1995 的香味浓而不腻，淡淡的金银花、橘子果酱、香草豆和烤橡木味完美地糅合在一起；适中至饱满的酒体，酸度极佳，虽然目前层次感不佳，但是回味悠长、醇厚、甜美，酸得恰到好处。最佳饮用期：2007~2035 年。

1994 Château d' Yquem
伊甘酒庄葡萄酒 1994

评分：90 分

伊甘酒庄葡萄酒 1994 年轻时有些脱节，但是随着岁月的沉淀，它的重量和厚度都在不断增加。酒体呈中度金黄色，浓浓的蜂蜜味中透出土司和椰子的香味，以及淡淡的菠萝和桃子的果香。这款酒体适中的伊甘酒庄葡萄酒虽然不够夺目耀眼，但难得的是结构极佳，完全有能力再进行至少 30+ 年的窖藏。最佳饮用期：2008~2030 年。

1990 Château d' Yquem
伊甘酒庄葡萄酒 1990

评分：98+ 分

这款出色的伊甘酒庄葡萄酒 1990 出自巴萨克区或苏玳产区一个极其难得的好年份。强劲有力且甘甜无比，呈现出中度金黄色，发展速度奇慢——这是伊甘酒庄甜白葡萄酒的惯有特点。在过去的五六年间，它的气味虽然并没有改变，但是椰子、热带水果、金银花和焦糖奶油的香味却愈发浓郁了；酒体丰腴无比，质地黏稠，充足的酸度使得它的口感浓而不腻。1990年年份酒坚硬紧实，应该算得上是伊甘酒庄最出色的年份酒之一了，可以保存近100年。跟大部分的年份酒一样，这款酒在它的婴幼儿时期（它现在就正处于这个时期，尽管已经有14岁了）即可饮用，但是窖藏之后风味更佳。最佳饮用期：从现在开始到2075年。

1989 Château d'Yquem
伊甘酒庄葡萄酒1989

评分：98分

它是难得一见的伊甘酒庄甜白葡萄酒三部曲之一（我是指1990年、1989年和1988年年份酒）。1989年年份酒在风格上与1990年年份酒和1988年年份酒十分接近，它质地丰厚、丰满，中度金黄色的酒体焕透出蜂蜜橘子、菠萝、杏子和桃子混合的果香。这款酒强劲有力，口感丰富醇厚，甘油含量较高，香味性感诱人，酸度似乎也比较低，但是却有着令人难忘的深度和醇厚，悠长的余韵可持续1分多钟。与1990年年份酒一样，它比低调拘谨的1988年年份酒更显奢华，并且就强度与丰富度来讲，它比精妙无比的1988年年份酒也略胜一筹。这真是一款太棒太棒的伊甘酒庄葡萄酒了！最佳饮用期：从现在开始到2065年。

1988 Château d'Yquem
伊甘酒庄葡萄酒1988

评分：99分

与1990年年份酒和1989年年份酒相比，这款出色的伊甘酒庄葡萄酒1988更加的后进、更显朴素，但却更具绅士风度。淡淡的金黄色酒体比它的小弟弟们更显年轻，芳香浓郁但却显得封闭，微妙却强烈的椰子、橘子果酱、焦糖奶油、桃子和白玉米的混合香味虽然出场的方式较为温和，但却有着绝对不容忽视的存在感。由于这款酒的口感出奇的丰富且浓烈，但是却比1990年年份酒和1989年年份酒的酸度要高得多，因此含在口中时，它的优点便更加能够凸显出来。1988年年份酒当仁不让是最靓的伊甘酒庄葡萄酒之一，并且在风格上比近些年来的葡萄酒都更加接近1975年年份酒。最佳饮用期：2010~2070年。

1987 Château d'Yquem
伊甘酒庄葡萄酒1987

评分：90分

这款酒是伊甘酒庄的睡美人，称不上是酒庄里最出色的葡萄酒，但是胜在结构匀称、酒体超级丰满且发展速度也较为迅速。伊甘酒庄葡萄酒1987带着奶油榛子、焦糖奶油、烟熏味和桃子果酱的香味，口感不会过于甘甜，但却显示出了接近成熟的迹象。最佳饮用期：从现在开始到2020年。

1986 Château d'Yquem
伊甘酒庄葡萄酒1986

评分：97分

已经接近18岁的伊甘酒庄葡萄酒1986开始显现出不重要的细微差别迹象（这是这款酒陈年速度缓慢的又一证据）。这款酒呈中度金黄色，浓郁的香草豆香味中透出蜂蜜杏干、桃子和榛子的甜美香气；酒体浓郁丰满，酸度极佳，灰霉菌味道也较浓；口感甘甜，并且余韵再一次超过了60秒钟。虽然它没有1988年年份酒那样复杂和结构感强，也比不上1990年年份酒和1989年年份酒的绚丽夺目，但1986年年份酒仍不失为一款出色的伊甘酒庄葡萄酒。这还是一款非常年轻的葡萄酒，才刚刚步入青春期。最佳饮用期：从现在开始到2050年。

1985 Château d'Yquem
伊甘酒庄葡萄酒1985

评分：90分

伊甘酒庄葡萄酒1985的层次感不强，并且从酿成之日起，它似乎从来没有丝毫发展进化的迹象。这款酒有着十分直接的热带水果果香，但似乎缺乏绝大多数出色的年份酒应有的灰霉菌和金银花的味道。它酒体适中至饱满，重量十足，口感也较为甘甜，但是风格不可避免地有些单一。还是我的要求太苛刻了吗？最佳饮用期：从现在开始到2020年。

1983 Château d'Yquem
伊甘酒庄葡萄酒1983

评分：98分

1983年年份酒刚刚步入青春期，这款伊甘酒庄葡萄酒是20世纪80年代早期最出色的一款年份酒，同时也是伊甘酒庄自1976年年份酒以来，1990年、1989年和1988年年份酒之前品质最佳的葡萄酒。它呈现出中度金黄色，散发出诱人的蜂蜜椰子、菠萝、焦糖、焦糖奶油、橘子果酱和其他一些香味。它质地黏稠，酒体丰腴，口感丰富且极其甘甜，是一款无懈可击的经典之作，极有可能会永存不朽。虽然我对伊甘酒庄葡萄酒1983的评分一直在升高，但它还是太过年轻了。最佳饮用期：从现在开始到2075年。

BURGUNDY
勃艮第

在葡萄酒领域，勃艮第这个名字就简单地相当于一级酒庄，但是它却跟研究生学院一样深奥难解。一杯勃艮第葡萄酒看似十分简单——性感、迷人、魅力十足；这些勃艮第葡萄酒香气四溢、细腻柔滑、豪爽大气、复杂醇厚。然而，购买勃艮第葡萄酒的风险却比较大：像尚贝丹成（Chambertin）和克罗武乔酒庄（Clos de Vougeot）之类的世界大牌都有至少30种截然不同的风格和品质，尽管它们的官方评级都是特级酒庄。

勃艮第葡萄酒就像是一位喜怒无常且患有精神分裂症的悍妇，碰上她高兴时，任何以黑比诺（Pinot Noir）和霞多丽为原料酿制的葡萄酒在她面前都会黯然失色。但不幸的是，勃艮第葡萄酒多数情况都会令人失望，并且它曾有过的辉煌历史也会被原有的崇拜者抹黑，他们很快就丧失了对勃艮第葡萄酒的信心，把自己可支配的资产投到世界其他葡萄酒产地，并且一去不复返，这真是太可惜了。

也许是由于黑诺比本身的变幻无常——它的种植、酿制和装瓶都十分不易；或者是由于勃艮第地区葡萄酒的产量过低，至少顶级葡萄酒的产量太少，并且想要购买葡萄酒的人太多，而他们中的绝大多数都比那些真正的葡萄酒大师或对葡萄酒有着极高鉴赏力的葡萄酒专家阔绰得多。因此，那些想建起最好葡萄园和酒窖的葡萄酒生产者们经常会深受贪婪和漠不关心之害。

那些在下面的章节中列举出的葡萄酒生产者们是勃艮第地区的精英，他们已经一次又一次地，甚至是在不同的年份证明了自己的优秀。他们还在继续与大自然抗争，不管是在出色的年份还是在普通的年份，他们都能为世界献上来自勃艮第地区的美酒。

勃艮第产区涵盖五个区域，是全法国最具传奇性和争议性的葡萄酒生产地。最北部的夏布利（Chablis）只使用霞多丽酿制白葡萄酒；往里走的金麓（Côte d'Or）（用金子堆起来的山）包括两个著名的山坡——布蒙之谷（Côte de beaune）和夜之谷（Côte de Nuits），这个地区吸引了全世界人的目光，当然也卖出了世界上最昂贵的价格；金麓以南的区域大都还是未开垦的荒地，用回水来浇灌葡萄园的莎隆（Côte Chalonnais）以及面积辽阔且地位日趋上升的马孔（Môconnais）；再往南去就是宝祖利次产区（Beaujolais），虽然从地理位置上来说它属于罗纳地区（Rhâne），但在历史上宝祖利次产区一贯被当做是勃艮第产区。

勃艮第产区的大陆性气候，与波尔多的海洋性气候以及法国东部著名的阿尔萨斯（Alsace）的内陆性气候有很大不同。尽管勃艮第产区并不会像波尔多产区那样炎热，但是它的日照条件却一点也不比波尔多差。任何曾在勃艮第度过夏夜的人，一定会对那里晚上10点半的日落记忆犹新。

本书中谈到的所有勃艮第葡萄酒都来自于金麓区。"用金子堆起来的山"是指这里的葡萄园在秋天时会变为金棕色，这里绝对是世界上经过最严格审查和检查的一片不动产了。历史上，是西托修道院（Abbey of Citeaux）的僧侣们开发了这些山脉，但是近两个世纪以来，法国政府经过仔细检查每一块土地、山谷、缝隙、出露后，认定在这片31英里长的石灰岩分支上有超过300座葡萄园都有能力生产出顶级红葡萄酒和白勃艮第酒。这个过于官僚化的法国政府可能在很多事情上都值得批评，但是这次它似乎做了件好事，因为顶级的勃艮第葡萄酒的确称得上是一级葡萄酒，甚至是顶级葡萄酒。

勃艮第产区最好的酒庄之一——克罗武乔酒庄证明了它令人抓狂的复杂性。截止到上一次的土地管理记录为止，这片124英亩的葡萄园前后有超过75位所有者。其中一些经营者会把酿制出的葡萄酒卖给经纪人，经纪人就把买来的葡萄酒混掺到一起出售；而另一些经营者则是在酒庄内对葡萄酒进行装瓶，因此消费者也不论年份，很乐意一下子购买四五打的克罗武乔酒庄葡萄酒。更重要的是，所有的这些酒都被贴上了特级葡萄酒的标签，并且一个个都奇贵无比。然而，实际上只有极个别年份的酒才值得一尝。与克罗武乔酒庄形成鲜明对比的，是和它面积差不多大的120英亩的波尔多拉图酒庄（Château Latour），迄今为止，拉图酒庄就只有一位庄园主、一位酿酒师和一款葡萄酒。

已故的作家李伯龄（A.J. Liebling）在他的《巴黎餐桌上》（Between Meals）一书中曾对勃艮第葡萄酒做了最精妙的总结："勃艮第葡萄酒有自身的优点——年纪较小的人可能对此更为敏感，既口感鲜明、直接，又立刻就会使人感觉愉悦，即使是不太懂葡萄酒的人也能够欣赏它。如果你可以让别人买给你喝的话，勃艮第葡萄酒还是一款很不错的酒。"

DOMAINE MARQUIS D'ANGERVILLE
玛尔圭斯·德安杰维尔酒庄

酒品：

沃尔内香伴干红葡萄酒（Volnay Champans）

沃尔内公爵园干红葡萄酒（Volnay Clos des Ducs）

沃尔内塔耶皮艾葡萄酒（Volnay Taillepieds）

地址：Clos des Ducs,21190 Volnay, France

电话：(33) 03 80 21 61 75

传真：(33) 03 80 21 65 07

邮箱：domaine.angerville@wanadoo.fr

联系人：雷诺·德·维乐德（Renaud de Villette）

参观规定：参观前必须预约

葡萄园

占地面积：37 英亩

葡萄品种：黑比诺，霞多丽

平均树龄：25 年

种植密度：10,000 株 / 公顷

平均产量：3,700 公升 / 公顷

酒的酿制

　　这么多年来，德安杰维尔酒庄并没有什么变化。该酒庄一直坚持手工采摘，收获后首先进行 3 到 4 天的冷浸处理，即所谓的前期发酵；之后再进行 8 到 10 天的浸渍，期间进行循环旋转；然后将新酿出的葡萄酒直接移入法国橡木桶中，橡木桶的更新比例为 15%。装瓶之前会对葡萄酒进行分离，用蛋清进行轻微的澄清并过滤。绝大多数年份酒在木桶中进行 18 到 20 个月的发酵。

年产量

　　沃尔内香伴干红葡萄酒（Volnay Champans）：20,000 瓶

　　沃尔内公爵园干红葡萄酒（Volnay Clos des Ducs）：11,000 瓶

　　沃尔内塔耶皮艾葡萄酒（Volnay Taillepieds）：5,000 瓶

　　平均售价（与年份有关）：35~50 美元

近期最佳年份

　　2002 年，1999 年，1996 年，1993 年，1900 年，1985 年，1978 年，1976 年

这座位于沃尔内村中一座山坡上的风景如画的庄园在历史上意义非凡。1804 年，梅斯尼尔男爵（Baron de Mesnil）整合了"猫头鹰庄园"（位于公爵园附近）四周的几块葡萄园，这些葡萄园在 12 世纪曾一度属于勃艮第公爵（Dukes of Burgundy）名下的一座著名的葡萄园。葡萄根瘤蚜危机过后，梅斯尼尔男爵的重孙玛尔圭斯·德安杰维尔（Marquis d'Angerville）将自己的全部精力都投入到葡萄树的重植中，在沃尔内村的领地中，他种上了精心挑选出的黑比诺葡萄。玛尔圭斯·德安杰维尔是玻璃瓶灌装葡萄酒和直销模式的

积极倡导者，他对整个勃艮第产区葡萄酒的品质和装瓶销售都产生了深远的影响。

上一任酒庄主雅克·玛尔圭斯·德安杰维尔（Jacques Marquis d'Angerville）毋庸置疑是勃艮第产区最好的葡萄酒生产商，他魅力十足、敏感、睿智，是该地区最具绅士风度的人。德安杰维尔曾见证了父亲由于在20世纪的三四十年代试图与勃艮第产区一些弄虚作假的不法葡萄酒商作斗争，而遭到其他葡萄酒制造商的排挤。直到今天，德安杰维尔酒庄还一直严格遵循葡萄酒规定的承诺，并且只种植最优质的黑比诺葡萄。

所有的葡萄园都面朝东南方向，园内的土壤为灰质石灰岩土壤。这种岩石类的土壤吸收并保持太阳的灼热，再将热量反射到葡萄上，从而加快了葡萄的成熟。另外，陡峭的山坡也保证了良好的排水。

德安杰维尔酒庄目前一共拥有37英亩的葡萄园，其中顶级的葡萄园当属独占园（monopole vineyard）和公爵园（Clos des Ducs）。另外，我认为沃尔内塔耶皮艾葡萄酒和沃尔内香伴干红葡萄酒也不同凡响。德安杰维尔酒庄葡萄酒的风格一贯都是轻盈并精雅的，在某些年份会让人感觉丰富度和肉感稍微欠佳。在20世纪70年代末80年代初期，德安杰维尔酒庄葡萄酒的澄清和过滤稍显太过。然而，自从20世纪80年代末起，德安杰维尔酒庄接连酿制出超级优质的葡萄酒，质地和强度都更上一层楼，却仍不失蕾丝般的精雅和细腻。在大多数年份，德安杰维尔酒庄葡萄酒都需要在瓶中进行5到6年的陈年，那些极好的年份酒则需要7年，甚至更长的时间。这些酒在经过10到12年的陈年后会达到巅峰状态，可以保存20年以上。

VOLNAY CHAMPANS
沃尔内香伴干红葡萄酒

1999 Volnay Champans
沃尔内香伴干红葡萄酒 1999

评分：90 分

沃尔内香伴干红葡萄酒 1999 呈现出中度至略深的宝石红色，是由一块 4 公顷的葡萄园产出的葡萄酿制而成的，那里 50% 的葡萄树树龄都达到了 40 岁，并且平均都超过10 年。这款酒散发出甜美的黑莓香味，酒体适中，有着浓郁的果香，质地柔顺，如天鹅绒般丝滑，清新异常。丰厚多汁的酒液中透出浓浓的黑莓、红醋栗、李子和香料的馨香。从现在到 2011 年为最佳饮用期。

1996 Volnay Champans
沃尔内香伴干红葡萄酒 1996

评分：91 分

有着中度宝石红色的沃尔内香伴干红葡萄酒 1996 散发出奶酪和樱桃的香气，口感甘甜，酒体适中，柔顺的酒液中透着熟透的黑樱桃和矿物质风味。从现在开始到 2016 年间应该是这款可爱集中的葡萄酒的巅峰时期。

1995 Volnay Champans
沃尔内香伴干红葡萄酒 1995

评分：91 分

中度至略深的宝石红色的沃尔内香伴干红葡萄酒 1995，那令人印象深刻的樱桃和矿物质气味中，掺杂着肥厚的蓝莓、草莓和亚洲香料的诱人香味；口感醇厚均衡。这款厚度十足且精致非常的葡萄酒须在 2006 年之前饮用。

VOLNAY CLOS DES DUCS
沃尔内公爵园干红葡萄酒

1999 Volnay Clos des Ducs
沃尔内公爵园干红葡萄酒 1999

评分：94 分

这款酒是由德安杰维尔酒庄内一块 2 公顷大小的葡萄园内出产的葡萄酿制而成。沃尔内公爵园干红葡萄酒 1999 散发出冰樱桃、樱桃白兰地酒、寇东（欧洲酸樱桃）和紫罗兰的诱人香味；酒体适中至饱满，平衡度极佳，质地如天鹅绒般丝滑，透焕出深度的果香。樱桃、黑莓、蓝莓、花香和香料的风味能瞬间俘获品尝者的味蕾，并且能够贯穿于那悠长、纯净、如丝绸般柔滑的后味中。这款协调、精致的 1999 年年份酒浓郁的果香中还透出浓重的熟透的单宁气息。另

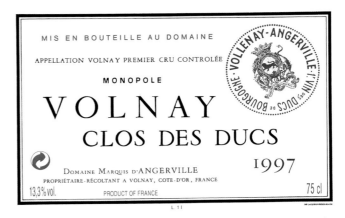

沃尔内公爵园干红葡萄酒 1997 酒标

外，它的浓厚、平衡和结构也适宜进行中长期的窖藏。最佳饮用期：从现在开始到2012+。

1997 Volnay Clos des Ducs
沃尔内公爵园干红葡萄酒 1997

评分：92 分

沃尔内公爵园干红葡萄酒1997呈现出深红宝石色，充满了酱油、海鲜酱和香料的美好芳香。这款强劲有力却又不乏优雅精致的葡萄酒带着浓浓的甘甜黑色水果、花香、石头和药草的风味。1997年年份酒浓烈、复杂、高度融合，最好在2008年前饮用。

1996 Volnay Clos des Ducs
沃尔内公爵园干红葡萄酒 1996

评分：92 分

沃尔内公爵园干红葡萄酒1996有着夺人眼球的中度至略深的红宝石色，令人垂涎三尺的奶油黑樱桃的浓香中透出深盘樱桃派的诱人甜香。这款坚硬厚实、蓬勃大气、醇厚丰满且复杂多变的葡萄酒口感强劲有力，并且带着层层叠叠的红色和黑色水果的果香。与沃尔内塔耶皮艾葡萄酒相比，1996年年份酒结构性更佳，强度更胜一筹，精粹物也稍显丰富。最佳饮用期：从现在开始到2008年。

1995 Volnay Clos des Ducs
沃尔内公爵园干红葡萄酒 1995

评分：91 分

沃尔内公爵园干红葡萄酒1995呈现出浓厚的、极富层次感的黑色或紫色，紫罗兰和玫瑰的超凡花香中带着熟透的李子、樱桃和蓝莓的果香；酒体丰腴，质地柔滑，有着超乎寻常的醇厚；口感有亚洲香料、新鲜的药草、超级甘甜的红色和黑色水果等令人垂涎的风味。它纯净的口感、细致和优雅让人难忘。最佳饮用期：从现在开始到2010年。

1993 Volnay Clos des Ducs
沃尔内公爵园干红葡萄酒 1993

评分：90 分

有着深红宝石色或紫色的沃尔内公爵园干红葡萄酒1993入口甘甜，散发出层层叠叠的黑樱桃风味；酒体适中，口感细致，是一款个性十足的上等佳酿，悠长的余韵中单宁与橡木味完美地融为一体。建议从现在开始到2015年间饮用。

VOLNAY TAILLEPIEDS
沃尔内塔耶皮艾葡萄酒

2002 Volnay Taillepieds
沃尔内塔耶皮艾葡萄酒 2002

评分：91 分

这是一款典型的沃尔内塔耶皮艾葡萄酒，饱满甘甜的黑色水果果香扑面而来；入口和中味口感大气、丰富、强烈；红樱桃和黑樱桃果香与药草、香料和矿物质气味相得益彰；酒体适中至饱满，极佳的深度、储备负荷和结构都适宜陈年。最佳饮用期：2008~2017 年。

2000 Volnay Taillepieds
沃尔内塔耶皮艾葡萄酒 2000　评分：91 分

沃尔内塔耶皮艾葡萄酒2000个性十足，它大气、性感，富有表现力，深沉，入口即可感受到饱满、浑厚的红樱桃和黑莓味；质地如丝绸般柔滑，口感极佳，个性张扬华丽，余韵既宽厚又悠长。它虽然缺乏玛尔圭斯·德安杰维尔酒庄最好年份的复杂度，然而却果香味十足。建议在2007年之前饮用。

1999 Volnay Taillepieds
沃尔内塔耶皮艾葡萄酒 1999　评分：93 分

这款绝佳的沃尔内塔耶皮艾葡萄酒1999散发出浓郁深厚的果香，酒体适中至饱满，口感丰富、宽厚，散发出李子、黑加仑、亚洲香料和黑樱桃的浓郁香味。这款酒强劲有力，却又不乏细致精雅，柔顺的酒体中带着美妙的成熟单宁味，余韵悠长、丝滑、纯净。建议从现在到2008年间饮用。

1997 Volnay Taillepieds
沃尔内塔耶皮艾葡萄酒 1997　评分：90 分

这款沃尔内塔耶皮艾葡萄酒1997香气四溢，呈现出中度至略深的红宝石色，黑李子、紫罗兰和甘甜的黑樱桃香味性感诱人。这是一款豪迈、适中至饱满酒体的葡萄酒，紧密、宽厚、丰富。它口感厚重，质地如丝绸般柔滑，强劲有力，结构性强。这款新鲜却丰满的葡萄酒处处透出石头、黑色水果和新鲜的药草香味。最佳饮用期：现在。

1996 Volnay Taillepieds
沃尔内塔耶皮艾葡萄酒 1996　评分：91+ 分

沃尔内塔耶皮艾葡萄酒1996的产量为每公顷不到4,000公升（这个产量对于1996年份来讲已经很难得了），散发出令人陶醉的黑樱桃、黑莓和香料香气。这款复杂、醇厚、萃取丰富的葡萄酒精美无双——奢华绚丽而结构性强，它豪迈、宽厚，酒体适中至饱满，有着肥厚多汁的黑醋栗和蓝莓果味。这款均衡度良好、果香四溢的1996年年份酒余韵悠长，带着浓厚的成熟单宁味。最佳饮用期：从现在开始到2010年。

1995 Volnay Taillepieds
沃尔内塔耶皮艾葡萄酒 1995　评分：93 分

沃尔内塔耶皮艾葡萄酒1995呈现出深红宝石色或深紫色，香浓的黑莓和樱桃味令人迷醉；质地醇厚，结构性极佳，精粹物丰富，甘甜的风味中焕透出刺激性且活力十足的黑樱桃、红醋栗和野蓝莓果香；余韵中散发出淡淡的紫罗兰和亚洲香料的芳香。最佳饮用期：从现在开始到2009年。

DOMAINE D'AUVENAY
奥维那酒庄

酒品：

柏内·玛尔葡萄酒（Bonnes Mares）

骑士·蒙哈榭葡萄酒（Chevalier-Montrachet）

克里欧·巴达·蒙哈榭葡萄酒（Criots-Bâtard-Montrachet）

玛兹·香贝丹园葡萄酒（Mazis-Chambertin）

莫尔索独角鲸干白葡萄酒（Meursault Les Narvaux）

普里尼·蒙哈榭葡萄酒（Puligny-Montrachet Les Folatières）

庄园主：拉茹·贝茨·勒鲁瓦（Lalou Bize-Leroy）

地址：St.-Romain,21190 Meursault,France

电话：(33) 03 80 21 23 27

传真：(33) 03 80 21 23 27

联系人：拉茹·贝茨·勒鲁瓦夫人（Madame Lalou Bize-Leroy）或贝蒂娜·罗默夫人（Bettina Roemer）

参观规定：参观必须由奥维那酒庄葡萄酒的经销商和代理商安排

葡萄园

占地面积：12 英亩

葡萄品种：黑比诺，霞多丽，阿里高特（Aligoté）

平均树龄：65 年

种植密度：10,000 株 / 公顷

平均产量：2,250 公升 / 公顷

酒的酿制

奥维那酒庄与勒鲁瓦酒庄（Domaine Leroy）的酿酒方法几乎是完全相同的，只除了一批拉茹·贝茨·勒鲁瓦夫人已经事先买好的酒。

年产量

柏内·玛尔葡萄酒（Bonnes Mares）：870~1,160 瓶

骑士·蒙哈榭葡萄酒（Chevalier-Montrachet）：560~814 瓶

克里欧·巴达·哈榭葡萄酒（Criots-Bâtard-Montrachet）：140~290 瓶

玛兹·香贝丹园葡萄酒（Mazis-Chambertin）：580~1,010 瓶

莫尔索独角鲸干白葡萄酒（Meursault Les Narvaux）：1,160~ 3,500 瓶

普里尼·蒙哈榭葡萄酒（Puligny-Montrachet Les Folatières）：800~2,800 瓶

售价（与年份有关）：150~600 美元

近期最佳年份

2003 年，2002 年，2001 年，2000 年，1999 年，1997 年，1996 年，1994 年，1993 年，1991 年，1900 年

自从 1988 年拉茹·贝茨·勒鲁瓦购得沃恩·罗曼涅 (Vosne—Romanée) 的查理斯·诺厄勒酒庄 (Domaine Charles Noellat) 后，奥维那酒庄就不得不甘拜下风了。尽管勒鲁瓦公司拥有好几块上好的葡萄园，但奥维那酒庄仍是他们最主要的供应商之一。这些酒在风格上带上了鲜明的拉茹·贝茨·勒鲁瓦风格，即酒体丰满、醇厚，生命力长久，保留了风土的精华。然而，这座酒庄名义上仍归贝茨·勒鲁瓦夫人所有。读者所需要了解到的最重要的一点就是：奥维那酒庄葡萄酒与更有名气的沃恩·罗曼涅的查理斯·诺厄勒酒庄一样的出类拔萃。

BONNES MARES
柏内·玛尔葡萄酒

2002 Bonnes Mares
柏内·玛尔葡萄酒 2002

评分：93 分

柏内·玛尔葡萄酒 2002 散发出咖啡豆、泥土香、岩石、紫罗兰以及甘甜成熟的浆果香味；男子气概十足、中度至饱满的酒体与深红宝石色完美地融为一体；深厚、强劲有力的葡萄酒中又透出浓缩咖啡和黑色水果的迷人气息；单宁稍显紧致，带着一丝暖人心窝的酒气。就像刚刚所说的，这款酒有着非凡的醇厚与平衡。最佳饮用期：2007~2016 年。

1999 Bonnes Mares
柏内·玛尔葡萄酒 1999

评分：93 分

酒体呈中度至深略的红宝石色的柏内·玛尔葡萄酒 1999，带有迷人的烤杏仁、黑莓和花香的风味。这款有着李子、甘草和樱桃口味的葡萄酒是中度丰满的酒体，结构性极佳，清新，精细；入口即可感受到层层香甜、饱满的香味以及成熟而紧致的单宁气息；另外，它的余韵也极为绵长。最佳饮用期：从现在开始到 2015+。

1997 Bonnes Mares
柏内·玛尔葡萄酒 1997

评分：94 分

柏内·玛尔葡萄酒 1997 呈现出深红宝石色或深紫色泽，烘焙李子、黑莓和封蜡的香味浓郁扑鼻。这是一款深厚、丰腴并富有果酱口感的葡萄酒，烘烤黑色水果以及淡淡的皮革和石头味层层显现；口感丰硕、强烈、强劲但又不失稳固含蓄、架构结实；深厚、柔软的质地将它近乎过熟的特性展露无疑。最佳饮用期：从现在开始到 2010 年。

1996 Bonnes Mares
柏内·玛尔葡萄酒 1996

评分：95 分

这款带有紫罗兰和曲奇饼香味的深色葡萄酒，质地如天鹅绒般柔滑，极其醇厚而富有阳刚之气，口感宽厚而强劲；酒体丰腴、深厚，颇具层次性，强度高而和谐匀称。柏内·玛尔葡萄酒 1996 散发出浓郁的蜜饯黑莓、黑醋栗和牛血的风味，单宁含量极高且柔和顺滑；带着甘甜的蓝莓和渗透着香草香的橡木味的悠长余韵在历经 40 秒后还久久不散。最佳饮用期：从现在开始到 2015+。

1995 Bonnes Mares
柏内·玛尔葡萄酒 1995

评分：93 分

当年度的产量仅为每公顷 1,500 公升，奥维那酒庄的超级明星柏内·玛尔葡萄酒 1995 香气四溢，玫瑰花香加上红色和黑色水果的果香优雅而迷人。含在口中时，这款强劲有力、醇厚丰满、架构结实的葡萄酒有着深度烘烤、丰富而浓郁的黑色水果果香。这款酒酒体丰腴，是优雅与力量的完美结合（优质葡萄酒的特点）。最佳饮用期：从现在开始到 2008 年。

1993 Bonnes Mares
柏内·玛尔葡萄酒 1993

评分：92 分

不出意料，柏内·玛尔葡萄酒 1993 是一款大气、男子气概十足、发展极为缓慢的葡萄酒，浓重的矿物质气味与浓郁醇厚的红色与黑色水果果香交相融合。它酒体丰腴，香气四溢，是一款能够再保存 20 到 25 年的不朽美酒。

CHEVALIER-MONTRACHET
骑士·蒙哈榭葡萄酒

2002 Chevalier-Montrachet
骑士·蒙哈榭葡萄酒 2002

评分：99 分

骑士·蒙哈榭葡萄酒 2002 散发出液态矿物质和鲜花的诱人香气，这款细腻、优雅、强劲有力的葡萄酒入口即可感受到蜂蜜矿物质、丰满多汁的树脂和香料风味，它典雅、细致、和谐均衡。值得一提的是，这款富有贵族气质、恢弘庄严的 2002 年年份酒，其余韵可长达 1 分钟之久。总而言之，它是这座举世闻名的酒庄中的杰出代表。最佳饮用期：2008~2020 年。

2001 Chevalier-Montrachet
骑士·蒙哈榭葡萄酒 2001

评分：93 分

骑士·蒙哈榭葡萄酒 2001 有着白桃和梨子的果香，它的口感超级醇厚，矿物质、砾石和野姜花的芳香层层呈现，这款酒沉厚、平衡、紧致、悠长。最佳饮用期：从现在开始到 2014 年。

2000 Chevalier-Montrachet
骑士·蒙哈榭葡萄酒 2000

评分：92 分

骑士·蒙哈榭葡萄酒 2000 充满奶油矿物质和香草酸奶的清香；它酒体适中，质地性感，丝般柔滑，有着富含矿物质的个性和宽厚活泼的特点；余韵悠长而纯净。最佳饮用期：从现在开始到 2014 年。

1999 Chevalier-Montrachet
骑士·蒙哈榭葡萄酒 1999

评分：93 分

骑士·蒙哈榭葡萄酒 1999 有着表现力极强的香味，带着石灰岩和矿物质的气味；酒体适中，质地如缎子般柔滑，富含浓郁的石块、砾石、金属、梨子和柑橘的混合风味。这款强烈、醇厚的葡萄酒口感超级纯净、骨感十足、丰富多变。最佳饮用期：从现在开始到 2014 年。

1997 Chevalier-Montrachet
骑士·蒙哈榭葡萄酒 1997

评分：96 分

骑士·蒙哈榭葡萄酒 1997 是该年的年份酒中当仁不让的明星，它香味扑鼻，带着岩石、石头和咸海贝的气味。这款惊世杰作有着前所未闻的强度、成熟和醇厚，它那醉人的矿物质气息细腻柔和，透出的茴香、梨子和橡木香贯穿于惊人的余韵中。建议从现在到 2012 年间饮用。

1996 Chevalier-Montrachet
骑士·蒙哈榭葡萄酒 1996

评分：98 分

奥维那酒庄的骑士·蒙哈榭葡萄酒 1996 美妙到令人难以置信。它散发出清香、活泼而浓郁的矿物质、香辛橡木和淡淡的蜜饯橘子皮香味，天鹅绒般的质地、丰腴的酒体、成熟而醇厚的个性令人惊叹不已。这款酒的纯净、细腻、架构和醇厚与柑橘和矿物质的醉人芬芳相得益彰。目前 1996 年年份酒虽然还略显朴实无华，但却有着不受拘束的强劲、强烈和醇厚的水果香。2010 年应该是它的巅峰期，至少能够保持至 2020 年之后。

CRIOTS-BÂTARD-MONTRACHET
克里欧·巴达·哈榭葡萄酒

2002 Criots-Bâtard-Montrachet
克里欧·巴达·哈榭葡萄酒 2002

评分：95 分

这款有着浓郁矿物质清香的克里欧·巴达·哈榭葡萄酒 2002 口感醇厚，具有非比寻常的深度，质地柔滑，散发出浓郁的糖浆石头、香料、梨子、多汁的矿物质以及丰富的香料芬芳；酒体适中，强劲有力，余韵绵长且风味十足。最佳饮用期：2006~2018 年。

2001 Criots-Bâtard-Montrachet
克里欧·巴达·哈榭葡萄酒 2001

评分：96 分

作为"年度最佳葡萄酒"之一，克里欧·巴达·哈榭葡萄酒 2001 浓郁的矿物质和烟熏香味扑鼻。这款仙露琼浆般的葡萄酒前后口感有着显著差异，有着惊人的浓郁液态矿物质和糖浆石头的风味；酒体极其饱满、深厚、完整，悠长的余韵萦绕于舌尖久久不散。哇，它真是太棒了！最佳饮用期：从现在开始到 2014 年。

2000 Criots-Bâtard-Montrachet
克里欧·巴达·哈榭葡萄酒 2000

评分：93 分

浓郁的吐司、矿物质和烟熏香味从克里欧·巴达·哈榭葡萄酒 2000 的酒杯中扑鼻而来。这款丝绒般柔软、中度酒体的 2000 年年份酒，层层显出辛辣矿物质、黄油吐司和奶油梨子的香味，它质地深沉、如缎子般柔滑，口感绵长，香味悠远。最佳饮用期：从现在开始到 2014 年。

1999 Criots-Bâtard-Montrachet
克里欧·巴达·哈榭葡萄酒 1999

评分：93 分

克里欧·巴达·哈榭葡萄酒 1999 有着浓郁的矿物质香味，这款质地柔滑的葡萄酒浓稠、肥厚、浓厚，但仍保持着优雅与集中的姿态。它协调而富有阳刚气概，富含矿物质的浓香贯穿于罕见的悠长余韵中。最佳饮用期：从现在开始到 2014 年。

1996 Criots-Bâtard-Montrachet
克里欧·巴达·哈榭葡萄酒 1996

评分：96 分

这款克里欧·巴达·哈榭葡萄酒 1996 有着鲜明的、复杂而深厚的矿物质气息，它稳固而含蓄，个性鲜明，酒体适中至饱满，十分活泼。石头、砾石、金属以及野姜花的香味从活泼又不失深沉且质地柔滑细腻的 1996 年年份酒中溢出，带着细腻的矿物质和粉笔气味的余韵至少可以持续 45 秒之久。克里欧·巴达·哈榭葡萄酒 1996 应该在 2007 年到 2018 年间达到巅峰。

MAZIS-CHAMBERTIN
玛兹·香贝丹园葡萄酒

2002 Mazis-Chambertin
玛兹·香贝丹园葡萄酒 2002

评分：99 分

这款呈深红宝石色的玛兹·香贝丹园葡萄酒 2002 是拉茹·贝茨·勒鲁瓦夫人所酿制出的所有 2002 年年份酒中颜色最深沉、香味最浓郁、口感最宽厚、最为饱和的一款葡萄酒。拉茹·贝茨·勒鲁瓦夫人评价这款酒时，说它使她想起了那款了不起的玛兹·香贝丹园葡萄酒 1985，当时那款酒还是在伯恩慈济院（Hospices de Beaune）酿制的。这款散发出成熟的黑莓、香料、药草和丁香芬芳的葡萄酒酒体饱满，会使人产生液态蜡之感。它超级深厚、完美均衡、十分耐嚼而富有古典气息，难以名状的黑色水果和亚洲香料能够一下子抓住品尝者的味蕾。不论是对于酒庄还是 2002 这个年份来讲，玛兹·香贝丹园葡萄酒 2002 都是其中的佼佼者。最佳饮用期：2009~ 2020 年。

1999 Mazis-Chambertin
玛兹·香贝丹园葡萄酒 1999

评分：95 分

玛兹·香贝丹园葡萄酒 1999 呈现出深红宝石的色泽，散发出紫罗兰、浓郁的黑莓和甜樱桃的醉人香味。这款深厚的葡萄酒有着令人惊艳的醇厚、纯净、和谐和难以想象的悠长余韵，浓浓的格厚斯（欧洲酸樱桃）口味是这款佳酿贯穿始终的色彩，这款酒强劲、优雅而外向。最佳饮用期：2006~2018+。

1997 Mazis-Chambertin
玛兹·香贝丹园葡萄酒 1997

评分：95 分

出人意料的是，玛兹·香贝丹园葡萄酒 1997 发展速度极快，饱满而奢华；深沉的、几乎接近黑色的酒体散发出果酱和糯樱桃的芬芳。这款醇厚、丰富、深厚、有着饱满甘甜口感的葡萄酒带着浓郁的红色水果果香，天鹅绒般的质地和绵长到几乎没有尽头的余韵中透出超级成熟、饱满的单宁。不论是放在哪一个年份，这都是一款不可多得的上等佳酿，也是贝茨·勒鲁瓦夫人超凡的才华和全身心投入的最好证明。最佳饮用期：从现在开始到 2014+。

1996 Mazis-Chambertin
玛兹·香贝丹园葡萄酒 1996

评分：97 分

黑色的色泽中透出一丝明亮的紫色，玛兹·香贝丹园葡萄酒 1996 有着挥之不去的黑莓果酱和石头的香味。这款黏稠（几乎跟糖浆差不多）、强劲有力、极富阳刚气概且后进的葡萄酒，甚至比柏内·玛尔葡萄酒还要更为宽厚、浓厚和醇厚。层层叠叠的黑樱桃、红醋栗、矿物质、铁屑和李子芬芳在这款超级醇厚、美味的绝世佳酿中慢慢显现，它那绵长且稳固的余韵甚至会使人产生一种之前酒的余韵都太过短暂的错觉！最佳饮用期：2006~2020 年。

1995 Mazis-Chambertin
玛兹·香贝丹园葡萄酒 1995

评分：95 分

玛兹·香贝丹园葡萄酒 1995 的产量低得惊人（每公顷仅为 900 公升），酒体呈深沉的、近乎黑色的色泽，与生俱来的香味饱满绵长、挥之不去。这款酒柔滑的质地以及野生浆果、香料与矿物质和岩石交相融合的美妙香气，只有亲口品尝过的人才能相信世上竟会有如此美酒。架构坚实、酒体丰腴、口感强劲，这款超级醇厚的 1995 年年份酒的最佳饮用期为从现在开始到 2010 年。

MEURSAULT LES NARVAUX
莫尔索独角鲸干白葡萄酒

2002 Meursault Les Narvaux
莫尔索独角鲸干白葡萄酒 2002

评分：93 分

这款中度酒体的莫尔索独角鲸干白葡萄酒 2002 有着烟熏矿物质、石头、香料和梨子的香味，细腻、纯净、醇厚的 2002 年年份酒会与你的味蕾共舞长达 40 秒钟的时间。最佳饮用期：从现在开始到 2014 年。

莫尔索干白葡萄酒 2002 酒标

2001 Meursault Les Narvaux
莫尔索独角鲸干白葡萄酒 2001　　评分：93 分

莫尔索独角鲸干白葡萄酒 2001 散发着香醇的液态矿物质风味，深厚、强烈、醇厚的酒体中有着水果的纯净。这款中度酒体的葡萄酒质地如丝绸般柔滑，散发出浓郁的馨香味，醉人的香料芬芳会瞬间激活品尝者的味蕾，并一直贯穿于悠长的余韵中。最佳饮用期：从现在开始到 2012 年。

2000 Meursault Les Narvaux
莫尔索独角鲸干白葡萄酒 2000　　评分：92 分

莫尔索独角鲸干白葡萄酒 2000 有着浓郁的香料和矿物质香味，酒体适中、强烈，口感清香而丰富，散发出新鲜的梨子、柠檬和香料的混合风味。超乎寻常的深度和鲜明的酸度从入口会一直绵延到悠长的余韵中。最佳饮用期：从现在开始到 2012 年。

1999 Meursault Les Narvaux
莫尔索独角鲸干白葡萄酒 1999　　评分：90 分

散发着矿物质和石头气味的莫尔索独角鲸干白葡萄酒 1999 为中度偏淡酒体，醇厚而精致。它有着出色的深度，散发出石头、梨子和矿物质的独特风味，还拥有超级绵长、纯净的余韵。最佳饮用期：从现在开始到 2008 年。

1997 Meursault Les Narvaux
莫尔索独角鲸干白葡萄酒 1997　　评分：92 分

莫尔索独角鲸干白葡萄酒 1997 的香味中渗透着橡木味，并富含白色水果果香。这款大气、醇厚、有嚼劲、中度至饱满酒体的葡萄酒，带有浓郁的金属、矿物质和榛子的风味。贝茨·勒鲁瓦夫人把这种令人难以置信的成熟和超级的均衡归因于"低产量和对葡萄树以及大自然的尊重"。这款美酒应该会从现在开始到 2008 年间达到巅峰。

1996 Meursault Les Narvaux
莫尔索独角鲸干白葡萄酒 1996　　评分：96 分

莫尔索独角鲸干白葡萄酒 1996 绝对是绝世佳酿。刚采摘下的鲜花、榛子和矿物质香味浓郁而复杂，质地黏稠，酒体饱满、坚实，口感极度醇厚。这款高度平衡且浓厚的葡萄酒有着高度萃取的白桃子、清蒸及五香梨子、茴香和液态矿物质的芬芳，恍然如梦的悠长余韵至少能持续一分钟之久。它的成熟和强烈、极富表现力的风味与鲜明而活泼的酸度相得益彰，使得这款酒在恰当的存储条件下可以轻而易举地进行几十年的陈年。最佳饮用期：2006~2020+。

1995 Meursault Les Narvaux
莫尔索独角鲸干白葡萄酒 1995　　评分：94 分

这款引人注目的莫尔索独角鲸干白葡萄酒 1995 透出甘甜和香料的气息，有着令人难以置信的黏稠和柔滑的口感。浓郁的鲜花和坚果风味能瞬间征服品尝者的味蕾，悠长的余韵绝对不在 30 秒之下。建议于现在至 2010 年间饮用。

PULIGNY-MONTRACHET LES FOLATIERES
普里尼·蒙哈榭葡萄酒

2002 Puligny-Montrachet Les Folatières
普里尼·蒙哈榭葡萄酒 2002　　评分：91 分

普里尼·蒙哈榭葡萄酒 2002 散发出烟熏的、富含矿物质气息的清香，酒体中度偏淡，有着板岩般的个性。这款酒紧密，然而却有着非同寻常的深度，树脂和烟熏矿物质的风味充斥着整个口腔。建议于现在至 2014 年间饮用。

2001 Puligny-Montrachet Les Folatières
普里尼·蒙哈榭葡萄酒 2001　　评分：92 分

野姜花和浓烈的成熟梨子果香在坚实的普里尼·蒙哈榭葡萄酒 2001 酒香中有迹可循，口感醇厚，深度出色。这款带有烟熏矿物质风味的葡萄酒有着绵长而优雅的余韵。最佳饮用期：从现在开始到 2010 年。

1999 Puligny-Montrachet Les Folatières
普里尼·蒙哈榭葡萄酒 1999　　评分：90 分

普里尼·蒙哈榭葡萄酒 1999 香气四溢、端庄娴静，而口感又不乏丰富和深厚；中度酒体，醇厚而饱满；矿物质、花香和香料的芬芳能征服品尝者的味蕾，并自然延续到悠长的余韵中。最佳饮用期：从现在开始到 2009 年。

1996 Puligny-Montrachet Les Folatières
普里尼·蒙哈榭葡萄酒 1996　　评分：95 分

这款普里尼·蒙哈榭葡萄酒富含花香及矿物质芬芳，它精致、阴柔、醇厚，质地柔滑，酒体适中至饱满。这款纯净、强劲、大气的葡萄酒，散发出新鲜的榛子酱、野姜花、茴香和蜜饯梨的清香。普里尼·蒙哈榭葡萄酒 1996 集醇厚、优雅和稳固于一体，既有强劲的一面，又有着蕾丝般的精致。它的巅峰期应该是从现在开始到 2015+。

1995 Puligny-Montrachet Les Folatières
普里尼·蒙哈榭葡萄酒 1995　　评分：94 分

浓郁的烘烤香料和花香会使人不禁想起春天的牧场，普里尼·蒙哈榭葡萄酒 1995 与同样出众的莫尔索独角鲸干白葡萄酒 1995 有着相同的柔滑质地。这款酒有着扑鼻的鲜花芳香，酒体适中至饱满，余韵悠长。它应该于现在到 2012 年间达到巅峰。

1989 Puligny-Montrachet Les Folatières
普里尼·蒙哈榭葡萄酒 1989　　评分：95 分

这款酒当年共酿制了 175 箱——这个数字对于蒙哈榭葡萄酒来讲很稀松平常，平均每公顷葡萄园的产量为 2,400 公升，而这个数字大约只是其他顶级葡萄酒生产商在他们自己的霞多丽葡萄园酿制的三分之一。毫无意外地，1989 年年份酒有着迷人的矿物质、黄油和热带水果的芬芳，口感超级丰富，有着惊人的粘度（霞多丽葡萄所含的油）和少见的深厚。这款不朽的蒙哈榭白葡萄酒应该可以保存至 2010 年。

DOMAINE COCHE-DURY
寇许·杜里酒庄

酒品：

高顿·查理曼葡萄酒（Corton-Charlemagne）

莫尔索皮耶尔士干白葡萄酒（Meursault-Perrières）

庄园主：让·佛朗索瓦·寇许·杜里（Jean-Francois Coche-Dury）

地址：9 rue Charles Giraud,21190 Meursault, France

电话：(33) 03 80 21 24 12

传真：(33) 03 80 21 67 65

参观规定：仅对顾客开放

葡萄园

占地面积：26.4 英亩

葡萄品种：霞多丽，阿里高特，佳美，黑比诺

平均树龄：25~35 年

种植密度：10,000~12,000 株 / 公顷

平均产量：3,500~4,500 公升 / 公顷

酒的酿制

寇许·杜里酒庄的酿酒和培养方式简单而不复杂，包括轻度压榨（使用一台古老的水平榨汁机），在更新比例最多为 50% 的阿利尔橡木桶中（仅限顶级葡萄酒）进行 18 到 20 个月的陈年，之后进行两次分离，装瓶前不进行过滤。寇许·杜里相信超过 90% 的葡萄酒的品质都取决于葡萄园，因此在勃艮第产区所有的葡萄酒生产商中，寇许·杜里收获葡萄的时间是弹性最大的：有些年份他是第一批采摘的，而有些年份他却是最后一批。

年产量

高顿·查理曼葡萄酒（Corton-Charlemagne）：1,500~2,000 瓶

莫尔索皮耶尔士干白葡萄酒（Meursault-Perrières）：3,000 瓶

售价（与年份有关）：

高顿·查理曼葡萄酒：230 美元

莫尔索干白葡萄酒：150 美元

近期最佳年份

2002 年，2001 年，2000 年，1996 年，1995 年，1992 年，1990 年，1989 年，1986 年

现年 50 岁的让·佛朗索瓦·寇许·杜里（"杜里"是他妻子的姓）是勃艮第产区最具传奇色彩的酿酒师之一。他身材高瘦，戴着副眼镜，酿制出的几款酒是这一地区生命力最长、最芳香复杂、质地最为性感迷人的白葡萄酒。他最伟大的两款白葡萄酒当属高顿·查理曼葡萄酒和莫尔索干白葡萄酒了，这两款酒几乎在每一年份都能够入选勃艮第产区最佳白葡萄酒的前 6 名。另外，他还对莫尔索区的红叶村（Les Rougeots）、纳沃克斯村（Les Narvaux）以及其他几个村子进行了改造。最近，他又酿制出了一款顶级的普里尼·蒙哈榭干白葡萄酒（Puligny-Montrachet Enseignères）。除了白葡萄酒外，他还酿制了少量的红葡萄酒。寇许的白葡萄酒的陈年潜力非常大，在 20 世纪 80 年代初期，即使是那些不被视为佳酿年份（如 1981 年和 1982 年）酿制出的葡萄酒也同样完美得无可挑剔，在 21 世纪初品尝时依然年轻且美味。寇许以工作时的善于变通和在葡萄园认真工作的态度而著称，低产量和无可挑剔的葡萄种植技术是他酿制出优质葡萄酒的关键。这些葡萄酒都非常有潜力，通常都需要在瓶中进行 4 到 5 年的陈年才能达到巅峰状态。他是在莫尔索区内、普里尼·蒙哈榭（Puligny-Montrachet）和夏莎妮·蒙哈榭（Chassagne-Montrachet）等地将一半的霞多丽葡萄园采用高顿式（cordon de royat）种植方式的为数不多的几位酿酒师之一，其结果是产量极低，因而显得更加弥足珍贵。在最近 15 年里，我几乎每年都会去拜访让·佛朗索瓦·寇许·杜里先生，而唯一可以看到他笑容的时候就是当品尝结束和与我道别之时。他真的是一位非常严谨，同时也极其伟大的酿酒师。

CORTON-CHARLEMAGNE
高顿·查理曼葡萄酒

2002 Corton-Charlemagne

高顿·查理曼葡萄酒 2002

评分：96 分

高顿·查理曼葡萄酒 2002 散发出悦人的焦糖裹覆的苹

果、甜瓜和野姜花的芳香，中度酒体，口感丰富而纯净，尝起来有点像葡萄干、石英、矿物质和香料的混合味道。这是一款复杂、成熟的葡萄酒，超级平衡、深厚且悠长。最佳饮用期：2007~2016 年。

2001 Corton-Charlemagne
高顿·查理曼葡萄酒 2001

评分：98 分

高顿·查理曼葡萄酒 2001 极富表现力，散发出浓郁的香料和刺梨的芬芳，适中至饱满的酒体，有着举足轻重的干精粹物含量。这款酒饱满而肉感十足，宽厚而强劲有力，简直是个奇迹！它饱满不失集中，喧嚣不乏雅致，黏稠却又和谐平衡，悠长的余韵可以超过一分钟，具有完美葡萄酒的一切特征。质地如天鹅绒般柔软的 2001 年年份酒带有矿物质、梨汁及大量的香料（丁香、姜和杜松子）气息与风味，苹果酱的酸甜口味显得尤其的与众不同。它层次分明、口感丰富、性感迷人，但同时又保持着细致入微、浑然一体的特性。最佳饮用期：从现在开始到 2015 年。

2000 Corton-Charlemagne
高顿·查理曼葡萄酒 2000

评分：95 分

与许多 2000 年年份酒一样，带着烤橡木香味的高顿·查理曼葡萄酒 2000 也是一款十分质朴的葡萄酒。它酒性饱满、丰富、宽厚，矿物质、吐司和香料的纯净风味在这款结构性强、坚实饱满的葡萄酒中尤为突出。最佳饮用期：从现在开始到 2015 年。

1996 Corton-Charlemagne
高顿·查理曼葡萄酒 1996

评分：96+ 分

这款酒体饱满的高顿·查理曼葡萄酒 1996 有着令人难以置信的深度，五香梨、白桃和花香馥郁扑鼻，口感超级丰富，同时结构也很完美平衡。这款佳酿质地油润，围绕其至包裹着浓郁的石头、矿物质和熟透的梨子风味，阵阵坚果和矿物质的清香缓缓溢出，烤面包的香味若隐若现。层层叠叠的醇厚、高度精粹且强劲的水果香俘房了品尝者的味蕾，而它灵动的酸度又使其显得浓而不腻。最佳饮用期：从现在开始到 2010 年。

1992 Corton-Charlemagne
高顿·查理曼葡萄酒 1992

评分：96 分

高顿·查理曼葡萄酒 1992 散发出馥郁的香料、香草、黄油、椰子和热带水果的悦人香味；口感惊人的丰富，肥厚的风味一直挑逗着味蕾，久久不去；充足的甘油、精粹物和酒精足以满足要求最为苛刻的享乐主义者。这款酒比高顿·查理曼葡萄酒 1990 和高顿·查理曼葡萄酒 1989 这两款

少见的佳酿都要更加的柔软。

1990 Corton-Charlemagne
高顿·查理曼葡萄酒 1990

评分：98 分

淡淡的至中度的稻黄色泽，高顿·查理曼葡萄酒 1990 带着股奶油糕点、梨子、桃子和榛子的甜香，这款高雅精致的葡萄酒酒体丰腴，风味浓郁，尝起来口感依然年轻。建议于接下来的 10 到 12 年间饮用。

1989 Corton-Charlemagne
高顿·查理曼葡萄酒 1989

评分：98 分

可能说出来会有很多人不信，但高顿·查理曼葡萄酒 1989 的确比堪称完美的 1986 年年份酒还要好。1989 年年份酒的醇厚令人惊讶，展现出超级的深厚、恰如其分的酸度以及极具渗透力的泥土和矿物质特性，余韵可达 1 分钟之久。与 1986 年年份酒相比，它的结构性更强，陈年潜力也更大。鉴于全球对这款产量微乎其微的葡萄酒热切的关注，如今市面上已经很难找到高顿·查理曼葡萄酒 1989 了。最佳饮用期：从现在开始到 2016 年。

1986 Corton-Charlemagne
高顿·查理曼葡萄酒 1986

评分：99 分

当高顿·查理曼葡萄酒 1986 第一次被发布时，堪称是这一年年份酒中最为华美绚烂的葡萄酒之一了。现在的它较之以前更具骨感，结构性也更强，也许会将进一步完善我对高顿·查理曼葡萄酒陈年潜力的理论。石头和矿物质的气息与过熟的橘子和苹果香气交相融合，十分宜人；饱满的酒体、醇厚的口感和爽利的果酸颇为和谐，比第一次发布时个性更加鲜明、口感更加集中。这款大气磅礴而平衡性又极佳的葡萄酒至少还可保存 10 年。

莫尔索皮耶尔士干白葡萄酒酒标

MEURSAULT-PERRIERES
莫尔索皮耶尔士干白葡萄酒

2002 Meursault-Perrières
莫尔索皮耶尔士干白葡萄酒 2002   评分：96 分

　　寇许·杜里描述这款酒时用了"超级成熟"这个词。莫尔索干白葡萄酒 2002 有着诱人的蜜饯苹果的甜香，它宽厚、丰富、醇厚、深厚，余韵悠长，有着纯净、细腻的矿物质和碎石的混合味觉。最佳饮用期：2007~2016 年。

2001 Meursault-Perrières
莫尔索皮耶尔士干白葡萄酒 2001   评分：98+ 分

　　莫尔索皮耶尔士干白葡萄酒 2001 香气扑鼻，浓郁的蜜饯苹果、花香、矿物质、梨子和碎石的芳香宜人，口感纯净而宽厚，略带培根味的矿物质、五香石头、烟熏梨子和黄油吐司刺激着味蕾；缎子般柔滑的质地，口感丰富，酒体适中，这款令人惊叹的美酒近乎完美。过于谦逊的寇许·杜里先生评价它时说"un vin de grande classe"（是一款特级酒）。2001 年年份酒有着完美的平衡感、和谐及闻所未闻的深厚。最佳饮用期：从现在开始到 2017 年。

2000 Meursault-Perrières
莫尔索皮耶尔士干白葡萄酒 2000   评分：96 分

　　莫尔索皮耶尔士干白葡萄酒 2000 充满了香料、肉桂和香草的芳香，口感深厚而凝练；适中至饱满的酒体，浓郁的梨子、苹果、黄油、碎石、石头和矿物质的香味不断挑逗着品尝者的味蕾；质地如天鹅绒般柔滑，口感丰富，2000 年年份酒展现出极佳的深度及纯净、强劲和深厚的特性。这款莫尔索干白葡萄酒定将成为寇许·杜里酒庄出产的所有 1996 年年份酒中的翘楚，当然也会是该酒庄的摇钱树。最佳饮用期：从现在开始到 2015 年。

1999 Meursault-Perrières
莫尔索皮耶尔士干白葡萄酒 1999   评分：91 分

　　莫尔索皮耶尔士干白葡萄酒 1999 散发出封闭却深厚的烟熏、矿物质和香料的芳香，它优雅、细腻，有着浓郁的矿物质、吐司、香料以及酥梨的口感，酒体适中、醇厚且协调。此外，这款美酒的余韵也尤为悠长纯净。最佳饮用期：2010~2020 年。

1997 Meursault-Perrières
莫尔索皮耶尔士干白葡萄酒 1997

评分：93 分

　　莫尔索皮耶尔士干白葡萄酒 1997 有着蜜饯酸橙、柠檬、矿物质、岩石和烟熏的宜人芳香，口感极其丰富，适中至饱满的酒体，质地黏稠。这款酒十分高贵，而浓烈的桃子、石头、泥土香、粘土和红莓风味更添优雅。如果不是因为它那朴素而略带尘土味的余韵，我会对它奢华的口感和细腻的质地更为迷恋。最佳饮用期：从现在开始到 2007+。

1996 Meursault-Perrières
莫尔索皮耶尔士干白葡萄酒 1996   评分：99 分

　　品尝莫尔索皮耶尔士干白葡萄酒 1996 的感觉简直就是一种"只应天上有"的快感！这款绝世佳酿有着完美的平衡、集中和存在感，它生机勃勃、超凡脱俗，有着超出我想象的复杂性，一波波的蜜饯柠檬、杏仁糖、奶油榛子、梨子、烘烤橡木、咖喱、红莓以及强烈的矿物质芳香瞬间俘获全部味蕾。这款美酒真称得上是余香饶舌，三日不绝啊！最佳饮用期：从现在开始到 2010 年。

1995 Meursault-Perrières
莫尔索皮耶尔士干白葡萄酒 1995   评分：98 分

　　让·佛朗索瓦·寇许·杜里当年一共酿制了 900 瓶（平均每公顷葡萄园的产量为 1,800 公升）超凡脱俗的莫尔索皮耶尔士干白葡萄酒 1995。这款优雅得无与伦比的美酒透焕出液态矿物质的气息，并辅以花香、香料和石头的芳香，法国人评价它为"aérien"，即"神圣的"。1995 年年份酒极其精雅，高度醇厚、黏稠，酒体丰腴而又骨感十足，一波波的烘烤杏仁、榛子和湿石头的香味溢满整个口腔，余韵也是少见的绵长。毫不夸张地说，我品尝这款酒好几分钟之后，仍然唇齿留香。而有幸得到这款珍宝的为数不多的几位幸运儿，最好从现在至 2014 年间享用。

1992 Meursault-Perrières
莫尔索皮耶尔士干白葡萄酒 1992   评分：93 分

　　莫尔索皮耶尔士干白葡萄酒 1992（产量为 350 箱）散发出醉人的钢铁、矿物质、成熟的蜂蜜苹果、水果和花香混合的芳香，悠长、饱满、丰富、多变且耐嚼的风味由浓转淡。最佳饮用期：现在。

1989 Meursault-Perrières
莫尔索皮耶尔士干白葡萄酒 1989   评分：97 分

　　让·佛朗索瓦·寇许·杜里酿制出的莫尔索皮耶尔士干白葡萄酒 1989 不论是味道还是口感都像是一款梦哈榭葡萄酒。如果要评选勃艮第产区最有希望跻身于特级酒庄之列的一级酒庄，那非莫索特区的莫尔索酒庄（Les Perrières）莫属了。在强烈的矿物质、柠檬、苹果花和奶油吐司香味掩盖下的是一款口感超级丰富、结构性极强以及散发着层层叠叠霞多丽果香的葡萄酒。这款酒的甘油、精粹物和酒精含量都十分可观，强度也较高，不愧为酒中精品！最佳饮用期：现在。

1986 Meursault-Perrières
莫尔索皮耶尔士干白葡萄酒 1986   评分：96 分

　　除了极个别的例外情况，以我对它的了解和经验来看，所有年份的莫尔索干白葡萄酒都有不亚于任何一款你所能找到的勃艮第干白葡萄酒。莫尔索皮耶尔士干白葡萄酒 1986 透出浓郁的奶油苹果、烤坚果和烟熏的甜美香味。寇许·杜里酒庄葡萄酒一贯具有的柔滑质地和丰富口感在这款酒中表现得尤为突出，此外它还具有肥厚的丰富度，恰到好处的酸度使它的口感更为集中，余韵绵长。最佳饮用期：现在。

DOMAINE CLAUDE DUGAT
克劳德·杜卡酒庄

酒品：

夏尔姆·香贝丹葡萄酒（Charmes-Chambertin）

格厚斯·香贝丹葡萄酒（Griotte-Chambertin）

庄园主：法米勒·克劳德·杜卡（Famille Claude Dugat）

地址：1 plae Cure,21220 Gevrey-Chambertin, France

电话：(33) 03 80 34 36 18

传真：(33) 03 80 58 50 64

参观规定：谢绝参观

葡萄园

占地面积：12.35 英亩

葡萄品种：黑比诺

平均树龄：35~45 年

种植密度：10,000~12,000 株 / 公顷

平均产量：3,000~3,500 公升 / 公顷

酒的酿制

克劳德·杜卡酒庄采用的是一种较为现代的酿酒方式。首先进行 3 到 5 天的冷浸渍；之后对葡萄完全去梗，这时发酵温度也升至 34℃；最后再进行 3 周的葡萄皮浸渍。将葡萄酒移入至橡木桶中，进行苹果酸-乳酸发酵，经过 16 到 18 个月的陈年期后，自然装瓶不过滤。橡木桶的平均更新比例接近 50%，但顶级葡萄酒可达到 100%。这些葡萄酒醇厚

饱满、芳香四溢，口感极为甘甜且复杂。据杜卡先生说，它们的陈年潜力至少为 15 年。

年产量

夏尔姆·香贝丹葡萄酒（Charmes-Chambertin）：1,500~2,500 瓶

格厚斯·香贝丹葡萄酒（Griotte-Chambertin）：1,500~2,500 瓶

售价（与年份有关）：

夏尔姆·香贝丹葡萄酒：110 美元

格厚斯·香贝丹葡萄酒：160 美元

近期最佳年份

2003 年，2002 年，1999 年，1997 年，1992 年，1996 年，1990 年

克劳德·杜卡酒庄瓶装葡萄酒的生产历史并不长，许多年来，克劳德·杜卡先生都是把酒卖给勃艮第产区最好的酒商，而酒商再将这些酒以别的酒庄名义进行装瓶出售。克劳德·杜卡酒庄最知名的主顾之一就是勒鲁瓦酒庄（Maison Leroy）的拉茹·贝茨·勒鲁瓦夫人，正是在勒鲁瓦酒庄里我第一次听说了杜卡先生古老的葡萄树和他高超的酿酒技术。杜卡先生是位沉默谦逊、不爱出风头的人，不论是对葡萄园还是酒窖都严肃认真、一丝不苟，而他身上的这种品性也在他酿制的葡萄酒中展露无遗。由于这些葡萄酒在年轻时即可饮用，因此被称为"具有现代风格的勃艮第葡萄酒"，但是它们也颇具陈年潜力。

CHARMES-CHAMBERTIN
夏尔姆·香贝丹葡萄酒

2002 Charmes-Chambertin

夏尔姆·香贝丹葡萄酒 2002

评分：97 分

夏尔姆·香贝丹葡萄酒 2002 表现力极强，浓郁的花香和

香料芬芳中夹杂着清香的红色水果果香。它充满了香料风味，醇厚、强劲而又不失优雅。这款溢满樱桃果香的葡萄酒酒体适中，悠远的余韵中带着香料和咖啡的醇香。2002 年年份酒和谐、精雅、外向活泼，适宜在 2006 到 2015 年间饮用。

2001 Charmes-Chambertin
夏尔姆·香贝丹葡萄酒 2001

评分：92 分

夏尔姆·香贝丹葡萄酒 2001 产自香贝丹区最为温暖的一块风土，充满了黑樱桃与黑莓的浓郁果香。适中偏淡的酒体，红樱桃和黑樱桃的强烈香味不仅瞬间俘虏所有味蕾，还一直延续到悠长、坚定的余韵中。最佳饮用期：从现在开始到 2012 年。

2000 Charmes-Chambertin
夏尔姆·香贝丹葡萄酒 2000

评分：94 分

这款酒有着典型的克劳德·杜卡酒庄的夏尔姆·香贝丹葡萄酒的风格——拥有浓郁的香味与风味，李子味的黑莓香味中透出葡萄味的黑樱桃果香。风味强烈、口感强劲，夏尔姆·香贝丹葡萄酒 2000 有着异乎寻常的醇厚、紧致、浓郁的果香，以及超长且成熟的余韵。最佳饮用期：从现在开始到 2011 年。

1999 Charmes-Chambertin
夏尔姆·香贝丹葡萄酒 1999

评分：96 分

有着中度至略深的红宝石色的夏尔姆·香贝丹葡萄酒 1999，散发出令人垂涎的亚洲香料、黑莓及黑樱桃的芳香。这款甘美、丰富、适中至饱满酒体的葡萄酒拥有奶油般柔爽且精雅的质地，口感奢华绚丽，浓郁的红樱桃、香料、蜜饯覆盆子的芳香中隐隐透出甘甜的橡木气息，深沉醇厚的果味与雅致的成熟且饱满的单宁更是锦上添花。建议从现在开始到 2012 年间饮用。

1998 Charmes-Chambertin
夏尔姆·香贝丹葡萄酒 1998

评分：93 分

当年度的葡萄园产量为每公顷 2,200 公升，夏尔姆·香贝丹葡萄酒 1998 呈现出中度至略深的红宝石色泽，红色与黑色水果果香浓郁。适中至饱满的酒体，十分有嚼劲，入口即可感受到黑莓、黑樱桃和红醋栗的浓浓果香。这款酒强烈、醇厚、质地如天鹅绒般柔滑细腻，紧致的单宁淹没在甜蜜、成熟的果香中。建议从现在开始到 2008 年间饮用。

1997 Charmes-Chambertin
夏尔姆·香贝丹葡萄酒 1997

评分：95 分

这款酒平均每公顷的葡萄园产量不足 3,000 公升。有着

中度至略深的红宝石色的夏尔姆·香贝丹葡萄酒 1997，充满了蜜饯红樱桃和香料的芬芳；口感丰富、性感、雅致，有着天鹅绒般的柔滑质地；淡淡的肉桂和红樱桃果酱香溢满整个口腔，其余韵可以停留 30 秒之久。这款令人愉悦的红酒的巅峰期可一直持续到 2009 年。

1996 Charmes-Chambertin
夏尔姆·香贝丹葡萄酒 1996

评分：98 分

有些人认为这款酒应该获得满分，对此我毫无异议。夏尔姆·香贝丹葡萄酒 1996 呈深红宝石色或深紫色，甘甜且芬芳的红樱桃与黑樱桃的香味生动、坚实，近乎果酱般的口味会使人不由自主地想起深盘樱桃派的香甜。熟透的蜜饯红色水果与紫罗兰混合在一起的醉人香味，再加上细腻纯净到近乎完美的口感，令人久久难以忘怀。这款复杂、质地如天鹅绒般柔滑、有嚼劲且骨感十足的 1996 年年份酒果真是超凡脱俗、世间难觅。最佳饮用期：2006~2012 年。

1995 Charmes-Chambertin
夏尔姆·香贝丹葡萄酒 1995

评分：92 分

尽管许多年份的夏尔姆·香贝丹葡萄酒都略显淡薄，这一点不禁令人有些失望。但是克劳德·杜卡酒庄数年来不间断地出产高品质的葡萄酒，单凭这一点就足以使它跻身于特级酒庄之列。1995 年，杜卡又酿制了一款绝佳的夏尔姆·香贝丹葡萄酒，中度至略深的红宝石色中隐约透出淡淡的紫色。它就如同一块美玉，处处透出温润优雅，黏稠的质地加上肥厚且十分耐嚼的黑色水果口感更显不俗，悠长、精雅的烤橡木味贯穿始终。2007 年后饮用此酒口味会更佳。

1993 Charmes-Chambertin
夏尔姆·香贝丹葡萄酒 1993

评分：96 分

夏尔姆·香贝丹葡萄酒 1993（为世界贡献了 165 箱美酒）有着层层叠叠的独特风味，呈现出结构性极佳的深红宝石色或深紫色，入口强劲，单宁含量高且富有阳刚之气，甘甜的口感及坚实的中味在许多 1993 年年份酒中并不多见。这款酒几乎拥有优质葡萄酒的一切特性：成熟、丰富、结构性强、纯净、复杂。最佳饮用期：从现在开始到 2012 年。

1992 Charmes-Chambertin
夏尔姆·香贝丹葡萄酒 1992

评分：94 分

夏尔姆·香贝丹葡萄酒 1992 是年度最佳葡萄酒的候选酒，同时也是勃艮第红葡萄酒的代表。它的香味浓郁强劲，红色水果、黑色水果、烟熏和橡木的香味甘甜美味，酒体丰腴，层层叠叠的成熟水果果香足以征服所有味蕾。这款品质上佳的勃艮第红葡萄酒口感极其丰富、骨感十足，不论从嗅

觉还是味觉来说都是难得一见的精品。最佳饮用期：现在。

1991 Charmes-Chambertin
夏尔姆·香贝丹葡萄酒 1991

评分：92 分

夏尔姆·香贝丹 1991 呈现不透明的深红宝石色泽，烘烤药草、烟熏橡木和黑樱桃的混合香味极为浓烈。口感奢华、甘甜、豪迈；风味浓郁，精粹物含量也较高。这款成熟、超级丰富的勃艮第红葡萄酒建议于 2003 年年底之前饮用。

1990 Charmes-Chambertin
夏尔姆·香贝丹葡萄酒 1990

评分：96 分

夏尔姆·香贝丹葡萄酒 1990 是如此的醇厚、性感妖娆、耐嚼，以至于这款酒留给人的整体印象就是层层的甘甜和比诺葡萄果酱芳香的叠加，只有亲口品尝过的人才会相信世界上竟然还有如此口感纯净、强烈的葡萄酒。酒类专家可能会纠缠于它的低酸度及过于成熟，但是却会不自觉地惊叹于它风味的多变和丰富。最佳饮用期：现在。

GRIOTTE-CHAMBERTIN
格厚斯·香贝丹葡萄酒

2002 Griotte-Chambertin
格厚斯·香贝丹葡萄酒 2002

评分：无

杜卡酿制出的格厚斯·香贝丹葡萄酒 2002 比夏尔姆·香贝丹葡萄酒还要来得浓厚、宽厚，层次也更加丰富。它馨香扑鼻，种种香料味从杯中袅袅溢出，口感细致诱人，浓缩的咖啡香味醇厚，并辅以红樱桃、黑莓和穆哈咖啡的清香。它

格厚斯·香贝丹葡萄酒酒标

宽厚、饱满、性感撩人，是一款感性且极为醇厚的葡萄酒，余韵悠长且富含香味。最佳饮用期：2006~2016 年。

2001 Griotte-Chambertin
格厚斯·香贝丹 2001

评分：91 分

冰樱桃的果香和香料的浓香构成了格厚斯·香贝丹葡萄酒 2001 的香味曲线。作为一款典型的杜卡葡萄酒，它有着浓烈的蜜饯水果口味，入口及中味都可感受到红樱桃、草莓酱和红醋栗的芳香，而后味则让位于坚定的单宁味道。最佳饮用期：从现在开始到 2012 年。

2000 Griotte-Chambertin
格厚斯·香贝丹葡萄酒 2000

评分：94 分

格厚斯·香贝丹葡萄酒 2000 散发出巧克力涂层的黑莓香，它是一款宽厚、多汁、适中至饱满酒体并且后进的葡萄酒，有着极佳的深度、醇厚与浓度。拥有天鹅绒般柔滑质地的 2000 年年份酒的浓郁水果香中，透出略带穆哈咖啡味的黑樱桃、黑莓以及淡淡的烤橡木味。此外，它悠长的余韵中还带有坚定（然而却很成熟）的单宁和烘烤黑色水果的香味。如果这款酒经过窖藏而达到巅峰状态的话（我想它一定可以的），它终将成为年度最佳葡萄酒之一。最佳饮用期：2006~2014 年。

1999 Griotte-Chambertin
格厚斯·香贝丹葡萄酒 1999

评分：96 分

扑鼻的樱桃果香、亚洲香料和海鲜酱的浓香使格厚斯·香贝丹葡萄酒 1999 芳香四溢，酒体呈中度至略深的红宝石色。这款质地如丝绸般柔滑的美酒有着奶油樱桃、黑莓果汁、香料和香草的丰富口感，它清爽、集中、性感，而结构性却极强。它那醉人的水果风味可一直延续到绵长余韵的尽头。建议于现在至 2012 年间饮用。

1998 Griotte-Chambertin
格厚斯·香贝丹葡萄酒 1998

评分：93 分

格厚斯·香贝丹葡萄酒 1998 的产量甚至比夏尔姆·香贝丹葡萄酒的产量还低。这款酒的颜色为中度至略深的红宝石色，散发出浓郁的黑樱桃果香。它的质地如天鹅绒般细腻，口感强烈且持续，优雅精致、富有层次的酒体中透出蜜饯覆盆子和樱桃的醉人香气。建议于现在至 2008 年间饮用。

1997 Griotte-Chambertin
格厚斯·香贝丹葡萄酒 1997

评分：94 分

该年度的葡萄园产量为每公顷 2,200 公升，格厚斯·香贝丹葡萄酒 1997 呈深红宝石色。乍看之下，这款酒似乎有

些封闭，但醒酒之后，它就开始逸散出甘甜的黑色水果、新鲜药草、香水和香料的混合芬芳。品尝过后又会发现，这款宽厚、丰满的葡萄酒有着浓郁的水果、肉豆蔻、肉桂、红糖、甘草以及熟透的黑莓口感。1997 年年份酒有着典型的杜卡风格——豪迈，适中至饱满的酒体，非常易饮，复杂的风味似乎能永远留存。它强劲有力、优雅细腻、深度极佳，有着醉人的绸缎般的质地。最佳饮用期：从现在开始到 2010 年。

1996 Griotte-Chambertin
格厚斯·香贝丹葡萄酒 1996

评分：98+ 分

也许要像莎士比亚那般擅长修辞的作家才能完美地诠释这款惊世佳酿。格厚斯·香贝丹葡萄酒 1996 呈深红宝石色或深紫色，透出覆盆子、樱桃果酱、紫罗兰、香水和亚洲香料混合而成的超凡脱俗的芳香。由于它的口感过于香醇、干净、深厚，怕是味蕾都无法一一辨识，真是太可惜了！顺滑的果味在我的口腔中蔓延，完全成熟且甘甜无比的樱桃酱、蜜饯紫罗兰、玫瑰和蓝莓的馨香层层显现，让人恍然如梦。有那么几分钟的时间，我既看不到也感受不到周围事物的存在——反正我也不在乎，因为它俘虏了我所有的感官。这款酒有着天鹅绒般柔滑的质地，饱满而强劲有力，个性十足，精细雅致，醇厚深沉，它的主干（你所能想象出的最柔滑的触感）使沉重的酒体能够有飞跃般的进化。那令人惊叹的悠长余韵中有着馥郁的果香和柔软圆润的单宁。最佳饮用期：2006~2016 年。

1995 Griotte-Chambertin
格厚斯·香贝丹葡萄酒 1995

评分：99 分

这是一款令人着迷的葡萄酒，酒体呈深红宝石色、近乎墨色的色泽，边缘带着些许的明亮紫色。它芳香四溢，强烈的黑色水果果香深沉得近乎虚幻，但仍不敌黑樱桃、李子、黑莓、蓝莓、紫罗兰、穆哈咖啡、牛奶咖啡、甜橡木和亚洲香料爆炸似的浓香。在这款饱满、愉悦的葡萄酒天鹅绒般柔滑质地的衬托下，一波波甘美的水果香在味蕾上绽放。格厚斯·香贝丹葡萄酒 1995 有着近乎完美的平衡、和谐、深厚，而又柔软、结构性强、柔顺，绝对是难得一见的佳酿。最佳饮用期：从现在开始到 2010 年。

1993 Griotte-Chambertin
格厚斯·香贝丹葡萄酒 1993

评分：100 分

这是一个被轻率地吹捧为"伟大"的年份（实际上，那

时有太多的涩味、朴实、生硬、味道淡薄的葡萄酒都被冠以"伟大"之名），但是这一年也出产了几款令人惊叹不已的勃艮第葡萄酒，它们的复杂度可与我品尝过的任何一款葡萄酒相媲美。品尝杜卡的格厚斯·香贝丹葡萄酒 1993 称得上是一次宗教体验，这并不是因为它是在历史悠久的修道院内或酒窖中酿造的。这款酒的色泽为深厚且极具渗透性的红宝石色或紫色，香味十分经典，浓烈的红色水果和黑色水果的果香中辅以吐司、泥土和香料的混合芳香。中度至饱满的酒体，有着黑比诺蒸馏过后的纯净口感，质地如天鹅绒般柔滑，甘甜成熟的单宁支撑着罕见的水果精粹物。1993 年年份酒有着一反常态的丰富和性感，然而同时又强劲有力、层次性强——它是酿酒界中的精品！格厚斯·香贝丹葡萄酒 1993 甚至比格厚斯·香贝丹葡萄酒 1990 更伟大。最佳饮用期：从现在开始到 2015 年。

1992 Griotte-Chambertin
格厚斯·香贝丹葡萄酒 1992

评分：93 分

格厚斯·香贝丹葡萄酒 1992 呈现出极具渗透性的深红宝石色或紫色色泽，黑色水果、香料和烘烤新橡木的香味沁人心脾。它口感丰富、酒体丰腴、豪迈大气、风味纯净、高度和谐，酸度与单宁都圆润宜人。这款天赋异禀、口感丰富、强劲有力的勃艮第红葡萄酒在 2008 年后饮用风味更佳。

1991 Griotte-Chambertin
格厚斯·香贝丹葡萄酒 1991

评分：91 分

有着不透明的深红宝石色的格厚斯·香贝丹葡萄酒 1991，充满了烘烤药草、烟熏橡木和黑樱桃的浓郁香味。它华丽、甜美、豪迈，风味独特，精粹物丰富。这款已经出现衰退迹象、超级丰富的勃艮第红葡萄酒最好在 2003 年前享用。

1990 Griotte-Chambertin
格厚斯·香贝丹葡萄酒 1990

评分：99 分

这款酒与夏尔姆·香贝丹葡萄酒 1990 有几分相似，但格厚斯·香贝丹葡萄酒 1990 的口感更加丰富、绵长，它的芳香可以溢满整个房间。此外，这款风格独特的克劳德·杜卡酒庄葡萄酒尝起来十分甜美，含有大量的水果精粹物，烘烤新橡木的清香更是锦上添花。它豪迈大气，却又有着少见的醇厚与饱满，悠长的余韵可持续 90 秒钟，是勃艮第红葡萄酒中的不朽之作！它在 2010 年后饮用风味更佳。

DOMAINE DUGAT-PY
杜嘉特·派酒庄

酒品：

香贝丹葡萄酒（Chambertin）

夏尔姆·香贝丹葡萄酒（Charmes-Chambertin）

玛兹·香贝丹葡萄酒（Mazis-Chambertin）

庄园主：伯纳德·杜嘉特·派（Bernard Dugat-Py）

地址：B.P.31,Cour de L'Aumónerie,21220 Gevrey-Chambertin,

France

电话：(33) 03 80 51 82 46

传真：(33) 03 80 51 86 41

邮箱：dugat-py@wanadoo.fr

网址：www.dugat-py.com

参观规定：谢绝参观

葡萄园

占地面积：21 英亩

葡萄品种：97% 黑比诺，3% 霞多丽

平均树龄：50 年

种植密度：11,000 株 / 公顷

平均产量：3,000 公升 / 公顷

酒的酿制

　　杜嘉特的酿酒哲学是"尽可能地减少人为的干涉"，尽力保持葡萄的原有品质，在酒瓶中进行充分地发展进化。绝大多数年份都会将葡萄100%的去梗，但是也有例外（如2002年年份酒）。在水泥或木质发酵罐中进行 3 到 4 周的发酵，新橡木桶的更新比例取决于当年的产量，最低只有20%，或者要高得多。通常会在木桶中进行 14 到 20 个月的陈年，自然装瓶，不澄清不过滤。此外，杜嘉特·派酒庄独特的酒窖也是必不可少的，该酒窖位于当地教堂的地下室。

年产量

香贝丹葡萄酒（Chambertin）：270 瓶

夏尔姆·香贝丹葡萄酒（Charmes-Chambertin）：2,000 瓶

玛兹·香贝丹葡萄酒（Mazis-Chambertin）：900 瓶

售价（与年份有关）：125~450 美元

近期最佳年份

2003 年，2002 年，2001 年，1999 年，1996 年

伯纳德·杜嘉特·派和乔思林·杜嘉特·派（Jocelyne Dugat-Py）在人才济济的勃艮第产区算是晚辈，但却是两颗冉冉升起的新星。1973 年，他们买下了第一座葡萄园，1975 年酿造出了第一款葡萄酒。伯纳德和他的父亲皮埃尔（Pierre）作为保守的酿酒师很快赢得了巨大的声誉。他们的一部分顶级葡萄酒被知名的葡萄酒公司买下，与其他的葡萄酒掺杂在一起。在与几位酒商谈论一些哲维列·香贝丹区最擅长种植葡萄的能手时，我才第一次听说了杜嘉特酒庄。如今，杜嘉特·派酒庄由伯纳德、乔思林以及他们的儿子罗伊克（Loic）共同打理，他们不断对酒庄进行改造和扩建：1998 年，他们买下了一级酒庄——小夏普勒酒庄（Petite Chapelle）（年产量为 100 箱）中一小块土地；2003 年，他们又购置了长满古老葡萄树的波马特酒庄（Pommard）和莫尔索酒庄的小块土地。

　　近 10 年以来，这座仅有 21 英亩的酒庄接连推出佳酿，这是伯纳德、乔思林以及他们的儿子罗伊克对卓越品质不断追求的最好证明。"是的，我们的确吃住都在葡萄园里，每天从早工作到晚。但是在刚开始的几年里，我们并没有遭遇到勃艮第许多其他酒庄所面临的问题，其原因就是我们一直保持着较低的产量，

并且很幸运能够拥有古老的葡萄树。"伯纳德·杜嘉特先生如是说。

读者们需要明白的一点是，这些勃艮第葡萄酒都不适合在短时间内享用，因为它们强烈、醇厚，而这些特性正是杜嘉特葡萄园的精髓之所在。即使是在那些酒体较轻的年份，葡萄酒仍然需要进行 4 到 6 年的窖藏；碰上优质葡萄酒时，甚至需要在瓶中进行 10 到 12 年的陈年。

CHAMBERTIN
香贝丹葡萄酒

2002 Chambertin
香贝丹葡萄酒 2002
评分：98 分

用来酿制这款酒的葡萄是从树龄为 80 年，平均种植密度为每公顷 14,000 株的葡萄园中采摘的。由于葡萄的产量极低，因此这个特殊的年份采用的是整体发酵法，是伯纳德的儿子罗伊克用脚压碎的。糯性的黑樱桃果香与焦油、甘草、薄荷和香料的香味相得益彰，香贝丹葡萄酒 2002 结构紧凑、强劲有力且酒质醇厚，岩石、药草、咖啡和黑色水果软糖的浓香能征服所有味蕾。它的酒体极其醇厚、坚实，你尝一口就会相信。然而由于在 2002 年，这款仙露琼浆仅仅酿制了 198 公升（大概是 260 瓶），因此只有那些腰缠万贯并且极为幸运的葡萄酒发烧友才会有幸品尝到这款稀有佳酿。最佳饮用期：2012~2030+。

2001 Chambertin
香贝丹葡萄酒 2001
评分：98 分

这是一款美妙非凡的绝世佳酿！杜嘉特酒庄出产的呈黑色的香贝丹葡萄酒 2001 充满了黑莓、巧克力、焦油和黑樱桃的扑鼻香味。适中至饱满的酒体，柔软、甘甜、质地浓稠，层层叠叠的丰富黑色水果的口感醇厚到令人难以置信。这款酒粘性十足，但却有着完美的平衡，那绵长的余韵似乎永无尽头。最佳饮用期：从现在开始到 2020+。

1999 Chambertin
香贝丹葡萄酒 1999
评分：98 分

香贝丹葡萄酒 1999 流光溢彩、绚丽夺目，它呈现出黑色色泽，甘草、曲奇饼、黑莓和红醋栗的香味从酒杯中喷薄而出。这款酒豪迈大气，酒体丰腴，甘甜的蜜饯黑色水果、甘草、新铺的沥青、香料、新鲜的药草和烤橡木的混合香味浓郁而迷人。它强烈的口感令人头晕目眩，一波又一波饱满的、带着糖浆味的水果果香溢满整个口腔，并且贯穿于绵长得似乎永无尽头的余韵中。这款美妙的勃艮第葡萄酒至少需要 10 年以上的窖藏，之后还可以再保存 20 年，甚至更久的时间。香贝丹葡萄酒 1999 是这一地区少见的精品，即使是窖藏 30 年我也心甘情愿。

1997 Chambertin
香贝丹葡萄酒 1997
评分：96 分

香贝丹葡萄酒 1997 就如同一颗悦人的水果炸弹，奶油、野生红莓、樱桃派的填馅、水果蛋糕、蓝莓酱、牛奶巧克力以及淡淡的白胡椒的混合香味扑面而来。这款酒十分耐嚼，有着近乎糖浆般的黏稠质地，蜜饯和胶状的红色水果风味浸透着味蕾，绵延的香味似乎能够永存。建议在接下来的 10 到 12 年间饮用。

CHARMES-CHAMBERTIN
夏尔姆·香贝丹葡萄酒

2002 Charmes-Chambertin
夏尔姆·香贝丹葡萄酒 2002
评分：97 分

绸缎般的丝润触感，散发着蜜饯黑色水果、玫瑰和香料的醉人芬芳，夏尔姆·香贝丹葡萄酒 2002 悦人的口感与协调的个性更使人不由自主地沉迷沦陷。浓郁的黑樱桃、黑莓、香料和覆盆子的口感在这款成熟、肥美的葡萄酒中更显迷人，"甜、甜、甜"这就是我对它最终的评价。这款酒口感强劲，但却不失柔顺，并且还极其纯净，它的巅峰期应该是在 2007 至 2017 年之间。

2001 Charmes-Chambertin
夏尔姆·香贝丹葡萄酒 2001
评分：95 分

夏尔姆·香贝丹葡萄酒 2001 黏稠的芬芳中有着鲜明的巧克力涂层的黑樱桃味。这款丰盈、适中至饱满酒体的葡萄酒有着深厚的果香，它的口感会使人想起点缀着香草豆的樱桃汁。它丰满、多汁、丰富，惊人的余韵中透着一波波的水果香和丰富、精致、醇厚的单宁味。最佳饮用期：从现在开始到 2015 年。

2000 Charmes-Chambertin
夏尔姆·香贝丹葡萄酒 2000
评分：96 分

夏尔姆·香贝丹葡萄酒 2000 散发出紫罗兰和黑樱桃的清香，这款浓厚、如糖浆般的葡萄酒酒体适中至饱满，有着香浓巧克力涂层的黑樱桃的诱人风味。它奢华、结构性强，有着超乎寻常的悠长余韵。最佳饮用期：2007~2018 年。

1999 Charmes-Chambertin
夏尔姆·香贝丹葡萄酒 1999
评分：94 分

夏尔姆·香贝丹葡萄酒 1999 呈现出中度至略深的红宝石色泽，散发出醉人的甜樱桃、熏肉和薄荷的馨香。这款葡萄酒丰盈，酒体适中至饱满，口感极为醇厚、豪迈，浓烈到无法形容的黑莓、樱桃、香料以及淡淡的新烤橡木味层层显现。它强劲有力却又不失柔美，单宁成熟且浓郁。最佳饮用期：从现在开始到2012+。

1998 Charmes-Chambertin
夏尔姆·香贝丹葡萄酒 1998

评分：93 分

伯纳德·杜嘉特酿制出的夏尔姆·香贝丹葡萄酒 1998 [三分之一产自马莎爷（Mazoyères），三分之二来自夏尔姆] 呈深红宝石色，充满了香料和蜜饯樱桃的香味，宽厚、适中至饱满的酒体中带有浓郁的黑色水果、甜樱桃、沥青和橡木的风味。它甘甜、近乎果酱般的芬芳在口中弥散，连带着成熟的个性，绵长、醇厚的余韵都染上了这股芬芳。最佳饮用期：从现在开始到2010 年。

1997 Charmes-Chambertin
夏尔姆·香贝丹葡萄酒 1997

评分：94 分

有着深红宝石色的夏尔姆·香贝丹葡萄酒 1997 的产量恰恰为 100 箱，它味道甜美，樱桃和奶油香草的香味浓烈。这款酒性感、迷人，适中至饱满的酒体，有着黑莓汁和樱桃的浓郁果香风味，还有着适合窖藏的完美结构。最佳饮用期：从现在开始到2009 年。

MAZIS-CHAMBERTIN
玛兹·香贝丹葡萄酒

2002 Mazis-Chambertin
玛兹·香贝丹葡萄酒 2002

评分：96+ 分

强烈的巧克力、黑莓果酱、红醋栗和黑樱桃的浓香从阳刚、坚实、深厚的玛兹·香贝丹葡萄酒 2002 的酒杯中喷薄而出。这款超级强劲的葡萄酒，凭借一波波柔顺的黑色水果、焦油、甘草和亚洲香料的风味猛然袭击着品尝者的味蕾。它超级纯熟，结构性与平衡性尚佳，绵长、醇厚的余韵中带有浓烈的单宁味。最佳饮用期：2009~2025 年。

2001 Mazis-Chambertin
玛兹·香贝丹葡萄酒 2001

评分：95 分

阳刚且坚实的玛兹·香贝丹葡萄酒 2001 如同陷入沉思的巨兽，它十分有嚼劲，高度精粹的黑色水果会猛然击中品尝者的味蕾。这款极其醇厚、后进的葡萄酒深沉、浓厚，有着成熟而紧致的单宁。最佳饮用期：2007~2017 年。

2000 Mazis-Chambertin
玛兹·香贝丹葡萄酒 2000

评分：97 分

这款卓绝的玛兹·香贝丹葡萄酒 2000 有着蜜饯黑莓和

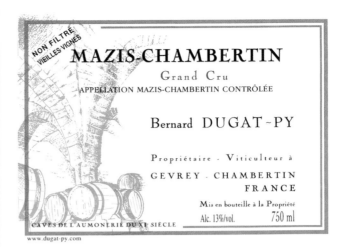

玛兹·香贝丹葡萄酒酒标

樱桃的香味。它浓厚、多汁，为品尝者的味蕾包裹上黑樱桃果酱的芬芳；酒体适中至饱满，粗犷大胆、深厚、豪迈，高度醇厚；美妙的余韵中有着鲜明成熟的、近乎甘甜的单宁味。建议于 2007 到 2020 年间享用这款佳酿。

1999 Mazis-Chambertin
玛兹·香贝丹葡萄酒 1999

评分：95 分

玛兹·香贝丹葡萄酒 1999 是用树龄为 55 至 60 岁葡萄树的果实精制而成的，酒体呈深黑色，十分深厚。甘草、黑樱桃、糖浆和巧克力饼干香味覆盖下的 1999 年年份酒超级强劲，酒体适中至饱满。这款有着筑路焦油、黑莓、红醋栗和香料风味的葡萄酒，具有适合中长期陈年的浓厚、结构和平衡。

1998 Mazis-Chambertin
玛兹·香贝丹葡萄酒 1998

评分：93 分

酿制玛兹·香贝丹葡萄酒 1998 的葡萄是从树龄为 60 岁的葡萄树上采摘下来的，它散发出焦油和黑莓的气味。这款强劲、阳刚、颇具表现力的葡萄酒酒体丰腴，呈现出墨色色泽，结构坚实，醇厚、强烈，它可能是为数不多的几款果香味能经得起窖藏考验的黑比诺葡萄酒了。最佳饮用期：从现在开始到2008+。

1997 Mazis-Chambertin
玛兹·香贝丹葡萄酒 1997

评分：95 分

玛兹·香贝丹葡萄酒 1997 是用树龄为 53 至 56 岁葡萄树的果实精制而成的。酒体呈深红宝石色，香味朴实而低调——甘甜的黑色水果、亚洲香料以及若有若无的马鞍皮革味。这款丰满、宽厚、强劲的葡萄酒有着酱油、海鲜酱、泥土香、皮革和红醋栗的混合风味。最佳饮用期：从现在开始到2012 年。

MAISON LOUIS JADOT
路易·雅铎酒庄

酒品：

柏内·玛尔葡萄酒（Bonnes Mares）

香贝丹·贝兹园葡萄酒（Chambertin-Clos de Bèze）

骑士·蒙哈榭（小姐园）葡萄酒（Chevalier-Montrachet Les Demoiselles）

高顿·查理曼葡萄酒（Corton-Charlemagne）

蒙哈榭葡萄酒（Le Montrachet）

木西尼葡萄酒（Musigny）

庄园主：科普夫家族（The Kopf family）

地址：21 rue Eugene Spuller,B.p.117,21200 Beaune, France

电话：(33) 03 80 22 10 57

传真：(33) 03 80 22 56 03

邮箱：contact@louisjadot.com

网址：www.louisjadot.com

参观规定：参观前必须预约

葡萄园

占地面积：336 英亩

葡萄品种：霞多丽，黑比诺，佳美（Gamay）

平均树龄：20~80 年

种植密度：

金丘（Côte d'Or）：10,000~12,000 株 / 公顷

博若莱（Beaujolais）：8,000~10,000 株 / 公顷

平均产量：

特级酒庄葡萄酒：3,500 公升 / 公顷

一级酒庄葡萄酒：4,000 公升 / 公顷

村庄葡萄酒：4,500 公升 / 公顷

区域级法定产区葡萄酒：5,500 公升 / 公顷

酒的酿制

黑比诺：葡萄完全去梗；在敞口的木质酒桶和不锈钢酒槽中进行长达一个月的浸渍；只用本土酵母进行发酵。在浸渍期间，每天进行两次挤压；发酵时温度较高，以便能够最大限度地产生精粹物；之后，葡萄酒被移入到酒桶中。红葡萄酒的橡木桶更新比例平均为 30%，一级酒庄葡萄酒和特级酒庄葡萄酒的酒桶更新比例稍高一些。在橡木桶中进行苹果酸 - 乳酸发酵，之后进行 10 到 20 个月的陈年，陈年期的长短完全取决于年份。装瓶前不澄清，但会进行轻微的过滤。

霞多丽：葡萄在不锈钢酒槽中进行发酵。一旦要开始进行酒精发酵时，它们很快就会被移入到法国橡木桶中完成酒精发酵及部分的苹果酸 - 乳酸发酵。路易·雅铎世家是为数不多的几个会对苹果酸 - 乳酸发酵进行系统限制的酒庄之一，目的是保留更多的酸度。像在 1982 年、1983 年、1989 年和 2003 年这些葡萄酸度极低的年份，这样做可以延长葡萄酒的寿命，丰富它的品性。白葡萄酒会在橡木桶中进行 10 到 20 个月的陈年，橡木桶的更新比例为 30%。

年产量

柏内·玛尔葡萄酒：750 箱

香贝丹·贝兹园葡萄酒：450~500 箱

骑士·蒙哈榭（小姐园）葡萄酒：275~300 箱

高顿·查理曼葡萄酒：700~750 箱

蒙哈榭葡萄酒：25~50 箱

木西尼葡萄酒：25 箱

售价（与年份有关）：50~200 美元

近期最佳年份

勃艮第红葡萄酒：2002 年，1999 年，1997 年，1996 年，1993 年，1990 年，1989 年，1985 年

勃艮第白葡萄酒：2002 年，1999 年，1996 年，1992 年，1990 年，1986 年，1985 年

就品质而言，路易·雅铎公司（Louis Jadot）应该算是勃艮第产区最好的葡萄酒公司之一了，这家公司同时也拥有庞大的葡萄园控股权。上一任经营者安德烈·嘉谢（André Gagey），以及最近新近上任的新主——他精悍的儿子皮埃尔·亨利·嘉谢（Pierre-Henry Gagey）都十分的严谨认真，以注重细节而著称。这两位嘉谢先生都是真正的绅士，是勃艮第产区最尽责的质量守护者。

迈逊·路易·雅铎公司是雅铎家族在 1859 年创立的，当时他们买下了知名的伯恩区的一座一级葡萄园——乌尔苏·礼克洛（Clos des Ursules）。1985 年，这家公司被来自一个美国纽约的家族——科普夫家族收

购。这个家族的掌门人一直致力于收购顶级葡萄园，只要有可能，他们就绝对不会错过。1986 年，他们买下了克莱尔·多酒庄（Clair-Dau）（42 英亩）；1989 年 12 月，他们又出资购置了商伯特酒庄（Maison Champet）（15.6 英亩）的酒窖与葡萄园；紧接着就是风风光光地买下薄酒莱区（Beaujolais）的风车酒庄（Moulin à Vent），1996 年买下雅克酒庄（Château des Jaques），2001 年收购了薄酒莱区的贝尔维尤酒庄（Château des Bellevue）。

1996 年，科普夫家族新建了名为卡杜斯（Cadus）的制桶工厂（专门制作酒庄需要用的酒桶）；1997 年，他们完成了酒庄内部最高规格的重建工作。正如皮埃尔·亨利·嘉谢所评价的那样，"尽力夸大风土在我们葡萄酒中的作用。"

迈逊·路易·雅铎公司酿酒所用的葡萄都来自于自家的葡萄园，或是依照合同从葡萄种植者手中买来的葡萄，而其他酒商很少会这样做。

BONNES MARES
柏内·玛尔葡萄酒

2002 Bonnes Mares
柏内·玛尔葡萄酒 2002　评分：97 分

浓郁的水果果香，加上完美的成熟单宁，适中至饱满酒体的柏内·玛尔葡萄酒 2002，爆发出美妙的蜜饯蓝莓、岩石和红樱桃的香味。这款豪迈、宽厚、极其丰富的葡萄酒最后

可能会像小教堂和贝日园（Clos de Bèze）葡萄酒一样获得满分。一波波如天鹅绒般柔滑的红色水果和黑色水果的果香中点缀着淡淡的香料、穆哈咖啡、花香和矿物质的芳香。它虽然强劲、成熟，但却神奇般地保持着空气般轻盈的清新和活力，美妙得难以用语言描述，是葡萄酒中难得一见的精品！最佳饮用期：2009~2020+。

2001 Bonnes Mares
柏内·玛尔葡萄酒 2001　评分：90 分

柏内·玛尔葡萄酒 2001 散发出浓郁的加了香料的红樱桃芬芳，酒体适中，口感纯净、平衡。这款质地如丝绸般柔滑的葡萄酒有着黑樱桃和黑色覆盆子的果香口感，它醇厚、成熟，富有表现力。最佳饮用期：从现在开始到 2012 年。

1997 Bonnes Mares
柏内·玛尔葡萄酒 1997　评分：93 分

呈现出极漂亮深紫色的柏内·玛尔葡萄酒 1997 散发出迷人的烘烤黑莓的香味，它有着令人难以置信的浓烈、醇厚，精粹物含量也超乎寻常的高。层层叠叠的可可粉涂层的无花果的浓香与糖煮红樱桃、石头和奶油穆哈咖啡的香味争奇斗艳。这款酒体丰腴、有着天鹅绒般柔滑质地且超熟的葡萄酒，至少会在舌尖紫绕 40 秒钟，它绝对是美到令人窒息的勃艮第葡萄酒。最佳饮用期：从现在开始到 2012+。

1996 Bonnes Mares
柏内·玛尔葡萄酒 1996　评分：94+ 分

这款呈深红宝石色的葡萄酒美妙无比，有望成为路易·雅铎酒庄最好的一款 1996 年年份酒。迷人的浓浓黑樱桃味与油爆蘑菇、灌木、石头、矿物质清香交相融合；口感浓烈却有些许的紧绷之感；强烈、精细、纯净，且带有泥土芬

芳的水果果香在口腔中层层显现；酒体丰腴，质地浓厚，强健、阳刚且富有骨感。柏内·玛尔葡萄酒1996的协调性与它良好的深度、丰富与优雅同样令人感到兴奋。这款酒真是难得的佳酿！最佳饮用期：从现在开始到2010+。

1995 Bonnes Mares
柏内·玛尔葡萄酒 1995　评分：91+ 分

　　黑莓、樱桃、花香与矿物质的芬芳从柏内·玛尔葡萄酒1995的酒杯中袅袅溢出，这是一款极其醇厚、强劲、丰满的葡萄酒，石头、野樱桃、红醋栗、若有若无的铁与焦油以及醇香的巧克力更增添其复杂性。它结构性极强，有着少见的悠长余韵，可存放至2012年。

1993 Bonnes Mares
柏内·玛尔葡萄酒 1993　评分：90 分

　　这款优质的柏内·玛尔葡萄酒1993比圣·丹尼斯园葡萄酒（Clos St.-Denis）的单宁更加浓重，但却没有香波·蜜思尼村的爱侣葡萄园葡萄酒（Chambolle-Musigny Les Amoureuses）那样的醇厚与饱满。它口感甘甜，酒体适中，但却不像前几款年份酒，尤其是1990年年份酒那般富有表现力。最佳饮用期：从现在开始到2016年。

1990 Bonnes Mares
柏内·玛尔葡萄酒 1990　评分：96 分

　　柏内·玛尔葡萄酒1990口感甘甜，酒香飘逸，有着层层叠叠的果香以及丰盈的酒体，优雅、精细的风姿与丰富、丰盈且香气四溢的个性相得益彰。这款精妙的勃艮第红葡萄酒比任何一款香贝丹·贝兹园或香贝丹都更加的柔软、发展程度高。最佳饮用期：2006~2018年。

1987 Bonnes Mares
柏内·玛尔葡萄酒 1987　评分：90 分

　　柏内·玛尔葡萄酒1987的确是一款非凡的葡萄酒，并且也是当年的顶级葡萄酒之一。药草、丰富的浆果、辛香的新橡木以及异国香料的芳香浓郁而完美；口感丰富，质地耐嚼，肉感十足，酸度清新宜人；在我所品尝过的所有1987年年份酒中，它是余韵最悠长的一款酒了。现在就是享用它的时刻。

CHAMBERTIN-CLOS DE BÈZE
香贝丹·贝兹园葡萄酒

2002 Chambertin-Clos de Bèze
香贝丹·贝兹园葡萄酒 2002　评分：96 分
　　香贝丹·贝兹园葡萄酒2002酒体适中至饱满，黑色水果的果香中夹杂着甘草与泥土的芳香。这款醇厚、深沉、富有贵族气质的葡萄酒有着完美的成熟水果香与单宁的风味；浓浓的黑色水果、甘草、李子、黑樱桃、石头和花香的口感复杂迷人；至于它的余韵，如果用我的话来说就是"完全

是梦幻般"，非常绵长，充满浓郁的果香，柔和而平滑。假如将这款酒存储在温度较低的酒窖中，那它绝对是在2002年出生的孩子21岁生日用酒的不二之选。最佳饮用期：2010~2024年。

1997 Chambertin-Clos de Bèze
香贝丹·贝兹园葡萄酒 1997　评分：94 分

　　香贝丹·贝兹园葡萄酒1997的酒精度数前所未有的高（对于勃艮第葡萄酒来讲），天然酒精潜力达到14.2度。这款堪称基准调度员的葡萄酒呈黑色或紫色，散发出令人垂涎的曲奇饼与樱桃果酱的香味。它超级成熟、醇厚，然而口感却又无比纯净、清新、高贵；层层叠叠的糖煮水果果香绵延无尽，溢满整个口腔。1997年年份酒浓厚、深厚、清新且精致，将新世界葡萄酒过熟、果香浓郁的特点与勃艮第葡萄酒标志般的平衡、优雅与结构性强的特色完美地融为一体。从现在至2015年间应该会达到它的巅峰期。

1996 Chambertin-Clos de Bèze
香贝丹·贝兹园葡萄酒 1996　评分：92+ 分

　　这款佳酿呈现出层次性极佳的黑色或深红宝石色，蜜饯樱桃、玫瑰、黑莓、石头、泥土和烤橡木的混合香味十分迷人。它酒体丰腴，质地如天鹅绒般柔滑，令人难以置信的深厚，然而又非常集中；清新、活泼的红樱桃、粘土、红醋栗以及亚洲香料的芳香层层显现；口感强劲、醇厚、经典且持久。香贝丹·贝兹园葡萄酒1996应该会在2006年左右达到巅峰，能窖藏至2014年。

1995 Chambertin-Clos de Bèze
香贝丹·贝兹园葡萄酒 1995　评分：91 分

　　这款路易·雅铎酒庄的香贝丹·贝兹园葡萄酒1995呈不透明的黑色，超熟的樱桃和李子干香味中夹杂着咖啡、药草和石头的烘烤气味。这款酒口感醇厚，酒体饱满，有着豪迈、深厚、黏稠、精粹物含量高、黑色水果果香浓郁的个性特点。这款佳酿不易接近，从现在到2015年间将会达到巅峰状态。

1990 Chambertin-Clos de Bèze
香贝丹·贝兹园葡萄酒 1990　评分：96 分

　　这款杰出的香贝丹·贝兹园葡萄酒1990的颜色为极富层次性的深红宝石色或深紫色，鲜明的烟熏新橡木味包裹着甘甜的果酱香味。它具有极其丰富、高度结构性与骨干鲜明的风格，此外余韵爆炸性的丰富，所有这一切都为它锦上添花。最佳饮用期：从现在开始到2017年。

1988 Chambertin-Clos de Bèze
香贝丹·贝兹园葡萄酒 1988　评分：92 分

　　作为路易·雅铎酒庄的常胜将军，香贝丹·贝兹园葡萄酒1988进行了长达26天的浸渍也就不足为奇了。成果极为显著，它充满了醉人的异国香料、酱油、碎牛肉以及浓郁的浆果果香。这款酒酒体饱满，口感丰富，虽然无法与仙酒般

的 1985 年年份酒相提并论，但仍算得上是这一年份较为突出的勃艮第红葡萄酒。最佳饮用期：从现在开始到 2010 年。

CHEVALIER-MONTRACHET LES DEMOISELLES

骑士·蒙哈榭（小姐园）葡萄酒

1999 Chevalier-Montrachet Les Demoiselles
骑士·蒙哈榭（小姐园）葡萄酒 1999

评分：92 分

骑士·蒙哈榭（小姐园）葡萄酒 1999 散发出令人垂涎的浓郁杏仁味与花香；适中至饱满的酒体，性感、宽厚、丰富，但同样骨感十足、精细优雅；纯净、清香、极富表现力的悠长余韵中带着花香、新鲜梨子和蜜饯苹果的芳香。最佳饮用期：从现在开始到 2015 年。

1998 Chevalier-Montrachet Les Demoiselles
骑士·蒙哈榭（小姐园）葡萄酒 1998

评分：92 分

骑士·蒙哈榭葡萄酒一向是路易·雅铎酒庄生命力最持久的白葡萄酒，而这款骑士·蒙哈榭（小姐园）葡萄酒 1998 也果然是名不虚传。花香、石头与矿物质的混合香味浓郁，这款酒体适中至饱满的葡萄酒有着令人惊羡的宽厚、骨感、丰富和清香，矿物质与蜜饯柠檬香是它口感的主线，并且一直延续至余韵中。最佳饮用期：从现在开始到 2010 年。

1997 Chevalier-Montrachet Les Demoiselles
骑士·蒙哈榭（小姐园）葡萄酒 1997

评分：93 分

路易·雅铎酒庄的骑士·蒙哈榭（小姐园）葡萄酒 1997 是一款高品质的葡萄酒，散发出坚果、矿物质和石头的香味。它丰富、浓厚，有着蜜饯榛子、杏仁以及辛香矿物质的浓郁口感，同时还具有骑士·蒙哈榭葡萄酒的轻盈。这款酒

骑士·蒙哈榭（小姐园）葡萄酒酒标

是布蒙之谷中要进行 10 年以上陈年的为数不多的几款 1997 年年份酒之一。建议从现在到 2012 年间饮用。

1996 Chevalier-Montrachet Les Demoiselles
骑士·蒙哈榭（小姐园）葡萄酒 1996

评分：97 分

作为勃艮第的明星酒，路易·雅铎酒庄的骑士·蒙哈榭（小姐园）葡萄酒一向都是精妙绝伦的。这款酒的纯净与精妙显而易见，并且展现出极好的深度和丰富性，散发出浓郁的矿物质香。它的口感强劲得肆无忌惮，酒体丰腴，质地柔滑，有着精雅的茴香、香料、梨子与花香的口感。然而，要享用这款极具骨感且层次性极佳的葡萄酒，还需要一定的耐心。建议在 2015 年前享用。

1995 Chevalier-Montrachet Les Demoiselles
骑士·蒙哈榭（小姐园）葡萄酒 1995

评分：96 分

骑士·蒙哈榭（小姐园）葡萄酒 1995 充满黄油、矿物质、石头和香料的混合香味，口感中带着浓郁的水果果香与极佳的酸度。这款高级葡萄酒的结构性强且极为持久，但遗憾的是，当年仅仅酿制出 100 箱。最佳饮用期：从现在开始到 2017 年。

1989 Chevalier-Montrachet Les Demoiselles
骑士·蒙哈榭（小姐园）葡萄酒 1989

评分：96 分

骑士·蒙哈榭（小姐园）葡萄酒 1989 的产量不足 100 箱，它是我所品尝过的路易·雅铎酒庄葡萄酒中最紧致、最后进的一款葡萄酒了，甚至还没有蒙哈榭葡萄酒的进化程度高，它还需要进行 5 到 10 年的窖藏，可以保存 20 到 30 年。清淡但却鲜明的矿物质与超熟的水果果香使其更显华丽，这款酒酸度极高，极其深厚，质地，嗯，很耐嚼，是霞多丽葡萄的精华凝聚而成的。最佳饮用期：从现在开始到 2022 年。

CORTON-CHARLEMAGNE
高顿·查理曼葡萄酒

2002 Corton-Charlemagne
高顿·查理曼葡萄酒 2002　评分：96 分

这款强劲、浓厚、火爆的高顿·查理曼葡萄酒 2002 芳香四溢，散发出香料、矿物质、碎石和梨子的香味，美妙的芬芳过后是阳刚、强烈且纯净的口感。香料、泥土香、水煮梨子、苹果、白桃和姜味溢满口腔，余韵极富表现力。建议于 2009 至 2019 年间饮用这款优雅、强健的珍酿。

2000 Corton-Charlemagne
高顿·查理曼葡萄酒 2000　评分：91 分

高顿·查理曼葡萄酒 2000 充满了奶油、爽身粉以及穆哈咖啡的香味；酒体适中至饱满、柔顺，质地如天鹅绒般柔

软细腻，风味浓郁；奶油水果与矿物质的芬芳瞬间溢满口腔。建议从现在开始到 2012 年间享用这款和谐丰富的美酒。

1996 Corton-Charlemagne
高顿·查理曼葡萄酒 1996　评分：92 分

高顿·查理曼葡萄酒 1996 散发出深沉、丰富、成熟的白色水果果香，质地柔滑细腻，酒体适中至饱满，是一款具有金属、矿物质、甘甜的蜜饯坚果、黄油爆米花和水煮梨口感的葡萄酒。最佳饮用期：从现在开始到 2008 年。

1995 Corton-Charlemagne
高顿·查理曼葡萄酒 1995　评分：92 分

路易·雅铎酒庄高顿·查理曼葡萄酒 1995 有着高顿葡萄酒所罕见的高雅和精细，这与绝大多数的高顿葡萄酒形成了鲜明的对比。普通的高顿葡萄酒大多宽厚、强劲、健壮，主要靠自身的浓烈来征服消费者。有着保守得近乎隐蔽的水果果香，这款紧密的葡萄酒口感丰富（青苹果的香气），风味悠长且持久，质地深厚，酒体适中至饱满，可保存至 2012 年。

1989 Corton-Charlemagne
高顿·查理曼葡萄酒 1989　评分：95 分

作为进化速度最缓慢的特级酒庄葡萄酒，高顿·查理曼葡萄酒 1989 的成熟速度极其缓慢，要倒在酒杯中才能闻到那封闭的香味，10 到 15 分钟之后，它就开始散发出矿物质、橘子、成熟的菠萝和黄油烤苹果的浓郁香味。它的口感极其绵长、饱满且强烈，在那个出产了多款引人注目美酒的年份，这款高顿·查理曼葡萄酒仍是其中的翘楚。最佳饮用期：从现在开始到 2022 年。

1986 Corton-Charlemagne
高顿·查理曼葡萄酒 1986　评分：94 分

这款浓厚且潜力颇大的高顿·查理曼葡萄酒 1986 尝起来依然很年轻、后进；酒体丰满，口感豪迈大气，酸度稍高。最佳饮用期：从现在开始到 2012 年。

1983 Corton-Charlemagne
高顿·查理曼葡萄酒 1983　评分：95 分

这款优质的高顿·查理曼葡萄酒 1983 散发出橘子、烤苹果和金银花的超熟香味，奢华的酒体有着罕见的浓郁甘草味、大量的水果精粹物以及足以令人头晕目眩的高浓度酒精。最佳饮用期：现在。

LE MONTRACHET
蒙哈榭葡萄酒

2002 Le Montrachet
蒙哈榭葡萄酒 2002　评分：95 分

蒙哈榭葡萄酒 2002 的岩石、香料和姜的混合香味极富表现力，酒体适中至饱满，质地如天鹅绒般柔滑细腻，口感柔和、丰富、宽厚且浓郁。这款复杂且和谐的葡萄酒有着

香料、榛子、丁香、梨子以及甘甜的矿物质口感，纯净、丰富的个性和浓郁的风味在绵长、柔和的余韵中体现得淋漓尽致。最佳饮用期：2008~2020 年。

2000 Le Montrachet
蒙哈榭葡萄酒 2000　评分：91+ 分

富含矿物质与香料芬芳的蒙哈榭葡萄酒 2000 为适中偏淡的酒体，然而口感丰富，质地柔滑。它高度集中，展现出极好的深度与醇厚；一波波矿物质夹杂着橘子与梨子果香的风味是它鲜明的特征，并贯穿于悠长的余韵之中。最佳饮用期：从现在开始到 2012 年。

1999 Le Montrachet
蒙哈榭葡萄酒 1999　评分：94 分

天然的酒精含量达到 13.6%，这款蒙哈榭葡萄酒 1999 散发出浓郁的香料蛋糕、杏仁酥以及榛子的芳香，入口时的感觉如同天鹅绒拂过味蕾一般，是一款宽厚、深沉、集中的葡萄酒。梨子、苹果、石头和各种各样的香料味始终贯穿于那极具表现力且风味十足的个性中。蒙哈榭葡萄酒 1999 是一款极为成功的年份酒，它凭借自身能力成为一款佳酿，应该能够经受得住时间的考验。最佳饮用期：从现在开始到 2014 年。

1998 Le Montrachet
蒙哈榭葡萄酒 1998　评分：92 分

1998 年，路易·雅铎酒庄从两个葡萄园园主手中买下了蒙哈榭，当年共生产了 8 桶（200 箱）葡萄酒。金合欢、香料、石头和矿物质的清香虽醉人，但仍不敌活泼、宽厚、适中至饱满酒体的个性吸引力更大。这款美妙的葡萄酒散发出层层的白色水果浓香，以及淡淡的烤坚果、碎石和水煮梨子的清香。它将力量与优雅完美地揉为一体，极具爆炸性的水果果香与精雅细致相得益彰。最佳饮用期：从现在开始到 2012+。

1996 Le Montrachet
蒙哈榭葡萄酒 1996　评分：96 分

蒙哈榭葡萄酒 1996 充满了泥土、野生蘑菇、烟熏和矿物质的混合芬芳，酒体醇厚，高度萃取，个性复杂。味蕾浸染在浓浓的巴西坚果、碎石、香梨、黄油吐司和花香的混合香味中；质地如天鹅绒般细滑，酒体平衡且丰腴；令人惊艳的悠长余韵可持续 40 秒钟左右。最佳饮用期：2006~2015 年。

1995 Le Montrachet
蒙哈榭葡萄酒 1995

评分：95 分

甘甜的水果和钢铁味道紧密、浓郁，蒙哈榭葡萄酒 1995 是一款能够夺人心魄的美酒。果香与矿物质的气息浓厚但却封闭，强劲生动的口感需要细细地品尝；另外，橡木的味道十分的巧妙，使得这款葡萄酒更添芬芳。这款酒酒体丰满、

复杂、强烈且悠长，足以毫无压力地进行 20+ 年以上的陈年。最佳饮用期：从现在开始到 2017 年。

1992 Le Montrachet
蒙哈榭葡萄酒 1992

评分：93 分

蒙哈榭葡萄酒 1992 充满着浓郁的矿物质、樱桃、橘子和金银花的芬芳，酒体丰满、成熟、悠长，酸度极佳，余韵醇厚且丰富。建议在 2008 年之前饮用。

1989 Le Montrachet
蒙哈榭葡萄酒 1989

评分：98 分

这款超级丰富、高度萃取的蒙哈榭葡萄酒 1989 具有这座 19.76 英亩的特级葡萄园所应该具有的但却很少拥有的一切优良品质。矿物质与成熟水果的果香浓厚、平衡，令人魂牵梦绕，绵长的余韵可达到 60 秒之久。这款宽厚、醇厚的葡萄酒应该会从现在至 2017 年间达到巅峰。

MUSIGNY
木西尼葡萄酒

2002 Musigny
木西尼葡萄酒 2002

评分：96 分

遗憾的是，路易·雅铎酒庄的木西尼葡萄酒产量极低，但只要是有幸拥有木西尼葡萄酒 2002 的人肯定会被它迷得神魂颠倒。花香、香料、覆盆子和樱桃的香味扑鼻；含在口中时，会感觉到这款酒体适中至饱满的葡萄酒在舌尖缠绕，然后给你的味蕾猛然的一击：丁香、甘甜的红色水果、蜜饯黑莓、紫罗兰和玫瑰的清香在口腔中久久不散。这款 2002 年份酒集力量与协调于一体，十分耐嚼、浓厚，结构紧致，但还需要进行进一步的窖藏。最佳饮用期：2010~2024 年。

2001 Musigny
木西尼葡萄酒 2001

评分：91 分

呈中度至深红宝石色，散发出蜜饯橘子皮和甘甜的黑莓香，木西尼葡萄酒 2001 是一款悠长且丰富的葡萄酒。适中的酒体时口感更显宽厚，透出诱人的红色水果的香醇果味。最佳饮用期：从现在开始到 2012 年。

1999 Musigny
木西尼葡萄酒 1999

评分：90 分

散发出橡木香味，呈中度至深红宝石色的木西尼葡萄酒 1999 酒体适中至丰满，酒香扑鼻。这款花香浓郁、阴柔、结构性极佳且优雅精细的葡萄酒，有着甘甜的红色水果和覆盆子的独特风味，口感悠长且质地如缎子般柔滑。它虽然没有路易·雅铎酒庄最好的木西尼葡萄酒的深厚与强劲，却仍不失为一款杰出、精细、美味无比的葡萄酒。建议于现在至 2012 年间饮用。

1997 Musigny
木西尼葡萄酒 1997

评分：94 分

这款出色但结构性极强且阳刚的木西尼葡萄酒 1997 呈现出深红宝石色泽，蓝莓与辛香吐司的香味迷人。它紧致、强健且率直，具有黑樱桃、黑莓和矿物质的风味。这款精力旺盛的木西尼葡萄酒复杂且持久。最佳饮用期：从现在开始到 2012+。

1996 Musigny
木西尼葡萄酒 1996

评分：93+ 分

木西尼葡萄酒 1996 具有深红宝石色，紫罗兰、玫瑰以及洒满婴儿爽身粉的黑莓香味超凡脱俗，酒体丰腴，质地浓厚，强劲有力，然而却略显拘束。它风味紧致、绵延悠长，巧克力涂层的樱桃、甘甜的烧焦橡木味和咖啡的醇香层层显现。这款酒既有芭蕾舞演员的优雅和柔美，又有着健身教练的强健与阳刚；绵长到似乎永无尽头的余韵中带有成熟浓厚的单宁气息。建议于现在至 2010 年间饮用。

1995 Musigny
木西尼葡萄酒 1995

评分：90 分

路易·雅铎酒庄的木西尼葡萄酒 1995 呈浓黑的色泽，浓郁的花香中带着淡淡的肉桂和黑莓的清香。含在口中时，这款酒体丰腴、质地如天鹅绒般柔滑并且强劲有力的葡萄酒，有着浓郁的烘烤药草、咖啡、黑莓和紫罗兰的风味，余韵悠长迷人。最佳饮用期：从现在开始到 2012 年。

1993 Musigny
木西尼葡萄酒 1993

评分：92 分

木西尼葡萄酒 1993 是路易·雅铎酒庄的一款佳酿。它超级醇厚，红色水果与黑色水果的果香与恰到好处的烤橡木味极具渗透性；酒体适中至饱满，结构匀称，单宁成熟鲜明，平衡性颇佳。最佳饮用期：从现在开始到 2015 年。

1990 Musigny
木西尼葡萄酒 1990

评分：93 分

木西尼葡萄酒 1990（当年共酿制了 75 箱）是这座葡萄园的样板酒。它呈深红宝石色，甘甜的黑樱桃和新橡木的混合香味浓郁，质地柔软、细腻，酒体适中至饱满，酸度极低，单宁柔和，余韵悠长。最佳饮用期：现在。

DOMAIN DES COMTES LAFON
康特·拉芳酒庄

酒品：

    莫尔索·夏尔姆葡萄酒（Meursault Les Charmes）

    莫尔索·嘉内威尔士葡萄酒（Meursault Les Genevrières）

    莫尔索·皮耶尔士葡萄酒（Meursault Les Perrières）

    蒙哈榭葡萄酒（Le Montrachet）

    沃尔内·中央桑图诺葡萄酒（Volnay Santenots-du-Milieu）

庄园主：拉芳家族（The Lafon family）

地址：Clos de la Barre,21190 Meursault, France

电话：(33) 03 80 21 22 17

传真：(33) 03 80 21 61 64

邮箱：comtes.lafon@wanadoo.fr

参观规定：谢绝参观

葡萄园

占地面积：34 英亩，其中 19.8 英亩位于莫尔索地区

葡萄品种：霞多丽，黑比诺

平均树龄：25~50 年

种植密度：10,000~12,000 株 / 公顷

平均产量：2,500~4,500 公升 / 公顷

酒的酿制

    低产量、成熟的葡萄、完全不进行人工干涉的酿酒过程是拉芳酒庄的准则。幽深、寒冷的酒窖使得葡萄酒 èlevage（后期提高）速度异常缓慢，不论是霞多丽还是黑比诺都要在背风处进行较长时间的陈年。拉芳酒庄的装瓶十分灵活，主要视每一年的具体情况而定：那些口感特别醇厚的葡萄酒在装瓶前要进行长达 24 个月的窖藏，而那些口感清淡的年

多米尼克·拉芳和他的父亲

份酒则需要提早装瓶。由于气候寒冷，葡萄酒几乎会保持自然的原始状态，因此装瓶前不会进行任何形式的澄清。用于酿制黑比诺葡萄酒的葡萄要进行去梗，较之霞多丽葡萄酒（更新比例为 20%~ 35%），它的新橡木桶更换比例也较高一些（高达 50%）。跟白葡萄酒一样，红葡萄酒装瓶前同样不进行过滤。

年产量

    莫尔索·夏尔姆葡萄酒：1,000 箱

    莫尔索·嘉内威尔士葡萄酒：1,150 箱

    莫尔索·皮耶尔士葡萄酒：450~500 箱

    蒙哈榭葡萄酒：125~150 箱

    沃尔内·中央桑图诺葡萄酒：300~500 箱

    售价（与年份有关）：100~500 美元

近期最佳年份

    2002 年，2000 年，1999 年，1996 年，1995 年，1990 年，1989 年，1985 年

    作为勃艮第白葡萄酒中的样板，康特·拉芳酒庄由多米尼克·拉芳（Dominique Lafon）和他的弟弟布鲁诺（Bruno）共同执掌。多米尼克不仅是勃艮第葡萄酒的全球代表，还是一位卓越的葡萄园专家和酿酒师。数款极致的精细、优雅、生命力持久的勃艮第白葡萄酒从这块 34 英亩大的葡萄园中走出去，使得那座城堡一样美丽的建筑熠熠生辉。康特·拉芳酒庄的酒窖是整个勃艮第产区最幽深、温度也是最低的。并且由于这个原因，拉芳酒庄葡萄酒的后期提高时间总是被拖长，其中最典型的是，葡萄酒需要在背风处进行将近 2 年的存放，这样就能够直接装瓶而不必进行任何过滤。然而，也有一些年份比较久远的葡萄酒在装瓶时会被氧化，使得品质大打折扣，因此现在康特·拉芳酒庄也倾向于尽早装瓶。这座酒庄出产的经典葡萄酒包括蒙哈榭和莫尔索·皮耶尔士（矿物质味道最为

浓郁），莫尔索·夏尔姆和莫尔索·嘉内威尔士两款酒（口感更加肥厚，个性更加鲜明）紧随其后。

虽然多米尼克·拉芳自 1987 年从父亲手中继承了这座酒庄后，就一直坚持使用传统方法酿酒，但是他乐于接受任何能够提高和改善这几款世界上最优质葡萄酒的方法。然而，他坚信自己从拉芳酒庄历代的庄园主身上继承来的酿酒哲学中最重要的一点就是"什么都不做的勇气"。

MEURSAULT LES CHARMES
莫尔索·夏尔姆葡萄酒

2002 Meursault Les Charmes
莫尔索·夏尔姆葡萄酒 2002

评分：95 分

拉芳酒庄的莫尔索·夏尔姆葡萄酒 2002 十分的与众不同，辛香橡木味、桃子、杏子和黄李子的混合芳香扑鼻；适中至饱满的酒体，成熟而豪迈，这款强烈的葡萄酒具有一波波如丝绸般柔滑、浓郁的香料和黄色水果的风味。尽管口感极其的丰富、宽厚、强劲，这款美酒也展现出了优雅细腻的一面。从现在开始到 2013 年。

2001 Meursault Les Charmes
莫尔索·夏尔姆葡萄酒 2001

评分：94 分

这款极佳的莫尔索·夏尔姆葡萄酒 2001 散发出浓郁的丁香、梨子、香料和桃子的迷人芬芳。它豪迈、强劲、耐嚼、柔和，略带白胡椒味的苹果甜香不仅俘虏了品尝者的味蕾，在 45 秒长的余韵中也绵绵不绝。建议于 2012 年之前享用这款佳酿。

2000 Meursault Les Charmes
莫尔索·夏尔姆葡萄酒 2000

评分：92 分

这款散发着矿物质、苹果和梨子果香的莫尔索·夏尔姆葡萄酒 2000 集力量与精雅于一身，蜜饯梨子、黄油、茴香与香苹果的风味在舌尖爆发。它极具表现力，且精致高雅；酒体适中，口感细腻，余韵尤其绵长。最佳饮用期：从现在开始到 2011 年。

1999 Meursault Les Charmes
莫尔索·夏尔姆葡萄酒 1999

评分：90 分

这款芳香四溢的莫尔索·夏尔姆葡萄酒 1999 充满了爽身粉、香水和鲜花的混合芳香；酒体适中，质地如丝绸般的柔滑，拥有吐司、矿物质、白穗醋栗和酥梨的风味。它香味浓烈、美味可口，酒体极其平衡且十分优雅，另外它那绵长、柔滑的余韵也令人赞不绝口。最佳饮用期：从现在开始到 2010 年。

1997 Meursault Les Charmes
莫尔索·夏尔姆葡萄酒 1997

评分：92 分

莫尔索·夏尔姆葡萄酒 1997 散发出极优雅的泥土香、矿物质、坚果和花香的混合气息。这款活泼、适中至饱满酒体且极为和谐的葡萄酒，有着甘甜的矿物质、粉笔、柑橘和鲜花的风味；口感丰富、精细，质地如天鹅绒般柔和细腻。建议于现在至 2008 年间饮用。

1996 Meursault Les Charmes
莫尔索·夏尔姆葡萄酒 1996

评分：94 分

拉芳先生将酿制这款酒所用的葡萄与那些从最年轻的莫尔索·夏尔姆葡萄树上摘下的葡萄进行隔离开，并将莫索特村采摘的葡萄与它掺杂到一起。那些口感最强烈、最醇厚的果子被标上特殊的记号，专门用来酿制一级酒庄葡萄酒。他对品质的不懈追求通过莫尔索·夏尔姆葡萄酒 1996 那撩人的花香、白桃和吐司的芳香表现得淋漓尽致。酒体适中至饱满、浓厚，然而却不乏柔媚与优雅，是力量与精雅的结合体。成熟的白桃、花香以及隐隐约约的茴香味混迹于这款细腻、纯净、生命力持久的美酒中。最佳饮用期：从现在开始到 2010 年。

1995 Meursault Les Charmes
莫尔索·夏尔姆葡萄酒 1995

评分：93 分

莫尔索·夏尔姆葡萄酒 1995 散发出浓烈而精致的花香，并有着浓郁的矿物质和火石的风味。最佳饮用期：从现在开始到 2009 年。

1989 Meursault Les Charmes
莫尔索·夏尔姆葡萄酒 1989

评分：98 分

莫尔索·夏尔姆葡萄酒 1989 是我所品尝过的拉芳酒庄葡萄酒中口感最丰富、最浓烈的一款酒了。它浓烈的甘草味道令人感到惊诧，而精粹物含量之高只能在最精妙的特级勃艮第白葡萄酒中才能看得到。超熟苹果、黄油吐司和坚果的浓香覆盖下的是口感丰富、有着显著绵长和平衡特点的酒体；清新的酸度使葡萄酒各部分浑然一体，与早熟且柔滑的果香一道将会有进一步的发展。最佳饮用期：从现在开始到 2010 年。

MEURSAULT LES GENEVRIÈRES
莫尔索·嘉内威尔士葡萄酒

2002 Meursault Les Genevrières
莫尔索·嘉内威尔士葡萄酒 2002

评分：93 分

黄李子、白桃、杏子以及各种各样的香料芳香令人垂涎，莫尔索·嘉内威尔士葡萄酒 2002 清新、质地柔滑、酒体适中，口感如绸缎般柔滑细腻，蜂蜜矿物质和馨香李子的风味揉入到深厚、绵长的个性中。最佳饮用期：从现在开始到 2012 年。

2001 Meursault Les Genevrières
莫尔索·嘉内威尔士葡萄酒 2001

评分：91 分

散发着浓郁杏仁酥醇香的莫尔索·嘉内威尔士葡萄酒 2001 质地柔滑、口感丰富、酒体适中；口感极佳，层层叠叠的白桃和梨子的果香柔软细腻，能瞬间攻占品尝者的味蕾；余韵清新、纯净、绵长。建议从现在到 2009 年间享用。

2000 Meursault Les Genevrières
莫尔索·嘉内威尔士葡萄酒 2000

评分：93 分

莫尔索·嘉内威尔士葡萄酒 2000 有着杜松子、香料和茴香的香味，丰富、肥厚而完满。这款酒就如同一枚馨香的水果炸弹，前味性感迷人，果味十足，后味绵长且持久。它醇厚、深沉、深厚。建议 2012 年后享用这款极具表现力的葡萄酒。

1997 Meursault Les Genevrières
莫尔索·嘉内威尔士葡萄酒 1997

评分：93 分

莫尔索·嘉内威尔士葡萄酒 1997 美妙无比！当拉芳先生把它从瓶中倒出来时，就曾兴奋地说道："这是我一生中酿制出的最成功的一款葡萄酒了，我以它为荣。"杏仁酥的香甜中带着柑橘的清香，丰富的口感以及香苹果、泥土香、矿物质和芒果的豪迈风味在舌尖爆炸。这款酒酒体适中至饱满，风味强烈，丰硕浓郁，有着令人咋舌的精雅细致。它那极为悠长的余韵至少可以持续 40 秒钟的时间，真是令人难以忘怀！最佳饮用期：从现在开始到 2008+。

1996 Meursault Les Genevrières
莫尔索·嘉内威尔士葡萄酒 1996

评分：95 分

不可思议的是，莫尔索·嘉内威尔士葡萄酒 1996 的苹果酸 - 乳酸发酵竟然比酒精发酵先完成，成为这一年年份酒中罕见的精品。熟透的梨子、干花和白桃的迷人芬芳与醇厚、强烈的风味相得益彰，极富骨感。这款酒虽豪迈大气但不失优雅，酒体丰满、口感丰富、质地柔滑，五香水煮梨、丁香、杜松子、新鲜的药草和小豆蔻的风味相当独特。最佳饮用期：从现在开始到 2009 年。

1995 Meursault Les Genevrières
莫尔索·嘉内威尔士葡萄酒 1995

评分：92 分

莫尔索·嘉内威尔士葡萄酒 1995 有着极美味的烘烤水果的香味，质地肥厚、柔滑，甘甜或咸味坚果的风味与众不同，酒体的平衡性极佳。这款丰满的葡萄酒适合从现在到 2007 年间饮用。

1989 Meursault Les Genevrières
莫尔索·嘉内威尔士葡萄酒 1989

评分：94 分

拉芳酒庄的莫尔索·嘉内威尔士葡萄酒 1989 是该酒庄所有的 1989 年年份酒中最柔和、封闭的一款酒。在 11 月份品尝时，它还完全处于封闭状态，而所有的潜力和品质都在后味中逐渐显现出来。这款酒的余韵悠长、丰富且超级醇厚。最佳饮用期：从现在开始到 2007 年。

MEURSAULT LES PERRIÈRES
莫尔索·皮耶尔士葡萄酒

2002 Meursault Les Perrières
莫尔索·皮耶尔士葡萄酒 2002

评分：96 分

异国香料的芬芳与果核利口酒的味道融为一体，莫尔索·皮耶尔士葡萄酒 2002 是一款极为深厚、醇厚且复杂的葡萄酒。酒体适中，口感纯净，碎石、泥土香、梨子和肉豆蔻的清香层层显现，余韵绵长，并带着淡淡的橡木香味。最佳饮用期：2006~2014 年。

2001 Meursault Les Perrières
莫尔索·皮耶尔士葡萄酒 2001

评分：91 分

莫尔索·皮耶尔士葡萄酒 2001 散发出香料、碎石和烟熏的香味，它虽然没有拉芳酒庄最优质的 2001 年年份酒那样的肉感、丰富和深厚，但却尽显纯净和优雅。辛香矿物质和蜜饯柠檬的口感是这款结构性极强、精雅细致的葡萄酒的鲜明特征。最佳饮用期：从现在开始到 2010 年。

2000 Meursault Les Perrières
莫尔索·皮耶尔士葡萄酒 2000

评分：94 分

莫尔索·皮耶尔士葡萄酒 2000 充满了浓郁的烟熏与矿物质风味，并且拥有极佳的深度；酒体适中至饱满，具有完美葡萄酒所需要的一切特征。这款石头与矿物质风味浓郁的 2000 年年份酒口感丰富、酒体平衡，余韵尤其绵长。最佳饮用期：从现在开始到 2012 年。

1997 Meursault Les Perrières
莫尔索·皮耶尔士葡萄酒 1997

评分：93 分

这款美妙的莫尔索·皮耶尔士葡萄酒 1997 散发出石头、酸橙、花香和酥梨混合而成的浓郁芬芳。它质地黏稠、深厚、如缎子般柔滑，具有爆发性且优雅的酒体，还有着焦糖涂层的苹果、新鲜的黄油、矿物质和橡木的诱人风味。它酒体丰腴、醇厚，并有着完美的平衡，余韵超级悠长。最佳饮用期：从现在开始到 2009+。

1996 Meursault Les Perrières
莫尔索·皮耶尔士葡萄酒 1996

评分：98 分

这款美到令人窒息的莫尔索·皮耶尔士葡萄酒 1996，具有极为细致、优雅的石头、泥土和矿物质芬芳。当拉芳先生品尝这款酒时，他微笑地说道："是的，它的确非常经典，完全可以与夏尔姆葡萄酒相媲美了。"对我而言，所谓的经典就是普通葡萄酒的代表，但是莫尔索·皮耶尔士葡萄酒 1996 显然不仅仅如此，它还代表着这座葡萄园所能达到的最高水平。这款美酒协调、生气勃勃、极富骨感、质地柔滑、口感丰富，酒体适中至饱满，并且极为深厚。它那石头与矿物质混合的酒香能浸染所有味蕾，且久久消散不去。这款不凡之品适合于现在到 2012 年间享用。

1995 Meursault Les Perrières
莫尔索·皮耶尔士葡萄酒 1995

评分：93 分

莫尔索·皮耶尔士葡萄酒 1995 充满了深厚矿物质和泥土的芬芳，口感为吐司、坚果和铁味的混合；酒体强劲饱满，余韵悠长，平衡性极强。建议于现在至 2010 年间享用。

1989 Meursault Les Perrières
莫尔索·皮耶尔士葡萄酒 1989

评分：97 分

莫尔索·皮耶尔士葡萄酒 1989 的香味与众不同：鲜明的矿物质、冰冷的钢铁和打火石的混合味道，算得上是皮耶尔士的招牌味道了。它的水果精粹物丰富到令人惊叹，回味悠长，清香久远。尽管这款酒十分的豪迈，但却出乎意料的平衡。最佳饮用期：从现在开始到 2017 年。

LE MONTRACHET
蒙哈榭葡萄酒

2002 Le Montrachet
蒙哈榭葡萄酒 2002

评分：98+ 分

酒体适中的蒙哈榭葡萄酒 2002 有着极佳的松香、矿物

质、香料、水煮梨、红醋栗和橡木的混合香味。含在口中时，这款酒似乎会变得更加的强劲，一波波白胡椒、多汁的矿物质、白色水果和橡木的浓郁风味能瞬间占领品尝者的味蕾，超过45秒钟的悠长余韵使口腔充分领略蜜饯苹果、姜和黄油吐司的美味与迷人。最佳饮用期：2007~2017年。

2001 Le Montrachet
蒙哈榭葡萄酒 2001

评分：96 分

虽然算不上是一款一鸣惊人的葡萄酒，但拉芳酒庄酿制的中度酒体的蒙哈榭葡萄酒2001仍是一款令人惊叹的美酒。复杂的香味中有着香梨和香草的芬芳，含在口中时，质地柔滑的2001年年份酒便显示出超凡的力量、深厚、醇厚、纯净、豪迈和高雅。带着浓郁香料味的梨子、蜜饯苹果、黄油吐司、金合欢花以及颇为精细的矿物质味都展现在它复杂的风味曲线中；余韵狂躁不安，一分钟后还是依然能够感受到浓浓的香料味，令人久久难以忘怀。最佳饮用期：2010~2025年。

2000 Le Montrachet
蒙哈榭葡萄酒 2000

评分：94 分

散发着香料和茴香味道的蒙哈榭葡萄酒2000是一款口感丰富、酒体适中的葡萄酒，层层叠叠的奶油矿物质和香料味柔软细腻，个性宽厚柔和。这款酒豪迈大气，悠长的余韵中有着不易察觉的矿物质清香。最佳饮用期：2006~2018年。

1999 Le Montrachet
蒙哈榭葡萄酒 1999

评分：94 分

拉芳酒庄的蒙哈榭葡萄酒1999是这一年的年份酒中为数不多的几款精品酒之一。浓郁的花香、矿物质和梨子的混合香味扑鼻，酒体适中，结构完美，口感细腻。这款丰富、宽厚、浓郁的葡萄酒有着少见的精雅细腻，质地如绸缎般柔滑，风味为石头、梨子、苹果、吐司以及淡淡的焦糖奶油和香草豆的香味。1999年年份酒强劲、协调、优雅、完满，庄严的余韵中带有黄油吐司和各式各样的香料香味。最佳饮用期：从现在开始到2016年。

1998 Le Montrachet
蒙哈榭葡萄酒 1998

评分：92 分

多米尼克·拉芳手中的蒙哈榭葡萄园在1998年的产量破了历史新高（3,000升/公顷），那一年酿制出了四桶半的蒙哈榭葡萄酒1998。这款酒的天然酒精含量高达14%，散发出梨子、桃子、杏子和花香的浓郁芬芳，酒体饱满至适中、豪迈、醇厚，这款优雅、经典、丰富的葡萄酒溢满了香料、白色水果和矿物质的迷人风味。1998年年份酒富有表现力，细腻而集中，虽然算不上是浓烈的葡萄酒，但后劲却很足。它的余韵极其悠长，骨感十足，矿物质香味浓郁。最佳饮用期：从现在开始到2012+。

1997 Le Montrachet
蒙哈榭葡萄酒 1997

评分：96 分

蒙哈榭葡萄酒1997充满了浓烈的石头、矿物质、金银花、蜜饯榛子和甘甜的橡木香味，它豪迈、纯净、口感丰富，且结构性极强。这款酒的质地柔滑得近乎液态丝绸，有着成熟而清新的红醋栗、覆盆子、矿物质、桃子、杏子和水煮梨子的香味悠长，可一直绵延到余韵中。最佳饮用期：从现在开始到2020年。

1996 Le Montrachet
蒙哈榭葡萄酒 1996

评分：99 分

令人念念不忘的蒙哈榭葡萄酒1996简直是一个奇迹！它有着高达14%的天然酒精含量，矿物质、石头、烟熏和烘烤坚果的香味惑人心魄，它奇妙、醇厚，精粹度高，优雅美味。柔滑的液态矿物质、红莓、茴香、榛子和野姜花的混合风味层层显现，这款酒豪迈、丰满、醇厚且颇具渗透性。1996年年份酒最神奇之处在于，当品尝者认为这款极具爆发性的葡萄酒已经展现出了最为狂野的一面时，它还能够继续攀升到一个新的高度。此外，这款酒还有十分迷人的悠长余韵，简直是人间极品美酒！最佳饮用期：2010~2025年。

1995 Le Montrachet
蒙哈榭葡萄酒 1995

评分：94 分

有着丰满酒体的蒙哈榭葡萄酒1995充满了紧致且坚毅的气息，口感醇厚，矿物质水果味道浓郁，酒体超乎寻常的优雅。尽管它的发展速度没有料想中那么快，但其结构性依然超凡。最佳饮用期：从现在开始到2024年。

1991 Le Montrachet
蒙哈榭葡萄酒 1991

评分：92 分

蒙哈榭葡萄酒 1991 并不是一款可以轻易点评的葡萄酒，它的色泽比莫尔索葡萄酒要深得多，散发出过熟的杏子和橘子果香，以及矿物质和蜂蜜的清香。酒体丰腴、醇厚，酸度较高，但略显脱节；看似奢华富丽，实则特立独行。这款酒表现力十足，但却颇具争议。最佳饮用期：从现在开始到 2018 年。

1989 Le Montrachet
蒙哈榭葡萄酒 1989

评分：96 分

蒙哈榭葡萄酒 1989 的产量大概为 60 箱，散发出的铁器和矿物质的味道会使人想起莫尔索·皮耶尔士葡萄酒。它口感醇厚，与该年度其他年份酒相比酸度较高，结构性较强，余韵悠长。我不敢肯定它是否会有莫尔索·夏尔姆葡萄酒 1989 的出众与丰富，或是莫尔索·皮耶尔士葡萄酒 1989 的强烈，但可以肯定的是，它绝对是康特·拉芳酒庄的一款不凡之作。最佳饮用期：从现在开始到 2020 年。

VOLNAY SANTENOTS-DU-MILIEU
沃尔内·中央桑图诺葡萄酒

2002 Volnay Santenots-du-Milieu
沃尔内·中央桑图诺葡萄酒 2002

评分：94 分

这是一款少见的精品佳酿，醉人的花香和黑樱桃的果香从沃尔内·中央桑图诺葡萄酒 2002 的酒杯中袅袅溢出。它平衡性极佳，醇厚，酒体适中至饱满，一波波浓郁的黑樱桃清香溢满口腔。这款酒有着近乎完美的成熟和清新，带着层层叠叠的黑色水果果香的余韵悠远绵长。最佳饮用期：

2007~2019 年。

1999 Volnay Santenots-du-Milieu
沃尔内·中央桑图诺葡萄酒 1999

评分：92 分

沃尔内·中央桑图诺葡萄酒 1999 呈漂亮的深红宝石色，樱桃、红醋栗和黑色覆盆子果酱的混合香味柔和迷人；酒体适中，口感中带着浓郁的红色水果和黑色水果的果香；它令人兴奋、醇厚，黑莓、樱桃、覆盆子和红醋栗的风味强烈；余韵生动、清新。最佳饮用期：从现在开始到 2009 年。

1997 Volnay Santenots-du-Milieu
沃尔内·中央桑图诺葡萄酒 1997

评分：92 分

呈亮丽深红宝石色的沃尔内·中央桑图诺葡萄酒 1997，当年度的葡萄园产量仅为每顷 2,500 公升，其天然酒精含量高达 13.5%，当然，它并没有加糖。这款酒散发出一股圆润的樱桃浓香，而这种迷人的香味也显示出拉芳酒庄葡萄酒的过熟状态。它口感醇厚，酒体适中至饱满、宽厚，质地如天鹅绒般细腻柔滑，甘甜的黑色水果果香层层显现。糖果般甘甜如蜜的余韵极其悠长，透出饱满且成熟的单宁风味。最佳饮用期：从现在开始到 2007 年。

1996 Volnay Santenots-du-Milieu
沃尔内·中央桑图诺葡萄酒 1996

评分：93 分

这款有着深红宝石色泽的沃尔内·中央桑图诺葡萄酒 1996，一直被视为拉芳酒庄最优质的一款红葡萄酒。浓烈且坚实的黑莓果香与红樱桃和黑樱桃的扑鼻香味交相融合，它丰富、清香、多汁、深厚，并且具有令人赞不绝口的醇厚、复杂、和谐和平衡。悠长的余韵中透出新鲜药草、蜜饯覆盆子、樱桃和饱满的单宁香味。建议于现在至 2007 年间享用这款珍酿。

DOMAINE LEFLAIVE
乐飞酒庄

酒品：

巴塔·蒙哈榭葡萄酒（Bàtard-Montrachet）

骑士·蒙哈榭葡萄酒（Chevalier-Montrachet）

普利尼·蒙哈榭·科姆贝特葡萄酒（Puligny-Montra-chet Les Combettes）

普利尼·蒙哈榭·普塞勒葡萄酒（Puligny-Montrachet Les Pucelles）

庄园主：乐飞酒庄集团（Associés du Domaine Leflaive）

经理：安妮·克劳德·乐飞（Anne-Claude Leflaive）

地址：Place des Marronniers, BP2,21190 Puligny-Montrachet, France

电话：(33) 03 80 21 30 13

传真：(33) 03 80 21 39 57

邮箱：contact@leflaive.fr

网址：www.leflaive.fr

参观规定：参观前必须预约，并且只对酒庄客户开放

葡萄园

占地面积：58 英亩

巴塔·蒙哈榭：5 英亩

骑士·蒙哈榭：5 英亩

普利尼·蒙哈榭·科姆贝特：2 英亩

普利尼·蒙哈榭·普塞勒：7.5 英亩

葡萄品种：霞多丽

平均树龄：30 年

种植密度：10,000 株 / 公顷

平均产量：2,500~5,000 升 / 公顷

酒的酿制

从 1990 年开始，乐飞酒庄就开始尝试进行有机种植与活机种植；到了 1998 年，整个酒庄完全采用活机种植，现在它已经完全摒弃了杀虫剂、化学肥料和除草剂，农犁和堆肥的使用极大地改善了土壤的通气状况。发酵时只使用天然酵母，发酵时的温度为 16℃ ~18℃，然后将初步压榨的葡萄酒转移到不锈钢酒槽中，最后放入更新比例为 25%~33% 的橡木桶中进行陈年，为期 16 到 18 个月。新橡木桶的使用有着严格的规定，所有的葡萄酒通常都要进行完全的浸皮发酵。

年产量

巴塔·蒙哈榭葡萄酒：650~700 箱

骑士·蒙哈榭葡萄酒：700~750 箱

普利尼·蒙哈榭·科姆贝特葡萄酒：435 箱

普利尼·蒙哈榭·普塞勒葡萄酒：600~700 箱

平均售价（与年份有关）：125~400 美元

近期最佳年份

2002 年，1999 年，1996 年，1995 年，1985 年，1979 年，1978 年，1961 年

1920 年，约瑟夫·乐飞（Joseph Leflaive）建立起了这座珍贵而古老的勃艮第酒庄。他最初只是把酒卖给一些朋友，但是慢慢地，私人客户变得越来越多。1953 年，约瑟夫去世后，乐飞酒庄由他的四个子女继承。文森特·乐飞（Vincent Leflaive）是第一位继任者，此后他一直执掌乐飞酒庄，直到 1993 年逝世；文森特的弟弟约瑟夫（Joseph）在哥哥执掌乐飞酒庄时，负责行政和经济事务，以及酿酒工人的雇佣。1990 年，乐飞家族聘请文森特的女儿——倔强的酿酒师安妮·克劳德·乐飞与约瑟夫的儿子奥利维尔（Olivier）共同执掌乐飞酒庄。而到了 1994 年，奥利维尔离开了酒庄，开始经营自己的葡萄酒买卖。目前，安妮·克劳德是酒庄的全权负责人，也是葡萄园采用活机种植的主要促进者——缩减产量，将原本已经极好的葡萄酒提升到一个更高的高度。安妮·克劳德大概也是乐于与人分享优秀管理方法和经验的第一人；而皮埃尔·莫雷（Pierre Morey）也是乐飞酒庄必不可少的大功臣。

入口之后，你就会感受到乐飞酒庄葡萄酒拥有优质的勃艮第白葡萄酒共有的浓郁矿物质味道，此外，它还兼具花香迷人、质地柔滑、风味紧致、陈年潜力颇大的优良特质。

BÀTARD-MONTRACHET
巴塔·蒙哈榭葡萄酒

2002 Bâtard-Montrachet
巴塔·蒙哈榭葡萄酒 2002　　评分：93 分

虽然我很喜欢这款口感丰富，带给人感官享受，散发出吐司和矿物质香味的巴塔·蒙哈榭葡萄酒 2002，但是它却比不上普塞勒葡萄酒的醇厚。这款酒酒体适中、口感丰富、深厚，浓烈的矿物质香味扑面而来，建议于 2012 年之后饮用。

2000 Bâtard-Montrachet
巴塔·蒙哈榭葡萄酒 2000

评分：91 分

带着矿物质和吐司芬芳的巴塔·蒙哈榭葡萄酒 2000 宽厚、柔滑，适中偏淡的酒体，各式各样的香料、矿物质以及烘烤白色水果的香味更是为这款细腻的 2000 年年份酒增添了迷人的魅力。最佳饮用期：从现在开始到 2011 年。

1999 Bâtard-Montrachet
巴塔·蒙哈榭葡萄酒 1999

评分：90 分

巴塔·蒙哈榭葡萄酒 1999 散发出强烈、甘甜的矿物质和白色水果的混合清香，酒体适中、结构性强、稳固而含蓄，它口感丰富、醇厚、清新。这款有着矿物质、苹果和梨子风味的葡萄酒，应该会从现在到 2010 年间达到巅峰状态。

1996 Bâtard-Montrachet
巴塔·蒙哈榭葡萄酒 1996

评分：97 分

对于巴塔·蒙哈榭葡萄酒来说，1996 年年份酒无疑是成功的。巴塔·蒙哈榭葡萄酒 1996 充满了极具表现力的矿物质、榛子和烤橡木的媚人香气；含在口中时就会感受到这款酒体饱满、质地柔滑、口感极为丰富的葡萄酒富有骨感，然而又肥厚、层次性强，一波波白色水果、石头和香料的风味不断挑逗着味蕾。它健壮又不乏阴柔之美，强劲又不失优雅，这款酒简直棒极了！最佳饮用期：从现在开始到 2010 年。

1995 Bâtard-Montrachet
巴塔·蒙哈榭葡萄酒 1995

评分：95 分

酒香强烈但持久绵长的巴塔·蒙哈榭葡萄酒 1995，虽然不像普利尼·蒙哈榭·普塞勒葡萄酒那么出彩，引得万人注目，但是它却超级强劲、醇厚，肥厚、甘甜的水果果香（略显柔弱）与扑鼻的矿物质、香料和花香交相融合。这款质地浓厚、丰满的葡萄酒适宜在年轻时饮用，因为我不认为它会具备很好的陈年潜力。建议从现在到 2007 年间饮用。

1992 Bâtard-Montrachet
巴塔·蒙哈榭葡萄酒 1992

评分：97 分

百万富翁们应该会有兴趣将巴塔·蒙哈榭葡萄酒 1992 与骑士·蒙哈榭葡萄酒进行一番比较。两者之中，巴塔·蒙哈榭葡萄酒显得进化程度更高，也更加早熟，两者都是结构性极佳、风味豪迈大气、酒体饱满、口感醇厚的勃艮第白葡

萄酒，散发出蜂蜜、橘子、烤坚果以及过熟的苹果果香，且余韵悠长。但是，巴塔·蒙哈榭葡萄酒的矿物质香味和风味都显得更加浓郁、直接。最佳饮用期：从现在开始到2015年。

1989 Bâtard-Montrachet
巴塔·蒙哈榭葡萄酒 1989

评分：95 分

巴塔·蒙哈榭葡萄酒 1989 甚至比同年份的骑士·蒙哈榭葡萄酒 1989 的进化程度更高，口感也更为丰富、强烈。巴塔·蒙哈榭葡萄酒散发出浓郁的橘子、花香、黄油和矿物质的芬芳，纯净的奶油果香中带着淡淡的酸味和一丝恰到好处的烤新橡木味。以乐飞酒庄的标准来看，这算是一款十分宽厚的葡萄酒了。建议于 2006 年年底前享用。

CHEVALIER-MONTRACHET
骑士·蒙哈榭葡萄酒

2002 Chevalier-Montrachet
骑士·蒙哈榭葡萄酒 2002

评分：95+ 分

宽厚、丰富、饱满的骑士·蒙哈榭葡萄酒 2002，带着浓郁的矿物质、碎石和香料的芬芳，酒体适中，质地如天鹅绒般柔软，口感丰富、香醇，烘烤矿物质、蜂蜜和梨子的清香层层显现，一寸寸地占领着味蕾。最佳饮用期：2006~2015 年。

2000 Chevalier-Montrachet
骑士·蒙哈榭葡萄酒 2000

评分：92 分

芳香四溢的骑士·蒙哈榭葡萄酒 2000 带着烘烤矿物质的香味，这款酒体适中的葡萄酒黏稠、深厚，有着花香与矿物质的风味。最佳饮用期：从现在开始到 2013 年。

1999 Chevalier-Montrachet
骑士·蒙哈榭葡萄酒 1999

评分：91 分

纯净而细腻的矿物质香是骑士·蒙哈榭葡萄酒 1999 最鲜明的芬芳，它豪迈、宽厚且深厚。这款有着辛香矿物质和梨子风味的葡萄酒十分的协调、和谐，余韵悠长、清新，口感犹如水晶般纯净，质地柔和。建议从现在到 2011 年间饮用。

1996 Chevalier-Montrachet
骑士·蒙哈榭葡萄酒 1996

评分：96 分

优雅、精细的骑士·蒙哈榭葡萄酒 1996 充满了岩石、矿物质和花香的混合芬芳，酒体适中至饱满，十分和谐，细腻柔软的质地令人久久难以忘怀。它超级集中的风味中带有

粉笔、岩灰、石头和酥梨的清香。建议于现在至 2010 年间饮用。

1995 Chevalier-Montrachet
骑士·蒙哈榭葡萄酒 1995

评分：95 分

骑士·蒙哈榭葡萄酒 1995 真是棒透了！活泼、充满花香以及清新的香味扑面而来，入口即可感受到矿物质和杏子的浓烈风味，这款酒的质地如丝般顺滑，酒体饱满、典雅、精致。从现在至 2018 年间为最佳饮用期。

1992 Chevalier-Montrachet
骑士·蒙哈榭葡萄酒 1992

评分：97 分

这款结构性强、风味豪迈、酒体饱满、超级醇厚的勃艮第白葡萄酒，散发出蜜桔、烤坚果以及过熟的苹果芬芳，它有着乳脂般的质感、精粹度极高的风味以及绵长的余韵。所有的一切特质在后味中集中爆发，生命力似乎也很长久。最佳饮用期：从现在开始到 2012 年。

1989 Chevalier-Montrachet
骑士·蒙哈榭葡萄酒 1989

评分：95 分

单从酒香的角度看，骑士·蒙哈榭葡萄酒 1989 是所有的乐飞酒庄 1989 年年份酒中最紧致和最封闭的一款酒了，同时它的余韵也极其悠长。这款甘甜、拥有乳脂般酒质的葡萄酒，有着相对于 1989 年年份酒来说极佳的酸度。最佳饮用期：从现在开始到 2007 年。

1983 Chevalier-Montrachet
骑士·蒙哈榭葡萄酒 1983

评分：94 分

骑士·蒙哈榭葡萄酒 1983 是一款少有的强劲、年轻且后进的 1983 年年份酒。我不知道乐飞酒庄究竟是如何酿制出这样一款强大的葡萄酒的，在将近 10 年之后，它的口感依然那样清新，发展程度那么低。按照乐飞酒庄的标准来看，骑士·蒙哈榭葡萄酒 1983 十分丰盈，较之于该酒庄出产的其他葡萄酒更加的豪迈，酒精含量也更高。现在的它早已跻身于最佳的 1983 年年份酒的行列了。最佳饮用期：从现在开始到 2010 年。

PULIGNY-MONTRACHET LES COMBETTES
普利尼·蒙哈榭·科姆贝特葡萄酒

2000 Puligny-Montrachet Les Combettes
普利尼·蒙哈榭·科姆贝特葡萄酒 2000

评分：91 分

普利尼·蒙哈榭·科姆贝特葡萄酒 2000 充满了蜜饯梨子

普利尼·蒙哈榭·科姆贝特葡萄酒酒标

和苹果的香味，酒体适中，质地黏稠，这是一款和谐、协调、宽厚的葡萄酒。它精细、优雅，带着矿物质、花香、梨子以及黄油的风味，余韵悠长。最佳饮用期：从现在开始到 2014 年。

1995 Puligny-Montrachet Les Combettes
普利尼·蒙哈榭·科姆贝特葡萄酒 1995

评分：93 分

强烈的蜜饯野姜花的香味在舌尖炸开，普利尼·蒙哈榭·科姆贝特葡萄酒 1995（1995 年年份酒共酿制了 175 箱，而 1996 年年份酒的产量竟然高达 400 箱）具有丝绸般的质感，甜美的花香水果味与巧妙的橡木香味使之显得格外迷人。这款华丽、精致、适中至饱满酒体的葡萄酒在 2007 年后饮用风味更佳。

1992 Puligny-Montrachet Les Combettes
普利尼·蒙哈榭·科姆贝特葡萄酒 1992

评分：94 分

普利尼·蒙哈榭·科姆贝特葡萄酒 1992 那烤榛子、黄油、铁器和花香混合而成的芬芳惑人心魄。它的风味丰盈、柔滑、醇厚、耐嚼，精粹物含量极高，充足的酸度使之显得浓而不腻，余韵丰富、悠长、可口。建议现在饮用。

1989 Puligny-Montrachet Les Combettes
普利尼·蒙哈榭·科姆贝特葡萄酒 1989

评分：92 分

普利尼·蒙哈榭·科姆贝特葡萄酒 1989 充满了黄油和榛子之类的芳香，风味丰富而醇厚，甘油含量极高，酒体丰盈，余韵悠长、活泼。建议于 2002 年之前饮用。

1985 Puligny-Montrachet Les Combettes
普利尼·蒙哈榭·科姆贝特葡萄酒 1985

评分：92 分

普利尼·蒙哈榭·科姆贝特葡萄酒 1985 优雅、生动、清新，迷人的柠檬皮、药草和烤坚果味会使人不由自主地想起顶级的莫索特葡萄酒。它具有乐飞酒庄典型的优雅和适中的酒体，还有着极佳的丰富度和纯净的口感。这款酒应该在世纪之交前饮用。

PULIGNY-MONTRACHET LES PUCELLES
普利尼·蒙哈榭·普塞勒葡萄酒

2002 Puligny-Montrachet Les Pucelles
普利尼·蒙哈榭·普塞勒葡萄酒 2002

评分：92 分

普利尼·蒙哈榭·普塞勒葡萄酒 2002 散发出浓郁的烘烤矿物质香味；酒体适中偏淡，极富骨感，口感深厚，质感如丝般柔滑；矿物质和梨子的清香贯穿于这款醇厚葡萄酒的始终；余韵柔和、清新、悠长。最佳饮用期：从现在开始到 2014 年。

1995 Puligny-Montrachet Les Pucelles
普利尼·蒙哈榭·普塞勒葡萄酒 1995

评分：93 分

普利尼·蒙哈榭·普塞勒葡萄酒 1995 是一款引得无数人惊叹的美酒，浓郁的香料和花香掩盖下的是深厚的烘烤桃子、杏子和矿物质的复杂风味。酒体适中至饱满，迷人的口感与雅铎酒庄的蒙哈榭葡萄酒 1995 有着几分相似。最佳饮用期：从现在开始到 2012 年。

1992 Puligny-Montrachet Les Pucelles
普利尼·蒙哈榭·普塞勒葡萄酒 1992

评分：96 分

普利尼·蒙哈榭·普塞勒葡萄酒 1992 是一款经典美酒，强劲中不失精细。与一般的葡萄酒相比，它的口感更为丰富、柔滑，酒液澄澈透明，富有骨感，桔子或橙子的清香与烘烤香草味、奶油爆米花和苹果果香相得益彰。酒体极其醇厚，层层叠叠的风味中带着恰到好处的酸度，1992 年年份酒是一款难得一见的佳酿。最佳饮用期：从现在开始到 2010 年。

DOMAINE LEROY

勒鲁瓦酒庄

酒品：

香贝丹葡萄酒（Chambertin）

岩石庄园葡萄酒（Clos de la Roche）

高顿·赫纳尔特葡萄酒（Corton-Renardes）

拿切西·香贝丹葡萄酒（Latricières-Chambertin）

木西尼葡萄酒（Musigny）

李奇伯格葡萄酒（Richebourg）

罗曼尼·圣·伟岸葡萄酒（Romanée-St.-Vivant）

沃恩·罗曼尼·美丽山葡萄酒（Vosne-Romanée Les Beaux Monts）

沃恩·罗曼尼·奥布鲁里葡萄酒（Vosne-Romanée Aux Brûlées）

庄园主：勒鲁瓦股份有限公司（Leroy SA）

地址：15 Rue de la Fontaine,21700 Vosne-Romanée, France

电话：(33) 03 80 21 21 10

传真：(33) 03 80 21 63 81

邮箱：domaine.leroy@wanadoo.fr

网址：www.domaine-leroy.com

联系人：拉茹·贝茨·勒鲁瓦夫人（Madame Lalou Bize-Leroy）

或佛雷德里克·罗默先生（Monsieur Frédéric Roemer）

参观规定：参观前必须预约

葡萄园

占地面积：56 英亩

葡萄品种：黑比诺，霞多丽，阿里高特

平均树龄：60 年

种植密度：10,000 株 / 公顷

平均产量：

1993 年：1,538 公升 / 公顷

1994 年：1,718 公升 / 公顷

1995 年：1,531 公升 / 公顷

1996 年：2,486 公升 / 公顷

1997 年：1,538 公升 / 公顷

1998 年：1,664 公升 / 公顷

1999 年：2,450 公升 / 公顷

2000 年：2,231 公升 / 公顷

2001 年：1,723 公升 / 公顷

2002 年：1,522 公升 / 公顷

酒的酿制

勒鲁瓦酒庄采用的是活生物耕种法，完全不使用化学制品，包括除草剂、杀虫剂和合成肥料，注重尊重地球的自然

循环以及一年四季的基本节奏。

在勒鲁瓦酒庄的葡萄园中，每一株葡萄都自由地展示着自己的个性，它们代表着这里与众不同的风土。勒鲁瓦夫人一直坚持要拔掉葡萄树的吸根，并且坚决不种植绿葡萄。酒庄内严格进行分类发酵，葡萄不去梗，葡萄酒在传统的木质酒槽中进行较长时间的发酵。

年产量

香贝丹葡萄酒：900~1,750 瓶

岩石庄园葡萄酒：800~1,750 瓶

高顿·赫纳尔特葡萄酒：1,200~2,000 瓶

拿切西·香贝丹葡萄酒：600~1,650 瓶

木西尼葡萄酒：600~875 瓶

李奇伯格葡萄酒：1,150~2,700 瓶

罗曼尼·圣·伟岸葡萄酒葡萄酒：900~3,000 瓶

沃恩·罗曼尼·美丽山葡萄酒：4,000~6,900 瓶

沃恩·罗曼尼·奥布鲁里葡萄酒：290~580 瓶

平均售价（与年份有关）：250~600+ 美元

近期最佳年份

2003 年，2002 年，1999 年，1996 年，1995 年，1993 年，1990 年

如今，勒鲁瓦酒庄已稳坐勃艮第产区第一把交椅，酿制出了一款款生命力极长且浓烈的美酒佳酿。具有讽刺意味的是，这座酒庄经常会因为一些与葡萄酒的品质没有丝毫关系的某些原因而饱受非议。

一个多世纪之前的 1868 年，佛朗索瓦·勒鲁瓦（François Leroy）在莫尔索区附近一个名叫奥赛·都雷斯（Auxey-Duresses）的小村子建立了勒鲁瓦酒庄，自那时起，勒鲁瓦酒庄就一直是传统的家族企业。到了 19 世纪末，佛朗索瓦的儿子约瑟夫·勒鲁瓦（Joseph）和他的妻子露易丝·科特勒（Louise Curteley）一起联手将他们自己小型的葡萄酒经济业务一步步扩大，他们挑选出最上乘的葡萄酒，选择勃艮第产区最好的土地，种植出最优质的葡萄。

1919 年，他们的儿子亨利·勒鲁瓦（Henri Leroy）开始进入家族产业，他在科涅克（Cognac）——出产被称为 eaux de vie de vin（生命之水）的干邑葡萄酒的地方，在其附近的区域设立了子公司，将家族产业进一步扩大；他同时还在大香槟区（Grand Champagne）

的中心——锡干泽（Segonzac）建起了一座酿酒厂。之后的 40 年，他将自己的全部时间和精力都投入到勒鲁瓦酒庄中，使之成为国际上的专家们口中的 fleuron de la Bourgogne（勃艮第之花）或是"勃艮第明珠"的顶级酒庄。

亨利的女儿拉茹（Lalou）——一位热情开朗、身材娇小、精力充沛的女士，她在 1955 年开始进入家族产业。作为一名虔诚的"风土论者"，拉茹通过不断地品尝每座葡萄园的不同"风土"了解到它们最主要的品质。尽管有时我并不同意她所谓的"风土"绝对论，但是我佩服她如钢铁般坚强的信念。

拉茹很乐意经营家族里的葡萄酒买卖生意——奥维那酒庄，直到 1988 年，她决定扩大勒鲁瓦酒庄自己的葡萄园。于是她买下沃恩·罗曼尼的查尔斯·诺厄勒酒庄（Charles Noellat）以及菲力普·雷姆酒庄（Philippe-Rémy）的一座 8.5 英亩的热夫莱·香贝丹（Gevrey Chambertin）葡萄园。现在的勒鲁瓦酒庄出产的葡萄酒包括勃艮第红葡萄酒、勃艮第白葡萄酒以及勃艮第阿里高特葡萄酒（近 16 英亩未经注册的葡萄园）；奥布鲁里葡萄酒（近 12 英亩村庄级别酒庄）；沃尔内·桑特诺一级酒庄葡萄酒（Volnay Santenots Premier Cru）和桑特诺·德·米勒葡萄酒（近 16 英亩的一级酒庄）；庞玛德·拉维格诺特葡萄酒（Pommard Les Vignots）和萨维尼·莱·博纳一级酒庄拿巴顿（Savigny-les-Beaune Premier Cru Les Narbantons）；夜·圣·乔治酒庄旗下的（Nuits-St.-Georges）的奥·阿洛特园葡萄酒（Aux Allots）、奥·拉威瑞斯葡萄酒（Aux Lavières）和金·巴斯·德·科姆博葡萄酒（Au Bas de Combe）；沃恩·罗曼尼·嘉内威瑞斯葡萄酒（Vosne-Romanée Les Geneivrieres）；沃恩·罗曼尼·奥布鲁里葡萄酒和沃恩·罗曼尼·美丽山葡萄酒；尚博勒·莫西尼·弗洛米耶葡萄酒（Chambolle-Musigny Les Fremières）；尚博勒·莫西尼·沙尔姆一级酒庄葡萄酒（Chambolle Musigny Premier Cru Les Charmes）；哲维列·香贝丹·科姆贝特一级酒庄葡萄酒（Gevrey-Chambertin Premier Cru Les Combettes）。

勒鲁瓦在特级葡萄园区拥有九座葡萄园（面积近 17 英亩），包括高顿·查理曼（白葡萄酒）、高顿·赫纳尔（Corton-Renardes）、李奇伯格、罗曼尼·圣·伟岸、克罗武乔、木西尼、岩石庄园、拿切西·香贝丹

和香贝丹。

直到1992年1月1日，勒鲁瓦夫人一直是沃恩·罗曼尼·康帝酒庄（Domaine de le Romanée-Conti）的经销商，并且勒鲁瓦家族还拥有这座酒庄50%的股份。

在勃艮第，拉茹·贝茨·勒鲁瓦夫人的批评者可能跟我曾经的一样多。一些葡萄酒生产商指控她造假酒，因为她酿制的葡萄酒颜色太深；另一些人则宣称她把几百箱的特级葡萄酒藏在别的酒窖里，因为酒庄的产量"绝不可能这么低"。当然，这些指责和怀疑都是无稽之谈，更不用提一些葡萄酒生产商出于嫉妒的行为了，因为他们十分害怕别的葡萄园园主会追随拉茹夫人的步伐。近15年来，贝茨·勒鲁瓦夫人一直站在勃艮第葡萄酒的金字塔塔尖上，在追求勃艮第最上乘的葡萄酒道路上踽踽独行。当我试图描述这些葡萄酒时，我甚至会感觉到这是对它们的一种亵渎，因为它们极有可能是我一生中品尝过的最伟大的勃艮第红葡萄酒了。就连从不自谦的拉茹·贝茨·勒鲁瓦夫人也说，这些酒是"自然的杰作"。喝到嘴里时，你会切身地感受到它们的成熟、柔滑和饱满，单宁没有丝毫的粗糙之感，会使人不禁想到，是的，低产量的确转化成了生理意义上成熟的水果香、醇厚的酒体和精雅的品质。更不消说酒窖中所有的葡萄酒全部是在100%的法国新橡木桶中进行陈年的（由于这些葡萄酒太过醇厚，因此你从中几乎品尝不出任何橡木味），装瓶前既不澄清也不过滤。

至于拉茹·贝茨·勒鲁瓦夫人，坊间流传的关于她的一些故事不胜枚举，其中一些是出于阴险的嫉妒而进行的赤裸裸的恶意攻击与诽谤。当然，她标出的葡萄酒价格是很容易招人非议的（这些酒都属于勃艮第最昂贵的葡萄酒），然而，她对勃艮第葡萄酒的酿酒哲学是绝对不该受到任何批判和指责的。在勃艮第产区用黑比诺和霞多丽酿制的葡萄酒中，勒鲁瓦夫人的酒总是最优雅、最纯净的。这些葡萄酒受到孩子般的娇宠，从不进行过滤，并且是一桶接一桶地进行装瓶。鉴于她手下葡萄酒的规模，以及葡萄酒的强度和结构，在凉爽、潮湿的酒窖中，这些葡萄酒应该可以保存20到25年。

我并不是唯一一个认为勒鲁瓦夫人的葡萄酒是所有勃艮第葡萄酒参考样本的人。知名的酿酒学家雅克·普塞斯（Jacques Pusais）曾做出过这样的评价——

"现在我们就站在勒鲁瓦酒庄，这些酒是葡萄酒和有关葡萄酒语言的里程碑。"著名的作家让·勒诺瓦（Jean Lenoir）将勒鲁瓦酒庄的酒窖比做"国家图书馆，是伟大的艺术作品的诞生地"。

从个人方面讲，我与拉茹·贝茨·勒鲁瓦夫人相识25年还要多。尽管她长得小巧玲珑，但是个性却非常强硬；尽管她的个性特立独行，在商场上冷酷无情，但是她给人的印象却是非常脆弱的一个人，在葡萄酒王国中把自己逼得无路可退，竭尽全力将工作做到最好。虽然凡事都有两面性，但是迄今为止我还没见过任何一个人能够像勒鲁瓦夫人那样严格保留着勃艮第产区的传统。2004年，她深爱的丈夫马塞尔的离世对她是个无比沉重的打击。马塞尔是一位话语不多、气质高贵的绅士，他是精力充沛的拉茹背后最为强大、安静的后盾。我希望她能够尽快从悲痛中走出来，因为前面还有诸多的挑战在等待着她——重新回到葡萄园中，将竞争者斩杀于马下……在这些方面她一贯表现出色。

CHAMBERTIN
香贝丹葡萄酒

2002 Chambertin
香贝丹葡萄酒2002　评分：98分

勒鲁瓦夫人出色的香贝丹葡萄酒2002刚一入杯即有浓郁的黑莓、焦油和甘草的气息。这款豪迈、醇厚、深厚的葡萄酒酒体适中至饱满、强劲、细腻，穆哈咖啡、黑色水果和花香的风味高贵典雅。它的平衡性较强且协调性强，而且余韵特别悠长。最佳饮用期：2012~2035年。

2001 Chambertin
香贝丹葡萄酒2001　评分：91分

香贝丹葡萄酒2001散发出熏肉、香料和黑色水果的芬芳，酒体适中，饱满、宽厚，果香浓郁，黑色覆盆子、樱桃和红醋栗的风味迷人绵长，一直绵延到悠长、柔滑的余韵中。这款酒虽然没有勒鲁瓦酒庄最优质的香贝丹葡萄酒深厚、强劲和表现力强的特点，但胜在细腻、易亲近、酒香浓郁。最佳饮用期：从现在开始到2025年。

2000 Chambertin
香贝丹葡萄酒2000　评分：95分

中度至略深的红宝石色，香贝丹葡萄酒2000充满了淡淡的焦油、香料和黑色水果的香味。这款非同寻常的佳酿既有这一年年份酒中最优质葡萄酒所特有的浓郁果香，还有着2000年年份酒普遍缺少的强劲、深厚、结构性和醇厚。一波波强烈的超熟李子和黑莓香溢满品尝者的口腔，连华丽、甘甜的余韵中都带着它们的香气，毫无悬念地成为 2000 年年度的最优质红葡萄酒之一。它应该会从现在到 2014 年间达到巅峰。

1999 Chambertin
香贝丹葡萄酒 1999

评分：95 分

香贝丹葡萄酒 1999 呈中度至略深的红宝石色，新鲜药草、香料、黑莓和紫罗兰的香味飘逸而出，适中至饱满的酒体，强烈、强劲而有力，这款酒有着黑色水果和吐司的香醇风味。它结构性强、个性出色、强健、阳刚。最佳饮用期：2006~2025 年。

1998 Chambertin
香贝丹葡萄酒 1998

评分：94 分

呈中度至略深的红宝石色的香贝丹葡萄酒 1998，充满了黑色水果和新鲜药草的芬芳，它宽厚、酒体适中至饱满，焦油黑色水果的果香层层显现，并辅以木质的、略显凌厉的单宁气息，而这就注定了当年度的许多年份酒要在它面前俯首称臣。在近期饮用这款酒可配以高脂肪的菜肴来中和单宁，或者至少等待并且要祈祷 7 年之后再享用。

1997 Chambertin
香贝丹葡萄酒 1997

评分：97 分

香贝丹葡萄酒 1997 呈深红宝石色或深紫色，带着甘甜李子和樱桃果酱的香味，酒体适中至饱满，口感丰富，质地有着天鹅绒般的柔软、丰满，圆润的烘烤樱桃味浓郁芬芳。它丰富的水果和香料味包裹着味蕾，余韵结构性强、醇厚且极为悠长。最佳饮用期：2006~2015 年。

1996 Chambertin
香贝丹葡萄酒 1996

评分：96 分

呈深红宝石色或深紫色的香贝丹葡萄酒 1996，有着活泼的浆果香和玫瑰花香，酒体深厚、稳固而封闭。这款酒酒体适中至饱满，风味直接、深厚、果香四溢，要享用还需要一定的耐心等待。最佳饮用期：2006~ 2012+。

1995 Chambertin
香贝丹葡萄酒 1995

评分：93 分

香贝丹葡萄酒 1995 的颜色为中度至略深的红宝石色，边缘呈现出淡淡的琥珀色，它芳香四溢，充满了李子、樱桃的果香和若有若无的薄荷清香。这是一款酒体饱满、酒香直接、生命力强的葡萄酒，散发出令人难以置信的浓郁果香，后味中，焦油黑莓和黑樱桃的果香中夹杂着药草的气息。最佳饮用期：2007~2014 年。

1993 Chambertin
香贝丹葡萄酒 1993

评分：91 分

这款酒由于单宁涩口而备受关注，酒体呈中度至略深的红宝石色，边缘带有淡淡的琥珀色。它有着黑色浆果的醇厚，但口感粗糙，入口较干。现在的香贝丹葡萄酒 1993 已经带上了烟熏、烟草、药草的香味和风味。最佳饮用期：从现在开始到 2016 年。

1991 Chambertin
香贝丹葡萄酒 1991

评分：92 分

带着药草味的红色水果香味从红宝石色的香贝丹葡萄酒 1991 中袅袅溢出，它深厚、醇厚、骨感极佳，有着强烈的黑色水果果香，但遗憾的是单宁较为粗糙。10 年或 10 年之后，它要么成为一款惊世佳酿，要么彻底干掉。最佳饮用期：2010+。

1990 Chambertin
香贝丹葡萄酒 1990

评分：94 分

呈适中至略深的红宝石色的香贝丹葡萄酒 1990，散发出甘甜的黑加仑和黑莓的果香，酒体适中至饱满，入口柔和，强烈的红色水果和黑色水果瞬间占领了品尝者的味蕾。这款醇厚、集中、绵长的葡萄酒的巅峰期应该是从现在到 2010 年。

1985 Chambertin
香贝丹葡萄酒 1985

评分：96 分

香贝丹葡萄酒 1985 是当年度所有年份酒中最成功的一款葡萄酒。它呈现出深红宝石色或深紫色，黑色水果果酱中夹杂着李子干、潮湿的土壤、香料和肉的味道。含在口中时，你会感受到它的超级醇厚、酒体适中、单宁柔和细腻，悠长的余韵令人惊叹。最佳饮用期：从现在开始到 2010 年。

CLOS DE LA ROCHE
岩石庄园葡萄酒

2002 Clos de la Roche
岩石庄园葡萄酒 2002

评分：96 分

泥土香、药草、黑色水果和香料混合而成的芬芳从红宝石色的岩石庄园葡萄酒 2002 中迸发而出，酒体适中，醇厚而清新。这款酒结构性强，单宁味略显浓烈，有着诱惑性的黑樱桃、覆盆子和香料的混合风味。此外，它的口感纯净、醇厚且悠长。最佳饮用期：2015~2030 年。

2001 Clos de la Roche
岩石庄园葡萄酒 2001

评分: 93 分

和往常情况一样, 勒鲁瓦酒庄岩石庄园葡萄酒又一次跻身于最出色的 2001 年年份酒之列。打开瓶塞, 它那醉人的香气立即扑面而来, 散发出香料、樱桃酱和覆盆子的混合香味, 深厚、强劲的个性中带有深李子红水果、黑色覆盆子、杜松子、肉桂以及许多其他香料的风味。奢华、豪迈、醇厚, 这款酒酒体适中, 余韵悠长且单宁味道浓烈。最佳饮用期: 2006~2013 年。

2000 Clos de la Roche
岩石庄园葡萄酒 2000

评分: 93 分

岩石庄园葡萄酒 2000 香味复杂, 淡淡的干酪皮味中夹杂着甘甜的黑樱桃果香。它精粹度高, 酒体适中至饱满, 口感是难得一见的醇厚, 风味中是浓郁的黑色水果果香, 浓烈而强健。紧致却极其悠长的余韵中, 单宁却略显粗粝、生涩, 这也是造成它分数不高的主要原因。最佳饮用期: 从现在开始到 2012 年。

1999 Clos de la Roche
岩石庄园葡萄酒 1999

评分: 96 分

呈中度至略深的红宝石色的岩石庄园葡萄酒 1999, 充满了甘甜的黑樱桃和泥土的芳香, 并且带着一股李子般的香气。这款强劲、浓烈、肉感十足的葡萄酒, 具有李子、黑樱桃、凝胶状牛肉和亚洲香料的醉人风味, 口感纯净、强健、浓厚、坚实。最佳饮用期: 2006~2018 年。

1998 Clos de la Roche
岩石庄园葡萄酒 1998

评分: 96 分

岩石庄园葡萄酒 1998 的颜色为中度至略深的红宝石色, 飘逸出甜樱桃和黑莓的香气, 以及浸满紫罗兰香味的蓝莓芬芳, 质地如天鹅绒般柔滑, 酒体丰腴, 然而它的单宁味道却十分的浓烈、紧致。既然这款酒具有长期窖藏所必不可少的强劲和深厚特性, 那它是否有可能将粗粝的单宁逐渐柔化呢? 让我们拭目以待吧! 最佳饮用期: 2007~2016 年。

1997 Clos de la Roche
岩石庄园葡萄酒 1997

评分: 98 分

这款呈中度至略深的红宝石色的岩石庄园葡萄酒 1997, 散发出浓郁而复杂的黑莓、新鲜药草、香料、石头以及草莓酱的香味。它精雅细致, 然而却给人一种颓废过时之感; 黑加仑、皮革、沥青、黑莓和紫罗兰的奢华香味层层显现, 能俘虏所有味蕾。这款酒宽厚、集中、富有骨感, 并且极其醇厚、强劲。最佳饮用期: 2007~2014 年。

1996 Clos de la Roche
岩石庄园葡萄酒 1996

评分: 99 分

岩石庄园葡萄酒 1996 呈现出深红宝石色或深紫色, 香水、紫罗兰、黑莓和杜松熏肉的混合香味令人沉醉。它酒体适中至饱满, 十分耐嚼, 具有新鲜的樱桃、甘草、覆盆子、筑路焦油和蓝莓的混合风味; 醇厚、强烈、强劲, 余韵悠长、纯净。此外, 这款酒的协调和奢华更为其增添了迷人的光彩。最佳饮用期: 2009~2015+。

1995 Clos de la Roche
岩石庄园葡萄酒 1995

评分: 94 分

岩石庄园葡萄酒 1995 散发出黑加仑、黑莓、香脂和香料的芬芳, 适中至饱满且超级醇厚的酒体具有浓郁的黑加仑、蓝莓和黑樱桃的风味。目前它唯一的瑕疵就是单宁和后进的问题, 然而它那令人啧啧称奇的强烈水果果香 (当还处于婴幼儿时期时, 它的香味已经令人艳羡不已了) 可能会适时进入全盛时期, 为它增光添彩。最佳饮用期: 2007~2015 年。

1993 Clos de la Roche
岩石庄园葡萄酒 1993

评分: 98 分

岩石庄园葡萄酒 1993 是一款广受好评的美酒, 深红宝石色中带着琥珀色, 黑加仑、黑莓、石头和野生药草的芬芳绵延悠长, 复杂而略带颓废气息的酒体中带着皮革、杂交草莓、各种各样的黑色水果和大量的香料风味。这款 1993 年年份酒毫无疑问地拥有支撑它坚实基础所必需的强劲、丰富、醇厚和浓厚的果香。最佳饮用期: 从现在开始到 2015 年。

1991 Clos de la Roche
岩石庄园葡萄酒 1991

评分: 92 分

呈中度至略深的红宝石色的岩石庄园葡萄酒 1991, 充满了异国树木 (雪松和香脂树)、黑加仑、石头和黑色水果的香气。现在的它已经进入了成熟的巅峰期, 入口后有着浓郁而进化的水果果香、焦糖花瓣和甘甜的雪松风味。这款酒酒质耐嚼、紧致, 强烈的果香似乎比它坚实的结构进化速度更快。最佳饮用期: 从现在开始到 2009 年。

1990 Clos de la Roche
岩石庄园葡萄酒 1990

评分: 98 分

光彩照人的岩石庄园葡萄酒 1990 的颜色为深红宝石色, 散发出浓厚、深沉的浆果果香。它十分年轻, 浓厚丰富的黑莓、杜松子、李子、丁香和蓝莓的味道在口中似乎浓得化不开。适中至饱满的酒体平衡且集中, 奢华的余韵似乎也绵长得永无尽头。最佳饮用期: 从现在开始到 2010 年。

1989 Clos de la Roche
岩石庄园葡萄酒 1989

评分：94 分

岩石庄园葡萄酒 1989 呈现出红宝石色或琥珀色，有着浓郁的黑加仑果香。这款酒体适中至饱满、口感丰满的葡萄酒带着层层叠叠的雪松味樱桃、石头和淡淡的薄荷清香，酒质如绸缎般柔滑、性感，富有骨感却极为协调，余韵悠长、饱满。最佳饮用期：从现在开始到 2008 年。

CORTON-RENARDES
高顿·赫纳尔特葡萄酒

2002 Corton-Renardes
高顿·赫纳尔特葡萄酒 2002

评分：95 分

花香、蜜饯黑莓和石头的清香从高顿·赫纳尔特葡萄酒 2002 中溢出，这款饱满、宽厚、酒体适中的葡萄酒口感甘甜，酒质如丝绒般柔滑，果香醇厚、香浓；黑色水果和香料味贯穿于始终，并一直绵延到悠长、成熟、纯净的余韵中。建议于 2007 年至 2015 年间饮用。

1999 Corton-Renardes
高顿·赫纳尔特葡萄酒 1999

评分：97 分

呈深红宝石色的高顿·赫纳尔特葡萄酒 1999 的天然酒精含量高达 14.9%（"我几乎是酿出了一款波尔图葡萄酒"，拉茹·勒鲁瓦夫人曾这样评价道）。这是一款难得一见的佳酿，散发出蜜饯樱桃、草莓酱和蓝莓果冻的芬芳；含在口中时，你会感觉到它有着难以言喻的浓烈与强劲，然而却又极其的和谐、优雅；樱桃与其他各种各样的红色水果果香中夹杂着香料、新鲜药草以及淡淡的新橡木香味；质地如天鹅绒般细腻柔滑，酒体丰腴。另外，这款仙露琼浆的余韵也极为悠长、纯净、饱满。最佳饮用期：2006~2018 年。

1998 Corton-Renardes
高顿·赫纳尔特葡萄酒 1998

评分：95 分

这款呈中度至略深的红宝石色的高顿·赫纳尔特葡萄酒 1998 真是棒透了！浓郁的黑樱桃果香覆盖下的是适中至饱满的酒体，红樱桃、香料、李子和带着香草芬芳的橡木味十分复杂。这款豪迈的葡萄酒宽厚、深厚、平衡度极佳，质地如天鹅绒般顺滑，余韵悠长，酒香浓郁。最佳饮用期：从现在开始到 2012 年。

1997 Corton-Renardes
高顿·赫纳尔特葡萄酒 1997

评分：96 分

这款近乎是浓黑色的高顿·赫纳尔特葡萄酒 1997 有着

扑鼻的黑李子和樱桃的甜香。它口感饱满、丰腴，超熟的黑色水果果香、石头和饱满的单宁味道层层显现。最佳饮用期：从现在开始到 2012 年。

1996 Corton-Renardes
高顿·赫纳尔特葡萄酒 1996

评分：94 分

呈深黑色泽的高顿·赫纳尔特葡萄酒 1996 散发出新鲜的黑莓果香。这款有着绸缎般柔滑质地的葡萄酒生动活泼，红色水果、黑色水果和石头风味浓郁。它十分后进，至今仍然非常年轻，还需要再进行三四年的窖藏。建议于 2007 年至 2012 年间饮用。

1995 Corton-Renardes
高顿·赫纳尔特葡萄酒 1995

评分：93 分

高顿·赫纳尔特葡萄酒 1995 的深黑色泽十分引人注目，充满了甘甜的黑色水果果香，酒质醇厚，发展缓慢，结构性极强且十分浓厚。这款酒有着浓烈的黑色水果香，但是需要进一步窖藏才能完全爆发出来。最佳饮用期：从现在开始到 2010+。

1993 Corton-Renardes
高顿·赫纳尔特葡萄酒 1993

评分：94 分

高顿·赫纳尔特葡萄酒 1993 的外层裹着一层淡淡的琥珀色外衣，散发出复杂、稍有进化的药草和黑色有核水果的香气。这款酒酒体适中至饱满，酒质极其醇厚，入口即可感受到它那柔滑细腻的质地和浓郁的水果果香，之后就是尖利的单宁味。似乎它的颜色、香味和水果果香都在逐渐地进化发展，但单宁却没有丝毫软化的迹象，尽管如此，它浓烈的水果风味却大大弥补了这一缺憾。最佳饮用期：现在。

1990 Corton-Renardes
高顿·赫纳尔特葡萄酒 1990

评分：92 分

高顿·赫纳尔特葡萄酒 1990 带着一股略显拘谨的石头与杂交草莓的混合香味，这款酒体适中至饱满、质地如丝绸般柔滑的美酒有着极为深厚的黑色樱桃风味。如今的它依然年轻、健壮，原初的水果果香中夹杂着淡淡的香水味，余韵坚实而富有层次感。最佳饮用期：从现在开始到 2010 年。

LATRICIERES-CHAMBERTIN
拿切西·香贝丹葡萄酒

2002 Latricières-Chambertin
拿切西·香贝丹葡萄酒 2002

评分：96 分

花香、香料、岩石、丁香和甘草香从拿切西·香贝丹葡萄酒 2002 的酒杯中涌出，酒体适中至饱满，阳刚、强健、黑加仑、黑莓和香水的混合香味能俘房品尝者的每一寸味蕾。它浓烈、醇厚、强劲，然而却不失活泼和细腻。最佳饮用期：2008~2019 年。

1999 Latricières-Chambertin
拿切西·香贝丹葡萄酒 1999

评分：94 分

这款呈中度至略深的红宝石色的拿切西·香贝丹葡萄酒 1999 带着一股稍显拘谨的黑莓果味，阳刚、结构性强，且极为紧致，它十分浓烈，黑莓果香和烘烤黑加仑的味道浓郁迷人。这款浓厚、强劲、耐嚼的葡萄酒应该会在 2006 年至 2018 年间达到巅峰状态。

1998 Latricières-Chambertin
拿切西·香贝丹葡萄酒 1998

评分：95 分

拿切西·香贝丹葡萄酒 1998 的颜色为中度至略深的红宝石色，散发出令人垂涎的辛香黑莓、肉桂和蓝莓的香味。它酒体适中至饱满、丰富，质地柔滑、强健，余韵极为悠长。这款强劲有力的葡萄酒虽然结构紧实，但在中短期时间内却拥有支撑单宁所必需的浓郁果香味。最佳饮用期：从现在开始到 2008 年。

1997 Latricières-Chambertin
拿切西·香贝丹葡萄酒 1997

评分：93 分

拿切西·香贝丹葡萄酒 1997 呈现出深红宝石色或深紫色，充满了花香和活泼、甘甜的黑莓、樱桃、李子果香。这款醇厚、后进的葡萄酒有着烘烤李子、烟草、香料和雪松的香醇口感，它深厚、强劲、复杂，然而又不乏稳固、含蓄和紧致。最佳饮用期：从现在开始到 2012+。

1996 Latricières-Chambertin
拿切西·香贝丹葡萄酒 1996

评分：97 分

新鲜、纯净的黑莓果香从有着深红宝石色或深紫色的拿切西·香贝丹葡萄酒 1996 中飘逸而出。这款豪迈、丰腴的葡萄酒非常的深厚、宽厚和绵长，有着黑莓、樱桃和花香的浓郁口感。它强劲、醇厚，并且有着这一年份酒所特有的清新与紧致。最佳饮用期：2006~2012+。

1995 Latricières-Chambertin
拿切西·香贝丹葡萄酒 1995

评分：95 分

这款呈中度至略深的红宝石色的拿切西·香贝丹葡萄酒 1995，在酒杯的边缘已经开始显示出淡淡的琥珀色，有几分进化的芳香中带着雪松、扑鼻草莓香和药草的风味。它虽然

带着乡土气息、不协调、单宁味道浓烈，然而却依然保持着幼年时既有的浓郁香味，细细品尝后即可领略到黑莓、黑加仑和浓厚的樱桃果香。假如随着时间的推移，它的果香也愈加浓烈的话，拿切西·香贝丹 1995 绝对会赢得满堂彩。最佳饮用期：2006~2010+。

1991 Latricières-Chambertin
拿切西·香贝丹葡萄酒 1991

评分：100 分

这款惊人的拿切西·香贝丹葡萄酒 1991 简直令我大吃一惊！它那深黑的色泽以及浓烈的香料、李子和鲜明的樱桃芬芳无不彰显着它的年轻，几乎没有任何进化痕迹的酒体中显现着层层的李子、李子干、花香、雪松和玫瑰香，它细腻、复杂而完满。1991 年年份酒既有强劲、健壮的一面，同时又不失优雅和细腻，它应该会从现在到 2012+。

1990 Latricières-Chambertin
拿切西·香贝丹葡萄酒 1990

评分：95 分

这款酒呈中度至略深的红宝石色泽，有着极其深厚的浓郁香味。黑色的过熟水果香与浓烈、豪迈的泥土香、甜菜、黑樱桃、甘草和隐约的橡木味争奇斗艳。拿切西·香贝丹葡萄酒 1990 深厚，拥有适中至饱满的酒体和绸缎般的柔滑质地，而且结构性极强。最佳饮用期：从现在开始到 2010 年。

1989 Latricières-Chambertin
拿切西·香贝丹葡萄酒 1989

评分：91 分

拿切西·香贝丹葡萄酒 1989 散发出活泼、进化的黑比诺果香，药草浆果、蜂蜜树叶和香水的香味相当迷人。酒体适中至饱满、宽厚、优雅，有着令人惊艳的深度，骨子里透出甘甜的、香料的、浓郁的果香口感。这款酒紧致得近乎粗糙，然而却已经达到了成熟的巅峰状态。最佳饮用期：从现在开始到 2007 年。

MUSIGNY
木西尼葡萄酒

2002 Musigny
木西尼葡萄酒 2002

评分：98 分

这款优雅、酒质如丝绸般柔滑的木西尼葡萄酒 2002，是用勒鲁瓦酒庄旗下的三座袖珍葡萄园里的葡萄酿制的。醉人的红樱桃和紫罗兰香味覆盖下的是细腻、适中至饱满的酒体。这款酒质地柔滑、口感纯净、气质高贵、回味悠长，花香和红色水果的果香一直绵延到悠长的余韵中。最佳饮用期：2008~2020 年。

1999 Musigny
木西尼葡萄酒 1999

评分：94 分

木西尼葡萄酒 1999 的香味略显拘谨，散发出香料、紫罗兰、樱桃和淡淡的酱汁小牛肉的香味。酒体适中至饱满，质地如绸缎般柔滑，这是一款活泼、细腻、充满阴柔之美的葡萄酒，红色水果、香料和花香的口感醇厚。此外，这款细腻、优雅的 1999 年年份酒的余韵也有着少见的悠长、纯净和饱满。最佳饮用期：2006~2018 年。

1998 Musigny
木西尼葡萄酒 1998

评分：96 分

这款呈中度至略深的红宝石色的木西尼葡萄酒 1998，散发出迷人的红色水果和黑色水果果香，以及浓郁的香料和花香。尽管果香浓郁（包括覆盆子、黑莓、带着花香的樱桃），但它的单宁味道也极其浓烈，且口感艰涩。这款表现力极强并且完全成熟的葡萄酒会让酒评家左右为难：一方面它的果香宜人，但另一方面它的单宁同样令人望而却步。建议于现在至 2009 年间饮用。

1997 Musigny
木西尼葡萄酒 1997

评分：95 分

这款非同寻常的木西尼葡萄酒 1997 披着深黑色的外衣，边缘又带着微微的红褐色，酒体丰腴、饱满、奢华，散发出肥厚、多汁的黑莓、蓝莓和樱桃的果香，结构性极强，酒质深厚。最佳饮用期：从现在开始到 2012 年。

1996 Musigny
木西尼葡萄酒 1996

评分：96 分

木西尼葡萄酒 1996 呈深黑色，透出花香、浆果和薄荷的优美香味，新鲜、多汁、丰富的蓝莓、覆盆子、紫罗兰和樱桃果香溢满整个口腔。这款适中至饱满酒体的葡萄酒应该会在 2006 年左右达到巅峰状态，还可以保存 10 年甚或更久。

木西尼葡萄酒酒标

1995 Musigny
木西尼葡萄酒 1995

评分：93 分

深黑色的木西尼葡萄酒 1995 充满了黑莓、黑加仑和甜美的花香，它是一款阳刚且宽厚的葡萄酒，带着浓郁的黑色水果和紫罗兰的香味。这款酒浓厚、强烈，然而却极其后进、封闭，需要进行长期的窖藏。最佳饮用期：2007~2015 年。

1993 Musigny
木西尼葡萄酒 1993

评分：92 分

呈现出中度至略深的红宝石色的木西尼葡萄酒 1993 透出异国树木、香料和黑莓的香味，入口即可感受到丝绸般柔滑的质感，坚实的单宁包裹下的是樱桃、黑莓和烤橡木香味。这款葡萄酒的果味浓烈而强劲，但不幸的是单宁也同样不甘落后，大概只有时间才会告诉我们到底谁才能笑到最后。我认为木西尼葡萄酒 1993 应该现在饮用，但是一些人会想要进行进一步的窖藏来赌赌运气。

RICHEBOURG
李奇伯格葡萄酒

2002 Richebourg
李奇伯格葡萄酒 2002

评分：97 分

充满蜡味的黑樱桃和香料味从强劲的李奇伯格葡萄酒 2002 的酒杯中喷薄而出。它强健、宽厚、深沉，罕见的深厚，结构坚实，酒体适中至饱满，黑色水果的风味与辛香烤橡木味交相融合。这款风味浓郁的葡萄酒适合于 2009 年至 2018 年间饮用。

2001 Richebourg
李奇伯格葡萄酒 2001

评分：92 分

奢华的红色水果果香从有着中度至略深的红宝石色的李奇伯格葡萄酒 2001 中喷涌而出。它宽厚、豪迈、高贵，质地如丝绒般柔软。这款天资极佳的葡萄酒酒体适中至饱满，深厚而香醇，口感丰富，带着浓郁的香料、甘甜的黑莓和黑樱桃果香。尽管余韵有些粗糙，但它仍不失为一款出色、强劲、复杂的葡萄酒，尤其是在 2001 年份，这些品质更显得难能可贵。最佳饮用期：从现在开始到 2012 年。

2000 Richebourg
李奇伯格葡萄酒 2000

评分：94 分

樱桃、覆盆子和肉桂的香味从有着中度至略深的红宝石色的李奇伯格葡萄酒 2000 中飘逸而出。它是一款浓厚、粗犷大胆、适中至饱满酒体的葡萄酒，浓郁的红色水果和黑色水果的果酱香溢满整个口腔，并且一直延续至罕见的悠长余韵中。此外，这款葡萄酒成熟且柔软的单宁也值得称道。最佳饮用期：从现在开始到 2012 年。

1999 Richebourg
李奇伯格葡萄酒 1999　评分：95 分

李奇伯格葡萄酒 1999 呈现出中度至略深的红宝石色泽，略显拘谨的香味覆盖下的是宽厚、强劲、醇厚的酒体。这款强健、阳刚的葡萄酒散发出一波波黑樱桃、李子和蓝莓的果香，质地如天鹅绒般柔滑，口感浓厚。这款佳酿应该会从现在至 2018 年间迎来巅峰期。

1998 Richebourg
李奇伯格葡萄酒 1998　评分：95 分

呈现出适中至略深的红宝石色的李奇伯格葡萄酒 1998 透出淡淡的香料、草莓、覆盆子和甜的黑樱桃芬芳，酒体适中至饱满且极为强劲，是一款宽厚、阳刚的葡萄酒。它结构坚实却果香四溢，有着浓郁的黑加仑、红樱桃、香料和李子风味。尽管它是该年份中单宁最为浓烈的一款酒，但是目前它还被深厚、浓郁的果香包裹着。建议于 2011 年前享用。

1997 Richebourg
李奇伯格葡萄酒 1997　评分：98 分

李奇伯格葡萄酒 1997 呈现出中度至略深的红宝石色泽，透出奢华的糯樱桃、李子、海鲜酱、香料和新鲜药草的醉人芬芳，酒体丰腴、成熟、甜美。这是一款饱满、丰富、结构性强的葡萄酒，一波波甘甜多汁的樱桃果香中还夹杂着杜松子、丁香、香草、皮革和生肉味。最佳饮用期：从现在开始到 2012+。

1996 Richebourg
李奇伯格葡萄酒 1996　评分：97 分

散发出甜美的香水、爽身粉和樱桃果汁香味的李奇伯格葡萄酒 1996 呈深红宝石色或深紫色。这款佳酿酒体丰腴、口感丰富、优雅、强劲、如丝般润滑的酒质中又透出红醋栗、黑樱桃、香料和黑莓的风味。它结构性极强，浓烈的单宁被包裹在浓厚、浓郁的果香中。最佳饮用期：2006~2015 年。

1995 Richebourg
李奇伯格葡萄酒 1995

评分：96 分

李奇伯格葡萄酒 1995 的颜色为中度至略深的红宝石色，黑色水果、香料和新鲜药草的香味迷人而复杂；酒体丰腴、宽厚、醇厚，黑莓和焦油似的风味层层显现。此外，它结构紧致、稳固，并且极为深厚，相信经过窖藏之后定能成为大受欢迎的惊世佳酿。最佳饮用期：2006~2014 年。

1993 Richebourg
李奇伯格葡萄酒 1993　评分：96 分

这款带着浓郁香料风味的李奇伯格葡萄酒 1993 呈现出中度至略深的红宝石色泽，新鲜的药草和红色水果的果香贯穿于它复杂香味的始终。它是一款极为出色的 1993 年年份酒，有着意料中的紧致、浓烈的单宁，但又有着超乎意料之外的浓烈黑色水果果香。这款酒具有极佳的陈年特性，它的生命力也许可以长达 40 年。最佳饮用期：2010~2020+。

1990 Richebourg
李奇伯格葡萄酒 1990　评分：96 分

呈现出亮丽、健康的中度至略深的红宝石色的李奇伯格葡萄酒 1990 酒质深厚，主要以黑色水果果香为主的酒香复杂。它深厚、适中至饱满的酒体带着酱油、海鲜酱、樱桃和覆盆子的迷人风味。这款有着绸缎般柔滑质地的葡萄酒依然年轻、生机勃勃，相信经过窖藏之后风味会更佳。最佳饮用期：从现在开始到 2010+。

1989 Richebourg
李奇伯格葡萄酒 1989　评分：93 分

这款可爱的李奇伯格葡萄酒 1989 似乎是 1989 年年份酒中为数不多的几款依然有陈年和发展空间的葡萄酒之一。中度至略深的红宝石色泽中带着隐隐的琥珀色，散发出浓厚的黑莓和焦糖香味；酒体适中至饱满，甘甜的红樱桃、李子、黑胡椒、杜松子和香料风味迷人。这款酒宽厚、结构性强，质地如天鹅绒般柔滑细腻，余韵也是少见的悠长、可口。建议于现在至 2011 年或 2012 年间饮用。

ROMANÉE-ST.-VIVANT
罗曼尼·圣·伟岸葡萄酒

2001 Romanée-St.-Vivant
罗曼尼·圣·伟岸葡萄酒 2001　评分：91 分

呈中度红宝石色的罗曼尼·圣·伟岸葡萄酒 2001 散发出醉人的超熟葡萄、黑莓和紫罗兰的芬芳，酒体适中，层层叠叠地带着花香的黑莓与黑加仑果香不断挑逗着味蕾。这款果香浓郁的葡萄酒深厚、丰满、风味多样，余韵中带着一丝似茎味。建议于现在到 2011 年或 2012 年间饮用。

2000 Romanée-St.-Vivant
罗曼尼·圣·伟岸葡萄酒 2000　评分：92 分

散发出浓郁香料、李子和黑色水果香味的罗曼尼·圣·伟岸葡萄酒 2000 精粹度高且十分浓烈。酒体适中，且呈现出不同寻常的墨色，这款有着浓郁黑莓和黑加仑果味的葡萄酒余韵粗糙，带着一股木头般的味道。毫无疑问，它是一款出色的葡萄酒，口感中有着浓郁的黑色水果果香，然而它又会使人不由自主地想象如果在酿酒过程中能够更加细致的话，那它会是什么样子？这款酒建议于现在至 2010 年间饮用。

1999 Romanée-St.-Vivant

罗曼尼·圣·伟岸葡萄酒 1999　评分：91 分

　　这款呈中度红宝石色的罗曼尼·圣·伟岸葡萄酒 1999 散发出极为精致的花香、香料和浆果香。这款酒体适中、口感醇厚的葡萄酒复杂、精雅，然而却极为后进、封闭，单宁味道浓烈。只有时间会证明它的优雅和细腻能够与坚实的结构共存。最佳饮用期：2006~2012 年。

1998 Romanée-St.-Vivant

罗曼尼·圣·伟岸葡萄酒 1998　评分：93 分

　　红莓、覆盆子和樱桃的果香从红宝石色的罗曼尼·圣·伟岸葡萄酒 1998 中袅袅溢出，酒体适中至饱满，风姿优雅动人。这款有着草莓酱和新鲜覆盆子风味的葡萄酒复杂、精致、醇厚。建议于现在至 2010 年或 2011 年间享用这款阴柔的美酒。

1997 Romanée-St.-Vivant

罗曼尼·圣·伟岸葡萄酒 1997　评分：95 分

　　一年之前我尝过这款罗曼尼·圣·伟岸葡萄酒 1997 后，它的酒体、物质和结构都开始逐渐呈现出来。黑色李子、香料、穆哈咖啡和李子干的混合香味从酒杯中逸出，这款酒体适中至饱满、如天鹅绒般柔滑的葡萄酒带着一股有嚼劲的红色与黑色水果果香。最佳饮用期：从现在开始到 2010+。

1996 Romanée-St.-Vivant

罗曼尼·圣·伟岸葡萄酒 1996　评分：97 分

　　这款呈健康的深红宝石色的罗曼尼·圣·伟岸葡萄酒 1996 透出浓郁的黑醋栗、黑樱桃和香料的芬芳。它豪迈、强劲、精细，极为深厚、醇厚，覆盆子、红色水果和黑色水果、李子、香料以及药草味共同构成它复杂的风味。现在的它还极为年轻，还需要耐心的等待。建议于 2010 年前饮用。

1995 Romanée-St.-Vivant

罗曼尼·圣·伟岸葡萄酒 1995　评分：95 分

　　罗曼尼·圣·伟岸葡萄酒 1995 深红宝石色中带着淡淡的琥珀色，黑色浆果和新鲜药草香在稳固而含蓄的酒香中显得尤为明显。酒体适中至饱满，十分醇厚，有着值得称道的烘烤黑色水果的浓郁香味，此外单宁也较为凌厉。最佳饮用期：2006~2020 年。

1993 Romanée-St.-Vivant

罗曼尼·圣·伟岸葡萄酒 1993　评分：99 分

　　广受称赞的罗曼尼·圣·伟岸葡萄酒 1993 已经开始显现出它的陈年特性，深褐色的酒体带着淡淡的琥珀色；它芳香四溢，散发出华丽的香料、花香、药草和黑色覆盆子的香味。这款酒的风味依然很年轻，层层叠叠的新鲜红色浆果和黑色浆果的果香、迷迭香和紫罗兰的花香以及石头的气息争奇斗艳。它结构坚实、强劲，余韵极其悠长，是一款适合陈年的绝世佳酿。最佳饮用期：从现在开始到 2015 年。

1991 Romanée-St.-Vivant

罗曼尼·圣·伟岸葡萄酒 1991

　　评分：95 分

　　罗曼尼·圣·伟岸葡萄酒 1991 的颜色为红宝石色，黑色水果的果香与新鲜药草、淡淡的可可醇香交相融合，性感迷人。它深厚、细腻，有着穆哈咖啡和黑色水果的香味。这款酒极其醇厚、优雅，余韵也惊人的悠长、饱满。最佳饮用期：2008 年之前。

VOSNE-ROMANÉE LES BEAUX MONTS

沃恩·罗曼尼·美丽山葡萄酒

2002 Vosne-Romanée Les Beaux Monts

沃恩·罗曼尼·美丽山葡萄酒 2002

　　评分：96 分

　　呈中度红宝石色的沃恩·罗曼尼·美丽山葡萄酒 2002 散发出浓烈的香料、蜡和黑色水果的浓郁香味，一波波柔软、细滑的新鲜红色水果果香浓烈而奔放，溢满整个口腔。它醇厚、强劲、优雅，结构性强，这款酒正是这座葡萄园无限潜力的最好例证。最佳饮用期：2006~2015 年。

1999 Vosne-Romanée Les Beaux Monts

沃恩·罗曼尼·美丽山葡萄酒 1999

　　评分：93 分

　　沃恩·罗曼尼·美丽山葡萄酒 1999 呈中度至略深的红宝石色，紫罗兰、玫瑰和冰樱桃的香味复杂、迷人，单宁味道浓郁、成熟而饱满。酒体适中至饱满，深厚的黑樱桃、黑莓和似乎是黑加仑的果香贯穿始终，并一直延续至悠长、和谐的余韵中。这款酒的质地如天鹅绒般柔滑细腻、生动活泼、优雅高贵却又激烈澎湃。现在至 2015 年间为最佳饮用期。

1997 Vosne-Romanée Les Beaux Monts

沃恩·罗曼尼·美丽山葡萄酒 1997　评分：93 分

　　沃恩·罗曼尼·美丽山葡萄酒 1997 透着红色水果、玫瑰和蜜饯橘子的浓厚香味。这款单宁含量极高、后进、超级醇厚的葡萄酒强劲而浓烈，然而又不失优雅和细腻。假如这款酒能够解决单宁味道太过浓郁的问题，那它绝对会令人惊叹不已。最佳饮用期：从现在开始到 2010+。

1996 Vosne-Romanée Les Beaux Monts

沃恩·罗曼尼·美丽山葡萄酒 1996　评分：96 分

　　在众多的葡萄酒中，呈现出深黑色泽的沃恩·罗曼尼·美丽山葡萄酒 1996 显得尤为出类拔萃。甜樱桃、覆盆子、石头和土壤的香味浓厚、强烈，但丰腴的酒体、极致的阴柔美，以及成熟且生机勃勃的玫瑰、樱桃和蜜饯蓝莓的芬芳更加妩媚动人。这款酒有着丝绸般柔滑的质地，带给人以感官的享受（然而结构性又极强）且颇为集中，余韵悠长、细腻。最佳饮用期：从现在开始到 2010+。

1995 Vosne-Romanée Les Beaux Monts
沃恩·罗曼尼·美丽山葡萄酒 1995 　评分：94 分

这是勒鲁瓦夫人酿制的顶级沃恩一级葡萄酒。呈现出深黑色泽的沃恩·罗曼尼·美丽山葡萄酒 1995（产量为 350 箱）散发出极为诱人的香料、浓郁的红色水果和黑色水果香味，入口即可感受到肥厚、成熟的樱桃芬芳以及淡淡的泥土香和肉桂气息。它酒体丰腴，质地柔滑，有着无可比拟的绵长和优雅。这款佳酿还可继续保存 12 到 15 年。

1993 Vosne-Romanée Les Beaux Monts
沃恩·罗曼尼·美丽山葡萄酒 1993 　评分：96 分

与沃恩·罗曼尼·奥布鲁里葡萄酒相比，沃恩·罗曼尼·美丽山葡萄酒 1993 少了份异国情调，而多了份古典韵味。它十分后进且单宁浓郁，醇厚、强劲、纯净，这款酒极为优雅迷人。最佳饮用期：从现在开始到 2012 年。

1991 Vosne-Romanée Les Beaux Monts
沃恩·罗曼尼·美丽山葡萄酒 1991

评分：93 分

这款香味浓郁、结构性强、颜色浓重的沃恩·罗曼尼·美丽山葡萄酒 1991，散发出巧克力、黑色水果、药草和烤香草的甜美芳香，质地柔滑，香味悠长。这款酒层次感极强，且极为醇厚，酸度较为柔和，余韵中带着中度成熟的单宁味道。建议于现在至 2010 年间饮用。

1990 Vosne-Romanée Les Beaux Monts
沃恩·罗曼尼·美丽山葡萄酒 1990

评分：98 分

拉茹·贝茨·勒鲁瓦夫人酿制的沃恩·罗曼尼·美丽山葡萄酒 1990 是勒鲁瓦酒庄的经典之作。它虽然不像奥布鲁里葡萄酒那样从酒杯中飘逸出异国的、烟熏和烘烤的香味，但它的确有着巧妙却极为悠长、浓郁的黑色水果、药草、灌木和甘甜的橡木味。尽管这款酒有着极为罕见的醇厚风味，但单宁含量极高，与奥布鲁里葡萄酒相比，它的结构性更强，也更加的浓厚、丰富。由于单宁味道极其浓郁，它应该可以保存 18 年甚至更久的时间。

VOSNE-ROMANÉE AUX BRULEES
沃恩·罗曼尼·奥布鲁里葡萄酒

2002 Vosne-Romanée Aux Brûlées
沃恩·罗曼尼·奥布鲁里葡萄酒 2002

评分：94 分

芳香四溢的沃恩·罗曼尼·奥布鲁里葡萄酒 2002 为适中至饱满的酒体，口感甘甜。这款如丝绒般柔软、细滑的葡萄酒充满了浓郁的香料、肥美多汁的蓝莓和成熟的黑莓果香。它平衡度好，发展速度极快，且结构性强。最佳饮用期：2006~2015 年。

1997 Vosne-Romanée Aux Brûlées
沃恩·罗曼尼·奥布鲁里葡萄酒 1997

评分：93 分

呈红宝石色或紫色的沃恩·罗曼尼·奥布鲁里葡萄酒 1997 透出极为浓郁的香料芬芳，并辅以红樱桃和黑樱桃的果香。这款丰满、甘草味道浓重、质地柔滑且极为宽厚的葡萄酒有着超级成熟、带着香料味的红色水果风味。它醇厚、和谐、优雅、绵长，这款完整的葡萄酒一定会从现在至 2010 年间达到巅峰状态。

1996 Vosne-Romanée Aux Brûlées
沃恩·罗曼尼·奥布鲁里葡萄酒 1996

评分：93 分

这款深黑色的葡萄酒透出新鲜、甘甜的浆果、风干水果以及浓烈的烘烤橡木香味。高度醇厚、精粹度高、新鲜多汁、适中至饱满酒体并且极其优雅的沃恩·罗曼尼·奥布鲁里葡萄酒 1996，入口即可感受到浓烈的成熟樱桃风味，此外它复杂、和谐、绵长。这款极其饱满、柔滑、性感的葡萄酒应该会从现在至 2010 年间达到最佳状态。

1995 Vosne-Romanée Aux Brûlées
沃恩·罗曼尼·奥布鲁里葡萄酒 1995

评分：92+ 分

此款酒产自一座有着前进且热情洋溢风格的葡萄园，我对它极为欣赏、喜爱。沃恩·罗曼尼·奥布鲁里葡萄酒 1995（产量为 25 箱）散发出诱人且带着异域风情的香料和浆果的味道，质地如丝绸般柔滑细腻，丰富的红色水果和亚洲香料味溢满口腔。诱人、丰满、性感，这款适中至饱满酒体的葡萄酒应该会从现在至 2010 年间达到巅峰状态。

1993 Vosne-Romanée Aux Brûlées
沃恩·罗曼尼·奥布鲁里葡萄酒 1993

评分：99 分

拉茹·贝茨·勒鲁瓦夫人酿制的沃恩·罗曼尼·奥布鲁里葡萄酒 1993 甘甜、性感、丰满、柔滑、深厚、丰富，但绝不会显出一丝的沉重或盛气凌人，它给人一种极为梦幻般的感觉。在勒鲁瓦酒庄所有的 1993 年年份酒中，这款酒的发展速度相对较快。它现在即可饮用，也可窖藏至 2014 年。

1990 Vosne-Romanée Aux Brûlées
沃恩·罗曼尼·奥布鲁里葡萄酒 1990

评分：96 分

魅力十足的沃恩·罗曼尼·奥布鲁里葡萄酒 1990 果真是名副其实。熏肉和烟熏黑色水果的香味沁人心脾；含在口中又可感受到它的宽厚、豪迈以及多汁的酒质；风味多变、甘草气味浓郁；令人兴奋的酒精伴着丰富、柔滑的余韵。尽管美中不足的是单宁味道稍显浓郁，但它现在品尝起来仍不失为一款佳酿。它应该可以保存至 2010 年。

DOMAINE HUBERT LIGNIER
休伯特·里尼叶酒庄

酒品：

岩石庄园葡萄酒（Clos de la Roche）

庄园主：休伯特·里尼叶（Hubert Lignier）

地址：45 Grande Rue,21220 Morey-St.-Denis, France

电话：(33) 03 80 51 87 40

传真：(33) 03 80 51 80 97

邮箱：domaine.hubert-lignier@wanadoo.fr

联系人：休伯特·里尼叶

参观规定：参观前必须预约

葡萄园

占地面积：21 英亩

葡萄品种：90% 黑比诺，5% 阿里高特，5% 佳美

平均树龄：45 年

种植密度：10,500 株 / 公顷

平均产量：3,500 升 / 公顷

酒的酿制

葡萄要 100% 的去梗，之后在开放的酒槽中进行 15 到 20 个月的酿制。通常会有 5 天的初步发酵和浸渍期，只使用本地酵母。酿造程序完成后，葡萄酒被移入木质酒桶中进行苹果酸 - 乳酸发酵（60% 为全新的木桶，其他的有一到两年的历史）。最后在橡木桶中进行 12 到 16 个月的窖藏，自然装瓶，既不澄清也不过滤。

年产量

岩石庄园葡萄酒：4,000 瓶

平均售价（与年份有关）：175~250 美元

近期最佳年份

2002 年，1999 年，1997 年，1996 年，1993 年，1990 年，1988 年

虽然这座酒庄已经前后传承了五代，但在葡萄园内装瓶，并且直接向来自世界各地的客户销售却是近几十年的事情。在此之前，酒庄内酿制的所有葡萄酒都是卖给各种各样的酒商的。

2003 年在遭遇过巨大的不幸之后，休伯特·里尼叶准备退休。而他的儿子——才华横溢的酿酒师罗曼·里尼叶（Romain Lignier），在 2003 年葡萄收获过后却感觉身体不适，随即被确诊为脑瘤，2004 年 7 月他不幸去世，年仅 34 岁。那时的罗曼已经被公认为是勃艮第产区最有前途的酿酒师和有名的人道主义者（他是一位狂热的自行车爱好者，经常带领这一地区的盲人骑自行车）。于是，休伯特不得不与其他家庭成员一道继续经营这座酒庄，其中就包括他的妻子弗朗索瓦丝以及罗曼的妻子海伦。

已故的罗曼·里尼叶

CLOS DE LA ROCHE
岩石庄园葡萄酒

2002 Clos de la Roche

岩石庄园葡萄酒 2002

评分：95 分

休伯特·里尼叶酒庄的岩石庄园葡萄酒 2002 充满了蜜饯红色水果、香料、泥土香、烟熏和黑莓的浓郁香味，入口后即可感受到它那绸缎般柔滑的质感和肉感，一波波肥厚鲜

嫩的红色水果果香溢满口腔,悠长的余韵中单宁味道浓郁,使得葡萄酒肥美多汁的果香有了坚实的骨架。这款醇厚、复杂的葡萄酒的最佳饮用期为2007至2016年间。

1999 Clos de la Roche
岩石庄园葡萄酒 1999

评分:94+ 分

岩石庄园葡萄酒1999是里尼叶酒庄颜色最深的一款酒,呈现出深红宝石色泽。黑樱桃、黑莓、甘草和紫罗兰香味覆盖下的是极具爆发力且醇厚的风味,酒体适中至饱满,且口感纯净。这款清新、甜美的葡萄酒唇齿留香,樱桃、覆盆子、蓝莓和黑莓的果香醇厚迷人,饱满而颇具骨感,它的余韵悠长、果香四溢。最佳饮用期:2006~2016年。

1997 Clos de la Roche
岩石庄园葡萄酒 1997

评分:94 分

这款渗透性极强、呈中度至略深的红宝石色的岩石庄园葡萄酒1997有着浓郁的香料、蜡烛和黑莓的芬芳。这款酒体饱满、宽厚的葡萄酒口感丰富——甘甜、圆润的红色水果、甜樱桃的果酱以及一丝海鲜酱的香味,它悠长的余韵中带着浓郁的成熟和饱满的单宁味。最佳饮用期:从现在开始到2010年。

1996 Clos de la Roche
岩石庄园葡萄酒 1996

评分:95 分

岩石庄园葡萄酒1996呈深红宝石色,香味极为纯净、深厚、丰富。碎石、泥土香、紫罗兰、香水、蓝莓酱、黑加仑、黑樱桃以及一丝马路焦油的复杂香味覆盖下的是天鹅绒般柔滑的质地、丰腴的酒体和极为醇厚的口感。这款佳酿强劲而不失优雅的风味以及坚实的余韵中都带着蜜饯樱桃、石头、迷迭香、辛香橡木、亚洲香料和一丝巧克力的醇香。此外,它还有着极佳的平衡度和协调性,拥有深厚的果香,以及细腻、柔滑的单宁。这款佳酿应该会成为该年度年份酒中最具陈年潜力的葡萄酒。最佳饮用期:从现在开始到2018年。

1995 Clos de la Roche
岩石庄园葡萄酒 1995

评分:97 分

有着深红宝石色的岩石庄园葡萄酒1995焕透出醉人的

蜜饯榛子、石头、新鲜药草、黑莓、蓝莓、李子以及在阳光下晒日光浴的潮湿砾石的芬芳,而它的口感也与它的香味一样不凡,复杂,个性醇厚、宽厚、豪迈。这款酒体丰腴、美味可口、质地柔滑、多汁而极为丰富的葡萄酒,会令人联想起黑莓、黑醋栗、雪松、石头和野蔷薇。它悠长的余韵中有着浓郁的果香和柔顺的单宁味。建议于2006年至2020+年间饮用。

1993 Clos de la Roche
岩石庄园葡萄酒 1993

评分:93 分

岩石庄园葡萄酒1993呈现出中度至饱满的深红宝石色,边缘带有淡淡的琥珀色。最开始像是谷仓般的奇怪气味很快就被辛香的雪松味所取代,酒体适中至饱满,这款有着泥土香、石头和黑色水果风味的葡萄酒香醇、浓厚。这款酒有着这一年份酒所特有的坚定、干性和单宁味道浓重的特点,但是通过陈年后,它强烈的果香完全有超越这些特性的潜力。最佳饮用期:从现在开始到2010+。

1991 Clos de la Roche
岩石庄园葡萄酒 1991

评分:94 分

呈深黑色的岩石庄园葡萄酒1991有着樱桃白兰地、石头、黑樱桃和雪松的复杂香味;酒体适中且极为集中,正处于青年至成年的转型阶段;在异国树木与雪茄盒的风味中依然可辨出甘甜的红樱桃味。这是一款极为醇厚、优雅的葡萄酒,悠长的余韵中带着极为成熟的单宁气息。最佳饮用期:从现在开始到2010年。

1990 Clos de la Roche
岩石庄园葡萄酒 1990

评分:95 分

这款红宝石色的岩石庄园葡萄酒1990边缘已经开始显现出淡淡的琥珀色,散发出雪松和黑莓的馨香。丰腴、宽厚、肥厚、质地如天鹅绒般细腻柔滑的1990年年份酒有着烟草、雪松、香料和超级成熟的黑色水果风味。它饱满、柔顺的单宁以及浓郁美味的口感是享乐主义者的最爱,而它的复杂性和精细则满足了那些寻找智慧之光者的需求。最佳饮用期:从现在开始到2007年。

DOMAINE MICHEL NIELLON

米歇尔·尼尔伦酒庄

酒品：

巴塔·蒙哈榭葡萄酒（Bâtard-Montrachet）

骑士·蒙哈榭葡萄酒（Chevalier-Montrachet）

庄园主：米歇尔·尼尔伦（SCE Michel Niellon）

地址：1 rue Nord,21190 Chassagne- Montrachet, France

电话：(33) 03 80 21 30 95

传真：(33) 03 80 21 91 93

联系人：米歇尔·尼尔伦

参观规定：只对酒庄客户开放

葡萄园

占地面积：17.3 英亩

葡萄品种：霞多丽 66%，黑比诺 34%

平均树龄：7~77 年，树龄最大的是骑士·蒙哈榭（1962 年种植）和巴塔·蒙哈榭（1927 年种植）

种植密度：10,000 株 / 公顷

平均产量：4,800~5,400 升 / 公顷

酒的酿制

产量适中，在不锈钢酒槽中进行发酵，在橡木桶中陈年。尼尔伦酒庄中新橡木桶的更新比例从不超过 20%~25%。装瓶前澄清并进行轻微过滤，一般是在陈年后的 12 到 14 个月后进行。

年产量

巴塔·蒙哈榭葡萄酒：700 瓶

骑士·蒙哈榭葡萄酒：1,400 瓶

平均售价（与年份有关）：50~200 美元

近期最佳年份

2002 年，2001 年，2000 年，1999 年，1995 年，1992 年，1990 年，1982 年

这座袖珍酒庄经过很长时间才建立起来，最开始是米歇尔·尼尔伦从父母手中继承过来的一座 7.5 英亩的葡萄园。1948 年，他就开始在葡萄园中工作（那时他只有 14 岁）。他告诉我，那时是一段十分困难的时期，因为当时正处于第二次世界大战刚结束时的不景气时期。1957 年服完兵役后，尼尔伦就开始将部分的葡萄酒在酒庄内进行装瓶，然后把它们卖给一些朋友和客户，而他原先的打算就是酿酒以自娱。

这座酒庄最不寻常之处就在于它的葡萄酒从不会令人失望。25 年来我一直坚持购买米歇尔·尼尔伦酒庄的葡萄酒，而且不管当年份葡萄酒的品质是普普通通的、优秀的还是极佳的，尼尔伦是能成为超越年份本身质量的为数不多的几个葡萄酒酿造者之一。更值得一提的是，20 世纪 80 年代出产的年份酒证明，尼尔伦酒庄出产的葡萄酒有着极大的陈年潜力。

BÂTARD-MONTRACHET
巴塔·蒙哈榭葡萄酒

巴塔·蒙哈榭葡萄酒酒标

2002 Bâtard-Montrachet
巴塔·蒙哈榭葡萄酒 2002　　评分：94 分

巴塔·蒙哈榭葡萄酒 2002 散发出丰富的矿物质香味，它肥厚、丰富、如丝绒般柔滑，有着略带松香味的矿物质风味，深厚、醇厚、纯净、集中，这款风味浓郁的葡萄酒适宜在 2006 年至 2012 年间饮用。

2001 Bâtard-Montrachet
巴塔·蒙哈榭葡萄酒 2001　　评分：94 分

尼尔伦酒庄的巴塔·蒙哈榭葡萄酒 2001 充满了诱人的花香、梨子和淡淡的香草味，酒体适中，含在口中时会感觉更加深厚。这款酒酒质黏稠，如丝绸般柔滑，辛香矿物质和水煮梨子的风味贯穿于始终，并一直绵延至出色的余韵中。这款豪迈、强劲的葡萄酒即使是凭借着深厚与丰富而使品尝者惊叹不已时，也依然能够感受到它的高雅和精致。最佳饮用期：从现在开始到 2013 年。

2000 Bâtard-Montrachet
巴塔·蒙哈榭葡萄酒 2000　　评分：94 分

馨香的梨子果香从巴塔·蒙哈榭葡萄酒 2000 的酒杯中袅袅溢出，热带水果、香料、蜜饯苹果、黄油吐司以及一丝覆盆子的果香能俘虏所有味蕾。它口感强劲，酒体适中至饱满，余韵极为绵长。最佳饮用期：从现在开始到 2012 年。

1999 Bâtard-Montrachet
巴塔·蒙哈榭葡萄酒 1999　　评分：91 分

经过醒酒之后，香味极为隐蔽、含蓄的巴塔·蒙哈榭葡萄酒 1999 具有宽厚、醇厚、深沉的个性。它清新、热情洋溢、浓烈，新鲜的梨子和苹果香开始逐渐崭露头角。最佳饮用期：从现在开始到 2011+。

1997 Bâtard-Montrachet
巴塔·蒙哈榭葡萄酒 1997　　评分：93 分

巴塔·蒙哈榭葡萄酒 1997 散发出超级成熟的梨子和苹果果香，以及醇厚且高度精粹的其他果香。这是一款极为醇厚的葡萄酒，带着浓郁的蜂蜜水果蛋糕风味，酒质丰富、黏稠

到近乎松软。假如它的平衡性能够更出色的话，那就很难说我的分数会打多高了。最佳饮用期：从现在开始到 2012 年。

1996 Bâtard-Montrachet
巴塔·蒙哈榭葡萄酒 1996　　评分：99 分

这款特级酒庄葡萄酒美好得令人难以置信，拥有我对白葡萄酒的所有幻想和期望。那巴塔·蒙哈榭葡萄酒 1996 有望获得满分吗？它产自 49 岁的葡萄树，这款堪称白葡萄酒中榜样的 1996 年年份酒香味是如此的浓郁和丰富，不仅征服了品尝者的胃，更征服了他们的心。端起酒杯，超熟的水果、野姜花、混合香料以及甘甜的烤橡木味扑面而来。这款酒强劲、豪迈、宽厚，口感浓郁，它依然保持着极致的优雅和骨感，这一点显得尤为难能可贵。丰腴的酒体有着层层叠叠的榛子、烘烤桃子、液态矿物质、蜜饯梨子，以及绵长得似乎永无尽头的余韵，真正是本垒打的大满贯！最佳饮用期：从现在开始到 2012 年。

1995 Bâtard-Montrachet
巴塔·蒙哈榭葡萄酒 1995　　评分：93 分

巴塔·蒙哈榭葡萄酒 1995 透出温暖且极具包裹性的香料香味以及淡淡的柑橘味，天鹅绒般柔滑的质地、丰腴的酒体、超级深厚的烘烤水果香沐浴在混合香料的风味中。而它之所以难以获得更高的分数，完全是因为缺乏用于中和的酸度。最佳饮用期：从现在开始到 2015 年。

1992 Bâtard-Montrachet
巴塔·蒙哈榭葡萄酒 1992

评分：93 分

巴塔·蒙哈榭葡萄酒 1992 香味浓郁，口感中带着高度精粹的霞多丽葡萄果香，混杂的香味和风味无所不包——从橘子、苹果和椰子果香到香草、奶油饼干和蜂蜜香。这款酒酒体丰盈、超级醇厚，真是棒透了！最佳饮用期：从现在开始到 2008 年。

1991 Bâtard-Montrachet
巴塔·蒙哈榭葡萄酒 1991

评分：93 分

尼尔伦酒庄在 1991 年产量极少，平均每公顷葡萄园仅为 2,000 到 2,500 公升。而当年度的巴塔·蒙哈榭葡萄酒（仅酿制了 3 桶，合计有 75 箱）酒质肥厚，口感丰富，余韵悠长。它豪迈、酒精含量高，并且酒香浓郁，精粹物含量也极高。最佳饮用期：从现在开始到 2007 年。

1989 Bâtard-Montrachet
巴塔·蒙哈榭葡萄酒 1989

评分：96 分

巴塔·蒙哈榭葡萄酒 1989 透出黄油和椰子的清香，酒体丰盈、丰富，甘草风味浓郁。它深度极佳，悠长的余韵使人恍然如梦。真希望所有的蒙哈榭葡萄酒都能如此的美味！最佳饮用期：从现在开始到 2012 年。

CHEVALIER-MONTRACHET
骑士·蒙哈榭葡萄酒

2002 Chevalier-Montrachet
骑士·蒙哈榭葡萄酒 2002

评分：96 分

浓郁的矿物质、碎石以及新鲜梨子的芬芳从骑士·蒙哈榭葡萄酒 2002 中飘逸而出。这款极具肉感、适中偏淡酒体的葡萄酒柔软、深厚，酒质如丝般顺滑，扑鼻的矿物质风味一直可以延续至悠长、纯净的余韵中。最佳饮用期：从现在开始到 2012 年。

2001 Chevalier-Montrachet
骑士·蒙哈榭葡萄酒 2001

评分：95 分

骑士·蒙哈榭葡萄酒 2001 的香料、茴香和椴树的香味扑鼻，有着骑士·蒙哈榭葡萄酒中少见的宽厚和强劲，它丰富、发展速度快、耐嚼且强劲。这款醇厚的葡萄酒深度极佳，碎石、石头和矿物质的浓郁风味中又混杂着梨子的果香。此外，它的余韵也极为悠长，风情万种且优雅细腻。最佳饮用期：从现在开始到 2013 年。

2000 Chevalier-Montrachet
骑士·蒙哈榭葡萄酒 2000

评分：92 分

骑士·蒙哈榭葡萄酒 2000 散发出烘烤和香料的气息，骨感极佳，这款酒体适中的葡萄酒有着浓郁的碎石、矿物质和苹果的混合芳香。与巴塔·蒙哈榭葡萄酒相比，它更显紧密，然而却更加强烈、醇厚，余韵绵长、纯净。最佳饮用期：从现在开始到 2013 年。

1999 Chevalier-Montrachet
骑士·蒙哈榭葡萄酒 1999

评分：92 分

骑士·蒙哈榭葡萄酒 1999 透出浓郁的纯净矿物质香味，酒体适中，精雅细致，骨感极强且极为深厚。这款质地如绸缎般柔滑的葡萄酒有着石头、新鲜梨子和苹果的风味，余韵绵长。最佳饮用期：从现在开始到 2012 年。

1997 Chevalier-Montrachet
骑士·蒙哈榭葡萄酒 1997

评分：92 分

骑士·蒙哈榭葡萄酒 1997 浓烈的矿物质和粉笔的混合气味中显示出极佳的成熟特性。这款出色的佳酿酒体适中，口感丰富、醇厚，且极为集中，令人垂涎的矿物质风味一直延续至绵长且极干的余韵中。最佳饮用期：从现在开始到 2009 年。

1996 Chevalier-Montrachet
骑士·蒙哈榭葡萄酒 1996

评分：99 分

这款顶级葡萄酒出色得简直令人难以置信，具有我理想中白葡萄酒的所有特质，它是否有望成为一款满分葡萄酒呢？醇厚的骑士·蒙哈榭葡萄酒 1996 是由从 1968 年和 1972 年种植的葡萄树上采摘的果子精酿而成，矿物质、粉笔、岩石、灰尘和花香混合而成的香味复杂、细腻、精致，令人如梦如幻，极度的精雅以及协调性颇佳的适中至饱满酒体夺人心魄。每一次我轻呷一口，都会感受到一种全新的风味：矿物质、石头、醋栗、李子、贝壳、吐司、覆盆子、桃子、梨子、金银花、"香槟"红醋栗和打火石，所有这一切风味在骑士·蒙哈榭葡萄酒 1996 那柔滑、活泼、精雅、轻盈的酒体中都有迹可循。总之，单纯的语言已经不足以形容它的美好。最佳饮用期：从现在开始到 2012 年。

1995 Chevalier-Montrachet
骑士·蒙哈榭葡萄酒 1995

评分：96 分

尼尔伦精致醇厚的骑士·蒙哈榭葡萄酒 1995 浓郁的花香和优质香料的芬芳中又带着淡淡的石头和矿物质气息。这款酒酒体丰满、坚实，饱满而匀称，具有极佳的陈年潜力。最佳饮用期：2007~2020 年。

1992 Chevalier-Montrachet
骑士·蒙哈榭葡萄酒 1992　评分：90 分

骑士·蒙哈榭葡萄酒 1992 与夏莎妮·蒙哈榭·威格斯酒庄（Chassagne-Montrachet Les Vergers）葡萄酒有几分相似。尽管这款酒在尼尔伦酒庄出产的所有葡萄酒中拍卖价格最高，但实际上它却没有其他几款一级葡萄酒强烈，也比不得巴塔·蒙哈榭葡萄酒的丰富，但它也称得上是出色、优雅了。最佳饮用期：从现在开始到 2010 年。

DOMAINE DE LA ROMANEE-CONTI
罗曼尼·康帝酒庄

酒品：

    大依瑟索葡萄酒（Grands Echézeaux）

    蒙哈榭葡萄酒（Le Montrachet）

    李奇伯格葡萄酒（Richebourg）

    罗曼尼·康帝葡萄酒（Romanée-Conti）

    拉塔希葡萄酒（La Tâche）

庄园主： 罗曼尼·康帝酒庄商社（Société Civile du Domaine de la Romaée-Conti）

地址： 1 rue Derriére le Four,21700 Vosne-Romanée, France

电话： (33) 03 80 62 48 80

传真： (33) 03 80 61 05 72

联系人： 奥贝特·德·维兰（Aubert de Villaine）

参观规定： 仅对有经销商推荐的专业人士开放

葡萄园

占地面积： 62.5 英亩

葡萄品种： 黑比诺，霞多丽

平均树龄： 45+ 年

种植密度： 11,000 株 / 公顷

平均产量： 2,500~3,000 升 / 公顷

酒的酿制

    奥贝特·德·维兰曾明确地表示，每一年的年份酒都有着自己独特的情况，因此要灵活对待天然的细微差别。多年

奥贝特·德·维兰

以来，康帝酒庄并不像其他酒庄那样大肆宣扬，他们一直都在采用生物种植法，坚持只移植酒庄葡萄园土生土长的葡萄树，并且绝不采用更新的克隆技术。目前，葡萄树的平均年龄为 45 岁。

    出于对葡萄酿制的尊重，康帝酒庄的葡萄从不进行去梗。在正式的发酵开始之前，先进行 5 到 6 天的低温浸皮，且每天进行循环旋转和轻度踩皮。浸皮期虽然相对较长，但是却有效地避免了单宁浸出物过度的情况。新酿制出的葡萄酒通常会在 100% 的新橡木桶中进行不少于 18 个月的陈年，并且酒庄主认为只有在全新的橡木桶中陈年才是最卫生的，这样葡萄酒不需要进行过滤就可以自然装瓶了。

年产量

    大依瑟索葡萄酒：10,000 瓶

    蒙哈榭葡萄酒：3,000 瓶

    李奇伯格葡萄酒：12,000 瓶

    罗曼尼·康帝葡萄酒：5,500 瓶

    拉塔希葡萄酒：20,000 瓶

    平均售价（与年份有关）：250~1200+ 美元

近期最佳年份

    2003 年，1999 年，1990 年，1979 年，1978 年，1971 年，1966 年

毋庸置疑，由维兰、贝茨·勒鲁瓦和罗什（Roche）家族共同拥有的罗曼尼·康帝酒庄是整个勃艮第产区名气最大的一座酒庄，实际上它可能也是世界上最知名的酒庄。在葡萄酒界，罗曼尼·康帝酒庄的缩写"DRC"就相当于是商界的"IBM"（国际商业机器公司）和"GE"（美国通用电气公司）。这座酒庄的历史最早可以追溯到 1760 年 7 月 18 日，在圣维旺修道院（Abbé de St.-Vivant）的档案中就曾提到过这款"罗曼尼葡萄酒"，这座葡萄园后来逐渐演变成为如今的罗曼尼·康帝酒庄。

    1867 年，这座酒庄被来自松特内（Santenary）的一位名叫雅克·玛利·迪沃·布洛谢（J.M. Duvant

-Blochet）的葡萄酒商买下，他将不同的几块种植葡萄的小块土地合成一大块。1942年，奥贝特·德·维兰的父亲——迪沃·布洛谢家族的后裔，将罗曼尼·康帝酒庄的少量股份卖给了亨利·勒鲁瓦（Henri Leroy），而他的两个女儿拉茹·贝茨·勒鲁瓦和波林目前拥有康帝酒庄最多的股份。而相比之下，维兰家族的股份就比较分散了（股份至少掌握在10个人手中）。

究竟是什么原因使得罗曼尼·康帝酒庄的葡萄酒如此著名、昂贵并广受推崇呢？毫无疑问，在那些绝佳的年份，它们当然是独自站在金字塔的尖顶上，有点像是《指环王三部曲》（Lord of the Rings trilogy）里的米纳斯蒂里斯（Minas Tirith）虚幻缥缈之城，一座有着无法企及的美丽和力量、且光芒四射的王国。在某些年份，比如说2003年、1999年以及1990年，世界上所有的黑比诺葡萄酒难以望其项背。

然而，这座酒庄的不良记录远比人们所知道的要多得多，某些年份一反常态的表现简直令人震惊，例如2000年、1998年和1995年，一些葡萄酒甚至在勃艮第产区都排不上号。另外，在20世纪80年代中期，由于酒庄是一桶一桶地进行装瓶的，因此造成了瓶与瓶之间存在着不小的差异。而现在则是将一起酿制的差不多6桶葡萄酒混掺到一起，然后再进行装瓶。当然，不同的批次之间还是会存在差异，因为6桶葡萄酒大概只能装3,600瓶。在产量较高的年份，拉塔希葡萄酒会分6次进行装瓶，大依瑟索葡萄酒和李奇伯格葡萄酒堡都是大约分四到五次。人们——至少是葡萄酒爱好者们，似乎认为已经达到这种至高无上地位的葡萄酒，偶尔的反常和失误都是可以被原谅的。

我一直认为罗曼尼·康帝酒庄最迷人的葡萄酒是拉塔希葡萄酒而不是罗曼尼·康帝葡萄酒，而后者却具有顶级葡萄酒所特有的轻盈酒体，尽管在肉感和醇厚方面它都比不上拉塔希葡萄酒。罗曼尼·康帝葡萄酒不同寻常的酒香、醇厚和渗透性使它显得与众不同，但遗憾的是，它的产量极低，每年仅酿制5,500瓶，甚至还不够那些有心购买的亿万富翁们瓜分。

拉塔希葡萄酒带着强烈的风土痕迹，不论何时品尝，它那与众不同的芳香和风味都能立刻被人辨认出来。这款酒产自一座极为出色的葡萄园，它的醇厚和强烈总是带给人一种恍然如梦之感。跟所有的罗曼尼·康帝酒庄葡萄酒一样，拉塔希葡萄酒也有令人失望的年份，但是一旦碰上出色的年份，例如1980年、1990年、1999年和2003年，它就是名副其实的酒中之王。

同样酿制蒙哈榭葡萄酒的还有几座颇为出色的酒庄［米奥·卡幕泽酒庄（Méo-Camuzet）、勒鲁瓦酒庄，以及由格罗斯酒庄进行装瓶的葡萄酒］，因此罗曼尼·康帝酒庄不得不与它们一争高下。但是假如罗曼尼·康帝酒庄能有幸酿制出李奇伯格葡萄酒的话，那定是其他酒庄无法超越的。例如2003年、1999年、1990年和1978年年份酒，到目前为止它们依然是勃艮第产区最好的葡萄酒。

如果说在罗曼尼·康帝酒庄中还有可以标价的酒，那就是大依瑟索葡萄酒了。这款葡萄酒产自一座面积极大的葡萄园，展现出了罗曼尼·康帝酒庄的鲜明特征，比之依瑟索葡萄酒（Echézeaux）要好得太多。

另外，罗曼尼·康帝酒庄的蒙哈榭葡萄酒也是一款不得不提的葡萄酒，它是这座酒庄出产的最为醇厚、甘甜的葡萄酒。由于一贯采用熟透的果实来酿制，因此在有些年份氧化速度较快。如果罗曼尼·康帝酒庄处于最佳状态的话，那么法国最醇厚、最耀眼的干白葡萄酒的美誉就非它莫属了。

GRANDS ECHÉZEAUX
大依瑟索葡萄酒

2001 Grands Echézeaux
大依瑟索葡萄酒 2001　评分：90分

令人垂涎的黑莓和香料的芬芳从呈现出红宝石色泽的大依瑟索葡萄酒2001中飘逸而出，它性感迷人、酒体适中、质地柔滑，浓郁的黑色水果果香溢满整个口腔。这款酒天资颇佳，口感纯净，余韵悠长，芳香宜人。最佳饮用期：从现在开始到2013年。

1999 Grands Echézeaux
大依瑟索葡萄酒 1999　评分：98分

大依瑟索葡萄酒1999的颜色为深红宝石色，爽身粉、香水和蜜饯樱桃的香味沁人心脾。这款甜美而不失优雅、酒体适中的葡萄酒有着黑莓和裹着糖衣的樱桃风味，缎子般柔滑细腻的余韵中带着丝丝的橡木味。建议于现在至2013年间饮用。

1997 Grands Echézeaux
大依瑟索葡萄酒 1997　评分：91分

有着红宝石色泽的大依瑟索葡萄酒1997散发出红色和黑色覆盆子利口酒的香味，酒体适中至饱满，质地柔滑，口感颇为强劲、浓厚。这款肥厚、丰满、魅力十足的葡萄酒有着熏肉、蜜蜡和香料的混合风味。建议于现在至2007年间饮用。

1996 Grands Echézeaux
大依瑟索葡萄酒 1996　评分：93分

呈深黑色的大依瑟索葡萄酒1996透焕出极为优雅的黑加仑、黑樱桃和玫瑰的香味。它虽朴实无华，却豪迈、复杂、酒体适中至饱满并且成熟，颇具阳刚之气。这款酒浓厚、强劲，但实际上却是集力量与高贵于一体，风味稳固、

含蓄，红醋栗、黑醋栗、樱桃、矿物质和烤橡木味交相融合，徘徊在集中而坚定的余韵中。最佳饮用期：从现在开始到2012年。

1995 Grands Echézeaux
大依瑟索葡萄酒 1995　评分：92分

大依瑟索葡萄酒1995朴实、阳刚、后进、浓厚，有着醉人的黑色水果风味和坚实的单宁。建议于现在至2012+年间饮用。

1993 Grands Echézeaux
大依瑟索葡萄酒 1993　评分：90分

大依瑟索葡萄酒1993呈健康的深红宝石色，醉人的红色水果、黑色水果和烘烤香味覆盖下的是适中的酒体。这款酒拥有醇厚的风格，还有着坚定且极富骨感、集中的个性，以及单宁适中的余韵。建议于现在至2010年间享用。

1991 Grands Echézeaux
大依瑟索葡萄酒 1991　评分：93分

大依瑟索葡萄酒1991呈深红宝石色或深紫色，糖果、果酱、黑加仑果味、烟熏以及烘烤新橡木的香味浓郁、迷人。它强劲、丰富、酒体适中至饱满，有着罕见的醇厚，这款复杂的葡萄酒应该会从现在至2012年间进入巅峰状态。

1990 Grands Echézeaux
大依瑟索葡萄酒 1990　评分：98分

大依瑟索葡萄酒1990充满烟熏和异国情调的香味中又透出黑色覆盆子和黑樱桃的果香，同时余韵悠长、饱满，肉感十足。现在至2010年间为最佳饮用期。

LE MONTRACHET
蒙哈榭葡萄酒

2002 Le Montrachet
蒙哈榭葡萄酒 2002　评分：94分

蒙哈榭葡萄酒2002有着明丽的浅稻黄色泽，香料、白胡椒、梨子和花香的混合香味扑鼻。它丰富、甘美，酒体适中至饱满，这款葡萄酒质地柔滑，层层叠叠的苹果、梨子、茴香、烘烤坚果和脆姜饼的风味宽厚、丰满；此外，它还深厚、复杂、绵长。最佳饮用期：2009~2018年。

2001 Le Montrachet
蒙哈榭葡萄酒 2001　评分：92分

蒙哈榭葡萄酒2001的天然酒精含量高达14%，还带着淡淡的灰霉菌香味，并透着黄油吐司、榛子和烟熏香料的芬芳。这款酒质如丝绒般柔滑、口感强烈的葡萄酒完美地将力量和优雅融为一体，酒体适中偏淡，它清香、富有骨感、香味浓郁，有着梨子和矿物质的风味。建议于现在至2012年间饮用。

2000 Le Montrachet
蒙哈榭葡萄酒 2000　评分：95 分

罗曼尼·康帝酒庄规定，酿制蒙哈榭葡萄酒的葡萄收获时间一般都较晚，结果就使得蒙哈榭葡萄酒发展速度较快、表现力极佳且美味可口。这款散发出香料盒味道的蒙哈榭葡萄酒 2000 丰盈、甘美、酒体适中，风味复杂浓郁——黄油、超熟的苹果、水煮梨子、蜂蜜矿物质和数不尽的各种香料香味交相融合。它丰富、深厚、浓厚，是我所品尝过的最性感、最迷人的蒙哈榭葡萄酒了。最佳饮用期：从现在开始到 2010 年。

1999 Le Montrachet
蒙哈榭葡萄酒 1999　评分：93 分

蒙哈榭葡萄酒 1999 带着金黄色泽，散发出浓郁的成熟香味，强烈的香料味与热带黄色水果、茴香味交相融合。它酒体适中至饱满，肥厚而丰满，质地柔滑，口感丰富到令人难以置信，层层叠叠的香料和超级成熟的水果果香由浓转淡，徘徊在品尝者的口腔中久久不去。这款宽厚、浓厚的蒙哈榭葡萄酒适宜窖藏至 2011 年之后再饮用。

1998 Le Montrachet
蒙哈榭葡萄酒 1998　评分：92 分

呈现出悦人的金黄色泽的蒙哈榭葡萄酒 1998 散发出浓郁的灰霉菌（又被称为"贵腐菌"）香味，蜂蜜香料和香草芬芳覆盖下的是无比性感的酒体。这款圆润、口感超级丰富的葡萄酒如糖浆般黏稠的酒液中带着过熟的水果香、淡淡的焦糖和法国吐司的风味。它甘甜可口、香味宜人，但却没有通过窖藏进一步变复杂的能力。建议于现在至 2006 年间享用这款美味的、水果浓郁的葡萄酒。

1997 Le Montrachet
蒙哈榭葡萄酒 1997　评分：94 分

罗曼尼·康帝酒庄酿制的蒙哈榭葡萄酒 1997 呈金黄的稻草色，充满了浓烈的热带水果、矿物质、茴香和黄油的混合香味。这款豪迈、浓厚、适中至饱满酒体的葡萄酒，呈现出层层叠叠的香料、奶油、超级成熟的梨子、焦糖布丁和奶油糖果的复杂风味，酒质如天鹅绒般柔滑、宽厚。它的发展速度较快，但是却意外的平衡。建议于现在至 2012 年间饮用。

1996 Le Montrachet
蒙哈榭葡萄酒 1996　评分：96 分

罗曼尼·康帝酒庄呈浅色的蒙哈榭葡萄酒 1996 极为出色。它坚实、丰富，烘烤矿物质、白色水果以及淡淡的柠檬香的混合香味极具包容性；口感复杂、宽厚，热带水果（主要是芒果）、液态矿物质和石头的风味层层显现。这款酒精致、高雅，酒质如绸缎般柔滑，酒体适中至饱满，有着梦幻般的悠长余韵。它坚实含蓄的水果口感还需要进行进一步的窖藏，才能发挥出它最大的潜力和魅力。最佳饮用期：从现在开始到 2016 年。

1995 Le Montrachet
蒙哈榭葡萄酒 1995
评分：99 分

简单点说，蒙哈榭葡萄酒 1995 令人振奋，堪称完美！液态矿物质、奶油榛子、蜜饯栗子（糖炒栗子）、野姜花、茴香和黄油吐司的惊人香味随着岁月的流逝变得愈加的迷人、浓烈，石头、稻草、矿物质、烤面包和甘甜的野姜花风味层层显现，显得尤为的不同寻常。这款酒酒质柔滑、饱满、醇厚，精粹度高，与我曾有幸品尝过的、令我的唇舌都为之倾倒的一款葡萄酒一样复杂。它完美的平衡度和结构十分适合窖藏，同时它也是我所品尝过的所有葡萄酒中余韵最为悠长、纯净的一款酒了。不得不说，它是葡萄酒界的奇迹！最佳饮用期：2008~ 2025 年。

1994 Le Montrachet
蒙哈榭葡萄酒 1994
评分：93 分

蒙哈榭葡萄酒 1994 深厚的辛香矿物质香味中带着淡淡的八角茴香和橘子花的清香，入口即可感受到丝绸般的柔滑质地和绵长口感，并且它还带着丝丝的坚果和香料的风味。这款酒体丰腴的葡萄酒虽有成为一款不朽的蒙哈榭葡萄酒的潜力，但却缺乏支撑果香到达巅峰的足够动力。我认为这款酒陈年至 2007 年后风味会更佳。

1991 Le Montrachet
蒙哈榭葡萄酒 1991
评分：90 分

蒙哈榭葡萄酒 1991 是一款肥厚、质地柔滑的葡萄酒，产量极低，每公顷葡萄园的平均产量仅为 3,200 公升。尽管它口感丰富，但却没有 1990 年、1989 年和 1986 年年份酒的深度和强度。由于酸度较低，因此它质地柔软、十分早熟。现在正是最佳的饮用时间。

1990 Le Montrachet
蒙哈榭葡萄酒 1990
评分：92 分

蒙哈榭葡萄酒 1990 的香味极其丰富，椰子、奶油苹果、烟熏和烘烤新橡木味鲜明可辨。它极为深厚、豪迈，口感丰富，酸度恰到好处，一定会是一款能引起轰动的罗曼尼·康帝酒庄的蒙哈榭葡萄酒。最佳饮用期：从现在开始到 2013 年。

1989 Le Montrachet
蒙哈榭葡萄酒 1989
评分：99 分

蒙哈榭葡萄酒 1989 不出意料地成为罗曼尼·康帝酒庄又一款令人咋舌的美酒。如果纯净、甘甜的醇厚和厚重的甘油是你所追寻的，那世界上就再也找不出比蒙哈榭葡萄酒 1989 更醇厚的酒了。只有在我所喝过的来自美国的葡萄酒中我才碰到过与这款酒颇为相似的仙露般的丰富口感，如1978年和1980年的卡蒙葡萄酒（Chalone wine），但不幸的是，这座酒厂已经被合并收购了，现在该酒厂生产出的葡萄酒酒体要清淡得多，而且已经完全沦为了赚钱的工具。然而，这款蒙哈榭葡萄酒1989却不带丝毫的商业气息，它散发出蜂蜜、黄油和苹果的醉人芬芳，并辅以烟熏坚果和烤新橡木桶的清香。黏稠、深厚和丰富的酒质使这款酒几乎显得有点太过油腻，它的余韵极具爆炸性，酒精含量一定超过了14.5%——由于酒体太过浓厚、集中，因此无法进行检测。最佳饮用期：从现在开始到2015年。

1986 Le Montrachet
蒙哈榭葡萄酒 1986

评分：95 分

在所品尝过的最令我难忘的白葡萄酒中，蒙哈榭葡萄酒1986依然榜上有名，它唯一的不足之处应该就是太过沉重的酒体了。这款酒呈淡淡的金黄色，蜂蜜、烟熏坚果、各式各样的奶油水果和烘烤橡木味从酒杯中喷薄而出，它的黏稠、柔滑和大量的精粹物都令人兴奋不已。这款酒代表着霞多丽葡萄的精华，它超级丰满、醇厚，虽然豪迈，但平衡度却极佳。现在正是享用它的最佳时机。

1985 Le Montrachet
蒙哈榭葡萄酒 1985

评分：94 分

呈中度偏淡的金黄稻草色的蒙哈榭葡萄酒1985，似乎还需要再另外进行10年的陈年才能找到它原本应该处于的位置。现在的它依然很年轻，但我并不是百分百地肯定它真的能像人们所期待的那样将最佳的复杂性完全展现出来。最佳饮用期：从现在开始到2015年。

1983 Le Montrachet
蒙哈榭葡萄酒 1983

评分：98 分

尽管与蒙哈榭葡萄酒1986极为相似，但是蒙哈榭葡萄酒1983更加的后进和封闭。它的香味强烈而又甜美，散发出黄油爆米花、烤苹果、椰子和成熟的橘子果香，质地柔滑，层次丰富，结构性强，口感浓郁强烈，且极为绵长。这款丰盈、黏稠的葡萄酒可以保存至2010年。在问题多多的1983年，它绝对算得上是一次了不起的成功！

RICHEBOURG
李奇伯格葡萄酒

2001 Richebourg
李奇伯格葡萄酒 2001　　评分：92 分

这款极为出色、呈中度至略深的红宝石色的李奇伯格葡萄酒2001散发出樱桃和奶油黑莓的果香，烘烤橡木的风

味中又透出黑樱桃利口酒的芬芳。这款香味浓郁、酒体适中的葡萄酒有着极佳的深度、平易近人、美味多汁。最佳饮用期：从现在开始到2012年。

1999 Richebourg
李奇伯格葡萄酒 1999

评分：100 分

高贵华丽的李奇伯格葡萄酒1999呈现出极具渗透力的深红宝石色，超级成熟的黑色水果，即黑莓、黑加仑、李子和黑樱桃果香浓郁扑鼻。这款浓厚、如丝绒般柔滑、宽厚的葡萄酒深度非比寻常，烘烤红色水果和黑色水果的风味迷人，入口即可感受到各种各样的香料味。它十分耐嚼、酒体丰腴、极其醇厚、强劲有力，悠长的余韵中果香浓郁，但依然可以感受到甘甜且柔顺的单宁味。最佳饮用期：2006~2018年。

1997 Richebourg
李奇伯格葡萄酒 1997

评分：93 分

呈红宝石色的李奇伯格葡萄酒1997宽厚且风味浓郁，玫瑰、紫罗兰、爽身粉和压碎的浆果混合而成的浓郁、静谧的芬芳掩盖下的是喧嚣、浓厚的个性，酒体适中至饱满，香料——尤其是新鲜的黑胡椒粉和黑莓的风味强烈，这是一款成熟且极具表现力的葡萄酒。最佳饮用期：从现在开始到2009年。

1996 Richebourg
李奇伯格葡萄酒 1996

评分：95 分

年轻的李奇伯格葡萄酒1996跟以往情况一样，香味略显封闭，经过相当长一段时间的醒酒后，我才得以一嗅它那美妙的成熟黑色水果果香，但是它的香味真是太美妙了！坚实、浓烈的樱桃、覆盆子、草莓的果香在我的口中炸开，酒体适中至饱满、果香浓郁、强劲有力，这是一款平衡性极佳且颇具骨感的葡萄酒。最佳饮用期：从现在开始到2018年。

1995 Richebourg
李奇伯格葡萄酒 1995

评分：94 分

李奇伯格葡萄酒1995真是太耀眼了！它强劲、浓厚、富有肉感、黏稠，余韵极为悠长，单宁坚定，但这款酒还需要进行进一步的窖藏。最佳饮用期：从现在开始到2018年。

1993 Richebourg
李奇伯格葡萄酒 1993

评分：90 分

李奇伯格葡萄酒1993呈深红宝石色，散发出诱人的糖果、果酱、红色水果和黑色水果的芬芳。这款酒结构坚实，入口甘甜，酒体适中至饱满，单宁适中柔和，它成熟、馨

香、纯净，有着 15 到 20 年的进化潜力。建议于现在至 2015 年间饮用。

1990 Richebourg
李奇伯格葡萄酒 1990

评分：98 分

罗曼尼·康帝酒庄在 1990 年酿制出了一系列好酒，而这款李奇伯格葡萄酒 1990 几乎已经进入了完全成熟期。深红宝石色的酒色中有着紫色的挂壁；春花、黑色水果、甘草和烘烤新橡木味浓烈；酒体适中至饱满，质地如天鹅绒般柔滑，果味甘甜爽口。这款带着烟熏风味、口感丰富、复杂的勃艮第红葡萄酒现在即可享用，至少还可以保存 10 年。

ROMANÉE-CONTI
罗曼尼·康帝葡萄酒

2001 Romanée-Conti
罗曼尼·康帝葡萄酒 2001

评分：93 分

活泼的罗曼尼·康帝葡萄酒 2001 呈现出中度至略深的红宝石色泽，散发出强烈的黑樱桃果香。它味美多汁，柔软、奢华，有着香料和蜜饯黑色水果的风味，质地柔滑细腻。与它的兄弟酒相比，它的单宁浓度相对较高，然而却更加成熟，其单宁包裹在浓郁的果香之中。最佳饮用期：从现在开始到 2014 年。

1999 Romanée-Conti
罗曼尼·康帝葡萄酒 1999

评分：98+ 分

有着中度至略深的红宝石色的罗曼尼·康帝葡萄酒 1999 美好得令人难以置信。超级成熟的黑樱桃、蜜饯李子和紫罗兰的香味表现力极强，酒体丰腴，有着甘甜、极具渗透性的水果果香，是一款极为复杂的葡萄酒。入口即可感受到天鹅绒般柔软的甜樱桃、黑莓果酱和果香浓郁的单宁风味，它平衡性极佳，细腻柔滑，余韵特别悠长。1999 年年份酒的细腻、骨感、强劲堪为众酒表率，有着难以言喻的高贵和精雅。最佳饮用期：2006~2020 年。

1997 Romanée-Conti
罗曼尼·康帝葡萄酒 1997

评分：95 分

这款酒极具渗透性的深红宝石色，散发出令人垂涎的皮革、杜松子、樱桃和香料的混合芬芳。罗曼尼·康帝葡萄酒 1997 将这一年份所特有的强劲和成熟水果果香与良好的结构性和优雅融为一体，并带着酱油、甘草、鲜花以及黑莓的迷人风味，这款酒浓厚、香醇，然而又有着蕾丝般的优雅、细腻。鉴于它的珍贵、价格和名气，它众望所归地成为当年度年份酒中的新星。最佳饮用期：从现在开始到 2012+。

1996 Romanée-Conti
罗曼尼·康帝葡萄酒 1996

评分：97 分

罗曼尼·康帝葡萄酒 1996 呈现出明丽的深红宝石色或深紫色，新鲜药草、亚洲香料、奶油樱桃、熟透的黑莓以及渗透着香草气息的橡木味极为复杂，如丝绸般柔滑的樱桃、蓝莓、李子、杂交草莓、泥土香、矿物质以及辛香的橡木味溢满口腔。这是一款难得一见的上乘佳酿，它酒体丰腴、浓厚（然而却又极其优雅、精细），质地黏稠，非常醇厚。最佳饮用期：2008~2025 年。

1995 Romanée-Conti
罗曼尼·康帝葡萄酒 1995

评分：95 分

这款如梦幻般美丽、复杂的罗曼尼·康帝葡萄酒 1995 散发出独特的矿物质、牛肝菌香味，并辅以黑加仑和黑樱桃的果香。这款酒至少还可以再保持 5 年，如果储存得当的话，完全可以窖藏至 2020 年。

1993 Romanée-Conti
罗曼尼·康帝葡萄酒 1993

评分：91 分

罗曼尼·康帝葡萄酒 1993 非常后进、紧密、封闭，单宁粗粝，口感上佳，个性十分顽固。尽管罗曼尼·康帝葡萄酒一向都芳香四溢，但是紧密、封闭的 1993 年年份酒却几乎没有什么香味。它酒体适中，单宁浓度较高，由于这款酒至少还可以再储存 20 年，因此很难断定它究竟会变成什么样子。我仅依据自己的品尝经历打分，而这个分数也与这座酒庄以及一贯的名气相符。最佳饮用期：现在至 2025 年。

1991 Romanée-Conti
罗曼尼·康帝葡萄酒 1991

评分：91 分

虽然罗曼尼·康帝葡萄酒 1991 也呈深黑色，但却没有拉塔希葡萄酒和大依瑟索葡萄酒那样饱和。它后进、酒体适中至饱满，在罗曼尼·康帝庄所有的 1991 年年份酒中，这款酒最为封闭、顽固。不用怀疑，它纯正的血统和良好的教养最终会展现出来，但是就目前来说，我必须给拉塔希葡萄酒和大依瑟索葡萄酒更高的分数。最佳饮用期：从现在开始到 2015 年。

1990 Romanée-Conti
罗曼尼·康帝葡萄酒 1990

评分：99 分

罗曼尼·康帝葡萄酒 1990 的色泽出人意料的饱满，简直跟拉塔希葡萄酒和大依瑟索葡萄酒不相上下了。香甜的丁香、肉桂和黑莓香与烤面包和烟熏新橡木味交相融合，它奢华丰富、酒体丰腴、单宁浓厚，现在这款坚实、豪放、单宁味道浓重的葡萄酒比以往都更加强劲。最佳饮用期：从现在开始到 2025 年。

LA TÂCHE
拉塔希葡萄酒

2002 La Tâche
拉塔希葡萄酒 2002　评分：93 分

酱油、蜜饯血橙和黑樱桃香从拉塔希葡萄酒 2002 中飘逸而出，极为优雅、纯净。这款酒体中度偏淡的葡萄酒有着绸缎般的丝滑质地，黑莓、黑樱桃、香料和矿物质的风味醇厚。它精细、高雅，余韵悠长、饱满，在性质和成熟度方面都与李奇伯格葡萄酒有着巨大的差异。最佳饮用期：2009~2019 年。

2001 La Tâche
拉塔希葡萄酒 2001　评分：92 分

拉塔希葡萄酒 2001 有着鲜明地带着泥土香味的黑莓果味，它温和娴静、如丝绒般柔滑、豪华庄严，有着极浓郁的蜜饯黑色水果风味。这款柔顺的葡萄酒有着纯净的果香，以及悠长、果香浓郁的余韵。最佳饮用期：从现在开始到 2015 年。

1999 La Tâche
拉塔希葡萄酒 1999　评分：100 分

呈中度至略深的红宝石色的拉塔希葡萄酒 1999，散发出甜美、强烈的覆盆子、黑加仑、蜜饯樱桃、皮革和香料的芬芳。这款酒体适中至饱满的葡萄酒协调、精致且强劲有力，它有着拉塔希葡萄酒不常见的豪迈、骨感和女性的柔美。红色水果和黑色水果的果香再加上香草豆的清香共同构成了这款酒独特迷人的风味，它的余韵中带着浓郁、甘甜的单宁味。最佳饮用期：2006~2025 年。

1997 La Tâche
拉塔希葡萄酒 1997　评分：93 分

这款芳香四溢的拉塔希葡萄酒 1997 呈深黑色，透着亚洲香料、胡椒、樱桃和黑醋栗的芬芳。这是一款酒质如天鹅绒般柔顺、豪迈且极为成熟的葡萄酒，有着甘草和黑莓果

拉塔希葡萄酒酒标

酱的风味。它果味深厚（尤其是对于这些相对"简单"的年份来说），酒体适中至饱满，余韵悠长、柔顺。最佳饮用期：从现在开始到 2012 年。

1996 La Tâche
拉塔希葡萄酒 1996　评分：96 分

这款曾引起巨大轰动的拉塔希葡萄酒 1996 有着坚实、醇厚的香味，成熟的红色水果和黑色水果果香、生肉和亚洲香料的芬芳令人陶醉，但所有的这些香味都被包裹在甘甜的烘烤橡木味中。这款酒体丰腴、宽厚、黏稠、集中、协调、浓烈的葡萄酒，有着令人惊叹不已的、层层叠叠的蜜饯黑樱桃和蜜饯黑莓的浓郁风味。它结构性极佳，细致、纯净，少见的悠长余韵中充满了饱满、甘甜的单宁味道。最佳饮用期：从现在开始到 2020 年。

1995 La Tâche
拉塔希葡萄酒 1995　评分：95 分

拉塔希葡萄酒 1995 极为深沉且超级醇厚，然而却又十分协调。它那不同寻常的悠长余韵（最后以樱桃白兰地的香味收尾）简直令我目瞪口呆，使我不由自主地想起我一直钟爱的两款葡萄酒的余韵——稀雅丝堡（Château Rayas）葡萄酒和拉弗尔堡（Château Lafleur）葡萄酒。现在的它似乎还未展现出全部的品质与特性，这款酒最后可能会得到更高的分数。拉塔希葡萄酒 1995 至少需要窖藏至 2008 年才适宜饮用，假如酒窖条件适宜的话，它可一直保存至 2020 年。

1993 La Tâche
拉塔希葡萄酒 1993　评分：90 分

拉塔希葡萄酒 1993 的香味紧密而悠长，烟熏、游戏似的香味与红色水果、黑色水果、矿物质以及掺杂了新橡木桶味的香草清香相得益彰。它酒体适中至饱满，有着甘甜、醇厚的浆果果香，这款单宁浓郁、馨香、后进的葡萄酒似乎具备长期进化所必须的精粹物。建议于现在至 2020 年间饮用。

1991 La Tâche
拉塔希葡萄酒 1991　评分：93 分

拉塔希葡萄酒 1991 令人陶醉！它颜色深沉，散发出清晰可辨的熏肉、黑色水果果酱和亚洲香料的芬芳，它豪迈、酒体丰腴，渗透出丰富、甘甜的水果味。这款拉塔希葡萄酒尽管华美绚丽，但结构性极强、单宁味道浓郁，至少还需要进行 3 到 4 年的窖藏，它有着长达 20 年的生命力。最佳饮用期：从现在开始到 2015 年。

1990 La Tâche
拉塔希葡萄酒 1990　评分：100 分

醇厚的拉塔希葡萄酒 1990 天资颇佳，罕见的亚洲香料、黑色的覆盆子果酱、樱桃和黑莓的香味与烟熏、吐司和晒干的药草味交相融合。这款酒酒体丰腴，但却轻盈无比，风味层层显现，有着令人惊叹的精雅和复杂个性。它一定会从现在至 2015 年间达到巅峰状态。

DOMAINE COMTE GEORGES DE VOGUE
风行康特乔治酒庄

酒品：木西尼老藤葡萄酒（Musigny Vieilles Vignes）

酒庄主：杜赛特男爵（Baronne de la Doucette）

地址：Rue Ste.-Barbe,21220 Chambolle-Musigny, France

电话：(33) 03 80 62 86 25

传真：(33) 03 80 62 82 38

联系人：杜赛特男爵

参观规定：参观前必须预约，周一至周五上午 9:00-12:00，下午 2:00-6:00

葡萄园

占地面积：31 英亩，其中 17.8 英亩为木西尼

葡萄品种：黑比诺

平均树龄：40~50 年

种植密度：10,000~12,000 株／公顷

平均产量：3,500~4,000 公升／公顷

酒的酿制

风行康特乔治酒庄的葡萄全部采用手工采摘，绝大部分都会去梗（尽管在 1990 年 100% 的葡萄梗都保留着）。葡萄酒先在酒槽中发酵，然后在小型的橡木桶（更新比例为 40%~45%）中进行 18 个月的陈年，装瓶前用蛋白澄清并进行轻微的过滤。这些葡萄酒都极为浓烈且醇厚，这不足为奇，因为葡萄酒的产量极低，且木西尼葡萄园的土壤为石灰岩土壤。

年产量

木西尼老藤葡萄酒（Musigny Vieilles Vignes）：900~1,000 箱

平均售价（与年份有关）：200~300 美元

近期最佳年份

2003 年，2002 年，1995 年，1990 年

由于握有重要葡萄园的股份，风行康特乔治酒庄成为了整个尚博勒 - 木西尼区最举足轻重的酒庄。该酒庄的葡萄园面积为 31 英亩，其中 17.8 英亩位于木西尼葡萄园（占到了这座顶级葡萄园面积的 70%），另外在附近的柏内马尔地区还有 6.6 英亩的葡萄园。20 世纪 40 年代后期，在经历过巨大的辉煌并推出多款难

弗朗索瓦·米勒

得一见的绝世佳酿之后，该酒庄就开始走下坡路了。直到 1985 年，酿酒师弗朗索瓦·米勒（François Millet）的到来才使得酒庄在 80 年代后期又逐渐重拾旧日的风采，自 1990 年之后的年份酒大都极为出色。风行康特乔治酒庄的葡萄酒都不适宜在年轻时品尝，在出色的年份，这些寿命极长的葡萄酒通常需要进行 10 至 15 年的陈年。当然并非全世界所有的勃艮第葡萄酒的狂热爱好者都对风行康特乔治酒庄葡萄酒赞赏有加，实际上它们经常被指责在酒的结构和浓度方面更像是博尔德莱（Bordelais）的葡萄酒。然而我的直觉告诉我，它不过是一款结构坚定、表现力极强的葡萄酒，所需要的也不过是更多的耐心罢了。

木西尼老藤葡萄酒 2002 酒标

MUSIGNY VIEILLES VIGNES
木西尼老藤葡萄酒

2002 Musigny Vieilles Vignes
木西尼老藤葡萄酒 2002

评分：98 分

这款出色的木西尼老藤葡萄酒 2002 似乎并不像 1949 年、1959 年或 1990 年年份酒那样拥有巨大的陈年潜力，然而从品质上来讲，它与过去那些佳酿不分伯仲。浓郁的红樱桃、香料、蜜饯覆盆子的芬芳中夹杂着淡淡的橡木味，这款高贵、醇厚、精致的葡萄酒芬芳四溢的鲜花风味中透着红色水果和黑色水果的果香。跟大胆、有嚼劲、高度醇厚的 1990 年年份酒相比，2002 年年份酒更具女性的柔美，简直是一件有着精致单宁的艺术品。最佳饮用期：2007~2025 年。

1995 Musigny Vieilles Vignes
木西尼老藤葡萄酒 1995

评分：93 分

这款酒是该年份最出色的年份酒之一。风行康特乔治酒庄的木西尼老藤葡萄酒 1995 不禁使我想起处于巅峰时期的玛歌酒庄葡萄酒——天鹅绒手套下包裹的一只铁拳。世界上还有哪一款酒能够如此的豪迈、强劲、健壮，然而同时又不乏极致的优雅和精细？它呈现出深红宝石色，浓郁的香料、花香（玫瑰花）和黑色水果果香扑鼻。这款出色的勃艮第葡萄酒酒质浓厚到近乎黏稠，质地如天鹅绒般柔滑细腻，并且带着肥厚、耐嚼的红莓风味。令人不解的是，它的果味品尝起来几乎已经熟透了，但是却又有着鲜明的骨感。这款酒复杂、浓烈、深厚，有着含量极高但极为成熟的单宁作支撑，它应该会在 2006 年至 2016 年间达到巅峰。

1993 Musigny Vieilles Vignes
木西尼老藤葡萄酒 1993

评分：90 分

木西尼老藤葡萄酒 1993 有着波尔多葡萄酒式的结构与质朴，它颜色深沉、口味丰富，酒体适中至饱满，单宁浓烈，酒质纯净，口感稍显拘谨。假如它的果香能够继续保持下去的话，这款酒足以保存至 2015 年。

1991 Musigny Vieilles Vignes
木西尼老藤葡萄酒 1991

评分：93 分

阔绰的收藏家们不应该错过风行康特乔治酒庄出产的两款葡萄酒，即 1990 年年份酒与 1991 年年份酒进行巅峰对决的好机会。这款酒极富渗透性，浓烈的深紫色显得富丽堂皇，它宽厚，然而尚未充分发展的木莓白兰地（覆盆子）、红醋栗、香草以及矿物质风味表明它十分丰满。它强劲、丰富、醇厚，口感极为干净、纯净，这款颇富天资、豪迈大气的勃艮第红葡萄酒有着梅多克葡萄酒式的质朴和结构，以及极干净的国际风格。对于现代的勃艮第葡萄酒来说，它的寿命长得非同寻常。这款酒真是令人印象深刻啊！

1990 Musigny Vieilles Vignes
木西尼老藤葡萄酒 1990

评分：96 分

木西尼老藤葡萄酒 1990 呈现出波尔多葡萄酒式的、极具渗透性的深红宝石色或深紫色，散发出黑色水果、灌木丛、矿物质、烟熏和新橡木味混合而成的密封香味。尽管口感醇厚，它依然显得极为后进，品尝起来似乎也没有什么乐趣。这款丰满的葡萄酒应该会是最近 20 年来寿命最长的勃艮第红葡萄酒之一了。最佳饮用期：2010~2025 年。

CHAMPAGNE
香槟酒

法国香槟酒是世界上无可辩驳的最出色的起泡葡萄酒。尽管它也进行大吹大擂的宣传，并且把大笔的资金投到加利福尼亚州、意大利以及其他一些地方，但就葡萄酒的品质来看，没有任何一个地方可以与之相媲美。的确，偶尔也会有几座高品质的葡萄酒庄，譬如意大利的贝拉维斯酒庄（Bellavista）也能酿制出有能力挑战最出色的香槟酒的陈年佳酿，但是香槟酒却一直屹立于起泡葡萄酒金字塔的最顶端。

这片一派田园风光的葡萄种植区位于巴黎东北部 90 英里处，每年会出产 25 万瓶香槟酒。香槟酒可以且有时的确是用三种葡萄酿制而成的——霞多丽、黑比诺和莫尼耶皮诺（Pinot Meunier）。一种被称做"白葡萄白香槟"（Blanc de Blancs）的香槟酒一定要用 100% 的霞多丽酿制；而"红葡萄白香槟（Blanc de Noirs）"则是使用红葡萄品种酿制的香槟酒；"克雷芒"香槟式气泡白葡萄酒比典型的香槟酒气泡稍微显少。我一直十分奇怪的是，这个产区只有 25% 的葡萄园种植了霞多丽，莫尼耶皮诺的种植面积最大，超过了 40%，而黑比诺约占 30%。

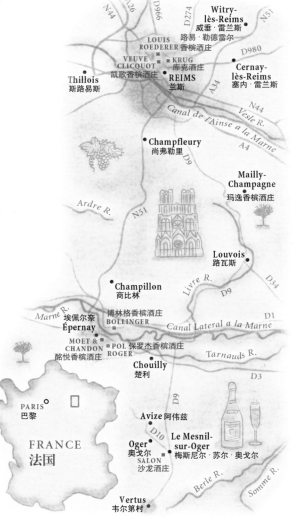

香槟酒有许多不同的风格，但是其中最受欢迎的当属年份香槟酒。这款酒（理论上）只在最出色的年份才会酿制，与每座香槟酒庄都能生产的非年份香槟酒相比，它们的口感更为丰富、深厚，风味浓烈，豪迈大气，香气四溢。非年份香槟酒通常每年都会酿制的，是贴着酒牌的香槟酒。实际上，每座香槟酒庄也会出产奢华（年份）的香槟酒，它们通常都标有明确的年份，且价格也十分可观。从本质上讲，它们就是出色香槟酒的代表。当然，还有其他风格的香槟酒，如"不甜香槟"（Brut）是最常见的香槟酒，它是一种干香槟，但是有时读者也会见到被称为"绝干香槟"（brut zéro）的香槟酒，它们比干香槟的口感更干；那些被

称作"甜香槟"（sec）的香槟酒口感甘甜，而"半甜香槟"（demi-sec）口感微甜。对了，不要忘了漂亮的"粉红香槟"（Rosé），它们优雅精致，大都受到香槟酒庄无微不至的照料，可惜产量都十分有限，但是却很特别。

也许比香槟酒本身更主要的是它所代表的含义——生命、快乐、出生、婚姻、周年纪念等等，以及对健康的祝福。

BOLLINGER

博林格香槟酒庄

酒品：

　　首席香槟丰年（Vintage Grande Année）

　　R.D. 香槟（R.D.）

　　首席法兰西老藤香槟（Vieilles Vignes Francaises）

葡萄酒类别：香槟酒

酒庄主：雅克·博林格公司（Société Jacques Bollinger）

地址：Champagne Bollinger,B.P.4,51160,Aÿ-Champagen, France

电话：(33) 03 26 53 33 66

传真：(33) 03 26 59 85 59

邮箱：contact@champagne-bollinger.fr

网址：www. champagne-bollinger.fr

联系人：主席吉斯兰·德·蒙特戈费埃（Ghislain de Mont-golfier）；或总经理赫尔弗·奥古斯汀（Hervé Augustin）

参观规定：仅接受专业人士的参观请求

葡萄园

占地面积：387.8 英亩

葡萄品种：黑比诺，莫尼耶皮诺，霞多丽

平均树龄：18 年

种植密度：8,300 株 / 公顷

平均产量：法定产区中 10,000~12,000 升 / 公顷。

酒的酿制

　　博林格香槟酒庄是香槟产区仅有的几座完全采用家族式经营的大牌香槟酒庄之一，它以特级葡萄园以及一级葡萄园的高品质而著称。同时，该酒庄坚持传统的酿造方法，包括仅使用霞多丽和黑比诺两种葡萄，在酒桶中进行发酵，陈酿在带有软木塞的大容量酒瓶中进行陈年，所有的香槟酒全部放在阴凉处继续陈年。为了保证香槟酒的出色品质能够代代相传，1992 年，博林格香槟酒庄发表了《规范与质量宪章》，勾勒出了一款出色的香槟酒所必备的品质。具体到博林格香槟酒庄，它们分别是：

　　1. 博林格香槟酒庄 70% 的葡萄园都位于特级或一级葡萄产区，在所有的香槟酒庄中优质葡萄园的比例最高，高达 98%。

　　2. 博林格香槟酒庄三分之二的产量都出自于自家的葡萄园，是仅有的两座自产比例如此之高的酒庄之一。

　　3. 博林格年份香槟酒仅使用黑比诺和霞多丽进行酿制，黑比诺的比例高于 60%，使得香槟酒更加的饱满，口感也更为丰富。

　　4. 酒桶中发酵：博林格香槟酒庄是为数不多的几座会对所有的年份酒继续进行发酵的酒庄之一，一些非年份香槟酒在小型的橡木桶中发酵，并且它也是唯一一座雇有全职的修桶匠的香槟酒庄。

　　5. 单独发酵：为了更好地保持每款香槟酒的特性，博林格香槟酒庄会对每座葡萄园的葡萄以及酒渣分开进行发酵，并在传统的橡木桶中分开保存，直到进行香槟酒的混合勾兑。不使用大型的不锈钢酒桶发酵，因为这样一来，许多酒渣，甚至好几座葡萄园的葡萄都会被放进一个大酒桶里，从而失去了自己的个性。

　　6. 与大部分其他香槟酒庄相比，博林格香槟酒庄出产的香槟酒在阴凉处存放的时间更长，因为由优质葡萄酿制的香槟酒在阴凉处存放的时间越长，其口感就会越丰富，酒体也会更加复杂。

　　7. 陈酿：专门使用特级葡萄园以及一级葡萄园出产的葡萄进行酿制，按照葡萄的种类、葡萄园和年份的不同分开进行发酵，并且装瓶时使用带有软木塞的大容量酒瓶。

吉斯兰·德·蒙特戈费埃

年产量

香槟酒实行配给销售

博林格首席香槟丰年（Bollinger Vintage Grande Année）：平均售出 150,000 瓶

博林格首席粉红香槟丰年（Bollinger Vintage Grande Année Rosé）：平均售出 10,000 瓶

博林格 R.D. 香槟（Bollinger R.D.）：平均售出 30,000 瓶

博林格首席法兰西老藤香槟（Bollinger Vieilles Vignes Francaises）：平均售出 1,200 瓶

平均售价（与年份有关）：65~125 美元

近期最佳年份

所有最顶级的香槟酒都酿制成 R.D. 香槟酒——1990 年，1988 年，1985 年，1982 年，1981 年，1979 年，1976 年，1975 年，1973 年，1970 年，1969 年，1966 年，1964 年，1961 年，1959 年，1955 年，1953 年，1952 年，其中最出色的当属 1990 年、1985 年、1981 年、1975 年、1969 年、1961 年、1953 年和 1928 年香槟酒

博林格香槟酒 1996 酒标

博林格香槟酒庄历史悠久，成立于 1829 年，1870 年向美国出口了第一支香槟酒。下面介绍的是几款足以代表世界上最出色香槟酒的年份酒：

新进混合勾兑而成的 R.D. 香槟酒实际上与首席香槟丰年的成分完全一样，但是它与酵母共存的时间更长，因此酒体更加丰腴、结构性更强，带着一股难以忽略的烘烤奶油蛋卷的香味。这款香槟酒通常会在酿造年份之后的 10 到 12 年间上市。

首席香槟丰年完全是由特级及一级葡萄园的收成酿制而成，通常要用 16 款不同年份的年份酒进行混合勾兑。你所能看到的 75% 的香槟酒都产自特级葡萄园，其他的则来自于一级葡萄园。然而，这款酒每年的混合比例却不尽相同，最近的一款年份酒首席香槟丰年 1996 就是由 70% 的黑比诺加上 30% 的霞多丽混合酿制的。它通常会在容积为 205 公升、225 公升和 410 公升的小型橡木桶中进行发酵，一块地接一块地，一座葡萄园紧接一座葡萄园依次进行发酵，这就使得葡萄的挑选过程极为严苛。博林格香槟酒庄一向都只使用旧橡木桶（5 年旧甚至更老），目的是确保单宁和橡木的风味都不会对香槟酒产生影响。第二次发酵过后，酒庄就开始用货真价实的软木塞进行装瓶，因为与更常见的金属瓶盖相比，软木塞能够更好地防止香槟酒氧化，并且似乎能够更好地保持香槟酒的新鲜度。

粉红香槟丰年通常是由四分之三的黑比诺以及霞多丽混合酿制而成的，只使用第一遍压榨出的葡萄汁，酿制的手法也与陈年珍藏香槟酒的手法如出一辙。

至于 R.D. 香槟酒，距今最近的一款年份酒当属 R.D.1990，是由 69% 的黑比诺加上 31% 的霞多丽混合酿制而成。在小型的橡木桶中发酵过后——与首席香槟丰年的方法如出一辙，这款酒在酿成之后的 10 到 12 年后去除沉淀渣，在运输出口之前休息 3 个月。它是一款极为醇厚、酒体丰腴的香槟酒。

首席法兰西老藤香槟一般都来自于阿依（A ÿ）和布奇（Bouzy）两地的顶级葡萄园中的三小块地，总面积仅有 1.5 英亩，都是在葡萄根瘤蚜爆发之前种植的葡萄，是 100% 的黑比诺。在容积为 205 公升的老橡木桶中发酵，这款酒完全是由手工去渣的，并且也跟博林格酒庄其他出色的香槟酒一样，在外运出口前要休息 3 个月。最近的一款年份酒就是首席法兰西老藤香槟 1996，产量仅为 2,600 瓶。

作为享受贵宾待遇香槟酒中的佼佼者，在影视与文学作品中，估计没有哪一款香槟酒能比酩悦香槟酒庄（Möet & Chandon）的唐·培里侬香槟（Dom Pérignon）更出名的了。但是要说博林格香槟酒是名副其实的第二，可能就会引发很大的争议了。有历史记录表明，托马斯·杰斐逊在 1788 年访问香槟产区时曾称赞博林格香槟酒是这一地区最出众的香槟酒。那个时候这座葡萄园还不是博林格酒庄旗下的产业，但是最终被雅克·博林格（Jacques Bollinger）买下，专门用来酿制首席香槟丰年。当然，在詹姆斯·邦德的《密探 007》电影中博林格香槟酒是出镜率最高的一款香槟酒了，在 20 部 007 系列电影中，有 9 部电影都出现过它的身影，最新的一部就是《谁与争锋》（Die Another Day）。

KRUG

库克香槟酒庄

酒品：

陈年香槟（Grande Cuvée）

库克年份香槟（Krug Vintage）

库克粉红香槟（Krug Rosé）

库克罗曼尼钻石香槟（Krug Clos du Mesnil）

酒庄主：库克香槟酒商行（Vins Fins de Champagne S.A.）

地址：5 rue Coquebert,51100 Reims, France

电话：(33) 03 26 84 44 20

传真：(33) 03 26 84 44 49

邮箱：krug@krug.fr

网址：www. krug.com

联系人：克里斯蒂安·保罗杰（Rémi krug）

参观规定：仅接受预约的私人访问，从周一至周五联系帕斯凯尔·卢梭（Pascale Rousseau）夫人

葡萄园

占地面积：49.4 英亩

葡萄品种：黑比诺，霞多丽

平均树龄：15 年

种植密度：9,000 株 / 公顷

平均产量：每年产量都不同

酒的酿制

库克香槟酒庄出产的一系列产品也许是迄今为止所能够找到的使用最传统方法酿制的香槟酒了，它们一向以将优雅与丰富、强劲、浓烈和复杂完美地融为一体而著称。库克香槟酒庄使用小型的橡木桶进行发酵，因为他们认为只有这样香槟酒才能够自由呼吸，尽情挥洒潜在的香味与风味。但是香槟酒在橡木桶中存放的时间也并不长，一般是从收获期到 12 月底。大部分橡木桶的历史都有 30 至 40 年了，并且只有当旧的橡木桶真的是彻底没法再用了，酒庄才会购买新桶。

前后五代的库克人一直坚持用相同的方法酿制香槟酒。在将葡萄酒混合过后，香槟酒会继续进行 6 年的陈年，而陈年香槟的陈年期则长达 10 年。

年产量

每年的总产量接近 100,000 瓶。

库克陈年香槟"混合年份"珍藏陈年香槟（Krug Grande Cuvée "Multi-Vintage" Prestige Cuvée Krug）

库克粉红香槟（Krug Rosé）（混合年份）

库克罗曼尼钻石香槟（Krug Clos du Mesnil）

库克收藏家香槟（Krug Collection）

平均售价（与年份有关）：65~300 美元

近期最佳年份

1990 年，1988 年，1985 年，1981 年，1979 年，1961 年，1955 年，1949 年，1947 年，1929 年，1928 年

1843 年，约翰·约瑟夫·库克（Johann-Joseph Krug）创立了库克香槟酒庄，他出生于德国，但后来却取得了法国国籍。他的儿子保罗后来接替了他的位置，迄今为止，已经先后有五代的库克家族成员掌管过这座酒庄。如今总裁亨利以及总经理瑞米共同为库克香槟酒商行掌舵，他们几乎保留了库克酒庄的所有传统。香槟酒在上市之前一定要进行多年的陈年，这一严格到近乎严苛的规定与现代社会似乎是格格不入的，但是所幸库克香槟酒庄保留下了这一良好的传统，因此

库克粉红香槟酒酒标

才能造就如此成熟、复杂的库克香槟酒。该酒庄每年的产量近 100,000 瓶，但是供应远远小于需求。

下面是对陈年香槟的描述，与某些个人观点可能不一致：

珍藏陈年香槟：占到了库克香槟酒庄总产量的四分之三。这款酒是由 8 款不同年份的香槟酒混合而成，由黑比诺、莫尼耶皮诺和霞多丽混合酿制而成。由于珍藏陈年香槟完全是靠混合调配以及尝味来酿制的，因此并没有固定的配方。在绝大多数的混合酒液中，黑比诺的比例占到了 45%~50%，莫尼耶皮诺为 10%~15%，而霞多丽的比例为 35%~45%。为了使香槟酒足够复杂、口感丰富，混合的年份酒可以多达 8 款。有趣的是，这款香槟酒在 1978 年才首次问世。

库克年份香槟酒：这是寿命最长的一款香槟酒，以丰富的口感、轻微的氧化风格、同时又不乏醇厚、陈年潜力也颇佳的特性著称。库克年份香槟酒 1947 也许是我所品尝过的最出色的一款香槟酒了，它的口感依然十分年轻，就好像是最近才推出的一款年份酒，通常可以保存 30 至 40 年。库克年份香槟酒每年的成分比例都不尽相同，但是总的来说，黑比诺的比例为 30%~50%，莫尼耶皮诺的比例为 18%~28%，霞多丽的比例为 30%~40%。库克年份香槟酒通常需要在瓶中进行 10 年以上的陈年，这也是它绝少会在陈年期未满 10 年之前上市的主要原因。其他较为出色的年份酒还包 括 1982 年、1979 年、1975 年、1964 年、1962 年、1959 年以及 1947 年年份酒。

下面就是对最近几年的库克年份香槟酒进行的成分分析：

1989 年：47% 黑比诺，24% 莫尼耶皮诺，29% 霞多丽
1985 年：48% 黑比诺，22% 莫尼耶皮诺，30% 霞多丽
1982 年：54% 黑比诺，16% 莫尼耶皮诺，30% 霞多丽
1981 年：31% 黑比诺，19% 莫尼耶皮诺，50% 霞多丽
1979 年：36% 黑比诺，28% 莫尼耶皮诺，36% 霞多丽
1976 年：42% 黑比诺，26% 莫尼耶皮诺，32% 霞多丽
1975 年：50% 黑比诺，20% 莫尼耶皮诺，30% 霞多丽
1973 年：51% 黑比诺，16% 莫尼耶皮诺，33% 霞多丽
1971 年：47% 黑比诺，14% 莫尼耶皮诺，39% 霞多丽
1969 年：50% 黑比诺，13% 莫尼耶皮诺，37% 霞多丽
1966 年：48% 黑比诺，21% 莫尼耶皮诺，31% 霞多丽
1964 年：53% 黑比诺，20% 莫尼耶皮诺，27% 霞多丽
1962 年：36% 黑比诺，28% 莫尼耶皮诺，36% 霞多丽
1961 年：53% 黑比诺，12% 莫尼耶皮诺，35% 霞多丽
1959 年：50% 黑比诺，15% 莫尼耶皮诺，35% 霞多丽

库克粉红香槟：通常是一款由几款年份酒混合而成的非年份香槟酒，同样也是由黑比诺、莫尼耶皮诺和霞多丽混合酿制而成。1983 年，库克粉红香槟第一次面世，它是目前存世的颜色最浅淡的粉红香槟酒，同时也是口感最丰富、朴实、风味浓烈且余韵悠长的香槟酒。库克粉红香槟与路易王妃水晶香槟（Louis Roederer Cristal）和唐·培里侬粉红香槟（Dom Pérignon Rosé）一道并称为当今世界上最出色的三款粉红香槟酒。

库克罗曼尼钻石香槟：它是由 100% 的霞多丽精酿而成。自 1689 年起，库克香槟酒庄就一直坚持使用梅斯尼尔地区一座面积为 4.57 英亩的葡萄园中的葡萄。直到 1750 年，这座葡萄园还属于本笃会修道院的产业（Benedictine monastery）；1971 年，库克香槟酒庄将它收于囊中。1979 年，该酒庄就酿制出了第一款年份酒，由 100% 的、并且产自于同一座葡萄园的霞多丽酿制而成。在收成好的年份，这款香槟酒的产量也绝少能够超过 15,000 瓶。它优雅、浓烈、风味极佳，并且散发出与众不同的矿物质或白垩气味。

MOET & CHANDON
酩悦香槟酒庄

酒品：唐·培里侬香槟王（Dom Pérignon）

葡萄酒类别：香槟酒

酒庄主：酩悦·轩尼诗集团（Moët-Hennessy）

地址：20 Avenue de Champagen,51200 Epernay, France（邮编：51200）

电话：(33) 03 26 51 20 00

传真：(33) 03 26 54 84 23

网址：www.moet.com

联系人：弗雷德瑞克·昆米纳尔（Frédéric Kumenal）

参观规定：周一至周五，上午：9:30-11:30，下午：2:30-4:30

葡萄园

占地面积：酒庄内部的葡萄园，并且从有长期合同关系的葡萄园购买葡萄，面积不超过1,900英亩

葡萄品种：霞多丽，黑比诺，莫尼耶皮诺

平均树龄：20~50+年

种植密度：通常是5,000株/公顷，但是会有上下的浮动变化

平均产量：4,600~6,500升/公顷

酒的酿制

酩悦香槟酒庄是第一批使用不锈钢酒槽发酵的香槟酒庄之一。他们对清洁度的执着追求换来了高度纯净且极为出色的香槟酒，酒庄里有一条出乎意料的"不沾手"的酿酒原则——这一点对于规模如此庞大的酒庄来讲是极为不易的，因此酩悦香槟酒庄的香槟酒个性鲜明。大名鼎鼎的唐·培里侬香槟王是世界上最著名的一款奢侈香槟，它的混合比例虽然每年都会发生变化，但总是竭力保持霞多丽和黑比诺的比例能够尽量平衡。在某些年份，唐·培里侬香槟王也会不尽如人意（1992年和1993年），但是近两年的两款年份酒（1990年和1996年）都毫无瑕疵，口感出人意料的浓烈且个性鲜明。

年产量

具体的数字保密。

皇室香槟（Brut Impériale）

皇室粉红香槟（Brut Impériale Rosé）

唐·培里侬香槟王（Dom Pérignon）

唐·培里侬粉红香槟王（Dom Pérignon Rosé）

非年份珍藏香槟（Nonvintage Brut）

平均售价（与年份有关）：

唐·培里侬香槟王：125美元

唐·培里侬粉红香槟王：250美元

近期最佳年份

1996年，1990年，1985年，1982年，1975年

睿智的理查德·乔弗华先生（Richard Geoffroy）领导下的酩悦香槟酒庄的酿酒团队酿制出了世界上最奢华的香槟酒——唐·培里侬香槟王。这款酒具体的产量从未对外公布过，但是鉴于全世界各地的奢华饭店和酒店中都可以看到它的身影这一事实，它的数量肯定是极为惊人的。我们可以确切地知道，这座庞大的香槟酒庄一年能卖出3000多万瓶的香槟酒（这个数字是它临近的竞争对手——凯歌香槟酒庄（Veuve Clicquot）的两倍）。多年以来能够一直保持香槟酒的高品质，单是这份努力就值得为之喝彩。众所周知，酿制唐·培里侬香槟王的葡萄主要来自于阿依（Aÿ）、布奇（Bouzy）、克拉芒（Cramant）韦尔泽内（Verzenay）的特级葡萄园以及奥特维尔（Haut Villers）的一级葡萄园。

唐·培里侬香槟王的历史早已众所周知，它是以一位著名的僧侣皮埃尔·培里侬（Pierre Pérignon）的名字命名的。皮埃尔·培里侬出生于1640年，是当地法院里一名职员的儿子。19岁那年，他进入本笃会（Benedictine）；28岁时，他又被任命为奥特维尔修道院（Abbey of Haut Villers）的酿酒师。尽管他双眼失明，但据说他的嗅觉却十分的敏锐；同时他还有着渊博的葡萄种植知识以及酿酒知识，

是香槟产区第一批教授混掺葡萄酒技术的酿酒师之一。一些编年史家甚至宣称他就是发明香槟酒的第一人，但是这一说法并没有历史方面的证据作支撑。皮埃尔·培里侬为香槟酒做出的最大贡献就是找到了起泡葡萄酒中气泡的保存方法，并且用软木塞将气泡封存在玻璃瓶中。

1936年，唐·培里侬香槟王首次问世，但它却并不是当代第一款奢华香槟酒（路易王妃水晶香槟比它要早许多年）。近期的年份酒有1998年、1996年、1995年、1993年、1992年、1990年、1988年、1986年、1985年、1983年、1982年、1980年、1978年、1976年、1975年、1973年、1971年、1970年、1969年、1966年、1964年、1961年和1959年年份酒。

至于唐·培里侬粉红香槟王，单是它的名气就完美地阐释了它的珍贵、罕见以及极为高昂的价格。唐·培里侬粉红香槟王1959是第一款年份酒，那时它还是专门为伊朗国王特别酿制的；1962年，它第一次在美国销售，但是直到1970年，它才正式投放市场。这款香槟酒包含产自布奇的专门用来酿制红葡萄酒的黑比诺，其比例占到了三分之二，而霞多丽的比例则为35%，这款酒极为精雅和细腻。在我所品尝过的所有出色的粉红香槟酒中，绝大多数都是唐·培里侬粉红香槟王。

DOM PÉRIGNON
唐·培里侬香槟王

1996 Dom Pérignon
唐·培里侬香槟王1996　评分：98分

我曾品尝过多款出色的唐·培里侬香槟王，但是我却不记得有哪一款能像唐·培里侬香槟王1996那样出众，它比近乎完美的1990年年份酒甚至还要丰富。现在的1996年年份酒虽然仍比较封闭，但是依然散发出浓烈的酒香，还带着丝丝烤面包、小麦片、热带水果以及烘烤榛子的芬芳。酒体适中至饱满，清爽的酸味更衬托出果香的宽厚与浓烈，口感干爽畅快、富有骨感，余韵极为悠长。作为唐·培里侬香槟王的杰出代表，1996年年份酒为酩悦香槟酒庄添光增彩。最佳饮用期：从现在开始到2020+。

1995 Dom Pérignon
唐·培里侬香槟王1995　评分：95分

唐·培里侬香槟王1995呈优雅的稻草色，散发出奶油蛋卷和橘子皮的柔滑香味，以及淡淡的咖啡醇香和野姜花的香味。这款生机勃勃、个性十足、酒体适中的香槟酒风味浓烈，气泡（那些徘徊不去的小气泡）也久久不散，余韵极干且悠长。最佳饮用期：从现在开始到2015年。

1990 Dom Pérignon
唐·培里侬香槟王1990　评分：96分

口感极为丰富的唐·培里侬香槟王1990，酒质如奶油般柔滑细腻，酒体丰腴，尽管香味浓烈却仍不失优雅，似乎有能力超越出色的1985年和1982年年份酒。1990年年份酒的品质极为出众。最佳饮用期：从现在开始到2012年。

POL ROGER

保罗杰香槟酒庄

酒品：

霞多丽白香槟（Blanc de Chardonnay）

温斯顿·丘吉尔爵士纪念香槟（Cuvée Winston Churchill）

珍藏年份香槟（Vintage Brut）

葡萄酒类别：香槟酒

酒庄主：保罗杰家族（Pol-Roger）以及比利家族（Billy family）

地址：1 rue Henri Lelarge,B.P.199,51200 Epernay, France

电话：(33) 03 26 59 58 00

传真：(33) 03 26 55 25 70

邮箱：polroger@polroger.fr

网址：www.polroger.co.uk

联系人：克里斯蒂安·保罗杰（Christian Pol-Roger）

参观规定：不对公众开放，专业人士参观前必须预约

葡萄园

占地面积：公司目前在顶级的葡萄产区拥有 212 英亩左右的葡萄园，其余的葡萄则来自于另外的由私人经营的 212 英亩的葡萄园

葡萄品种：霞多丽，黑比诺，莫尼耶皮诺

平均树龄：15~20 年

种植密度：10,000 株 / 公顷

平均产量：10 吨 / 公顷

酒的酿制

在 8℃的温度条件下，对新酿的葡萄酒（葡萄汁）进行分类，严格控制发酵时的温度，以尽可能多地保留新鲜水果的风味与香味，这一过程全部在中性的容器中进行。保罗杰香槟酒庄相信，在橡木桶中进行发酵会使香槟酒带上一股木头的味道，从而掩盖葡萄本身的清香，而这股葡萄的果香正是所有的酿造方法所竭力追求的。

他们的酒窖有 7 千米长，是整个埃佩尔奈区最凉爽（9.5℃）、最幽深的酒窖之一，而酒窖的独特条件无疑是保罗杰香槟酒能有长达一分钟之久的气泡，以及优雅和完美结构的重要原因之一。多年以来，保罗杰香槟酒庄一直以富有质感和陈年潜力的香槟酒而著称。自 1849 年以来，保罗杰香槟酒庄从未打破自己许下的诺言——从不盛气凌人地将自己的价值观强加于其他酒庄，不盲从于时尚，也不认同越大越好的观点。

年产量

具体的产量数字是保密的。

珍藏香槟（Brut Reserve）

半干特级甜香槟（Demi-Sec Rich）

珍藏年份香槟（Brut Vintage）

霞多丽年份白香槟（Blanc de Chardonnay Vintage）

粉红年份香槟（Rosé Reserve）

温斯顿·丘吉尔爵士纪念香槟（Sir Winston Churchill cuvee Vintage）

平均售价（与年份有关）：65~165 美元

近期最佳年份

1996 年，1990 年，1988 年，1985 年，1975 年，1966 年，1959 年，1947 年，1934 年，1928 年，1921 年，1914 年，1911 年，1892 年

如果说世界上还有一款珍藏年份香槟拥有最出色香槟酒的所有品质，那它一定非保罗杰香槟酒莫属了。该酒庄香槟酒的混合成分每年都会发生变化，黑比诺含量可高达 70%（1952 年年份酒），但是大部分年份黑比诺的比例为 60%~65%，与霞多丽的比例相称。实际上，保罗杰香槟 1952 应该是保罗杰香槟酒庄的历史上唯一一款霞多丽比例低于 40% 的年份酒了。保罗

EPERNAY. - Travail du Vin de Champagne - L'Emballage

杰香槟酒庄的香槟酒是由埃佩尔奈区 18 座葡萄园的葡萄酿制而成，酒体丰腴、深沉、醇厚，有着顶级香槟酒所特有的活力与精致，而保罗杰香槟酒则是其中的佼佼者。珍藏香槟的寿命可长达 30 年甚或更久，比法国许多顶级红葡萄酒的寿命还要长。

　　该酒庄另一款出色的香槟酒就是霞多丽年份白香槟，它同时也是最出色的几款白中白香槟酒之一，仅使用克拉芒（Cramant）、梅斯尼尔（Le Mesnil）、奥戈尔（Oger）以及阿伟兹（Avize）地区顶级葡萄园出产的霞多丽酿制而成。它也许是保罗杰香槟酒庄中最性感、最迷人的一款，年轻时即可饮用，但与珍藏香槟以及大名鼎鼎的温斯顿·丘吉尔爵士纪念香槟相比，寿命稍短。温斯顿·丘吉尔爵士纪念香槟是迄今为止，保罗杰香槟酒庄出产的最强健、丰腴、醇厚的一款香槟酒，只在最好的年份里使用最顶级葡萄园里的葡萄酿制，酒庄一直对它具体的混合比例保密，宣称这是对丘吉尔家族做出的承诺——永远不透露这款香槟酒真

保罗杰香槟酒 1979 酒标

实的成分。但是鉴于它阳刚与强健的特性，大多数的酒评家猜想它通常是由 65%~70% 的黑比诺以及霞多丽混合酿制的。1984 年，保罗杰香槟酒庄首次推出了温斯顿·丘吉尔爵士纪念香槟 1975，那时还仅生产大瓶装的香槟酒，当然现在情况早已发生了变化。我最喜欢的温斯顿·丘吉尔爵士纪念香槟——实际上我对每一款年份酒都爱不释手——是 1990 年、1985 年、1982 年和 1979 年年份酒。我想 1996 年年份酒一经发布，它必定也会成为一款经典的香槟酒。

LOUIS ROEDERER

路易·勒德雷尔香槟酒庄

酒品：水晶香槟（Cristal Champagne）

葡萄酒类别：香槟酒

酒庄主：鲁造德家族（Rouzaud family）掌管下的路易·勒德
雷尔商行（S.A. Champagne Louis Roederer）

地址：21 boulevard Lundy,51100 Reims, France

电话：(33) 03 26 40 42 11

传真：(33) 03 26 61 40 45

邮箱：com@champagne-roederer.com

网址：www.champagne-roederer.com

联系人：让·克劳德·鲁造德（Jean-Claude Rouzaud）

参观规定：通过推荐且参观前必须预约

葡萄园

占地面积：506 英亩

葡萄品种：黑比诺，霞多丽

平均树龄：25 年

种植密度：8,300 株 / 公顷

平均产量：10,000~12,000/ 公顷

酒的酿制

路易·勒德雷尔香槟酒庄的酿酒规则包括——灵活进行
苹果酸 - 乳酸发酵与非苹果酸 - 乳酸发酵，严格的挑选过程，
在大型橡木桶中进行陈年，装瓶较早。

年产量

非年份珍藏香槟（Brut Premier Nonvintage）：200 多万瓶

非年份顶级干香槟（Grand Vin Sec Nonvintage）：几千瓶

非年份白香槟（Carte Blanche Nonvintage）：几千瓶

白中白年份香槟（Blanc de Blancs Millésime）：13,000 瓶

珍藏年份香槟（Brut Millésime）：50,000 瓶

珍藏年份粉红香槟（Brut Rosé Millésime）：40,000 瓶

水晶年份香槟（Cristal Millésime）：平均年产量为
500,000 瓶

水晶年份粉红香槟（Cristal Millésime）：20,000 瓶

平均售价（与年份有关）：150~175 美元

近期最佳年份

1996 年，1995 年，1990 年，1985 年，1982 年，1979 年，
1974 年，1970 年

路易·勒德雷尔香槟酒庄的历史可以追溯到 1776
年，是由一对姓杜布瓦的父子创建起来的。直
到 1833 年，它才更名为勒德雷尔，因为那时这家商行
的一名合伙人路易·勒德雷尔先生从他叔叔那里继承了
这份产业。正是在他的领导下，路易·勒德雷尔香槟
酒庄才逐渐闯出了名堂，并且开始生产香槟酒。值得
一提的是，在 1868 年，路易·勒德雷尔香槟酒庄竟然

卖出了多达 250 多万瓶的香槟酒，其中绝大多数出口到了俄国（尽管美国也是它的买家）。路易·勒德雷尔香槟酒成为了俄国沙皇的最爱，据 1873 年商行的档案文件记载，仅在一年时间里，路易·勒德雷尔香槟酒庄就向俄国运送了 666,386 瓶香槟酒（占到了其总产量的 27%）。3 年之后，在 1876 年，应沙皇亚历山大二世（Alexander II）的要求，该酒庄专门为俄国皇室酿造出了路易王妃水晶香槟酒（cuvée Cristal）。然而，1917 年俄国十月革命爆发后，路易·勒德雷尔商行也随即失去了自己最大的客户。

如今的路易·勒德雷尔香槟酒庄是为数不多的几座仍然独立经营的家族酒庄，目前商行由让·克劳德·鲁造德先生掌管，他是大名鼎鼎的卡蜜尔·奥尼尔·勒德雷尔（Camille Olry-Roederer）的孙子，而卡蜜尔自 1932 年起就接管了酒庄，一直到 1975 年去世为止。她在法国几乎家喻户晓，这不仅是因为她强硬的管理作风，更是由于她在自己的赛马场上推出了一款最出色的香槟酒——雅明香槟（Jamin）。现在的路易·勒德雷尔商行每年生产并销售高达 270 多万瓶的香槟酒，路易·勒德雷尔香槟，包括奢华的路易王妃水晶

香槟销往全球 80 个国家和地区。

勒德雷尔香槟酒庄的酿酒方法十分开明，与其他香槟酒庄相比灵活性更强。在某些年份，该酒庄会积极并且全部地进行苹果酸 - 乳酸发酵，但在另一些年份则只是部分进行，甚至是完全不进行，这完全取决于他们对葡萄的分析。酿酒设备本身就带有空调，并且干净到令人不可思议。酒庄内全部的优质陈酿——水晶香槟的精华所在——被保存在木质酒桶中，毫无疑问这会使得香槟的酒体更加丰腴，口感更加浓烈。该酒庄香槟酒的混合比例每年都会有所不同，但一般来说，水晶香槟酒是由 50%~60% 的黑比诺加上霞多丽精酿而成，很少会出现霞多丽的比例低于 40% 的情况。这是一款很有意思的香槟酒，因为在法国所有的葡萄酒产区，甚至包括一部分香槟产区收成都不佳的年份——尤其是 1974 年和 1977 年，路易·勒德雷尔香槟酒庄却能够酿制出极为出色的香槟酒，这不得不说是一个奇迹！我最为中意的几款香槟酒是 1996 年、1990 年以及 1982 年年份酒，不得不承认，我每次品尝路易·勒德雷尔香槟酒时都会不由自主地发出惊叹。

SALON

沙龙香槟酒庄

酒品：沙龙香槟（Salon Champagne）

葡萄酒类别：香槟酒

酒庄主：罗兰·佩里耶集团（Laurent-Perrier Group）

地址：Champagne Salon,7 rue de la Brèche d'Oger, 51190 Le Mesnil-sur-Oger, France

电话：(33) 03 26 57 51 65

传真：(33) 03 26 57 79 29

邮箱：champagne@salondelamotte

参观规定：参观前必须预约；周末谢绝参观

葡萄园

占地面积：绝大多数的葡萄都是由签订合同的葡萄园供应，主要有两处供应地

葡萄品种：100% 的霞多丽

平均树龄：35~50 年

种植密度：7,500~10,000 株 / 公顷

平均产量：10,000 升 / 公顷

酒的酿制

酿酒用的葡萄 100% 产自于梅斯尼尔或奥戈尔区；在不锈钢酒桶中进行发酵，并不进行苹果酸 - 乳酸发酵；除渣之前平均要进行 10 年的陈年。

年产量

他们仅仅生产一种香槟酒，并且是在他们认为极为出色的年份才会酿制。沙龙香槟酒庄虽然建立于 1921 年，但迄今为止只出产了 32 款年份酒的原因也在于此。

沙龙香槟（Champagne Salon）：50,000 瓶

平均售价（与年份有关）：65 美元

近期最佳年份

1999 年，1997 年，1996 年，1995 年，1990 年，1988 年，1985 年，1982 年

在所有著名的香槟酒庄中，沙龙香槟酒庄算是规模最小的酒庄之一了，每年的产量也仅有 4,000 箱多一点。这座位于梅斯尼尔·苏尔·奥戈尔的香槟酒庄的历史可以追溯到 1867 年尤金·梅尔·沙龙（Eugene-Aime Salon）的出生。他起先是一名教师，之后又成为一名成功的毛皮商人，最后他终于攒够了钱，买下了梅斯尼尔区一座一公顷大小的葡萄园。1911 年，沙龙先生酿制出他的第一支香槟酒的三年之后就创建了今天的沙龙香槟酒庄。直到 20 世纪"兴旺的 20 年代"，沙龙香槟酒被颇具传奇色彩的马克西姆饭店选为招牌酒，它才开始崭露头角。完全由 100% 的霞多丽精酿而成，沙龙香槟酒的品质是毋庸置疑的，而整座酒庄只生产一款香槟酒，并且只在某些特别出色的年份才会酿制，这无疑增添了它的神秘性。此外，沙龙香槟酒的质量也是毫无瑕疵的，并且由于它不进行苹果酸 - 乳酸发酵，因此保持了非常高的天然酸度，陈年期似乎也出人意料的长。甚至在 2002 年品尝 1964 年年份酒，其口感依然是那么出色。

1943 年，尤金·梅尔·沙龙先生去世；1963 年，他的家族最终将酒庄卖给了贝赛特·德·贝勒丰（Besserat de Bellefon），而 1989 年，他又将沙龙香槟酒庄转手卖给了罗兰·佩里耶（Laurent-Perrier）。曾经有许多年，沙龙香槟酒一直是在大型的木桶中进行陈年成熟的，虽然现在该酒庄已经摒弃了这一传统，但有意思的是，尽管现在早已不用木桶进行发酵陈年了，但是沙龙香槟酒依然还带着近乎木头的坚果味。这款酒的平均寿命依然为 50 年以上，并且专门为酒庄供应葡萄的两座葡萄园虽然处于相对较为凉爽的气候带，但是却有着较温暖的小气候。我最中意的一款酒就是沙龙香槟 1990，除此之外，出色的年份酒还有很多，但把它们放在一起比较是不公平的。沙龙香槟酒庄出产的年份酒是：1999 年、1997 年、1996 年、1995 年、1990 年、1988 年、1985 年、1983 年、1982 年、1979 年、1976 年、1973 年、1971 年、1969 年、1966 年、1964 年、1961 年、1959 年、1955 年、1953 年、1952 年、1951 年、1949 年、1948 年、1947 年、1946 年、1943 年、1937 年、1934 年、1928 年、1925 年和 1921 年年份酒。

VEUVE CLICQUOT
凯歌香槟酒庄

酒品：贵妇香槟（La Grande Dame）

葡萄酒类别：香槟酒

酒庄所有人：凯歌公司（Veuve Clicquot Ponsardin）

地址：12 rue du Temple,51100 Reims, France

电话：(33) 03 26 89 54 40

传真：(33) 03 26 40 60 17

网址：www.veuve-clicquot.com

参观规定：参观前必须预约，周一至周六（4月1号至10月
30号）；周一至周五（11月1号至3月31号）；可通
过网站预约

葡萄园

占地面积：855 英亩

葡萄品种：霞多丽，黑比诺，莫尼耶皮诺

平均树龄：大约 20 年

种植密度：8,500~9,500 株 / 公顷

平均产量：产量上下浮动范围极大，从 5 吨 / 公顷（2003
年）到 12 吨 / 公顷不等

酒的酿制

所有批次的葡萄（按照葡萄的种类、葡萄园，甚至葡
萄地块的不同）都分开保存，在温度可控的不锈钢酒桶中发
酵，进行完全的苹果酸 - 乳酸发酵。

非年份香槟酒：陈年期平均为 3 年

年份香槟酒：陈年期至少为 5~6 年

贵妇香槟：陈年期至少为 6~7 年

年产量

具体的产量数字保密。

非年份香槟酒：皇牌特级香槟（Brut Yellow Label）、半
干特级甜香槟（Demi-Sec）

年份酒：金牌珍藏香槟（Vintage Reserve）、玫瑰珍藏香
槟（Rosé Reserve）、银牌珍藏香槟（Rich Reserve）

名品陈年年份香槟：贵妇香槟（La Grande Dame）、粉
红贵妇香槟（La Grande Dame Rosé）

平均售价（与年份有关）：50~135 美元

近期最佳年份

1996 年，1990 年，1955 年

自 1772 年起，凯歌香槟酒庄就开始酿制高质量的
香槟酒，这座古老酒庄的历史与一位杰出的女
性——凯歌夫人紧紧联系在一起。

凯歌夫人的公公——菲利普·凯歌（Philippe
Clicquot）开创了这家公司，专门生产和销售香槟酒。
1775 年，凯歌香槟酒庄第一次将粉红香槟出口，而如
今 85% 的凯歌香槟酒都销往国外，不管是已经建立完
备的市场机制还是市场正处于发展中的国家。从世界
范围上来看，凯歌香槟仅次于酩悦香槟排名第二，更
被消费者认为是独一无二的、名声最响亮的香槟酒。

目前凯歌香槟酒庄旗下的 855 英亩的葡萄园都是
凯歌夫人及她的继承者多年以来一块块地买下的，不
论是从规模还是质量上看，它都已经成为整个香槟产
区最重要的葡萄园之一。酿酒所用的葡萄（黑比诺使
香槟酒更具骨感，莫尼耶皮诺使酒体更加圆润，霞多
丽使它显得清新而优雅）每年都是从这一地区最好的
葡萄园内精心挑选出来的。

酿酒师对葡萄酒和酿酒过程的熟悉及了解使得凯
歌香槟酒庄能够酿制出品质始终如一的非年份香槟酒，
像皇牌特级香槟或半干特级甜香槟，并且在收成好的
年份能够混合勾兑出出色的年份香槟酒。

贵妇香槟是凯歌酒庄最出名的香槟酒，这款酒只
在特别出色的年份使用酒庄里 8 座顶级葡萄园中的葡
萄才能精制而成。

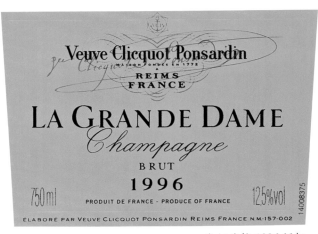

贵妇香槟 1996 酒标

1987年，凯歌香槟酒庄被世界顶级的奢侈品公司路易·威登收购，酒庄酿酒所用的葡萄来自于安邦内（Ambonnay）、布奇、阿伟兹、克拉芒、美尼尔（Mesnil）、奥戈尔和韦尔泽内。自1962年起，凯歌香槟酒庄便开始在不锈钢酒桶中酿制香槟酒，尽管对于一款奢侈的陈年香槟酒来说产量相对较高，并且好的年份酒可以保存25至30年。

香槟酒的混合比例并非是一成不变的，但是大部分的凯歌香槟年份酒中黑比诺的比例为60%左右，其中38%的霞多丽全部产自于当初由凯歌夫人购下的葡萄园中。它的酒质一贯出色，散发出黑醋栗和奶油蛋卷的香味，成熟、深厚，酒体相对饱满，陈年后风味更佳。合乎我胃口的最近几年的年份酒有1996年、1990年和1985年年份酒。凯歌酒庄出产的年份酒还包括1996年、1995、1990年、1989年、1988年、1985年、1983年、1982年、1980年、1979年、1978年、1976年、1975年、1973年、1969年、1966年、1964年、1961年、1959年、1955年、1953年、1949年、1947年、1945年、1943年、1942年、1937年、1928年、1923年和1919年年份酒。

另外，粉红贵妇香槟的产量也很小，在市面上很难见到它的踪影。

THE LOIRE VALLEY
卢瓦尔河谷

卢瓦尔河谷是目前法国最大的葡萄酒产区，它从中央高原（Massif Central）[位里昂（Lyon）及罗纳河谷（Rhône Valley）葡萄园以西不远的地方]温暖的山脚下开始，一直延伸到布列塔尼地区（Brittany）中暴风肆虐的大西洋海岸，总长度有 635 英里。许多爱酒人士能够说出的历史上卢瓦尔河谷的葡萄酒庄的名字比葡萄酒的名字还多。这真是太遗憾了，因为卢瓦尔河谷的葡萄酒生产区推出了一系列法国最著名的并且只用一种葡萄酿制的葡萄酒，其中最有名气的当属用长相思和白诗南（Chenin Blanc）酿制的葡萄酒了。但是这里也不乏红葡萄品种，黑比诺、品丽珠以及其他几种红葡萄品种种植在一些世界上最古老的葡萄园中。总的来讲，卢瓦尔河谷是白葡萄酒的天下，其产量占到了该地区葡萄酒总产量的 95%，这里的葡萄酒风格多变，从极干的葡萄酒到超甜的葡萄酒应有尽有。本章中我所挑选出来的都是世界上最著名的、使用长相思或白诗南两种葡萄酿制而成的白葡萄酒（后者的风格较为多变，既可以甘甜质朴，又可以毫无甜味）。

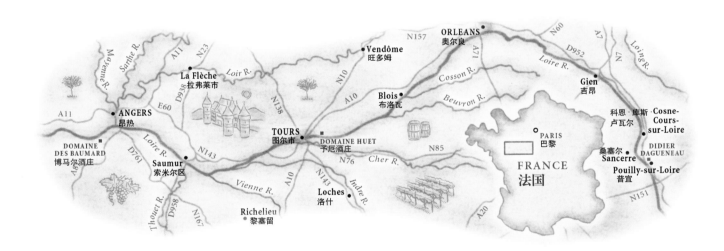

DOMAINE DES BAUMARD
博马尔酒庄

酒品：

肖姆·卡尔特葡萄酒（Quarts de Chaume）

圣·凯瑟琳庄园莱昂丘葡萄酒（Coteaux du Layon Clos de Ste.-Catherine）

莎弗尼耶·蝴蝶园葡萄酒（Savennières Clos du Papillon）

葡萄酒类别：法国卢瓦尔河谷安茹（Anjou）

酒庄所有人：博马尔酒庄有限公司（s.c.e.a. Domaine des Baumard）

地址：8,rue de l'Abbaye,49190 Rochefort sur Loire, France

电话：（33）0 2 41 78 70 03

传真：（33）0 2 41 78 83 82

邮箱：contact@baunmard.fr

网址：www.baunmard.fr

联系人：弗洛朗·博马尔（Florent Baumard）

参观规定：除星期天和银行假日外每天开放，上午：10:00-12:00，下午：2:00-5:30；可通过电话预约

葡萄园

占地面积：101 英亩（实际上投入生产的只有 96.3 英亩）

葡萄品种：白诗南，品丽珠，霞多丽，华帝露（Groslot de Cinq），佳美（Gamay）

平均树龄：75% 的葡萄树超过 30 年，20% 为 10 到 20 年，5% 小于 10 年

种植密度：取决于葡萄种植的地块，葡萄园内的种植密度从 3,300 株/公顷至 5,000 株/公顷不等

平均产量：3,000~4,000 升/公顷，甜葡萄酒的产量更低

酒的酿制

在葡萄酒王国中，博马尔酒庄是酿酒技术最熟练的酒庄之一，它对发酵过程有着严格的规定以防止葡萄酒被氧化；保持极低的温度使酒香更加的浓郁、风味更具骨感；进行苹果酸-乳酸发酵的弹性极大，在葡萄酸度较高的年份积极进行发酵，而在葡萄酸度较低的年份则发酵的比例较低。就像博马尔酒庄明确说明的那样，"葡萄的酿制原则是：首先，将使葡萄酒更易消化、吸引人的品质保存在葡萄酒中；第二，萃取葡萄中最出色的品质，承认每一款年份酒都是截然不同的；第三，酿制出能够保持自己独特个性的葡萄酒；最后，不论采用哪种酿造方法，永远不要忽视进步与创新"。

该酒庄所有的葡萄酒装瓶时间都相对较早，有时甚至

要借助少量的二氧化碳以保持葡萄酒的新鲜。这些酒的陈年潜力都颇大，就连最干的莎弗尼耶·蝴蝶园葡萄酒的陈年潜力都有 20 年甚至更长的时间；而莱昂山坡产区（Coteaux du Layon）更加甘甜的葡萄酒以及肖姆·卡尔特葡萄酒的陈年潜力可达到 25 至 50 年。

年产量

肖姆·卡尔特葡萄酒（Quarts de Chaume）：15,000 瓶

圣·凯瑟琳庄园莱昂丘葡萄酒（Coteaux du Layon Clos de Ste.-Catherine）：5,000 瓶

莎弗尼耶·蝴蝶园葡萄酒（Savennières Clos du Papillon）：24,000 瓶

平均售价（与年份有关）：20~80 美元

近期最佳年份

由让·博马尔（Jean Baumard）主持酿造的：1976 年，1969 年，1961 年

由让·博马尔和弗洛朗·博马尔联合主持酿造的：1990 年，1989 年

由弗洛朗·博马尔主持酿造的：1997 年，1996 年，1995 年

博马尔酒庄是卢瓦尔河谷历史最悠久的酒庄之一，其历史可以追溯到 1634 年，尽管博马尔家

弗洛朗·博马尔

族放弃培育葡萄苗的生意不过是三代之前的事。20 世纪 90 年代中期，退休的天才酿酒师让·博马尔是卢瓦尔河谷堪称完美的酿酒专家兼首席技师，他在种植葡萄时一丝不苟，培育时更是精益求精。1995 年，他的儿子弗洛朗继承了他的事业，继续为这座享有盛誉的酒庄工作。弗洛朗对葡萄酒进行了许多细节方面的改进，鉴于博马尔酒庄葡萄酒几十年来一直是莎弗尼耶、莱昂山坡产区和肖姆·卡尔特葡萄酒的参照标准，要取得这样的成绩实属不易。博马尔酒庄有自己的评论家，他们争辩酒庄的葡萄酒师傅太质朴、太完美或太依赖于技术而缺乏灵魂，但是抱怨和指责通常都出自于心怀嫉妒的葡萄酒生产商，因为他们自己酿制不出如此清新、有质感、水晶般澄澈、如蕾丝般精致的佳酿。不论是什么样的年份，这些葡萄酒似乎总是妥妥帖帖，绝对不会失掉水准。就像许多评论员说的那样，这些酒无论何时总是完美无瑕、耀眼闪亮的，看起来就如同是科学家的杰作。弗洛朗的外形酷似休·格兰特（Hugh Grant），他在父亲原有的酿酒风格中又增添了一点灵魂，而博马尔酒庄必将继续成为弗洛朗过去、现在和将来的得意之作中最闪亮耀眼的一个。

COTEAUX DU LAYON CLOS DE STE.-CHAUME
圣·凯瑟琳庄园莱昂丘葡萄酒

2002 Coteaux du Layon Clos de Ste.-Catherine
圣·凯瑟琳庄园莱昂丘葡萄酒 2002

评分：94 分

美味甘甜的桃子香味以及淡淡的杏仁酥、奶油蛋卷和橘子果酱的芬芳从圣·凯瑟琳庄园莱昂丘葡萄酒 2002 的酒杯中飘逸而出，它的酒体极为丰腴、口感清新、强劲有力，在浓郁的果香和醇厚的酒体掩盖下的是春花的风味。这款酒十分浓烈，余韵中带着诱人的矿物质风味和丝丝的无花果、野姜花香味。它是一款甘甜适中的佳酿，巅峰期至少可以保持 20 到 25 年。

2001 Coteaux du Layon Clos de Ste.-Catherine
圣·凯瑟琳庄园莱昂丘葡萄酒 2001

评分：92 分

圣·凯瑟琳庄园莱昂丘葡萄酒 2001 散发出白桃、金银花、橘子花、青苹果皮的芳香，并夹杂着一丝胡椒薄荷的香味。这款强劲而结构性又极强的葡萄酒有着浓郁的矿物质风味，悠长的余韵中带着适宜、爽利甚至是有些凌厉的酸味。尽管入口极为甘甜，但它仍略显质朴，这款酒还需要进行长

达 20 至 25 年的陈年。

1997 Coteaux du Layon Clos de Ste.-Catherine
圣·凯瑟琳庄园莱昂丘葡萄酒 1997

评分：93 分

散发出浓郁的柑橘、佛手柑和鲜花的馨香，适中至饱满酒体的圣·凯瑟琳庄园莱昂丘葡萄酒 1997 口感强劲且极为成熟。它宽厚、饱满、酒质柔滑，这款酒体极其平衡的葡萄酒风味浓烈，血橙、红莓和什锦糖果的香味醉人，入口口感清新雅致，余韵悠长得似乎永无尽头。最佳饮用期：从现在开始到 2020 年。

1996 Coteaux du Layon Clos de Ste.-Catherine
圣·凯瑟琳庄园莱昂丘葡萄酒 1996

评分：94 分

甘甜的野姜花、柑橘和矿物质香味沁人心脾，圣·凯瑟琳庄园莱昂丘葡萄酒 1996 醇厚、柔滑，口感惊人的甘甜、细腻，酒体丰腴。杏仁精粹物、新鲜的红醋栗和甘甜的花草茶的风味层层显现，个性活泼又不失沉稳。酒体超级平衡且余韵极为悠长，假如存放在合适的酒窖中，这款和谐的葡萄酒有着至少 20 年的陈年潜力。建议于现在至 2025 年间饮用。

QUARTS DE CHAUME
肖姆·卡尔特葡萄酒

2002 Quarts de Chaume
肖姆·卡尔特葡萄酒 2002

评分：95 分

肖姆·卡尔特葡萄酒 2002 散发出一股柑橘、金银花和野姜花的香味，这款酒体丰腴的葡萄酒质地细腻、酸度适中、强劲且潜力颇大，但却富有骨感，有着蕾丝般精致的透明度。这款酒将力量、优雅、丰富与精致完美地融为一体，美好得不似人间之物。它的最佳饮用期至少有 30 年之久。

肖姆·卡尔特葡萄酒 2002 酒标

1997 Quarts de Chaume
肖姆·卡尔特葡萄酒 1997

评分：94 分

仅仅在 6 个月的时间内，我就先后对肖姆·卡尔特葡萄酒 1997 进行过 5 次尝味，结果证明它是一款极为稳定的葡萄酒。经过较长时间的醒酒后，它似乎变得更加的集中、清新，这种特性在酒体沉重、超级成熟的 1997 年年份酒中并不多见。这款浓烈、柔滑、成熟的葡萄酒渗透出焦糖矿物质和蜂蜜的甜香，入口后即可感受到杏仁蛋白软糖、蜜饯葡萄柚和热带水果的香味，内里黏稠然而却又十分清新。这款豪迈大气的 1997 年年份酒还需要进行一段时间的窖藏才能达到巅峰状态，建议于现在至 2020 年间饮用。

1996 Quarts de Chaume
肖姆·卡尔特葡萄酒 1996

评分：96 分

肖姆·卡尔特葡萄酒 1996 有着金银花、液态矿物质以及淡淡的杏仁酥的甜香，个性耀眼、诱人，甘甜的超熟水果果香和酸度之间和谐而完美。这款花香与杏仁风味浓郁、极富骨感的葡萄酒的余韵悠长到似乎永无尽头。最佳饮用期：从现在开始到 2030+。

SAVENNIÈRES CLOS DU PAPILLON
莎弗尼耶·蝴蝶园葡萄酒

2002 Savennières Clos du Papillon
莎弗尼耶·蝴蝶园葡萄酒 2002

评分：94 分

莎弗尼耶·蝴蝶园葡萄酒 2002 的矿物质香味浓郁扑鼻、口感复杂、酒体适中、坚实稳固，它醇厚的酒质外包裹着强烈的风味。金银花的花香、晒干的香料、杏仁、粉笔和野姜花的香味贯穿于微妙的个性和悠长的余韵中。建议 10 至 15 年后饮用。

2001 Savennières Clos du Papillon
莎弗尼耶·蝴蝶园葡萄酒 2001

评分：90 分

淡淡的湿岩石、冰冷的钢铁、鲜花、柠檬皮和柑橘油香味覆盖下的是一款酒体适中、质朴的葡萄酒，莎弗尼耶·蝴蝶园葡萄酒 2001 有着浓烈的矿物质风味，中味极干，酸度清脆，酒质醇厚，悠长的余韵中酸度宜人。这款紧致的葡萄酒应该会在 2007 至 2015 年间达到最佳状态。

2000 Savennières Clos du Papillon
莎弗尼耶·蝴蝶园葡萄酒 2000

评分：90 分

博马尔酒庄出产的这款年份酒有着少见的开放的风格及早熟的个性，散发出浓郁的梨子、杏仁和花香的风味，以及柑橘和木瓜的果香。尽管这款酒十分优雅、酒体适中，然而清脆的酸度却缺乏出色的莎弗尼耶·蝴蝶园葡萄酒应有的深度。它酒体平衡、个性随和、易于亲近，建议于现在至 2008 年间享用。

1997 Savennières Clos du Papillon
莎弗尼耶·蝴蝶园葡萄酒 1997

评分：92 分

令人垂涎的水果蛋糕、香料和水煮梨子的馨香扑面而来，莎弗尼耶·蝴蝶园葡萄酒 1997 有着浓郁的梨子、苹果和芒果的果香，以及浓烈的香料风味。它酒质醇厚，酒体适中至饱满，风味饱满，然而又细致、平衡、精雅。由于水果香味浓烈，它在短期内即可饮用，然而窖藏过后，莎弗尼耶·蝴蝶园葡萄酒特有的矿物质香味就会愈加浓郁。最佳饮用期：现在开始到 2010+。

1996 Savennières Clos du Papillon
莎弗尼耶·蝴蝶园葡萄酒 1996

评分：94 分

莎弗尼耶·蝴蝶园葡萄酒 1996 带着野姜花和马鞭草的混合香味，这款生气勃勃的佳酿口感丰富、极富骨感、酒体适中、超级集中，有着细腻的花草茶、矿物质、燧石和柠檬的风味，如水晶般澄澈的酒体纯净、平衡到极致。最佳饮用期：从现在开始到 2020 年。

DIDIER DAGUENEAU
达格诺酒庄

酒品：

　　普伊芙美纯种葡萄酒（Pouilly-Fumé Pur Sang）

　　普伊芙美燧石特酿葡萄酒（Pouilly-Fumé Cuvée Silex）

庄园主：迪迪耶·达格诺（Didier Dagueneau）

地址：Rue Ernesto Che Guevara No.1:3:5 and 7,58150 St.-

　　　Andelain, France

电话：(33) 03 86 39 15 62

传真：(33) 03 86 39 07 61

邮箱：silex@wanadoo.fr

联系人：迪迪耶·达格诺（Didier Dagueneau）或娜塔莉·朱

　　　利安（Nathalie Julien）

参观规定：只接受预约访客

葡萄园

占地面积：29.6 英亩

葡萄品种：普伊芙美（白）

平均树龄：7~77 年

种植密度：老葡萄树 6,500 株 / 公顷，树龄少于 10 年的新葡

　　　萄树 7,000 株 / 公顷

平均产量：3,000~5,000 升 / 公顷

酒的酿制

　　迪迪耶·达格诺是世界上顶级酿酒师和葡萄栽培师之一。他是一个完美主义者，为了把庄园产量控制为该产区最低，他对葡萄树进行了非常严格的修枝、抹芽、剪叶和间苗。他也是一个非常勤劳的甜葡萄酒生产商，在葡萄即将成熟的季节，他经常穿梭于葡萄园中，就为了及时采收处于最佳成熟状态的葡萄。达格诺酒庄创建于 1989 年，其外观就像一座大教堂，非常庄重肃穆并且一尘不染。葡萄酒的酿制并没有特定的工序，有些年份会把葡萄浸皮，但大多数的年份都不会。葡萄在非常成熟后才会被采收，而且不去梗。发酵时，达格诺会使用几种不同的工业用酵母，在温度可以控制的不锈钢酒桶中进行，也可以在符合他严格要求的橡木桶中进行。即使某些年份发酵的酒酸度可能会很高，他仍会坚持在装瓶前与酒糟一起发酵，并反对进行苹果酸 - 乳酸发酵。他生产的普伊芙美葡萄酒不少于四款，但最优质的当属纯种和硅石特酿。

年产量

　　普伊芙美纯种葡萄酒：24,000 瓶

　　普伊芙美燧石特酿葡萄酒：20,400 瓶

　　平均售价（与年份有关）：60~75 美元

近期最佳年份

　　2002 年，2000 年，1999 年，1998 年，1990 年，1986 年

　　迪迪耶·达格诺是最伟大的长相思葡萄酒酿造大师，也是卢瓦尔河流域最负盛名的酿酒师。正如他个性的长发和满嘴的胡须所显示的那样，达格诺在生活中一想到具体方案就会马上付诸行动，不像其他人那样只想不做。达格诺一直是法国一个颇受争议的人物，他会直接指出附近庄园存在的问题，并在电视访谈节目中对他们的高产量和粗糙管理直言不讳。其实，他一直都在努力证明一点，那就是我们可以生产出优质的葡萄酒，但是这需要付出很大的代价，既费时又费力。尽管他这个人言辞激烈，爱与人争论，但不可否认的是，他仍是一个努力酿造复杂、醇厚和具

有陈化潜力的顶级普伊芙美葡萄酒的伟大酿酒师。他无论是对自己的葡萄园、现代化酒窖还是葡萄酒，都非常执着，一直都是说到做到。这样的达格诺已成为卢瓦尔河流域年轻一代心目中的偶像，而他酿造的酒也成为正直和伟大的代名词。

POUILLY-FUMÉ PUR SANG
普伊芙美纯种葡萄酒

2002 Pouilly-Fumé Pur Sang
普伊芙美纯种长相思白葡萄酒 2002

评分：93 分

这款葡萄酒蕴藏着巨大的能量，具有很高的浓缩度和深度。在酒桶中进行发酵，不进行苹果酸 - 乳酸发酵，是一款带有特别的矿物质特性的长相思葡萄酒。这款酒强劲、有力，有着强烈的潜在酸性，入口有柑橘皮、柑橘油、烟熏和湿岩石的味道。这款长相思葡萄酒非常优雅，在没有任何物质侵入的情况下可以完美地陈化 10 至 15 年。

POUILLY-FUMÉ CUVÉE SILEX
普伊芙美燧石特酿葡萄酒

2002 Pouilly-Fumé Cuvée Silex
普伊芙美燧石特酿葡萄酒 2002

评分：96 分

这款葡萄酒是我所品尝过的最好的普伊芙美葡萄酒，兼具内省理智型和欣快兴奋型两种特性。酒桶发酵，并且以生长在达格诺庄园富含硅石的土壤中生长多年的老葡萄树上的葡萄为原料。它有着宜人的花香，并伴有白巧克力、柑橘油、香草白酒、瓜果、榅桲和番木瓜等混合的味道。这款酒轮廓清晰、巨大，口感强劲，酸度惊人且有穿透性，是口感最好的一款长相思葡萄酒。最佳饮用期：现在开始到 2014 年。

DOMAINE HUET
予厄酒庄

酒品：

武弗雷第一筛选乡镇园甜型葡萄酒（Vouvray Moëlleux Le Clos du Bourg）

武弗雷高地园甜型葡萄酒（Vouvray Moëlleux Le Haut Lieu）

园场高地园干型葡萄酒（Le Haut-Lieu Sec）

拉蒙园干型葡萄酒（Le Mont Sec）

武弗雷康斯坦丝特酿甜型葡萄酒（Vouvray Moëlleux Cuvée Constance）

阜夫莱拉蒙园甜型葡萄酒（Vouvray Moëlleux Le Mont）

等级：卢瓦尔河谷

庄园主：匈牙利商人、美国商人和法国商人诺厄尔·平基（Noël Pinguet）合资

地址：Clos du Bourg,11 rue de la Croix Buisée,37210 Vouvray, France

电话：(33) 02 47 52 78 87

传真：(33) 02 47 52 66 74

邮箱：huet.echansonne@wanadoo.fr

联系方式：欢迎致电或者寄信至以上地址

参观规定：只接受预约访客，参观时间为周一至周六上午 9:00-12:00 或下午 2:00-6:00

葡萄园

占地面积：100 英亩

葡萄品种：100% 白诗南

平均树龄：30~45+ 年

种植密度：5,000~6,000 株 / 公顷

平均产量：2,000~3,000 升 / 公顷，珍贵的甜葡萄酒陈酿产量远少于此

酒的酿制

这家庄园采用的是生物动力葡萄栽培方式。现任庄园主诺厄尔·平基是已故庄园主加斯顿·予厄（Gaston Huet）的女婿。葡萄经过多次人工采收，然后进行缓慢的冷发酵，发酵一般在不锈钢酒罐中非常狭窄的部分进行。因为平基认为这些白葡萄酒必须保持它高度的天然酸性，所以不进行任何苹果酸 - 果酸发酵。一般在葡萄采收后的 12 到 14 个月之后装瓶。

年产量

所有陈酿的总产量为 12,500 箱。

武弗雷第一筛选乡镇园甜型葡萄酒

园场高地园干型葡萄酒

拉蒙园干型葡萄酒

武弗雷康斯坦丝特酿甜型葡萄酒

平均售价（与年份有关）：30~90 美元

近期最佳年份

2002 年，1997 年，1995 年，1989 年

这家酒庄一直被人们称为园场高地庄园或予厄庄园，该庄园数十年来一直是阜夫莱地区卓越的财产。加斯顿·予厄是一个很有魅力和活力的人，参加过第二次世界大战，从 1947 年开始到 2002 年逝世为止，他一直管理着予厄庄园，享年 92 岁。他的女婿诺厄尔·平基一直从事酿酒和经营庄园。可能是因为法国残酷的继承法，平基在加斯顿·予厄死后不久就将自己手中持有的予厄庄园部分股权卖给了匈牙利的伊什特万·赛普斯（István Szepsy），以托卡伊葡萄酒（Tokaji）闻名，和美国商人联营的企业。

诺厄尔·平基现在仍然是予厄酒庄的经理和主要股东，他从 1971 年就开始在此工作，并于 1976 年开始独立负责葡萄酒的酿制。在过去的 29 年中，这里俨然变成了诺厄尔·平基式酿酒厂。平基是一个说话温和但又非常自信的人，他坚信酿酒时要保持酒的天性。平基从 1987 年开始逐渐把庄园转变成生物动力耕种方式，到 1990 年这种方式已经在所有的葡萄园中推广开来。为了控制产量适中，所有的葡萄树都会经过充分的修枝。即使在多产的 1997 年份，予厄酒庄的产量也只有 3,700 升 / 公顷，远远低于阜夫莱地区的平均水平。平基从来不会人为地增加葡萄酒的糖分或酸度，在葡萄不够成熟的年份，比如 1976 年和 1985 年，他

就停止酿制甜葡萄酒。

这家大庄园的酿造流程在阜夫莱地区是比较罕见的，因为葡萄酒在装瓶之前都是和各个葡萄园分开的。所有的葡萄园都有着理想的向阳性，这样就能保证充足的光照，葡萄成熟度也能达到最高，因而能生产出该产区最醇厚和最持久的葡萄酒。和阜夫莱地区大多数酿酒厂一样，予厄庄园出产的干型陈酿叫做 sec；半干型微甜陈酿叫做 demi-sec，残糖量为 30 克；甜型陈酿叫做 Moëlleux，残糖量在 30 克和 700-100 克之间。予厄酒庄出产的最佳年份酒，如 1947、1959、1989、1990、1997 和 2002 都可以保存 50 年甚至更久。比如一款 1947 年的甜型酒在 2003 年元旦前夕喝再适合不过了。而叫做园场高地园干型葡萄酒的干型陈酿不仅年轻的时候喝起来很棒，事实上陈酿十年后口感将会更佳。

优秀的加斯顿·予厄的过世非常令人遗憾，他的整个人生简直就是一个传奇。而他的女婿诺厄尔·平基在过去的几十年中表现也很出色，相信他以后也会这样，以一名现任酒庄合伙人的身份用心经营着这份由他们共同创造的灿烂财产。

VOUVRAY MOELLEUX LE CLOS DU BOURG
武弗雷第一筛选乡镇园甜型葡萄酒

1997 Vouvray Moëlleux Le Clos du Bourg 1er Trie
阜夫莱乡镇囿园精选甜型葡萄酒 1997

评分：95 分

这款葡萄酒是由从生长于石灰质和岩石质土壤的葡萄树上采摘下来的葡萄酿制而成，散发出烟熏、黏土、白垩和甜柠檬的怀旧芳香。这款酒体适中，有穿透力，超熟的葡萄酒非常均衡、浓缩和强劲。这款优质甜葡萄酒的绝佳口感和绵长余韵中都带有泥土、苹果、无花果、白桃子和矿物质混合的多层次口感。虽然这款酒目前比较简朴内敛，但经过几年的窖藏后，品质一定会极佳。最佳饮用期：现在开始到 2025+。

VOUVRAY MOELLEUX CUVEE CONSTANCE
武弗雷康斯坦丝特酿甜型葡萄酒

1997 Vouvray Moëlleux Cuvée Constance
武弗雷康斯坦丝特酿甜型葡萄酒 1997

评分：99+ 分

加斯顿·平基在最好的甜葡萄酒酿制年份酿制了这款极其奢华的葡萄酒，所用原料是从他三个最好的葡萄园——乡镇囿园、拉蒙园和园场高地园中采收并人工筛选出的最适合陈酿的葡萄。这款近乎完美的葡萄酒以他女儿的名字命名，每升酒中残糖量为 150 克，酸度 7.5 克，酒精度 12.5%。喝着这款出众的餐后甜酒，让我忍不住热泪盈眶。如此摄人心魄的纯净、集中和复杂，让人觉得任何词汇都不足以用来形容这款酒。绿色和麦秆色中还带着点金色，芳香中有杏仁酱、甜葡萄、楹桲、佛手柑和花香味，口中也留有鲜桃、柑橘、蜂蜜、洋槐花、奎宁、白垩和柠檬芒果的味道。这款酒酒体略显强劲、穿透力强并且完美均衡，有着好像永远都不会消散的带有矿物质和水果香的余韵。但是这款酒需要再耐心地等它陈化 50 年甚至更久，简直太不可思议了!

VOUVRAY MOELLEUX LE HAUT-LIEU
武弗雷高地园甜型葡萄酒

1997 Vouvray Moëlleux Le Haut-Lieu
武弗雷高地园甜型葡萄酒 1997　评分：94 分

用来酿制这款酒的葡萄是从一个土壤中富含黏土、石灰石和二氧化硅的葡萄园中采收的。它散发芬芳、甘甜的矿物质的芳香，这就使得这款酒非常宽阔，犹如蜂蜜般甜蜜。它带有强烈的热带水果如芒果、番木瓜和香蕉的香味，还有楹桲、黏土、蜂蜜的口味。跟它的两个同胞兄弟一样，余韵非常绵长，一般都可以长达 45+ 秒，而且可以窖藏几十年。最佳饮用期：现在开始到 2020+。

VOUVRAY MOELLEUX LE MONT
武弗雷山峰第一筛选甜型葡萄酒

1997 Vouvray Moëlleux Le Mont
武弗雷山峰第一筛选甜型葡萄酒 1997

评分：90 分

这款酒除了呈现麦秆色之外还透着金色，有着浓浓的灰霉菌和蜜糖白垩的鼻嗅，与楹桲、蜜糖杏仁、洋槐花的复杂口感。这款酒酒体适中，异常纯净，口感醇厚、复杂且不失优雅。可以从现在开始一直饮用到 2014 年。

1997 Vouvray Moëlleux Le Mont 1er Trie
武弗雷山峰第一筛选甜型葡萄酒 1997

评分：96 分

这款酒所用的葡萄采收自生长于富含二氧化硅土壤的葡萄树，散发出让人垂涎的金银花和鲜切花的芳香。这款尊贵、有力、复杂的葡萄酒充满了红水果和矿物质的芬芳口感，它非常均衡和谐，优雅而且口感充实。最佳饮用期：现在开始到 2025+。

VOUVRAY LE MONT SEC
武弗雷山峰干型葡萄酒

2002 Vouvray Le Mont Sec
武弗雷山峰干型葡萄酒 2002　评分：93 分

酒中明显的石灰岩、清凉茶和柠檬草芳香使得这款酒有了丝绸般的质感和酒体适中的特性，并且充满了蜜糖白垩、香料和杏仁的味道。这款酒特别均衡，口感浓烈，令人惊叹的深度和浓缩度，有着惊人的绵长余韵。这款有力、完全成熟的葡萄酒是我在阜夫莱地区品尝过的最好的干型葡萄酒，简直太棒了! 我建议在 2010 到 2015 年间饮用。

VOUVRAY LE HAUT-LIEU SEC
武弗雷高地园干型葡萄酒

2002 Vouvray Le Haut-Lieu Sec
武弗雷高地园干型葡萄酒 2002　评分：91 分

这款酒有着柠檬草、石灰岩、鲜杏仁和金银花的芳香和口感。酒体适中或略显强劲，有着绸缎般的质感，非常集中。这款出色的葡萄酒有着迷人的深度和纯度，而且优雅美妙，显示了力量和雅致的完美结合。这款一流的阜夫莱干型葡萄酒也拥有十分绵长的果香满溢的余韵。最佳饮用期：现在开始到 2013~2015 年间。

武弗雷高地园干型葡萄酒 2002 酒标

THE RHÔNE VALLEY
罗纳河谷

罗纳河谷一直都生产着令人兴奋的绝佳葡萄酒，但令人费解的是，这些葡萄酒中只有少数得到像法国更神圣的葡萄酒产区如波尔多、勃艮第和香槟一样的名望和认可。有关罗纳河谷的书籍和文章虽然比较少见，但它悠久的历史可以追溯到两千多年前，那时候法国被称为高卢，正好是罗马征服的时间。数世纪来，罗纳河谷产区的很多葡萄园一直被忽略、误解、错误评价甚或是贬低，现在终于得见曙光。它们生产出了法国乃至全世界虽未被重视但却优质的葡萄酒，其中罗第丘产区（Côte Rôtie）、埃米塔日产区（Hermitage）、空笛幽产区（Condrieu）和教皇新堡（Châteauneuf-du-Pape）出产的精妙超群的葡萄酒更是世界上独一无二的好酒。

罗纳河是欧洲的一条重要河流，发源于瑞士伯尔尼山的罗纳冰川，在由东向西流经日内瓦湖进入法国境内之前，沿途流经瑞士一些位于极好山坡上的葡萄园。它穿过侏罗山脉（Jura Mountains）的一些峡谷，然后与法国另一条重要的河流索恩河（Saône）在里昂交汇。里昂是法国最大的城市之一，长久以来以美食烹饪闻名。

罗纳河谷北部的葡萄栽培区域大约开始于里昂的阿布斯镇（Ampuis）以南 20 英里处，这里沿陡峭山坡建造的葡萄园好像马上就要跌进山坡下的罗纳河似的，最后终止于往南 60 英里的范雷斯镇（Valence）。再往南走 60 英里左右就到了南罗纳河谷的教皇新堡大产区，在这里你还可以看见古老的宫殿，但是有些地方已经被纳粹彻底毁坏，这里还有静谧的小山村。

罗纳河谷北部的葡萄园尤其是罗第丘、空笛幽和埃米塔日最明显的地理特征是大部分优秀的葡萄园都位于陡峭的斜坡上，这些斜坡的土质基本上都是埃米塔日的花岗岩和罗第丘与空笛幽的石灰岩、片岩和一些黏土组成的。教皇新堡是罗纳河谷最大最庄严的产区，拥有 8000 多英亩的葡萄树和 300 多家庄园，还有很多不同的展览和土壤。这里也有很多世界上著名的葡萄酒生产者，栽培着最古老的葡萄树，用最低的产量始终如一地生产着普罗旺斯户外集市上绝佳的芬芳怀旧的葡萄酒。这些葡萄酒还增添了该地区常见的红黑色水果的口感和芳香，会给饮酒者留下独特的口感。

托马斯·杰斐逊 (Thomas Jefferson) 在 1787 年称埃米塔日白葡萄酒"毫无例外全都是世界一流的葡萄酒"。克莱蒙特五世（Clement V）是一个臭名昭著的法国教皇，在阿维尼翁（Avignon）建立了教皇地位，而且很有可能在自己建于阿维尼翁正北方，也就是现在的教皇新堡村的宫殿种过葡萄树。

罗纳河谷北部一般都种植用来酿制红葡萄酒的优质席拉（Syrah）和用来酿制白葡萄酒的玛珊（Marsanne）、瑚珊（Roussanne）和维欧尼 (Viognier)。在南部可以有自己的选择，但是这个地区的葡萄品种主要还是以可以酿制好酒的歌海娜（Grenache）为主，这是一种比黑品乐更变化无常，但芳香和口感却异常高贵的葡萄。歌海娜大约占教皇新堡产区酿造红葡萄酒的所有品种的 80%，其他品种是 5.6% 的席拉，4.7% 的慕合怀特（Mourvèdre），还有少量的神索（Cinsault）、瓦卡黑斯（Vaccarèse）和古诺瓦姿（Counoise）。

LOWER RHÔNE
(CHÂTEAUNEUF DU PAPE)
罗纳河谷下游地区
（教皇新堡产区）

PARIS 巴黎

FRANCE
法国

Rhône R.

Aygues R.

Codolet
科德雷市

Orange
奥朗日市

Gigondas 吉恭达斯
DOMAINE SANTA DUC 圣达杜克酒庄

Vacqueyras 瓦凯拉

Beaumes-de-Venise
博姆-德-维尼斯

Caderousse
卡德鲁斯

DOMAINE DE MARCOUX
玛可酒庄

Jonquières
荣凯尔

Courthézon 库尔铁松

Sarrians
萨里扬

GERARD CHARVIN
热拉尔·沙尔万庄园

CHATEAU DE BEAUCASTEL
博卡斯科尔庄园

CHATEAU RAYAS
稀雅丝酒庄

DOMAINE DE LA JANASSE
加纳斯酒庄

Montfaucon
蒙佛肯

1
2
5 6 7
3 4
8 9 10

Châteauneuf-du-Pape 教皇新堡产区

Bédarrides
百达瑞德村

Monteux 蒙特

Roquemaure
罗克莫尔

DOMAINE DE LA MORDOREE 蒙多利酒庄

Tavel
塔维尔镇

Sorgues

Rhône R.

1. DOMAINE PIERRE USSEGLIO 乌塞廖酒庄
2. DOMAINE DU PEGAU 佩高古堡
3. DOMAINE HENRI BONNEAU 亨利·博诺酒庄
4. DOMAINE ROGER SABON 沙邦酒庄
5. CLOS DU MONT-OLIVET 蒙特-奥里维庄园
6. LE VIEUX DONJON 老教堂酒庄
7. LES CAILLOUX 凯优酒庄
8. CLOS DES PAPES 教皇堡
9. CHATEAU LA NERTHE 拿勒堡酒庄
10. DOMAINE DU VIEUX TELEGRAPH 老电报酒庄

CHÂTEAU DE BEAUCASTEL

博卡斯特尔庄园

酒品：

博卡斯特尔庄园教皇新堡红葡萄酒（Châteauneuf-du-Pape）

教皇新堡雅克·佩兰献礼红葡萄酒（Châteauneuf-du-Pape Hommage à Jacques Perrin）

教皇新堡瑚珊老藤白葡萄酒（Châteauneuf-du-Pape Vieilles Vignes）

庄园主：佩兰家族

地址：Chemin de Beaucastle,84350 Courthézon, France

电话：(33) 04 90 70 41 00

传真：(33) 04 90 70 41 19

邮箱：contact@ beaucastel.com

网址：www.beaucastel.com

联系人：弗朗索瓦·佩兰（François Perrin）

参观规定：只接受预约访客

葡萄园

占地面积：320 英亩

白葡萄：传统陈酿 13.6 英亩；老藤精选陈酿 5 英亩

红葡萄：正常陈酿 173 英亩；雅克·佩兰献礼 5 英亩

葡萄品种：

白葡萄品种：混合：80% 瑚珊（Roussanne），15% 白歌海娜（Grenache Blanc），5% 克莱雷特（Clairette）、布尔布兰（Bourboulenc）和庇卡裳（Picardan）；老藤精选陈酿：100% 瑚珊

红葡萄品种：正常陈酿：30% 歌海娜，30% 慕合怀特，10% 席拉，10% 古诺瓦姿，5% 神索和15% 其他品种，主要是瓦卡黑斯和穆斯卡尔丁（Muscardin）；雅克·佩兰献礼：70% 慕合怀特，15% 席拉，10% 歌海娜，5% 古诺瓦姿

平均树龄：

白葡萄：传统陈酿 30 年；老藤精选陈酿 70 年

红葡萄：正常陈酿 50 年；雅克·佩兰献礼 65~90+ 年

种植密度：3,000~4,000 株 / 公顷

平均产量：2,500~3,000 升 / 公顷

酒的酿制

白葡萄酒：老藤精选陈酿的酿造为期一年。发酵时间为 15~60 天，发酵时一半在不锈钢酒罐中进行，另一半在放置了一年的旧酒桶中进行。

红葡萄酒：正常陈酿的酿造为期两年。首先在水泥酒罐中发酵 3 个星期，然后将酒倒入旧橡木桶中发酵 8~18 个月；雅克·佩兰献礼酿制时首先在水泥酒罐中发酵 3 个星期，然后倒入旧橡木桶中发酵 8-18 个月，两年后装瓶，不过滤。

年产量

传统陈酿：1,625 箱

老藤精选陈酿：300~325 箱

正常陈酿：20,000~24,000 箱

雅克·佩兰献礼：400~425 箱

平均售价（与年份有关）：50~150 美元

近期最佳年份

2003 年，2001 年，2000 年，1998 年，1990 年，1989 年，1981 年

不可否认，博卡斯特尔庄园出产的红葡萄酒是南罗纳河谷产区最长存的，而且这家庄园也生产着罗纳河谷最好最特别的葡萄酒。博卡斯特尔庄园位于接近库尔铁松镇的教皇新堡产区的最南边，272 英亩大的

让·皮埃尔和弗朗索瓦·佩兰

葡萄园完全是采用有机耕种方式，不使用任何化学药剂。葡萄园中施有500多吨粪肥，园中的葡萄树经过小心翼翼的种植和循环移植，平均树龄已达50年。已故的雅克·佩兰被很多人称为罗纳河谷最优秀、最有哲理的酿酒师，他一直坚持三大原则：①酿酒过程必须是自然的；②混合品种中的慕合怀特的含量必须是明显的；③酒的特性和固有品质不能被现代技术所影响。雅克·佩兰虽然于1978年过世，但他的两个儿子弗朗索瓦·佩兰和让·皮埃尔（Jean-Pierre）很好地坚持了他的原则，不仅认真实施了他的方法论，而且进一步提高了博卡斯特尔葡萄酒的品质。

博卡斯特尔庄园是教皇新堡产区种有13种法定品种的几家主要庄园之一。博卡斯特尔庄园出产的红葡萄酒中有很大一部分是慕合怀特红葡萄酒。博卡斯特尔红葡萄酒最常用的原料混合比例是30%歌海娜，30%慕合怀特，1%席拉，10%古诺瓦姿，5%神索，剩余24%为瓦卡黑斯和穆斯卡尔丁。其新种植的葡萄品种中慕合怀特和古诺瓦姿所占的比例仍在讨论中。博卡斯特尔白葡萄酒使用的原料仍然是很独特的，其中瑚珊80%，剩下20%分别是布尔布兰、克莱雷特和白歌海娜。一般庄园酿酒都不会使用如此高比例的瑚珊，而他们的精选陈酿更是全部使用瑚珊。

非常具有讽刺意义的是，博卡斯特尔酒虽然是美国人最熟悉的一款教皇新堡酒，但它却是这个产区公认的最反常及不合规则的一款酒。很大比例的慕合怀特，结合古诺瓦姿、穆斯卡尔丁和瓦卡黑斯，再加上少量的歌海娜，使得教皇新堡产区的行家都把博卡斯特尔酒视为该产区经典葡萄酒的反面典型。这款博卡斯特葡萄酒虽然对于教皇新堡产区来说比较反常，但它的效果却让人震惊。优质的博卡斯特尔年份酒中，红葡萄酒一般是深宝石红色或紫色的，并且带有水果和单宁酸的层次感，以及复杂迷人的气味和芳香。慕合怀特使得这种教皇新堡酒更具结构和单宁的，有着明显的动物、蘑菇和树皮绉的香味。而且，最佳年份酒虽然在年轻时不吸引人，但经过不少于6到10年的陈化后则会产生独特的芳香和丰富的水果甜味。

到博卡斯特尔庄园参观的人可以走进他们装有空调设备的地下酒窖中，在那里可以亲眼看到令人印象深刻的成排的大酒桶。该酒庄的葡萄酒混合之后，还要在这些大酒桶中陈酿一年才会装瓶。因为葡萄酒出售时各瓶酒会有所不同，他们会对装瓶进行传统实践，于是博卡斯特尔庄园就建立了一个地下藏酒室，里面收藏有从1980年开始的所有年份酒。从那时候开始，所有的18,000~25,000箱博卡斯特尔葡萄酒全部同时装瓶，以保证每瓶酒的质量一致。葡萄栽培和葡萄酒酿制是为了合乎传统的人工方式，博卡斯特尔酒都是经蛋白澄清后装瓶，但是不进行过滤。

弗朗索瓦·佩兰是一个看起来年轻、外表整洁并且口才很好的人，他帅气的弟弟让·皮埃尔比他更坦率和激烈。两兄弟都坚决反对过滤，他们都尝试过过滤，但是让他们非常吃惊的是，过滤会对酒的芳香、丰富、酒体以及潜在的陈化能力带来一些负面影响。所以，当你发现大多数博卡斯特尔酒在瓶中陈化三到四年后会出现大量沉淀，或者醇厚、高浓度的年份酒在瓶内结块时，请不要大惊小怪。

有着辉煌历史的博卡斯特尔陈酿红葡萄酒，其中一款叫做雅克·佩兰献礼的精选陈酿，有了2003、2001、2000、1999、1998、1995、1994、1990和1989九款年份酒。雅克·佩兰献礼1989年份酒是第一次酿制，这是弗朗索瓦·佩兰和让·皮埃尔为了纪念对他们有着很大影响的父亲雅克而酿制的，这款酒仍是该产区慕合怀特的坚定支持者。60%慕合怀特，20%歌海娜，10%席拉和10%古诺瓦姿高度浓缩，先在卵形大木桶中陈化然后装瓶，装瓶时间比教皇新堡葡萄酒略晚。由于它的高质低产，使得这款酒第一次开瓶的时刻成为了不朽的一刻。

佩兰家族的人都是行为别具一格的投资者，他们不仅支持栽培教皇新堡的慕合怀特品种，而且倾心于变化无常、难以培植的瑚珊品种，当然他们也会栽培更受欢迎的白歌海娜、卡莱雷特和布尔布兰品种。博卡斯特尔陈酿白葡萄酒一共有两款，而且都是这个产区最优质的佳酿。根据教皇新堡白葡萄酒的标准，它们不仅是寿命最长的，而且是这个产区最醇厚、最复杂的白葡萄酒。这两款酒都是以瑚珊为基础的葡萄酒，酿酒原料中瑚珊占80%，白歌海娜占15%，剩余5%是克莱雷特、布尔布兰和匹格普勒（Picpoul）。因为65年树龄的老藤瑚珊葡萄树量少，而它们的产量又有限，所以这款酒备受争议。这款酒的价格几乎与勃艮第产区顶级白葡萄酒相当，酿制时首先在木桶（部分是新桶）和不锈钢酒桶中发酵，然后再混合在一起，酿制时会完成苹果酸-乳酸发酵的整个过程。这也许是世界上最完美的瑚珊葡萄酒。第一个年份酒是1986年份酒。每年会生产出至少有10至20年陈化潜力的绝佳葡萄酒。

CHÂTEAUNEUF-DU-PAPE RED
博卡斯特尔庄园教皇新堡红葡萄酒

2003 Châteauneuf-du-Pape
博卡斯特尔庄园教皇新堡红葡萄酒 2003

评分：90~93分

因为2003年8月的高温和过度干旱，当年的慕合怀特品种产量很低，所以2003年博卡斯特尔红葡萄酒的经典混合比例中歌海娜的比例明显提高，占所有品种的一半，而慕合怀特仅占20%，另外古诺瓦姿和席拉的比例也比正常情况稍微高一点。这样看来，这款酒更像1998年酿制的混合酒。这款酒中单宁酸含量很高，还混有欧亚甘草、黑莓和胡椒的味道。这是一款甘甜强劲的葡萄酒，余韵中含有极高的单宁酸涩感。以我的直觉判断，这款酒还需要5到6年的瓶酿，最好在15到20年之内饮用。

2001 Châteauneuf-du-Pape
博卡斯特尔庄园教皇新堡红葡萄酒 2001

评分：96分

博卡斯特尔酒在前面的四个年份酒中重复率比较高。弗朗索瓦·佩兰认为这款酒与1990年的很像，但是我不敢苟同。这款酒一共有15,000箱，是由30%歌海娜、30%慕合怀特、10%席拉、10%古诺瓦姿，以及20%这个产区的其他法定品种混合而制成。这款葡萄酒呈深宝石红色或紫色，带有经典的博卡斯特尔酒香，即新鞍皮革、烟草、烘烤香草、黑巧克力、矮树丛、黑莓和樱桃水果的混合香味。这是一款以慕合怀特为主要成分，带有泥土味的一流陈酿。毫无疑问，这款强劲有力的葡萄酒在接下来的几年中会处于封闭状态，并且在7到8年内不会再度打开。最佳饮用期：2008-2025年。

2000 Châteauneuf-du-Pape
博卡斯特尔庄园教皇新堡红葡萄酒 2000

评分：94分

这款红葡萄酒呈暗宝石红色或暗紫红色，带有浓浓的欧亚甘草、黑莓和黑樱桃的深远甘甜芳香。它含有大量的甘油，重酒体，单宁酸的含量微高但是甘甜纯正。这款酒因为产量高，所以在生活中比较常见，因而不能成为典型的波卡斯特酒。1985年的年份酒年轻时具有以上特点，而这款酒拥有更丰富的口感。就像2001年年份酒的姐妹款一样，这款

酒也是由30%歌海娜、30%慕合怀特、10%席拉、10%古诺瓦姿，以及20%这个产区的其他法定品种混合而制成。最佳饮用期：2007~2025年。

1999 Châteauneuf-du-Pape
博卡斯特尔庄园教皇新堡红葡萄酒 1999

评分：91分

奇妙的1999年款博卡斯特尔庄园教皇新堡红葡萄酒散发出强烈的黑莓、黑醋栗、欧亚甘草、烤肉、皮革和巧克力糖的芳香。这款酒并没有肥厚和早熟的特性，但却彰显出清晰的轮廓，而且极尽优雅。这是一款强劲、浓缩的经典的博卡斯特尔葡萄酒。最佳饮用期：2007~2025年。

1998 Châteauneuf-du-Pape
博卡斯特尔庄园教皇新堡红葡萄酒 1998

评分：96分

毫无疑问，这款1998年博卡斯特尔庄园教皇新堡红葡萄酒是一款很好的现代博卡斯特尔葡萄酒。但是因为歌海娜的含量较高，因而与其他经典酒有所不同。它主要带有樱桃、欧亚甘草、泥土和新鞍皮革的芳香和口感。这是一款强劲、热情的葡萄酒，含有柔软的单宁酸，风格更加向前但却非常长寿。最佳饮用期：现在开始到2031年。

1995 Châteauneuf-du-Pape
博卡斯特尔庄园教皇新堡红葡萄酒 1995

评分：93分

1995年款博卡斯特尔庄园教皇新堡红葡萄酒呈深宝石红或紫色，散发着撩人的芳香（可能有人并不如此认为）。芳香中包含着动物皮毛、焦油、巧克力糖、黑樱桃、黑醋栗、欧亚甘草和矿物质的味道。酒体适中或略显强劲，含有大量单宁酸，相当紧致，结构感十足，口感较重，这是一款有着1978博卡斯特尔年份酒（现在仍未完全成熟）风格的经典Vin de garde（法语，指适合进一步陈年的葡萄酒）。超过40岁的葡萄酒购买者可以把这种酒买回家留给自己的孩子。

1990 Châteauneuf-du-Pape
博卡斯特尔庄园教皇新堡红葡萄酒 1990

评分：96分

两个连续的最佳年份就是1990年和1989年。这款1990年博卡斯特尔庄园教皇新堡红葡萄酒呈暗紫红色或深宝石红色，散发出浓烈的山胡桃木、咖啡豆、烟熏腊肉、亚洲香料、黑樱桃和黑莓的香味，此款酒更适合存放。这款完全成熟、深远的博卡斯特尔葡萄酒多汁，丰裕，强劲，还可以再放置15到20年。

1989 Châteauneuf-du-Pape
博卡斯特尔庄园教皇新堡红葡萄酒 1989

评分：97分

1989年款博卡斯特尔庄园教皇新堡红葡萄酒比1990年

年份酒颜色更深,是一款特别香甜、丰富的葡萄酒。它带有烟草、欧亚甘草、黑樱桃、亚洲香料和黑醋栗的芳香和口感。这款酒强劲、浓缩,是我尝过的最有力且精粹度最高的博卡斯特尔葡萄酒。但它仍需三到四年的时间才能达到最佳成熟状态,成熟后至少还可以再存放 20 年。

1985 Châteauneuf-du-Pape
博卡斯特尔庄园教皇新堡红葡萄酒 1985

评分: 91 分

美妙的 1985 年款博卡斯特尔庄园教皇新堡红葡萄酒自从第一次装瓶(现在仍未打开)后,就是博卡斯特尔最迷人的一款酒。酒色呈宝石红色,边缘是明显的琥珀色或粉红色。这款酒向我们证明了一款酒不一定非要含有大量单宁酸才能很好陈年,只要均衡就可以了。天鹅绒般柔滑的质感,丰裕、甘甜而且迷人,这仍是一款经典的博卡斯特尔葡萄酒。最佳饮用期:现在开始到 2008 年。

1981 Châteauneuf-du-Pape
博卡斯特尔庄园教皇新堡红葡萄酒 1981

评分: 95 分

1981 年款教皇新堡红葡萄酒是空前优质的葡萄酒之一,现在已完全成熟,非常适合饮用。这是一款强劲、甘甜、糖蜜水果般的葡萄酒,迸发出烟草、胡椒、干香草、巧克力糖、皮革、雪松、黑醋栗和红醋栗的芳香口感。这款 1981 年教皇新堡红葡萄酒强劲、丰裕,是博卡斯特尔庄园酿制出的最可口、复杂和惊人的葡萄酒之一。拥有大瓶这种酒的人就像拥有液体金子一样富有。由于装酒的瓶子比较一般,我建议在接下来的几年中饮用这款酒。

CHÂTEAUNEUF-DU-PAPE HOMMAGE AJACQUES PERRIN
教皇新堡雅克·佩兰献礼红葡萄酒

2003 Châteauneuf-du-Pape Hommage à Jacques Perrin
教皇新堡雅克·佩兰献礼红葡萄酒 2003

评分: 94~96 分

正如经典陈酿一样,佩兰家族在酿造这款葡萄酒时未遵循正常的混合比例,加入了更多的歌海娜。除了 1998 年和 2003 年两款年份酒之外,其他大多数年份酒中慕合怀特品种都占 60% 之多，而这款酒中各种葡萄的混合比例是：40% 歌海娜，40% 慕合怀特，10% 席拉和 10% 古诺瓦姿。这款暗紫红色的葡萄酒非常封闭、深厚，高度浓缩，含有大量果肉和单宁酸，还带有蓝黑水果、洋槐花、欧亚甘草和野生山月桂的芳香和口感。这款非常厚重、强劲、强硬、粗糙的葡萄酒可以放置 7 至 10 年，然后在接下来的 30 到 40 年内饮用为佳。

教皇新堡雅克·佩兰献礼红葡萄酒酒标

2001 Châteauneuf-du-Pape Hommage à Jacques Perrin
教皇新堡雅克·佩兰献礼红葡萄酒 2001

评分：99 分

2001 年款教皇新堡雅克·佩兰献礼红葡萄酒是用 60% 慕合怀特，20% 歌海娜，10% 古诺瓦姿和 10% 席拉混合制成。这款墨兰或墨紫色的葡萄酒，强劲、极其向后，几乎不可穿透，爆发出新鞍皮革、液体沥青、樟脑、黑莓、烟草、烘烤香草和亚洲香料混合的有前景的鼻嗅。这款酒含有大量单宁酸，还有巨大的骨架结构，使得它与更加悦人、向前和满足人感官的姐妹款，即经典博卡斯特尔葡萄酒形成对比。如果某位读者有幸得到这样一款陈酿，估计至少要再等 7 年，它才会到达青少年时期。最佳饮用期：2012~2040 年。

2000 Châteauneuf-du-Pape Hommage à Jacques Perrin
教皇新堡雅克·佩兰献礼红葡萄酒 2000

评分：97 分

2000 年款教皇新堡雅克·佩兰献礼红葡萄酒由 60% 慕合怀特，20% 歌海娜，10% 古诺瓦姿和 10% 席拉混合制成。除了 1998 年那一款，这种陈酿的混合标准都是 60% 歌海娜和仅仅 20% 慕合怀特。这款酒的颜色呈不可穿透的暗紫红色，散发出液体欧亚甘草、木榴油、新鞍皮革、黑莓、樱桃水果和烤肉的馥郁芳香。它甘甜、强劲、高强度、有力，余韵持续时间长达 1 分零 7 秒，简直是酿酒史上一款惊人的杰作。甚至在如 2000 年这样具有悦人、向前风格的年份，这款酒都

需要不少于 6 到 7 年的窖藏。最佳饮用期：2010~2040 年。

1999 Châteauneuf-du-Pape Hommage à Jacques Perrin
教皇新堡雅克·佩兰献礼红葡萄酒 1999

评分：96 分

1999 年款教皇新堡雅克·佩兰献礼红葡萄酒与 2000 年的年份酒相比更加封闭不外露，也许更加优雅和轻盈。然而，它仍散发着欧亚甘草、黑莓、樱桃水果、液体沥青、橄榄、巧克力糖和烟草的芳香和口感。这款耐嚼的葡萄酒中矿物质含量比大多数年份酒都高，至少需要 6 到 8 年的窖藏。它应该可以贮存 35 到 40 年。最佳饮用期：2010~2035 年。

1998 Châteauneuf-du-Pape Hommage à Jacques Perrin
教皇新堡雅克·佩兰献礼红葡萄酒 1998

评分：100 分

这款 1998 年教皇新堡雅克·佩兰献礼红葡萄酒是我最喜欢的一款雅克·佩兰葡萄酒，以纯享乐为努力方向，毫无疑问这种结果是由酿酒原料中高比例的歌海娜造成的。这是一款充满樱桃白兰地风味、异常丝滑、宽阔充实并且强劲集中的葡萄酒。这是极少的可以在 3 到 4 年内饮用的年份酒之一，但是它还可以贮存 30 年。弗朗索瓦·佩兰和让·皮埃尔兄弟一直在寻求一种可以强调慕合怀特的崇高特性的陈酿，它可能并不符合他们的这种标准，但它仍然是一款极妙的葡萄酒。最佳饮用期：现在开始到 2033 年。

1995 Châteauneuf-du-Pape Hommage à Jacques Perrin
教皇新堡雅克·佩兰献礼红葡萄酒 1995

评分：96 分

这款酒比较紧致和向后，远没有 1998 年款陈化的好。酒色呈暗紫红色，且带有花香、蓝莓、矿物质和欧亚甘草主导的陈酿香。这款酒目前虽然结构巨大，但是封闭、强硬、粗糙并向后，它的品质会在 2010 年到 2030 年间达到顶点。

1994 Châteauneuf-du-Pape Hommage à Jacques Perrin
教皇新堡雅克·佩兰献礼红葡萄酒 1994

评分：93 分

这款酒表现出动物风格的特点，带有牛血、动物皮毛、落水狗、蘑菇、树皮绉、欧亚甘草、香料、黑醋栗和樱桃的香味和口感。与它的姐妹款比起来，这款酒酒体适中又略显强劲，醇厚却又显得有点笨拙，适合在 2006 年到 2020 年间饮用。以我的"后见之明"，我觉得 1994 年并不适合酿造雅克·佩兰葡萄酒。

1990 Châteauneuf-du-Pape Hommage à Jacques Perrin
教皇新堡雅克·佩兰献礼红葡萄酒 1990

评分：100 分

这款完美的葡萄酒是基于花朵、液体欧亚甘草、黑莓、樱桃酒、蓝莓和亚洲香料混合的无缝、经典、和谐的葡萄酒。它是一款相当强劲、甘甜、宽阔、优质惊人的葡萄酒，

余韵长达一分多钟。它结合了1998年款的享乐主义特性和绝妙聪明的吸引力，带给人非常强烈的官能感受，令人难以忘怀。尽管它现在还比较年轻，但仍然适合饮用。你可以选择现在就饮用，也可以再窖藏30年。

1989 Châteauneuf-du-Pape Hommage à Jacques Perrin
教皇新堡雅克·佩兰献礼红葡萄酒1989

评分：100分

这款并没有很好陈年的葡萄酒呈现出比1990年年份酒更深的暗紫红色，是所有雅克·佩兰系列葡萄酒中最巨大、强劲、集中、最优结构的一款，但仍然需要陈年5到10年才会达到完全成熟。这款酒强度大、口感独特，但从某种意义上说喝起来不是那么有趣。这款酒绝对是一款具有完美潜力的葡萄酒，唯一的问题就在于它什么时候会达到最佳的成熟状态，据我猜测大约在2010年左右。这款酒最好是在今后的25年内饮用。

CHÂTEAUNEUF-DU-PAPE ROUSSANNE VIEILLES VIGNES
教皇新堡瑚珊老藤白葡萄酒

2003 Châteauneuf-du-Pape Roussanne Vieilles Vignes
教皇新堡瑚珊老藤白葡萄酒2003

评分：94分

这款葡萄酒具有非常油滑的质感而且强劲，倒入杯中后会散发出橘子果酱、热带水果、羊毛脂、玫瑰香水和白醋栗的混合芳香，非常有活力（酒精度为14.5%），质感惊人，并且有绵长、低酸度和蜜甜的余韵。这款酒很适合在年轻的时候饮用，或者放置8到10年后再喝。

2002 Châteauneuf-du-Pape Roussanne Vieilles Vignes
教皇新堡瑚珊老藤白葡萄酒2002

评分：90分

酿制这款知名的瑚珊老藤白葡萄酒所用的瑚珊全部摘自拥有86年树龄的老葡萄树，虽然没有这种陈酿所具有的那种经典力量，但是它的优雅和轻盈却烘托出它的出色，可能会吸引那些觉得这种酒非常醇厚而且和利口酒（有甜味的芳香的烈酒）比较相像的饮酒者。酒中所有的香料和洋槐花、蜂蜜、黄油的混合使得这款酒劲适中。这款酒因为有着惊人的深度和成熟度，所以顺利通过了博卡斯特尔庄园这个年份严格的筛选。建议在接下来的4到5年内饮用。

2001 Châteauneuf-du-Pape Roussanne Vieilles Vignes
教皇新堡瑚珊老藤白葡萄酒2001

评分：97分

这款梦幻般的瑚珊老藤白葡萄酒酿制所用的瑚珊全部摘自拥有85年树龄的老葡萄树，是一款带有玫瑰花瓣、橘子果

酱和金银花芳香，和口感的纯粹的利口酒。这款酒非常强劲，而且异常新鲜有活力，在我看来，这是世界上最非凡卓越的白葡萄酒之一。这款酒着实让人惊叹，遗憾的是产量特别低。根据我对这款陈酿的大多数年份酒的了解，这款酒要么在刚酿制好的2到3年内饮用，要么陈年10年后再喝，而我个人更倾向于前者。最佳饮用期：现在开始到2015年。

2000 Châteauneuf-du-Pape Roussanne Vieilles Vignes
教皇新堡瑚珊老藤白葡萄酒2000

评分：99分

这款2000年教皇新堡瑚珊老藤白葡萄酒几近完美。它强度高，非常油滑，而且特别优雅，带有蜂蜜焦糖、菠萝和杏仁风味混合的醇厚鼻嗅。混合比例完美，充满矿物质特性，这是酿酒史上的一款杰作。最好在接下来的两年内饮用，而陈年10至15年后是否仍有现在这样的口感就要看你的运气了。

1999 Châteauneuf-du-Pape Roussanne Vieilles Vignes
教皇新堡瑚珊老藤白葡萄酒1999

评分：97分

1999年教皇新堡瑚珊老藤白葡萄酒是一款高浓缩的独特的葡萄酒，带有金银花、橘子果酱、玫瑰花瓣和洋槐花混合的芳香，而且口感强劲、甘油含量高、酸度良好。可以现在饮用，也可以再存放10到12年。

1998 Châteauneuf-du-Pape Roussanne Vieilles Vignes
教皇新堡瑚珊老藤白葡萄酒1998

评分：92分

这款瑚珊老藤白葡萄酒酿制所用的瑚珊全部摘自拥有50年树龄的老葡萄树，虽然它并不华丽和集中，但是因为带有葡萄、橘子果酱、蜂蜜和白花的芳香和口感，它仍然是一款让人印象深刻的葡萄酒。这款酒强劲、厚重、超级浓缩，这是一款惊人的纯酿制杰作，代表了选自南罗讷河谷风土的葡萄可以酿制的葡萄酒的最高境界。可以再很好地陈年15年。

1997 Châteauneuf-du-Pape Roussanne Vieilles Vignes
教皇新堡瑚珊老藤白葡萄酒1997

评分：95分

教皇新堡瑚珊老藤白葡萄酒1997很容易被当做教皇新堡梦拉谢（Montrachet）葡萄酒或骑士梦拉谢（Chevalier-Montrachet）葡萄酒。这种陈酿在过去其品质已经非常卓越，而1997年份酒更是引人注目。这款酒轮廓清晰、非常集中、质感黏稠，而且有着花蜜和柑橘般的口感，重酒体，余韵可以持续40到50秒。这款酒证明了用瑚珊这种未被承认的品种酿制的葡萄酒也可以达到很高的境界。这款酒再放置15年以上其饮用品质为最佳。

DOMAINE HENRI BONNEAU
亨利·博诺酒庄

酒品：教皇新堡塞莱斯坦斯珍藏红葡萄酒（Châteauneuf-du-Pape Réserve des Célestins）

庄园主：亨利·博诺（Henri Bonneau）

地址：35,rue Joseph Ducos,84230 Châteauneuf-du-Pape, France

电话：保密

传真：保密

参观规定：只有经过挑选的人才有权进入酒窖参观

葡萄园

占地面积：14.8 英亩

葡萄品种：90% 歌海娜，10% 其他品种

平均树龄：30~45 年

种植密度：2,500~4,000 株/公顷

平均产量：2,000~2,500 升/公顷

酒的酿制

　　肮脏的酒窖、古老发霉的酒桶，博诺酒庄拥有的这些条件堪称是酒类学家的噩梦。这家庄园生产的奥妙的葡萄酒会在小酒桶、半大酒桶和卵形大木桶中陈年 3 到 6 年。当亨利·博诺觉得可以的时候就会装瓶，不进行过滤。

年产量

　　教皇新堡塞莱斯坦斯珍藏红葡萄酒：1,500 箱

　　平均售价：120~250 美元

近期最佳年份

　　2003 年，2001 年，2000 年，1999 年，1998 年，1995 年，1990 年，1989 年，1988 年，1986 年，1985 年，1981 年

　　个性的亨利·博诺的乱糟糟的酒厂就坐落于教皇新堡村的顶部可能并不是巧合。他的酒和稀雅丝酒庄（Château Rayas）的酒一样，都是独具一格的。尽管两个酒庄截然不同，但它们都依靠着产量很低但丰富有力的老歌海娜葡萄树书写着经典。博诺的顶级陈酿塞莱斯坦斯贮藏葡萄酒是一款强烈厚重的葡萄酒，堪称罗纳河谷最强劲有力的葡萄酒。天呐，如果你能得到博诺酒庄生产的 1,500 箱中的一两瓶，你就会体会到这简直太让人兴奋不已了。和一本正经的亨利·博诺一起参观酒庄应该算是我一生中最令人难忘的经历之一。他的个性是我遇见过的酿酒师中最迷人的一个。他说话带有普罗旺斯鼻音，还有着邪恶的幽默感（我不是一个酒类学家，如果我想要寻求财富和保障，我会为政府工作），特别是旨在法国政府，以及有关烹饪的百科知识都为他的酒增添了特别性。事实上，如果有人要问最优质的传统风格的教皇新堡葡萄酒的典型代表是什么酒，那么答案就是亨利·博诺的塞莱斯坦斯贮藏葡萄酒。博诺家族从 18 世纪晚期开始就已经扎根在教皇新堡产区。

　　毫无疑问，在这样的酒窖中品尝葡萄酒是一次令人难以忘怀的经历。博诺的酒窖为肮脏和狭窄设定了新的标准。当初为了挖掘酒窖下面的罗马废墟，给这

亨利·博诺

些洞穴留下了很多大黑洞，洞口上面铺着厚木板，如果参观者走的时候不小心，就会往下跌落20至30米，掉进漆黑的深渊。跟已故的雅克·雷诺（Jacques Reynaud）一样，亨利·博诺也是教皇新堡一个具有传奇色彩的人物。他不仅是公认的优秀酿酒师，而且是村里最有影响力的人物。现在亨利有了一个帮手，他的儿子马塞尔（Marcel）。他的酒庄很小，只有15英亩左右，但是却包含了他的大部分老葡萄树，大约13英亩。大多数葡萄栽培学家都认为这里拥有教皇新堡产区克劳园（La Crau）最好的风土条件。博诺酒庄的产量虽然低，但是很合理，他本人对于酿酒的描述并不能充分解释他是如何酿制出如此复杂、丰满和厚重的葡萄酒的。博诺酒庄最好的年份酒中有着集中的牛血的独特口感，结合有力、厚重和黏稠的质感。亨利谈论起自己最爱的美食比如羊鞭，比讨论他的葡萄酒更觉惬意。考虑到他对美食的热衷，他还是法国最著名的美食家之一热拉尔·沙夫（Gérard Chave）的朋友，这一点就不足为奇了。

大多数葡萄酒尤其是勃艮第葡萄酒在酒桶中和倒出后口味都一样，而博诺酒庄的教皇新堡葡萄酒却不一样，他的酒从酒桶中倒出后口味更佳。如果条件不允许，博诺就不会酿造塞莱斯坦斯葡萄酒，比如1987年、1991年、1993年和2002年这几个年份都没有生产这种酒。博诺收获葡萄的日期比较晚，所以如果十月份一直下雨影响收获的话，他就会急得像热锅上的蚂蚁，前面的几个年份就是因为这个原因才没能酿制葡萄酒，甚至在风调雨顺的年份，他酿制酒的产量也极低。记得10年前我第一次见他时，他的葡萄酒甚至连一瓶都不愿在美国出售。现在因为我在《葡萄酒倡导者》中分享了我的热情之后，他的几百箱珍贵葡萄酒才开始在美国出售，这让我非常有成就感。正如有人可能预料到的那样，这并没有使他变得与我比与他其他国家的客户关系更加亲密。

大多数博诺葡萄酒就像博诺本人一样非常集中和有个性。从陈年性方面讲，这些酒几乎都是永生的。正如我之前提到过的一样，这些酒都是用从亨利·博诺15+英亩的老歌海娜葡萄树上采收的葡萄酿制而成的。这些葡萄树都生长在叫做La Crau的著名产区。这些葡萄酒都是非常有力、丰满和长寿的尊贵葡萄酒。博

诺酒庄的所有东西对于现代的酒类学家来说都是毫无意义的。他的酒窖是肮脏的，他的酒桶至少表面上看起来是恐怖的。但是真正重要的不是这些外在的东西，而是内在。这些酒桶的神奇之处就代表了教皇新堡的本质和心魂。

博诺酒庄的酒窖比我参观过的世界上任何酒窖都要特别，它让人觉得自己进入了一个时光隧道，时光仿佛回到了教皇新堡大约1750年至1800年间。如果读者们想知道教皇新堡一两百年前是什么样的，那么到博诺酒庄体验一下就知道了。亨利·博诺万岁！

CHÂTEAUNEUF-DU-PAPE RESERVE DESCELESTINS
教皇新堡塞莱斯坦斯珍藏红葡萄酒

2003 Châteauneuf-du-Pape Réserve des Célestins
教皇新堡塞莱斯坦斯珍藏红葡萄酒 2003

评分：92~94+ 分

这款酒经过一年的缓慢发酵现在仍装在酒罐中，甚至还没有转移到卵形大木桶中，它还处在这种缓慢的发酵过程中，努力消耗着残余糖分以达到均衡。跟1998年和1990年两款年份酒很像，这种酒呈深宝红色，且带有甘甜烘烤的Amarone（阿马罗内，意大利特产红酒）怀旧鼻嗅，还带有樱桃白兰地、液体欧亚甘草和胡椒的芳香和口感。这款酒中天然酒精的含量超过16%，因此非常强劲，被当做是亨利·博诺酒庄的另一款传奇葡萄酒，其风格与1998年和1990年两款年份酒十分相似。这款酒非常强劲，好消息是参照博诺的标准，今年的产量稍微多一点点，因为葡萄园中的葡萄产量相对正常。他把这款酒与他父亲可能是在1947年生产的酒进行了对比。当然，这款酒非常可能达到了亨利·博诺酿酒的标准，这就意味着它首先要被装在古老的小橡木桶或稍大的中号桶或小号卵形大木桶中直到2009年左右，然后根据博诺的经验判断装瓶的时间。这款酒至少有30年的陈年潜力。

2001 Châteauneuf-du-Pape Réserve des Célestins
教皇新堡塞莱斯坦斯珍藏红葡萄酒 2001

评分：92~95 分

教皇新堡塞莱斯坦斯珍藏红葡萄酒2001呈深宝石红色或深紫红色，甘甜、丰富，蕴含甘油、酒精和能量，散发出樱桃利口酒、欧亚甘草、胡椒、牛血、烟草和干香草的芳香。这款劲力十足、厚重、耐嚼的葡萄酒还没有开始增重，但它还是非常强壮的。这款劲力十足的葡萄酒已经拥有美妙的甘甜特性，还有大量熏衣草、类无花果的水果的口感，余韵也很绵长、强劲和宽阔。毫无疑问，它还需要窖藏5到7

年，然后应该可以保存 25 年以上。这是一款美酒。

2000 Châteauneuf-du-Pape Réserve des Célestins
教皇新堡塞莱斯坦斯珍藏红葡萄酒 2000

评分：92~95 分

这款酒的口感和 2000 年的黄油玛丽（Marie Beurrier）十分相似，但是它是健壮结实的样本，就好像有人在里面加了类固醇一样。这款酒巨大、肥厚、多肉且强劲，有着天鹅绒般柔滑的质感和满足人感官的风格，带有水果蛋糕、熟食、李子、葡萄干、樱桃酒和黑莓的芳香和口感。如果我是博诺，我可能不会把它装瓶。然而他又一次对装瓶日期做出了正确的决定，他好像一直都可以正确地确定装瓶日期，这样通常可以让他的顶级葡萄酒的陈年延续 4 到 5 年。这听起来好像令人难以置信，但是你可以在瓶中找到证据。这款性感、给人快感的葡萄酒是从我去拜访他开始到目前为止，他开启的最向前的博诺塞莱斯坦斯葡萄酒。最佳饮用期：2006~2020 年。

1999 Châteauneuf-du-Pape Réserve des Célestins
教皇新堡塞莱斯坦斯珍藏红葡萄酒 1999

评分：94 分

博诺对这款酒的赞赏与他对 2000 年年份酒的淡漠形成了鲜明对比。他说："这款酒就像一个在 15 岁时过于性感活跃而 30 岁时过于老成的漂亮女孩儿。"去年他把 2000 年年份酒称为"一个可爱的妓女"。1999 年是一个更加经典的年份，这款酒有着稳定的单宁酸、更好的酸度，而且不是博诺所强烈反对的简单风格。酒色呈深宝石红色或暗紫红色，带有烤肉、樱桃利口酒、大豆、亚洲香料、欧亚甘草和矮灌丛的芳香。这是一款有着新鲜集中水果香的强劲的葡萄酒，余韵可持续 45 秒。和 1988 年年份酒一样，一开始得到的评价可能并不高，但是经过陈酿会发展成为一款特别的葡萄酒。最佳饮用期：2008~2025 年。

1998 Châteauneuf-du-Pape Réserve des Célestins
教皇新堡塞莱斯坦斯珍藏红葡萄酒 1998

评分：100 分

所有的塞莱斯坦斯珍藏红葡萄酒都是在 2004 年的后半年装瓶的。我认为这款酒应该在 2002 年的时候装瓶。用亨利·博诺的话来说，"Ça c'est la confiture"（法语）意思是这就是纯粹的教皇新堡果酱。这是一个产区的本质，也是博诺的酿酒哲学。它拥有 16% 的天然酒精度，是名副其实的不朽的 1990 年塞莱斯坦斯葡萄酒的现代版。这款酒非常厚重，博诺决定在酒桶中再放一年，结果比我所设想的浓缩度更高。相信我，这款深远的葡萄酒值得你不惜一切代价通过合理甚至不正当手段得到一两瓶。这款酒呈深宝石红色或暗紫红色，带有黑莓、黑樱桃利口酒、烤牛肉、烟草、欧亚甘草、落地胡椒和甘甜的过熟无花果的香甜悦人的鼻嗅。口感厚重，甘油和精粹度带来丝绸般的油滑质感，且惊人的均

衡，这款异常醇厚的古老风格的教皇新堡葡萄酒实在是极尽完美。最佳饮用期：2008~2030+。

1995 Châteauneuf-du-Pape Réserve des Célestins
教皇新堡塞莱斯坦斯珍藏红葡萄酒 1995

评分：93 分

尽管这款酒现在仍然非常紧致和封闭，但它具有经典的博诺特性，有着烘烤香草、牛血、樱桃、黑醋栗、欧亚甘草和泥土的混合特性。这款酒品尝起来就好像是一个人拿起一株古老的歌海娜葡萄树，把它扔进一个碾碎器中溶解，并加入少量白兰地，最后装瓶。这款经典的教皇新堡葡萄酒是那种越来越罕见的葡萄酒。最佳饮用期：2010~2025 年。

教皇新堡塞莱斯坦斯珍藏红葡萄酒酒标

1992 Châteauneuf-du-Pape Réserve des Célestins
教皇新堡塞莱斯坦斯珍藏红葡萄酒 1992

评分：93 分

毫无异议，这款酒就是这个年份的优质葡萄酒。我现在仍然想不通博诺是如何酿造出这样一款惊人的葡萄酒的。装在狭窄酒窖中的各种容器中是丝毫都感觉不出它的优质的，但是一旦从瓶中倒出来，它的品质就展露无疑了。酒色呈深宝石红色或暗紫红色，散发出烤肉、孜然、熏衣草、烟草、雪松、樱桃酒的馥郁芳香。这个年份的酒能拥有这样的力量和醇厚实在是太不可思议了。绵长、耐嚼、近乎完全成熟（一般一款 10 年的塞莱斯坦斯贮藏都达不到这种成熟度），这款酒适合现在或者在接下来的 12 年左右饮用。

1990 Châteauneuf-du-Pape Réserve des Célestins
教皇新堡塞莱斯坦斯珍藏红葡萄酒 1990

评分：100 分

这是世界上 1990 年份所酿造出来的最优质的葡萄酒。这款酒绝对符合 100 分的评分，其实不论我的评分系统中最高分是多少，这款酒绝对值得获得最高分。它一直就像是一款年轻的葡萄酒，但是因为它的口感非常有力、复杂和有层

次感，因此绝对值得称赞。这款酒通体呈深宝石红色或暗紫红色，浓郁的陈酿香中包含液化熏牛肉、胡椒、烟草、黑醋栗奶油、樱桃酒、巧克力糖和新鞍皮革的芳香。这款强劲、黏稠、巨大的教皇新堡葡萄酒口感非常真实，更像是一种食物而非酒水。最佳饮用期：现在开始到 2030 年。

1989 Châteauneuf-du-Pape Réserve des Célestins
教皇新堡塞莱斯坦斯珍藏红葡萄酒 1989

评分：99 分

这款酒和 1990 年款的塞莱斯坦斯葡萄酒十分相近。这款陈酿在博诺的酒窖中品尝时品质极佳，但是装瓶后却变得封闭。它可能比 1990 年款更加有力，单宁酸含量更高，也更加向后，堪称经典。这款酒应该再放置 3 到 8 年。它拥有 1990 款所有的特性，只不过所有的特性都被包裹在一个更加线性的个性中，多么神奇的东西啊！最佳饮用期：2009~2035 年。

1988 Châteauneuf-du-Pape Réserve des Célestins
教皇新堡塞莱斯坦斯珍藏红葡萄酒 1988

评分：96 分

这款酒才刚刚开始摆脱单宁酸的掩盖自行进化。酒色呈深宝石红色或暗紫红色，散发出蘑菇、树皮绉、白兰地浸渍的黑樱桃的香甜，还有明显可辨的牛血、熏衣草、雪松和烟草的芳香。这款强劲、有力、有结构的塞莱斯坦斯贮藏并没有 1989 年和 1990 年两款纯粹、宽阔和深远的口感，但却像是一款成熟的 1995 年塞莱斯坦斯贮藏。最佳饮用期：现在开始到 2025 年。

1986 Châteauneuf-du-Pape Réserve des Célestins
教皇新堡塞莱斯坦斯珍藏红葡萄酒 1986

评分：95 分

教皇新堡产区 1986 年酿造的大多数葡萄酒的质量都不是很好，能够在酿造的前 10 年内饮用的更是少之又少，博诺的 1986 年款却刚好完全成熟。这款果酱葡萄酒高度浓缩、果味馥郁，带有欧亚甘草、黑樱桃水果、烟草、雪松、牛血、烟熏香草和亚洲香料的混合芳香，倒入杯中后，又会出现欧亚甘草、北京烤鸭等其他奇特的气味。这实在是一款神奇的葡萄酒，它可能是所有塞莱斯坦斯贮藏葡萄酒中唯一可以被归类为完全成熟的一款。最佳饮用期：现在开始到 2020 年。

1981 Châteauneuf-du-Pape Réserve des Célestins
教皇新堡塞莱斯坦斯珍藏红葡萄酒 1981

评分：93 分

这款深宝石红色的葡萄酒虽然仍然年轻，但是却有着烟熏孜然味酒窖、黑色水果、巧克力糖和老牛肉混合的巨大鼻嗅。虽然酒中单宁酸和酒精含量高，精粹度也高，但这款体型巨大的葡萄酒仍然非常均衡。酒液边缘丝毫不带铁锈色，只是变淡了一点点。这款诱人的、兴奋性的教皇新堡葡萄酒厚重、多汁、多水分，可以现在就饮用，也可以再窖藏 20 年。

1978 Châteauneuf-du-Pape Réserve des Célestins
教皇新堡塞莱斯坦斯珍藏红葡萄酒 1978

评分：99 分

前不久我和亨利·博诺一起饮用这款酒的时候，它显得非常的年轻。这款有结构、单宁酸含量高、超级浓缩的葡萄酒就代表了教皇新堡的实质，烟熏香草、橄榄、牛血和黑色水果的混合鼻嗅如此强烈。它极高的浓缩度、新鲜度和超级均衡等特性都证明它是纯粹的、极度深刻的教皇新堡年份酒。这款酒的精粹度和集中程度极高，它的年轻也十分让人惊讶。虽然年轻但是已经成熟复杂的 1978 年塞莱斯坦斯贮藏葡萄酒应该会异常的长存，估计连亨利·博诺都会这样认为。最佳饮用期：现在开始到 2020 年。

LES CAILLOUX

凯优酒庄

酒品：

　　凯优酒庄教皇新堡百年特酿（Châteauneuf-du-Pape Cuvée Centenaire）

　　凯优酒庄教皇新堡传统陈酿（Châteauneuf-du-Pape Cuvée Tradition）

庄园主：安德烈·布鲁内尔（André Brunel）

地址：6,chemin du Bois de la Ville,84230 Châteauneuf-du-Pape,France

电话：(33) 04 90 83 72 62

传真：(33) 04 90 83 51 07

联系人：安德烈·布鲁内尔

参观规定：只接受预约访客

葡萄园

占地面积：53.4 英亩

　　白葡萄：4.9 英亩；

　　红葡萄：正常陈酿 42.9 英亩，百年陈酿 5.6 英亩

葡萄品种：歌海娜、慕合怀特、席拉、白歌海娜、瑚珊、卡莱雷特、布兰布尔和其他品种

平均树龄：

　　白葡萄树：30 年

　　红葡萄树：正常陈酿 60 年，百年陈酿 100+ 年（歌海娜葡萄园是 1889 年开始种植的，混合品种中歌海娜至少占 80%）

种植密度：2,500~4,000 株 / 公顷

平均产量：2,000~3,000 升 / 公顷

酒的酿制

　　白葡萄：在不锈钢大酒桶中发酵 15 到 21 天，然后再装入不锈钢大酒桶中陈酿。

　　红葡萄：正常陈酿——在搪瓷大酒缸中发酵 3 到 4 周，然后，一部分葡萄酒会被倒入橡木桶中陈年，这些橡木桶中的 1/3 是新的，而 2/3 是 1 年或 2 年前的，剩下的仍留在搪瓷大酒缸中陈年 18 个月。百年陈酿——在搪瓷大酒缸中发酵 3 到 4 周，然后将其中一半倒入新橡木桶中陈年 18 个月，另一半仍留在搪瓷大酒缸中。接着，葡萄酒不进行过滤，直接混合后装瓶。

年产量

　　正常陈酿：6,900 箱

　　百年陈酿：500 箱

　　平均售价（与年份有关）：25~100 美元；其中百年陈酿为 175 美元

近期最佳年份

　　2003 年，2001 年，2000 年，1998 年，1995 年，1990 年，1989 年

安德烈·布鲁内尔长得很像电影演员威廉·赫特（William Hurt）。他的实际年龄应该是 55 岁左右，但看起来却只有 45 岁的样子。2004 年，有一个卵形大木桶从 12 米高的地方掉下来砸到了他的背，他用了大约半年的时间才从手术中恢复过来了。他一直是教皇新堡产区中比较认真的酿酒师之一。从他大小适中的庄园面积中，安德烈·布鲁内尔酿制出了有力、醇厚、优雅和集中的葡萄酒。从 20 世纪 80 年代晚期开始，他酿制的葡萄酒变得越来越强劲。他的葡萄园都是一小块一小块的，但有一个大葡萄园离以 galets roulés（足球大小的石头）而闻名的勒东山（Mont Redon）很近。布鲁内尔出生于一个从 19 世纪开始就居住于教皇新堡的家庭，于 20 世纪 70 年代初期从他父亲那里接管了庄园。因为他的热情和领导才能在村里远近闻名，所以他在管理这个产区的两个联盟之一和他自己的葡萄栽培者组织——Les Reflets 中都担任要职。

　　布鲁内尔从来都不满足于自己已有的成就，他总是挑战旧方法，检验和质疑新方法。他逐渐地增加凯优酒庄酿制的优质白葡萄酒中瑚珊的比例，而红葡萄酒中席拉和慕合怀特的比例已经越来越大。1989 年，布鲁内尔尝试着用从 1889 年栽植的 5.6 公顷的葡萄树上摘下的葡萄酿制限量的百年陈酿，这款酒的酿制原料中歌海娜占主要比例。

　　凯优酒庄的酿酒方式非常灵活，而布鲁内尔的去梗方式也是灵活的体现之一。自从布鲁内尔发现葡萄梗一般都不够成熟，会给葡萄酒带来过量的酸度和苦味后，所有的慕合怀特和大部分席拉、歌海娜都被他

去了梗。在 1988 年之前，布鲁内尔对于澄清和过滤的使用一直不抱有任何成见，在葡萄酒不能够变得鲜亮和清晰的年份，他都会对葡萄酒稍加澄清和过滤。而如果酒中没有悬浮蛋白质或其他物质时，葡萄酒不过滤就会直接装瓶。但是从 1988 年开始，布鲁内尔决定在红葡萄酒酿制过程中不再进行澄清和过滤。

20 世纪 70 年代和 80 年代初期的布鲁内尔酒虽然好但是不够黏稠，但是从 80 年代晚期开始，酒的品质一直很好。他的教皇新堡葡萄酒通常一倒出就可以喝，但是仍有 10 到 15 年的陈化能力。1989 年、1990 年、1995 年、1998 年、2000 年、2001 年和 2003 年酿制的百年陈酿是一种非常富裕、醇厚的葡萄酒，虽然年轻时也可以饮用，但是仍有 20 多年的陈化能力。安德烈·布鲁内尔是教皇新堡最璀璨夺目的明星之一。

CHÂTEAUNEUF-DU-PAPE
凯优酒庄教皇新堡葡萄酒

2003 Châteauneuf-du-Pape
凯优酒庄教皇新堡葡萄酒 2003

评分：91~93 分

凯优酒庄的这款葡萄酒带有明显的 20 世纪 90 年代凯优酒庄教皇新堡葡萄酒的风格。酒中含有大量的甘油，强劲、香辛、胡椒般的鼻嗅中掺有干普罗旺斯香草和樱桃利口酒的混合芳香。这款宽阔巨大的葡萄酒的酒精含量相对比较高（尤其是这款年份酒），绵长、丝绸般的余韵可以持续相当长的时间。这款酒现在就可以饮用，也可以再放置 12 到 14 年左右。

2001 Châteauneuf-du-Pape
凯优酒庄教皇新堡葡萄酒 2001

评分：91 分

这款酒是由 65% 歌海娜、20% 慕合怀特和 15% 席拉混合制成的，未经澄清和过滤，比松弛的 2000 年款和健壮的 1998 年款更有结构感。这款厚重的典型葡萄酒散发着普罗旺斯香草、肥沃土壤、亚洲香料、樱桃酒、雪松和烟草混合的经典陈酿香。口腔中会出现甘甜、胡椒、黑樱桃果酱般的口味，这款酒厚重、强劲、醇厚并且香辣。最佳饮用期：现在开始到 2014 年。

2000 Châteauneuf-du-Pape
凯优酒庄教皇新堡葡萄酒 2000

评分：91 分

这款酒瓶装后简直就是一个性感尤物。芬芳的陈酿香中有着香料盒、雪松、胡椒、果酱味樱桃、梅子和李子的混合

凯优酒庄教皇新堡葡萄酒酒标

芳香。这款教皇新堡葡萄酒厚重，强劲，进化，多汁，而且令人十分愉快，是一款无缝、给人快感的葡萄酒。这款奢华的教皇新堡葡萄酒有着芬芳的特性、真实的口感和爆发性的余韵，现在就可以饮用，也可以再放置 10 到 12 年。

1999 Châteauneuf-du-Pape
凯优酒庄教皇新堡葡萄酒 1999　评分：90 分

这款著名的百年陈酿（指用从树龄为 100 多年的葡萄树上采收的葡萄酿成的酒）是 1999 年的经典陈酿之一。这款酒以庄园主安德烈·布鲁内尔的进化风格酿制而成，酒色呈深宝石红色或暗紫红色，拥有红色水果、黑色水果、矮灌丛、胡椒、香料盒和烟草混合的甘甜、辛辣鼻嗅。这款葡萄酒醇厚、强劲、有层次感，非常迷人，可以满足人的感官，并且有向前的、可口的和令人愉快的特性。这款凯优酒庄教皇新堡葡萄酒可以现在饮用，也可以再放置 10 到 12 年。

1998 Châteauneuf-du-Pape
凯优酒庄教皇新堡葡萄酒 1998　评分：91 分

凯优酒庄的正常陈酿现在已经变成使用 65% 歌海娜、20% 慕合怀特、10% 席拉以及 5% 的其他混合品种酿制，并且会放入酒桶和卵形大木桶中陈化。经典的 1998 年款是结合使用传统酿酒方式和激进酿酒方式酿制而成。它有着矮灌丛、胡椒、木质香料混合的具有南罗纳河谷特点的鼻嗅，以及黑樱桃和梅子般的甘甜口感，这都使得它非常强烈和迷人。一旦经过陈酿，这款深宝石红色的葡萄酒就会变得强劲、有力、层次感分明，而且甘油含量高、成熟度高、精粹度也高。虽然酒中还会呈现单宁酸，但是味道却是甘甜的。这款酒放置 10 到 12 年后再喝将会更加迷人。

1995 Châteauneuf-du-Pape
凯优酒庄教皇新堡葡萄酒 1995　评分：92 分

尽管 1995 年相当完美，而且是自 1990 年以来最好的一个年份，但对于教皇新堡来说，我不会将它归为最佳年份。然而安德烈·布鲁内尔奢华的 1995 年份酒却改变了我的看

法。这款早熟、酒体适中或略显强劲、丰富、多层次和复杂的葡萄酒，令人叹服的辛辣芳香中透着浓烈甘甜的黑色樱桃和樱桃白兰地的香味。它具有立体感、酸度低，还散发着浓浓的泥土、烟草、巧克力糖、樱桃白兰地、梅子和李子类水果混合的芳香。这款酒入口后表现出甘甜、醇厚的口感和爆发性的余韵，说明它再放置5到8年将会更佳。

1990 Châteauneuf-du-Pape
凯优酒庄教皇新堡葡萄酒1990　评分：95分

1990年的传统陈酿非常让人惊奇。这款完全成熟的葡萄酒散发着亚洲香料、雪松、皮革、黑樱桃、梅子和李子混合的悦人芳香。这款甘美多汁而又黏稠的葡萄酒简直是太棒了！最佳饮用期：现在开始到2010年。

CHÂTEAUNEUF-DU-PAPE CUVEE CENTENAIRE
凯优酒庄教皇新堡百年特酿

2003 Châteauneuf-du-Pape Cuvée Centenaire
凯优酒庄教皇新堡百年特酿2003

评分：95~97+分

安德烈·布鲁内尔认为这是自1998年来所酿造的最好的一款百年陈酿，我完全同意他的看法。这款酒比更有结构感的2001年款要稍微向前和丰满，似乎也比内省理智的2000年款更有深度和强度。但是，我们是不是对这种质量水平的酒有点过于吹毛求疵了呢？这款酒通体呈深宝石红色或暗紫色，散发着强烈的干普罗旺斯香草、落地胡椒、樱桃白兰地、梅子、覆盆子和黑加仑的混合芳香。非常有力、浓缩的口感和大量的甘油使得它表现出非常厚重、多肉的清新和清晰。这款酒是力量和优雅完美结合的最好典范，余韵长达一分多钟。根据布鲁内尔的说法，酒中单宁酸含量很高，不过好像完全被酒中的果肉、甘油和相对较高的酒精度（大概是15.5%~16%，但是却不易觉察）给掩盖了。这款酒很适合再放置20年，而且年轻时比2001年那款更易亲近。

2001 Châteauneuf-du-Pape Cuvée Centenaire
凯优酒庄教皇新堡百年特酿2001　评分：96分

酿制这款陈酿时所使用的歌海娜全部采摘自1889年种植的老葡萄树，占所有原料的80%，还有12%慕合怀特和8%席拉。这款酒比2000年款的好，但稍逊于1998年款。这款极好的葡萄酒呈深宝石红色或暗紫色，并且散发着焚香、红茶、梅子、无花果和樱桃白兰地混合的诱人芳香。倒入杯中后，这款强劲、厚重的葡萄酒又会散发出胡椒、香烟、香脂木的混合芳香。它丰满、能满足感官、绵长、厚重，而且余韵有结构感、悠长、刺激，还具有单宁酸涩感。它的酒精度一定超过15%，但是却被它极高的浓缩度所掩藏了。最佳饮用期：2007~2020年。

2000 Châteauneuf-du-Pape Cuvée Centenaire
凯优酒庄教皇新堡百年特酿2000　评分：96分

教皇新堡百年陈酿2000是一款劲力十足的葡萄酒，比2001年和1998年两款年份酒都要更加进化。这款酒非常强劲，低酸度，有着黑莓、樱桃果酱、欧亚甘草、胡椒和干普罗旺斯香草混合的迷人芳香，这款性感、诱人、超级浓缩的葡萄酒有着巨大的、丝绸般的、无缝的余韵。现在或者在接下来的12到15年内，这都是一款让人无法抗拒的葡萄酒。

1998 Châteauneuf-du-Pape Cuvée Centenaire
凯优酒庄教皇新堡百年特酿1998　评分：100分

这是一款令人惊叹的教皇新堡葡萄酒，彰显了教皇新堡和歌海娜的优秀本质。酒色呈深宝石红色或暗紫色，带有果酱黑樱桃、覆盆子、醋栗水果、胡椒和香料盒混合的特别芳香。极高的浓缩度和深度使得这款酒在口腔中给人醇厚、强劲、油滑质地般的口感，并且异常纯粹和清晰，余韵可持续将近一分钟。这款绝妙、年轻活泼、令人惊叹的葡萄酒堪称酿酒史上的一大杰作，证明了教皇新堡可以达到的极高境界。最佳饮用期：现在开始到2025年。

1995 Châteauneuf-du-Pape Cuvée Centenaire
凯优酒庄教皇新堡百年特酿1995

评分：94分

对于安德烈·布鲁内尔来说，这是一款有力的年份酒。虽然仍然年轻但前景却很好，这款酒散发着欧亚甘草、雪松、香子兰、甘甜的黑加仑和樱桃水果的混合芳香，是一款非常强劲、阳刚的葡萄酒。最佳饮用期：2007~2018年。

1990 Châteauneuf-du-Pape Cuvée Centenaire
凯优酒庄教皇新堡百年特酿1990

评分：100分

在安德烈·布鲁内尔看来，除了1998年到2001年连续4年的出众的年份酒外，这款酒也是一款最好的年份酒。这款完美的百年陈酿呈深宝石红色或暗紫色，带有白花、覆盆子、樱桃利口酒、烟草和矿物质混合的奢华鼻嗅。这款纯粹的葡萄酒不仅具有浓郁的芳香、油滑的质感，还结合了教皇新堡最好的特性和勃艮第优质特级红葡萄酒花香的泥土味的复杂特性。这是酿酒史上极具吸引力的一款杰作，千万不要错过了！最佳饮用期：现在开始到2020年。

1989 Châteauneuf-du-Pape Cuvée Centenaire
凯优酒庄教皇新堡百年特酿1989

评分：94分

这款酒现在仍然太年轻、紧致，尚未发挥最大潜能。这款饱和的深紫色葡萄酒中会散发出欧亚甘草、黑色水果、亚洲香料和香子兰的混合芳香。虽然它现在仍然有点封闭和坚实，但是却很有力，富含单宁酸和精粹物。最佳饮用期：2008~2018年。

M. CHAPOUTIER
莎普蒂尔酒庄

酒品：

额米塔日亭子红葡萄酒（Ermitage Pavillon）

额米塔日林缘白葡萄酒（Ermitage L'Orée）

额米塔日岩粉红葡萄酒（Ermitage Le Méal）

额米塔日岩粉白葡萄酒

额米塔日修道士红葡萄酒（Ermitage L'Ermite）

额米塔日修道士白葡萄酒

教皇新堡洛克马红葡萄酒（Châteauneuf-du-Pape Barbe Rac）

罗第丘蒙多利葡萄酒（Côte Rôtie La Mordorée）

庄园主：莎普蒂尔企业（董事长：米歇尔·莎普蒂尔 Michel Chapoutier）

地址：18, avenue Docteur Paul Durand, 26600 Tain l'Hermitage, France

电话：办公室（33）04 75 08 28 65；酒厂（33）04 75 08 92 61

传真：办公室（33）04 75 08 81 70；酒厂（33）04 75 08 96 36

邮箱：michel.chapoutier@chapoutier.com

网址：www. chapoutier.com

联系地址：单 - 埃米塔日酒厂（Caveau de Tain l'Hermitage）

参观规定：参观和品酒前必须预约或者联系酒庄

葡萄园

占地面积：151.95 英亩

罗第丘产区：13.6 英亩

埃米塔日产区：76.6 英亩

教皇新堡产区：61.75 英亩

葡萄品种：

罗第丘产区：100% 席拉

埃米塔日产区：席拉（红葡萄）；玛珊（白葡萄）

教皇新堡产区：歌海娜，席拉，白歌海娜，克莱雷特，布尔布兰，瑚珊

平均树龄：

罗第丘产区，蒙多利：50+ 年

埃米塔日产区，精选土地：60~100 年

教皇新堡产区：50~80 年

种植密度：

罗第丘产区：10,000 株 / 公顷

埃米塔日产区：8,000~10,000 株 / 公顷

教皇新堡产区：5,100 株 / 公顷

平均产量：

罗第丘产区，蒙多利：1,500~1,800 升 / 公顷

埃米塔日产区，精选土地：1,500~1,800 升 / 公顷

教皇新堡产区：1,500~2,500 升 / 公顷

酒的酿制

莎普蒂尔庄园从 1989 年开始就采用生物动力耕种和酿造方法，目的是酿造最纯粹、最接近天然风土条件的葡萄酒。葡萄栽培和酿制过程中的每一个决定、每一个步骤都是为了增加葡萄酒的风土条件、品种特性和年份特性。简单地说，就是泥土赋予了这家公司灵感。

年产量

罗第丘产区——蒙多利：6,500 瓶

埃米塔日产区——勒米特红葡萄酒：6,000 瓶；派维隆红葡萄酒：9,000 瓶；勒美阿勒红葡萄酒：6,000 瓶；罗赫白葡萄酒：8,000 瓶；勒美阿勒白葡萄酒：5,000 瓶；勒米特白葡萄酒：15,00 瓶；麦秆葡萄酒（Vin de Paille）：3,000 瓶（规格是 375 毫升，即半瓶装）；思泽曼宁红葡萄酒（Sizeranne）：35,000 瓶；云雀之声葡萄酒（Chante Alouette）：22,000 瓶；拉纳日桑葚白葡萄酒（Mure de Larnage）：2,600 瓶；拉纳日桑葚红葡萄酒：5,000 瓶；

教皇新堡产区——洛克马红葡萄酒：8,000 瓶

平均售价（与年份有关）：50~250 美元

近期最佳年份

2003 年，2001 年，2000 年，1999 年，1998 年，1997 年，1996 年，1995 年，1991 年，1990 年，1989 年

这家著名的企业创立于 1808 年，拥有位于罗纳河谷五个产区内 175 公顷的葡萄树。米歇尔·莎普蒂尔是一个令人肃然起敬的罗纳河谷商人，可是最近几十年有点混乱，虽然想要酿造出优质传统的罗纳河谷产区葡萄酒，但是酿出的葡萄酒质量很好的却不多。自从 1989 年麦柯斯·莎普蒂尔（Max Chapoutier）退休后，庄园就由他精力充沛的、出色的儿子米歇尔掌管。

在我的职业生涯中，我还没见过哪个庄园的酿酒质量
比莎普蒂尔庄园进步更快，酿酒哲学比莎普蒂尔庄园
变化更大。米歇尔·莎普蒂尔所取得的成就在酿酒界引
起了一时的轰动，他完全改变了莎普蒂尔葡萄酒的酿
制方式和酿酒程序，结果就是他酿制的葡萄酒可以和
罗纳河谷产区最出色的酿酒师马赛尔·吉佳乐（Marcel
Guigal）所酿制的葡萄酒相匹敌。

　　至于白葡萄酒的酿制，米歇尔·莎普蒂尔主要
受阿尔萨斯（Alsace）地区的安德烈·奥斯塔特格
（Audre Ostertag）和马赛尔·苔丝（Marcel Deiss）的影
响。事实上，米歇尔的根本目标是"回归土地"，降低
酿酒者的人为影响而增加酒的独特性和对于葡萄园特
点的体现。正如米歇尔·莎普蒂尔所说的，"万物都蕴
藏在土壤和葡萄树中"，他的目的是要"抹杀葡萄的特
征而培养土壤的质量"。为了达到这个目的，莎普蒂尔
决定采用生物动力的方式耕种自己的葡萄园，而且发
酵时只用野生酵母。1988 年和 1989 年间，为了保证红
白葡萄的产量均稳定在 3,000~3,500 升／公顷之间，葡
萄园中的葡萄树均被剪枝，一些成串的葡萄也被剪掉。

　　米歇尔·莎普蒂尔把自己的红葡萄酒的酿制风
格全部归功于他的酿酒咨询师热拉尔·沙夫（Gérard
Chave）和马赛尔·吉佳乐。他改革所做的第一件事情
便是扔掉旧栗木卵形大木桶（象征着老式莎普蒂尔风
格），换成小橡木酒桶。除了来自于圣－约瑟夫和罗第
丘产区的红葡萄外，其他全部去梗，然后进行持续 3
周到 3 周半的 cuvaison（法语名词，指葡萄带皮浸泡发
酵）。莎普蒂尔两个最重大的改革不仅包括换成在小橡
木酒桶中酿制，还包括决定他酿制的最优质的红葡萄
酒和白葡萄酒在装瓶前不再进行澄清和过滤。

　　在米歇尔·莎普蒂尔和他杰出的酒类学家搭档阿
尔贝里克·马佐耶（Alberic Mazoyer）负责酿酒的 15
年中（从 1989 年到 2004 年），世界上没有几家酒厂
可以酿造出比莎普蒂尔葡萄酒更出色的葡萄酒。米歇
尔·莎普蒂尔是生物动力耕种方式的倡导者，并被认为
是这种有机耕作方式的专家。德国教授鲁道夫·史丹勒
（Rudolph Steiner）所著的《农业》一书就是他 1924 年
在德国进行无数次讲座的产物。当莎普蒂尔的批评者
把生物动力耕作当做异教或巫术祛除时，越来越多的
优质葡萄酒的酿造者比如拉茹·贝茨·勒鲁瓦（Lalou

Bize-Leroy）和尼古拉斯·朱莉（Nicolas Joly）却开始采用这种方式，他们意识到几十年来对于化学物质、化肥和喷剂的过度依赖已经对葡萄园的健康造成了巨大的损害。米歇尔·莎普蒂尔第一个承认他应该感谢马赛尔·吉佳乐、热拉尔·沙夫、弗朗索瓦·佩兰、让-皮埃尔·佩兰和已故的雅克·雷诺这些更传统的酿酒师，但是他在追求质量的过程中却到处招惹是非，他急切的话语毫无策略性可言，有时候甚至会严厉苛责他的同事们。既然所有致力于高质量的酿酒商、葡萄酒产业的工作人员和消费者都应该是莎普蒂尔的支持者而不是他的诽谤者，那所有的这些都只是个遗憾。我不确定当他发现顶级葡萄园的种植者们没有追求高质量的时候，他是否能控制住自己年轻冲动的行为和执着的天性。但是，米歇尔·莎普蒂尔已成为酿酒业一颗璀璨的明星却是不争的事实。

米歇尔·莎普蒂尔掌管这个企业已将近 10 年，但是他仍不满意，一直不懈地追求着越来越高的质量。用他自己的话说就是，"1989 年的时候我只会制造出一些声响……而现在我已经知道如何弹奏出动听的乐章"。他自己也知道自己早期酿制的葡萄酒只是具有巨大、厚重、高精粹度的特点，而现在的酒不仅保留了高精粹度，还兼备了复杂和细腻的特性。相比之下，莎普蒂尔认为过滤严重影响了葡萄酒的特性、风土和个性，更别提口感了。他最喜欢说的另一句话是，"过滤葡萄酒就好像是做爱时带着安全套一样，太不自然了"。

在过去的几年中，莎普蒂尔彻底修理改善了酒厂，不仅安装了空调设备，也更换成新的小酒桶，显示了他对每一个细节的关注。这家企业奉行"单品种"（即完全只用单一品种酿制葡萄酒），莎普蒂尔的罗第丘葡萄酒用的全是席拉，埃米塔日白葡萄酒全部用的玛珊，而教皇新堡葡萄酒全部用的歌海娜。他是一个认为混合品种只会掩盖风土条件和葡萄特性的纯粹主义者。

莎普蒂尔酒庄酿制一系列顶级奢华的葡萄酒时所用的葡萄，均采摘自产量非常小且葡萄树树龄相当老的不同的葡萄园中，在全新的橡木桶中陈化后，不进行澄清和过滤就直接装瓶。根据莎普蒂尔葡萄酒所在产区的标准，这些酒都是世界上最优质的红葡萄酒和白葡萄酒。这些葡萄园遍及从南罗纳河谷到教皇新堡

洛马克各个产区内，在北部是圣-约瑟夫花岗石园（St.-Joseph Les Granits），一个有 80 年历史的葡萄园，位于莫沃村（Mauves）后面一个全是花岗岩的山坡上；克罗兹-埃米塔日产区（Crozes-Hermitage）的维罗尼耶园（Les Varonniers）；勒美阿勒葡萄园中古老的葡萄树上采摘的葡萄酿制出了额米塔日林缘白葡萄酒，园中葡萄产量通常为 1.5 吨/英亩；柏萨德葡萄园（Les Bessards）中 70 到 80 年树龄的葡萄树上采摘的葡萄酿制出了额米塔日亭子红葡萄酒；罗第丘蒙多利葡萄园中的葡萄树树龄都在 75 到 80 年之间，距离吉佳乐世家著名的杜克园（La Turque）只有一步之遥。这些葡萄酒的产量都非常小，大约只有 400 到 700 箱，但质量却都好得惊人。

莎普蒂尔企业声称自己拥有埃米塔日产区最大面积的土地，该产区总共有 321 英亩的土地，他们就拥有大约 76 英亩之多。他们的派维隆陈酿都是用柏萨德葡萄园中最古老的葡萄树上的葡萄酿制而成，莎普蒂尔企业占有柏萨德葡萄园中 34.3 英亩的土地。莎普蒂尔所有的埃米塔日葡萄都会去梗，以防精粹物中含有太多的茎和植物的成分。自从米歇尔·莎普蒂尔负责葡萄酒的酿制开始，莎普蒂尔通常是埃米塔日产区最晚采收葡萄的一家庄园。

莎普蒂尔在教皇新堡产区拥有的庄园叫做伯纳丁园（La Bernardine）。园中种满了歌海娜，从这种意义上来说，这个占地 61.75 英亩的葡萄园很不同寻常。米歇尔·莎普蒂尔奉行"单品种"葡萄酒，他认为如果严格控制葡萄的产量，酿制出的葡萄酒就可以保持很好的风土特点。伯纳丁园于 1938 年被莎普蒂尔企业收购，它由几个小葡萄园组成，其中最大的一个位于北部，靠近卡登园（La Gardine），东边的靠近老电报庄园（Vieux-Télégraphe）和百达瑞德（Bédarrides）村。最古老的葡萄树是 1901 年种植的，全部种在一个位于西部的小葡萄园里。自从 1989 年以来，这个小葡萄园就从卡登园被选出来酿制最奢华的洛克马陈酿。园中种植的百分百古老的歌海娜专门用来酿制厚重、巨大、典型的歌海娜葡萄酒，就像雅克·雷诺的稀雅丝酒庄一样。洛克马陈酿的年产量一般都在 500 到 700 箱之间，每年也会生产特别少量的伯纳丁白葡萄酒。

莎普蒂尔用从其他葡萄园买来的葡萄和自己葡

萄园中的葡萄，混合酿制出了一款优质的罗第丘葡萄酒，质量上最大的突破体现在奢华的罗第丘蒙特利陈酿上。这款酒是从 1990 年开始酿制的，表达了米歇尔·莎普蒂尔对马赛尔·吉佳乐酿制的罗第丘杜克酒（La Turque）、莫林酒（La Mouline）和兰多纳酒（La Landonne）的崇敬。这款绝佳的葡萄酒是从不同的小葡萄园中的老葡萄树上精选的葡萄酿制而成，其葡萄树的平均树龄为 75 到 80 年，葡萄园坐落于布龙山（Côte Brune），毗邻吉佳乐世家的杜克园。

这位年轻的天才酿酒师酿制的这些不屈不挠的葡萄酒并不适合马上饮用。他酿酒所用的葡萄均摘自生物动力耕作的低产量的葡萄园，然后用本土酵母延长发酵，最后不经澄清和过滤就装瓶，而且在此之前都不会碰它们。在大多数年份中，它们都是和酒糟一块儿压榨的，酒糟只会增添酒的天然风格。莎普蒂尔葡萄酒真的是非常卓越的葡萄酒，但是对于大多数读者来说，耐心是至关重要的一条规则，因为这些葡萄酒一般都需要 8 到 10 年的时间陈年。比如说，1989 和 1990 年的派维隆葡萄酒现在才刚刚开始显示二等特点，还有着 30 到 40 年的陈年潜力。

莎普蒂尔企业曾一度非常低迷，但是自从 20 世纪 80 年代晚期开始，在性急却又非常有才华的米歇尔·莎普蒂尔的领导下，该企业一跃成为罗纳河谷几乎所有产区的参照标准之一，单一的葡萄园却产出了罗纳河谷最好的葡萄酒。而且，对于每个单一葡萄园所产出的数量远多于 500 箱左右的优质葡萄酒，莎普蒂尔仍在致力于提高其质量标准。

红葡萄酒

CHÂTEAUNEUF-DU-PAPE BARBE RAC

教皇新堡洛马克红葡萄酒

2003 Châteauneuf-du-Pape Barbe Rac
教皇新堡洛马克红葡萄酒 2003

评分：95~97 分

米歇尔·莎普蒂尔个人认为，2003 年的年份酒是他所酿制的这个系列的陈酿中最好的一款。该款葡萄酒的酒精度大约为 16.5%，但是已被浓烈的黑樱桃、梅子、无花果、醋栗水果、檀香木、灌树丛、普罗旺斯香草和胡椒的混合芳香和口感所掩盖。这款成分复杂的葡萄酒非常强劲、多汁、厚重

和丰满，酒中也含有一定量的单宁酸，其实经过分析含量相当大，但是却被酒中丰富的甘油、水果和精粹物所修饰了，所以并不明显。这款酒最好在 15 到 20 年内饮用，时间也有可能再长点。

2001 Châteauneuf-du-Pape Barbe Rac
教皇新堡洛马克红葡萄酒 2001

评分：95 分

这款深远的红葡萄酒呈深宝石红色或深紫色，带有矮灌丛、欧亚甘草、樱桃白兰地、黑醋栗和新鞍皮革混合的鼻嗅。这款超级浓缩、强劲、立体的葡萄酒会给人甘油和香甜水果的口感，它一点都不坚硬，但口感强烈、余韵悠长，可以持续将近一分钟。这款酒可以陈年 15 到 20 年的时间，最后肯定会成为一个传奇。

教皇新堡洛马克红葡萄酒 2001 酒标

2000 Châteauneuf-du-Pape Barbe Rac
教皇新堡洛马克红葡萄酒 2000

评分：95 分

这款酒呈深宝石红色或暗紫色，带有樱桃白兰地、欧亚甘草、落地胡椒混合的令人惊奇的香味，以及淡淡的普罗旺斯香草的芳香。这款酒成熟、强劲、浓缩，含有大量甘油，余韵可以持续将近 50 秒。除了这些特性外，这款令人惊叹的葡萄酒还带有的甜味和令人喜爱的可亲近性，这都让人难以抗拒。这款酒估计需要经过 20 年的完全陈年才可以饮用。这真是一款相当让人惊叹的葡萄酒啊！

1999 Châteauneuf-du-Pape Barbe Rac
教皇新堡洛马克红葡萄酒 1999

评分：92 分

这是一款漂亮的、酒色呈宝石红色的葡萄酒，有着樱桃白兰地、普罗旺斯香草、欧亚甘草、泥土和香料混合的极度

甘甜的鼻嗅。葡萄的产量被限制在非常低的1500升/公顷，这款酒强劲，超级浓缩，余韵悠长。最佳饮用期：现在开始到2016年。

1998 Châteauneuf-du-Pape Barbe Rac
教皇新堡洛马克红葡萄酒 1998

评分：96 分

这款酒呈深紫色，伴有烟熏樱桃白兰地、烤肉和鞍皮革混合气味的陈酿香。经过整整一年的时间发酵，这款教皇新堡葡萄酒非常成功，不仅强劲和超级浓缩，还带有香料、圣诞水果蛋糕的混合芳香，强烈活泼、使人头晕、含有酒精的余韵也被酒中大量的甘油和多层次的水果口感良好均衡。你可以现在或在今后的20几年内放心地饮用它。

1995 Châteauneuf-du-Pape Barbe Rac
教皇新堡洛马克红葡萄酒 1995

评分：93 分

这款芬芳的葡萄酒呈深紫色，并且带有橄榄、黑樱桃果酱、覆盆子、烘烤香草和胡椒混合的明显的普罗旺斯鼻嗅。它的口感十分厚重和巨大，加上甘油和单宁酸含量高，这款有力的教皇新堡葡萄酒需要继续窖藏。这款奢华陈酿的最佳饮用期：现在开始到2020年。

1994 Châteauneuf-du-Pape Barbe Rac
教皇新堡洛马克红葡萄酒 1994

评分：93 分

这款酒带有熏衣草、矮灌丛、香草、黑橄榄和黑樱桃果酱混合的普罗旺斯陈酿香。这款精粹物和甘油含量均很高的葡萄酒，其有力的风味使得它在口腔中非常巨大和有力，而且口感惊人的优雅和细腻。这款强劲的教皇新堡葡萄酒可能需要的窖藏时间和1995年款的差不多，但它的优秀特性可以持续20年。

1993 Châteauneuf-du-Pape Barbe Rac
教皇新堡洛马克红葡萄酒 1993

评分：94 分

这是一款沉睡的年份酒，酒色呈深宝石红色或暗紫色，超级浓缩，且带有欧亚甘草、海藻、黑樱桃利口酒和烟草混合的令人愉快的芳香。它是教皇新堡产区1995年最佳年份酒的候选酒。最佳饮用期：现在开始到2012年。

1990 Châteauneuf-du-Pape Barbe Rac
教皇新堡洛马克红葡萄酒 1990

评分：96 分

这款成功的1990年份酒即将完全成熟。它呈深宝石红色或暗紫色，带有李子、樱桃白兰地、香脂木、焚香和水果蛋糕混合的令人愉快的陈酿香。这款酒口感强劲、质感黏稠，而且余韵悠长集中，这些特性都说明它非常纯粹和均衡。这款酒适合现在饮用，也可以再放置10到15年。

1989 Châteauneuf-du-Pape Barbe Rac
教皇新堡洛马克红葡萄酒 1989

评分：94 分

教皇新堡洛马克红葡萄酒1989是这个年份的经典款，具有紧致、健壮、强硬、粗糙等特点，酒色呈宝石红色或紫色，仍需要再窖藏3到5年。陈酿香中掺有普罗旺斯香草、胡椒、矮灌丛、欧亚甘草和大量樱桃白兰地的芳香。这款酒口感强劲、有力，而且单宁酸含量很高，最好在2008年到2020+年间饮用。

CÔTE RÔTIE LA MORDORÉE
罗第丘蒙多利红葡萄酒

2003 Côte Rôtie La Mordorée
罗第丘蒙多利红葡萄酒 2003

评分：96~100 分

毫无疑问，这是米歇尔·莎普蒂尔自1991年以来所酿制的最好的罗第丘葡萄酒。酒色呈暗紫色，具有石墨、花朵、黑莓、黑醋栗混合的烟熏味的鼻嗅。这款葡萄酒非常强劲、有力（产量只有极少的800~900升/公顷）、健壮，浓缩度和单宁酸含量都特别高。这款酒可以再放置8到10年，它是酿酒史上一个现代传奇。最佳饮用期：2013~2035年。

2001 Côte Rôtie La Mordorée
罗第丘蒙多利红葡萄酒 2001

评分：90 分

这款酒酒色呈深宝石红色或暗紫色，比2000年的对应款更加强烈、粗糙，泥土味也更强。这款葡萄酒有着附加的结构感和向后的特性，酒体适中或略显强劲，还带着所有经典的罗第丘葡萄酒都具有的烤肉、橄榄酱和香草的混合芳香。这款酒口味甘甜但余韵狭窄，虽然非常出色，但一直不如2000年款有魅力和易亲近。最佳饮用期：2006~2014年。

2000 Côte Rôtie La Mordorée
罗第丘蒙多利红葡萄酒 2000

评分：90 分

这款无缝的葡萄酒带有白花、黑橄榄、黑醋栗和烘烤的混合气味，酸度和单宁酸集中，口感强劲、浓缩，风格奢华，非常可口、向前。最佳饮用期：现在开始到2012年。

1999 Côte Rôtie La Mordorée
罗第丘蒙多利红葡萄酒 1999

评分：95 分

这是米歇尔·莎普蒂尔自1991年以来酿制的最好的一款酒。在过去半年多时间里喝的那两瓶就证实了这款极好的葡萄酒的潜力，它现在刚刚开始摆脱单宁酸的强硬粗糙，从装瓶前到现在一直都处于封闭状态。这款酒呈暗紫色，厚重、有力，带有烟熏黑莓、木榴油和浓咖啡混合的味道。它的口感浓缩，单宁酸含量高，余韵丰富悠长，可以持续45秒。令人印象深刻的罗第丘蒙多利1999年年份酒，需要比我开始估计的更长的时间才能达到最佳状态。最佳饮用期：2009~2023年。

1998 Côte Rôtie La Mordorée
罗第丘蒙多利红葡萄酒 1998

评分：94 分

这款酒呈暗宝石红色或暗紫色，并带有烤土司、橄榄、黑醋栗、炒腊肉和烟草混合的令人惊叹的鼻嗅，倒入杯中后会有轻微的变化。这款酒具有醇厚、强劲、有力和浓缩的特性，现在已经可以饮用。但是从它油滑的质感和长达45秒的悠长余韵来看，这款酒经过陈年后品质会更佳。最佳饮用期：现在开始到2020年。

1997 Côte Rôtie La Mordorée
罗第丘蒙多利红葡萄酒 1997

评分：93 分

这款酒让人印象很深刻，开放、芳香并且十分诱人。米歇尔·莎普蒂尔个人认为这是他酿造的最好的一款酒。这款酒柔和、易亲近而且易懂，酒色呈深宝石红色或暗紫色，伴有明显的黑覆盆子、烘烤香草、烟草和烤肉的混合芳香。这款葡萄酒酒体适中或略显强劲，酒中单宁酸含量适中、酸度低、浓缩度高，带有强烈的黑樱桃、樟脑和橄榄的混合芳香和口感。这款酒应该可以再贮存20年。

1996 Côte Rôtie La Mordorée
罗第丘蒙多利红葡萄酒 1996

评分：91 分

这款酒是用从产量微小的1500升/公顷的葡萄园中采摘的葡萄酿制而成，酒色呈深紫色，有着暂时抑制但前景光明的新烤橡木、黑醋栗、黑橄榄和烟熏野味的混合鼻嗅。这款酒酒体适中或略显强劲，厚重，酸度高，加上紧约细密的风格使得这款酒很难穿透。虽然余韵悠长，但这款酒还是有点向后和坚硬的。最佳饮用期：2006~2025年。

1995 Côte Rôtie La Mordorée
罗第丘蒙多利红葡萄酒 1995

评分：95 分

这是一款上乘的葡萄酒，颜色为暗紫色，带有烟草、黑覆盆子、咖啡、巧克力和黑橄榄混合的强烈复杂的鼻嗅。这款葡萄酒酒体适中或略显强劲，是一款口感醇厚、有力而又细腻的出色的罗第丘葡萄酒。

1994 Côte Rôtie La Mordorée
罗第丘蒙多利红葡萄酒 1994

评分：93 分

经典的罗第丘蒙多利红葡萄酒1994是这个年份出色的

葡萄酒之一。它散发出黑覆盆子、黑醋栗、橄榄和紫罗兰混合的令人愉悦的鼻嗅。就像所有出色的罗第丘葡萄酒一样惊人的复杂，这款酒具有肥厚、烟熏、黑醋栗水果般的口感，还有着甘甜的单宁味，而且酒体适中，余韵悠长丰富。这款葡萄酒现在已经具有让人惊讶的芳香，口感也毫不逊色于其他极佳的陈酿香。最佳饮用期：现在开始到2013年。

1991 Côte Rôtie La Mordorée
罗第丘蒙多利红葡萄酒 1991

评分：100 分

这款酒和马赛尔·吉佳乐所酿制的优质的单品种罗第丘葡萄酒（即莫林酒、杜克酒和兰多纳酒）属于同一个级别。从它诱人的超凡脱俗的芬芳、甘甜的层次感、宽阔和天鹅绒般质感的水果口感来看，这款酒更像莫林酒。这种深紫色的葡萄酒每年的产量只有400箱。这款巨大、令人惊叹的醇厚和多层次的葡萄酒，其酿制所用的葡萄均采收自采用有机耕作方式的低产量的葡萄园中，而且遵循不澄清、不过滤的酿酒哲学，它也是在同时符合以上两种条件的情况下所能酿制出的最高境界的葡萄酒。最佳饮用期：现在开始到2020年。

1990 Côte Rôtie La Mordorée
罗第丘蒙多利红葡萄酒 1990

评分：94 分

这是一款酒色呈深宝石红色或暗紫色的葡萄酒，带有大量甘甜黑色水果、花朵、烤新橡木和烟熏肥腊肉混合的惊人鼻嗅。它的口感超级浓缩和甘甜，质感宽阔，余韵也不可思议的悠长。这款非常醇厚、可口的罗第丘葡萄酒可以再贮存5到7年。

ERMITAGE L'ERMITE
额米塔日修道士红葡萄酒

2003 Ermitage L'Ermite
额米塔日修道士红葡萄酒 2003

评分：98~100 分

这是我一生中所品尝过的最令人叹服的年轻葡萄酒之一。这款酒品起来就像岩石与高度浓缩的植物香料混合的利口酒或者黑加仑利口酒，它的轮廓非常清晰、优雅，口感也相当集中和绵长。因为2003年的夏季异常炎热干燥，所以它的酒精度高达15.5%。这款年轻、活跃、巨大又不失优雅的葡萄酒当然可以算作是一款传奇的埃米塔日产区葡萄酒。它很可能会是一款非常好的百年葡萄酒，但是不到100年我也不敢妄下定论。最佳饮用期：2015~2060+。

2002 Ermitage L'Ermite
额米塔日修道士红葡萄酒 2002

评分：94 分

因为生物动力耕作方式的使用和精心细致的护理，米歇尔·莎普蒂尔和他杰出的酒类学家搭档阿尔贝里克·马佐耶才得以从产量为 1500 升/公顷的问题重重的葡萄园中酿制出这款埃米塔日产区年份酒。酒色呈深紫色，带有花朵、铅笔屑、黑醋栗奶油和烟草混合的甘甜宜人的鼻嗅。这是一款强劲、醇厚、浓缩的葡萄酒，口感非常厚重和绵长，品尝起来就像是液态矿物质与黑色水果果酱的混合。最佳饮用期：2012~2022 年。

2001 Ermitage L'Ermite
额米塔日修道士红葡萄酒 2001

评分：98~100 分

这款黑色的红葡萄酒估计与完美的 1996 年款不相上下。樱桃白兰地、欧亚甘草、白花混合的芳香和口感，再加上超级浓缩、深刻、绵长和醇厚的特性，使得这款葡萄酒有着多层次感、极好的质感和近乎完美的均衡与和谐。这款酒有着极高的境界和强度，是一款相当有价值的杰作。最佳饮用期：2012~2040 年。

2000 Ermitage L'Ermite
额米塔日修道士红葡萄酒 2000

评分：99 分

当这款酒装在酒桶中时，我严重低估了它的品质。这款酒非常的细腻和优雅，所用葡萄都摘自有一定抗根瘤蚜能力的葡萄树，这些葡萄树种植在埃米塔日产区的圆丘上，与一个如画般矗立于此地的小教堂毗邻。酒中散发出液态矿物质、利口酒和黑莓混合的风味。这款酒在年轻的时候显得比较朴素，所以它就好像是波尔多花堡（Lafleur）和欧颂酒庄（Ausone）的混合，然而它却从未表现出像勒美阿勒或派维隆葡萄酒那样有力和宽阔的口感。这是一款近乎完美的葡萄酒，非常出色和撩人，富含矿物质，而且口感细腻、轮廓清晰。当喝到这款酒的瓶装时，我着实被震惊了一番。最佳饮用期：2009~2035 年。

1999 Ermitage L'Ermite
额米塔日修道士红葡萄酒 1999

评分：96 分

相较它在酒桶中表现出的向后性而言，可以说这是一款

近乎完美的红葡萄酒。这种酒通常年产量都在 500 到 600 箱左右，但遗憾的是，1999 年的产量只有 400 箱。这种酒是用从莎普蒂尔酒庄最古老的葡萄树上采收的葡萄酿制而成，大多数植株的树龄都超过了 100 年，代表着埃米塔日产区和席拉的精髓。这款酒在瓶中表现出老式的花堡葡萄酒的特性，散发着利口酒、覆盆子、黑莓和大量矿物质混合的芳香。从去年开始，它已经增重很多，但基本上仍是优雅和飘逸的，兼具不可思议的强烈和令人惊奇的轻盈，它出色地演绎出了当地的风土特性。但事先声明，如果你在 10 年内想从这款葡萄酒中品出很大的乐趣，那它可能要让你失望了。最佳饮用期：2015~2060 年。

1998 Ermitage L'Ermite
额米塔日修道士红葡萄酒 1998

评分：98 分

莎普蒂尔的额米塔日修道士红葡萄酒都是透明的，这样品酒者几乎可以看穿它们的复合层次。最出众的特点是，它是一款富含花岗岩液态矿物质的利口酒。这款优雅的红葡萄酒虽然酒体轻盈，但却绝妙的均衡，还带有淡淡的烟草和黑加仑风味，各种风味柔和、典雅地打开，毫无夸张的成分。这款酒力量均衡、单宁酸集中，酸度也微不可察，而且非常清新，轮廓优美清晰。最佳饮用期：2010~2040 年。

1997 Ermitage L'Ermite
额米塔日修道士红葡萄酒 1997

评分：91~94 分

这款绝佳的红葡萄酒不仅有着顶级波美侯葡萄酒（Pomerol）所拥有的较高的成熟度和奇特的特点，而且有着埃米塔日葡萄酒所蕴含的结构感、烟熏矿物质特性和力量。酒色呈深宝石红色，口感丰富、耐嚼、厚重而且完美均衡。这款酒虽然在年轻时就已经可以亲近，但是仍有着 30 到 40 年的陈年能力。

1996 Ermitage L'Ermite
额米塔日修道士红葡萄酒 1996

评分：99 分

莎普蒂尔的这款酒，毫无疑问是法国该年份最佳候选酒之一。我在 1997 年曾说过这是一款近乎完美的葡萄酒，它是用从一个小葡萄园里树龄有 100 多年的葡萄树上采收的葡萄酿制而成。这个小葡萄园离一个白色的小教堂很近，小教堂位于埃米塔日山最高的山峰上，归嘉伯乐世家（Jaboulets）所有，该葡萄园的产量只有极小的 900 升/公顷。这款酒自从装瓶后开始，质量就非常惊人！不过可惜的是，到目前为止只有 30 箱出口到美国。酒色呈暗紫色，带有玫瑰花瓣、紫罗兰、黑莓、黑醋栗和吐司混合的惊人鼻嗅。这款酒的口感非常丰满，质感黏稠，余韵立体有层次感，可以持续一分多钟。它的纯粹、完美均衡、巨大和醇厚的特性都彰显出了它的传奇色彩。最佳饮用期：2010~2050 年。

ERMITAGE LE MEAL

额米塔日岩粉红葡萄酒

2003 Ermitage Le Méal
额米塔日岩粉红葡萄酒 2003

评分：98~100 分

这是一款绝对豪华的红葡萄酒，酒色呈暗紫红色，带有紫罗兰、烤肉味、黑莓利口酒、烟草和几不可辨的石头风味混合的爆发性鼻嗅。口感巨大、厚重、丰满，而且非常纯粹和绵长。这款惊人的葡萄酒比莎普蒂尔的勒米特陈酿更具有向前的特性和早熟性，而且具有非常强烈的享乐主义特性。最佳饮用期：2009~2040 年。

2002 Ermitage Le Méal
额米塔日岩粉红葡萄酒 2002

评分：91 分

额米塔日岩粉红葡萄酒 2002 是米歇尔·莎普蒂尔的一项伟大成就。即使在这个问题重重的年份，这款仍然具有圆润、多肉和丰满特性的葡萄酒简直是一项惊人的成就。倒入杯中后，它会散发出清凉茶、黑醋栗、碎石、似肉的和黑莓的混合风味。这款酒有着明显的向前的风格，因此很适合在接下来的 10 到 15 年内饮用。

2001 Ermitage Le Méal
额米塔日岩粉红葡萄酒 2001

评分：92~95 分

深紫色的 2001 年款额米塔日岩粉红葡萄酒散发着黑莓利口酒、烟草、欧亚甘草和烘烤橡木味混合的芳香。虽然饱满但是并不比 2000 年款宽阔和宽广。这款葡萄酒酸度良好、轮廓清晰，而且紧致、压缩，令人印象深刻的余韵可以持续 40 到 45 秒之久。它当然是一款出色的甚至是深远的葡萄酒，但是并没有以前的年份酒那么引人注目。最佳饮用期：2008~2030 年。

2000 Ermitage Le Méal
额米塔日岩粉红葡萄酒 2000

评分：95 分

这款葡萄酒倒出瓶后比装在酒罐中时表现更佳，酒色呈深紫色，散发出黑莓利口酒、油墨、液态沥青、樟脑和新鞍皮革混合的奢华鼻嗅。口感巨大、丰富、宽阔，质感豪华而且余韵悠长，长达一分钟。这是一款强劲、丰裕、惊人和易亲近的葡萄酒。最佳饮用期：2007~2025 年。

1999 Ermitage Le Méal
额米塔日岩粉红葡萄酒 1999

评分：93 分

这款酒在接下来的至少 12 年内都无法饮用。酒色呈深宝石红色或暗紫色，伴有微弱的岩石粉、白垩、花岗岩和胡椒混合的风味。这款葡萄酒厚重、质感粗糙、紧致，而且强硬，它不仅重量很重，而且深度也很深，但是并没有 2001 年款那么丰裕。最佳饮用期：2015~2050 年。

1998 Ermitage Le Méal
额米塔日岩粉红葡萄酒 1998

评分：96 分

1998 年款的额米塔日岩粉红葡萄酒代表着埃米塔日葡萄酒的本质——优雅、有力、对称而且极度纯粹。这款多层次的强烈绵长的顶级葡萄酒带着黑色和红色水果、液态花岗岩混合的芳香和口感，余韵可持续将近一分钟。因为酒中单宁酸含量较高，所以要保证窖藏时间至少 10 年。这款酒至少可以贮存 50 年。

1997 Ermitage Le Méal
额米塔日岩粉红葡萄酒 1997

评分：91~94 分

这款酒表现出肥厚、丰满和丰富的特性，而且不失花香味的矿物质性。这是一款质感细腻的埃米塔日红葡萄酒，有着浓缩的黑色水果和高尚、和谐、轮廓非常清晰的特性。因为这款酒酸度较低，而且质感丰满奢华，所以在年轻时也可以亲近。最佳饮用期：现在开始到 2035 年。

1996 Ermitage Le Méal
额米塔日岩粉红葡萄酒 1996

评分：92 分

莎普蒂尔把这款酒称为埃米塔日产区的拉菲庄园（Lafite Rothschild）葡萄酒。酒中富含矿物质，酸度高，酒体适中或略显强劲，易兴奋但又十分理智。酒色呈深宝石红色或暗紫色，明显的矿物质芳香中还带有黑醋栗、樱桃白兰地和矮树丛的混合风味。它需要 7 到 12 年的窖藏。尽管不是最迷人、丰裕和黏稠的一款埃米塔日产区葡萄酒，但它却是所有莎普蒂尔葡萄酒中风土特性最明显的一款。我觉得它简直就是埃米塔日产区的欧颂庄（Ausone）葡萄酒！最佳饮用期：2012~2040 年。

ERMITAGE LE PAVILLON

额米塔日亭子红葡萄酒

2003 Ermitage Le Pavillon
额米塔日亭子红葡萄酒 2003

评分：99~100 分

这款红葡萄酒最有可能被称为一款完美的红葡萄酒，产自平均产量仅为 1200~1500 升 / 公顷的葡萄园，酒精度高达 15.5%。这是一款百年陈酿，酒色呈暗紫色，而且有着年份波特酒（vintage port）的黏稠度。我在这款酒的品酒日记中的第三个词就是"宗教的"。它散发出洋槐花、黑莓利口酒、蓝莓、梅子和无花果混合的豪华鼻嗅，轮廓超级清晰，浓缩度惊人，而且余韵悠长，持续时间长达 92 秒。酒中单宁酸含量高，又因为浓缩度极高，所以口感甘甜，并没有单宁酸的酸涩感。所有派维隆红葡萄酒的质量都很好，但这一款很可能是其中最优质的一款。从风格上来讲，它虽然跟自己的姐妹款 2003 年很相像，但是更接近 1990 年的佳酿。又因为葡萄产量太低，所以更加集中。

2002 Ermitage Le Pavillon
额米塔日亭子红葡萄酒 2002

评分：91+ 分

产自平均产量仅为 1500 升 / 公顷的葡萄园，这款出色的 2002 年派维隆红葡萄酒有着惊人的芳香和相对向前的风格，但是口感相当健壮和强烈。米歇尔·莎普蒂尔在 2002 年这样一个麻烦的年份却酿制出了埃米塔日产区最优质的三大葡萄酒之一。这款口味宽阔的红葡萄酒非常香甜、多肉，并有着明显的黑莓水果和其他花香的风味。它的酸度非常低，丰满、多肉，是极少数年轻时就可以饮用的派维隆红葡萄酒中的一款，它还有着 15 年以上的贮存能力。

2001 Ermitage Le Pavillon
额米塔日亭子红葡萄酒 2001

评分：94 分

一年又一年，莎普蒂尔的派维隆红葡萄酒一直都被评为埃米塔日产区最优质的三大葡萄酒之一。这款额米塔日亭子红葡萄酒呈深宝石红色或暗紫色，带有樟脑、油墨、黑醋栗奶油、欧亚甘草和烟草混合的强烈的甘甜鼻嗅。这款酒虽然厚重、丰满、强劲，而且轮廓清晰、兴奋有力，但是酸度偏高。不可否认的是，这款酒是出色和强烈的，只是可能没有它的姐妹款 2000 年年份酒迷人和早熟。最佳饮用期：2010~2030 年。

2000 Ermitage Le Pavillon
额米塔日亭子红葡萄酒 2000

评分：98 分

这款墨蓝色的额米塔日亭子红葡萄酒在倒出后非常出色，散发出花岗岩、油墨、欧亚甘草、黑醋栗奶油和矿物质的混合芳香。这款葡萄酒强劲、油滑般的质感、极其丰富，而且相当集中和绵长，这款酒简直是酿酒史上的一款杰作！最佳饮用期：2007~2040 年。

1999 Ermitage Le Pavillon
额米塔日亭子红葡萄酒 1999

评分：96 分

这款奇妙的额米塔日亭子红葡萄酒，散发出黑醋栗奶油和明显的油墨香气混合的浓郁芳香。它强劲、高度浓缩并有力，余韵长达 50 秒。这款暗紫色的红葡萄酒相当对称、纯粹和巨大，并且透着优雅和约束感，是一项具有重大意义的

成就。最佳饮用期：2012~2040 年。

1998 Ermitage Le Pavillon
额米塔日亭子红葡萄酒 1998

评分：98 分

这也是一款几近完美的红葡萄酒，带有明显的紫罗兰、黑莓、烟草、欧亚甘草和矿物质混合的陈酿香。这款酒口感奢华丰富、强劲而且多层次，它的余韵可持续一分多钟。值得一提的是，酿酒原料的平均产量只有 1000 升 / 公顷。余韵中的单宁酸含量虽然高，但是已经成熟并很好地集中了。最佳饮用期：2010~2050 年。

1997 Ermitage Le Pavillon
额米塔日亭子红葡萄酒 1997

评分：96 分

这款酒呈深紫色，散发出黑莓利口酒、花香、烟草、焦油和中国红茶芳香混合的强烈鼻嗅。这款堕落丰满的埃米塔日产区红葡萄酒，相当集中和厚重，余韵也非常巨大。它酸度低、浓缩度高、精粹度高而且绵长。最佳饮用期：2008~2035 年。

1996 Ermitage Le Pavillon
额米塔日亭子红葡萄酒 1996

评分：96 分

这款酒需要至少 10 年的时间窖藏。酒色呈暗紫色，散发出黑莓、覆盆子、蓝莓、紫罗兰、烘烤香草和猪肉混合的极其甘甜的芳香。这款酒高度浓缩、强劲，有着惊人的精粹度，超级纯粹、单宁酸含量高、酸度良好而且内凸，余韵长达 45 秒，堪称是法国年份酒中的超级明星！最佳饮用期：2010~2050 年。

1995 Ermitage Le Pavillon
额米塔日亭子红葡萄酒 1995

评分：99 分

这款暗紫色的红葡萄酒有着多层次的黑醋栗水果、烟熏、烤肉和矿物质特性。虽然巨大但并不沉重，比例豪华，轮廓清晰耀眼，这款巨大、比例复杂的葡萄酒成功地保持了良好的均衡。这款向后的派维隆红葡萄酒，还需要 3 到 5 年的时间窖藏，它经过 21 世纪上半个世纪的陈年后应该会品质极佳。

1994 Ermitage Le Pavillon
额米塔日亭子红葡萄酒 1994

评分：96 分

这是一款轰动和非常集中的红葡萄酒。派维隆红葡萄酒一般每年都位居法国的前三或前四位。这款酒呈暗紫色，口感十分甘甜，带有黑醋栗、其他黑色水果和矿物质混合的纯粹鼻嗅。它非常深厚、丰满、复杂和强劲，几乎是黑莓和

黑醋栗的精华。这款结构巨大的葡萄酒虽然单宁酸含量高，但仍成功地保持了均衡和优雅的特性。这款 1994 年份的派维隆红葡萄酒必须经过 10 到 12 年的窖藏，所以购买时请考虑清楚。它到 2010 年才会完全成熟，之后还可以再贮存 20 年。

1991 Ermitage Le Pavillon
额米塔日亭子红葡萄酒 1991

评分：100 分

这是一款神话般的派维隆红葡萄酒。酿酒的原料采收自相当古老的葡萄树，有些甚至可追溯至 19 世纪中期，葡萄的平均产量低于 1,500 升 / 公顷，它是埃米塔日产区所酿制的最丰富、浓缩和深远的红葡萄酒。这款酒模仿 1989 年和 1990 年两款年份酒的模式，是另一款完美的葡萄酒。酒色呈暗紫色，散发着香料、烤肉、黑色和红色水果混合的令人叹服的陈酿香。这款出色的红葡萄酒拥有高度浓缩、相当集中和轮廓清晰的特性，而且具有三十多年的陈年能力。这款酒非常有力、丰满，而且单宁酸柔顺，简直就是一个无缝的美人！最佳饮用期：现在开始到 2035 年。

1990 Ermitage Le Pavillon
额米塔日亭子红葡萄酒 1990

评分：100 分

这款葡萄酒同 1989 年款一样令人叹服。虽然丰裕性稍逊一筹，但是却更加有力，重量也更重。酒色呈黑色，带有欧亚甘草、甘甜黑加仑、烟草和矿物质混合的特别芳香。口感多层次、堕落丰满、超级浓缩，近似席拉口味的黏稠。酒中甘油的含量惊人，耐嚼、油滑般的质感而且极其绵长。虽然在分析成分时单宁酸含量相当高，但品尝时却因为被超级大量的水果所修饰而变得不明显。至于这款额米塔日亭子红葡萄酒的陈年潜力，我现在只能猜出它比沙夫和嘉伯乐的埃米塔日葡萄酒更加向前，它应该还可以贮存 30 到 40 年。

1989 Ermitage Le Pavillon
额米塔日亭子红葡萄酒 1989

评分：100 分

额米塔日亭子红葡萄酒 1989 是一款非常惊人的葡萄酒，所用原料采收自平均树龄为 70 到 80 年的老葡萄树，园中葡萄的平均产量为 1400 升 / 公顷。酒色呈暗紫色，萦绕着紫罗兰、黑醋栗、矿物质和新橡木混合的惊人的陈酿香。它在口腔中的质感、丰富特性和完美平衡性，都和令人叹服的 1986 年木桐庄园（Mouton Rothschild）红葡萄酒惊人的相似，只不过这款酒更加丰富和绵长。这款出奇地良好均衡的葡萄酒可以再陈年 30 多年，它是一款巨大轮廓却惊人的清晰的葡萄酒。最佳饮用期：2007~2035 年。

白葡萄酒

ERMITAGE L'ERMITE
额米塔日修道士白葡萄酒

2003 Ermitage L'Ermite
额米塔日修道士白葡萄酒 2003

评分：99~100 分

这款酒非常惊人，但遗憾的是产量只有 75 箱。这是埃米塔日产区另一款尝起来像玛珊净化的百年佳酿。这款酒有着惊人的强度和神奇悠长的余韵（长达九十多秒钟），超级的丰富性，几乎溶解的蜜甜的矿物质性，它完全可以载入史册。最佳饮用期：2012~2099 年。

2002 Ermitage L'Ermite
额米塔日修道士白葡萄酒 2002

评分：95 分

低至 800 升 / 公顷的平均产量，却酿制出了这款惊人的、浓缩的、强劲的葡萄酒，尝起来就像矿物质利口酒。这款酒毫无疑问是一款极佳的葡萄酒，但是产量却只有 177 箱。它超级浓缩、相当厚重却又不失优雅，与它奇妙的姐妹款 2003 年年份酒相比，这款酒可能更适合在早期即酿制后的前 10 到 15 年内饮用。

2001 Ermitage L'Ermite
额米塔日修道士白葡萄酒 2001

评分：96 分

像大多数额米塔日修道士白葡萄酒一样，这款酒也是在 demi-muids（容量为 600 升的橡木桶）中和酒糟一起陈化，然后在酒桶中进行苹果酸 - 乳酸发酵，这时相当多的酒糟会变得活跃，最后不进行澄清和过滤直接装瓶。它纯粹、强烈的矿物质风格中表现出坚果利口酒、荔枝、柑橘花和柑橘油混合的风味。这是另一款惊人的葡萄酒，仅次于非凡卓越的 2000 年年份酒。它的品质应该会在 2008 至 2030 年间达到最佳。

2000 Ermitage L'Ermite
额米塔日修道士白葡萄酒 2000

评分：100 分

这款白葡萄酒带有液态矿物质的透明特性，完全体现出了葡萄和风土的精髓，是我所见过的最能体现风土特点的阿尔萨斯雷司令白葡萄酒（Alsatian Riesling）。关于它所拥有的透明特性，风土学家们讨论的比实际承认的要多。它喝起来就像是液化岩石与白花、欧亚甘草和蜜糖水果的混合，口感相当纯粹、厚重，轮廓非常清晰，正如我在 2001 年所说的那样，"酒中没有真正水果的特性，只有甘油、酒精和液化岩石的特性"。这就是它，然而这是多么好的一款酒啊！最佳饮用期：2012~2050 年。

ERMITAGE LE MEAL
额米塔日岩粉白葡萄酒

2003 Ermitage Le Méal
额米塔日岩粉白葡萄酒 2003

评分：98~100 分

我想最高级的都是简单的，但我不得不老实说，这款酒是我这一生中所尝过的最好的一款白葡萄酒。当然这时它还未装瓶，但是莎普蒂尔的葡萄酒都是在酒瓶中表现得比在酒桶中要好，至少也是一样的好。这款出色的葡萄酒的天然酒精度高达 16.1%，所用葡萄的平均产量为 1000~1200 升 / 公顷。这款酒有着蜜糖柑橘的超级浓缩本质、液态岩石般的强度以及华丽的芳香，强劲油滑，而且轮廓异常清新。这款白葡萄酒需要 7 到 10 年的瓶中陈化时间，可以贮存半个世纪之久。在所有的葡萄酒中，不论白葡萄酒还是红葡萄酒，也不论干型葡萄酒抑或甜型葡萄酒，这绝对是一款最撩人的葡萄酒。它的总产量大约有 350 箱，我非常希望它可以分散到世界各地，以便更多的人有机会品尝到这款由米歇尔·莎普蒂尔酿成的出色的特酿。

2002 Ermitage Le Méal
额米塔日岩粉白葡萄酒 2002

评分：95 分

这是一款在 2002 年酿制出的出色的葡萄酒，实在是这个年份中一项不可思议的成就。这款酒带有榅桲、碎石和白花混合的风味，重酒体，质感油滑，而且惊人的集中、持久和绵长。这款优质的埃米塔日白葡萄酒应该可以放置 30 年以上。

2001 Ermitage Le Méal
额米塔日岩粉白葡萄酒 2001

评分：93 分

这款酒比 2000 年款的轮廓更加清晰，烟草味和柑橘味更加明显，只是没有后者肥厚和油滑。然而它口感强劲、质感浓厚，带有成熟金银花、梨子和桃子的风味。最佳饮用期：2007~2020 年。

2000 Ermitage Le Méal
额米塔日岩粉白葡萄酒 2000

评分：97 分

令人惊讶的额米塔日岩粉白葡萄酒 2000 是一款卓越的埃米塔日白葡萄酒。它带有明显的金银花特点，水果和甘油含量丰富，完全是享乐主义的刺激物。我估计这些附加的口感和芳香随着它的陈年会发展得更好，在接下来的 4 到 5 年内它都是一款口感巨大的葡萄酒。这款酒还可以再贮存 40 到 50 年。

1999 Ermitage Le Méal
额米塔日岩粉白葡萄酒 1999

评分：95 分

莎普蒂尔的这款出色的白葡萄酒实质上是埃米塔日白葡萄酒中的一款利口酒。它带有梨子利口酒、口味极干的 fino（雪莉酒的一种，fino 是指酒在橡木桶的陈酿过程中产生的浮在酒上的白色霉花，这种神奇的霉菌可以让酒免于氧化）、桃子、矿物质、坚果和欧亚甘草的风味。这款风格相当浓缩和超级精粹的葡萄酒非常精美和清晰。这是一款 40 到 50 年的干白葡萄酒，在接下来的一到两年内将会处于封闭状态，10 年后会再次表现出它的优秀个性。

1998 Ermitage Le Méal
额米塔日岩粉白葡萄酒 1998

评分：96 分

这款白葡萄酒强劲、浓厚、多汁的个性中带有奶油糖果和焦糖的芳香与口味，而且有着液态矿物质和橡木的风味，这是一款多么惊人的多层次感的葡萄酒啊！最佳饮用期：2007~2030 年。

1997 Ermitage Le Méal
额米塔日岩粉白葡萄酒 1997

评分：96~100 分

这款葡萄酒的水果香中除了带有樱桃口味外，还有着香柑金万利（Grand Marnier，一种法国甜酒，有着香柑的曼妙和怡人的好滋味）的特性。这是一款巨大、强劲、非常有力和高度浓缩的干白葡萄酒，有着钢铁般的余韵。遗憾的是，这款令人惊叹的葡萄酒产量只有 300 箱左右。最佳饮用期：2012~2030 年。

ERMITAGE L'OREE
额米塔日林缘白葡萄酒

2003 Ermitage L'Orée
额米塔日林缘白葡萄酒 2003

评分：98-100 分

这款酒是用平均产量为 1200~1500 升 / 公顷的葡萄酿制而成，酒精度为 14.5%。这款惊人的、浓缩的葡萄酒和一款瓶装干白葡萄酒的本质很接近，虽然是干型的，但质感油滑，且浓缩度很高。考虑到它异常的强度、力量和丰富性，它的佐餐能力可能并不太好，但它绝对是酿酒史上的一款杰作。这款酒可以贮存 50 到 75 年甚至更久。

2002 Ermitage L'Orée
额米塔日林缘白葡萄酒 2002

评分：93+ 分

这款酒倒入杯中后会迸发出金银花、柑橘和碎岩石的惊人鼻嗅，口感非常丰富、强劲，带有明显的矿物质特性。这是一款令人惊奇的葡萄酒，也是埃米塔日产区这个年份中三大白葡萄酒之一。其实另外两款也是由米歇尔·莎普蒂尔酿制的，当然这一点也不足为奇。这款酒适合在接下来的10到15年内饮用。

2001 Ermitage L'Orée
额米塔日林缘白葡萄酒 2001

评分：94 分

伟大的美国爱国者和葡萄酒鉴赏家托马斯·杰弗森（Thomas Jefferson）称埃米塔日葡萄酒是"法国唯一最优质的白葡萄酒"。虽然它有点低调，但仍然非常惊人。这款酒虽然没有2000年款的强健、体积和重量，但却非常深刻、优雅，并且有着强烈的矿物质特性。这款厚重、强劲、耐嚼的葡萄酒散发出白花、柑橘和泥土混合的风味。就像它的姐妹款2000年年份酒一样，它在酿制后的前3至4年内非常可口，然后进入封闭状态后，直到10至12年后才会恢复。这款酒可以贮存30年甚至更久。

2000 Ermitage L'Orée
额米塔日林缘白葡萄酒 2000

评分：100 分

这种葡萄酒通常都几近完美，额米塔日林缘白葡萄酒2000就是这样。它爆发出欧亚甘草、矿物质、洋槐花、金银花和奶油混合的惊人鼻嗅。这款酒拥有油滑质感、强劲、非常强烈和纯粹的特性，但是异常轻盈。它可以在接下来的3到4年内饮用，或者放置10年后再喝。它可以贮存40到50年。

1999 Ermitage L'Orée
额米塔日林缘白葡萄酒 1999

评分：99 分

这款令人惊奇的白葡萄酒近乎完美。它口感强劲，散发出液态矿物质、欧亚甘草、金银花、柑橘和热带水果混合的奇妙的陈酿香。这款酒中的水果和甘油在陈化过程中已经完全吸收了全新橡木的特性。这是酿酒史上的一款杰作，用平均产量极低的1200~1500升/公顷（每英亩的葡萄产量不足一吨）的葡萄酿制而成。但是，读者们应该知道这些一般都是不同寻常的葡萄酒，因为它们瓶装后的4到5年表现出奇的好，然后进入12年左右的封闭状态。它可以贮存40到50年。最佳饮用期：2012~2050年。

1998 Ermitage L'Orée
额米塔日林缘白葡萄酒 1998

评分：99 分

额米塔日林缘白葡萄酒1998爆发出液态矿物质、蜜糖热带水果、桃子和洋槐花混合的陈酿香。令人惊奇的是，陈化处理时全新橡木特性已经被完全吸收。这款葡萄酒非常强劲、清新和纯粹，口感和余韵都非常强大。最佳饮用期：现在开始到2030年。

1997 Ermitage L'Orée
额米塔日林缘白葡萄酒 1997

评分：98 分

大家都知道我非常喜欢的莎普蒂尔的奢华的额米塔日白葡萄酒是罗赫白葡萄酒。这是一款令人叹服的埃米塔日白葡萄酒，酿酒时所用的葡萄品种全是玛珊，它和用钱可以买到的最成熟和最厚重的梦拉谢葡萄酒（Montrachet）一样的丰富和立体，质感油滑而且相当完美的均衡。我估计它在年轻的时候可以饮用，然后进入几年的封闭状态，应该可以贮存40到50年。这是一款巨大、耐嚼、立体而且相当浓缩和丰富的葡萄酒，带有大量白花、蜂蜜、矿物质和桃子混合的风味。简单地说，这款葡萄酒太不可思议了，绝对值得品尝！

1996 Ermitage L'Orée
额米塔日林缘白葡萄酒 1996

评分：99 分

这款酒几近完美，是一款令人叹服的埃米塔日白葡萄酒。它的质感油滑，而且非常良好的均衡。我猜测它在年轻的时候喝起来不错，然后进入几年的封闭状态，可以贮存40到50年。这款酒是我所见过的干白葡萄酒中甘油含量最高的一款。简单地说，这款葡萄酒太不可思议了，绝对值得品尝！最佳饮用期：2010~2040年。

1995 Ermitage L'Orée
额米塔日林缘白葡萄酒 1995

评分：97 分

这款葡萄酒是用产量只有1200升/公顷的葡萄酿制而成，它非常强烈、厚重，而且有着多层次质感，口味中带有强烈的、蜜甜的、矿物质般的水果风味。这款酒的口感非常丰富，但并没有沉重感。最佳饮用期：2007~2025年。

1994 Ermitage L'Orée
额米塔日林缘白葡萄酒 1994

评分：99 分

这款葡萄酒爆发出巨大的、似花的、超级丰富的鼻嗅，鼻嗅中几乎是矿物质和成熟水果的精髓。它的口感非常有力、强劲和油滑质感，这款惊人的优质埃米塔日白葡萄酒可以贮存30到50多年。

GERARD CHARVIN

热拉尔·沙尔万庄园

酒品：热拉尔·沙尔万庄园教皇新堡红葡萄酒（Châteauneuf-du-Pape）

庄园主：热拉尔·沙尔万伯爵（Earl Charvin G.）和他的儿子们

地址：Chemin de Maucoil,84100 Orange, France

电话：(33) 04 90 34 41 10

传真：(33) 04 90 51 65 59

邮箱：domaine.charvin@free.fr

网址：www.domaine-charvin.com

联系人：劳伦·沙尔万（Laurent Charvin）

参观规定：只接受预约访客

葡萄园

占地面积：56.8 英亩（其中教皇新堡产区内占 19.76 英亩）

葡萄品种：歌海娜，席拉，慕合怀特，瓦卡黑斯

平均树龄：教皇新堡产区（65 年）

种植密度：2,500~4,000 株 / 公顷

平均产量：教皇新堡产区（2,000~3,000 升 / 公顷）

酒的酿制

葡萄酒的酿造和陈化都是在水泥酒罐中进行，时间为 20 个月，装瓶时会稍微进行分离但不过滤，目的是保持葡萄酒清新的芳香和强烈的水果味。

年产量

热拉尔·沙尔万庄园教皇新堡红葡萄酒：30,000 瓶

平均售价（与年份有关）：20~55 美元

近期最佳年份

2003 年，2001 年，2000 年，1998 年，1995 年，1990 年（这是该庄园自产自酿的第一个年份）

劳伦·沙尔万是沙尔万庄园的第六代传人，该庄园坐落于教皇新堡的砂岩区（Grés），创立于 1851 年。在此后长达 139 年的时间里，该庄园出产的所有葡萄都只卖给代理人，从 1990 年才开始自产自酿。沙尔万成功地酿造出了多款奢华风格和权威风味的葡萄酒。庄园第一次自产自酿的 1990 年葡萄酒（我整整买了一箱），和其他的年份酒都是顶级葡萄酒。沙尔万也许是教皇新堡产区唯一一个在自己葡萄酒前面的标签上大胆地标出他的葡萄酒未经过滤的酿酒商，而且生产着教皇新堡产区中与稀雅丝葡萄酒风格最相近的葡萄酒。他的葡萄酒非常纯粹，带有黑覆盆子水果味，入口即显示出甘甜、深厚、浓缩及多层次的口感。顶级的勃艮第葡萄酒应该有着与此相似的质感和纯粹，但是这样的勃艮第葡萄酒却很少见。沙尔万葡萄酒虽然相当于教皇新堡产区的李奇伯格葡萄酒（Richebourg，是勃艮第产区的顶级葡萄酒），但因为尚未被消费大众所发现，所以价格比较合理。

沙尔万的葡萄园都坐落于慕夸尔（Maucoil）、勒东山（Mont Redon）和卡丁（La Gardine）地区极佳的地方，土地主要是以石灰石或粘土为基础而被岩石覆盖的土壤。沙尔万以前都是把大部分葡萄卖给几位出名的商人，但从 1990 年开始转而自产自酿，从此以后他总是酿制出越来越多的沙尔万珍品。

CHÂTEAUNEUF-DU-PAPE
热拉尔·沙尔万庄园教皇新堡红葡萄酒

2003 Châteauneuf-du-Pape
热拉尔·沙尔万庄园教皇新堡红葡萄酒 2003

评分：93~96 分

热拉尔·沙尔万庄园教皇新堡红葡萄酒 2003 可以说是劳伦·沙尔万的另一项巨大成就。酿酒所用葡萄品种的混合成分是 82% 的歌海娜、8% 的席拉、5% 的慕合怀特和 5% 的瓦卡黑斯，酒精度超过 14.5+%，有着梅子、覆盆子、樱桃和红醋栗混合的豪华芳香。这款酒通体呈暗石榴红色或暗宝石红色，酒体适中或略显强劲，具有柔软的单宁酸、宽阔的口感和余韵，以及多层次的水果。这是一款官能和精神上都很吸引人的教皇新堡葡萄酒，可以在它年轻的时候饮用，也可以窖藏 12 到 15 年以上。

2001 Châteauneuf-du-Pape
热拉尔·沙尔万庄园教皇新堡红葡萄酒 2001

评分：95 分

教皇新堡产区最具有勃艮第风格的葡萄酒之一就是沙尔万的教皇新堡葡萄酒，其风格与它的邻居稀雅丝酒庄的经典年份酒无异。酒色呈深宝石红色，散发出樱桃白兰地、梅子和无花果混合的华丽鼻嗅。它的口感宽阔、强劲，非常纯粹，质感柔软明显，悠长的余韵中带有覆盆子、樱桃、欧亚甘草和烘烤普罗旺斯香草混合的风味。这款沙尔万葡萄酒一直是对称、均衡和复杂的典范，堪称是教皇新堡产区最为复杂和优雅的一款红葡萄酒。最佳饮用期：现在开始到 2016 年。

2000 Châteauneuf-du-Pape
热拉尔·沙尔万庄园教皇新堡红葡萄酒 2000

评分：95 分

毫无疑问，这家庄园所引以为豪的就是他们的教皇新堡葡萄酒。这款葡萄酒是用混合品种酿制而成，混合比例是 82% 的歌海娜，剩下的 18% 是席拉、慕合怀特和少量的瓦卡黑斯。这款酒刚开始时是封闭的，但是倒入杯中后，在空气中暴露半个小时后就会爆发出来。酒色呈深宝石红色或暗紫色，伴有黑醋栗奶油、樱桃白兰地、欧亚甘草、胡椒和矮树丛混合的香甜鼻嗅。它质感诱人，余韵相当绵长（可以持续 45 秒以上），单宁酸柔软，酸度低而且强劲。虽然它没有 2001 年款单宁酸明显和轮廓清晰，但却给人老藤教皇新堡葡萄酒的华丽诱人的口感。这款酒可以陈年 12 到 15 年。选择了沙尔万葡萄酒，你就选择了细腻而且优雅的教皇新堡葡萄酒。

1999 Châteauneuf-du-Pape
热拉尔·沙尔万庄园教皇新堡红葡萄酒 1999

评分：92 分

这是一款出色的葡萄酒，自然酒精度为 14%，有着香辣强烈的鼻嗅，带有黑樱桃和黑莓口味，多汁、肥厚、强劲的口感，奶油般的质感，还有着超级的纯粹和悠长的余韵。它在接下来的 10 到 12 年都可以为你带来丰富的乐趣。

1998 Châteauneuf-du-Pape
热拉尔·沙尔万庄园教皇新堡红葡萄酒 1998

评分：96 分

不得不承认，这是一款奢华的、非常令人叹服的葡萄酒。酒色呈深宝石红色，带有黑覆盆子利口酒、樱桃白兰地、胡椒、香料盒和香膏混合的豪华香气。它深度深，浓缩度高，甘油含量丰富而且余韵悠长，高单宁酸含量的酒中含有大量的水果。它不仅可以现在饮用，还具有 20 年的陈年潜力。年轻的劳伦·沙尔万简直太棒了！

热拉尔·沙尔万庄园教皇新堡红葡萄酒 2000 酒标

1995 Châteauneuf-du-Pape
热拉尔·沙尔万庄园教皇新堡红葡萄酒 1995

评分：91 分

这款酒呈深紫色，散发着黑覆盆子、樱桃和淡淡的普罗旺斯香草混合的香甜鼻嗅。这是一款非常甘甜、芳香、强劲的葡萄酒，有着丰富的、香辣黑水果的多层次口感。一款经典的年份酒，总是有着单宁的酸涩感和较好的酸度。我建议在接下来的 5 到 8 年内饮用。

1994 Châteauneuf-du-Pape
热拉尔·沙尔万庄园教皇新堡红葡萄酒 1994

评分：91 分

这款酒散发出明显甘甜、芬芳的黑覆盆子和樱桃白兰地混合的鼻嗅，口感香甜、宽阔、耐嚼，果味明显，相对纯粹，体现了力量和优雅的完美结合，余韵柔顺、圆润和丰富，这是一款良好均衡的、对称的教皇新堡葡萄酒。最佳饮用期：现在开始到 2008 年。

1990 Châteauneuf-du-Pape
热拉尔·沙尔万庄园教皇新堡红葡萄酒 1990

评分：94 分

劳伦·沙尔万是我在教皇新堡产区工作时发现的一个让我为之骄傲的酿酒师。就像我在《葡萄酒倡导者》一书和其他书中所描述的那样，这些酒和稀雅丝葡萄酒的风格很相像，即非常纯粹、优雅、复杂，带有黑覆盆子与樱桃白兰地般的水果特性。这款酒虽然已经完全成熟，但仍可以贮存 4 到 6 年。它带着甜黑覆盆子和樱桃白兰地的水果口味，口感强劲、肥厚、鲜美多汁，而且非常对称和清新。这款酒实在太棒了！

JEAN-LOUIS CHAVE
让 - 路易斯·沙夫酒庄

酒品：

> 埃米塔日葡萄酒（Hermitage）
>
> 埃米塔日白葡萄酒
>
> 埃米塔日凯瑟琳特酿（Hermitage Cuvée Cathelin）

庄园主：热拉尔·沙夫和让 - 路易斯·沙夫（Gérard and Jean-Louis Chave）

地址：36,avenue du St.-Joseph,07300 Mauves, France

电话：(33) 04 75 08 24 63

传真：(33) 04 75 07 14 21

联系方式：欢迎来信垂询

参观规定：不对外开放

葡萄园

占地面积：37.5 英亩（其中红葡萄品种 24.7 英亩；白葡萄品种 12.35 英亩）

葡萄品种：红葡萄品种（席拉）；白葡萄品种（20% 瑚珊，80% 玛珊）

平均树龄：

> 红葡萄树：45 年
>
> 白葡萄树：60 年

种植密度：7000~10000 株 / 公顷

平均产量：3300 升 / 公顷

酒的酿制

在沙夫庄园中，不同风土栽培的葡萄被分别装在不同的不封口的小木酒桶或小不锈钢酒罐中酿制。白葡萄酒是在酒桶中酿制，这是由热拉尔的儿子让 - 路易斯在 20 世纪 90 年代中期发明的一种新技术。10 到 12 个月之后，他们会细心

热拉尔·沙夫

品尝各个酒罐和酒桶中的陈酿，然后把认为可以酿出传奇沙夫埃米塔日葡萄酒的混合在一起。葡萄酒都会和酒糟一起发酵，而红葡萄酒要在酒桶或小号卵形大木桶中发酵 14 个月以上，然后过滤装瓶。出自沙夫的有点激进想法的一款奢华陈酿第一次酿制是在 1990 年，而且只在最佳年份才会酿制。因此，著名的凯瑟琳特酿只有 1990 年、1991 年、1995 年、1998 年、2000 年和 2003 年这 6 个年份的酒。这款特酿只在不会降低这些经典特酿品质的年份才会酿制，而这对于热拉尔和让 - 路易斯来说是非常重要的。

年产量

> 埃米塔日白葡萄酒：15,000 瓶
>
> 埃米塔日红葡萄酒：30,000 瓶
>
> 埃米塔日凯瑟琳葡萄酒：25,000 瓶
>
> 平均售价（与年份有关）：35~300 美元

近期最佳年份

2003 年，2001 年，1999 年，1998 年，1997 年，1995 年，1991 年，1990 年，1988 年

让 - 路易斯·沙夫和他的父亲热拉尔·沙夫当然堪称世界上最优秀的酿酒师，他们家族已经有 600 年的埃米塔日葡萄酒酿制历史。因为他们有太多地方让我羡慕和钦佩，所以我在描述他们的时候可能会掺杂一些个人情感。热拉尔和他的儿子让 - 路易斯对于错误很大度，非常的和蔼，而且爆发出真诚的生活之乐，他们都是顶级的品酒师、上乘的厨师和杰出的讲述者。热拉尔学识渊博，涉猎广泛，从痛风的主要起因（他本人患有痛风）到种植在埃米塔日产区花岗岩土壤中的仙粉黛的生存能力他都有研究。热拉尔于 1935 年出生在莫沃村，这是一个很小很偏僻的村子，村中有一条从单·埃米塔日到图尔农（Tournon）正南方的河流横穿而过。因为村子很小，所以你一眨眼的时间就可以穿过，而且一定不会错过挂在一座建筑物墙上的、一个褐色和白色的、已经生锈和褪色的小金

属标志，上面写着"L.L. 沙夫——从 1481 年开始一直是葡萄种植者"，但这些字已经看不太清楚了。热拉尔有着忧伤的巴吉度猎犬般的大眼睛和尖尖的鼻子，给人亲切和温暖的感觉。尽管取得了非常大的成就，但他仍是一个相当谦虚的人。他对于酿酒的激情跟他已故的父亲一样坚定不移，不会耍任何技术上的花招，对于那些想要他们释放时已经成熟的葡萄酒的消费者也不会让步。

然而，热拉尔并不是一个思想狭隘，只盲目继承传统的人。去加州的几次旅游和热切的好奇心已经让他了解到酿酒中的奇迹和危险，还见识了酿酒时可以使用的离心机和德国微孔过滤器，用这些机器可以在短短的几分钟内澄清和稳定葡萄酒，这样酿酒者就不用再担心葡萄酒的不稳定性。但是，他不会采用这些方法，而把它们戏称为"现代酿酒技术的悲哀"。他的

酒窖都非常深和潮湿，而且布满蜘蛛网，超过 500 个年份的沙夫埃米塔日葡萄酒都在这些酒窖中自然地澄清和稳定，不使用任何化学药剂或者借助于任何机器，这样葡萄酒的所有自然风味都不会消失，热拉尔看不出任何改变的必要。相较而言，这种传统方法虽然更加麻烦而且风险更大，但是却能酿制出口味更好，而且更加巨大和深厚的葡萄酒。

只要能够证实可以酿制出更优质的葡萄酒，热拉尔并不反对进行实验研究。比如说，新橡木酒桶本是马赛尔·吉佳乐在酿制他的罗第丘葡萄酒时率先使用的，但后来在罗纳河谷的其他酒庄中都非常盛行，因此热拉尔开始反省。尽管他坚信埃米塔日产区葡萄的强烈的丰富性并不需要在新橡木桶中陈化，但他仍然在 1985 年买了一个新橡木酒桶来陈化他的一定量的埃米塔日红葡萄酒。尽管他非常钦佩马赛尔·吉佳乐，但

埃米塔日葡萄酒 1996 酒标

他还是认为这个新橡木桶带给他的埃米塔日葡萄酒的吐司和香子兰特性不仅改变了这款酒本身的特性，而且掩盖了它的身份，损害了它的品质。但是，这次实验却产生了一个有趣的结果。在他的儿子让 - 路易斯的鼓励下，热拉尔在全新的橡木桶中陈化了少量的埃米塔日红葡萄酒，其酿酒原料大部分都来自柏萨德葡萄园。让·路易斯是一个天才，他毕业于美国加州大学的戴维斯分校，并且获得了商务硕士学位。热拉尔同意 1990 年的时候进行实验，因为这个年份非常出色，所以他认为葡萄酒可以在不失去埃米塔日特性的情况下吸收新橡木特性。当他把其他埃米塔日红葡萄酒进行混合的时候，并没有用这种酒，而是把它装入一个沉重古老的、贴着红色标签的酒瓶中。这款酒就是后来的凯瑟琳特酿，以他当画家的朋友伯纳德·凯瑟琳（Bernard Cathelin）而命名。后来在 1991 年、1995 年、1998 年、2000 年和 2003 年这些年份也有酿制。有趣的是，热拉尔·沙夫对于这款奢华特酿的重要性情感仍然比较复杂，但是这款酒却得到所有有幸品尝过它的人的极力夸赞。

沙夫家族现在已经拥有埃米塔日山上 37 英亩的葡萄园。埃米塔日产区葡萄酒的年产量在 2,000 到 3,000 箱之间，年产量仅有 500 箱的圣 - 约瑟夫红葡萄酒就产自于沙夫在该产区拥有的 3.7 英亩葡萄园，不过近些年来山坡种植会增加它的产量。

沙夫的葡萄酒的成功并没有什么秘密可言，原因有二：一是葡萄树产量低，葡萄采收晚，所以水果在生理上完全成熟；二是葡萄酒的发酵过程中没有任何人工操作，之后不过滤直接装瓶，只稍微进行澄清。在沙夫的酒窖中，品酒一直都是有教育意义的经历，因为在这里你可以在它们混合之前分别品尝到产自各个葡萄园中的葡萄酒，而且这是唯一的地方。我已经品尝过无数次了，但他的三种白葡萄酒总是让人感到兴奋。一款是酿自他的单一品种葡萄园派力园（Péleat）——占地 3.37 英亩，园中种植着树龄在 50 到 85 年之间的老葡萄树；二是产自罗库勒园（Les Rocoules）——面积大于 9 英亩，园中种有 80 年树龄的老葡萄树；三是产自白楼园（La Maison Blanche）——一个栽植着树龄为 60 年的葡萄树的小葡萄园。沙夫在埃米塔日产区还拥有一个小葡萄园，里面种有非常古老的瑚珊，用它们能酿制出一款非常丰富、复杂和甘甜的葡萄酒，而且非常均衡和细腻。从传统技术方面来说，沙夫的埃米塔日白葡萄酒总会把不同的品种混合起来，但是 1994 年的却被分离开来。这是一款沙夫的埃米塔日白葡萄酒，用 85% 的玛珊和 15% 的瑚珊混合制成，苹果酸 - 乳酸发酵后放入卵形大木桶和酒桶中陈化 14 到 18 个月，这样酒中新橡木的风味明显增加（此举很大程度上是受让 - 路易斯的影响），它堪称是这个产区最好的一款埃米塔日白葡萄酒。尽管莎普蒂尔的罗赫葡萄酒、勒米特葡萄酒和美阿勒葡萄酒比它更加丰富和有力，但是由于产量太小，所以在市场上几乎找不到。沙夫的埃米塔日白葡萄酒在释放后的 4 到 5 年内口感很好，然后进入封闭状态，好像失去了水果特性，变得更加巨大和中性，直到 10 到 15 年后才会表现出烤榛子、奶油、蜂蜜和特别的淡淡的 fino（雪莉酒的一种，fino 是指酒在橡木桶的陈酿过程中产生的浮在酒上的白色霉花，这种神奇的霉菌可以让酒免于氧化）风格混合的特性。在最佳的年份酿制出的这款酒可以贮存 20 到 30 年。

沙夫用来酿制红葡萄酒的葡萄园包括罗库勒葡萄园（Les Rocoules）、柏萨德葡萄园（Les Bessards）、派力葡萄园（Péleat）、波姆（Les Baumes）葡萄园和美阿勒葡萄园（Le Méal）。其中罗库勒葡萄园是一个种着老葡萄树的小葡萄园；柏萨德葡萄园也是一个小葡萄园，面积为 5 公顷，里面种着树龄为 80 年的葡萄树，这些葡萄树在埃米塔日产区内其实算是相对年轻的；派力葡萄园中的葡萄树相当老；波姆葡萄园里也种着老葡萄树；而勒美阿勒葡萄园中葡萄树的树龄都为50年。分别从这些葡萄园酿制出的埃米塔日红葡萄酒在芳香、质感和口味方面都有细微区别，但是它们混合之后总是比任何一种单一葡萄园的葡萄酒都更加有趣。唯一的一个特例应该是柏萨德葡萄园，产自该园的部分葡萄酒在最佳的年份中酿成了凯瑟琳特酿。

跟多数顶级的酿酒师一样，沙夫从不会因为获得了名誉而沾沾自喜或者固步自封。因为他的酒窖不够大，不能储藏一整年酿制的所有葡萄酒，所以他担心不得不分几次装瓶。于是他在1990年时修建了一个漂亮的地下酒窖，这样就可以一次性装瓶，而且还有足够的空间来储藏所有的葡萄酒。事实上，自1983年以来，沙夫的埃米塔日葡萄酒都是一次性装瓶的。

至于他的红葡萄酒，也许沙夫最重要的决策是他选择的葡萄采收日期。除莎普蒂尔以外，他是最晚采收的一个。他常说他不需要酒类学家来告诉他什么时候适合采收葡萄，正如沙夫开玩笑地说："除非我家门前栗树上的栗子自己开始掉落，否则我不会想着去摘它们的。"他的目标是等葡萄达到最成熟和最丰富的状态，他声称这是酿制一份顶级红葡萄酒的重要条件。推迟采收日期总是有风险的，因为法国十月初的时候经常会不停地下大雨。沙夫把酿自不同葡萄园的各款单一葡萄园的葡萄酒单独放置一年后，再决定哪款酒最终进行混合。还要辛苦地进行各种混合实验，以验证哪些品种混合会成为最好的葡萄酒。这是一个漫长乏味的过程，但是正如我所指出的那样，混合后的最终产品总是比单一成分的要好，这充分证明了沙夫拥有极佳的品尝能力和混合能力。在最佳的年份，沙夫的埃米塔日红葡萄酒是一款不朽的葡萄酒。与嘉伯乐（Jaboulet）华丽丰裕风格的拉莎贝尔葡萄酒（La Chapelle）和莎普蒂尔超级浓缩的奢华陈酿相比，沙夫的埃米塔日红葡萄酒很久才会开始显示生命力，但是瓶装7到10年后却总是令人印象十分深刻。它在10年、15年或20年后会不会达到最佳状态呢？让我们拭目以待吧！在法国，沙夫的最佳年份酒非常出色，几乎没有几个酿酒师可以酿出能与之匹敌的葡萄酒，比如1978年、1983年、1985年、1988年、1989年、1990年、1991年、1995年、1996年、1998年、1999年、

2001年和2003年的年份酒。

在1978年之前，沙夫的葡萄酒并没有如此的连续和一致。因为他在1970年从他父亲那里接管酒庄，接着埃米塔日产区就遭遇了1972年、1973年、1974年和1975年几个相当困难的年份，这几年连续阴雨绵绵。虽然1976年的葡萄酒也没有成功，但是考虑到夏季时相当干旱而九月份又连续大雨，它也算得上是一个棘手的年份。

在沙夫的带领下，一款传统的埃米塔日葡萄酒——麦秆葡萄酒（vin de paille）的酿制再次盛行。这种酒的酿制工序是把整串的葡萄（大部分是11月份采收的）放在草垫上风干两个月以上，直到它们变成葡萄干，然后再进行发酵。这样不仅压榨的葡萄汁数量极少，而且葡萄酒相当浓缩、强烈和甜蜜，并具有半个多世纪的陈年能力。当我品尝沙夫的1974年款麦秆葡萄酒后，完全被它奇特的果香所震惊了，果香中夹杂着无花果、杏仁、烘烤坚果和蜂蜜混合的风味。遗憾的是这款酒从未在市场上出售过。在1986年和1989年，沙夫又有目的地着手酿制了微量的麦秆葡萄酒，这两款年份酒也都非常出色。

这个家族经营的庄园越来越强大，这支父子兵也推动了很多酿酒方式的应用。凡是能够成功提高葡萄酒质量的方式都被他们尝试过了，并且带动了很多其他酿酒商。另外，让·路易斯·沙夫也负责几款批发销售的葡萄酒。

HERMITAGE
埃米塔日葡萄酒

2003 Hermitage
埃米塔日葡萄酒 2003

评分：98~100 分

这样一个绝佳的年份，沙夫肯定会酿制出一款凯瑟琳特酿。我已经参观沙夫酒庄26年了，而这款埃米塔日葡萄酒是这些年以来我所尝过的最撩人、最出色的一款年份酒。每一款混合前的葡萄酒中的天然酒精度都在16%到17%之间，平均产量为1,000~1,500升/公顷，陈年潜力非常惊人。这款酒喝起来比我在这家酒庄品尝过的所有酒都更像干型年份波特酒（dry vintage port，是质量最上乘的波特酒），浓缩度惊人而且相当清新。产自美阿勒葡萄园和柏萨德葡萄园的两款葡萄酒更是迷人，是我尝过的最浓缩、最强烈的埃米塔日葡

萄酒，非常的丰富和有力，酒精度为16%。当然，这些酒的产量、成熟度和丰富特性也都是前所未有的，因此这款酒很可能是沙夫家族生产的葡萄酒中可以载入史册的一款，它惊人的丰富、长寿而且异常强烈。但是让人难以置信的是，凯瑟琳特酿在从这款陈酿中挑出时品质实际上可能更好。但是它们明显会有所不同，因为这款酒受到了小橡木桶或新橡木桶的影响，而且有一部分是来自柏萨德葡萄园中。最佳饮用期：2010~2045年。

2002 Hermitage
埃米塔日葡萄酒 2002　评分：93 分

　　除了莎普蒂尔的一些奢华陈酿之外，这款葡萄酒是目前为止北部最佳年份酒的最主要候选酒之一。超过一半的收成都被消除了，结果就是这款酒带有明显的欧亚甘草和黑醋栗混合的风味，酒色呈深宝石红色或暗紫色。以沙夫的标准来看，它十分向前，但是最好在接下来的十年内饮用。这款酒的泥土烟熏味中弥漫着集中的黑加仑般令人陶醉的口味。最佳饮用期：现在开始到 2016 年。

2001 Hermitage
埃米塔日葡萄酒 2001　评分：93+ 分

　　这款葡萄酒由不同成分混合而成，且表现出了出色的葡萄酒应该有的特性，比如勃艮第葡萄酒的细腻。来自波姆园（Beaumes）和派利尔园（Pelia）的成分表现出优雅的特性，来自美阿勒园、勒米特园和柏萨德园的成分则表现出厚重和深厚的特性。这款酒以后可能会呈深宝石红色或暗紫色，并且带有大量的甜黑醋栗水果风味，酒体适中，单宁酸含量很高，而且极其纯粹和对称。这款酒的风格也更像 1996 年的年份酒，而不是 2000 年或者 1999 年的年份酒。最佳饮用期：2008~2028 年。

2000 Hermitage
埃米塔日葡萄酒 2000　评分：96 分

　　除了米歇尔·莎普蒂尔的单一葡萄园葡萄酒之外，沙夫的 2000 年埃米塔日葡萄酒也是这个产区最佳年份酒的候选酒。酒色呈深宝石红色或暗紫色，伴有欧亚甘草、黑莓、红醋栗、香料盒和泥土混合的豪华芳香。这款酒深厚、强劲、丰富，单宁酸含量偏高，考虑到它的结构感和厚重（大多数北罗纳河谷 2000 年年份酒都缺少的两个特性），它可以算作是这个年份的反面典型。这款酒堪称是这个艰难年份的出色成就！最佳饮用期：2007~2035 年。

1999 Hermitage
埃米塔日红葡萄酒 1999　评分：96 分

　　这款模糊的深紫色葡萄酒在我 2002 年到访时只装瓶了 24 个小时，这是一款出色的葡萄酒。它表现出极佳的质感、纯粹和甘甜，余韵悠长，可以持续一分钟左右。单宁酸含量高，非常丰富，精粹物集中，带有可辨的埃米塔日水果即黑莓和黑醋栗的特性，内含矿物质和香料风味。这是沙夫

自 1990 年以来酿制的最优质的一款年份酒。最佳饮用期：2009~2027 年。

1998 Hermitage
埃米塔日红葡萄酒 1998　评分：93 分

　　这款红葡萄酒是单宁酸的、向后的和巨大的，酒色呈深宝石红色或暗紫色，酒中单宁酸含量高，精粹物明显，而且绵长有力。最佳饮用期：2007~2030 年。

1997 Hermitage
埃米塔日红葡萄酒 1997　评分：94 分

　　这款红葡萄酒因为有着水果向前的亲和友好风格而显得不同寻常。酒色呈深宝石红色或暗紫色，它强烈的、发展的豪华陈酿香散发出黑醋栗、矿物质、香草、矮灌丛和欧亚甘草混合的风味。这款多层次的葡萄酒强劲、丰裕，有着奶油般的质感，低酸度，而且相当成熟。它可以现在饮用，也有着两到三年窖藏陈年的潜力，可以贮存 20 到 25 年。

1996 Hermitage
埃米塔日红葡萄酒 1996　评分：91 分

　　这款红葡萄酒有着这个年份的强烈酸性，酒色呈深宝石红色或暗紫色，略显强烈的年轻芳香中带有大量烟草、黑醋栗、茴香和矿物质混合的香气。这款酒表现出美好的均衡、出色的纯粹度和酒体适中、丰富、优雅的个性。最佳饮用期：2009~2030 年。

1995 Hermitage
埃米塔日葡萄酒 1995

评分：95 分

　　这款华丽的葡萄酒是 1995 年经典的罗纳河谷葡萄酒之一。当我品尝的时候，这款酒刚刚装瓶，还没有表露出任何疲劳的痕迹。颜色为深紫色，带有紫罗兰和黑加仑的气味，以及焦油、巧克力糖、矿物质和泥土混合的可辨芳香。它可以被称为埃米塔日产区的木西尼（Musigny）葡萄酒。这款酒酒体适中或略显强劲（不如 1990 年和 1989 年两款年份酒厚重），带有良好隐藏的酸性，余韵中的单宁酸有力而甘甜。不要期望这款酒可以拥有 1990 年和 1989 年两款的力量，因为它的制作更像 1991 年的年份酒，但是它更加芬芳。最佳饮用期：2006~ 2030 年。

1994 Hermitage
埃米塔日红葡萄酒 1994

评分：93 分

　　这款红葡萄酒近乎上乘，从根本上来说，它尝起来像它更加丰富的姐妹款 1985 年年份酒。一年后再品尝，它变得惊人的丰富，而且已具备 1985 年款的柔软、优雅和早熟的特性。酒色呈深宝石红色或暗紫色，带有烟草、黑醋栗和矿物质混合的强烈鼻嗅，强劲，非常厚重，入口柔软且有吸引力，余韵悠长并且让人印象深刻。

1990 Hermitage
埃米塔日葡萄酒 1990

评分：99 分

1990 年是自 1978 年也可能是 1961 年以来，埃米塔日产区最佳的年份。我从 1978 年开始一直品尝沙夫的埃米塔日葡萄酒，这款黑色的葡萄酒无疑是他所酿制的最厚重和最浓缩的葡萄酒。也许它和辉煌的 1989 年年份酒的区别就在于，它的鼻嗅中带有更明显的烘烤特性，而且单宁酸更集中。除此之外，它们都是难以置信的、有纪念意义的埃米塔日红葡萄酒。这款酒散发出焦油、烘烤黑醋栗水果和山胡桃木混合的巨大芳香，而且浓缩度惊人。在它年轻的时候饮用可能没有什么乐趣。最佳饮用期：现在开始到 2040 年。

1989 Hermitage
埃米塔日葡萄酒 1989

评分：95 分

埃米塔日葡萄酒 1989 年的年份酒终于开始散发出光芒。这是一款令人叹服的单宁酸的葡萄酒，颜色为宝石红色、黑色或紫色，带有果酱黑醋栗、矿物质和香料混合的非常芬芳的鼻嗅，有着明显强劲、丰富和集中的风格。这是一款非常丰富、向后的埃米塔日葡萄酒，并没有 1990 年款的烘烤特性、十足的厚重感或者单宁酸的特性。但是，这款相当浓缩的埃米塔日葡萄酒有着 20 到 30 年的陈年能力。最佳饮用期：现在开始到 2030 年。

1988 Hermitage
埃米塔日葡萄酒 1988

评分：93 分

这款暗宝石红色或暗紫色的葡萄酒散发出黑醋栗、矿物质和焦油混合的紧致鼻嗅。它强劲、非常集中，而且表现出比 1989 年和 1990 年的两款年份酒更具单宁的特性。它虽然显得更有结构感，但远没有达到两个姐妹款的重量和惊人的丰裕。不过，这仍是一款上乘的埃米塔日葡萄酒。最佳饮用期：现在开始到 2020 年。

1985 Hermitage
埃米塔日红葡萄酒 1985

评分：91 分

沙夫酿造出了这个年份最优质的埃米塔日红葡萄酒。但是对于沙夫来说，1985 年并不是一个他想要记住的年份。强忍住眼泪，他伤心地说，他亲爱的母亲和忠实的伙伴——他的爱犬都在这一年永远地离开了他。沙夫是一个多愁善感的人，他很可能向他们家族窖藏的这个世纪所有的年份酒集合中加入了一点这个年份酒。这款酒并没有这个年份其他所有红葡萄酒的过于柔软的风格。酒色呈深宝石红色，边缘颜色更亮。这款葡萄酒丰富、强劲，有着天鹅绒般的质感，散发出熏肉、黑醋栗和普罗旺斯橄榄混合的强烈香气。它才开始进入最佳状态。最佳饮用期：现在开始到 2012 年。

1983 Hermitage
埃米塔日葡萄酒 1983

评分：93 分

沙夫很是喜欢这款 1983 年的埃米塔日葡萄酒，我也是，但是这款酒里含有的单宁酸却非常让人烦恼。在我看来，沙夫的这款年份酒虽然现在还比较朴素没有魅力，但是它却有着化身上乘葡萄酒的潜力。酒色呈暗宝石红色，边缘略带琥珀色，它有着深度浓缩的成熟的烟熏浆果和亚洲香料混合的味道。这款酒强劲，而且相当深厚和绵长，单宁酸含量也出奇的高。最佳饮用期：现在开始到 2025 年。

1982 Hermitage
埃米塔日葡萄酒 1982

评分：93 分

跟沙夫的大部分葡萄酒一样，这款酒在有点扩散和向后之后，在瓶中会变得更加深厚和丰富。这款完全成熟的葡萄酒口感丰富、柔软，并且有大量的水果味，以及浆果、孜然、焦油、鞍皮革混合的明显的芳香和口味。这是令沙夫感觉最可口的埃米塔日葡萄酒中的一款。最佳饮用期：现在开始到 2008 年。

1978 Hermitage
埃米塔日葡萄酒 1978

评分：96 分

这款酒一直都是沙夫的单一最佳年份酒之一，很可能与最近几个年份的年份酒齐平，比如 1989 年、1991 年、1994 年和 1995 年的，也可能被 1990 年的年份酒超越。快速了解优质葡萄酒就是要记住它们的芳香、口味、质感以及长度。这款酒现在仍很年轻，颜色为暗宝石红色或暗石榴红色，散发出烟熏、焦油、黑醋栗、香草和碎肉混合的芳香，体积巨大，有尖刻的单宁酸口感。上次品尝这款酒是在 1995 年，那时的它还非常稚嫩。到现在已经窖藏了将近 20 年的时间。最佳饮用期：现在开始到 2025 年。

HERMITAGE BLANC
埃米塔日白葡萄酒

2003 Hermitage Blanc
埃米塔日白葡萄酒 2003

评分：94~98 分

这是我在沙夫酒庄所尝过的最优质的一款埃米塔日白葡萄酒，甚至连热拉尔和让·路易斯都告诉我，事实上他们将不得不再重新思考沙夫家族数世纪以来所学到的关于酿酒的一切知识。这款酒有三种主要成分——派力园葡萄酒、罗库勒园葡萄酒和勒米特园葡萄酒的混合，产自平均产量为 1000~1500 升／公顷的葡萄园，天然酒精度最少为 16%，非常丰富，且有时候带有某些阿尔萨斯雷司令葡萄酒才会有的枪火石和汽油的味道，有着奶油般的油滑质感，而且相当清新和活泼。沙夫父子说，一款完美的葡萄酒其实在成分分析时是体现不出酸度的，而饮用起来酸度却很好。对此唯一的解释是风土，非常古老的葡萄树和微少的葡萄产量，因为这样一款酒的精粹度特别高。天知道这样的酒将会如何陈化，但是沙夫认为它很可能接近他的祖先在 1929 年酿制的优质年份酒，一款非常丰富、酒精度高但事实上却没有酸度的葡萄酒。这款酒喝起来非常让人陶醉。最佳饮用期：现在开始到 2025 年。

2001 Hermitage Blanc
埃米塔日白葡萄酒 2001

评分：93 分

我品尝过这款白葡萄酒的组合部分，带有洋槐花、金银花和柑橘混合的芳香，酒体适中或略显强劲，有着大量甘油、酒精以及令人陶醉的水果风味。这款酒优雅而且清新，明显地比 2000 年款的更加向后。最佳饮用期：现在开始到 2017 年。

2000 Hermitage Blanc
埃米塔日白葡萄酒 2000

评分：95 分

这款酒的产量为 1000 箱，是用 80% 的玛珊和 20% 的瑚珊混合制成的，爆发出金银花、白花、桃子、柑橘和矿物质混合的美妙香气，表现出油滑质感，含有大量的甘油，非常的丰富和深厚。这款埃米塔日白葡萄酒现在非常年轻，而且极其丰富和立体，适合现在饮用。但是可以肯定的是，它在装瓶后的几年中会进入封闭状态，大约持续 5 到 10 年，之后可以贮存 15 到 20 年。

1999 Hermitage Blanc
埃米塔日白葡萄酒 1999

评分：94 分

这是一款上乘的葡萄酒，产量为 1000 箱，也是用 80% 的玛珊和 20% 的瑚珊混合制成的，这些葡萄都采收自罗库勒园、白楼园、勒米特园和派力园。这款酒呈油滑质感，酸度低，散发出浓缩的金银花、柑橘、液态矿物质和洋槐花混合的宜人香味，悠长的余韵可以持续 45 秒。这款酒年轻时非常华丽，但也可有着 20 多年的陈年能力。

1998 Hermitage Blanc
埃米塔日白葡萄酒 1998

评分：92 分

再次品尝这款酒让我更加肯定它的出色。这是一款优雅的、花香的、有结构的埃米塔日白葡萄酒。这款酒惊人的浓缩，但是没有 1999 年和 2000 年的迷人和早熟。如果后两者倾向于艳丽的风格，那么这一款应该就是更加健壮、长寿和向后的葡萄酒，它需要我们耐心静候。最佳饮用期：现在开始到 2015 年。

1997 Hermitage Blanc
埃米塔日白葡萄酒 1997

评分：94 分

这款酒是我最喜欢可以现在饮用的埃米塔日白葡萄酒之一，跟 2000 年款有很多相似之处。它是一款具有陈年能力的白葡萄酒，强劲而且质感油滑。然而毫无疑问，它也有着亲和友好和向前的风格，以及蜜甜的特性。

1996 Hermitage Blanc
埃米塔日白葡萄酒 1996

评分：93 分

这款瓶装的 1996 年葡萄酒非常动人。这款上乘的埃米塔日白葡萄酒非常有力、醉人、深厚、耐人回味，带有烤坚果、fino 雪梨酒（fino 是雪莉酒的一种，指酒在橡木桶的陈酿过程中产生的浮在酒上的白色霉花，这种神奇的霉菌可以让酒免于氧化）、浓烈蜜甜的柑橘果汁、淡淡的桃子和玫瑰混合的风味。它有力而且有结构，应该相当长寿。最佳饮用期：现在开始到 2025 年。

1995 Hermitage Blanc
埃米塔日白葡萄酒 1995

评分：94 分

这款白葡萄酒现在的表现跟我 1997 年到访时正在等待装瓶的时候很像。酒中的酸度虽然低但是相当丰富，带有明显的花香、金银花和桃子的特性。它惊人的强烈并有着油滑质感，这可能是沙夫所酿制的最优质的一款埃米塔日白葡萄酒。它现在非常有力而且表现力也很好。考虑到它的均衡和稠密，这款酒应该可以贮存 20 多年。沙夫说与 1996 年的 3000 升 / 公顷（只是最优秀的勃艮第白葡萄酒酿酒商的霞多丽品种平均产量的一半）的平均产量相比，1995 年的 2000 升 / 公顷的平均产量算是相当微小了。

沙夫的白葡萄酒过去总是会进行完全的苹果酸 - 乳酸发酵，只是现在会进行 bâtonnage（法语词，指搅拌酒糟），和更多的酒桶发酵，使用更大比例的新橡木桶。我一直以来都钟爱沙夫的埃米塔日白葡萄酒，从 1978 年款开始每一款年份酒我都会买。然而我不得不说，如果 1994 年的年份酒标志着达到了一个新的质量水平，那么接下来的 1995 年和 1996 年酿制的两款年份酒都是埃米塔日白葡萄酒的拳头产品，它们都有着上乘的勃艮第白葡萄酒所有的质感，而且相当强烈和丰富。美国人一直都不喜欢埃米塔日产区的白葡萄酒，但是这款酒的陈年能力和红葡萄酒一样好。而且，如果你不在酿制后的前两到三年饮用的话，那么最好再等 20 年，当然这是一个漫长、固执、无言的过程。

1994 Hermitage Blanc
埃米塔日白葡萄酒 1994

评分：94 分

这是我所尝过的沙夫所酿制的最诱人、芬芳和多层次的白葡萄酒。这款酒非常深厚、丰富和均衡，而且质感油滑，散发出蜜甜白花和矿物质混合的绝佳鼻嗅。最佳饮用期：现在开始到 2015 年。

1991 Hermitage Blanc
埃米塔日白葡萄酒 1991

评分：90 分

这款肥厚、丰富的白葡萄酒散发出洋槐花和蜜甜水果混合的果汁般的强烈鼻嗅，酒体适中或略显强劲，口感厚重。虽然它不像 1990 年和 1989 年两款年份酒那么口感宽阔和有力，但它仍是一款可口、精致、出色的埃米塔日白葡萄酒。最佳饮用期：现在。

1990 Hermitage Blanc
埃米塔日白葡萄酒 1990

评分：92 分

这款厚重、丰富、有力的葡萄酒散发出花香、蜜糖、杏仁、无花果和烘烤坚果混合的鼻嗅。它相当巨大和肥厚，而且水果含量丰富。这款强劲、丰富的葡萄酒现在可以饮用，并有着几十年的窖藏能力。我上次品尝的时候它还没有进入封闭状态。最佳饮用期：现在开始到 2015 年。

1989 Hermitage Blanc
埃米塔日白葡萄酒 1989

评分：92 分

这款白葡萄酒酸度低、宽阔、沉重，而且巨大、耐嚼，它蜜甜和有点油滑的特性比 1988 年款的更加明显。它也带有惊人的、花香似的美妙果香，惊人的浓缩，超级成熟并且酸度低。沙夫认为后面的特征一直是优质的埃米塔日年份酒的特性。最佳饮用期：现在开始到 2015 年。

HERMITAGE CUVEE CATHELIN
埃米塔日凯瑟琳特酿

2000 Hermitage Cuvée Cathelin
埃米塔日凯瑟琳特酿 2000

评分：91+ 分

这款凯瑟琳特酿非常有限和封闭。实际上我现在更喜欢经典陈酿，但是这款葡萄酒非常集中，它好像只是单宁酸含量很高，很向后，需要 7 到 10 年的良好窖藏。如果保持良好通风的话，它应该可以变得非常圆润。但在我唯一能够品尝到它的瓶装酒的那天，它非常的封闭而潜力却很大。最佳饮用期：2011~2030+。

1998 Hermitage Cuvée Cathelin
埃米塔日凯瑟琳特酿 1998

评分：98 分

这款暗紫色或黑色的葡萄酒产量为 200 箱。这款酒散发

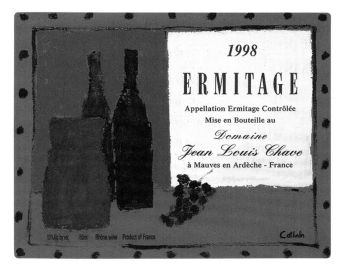

埃米塔日凯瑟琳特酿 1998 酒标

出烟熏欧亚甘草、黑莓、黑醋栗、新鞍皮革和香子兰混合的巨大鼻嗅，它的味道像席拉利口酒，非常强劲和浓缩，单宁酸含量很高，精粹度和稠密度也相当惊人。这款年轻的无缝沙夫埃米塔日葡萄酒中单宁酸是甘甜的。最佳饮用期：2010-2040 年。

1995 Hermitage Cuvée Cathelin
埃米塔日凯瑟琳特酿 1995

评分：95+ 分

这款结构非常牢固的、完全封闭的葡萄酒呈深宝石红色或深紫色，散发出黑醋栗、欧亚甘草和巧克力糖混合的相当有前景的鼻嗅。酒体适中或略显强劲，带有新橡木的口味，高度浓缩，单宁酸含量偏高。对于这款酒，我们需要耐心地等待它陈年。最佳饮用期：2012~2025 年。

1991 Hermitage Cuvée Cathelin
埃米塔日凯瑟琳特酿 1991

评分：98 分

沙夫在 1991 年酿制了 2500 瓶埃米塔日凯瑟琳特酿，它显然比经典特酿更加丰富和深远。酒色呈暗紫色，有着黑醋栗、香子兰、烟草和花朵混合的巨大鼻嗅。这是一款令人叹服的埃米塔日装瓶葡萄酒，它口感强劲、深厚、有力、高度浓缩并且丰富。最佳饮用期：现在开始到 2025 年。

1990 Hermitage Cuvée Cathelin
埃米塔日凯瑟琳特酿 1990

评分：100 分

这款凯瑟琳特酿比经典陈酿受到的新橡木影响更大，是一款奇妙的葡萄酒。明显地，新橡木要次于上乘原材料。这款酒表现出惊人的浓缩度、丰富性、强度、长度和余韵，它并不比经典陈酿好，只是与之不同。这款凯瑟琳特酿有着更明显的新橡木特性，非常精粹，潜力也很惊人。这款酒应该放置 10 到 15 年后再饮用，它有着 30 到 50 年的贮存潜力。

CLOS DU MONT-OLIVET
蒙特 - 奥里维庄园

酒品：

蒙特 - 奥里维庄园教皇新堡葡萄酒（Châteauneuf-du-Pape）

教皇新堡帕佩特酿（Châteauneuf-du-Pape La Cuvée du Papet）

等级：教皇新堡法定产区酒或者罗纳河谷罗第丘法定产区酒（SCEA 蒙特 - 奥里维庄园）

庄园主：萨邦（Sabon）家族

地址：15,avenue St.- Joseph,84230 Châteauneuf-du-Pape, France

电话：(33) 04 90 83 72 46

传真：(33) 04 90 83 51 75

邮箱：clos.montolivet@wanadoo.fr

参观规定：酒厂门票出售点：教皇新堡城市森林路（邮编84230）；对外开放时间：周一至周四 8:00-12:00am，周五 8:00-12:00am 和 2:00-5:00pm。周六参观或拜访庄园主必须提前预约。

葡萄园

占地面积：教皇新堡 62 英亩

葡萄品种：

教皇新堡：红葡萄品种（歌海娜、席拉、慕合怀特、神索和其他）；

白葡萄品种（克莱雷特、布兰布尔、瑚珊和白歌海娜）

平均树龄：红葡萄品种 60+ 年；白葡萄品种 50 年；帕佩特酿品 60~80 年

种植密度：3,200~3,500 株 / 公顷

平均产量：教皇新堡 3,200 升 / 公顷

酒的酿制

蒙特 - 奥里维庄园的红葡萄酒的酿制方法非常传统。席拉、慕合怀特和一些年轻的歌海娜先被去梗，然后进行发酵，发酵时温度控制在 30℃ 左右，还会进行非常重要的循环旋转（pumping-over，是指葡萄酒在初次酒精发酵过程中多次、反复循环）。在苹果酸 - 乳酸发酵之后，把酒放入水泥酒桶中陈化几个月，然后混合倒入中性的木制酒桶中，至少在里面陈化 10 个月。

年产量

蒙特 - 奥里维红葡萄酒：70,000 瓶

帕佩特酿：10,000 瓶

平均售价（与年份有关）：50~125 美元

近期最佳年份

2003 年，2000 年，1998 年，1995 年，1990 年，1989 年，1988 年，1985 年

蒙特 - 奥里维庄园的创始者是塞拉芬·萨邦（Seraphin Sabon），他是因为与教皇新堡村的一个女孩结婚而来到教皇新堡的。从 1932 年开始在他岳父的葡萄园中工作并且酿制蒙特 - 奥里维葡萄酒。后来他的儿子约瑟夫（Joseph）接管了庄园，约瑟夫于 2002 年 7 月 4 日逝世。现在庄园由约瑟夫的三个儿子让 - 克劳德（Jean-Claude）、皮埃尔（Pierre）和伯纳德（Bernard）共同管理。

蒙特 - 奥里维庄园是教皇新堡产区最好的酒庄之一。庄园生产着相当丰富和传统的教皇新堡葡萄酒，酿酒原料采收自占地 62 英亩的葡萄园中的老葡萄树上，其平均树龄为 60 年。另外 19 英亩的罗纳河谷葡萄园（距离 Bollène 市很近）由萨邦的兄弟耕种。至于红葡萄酒，我觉得萨邦的唯一不足之处在于他们实行"按订购量瓶装（bottling upon ordering）"，意思就是相同的年份酒在橡木卵形大酒桶中陈化的时间长短取决于实际的需求水平。1978 年的年份酒竟然花了八年的时间才全部瓶装完！别人误以为我不理解小庄园没有足够的资金来购买瓶塞、标签、酒瓶以进行一次性装瓶，也没有足够的空间进行一次性装瓶，教皇新堡认识到这个问题后才能解决。考虑到这个产区的精制葡萄酒的潜力，法国政府和酿酒商们没能倡导足够的资源来解决这个问题，实在是太遗憾了。我仍然认为，如果消费者们买的是早期的瓶装酒，萨邦在像 1957 年、1967 年、1970 年、1971 年、1976 年、1978 年、1979 年、1985 年、1988 年、1989 年、1990 年、1995 年、

1998 年、2000 年和 2003 年这样的最佳年份中，会酿造出很多真正卓越的葡萄酒。这个庄园的葡萄酒在优质年份可以很好地保持 10 到 15 年以上，在像 1978 年、1989 年、1990 年、1998 年、2000 年和 2003 年这样的最佳年份甚至可以保持更长时间。

萨邦家族中有四代人都是葡萄酒酿造者。蒙特·奥里维这个名字与一个公证员有关，他在 1547 年的时候拥有一个相同名字的葡萄园。萨邦家族的葡萄园里的土壤都是以黏土或石灰岩为基础，上面覆盖了一层岩石。优质的葡萄园都位于北方、东部区域和南部区域靠近名叫加力玛德（Gallimardes）的地方。蒙特·奥里维的庄园是一个占地将近 20 英亩的非常特别的葡萄园，整个葡萄园位于索力度庄园（Domaine La Solitude）正北方的高原上。从这个葡萄园中的老藤葡萄树上，萨邦家族酿造出了他们出名的帕佩特酿（这款特酿以他们的祖父塞拉芬命名）。它只有在 1989 年、1990 年、1998 年、2000 年和 2003 年这 5 个最佳年份酿制，正如接下来的品酒笔记所热情地证明的那样，这是一种精致的葡萄酒。帕佩特酿的总产量大约只有 600 箱。

CLOS DU MONT-OLIVET
蒙特－奥里维庄园教皇新堡葡萄酒

2003 Clos du Mont-Olivet
蒙特-奥里维庄园教皇新堡葡萄酒 2003

评分：92~95 分

这款多肉、性感、强劲的葡萄酒充满了松香、落地胡椒、矮灌丛、香脂木和酸甜樱桃混合的非常经典的普罗旺斯鼻嗅，而且酸度低，甘油和酒精含量高，有着多汁的、向前的个性。比较适合在 12 到 15 年内饮用。

2000 Clos du Mont-Olivet
蒙特-奥里维庄园教皇新堡葡萄酒 2000

评分：90 分

令人惊奇的是，这款酒竟然比 2001 年款的更加稳定，而且散发出咸海风、碘酒、矮灌丛、胡椒和樱桃白兰地混合的鼻嗅。这款传统的教皇新堡葡萄酒酒体适中或略显强劲，非常稠密和成熟，且单宁酸含量适中。最好从现在开始到 2015 年间享用。

1995 Clos du Mont-Olivet
蒙特-奥里维庄园教皇新堡葡萄酒 1995

评分：90 分

这款性感成熟的葡萄酒散发出利口酒、黑覆盆子和胡椒混合的芳香，甘油和单宁酸含量适中，酒色呈深宝石红色，略带紫色。它既不厚重、巨大，也没有某些蒙特·奥里维年份酒所具有的纯朴单宁的个性，但它非常多汁、强劲、向前、圆润和集中。这款可口的教皇新堡葡萄酒非常适合从现在开始到 2016 年间饮用。

1994 Clos du Mont-Olivet
蒙特-奥里维庄园教皇新堡葡萄酒 1994

评分：91 分

这款酒是这些年份酒中一款比较优质的葡萄酒。酒色呈深宝石红色或暗紫色，表现出黑橄榄、咸海风、矮灌丛和大量黑樱桃、黑梅子水果混合的经典的教皇新堡陈酿香。它相当强劲，高度精粹，甘油含量高，入口时非常厚重顺滑，十分耐嚼，这是一款多层次的、浓缩的、相当绵长的教皇新堡葡萄酒。最佳饮用期：现在开始到 2007 年。

1990 Clos du Mont-Olivet
蒙特-奥里维庄园教皇新堡葡萄酒 1990

评分：90 分

1990 年年份酒是一款非常集中、魁梧、强健和强劲的葡萄酒。酒色呈深宝石红色或暗紫色，带有明显的普罗旺斯香草和黑醋栗水果混合的旋转的香辣鼻嗅。这款巨大强劲的葡萄酒才开始摆脱单宁的酸涩感。最佳饮用期：现在开始到 2010 年。

1989 Clos du Mont-Olivet
蒙特 - 奥里维庄园教皇新堡葡萄酒 1989

评分：90 分

喜欢蒙特·奥里维庄园教皇新堡葡萄酒的人将会从对比蒙特·奥里维庄园的 1989 和 1990 两款年份酒中得到无限乐趣。这款酒已经进入封闭状态，但它仍是一款工艺精良、强烈、强劲的葡萄酒，散发出普罗旺斯矮灌丛、烟草、黑樱桃果酱和粉末状单宁酸的混合特性的风味。这款酒强劲、高度精粹，而且相当纯粹、丰富和绵长。与 1990 年款相比，它的轮廓可能更加清晰，但是果酱特性不明显，当然，这样有点过于吹毛求疵了。最佳饮用期：现在开始到 2012 年。

1988 Clos du Mont-Olivet
蒙特 - 奥里维庄园教皇新堡葡萄酒 1988

评分：90 分

这款酒有着亚洲香料、黑樱桃、雪松、巧克力和咖啡混合的绝佳陈酿香。它相当强劲，可能与 1989 和 1990 两款年份酒一样浓缩。这款酒有着强烈、丰富和相当纯粹的水果特性，而且非常均衡，让人印象深刻。最佳饮用期：现在开始到 2008 年。

CHÂTEAUNEUF-DU-PAPE LA CUVÉE DU PAPET
教皇新堡帕佩特酿

2003 Châteauneuf-du-Pape La Cuvée du Papet
教皇新堡帕佩特酿 2003

评分：92~95 分

这是自 1998 年以来最优质的一款帕佩特酿，颜色为深宝石红色或深紫红色，表现出有力的樱桃白兰地的风味。这是一款甘甜、强劲的葡萄酒，宽阔的口味中表现出大量水果、劲力十足的高度酒精、甘油、矮灌丛、香料盒、胡椒和泥土混合的风味。它是一款相当成熟的葡萄酒，余韵中带有明显坚实的单宁酸口感。最佳饮用期：2007~2020 年。

2000 Châteauneuf-du-Pape La Cuvée du Papet
教皇新堡帕佩特酿 2000

评分：92 分

这款葡萄酒呈深紫红色或深紫色，爆发出香脂木、干香草、黑莓、红醋栗、梅子和无花果混合的甘甜陈酿香。这款强劲、有力且具有单宁酸特性的教皇新堡葡萄酒并不能马上取悦饮酒者，因为它仍需要 3 到 5 年时间的窖藏。我不认为它会像 1998 或 1990 两款年份酒那样深远，但它的确是一款最优质的葡萄酒，需要 20 年的陈年时间。最佳饮用期：现在开始到 2020 年。

1998 Châteauneuf-du-Pape La Cuvée du Papet
教皇新堡帕佩特酿 1998

评分：95 分

教皇新堡帕佩特酿酒标

我低估了这款酒瓶装后的品质，它已经增加了重量，而且散发出香脂木、胡椒、樱桃白兰地和烟草混合的令人兴奋的香味。这款酒厚重、强劲，质感油滑，而且相当纯粹，它比预料中的要陈化得更好。毫无疑问，这款教皇新堡葡萄酒很适合在接下来的十几年内饮用。它仍然稍微逊色于超凡脱俗的 1990 年帕佩特酿。最佳饮用期：现在开始到 2018 年。

1990 Châteauneuf-du-Pape La Cuvée du Papet
教皇新堡帕佩特酿 1990

评分：98 分

这款酒的陈化一直非常惊人。相信我，如果我早知道这款酒可以陈化为一款近乎完美的葡萄酒的话，我会购买更多。它的颜色为暗宝石红色，边缘稍微亮一点，惊人的芳香中有着香脂木、矮灌丛、樱桃白兰地、黑莓和胡椒混合的经典的教皇新堡风味。这款出色的可以满足人感官的葡萄酒具有层次感、浓缩、轻盈和口感丰富的特性，酒精度超过 14.5%，它惊人的品质向我们证明了老藤歌海娜品种所酿制的葡萄酒可以达到的境界。考虑到它的活力、丰富和丰满特性，对于这样的体积和力量的葡萄酒来说，它是相当清新的。最好在接下来的 10 到 15+ 年内饮用。

1989 Châteauneuf-du-Pape La Cuvée du Papet
教皇新堡帕佩特酿 1989

评分：94 分

这款特酿散发出普罗旺斯香草、烘烤坚果和甘甜奇特水果果酱混合的巨大芳香，它在口腔中让人堕落和丰裕的口感简直太不可思议了。这款油滑的、非常丰富的葡萄酒完全适合现在饮用，但是它经过瓶酿后品质很有可能会更佳。这是一款令人震惊的、有着老式风格的、采用传统方法酿制的教皇新堡葡萄酒，它的很多特性是今天的高科技世界按严格程序所酿制的葡萄酒中所没有的。最佳饮用期：现在开始到 2020 年。

CLOS DES PAPES

教皇堡

酒品：教皇堡教皇新堡葡萄酒（Châteauneuf-du-Pape）

庄园主：保罗·阿夫里尔（Paul Avril）家族

地址：13,avenue Pierre de Luxembourg,84230 Châteauneuf-du-pape, France

电话：(33) 04 90 83 70 13

传真：(33) 04 90 83 50 87

邮箱：clos-des-papes@ clos-des-papes.com

网址：http://ww. clos-des-papes.fr

联系人：保罗 - 文森特·阿夫里尔（Paul-Vincent Avril）

参观规定：只接受预约访客

葡萄园

占地面积：教皇新堡葡萄酒 35 公顷（其中的 10% 为白葡萄品种）；日常餐酒（阿夫里尔小葡萄酒 petit vin d'avril）5 公顷

葡萄品种：

红葡萄品种：65% 歌海娜、20% 慕合怀特、10% 席拉和 5% 其它品种

白葡萄品种：相同比例的六种白葡萄品种

平均树龄：40 年

种植密度：3,300 株 / 公顷

平均产量：在过去的十年中为 2,800 升 / 公顷

酒的酿制

酿酒的主要目的是最大限度地保持酒的风土特性。发酵和浸渍一般持续三个星期，都在卵形大木桶中进行。葡萄酒在酿制的早期都被装在酒罐中，然后在来年的春天被转移到大的木制酒桶中。14 到 15 个月之后会被聚集在一起装瓶，装瓶前不进行过滤。

年产量

教皇堡教皇新堡红葡萄酒：100,000 瓶

平均售价（与年份有关）：45~60 美元

近期最佳年份

2003 年，2001 年，2000 年，1999 年，1998 年，1995 年，1993 年，1990 年，1989 年，1988 年，1985 年，1981 年，1979 年，1978 年

阿夫里尔家族从 19 世纪初开始一直在教皇新堡产区酿制葡萄酒。目前的庄园主是保罗·阿夫里尔，他有才华的儿子文森特现在也在帮他。教皇堡酿制的葡萄酒一直都被认为是教皇新堡产区葡萄酒的参考标准，虽然有时候这样一个名誉并不与品尝经历相吻合，但是教皇堡的葡萄酒确实都很出色。保罗·阿夫里尔、文森特·阿夫里尔和阿夫里尔女士还是南罗纳河谷最慷慨、最亲切的葡萄栽培学家，如果你到了教皇新堡产区，一定要毫不犹豫地去参观教皇堡，不仅仅是因为他们的葡萄酒质量好，还因为你将会受到阿夫里尔家族的热烈欢迎。

教皇堡这个名字起源于一个葡萄园的名字，这个葡萄园曾是一个坐落于现已荒废的酒庄之内的老罗马教皇葡萄园的一部分。其他 17 个葡萄园被广泛分布于教皇新堡产区的各个地方，从沙质土壤的西部和东南部，到岩石高原石灰岩或粘土土壤的北部和东北部。保罗·阿夫里尔已经逐渐减少了混合成分中歌海娜的比例，同时增加了席拉和慕合怀特的比例。从成分上来看，这个庄园的葡萄酒的成分大部分是歌海娜、席拉

保罗·阿夫里尔和文森特·阿夫里尔

教皇堡教皇新堡葡萄酒酒标

和慕合怀特，但是它也有其他种植园，特别是穆斯卡尔丁（Muscardin）、古诺瓦姿（Counoise）和瓦卡黑斯（Vaccarèse），酿酒的混合成分中都含有一定量的这些品种。该庄园酿酒时采用的都是传统方式，尽管这个酒庄的执行行动模式比较灵活，但是自从20世纪90年代中期以来，阿夫里尔家族就开始把所有的红葡萄都去梗。

教皇堡只酿制一款红葡萄酒和一款白葡萄酒，因为阿夫里尔家族觉得奢华款陈酿并不好，他们觉得这就是大批量卖给批发商的劣质酒。他们的葡萄酒虽然在20世纪早期和中期的时候会进行澄清和过滤，但是现在早已不再进行澄清和过滤就直接装瓶。阿夫里尔家族对于这两种操作的结果很失望，所以从1988年的年份酒开始便不再进行过滤。一般情况下，如果葡萄酒品起来单宁的酸涩感不是很明显的话，他们甚至也不会进行澄清。他们酒庄的红葡萄酒一直是该产区最优质的葡萄酒。

教皇堡葡萄酒年轻时饮用并不讨人喜欢，而且大部分最佳年份酒都需要5到8年的陈年时间，所以它是教皇新堡产区有此特性的、为数不多的几款酒之一。

教皇堡葡萄酒是该产区最长寿的葡萄酒之一，也是一款教皇新堡产区葡萄酒的热忱爱好者之酒，这一点都不足为奇。

CHÂTEAUNEUF-DU-PAPE
教皇堡教皇新堡葡萄酒

2003 Châteauneuf-du-Pape
教皇堡教皇新堡葡萄酒 2003

评分：96~98 分

毫无疑问这款酒将是这个伟大庄园酿制的最深远的葡萄酒。葡萄的收获期很早，是记录中最早的一个，酿制的葡萄酒非常有力、浓缩（年产量为 2,400 升 / 公顷，平均酒精度为 15%）。混合品种中歌海娜占 65%，慕合怀特占 20%，席拉占 10%，剩下的 5% 是古诺瓦姿和穆斯卡尔丁，这种比例非常惊人而且风格上更接近上乘的 1990 年款。这款酒通体呈深宝石红色或暗紫色，散发出黑色水果、花朵、覆盆子、无花果、梅子和欧亚甘草混合的豪华鼻嗅。它的口感相当强劲、巨大，但是异常清新，轮廓也很清晰，余韵中带有坚实但甘甜的单宁酸口感。这款酒非常绵长、集中和厚重，经过 2 到 3 年的窖藏会更好，而且比较适合在 20 年内饮用。这绝对是一款绝佳的教皇堡葡萄酒。

2001 Châteauneuf-du-Pape
教皇堡教皇新堡葡萄酒 2001

评分：95 分

保罗·阿夫里尔认为购买这款教皇新堡 2001 年份酒的顾客应该再等 10 年才可以饮用。它的混合比例是 65% 歌海娜、20% 慕合怀特、10% 席拉和 5% 古诺瓦姿，在大的木制酒桶中陈化之后，不过滤直接装瓶，产自年产量只有 2,700 升 / 公顷的葡萄园。酒色呈深宝石红色或深紫色，伴有无花果、覆盆子、新鞍皮革、秋季森林地被物和松香混合的甘甜陈酿香。它的口感非常丰富、强劲而且纯粹，酒精度在 14.5% 左右。有结构的和惊人的精粹度都表明这是一款相当长寿的葡萄酒。它虽然有坚实的单宁感，强烈的浓缩度，而且爆发出美妙的陈酿香和现实口感，但是仍很年轻，尚需陈化。最佳饮用期：2009-2020+。

2000 Châteauneuf-du-Pape
教皇堡教皇新堡葡萄酒 2000

评分：95 分

这款酒的酒精度大概是 14.6%，风格上与优质的 1990 年款很相像。它紧致、肥厚，而且比有结构的、向后的 2001 年款甘油含量更高，也更加肥胖。酒色呈深宝石红色或深紫色，具有满足人感官的、扼喉的特性。强烈的风格中散发出黑樱桃、樱桃白兰地的甘甜风味，它已经表现出像胡椒、矮灌丛和巧克力糖这样的细微风味。这款耐嚼、强劲、单宁适中的陈酿虽可以亲近，但并不完全适合饮用。最佳饮用期：2007~2025 年。

1999 Châteauneuf-du-Pape
教皇堡教皇新堡葡萄酒 1999

评分：94 分

这款酒虽然表现得比 1998 年款更好，但它现在仍然比较坚实和封闭，散发出明显的樱桃白兰地、黑莓水果、欧亚甘草、香料和花香混合的甘甜风味。这是一款有结构的、酒体适中或略显强劲且单宁适中的葡萄酒，应该会在 2006 至 2020 年间达到最佳状态。

1995 Châteauneuf-du-Pape
教皇堡教皇新堡葡萄酒 1995

评分：92 分

几乎对于所有教皇新堡产区的酿酒商来说，1995 年都是一个很好且结构牢固、单宁酸丰富的年份。这个年份的酒不会表现出 1998 或 2000 年份酒的宽大，但是其中一些最好的年份酒却非常集中。教皇堡这款封闭、辛辣的 1995 年份酒比更甜、水果含量更多的 1998、1999、2000 和 2001 年份酒带有更多的动物特性。这款酒更加强劲、饱满和有潜力。最佳饮用期：现在开始到 2020 年。

1990 Châteauneuf-du-Pape
教皇堡教皇新堡葡萄酒 1990

评分：96 分

这款酿制于极好年份的葡萄酒是教皇堡的最佳葡萄酒之一，也是最后一款完全去梗后酿制的年份酒。这款酒非常强劲、丰裕、甘甜、立体和宽阔，它已经到达了最佳成熟状态，还可以保存 10 到 15 年，简直是太棒了！

1989 Châteauneuf-du-Pape
教皇堡教皇新堡葡萄酒 1989

评分：92 分

像其他酿制于这个年份的葡萄酒一样，这款强劲、健壮、有男子气概和封闭的教皇堡教皇新堡葡萄酒呈现出令人印象深刻的宝石红色和紫色，而且没有任何下降的趋势。这款仍然年轻和活跃的年份酒很像 1978 年款，它散发出新鞍皮革、烘烤香草、欧亚甘草和黑色水果混合的风味，而且单宁酸含量极高。现在唯一的问题就是这款酒什么时候会达到成熟状态。最佳饮用期：2008~2025 年。

1981 Châteauneuf-du-Pape
教皇堡教皇新堡葡萄酒 1981

评分：92 分

这款酒已经在瓶中发展得很好，而且比以前任何时候喝起来都好。它散发出甘甜的红色水果、黑色水果、焦糖、烟草、烘烤香草和橄榄混合的巨大鼻嗅，个性强劲、艳丽，含有大量的水果风味。它的颜色仍然是年轻时期的深宝石红色，边缘也没有琥珀色。这款酒虽然有力，但是优雅而且口感充实，是教皇堡葡萄酒的一款奢华典范。最佳饮用期：现在。

教皇堡葡萄园

1978 Châteauneuf-du-Pape
教皇堡教皇新堡葡萄酒 1978

评分：99 分

事实上，完美的 1978 年份酒仍然通体呈深紫红色或深石榴红色，但散发出红茶、欧亚甘草、无花果、巧克力糖、黑加仑和樱桃混合的诱人的奇特鼻嗅。这款酒强劲、厚重，带有明显的液态欧亚甘草和巧克力糖混合的口感。这款有力却仍然和谐的葡萄酒，是教皇新堡产区现代经典葡萄酒之一。最佳饮用期：现在开始到 2012 年。

DELAS FRERES
德拉斯·费瑞酒庄

酒品：

　　埃米塔日柏萨德园葡萄酒（Hermitage Les Bessards）

　　埃米塔日拉图雷特侯爵夫人葡萄酒（Hermitage Marquise de la Tourette）

　　罗第丘兰多纳葡萄酒（Côte Rôtie La Landonne）

庄园主：夏培恩·多伊茨（Champagne Deutz）

地址：Z.A.de l'Olivet,07300 St.-Jean de Muzols, Tournonsur Rhône, France

电话：(33) 04 75 08 60 30

传真：(33) 04 75 08 53 67

邮箱：jacques.grange@delas.com

网址：ww.delas.com（网站仍在建设中）

联系人：雅克·格兰其（Jacques Grange）

参观规定：只接受预约访客

葡萄园

　　占地面积：34.6 英亩

　　葡萄品种：红葡萄品种（100% 席拉）；白葡萄品种（90% 玛珊和 10% 瑚珊）

　　平均树龄：50~60 年

　　种植密度：7,000~8,000 株 / 公顷

　　平均产量：3,000~3,500 升 / 公顷

酒的酿制

　　葡萄采收的标准是至少 12 度的酒精潜力，以及 0.50TA 和 3.5pH 值，但是确定采收时间的真正有价值的参考标准却是葡萄的口感。整个采收过程都是手工操作的，尽管葡萄园

的地形非常陡峭。

　　因为葡萄在发酵之前要经历提前冷浸的过程，所以不会向浆果中加入二氧化硫。

　　席拉品种会被完全去梗，然后倒入容量为 9,000 升的小混凝土酒罐中，并用环氧树脂覆盖。

　　开始发酵之前，会在温度为 15℃ 左右的环境下对果汁进行为期三天的提前冷浸处理。这项特别的技术处理可以缓慢溶解果汁中的花青素和单宁酸，还可以平衡色泽和释放细胞内的成分，以获得更好的质感和口感。根据水果的质量，发酵时一般都会使用本土酵母，以放慢发酵过程获得更好的复杂特性。

　　一旦提前冷浸处理完成，就开始在温度为 28℃ 到 30℃ 的环境中对果汁进行发酵。每天进行两次搅拌和循环旋转，以获得柔软精粹的单宁酸和美丽的色泽。

　　在轻微的分离和压榨之后，葡萄酒通常会被导入橡木桶中完成苹果酸 - 乳酸发酵。一部分酒在不锈钢酒罐和橡木酒桶中发酵后会成熟。

　　顶级陈酿都不进行澄清和过滤，直接装瓶。

年产量

　　埃米塔日柏萨德红葡萄酒：6,000 瓶

　　埃米塔日拉图雷特侯爵夫人红葡萄酒：30,000 瓶

　　罗第丘兰多纳葡萄酒：2,500 瓶

　　平均售价（与年份有关）：75~150 美元

近期最佳年份

　　2003 年，1999 年，1998 年，1997 年

　　德拉斯酒庄成立于 1835 年，当时的查尔斯·奥迪勃（Charles Audibert）和菲利普·德拉斯（Philippe Delas）买下了一个有着 40 年历史，名叫梅森·朱莉酒庄（Maison Junique）的老酒厂，并把它改名为奥迪勃和德拉斯庄园。酒厂从很多国际比赛中赢回大奖，其中最著名的是 1879 年在悉尼赢得了一枚金牌，随后这家酒厂在全世界迅速走红。

　　菲利普·德拉斯有两个儿子，分别叫亨利（Henri）

和弗洛伦廷（Florentin）。弗洛伦廷娶了查尔斯·奥迪勃的女儿，使得两家关系更加亲密。1924 年，两兄弟接管了酒庄，并把名字改为德拉斯·费瑞酒庄。

第二次世界大战结束后，在弗洛伦廷的儿子让（Jean）的管理下，酒厂发展得非常迅速。当 1960 年让的儿子米歇尔（Michel）接管酒庄的时候，德拉斯·费瑞酒庄已经成为北罗纳河谷最主要的酒庄之一，拥有和控股的葡萄园遍布埃米塔日产区、科尔纳产区（Cornas）、罗第丘产区和空笛幽产区（Condrieu）。1977 年，米歇尔·德拉斯决定退出酿酒业，并把酒庄卖给了拉里耶·多伊茨家族。

1981 年，德拉斯·费瑞酒庄在新庄园主夏培恩·多伊茨的领导下，搬到现在的地址穆佐尔圣-让村，一个位于图尔农市郊区的小村庄，被一条流自单埃米塔日的河流横穿而过。酒庄的大楼位于 Ste.-Epine 葡萄园中间，也位于圣-约瑟夫产区的正中间，占地面积超过 3000 平方米。

自从酿酒师雅克·格兰其（Jacques Grange）1997 年加入德拉斯酒庄以来，德拉斯葡萄酒都是由以他为首的一个专家组精心酿制而成的。雅克·格兰其是一个勃艮第人，毕业于第戎大学，并于 1988 年获得了国家级葡萄酒酿造学证书（Diplôme National d'Oenologie）。在莎普蒂尔企业工作 4 年之后，他开始给让-卢克·科隆博（Jean-Luc Colombo）当私人助理。从 1999 年开始负责德拉斯酒庄。他是一个简单但考虑很周全的人，他说："我是一个为罗纳河谷产区内一家香槟酒厂工作的勃艮第人。"

酒厂中的一切都被更新过，容量也被扩大，并使用了像新混凝土酒罐农场这样的现代化设备，舍弃了不合格的老橡木卵形大酒桶，买来新酒桶和小橡木桶。

CÔTE RÔTIE LA LANDONNE
罗第丘兰多纳园葡萄酒

2003 Côte Rôtie La Landonne
罗第丘兰多纳园葡萄酒 2003

评分：96~100 分

这款酒所用的葡萄采收自八月末（这是空前的），产量很低。酒色呈墨紫色，带有烘烤泥土或焦土、花岗岩、黑梅子、黑醋栗和樱桃混合的风味，入口后有着与相当大的力量和肌肉有关的极棒的优雅感。尽管这款酒在全新的橡木桶中陈化，但是它已经因为小橡木桶的影响而被完全吸收。最佳饮用期：2008~2020+。

2001 Côte Rôtie La Landonne
罗第丘兰多纳园葡萄酒 2001

评分：93 分

这款紫红色或紫色的罗第丘兰多纳葡萄酒表现出该葡萄园的烘烤特性，散发出矿物质、亚洲香料、欧亚甘草、花岗岩、黑莓和覆盆子混合的风味和口感。它还带有非典型的泥土特性，并具有甘甜、成熟和非常芳香的复杂性。这款酒体适中或略显强劲、绵长、丰富、令人深刻的葡萄酒单宁酸含量很高，酸度也明显，需要我们耐心等待它完全成熟。最佳饮用期：2009~2020 年。

1999 Côte Rôtie La Landonne
罗第丘兰多纳园葡萄酒 1999

评分：96 分

这是一款非常奇妙的来自布龙山的限制级陈酿，有幸拥有一两瓶这款葡萄酒的读者将会拥有一款酿酒史上的传奇。但是，这款酒还需要 4 到 5 年的时间窖藏才能够饮用。酒色呈不透明的暗紫色，伴有欧亚甘草、浓咖啡、焦土、橄榄酱、烟熏肥肉和黑莓或黑醋栗混合的超级芳香。它非常强烈、丰富，单宁酸含量极高。这款引人注目的崇高的罗第丘葡萄酒应该会在 2008 到 2025 年间达到最佳状态。

1998 Côte Rôtie La Landonne
罗第丘兰多纳园葡萄酒 1998

评分：95 分

这款罗第丘兰多纳园葡萄酒呈不透明的暗紫色，表现出香子兰、浓咖啡、欧亚甘草、黑莓、黑醋栗、焦土和橄榄混合的芳香和口感。它的口感相当强劲，拥有惊人的成熟度和精粹度，并有着会带来尖锐口感的单宁酸含量。这

罗第丘兰多纳园葡萄酒 1999 酒标

款酒仍需要 5 到 7 年的瓶中陈年，应该比较适合在 30 到 40 年内饮用。

1997 Côte Rôtie La Landonne
罗第丘兰多纳园葡萄酒 1997

评分：94 分

非常遗憾，这款出色的罗第丘兰多纳园葡萄酒总产量只有 2000 瓶和 150 大酒瓶（容量约为 1.5 升）。这款酒以 100% 的席拉为原料，酒色呈暗紫色，爆发出烤肉、黑色水果、矿物质、焦土和欧亚甘草混合的奢华鼻嗅。这款惊人的超级浓缩的葡萄酒含有大量的甘甜单宁酸，并且有着水果与精粹物的多层次感。最佳饮用期：现在开始到 2020 年。

HERMITAGE LES BESSARDS
埃米塔日柏萨德园葡萄酒

2003 Hermitage Les Bessards
埃米塔日柏萨德园葡萄酒 2003

评分：94~96+ 分

依照这个年份的标准来看，北罗纳河谷这个年份葡萄酒中 13.6% 的酒精度相对较低。这款深紫色的葡萄酒用平均产量为 2000~2500 升 / 公顷的葡萄酿制而成，带有猪油、纯粹

的黑醋栗奶油、甘甜樱桃和相当协调的木材混合的烟熏、泥土般的鼻嗅。它酸度低，单宁酸含量高，非常强劲、有力和健壮。这款酒还需要 5 到 10 年的时间窖藏。最佳饮用期：2011~2030 年。

2001 Hermitage Les Bessards
埃米塔日柏萨德园葡萄酒 2001

评分：92+ 分

德拉斯酒庄的奢华陈酿即使在 2001 年这样非常有挑战性的年份也是属于顶尖的葡萄酒。这款墨色的柏萨德葡萄酒爆发出纯粹的黑醋栗、欧亚甘草和焦油混合的风味。这款酒甘甜、成熟、集中、强劲且令人印象深刻，只有有低温酒窖和相当严于律己的读者才可以很好地保存这款葡萄酒，因为它至少还需要保证 5 到 7 年的时间窖藏。最佳饮用期：2010~2035 年。

2000 Hermitage Les Bessards
埃米塔日柏萨德园葡萄酒 2000

评分：90 分

德拉斯酒庄葡萄酒集合中的巨人是他们的奢华陈酿——埃米塔日柏萨德葡萄酒。这款酒应该会是一款出色的葡萄酒。酒色呈深蓝色或深紫色，鼻嗅中散发出黑醋栗奶油、液体欧亚甘草和木榴油混合的经典芳香，虽然甘甜但是仍需进化。酒体适中或略显强劲，并没有大多数北罗纳河谷 2000 年份酒的问题，即葡萄酒空洞的缺陷。这款酒成熟、多肉、丰富，而且单宁酸含量高得恰到好处，可以贮存 20 年左右。最佳饮用期：2008~2025 年。

1999 Hermitage Les Bessards
埃米塔日柏萨德园葡萄酒 1999

评分：95 分

令人叹服的 1999 年款埃米塔日柏萨德葡萄酒呈不透明的紫色，带有黑莓水果、黑醋栗奶油、木榴油和矿物质混合的奇特陈酿香。它强劲、非常纯粹而且口感现实，表现出明显的结构感。这款超级精粹和丰富的葡萄酒只适合非常耐心的人。最佳饮用期：2010~2035 年。

1998 Hermitage Les Bessards
埃米塔日柏萨德园葡萄酒 1998

评分：96 分

这款酒表现出欧亚甘草、咖啡、黑醋栗、矿物质和猪肉混合的风味，它强劲、深厚，单宁酸涩感明显，而且持久、甘甜、轮廓非常清晰，余韵悠长，可持续 45 秒。它在 2007~2035 年间会达到顶峰时期。

1997 Hermitage Les Bessards
埃米塔日柏萨德园葡萄酒 1997

评分：94 分

令人惊叹的 1997 年款埃米塔日柏萨德葡萄酒是一款非

常深远的葡萄酒。酒色呈暗紫色，有着黑醋栗奶油、矿物质、香辣新木材和花香似的惊人鼻嗅。这款强劲的埃米塔日拳头产品入口时非常甘甜（由于它的集中、甘油和精粹物而不是含有大量糖分），而且具有惊人的浓缩度和长度以及让人难以置信的潜力。这款萦绕于口齿间的葡萄酒在接下来的一到两年内不可能到达巅峰状态，可以贮存 25 年。它简直是 1997 这样一个年份里一项令人惊奇的成就！最佳饮用期：2006~2025 年。

1991 Hermitage Les Bessards
埃米塔日柏萨德园葡萄酒 1991

评分：92 分

柏萨德园葡萄酒以优质花岗岩地区最肥沃的一个葡萄园命名，这是一款令人印象深刻的出色的葡萄酒。酒色呈深紫色，散发出大量香辣的黑醋栗水果和矿物质混合的鼻嗅。它表现出非常绵延强劲的口感，悠长、强健，有着惊人的精粹度和有力的余韵。它可以贮存 20 到 30 年。

1990 Hermitage Les Bessards
埃米塔日柏萨德园葡萄酒 1990

评分：93 分

这款深紫色的 1990 年份拳头产品非常厚重和丰富，比 1991 年款更加丰裕和甘甜，也更加有力和集中。这款精致的葡萄酒口感厚重且宽阔，是我所品尝过的德拉斯酒庄中最好的一款埃米塔日葡萄酒。当然，你还需要耐心等候它达到最佳状态。最佳饮用期：现在开始到 2030 年。

HERMITAGE MARQUISE DE LA TOURETTE
埃米塔日拉图雷特侯爵夫人葡萄酒

2003 Hermitage Marquise de la Tourette
埃米塔日拉图雷特侯爵夫人葡萄酒 2003

评分：92~94 分

这款富含单宁的、有力的和浓缩的葡萄酒呈暗紫色，带

有烟熏黑醋栗和花香混合的迷人的甘甜鼻嗅，体积巨大，而且非常优雅和纯粹，余韵也很悠长、集中和明显。它仍需要 4 到 5 年的时间窖藏，然后最好在接下来的 20 年内饮用。

2001 Hermitage Marquise de la Tourette
埃米塔日拉图雷特侯爵夫人葡萄酒 2001

评分：91 分

这款年份酒爆发出金银花的惊人鼻嗅，有着明显的玫瑰花瓣和成熟奶油般水果混合的甘甜和香辣风味，它非常强劲、厚重和耐嚼。这款陈酿的混合成分中含有玛珊和瑚珊，非常适合在酿制后的前 4 到 5 年内饮用，之后它会进入 5 年左右的封闭状态，接着才会再度打开。

2000 Hermitage Marquise de la Tourette
埃米塔日拉图雷特侯爵夫人葡萄酒 2000

评分：90 分

这款深宝石红色或深紫色的葡萄酒（包括等级较低的柏萨德园葡萄酒）散发出黑醋栗奶油、木榴油、香子兰和亚洲香料混合的芳香，酒体适中或略显强劲。这款厚重、丰富而且风格优雅细腻的埃米塔日葡萄酒由于混合成分中加入了柏萨德园葡萄酒而增加了重量。最佳饮用期：2006~2017 年。

1998 Hermitage Marquise de la Tourette
埃米塔日拉图雷特侯爵夫人葡萄酒 1998

评分：92 分

这款葡萄酒虽然表现出非常巨大、耐嚼和持久的中期口感，但是仍然单宁较重和向后。它带有些许烘烤新橡木的风味，但主要特性还是表现为多层次的黑色水果和矿物质味道的混合。这款还需要 5 到 7 年时间窖藏的葡萄酒，不愿意投资的读者就不要购买了。

JEAN-MICHEL GERIN
尚米雪葛林酒庄

酒品：

　　罗第丘大广场葡萄酒（Côte Rôtie Les Grandes Places）

　　罗第丘兰多纳园葡萄酒（Côte Rôtie La Landonne）

庄园主：让-米歇尔·日兰（Jean-Michel Gerin）

地址：19, rue de Montmain-Verenay,69420 Ampuis, France

电话：(33) 04 74 56 16 56

传真：(33) 04 74 56 11 37

邮箱：gerin.jm@wanadoo.fr

参观规定：只接受预约访客

葡萄园

占地面积： 罗第丘产区 17.3 英亩；空笛幽产区 5 英亩

葡萄品种： 罗第丘产区 90% 席拉，10% 维欧尼 Viognier

平均树龄： 罗第丘产区 20~25 年

种植密度： 10,000 株 / 公顷

平均产量：

　　罗第丘产区：3,700~3,800 升 / 公顷

　　空笛幽产区：3,400~4,500 升 / 公顷

酒的酿制

　　罗第丘产区——夏木佩贵人葡萄酒（Champin Le Seigneur）：在 25% 新橡木酒桶和 75% 的旧橡木酒桶中发酵 18 到 20 个月；大广场葡萄酒（Les Grandes Places）：在 100% 全新橡木酒桶中发酵 20 个月以上；兰多纳葡萄酒（La Landonne）：与大广场葡萄酒方式相同。

　　空笛幽产区——发酵时间为 10 个月，其中三分之一的葡萄在新橡木酒桶中进行，剩下的三分之二在不锈钢酒桶中进行。

年产量

　　罗第丘产区——夏木佩贵人葡萄酒：25,000 瓶；大广场葡萄酒：6,000 瓶；兰多纳葡萄酒：2,000 瓶

　　平均售价（与年份有关）：50~150 美元

近期最佳年份

　　2003 年，2001 年，2000 年，1999 年，1998 年，1995 年，1991 年

这是一家相对年轻的酒庄，创立于 1983 年，从 1987 年才开始在酒庄内装瓶，这是 20 世纪 90 年代无数成功实例中的一个。出色的让·米歇尔·日兰已经把他的庄园推进到法国酿酒厂中的前列去了。日兰家族已经在罗第丘产区定居多年了，让·米歇尔的父亲埃弗雷（Alfred）是北罗纳河谷著名的政治人物，曾任阿尔布斯镇的镇长和法国政府的立法委员。

　　埃弗雷年轻、热情和充满活力的儿子让·米歇尔从 1991 年开始经营自己的酒庄。他有足够的聪明才智来传播科尔纳产区酿酒学家让·卢克·科隆博的美誉，从那以后甚至在与科隆博分开之后，他的葡萄酒一直赢得了大量的赞赏性评论。这家庄园一共酿制了三款罗第丘陈酿。夏木佩贵人葡萄酒是用年轻葡萄树和老葡萄树上的葡萄混合酿制的，代表了日兰产量的大部分。另外两款奢华陈酿分别叫做大广场葡萄酒和兰多纳葡萄酒，前者与布龙山葡萄园有着相同的名字，后者第一次酿制是在 1996 年。罗第丘产区里面种植的葡萄树大部分树龄为 80 年，还有少量年轻一些的葡萄树。与埃弗雷不一样，让·米歇尔认为新橡木酒桶可以显著提高罗第丘葡萄酒的质量。这两款顶级陈酿都需要在全新橡木酒桶中陈化 20 个月以上，然后像其他陈酿一样不进行过滤直接装瓶。

COTE ROTIE LES GRANDES PLACES
罗第丘大广场葡萄酒

2003 Côte Rôtie Les Grandes Places
罗第丘大广场葡萄酒 2003

　　评分：94~96 分

　　这款产自山坡葡萄园的葡萄酒带有惊人的 14% 的天然酒精度。由于酸度很低，所以这款酒能够满足人的感官，而且口感丰裕。倒入杯中后，这款强劲、艳丽的罗第丘产区葡萄酒散发出覆盆子果酱、花朵和黑色水果混合的风味。这款惊人的葡萄酒非常宽阔、宽广和集中，精粹物和甘油含量极高，可以在年轻时饮用，也可以窖藏 12 到 15 年后再喝。

2001 Côte Rôtie Les Grandes Places
罗第丘大广场葡萄酒 2001

评分：92 分

这款用 100% 席拉酿制而成的罗第丘产区大广场葡萄酒非常强健和具有男子气概，酒色呈深宝石红色或深紫色，带有烘烤泥土、欧亚甘草、矿物质、黑莓和黑醋栗混合的陈酿香。这款酒酒体适中、耐嚼，含有甘甜的单宁酸，但仍需窖藏。最佳饮用期：2007~2016 年。

2000 Côte Rôtie Les Grandes Places
罗第丘大广场葡萄酒 2000

评分：90 分

这款罗第丘大广场葡萄酒散发出明显的花岗岩、黑醋栗奶油、黑莓和泥土混合的芳香。把它打开醒酒后，还会散发出亚洲香料和新鞍皮革的香味。这款酒酒体适中，有结构感，单宁酸适中，虽然封闭但仍有潜力，它会在 2007~2015 年间达到巅峰状态。

1999 Côte Rôtie Les Grandes Places
罗第丘大广场葡萄酒 1999

评分：95 分

这款奢华、深远的大广场葡萄酒产量为 625 箱，是惊人的年份里酿成的一款成熟和集中的上乘葡萄酒。这是一款席拉杰作，酒色呈不透明的紫色，表现出健壮、力量、深度、惊人的优雅和清晰美好的特性。这款酒含有甘甜的单宁酸，酸度充分，多层次感，非常丰富、强劲。它适合现在饮用，但是经过一到两年的窖藏味道将会更好。最佳饮用期：现在开始到 2020 年。

1998 Côte Rôtie Les Grandes Places
罗第丘大广场葡萄酒 1998

评分：91 分

这款酒总产量为 500 箱，虽然单宁酸含量偏高，但是口感丰富、潜力巨大。酿制原料采收自布龙山上一个著名的葡萄园，并且在全新橡木酒桶中陈化，苹果酸 - 乳酸发酵在酒桶中进行，装瓶前也没有进行澄清和过滤。酒色呈深宝石红色或深紫色，伴有黑莓、覆盆子、樱桃、欧亚甘草和木炭混合的芳香。这款酒非常厚重、强劲，单宁酸含量高，最好进行一到两年的窖藏，然后可以保存 15 年以上。

1997 Côte Rôtie Les Grandes Places
罗第丘大广场葡萄酒 1997

评分：90~91 分

这款上乘的大广场葡萄酒呈现出令人印象深刻的、饱满不透明的紫色。它散发出大量超熟黑色覆盆子、黑莓、烘烤橡木、烟草和吐司混合的鼻嗅，且表现出宽阔、强劲、非常集中、纯粹和酸度低的特性。这是一款享乐主义的、多汁的、劲力十足的、堕落风格的罗第丘葡萄酒，可以在接下来的 7 到 10+ 年内饮用。

1996 Côte Rôtie Les Grandes Places
罗第丘大广场葡萄酒 1996

评分：90 分

这款罗第丘大广场葡萄酒非常集中和丰富。酒色呈深宝石红色，略带紫色，散发出大量吐司、黑莓和覆盆子水果混合的风味。酒体适中或略显强劲，多肉，而且酸度很好，但是却有着与之相对的单宁味葡萄酒带来的结构。最佳饮用期：现在开始到 2012 年。

1995 Côte Rôtie Les Grandes Places
罗第丘大广场葡萄酒 1995

评分：90 分

上乘的 1995 年款罗第丘大广场葡萄酒呈现出黑色或深宝石红色或深紫色，爆发出黑醋栗果酱、烟熏烘烤橡木和多层次的成熟浓缩的黑色水果（主要是黑色覆盆子和黑醋栗）混合的豪华芳香鼻嗅。这款酒酒体适中和浓缩，而且不失优雅和整体均衡的感觉。最佳饮用期：现在开始到 2015 年。

CÔTE RÔTIE LA LANDONNE
罗第丘兰多纳葡萄酒

2003 Côte Rôtie La Landonne
罗第丘兰多纳葡萄酒 2003

评分：94~96 分

这款强壮、厚重、非常强劲和超级浓缩的葡萄酒倒入杯中后，会散发出焦土、烟熏肥肉、白花和黑色水果混合的惊人鼻嗅，几乎代表了席拉葡萄的精髓。它非常丰富、质感油滑、潜力无穷，简直是酿酒史上的传奇。最佳饮用期：2008~2022+。

2001 Côte Rôtie La Landonne
罗第丘兰多纳葡萄酒 2001

评分：92 分

这款酒全部用席拉作为酿制原料，酒色呈饱满的蓝色或紫色，带有液体矿物质、木榴油、黑莓和蓝莓混合的纯粹风味。它厚重、成熟、香辣和丰富，是这个年份的一款令人印象深刻的葡萄酒。但是，我们仍需耐心等待它完美陈年。最佳饮用期：2007~2018 年。

2000 Côte Rôtie La Landonne
罗第丘兰多纳葡萄酒 2000

评分：91 分

这款罗第丘兰多纳葡萄酒呈深紫红色或深紫色，有着非常芳香的复杂性，以及大体积和稠密的特性。它深厚、耐

罗第丘兰多纳葡萄酒酒标

嚼、酒体适中，有着惊人的纯度和成熟度，表现出罗第丘产区北部地区酿制的葡萄酒所具有的焦土和黑色水果混合的特性。它还含有大量甘甜的单宁酸，因此推荐窖藏。最佳饮用期：现在开始到 2015 年。

1999 Côte Rôtie La Landonne
罗第丘兰多纳葡萄酒 1999

评分：94 分

这是 1999 年份一款非凡的典型。烘烤、多肉、烟熏的鼻嗅中混有矿物质、黑莓和矮灌丛的风味。它非常强劲、厚重和强健，而且超级精粹。这款墨色或紫色的葡萄酒仍需要 2 到 4 年的时间窖藏。最佳饮用期：现在开始到 2020 年。

1998 Côte Rôtie La Landonne
罗第丘兰多纳葡萄酒 1998

评分：91 分

这款罗第丘兰多纳葡萄酒表现出泥土、烤肉和烤矿物质的怀旧烟熏特性，陈酿香和口感中都散发出明显的黑莓和李子水果风味。它深厚、强劲而且结构丰裕，甘油和浓缩度掩盖了含量极高的单宁酸。这款酒从现在到 2018 年间应该是处于最佳状态。

1997 Côte Rôtie La Landonne
罗第丘兰多纳葡萄酒 1997

评分：90~93 分

这款葡萄酒呈现出不透明的黑色或紫色，芳香中爆发出诱人的、甘甜的橡木味，打开醒酒后，还会增加梅子、黑莓、欧亚甘草和烟熏肥肉混合的芳香。我所没有预料到的是，产自这个布龙山葡萄园的葡萄酒会表现出如此惊人的柔软和吸引力。这款丰富、低酸度和浓缩的罗第丘葡萄酒无疑将会非常出色。最佳饮用期：现在开始到 2012 年。

MARCEL GUIGAL

吉佳乐世家

酒品：

　　罗第丘莫林酒（Côte Rôtie Château d'Ampuis）

　　罗第丘杜克酒（Côte Rôtie La Mouline）

　　罗第丘兰多纳酒（Côte Rôtie La Landonne）

　　罗第丘阿布斯酒庄葡萄酒（Côte Rôtie La Turque）

　　空笛幽多瑞安白葡萄酒（Condrieu La Doriane）

　　额米塔日还愿红葡萄酒（Ermitage Ex Voto）

　　额米塔日还愿白葡萄酒

庄园主：吉佳乐家族（Guigal family）

地址：Château d'Ampuis, 69420 Ampuis, France

电话：(33) 04 74 56 10 22

传真：(33) 04 74 56 18 76

邮箱：contact@guigal.com

网址：ww.guigal.com

联系方式：吉佳乐家族

参观规定：庄园对外开放时间：周一至周五 8:00-12:00am 和 2:00-6:00pm，想要参观庄园和参加品酒会必须提前预约

葡萄园

占地面积：109 英亩

　　罗第丘产区：49.4 英亩

　　空笛幽产区：5 英亩

　　埃米塔日产区：10 英亩

葡萄品种：

　　罗第丘产区：席拉和维欧尼

　　空笛幽产区：维欧尼

　　埃米塔日产区白葡萄品种：玛珊和瑚珊

　　埃米塔日产区红葡萄品种：席拉

平均树龄：40 年（树龄在 25 到 110 年之间）

种植密度：10,000 株 / 公顷

平均产量：位于罗第丘产区和空笛幽产区的葡萄园为 3,300 升 / 公顷

酒的酿制

　　所有葡萄园中的葡萄都是人工采收的。

　　空笛幽产区的维欧尼品种会进行 8 到 10 个小时的浸皮，然后在气动压力机中进行压榨，醒酒是在低温下进行的。苹果酸 - 乳酸发酵在新橡木酒桶或不锈钢大酒桶中进行，而且

发酵时的温度都控制在 16℃ 左右。留在大桶中的部分和苹果酸 - 乳酸发酵过程中都会进行 bâtonnage（一种传统的酿酒方法，指用木棍搅拌葡萄皮籽和葡萄汁）操作。

　　席拉葡萄酒的酿制采用传统方式，包括多次反复循环的淋皮（remontage，就是把下面的葡萄汁打到上面，均匀地冲刷上面的葡萄渣，让它们在酿制过程中均匀地混合，同时也让空气流通）和翻揉踩皮（pigéage，就是用一根杆把葡萄皮压入葡萄酒中，以取得细致释放的颜色，使酒味更加和谐）。酒精发酵在高温下进行，持续 3 到 4 周。陈化时间超过 30 个月，这在罗第丘产区和埃米塔日产区是独一无二的，实际上也是空前的。其中罗第丘阿布斯酒庄葡萄酒在新橡木酒桶中陈化 38 个月，而罗第丘莫林酒、杜克酒、兰多纳酒和最新奢华的额米塔日还愿葡萄酒则在新橡木酒桶中陈化 42 个月之久。

　　在马赛尔·吉佳乐看来，"只有稳定和完美的橡木才能够确保微妙的交换的进行，而这种交换可以使葡萄酒得到巨大的发展和提高。只有橡木可以加强水果和土壤产生的原材料，带有木材、香子兰或精选单宁酸的精美风味。橡木会表露出葡萄酒的真实特性而不是改变它，在深度保持它的均衡、出身和制造年期的同时赋予它新的特性。日复一日，葡萄酒在酒桶中会变得精致、优雅、进化和茂盛"。

年产量

　　罗第丘莫林酒：5,000 瓶

　　罗第丘杜克酒：4,800 瓶

　　罗第丘兰多纳酒：10,000 瓶

　　罗第丘阿布斯酒庄葡萄酒：28,000 瓶

　　空笛幽多瑞安白葡萄酒：10,000 瓶

　　额米塔日还愿葡萄酒：5,000 瓶

　　平均售价（与年份有关）：25~250 美元

近期最佳年份

　　2003 年，2001 年，1999 年，1998 年，1995 年，1991 年，1985 年，1983 年，1978 年，1976 年

吉佳乐世家是一个真正的家族企业，由马赛尔·吉佳乐的父亲艾蒂安（Etienne）独自创立于 1946

年，这是世界上又一个创业成功的故事。从这家企业所在的罗纳河谷产区到出色的教皇新堡产区、精美的空笛幽产区、令人惊讶的可以作为参考标准的罗第丘产区，也无论是在任何状况的年份，地球上没有任何一个酿酒商可以像马赛尔·吉佳乐一样酿造出如此多款令人叹服的葡萄酒。自从20世纪70年代晚期开始，我每年都会拜访吉佳乐，他的葡萄酒产量肯定已经增长了50%以上，而且有很多次我都担心这样的增长速率会降低酒的品质，但是每年去吉佳乐的酒窖品酒，都证明了我的担心是多余的。事实上，在吉佳乐酒窖中品鉴葡萄酒的日子，都是大多数葡萄酒爱好者所度过的最难忘和最具有教育意义的时光。他的每款葡萄酒所具有的高品质和特殊性，让世界上少有酒庄可与之媲美。

吉佳乐成功的关键是什么呢？吉佳乐自己的葡萄园都采用有机耕作方式，不使用任何化肥，而且葡萄采收期相当晚，为了等到葡萄成熟而几乎裂开。晚收加上产量特别低，以及尽量少地介入葡萄酒的陈化（极少的分离，完全不进行过滤），所有这些条件的结合使得吉佳乐酿制出了多款极其芬芳、丰富和深远的葡萄酒。这些必要条件也适用于吉佳乐世家购买的加入罗纳河谷产区、埃米塔日产区、空笛幽产区和教皇新堡产区混合成分中的果汁。他只从拥有老藤葡萄树、低产量和晚收葡萄的酿酒商那里购买葡萄汁。

马赛尔·吉佳乐比我所见过的所有葡萄酒酿制者都更加坚信，他的葡萄酒的精髓不仅在于它们的酿制过程中，还在于它们的风土。正如法国人所说的那样，马赛尔的父亲是一个有天赋的培育家，而他和他的儿子菲利普都把自己对于葡萄酒在大桶、酒罐和卵形大木桶中生命的理解融入到了高深的艺术之中。吉佳乐为了酿制他们的顶级红葡萄酒都会进行时间很长的陈化培养，经常与传统的酿酒智慧背道而驰，但是它们一次又一次地证明了自己就是酿酒大师。

不论吉佳乐酿制的是什么酒，他的名字好像永远成了这个产区最有吸引力的罗第丘葡萄酒的代名词。富有的罗纳河谷葡萄酒爱好者，一直都以为得到一两瓶吉佳乐的超级罕见的昂贵的单葡萄园罗第丘兰多纳葡萄酒、莫林酒和杜克酒会无所不用其极而闻名。莫林葡萄园几乎一直都是第一个被采收的葡萄园。从远

罗纳河谷

处看，葡萄树好像正身处于一个自然形成的罗马竞技场，都生长于阶梯状的光照非常充分的内凹山坡上，而完美的光照就使得这些葡萄比杜克园和兰多纳园的葡萄要早成熟几天。而且莫林葡萄园内的葡萄采收可以在仅仅 3 到 4 个小时的时间内完成。一旦葡萄被采收后（莫林葡萄园的葡萄树平均树龄为 60 年，读者应该记住这个小葡萄园里种有 11% 左右的维欧尼品种），就要进行缓慢、温暖且漫长的发酵。但是为了避免精粹物中含有过多单宁酸，并不会向下戳皮，吉佳乐的目标是把莫林酒酿制成他的最柔软、优雅和复杂的罗第丘葡萄酒，规则地把果汁轻浇在葡萄皮上，以获得极大的浓缩而且边缘也不粗糙。第一款莫林佳酿酿制于 1966 年，但是到了 1969 年和 1976 年，这款单葡萄园葡萄酒才开始逐渐酿制成功。

吉佳乐的第二款单葡萄园葡萄酒是兰多纳葡萄酒。兰多纳葡萄园位于一个非常陡峭的山坡上，在该产区北部地区的布龙山上。极佳乐从 1972 年开始购买兰多纳的小片葡萄园，然后从 1974 年开始种植葡萄树。兰多纳葡萄园是一个偏东南方向的葡萄园，通常在莫林葡萄园之后采收。与莫林酒酿制方式相照应，兰多纳葡萄酒是在一个封闭的酒罐中进行发酵，酒罐中有自动的踩皮系统，以尽量精粹口味和强度。兰多纳葡萄园中没有种植维欧尼品种，土壤中强大的铁质成分使得兰多纳葡萄酒被称为世界上最浓缩、精粹和有力的葡萄酒之一。

最晚采收的葡萄园是杜克园，吉佳乐最年轻的葡萄园。它坐落于一个向南的外凸的斜坡上，因此杜克园一整天都沐浴着阳光。这个斜坡园没有兰多纳园所处的斜坡陡峭，平均产量较之稍微高一点，大约为 3,500~4,000 升 / 公顷，而不是莫林葡萄园和兰多纳葡萄园的 2,500~3,600 升 / 公顷。而且，杜克酒中稍高的酸度也可以分辨出来，因此吉佳乐为了得到糖分含量很高的葡萄而最晚采收杜克园的葡萄，以均衡酒中的酸度。杜克园中葡萄的采收通常在一天内完成。杜克酒的酿制方式与兰多纳葡萄酒基本相同，在封闭的酒罐中发酵，并进行踩皮。尽管在 1995 年时，吉佳乐惊讶地发现葡萄虽然生理上成熟了但是梗茎仍然是生的而且酸度很大，但是他酿制所有的罗第丘葡萄酒所用的葡萄基本上都不会去梗，只有 1995 年的时候有一部

分葡萄被去梗。这三款特酿都放在 100% 全新的橡木酒桶中发酵，而且在第一年的时候进行两到三次分离，第二年的时候再进行一到两次分离，第三年分离的次数很少超过一次。这些葡萄酒在新橡木酒桶中陈化 42 个月后进行装瓶，之前既不进行澄清也不过滤。考虑到它们惊人的成熟度和深远的个性，它们在装瓶 3 到 4 年之后，几乎没有任何曾在新橡木酒桶中发酵的迹象，这实在是太不同寻常了。

这几款葡萄酒的最佳年份酒喝起来都是什么样的？看一看我过去 25 年中的品酒笔记，再从这三款出色的葡萄酒的最佳年份酒推断，以下可能是你们想要的答案：

莫林酒——这款特酿中维欧尼品种的比例是最高的，根据年份的不同一般都在 8%~12% 之间。它是世界上最香的葡萄酒之一，优质的年份酒都散发着烟熏肥肉、吐司、黑醋栗、白花、黑覆盆子和偶尔的普罗旺斯橄榄混合的超凡脱俗的芳香。因为维欧尼品种和葡萄园的风土，莫林酒是吉佳乐单葡萄园珍贵葡萄酒中最柔顺和诱人的一款。它一般在刚酿制好时比较可口，而且在接下来的 15 到 20 年中都是满足人感官的并具有享乐主义的。只有在单宁最重的年份酿制的莫林酒才需要窖藏，比如 1998 年、1988 年、1985 年、1983 年、1978 年和 1976 年。莫林酒就好比是吉佳乐葡萄酒集合中的莫扎特。

兰多纳葡萄酒——兰多纳葡萄酒更像是勃拉姆斯（Brahms，德国作曲家），产自布龙山上非常陡峭的阶梯状葡萄园中，带有很高的铁质成分，口感非常厚重和集中。因为混合成分中没有维欧尼品种（全部是席拉），所以兰多纳葡萄酒通常呈现出不透明的紫色，有时是黑色，非常稠密和有力，而且徘徊不去的向后性也让人印象非常深刻，几乎有点令人生畏了。兰多纳葡萄酒是罗第丘产区酿制出的最单宁的一款，正如吉佳乐经常声称的那样，它应该可以进行 30 到 40 年的窖藏。很明显这款酒适合既有耐心又有一个很好的低温酒窖的葡萄酒爱好者，因为它一般在更轻的年份，通常都需要至少 8 到 10 年的窖藏。兰多纳葡萄酒散发出远多于烟草、欧亚甘草、亚洲香料、烤肉和黑醋栗混合的芳香和口感。

杜克酒——杜克酒可以说是莫林酒和兰多纳葡萄

酒的综合体。杜克园位于布龙山，但其实它与布朗德山（Côte Blonde）的距离比兰多纳葡萄园近得多。杜克酒虽没有兰多纳葡萄酒那么重的单宁和强健，但是和它一样浓缩，而且又有着几乎相同的令人叹服的芳香。在很多方面，它尝起来都好像它想成为罗纳河谷产区与李奇伯格葡萄酒（Richebourg）和木西尼葡萄酒（Musigny）的对应款，这两款葡萄酒都是勃艮第产区的双 grand cru（指香槟地区 17 个小村庄中的任何一个，其葡萄园的等级是 100%）葡萄园的优质葡萄酒。杜克酒通常呈现饱满的暗紫色（比莫林酒颜色更深，但是没有兰多纳葡萄酒的不透明性），口感强烈，高度精粹，比莫林酒更加有结构感，但是没有兰多纳葡萄酒的单宁酸力度和力量。它非常稠密和丰富，没有任何沉重感，释放的时候非常可口，但是没有莫林酒进化的芳香。最佳年份的杜克酒应该有 20 到 25 年的陈年能力。

阿布斯酒庄葡萄酒的质量应该在吉佳乐的布龙山葡萄酒和布朗德山葡萄酒之上，但是没有他的三款单葡萄园葡萄酒的境界高。第一款阿布斯酒庄葡萄酒酿制于 1995 年（恰巧是马赛尔·吉佳乐的儿子菲利普第一年采收葡萄并帮助马赛尔酿酒）。这款出色的葡萄酒用来自六个葡萄园的葡萄混合酿成，很明显它将成为该产区最优质的葡萄酒之一。这款酒在酒桶和特制的大桶中陈化，它的特性和杜克酒更相近。

马赛尔·吉佳乐的葡萄酒产量大约为 25,000 箱，参照空笛幽产区的平均采收量，这大约占该区总产量的 45%。1986 年的时候，吉佳乐还只是空笛幽产区一个较小的酿酒商，但是他那个时候就开始关注这个产区，认为它有着巨大的潜力，非常珍奇。从那时候起，他从帕特里克·波特（Patrice Porte）那里购买了一个 4.5 英亩大的山坡葡萄园，他的奢华特酿多瑞安葡萄酒就产自于这个葡萄园。多瑞安葡萄酒第一次酿制是在 1994 年。这款产自科隆比耶山的奢华特酿的年产量只有 500~600 箱，而且因为它是一款单葡萄园特酿，所以产量并不可能增加。剩下的吉佳乐的葡萄酒源料来自于他作为批发商购买的葡萄而非果汁。

吉佳乐的空笛幽葡萄酒会先进行 macération particulaire（指葡萄带皮低温发酵 4 到 8 个小时），然后还会进行充分的苹果酸 - 乳酸发酵。他也提倡把维欧尼品种去梗，以避免葡萄酒尝起来太酸或不成熟。结果生产出了绝对上乘的葡萄酒。吉佳乐葡萄酒集合中的最新款上乘葡萄酒是还愿葡萄酒。这款酒第一次酿制是在 2003 年，它是一款产自吉佳乐埃米塔日产区庄园的特酿，年产量为 4,500 瓶。

当人的事业一旦到达顶峰时期，就会招来批评家的挑剔批判，慢慢地这个大企业就会自行衰落。但是我相信只要马赛尔·吉佳乐掌管着这家企业，以上情况就不会发生在他身上。还有他能干的妻子的帮助，而他的儿子菲利普也像他的父亲和祖父一样对酿酒表现出专注、认真和奉献的精神，这些要素都使得吉佳乐继续处于事业的顶峰时期。有人可能会想到：处于像吉佳乐这样位置的人，可以很轻松、很奢侈地去世界上任何一个奇特的地方旅行，但事实上这并不是他生活的一部分。他的大部分时间都在工作，把双手弄得脏兮兮的。打个比方——顾客总是在餐馆里面吃得很享受，而白白胖胖的主厨却围着脏兮兮的围裙忙得大汗淋漓。相比之下，我的一生中也只有几次可以在主厨黝黑且穿着干干净净的围裙的餐馆中吃得很好。以此类推，马赛尔·吉佳乐就像是一直在厨房中忙碌的厨师。吉佳乐一直带着他的贝雷帽，帽子就好像是长在了他的头上一样，他清楚地知道自己宽阔的地下酒窖中每一个酒桶和法国卵形大木桶的确切位置，也知道应在什么时候品尝和分离这些酒。在过去的 26 年中，

马赛尔·吉佳乐和菲利普

我一直不停地参观不同的酒厂，拜访不同的酿酒商，但是我从没见过任何一个酿酒商像马赛尔·吉佳乐这样如此执着于葡萄酒的质量。

CONDRIEU LA DORIANE
空笛幽多瑞安葡萄酒

2003 Condrieu La Doriane
空笛幽多瑞安葡萄酒 2003

评分：96 分

2003 年是一个非常微妙的酿酒年份，但是吉佳乐在 8 月份把葡萄采收回来后就放入 100% 的酒桶中进行发酵，然后连同酒糟一起陈化，并且搅拌酒糟。这款酒的正常年产量是 10,000 瓶，但是 2003 年的年产量只有 5000 瓶，酿酒所用的葡萄全部来自于著名的沙蒂永山坡葡萄园（Côte Chatillon）。这款酒表现出奇特的金银花、荔枝、成熟杏仁和菠萝混合的风味，还带有明显的矿物质特性。它的口感非常强烈，酸度很低，好像是一款注定要在酿制好的前几年内饮用的葡萄酒。

2001 Condrieu La Doriane
空笛幽多瑞安葡萄酒 2001

评分：94 分

这是空笛幽产区最有特色和最复杂的葡萄酒之一，散发出焚香、烟草、金银花和白色水果果酱混合的芬芳气味。它有着油滑质感，口感强劲而且非常强烈，尽管过去的年份酒在瓶中保存后的品质比我预估的更佳，但是这款酒应该在接下来的一到两年内饮用为佳。我还是更喜欢在这些白葡萄酒年轻的时候饮用。

1999 Condrieu La Doriane
空笛幽多瑞安葡萄酒 1999

评分：94 分

这款空笛幽多瑞安葡萄酒产自吉佳乐自己的葡萄园，为了降低产量，他两次打薄葡萄。这是一款惊人的空笛幽葡萄酒，散发出桃子、杏仁和香蕉混合的强烈果香，口感绵长、多层次、丰富、强劲，而且有着精致的纯度和强度。

CÔTE RÔTIE CHÂTEAU D'AMPUIS
罗第丘阿布斯酒庄葡萄酒

2003 Côte Rôtie Château d'Ampuis
罗第丘阿布斯酒庄葡萄酒 2003

评分：95~97 分

这款酒的六种混合成分的天然酒精度都在 14% 以上，评分也都在 92~96 分之间，因此我怀疑它将成为吉佳乐所酿制的最优质的一款阿布斯酒庄葡萄酒。这与他自己的想法也一致，他觉得自己目前为止还未酿制出像 2003 年款罗第丘葡萄酒这样深远的葡萄酒。这款非常丰富、令人陶醉并且集中的葡萄酒有着明显的结构感、美妙的芬芳、超高的浓缩度、有点反常的厚重及悠长的余韵。这款令人惊叹的葡萄酒应该在最终释放和陈年 15 年以后会相对容易亲近。

2001 Côte Rôtie Château d'Ampuis
罗第丘阿布斯酒庄葡萄酒 2001

评分：94 分

跟大多数北罗纳河谷产区 2001 年份酒一样，这款酒散发出惊人的果香和美妙的陈酿香，但它可能并没有 1999 和 2003 年份酒的力量和浓缩度。它非常丰富，轮廓极其清晰，酸度也很好，非常清新和活泼。这款表现力已经很好的葡萄酒重量良好、酒体适中、口感集中、酸度高、超级进化而且气味芬芳。这款特酿中含有很少量的维欧尼品种，使得它成为一款散发出美妙果香的出色的葡萄酒，它有着 15 年以上的陈年潜力。

2000 Côte Rôtie Château d'Ampuis
罗第丘阿布斯酒庄葡萄酒 2000

评分：89 分

这款水果味丰富但轻盈的葡萄酒表现出吐司烘烤的鼻嗅，果香中混有烟熏肥肉、黑樱桃和红醋栗的甘甜芳香。酒体适中、单宁酸柔软而且酸度低，但它并没有之前几款酒那样的体积、深度和长度。最佳饮用期：现在开始到 2010 年。

1999 Côte Rôtie Château d'Ampuis
罗第丘阿布斯酒庄葡萄酒 1999

评分：95 分

这款罗第丘阿布斯酒庄葡萄酒是最优质的一款，混合成分分别来自六个山坡葡萄园，即格拉葡萄园（La Garde）、克洛葡萄园（La Clos）、大植物葡萄园（La Grande Plantée）、博美耶赫葡萄园（La Pommière）、红亭葡萄园（Pavillon Rouge）和穆林葡萄园（Le Moulin）。这款惊人的葡萄酒呈深宝石红色或暗紫色，散发出烘烤香草、熏肉、欧亚甘草、烟草、黑莓、樱桃利口酒和吐司混合的甘甜鼻嗅。它口感强劲、质感油滑，且带有新鞍皮革、橄榄酱和黑醋栗奶油混合的风味。这款体型巨大、轮廓清晰的葡萄酒在接下来的 3 到 4 年应该会有一个质的飞跃，它可以贮存 20 年左右。

1998 Côte Rôtie Château d'Ampuis
罗第丘阿布斯酒庄葡萄酒 1998

评分：93+ 分

这款非凡的葡萄酒是有结构的、有力而且集中的。酒色呈深宝石红或深紫色，散发出泥土、烟草、烟熏肥肉和黑加仑混合的鼻嗅，单宁酸含量高。毫无疑问，这款年份酒适合那些有耐心的葡萄酒鉴赏家，因为它仍需时间进行窖藏。它口感厚重、耐嚼而且强健，在 2007~2020 年间应该会达到最佳状态。

1997 Côte Rôtie Château d' Ampuis
罗第丘阿布斯酒庄葡萄酒 1997

评分：91 分

这款葡萄酒呈深宝石红色，散发出巧克力、焦油、黑醋栗、烟草和咖啡混合的豪华芳香。它酸度低，但是非常成熟、集中，能够满足人的感官。这款惊人的罗第丘葡萄酒比 1995 年、1996 年和 1998 年的几款年份酒更加进化和向前。最佳饮用期：现在开始到 2018 年。

1996 Côte Rôtie Château d' Ampuis
罗第丘阿布斯酒庄葡萄酒 1996

评分：90 分

这款暗宝石红色或暗紫色的葡萄酒散发出橄榄酱、干香草、欧亚甘草、皮革和黑加仑混合的强烈鼻嗅。它结构良好、柔软，而且酸度比大多数 1996 年的罗第丘葡萄酒都要低，并有着多层次的、柔顺的余韵。这款酒最好在接下来的 7 到 10 年内饮用。

1995 Côte Rôtie Château d' Ampuis
罗第丘阿布斯酒庄葡萄酒 1995

评分：92 分

这是一款引起轰动的葡萄酒，酒色呈饱满的深宝石红色，爆发出压榨胡椒、普罗旺斯香草、黑色覆盆子果酱和烟熏甘甜橡木混合的、艳丽的、强烈的陈酿香。酒体适中或略显强劲，有着很好的潜在酸度，但是比它在酒桶中看起来要油滑很多，也更加能满足人的感官。口感绵长、集中而且爆发性丰富，这款酒在瓶中陈化协调一段时间后品质会更佳，可以得到更高的评分。这款极佳的罗第丘葡萄酒最好在接下来的 5 到 10+ 年内饮用。

CÔTE RÔTIE LA LANDONNE
罗第丘兰多纳葡萄酒

2003 Côte Rôtie La Landonne
罗第丘兰多纳葡萄酒 2003

评分：98~100 分

这款葡萄酒的颜色就像漆黑的石油，酿制时葡萄全部都没有去梗，散发出烤肉、黑莓、欧亚甘草利口酒、香子兰、吐司和烟草混合的鼻嗅。它厚重、质感油滑，余韵相当强劲和集中，还有着惊人的纯度和长度。这是一款相当出色的葡萄酒，也是这些葡萄酒中最强劲的一款，但是由于 2003 年这个年份的特殊性和独特性，这一年所有的罗第丘单一葡萄园葡萄酒几乎都比其他年份更加优质。最佳饮用期：2012~2040+。

2001 Côte Rôtie La Landonne
罗第丘兰多纳葡萄酒 2001

评分：95+ 分

这是一款强健、杰出的葡萄酒，带有烟熏黑色水果的风味和些许原始的个性，酸度好，单宁酸含量高而且体积巨大，伴有浓咖啡、香草、泥土和香料盒混合的芳香和口感。这是罗第丘单一葡萄园葡萄酒中唯一一款从不去梗的葡萄酒，所以酒中单宁酸、酸度都更高。在 2001 年这样比较寒冷的年份，这款酒中还会略带矮树丛的潜在风味。这是一款强烈且富有表现力的葡萄酒，但是仍需 5 到 10 年的良好窖藏。最佳饮用期：2011~2028 年。

2000 Côte Rôtie La Landonne
罗第丘兰多纳葡萄酒 2000

评分：91 分

这款罗第丘兰多纳葡萄酒是 2000 年这个年份三款单一葡萄园葡萄酒中最优质的一款。酒色呈最深的宝石红色，带有泥土、皮革、黑莓、黑加仑、巧克力糖、欧亚甘草和花岗岩混合的强劲鼻嗅。酒体适中或略显强劲，单宁酸也比较温和，比其他两款单一葡萄园葡萄酒更重、更绵长。这款酒经过一到两年的窖藏品质会更佳，适合在接下来的 15 年内饮用。

1999 Côte Rôtie La Landonne
罗第丘兰多纳葡萄酒 1999

评分：100 分

我对兰多纳葡萄酒的其他年份酒评分都很高，但是这款黑色或紫色的 1999 年款罗第丘兰多纳葡萄酒可能是吉佳乐从这个葡萄园酿制的最好的葡萄酒。它比其他款酒的动物特性偏少，散发出焚香、液态沥青、干熏肉、黑莓、蓝莓、熏肉和香子兰混合的豪华风味。它口感的集中和均衡特性完全是世间罕见的，余韵悠长，可以持续一分钟以上。最佳饮用期：2007~2030 年。

1998 Côte Rôtie La Landonne
罗第丘兰多纳葡萄酒 1998

评分：100 分

这是一款完美的葡萄酒，至少以我的口味来判断，它是非常完美的。酒色呈饱满的黑色或紫色，伴有烟草、焚香、橄榄酱、木榴油、黑莓和红醋栗芳香混合的奇妙鼻嗅，还带有黑莓、巧克力糖、巧克力和皮革混合的强烈口感。它单宁酸含量虽高，但是却完美地和谐和均衡，酸度、酒精和单宁酸也极好地结合统一。这是酿酒史上的又一杰作！最佳饮用期：2007~2025 年。

1997 Côte Rôtie La Landonne
罗第丘兰多纳葡萄酒 1997

评分：98 分

这款几近完美的 1997 年份酒可以说是这个年份的一项

惊人的成就。酒色呈惊人的饱满的紫色，伴有欧亚甘草、烤肉、咖啡、烘烤橡木、梅子和黑莓混合的风味。这款酒中烟草、泥土和风土的特性相当明显。口感异常宽阔，而且单宁酸甘甜、酸度低，余韵成熟、强健。它还需要再窖藏一年，但是能够贮存 20 年。

1996 Côte Rôtie La Landonne
罗第丘兰多纳葡萄酒 1996

评分：93 分

这款罗第丘兰多纳葡萄酒在早期的时候带有香草味，但是现在却散发出黑色橄榄或橄榄酱、液态沥青、烟草、泥土、动物、黑莓、皮革和水果混合的风味。这款强健、强劲的葡萄酒现在就可以饮用。最佳饮用期：现在开始到 2018 年。

1995 Côte Rôtie La Landonne
罗第丘兰多纳葡萄酒 1995

评分：95 分

这款强壮的 1995 年款罗第丘兰多纳葡萄酒表现出席拉品种凶猛的特性，酒色呈黑色或紫色。这款复杂、有结构、强健、厚重的罗第丘葡萄酒，散发出欧亚甘草、李子、铁质、维生素以及丰富的黑色水果和烟草混合的芳香。它还需要一到两年的时间窖藏，应该可以保存 30 年以上。

1994 Côte Rôtie La Landonne
罗第丘兰多纳葡萄酒 1994

评分：98 分

这款 1994 年份酒比其他两款单一葡萄园葡萄酒中烘烤新橡木的特性更加明显，相当强健和有力，单宁酸含量高，而且精粹度也高得惊人。酒色呈暗黑色或暗紫色，有着大量吐司、橄榄、铁质和黑色水果芳香混合的紧致鼻嗅。最佳饮用期：现在开始到 2025 年。

1991 Côte Rôtie La Landonne
罗第丘兰多纳葡萄酒 1991

评分：99 分

这款酒在接下来的 20 多年中将为大富豪们带来很大的乐趣。他们可以讨论到底哪一款更加优质，是这一款还是完美的 1990 年款。这款酒有着烟草、新鞍皮革、欧亚甘草、亚洲香料、猪肉和黑醋栗混合的巨大陈酿香，颜色为黑色，它丰富、体积巨大、多层次、非常精粹而且有着惊人的余韵，是马赛尔·吉佳乐酿制的另一款传奇酒。它也是 1991 年所有年份酒中最早熟的一款。最佳饮用期：现在开始到 2018 年。

1990 Côte Rôtie La Landonne
罗第丘兰多纳葡萄酒 1990

评分：96 分

这款酒呈不透明的黑色，伴有巧克力糖、欧亚甘草、黑

醋栗和胡椒混合的巨大鼻嗅。它是我所尝过的最集中的一款葡萄酒之一，完美的均衡，有着充足的潜在酸性和成熟水果与单宁酸的精粹物，惊人的悠长余韵可以持续 70 秒甚至更久。这款酒简直堪称席拉品种的精华！最佳饮用期：现在开始到 2020 年。

1989 Côte Rôtie La Landonne
罗第丘兰多纳葡萄酒 1989

评分：98 分

1989 年的罗第丘单一葡萄园葡萄酒非常华丽，带有吉佳乐的 1985 年款和 1982 年款的怀旧成分。酒色呈黑色或紫色，有着甘甜、宽阔的个性，而且惊人的集中。它单宁酸含量虽然很高，但是因为水果含量也高，所以很好地掩饰了单宁酸。这是另一款具有特别多精粹物的体型巨大的葡萄酒。最佳饮用期：现在开始到 2020 年。

1988 Côte Rôtie La Landonne
罗第丘兰多纳葡萄酒 1988

评分：100 分

这款兰多纳葡萄酒呈不透明的紫色，散发出巧克力糖、矿物质、亚洲香料和水果蛋糕特性混合的风味，鼻嗅虽然封闭但却令人兴奋。它入口时口感非常厚重和精粹，品酒者会情不自禁地被它的极度纯粹和丰富特性所吸引。不过，酒中的单宁酸含量仍然很高（只是给人甘甜而非酸涩的口感），还有着初期的未进化的水果特性和口感。品尝这款酒的感觉就像是刷牙一样，因为它实在是太丰富了。最佳饮用期：现在开始到 2030 年。

1987 Côte Rôtie La Landonne
罗第丘兰多纳葡萄酒 1987

评分：96 分

这款酒呈不透明的紫色，边缘为黑色，它的芳香是所有 1987 年年份酒中最为抑制的一款。尽管现在仍处于封闭状态，但是它非常有力、丰富、厚重，表现出席拉品种的精髓。这款结构巨大的葡萄酒正要显露出泥土、矿物质、巧克力糖和欧亚甘草的特性。在这个年份竟然酿制出一款如此集中和丰富的葡萄酒，实在是太神奇了。最佳饮用期：现在开始到 2020 年。

1986 Côte Rôtie La Landonne
罗第丘兰多纳葡萄酒 1986

评分：90 分

尽管 1986 年款的兰多纳葡萄酒没有莫林酒的神奇芳香和杜克酒不可思议的吸引力，但它仍是一款出色的葡萄酒。它单宁酸出色、内涵丰富，但是在 20 世纪 80 年代酿制的出色的兰多纳葡萄酒中，它并没有最佳年份酒所拥有的体积和强度。最佳饮用期：现在开始到 2009 年。

1985 Côte Rôtie La Landonne
罗第丘兰多纳葡萄酒 1985

评分：100 分

1985 年兰多纳葡萄酒是吉佳乐的罗第丘单一葡萄园葡萄酒中色泽最深、最浓厚、最有力也最集中的葡萄酒，它也是最不讨人喜欢和最咄咄逼人的葡萄酒。跟它的两个姐妹款一样，这款酒中也会出现笨重的沉淀物。酒色呈昏暗的墨紫色，散发出牛血、维生素、矿物质、烟草和巧克力糖混合的芳香鼻嗅。它非常强劲、浓厚和厚重，单宁酸并不明显。这款巨大的葡萄酒并没有显露出坚硬的边缘，但是它确实有着明显的精粹物和力量。这真是一款卓越的葡萄酒啊！最佳饮用期：现在开始到 2025 年。

1983 Côte Rôtie La Landonne
罗第丘兰多纳葡萄酒 1983

评分：98+ 分

这款暗紫色或暗石榴红色的葡萄酒散发出茶叶、烟熏鸭肉、欧亚甘草、巧克力糖和泥土混合的奇特鼻嗅。它非常集中和丰富，几乎都不能称之为酒水。这款黏稠、厚重、内涵惊人的兰多纳葡萄酒的余韵中单宁酸含量极其高，精粹物和甘油的含量也十分惊人。最佳饮用期：现在开始到 2025 年。

1982 Côte Rôtie La Landonne
罗第丘兰多纳葡萄酒 1982

评分：95 分

对于这样一个早熟的年份来说，这款兰多纳葡萄酒仍是一款向后、多肉、烟熏味、耐嚼和单宁重的葡萄酒。它已经显露出大量的沉淀物，酒瓶内壁完全被覆盖了，就好像它是一款十五年的年份波特酒。它散发出橄榄、泥土、欧亚甘草、矿物质和熏肉混合的鼻嗅，非常深厚，内涵巨大而且惊人。它非常庞大而且超级浓缩。最佳饮用期：现在开始到 2025 年。

1980 Côte Rôtie La Landonne
罗第丘兰多纳葡萄酒 1980

评分：94 分

与向外、完全成熟的 1980 年款莫林酒相比，这款兰多纳葡萄酒才刚刚开始打开和成熟。它已经显露出大量浓厚的沉淀物，但是仍然呈现出昏暗的深石榴红色。烤肉、亚洲香料、巧克力糖、矿物质和水果蛋糕混合的巨大鼻嗅令人非常兴奋。最佳饮用期：现在开始到 2010 年。

1979 Côte Rôtie La Landonne
罗第丘兰多纳葡萄酒 1979

评分：91 分

这款葡萄酒非常年轻，暗宝石红色或暗紫色的酒体中也看不出任何陈年过的迹象，它好像比吉佳乐的很多款罗第丘年份酒都要更加的紧凑和紧致。它强劲、有力、酸度好，而

且有着出色的浓缩度和精粹物，这款葡萄酒以冰川消融一样的速度陈化着。尽管它并不复杂还有点单一，但这款兰多纳年份酒含有大量水果和甘油，而且体积巨大，均衡性也很好。所以，也许我们现在只需更加耐心地等待它完全成熟。最佳饮用期：现在开始到 2015 年。

1978 Côte Rôtie La Landonne
罗第丘兰多纳葡萄酒 1978

评分：96 分

1978 年是酿制兰多纳葡萄酒的第一个年份，这款内涵惊人、墨黑色的巨型葡萄酒才刚刚开始打开和显露自己的个性。和莫林酒一样，它的瓶底也出现了一盎司的沉淀物。酒色呈浓紫色、浓黑色或浓石榴红色，散发出熏肉、烤牛排、泥土、巧克力糖、黑色水果和矿物质混合的鼻嗅。口感相当巨大，非常有力、丰富，有点单宁酸涩感。虽然单宁酸涩感中还有铁锈的感觉，但是毫无疑问，这款酒非常浓缩，水果、甘油和精粹物的含量也高得惊人。最佳饮用期：现在开始到 2020 年。

罗第丘莫林酒酒标

CÔTE RÔTIE LA MOULINE
罗第丘莫林酒

2003 Côte Rôtie La Mouline
罗第丘莫林酒 2003

评分：98~100 分

这款酒中天然酒精的含量超过 14%，是吉佳乐所酿制的天然酒精含量最高的一款葡萄酒。它很像纯粹的罗第丘年份波特酒，风格上又有点像 1999 年款，但是比后者更加有力和油滑。酒色呈浓宝石红色或浓紫色，散发出花朵、黑色水果和金银花混合的奇特鼻嗅。这款酒非常强劲、丰裕，刚开始表现出完全享乐主义的和理智的特性。它被看做是一款空前优质的莫林酒，但是和吉佳乐的意见不一样，我不愿说它

就比罕见的 1999 年款或者其他有着纯粹的完美品质的年份酒更加优质。考虑到它的力量、超级精粹和强度，它应该可以再陈年 20 到 25 年。

2001 Côte Rôtie La Mouline
罗第丘莫林酒 2001

评分：96 分

这款厚重、丰裕和强劲的莫林酒倒入杯中后，会爆发出覆盆子、甘甜的黑樱桃果酱、红醋栗、奇特荔枝和杏仁番茄酱混合的美妙鼻嗅，比大多数年轻的年份酒单宁感和结构感更加明显。它非常芳香，酒体适中或略显强劲，非常清晰，可以窖藏 4 到 5 年，然后在接下来的 20 年内饮用。

2000 Côte Rôtie La Mouline
罗第丘莫林酒 2000

评分：90 分

2000 年款罗第丘莫林酒比前三年的年份酒更轻，颜色为深宝石红色，散发出白花、欧亚甘草、焦土、黑色覆盆子和红醋栗混合的甘甜芳香。它酒体适中，结构紧凑，含有丰富的水果，酸度低，有着向前的特性。它应该在接下来的 8 到 12 年内饮用。

1999 Côte Rôtie La Mouline
罗第丘莫林酒 1999

评分：100 分

这款深紫色的罗第丘莫林酒是这个年份的三款单一葡萄园葡萄酒中最进化和向前的一款。这是一款令人惊奇的葡萄酒，有着瑞士自助餐般的芳香和口感，倒入杯中后，爆发出紫罗兰、覆盆子、黑莓、烘烤浓咖啡、香醋膏和胡椒混合的风味。它质感油滑、强劲、非常集中、相当纯粹和无缝，简直太不可思议了。这是一款非凡卓越的葡萄酒，可以在年轻时饮用，但是它应该在从现在开始到 2020 年这段时间内处于最佳状态。

1998 Côte Rôtie La Mouline
罗第丘莫林酒 1998

评分：97 分

令人惊叹的 1998 年款莫林酒是一款无缝的、强劲的经典葡萄酒，不仅有着 1997 年款兰多纳葡萄酒的很多特性，而且比后者更加有结构的、单宁重的和强健的。它可以贮存 20 年。从风格上来说，它就是 1988 年的怀旧款年份酒。

这些品酒笔记对于所有长期读者来说并不陌生。大家也都知道，如果我只能拥有一瓶葡萄酒的话，我肯定会从吉佳乐的罗第丘莫林酒系列的最佳年份酒中选择一瓶。这款酒的烟花芳香、奢华质感和无缝的个性都显示着它的完美。虽然它是用比例为 8%~12% 的维欧尼品种和席拉品种混合酿制的，但这款酒仍然是世界上最芬芳和最令人叹服的葡萄酒之一。它散发出烟熏肥肉、吐司、黑醋栗、洋槐花、黑色覆盆

子、黑醋栗奶油和橄榄酱混合的风味。满足人感官的质感、甘甜的单宁酸和柔滑的风度都是这款莫林酒的特征。最佳饮用期：现在开始到 2025 年。

1997 Côte Rôtie La Mouline
罗第丘莫林酒 1997

评分：96 分

这是一款令人惊叹的罗第丘莫林酒，呈深宝石红色或深紫色，散发出紫罗兰、桃子和黑醋栗混合的复杂鼻嗅。它柔软、能满足人的感官，酒体适中或略显强劲，而且相当诱人。最佳饮用期：现在开始到 2015 年。

1996 Côte Rôtie La Mouline
罗第丘莫林酒 1996

评分：93 分

1996 年款罗第丘莫林酒是吉佳乐历年的年份酒中维欧尼比例最大的一款，占总量的 17%~18%。酒色呈深宝石红色或深紫色，并伴有香料盒、雪松、皮革、金银花和黑色水果果酱混合的华丽陈酿香。相对于高酸度的葡萄酒来说，它显得非常柔和和柔软。酒体适中、优雅而且复杂，是莫林酒中最向前和进化的一款，因此可以在接下来的 7 到 9 年内饮用。

1995 Côte Rôtie La Mouline
罗第丘莫林酒 1995

评分：95+ 分

这款莫林酒倒入杯中后爆发出紫罗兰、黑色覆盆子、咖啡、胡椒和吐司混合的令人叹服的芳香。酒体适中或略显强劲，多汁、多层次而且相对纯粹，这确实是一款出色的莫林酒典型。尽管它在释放时就会非常可口，但是因为有着足够的结构和材料，因此可以贮存 20 年。最佳饮用期：现在开始到 2020 年。

1994 Côte Rôtie La Mouline
罗第丘莫林酒 1994

评分：96 分

这款莫林酒有着非凡的强度，酒色呈暗宝石红色或暗紫色，散发出可穿透的甘甜的黑色覆盆子水果鼻嗅，并伴有椰子和杏仁混合的果香，强劲、柔软的口感中还带有黑色水果果酱的风味。这款风格奢华的葡萄酒甚至在刚从酒桶中倒出时喝起来都非常让人愉悦。它也是一款带有优雅、柔软和性感这些优异特性的令人惊叹的莫林酒。最佳饮用期：现在开始到 2018 年。

1991 Côte Rôtie La Mouline
罗第丘莫林酒 1991

评分：100 分

这款黑色或紫色的莫林酒似乎是酿酒史上一款完美的葡萄酒，散发出紫罗兰、烟熏肥肉、甘甜黑醋栗水果和烘烤橡木混合的惊人的陈酿香。它表现出超大的密度，口感比它刚

酿制好的前几年时更加丰富和集中。混合成分中维欧尼品种占8%，而且产量很低，这是一款杰出的葡萄酒，我觉得它非常的性感诱人。最佳饮用期：现在开始到2014年。

1990 Côte Rôtie La Mouline
罗第丘莫林酒1990

评分：99分

这款超级浓缩的1990年款莫林酒呈不透明的紫色，风格上和超凡脱俗的1988年款很像。这款酒相当丰富，散发出烟熏肥肉、吐司、黑醋栗和花香混合的巨大鼻嗅，口感也惊人的丰富。这款酒因为它满足人感官的特性和非凡的强度而闻名。最佳饮用期：现在开始到2018年。

1989 Côte Rôtie La Mouline
罗第丘莫林酒1989

评分：98分

1989年款莫林酒呈饱满的紫色，是一款非常丰富的葡萄酒，带有紫罗兰、黑色覆盆子、奶油和烘烤新橡木混合的深远的芬芳。它非常强劲、质感油滑，含有相当丰裕的水果风味，余韵有力，这款葡萄酒成功地保持了强度和优雅的均衡。最佳饮用期：现在开始到2016年。

1988 Côte Rôtie La Mouline
罗第丘莫林酒1988

评分：100分

在如此多出色的莫林酒中，这款葡萄酒最深远。同时，它也是向后的反面典型，而且一直进化得很慢。酒体仍然呈暗紫色，但有艳丽的莫林酒芳香。这款深厚、超级浓缩、强劲、单宁重的莫林酒非常厚重，含有大量水果，但是仍然需要一定时间才能摆脱单宁重的掩盖。它很可能是1978年和1969年两款年份酒之后最长寿的莫林酒。最佳饮用期：现在开始到2015年。

1987 Côte Rôtie La Mouline
罗第丘莫林酒1987

评分：95分

吉佳乐的1987年款莫林酒是非常好的。考虑到1987年这样一个年份，这款酒肯定是这个年份中法国境内酿制的最优质的葡萄酒。酒色呈年轻的紫色，鼻嗅中散发出黑色覆盆子果酱、烟草、金银花和模糊微弱的杏仁混合的甘甜纯净的芳香。口感深厚、丰富、无缝而且具有天鹅绒般的质感。这款酒体适中或略显强劲且相当集中的葡萄酒并没有显露出坚硬的边缘，简直是满足人感官和奢华特性的缩影。这是一款一酿制好就可以饮用的极好的莫林酒，还没有任何陈年的迹象。最佳饮用期：现在开始到2007年。

1986 Côte Rôtie La Mouline
罗第丘莫林酒1986

评分：91分

这款莫林酒散发出烟熏橡木、烟熏肥肉和春季花朵混合的有个性的奇特芳香，还有着丰裕的多层次黑色水果风味。酒体仍然呈黑色，边缘有点发亮。酒中单宁酸和橄榄水果味比一般的莫林酒表现得更加明显。相对于1986年这样一个年份来说，这款酒是非常出色的。最佳饮用期：现在。

1985 Côte Rôtie La Mouline
罗第丘莫林酒1985

评分：100分

这是一款空前优质的莫林酒，仍然年轻和未进化。它没有1988年款那样猛烈的单宁感，或者1978年、1976年和1969年款十足的力量和强度，但它堪称是单一葡萄园葡萄酒的一个缩影。这款强劲的葡萄酒中所有成分都完美均衡，酒色呈黑色或紫色，边缘没有石榴红色或琥珀色。鼻嗅中带有大量过熟的黑色覆盆子、樱桃、雪松、巧克力、橄榄和吐司混合的风味，非常强劲、油滑而且丰裕，这款酒真是太不可思议了！这款有着天鹅绒般质感的葡萄酒余韵可以持续一分钟以上，是我所品尝过的最集中但是内涵深厚而且均衡的葡萄酒之一。跟吉佳乐酿自于这个葡萄园中的大多数葡萄酒一样，无论我多么努力地想要找个词汇来形容它的优秀，好像怎么都找不到可以达意的。这款年份酒已经达到完全成熟的状态。最佳饮用期：现在开始到2012年。

1983 Côte Rôtie La Mouline
罗第丘莫林酒1983

评分：100分

这款莫林酒虽然仍然向后，但是已经开始显露出相当多的沉淀物，酒体边缘也呈现出琥珀色。它散发出明显的紫罗兰、黑醋栗、烟熏肥肉味、烟熏鸭肉和亚洲香料混合的风味。非常强劲和健壮，单宁酸明显，这款健壮、有力和集中的莫林酒并没有大多数年份酒那样诱人。事实上，它表现得更像是一款兰多纳葡萄酒。很多1983年份酒都因为里面尖刻的单宁酸很难融化消失，所以没有像开始预料的那样让人兴奋，但是这款莫林酒中的单宁酸明显消失了。最佳饮用期：现在开始到2020年。

1982 Côte Rôtie La Mouline
罗第丘莫林酒1982

评分：99分

这是一款完全成熟的莫林酒。这款诱人的享乐主义的葡萄酒倒入杯中后散发出烟草、烟熏肥肉和黑醋栗混合的巨大芳香。因为它酸度低、肥厚和紧致的特性，所以从刚酿制好时开始就一直很可口。酒色呈暗宝石红色或暗紫色，边缘并没有琥珀色或者更亮的颜色。它深厚、质感油滑，含有大量水果，惊人的余韵中酒精度也很高。最佳饮用期：现在开始到2008年。

1980 Côte Rôtie La Mouline
罗第丘莫林酒 1980

评分：94 分

这款酒在新橡木酒桶中陈年了 3 年，但是现在它已经不再散发出任何吐司、香子兰或烟熏新橡木的芳香，这简直太让人难以相信了。它含有的超级浓缩的水果已经完全吸收了橡木味，结果它成了 1980 年这个年份法国最优质的葡萄酒之一。酒体仍然呈暗宝石红色、暗紫色或暗石榴红色，带有熏肉和黑色覆盆子混合的巨大鼻嗅。这款丰富、满足人感官的、集中的葡萄酒已经达到完全成熟的状态，但仍然可以贮存几十年。这简直是一次让人极其愉快的品酒经历！最佳饮用期：现在。

1979 Côte Rôtie La Mouline
罗第丘莫林酒 1979

评分：93 分

这款葡萄酒的表现比我预想中的要好很多。根据莫林酒的标准判断，它的酸度高于正常水平，但是这样的酸度却为它带来了好处，不仅保持了它的清新个性，还保证了相对缓慢的进化速度。这款酒表现出强烈的野味的席拉鼻嗅，非常丰富和成熟，而且余韵强劲、悠长。最佳饮用期：现在。

1978 Côte Rôtie La Mouline
罗第丘莫林酒 1978

评分：100 分

我已经有幸品尝了这款酒 24 次以上，它是我所尝过的最令人兴奋的葡萄酒之一。在它刚酿制好的几年内我非常喜欢，它现在可能已经也可能还没有完全成熟，我认为它是吉佳乐的莫林酒的经典表达。酒体仍然呈现为墨石榴红色，边缘没有明显的光亮。它极佳的果香中包括丰富的黑色覆盆子、椰子、烟熏鸭肉、亚洲香料和紫罗兰的混合芳香。它的鼻嗅成分特别丰富。它在口腔中表现出不真实的集中，还有着多层次的浓厚的水果果汁、美妙统一的酸度和适中的单宁感，它豪华的余韵可以持续一分钟以上。如果我只能买一款酒——那我就买这一款！最佳饮用期：现在开始到 2015 年。

1976 Côte Rôtie La Mouline
罗第丘莫林酒 1976

评分：100 分

1976 年款莫林酒比一些其他最佳年份的莫林酒更加深厚、丰富。从本质上来看，它介于干红佐餐葡萄酒和年份波特酒之间。当然，它的口味并不是甘甜的，但是却非常的集中。除了 1947 年的帕图斯庄园年份酒和白马庄园年份酒，我们再也找不到如此集中的葡萄酒了。这款酒已经显露出两盎司的沉淀物，散发出甘甜、花香似的黑色覆盆子或黑醋栗水果的美好的陈酿香。它非常油滑和黏稠，有着惊人的浓缩度，虽然这款酒一直以来饮用起来都非常卓越，但是它还会继续对抗老化曲线。我已经把自己贮藏的最后一瓶喝掉了，

所以现在只能指望我的朋友们才能再次喝到这款酒了。这款酒堪称是 20 世纪的传奇葡萄酒之一！最佳饮用期：现在开始到 2007 年。

CÔTE RÔTIE LA TURQUE
罗第丘杜克酒

2003 Côte Rôtie La Turque
罗第丘杜克酒 2003

评分：98~100 分

这款酒通体呈黑色或紫色，散发出亚洲香料、浓咖啡烤肉、大量黑色水果、铅笔屑和欧亚甘草混合的非凡鼻嗅。它惊人的结构隐藏了大量的单宁酸和有力的酒精。这是一款传奇的葡萄酒，而且很可能是目前为止酿制出的最优质的杜克酒。它的余韵跟莫林酒的很像，可以持续 90 秒左右。这款令人惊叹的葡萄酒虽然远不如莫林酒进化得好，但是却十分强烈。最佳饮用期：2009~2030 年。

2001 Côte Rôtie La Turque
罗第丘杜克酒 2001

评分：95 分

这是一款非常有力但同时又有点女性阴柔风格的罗第丘葡萄酒，散发出焦土、烟熏肥肉、黑莓和欧亚甘草混合的风味。它表现出相对健壮、厚重和耐嚼的风格，单宁酸含量相当高，这款年份酒需要窖藏 4 到 5 年的时间。最佳饮用期：2008~2025 年。

2000 Côte Rôtie La Turque
罗第丘杜克酒 2000

评分：91~93 分

这款杜克酒的颜色是比莫林酒更深的宝石红色，还表现出烟草、液体焦油、木榴油、猪肉、胡椒、焚香和皮革的特性，酒体适中或略显强劲，余韵比较悠长。推荐在它酿制好的前 10 到 15 年内饮用。

1999 Côte Rôtie La Turque
罗第丘杜克酒 1999

评分：100 分

这款罗第丘杜克酒有着烘烤香子兰、浓咖啡、亚洲香料、摩卡咖啡、胡椒、黑莓、木榴油和烤肉混合的香味。这款葡萄酒不仅散发出奇特的香气，而且有着惊人的强度，甘甜的、完美结合的单宁酸，体积巨大，还有大量的浓缩的水果。它是酿酒史上的又一杰作！最佳饮用期：2006~2025 年。

1998 Côte Rôtie La Turque
罗第丘杜克酒 1998

评分：98 分

这款罗第丘杜克酒很可能是最后一款完美的葡萄酒。它

爆发出烟熏黑色水果和欧亚甘草、烤肉、黑醋栗、花朵混合的惊人的奇特香气，还表露出相当多的单宁酸、巨大的结构，以及传奇的潜在深度和强度。最佳饮用期：现在开始到2022年。

1997 Côte Rôtie La Turque
罗第丘杜克酒 1997

评分：96 分

这款深紫色的深远的1997年款罗第丘杜克酒的混合成分中维欧尼品种的比例增加了5%~7%，散发出黑醋栗奶油、欧亚甘草、浓咖啡和液态沥青混合的芳香。与莫林酒相比，它的层次感和结构感更加明显，单宁酸甘甜，丰裕和成熟的水果的含量也让人振奋。最佳饮用期：现在开始到2018年。

1996 Côte Rôtie La Turque
罗第丘杜克酒 1996

评分：95 分

这款罗第丘杜克酒的颜色为饱满的暗宝石红色或暗紫色，散发出焦糖、香子兰和烟熏樱桃果酱混合的芳香，酒体适中或略显强劲，有着不同凡响的成熟度、非常柔软的余韵和大量的单宁酸。这款酒应该在接下来的9到12年内饮用。

1995 Côte Rôtie La Turque
罗第丘杜克酒 1995

评分：98 分

这款罗第丘杜克酒的混合成分中维欧尼品种的比例大约是7%，酒色呈深宝石红色或深紫色，带有烘烤香草、橄榄和亚洲香料的特性。它表现出超级的浓缩度，有着天鹅绒般的质感和集中的特点。这款绝佳的1995年款杜克酒是一款精神上完美的葡萄酒，有着艳丽、和谐和惊人的丰裕特性和长度。最佳饮用期：2007~2022年。

1994 Côte Rôtie La Turque
罗第丘杜克酒 1994

评分：95 分

奇特的1994年款罗第丘杜克酒呈深紫色，散发出欧亚甘草、亚洲香料、巧克力糖、矿物质和大量水果混合的美妙鼻嗅。口感强劲，有着非常丰富和多层次的个性以及奇异、过熟的特性。这是一款惊人的巧克力味葡萄酒，非常丰富，比莫林酒更加具有单宁感。最佳饮用期：现在开始到2020年。

1991 Côte Rôtie La Turque
罗第丘杜克酒 1991

评分：99 分

1991年款杜克酒的表现就好像是北罗纳河谷产区的李奇伯格葡萄酒（Richebourg）和木西尼葡萄酒（Musigny），它有着后两种葡萄酒的丰富和复杂特性，但是除了勒桦酒庄（Domaine Leroy）酿制的葡萄酒外，我们几乎找不到其他有此特性的葡萄酒。酒色呈饱满的暗紫色，入口后感觉非常

轻盈，远没有它的强度和丰富的精粹物所暗示的沉重感。这款酒堪称是一款酿酒杰作。吉佳乐最大程度地赋予了它惊人的水果层次、复杂和丰富的特性。它有着天鹅绒般柔滑的质感，却又没有沉重感。最佳饮用期：现在开始到2015年。

1990 Côte Rôtie La Turque
罗第丘杜克酒 1990

评分：98 分

1990年款杜克酒呈不透明的紫色，散发出黑樱桃果酱、黑醋栗、吐司和矿物质混合的惊人的芳香。它有着甘甜、大方和相当和谐的个性，是一款让人难以忘怀的葡萄酒。它单宁酸甘甜、酸度低，是我所尝过的最具有天鹅绒般柔滑的质感和口感空前丰富的葡萄酒。它还有着可以持续一分多钟的悠长余韵。最佳饮用期：现在开始到2016年。

1989 Côte Rôtie La Turque
罗第丘杜克酒 1989

评分：99 分

这款早熟、甘甜和果酱的1989年款杜克酒，散发出烟草、欧亚甘草和黑色覆盆子混合的芳香，而且惊人的丰富，给人带来不同寻常的品酒经历。它口感强劲、厚重、深厚，包含了黑色樱桃的精华。虽然它仍然年轻，但是饮用起来已经令人非常愉快了。最佳饮用期：现在开始到2012年。

1988 Côte Rôtie La Turque
罗第丘杜克酒 1988

评分：100 分

1988年款杜克酒呈深紫色，开始散发出丰富成熟的黑色梅子和黑醋栗混合的果香，果香中也开始出现烤肉味、烟熏味和孜然味，但它并没有像莫林酒那样抑制的果香。这款深厚、质感油滑、强劲而且巨大的葡萄酒即将到达它的最佳饮用时期。它表现出惊人的浓缩度和纯度，令人惊叹的是，虽

罗第丘杜克酒酒标

然在 100% 全新橡木酒桶中经过 42 个月的陈化，但它并没有表现出任何橡木的特点。这款酒非常丰满和丰富，有着最长寿的潜力，堪称传奇！最佳饮用期：现在开始到 2015 年。

1987 Côte Rôtie La Turque
罗第丘杜克酒 1987

评分：96 分

这款强劲而且超级浓缩的 1987 年款杜克酒倒入杯中后，爆发出烘烤香草、欧亚甘草和黑色水果混合的风味。它非常纯粹，仍然带有新橡木产生的吐司风味。这款深厚、多汁的葡萄酒非常柔和，但它表现出的颜色和散发出的陈酿香更像一款 3 到 4 年的葡萄酒所拥有的，而不是一款接近 18 年的葡萄酒的感觉。这款酒余韵悠长而且丰富，比莫林酒含有更多的单宁酸。最佳饮用期：现在开始到 2009 年。

1986 Côte Rôtie La Turque
罗第丘杜克酒 1986

评分：92 分

这款完全成熟的杜克酒有着烟草、新鞍皮革、烘烤香草、猪肉和甘甜果酱的黑色水果混合的陈酿香。酒体适中或略显强劲，成熟而且强烈，但它并没有最佳年份酒的非常丰富的特性。这款仍然年轻的葡萄酒应该可以继续很好地陈年。最佳饮用期：现在开始到 2006 年。

1985 Côte Rôtie La Turque
罗第丘杜克酒 1985

评分：100 分

1985 年款杜克酒是罗第丘杜克酒的首款年份酒，因为当时的葡萄园还很年轻，所以这款酒让人印象特别深刻。它仍然呈暗紫色，没有任何琥珀色或变亮的迹象，倒入杯中后会爆发出黑色水果果酱、欧亚甘草、铅笔和烟草混合的鼻嗅。甘甜、深厚、高度浓缩的口感中包含着足够的酸度和柔软的单宁酸，使得这款酒给人特别集中的口感。这款内涵巨大、丰富的葡萄酒应该可以继续进化，在接下来的 15 年以上的时间里都可以饮用。最佳饮用期：现在开始到 2012 年。

EX VOTO ERMITAGE
额米塔日还愿红葡萄酒

2003 Ex Voto Ermitage
额米塔日还愿红葡萄酒 2003

评分：95~98+ 分

这款葡萄酒精选四个不同葡萄园的葡萄酿制而成，其

额米塔日还愿红葡萄酒酒标

中 30% 来自柏萨德葡萄园，30% 来自歌海费耶葡萄园（Les Greffieux），20% 来自额米特葡萄园，还有 20% 来自墨海葡萄园（Les Meurets），这些葡萄园总共占地面积为 5 英亩。这款产量为 4000 瓶的特酿，是迄今为止吉佳乐所酿制的最优质的埃米塔日红葡萄酒。当然这和年份有很大关系。2003 年天气燥热，葡萄的平均产量只有 1500-2000 升 / 公顷，天然酒精含量为 15%。这款异常浓缩的葡萄酒呈黑色或紫色，带有黑醋栗奶油、花朵、欧亚甘草和道路沥青混合的令人愉悦的鼻嗅。它能满足人的感官，虽然单宁酸含量很高，但是口感却非常甘甜和圆润，余韵可以持续一分多钟。最佳饮用期：2010~2030 年。

EX VOTO ERMITAGE WHITE
额米塔日还愿白葡萄酒

2003 Ex Voto Ermitage White
额米塔日还愿白葡萄酒 2003

评分：96~100 分

这款特别的葡萄酒在全新的橡木酒桶中陈化将近 18 个月的时间，酿酒所用的葡萄 90% 来自于墨海葡萄园，另外 10% 来自额米特葡萄园。它是一款非常卓越的葡萄酒，与沙夫的优质经典酒和莎普蒂尔的单一葡萄园特酿相当。这款酒散发出金银花、碎矿物质、花朵、白加仑和桃子混合的风味，结构巨大，非常集中，很可能有着 20 到 30 年甚至更久的陈年潜力。

PAUL JABOULET AINE
嘉伯乐酒庄

酒品：埃米塔日小教堂葡萄酒（Hermitage La Chapelle）

庄园主：保罗·嘉伯乐·艾恩（Paul Jaboulet Aîné），S.A.（100% 嘉伯乐家族）

地址："Les Jalets," Route Nationale 7, 26600 La Roche sur Glun, France

电话：(33) 04 75 84 68 93

传真：(33) 04 75 84 56 14

邮箱：info@ jaboulet.com

网址：www.jaboulet.com

联系人：

米歇尔·嘉伯乐（Michel Jaboulet 董事长）

雅克·嘉伯乐（Jacques Jaboulet 酒类学家）

菲利普·嘉伯乐（Philippe Jaboulet 嘉伯乐酒庄董事）

弗雷德里克·嘉伯乐（Frédéric Jaboulet 外贸经理）

尼古拉·嘉伯乐（Nicolas Jaboulet 外贸经理）

劳伦·嘉伯乐（Laurent Jaboulet 酒类学家）

奥迪尔·嘉伯乐（Odile Jaboulet 公共关系主管）

参观规定：美国的客户约见请联系弗雷德里克·怀尔德曼先生（Frederick Wildman）和奥迪拉·盖勒·诺尔女士（Odila Galer Noël），联系电话：212-355-0700；其他国家的客户约见请联系让-卢克·夏佩先生（Mr.Jean-Luc Chapel），联系电话：(33) 04 75 84 68 93 或 06 07 83 28 87

葡萄园

占地面积：

埃米塔日产区红葡萄品种"拉莎贝尔"、"小拉莎贝尔"、"坡脚葡萄酒"：53.3 英亩

平均树龄：40~50 年

种植密度：6,000~9,000 株 / 公顷（与种植方式有关）

平均产量：

埃米塔日产区红葡萄品种"拉莎贝尔"、"小拉莎贝尔"、"坡脚葡萄酒"：3,500 升 / 公顷

酒的酿制

所有的葡萄都被去梗和压榨，在葡萄园中经过精心挑选后进行发酵，温度控制在 25℃ 到 30℃ 之间，然后倒入酒罐中浸渍 3 到 4 个星期，在此期间每天反复循环两次。浸渍完成后，把葡萄酒转移到橡木酒桶中陈化 2 到 3 年，而且在陈化期间每 3 个月进行一次传统分离。酿制过程中只使用一年旧的酒桶。

年产量

埃米塔日小教堂葡萄酒：80,000~85,000 瓶

平均售价（与年份有关）：65~200 美元

近期最佳年份

2003 年，2001 年，1990 年，1989 年，1988 年，1985 年，1983 年，1979 年，1978 年，1969 年，1966 年，1961 年，1949 年

嘉伯乐家族有可能是罗纳河谷最古老的居住者，但是因为所有的家族史记录在法国革命时期都被彻底毁坏，所以我们也无从查证。

嘉伯乐公司是由安托万·嘉伯乐（Antoine Jaboulet，1807-1864）创立，后来被他的两个儿子保罗（Paul）和亨利（Henri，1846-1892）发展壮大。长子保罗把公司建成当前的模式，并以自己的名字命名。从那以后，该公司一直由嘉伯乐家族的后代子孙管理。

自 1834 年以来，嘉伯乐家族企业一直都位于单·埃米塔日产区。170 年前的原始酒窖现在仍在使用中，葡萄酒的酿造、成熟和在橡木酒桶中陈化都在这些古老的酒窖中进行。近来，这个古老的建筑内又建

起了一个新酒厂。

嘉伯乐酒庄已经在德龙省的邻镇建了一幢新楼，里面有宿舍、办公室、装瓶生产线、贮藏和运输设备。地下酒窖也已经被挖掘成可以容纳一百多万瓶葡萄酒的大酒窖，这个酒窖可以为葡萄酒提供陈化和成熟的完美条件。

最近，伊泽尔河畔新堡（Châteauneuf sur Isère）的地下采石场也变成了嘉伯乐酒庄的维纳姆葡萄园（Vineum）。维纳姆葡萄园可以为葡萄酒的成熟提供完美的自然条件——全年温度都保持在12℃，湿度超过80%。这个令人印象深刻的地方，需要两年的时间才能把这些采石场建成可以贮藏一百多万瓶葡萄酒的大酒窖。

据我估计，嘉伯乐酒庄的家有公司是世界上最著名的高品质罗纳河谷葡萄酒酿造商。他们最著名的葡萄酒要数埃米塔日小教堂干红葡萄酒（毫无疑问它也是世界上最优质的干红葡萄酒之一），它并不是以某个特殊的葡萄园命名，而是以一个坐落于埃米塔日山最陡峭的山顶上一个白色的单独的小教堂命名。这款葡萄酒酿制时所用的葡萄大部分都采收自两个分别叫做美阿勒和柏萨德的葡萄园。

嘉伯乐家族是一个庞大的家族，但是他们在20世纪90年代晚期经历了一次可怕的大灾难。公司的代言人和精神领袖杰哈德·嘉伯乐（Gérard Jaboulet）突然英年早逝，他是一个非常有才华的酿酒师，而且为人平和。在接下来的几年中，嘉伯乐公司都好像没有领导人，而且产酒的质量也有所下降，但是到2003这个最佳年份时，好像所有的一切又都恢复了正常。

嘉伯乐酒庄所酿制的惊人的埃米塔日小教堂葡萄酒变得越来越出名，这并不难理解。因为它是一款非常集中的葡萄酒，通常需要10年左右的时间才能摆脱单宁酸的负面影响。甚至那时它也只是表现出仍会进化的雄伟芳香和丰富特性。从寿命的角度来看，这是一款几乎不朽的葡萄酒，它的质量和复杂性也只有几打左右的波尔多等级葡萄酒（Bordeaux cru classés）、大约半打的勃艮第葡萄酒和差不多数量的其他罗纳河谷红葡萄酒可以与之媲美。这是一款持久的葡萄酒。

埃米塔日小教堂葡萄酒在苹果酸-乳酸发酵完成后没有进行澄清，但是稍微过滤了一下。在20世纪80年代早期，嘉伯乐酒庄在装瓶前会进行过滤，但是当他们发现过滤会对完成的葡萄酒带来负面影响的时候，就终止了过滤操作。让人好奇的是，嘉伯乐首先对埃米塔日葡萄酒进行装瓶，而此时它在木桶中只陈化了12到14个月，与吉佳乐的36个月以上和沙夫的18到24个月相比，嘉伯乐所用时间明显很短。现在，只有米歇尔·莎普蒂尔的埃米塔日葡萄酒装瓶如此之快。嘉伯乐家族的解释是，他们一直都采用这种方法，我们根本没必要与他们争论，因为事实胜于雄辩，他们的葡萄酒品质确实极佳。自从经历了从1998年到2000年的质量衰退之后，嘉伯乐葡萄酒依靠卓越的2001年款和出色的2003年款东山再起，这两款年份酒是自1990年以来最优质的嘉伯乐葡萄酒。

相信大多数的葡萄酒爱好者都认同埃米塔日葡萄酒是厚重、耐嚼而且酒精度数偏高的葡萄酒。但是埃米塔日小教堂葡萄酒经过15到20年的陈化成熟之后，却像一款优质的波亚克（Pauillac）葡萄酒，而且酒中的酒精含量一般都在13%以下。入口后，这款葡萄酒给人最深刻的印象仅仅来自于它多层次的水果，而这些葡萄都采收自美阿勒葡萄园和柏萨德葡萄园中生长在花岗岩土壤上的老藤葡萄树。

HERMITAGE LA CHAPELLE
埃米塔日小教堂葡萄酒

2003 Hermitage La Chapelle
埃米塔日小教堂葡萄酒 2003

评分：93~95分

这个年份酿酒时使用了30%新橡木酒桶，但是葡萄的平均产量太低，只有1600升/公顷，所以拉莎贝尔葡萄酒的总产量只有45000瓶。从风格上来看，它跟1990年款很像。不容置疑，它是继1990年款的奇妙葡萄酒之后最优质的拉莎贝尔葡萄酒。虽然它并没有像我期望的那样非常轰动，但它的确是一款出色的拉莎贝尔葡萄酒。酒色呈深宝石红色或略显紫色，散发出黑醋栗、新鞍皮革、烤肉和干香草混合的巨大的甘甜鼻嗅。它口感强劲，非常纯粹、丰富，余韵也相当悠长。天然酒精度为14.1%，是埃米塔日小教堂系列酒的最高记录。这款酒看起来可能有至少20到30年的寿命。最佳饮用期：2010~2030年。

2001 Hermitage La Chapelle
埃米塔日小教堂葡萄酒 2001

评分：90分

2001年款埃米塔日小教堂葡萄酒看起来是一款出色的葡

萄酒，也许是自 1997 年以来最优质的一款。这是一个令人愉快的消息，因为它可以被看做是世界上最优质的葡萄酒之一。酿酒所用的葡萄都经过非常严格的挑选（有些条件很可能是之前的年份都没有的），酒色呈深宝石红色或深紫色，爆发出黑醋栗奶油、欧亚甘草和泥土混合的甘甜鼻嗅。它口感强劲、甘甜、丰富，单宁酸温和，得分应该为 90 分多一点，是继之前一连串让人失望的葡萄酒之后一个好的标志。最佳饮用期：2010~2020 年。

1997 Hermitage La Chapelle
埃米塔日小教堂葡萄酒 1997

评分：93 分

1997 年款埃米塔日小教堂葡萄酒已经开始完全封闭，但是这款年份酒表现出的甘甜、诱人和早熟程度却很让人惊讶。暴露在空气中之后，它的颜色似乎变得更深（这款葡萄酒经过 24 小时的通风之后比刚打开时的可饮用性要好很多）。它散发出大量成熟黑莓、樱桃水果和香辣矿物质特性混合的中度强烈的陈酿香。它有着相当巨大的重量和体积，但是却相当紧致，几乎不可穿透，给人宽大、深远的如正方形庞然大物般的印象。这是一款出色的埃米塔日小教堂葡萄酒，有着至少 30 年的积极进化能力。特别值得注意的是，对于比较性急地想要喝到此款酒的读者，最好提前 12 到 24 个小时把它打开醒酒，这样它的口感会更加令人愉悦。最佳饮用期：2007~2025 年。

1996 Hermitage La Chapelle
埃米塔日小教堂葡萄酒 1996

评分：92 分

1996 年款埃米塔日小教堂葡萄酒给人印象非常深刻。它的酸度很高，酒色呈黑色或紫色，虽然非常集中，但是却仍未进化好，还不能穿透。它最后很可能像 1983 年款，而且不能够进化到它早期暗示的那种程度。然而，它仍是一款口感非常集中和厚重的葡萄酒，由于酸度高，所以仍需要 7 年以上的窖藏。最佳饮用期：2012~2025 年。

1995 Hermitage La Chapelle
埃米塔日小教堂葡萄酒 1995

评分：90 分

这款酒呈饱满的紫色或紫红色，伴有野味、黑莓和熏肉混合的香气。这款酒口感丰富、强劲，还拥有沙砾的酸涩的单宁感，个性朴素。这是一款体积巨大、口感明显但是单宁重的拉莎贝尔葡萄酒。最佳饮用期：2010~2035 年。

1991 Hermitage La Chapelle
埃米塔日小教堂葡萄酒 1991

评分：90 分

这款 1991 年份酒呈饱满的暗宝石红色或暗紫色，它刚刚开始表现出二等特性，也开始散发出亚洲香料、大豆、烤牛排、胡椒和黑莓混合的芳香。它成熟、厚重，带有尖刻的酸性（这是冷年份酒拥有的一个特点），酒体适中或略显强劲，集中，内涵令人印象深刻，这款拉莎贝尔葡萄酒还有着惊人的长度和强度。它似乎比我最初预料的要稍微好一点。最佳饮用期：现在开始到 2020 年。

1990 Hermitage La Chapelle
埃米塔日小教堂葡萄酒 1990

评分：100 分

这款 1990 年拉莎贝尔葡萄酒相当于 1961 年款的现代版本。它性感、丰裕，值得得到我们的关注和赞赏。1999 年秋天，我在嘉伯乐垂直品酒会（指同一种葡萄酒不同年份产品的试尝）上第一次品尝了 1990 年款葡萄酒，3 个月后我又一次尝到了这款酒的一个大酒瓶装（double magnum，容量为五分之四加仑）。这两次中它都表现得非常出色，并且让人惊叹，完全值得得到 100 分的评分。它的颜色仍然是不透明的紫色，边缘为淡粉色。惊人的果香中混有焚香、烟草、黑莓水果、黑醋栗、烘烤香料、咖啡和淡淡的巧克力风味。倒入杯中后，还会散发出胡椒和烤牛排的风味。这样一款巨大的葡萄酒还表现出特别的清新特性，含有大量的单宁酸，余韵长达一分钟，甘油含量和深厚多肉的质感也让人惊叹。尽管它尚处于青年时期，但这款拉莎贝尔葡萄酒现在喝起来已经让人非常愉快。不过，如果再窖藏一到两年的话，它的品质会更佳。它应该有着 35 到 40 年的陈年潜力。最佳饮用期：现在开始到 2050 年。

1989 Hermitage La Chapelle
埃米塔日小教堂葡萄酒 1989

评分：96 分

这款绝佳的拳头产品自从装瓶以后就完全没有进化，但是在 1999 年秋的嘉伯乐垂直品酒会上，它开始表现出部分巨大潜力。酒色呈饱满的暗紫色，散发出黑醋栗、矿物质和热砖块或焦木混合的芳香。这是一款体型巨大的拉莎贝尔葡萄酒，超级成熟、强劲，且含有厚重的、中部的、染牙的精粹物和口感尖刻的单宁酸。最佳饮用期：2010~2050 年。

1988 Hermitage La Chapelle
埃米塔日小教堂葡萄酒 1988

评分：92 分

在 1999 年秋的嘉伯乐垂直品酒会上，这款拉莎贝尔葡萄酒是第一款开始表现出明显的二等特性和颜色发展的年份酒。它的颜色为不透明的紫色或石榴红色，边缘有着淡淡的琥珀色。这款性感、丰富的葡萄酒的果香比口感更加悦人。它体积巨大，有着雪松、潮湿森林、香料盒子和亚洲香料混合的明显芳香，爆发出的浓郁陈酿香也暗示了它的口味比预料中的要更加成熟。这款酒口感强劲、集中、厚重，带有稳定的、明显的单宁后感。这款优等、低调的拉莎贝尔葡萄酒还需要一到两年的时间窖藏。最佳饮用期：现在开始到 2025 年。

嘉伯乐酒庄酒标

1985 Hermitage La Chapelle
埃米塔日小教堂葡萄酒 1985

评分：91 分

这款拉莎贝尔葡萄酒呈饱满的暗紫红色或暗石榴红色，边缘为琥珀色。它带有烟草、矮树丛和巧克力糖混合的诱人风味，同时伴有咖啡、雪松和黑醋栗果酱或梅子味水果果酱的味道。倒入杯中后，又会散发出中国红茶、胡椒和大豆的风味。余韵中含有让人惊讶的单宁酸，个性朴素，但是它的果香和入口时口感的丰富特性和强度都让人信服。从我的窖藏来看，1985 年款好像还在以一个进化的、早熟的速度发展，但是在 1999 年秋的嘉伯乐垂直品酒会上，这款葡萄酒表现出强大很多的力量、活力、结构和重量。最佳饮用期：现在开始到 2025 年。

1982 Hermitage La Chapelle
埃米塔日小教堂葡萄酒 1982

评分：92 分

1982 年款拉莎贝尔葡萄酒是非常奇妙和让人惊讶的。它的重量已经增加，但仍然保持着奇特和非凡的风格。虽然它已经完全成熟，但是却可以再持续 10 年甚至更久。酒色呈暗石榴红色，边缘为琥珀色。散发出亚洲香料、烘烤浓咖啡、黑醋栗奶油混合的美妙鼻嗅，其中还带有北京烤鸭和海鲜沙司的风味，加上它散发出的李子、梅子和黑醋栗混合的果香，使得这款酒具有奇特且令人叹服的诱惑力。在 20 世纪 80 年代和 90 年代的所有年份酒中，1982 年款是我最喜欢的一款现时饮用的葡萄酒。它奢华而且强劲，有着奶油般的质感和甘甜的单宁酸，这款令人惊叹不已的拉莎贝尔葡萄酒适合从现在开始到 2010 年间饮用。

1979 Hermitage La Chapelle
埃米塔日小教堂葡萄酒 1979

评分：90 分

这款出色的 1979 年款拉莎贝尔葡萄酒呈暗宝石红色或暗紫色，仍然保留着年轻时的活力。它散发出大量烟草、干香草、胡椒、黑醋栗水果和香辣的风味。这款卓越的、强劲

的拉莎贝尔葡萄酒散发出烟熏的和野味（浓郁的熏肉味）的味道，虽然余韵中有生糙的口感和酸涩的单宁感，但是其他表现都是正面的。它虽然没有最强劲、最强健的拉莎贝尔年份酒的重量，但仍是一款激动人心的葡萄酒。最佳饮用期：现在开始到 2016 年。

1978 Hermitage La Chapelle
埃米塔日小教堂葡萄酒 1978

评分：100 分

这款拉莎贝尔葡萄酒呈不透明的紫红色或石榴红色，散发出惊人的、甘甜的和年轻的陈酿香，并带有欧亚甘草、焚香、烤肉、胡椒和黑莓或黑醋栗水果混合的风味。这款口感强劲的葡萄酒非常年轻，但有着让人惊讶的活力、天鹅绒般的单宁酸和强劲、立体、多层次的个性。它余韵悠长，可持续一分多钟，非常清新但并没有完全成熟。这款超级浓缩的 1978 年款应该可以继续很好地陈化 20 年。最佳饮用期：现在开始到 2030 年。

1971 Hermitage La Chapelle
埃米塔日小教堂葡萄酒 1971

评分：93 分

我以比较低廉的价格购买了这款 1971 年拉莎贝尔葡萄酒，而且在过去的三十几年中饮用了不止 3 箱。它在释放时非常可口，很明显仍是一款令人惊叹的葡萄酒。这款葡萄酒很像一款波美洛风格的埃米塔日葡萄酒，它多肉、低酸，有着柔滑的质感，可以继续轻松地陈年而不损失任何脂肪或水果。它的颜色为不透明的石榴红色，边缘有明显的琥珀色。享乐主义的陈酿香中散发出烟草、干香草、咖啡、烤肉和黑莓或黑醋栗的果香。从 20 世纪 70 年代开始，它就已经达到完全成熟的状态。这是一款有着惊人的风土特性的优质葡萄酒，它从进化的方面向我们阐释了这种酒达到完美均衡时会是什么样的效果。它具有强劲和享乐主义的特性，质感丰裕、丰富，而且有着奇特和强烈的芳香。现在还不能确定它可以陈年多长时间，但是它还没有表现出任何衰退的迹象，所以还是赶紧把它喝完吧！

1970 Hermitage La Chapelle
埃米塔日小教堂葡萄酒 1970　评分：94 分

我非常幸运地在早期买到了这款年份酒，而且已经享用很多次了。它一直都是一款惊人的拉莎贝尔葡萄酒。在 1999 年嘉伯乐垂直品酒会上，它的表现完全和它一直以来的出色品质相吻合。在盲品会（就是指在不公开低酒品名称的情况下，通过品酒师品鉴，决定出酒质高地的活动）上，它极易和波亚克的一级庄园酒搞混淆。

酒色呈暗紫红色，边缘有明亮的琥珀。惊人的果香（这是非常成熟的拉莎贝尔葡萄酒都会有的一个特性）中表现出亚洲香料、大豆、烤肉、巧克力、胡椒、黑莓和黑醋栗水果的风味。它多汁、成熟、强劲、集中，甘油含量高，宽阔且能满足人的感官，已经完全成熟。这款酒不仅奢华，而且极其纯粹和绵长，完美结合的单宁酸和酸度几乎完全被葡萄酒的多肉、多水分和强烈所掩饰。最佳饮用期：现在开始到 2010 年。

1966 Hermitage La Chapelle
埃米塔日小教堂葡萄酒 1966　评分：94 分

1966 年款拉莎贝尔葡萄酒的陈酿香中包含着 1999 年嘉伯乐垂直品酒会上所有葡萄酒中最惊人和持久的果香。倒入杯中后，这款有着惊人芬芳的葡萄酒散发出干草、新鞍皮革、大豆、烤鸭、烤牛排和大量黑醋栗、黑莓、李子混合的风味。陈酿香所表现出的美好风味并没有在口腔中体现出来，但是仍有着烟草、胡椒和奇特香料的特性以及多层次的丰富特性。倒入杯中后，它开始变得不那么集中。然而，这款拉莎贝尔葡萄酒甘油含量高、宽阔、多汁、低酸度而且集中，仍然可以贮存很长一段时间。无论是原始的瓶装储藏还是大瓶装，它都是一款令人惊叹的拉莎贝尔葡萄酒之一，应该尽快饮用。

1964 Hermitage La Chapelle
埃米塔日小教堂葡萄酒 1964　评分：93 分

这款完全成熟的拉莎贝尔葡萄酒呈现出深石榴红色，边缘为明显的琥珀色。它的陈酿香中散发出柴火、烟草、皮革、亚洲香料、烘烤蔬菜和猪肉混合的果香。这款葡萄酒强壮、强健、肥厚而且丰满，酸度低，酒精度高，甘油和水果含量也很丰富。最初有着比较奢华和奶油般的质感，而且喝起来令人非常惊叹，但是倒入杯中后，它很快就会变质。关于这款年份酒我并没有太多的品尝经验，但是我估计它在巅峰时期，也就是 20 世纪 70 年代和 80 年代早期时，是接近完美的。很明显，它的出色生命即将走到尽头，应该尽快饮用。

1962 Hermitage La Chapelle
埃米塔日小教堂葡萄酒 1962　评分：90 分

这是一款快要崩溃变质的拉莎贝尔葡萄酒，但还可以饮用。它有着泥土和香辣的口感，呈石榴红色或琥珀色，表现出复杂的果香。入口时口感甘甜、柔软、圆润，酒体适中，

有着天鹅绒般的柔滑质感，以及丰裕的、多汁的口感。倒入杯中 3 到 4 分钟之后，它的酸度和单宁酸感会转移到最前方，而水果口感会消失。有趣的是，当它开始消失的时候，又会表现出 20 世纪 50 年代的老金玫瑰（Gruaud-Larose）酒庄酒的特性。这款酒应该尽快饮用。

1961 Hermitage La Chapelle
埃米塔日小教堂葡萄酒 1961
　　评分：100 分

毫无疑问，这款酒是 20 世纪酿制的最优质的葡萄酒之一。我在 24 次品酒会中品尝过 1961 年款拉莎贝尔葡萄酒，其中有 20 次我都给了它满分。它的颜色为不透明的紫色或石榴红色，伴有惊人的果香，体现出了老藤席拉品种的精髓。果香中含有烤肉、胡椒、海鲜沙司和大豆混合的风味。倒入杯中后，还散发出胡椒、新鞍皮革、烤肉、大量黑莓、梅子和黑加仑利口酒的风味。相当油滑，惊人的集中和纯粹，它强劲、无缝、口感充实，确实是一款不朽的杰作。它仍然有着可以与它 40+ 岁时相抗衡的清新和活力。它在接下来的 15 年或者更久的时间里喝起来应该都很不错。这真是非常奇妙的一款酒啊！最佳饮用期：现在开始到 2020 年。

1959 Hermitage La Chapelle
埃米塔日小教堂葡萄酒 1959
　　评分：90 分

这款酒我已经喝过 6 瓶了，而且评分一直都在 90 分以上。在 1999 年的嘉伯乐垂直品酒会上，它好像更加进化，呈现出饱满的石榴红色，散发出强烈的猪肉、干香草、大量烟草和香料风味的陈酿香。入口后，满口都是灼热的酒精味，因此我们可以清楚地知道它是一款产自相当干燥和炎热年份的葡萄酒。它健壮、完全成熟，但是变得越来越混乱，水果口味也开始消退，转而被酒精和单宁酸所取代。然而，它仍是一款出色的葡萄酒，而且我相信它的原始瓶装酒的表现远好于此，它适合在接下来的 10 年内饮用。鉴于这款酒的现状，它应该尽快饮用。

1949 Hermitage La Chapelle
埃米塔日小教堂葡萄酒 1949
　　评分：94 分

这款让人惊叹不已的葡萄酒呈现出暗石榴红色或琥珀色，并伴有糖浆、奇特的亚洲香料、烤鸭、李子和黑莓利口酒混合的果香。这款宽阔、强劲、奇特的葡萄酒入口后非常甘甜，有着惊人的甘油、甘甜的单宁酸、上述果香的特性和咖啡的口味，它强劲而且非常清新。这款酒不仅倒出瓶后非常好喝，而且在杯中也能够一直保持着好的口感，直到我再也忍不住要表扬它。我是在 1999 年秋的嘉伯乐品酒会上，第一次品尝到这款 1949 年拉莎贝尔葡萄酒，因此我不知道其他瓶释放后是什么表现，但这是已经存活 50 年的、成熟的、毫无瑕疵的拉莎贝尔葡萄酒的一个深远的例子。

DOMAINE DE LA JANASSE
加纳斯酒庄

酒品：

教皇新堡肖邦特酿红葡萄酒（Châteauneuf-du-Pape Cuvée Chaupin）

教皇新堡老藤红葡萄酒（Châteauneuf-du-Pape Vieilles Vignes）

庄园主：艾梅·沙邦（Aimé Sabon），克里斯多夫·沙邦（Christophe Sabon），伊莎贝拉·沙邦（Isabelle Sabon）

地址：27,chemin du Moulin,84350 Courthézon,France

电话：(33) 04 90 70 86 29

传真：(33) 04 90 70 75 93

邮箱：lajanasse@free.fr

网址：www.lajanasse.com

联系人：克里斯多夫·沙邦或伊莎贝拉·沙邦

参观规定：周一至周五 8:00-12:00am 和 2:00-5:00 pm 酒庄对外开放；周六和周日参观必须提前预约

葡萄园

占地面积：136 英亩

葡萄品种：教皇新堡红葡萄品种（80% 歌海娜、7% 慕合怀特、7% 席拉和 6% 其他）

平均树龄：教皇新堡红葡萄品种 50 年，（从 15 年到 100 年之间）。肖邦特酿采自种植于 1912 年的一个葡萄园的葡萄树；老藤精选采自树龄为 60 到 100 年之间的不同葡萄园的葡萄树。

种植密度：教皇新堡红葡萄品种（歌海娜：3,500~ 4,500 株 / 公顷；席拉和慕合怀特：4,000~5,000 株 / 公顷）

平均产量：教皇新堡红葡萄品种（2,000~3,000 升 / 公顷）

酒的酿制

这款酒酿制早期时的工序包括：一次严格的分类（两个分拣台），50%~80% 的葡萄被去梗，2 到 4 天的提前浸皮，人工踩皮，在酒罐中进行 3 到 4 周的浸皮。培养时，歌海娜品种总是在卵形大木桶中陈化，而席拉和慕合怀特品种则在小一些的酒桶中进行。根据年份的情况而定，只使用非常少量的新橡木酒桶。经过 12 到 14 个月的陈化之后，它们被混合在一起。一般规则是 30% 的肖邦特酿在小酒桶中陈化，而老藤精选中有 35% 进行酒桶陈化，而且新橡木的比例比前者高，其他的都在卵形大木桶中陈化。葡萄酒会加入蛋白进行澄清，但很少过滤。

年产量

教皇新堡肖邦特酿红葡萄酒：12,000~16,000 瓶

教皇新堡老藤红葡萄酒：10,000~15,000 瓶

平均售价（与年份有关）：45~75 美元

近期最佳年份

2003 年，2001 年，2000 年，1999 年，1998 年，1995 年，1990 年

加纳斯酒庄在过去的 10 年里一直都是法国一颗闪亮的明星。艾梅·沙邦和他雅皮士（属于中上阶层的年轻专业人士）穿着整洁的儿子克里斯多夫真是名不虚传。艾梅在 1973 年之前把所有的产品都卖给了合作商们，但那一年他建立了一个酒厂，开始自产自销。克里斯多夫现在才三十几岁，从法国博纳（Beaune）的酒类学专业毕业之后，于 1991 年接管了酒庄。克里斯多夫为酒庄贡献了很大的精力和热情，从目前的现状来看，他的这些付出已经造就了大量的上乘葡萄酒。加纳斯酒庄的教皇新堡葡萄酒因为大受欢迎而被销售到世界各地，但是读者们也应该知道，加纳斯酒庄酿制的罗第丘葡萄酒也是非常优秀的，还有一款产自南罗纳河谷的佐餐葡萄酒也让人印象深刻。

加纳斯酒庄拥有一些一流的小块葡萄园，跟大多数教皇新堡产区酒庄的葡萄园一样，它们都被 morsellated（指很多葡萄园的土地被分割成块，不同的种植者拥有自己的一块地），有着 15 个独立的小块。加纳斯酒庄生产的三款葡萄酒，它们的主要酿造成分都是歌海娜。正规陈酿（也叫经典陈酿）产自一些相对老藤的葡萄园，包括克劳园（Le Crau）的一个小块葡萄园，还有离库尔铁松不远的东北部的一个葡萄园，其土壤更加沙砾质和黏土质。肖邦特酿所用的歌海娜都采收自种植于 1912 年的一个小块葡萄园的葡萄树。老藤精选所用的原料则采收自平均树龄为 80 年的几个小块葡萄园的葡萄树。既然克里斯多夫一直在尝试新

的酿酒技术，那么优质葡萄酒的集合中不停地多出几款创新的葡萄酒就一点都不足为奇了。尽管他对于成熟年份中去梗的重要性仍然思想开明，但他已经开始进行去梗了，而且在产量高的年份他还会定期地对葡萄进行打薄。另外，他还使用了很小比例的新橡木酒桶，基本上都是用于酿制老藤精选，但是对于非歌海娜品种普遍都使用小酒桶。结果是他酿制出了教皇新堡产区内的一些最纯粹、口感权威而且非常优雅、文雅和雅致的葡萄酒。它们虽然带有明显的老式传统主义，但却是纯粹的现代主义酒。沙邦家族酿制的教皇新堡产区葡萄酒已经拥有了经典、丰富、复杂的特性，但是与它的活泼和强烈又不矛盾。

　　加纳斯酒庄是该产区一个管理出色的酒庄，从质量方面来看，它正好已达到教皇新堡产区等级制度的最高级别，该酒庄生产的葡萄酒都变成了国际巨星。加纳斯酒庄也会酿制一些南罗纳河谷地区最可口的罗第丘红葡萄酒和白葡萄酒。

CHÂTEAUNEUF-DU-PAPE CUVÉE CHAUPIN
教皇新堡肖邦特酿红葡萄酒

2003 Châteauneuf-du-Pape Cuvée Chaupin
教皇新堡肖邦特酿红葡萄酒 2003

评分：95~98 分

　　这是在奇特燥热的 2003 年里酿制的一款非凡的葡萄酒，它散发出覆盆子利口酒、橘子皮、黑莓、欧亚甘草和泥土混合的特别鼻嗅。这款酒全部用歌海娜品种酿制而成，体积巨大，酒精度高达 15%，而且余韵相当悠长和集中。这是一个美人，应该在它年轻时就饮用，因为它的酸度低，甘油含量却高，而且柔软。不过它仍然可以很好地陈年 12 到 15 年以上。

2001 Châteauneuf-du-Pape Cuvée Chaupin
教皇新堡肖邦特酿红葡萄酒 2001　评分：95 分

　　这款葡萄酒呈饱满的紫色或紫红色，散发出覆盆子、黑樱桃白兰地和白花混合的强劲的、甘甜的陈酿香。这款 2001 年份酒耐嚼、强劲，惊人的优雅，而且口感醇厚，比平常的葡萄酒稍微更有结构感和单宁感，再窖藏 1 到 3 年会更佳。这是 1998 年到 2001 年间酿制的最为向后和有结构的肖邦特酿，它很容易被误作是优质年份酿制的勃艮第优质红葡萄酒。最佳饮用期：2006~2015 年。

2000 Châteauneuf-du-Pape Cuvée Chaupin
教皇新堡肖邦特酿红葡萄酒 2000　评分：94 分

　　2000 年款教皇新堡肖邦特酿是加纳斯酒庄中最为性感和满足人感官的一款葡萄酒。它堪称是教皇新堡产区的碧姬·芭杜（Brigitte Bardot，著名法国性感女星）——强劲、

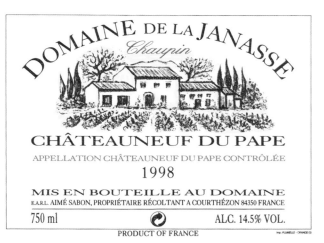

教皇新堡肖邦特酿红葡萄酒 1998 酒标

丰富而且性感。它非常纯粹和均衡，表现出脂肪、力量和优雅的惊人结合，还散发出红色水果和黑色水果的甘甜、宽阔的芬芳。因为它含有较低的酸度和宽阔、成熟的水果，现在已经非常可口，在接下来的 12 到 15 年内饮用口感会很好。千万不要错过这款葡萄酒，因为它甚至可能比 1998 年款更加大方和性感。

1999 Châteauneuf-du-Pape Cuvée Chaupin
教皇新堡肖邦特酿红葡萄酒 1999　评分：91 分

　　1999 年款教皇新堡肖邦特酿红葡萄酒呈深宝石红色或深紫色，并伴有黑莓、黑醋栗和樱桃利口酒混合的强劲、甘甜的陈酿香。这款性感、强劲而且奢华的年份酒结合了肥厚和多肉的特性，而且非常优雅、纯粹，轮廓也异常清晰。它已经非常可口，还可以再贮存 10 到 12 年。

1998 Châteauneuf-du-Pape Cuvée Chaupin
教皇新堡肖邦特酿红葡萄酒 1998　评分：93 分

　　这款 1998 年教皇新堡肖邦特酿的酒精度为 14.5%，是一款满足人感官的、奢华的拳头产品，有着令人兴奋的水果纯度，并伴有烤香草、樱桃利口酒、黑莓和亚洲香料混合的悦人芳香。因为这款酒中含有大量的甘油和成熟、果酱的水果，所以它的口感是最为甘甜的一款。耐嚼、绵长的余韵可以持续 40 多秒。它可以现在饮用，但是读者们最好留下一瓶，等大约 10 年之后再喝。这款出色的葡萄酒是由罗纳河谷最有造诣的年轻酿酒师酿制的。最佳饮用期：现在开始到 2018 年。

1995 Châteauneuf-du-Pape Cuvée Chaupin
教皇新堡肖邦特酿红葡萄酒 1995　评分：91 分

　　1995 年款教皇新堡肖邦特酿红葡萄酒呈现出比正规陈酿更深的宝石红色或紫色。它散发出黑色覆盆子风味的鼻嗅，更加抑制，有着封闭和单宁的风格。这款酒口感强劲，而且果肉很好，还需要一到两年的时间窖藏。绵长、有结构而且轮廓清晰，它从现在开始到 2015 年间会达到成熟的高峰时期。它是教皇新堡产区最好的酒庄之一所酿制的完美无瑕的葡萄酒。

1994 Châteauneuf-du-Pape Cuvée Chaupin
教皇新堡肖邦特酿红葡萄酒 1994　评分：90 分

1994 年款肖邦特酿散发出樱桃果酱、樱桃利口酒、烟草和普罗旺斯香草混合的强烈诱人的鼻嗅，圆润且酒体很好，甘油含量丰富，还有多层次的水果。这款葡萄酒好像太可口了，并不适合再放置，但是它仍有足够的结构和酸度，所以还有几年的享乐主义饮用寿命。这款酒还有着淡淡的、清晰的普罗旺斯矮灌丛风味。最佳饮用期：现在开始到 2006 年。

1990 Châteauneuf-du-Pape Cuvée Chaupin
教皇新堡肖邦特酿红葡萄酒 1990　评分：90 分

1990 年款肖邦特酿的颜色为暗宝石红色或暗紫色，散发出强烈的黑色覆盆子、烘烤香草和巧克力混合的艳丽鼻嗅。这款酒非常集中，甘油和精粹物含量丰富，酒精度也高，而且有着悠长、适度单宁酸的余韵。最佳饮用期：现在开始到 2008 年。

CHÂTEAUNEUF-DU-PAPE VIEILLES VIGNES
教皇新堡老藤红葡萄酒

2003 Châteauneuf-du-Pape Vieilles Vignes
教皇新堡老藤红葡萄酒 2003

评分：96~100 分

这款强度很大的葡萄酒带有欧亚甘草、黑醋栗奶油、覆盆子和樱桃果酱混合的风味。它强劲，而且超级纯粹，质感油滑，悠长的余韵可以持续一分多钟。这款相当出色的葡萄酒应该在接下来的 12 到 15（或以上）年内饮用。

2001 Châteauneuf-du-Pape Vieilles Vignes
教皇新堡老藤红葡萄酒 2001

评分：98 分

令人惊叹的 2001 年款教皇新堡老藤红葡萄酒是这个年份有纪念意义的教皇新堡葡萄酒之一。酒色呈饱满的紫红色或紫色，表现出深厚、丰富的特性。这款葡萄酒强劲、集中，明显持久的口感中包含了清新特性、力量、优雅和巨大的强度。它虽然相当纯粹，但是既没有过老也没有过度成熟。这款强健、年轻的教皇新堡葡萄酒应该会在接下来的 5 到 6 年内达到巅峰状态，而且可以持续 20 年。这真是一款出色的杰作！

2000 Châteauneuf-du-Pape Vieilles Vignes
教皇新堡老藤红葡萄酒 2000

评分：96+ 分

这款产量有限的老藤精选是用 70% 的歌海娜以及 30% 的席拉和慕合怀特酿制而成，品尝的时候我被震惊了，因为这款老藤精选代表了樱桃白兰地和胡椒混合的精髓。性感、强劲、多层次而且立体，它表现出巨大的强度，甚至比肖邦特酿还要绵长，含有甘甜的水果、足够的酸度和成熟的单宁

酸。这是一款毫无瑕疵而且无缝的拳头产品，可以现在饮用，也可以在接下来的 15 到 20 年内饮用。

1999 Châteauneuf-du-Pape Vieilles Vignes
教皇新堡老藤红葡萄酒 1999

评分：92 分

这款教皇新堡老藤红葡萄酒有着花香（可能是紫罗兰）似的风味，具有结构感，而且向后和有力。酒色呈深紫色，入口时口味非常丰富，转而劲力十足、强健而且绵长，应该可以陈年 20 年左右。

1998 Châteauneuf-du-Pape Vieilles Vignes
教皇新堡老藤红葡萄酒 1998

评分：96 分

这款酒呈黑色或紫色，散发出黑醋栗奶油和覆盆子的甘甜鼻嗅，我估计有人会说它是用半现代的风格酿制而成的。这款教皇新堡葡萄酒有力、优雅、非常纯粹，入口后有着威严、多层次的口感，余韵可以持续 40 秒以上。不过它仍然未进化而且有点葡萄的感觉，所有迹象都表明它还可以进行 20 年甚至更久的极好进化。最佳饮用期：现在开始到 2021 年。

1995 Châteauneuf-du-Pape Vieilles Vignes
教皇新堡老藤红葡萄酒 1995

评分：93 分

奇特的 1995 年款教皇新堡老藤红葡萄酒呈现出饱满的紫红色或紫色，还拥有大量的水果味。它非常丰富和强劲，带有胡椒、香料、黑色水果（指梅子、樱桃和覆盆子）和少量欧亚甘草、雪松多方面的鼻嗅。这款酒内涵惊人，而且丰富、强劲，但是并没有压倒性的或过量的酒精。它非常适合从现在开始到 2016 年间饮用。

1994 Châteauneuf-du-Pape Vieilles Vignes
教皇新堡老藤红葡萄酒 1994

评分：92 分

1994 年款老藤精选是一款强劲、深远的葡萄酒，内涵丰富，甘油含量高，带有烟草、樱桃白兰地和樱桃水果混合的风味，酒精度也很高。这款教皇新堡葡萄酒虽然年轻，但是已经发展得很好，非常可口。它入口时有着宽阔的水果口感，而且非常成熟、丰富和纯粹。它给人有点单宁的感觉，但整体上还是相当成熟，天鹅绒般的质感中含有丰富的水果风味，而且美妙地集中。最佳饮用期：现在开始到 2010 年。

1990 Châteauneuf-du-Pape Vieilles Vignes
教皇新堡老藤红葡萄酒 1990

评分：92 分

这款暗宝石红色的老藤精选是一款厚重、高度精粹和颜色深暗的葡萄酒，带有大量单宁酸，有着很好的陈年潜力。它爆发出 15% 的酒精度。虽然仍然年轻，但它确实是一款值得注意的年份酒。最佳饮用期：现在开始到 2009 年。

DOMAINE DE MARCOUX
玛可酒庄

酒品：

玛可酒庄教皇新堡红葡萄酒（Château-du-Pape）

玛可酒庄教皇新堡老藤红葡萄酒（Château-du-Pape Vieilles Vignes）

庄园主：凯瑟琳·阿蒙涅（Catherine Armenier）和索菲·阿蒙涅（Sophie Armenier）

地址：7,rue A.Daudet Chemin de la Gironde,84100 Orange, France

电话：(33) 04 90 34 67 43

传真：(33) 04 90 51 84 53

联系方式：欢迎致电或致函

参观规定：不接待旅游团，若要参观或品酒必须提前预约

葡萄园

占地面积：40.5 英亩新堡红葡萄品种

葡萄品种：教皇新堡红葡萄品种（85% 歌海娜、8% 慕合怀特、5% 席拉和2% 神索）

平均树龄：

10.1 英亩的葡萄树树龄在 70 到 100 年之间（24% 的土地所有权）

13.1 英亩的葡萄树树龄在 40 到 53 年之间（32% 的土地所有权）

9.9 英亩的葡萄树树龄在 20 到 40 年之间（24% 的土地所有权）

7.5 英亩的葡萄树树龄不到 20 年（20% 的土地所有权）

种植密度：3,300 株 / 公顷

平均产量：2,500 升 / 公顷

酒的酿制

玛可酒庄酿制葡萄酒的灵活性很大，根据葡萄的成熟度

凯瑟琳·阿蒙涅和索菲·阿蒙涅

和不同年份的条件风格来选择酿制工艺。一些年份酒在酿制时完全去梗，有些则不去梗。一般来说，老藤精选不去梗的情况比正常陈酿要常见。葡萄酒在酿制时基本不进行什么人工操作，只需加入非常微量的二氧化硫，然后在水泥酒罐和中性木桶中培养。装瓶前不进行澄清和过滤。

年产量

教皇新堡红葡萄酒：27,000 瓶

教皇新堡红老藤精选：4,000 瓶

平均售价（与年份有关）：45~125 美元

近期最佳年份

2003 年，2001 年，2000 年，1998 年，1995 年，1990 年，1989 年

阿蒙涅两姐妹是让人印象非常深刻的双人组合，她们于 1995 年从哥哥菲利普那里接管玛可酒庄。凯瑟琳和索菲都是非常热情和认真的酿酒师，跟她们的哥哥一样，她们也一直奉行生物动力栽培技术。这都是受高级酿酒师拉茹·贝茨-拉鲁瓦（Lalou Bize-Leroy）、尼古拉·朱莉（Nicolas Joly）和米歇尔·莎普蒂尔的激发。阿蒙涅家族一共培植了 53 英亩的葡萄园，其中有 40.5% 是教皇新堡品种，这些葡萄园都遵照著名的德国教授鲁道夫·史丹勒（Rudolf Steiner）所著的占星术著作或顺势疗法著作培植。结果，葡萄酒的年产量一直很低，自然地，酒的质量也出奇的高。

阿蒙涅家族相当古老——他们家族在教皇新堡产区的起源可以追溯到 14 世纪，更准确地说是 1344 年，而他们的葡萄树也是同样的古老。玛可酒庄有着平均树龄在 40 到 50 年之间的老藤红葡萄品种，其中有一些树龄甚至高达 90 多年。他们至少有十个独立的小块葡萄园，其中一个叫做沙博尼耶园（Les Charbonnières），里面种有最古老的葡萄树。沙博尼耶园位于教皇新堡产区的东部，恰好在著名的克劳园的正西方。还有一个小块葡萄园叫做艾斯凯隆园（Les Esquirons），里面的葡萄树也相当古老。艾斯凯隆园正好位于酒庄废墟之后，园中都是沙质土壤。老藤精选葡萄酒就是酿自这两个葡萄园和教皇新堡产区南部的

另一个葡萄园中生产的葡萄，这三个葡萄园都被著名的 galets roulés（足球大小的岩石）所覆盖。玛可酒庄酿制的老藤精选红葡萄酒系列即使算不上教皇新堡产区最惊人的葡萄酒，但也算得上是世界上最优质的红葡萄酒之一，比如 1998 年和 2000 年两款年份酒，它们的浓缩度和鲜明的黑莓或蓝莓水果特性都令人极为惊讶。甚至在较轻的年份比如 1992 年和 1993 年，这两种酒也非常有力。这两款精酿在酿制时没有使用新橡木酒桶，但是用了老酒桶、卵形大木桶和酒罐，在装瓶前从不进行澄清和过滤。

玛可酒庄的正常陈酿并非是稍显平庸的葡萄酒。在最佳年份中酿制出的正常陈酿都是有力的教皇新堡葡萄酒，酿制过程一致，至少出口到美国的葡萄酒在装瓶前不会进行澄清和过滤。出售到世界其他国家的陈酿也只是稍微进行了一下过滤。

酒窖的所有活动都由星星指导，这里的星星是指夜幕下天空中的繁星，事实上葡萄酒酿制时没有进行任何人工操作。酿酒用的葡萄不会去梗，不管月运周期如何，酿酒工艺都采用传统方式。结果酿制出的葡萄酒都异常的强烈，所以有人就会认为浸渍时间一定在一个月以上，但一般不会这么久。事实上，在 1989 年和 1990 年这样的最佳年份，浸渍的时间相对较短，只有半个月左右，而在 1993 年这样较轻的年份才会持续浸渍将近一个月的时间。红葡萄酒的酿酒原料中包含 80% 的歌海娜，但是阿蒙涅家族除了种有成排的神索、席拉和慕合怀特之外，还种有瓦卡黑斯、古诺瓦姿、穆斯卡尔丁和黑德瑞（Terret Noir）。

菲利普·阿蒙涅酿制的近期年份酒现在很受追捧，他的父亲艾利·阿蒙涅也酿制出多款经典的教皇新堡红葡萄酒。如果你有幸遇到 1966 年、1967 年、1970 年和 1978 年这几款年份酒，一定要毫不犹豫地出手，因为它们都是一流的、纯度很高而且内涵上乘的教皇新堡红葡萄酒。玛可酒庄是教皇新堡产区的一个出色的参考标准。

索菲·阿蒙涅和凯瑟琳·阿蒙涅两姐妹组成的天才团队优雅地经营着阿蒙涅家族的产业，他们家族在 700 年的时间里一直酿制着教皇新堡葡萄酒！

CHÂTEAUNEUF-DU-PAPE
玛可酒庄教皇新堡红葡萄酒

2003 Châteauneuf-du-Pape
玛可酒庄教皇新堡红葡萄酒 2003

评分：91~93 分

事实上这款酒的酿制原料是 100% 的歌海娜品种，它异常的集中，带有大量覆盆子、黑醋栗水果和一些液态欧亚香草混合的风味。它柔软、强劲的口感表明其酒精度至少为 15%，而且体积巨大、无缝，余韵极其悠长和集中。这是一款相当复杂、享乐主义的葡萄酒，可以在接下来的 10 到 12 年内饮用。

2001 Châteauneuf-du-Pape
玛可酒庄教皇新堡红葡萄酒 2001

评分：90 分

2001 年款教皇新堡红葡萄酒的天然酒精度为 14.8%，是一款性感的、惊人的、向前的玛可酒庄葡萄酒。它有着肉质的个性，散发出相当丰裕与明显的黑莓利口酒的果香，其中还混合着液态欧亚香草、烟草和亚洲香料的风味。这是一款酸度低、劲力十足、丰满、强劲而且性感的葡萄酒，最好在接下来的 10 到 12 年内饮用。

2000 Châteauneuf-du-Pape
玛可酒庄教皇新堡红葡萄酒 2000

评分：92 分

这款上乘的 2000 年款教皇新堡红葡萄酒呈暗紫红色或暗紫色，带有液态欧亚香草、黑莓、黑醋栗、樱桃、李子和葡萄干混合的奢华风味。多层次的黑醋栗奶油口感，潜藏着适度的单宁，它非常性感、多汁和芳香。低酸度和甘甜的单宁表明它适合现在饮用，也可以在接下来的 12 到 15 年内享用。

1999 Châteauneuf-du-Pape
玛可酒庄教皇新堡红葡萄酒 1999

评分：90 分

1999 年款教皇新堡红葡萄酒呈暗宝石红色，散发出欧亚香草、樱桃果酱、春季花朵和黑莓混合的极佳芬芳。这款教皇新堡葡萄酒相对比较进化，对于 1999 年这样一个年份来说，这款酒显得比较独特，有着甘甜的单宁、多层次的口感和悠长无缝的余韵。这款诱人的、丰裕的 1999 年年份酒现在已经可以饮用，也可以在接下来的 8 到 10 年内享用。

1998 Châteauneuf-du-Pape
玛可酒庄教皇新堡红葡萄酒 1998

评分：90 分

1998 年款教皇新堡红葡萄酒散发出胡椒、梅子、樱桃利口酒和黑醋栗混合的鼻嗅，口感丰裕、绵长、紧致，而且充满甘油和酒精的味道。它高度的丰富特性和甘油很好地掩饰

了葡萄酒的结构和单宁感。这款性感、质感奢华、奶油般的葡萄酒在接下来的 8 到 11+ 年内饮用，口感应该会极佳。

1990 Châteauneuf-du-Pape
玛可酒庄教皇新堡红葡萄酒 1990

评分：90 分

这款酒呈暗宝石红色或暗紫色，散发出甘甜的黑色水果果酱和香草的巨大鼻嗅。入口后会有甘甜、甘油、高度酒精和极好的精粹物口感，带给人奢华的品酒体验。此外，这款酒还有着柔软的单宁和巨大的余韵。最佳饮用期：现在开始到 2006 年。

CHÂTEAUNEUF-DU-PAPE VIEILLES VIGNES
玛可酒庄教皇新堡老藤红葡萄酒

2003 Châteauneuf-du-Pape Vieilles Vignes
玛可酒庄教皇新堡老藤红葡萄酒 2003

评分：99 分

这款教皇新堡老藤精选红葡萄酒相当奇特，是用 85% 的歌海娜和 15% 的席拉酿制而成，天然酒精度高达 16.2%。酿酒所用的葡萄都采收自古老的葡萄园，一部分采自克劳园，还有一部分采自加利玛葡萄园（Les Galimards）。酒色呈深蓝色或深紫色，带有液态欧亚香草、黑醋栗奶油和焦土混合的奇特鼻嗅。它的体积巨大、非常集中和强烈，而且相当稠密，强劲的余韵可以持续一分多钟。它让我联想到 2000 年款和 1998 年款的这个阶段，但是这款酒似乎更加有潜力。它应该可以贮存 15 到 20 年以上。

2001 Châteauneuf-du-Pape Vieilles Vignes
玛可酒庄教皇新堡老藤红葡萄酒 2001

评分：96 分

2001 年款教皇新堡老藤精选红葡萄酒可能并没有 1998 年款的完美特质，也没有 2000 年款的纯净、丰裕和满足人

玛可酒庄教皇新堡老藤红葡萄酒 2001 酒标

感官的特性，但它仍是一款出色的葡萄酒。这款葡萄酒有着高贵和纯粹的特性，基本上都是用树龄在 50 到 100 年之间的葡萄树上的歌海娜品种酿制而成。酒色呈暗紫红色或暗紫色，散发出普罗旺斯香草、烤肉、黑醋栗奶油、黑莓和紫罗兰混合的奢华陈酿香。这款酒有着只有老藤葡萄树才能带来的花香、强劲和无缝特性。它非常丰富、集中，有着纯粹的水果特性和低酸度，而且轮廓相当清晰（因为它的单宁结构）。建议先窖藏 2 到 3 年，然后在接下来的 15 到 18 年内饮用。

2000 Châteauneuf-du-Pape Vieilles Vignes
玛可酒庄教皇新堡老藤红葡萄酒 2000

评分：98 分

2000 年款教皇新堡老藤精选红葡萄酒的酒精度为 15%。它是一款令人叹服的葡萄酒，而且毫无疑问是 2000 年最优质的年份酒之一，但是它并没有优质的 2003 年款的神奇的额外维度。不过不论在什么时候、什么地方饮用它，我都非常兴奋！这款酒散发出白花的花香，还混有液态欧亚香草、黑莓利口酒、梅子和李子的风味，非常宽阔、性感、柔滑和强劲，而且有着极大的深度、纯粹度和美味。和它年轻的姐妹款一样，其余韵可以持续将近一分钟。这是教皇新堡产区的又一款卓越葡萄酒，而且完全不同于其他同类款。它惊人的丰富、深厚和丰裕，有着相当惊人的复杂性和口感。从它的低酸度、成熟单宁和含量丰富的甘油来看，它可以现在饮用，也可以在接下来的 15 到 16 年内饮用。

1999 Châteauneuf-du-Pape Vieilles Vignes
玛可酒庄教皇新堡老藤红葡萄酒 1999

评分：91 分

1999 年款教皇新堡老藤精选红葡萄酒非常优质。酒色呈暗宝石红色，边缘有粉色特征。它散发出紫罗兰、黑莓果酱、欧亚香草和橄榄酱混合的惊人陈酿香。这款强劲、宽阔、集中、香辣的葡萄酒真是让人惊叹不已！最佳饮用期：现在开始到 2016 年。

1998 Châteauneuf-du-Pape Vieilles Vignes
玛可酒庄教皇新堡老藤红葡萄酒 1998

评分：100 分

这是凯瑟琳·阿蒙涅和索菲·阿蒙涅酿制出的又一款法国最优质的葡萄酒之一，产量为 750 箱，是用 80% 的歌海娜、10% 的慕合怀特和 10% 的其他混杂品种酿制而成。

这款深远的葡萄酒呈深宝石红色或深紫色，散发出明显的黑莓利口酒的芳香和口感。它含有相当多的甘油，极其丰富，且爆发出黑色水果、矿物质、熏衣草和奇特香料混合的陈酿香。余韵可持续 50 多秒，纯粹度和复合维度也非常惊人。这是一款让人惊叹不已的完全成熟的教皇新堡葡萄酒，有着不可思议的集中度、油滑的特性和很好的均衡性，而且

质感柔软，边缘也没有粗糙感。最佳饮用期：现在开始到 2020 年。

1995 Châteauneuf-du-Pape Vieilles Vignes
玛可酒庄教皇新堡老藤红葡萄酒 1995

评分：94 分

跟这个年份的大多数葡萄酒并不一样，这款酒快要达到完全成熟的状态。酒色呈深紫红色或深紫色，散发出无花果、李子、黑色覆盆子和黑莓的甘甜陈酿香，这一直都是老藤特酿才有的特征。它强劲、油滑而且丰富，单宁和甘油的含量都很高，在接下来的 17 到 18 年里将会为饮用者带来巨大的乐趣。

1994 Châteauneuf-du-Pape Vieilles Vignes
玛可酒庄教皇新堡老藤红葡萄酒 1994

评分：93 分

1994 年款老藤精选红葡萄酒似乎是一款惊人的葡萄酒。酒色呈不透明的暗宝石红色或暗紫色，伴有碎黑色水果、欧亚香草和巧克力糖的明显鼻嗅。这款酒强劲、多层次、油滑、超级浓缩，含有相当精粹的水果，而且质感稠密。它体现出的豪华丰富的特性覆盖了酒中大量的单宁。这真是一款让人惊叹不已的教皇新堡葡萄酒！最佳饮用期：现在开始到 2012 年。

1990 Châteauneuf-du-Pape Vieilles Vignes
玛可酒庄教皇新堡老藤红葡萄酒 1990

评分：96 分

这款 1990 年年份酒在它生命中的大多数情况下一直都表现出完美特性，但它好像已经达到了转折点，失去了某些最深远的特点，可它仍不失为一款不朽的教皇新堡葡萄酒。酒色呈深宝石红色或深紫色，散发出欧亚香草、白色花朵、蓝莓和黑莓混合的美妙鼻嗅。这款酒劲力十足，含有很高的酒精度，质感油滑，而且有着异常成熟和集中的余韵。但遗憾的是，某些瓶品尝起来要比其他瓶老很多，我不确定这是瓶子的差异带来的问题还是不恰当的贮藏带来的后果。不过，最初的瓶装酒仍然是完美葡萄酒的候选酒。最佳饮用期：现在开始到 2012 年。

1989 Châteauneuf-du-Pape Vieilles Vignes
玛可酒庄教皇新堡老藤红葡萄酒 1989

评分：96 分

1989 年款教皇新堡老藤精选红葡萄酒基本上就是 1990 年款的对应酒款，不过它的个性更加强健和向后。这款酒非常集中、稠密和绵长，散发出液态欧亚香草、黑醋栗奶油、黑莓和蓝莓混合的惊人陈酿香。和 1990 年的年份酒一样，它的余韵可以持续一分钟左右。最佳饮用期：现在开始到 2020 年。

DOMAINE DE LA MORDORÉE
蒙多利酒庄

酒品：

教皇新堡森林女王特酿红葡萄酒（Château-du-Pape Cuvée de la Reine des Bois）

利哈克森林女王特酿红葡萄酒（Lirac Cuvée de la Reine des Bois）

庄园主：德洛姆家族

地址：Chemin des Oliviers, F-30126 Tavel, France

电话：(33) 04 66 50 00 75

传真：(33) 04 66 50 47 39

邮箱：info@domaine-mordoree.com

网址：www.domaine-mordoree.com（网站仍在建设中）

联系人：克里斯多夫·德洛姆（Christophe Delorme）

参观规定：

全年：周一到周五 8:00-12:00am 和 1:30-6:00pm；

周六 10:00-12:00am 和 3:00-6:00pm

从 5 月初到 9 月底，除了以上规定时间外，葡萄园在周日和法定假日也对外开放，开放时间为 10:00-12:00 am 和 3:00-6:00pm。

葡萄园

占地面积：教皇新堡葡萄品种 12.47 英亩；利哈克红葡萄品种 54.34 英亩

葡萄品种：

教皇新堡葡萄品种：70% 歌海娜、10% 慕合怀特、5% 席拉、5% 瓦卡黑斯、5% 神索和 5% 古诺瓦姿

利哈克红葡萄品种：40% 歌海娜、35% 席拉、20% 慕合怀特和 5% 神索

平均树龄：教皇新堡葡萄品种 70 年；利哈克红葡萄品种 40 年

种植密度：教皇新堡葡萄品种 3,500 株 / 公顷；利哈克红葡萄品种 4,000 株 / 公顷

平均产量：教皇新堡葡萄品种 2,500 升 / 公顷；利哈克红葡萄品种 3,500 升 / 公顷

酒的酿制

克里斯多夫·德洛姆的酿酒目标是酿酒过程中毫不影响风土和葡萄的各方面特性，而且尽量完全保持。他的理想是达到浓缩度、风土和口感三者之间的完美均衡。因为这个原因，他完全采用传统的酿酒工艺，使用天然酵母。德洛姆家族认为葡萄酒的质量有九成都是受葡萄园中的工作影响。他们已经在自家的葡萄园中建立了一个完全自然的生态系统，并避免使用任何杀虫剂、杀菌剂或除草剂，同时还有精确数量的昆虫来天然预防葡萄园遭受病害。至于酿酒用的葡萄则完全不会去梗，然后进行长达 30 天的 cuvaison（法语名词，指葡萄带皮浸泡发酵）。在酿制利哈克葡萄酒时，30% 的葡萄在橡木酒桶中发酵，30% 在中性卵形大木桶中发酵，还有 40% 则放在不锈钢酒罐中发酵。而酿制教皇新堡葡萄酒时，一半放在小酒桶中陈化，另一半放在酒罐中陈化。

年产量

教皇新堡葡萄酒：15,000~20,000 瓶

利哈克红葡萄酒：40,000 瓶

平均售价（与年份有关）：15~90 美元

近期最佳年份

2003 年，2001 年，2000 年，1999 年，1998 年，1996 年

蒙多利酒庄占地面积为 135 英亩，坐落于利哈克镇。该酒庄非常特别，以奇特的教皇新堡葡萄酒

克里斯多夫·德洛姆和他的女儿

而闻名。他们酿制的教皇新堡葡萄酒从 20 世纪 90 年代中期开始就已经让人称奇了，另外，他们还酿制出了教皇新堡产区最优质的利哈克葡萄酒。高大帅气的克里斯多夫·德洛姆赢得了很高的赞誉，他是南罗纳河谷产区最专注的风土家，还是有机葡萄栽培技术最忠实的信徒。他的葡萄园都是完美无缺的，而他本人也是这个地区最优秀的白葡萄酒酿造商之一。

蒙多利酒庄最近的名誉都源于教皇新堡产区内占地 12.47 英亩的葡萄园，包括三个小块葡萄园，即克劳园、卡布雷耶赫葡萄园（Les Cabrières）和城市森林园（Bois la Ville），里面种植的葡萄树平均树龄为 60 年。德洛姆好像正在向生物动力耕作方向发展。他代表着一种开明的最佳酿酒方式，即在结合过去传统方式的同时不断地进行开拓创新。

CHÂTEAUNEUF-DU-PAPE CUVÉE DE LA REINE DES BOIS
教皇新堡森林女王特酿红葡萄酒

2003 Châteauneuf-du-Pape Cuvée de la Reine des Bois
教皇新堡森林女王特酿红葡萄酒 2003

评分：93~95+ 分

酿制这款葡萄酒所用的葡萄是 80% 歌海娜、10% 慕合怀特、3% 席拉以及 7% 瓦卡黑斯和神索的混合。这款酒巨大、集中，但是单宁的个性却很明显，酒精度相对较高，为 15.5%，这也是这个年份所有葡萄酒的一个共同特性。它通体呈深紫色，口感甘甜、丰富，带有黑加仑、樱桃和梅子混合的口感和果香。有着非常美好的浓缩度和酒体，但余韵中几乎都是波尔多风格的单宁感。这款酒需要一定的时间才会获得结构感。最佳饮用期：2008~2020+。

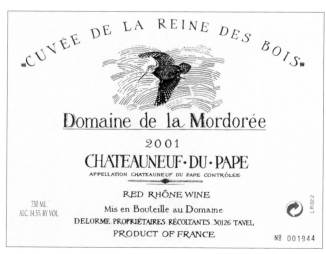

教皇新堡森林女王特酿红葡萄酒 2001 酒标

2001 Châteauneuf-du-Pape Cuvée de la Reine des Bois
教皇新堡森林女王特酿红葡萄酒 2001

评分：100 分

2001 年款教皇新堡森林女王特酿红葡萄酒比 2000 年、1999 年和 1998 年酿制的非凡的森林女王都要更加优秀，事实也确实如此！酒色呈墨紫色，带有花岗岩、黑莓、利口酒、欧亚香草、巧克力糖和炭混合的劲力十足的芳香。这款强劲的葡萄酒纯净、厚重、大方的口感中显示出无尽的集中，而且表现出美好统一的酸度、单宁和酒精度。酿制原料是 78% 的歌海娜，以及 10% 的慕合怀特和少量的神索、古诺瓦姿、席拉、瓦卡黑斯的混合，这些葡萄都采自树龄为 60 年的老藤葡萄树上，平均产量也明显很低，然后将它们在酒桶和中性卵形大木桶中陈化。这款经典的教皇新堡葡萄酒需要 3 到 5 年的时间窖藏，可以贮存 20 年左右。它堪称是一个现代传奇，也是该产区酿酒史上在不抛弃传统方式的情况下取得进步的一个经典例子。

2000 Châteauneuf-du-Pape Cuvée de la Reine des Bois
教皇新堡森林女王特酿红葡萄酒 2000

评分：97 分

2000 年年份酒呈现出墨紫色，爆发出木材、烟草、黑醋栗奶油、蓝莓、梅子、无花果和花岗岩混合的令人陶醉的芳香。这款具有纪念意义的教皇新堡葡萄酒口感强劲、单宁甘甜，有层次感的丰富特性，惊人的成熟，还有着可以持续将近 50 秒的悠长余韵。它是自 1998 年款开始连续第三款不可思议的超级明星葡萄酒。最佳饮用期：现在开始到 2020 年。

1999 Châteauneuf-du-Pape Cuvée de la Reine des Bois
教皇新堡森林女王特酿红葡萄酒 1999

评分：94 分

1999 年款教皇新堡森林女王特酿红葡萄酒是该年份最佳年份酒的候选酒之一。酒色呈饱满的黑色或宝石红色，爆发出惊人集中的水果精粹物（黑莓和樱桃）的风味，还混有花岗岩和黑醋栗奶油的特性。这款上乘的葡萄酒相当集中、强劲和纯粹，轮廓非常清晰，而且非常丰裕，它有着向前的和可亲近的个性。最佳饮用期：现在开始到 2018 年。

1998 Châteauneuf-du-Pape Cuvée de la Reine des Bois
教皇新堡森林女王特酿红葡萄酒 1998

评分：99 分

这款酒呈不透明的紫色，是尝起来比较向后的葡萄酒中的一款。尽管果香已经被压制，但它仍是一款内涵相当丰富、口感集中和惊人的葡萄酒。这款酒含有大量单宁，散发出明显的黑莓和黑醋栗水果与矿物质和微弱的新橡木混合的风味，给人宽阔但并不沉重的口感。这是一款具有半现代风格的教皇新堡葡萄酒，但是明显还没有失去它的独特性。最佳饮用期：现在开始到 2031 年。

1996 Châteauneuf-du-Pape Cuvée de la Reine des Bois
教皇新堡森林女王特酿红葡萄酒 1996

评分：94 分

毫无疑问，1996 年款教皇新堡森林女王特酿红葡萄酒是教皇新堡产区最佳年份酒之一。从它年轻时期来看，这款葡萄酒有着比出产于这个村庄的其他葡萄酒高很多的浓缩度和强度。数瓶后，它是一款轰动的葡萄酒，与 1990 年和 1989 年这样的优质年份酒相比，它更胜一筹。这样看来，它可以被称作这个年份的反面典型。这款酒的酒色呈饱满的黑色或紫色，散发出黑莓水果、欧亚香草、烘烤香草和利口酒混合的杰出鼻嗅。口感强劲，然后变得甘甜、厚重，非常和谐，有着出色的浓缩度和长度。这款上乘的教皇新堡葡萄酒的天然酒精度高达 14%，质感豪华，可以继续进化 10 年以上。它简直是太棒了！

1994 Châteauneuf-du-Pape Cuvée de la Reine des Bois
教皇新堡森林女王特酿红葡萄酒 1994

评分：93 分

这款教皇新堡森林女王特酿红葡萄酒非常特别，酒色呈暗宝石红色或暗紫色。它拥有巨大的酒体，超级精粹，散发出黑色樱桃果酱、水果蛋糕和烟草混合的甘甜、艳丽鼻嗅。口感油滑、深厚而且强劲，暗藏着一定量的单宁。这款体积巨大的教皇新堡葡萄酒现在可以饮用。最佳饮用期：现在开始到 2010 年。

LIRAC CUVÉE DE LA REINE DES BOIS
利哈克森林女王特酿红葡萄酒

2003 Lirac Cuvée de la Reine des Bois
利哈克森林女王特酿红葡萄酒 2003

评分：91~93 分

和平常一样，这款葡萄酒也是用相同比例的慕合怀特、席拉和歌海娜酿制而成。它的酒精度比一般的略高，相当集中，甘油含量丰富，散发出大量黑色樱桃、烟熏莓子浆果与新鞍皮革、泥土、酒桶混合的风味。这款葡萄酒强劲、无缝，含有美好统一的单宁、木材和酒精度，适合在 10 到 15 年内饮用。

2001 Lirac Cuvée de la Reine des Bois
利哈克森林女王特酿红葡萄酒 2001

评分：93 分

这款强劲的利哈克森林女王特酿红葡萄酒呈深紫色，

非常令人惊叹，当然是从南罗纳河谷选出的像 1998 年、2000 年和 2001 年这样的年份酒中最有爆冷门价值的葡萄酒。这款酒是用等量的席拉、歌海娜和慕合怀特酿制而成，这些葡萄都摘自树龄为 40 年的葡萄树上，闻起来和喝起来都是典型的教皇新堡葡萄酒风格。这款多汁、享乐主义的年份酒有着欧亚香草、洋槐花、黑莓、樱桃利口酒和浓咖啡混合的芳香。我经过努力已得到了整整一箱的 1998 年款利哈克森林女王特酿红葡萄酒，不过它现在仍然是一款年轻的葡萄酒，而 2001 年款与之同等深远。最佳饮用期：现在开始到 2012 年。

2000 Lirac Cuvée de la Reine des Bois
利哈克森林女王特酿红葡萄酒 2000

评分：90 分

大家想不想以低于三分之一的价格品尝蒙多利酒庄生产的非常优质的教皇新堡葡萄酒？这款酒真的是物美价廉。酒色呈深紫色，充满黑醋栗和樱桃水果的风味，而且很好地与胡椒、矿物质和欧亚香草的特性互补。这款肥厚的、果酱味的 2000 年年份酒含有爆炸性的利哈克水果和甘油特性。这款酒适合在接下来的 2 到 3 年内饮用。

1998 Lirac Cuvée de la Reine des Bois
利哈克森林女王特酿红葡萄酒 1998

评分：92 分

在这款利哈克森林女王特酿红葡萄酒装瓶前，我有幸提前品尝了，它完全达到了我的期望。酒色呈暗宝石红色或暗紫色，散发出黑色水果、欧亚香草、香料、胡椒和烟草混合的适度强烈的鼻嗅。它显露出适量的单宁，特别集中，是极少能陈年 10 到 15 年的利哈克葡萄酒之一。

1996 Lirac Cuvée de la Reine des Bois
利哈克森林女王特酿红葡萄酒 1996

评分：90 分

这款红葡萄酒有着相当丰富的特性，是南罗纳河谷造诣很高的经典代表。这款酒的售价是 15 美元 / 瓶，是一款可以贮存 10 年的出色葡萄酒。酒色呈不透明的紫色，爆发出黑醋栗、樱桃白兰地、黑色覆盆子、巧克力糖、胡椒和香料混合的迷人鼻嗅。肥厚、超级集中但是酸度和单宁却很好地结合统一，这款精致的利哈克葡萄酒在盲品会上很容易被当做一款最佳的教皇新堡葡萄酒。最佳饮用期：现在开始到 2008 年。

CHÂTEAU LA NERTHE
拿勒堡酒庄

酒品：

　　卡德特教皇新堡特级葡萄酒（Châteauneuf-du-Pape Cuvée des Cadettes）

　　博维尼园教皇新堡特级葡萄酒（Châteauneuf-du-Pape Clos de Beauvenir）

庄园主：理查德家族（经理：阿兰·杜加斯）

地址：Route de Sorgues, 84230 Châteauneuf-du-Pape, France

电话：(33) 04 90 83 70 11

传真：(33) 04 90 83 79 69

邮箱：la.nerthe@wanadoo.fr 或 alain.dugas@chateau-la-nerthe.com

网址：www.chateau-la-nerthe.com

联系人：阿兰·杜加斯（Alain Dugas）

参观规定：只接受预约访客

葡萄园

占地面积：225 英亩（约合 90 公顷）

葡萄品种：歌海娜，席拉，慕合怀特，神索，古诺瓦姿，穆斯卡尔丁，黑德瑞，匹格普勒，瓦卡黑斯，庞卡裳，瑚珊，克莱雷特，布尔布兰

平均树龄：40 年

种植密度：4,000 株 / 公顷

平均产量：2,500 升 / 公顷

酒的酿制

　　阿兰·杜加斯经理通过与菲利普·杜凡博士（Dr. Philippe Dufays）合作获得了教皇新堡产区相关酿酒的专门知识。菲利普·杜凡是当地葡萄品种方面的专家，也是纳丽斯庄园（Domaine de Nalys）的庄园主。杜加斯在 1985 年时被任命为拿勒堡酒庄的经理。

　　拿勒堡酒庄的目标之一是确保葡萄酒中酒精含量和单宁的良好均衡。他们偏爱有着很好陈年潜力的葡萄品种，如著名的席拉和慕合怀特。拿勒堡酒庄为了获得高度浓缩的葡萄，将葡萄园的平均产量控制得很低。

　　另一个关键策略是，葡萄还在酒桶中时就把不同品种混合在一起。没有哪个大厨能够通过单独烹饪不同蔬菜得到一盘砂锅菜，所以拿勒堡酒庄的酿酒师们认为早点把不同的葡萄品种放在一起培养，可以让它们的口味相互混合。这样酿制出的葡萄酒中不同葡萄品种的口味清晰可辨，而且完美结合，而如果是在后期进行葡萄品种混合的话，是不可能达到

这样的效果的。

　　有着很好陈年潜力的葡萄品种也需要特殊条件才能成熟。对于歌海娜品种来说，"传统的" 800~1,600 加仑的大酒桶就足够大了，但是对于早熟的慕合怀特和席拉品种来说，其空间并不够，所以拿勒堡酒庄会使用很多小酒桶。席拉和慕合怀特品种通常是在小酒桶中成熟，这就是他们最丰富的陈酿也能够提纯单宁却不失葡萄天然风味的原因。拿勒堡酒庄对于小酒桶的再次使用复兴了教皇新堡产区一百年前的传统酿酒方式。

年产量

　　博维尼园教皇新堡特级白葡萄酒：400 箱

　　卡德特教皇新堡特级红葡萄酒：1,000 箱

　　平均售价（与年份有关）：30~75 美元

近期最佳年份

　　2003 年，2001 年，2000 年，1998 年，1990 年，1989 年

到18 世纪中期时，拿勒堡酒庄酿制的葡萄酒就已经出售到伦敦、莫斯科和美国。1782 年，达赫鲁克（Darluc）在他的普罗旺斯历史中写道："最好的葡萄酒都产自拿勒堡酒庄……它们有着天鹅绒般柔和的质感和魅力。饮用它们的最佳时间是当它们达到完美成熟的状态，也就是它们 3 到 4 岁的时候。"1784 年，拿勒堡酒庄的葡萄酒一直都是自产自销。

　　图勒·维尔弗朗什（Tulle de Villefranche）侯爵是当时的拿勒堡酒庄庄园主，他通过扩展零售渠道，成为最先使教皇新堡葡萄酒闻名世界的酒商之一。在 19 世纪，教皇新堡村酿制的葡萄酒已经比邻近村庄的葡萄酒价格高出三分之一。1850 年，当地一个叫做安塞姆·马蒂厄（Anselm Mathieu）的诗人把各种教皇新堡葡萄酒的价格列成表单，结果发现拿勒堡酒庄出产的葡萄酒是价格最高的，不过也被认为是最好的。1822 年初，在朱利安的所有著名庄园存货清单中，拿勒堡

酒庄的酒被列为"一等葡萄酒",领先于所有其他的教皇新堡葡萄酒。

　　大约在 1870 年的时候,葡萄园因为遭到根瘤蚜病虫害而被彻底毁坏,几乎所有的欧洲葡萄树都被殃及。图勒·维尔弗朗什家族把酒庄卖给了约瑟夫·杜卡斯(Joseph Ducos)中校,该酒庄当时已经成为教皇新堡产区五大酒庄之一。他们两人是法国久负盛名的工程学校的校友。约瑟夫·杜卡斯会在拿勒堡酒庄内研究各种不同类型的葡萄,在用 10 个不同的葡萄品种进行实验之后,他得出了混合成分中每个品种的理想比例以及它们会带来的特别口味。比如,他解释说歌海娜和神索品种可以带给葡萄酒"酒精、温暖和芳醇"的特性,应该占混合比例的 20%。早在一个多世纪以前,他就已经意识到使用少量的歌海娜品种可以更好地表现出拿勒堡酒庄的风土特性。又如,慕合怀特、席拉、穆斯卡尔丁和卡玛黑斯(Camarèse,也叫瓦卡黑斯)会给葡萄酒带来"强度、陈年潜力、清新和解渴"的特性,应该占 40%;古诺瓦姿和匹格普勒品种能增加葡萄酒的魅力、清新特性、陈酿香和特别的酒味,亦称作酒质,应该占 30%;还有 10% 是白葡萄品种克莱雷特和布兰布尔,它们会为红葡萄酒带来"细腻、温暖和鲜明"的特性。所有这些葡萄品种都已经被正式认可,并成为该产区的法定葡萄品种,这样酿制成的葡萄酒就可以贴上久负盛名的 A.O.C. 标签,即奥黑金(d'Origine)法定产区等级葡萄酒。据说杜卡斯本人已经向该产区引进了至少三个葡萄品种,即神索、瑚珊和卡玛黑斯。

　　拿勒堡酒庄和它的葡萄园都位于村庄的东南方,处于路边比较明显的位置,但被一棵参天大树给掩藏了起来。有记录显示,一个来自美国马萨诸塞州的波士顿商人在 18 世纪晚期时曾订购过数桶拿勒堡酒庄的葡萄酒。著名的法国诗人弗雷德里克·密史拖拉(Frédéric Mistral)把拿勒堡酒庄的葡萄酒叫做"帝王皇家之酒和罗马教皇之酒",他还以自己的名字为该地区一种常见的、猛烈的、持久的风命名,即密史拖拉风(吹向法国地中海沿岸干寒的西北风)。在第二次世界大战期间,德国的空军把拿勒堡酒庄作为他们的控制指挥中心,因此酒庄在后来的英美联军地方解放运动中受到严重破坏。直到 1985 年,酒庄都是为德黑茂(Dereumaux)家族所拥有,他们酿制的葡萄酒因为体积巨大、口感宜人,因而得到很高的赞誉。1985 年时,这家著名的庄园被理查德家族和一家批发商公司的大卫(David)和富瓦拉尔(Foillard)购买,接着就进行了大规模的改革,耗资数百万,还请来阿兰·杜加斯负责拿勒堡酒庄的复兴。现在拿勒堡酒庄已经成为南罗纳河谷产区的展示性酒庄,事实上,它也是唯——家有着顶级梅多克酒庄一样的高度水平和雄伟庄严的酒庄。该酒庄的葡萄园已经重建完成，种有老藤葡萄树的小块葡萄园也重修了，它们现在仍然能够酿制出著名的卡德特教皇新堡特级葡萄酒。葡萄园包括用来酿制两款白葡萄酒的 20 英亩和用来酿制两款红葡萄酒的 202 英亩。1991 年的时候，由于收购了教皇新堡产区内的另一个庄园——费尔梅酒庄（La Terre Ferme），使得该葡萄园的面积急剧增加。

拿勒堡酒庄是 20 世纪 60 年代到 70 年代教皇新堡产区的传奇酒庄之一。我记得自己第一次品尝的是 1978 年款卡德特教皇新堡特级葡萄酒，那是一款酒精度一定高达 16% 的葡萄酒，颜色为黑色，迄今为止它仍是我所品尝过的最让人难忘的教皇新堡葡萄酒之一。但是这种风格已经被抛弃了，换成了更加商业化导向的风格。逐渐地，阿兰·杜加斯开始以最高质量为追求目标，而当时的企业精神都是产品数量高于质量，考虑到这一点，杜加斯的追求目标无疑就是一个使人耳目一新的视角。杜加斯是个非常热情的人，他好像要求各方面都要达到完美。酒窖内部都是一尘不染的，你在这里可以感受到拿勒堡酒庄做的每一件事情都很精确，是一个与 1985 年前完全形成对比的时代。

拿勒堡酒庄采用的是相对比较现代的酿酒技术，所用的葡萄都会去梗，然后在各种各样的酒罐和大酒桶中进行酿制和培养。拿勒堡酒庄正常陈酿的酿制是打破传统的，会同时使用酒罐和大酒桶，其中三分之二放在各种橡木酒桶中（其中有一半是新橡木酒桶），三分之一放在不同的酒罐中，然后在装瓶前将葡萄酒混合。换了新的庄园主之后，正常陈酿中歌海娜品种的比例就降低了。现在使用的是 55% 的歌海娜和席拉、慕合怀特、神索、古诺瓦姿以及一些其他品种混合。卡德特教皇新堡特级葡萄酒仍是酿自最初的 12.4 英亩的小块葡萄园，园中种有 80 到 100 年树龄的老藤葡萄树。它的成分仍是原来的歌海娜和慕合怀特、席拉的混合，但慕合怀特的比例最大，成为主要品种。在橡木酒桶中进行陈化，而且有相对较高比例的新橡木酒桶。自 1993 年以来，阿兰·杜卡斯的红葡萄酒都不进行过滤就直接装瓶。毫无疑问，1989 年和 1990 年两款年份酒中惊人的原料潜力都被装瓶时过度热切的澄清和过滤所损害了。不过这种情况不会再发生了，因此我相信拿勒堡酒庄将成为教皇新堡产区顶级的庄园之一。

CHÂTEAUNEUF-DU-PAPE CLOS DE BEAUVENIR
博维尼园教皇新堡特级葡萄酒

2001 Châteauneuf-du-Pape Blanc Clos de Beauvenir
博维尼园教皇新堡特级白葡萄酒 2001

评分：93 分

2001 年款博维尼园教皇新堡特级白葡萄酒是一款奢华的陈酿，用 62% 的瑚珊和 38% 的克莱雷特混合酿制而成，它跟其他任何款教皇新堡葡萄酒一样陈化得很好。这是迄今为止最优质的一款葡萄酒，令人愉快的芬芳和蜜甜，强劲而且轮廓非常清晰，有着惊人的酸度和多层次的结构。这款酒饮用起来真是难得的享受，只是不容易被发现。这款醇厚的教皇新堡葡萄酒从现在到 2010 年间都是可以饮用的。

1999 Châteauneuf-du-Pape Blanc Clos de Beauvenir
博维尼园教皇新堡特级白葡萄酒 1999

评分：91 分

1999 年款博维尼园教皇新堡特级白葡萄酒是用 62% 的瑚珊、29% 的克莱雷特、4% 的布兰布尔和 5% 的歌海娜混合酿制而成。这是一款在酒桶中发酵而成的奢华陈酿，但遗憾的是，总产量只有 500 箱。它有着蜜甜柑橘、白色花朵、金银花和石蜡混合的令人兴奋的鼻嗅。这是一款实在的白葡萄酒，口感强劲、厚重，质感很好而且清爽活泼，可以再很好地陈年 2 到 3 年。这款白葡萄酒在进行苹果酸 - 乳酸发酵时堵塞了，以我 15 到 20 年的教皇新堡白葡萄酒的品尝经验来看，这款酒年轻时表现会极好，然后进入迟钝、愚笨和氧化的阶段，直到 10 年后才会再有优秀表现。

1996 Châteauneuf-du-Pape Blanc Clos de Beauvenir
博维尼园教皇新堡特级白葡萄酒 1996

评分：90 分

这款酒桶发酵的 1996 年博维尼园教皇新堡特级白葡萄酒是用 38% 的瑚珊、47% 的克莱雷特和 15% 的其他各种各样均衡的白葡萄品种混合酿制而成。它表现出卓越的质感，有着美妙蜜甜的菠萝或梨子味水果的风味、耐嚼强劲的口感和出色的绵长，它似乎是拿勒堡酒庄酿制出的最优质的博维尼园葡萄酒之一。杜加斯告诉我葡萄的产量极低，平均为 1500~2000 升 / 公顷。最佳饮用期：现在开始到 2009 年。

CHÂTEAUNEUF-DU-PAPE CUVÉE DES CADETTES
卡德特教皇新堡特级葡萄酒

2003 Châteauneuf-du-Pape Cuvée des Cadettes
卡德特教皇新堡特级葡萄酒 2003

评分：94~96 分

这款卡德特教皇新堡特级葡萄酒非常成功，很可能是自

1998 年以来拿勒堡酒庄酿制的最优质的葡萄酒。它是用 48% 的歌海娜、36% 的席拉和 16% 的慕合怀特混合酿制而成，总产量为 1000 箱。酒色呈深宝石红色或深紫色，散发出花朵、欧亚香草、黑色水果和烘烤橡木风味的鼻嗅。它体积巨大、非常纯粹、口味集中、单宁适中，其余韵可以持续将近一分钟。这款令人感动的葡萄酒虽然非常向后，但是相对于这款陈酿来说，它体积巨大、肥厚和多层次的个性稍微明显了一点。最佳饮用期：2009~2025 年。

2001 Châteauneuf-du-Pape Cuvée des Cadettes
卡德特教皇新堡特级葡萄酒 2001

评分：95 分

2001 年款卡德特教皇新堡特级葡萄酒是自 1998 年以来的陈酿中最优质的一款。它是用 40% 的歌海娜、30% 的慕合怀特和 30% 的席拉混合在 100% 全新橡木酒桶中陈化。据我所知，它是该产区唯一一款这样处理的葡萄酒，不过卡登园年代陈酿的酿制也用了很大比例的小新橡木酒桶。很明显，这款酒中的橡木风味被很好地吸收协调了，因此给读者们非常集中的印象。酒色呈教皇新堡深紫色，倒入杯中后，会爆发出黑莓利口酒、烟熏香子兰、新鞍皮革和花岗岩混合的经典芳香。它口感强劲、质感惊人，入口后口感变得非常巨大、宽阔，余韵也惊人的悠长。这款体型巨大、陈年潜力惊人的葡萄酒应该会非常令人叹服。最佳饮用期：2007~2021 年。

2000 Châteauneuf-du-Pape Cuvée des Cadettes
卡德特教皇新堡特级葡萄酒 2000

评分：93 分

这款陈酿代表了该产区的精髓，有着相当惊人的陈年潜力。它是用 38% 的席拉、35% 的歌海娜和 27% 的慕合怀特品种混合酿制而成，其中席拉品种的比例是所有卡德特教皇新堡特级葡萄酒中最高的一款。酒色呈深宝石红色或深紫色，表现出甘甜、集中和丰裕的风格，非常有力，散发出大

卡德特教皇新堡特级葡萄酒 2000 酒标

量甘甜的黑莓利口酒和少量香子兰混合的风味。这款葡萄酒口感甘甜、耐嚼、柔软、性感而且能满足人的感官，它可能并不是最长寿的一款，但是不可否认，它是非常迷人和让人舒服的。最佳饮用期：现在开始到 2016 年。

1999 Châteauneuf-du-Pape Cuvée des Cadettes
卡德特教皇新堡特级葡萄酒 1999　评分：91 分

这款优质的陈酿产自教皇新堡产区最雄伟的庄园——拿勒堡酒庄，是唯一一款在最佳年份酿制的卡德特教皇新堡特级葡萄酒。它的混合比例每年都在改变，但是慕合怀特品种的比例一般都很高。1999 年款用 39% 的歌海娜、35% 的席拉和 26% 的慕合怀特混合在酒桶中陈化，虽然没有表现出 2000 年和 1998 年款的肥厚特性，但它的确是一款优雅、轮廓清晰的葡萄酒。它非常活跃、清新，带有雪松、黑色樱桃和黑醋栗水果的风味。酒体适中或略显强劲，有着适度强健的个性。这款酒继续窖藏 4 到 5 年品质会更佳，可以贮存 15 到 18 年。

1998 Châteauneuf-du-Pape Cuvée des Cadettes
卡德特教皇新堡特级葡萄酒 1998　评分：96 分

从我最开始饮用到现在，1998 年款卡德特教皇新堡特级葡萄酒已经增重了很多。它是用 39% 的歌海娜、37% 的慕合怀特和 24% 的席拉混合酿制而成。酒色呈深紫色，黑莓利口酒般的悦人陈酿香中混合着白色花朵、欧亚香草、矿物质和矮灌丛混合的芳香。它口感强劲、耐嚼、深厚，含量相当丰富的水果和甘油很好地掩饰了大量单宁。在我尝来，这款经典酒是迄今为止最优质的卡德特教皇新堡特级葡萄酒（不过 2001 年款非常值得期待）。最佳饮用期：2006~2025 年。

1997 Châteauneuf-du-Pape Cuvée des Cadettes
卡德特教皇新堡特级葡萄酒 1997　评分：90 分

出色的 1997 年款卡德特教皇新堡特级葡萄酒是用 36% 的歌海娜、32% 的慕合怀特和 32% 的席拉混合酿制而成，它毫无疑问是该年份的一颗明星。酒色呈饱满的宝石红色或紫色，散发出大量黑醋栗、樱桃白兰地、新鞍皮革、亚洲香料和泥土混合的鼻嗅。它口感丰富、强劲，有着奶油般的质感和低酸度，相对于这个年份来说，它的余韵比较丰富和厚重，是一款酿自于较轻年份的上乘葡萄酒。它应该放置 5 到 10 年后再饮用。

1995 Châteauneuf-du-Pape Cuvée des Cadettes
卡德特教皇新堡特级葡萄酒 1995　评分：90 分

1995 年款卡德特教皇新堡特级葡萄酒是用 44% 的歌海娜、28% 的慕合怀特和 28% 的席拉混合酿制而成，酒色呈宝石红色或紫色，散发出红色和黑色水果、焦土、烟熏木材和香子兰混合的紧致但有前景的果香。酒体适中或略显强劲，单宁适量而且紧致细密。和大多数 1995 年教皇新堡年份酒一样，它还需要 4 到 5 年的时间窖藏。最佳饮用期：2008~2016 年。

MICHEL OGIER
奥杰酒庄

酒品：

奥杰酒庄罗第丘特级红葡萄酒（Côte-Rôtie）

罗第丘美好前程特酿红葡萄酒（Côte-Rôtie Cuvée Belle Hélène）

庄园主：米歇尔·奥杰（Michel Ogier）和史戴凡·奥杰（Stéphane Ogier）

地址：3 Chemin du Bac, 69420 Ampuis, France

电话：(33) 04 74 56 10 75

传真：(33) 04 74 56 01 75

邮箱：sogier@club-internet.fr

联系人：史戴凡·奥杰

参观规定：只接受预约访客

葡萄园

占地面积：罗西纳（La Rosine）产区 12.35 英亩；罗第丘产区 6.4 英亩

葡萄品种：罗西纳产区（席拉、维欧尼和瑚珊）；罗第丘产区（100% 席拉）

平均树龄：

罗西纳产区：60% 的席拉葡萄树树龄为 1 到 5 年，40% 的为 15 年；维欧尼和瑚珊葡萄树种植于 2,000 年

罗第丘产区：平均树龄为 25 年

种植密度：罗西纳产区 9,000 株 / 公顷；罗第丘产区 9,000~10,000 株 / 公顷

平均产量：罗西纳产区 3,500~4,500 升 / 公顷；罗第丘产区 3,000~4,000 升 / 公顷

米歇尔·奥杰、海伦·奥杰和史戴凡·奥杰

酒的酿制

在这家小酒庄，奥杰父子都大胆地尝试减少除草剂的使用，于是在罗齐尔山丘（Côte-Rozier）上一个小块葡萄园中完全没有使用除草剂，却酿制出了美丽海伦特酿。由于试验的成功，他们打算在整个庄园推行这种做法，而且在产量相当丰富的年份葡萄树也会被严格地打薄。现在根据不同年份的特点，有 70% 到 100% 的葡萄都会被去梗。在开始酿制之前也会进行 5 到 7 天的冷浸处理。浸渍或 cuvaisons（法语名词，指葡萄带皮浸泡）一般持续 20 到 30 天，但是这也要视不同年份的特点而定。发酵完成之后，所有产品都被移到 225 升大小的酒桶中。葡萄酒绝对不会进行分离，而是和酒糟放在一起直到苹果酸 - 乳酸发酵完成。罗第丘特级红葡萄酒一般都会放在橡木酒桶中陈化 18 个月，其中 30% 到 35% 是新橡木酒桶。而美丽海伦特级红葡萄酒则放在 100% 全新的橡木酒桶中陈化 30 个月。葡萄酒装瓶前既不进行澄清也不会过滤。

年产量

奥杰酒庄罗第丘特级红葡萄酒：10,000 瓶

罗第丘美好前程特酿红葡萄酒：1,000~2,000 瓶

平均售价（与年份有关）：45~150 美元

近期最佳年份

2003 年，2001 年，1999 年，1998 年，1991 年，1985 年

米歇尔·奥杰和他的儿子只拥有 6.4 英亩大的葡萄园，大多数位于布朗德山。奥杰酒庄从 1982 年才开始自产自销，在此之前，每年种植的葡萄基本上都卖给了马赛尔·吉佳乐和麦柯斯·莎普蒂尔。该庄园一共包括六个不同的地点，分别是巴特山（But de Mont）、兰斯蒙山（Lancement）、罗齐尔山丘、夏木邦山（Champon）、百赛山（Besset）和赛黑尼山（Serine），其中一半位于布朗德山，另一半位于布龙山。这是一个绝对的家庭管理式庄园，自从史戴凡从博纳酒类学校毕业之后，该庄园对于质量的追求好像更感兴趣。奥杰酒庄酿制的葡萄酒很可能是该产区最芬芳、最性感、最柔软而且最典型优雅的葡萄酒。当

然，该区域内的罗塞腾酒庄（René Rostaing）酿制的布朗德山丘葡萄酒会给他们带来一些竞争。另外两款值得我们注意的葡萄酒是 2001 年开始酿制的，即昂布隆葡萄酒（the Embruns）和兰斯蒙葡萄酒（Lancement），前者全部酿自于维和内（Vérenay）的布龙山，而后者全部酿自于布朗德山丘。

CÔTE-RÔTIE
罗第丘特级红葡萄酒

2003 Côte Rôtie
罗第丘特级红葡萄酒 2003　评分：90~92 分

2003 年，奥杰酒庄的采收日期空前的早，从 8 月 26 号开始到 9 月 2 号结束，比正常采收期提前了 2 到 3 个星期。结果因为产量非常低，使得葡萄酒非常集中，而且酒精度也高，单宁含量更是惊人的高。2003 年款的罗第丘特级红葡萄酒的混合比例中大约有 60% 来自于布朗德山丘，40% 来自于布龙山。酒色呈深宝石红色或深紫色，酸度良好（酿酒时增加了一定的酸度），散发出覆盆子、黑加仑水果、矮灌丛、焦土和单宁混合的浓烈集中的鼻嗅。从酒中含有的酸度和单宁看来，这款葡萄酒仍需要 4 到 5 年时间的窖藏，而且应该可以再贮存 15 年。

2001 Côte Rôtie
罗第丘特级红葡萄酒 2001　评分：91~94 分

这款罗第丘特级红葡萄酒在小橡木酒桶（其中 30% 是新的）中陈化，发酵时有 15% 的葡萄被去梗，产量为 10000 瓶。这款酒在酒桶中进行了冷浸处理，这种方式在勃艮第产区和罗第丘产区都很常见，最近也开始在波尔多产区流行。2001 年款罗第丘特级红葡萄酒柔软、性感，但是比 2000 年款更加巨大和强烈。这款酒酒体适中或略显强劲，宽阔而且宽广，散发出黑醋栗、欧亚香草、紫罗兰、香料盒和胡椒混合的烘烤香草味的陈酿香。余韵可以持续的时间比 2000 年款要长 5 到 12 秒。它好像是继出色的 1999 年年份酒之后最优质的奥杰酒庄罗第丘特级红葡萄酒，应该适合在接下来的 10 到 15 年内饮用。

1999 Côte Rôtie
罗第丘特级红葡萄酒 1999　评分：95 分

奥杰也同意 1999 年年份酒是奥杰酒庄酿制的最佳罗第丘特级红葡萄酒。这款酒在木质酒桶（其中 30% 是新的）中陈化了 2 年，酒色呈惊人的不透明紫色，散发出烟熏肥肉、黑醋栗奶油、欧亚香草、紫罗兰和香料盒混合的、令人愉快的陈酿香。它强劲、单宁甘甜、口感实在，余韵也非常引人注目。尽管它在年轻时也可以饮用，但是再窖藏 1 到 2 年将会更加优质。最佳饮用期：现在开始到 2018 年。米歇尔·奥杰和他的儿子史戴凡生产着令人惊叹的葡萄酒，唯一的遗憾是这些优质葡萄酒的产量太低了。奥杰酒庄的 1999 年年份酒真是太神奇了！

1998 Côte Rôtie
罗第丘特级红葡萄酒 1998　评分：90 分

奥杰酒庄的罗第丘正常陈酿一般都会在 25% 到 30% 的新橡木酒桶中陈化 18 个月，其中超过 70% 的葡萄都产自布朗德山丘。1998 年款罗第丘特级红葡萄酒表现出焦土、烟草、矿物质和黑醋栗混合的芳香和口感。这款酒口感强劲、丰富、厚重，余韵中含有丰富的单宁。法国人很可能把它称为真正的 vin de garde（需要陈年的葡萄酒）。它还需要 1 到 2 年的时间窖藏，可以贮存 15 到 18 年以上。这款酒在装瓶前没有进行过过滤。

1991 Côte Rôtie
罗第丘特级红葡萄酒 1991　评分：93 分

这是一款令人感动的罗第丘特级红葡萄酒，它极其优雅，而且质感如天鹅绒般柔滑、柔软，水果特性丰富。奥杰酒庄的罗第丘特级红葡萄酒不像其他葡萄酒那样强健和健

壮，而是更加复杂和细腻。1991 年款表现出成熟黑醋栗、熏肉、香子兰和紫罗兰混合的精致陈酿香。这款深厚、重量适中的葡萄酒口感特别细腻、芬芳和绵长，甚至超过了许多产自勃艮第的木西尼（Musigny）葡萄酒。这款酒最好在接下来的 2 到 3 年内饮用。

1989 Côte Rôtie
罗第丘特级红葡萄酒 1989　评分：90 分

奥杰酒庄的 1989 年款罗第丘特级红葡萄酒表现出特别优雅和芬芳的特性，可以与勃艮第产区最优质的葡萄酒相媲美。我上一次品尝它是在 1994 年，感觉这款酒比 1990 年款单宁更重和有结构，颜色也更加美妙，它还需要 2 到 3 年的时间窖藏。这款酒明显散发出春季花朵、黑色水果、橡木和矿物质混合的豪华芳香，口感精致，陈酿香中显示出的早熟特性并没有在口感中体现出来。最佳饮用期：现在开始到 2009 年。

CÔTE-RÔTIE CUVÉE BELLE HÉLÈNE
罗第丘美好前程特酿红葡萄酒

2003 Côte Rôtie Cuvée Belle Hélène
罗第丘美好前程特酿红葡萄酒 2003

评分：92~94+ 分

因为 2003 年的平均产量很低，所以只酿制了 100 箱罗第丘美好前程特酿红葡萄酒，它是全部用罗齐尔山丘的布龙山葡萄园里采收的葡萄酿制而成的。酒色呈深宝石红色或深紫色，散发出焦土、烟熏肥肉、黑莓和覆盆子混合的鼻嗅，还混有欧亚香草、烤肉和焦油的风味。这是一款非常强壮、有力的罗第丘美好前程特酿红葡萄酒，含有相当多的单宁，而且酸度也很好。最佳饮用期：2010~2025 年。

2001 Côte Rôtie Cuvée Belle Hélène
罗第丘美好前程特酿红葡萄酒 2001

评分：94+ 分

2001 年款罗第丘美好前程特酿红葡萄酒呈深蓝色或深紫色，散发出黑色覆盆子利口酒、黑醋栗奶油、欧亚香草、干香草和烘烤香子兰混合的甘甜鼻嗅。口感强劲、丰富，有着极好的浓缩度和质感，还需要 4 到 5 年的时间窖藏，它应该

罗第丘美好前程特酿红葡萄酒 2001 酒标

会接着进化 15 年以上。

2000 Côte Rôtie Cuvée Belle Hélène
罗第丘美好前程特酿红葡萄酒 2000

评分：93 分

2000 年款罗第丘美好前程特酿红葡萄酒表现出多肉、性感、柔软和丰裕的特性，比其他大多数 2000 年款葡萄酒都更加集中，甚至比具有纪念意义的 1999 年款更加艳丽和诱人。酒体适中、丰富，呈深宝石红色或深紫色，散发出黑醋栗、欧亚香草、胡椒和白色花朵混合的风味。这款和谐、无缝、非凡的罗第丘葡萄酒在接下来的 10 到 12 年中应该会给我们带来巨大的乐趣。

1999 Côte Rôtie Cuvée Belle Hélène
罗第丘美好前程特酿红葡萄酒 1999

评分：100 分

完美的 1999 年款罗第丘美好前程特酿红葡萄酒是一款无缝、威严的经典葡萄酒，有着只有在吉佳乐的上乘陈酿中才会发现的集中度。爆发出极好的甘甜单宁，精粹物和浓缩度也都相当高，不仅仅是酿酒史上的一款杰作，更是一款巨大的罗第丘席拉葡萄酒。它含有厚重的甘油、多层次的精粹物和大量的烘烤新橡木风味。因为在 100% 全新的橡木酒桶中陈化了 30 个月，而且装瓶前没有进行过滤，所以橡木风味被很好地吸收了。这款出色的葡萄酒还需要 3 到 4 年的时间窖藏。最佳饮用期：2008~2030 年。这款红葡萄酒简直太棒了！

1998 Côte Rôtie Cuvée Belle Hélène
罗第丘美好前程特酿红葡萄酒 1998

评分：95 分

这款葡萄酒非常奢华，但是很明显在市面上并不好找。苹果酸 - 乳酸发酵是在小橡木酒桶中进行的。1998 年款罗第丘美好前程特酿红葡萄酒呈不透明的黑色或紫色，爆发出新鞍皮革、烤肉、干香草、黑色水果和矿物质混合的紧致但有前景的鼻嗅。它非常强劲、超级浓缩、惊人的向后，有着单宁的个性，而且含有丰富的精粹物、水果和深度，但是结构仍然均衡。这款一流的、比例极好的罗第丘特级红葡萄酒可以贮存 30 年左右。最佳饮用期：2006~2025 年。

1997 Côte Rôtie Cuvée Belle Hélène
罗第丘美好前程特酿红葡萄酒 1997

评分：92 分

1997 年款罗第丘美好前程特酿红葡萄酒是向后的，而非诱人和开放的。酒色呈深宝石红色，略带紫色，甘甜、烘烤新橡木味的果香中还混有的樱桃白兰地和黑醋栗奶油的风味。这款酒体适中或略显强劲、复杂和差别微妙的葡萄酒，在通风后还会出现黑色橄榄的风味。它的余韵中含有甘甜的水果味，虽然酸度低，但是酒中的单宁却得到了很好的控制。这款酒还需要耐心等待，但它确实是一款辉煌的罗第丘葡萄酒。最佳饮用期：现在开始到 2017 年。

DOMAINE DU PÉGAU
佩高古堡

酒品：

教皇新堡珍藏特酿葡萄酒（Châteauneuf-du-Pape Cuvée Réservée）

达凯博教皇新堡特酿葡萄酒（Châteauneuf-du-Pape Cuvée da Capo）

劳伦斯教皇新堡特酿葡萄酒（Châteauneuf-du-Pape Cuvée Laurence）

庄园主：保罗·费罗（Paul Féraud）夫妇和劳伦斯·费罗（Laurence Féraud）

地址：15, avenue Impériale, 84230 Châteauneuf-du-Pape, France

电话：(33) 04 90 83 72 70 或 (33) 04 90 83 56 61

传真：(33) 04 90 83 53 02

邮箱：pegau@pegau.com

网址：www.pegau.com

联系人：劳伦斯·费罗

参观规定：参观和品酒时间：周一至周五 8:00-12:00 am 和 1:30-6:00pm；
周末或者团队来访必须提前预约

葡萄园

占地面积：总面积为 56.8 英亩（其中 42 英亩位于教皇新堡红葡萄品种法定产区，2.47 英亩位于教皇新堡白葡萄品种法定产区，还有大约 12.35 英亩位于佐餐葡萄酒产区）

葡萄品种：红葡萄品种（75% 歌海娜，15% 席拉，10% 慕合怀特）；

白葡萄品种（60% 歌海娜，20% 克莱雷特，10% 布尔布兰，10% 瑚珊）

平均树龄：40~60 年（5 英亩 94 年树龄的葡萄树位于克劳园）

种植密度：3,300 株 / 公顷

平均产量：3,000~3,300 升 / 公顷

酒的酿制

佩高古堡的葡萄园都是由人工精心培植的。酿酒行事表开始于 12 月，第一步是修枝，法语中叫 la taille，从 12 月到 3 月每隔一段时间进行一次。再晚些时候，葡萄树的枝干都会被手工折断，然后预选出那些有良好发展势头的和光照充分的嫩芽，这要根据未来植株的质量和体积决定。

土壤全年都会被通风，每两年混入一些有机物质。不使用除草剂。在需要的时候才会对葡萄树进行硫化处理或硫酸铜处理，以预防和治愈疾病。

当葡萄达到最佳成熟状态的时候才进行手工采收和细心分离。酿酒过程都是天然的和传统的。对红葡萄酒会进行一个简单的 foulage（法语词，指把葡萄皮从葡萄汁中分离的过程），然后整串放入大酒桶中。这个浸渍过程可能会持续 15 天，直到所有的糖分都转化为酒精。当酒精发酵完成后，果汁被倒入卵形大橡木桶中，然后陈化 18 个月以上，成熟后装瓶。

年产量

劳伦斯特级葡萄酒：6,000 瓶（仅限于特殊年份）

达凯博特级葡萄酒：4,000~5,000 瓶（仅限于最佳年份）

珍藏特酿总产量：63,000~74,000 瓶

平均售价（与年份有关）：40~200 美元

近期最佳年份

2003 年，2001 年，2000 年，1998 年，1995 年，1990 年，1989 年，1981 年

费罗家族是有着 150 年历史的教皇新堡产区酿酒商。尽管葡萄园已经被转手无数次了，但是酿酒

劳伦斯·费罗和保罗·费罗

佩高古堡-教皇新堡特级葡萄酒酒标

的传统和知识却一代代地传了下来，这也就确保了费罗家族的葡萄酒一直是反映风土的真实产品。

费罗家族从1670年开始就一直在教皇新堡地区酿酒。他们名下的财产一直在缓慢增长，从1987年开始，佩高古堡被合并成为一份由父亲保罗和女儿劳伦斯共同拥有的产业。"佩高"这个名字是普罗旺斯地区的方言，指古代用来上酒的黏土水壶，可以追溯至14世纪的阿维尼翁教皇时期。

佩高古堡的葡萄园包括六小块，一共占地18公顷（约合42英亩），拥有教皇新堡产区最优质的风土，而且东偏东南向阳。佩高古堡的风土大部分是第三纪中新世的沙质泥灰土，且大面积被大量石灰石和大的石英岩卵石覆盖。该产区的显著特征是冰川沉淀，这使得该产区的葡萄都比较早熟，因为葡萄在白天吸收热量（因此土壤可以保持水分）然后晚上再释放出来。佩高古堡由许多不同的葡萄园组成，里面的葡萄树的树龄从20年到92年不等，各个葡萄园的平均产量大约在3000升/公顷左右。

劳伦斯·费罗和她的父亲保罗的佩高古堡酿制出一款教皇新堡产区内最威严、风格古老、强壮、超级浓缩和轰动的葡萄酒。保罗·费罗和亨利·博诺是高中同学兼好友，而且他们两人的关系到目前为止仍然非常亲密。这样看来，在所有的教皇新堡产区葡萄酒中，只有佩高古堡珍藏特级葡萄酒和劳伦斯特级葡萄酒在品质上最接近亨利·博诺的塞莱斯坦斯珍藏红葡萄酒，这就不仅仅是一个巧合了。

再没有哪对父女会像保罗和劳伦斯这样有如此多

的不同点了。保罗是一个身材矮小、强壮有力、正经严肃但实际上却很有趣的一个人，说话时带着浓重的普罗旺斯鼻音，一看就知道是一个在满地石头覆盖的教皇新堡葡萄园中快速生长的人，他浑身散发出一个葡萄园农的风格。而他的女儿劳伦斯则是一个迷人、口齿清晰和受过大学教育的人，掌管着佩高古堡的生意往来，但是她在有需要的时候也会到酒窖中去，弄得脏兮兮的也不在乎。尽管他们父女二人有着很大的区别，但是他们两个也刚好互补。我最近一次去佩高古堡与教皇新堡商业区相邻的酒窖中时，正好看见劳伦斯而不是保罗爬上梯子去取又大又旧的卵形大木桶中的精粹的果汁。

这家分块种植的庄园拥有的土地散布于三个不同地区，即库尔铁松、索里图德（La Solitude）和百达瑞德村，里面种有很多老藤葡萄树。其中有两个小块葡萄园最优秀：一个是种植于1902年的葡萄园，位于西北地区，离卡登园不远；另一个是种植于1905年的老藤葡萄园，位于克劳园的正中心。直到1987年（劳伦斯能够帮助她父亲的时候），佩高古堡才开始自产自销，在此之前都是把大部分葡萄卖给批发商。他们在酿酒时从不妥协让步，首先葡萄都是生理上完全成熟的，而且葡萄园的产量很低，然后放入卵形大木桶中与酒糟一起发酵，直到保罗和劳伦斯认为可以的时候再装瓶。不过佩高古堡的葡萄酒一般都不会晕酒（bottle shock，形容一瓶酒从一个地方长途跋涉运到另一个地方后对酒质的影响。译者注），一方面是因为加入的硫比较少，更重要的是，佩高古堡的红葡萄酒不会进行澄清和过滤。

1998年，他们新增酿了另一款葡萄酒，即（Cuvée da Capo），这款酒产量为600箱，主要是用老藤歌海娜酿制而成，不过还加入了所有的13种法定品种，这些葡萄都产自克劳园内该酒庄最古老的园区中。这款酒只在1998年、2000年和2003年三个年份中酿制过，是一款拥有传奇潜力的巨大的葡萄酒。

我很久以前就开始倾心于佩高古堡的葡萄酒，而且我老是把钱花在我的馋嘴上，所以从1979年开始我就一直购买佩高古堡的各款年份酒。值得一提的是，我在这本书中提到的我所拥有的佩高古堡葡萄酒中，还没有任何一款超过最佳成熟期。佩高古堡教皇新堡葡萄酒在年轻的时候虽然可能有点激烈和有力，但是仍然可以亲近，它们无疑都是该产区最经典和最长寿的葡萄酒。酿制于 1981 年、1985 年、1990 年、1998 年、2000 年、2001 年和 2003 年这样的最佳年份的葡萄酒都可以轻易地良好陈年 20 年。

劳伦斯特级葡萄酒在最佳年份中的产量一般在 650 箱左右，它们一般都会保存在离正常参观范围几英里远的酒窖中。这款酒与珍藏特级葡萄酒非常相似，但是它在小橡木酒桶中陈化的时间要比后者多 2 到 3 年，而且从来不使用新橡木酒桶。对于可以买到的这两种酒，我尝试过盲品（Blind tasting，其实就是让喝酒的人看不见酒标，不因为先入为主的品牌或年份效应而影响判断），大多数情况下我都更喜欢水果和葡萄特性更加强烈的珍藏特级葡萄酒。但是劳伦斯特级葡萄酒因为在木质酒桶中存留的时间更长，所以明显的更加复杂和进化。佩高古堡原本并不想把它酿成一款奢华陈酿，只是想体现教皇新堡产区最古老传统的葡萄酒，这种葡萄酒通常保存 4 到 5 年后才会装瓶。

CHÂTEAUNEUF-DU-PAPE CUVÉE DA CAPO
达凯博教皇新堡特酿葡萄酒

2003 Châteauneuf-du-Pape Cuvée da Capo
达凯博教皇新堡特酿葡萄酒 2003

评分：96~100 分

这款达凯博教皇新堡特酿葡萄酒和 1998 年与 2000 年年份酒很像，过了一年的时间仍在发酵。这款酒的潜力惊人，非常奇妙并令人叹服，但是费罗家族需要再耐心一点，因为这款酒还需要消耗更多的糖分。它相当厚重、集中和甘甜，没有坚硬的边缘，浓缩度也十分惊人，几乎是老藤歌海娜葡萄树和教皇新堡产区的瓶装精髓。从传统的教皇新堡葡萄酒来看，这款葡萄酒很可能与亨利·博诺著名的 1990 年款塞莱斯坦斯珍藏红葡萄酒齐名，或者是与这款特酿的前两款 2000 年和 1998 年达凯博教皇新堡特酿葡萄酒相当。信不信由你，它在现在的这个阶段就已经表现出比它的两个姐妹款更大的潜力。但是，它还需要继续发酵然后装瓶，当然装瓶前不会进行过滤。考虑到它的进化速度很慢，我估计这款酒到 2006 年才有可能装瓶。但是天啊，这款 2003 年款达凯博教皇新堡特酿葡萄酒的潜力实在是太惊人了！最佳饮用期：2010~2030+。

2000 Châteauneuf-du-Pape Cuvée da Capo
达凯博教皇新堡特酿葡萄酒 2000

评分：100 分

2000 年款达凯博教皇新堡特酿葡萄酒是老藤歌海娜葡萄树和教皇新堡产区传统酿酒技术的一座丰碑。它爆发出高达 16% 的天然酒精度，酒色呈墨色或宝石红色或紫色，非凡的鼻嗅中含有樱桃白兰地、新鞍皮革、动物皮毛、普罗旺斯香草、香料盒、欧亚香草和咸海风混合的芳香。入口后，口感巨大、油滑、深厚而且纯粹，非常不可思议。这款酒酿制时用了 95% 以上的老藤歌海娜品种，剩下的 5% 采收自一个种有混合品种的老藤葡萄树的葡萄园中。它代表了教皇新堡产区的精髓，非常浓缩，很容易让人讶异"单宁到哪里去了？"从成分分析看来，单宁的含量相当高，但是因为葡萄酒异常的丰富和有力，所以很难表现出单宁特性。这是酿酒史上的现代传奇，尽管有着早熟的特性、舒适的鼻嗅和口感，但它大约 10 年后才会达到最佳状态。这款酒应该可以贮存 25 到 30 年，成为教皇新堡产区酿制的最优质的葡萄酒之一。最佳饮用期：2010~2030+。

1998 Châteauneuf-du-Pape Cuvée da Capo
达凯博教皇新堡特酿葡萄酒 1998

评分：100 分

1998 年款达凯博教皇新堡特酿葡萄酒是用非常低产的 90% 的歌海娜和 10% 的其他 12 种葡萄混合制成，第一次释放时非常深远。它的颜色非常稠密、深厚，呈宝石红色或石榴红色或紫色。果香散发得很慢，但是一旦爆发就像失控的机车一样一发不可收拾，它有着甘甜的黑色水果、胡椒、矮灌丛、泥土和巧克力糖混合的瑞士自助餐式的芳香。它相当深厚和丰富，但让人惊讶的是，它并不显得沉重。这款强劲、轰动性的教皇新堡葡萄酒仍然比较年轻，应该 30 年后就陈化得非常典雅了。以教皇新堡的标准来看，达凯博教皇新堡特酿葡萄酒非常昂贵，但是同等质量的勃艮第产区葡萄酒很可能高达 500 美元 / 瓶了。所以好好想想吧！最佳饮用期：现在开始到 2031 年。

CHÂTEAUNEUF-DU-PAPE CUVÉE LAURENCE
劳伦斯教皇新堡特酿葡萄酒

2000 Châteauneuf-du-Pape Cuvée Laurence
劳伦斯教皇新堡特酿葡萄酒 2000

评分：94 分

考虑到 1998 年款劳伦斯特级葡萄酒在倒出瓶后的出色表现，我很可能低估了这款 2000 年的劳伦斯教皇新堡特酿葡萄酒。尽管在酿制时并没有使用新橡木酒桶，但它却表现出比先前年份都要统一的橡木特性。酒体强劲、有力而且向后，它仍然需要进一步的培养。这款酒是多层次和丰富的，无疑将会非常长寿。最佳饮用期：2007~2020年。

1998 Châteauneuf-du-Pape Cuvée Laurence
劳伦斯教皇新堡特酿葡萄酒 1998

评分：96 分

1998年款劳伦斯教皇新堡特酿葡萄酒是我所尝过的最优质的一款，甚至比1989年、1990年和1995年的年份酒都要优质。它在装瓶前在小酒桶中放置了4年，而且未进行过滤直接装瓶。这是一款令人惊叹的葡萄酒，也是一款有纪念意义的、极佳的教皇新堡葡萄酒。酒色呈深紫红色或深紫色，散发出甘甜黑色水果、烟草、雪松、胡椒和水果蛋糕混合的芳香。这款酒有力、丰富而且集中，余韵悠长，可以持续一分钟左右，比我一年前品尝的时候表现好很多。这是教皇新堡产区酿酒史上的一款传奇葡萄酒。最佳饮用期：现在开始到2025年。

1990 Châteauneuf-du-Pape Cuvée Laurence
劳伦斯教皇新堡特酿葡萄酒 1990

评分：95 分

我怀疑这款酒是保罗·费罗一时兴起进行装瓶的，1989年和1990年两款劳伦斯教皇新堡特酿葡萄酒尝起来和珍藏顶级葡萄酒差不多。尽管劳伦斯教皇新堡特酿葡萄酒并不比珍藏顶级葡萄酒好，但是前者更加进化，而且因为在酒桶中长期陈化，所以也更加复杂。既然这款酒将会在酒瓶中而不是木桶中发展，所以我认为珍藏顶级葡萄酒最终会超过它。最佳饮用期：现在开始到2020年。

1989 Châteauneuf-du-Pape Cuvée Laurence
劳伦斯教皇新堡特酿葡萄酒 1989

评分：95 分

1989年款劳伦斯教皇新堡特酿葡萄酒比1990年款更加甘甜、丰富和丰裕，但是这两款酒都非常有结构、深厚、丰富，品质一流而且风格古老，在现在已经很少见了。最佳饮用期：现在开始到2018年。

CHÂTEAUNEUF-DU-PAPE CUVÉE RESERVEE
教皇新堡珍藏特酿葡萄酒

2003 Châteauneuf-du-Pape Cuvée Réservée
教皇新堡珍藏特酿葡萄酒 2003

评分：95~97 分

我已经品尝遍了佩高古堡的不同特酿，现在很确定劳伦斯和她的父亲保罗共同酿制出了一款令人惊奇的葡萄酒，而且因为这款酒中仍有未溶解的残余糖分，所以还有很大一部分仍在进行发酵。2003年款教皇新堡珍藏特酿葡萄酒很容易

被叫做达凯博教皇新堡特酿葡萄酒，因为它有着惊人的力量和丰富特性。这款酒的天然酒精度肯定会超出16%，而且非常浓缩和厚重，带有樱桃白兰地、梅子、李子、香料盒和胡椒混合的风味。这款酒厚重、集中、非常丰富和强烈，但是边缘并不坚硬。这将是一款令人兴奋和迷人的葡萄酒，我敢肯定它在年轻时口感不错，因为酒中含有大量甘油，而且非常宽大。而且它很像1990年款，有着巨大的陈年能力，估计有15到20年甚至更久。

2001 Châteauneuf-du-Pape Cuvée Réservée
教皇新堡珍藏特酿葡萄酒 2001

评分：95 分

2001年款教皇新堡珍藏特酿葡萄酒是一款奇妙的葡萄酒。酒色呈暗紫红色或暗宝石红色或暗石榴红色，带有令人惊叹的瑞士自助餐果香，并混有烤肉、熏衣草、落地胡椒、深厚甘甜的黑莓和白兰地浸渍的樱桃的风味。这款酒口感强劲、厚重、耐嚼，单宁含量高，余韵悠长，而且体型巨大。这款酒虽不如2000年款那么能满足人的感官，但却很可能是继1989年和1990年两款年份酒以来最长寿和最优质的教皇新堡珍藏特酿葡萄酒，1989年和1990年葡萄酒的陈年效果都非常好，是两款非比寻常的葡萄酒。最佳饮用期：2006~2020年。

2000 Châteauneuf-du-Pape Cuvée Réservée
教皇新堡珍藏特酿葡萄酒 2000

评分：95 分

大多数2000年的年份酒都不如1998年的对应款优秀，但是2000款教皇新堡珍藏特酿葡萄酒却比1998年款的要好。酒色呈深宝石红色或深紫色，并伴有黑醋栗奶油、樱桃利口酒、雪松、欧亚香草和胡椒混合的甘甜风味。这款酒闻起来就像是露天普罗旺斯集市的味道。口感甘甜、肥厚、丰裕，能满足人的感官，有着极好的水果浓缩度，单宁甘甜，余韵悠长，可以持续45秒以上。这款有力、深远、无缝的2000年年份酒非常完美的均衡。这是教皇新堡产区的一款传统杰作，虽然现在可以亲近，但是应该可以很好地陈年15到20年。

1999 Châteauneuf-du-Pape Cuvée Réservée
教皇新堡珍藏特酿葡萄酒 1999

评分：92 分

这是佩高古堡在1999年酿制的一款有力、集中的教皇新堡葡萄酒。1999年款教皇新堡珍藏特酿葡萄酒呈深宝石红色或深紫色，爆发出胡椒、矮灌丛、黑色水果和泥土混合的有力陈酿香。它强劲、宽阔，因为甘甜的单宁所以表现出比大多数佩高古堡年轻年份酒更加紧致和易亲近的风格。这款酒可以在等待1998年和1995年两款年份酒的过程中饮用。所有的佩高古堡红葡萄酒都是既不澄清也不过滤直接装瓶的，这款酒也不例外。最佳饮用期：现在开始到2014年。

1998 Châteauneuf-du-Pape Cuvée Réservée
教皇新堡珍藏特酿葡萄酒 1998

评分：94 分

1998 年珍藏特级葡萄酒是一款风格古老、口感强劲的葡萄酒，散发出烤肉、牛血、普罗旺斯香草、檀香木和香料混合的鼻嗅。这款令人愉快的葡萄酒是自 1990 年以来最优质的珍藏特级葡萄酒，口感丰富、强劲，单宁适中，超级纯粹而且厚重。最佳饮用期：现在开始到 2020 年。

1995 Châteauneuf-du-Pape Cuvée Réservée
教皇新堡珍藏特酿葡萄酒 1995

评分：94 分

1995 年款珍藏特级葡萄酒呈不透明的黑色或紫色，散发出烟草、黑色覆盆子、樱桃利口酒和香料混合的出奇丰富和强烈的陈酿香。特别强劲，有着油滑的质感和深厚、丰富、宽阔的口感，这款超级浓缩的葡萄酒好像可以和该酒庄酿制的、杰出的 1989 年款和 1990 年款相媲美。有趣的是，佩高古堡 1995 年酿制的葡萄酒平均酒精度竟达 14.5%~15.5%。这是教皇新堡产区的一款拳头产品。最佳饮用期：现在开始到 2020 年。

1994 Châteauneuf-du-Pape Cuvée Réservée
教皇新堡珍藏特酿葡萄酒 1994

评分：92 分

上乘的 1994 年款珍藏特级葡萄酒是这个年份中一款优质的葡萄酒。酒色呈深宝石红色或深紫色，带有黑色樱桃、熏肉、黑色橄榄和普罗旺斯香草混合的、有表现力的鼻嗅。这款酒口感深厚、丰富、强劲，而且比更有结构的 1995 年款更加甘甜和柔软，这也是该年份一款巨大的葡萄酒。最佳饮用期：现在开始到 2015 年。

1990 Châteauneuf-du-Pape Cuvée Réservée
教皇新堡珍藏特酿葡萄酒 1990

评分：96 分

1990 年款珍藏特级葡萄酒是教皇新堡产区的超级明星之一。它装瓶后的颜色仍然是不能穿透的黑色或紫色，表现出非常深远的巨大鼻嗅，里面混有巧克力糖、焦油、超级成熟的黑色水果、欧亚香草、烟草和香料的风味。入口后有着甘甜宽阔的水果味，而且超级集中、有力，单宁的个性明显，含有相当丰富的甘油，体积巨大，悠长的余韵可以持续一分多钟。因为含有大量单宁，所以这款酒有着 20 到 25 年的进化能力。而且，这款酒也是未经澄清和过滤直接装瓶的，所以很可能会出现大量的沉淀物。最佳饮用期：现在开始到 2020 年。

1989 Châteauneuf-du-Pape Cuvée Réservée
教皇新堡珍藏特酿葡萄酒 1989

评分：92 分

费罗的 1989 年年份酒介于干红佐餐葡萄酒和年份波特酒之间。酒色呈暗宝石红色或暗黑色，特别集中，非常精粹，巨大的酒体中含有大量甘油和单宁，使得它成为这个最佳年份的最巨大的葡萄酒之一。这款酒惊人的向前（因为 1989 年年份酒的超级成熟度和相对较低的酸度），是一款非常奇妙的教皇新堡葡萄酒。最佳饮用期：现在开始到 2018 年。

1985 Châteauneuf-du-Pape Cuvée Réservée
教皇新堡珍藏特酿葡萄酒 1985

评分：93 分

大多数 1985 年教皇新堡年份酒都成熟得很快，而且大多数情况下都不能达到年轻时所预期的丰富和复杂程度。它的颜色仍然为不透明的宝石红色或紫色，边缘没有发光。鼻嗅很像是只有 3 到 5 年的葡萄酒，而不是一款将近 20 年的葡萄酒。这款教皇新堡葡萄酒倒入杯中后非常丰富和有力，它水果巨大、强健、深厚、强劲、肥厚，而且惊人的绵长。最佳饮用期：现在开始到 2012 年。

1983 Châteauneuf-du-Pape Cuvée Réservée
教皇新堡珍藏特酿葡萄酒 1983

评分：90 分

这款 1983 年教皇新堡珍藏特酿葡萄酒已经达到完全成熟的状态，与超级有力、丰富但是向后的 1985 年款年份酒完全相反。酒色呈深宝石红色，边缘略带琥珀色或橙黄色，且散发出大量甘甜雪松、普罗旺斯香草、熏肉和樱桃水果果酱混合的艳丽鼻嗅。强劲、多肉而且口感充实，这款有力但是柔软、宽阔、质感柔滑的教皇新堡葡萄酒倒入杯中后非常可口。最佳饮用期：现在。

1981 Châteauneuf-du-Pape Cuvée Réservée
教皇新堡珍藏特酿葡萄酒 1981

评分：93 分

这一直是一款动人的年份酒。我详细检查过将近两箱，发现除了一瓶带有木塞味，其他全都是令人兴奋的葡萄酒。它从 1990 年开始就已经完全成熟，但是并没有丢失水果特性，而且从果香和复杂特性方面来看，还有所进步。酒色呈深暗的石榴红色，边缘略显琥珀色。散发出熏肉、浆果果酱、亚洲香料和巧克力糖混合的巨大、华丽和张扬的鼻嗅。这款相当有结构、丰满、多肉、强劲的葡萄酒含有相当丰富的甘油、精粹物和酒精。这是一款轰动的、有着天鹅绒般柔软质感的、堕落的教皇新堡葡萄酒，在接下来的 2 到 4 年内饮用应该也很不错。

CHÂTEAU RAYAS
稀雅丝酒庄

酒品：

  教皇新堡稀雅丝庄红葡萄酒（Rayas Châteauneuf-du-Pape）

  罗纳山丘芳莎莉庄园席拉特酿红葡萄酒（Fonsalette Côtes du Rhône Cuvée Syrah）

  罗纳山丘芳莎莉庄园红葡萄酒（Fonsalette Côtes du Rhône）

庄园主：雷诺家族（Reynaud family）

地址：84230 Châteauneuf-du-Pape, France

电话：(33) 04 90 83 73 09

传真：(33) 04 90 83 51 17

参观规定：原则上不接受来访，如确实很想参观的读者可以致电或致函提前预约

葡萄园

占地面积：

  稀雅丝庄园：37 英亩（白葡萄品种 5 英亩；稀雅丝庄园 19.8 英亩；碧娜庄园 7.5 英亩）

  芳莎莉庄园（Château de Fonsalette）：27 英亩（白葡萄品种 7.5 英亩；红葡萄品种 19.8 英亩）

葡萄品种：

  稀雅丝庄园：歌海娜、克莱雷特和其他品种

  芳莎莉庄园：歌海娜、神索、席拉、玛珊和克莱雷特

平均树龄：

  稀雅丝庄园（红葡萄品种）：30 年

  芳莎莉庄园：35 年

种植密度：

  稀雅丝庄园：3,000 株 / 公顷

  芳莎莉庄园：3,000 株 / 公顷

平均产量：

  稀雅丝庄园：1,500~2,500 升 / 公顷

  芳莎莉庄园：2,000~3,000 升 / 公顷

酒的酿制

  稀雅丝庄园葡萄酒和芳莎莉庄园葡萄酒都保存在稀雅丝酒庄的同一个酒窖中，发酵时间相对较短，然后转移到各式各样的古老酒桶、橡木桶和适中或更大的卵形大木桶中。接着经过一个有点神秘的品尝过程，结果就筛选出了哪些是稀雅丝庄园葡萄酒，哪些是芳莎莉庄园葡萄酒和芳莎莉庄园席拉葡萄酒，当然还有一些酿自于未分类的稀雅丝庄园、碧娜

庄园（Pignan）和一般的碧亚拉德园（La Pialade）的葡萄酒。因为葡萄酒不进行过滤，所以在酒桶中和这些各种大小不同的中性木桶中陈化的时间已经缩短了。父亲路易斯·雷诺（Louis Reynaud）负责时陈化时间将近两年，而后来儿子雅克·雷诺（Jacques Reynaud）接管后只用 14 到 16 个月的时间。雅克·雷诺于 1997 年 1 月去世，此后酒庄由他的外甥艾曼纽（Emmanuel）管理，艾曼纽也一直坚持只进行 14 到 16 个月的陈化。

年产量

稀雅丝庄园红葡萄酒：2,000 箱
芳莎莉庄园红葡萄酒：1,666 箱
芳莎莉庄园罗纳山丘红葡萄酒：1,200 箱
芳莎莉庄园席拉红葡萄酒：400 箱
平均售价（与年份有关）：50~175 美元

近期最佳年份

2003 年，2001 年，2000 年，1998 年，1995 年，1990 年，1989 年，1985 年，1983 年，1981 年，1979 年，1978 年

已故的雅克·雷诺

家出色的酒庄的名誉大部分是由古怪但却如魔鬼般迷人的雅克·雷诺创造的，他于 1997 年 1 月时死于一次严重发作的心脏病。现在酒庄由他的外甥艾曼纽和他的妹妹共同管理，他妹妹跟他长得出奇的相像。我的私人收藏中有几款我绝不会舍弃的葡萄酒，这几款"不可接触的"葡萄酒中当然包括稀雅丝酒庄的几款最佳年份酒。在某些年份，稀雅丝酒庄葡萄酒能够达到奢华和异常强烈的水平，而且结构和口感中都透着丰裕，甚至使优质的波尔多葡萄酒和勃艮第葡萄酒都"自愧不如"。

稀雅丝酒庄位于教皇新堡产区内一条毫不起眼的土路的尽头，里面的建筑物也都是灰黄色的，并没有涂油漆，但正是这个外表毫不起眼的酒庄酿制出了多款世界上最与众不同的葡萄酒。这些成就都应归功于已故的雅克·雷诺和他的父亲路易斯，路易斯逝世于 1978 年。雅克·雷诺总会让我感觉他是电影《星球大战》中的尤达大师（Yoda）和苏斯博士（Dr. Seuss）笔下的格林奇（Grinch）两者的混合体。他是一个优秀却比较谦逊的天才酿酒师，他的葡萄酒都酿自于超级低产的葡萄园，而且采收期也非常晚。雷诺的妹妹弗朗索瓦丝（Françoise）跟他的哥哥一样性格古怪，现居住于酒庄，跟艾曼纽·雷诺一起酿制葡萄酒。

稀雅丝酒庄是现代酿酒的一个反面典型。酒窖中没有不锈钢酒桶，没有温度控制设备，没有新橡木酒桶，也没有酿酒学家，只有一大堆酒桶、橡木桶和卵形大木桶。关于雅克·雷诺的故事，我可以写满整整一本书，但是在他确定的负面声誉背后，反 20 世纪风格的是，他是一个非常博学的绅士，有着特殊的知识和广泛的爱好，包括美食。我和他在附近一家叫做 La Beaugravière 的普罗旺斯手工菜肴坊吃过几顿饭后，就发现了这点。

想要获得稀雅丝酒庄运行的确切信息总是很困难的，这种口风很紧的态度好像是他们家族的特征。尽管我已经到稀雅丝酒庄参观和品酒二十几次，但我仍然没弄清楚他们是怎样在这些酒窖中酿制出如此神奇的葡萄酒的。考虑到这些酒在最佳年份中表现出的令人惊奇的品质，我已经不再纠结于答案了。毕竟，有时候生命的奥秘都是神秘的。我和雅克·雷诺私交甚好，有几个故事可以显示出雷诺顽皮的性格。有一次，我和雅克·雷诺一起品尝葡萄酒，在我尝过来自四个不同酒桶中的葡萄酒后，雷诺仍然没有告诉我每个酒桶中装的是什么酒，所以我被激怒了。最后，我忍不住问他我们尝的是什么，他回答说："你是专家，这个问题应该是我问你吧。"另一个体现他幽默感的例子是，有一次，我俩一起在 La Beaugravière 进餐，当我们正享用一瓶极好的沙夫埃米塔日葡萄酒时，我问他最钦佩的人是谁，他非常严肃而又诙谐地告诉我："你呀！"

在过去的 10 年中我了解到，稀雅丝酒庄是一个占

地面积为 56 英亩的庄园，其中有 37 英亩种满了葡萄树，而正是从这 37 英亩中生产出不到 3000 箱的教皇新堡葡萄酒。如果读者们考虑到柏图斯酒庄（Château Pétrus）每年从 28 英亩的葡萄园中平均酿制出 4500 箱葡萄酒的话，你们就会领会到稀雅丝酒庄的产量有多低。在这家庄园，雷诺酿制了两款红葡萄酒，即稀雅丝庄园红葡萄酒和碧娜庄园红葡萄酒，他还酿制了一款颇受争议的稀雅丝庄园白葡萄酒。

虽然雅克·雷诺很想扮演一个隐遁的游牧者的角色，但事实上他从没拒绝过任何宴会的邀请，这一点就暗示了他其实有很多没表现出来的个性，而这些个性也是他不愿表现出来的。想要参观稀雅丝酒庄的读者要注意提前预约，如果有可能的话，最好以庄园进口商的身份预约。因为即使预约成功，也不能保证你最终一定可以找到这家酒庄。稀雅丝酒庄同亨利·博诺酒庄一样，是少有的几家没有标示的酒庄之一。我的建议是，最好沿着通往沃迪幽酒庄（Château Vaudieu）的路标走，或者沿着教皇新堡村外奥朗日市（D 68）方向的道路走，经过右边的博斯凯德教皇堡（Bosquet des Papes）和左边的罗马教皇堡废墟，向着奥朗日市方向继续走一英里左右，然后在一条东向急转右边的无标示道路处右转。顺着这条路再向前走一英里左右，你就会在东南方向看到沃迪幽酒庄，还有一块又小又破的标识牌上写着"稀雅丝"，而稀雅丝酒庄黑暗、灰黄的酒窖就掩映在许多参天大树的背后。此处向西一或两英里就到了教皇新堡高原，那里有更多的红色沙质土壤，而且明显缺少足球形或西瓜状的大卵石。稀雅丝酒庄有着一个处于温暖产区的凉爽气候的葡萄园。

稀雅丝酒庄的酒窖都是低悬架的两层灰黄色建筑，但是却酿制出了令人惊叹的葡萄酒，在这样的酒窖中品酒从不会让人想到太多有关的酿制技术细节。在这些酒窖中，雷诺家族酿制出了稀雅丝庄园葡萄酒和芳莎莉庄园罗纳山丘葡萄酒，还有其他一些已经被他们选出作为通用酒的各式各样的陈酿，以及相当无关痛痒的碧亚拉德园葡萄酒。雷诺家族不会为大家提供太多的解释，对于任何酿酒疑问，这个家族的答案基本上都是"这是由于葡萄园和低产量，笨蛋"。这里提到的产量在同行人看来则是比较疯狂的，但是对于任何人来说，我在教皇新堡还没见过有人不尊敬雷诺和他

的精神伙伴亨利·博诺的，大家都非常钦佩和尊敬他们。在这些酒窖中，品尝葡萄酒的不同成分绝对没有品尝瓶装后的葡萄酒让人满意。

在最佳年份中，稀雅丝酒庄的葡萄都是最晚采收的，这赋予了葡萄酒樱桃和覆盆子的非凡精华。稀雅丝酒庄葡萄酒带有精粹覆盆子利口酒或樱桃利口酒或木莓利口酒的强度。在我所品尝过的葡萄酒中，也许除了波美侯产区的花堡酒庄（Château Lafleur）酿制的老藤美乐葡萄酒和品丽珠葡萄酒外，世界上再没有其他酒有这样的强度了。稀雅丝庄园葡萄酒和它的姐妹款葡萄酒一样，数量都很有限，所以如果此生不能品尝到这种令人惊奇的最佳年份酒，哪怕只是其中一款，那就太遗憾了。举个例子吧，记得 1996 年，在一个好朋友的生日宴会上，打开了一款 1978 年的稀雅丝庄园葡萄酒和一款 1978 年的拉塔什特级红葡萄酒（Domaine de la Romanée Conti La Tâche），后者是我所尝过的最优质的勃艮第产区红葡萄酒。但是 15 分钟后，每个人都把杯中的稀雅丝庄园葡萄酒喝光了，而很多杯中还剩有大量的拉塔什特级红葡萄酒。

尽管芳莎莉庄园葡萄酒也是在雅克·雷诺的稀雅丝酒庄的酒窖中酿制的，但是葡萄园位于拉加尔德-巴美侯（Lagarde-Paréol）附近。这家 321 英亩大小的庄园，只有 27 英亩的土地上种植着葡萄树，这些葡萄树是在第二次世界大战末由雅克的父亲路易斯种植的。庄园的最大一部分是一个巨大的公园，它环绕着一幢快要倒塌的外表独特的大厦，这个大厦很有可能被当做一个 B 级恐怖片中的城堡，或者科幻片《亚当斯一家》中的住宅。

这家酒庄酿制出了两款令人惊奇的红葡萄酒。其中一款是卓越的芳莎莉庄园葡萄酒，是用 50% 的歌海娜、35% 的神索和 15% 的席拉品种混合酿制而成，它比很大一部分教皇新堡产区葡萄酒都要更加优质。它的酿制方式和稀雅丝庄园葡萄酒一模一样，酿自于产量出奇地少的葡萄园（每英亩葡萄的平均产量为 2 吨，大约只能酿制出 5 桶葡萄酒）。还有一款是传奇的席拉陈酿，但是年产量极低，雅克·雷诺从来不把这款酒当做芳莎莉庄园葡萄酒的混合成分。这款陈酿酿制于一个北向的席拉葡萄园，因此它的微气候比其他向南的葡萄园要更加凉爽。这些席拉葡萄树曾是雅克的父亲

路易斯从埃米塔日产区的杰哈德·沙夫（Gérard Chave）那里获得的插枝。这是一款相当厚重、集中、颜色不透明的葡萄酒，经常需要15到20年才开始进化（例如1978年的年份酒才刚刚结束婴儿期）。

罗纳山丘芳莎莉庄园红葡萄酒和罗纳山丘芳莎莉庄园席拉特酿红葡萄酒都可以轻易地贮存20年，含有的席拉很可能有着30到40年的陈年能力。这家酒庄酿制出了最优质、最具有纪念意义的罗纳山丘葡萄酒，这一点是不容置疑的。这款酒在葡萄酒贸易中总被战利品搜寻者基本忽略，这一点总是让我费解——不过我想这样岂不是更好？

雷诺已经鼓励和推动了法国年轻一代的酿酒事业，使得这些年轻一代的酿酒师再次发现了以前的老方法，并且承认了歌海娜品种的合法性和高贵性。最终，雅克·雷诺成了一个集隐遁者、哲学家、美食家、酿酒师和神话与传奇于一身的人，给本书的作者留下了一个难以磨灭的印象，而且我估计所有跟他相处过的人或者品尝过他的非凡葡萄酒的人也都对他印象深刻。

1997年1月14日，也就是雅克·雷诺73岁生日的前一天，在阿维尼翁买鞋（这很可能是他唯一热衷的物质追求）的时候，雅克·雷诺因为心脏病突发而倒下了，并且再也没能站起来。他是一个真正的传奇。

现在稀雅丝酒庄由艾曼纽·雷诺和弗朗索瓦丝·雷诺共同管理，艾曼纽从1997年就开始酿制稀雅丝酒庄的每款年份酒。专家评委会仍然和艾曼纽在一起。尽管稀雅丝酒庄酿制的葡萄酒非常优质甚至出色，但是在1998年、2000年和2001年这几个年份酿制的教皇新堡年份酒的质量似乎并不深远，而2003年年份酒似乎是艾曼纽酿制的最优质的一款。然而，因为标准非常高，艾曼纽的舅舅雅克酿制的一些葡萄酒都是传奇的东西，几乎是不可能复制的。艾曼纽·雷诺认为自己正向着正确的方向前进，好像已经对稀雅丝酒庄的酒窖和通用哲学稍微作了修改。现在还看不出来他是否能在那些酒窖中演绎同样的神奇，但是可以肯定的是，在教皇新堡产区的最佳年份中，如1998年、2000年和2001年，他酿制的葡萄酒并不像教皇新堡产区其他酒庄的葡萄酒那样质量深远。

FONSALETTE CÔTE DU RHÔNE
罗纳山丘芳莎莉庄园红葡萄酒

2003 Fonsalette Côtes du Rhône
罗纳山丘芳莎莉庄园红葡萄酒 2003

评分：90~92 分

2003年款罗纳山丘芳莎莉庄园红葡萄酒的混合成分中神索品种占35%，为它带来空前的酒精含量和丰富特性。这款葡萄酒虽然没有丰富的颜色，但是口感非常庞大，结合成熟的歌海娜品种，使得它非常均衡。它体积巨大，具有美妙的甘甜和适中的宝石红色，是一款风格非常诱人、性感的葡萄酒，最好在接下来的5到8年内饮用。

1998 Fonsalette Côtes du Rhône
罗纳山丘芳莎莉庄园红葡萄酒 1998

评分：90 分

1998年款罗纳山丘芳莎莉庄园红葡萄酒呈暗宝石红色或暗紫色，是一款单宁明显的葡萄酒。口感丰富、集中，且带有胡椒和泥土的水果味。这款强劲、厚重、有结构的1998年年份酒仍需要窖藏，不过现在也可以饮用。最佳饮用期：现在开始到2020年。

1996 Fonsalette Côtes du Rhône
罗纳山丘芳莎莉庄园红葡萄酒 1996

评分：90 分

1996年款罗纳山丘芳莎莉庄园红葡萄酒呈深宝石红色或深紫色，爆发出巧克力味和黑莓味的超级集中的口感，体积巨大。这款酒是这个年份中一款非典型强劲的葡萄酒，是用完全成熟而且相当晚收的葡萄酿制而成，强健、有结构、丰富而且含有巨大的水果。它在瓶中陈化已经变得十分柔软，但仍被巧克力糖和黑莓果酱的特性主导。最佳饮用期：现在开始到2018年。

1995 Fonsalette Côtes du Rhône
罗纳山丘芳莎莉庄园红葡萄酒 1995

评分：90 分

1995年款罗纳山丘芳莎莉庄园红葡萄酒是一款20年的葡萄酒，还需要4到5年的时间窖藏。酒色呈黑色或紫色，酸度和单宁良好，有着封闭、稠密和单宁适中的特性，异常丰富，还有着有力而且强劲的余韵。3000升/公顷的平均产量比1996年达到的1500~2000升/公顷略高。这款酒非常适合那些买不到或买不起稀雅丝酒庄葡萄酒的消费者们。最佳饮用期：现在开始到2017年。

1994 Fonsalette Côtes du Rhône
罗纳山丘芳莎莉庄园红葡萄酒 1994

评分：90 分

1994年款罗纳山丘芳莎莉庄园红葡萄酒是一款豪华丰

富的葡萄酒，酒色呈深宝石红色或深紫色，散发出胡椒、香料、香草和黑樱桃果酱混合的鼻嗅，而且含有适度的单宁，口感强劲、超级强烈和悠长。这是一款出色的罗纳山丘葡萄酒，最好在接下来的6到7年内好好享用。

1990 Fonsalette Côtes du Rhône
罗纳山丘芳莎莉庄园红葡萄酒 1990

评分：94 分

1990 年的特级红葡萄酒都是非常奇妙的葡萄酒。这款罗纳山丘芳莎莉庄园红葡萄酒酿自平均产量低于 2500 升 / 公顷的葡萄园，酒精度高达 14%，考虑到南罗纳河谷地区超级成熟的特性，这一点都不足为奇。这款酒的鼻嗅中体现出樱桃和樱桃白兰地的精髓，肥厚、甘甜、宽阔和丰富的口感一直萦绕不散。这是一款极其丰富的罗纳山丘葡萄酒，有着油滑的质感、足够的酒精和柔软的单宁，因此还可以继续贮存至少 2 到 3 年的时间。最佳饮用期：现在开始到 2007 年。

FONSALETTE CÔTE DU RHÔNE CUVÉE SYRAH
罗纳山丘芳莎莉庄园席拉特酿红葡萄酒

2003 Fonsalette Côtes du Rhône Cuvée Syrah
罗纳山丘芳莎莉庄园席拉特酿红葡萄酒 2003

评分：80~90 分

2003 年的时候，芳莎莉庄园的部分席拉葡萄园遭受了干旱和酷暑的夹击，其中沙质土壤的葡萄园遭受的损失尤为巨大。这款年份酒虽然并没有大多数优质年份酒所具有的饱满的紫色，而且比最优质的葡萄酒的单宁酸涩感更强，但是对于一款葡萄酒来说，它有着丰富的重量、特性和体积，所以仍让人印象深刻。不过它现在仍有点不够统一，还需要时间来整理自己的个性。我暂时不对它的质量作出怀疑，但它的内涵确实并不很喜人。为了变得完全和谐，酒中含有的单宁酸还需柔软化。最佳饮用期：2008~2017 年。

2001 Fonsalette Côtes du Rhône Cuvée Syrah
罗纳山丘芳莎莉庄园席拉特酿红葡萄酒 2001

评分：91+ 分

这款 2001 年罗纳山丘芳莎莉庄园席拉特酿红葡萄酒全部用席拉酿制而成，这是已故的雅克·雷诺引进的一款葡萄酒。酒色呈墨色或紫色，散发出牛血、未腐烂的秋季树叶、黑莓和黑醋栗混合的撩人芳香。这款酒口感坚实、单宁柔软，而且劲力十足、十分强劲，含有波尔多梅多克产区葡萄酒的结构和紧致，还爆发出很高的集中度。它现在还相当朴素，仍需要长时间的陈年。最佳饮用期：2010~2020 年。

2000 Fonsalette Côtes du Rhône Cuvée Syrah
罗纳山丘芳莎莉庄园席拉特酿红葡萄酒 2000

评分：91 分

2000 年罗纳山丘芳莎莉庄园席拉特酿红葡萄酒呈深紫色，是一款巨大的葡萄酒，带有动物皮毛、欧亚香草、黑莓、蘑菇或巧克力糖混合的风味。它有着超级的浓缩度、巨大的酒体，以及庞大、向后的个性，在 2007 年到 2018 年之间会达到最佳时期。

1999 Fonsalette Côtes du Rhône Cuvée Syrah
罗纳山丘芳莎莉庄园席拉特酿红葡萄酒 1999

评分：91 分

1999 年款罗纳山丘芳莎莉庄园席拉特酿红葡萄酒非常惊人，不过产量只有 250 箱，酒色呈黑色或紫色，喜欢这款酒的读者一定不要错过它。这个葡萄园位于一个向北的山坡上，所以有着冷气候，而且不停地生产出极佳的葡萄酒。这些葡萄酒一般都有 20 到 30 年的陈年能力，第一款年份酒酿制于 1978 年，现在仍处于婴儿时期。这款 1999 年年份酒甘甜、丰富而且强劲，表现出成熟的单宁特性，还散发出烤肉、黑莓、巧克力糖和欧亚香草混合的风味。这款巨大的葡萄酒还需要 2 到 3 年的时间窖藏，然后在接下来的 10 到 12 年，你就可以好好享受这款神奇的葡萄酒了。最佳饮用期：2007~2020 年。

1998 Fonsalette Côtes du Rhône Cuvée Syrah
罗纳山丘芳莎莉庄园席拉特酿红葡萄酒 1998

评分：91 分

1998 年款罗纳山丘芳莎莉庄园席拉特酿红葡萄酒呈典型的黑色或紫色，散发出动物皮毛、欧亚香草、黑醋栗奶油、巧克力糖和潮湿泥土混合的迷人鼻嗅。这款葡萄酒厚重、巨大、集中而且内涵惊人，是一款用南罗纳河谷产区席拉品种酿制的一流葡萄酒。最佳饮用期：2006~2020 年。

1996 Fonsalette Côtes du Rhône Cuvée Syrah
罗纳山丘芳莎莉庄园席拉特酿红葡萄酒 1996

评分：90 分

1996 年款罗纳山丘芳莎莉庄园席拉特酿红葡萄酒不仅厚重，而且惊人的甘甜和柔软。它散发出动物皮毛、黑莓、黑醋栗和泥土混合的吸引人的鼻嗅。酒体适中或略显强劲，集中、耐嚼和深厚，而且口感充实、席拉味明显，应该可以再很好地陈年 10 年以上。

1995 Fonsalette Côtes du Rhône Cuvée Syrah
罗纳山丘芳莎莉庄园席拉特酿红葡萄酒 1995

评分：94 分

1995 年款罗纳山丘芳莎莉庄园席拉特酿红葡萄酒非常令人惊叹，只是还需要 10 到 15 年的时间窖藏。这款葡萄酒的单宁并不明显，但是口感却异常强烈。它有着稠密的质感，还有胡椒、烟草、甘甜黑醋栗和巧克力糖混合的鼻嗅和口感。这款酒表现出南罗纳河谷地区席拉品种的野性和明显的强烈口感。我估计它可以很好地进化 30 到 40 年以上。最佳饮用期：2007~2037 年。

1994 Fonsalette Côtes du Rhône Cuvée Syrah
罗纳山丘芳莎莉庄园席拉特酿红葡萄酒 1994

评分：94 分

1994 年款罗纳山丘芳莎莉庄园席拉特酿红葡萄酒的产量只有 4000 瓶，天然酒精度高达 14.5%。酒色呈黑色，惊人的丰富，品质和超凡脱俗的 1995 年年份酒差不多。入口后表现出黑醋栗水果、烟草、泥土和亚洲香料混合的厚重口感，而且会变得越来越强烈。这是一款内涵丰富巨大的席拉葡萄酒，非常深厚、油滑、单宁适中，还需要 2 到 3 年的时间窖藏。它可以看做是另一款 30 年的葡萄酒。

1991 Fonsalette Côtes du Rhône Cuvée Syrah
罗纳山丘芳莎莉庄园席拉特酿红葡萄酒 1991

评分：92 分

深远的 1991 年款罗纳山丘芳莎莉庄园席拉特酿红葡萄酒呈不透明的黑色或紫色，非常令人惊奇，倒入杯中后会散发出烘烤香草和黑醋栗混合的巨大鼻嗅。这款酒酿自于平均产量为 2000~2500 升/公顷的葡萄园，其天然酒精度超过 14%。这是一款强劲、非常精粹和巨大的葡萄酒，还需要 2 到 4 年的时间窖藏。最佳饮用期：现在开始到 2018 年。

1990 Fonsalette Côtes du Rhône Cuvée Syrah
罗纳山丘芳莎莉庄园席拉特酿红葡萄酒 1990

评分：94 分

1990 年款罗纳山丘芳莎莉庄园席拉特酿红葡萄酒呈黑色，带有山胡桃木、巧克力、黑醋栗和其他黑色水果混合的奇异芳香。口感惊人的丰富和丰裕，酒精和单宁酸含量也很丰富，这款酒给人的整体印象是强劲和成熟。最佳饮用期：现在开始到 2012 年。

RAYAS CHÂTEAUNEUF-DU-PAPE
教皇新堡稀雅丝庄红葡萄酒

2003 Rayas Châteauneuf-du-Pape
教皇新堡稀雅丝庄红葡萄酒 2003

评分：92~95 分

这款葡萄酒似乎是自艾曼纽·雷诺掌管酒庄以来所酿制的最优质的一款稀雅丝酒庄葡萄酒。稀雅丝酒庄一般都在 9 月 5 号至 9 月 30 号之间采收葡萄，根据这个标准，这款葡萄酒所用的葡萄采收相对较晚，酒色呈深宝石红色，散发出覆盆子、樱桃白兰地和一些亚洲香料混合的甘甜美妙鼻嗅。它非常丰裕、强劲而且多汁，有着异常强烈的口感但是却非常轻盈。这是一款了不起的稀雅丝酒庄葡萄酒，很可能是这家古怪的酒庄自深远的 1995 年年份酒以来最优质的年份酒。它的酒精度比较高，略高于 15%，但是因为甘油和水果含量丰富，所以被很好地掩饰了。最佳饮用期：2009~2020+。

教皇新堡稀雅丝庄红葡萄酒酒标

2001 Rayas Châteauneuf-du-Pape
教皇新堡稀雅丝庄红葡萄酒 2001　评分：93 分

2001 年款教皇新堡稀雅丝庄红葡萄酒比 2000 年款更加有结构，颜色也是更深的宝石红色，还有更大的酸度和深度。这款风土条件主导的葡萄酒散发出覆盆子和甘甜樱桃白兰地的果香，酒体适中，非常清新活泼，风格使人爽快。它也有着非常权威的美妙口感。建议大家再窖藏 3 到 4 年，然后在接下来的 15 年内享用。

2000 Rayas Châteauneuf-du-Pape
教皇新堡稀雅丝庄红葡萄酒 2000　评分：90 分

2000 年款教皇新堡稀雅丝庄红葡萄酒有着高达 15.2% 的酒精度，艾曼纽·雷诺认为这款酒比 1998 年款更加优质。它似乎是 1998 年和 1999 年两款年份酒混合的怀旧款，呈中度或偏淡的宝石红色，散发出樱桃白兰地、香料盒和欧亚香草混合的奢华陈酿香。口感强劲而且多肉，还有着较低的酸度，这是一款甘甜（因为含有大量的甘油和酒精）、诱人和让人兴奋的葡萄酒，没有坚硬的边缘，而且口感丰富和多肉。虽然这款酒让人无法抗拒，但我还是认为 1998 年款更加有结构。最佳饮用期：现在开始到 2016 年。

1999 Rayas Châteauneuf-du-Pape
教皇新堡稀雅丝庄红葡萄酒 1999　评分：92 分

1999 年款教皇新堡稀雅丝庄红葡萄酒呈暗宝石红色，很好地隐藏了高达 15% 的酒精度。它含有严格的结构和单宁酸，酒体适中或略显强劲，这款封闭的年份酒的果香中还有樱桃白兰地的甘甜美妙风味，入口后也有樱桃白兰地的口感，但是余韵比较紧致。最佳饮用期：现在开始到 2012 年。

1998 Rayas Châteauneuf-du-Pape
教皇新堡稀雅丝庄红葡萄酒 1998　评分：94 分

尽管 1998 年款教皇新堡稀雅丝庄红葡萄酒并不是一款最让人叹服的年份酒，但它还在继续增重，而且表现得越来越优秀，每次品尝都能感觉到它的进步。它似乎是艾曼纽·雷诺所酿制的最优质的葡萄酒。最佳饮用期：现在开始到2017年。

1995 Rayas Châteauneuf-du-Pape
教皇新堡稀雅丝庄红葡萄酒 1995　评分：98 分

　　1995 年款教皇新堡稀雅丝庄红葡萄酒是令人惊奇的。当艾曼纽·雷诺告诉我这款酒进化非常快，而且基本上否定了这款年份酒的时候，我立即喝了两瓶，我觉得这是极好的人间极品。它并没有表现出 1990 年款过于成熟的特性，而让人觉得它是优质的 1989 年和 1978 年两款年份酒的混合。它的颜色较深，但是仍然年轻，带有黑加仑和黑醋栗奶油的特性，体积巨大，结构美妙而且轮廓清晰，这是一款完全不同于 1990 年年份酒的经典稀雅丝庄园葡萄酒。它在酒瓶中应该会继续改善，很可能获得更高的评分。虽然现在就可以饮用，但是窖藏 3 到 4 年后品质会更佳。最佳饮用期：2007~2020 年。

1994 Rayas Châteauneuf-du-Pape
教皇新堡稀雅丝庄红葡萄酒 1994　评分：90 分

　　1994 年款教皇新堡稀雅丝庄红葡萄酒是这个年份的一款睡眠酒，散发出樱桃白兰地、覆盆子、皮革和烟草混合的芳香。酒体适中或略显强劲，有着惊人的权威风格，还有着出色的深度、成熟度和长度。与 1990 年和 1995 年两款年份酒相比，这款酒真的是很便宜。最佳饮用期：现在开始到2012 年。

1990 Rayas Châteauneuf-du-Pape
教皇新堡稀雅丝庄红葡萄酒 1990　评分：100 分

　　至于 1990 年年份酒，我很有幸喝了将近三箱，而且它已经成为我的酒窖中的成功酒之一。大约一到两年前，我享用了一系列完美的"百分"葡萄酒，但是最后的几瓶得分为96~100 分，这也许表明了这款酒的进化方向。不过，它仍是一款极具吸引力的葡萄酒。这款传奇的稀雅丝酒庄葡萄酒是用相当成熟的歌海娜品种酿制而成，散发出过熟的樱桃白兰地、覆盆子、樱桃、叶味、欧亚香草和烟草混合的风味。这款质感油滑、深厚、果汁丰富的教皇新堡葡萄酒的酒精度一定高达 15.5%。它是罗纳山谷一款真正不朽的作品。不过，拥有这款葡萄酒的读者最好在接下来的 8 到 10 年内享用。

1989 Rayas Châteauneuf-du-Pape
教皇新堡稀雅丝庄红葡萄酒 1989　评分：99 分

　　1989 年款教皇新堡稀雅丝庄红葡萄酒一直都在追赶1990 年年份酒，而且很有可能比后者更加长寿。这款稀雅丝酒庄葡萄酒的颜色较深，但是并没有 1990 年年份酒看起来深厚。酒色呈暗宝石红色，散发出大量烘烤香草的风味，还混有烟草、甘甜黑醋栗奶油和樱桃白兰地的味道。它强劲、高度精粹、有力而且单宁明显，和 1995 年年份酒更加相像，它正在摆脱单宁酸的覆盖，并且慢慢趋于完全成熟。最佳饮用期：现在开始到2025 年。

1988 Rayas Châteauneuf-du-Pape
教皇新堡稀雅丝庄红葡萄酒 1988　评分：92 分

　　1988 年款教皇新堡稀雅丝庄红葡萄酒是一款极好的葡萄酒，最近逐渐变得强壮。虽然它既没有 1990 年年份酒艳丽，也没有 1989 年年份酒精粹，但是它却极其优雅。品酒时如果把它与勃艮第顶级红葡萄酒放在一起将会很有趣。这款教皇新堡葡萄酒呈暗宝石红色，倒入杯中后散发出黑色樱桃、覆盆子、树脂和沃土混合的、花香的甘甜芬芳。它口感强劲、丰富，而且刚刚达到最佳成熟状态，可以再贮存 5 到 10 年。

1985 Rayas Châteauneuf-du-Pape
教皇新堡稀雅丝庄红葡萄酒 1985　评分：93 分

　　1995 年款教皇新堡稀雅丝庄红葡萄酒一开始表现得非常年轻，然后进入睡眠状态，但是现在又反弹回来。酒色呈不很饱满的中度宝石红色，但是豪华的陈酿香中带有香膏、胡椒、黑色樱桃和皮革的风味。这款酒具有酒精的特性，劲力十足而且丰富，但是倒入杯中后又慢慢地表现出隐藏的单宁酸特性。这款年份酒的表现一直不统一，可能一瓶暗示着早熟特性，而另一瓶又表现出非常长寿的特性。它的颜色没有退化，好像是刚刚才达到最佳成熟的状态。我建议在接下来的 5 到 10 年内饮用它。

1983 Rayas Châteauneuf-du-Pape
教皇新堡稀雅丝庄红葡萄酒 1983　评分：94 分

　　这款年份酒的生命即将走到尽头，但是如果很好贮藏的话，可能仍然非常令人惊叹。它是一款经典的稀雅丝酒庄年份酒，很有教皇新堡产区 1983 年最佳年份酒的潜力。颜色中表现出明显的琥珀色，巨大、令人兴奋的果香中散发出红色水果、黑色水果、香草、泥土和欧亚香草的风味。这是一款强劲、甘甜、有着奶油般油滑质感的教皇新堡葡萄酒，饮用起来令人非常愉快，建议尽快喝光。

1979 Rayas Châteauneuf-du-Pape
教皇新堡稀雅丝庄红葡萄酒 1979　评分：90 分

　　1979 年款教皇新堡稀雅丝庄红葡萄酒，散发出干香草、皮革、动物皮毛、黑色覆盆子、樱桃和欧亚香草混合的复杂鼻嗅。在口腔中的口感开始退去后，余韵中会含有单宁和酸度感，这是葡萄酒即将变质的一个标志，但它仍是令人惊叹的。可能有一些原始瓶装酒仍然完美，但这么多年来我还没遇到过。

1978 Rayas Châteauneuf-du-Pape
教皇新堡稀雅丝庄红葡萄酒 1978　评分：94 分

　　这款葡萄酒曾经一度得到 100 分的评分，但是现在已经退步了。这款 1978 年年份酒的生命开始得很慢，在 8 到 10 年的时候才开始积聚精力和进化，然后重量和丰富特性继续增加，直到 1999 年、2000 年左右，它的品质才开始稍微有所下降。尽管它现在仍是一款令人惊叹的葡萄酒，但是它已不再完美。

DOMAINE RENÉ ROASTING
罗塞腾酒庄

酒品：

    罗第丘布金岸红葡萄酒（Côte Rôtie Côte Blonde）

    罗第丘兰多纳园特级红葡萄酒（Côte Rôtie La Landonne）

庄园主：勒内·罗塞腾（René Roasting）

地址：1 Petite Rue de Port, 69420 Ampuis, France

电话：(33) 04 74 56 12 00

传真：(33) 04 74 56 13 32

参观规定：参观前必须预约

葡萄园

占地面积：总面积为 19.9 英亩（其中 17.3 英亩位于罗第丘产区，2.6 英亩位于空笛幽产区）

葡萄品种：席拉和维欧尼

平均树龄：40 年

种植密度：10,000 株 / 公顷

平均产量：3,500 升 / 公顷；

酒的酿制

    勒内·罗塞腾采取了一种非常开明的酿酒方式，而且根据不同年份的具体情况灵活调整。他根据不同年份的特点，经常会成为第一个或最后一个采收葡萄的人。根据葡萄园的不同特点，总会有一部分葡萄被去梗，而这一比例的大小取决于各个年份的风格。一般来说，发酵时间比较短，浸渍持续 3 周左右，而且会规则地进行踩皮和反复循环操作，然后所有的罗第丘葡萄酒都被转移到小型勃艮第酒桶中和大点的 500 升容量的橡木桶中。这些木桶大约有 20% 是新的，大多都使用过两到三年。葡萄酒经过 15 个月的陈化之后，加入非常少量的蛋白进行澄清，然后不过滤直接装瓶。

年产量

    罗第丘兰多纳园特级红葡萄酒：8,000 瓶

    罗第丘布金岸红葡萄酒：6,000 瓶

    平均售价（与年份有关）：60~100 美元

近期最佳年份

    2003 年，2001 年，1999 年，1991 年，1985 年，1978 年，1971 年

勒内·罗塞腾

财富正在向勒内·罗塞腾微笑，他是一个年轻强健的商人，表情总是坚定而且严肃。毫无疑问，不论什么人一旦品尝了罗塞腾葡萄酒，都会承认它是该产区的一颗明星。罗塞腾带点法国雅皮士的感觉，他也在空笛幽产区附近做房地产生意和经营公寓大楼。罗塞腾是一个很有才智的酿酒师，他从已故的岳父艾尔伯特·德尔维厄（Albert Dervieux）那里学到了很多传统的酿酒技术，并把这些知识与一些有用的现代技术完美地结合在一起。罗塞腾的灵活性特别令人钦佩。在对待像澄清和过滤这些颇具争议的问题上，他会先对葡萄酒进行实验，等到实验分析结果出来，再确定葡萄酒是否足够健康，是否可以不净化直接装瓶。而其他很多酿酒师进行澄清和过滤，只是因为"我的父亲和祖父都这样做"，罗塞腾这种开明的态度与他们就形成了鲜明的对比。

    罗塞腾已经成为高质量的罗第丘产区内非常重要的酿酒师之一。当他的岳父和舅舅马吕斯·让塔（Marius Gentaz）退休后，罗塞腾不仅开始负责监管大部分葡萄园（从很大程度上增加了他的不动产），还继

承了一些卓越的小块罗第丘葡萄园。他所有的庄园包括位于布龙山的丰壤老藤葡萄园（Fongent）、布朗德山丘的格拉葡萄园（La Garde）和布龙山的维耶勒赫葡萄园（La Viaillère），里面种有树龄为 85 年的老藤葡萄树。1993 年，他又获得了马吕斯·让塔的非凡的老藤葡萄树的管理权，这些葡萄树的树龄都超过了 70 年，也位于布龙山上，离吉佳乐世家著名的杜克葡萄园很近。

罗塞腾的地下小酒窖中装有各种出色的酿酒设备和空气调节设备，该酒窖坐落于阿布斯镇的小河旁，离艾米尔·尚普（Emile Champet）的酒窖和马赛尔·吉佳乐翻新的阿布斯酒庄只有一个街区的距离。

在罗塞腾一尘不染的酒窖中，有各种各样的新橡木酒桶和数量正在增加的更大的橡木桶。而且罗塞腾认为橡木酒桶的大小正好适合陈化罗第丘葡萄酒。葡萄酒的酿造在最先进的旋转式不锈钢自动踩皮发酵机中进行，这也是他的智慧和灵活性的一个经典体现。根据不同的年份特点和风土条件，有些葡萄在酿制时会全部去梗，而一些只是部分去梗。在最佳年份中，罗塞腾都会酿制三款葡萄酒：经典葡萄酒（Cuvée Classique）、布龙山葡萄酒和兰多纳葡萄酒。而在怀疑年份酒质量的时候，他一般都会把兰多纳葡萄酒混入经典葡萄酒中。布龙山葡萄酒和兰多纳葡萄酒都是上乘的葡萄酒。在罗塞腾的酒窖中品酒的时候，他一般都是到最后才供应布龙山葡萄酒，主要是因为它奢华的质感、惊人的丰富特性和强度。布龙山葡萄酒甚至比兰多纳葡萄酒更加出色，尽管后者产自于老藤葡萄树，而这些树比马赛尔·吉佳乐的葡萄树还要古老。事实上，罗塞腾拥有的三小块兰多纳葡萄园，包括一个里面葡萄树比较年轻的小块葡萄园，以及两个种有 50 年到 60 年树龄的葡萄树的小块葡萄园，其中 0.7 英亩来自马吕斯·让塔的有着七十几年树龄的兰多纳老藤葡萄树的葡萄园。

CÔTE RÔTIE CÔTE BLONDE
罗第丘布金岸红葡萄酒

2003 Côte Rôtie Côte Blonde
罗第丘布金岸红葡萄酒 2003　　评分：96~100 分

这款爆炸性的传奇葡萄酒可能与奇妙的 1999 年款罗第丘布金岸红葡萄酒品质相当，甚至超越了它。这款酒中有

3%~4% 的维欧尼品种共同发酵，现在已经爆发出橘子果酱、荔枝、覆盆子和黑莓果酱组成的爆炸性鼻嗅，体积巨大，有着天鹅绒般柔顺的质感，而且惊人的集中。它实际上没有酸度，但是拥有甘甜的单宁酸和大量的精粹物，而且非常丰富。我建议先进行 2 到 3 年时间的窖藏，然后在接下来的 15 到 17 年内饮用。

2001 Côte Rôtie Côte Blonde
罗第丘布金岸红葡萄酒 2001　　评分：94 分

2001 年款罗第丘布金岸红葡萄酒呈暗宝石红色或暗紫色，有着巨大的强度，多汁，而且没有坚硬的边缘。甘甜的果香中带有焦糖、金银花、黑色樱桃利口酒、覆盆子、红醋栗的味道和微弱的烘烤橡木风味，还有着丰满、结构良好和丰裕的余韵。我非常喜欢这款罗第丘陈酿，如果没有酿制出来的话就太遗憾了。最佳饮用期：现在开始到 2014 年。

2000 Côte Rôtie Côte Blonde
罗第丘布金岸红葡萄酒 2000　　评分：92 分

2000 年的年份酒中最性感和满足人感官的就是这款 2000 年罗第丘布金岸红葡萄酒，而这款酒也当之无愧。它的果香中混合金银花、黑莓和红醋栗水果的风味，口感厚重、丰富、丰裕、芳香，有着天鹅般柔滑的质感和无缝的风格。这款年份酒没有坚硬的边缘，年轻时让人很难抗拒，有着贮存 10 到 12 年的能力。罗塞腾的布朗德葡萄园处于莫林园和沙迪龙园（Chatillone）的正中间。

1999 Côte Rôtie Côte Blonde
罗第丘布金岸红葡萄酒 1999　　评分：100 分

关于 1999 年款罗第丘布金岸红葡萄酒我能说些什么呢？这是一款带有干型年份波特酒风格的罗第丘葡萄酒。拥有令人惊奇的强度、出色的和谐度和惊人的陈酿香，并带有镶有其他花朵（我会想到白水仙花）的紫罗兰、黑莓、黑醋栗、香子兰和蜂蜜的风味。这款酒有着油滑的质感，但是轮廓非常清晰，有着与极度的集中完美结合的优雅和相当悠长的余韵。它是我所品尝过的最深远、最诱人的罗第丘葡萄酒之一。这款琼浆玉液的产量只有 500 箱。最佳饮用期：现在开始到 2018 年。

1998 Côte Rôtie Côte Blonde
罗第丘布金岸红葡萄酒 1998　　评分：98 分

这款精致的 1998 年年份酒呈深宝石红色或深紫色，爆发出桃子和黑莓果酱混合的果香。这款酒有着油滑的质感，醇厚，含有多层次的甘油、精粹物和浓缩的水果，口感相当丰富，惊人的纯粹，还有着悠长的余韵，可以持续 40 秒以上。最佳饮用期：现在开始到 2015 年。

1997 Côte Rôtie Côte Blonde
罗第丘布金岸红葡萄酒 1997　　评分：91 分

1997 年款罗第丘布金岸红葡萄酒呈暗宝石红色，散发出

杏仁、黑莓、覆盆子、烟熏肥肉和吐司混合的性感鼻嗅。酒体适中或略显强劲，甘美多汁而且口感开阔，还有着轻柔的甘油和水果的口感。这款酒酸度低，质感多肉，风格向前并具有进化感，非常吸引人。最好在 4 到 6 年内把它喝光。

1996 Côte Rôtie Côte Blonde
罗第丘布金岸红葡萄酒 1996

评分: 90 分

1996 年款罗第丘布金岸红葡萄酒有着典型的优雅和细腻特性，带有黑色覆盆子水果包裹着的烟熏橡木味和胡椒风味。甘美多汁，质感丰裕，足够的酸度使得它轮廓清晰，余韵也甘甜多肉，这款结构完美的葡萄酒是该系列酒中最辉煌的一款。除了改革阶段，罗塞腾的布朗德葡萄园总是表现得很好。这款酒最好在 5 到 7 年内喝光。

1995 Côte Rôtie Côte Blonde
罗第丘布金岸红葡萄酒 1995

评分: 95 分

1995 年款罗第丘布金岸红葡萄酒呈深紫色，爆发出紫罗兰、黑醋栗、蓝莓和香子兰混合的、令人惊讶的极佳鼻嗅。这款酒口感奢华、丰富，有着清爽的酸性、非凡的强度、多层次的个性、极好的持久性和清晰的轮廓，这是罗第丘产区的一款杰作。遗憾的是，因为葡萄的平均产量只有每英亩一吨多一点，所以这款酒的产量极其有限，比正常水平要低很多。最佳饮用期：2007~2017 年。

1994 Côte Rôtie Côte Blonde
罗第丘布金岸红葡萄酒 1994

评分: 94 分

1994 年的年份酒都非常优秀和出色，表现出充分的丰裕、力量和甘甜水果的特性，罗第丘布朗德山丘的陈酿是最具享乐主义和奢华质感的葡萄酒。1994 年款罗第丘布金岸红葡萄酒表现出迷人的甘甜、宽阔和可穿透的芳香鼻嗅，并带有花朵、丰富成熟的黑醋栗水果、雪松和黑色覆盆子的风味。这款酒有着丰裕的质感、极其油滑深厚的口感和极好的余韵。这款诱人的罗第丘葡萄酒适合在接下来的 2 到 4 年内饮用。

1991 Côte Rôtie Côte Blonde
罗第丘布金岸红葡萄酒 1991

评分: 92 分

1991 年款布朗德园特级红葡萄酒是一款甘甜、肥厚和奢华风格的葡萄酒，含有柔软的单宁酸，但是没有任何维耶勒赫葡萄园的田园式或动物的特点。这款酒口感甘甜、宽阔，而且非常诱人和大方。最好在接下来的 2 到 3 年内享用。

1990 Côte Rôtie Côte Blonde
罗第丘布金岸红葡萄酒 1990

评分: 93 分

1990 年款布朗德园特级红葡萄酒散发出可穿透的、烟熏

和烘烤式的罗第丘芳香，夹杂着甘甜的黑色覆盆子风味，口感柔软，酒体适中或略显强劲，还有着耐嚼、多肉和诱人的余韵。单宁酸被多层次的水果覆盖，酸度也比较低。最佳饮用期：现在开始到 2009 年。

1988 Côte Rôtie Côte Blonde
罗第丘布金岸红葡萄酒 1988

评分: 92 分

1998 年布朗德园特级红葡萄酒是一款质感顺滑、如天鹅绒般柔软的葡萄酒，倒入杯中后会迸发出极佳的储藏水果味。它相当强烈和成熟，散发出的陈酿香由覆盆子和黑醋栗主导，还有少许可辨的新橡木味。这款深远、口感丰满的葡萄酒，其单宁的个性仍很明显，所以最好再继续窖藏几年。最佳饮用期：现在开始到 2010 年。

1985 Côte Rôtie Côte Blonde
罗第丘布金岸红葡萄酒 1985

评分: 91 分

罗塞腾的布朗德园特级红葡萄酒比单宁重的兰多纳园特级红葡萄酒要更加柔软。这款完全成熟的葡萄酒口感奢华，散发出烘烤坚果、成熟的黑色覆盆子果酱和黑醋栗水果混合的强烈陈酿香，还带有瑞士自助餐般奇特的果香和口感。最佳饮用期：现在。

CÔTE RÔTIE LA LANDONNE
罗第丘兰多纳园特级红葡萄酒

2003 Côte Rôtie La Landonne
罗第丘兰多纳园特级红葡萄酒 2003

评分: 94~96 分

2003 年，罗第丘产区内的罗塞腾葡萄园从 8 月 21 号就开始采收葡萄，这是空前的早，结果只生产了正常采摘的葡萄树 40% 的产量。罗塞腾拒绝将葡萄酒酸化和改变该年份的特点，也拒绝对葡萄进行去梗，声称所有的葡萄梗都完全成熟。不过他的决定似乎很明智。2003 年款罗第丘兰多纳园特级红葡萄酒事实上没有酸度，但是却结构巨大且轮廓清晰，这主要是因为酒中浓缩度高，而且精粹物和单宁酸的含量也都很高。酒色呈深紫色，散发出焦土、欧亚香草、花岗岩、黑莓和木榴油混合的极佳鼻嗅。这款酒非常强劲、丰富，而且异常纯粹和无缝，它好像还需要 3 到 4 年的时间窖藏，然后在接下来的 15 到 16 年内饮用为佳。

2001 Côte Rôtie La Landonne
罗第丘兰多纳园特级红葡萄酒 2001

评分: 93 分

2001 年款罗第丘兰多纳园特级红葡萄酒表现出烘烤浓咖啡的特点，还带有欧亚香草、胡椒焦土和稠密的黑莓、黑醋栗水果风味。这款酒坚实、强健、单宁明显且果香丰富（这

罗第丘兰多纳园特级红葡萄酒酒标

是冷年份酒的一个特点），它仍需要再窖藏1到2年的时间，应该可以贮存7到8年。

2000 Côte Rôtie La Landonne
罗第丘兰多纳园特级红葡萄酒 2000

评分：91 分

2000 年款罗第丘兰多纳园特级红葡萄酒呈饱满的深宝石红色或深紫色，散发出胡椒味的陈酿香，并带有焦土、黑莓、黑醋栗、亚洲香料和吐司的风味。这款酒口感强劲、厚重而且丰富，是一款令人印象深刻的权威性年份酒。最佳饮用期：现在开始到2014年。

1999 Côte Rôtie La Landonne
罗第丘兰多纳园特级红葡萄酒 1999

评分：98 分

深远的 1999 年款罗第丘兰多纳园特级红葡萄酒呈饱满的黑紫色，爆发出花岗岩、巧克力糖、烟草、熏肉、黑莓和泥土混合的风味。这款葡萄酒强劲、强健而且有力，相对于它的风土而言，它表现出比较惊人的甘甜单宁酸口感，还有令人惊叹的浓缩度和可以持续40秒以上的悠长余韵。建议再窖藏1到2年时间，然后在接下来的25年内享用。

1998 Côte Rôtie La Landonne
罗第丘兰多纳园特级红葡萄酒 1998

评分：93 分

这款令人惊叹的葡萄酒呈深紫色，爆发出稠密的鼻嗅，所以法国人把它称为黑色水果（尤其是梅子、黑莓和黑加仑）果浆。倒入杯中后，这款年轻的、进化的 1998 年年份酒会散发出一流的果香。它口感深厚、稠密，有着多层次的质感，以及极高的精粹度和浓缩度。入口后口感甘甜、集中，还有着良好协调的单宁酸和悠长的余韵。这款酒现在喝起来令人非常兴奋，虽然它在年轻时口感已经不错，但是仍然可以贮存15到20年。

1995 Côte Rôtie La Landonne
罗第丘兰多纳园特级红葡萄酒 1995

评分：92 分

1995 年款罗第丘兰多纳园特级红葡萄酒是向后的、尖酸的，呈不透明的紫色，才刚开始表现出自己的特性。单宁明显，内涵丰富，有着巧克力、烟草、黑加仑和黑醋栗混合的鼻嗅，这款有力、不可穿透的葡萄酒刚刚完全成熟。最佳饮用期：现在开始到2014年。

1994 Côte Rôtie La Landonne
罗第丘兰多纳园特级红葡萄酒 1994

评分：90 分

1994 年的年份酒都非常优秀和出色，表现出充分的丰裕、力量和甘甜水果的特性。这款罗第丘兰多纳园特级红葡萄酒令人印象非常深刻，将力量和优雅完美地结合在一起，颜色很深，单宁很重，酒体适中或略显劲，表现出黑醋栗、胡椒、碎肉的风味和口感。它应该还可以保存7年以上。

1991 Côte Rôtie La Landonne
罗第丘兰多纳园特级红葡萄酒 1991

评分：94 分

也许 1991 年最优质的年份酒就属这款罗第丘兰多纳园特级红葡萄酒。正如你可能预料到的那样，罗塞腾和他的邻居马赛尔·吉佳乐之间的竞争非常激烈。罗塞腾断言自己的兰多纳园特级红葡萄酒比吉佳乐的要老很多。这款葡萄酒呈黑色，散发出欧亚香草、紫罗兰、黑莓和吐司混合的精美芳香，还有着令人惊讶的浓缩度和柔滑的单宁酸，而且酸度较低。这是一款具有多层次口感的葡萄酒，饮用起来令人非常愉快，而且异常的丰裕和立体。它应该在接下来的4到7年内饮用。

1990 Côte Rôtie La Landonne
罗第丘兰多纳园特级红葡萄酒 1990

评分：91 分

罗塞腾的 1990 年款罗第丘兰多纳园特级红葡萄酒表现出泥土、动物和烟熏的特性，含有超级丰富的水果，以及大量的甘油和精粹物，单宁酸柔软且酸度也不高。尽管它的体积巨大，但还是应该在它生命中的前10到12年内饮用。最佳饮用期：现在开始到2006年。

1988 Côte Rôtie La Landonne
罗第丘兰多纳园特级红葡萄酒 1988

评分：90 分

1988 年款罗第丘兰多纳园特级红葡萄酒散发出引人注目的极佳陈酿香，并带有黑色覆盆子和香子兰的风味。这款葡萄酒口感丰富、强劲而且完美的均衡，将力量和细腻完美地结合在了一起，不过酒中还有一些单宁酸需要进化。最佳饮用期：现在开始到2012年。

DOMAINE ROGER SABON

沙邦酒庄

酒品：

教皇新堡沙邦的秘密红葡萄酒（Châteauneuf-du-Pape Le Secret des Sabon）

教皇新堡名望特酿红葡萄酒（Châteauneuf-du-Pape La Cuvée Prestige）

等级：沙邦酒庄贵族葡萄酒

庄园主：让-雅克·沙邦（Jean-Jacques Sabon）、丹尼斯·沙邦（Denis Sabon）和吉尔伯特·沙邦（Gilbert Sabon）

地址：Avenue Impériale,B.p.57,84232 Châteauneuf-du-Pape, France

电话：(33) 04 90 83 71 72

传真：(33) 04 90 83 50 51

邮箱：roger.sabon@wanadoo.fr

联系人：让-雅克·沙邦

参观规定：酒庄对外开放时间：周一至周五 8:00-12:00am，2:00-6:00pm；周六 9:00-12:00am，2:00-6:00pm

葡萄园

占地面积：总面积为 109 英亩（其中教皇新堡产区内为 37 英亩）

葡萄品种：

名望特级红葡萄酒：歌海娜、席拉、慕合怀特、神索、德瑞古诺瓦姿（Terret Counoise）、瓦卡黑斯和克莱雷特

沙邦秘制红葡萄酒：现在已经不能清楚地分辨古老田地中的混合栽植，据说是歌海娜和其他 12 个该村的权威品种，树龄都超过 100 年

平均树龄：名望特级红葡萄 80 年；沙邦秘制红葡萄 100+ 年

种植密度：名望特级红葡萄 3,500 株/公顷；沙邦秘制红葡萄 4,000 株/公顷

平均产量：2,000~3,500 升/公顷

酒的酿制

酿制名望特级葡萄酒所用的葡萄都采自树龄大约为 80 年的老藤葡萄树，而且大部分都被去梗。然后放入大酒罐中，加入本土酵母发酵。沙邦家族认为本土酵母可以为葡萄酒带来风土特性。他们也会进行反复循环和踩皮，但是为了避免过于压榨浆果，操作都很仔细。在最佳年份中 cuvaison（法语名词，指葡萄带皮浸泡发酵）会持续 20 天左右，然后把葡萄酒转移到卵形大木桶和小点的酒桶中。大约 65% 的名望特级葡萄酒在卵形大木桶中陈化 15 个月左右，其他的

35% 在小酒桶中陈化，这些小酒桶一般都是旧的，有时候会有很小比例的新桶。沙邦秘制红葡萄酒的数量非常有限，但是质量却很惊人，人们相信这款酒是用 13 个法定品种的葡萄酿制而成，而且这些葡萄都采收自树龄为一百多年的老藤葡萄树。虽然产量低得惊人，但这不仅解释了这款酒拥有的超级集中的特性，还说明了这款令人信服的葡萄酒为何如此的优雅和和谐。它的酿制方式和名望特级葡萄酒有点相像，大多数葡萄酒都是在中性木制卵形大木桶中陈化，只有少部分在小酒桶中陈化，但是其中新橡木酒桶的比例比名望特级葡萄酒的略高。

年产量

名望特级红葡萄酒：16,000 瓶

沙邦秘制红葡萄酒：1,300 瓶

平均售价（与年份有关）：40~200 美元

近期最佳年份

2003 年、2001 年、1998 年、1995 年、1990 年、1988 年、1981 年、1978 年、1972 年、1967 年、1961 年、1959 年

沙邦家族的成员（这里指让-雅克、丹尼斯和吉尔伯特）都是教皇新堡产区内比较聪明和有前瞻性的酿酒商。这个古老的家族负责了教皇新堡产区最开

让-雅克·沙邦（右）和他的家人一起品酒

始的葡萄酒酿制，当时现任庄园主的曾祖父塞拉芬·沙邦（Séraphin Sabon）和著名的乐罗伊男爵（Baron Le Roy）共同举办了第一次品酒会，并且在会上讨论了教皇新堡产区应该如何运作。也许是他们家族的姓氏与教皇新堡有关，从 17 世纪早期开始，沙邦家族好像就比很多酿酒商都更加关心未来的发展。沙邦家族拥有大小适中的庄园，酿制出了纯粹的白葡萄酒和四款教皇新堡产区红葡萄酒。与卡布雷耶赫园、克劳园、库尔铁松和娜丽丝（Nalys）一样，沙邦酒庄的葡萄园都位于一流的区域。虽然土壤稍微有点差别，但是它们的共同点是都有著名的 galets roulés（足球大小的岩石）。

罗杰·沙邦是一个传统的酿酒师。他已经增加了自己红葡萄酒酿制时小橡木酒桶的使用比例，但是因为他不喜欢新橡木酒桶对葡萄酒带来的影响，所以全部用的旧酒桶。尽管他的酿酒师和欧洲客户都要求他对葡萄酒进行更多的澄清和过滤，但是沙邦仍决定以质量为重，而不以生意为上，因而拒绝对任何葡萄酒进行过滤。事实上，他直接批评那些一直提倡过度过滤的酒类学家，指出过滤在很大程度上会损害葡萄酒的果香、酒体和口感。沙邦酒庄的葡萄酒都是经典的教皇新堡葡萄酒，而且正如大家可能会想到的那样，他们增加了所有葡萄酒的强度，从奥里维的传统陈酿（Les Olivets）到珍藏特级红葡萄酒、名望特级葡萄酒，以及数量有限但是质量惊人的沙邦秘制红葡萄酒。

这家酒庄多年来一直酿制着质量出奇高的葡萄酒，但是近几年的几款年份酒好像达到了一个新的质量水平。而且沙邦的葡萄酒还没有被大众发现，所以价格非常合理。

罗杰·沙邦从这些产区的不同葡萄园中酿制出了一款非常可口的罗第丘葡萄酒和利哈克葡萄酒。

CHÂTEAUNEUF-DU-PAPE CUVÉE PRESTIGE
教皇新堡名望特酿红葡萄酒

2003 Châteauneuf-du-Pape Cuvée Prestige
教皇新堡名望特酿红葡萄酒 2003　评分：91~94+ 分

2003 年款教皇新堡名望特酿红葡萄酒是一款原始、强劲、泥土味的葡萄酒，带有梅子、新鞍皮革、烤肉、甘甜的樱桃白兰地和黑色水果的风味。这款多层次的葡萄酒含有丰富的力量，而且惊人的细腻和精致。我敢肯定它的酒精度一定超过 15%。酒中含有丰富的单宁酸和精粹物，从这一点可以看出它还需要 2 到 4 年的时间窖藏，而且可以贮存 20 年以上。这是沙邦酒庄酿制出的一款令人印象非常深刻的教皇新堡名望特酿红葡萄酒。

2001 Châteauneuf-du-Pape Cuvée Prestige
教皇新堡名望特酿红葡萄酒 2001　评分：94 分

2001 年款教皇新堡名望特酿红葡萄酒是用采自老藤葡萄树上的葡萄酿制而成，酒精度在 14.5% 和 15% 之间，不仅强劲，而且惊人的强烈和深厚。烘烤香草利口酒风味的怀旧果香中还带有猪肉和野味的气息，并散发出黑色樱桃、落地胡椒、牛血和矮灌丛混合的陈酿香。这款酒有着明显饱满的复杂个性和满腔的充实口感，激烈的单宁酸也被酒中丰富的水果和精粹物所掩饰了。建议再窖藏 2 到 3 年，然后在接下来的 12 到 15 年内饮用。

2000 Châteauneuf-du-Pape Cuvée Prestige
教皇新堡名望特酿红葡萄酒 2000　评分：92 分

2000 年款教皇新堡名望特酿红葡萄酒非常强劲、性感和集中，还带有大量的普罗旺斯精华。它有着黑色胡椒利口酒的鼻嗅，并伴有熏衣草、野味和黑色水果的风味。倒入杯中后，会爆发出普罗旺斯风味，大家很可能会联想到一些著名的小型雕像（比如 santons，穆斯林圣人）。这款年份酒成熟、多层次、香辣、多肉而且耐嚼，带有高涨的果香，其中肯定隐藏了激烈的单宁酸。最佳饮用期：现在开始到 2016 年。

1999 Châteauneuf-du-Pape Cuvée Prestige
教皇新堡名望特酿红葡萄酒 1999　评分：90 分

1999 年款教皇新堡名望特酿红葡萄酒呈暗紫红色或暗石榴红色，酒精度为 14.5%，散发出欧亚香草、胡椒、黑色樱桃和黑醋栗混合的、复杂的极好鼻嗅，倒入杯中后又会增加一些其他风味。这是一款诱人、开放、多层次、多汁而且多肉的葡萄酒，从现在到接下来的 10 到 12 年内可以放心享用。

1998 Châteauneuf-du-Pape Cuvée Prestige
教皇新堡名望特酿红葡萄酒 1998　评分：94 分

1998 年款名望特级红葡萄酒是一款极佳的教皇新堡葡萄

酒，散发出胡椒、干普罗旺斯香草、香脂木、黑色樱桃和黑莓混合的经典陈酿香。它强劲、年轻、未进化但是却非常集中。这款酒有着偏高的单宁酸，还有着丰富的水果和甘油，而且非常均衡和纯粹。它应该可以轻松地陈年 25 年。

1997 Châteauneuf-du-Pape Cuvée Prestige
教皇新堡名望特酿红葡萄酒 1997 评分: 90 分

　　1997 年款教皇新堡名望特酿红葡萄酒是一款有力、酒精度高的葡萄酒，还有着强劲、沉重和集中的个性。甘甜丰富的水果包括梅子、樱桃和黑醋栗，果香中还带有干香草、黑色胡椒和普罗旺斯矮灌丛混合的风味。这是一款堕落的、丰富的一流年份酒，非常纯粹、丰富，而且由水果主导，可以现在饮用，也可以再窖藏 5 到 6 年。

1995 Châteauneuf-du-Pape Cuvée Prestige
教皇新堡名望特酿红葡萄酒 1995 评分: 93 分

　　1995 年款教皇新堡名望特酿红葡萄酒爆发出非常甘甜和明显的黑色水果特性，不仅成熟度很高，而且含有大量的甘油和酒精。这是一款厚重、有前景而且内涵丰富的教皇新堡红葡萄酒。最佳饮用期：现在开始到 2012 年。

CHÂTEAUNEUF-DU-PAPE LE SECRET DES SABON
教皇新堡沙邦的秘密红葡萄酒

2003 Châteauneuf-du-Pape Le Secret des Sabon
教皇新堡沙邦的秘密红葡萄酒 2003

评分: 94~95+ 分

　　这款年份酒比较神秘，仍然比较紧致，带有陈化的新橡木酒桶的味道，还有明显的香子兰风味（这一风味在陈化 2 年后一般都会消失）。这款超级浓缩的葡萄酒呈墨色或紫色，表现出黑加仑、樱桃白兰地、亚洲香料、欧亚香草和新橡木混合的风味。劲力十足，超级强力，酒体厚重，余韵悠长，超过 15% 的酒精度也很好地被隐藏了。这是一款相当精粹、丰富和强劲的葡萄酒，应该会在 2009 年到 2023 年间达到最佳状态。

教皇新堡沙邦的秘密红葡萄酒 2003 酒标

2001 Châteauneuf-du-Pape Le Secret des Sabon
教皇新堡沙邦的秘密红葡萄酒 2001

评分: 100 分

　　2001 年款教皇新堡沙邦的秘密红葡萄酒是一款神奇的琼浆玉液，和超凡脱俗的 1998 年年份酒一样无缝。它超级丰富，有着油滑的质感和不可思议的芬芳。酒色呈墨宝石红色或墨紫色，伴有烘烤香草、黑醋栗、黑莓、花岗岩、烟熏木材和各种各样红色水果、黑色水果混合的美妙芳香。惊人的强劲，有着稠密的质感，酸度、单宁酸和酒精也完美的统一。这款比例巨大但非常均衡的葡萄酒异常的纯粹，是世界上老藤葡萄树风格的最完美体现，也是世界上天然酿酒技术的最完美体现。最佳饮用期：2008~2025 年。

2000 Châteauneuf-du-Pape Le Secret des Sabon
教皇新堡沙邦的秘密红葡萄酒 2000

评分: 94 分

　　教皇新堡沙邦的秘密红葡萄酒的价格超级昂贵，对于有幸能理解这一点的读者来说，2000 年年份酒可能没有 1998 年年份酒深远，但它仍是一款了不起的葡萄酒。酒色呈深紫红色或深紫色，伴有胡椒、香料、巧克力糖、泥土、烤肉、李子和丰富的黑加仑、樱桃水果混合的微弱风味。尽管它强劲、丰富、集中，而且有着展开的、威严的多层次口感，但这款年份酒仍然比较向后，单宁感也较为明显，因此需要大家耐心地等待。最佳饮用期：2006~2020 年。

1999 Châteauneuf-du-Pape Le Secret des Sabon
教皇新堡沙邦的秘密红葡萄酒 1999

评分: 96 分

　　1999 年款教皇新堡沙邦的秘密红葡萄酒散发出烤肉、巧克力糖、烟熏香草、李子和黑色樱桃果酱混合的轰动性陈酿香。与干型年份波特酒的口感很像，喝起来就像是教皇新堡类固醇。它的酒精度一定超过 15%，但是却很好地隐藏于含量丰富的水果和果肉中。这款年份酒好像比 1998 年款在这个同一阶段时更加进化和向前，所以我建议在接下来的 7 到 9 年内饮用。它真是酿酒史上的一款杰作。

1998 Châteauneuf-du-Pape Le Secret des Sabon
教皇新堡沙邦的秘密红葡萄酒 1998

评分: 100 分

　　1998 年款教皇新堡沙邦的秘密红葡萄酒的产量只有 100 箱，酿酒所用的葡萄来自于非常古老的葡萄树，它是一款完美的教皇新堡葡萄酒。入口后给人异常丰富的黑色樱桃、樱桃白兰地、覆盆子、胡椒和水果混合的口感。质感油滑，有着奢华、令人惊叹和多肉的丰富特性，还散发出烘烤香料和泥土的风味，相当绵长，有着可以持续 50 秒以上的余韵。这款有纪念意义的、威严的教皇新堡葡萄酒可以现在饮用，也可以窖藏 30 到 35 年。

DOMAINE SANTA DUC
圣达杜克酒庄

酒品：

　　吉恭达斯高灌木丛红葡萄酒（Gigondas Les Hautes Garrigues）

庄园主：埃德蒙·格雷斯（Edmond Gras）和伊芙·格雷斯（Yves Gras）

地址：Les Hautes Garrigues 84190 Gigondas, France

电话：(33) 04 90 65 84 49

传真：(33) 04 90 65 81 63

邮箱：santaduc@wanadoo.fr

联系人：伊芙·格雷斯

参观规定：参观前必须预约

葡萄园

占地面积：54.3 英亩

葡萄品种：歌海娜、慕合怀特、席拉、神索和克莱雷特

平均树龄：40 年（最古老的葡萄树种植于 1901 年）

种植密度：老藤葡萄树 3,500 株 / 公顷；年轻葡萄树 5,000 株 / 公顷

平均产量：奥特加里格斯 2,500 升 / 公顷；吉恭达斯 3,000 升 / 公顷

酒的酿制

　　老藤葡萄树和较低的产量是这款出色葡萄酒的决定因素。葡萄不去梗，进行长达 40 到 60 天的浸渍，和酒糟一起发酵，然后放在酒桶和卵形大木桶中陈化 2 年。

年产量

　　吉恭达斯：30,000 瓶

　　奥特加里格斯：15,000 瓶

　　平均售价（与年份有关）：45~50 美元

近期最佳年份

　　2001 年，2000 年，1999 年，1998 年，1995 年，1990 年，1989 年

圣达杜克酒庄成为吉恭达斯质量第一的酒庄只有十多年的时间，大多数名誉都要归功于伊芙·格雷

斯。伊芙是一个高大帅气的人，很可能已经四十几岁了，不过看起来仍然比较年轻。自从 1985 年他的父亲埃德蒙·格雷斯（Edmond Gras）退休后，伊芙就开始接管庄园。在这之前，酒庄的全部葡萄都卖给了不同的批发商。伊芙是一个清新而又有激情的人，有着年轻人的活力，他接管后决定将酒庄向不同的方向发展，且葡萄园的大部分葡萄都开始用来酿酒。

　　圣达杜克酒庄不仅变成吉恭达斯一个重要的庄园，而且变成高质量的罗第丘产区内一个值得注意的酿酒厂。著名的瓦卡黑斯品种产自于该酒庄占地面积为 17 英亩的葡萄园中，其散布于内瓦凯拉（Vacqueyras）、谢古雷（Séguret）、罗阿克斯（Roaix）和这些地区周围。

　　格雷斯的酒窖位于吉恭达斯高原上，离村子中心 2 英里远。圣达杜克酒庄以迅猛的速度向前发展，他们会使用一些小酒桶陈化吉恭达斯葡萄酒。伊芙·格雷斯用来酿制奥特加里格斯红葡萄酒的葡萄都采收自 50 年的山坡葡萄园（里面种有 70% 的歌海娜、15% 的席拉和 15% 的慕合怀特），平均产量一般都低得惊人，只有 0.5 吨 / 公顷。吉恭达斯高灌木丛红葡萄酒只有 1989 年、1990 年、1993 年、1995 年、1996 年、1998 年、1999 年、2000 年、2001 年和 2003 年这几款年份酒。这款酒好像比正常陈酿（30% 在 100% 全新橡木酒桶中陈化）的新橡木味更明显，也包含比较大量的慕合怀特，有时候高达 30%。格雷斯葡萄园要么位于吉恭达斯高原上，并且面向罗纳山丘北部的萨布莱村（Sablet），要么位于石灰石或石灰土的奥特加里格斯山坡的梯田上。低产量是该酒庄的特征，所以经典的葡萄酒酒精度都为 13%~14%，而且像 1989 年和 1990 年这样的年份还会高达 15%。如果这听起来比较吓人，那么更让人惊叹的是，因为葡萄酒中水果和精粹物的强度，它的酒精度并不明显。

　　现在，超过 90% 的圣达杜克酒庄葡萄酒都卖给了出口市场。伊芙会接到来自世界各地的订单，这对于他来说很正常，像新加坡、澳大利亚和南美洲这些遥

伊芙·格雷斯

远的地方都会进口精致的吉恭达斯葡萄酒。

　　它是吉恭达斯最好的酒庄吗？正如接下来的笔记中体现的那样，圣达杜克酒庄把健壮、丰富、吉恭达斯的经典活力与高度的优雅和纯粹很好地结合在了一起，而这个产区的很多葡萄酒都缺少以上特性。

GIGONDAS LES HAUTES GARRIGUES
吉恭达斯高灌木丛红葡萄酒

2003 Gigondas Les Hautes Garrigues
吉恭达斯高灌木丛红葡萄酒 2003

　　评分：90~93 分

　　与令人印象深刻的 1989 年年份酒相比，伊芙·格雷斯酿制的 2003 年款吉恭达斯高灌木丛红葡萄酒具有单宁重、强劲和向后的风格，刚好适合现在饮用。酿酒的混合成分中歌海娜占 80%，慕合怀特占 15%，剩下的 5% 是等量的席拉和神索。这款酒呈蓝色或黑色，带有白色花朵、蓝莓和烧焦的黑色水果混合的风味，是单宁重的、风格有点朴素的干型葡萄酒。但是它体积巨大，稠厚和丰富。这是一款非常向后的葡萄酒，耐心的行家们才能品尝到它的优质。最佳饮用期：2010~2020 年。

2001 Gigondas Les Hautes Garrigues
吉恭达斯高灌木丛红葡萄酒 2001　评分：93 分

　　2001 年款吉恭达斯高灌木丛红葡萄酒是一款奢华的陈酿，产量为 20000 瓶，是用 80% 的歌海娜和 20% 的慕合怀特与席拉酿制而成。酒色呈墨色或紫色，爆发出深厚、浓缩的黑莓水果、蓝莓水果、碎石、白色花朵和烘烤橡木的风味。这款酒耐嚼、丰富，但是并不像 2000 年和 1998 年两款年份酒那样成熟，这是一款有结构、优雅和无缝的年份酒，应该可以轻易地陈年 12 到 15 年。最佳饮用期：2007~2017 年。

2000 Gigondas Les Hautes Garrigues
吉恭达斯高灌木丛红葡萄酒 2000　评分：94 分

　　2000 年款吉恭达斯高灌木丛红葡萄酒比 2001 年款更易亲近，有着爆发性的、水果主导的有力风格。酒色呈墨色或紫色，有着液态矿物质、胡椒、黑莓、洋槐花、蓝莓和黑醋栗混合的奢华芳香，这款强劲的经典葡萄酒有着惊人的穿透性口感和大量的精粹物。虽然没有坚硬的边缘，但是余韵中有着明显的单宁感。最佳饮用期：现在开始到 2020 年。

1999 Gigondas Les Hautes Garrigues
吉恭达斯高灌木丛红葡萄酒 1999　评分：92 分

　　令人惊叹的 1999 年款吉恭达斯高灌木丛红葡萄酒在小橡木酒桶（大酒桶）中陈化了 23 个月，这些酒桶中有 40%

吉恭达斯高灌木丛红葡萄酒 2001 酒标

是新的。混合成分中歌海娜占 80%，剩下的 20% 是慕合怀特，天然酒精度高达 15.5%。这款酒的颜色为饱满的紫色，体积巨大，有着多层次的质感，还爆发出纯粹的黑醋栗、樱桃白兰地、黑莓和微弱木材的风味，余韵可以持续 30 到 35 秒。这款酒的产量为 1500 箱，是该年份中的最佳年份酒。最佳饮用期：现在开始到 2016 年。

1998 Gigondas Les Hautes Garrigues
吉恭达斯高灌木丛红葡萄酒 1998

评分：93 分

1998 年款吉恭达斯高灌木丛红葡萄酒的酒精度高达 15.64%，由于这款酒中加入的慕合怀特品种的天然酒精度高达 15.8%，所以打破了所有的记录。当然，要不是它能够完全隐藏住健壮活泼的酒精，它也不可能得到这么高的评分。低产、浓缩的歌海娜品种的长处之一就是可以轻松地隐藏酒中的高酒精度。这款强劲的葡萄酒呈美妙的黑色，带有欧亚香草、黑莓、黑醋栗利口酒和微弱的烟熏味木材混合的惊人陈酿香。入口后，内涵巨大、非常强劲、结构丰富以及异常纯粹，稍后又有奶油般的口感、柔软的单宁酸和深远的余韵。最佳饮用期：现在开始到 2018 年。

1996 Gigondas Les Hautes Garrigues
吉恭达斯高灌木丛红葡萄酒 1996

评分：90 分

出色的 1996 年款吉恭达斯高灌木丛红葡萄酒，爆发出花香、黑莓水果、胡椒和欧亚香草混合的迷人鼻嗅，还带有少许的吐司风味。酒体适中或略显强劲，这款酒宽阔、丰富、质感美妙，还有着柔软的余韵。考虑到这个年份的条件，它可以算得上是一款非凡的葡萄酒。最好在接下来的一到两年内饮用。伊芙·格雷斯的圣达杜克酒庄很可能是吉恭达斯最优秀的酒庄，仍继续生产着南罗纳河谷最完全、集中和潜力复杂的葡萄酒。在 1996 年和 1997 年两个困难的年份，该酒庄仍然坚持酿酒，而且 1996 年款吉恭达斯高灌木丛红葡萄酒的质量很惊人。

1995 Gigondas Les Hautes Garrigues
吉恭达斯高灌木丛红葡萄酒 1995

评分：95 分

豪华的 1995 年款吉恭达斯高灌木丛红葡萄酒，是一款只在最佳年份酿制的精品酒，酒精度接近 15%，是一款精力充沛的吉恭达斯葡萄酒。酒色呈不透明的紫色，带有碎矿物质、黑色覆盆子、黑莓和香子兰混合的惊人鼻嗅。它不仅非常精粹、集中和丰富，而且酒中的甘甜单宁酸和强烈酸度也完美均衡。它的稠密和丰富特性让我觉得它可能是我所尝过的 6 瓶最佳的吉恭达斯葡萄酒之一。我拥有 1989 年和 1990 年两款年份酒，但是这款奥特加里格斯红葡萄酒似乎比那两款经典葡萄酒更加优质！酿制这款酒的原料来自 50 年的老山坡葡萄园，园中种有 70% 的歌海娜、15% 的席拉和 15% 的慕合怀特，葡萄的平均产量只有 0.5 吨 / 公顷。装瓶前不进行过滤，这款出色的葡萄酒体现出了吉恭达斯的本质。它能贮存多久呢？这款酒可以美妙地陈年。最佳饮用期：现在开始到 2017 年。

1993 Gigondas Les Hautes Garrigues
吉恭达斯高灌木丛红葡萄酒 1993

评分：92 分

1993 年款吉恭达斯高灌木丛红葡萄酒是我所尝过的 1993 年最优质的吉恭达斯葡萄酒。酒色呈黑色，散发出覆盆子、樱桃果酱和香料混合的超级丰富鼻嗅。强劲、极其集中、单宁适中，而且甘油含量丰富，这应该会是一款体积巨大、相当集中的吉恭达斯葡萄酒。适合在它生命的前 15 年内饮用。最佳饮用期：现在开始到 2011 年。

1990 Gigondas Les Hautes Garrigues
吉恭达斯高灌木丛红葡萄酒 1990

评分：92 分

1990 年款吉恭达斯高灌木丛红葡萄酒散发出黑醋栗、香子兰、烟草、花朵和矿物质混合的巨大鼻嗅，非常集中、强劲，含有柔软的单宁酸，相当复杂，还有着满足人感官的、相当悠长和丰富的余韵。这款酒可以现在饮用，但它风格上的有利条件使得它仍然可以继续窖藏。最佳饮用期：现在开始到 2010 年。

1989 Gigondas Les Hautes Garrigues
吉恭达斯高灌木丛红葡萄酒 1989

评分：92 分

1989 年款吉恭达斯高灌木丛红葡萄酒比正常陈酿的单宁更加明显，带有烟草、香子兰、吐司和黑醋栗风味的大方果香。酒色呈诱人的、丰富的黑色或紫色，带有咖啡、巧克力、香草和超级成熟的黑色水果的巨大口感。入口后，口感虽然同样丰裕，但由于使用了新酒桶，所以变得更加强健和有结构，单宁感也更为明显。这款酒真是让人印象无比深刻！最佳饮用期：现在开始到 2010 年。

DOMAINE PIERRE USSEGLIO

乌塞廖酒庄

酒品：

乌塞廖酒庄我的祖父教皇新堡特酿红葡萄酒
（Châteauneuf-du-Pape Cuvée de Mon Aïeul）

乌塞廖酒庄两兄弟教皇新堡珍藏红葡萄酒
（Châteauneuf-du-Pape Réserve des Deux Frères）

乌塞廖酒庄教皇新堡传统红葡萄酒（Château-du-Pape Tradition）

庄园主：皮埃尔·乌塞廖（Pierre Usseglio）伯爵和他的儿子们

地址：Route d'Orange, 84230 Châteauneuf-du-Pape, France

电话：(33) 04 90 83 72 98

传真：(33) 04 90 83 56 70

参观规定：庄园对外开放时间：周一到周五 9:30-12:00am 和 2:00-6:00pm

葡萄园

占地面积：53.1 英亩

葡萄品种：歌海娜、席拉、慕合怀特和神索

平均树龄：65 年

种植密度：3,500 株 / 公顷

平均产量：2,200~3,000 升 / 公顷

酒的酿制

　　这家酒庄生产出了许多非常优质的葡萄酒，但在 20 世纪 90 年代晚期，皮埃尔·乌塞廖的两个儿子蒂埃里（Thierry）和让-皮埃尔接管酒庄后，该酒庄酿制的葡萄酒才达到世界水平。他们获得了 20 英亩的老藤葡萄树，并引进了两款奢华陈酿，即 1998 年的我的祖父特级红葡萄酒和 2000 年的两兄弟珍藏红葡萄酒。

　　这两款非常传统的葡萄酒所用原料来自于非常低产的葡萄园。在葡萄园中和酒窖中都会被分类，然后开始在中性酒桶中酿制，培养时大部分都在小的旧酒桶、水泥酿酒桶和更大的卵形大木桶中进行。传统红葡萄酒会完全在卵形大木桶中陈化 15 到 18 个月，然后装瓶。而我的祖父特级红葡萄酒则是一半在中性卵形大木桶中陈化，另一半在酒罐中陈

让-皮埃尔·乌塞廖和蒂埃里·乌塞廖

化，然后不经澄清和过滤直接装瓶。这款酒产自三个不同的葡萄园——克劳园、吉加斯园（Guigasse）和乐思赫园（Les Serres），这三个葡萄园中都种着树龄在 75 年到 87 年之间的老藤葡萄树。事实上，两兄弟珍藏红葡萄酒在 1999 年时叫做 50 年陈酿（the Cuvée de Cinquantenaire），其中 60% 放入中性卵形大木桶中陈化，另外 40% 放入一年、两年和三年旧的勃艮第小酒桶中陈化。我的祖父特级红葡萄酒和两兄弟珍藏红葡萄酒都酿自相同的葡萄园，而且混合成分中的主要比例都来自教皇新堡产区最著名的克劳园，但是两兄弟陈酿精选了酒窖中最佳的地方。

年产量

传统红葡萄酒：60,000 瓶

我的祖父特级红葡萄酒：8,900 瓶

两兄弟珍藏红葡萄酒：3,400 瓶

平均售价（与年份有关）：30~150 美元

近期最佳年份

2003 年，2001 年，2000 年，1999 年，1998 年，1995 年，1990 年

教皇新堡产区内居住着很多乌塞廖姓氏的人，但目前肯定是乌塞廖酒庄酿制着所有乌塞廖家族最优质的葡萄酒。乌塞廖酒庄从 1998 年开始就被充满活力的两兄弟蒂埃里和让 - 皮埃尔所掌管。他们已经投资了占地 20 英亩的一流老藤葡萄园，所以现在该酒庄的总占地面积为 53.1 英亩。葡萄园中都是非常古老的葡萄树，因为产量极低，所以酿出的葡萄酒都非常集中和强烈。

乌塞廖家族是在 20 世纪早期从皮埃蒙特（Piedmontese）酿酒家族来到教皇新堡的。乌塞廖酒庄以前把大部分葡萄酒都卖给了批发商，但现在主要是自己装瓶。这家酒庄从很多方面体现了教皇新堡产区在过去 10 年中在质量上的突飞猛进，年轻的一代接管现有的葡萄园后就进行了一系列改革，首先小心翼翼地购置了非常优质的老藤葡萄园，然后引进了真正令人惊叹的两款新陈酿。

CHÂTEAUNEUF-DU-PAPE
乌塞廖酒庄教皇新堡红葡萄酒

2003 Châteauneuf-du-Pape
乌塞廖酒庄教皇新堡红葡萄酒 2003

评分：90~92 分

酿制这款酒的成分中歌海娜大约占 80%，席拉占 10%，还有 10% 是慕合怀特和神索。这款酒是单宁重的、强劲而且风格非常向后，酒色呈深宝石红色或深紫色，散发出胡椒、咸海风、亚洲香料、黑色樱桃、梅子和红醋栗混合的风味。这款酒单宁的个性明显，强劲而且成熟，它可以先窖藏 2 到 3 年，然后在接下来的 15 到 16 年内饮用。

2001 Châteauneuf-du-Pape
乌塞廖酒庄教皇新堡红葡萄酒 2001

评分：91 分

出色的 2001 年款乌塞廖酒庄教皇新堡红葡萄酒不容小觑（1998 年款和 2000 年款现在饮用起来真是惊人的美好）。它带有胡椒、皮革、泥土和丰富的黑色樱桃混合的风味。以乌塞廖酒庄的标准来看，这款厚重、强劲的 2001 年年份酒惊人的早熟。不过考虑到它现在的体积和结构，应该还需要一到两年的时间窖藏。这款强劲、耐嚼的葡萄酒是用 75% 的歌海娜、10% 的慕合怀特、10% 的神索和 5% 的席拉混合酿制而成，在中性卵形大木桶中陈化了 15 到 18 个月。最佳饮用期：2006~2014 年。

2000 Châteauneuf-du-Pape
乌塞廖酒庄教皇新堡红葡萄酒 2000

评分：90 分

2000 年款乌塞廖酒庄教皇新堡红葡萄酒也是使用 75% 的歌海娜、10% 的慕合怀特、10% 的神索和 5% 的席拉混合酿制而成，在卵形大木桶中陈化了 15 到 18 个月，而且所有的葡萄都被去梗。酒色呈深宝石红色或深紫色，散发出黑加仑、樱桃、干普罗旺斯香草和欧亚香草混合的芳香。这款多汁的葡萄酒口感多层次、甘甜、易亲近和肥厚，是用该庄园比较年轻的葡萄树上的葡萄酿制的，树龄都在 25 到 30 年之间。这款酒在 10 到 15 年内口感应该不错，它是蒂埃里·乌塞廖和让·皮埃尔·乌塞廖的荣耀。

1999 Châteauneuf-du-Pape
乌塞廖酒庄教皇新堡红葡萄酒 1999

评分：90 分

经典的 1999 年款乌塞廖酒庄教皇新堡红葡萄酒呈深宝石红色或深紫色，散发出矮灌丛（这是普罗旺斯香草和泥

土混合的味道）、胡椒、黑色樱桃和樱桃白兰地混合的风味。这是地中海风格红葡萄酒的权威体现，带有明显易辨的普罗旺斯特性和令人艳羡的结构。它口感丰富、多层次而且强劲，在接下来的 10 到 12 年内饮用将会很理想。

1998 Châteauneuf-du-Pape
乌塞廖酒庄教皇新堡红葡萄酒 1998

评分：90 分

1998 年款乌塞廖酒庄教皇新堡红葡萄酒表现出烘烤香草和集中的风格，还带有焦土、欧亚香草、樱桃利口酒和胡椒混合的鼻嗅。它口感强劲而且强烈，代表了以歌海娜品种为主要原料的传统教皇新堡葡萄酒。最佳饮用期：现在开始到 2015 年。

1995 Châteauneuf-du-Pape
乌塞廖酒庄教皇新堡红葡萄酒 1995

评分：90 分

出色的 1995 年款教皇新堡葡萄酒一开始是有点紧密和难以穿透的，但通气后立即表现出令人惊叹的丰富特性和强度。酒色呈暗宝石红色，还伴有丰富的甘甜黑色樱桃水果、覆盆子水果、胡椒、碘酒和泥土混合的风味。它入口后强劲、有力而且丰富，还有丰裕的甘甜水果和甘油，然后又会变得更加有力，表现出单宁的特性。这是一款有结构而且极其丰富的教皇新堡葡萄酒，最好在 5 到 7 年内饮用。

CHÂTEAUNEUF-DU-PAPE CUVÉE DE MON AIEUL
乌塞廖酒庄我的祖父教皇新堡特酿红葡萄酒

2003 Châteauneuf-du-Pape Cuvée de Mon Aïeul
乌塞廖酒庄我的祖父教皇新堡特酿红葡萄酒 2003

评分：96~98 分

2003 年款葡萄酒是用 95% 的歌海娜和 5% 的神索与席拉酿制而成，这些葡萄都采收自乌塞廖酒庄的三个老藤葡萄园，即乐思赫园、吉加斯园和克劳园。它是 2003 年的年份酒中最奇妙的一款，不仅内涵丰富，而且含量恰到好处。酒色呈墨宝石红色或墨紫色，散发出春天花朵、蓝莓利口酒、黑莓利口酒、黑醋栗、甘甜泥土和巧克力糖混合的一流鼻嗅，非常强劲，质感丰裕，而且具有多层次。这款令人惊叹的葡萄酒应该会在 5 到 6 年后达到最佳状态，可以贮存 20 年以上。这真是一款惊人的教皇新堡葡萄酒！

2001 Châteauneuf-du-Pape Cuvée de Mon Aïeul
乌塞廖酒庄我的祖父教皇新堡特酿红葡萄酒 2001

评分：97 分

2001 年款我的祖父教皇新堡特级红葡萄酒的混合品种中含有 85% 的歌海娜，而席拉、慕合怀特和神索则各占了 5%，

酒精度为奇妙的 15.8%。酿制过程中，一半放在中性卵形大木桶中陈化，另一半放在酒罐中陈化，装瓶前不进行澄清和过滤。所有葡萄都采收自三个小块葡萄园，园中的葡萄树平均树龄在 75 年到 87 年之间。这款酒比 2000 年、1999 年和 1998 年三款年份酒都更加有结构和向后。颜色为深紫色，陈酿香中还有甘甜和收敛的果香，并混有黑莓、覆盆子、碎岩石和樱桃白兰地的风味。它有着一流的质感，体积巨大，相当纯粹而且整体对称。单宁酸含量虽然高，但被酒中含量丰富的水果和精粹物很好地掩饰了。建议再窖藏 3 到 4 年，然后在接下来的 15 到 18 年内享用。在接下来的 10 到 15 年中，这款华丽的 2001 年年份酒喝起来会比 2000 年款、1999 年款、1998 年款更加迷人。

2000 Châteauneuf-du-Pape Cuvée de Mon Aïeul
乌塞廖酒庄我的祖父教皇新堡特酿红葡萄酒 2000

评分：95 分

2000 年款我的祖父教皇新堡特级红葡萄酒同 2001 年款一样，混合品种中也含有 85% 的歌海娜，而席拉、慕合怀特和神索则各占了 5%，只不过酒精度为 15%。葡萄都采自于老葡萄园，葡萄的平均产量为 1500 升 / 公顷，只在卵形大木桶中陈化。颜色为深紫色，爆发出紫罗兰、矿物质、蓝莓和黑莓混合的精致鼻嗅。它纯粹而且集中，却是反常单宁的，因为这款年份酒更加向后，而且一直比较有力，所以仍需要相当长的时间陈年。最佳饮用期：2006~2020 年。

1999 Châteauneuf-du-Pape Cuvée de Mon Aïeul
乌塞廖酒庄我的祖父教皇新堡特酿红葡萄酒 1999

评分：91 分

1999 年款我的祖父教皇新堡特级红葡萄酒产量为 10000 瓶，自从装瓶后就一直封闭。这款酒酿自于低产的葡萄园，葡萄的平均产量在 1500 升 / 公顷到 2000 升 / 公顷之间，而且都采收自树龄为 80 年的老藤葡萄树。酒色呈深紫色，非常集中。混合成分中歌海娜占 95%，剩下的 5% 是神索。这款单宁的、向后的、仍需陈年的葡萄酒再过一到两年应该会打开，而且可以贮存 20 年。这是一款精粹的、厚重的、异常有力的 1999 年年份酒。

1998 Châteauneuf-du-Pape Cuvée de Mon Aïeul
乌塞廖酒庄我的祖父教皇新堡特酿红葡萄酒 1998

评分：98 分

自从我第一次品尝这款葡萄酒之后，我就一直力挺它，但它却一直都没有 2001 年秋在纽约市举行的几次品酒会上表现好。颜色为深蓝色或深紫色。这款酒装瓶后好像变得封闭了，现在仍然比较致密，却非常有前景和丰满。酒中黑醋栗奶油、矿物质和蓝莓混合的风味体现出产自诸如布莱恩特（Bryant）家族葡萄园的纳帕谷（Napa）赤霞珠（Cabernet Sauvignon）葡萄酒的怀旧感。但是，入口后表现出泥土、怀旧的普罗旺斯风味的口感，这表明它仍是一款教皇新堡葡萄

酒。惊人的集中，异常的纯粹，还有偏高的单宁酸，有着极好的余韵和年轻的个性，在20到30年内口感应该会不错。最佳饮用期：现在开始到2030年。

CHÂTEAUNEUF-DU-PAPE RÉSERVE DES DEUX FRÈRES
乌塞廖酒庄两兄弟教皇新堡珍藏红葡萄酒

2003 Châteauneuf-du-Pape Réserve des Deux Frères
乌塞廖酒庄两兄弟教皇新堡珍藏红葡萄酒 2003

评分：98~100 分

这是乌塞廖两兄弟从他们的我的祖父陈酿中精心挑选出来，然后加入一些压榨葡萄酒作为他们优质葡萄酒中的极品。60%放入旧的酒桶和橡木桶中陈化，剩下的40%则放入水泥酒罐中陈化，然后混合在一起。这款令人惊叹的葡萄酒是该年份最佳年份酒的候选酒之一。事实上第一次品尝的时候，它的果香闻起来有点像佩高古堡的达凯博特级葡萄酒。酒色呈深紫红色，散发出非凡的鼻嗅，很像优质的意大利阿马罗内葡萄酒的风味，但比后者更加清新，带有活泼的黑莓水果、蓝莓水果、花香和笔墨的风味。这款酒惊人的丰富，非常强劲，跟它的姐妹款一样，天然酒精度都超过了16%。它非常多层次、巨大，却完美均衡，既不热辣也不沉重。它是酿酒史上的又一杰作，很适合在2010年到2025+年间饮用。

乌塞廖酒庄两兄弟教皇新堡珍藏红葡萄酒 2001 酒标

2001 Châteauneuf-du-Pape Réserve des Deux Frères
乌塞廖酒庄两兄弟教皇新堡珍藏红葡萄酒 2001

评分：99 分

2001年款两兄弟教皇新堡珍藏红葡萄酒会让人不自觉地惊叹。这款年份酒中天然酒精度非常惊人，高达16.2%，酒色呈墨色或紫色，爆发出黑莓、花岗岩、洋槐花、欧亚香草和甘甜樱桃白兰地混合的、明显纯粹的陈酿香。油滑质感、强劲，含有大量单宁酸，而且个性封闭，这款奇妙惊人的教皇新堡葡萄酒是酿酒史上一个潜在传奇。它还需要3到5年的时间进行窖藏，应该可以贮存20年。因为酿酒用的葡萄都摘自低产的老藤葡萄树上，酿酒过程中也没有过多地进行人工干涉，所以这款酒比较有结构、纯粹而且相当集中。它的酿酒原料与我的祖父陈酿相同，而且精选了酒窖中最优质的地方，不过两兄弟陈酿的主要成分来自乌塞廖酒庄拥有的土地，这些土地都位于教皇新堡产区内叫做克劳园的区域内。最佳饮用期：2077~2022+。

2000 Châteauneuf-du-Pape Réserve des Deux Frères
乌塞廖酒庄两兄弟教皇新堡珍藏红葡萄酒 2000

评分：98 分

2000年款两兄弟教皇新堡珍藏红葡萄酒在几次盲品会上都拔得了头筹，是该年份最佳年份酒的候选酒。这款酒是用95%的歌海娜和5%的神索酿制而成，酒精度高达15.8%。酒色呈墨紫色，伴有黑莓、樱桃、覆盆子利口酒、欧亚香草、矿物质和洋槐花混合的有趣果香。它惊人的集中和强劲，有着满足人感官的质感，还有着甘甜的单宁酸和艳丽、易亲近的个性。这款奇妙、威严的教皇新堡葡萄酒实在是太不可思议了，值得品尝！最佳饮用期：2008~2030年。

1999 Châteauneuf-du-Pape Réserve des Deux Frères
乌塞廖酒庄两兄弟教皇新堡珍藏红葡萄酒 1999

评分：95 分

这款两兄弟教皇新堡珍藏红葡萄酒在1999年第一次释放，当时叫做50年陈酿，是为了庆祝该酒庄50周年纪念日。这款1999年年份酒非常奇妙，呈饱满而不透明的宝石红色或紫色，产量为200箱，是该年份最佳年份酒的候选酒。酿酒原料全是歌海娜品种，在旧橡木桶中陈化。它异常强劲，带有黑莓利口酒、黑醋栗、矿物质、香料和花朵混合的惊人芳香，质感奢华而且易亲近。如果有些读者有幸能得到几瓶，那么他们会在接下来的20年看到它展现出的神奇魔力。这真是一款惊人的葡萄酒！最佳饮用期：现在开始到2020年。

LE VIEUX DONJON
老教堂酒庄

酒品：老教堂酒庄教皇新堡红葡萄酒（Châteauneuf-du-Pape）

等级：教皇新堡产区葡萄酒

庄园主：鲁斯恩·米歇尔（Lucien Michel）

地址：9,avenue St.-Joseph B.P.66,84232 Châteauneuf-du-Pape,
France

电话：(33) 04 90 83 70 03

传真：(33) 04 90 83 50 38

邮箱：vieux-donjon@wanadoo.fr

网址：www.vieux-donjon.com（网站仍在建设中）

联系人：玛丽·荷西·米歇尔（Marie José Michel）

参观规定：参观前必须预约

葡萄园

占地面积：总面积为 32.1 英亩

葡萄品种：红葡萄品种（80% 歌海娜、10% 席拉、5% 慕合
怀特和其他品种）

平均树龄：红葡萄品种 10~90 年

种植密度：老藤葡萄树（1.75×1.75m）；
年轻葡萄树（2.5×1m）

平均产量：3,000~3,200 升 / 公顷

酒的酿制

这是另一种酿制时在葡萄园中比在酒窖中花更多精力的传统葡萄酒。葡萄树先经过几次严格打薄，然后再分类采收。根据年份的不同特点，每年大约有一半到四分之三的葡萄会被去梗。酿制过程在水泥酒罐中进行，cuvaison（法语名词，指葡萄带皮浸泡）持续 18 到 21 天，然后在中性卵形大木桶中陈化一年半到两年，最后稍微澄清后装瓶。

年产量

教皇新堡红葡萄酒：50,000 瓶

平均售价（与年份有关）：35~50 美元

近期最佳年份

2003 年，2001 年，1998 年，1978 年

鲁斯恩·米歇尔和玛丽·荷西·米歇尔

这是教皇新堡产区没有等级的最佳酒庄之一。1979年，鲁斯恩·米歇尔和玛丽·荷西成婚，之后成立了老教堂酒庄，所以这是一个相对比较年轻的酒庄，他们两人都出身于酿酒家庭。鲁斯恩的祖父在 20 世纪前期的时候，即 1914 年到 1945 年间，既是一个酒桶制作商，也是一个葡萄酒运输商，同时还拥有一个小葡萄园。玛丽·荷西的祖父也有自己的葡萄园。他们两人的婚姻把两个家族和两家的葡萄园结合成了一个新的庄园——老教堂酒庄。整个庄园占地 32.1 英亩，全部位于接近荷东山（Mont Redon）和卡布雷尔村（Les Cabrières）附近的高原上，后者的土地上覆盖着著名的galets roulés（足球大小的岩石）。庄园中种有很多老藤葡萄树，其中有 25 英亩的葡萄树树龄都超过了 80 年。1990 年，米歇尔家族种植了一公顷等量的克莱雷特、瑚珊和白歌海娜葡萄树，并且已经开始用从这些树上采收的葡萄酿制水果的干白教皇新堡葡萄酒。然而，这家酒庄真正的荣耀是他们生产的威严的红葡萄酒。

红葡萄酒的酿制采用传统工艺，部分葡萄被去梗，进行相对较长时间的浸渍，酿酒用的葡萄都采收自古老的且非常低产的葡萄树，也许这正是该酒庄最大的

秘诀所在。该酒庄是教皇新堡产区内少有的几家不经澄清和过滤直接装瓶的酒庄之一。谦虚、热情的米歇尔家族采用有机方式耕种葡萄园，而且采收期也比大多数教皇新堡酒庄晚很多，除了亨利·博诺和雅克·雷诺，它应该是最晚采收的酒庄。酿制葡萄酒时并不掺杂人工操作，然后在卵形大木桶中培养 2 年左右，不使用任何新橡木酒桶。

老教堂酒庄葡萄酒是教皇新堡产区优质的经典款，非常长寿，即使在较轻的年份也始终如一，而且价格在近十年来也基本保持不变！

我从 20 年前就开始购买这家庄园酿制的葡萄酒，而且每款年份酒我都很享受。现在我正在享用剩下的 1985 年和 1990 年的年份酒，接下来我就会开始饮用 1995 年和 1998 年的年份酒。

CHÂTEAUNEUF-DU-PAPE
老教堂酒庄教皇新堡红葡萄酒

2003 Châteauneuf-du-Pape
老教堂酒庄教皇新堡红葡萄酒 2003

评分：95+ 分

对于用传统方式酿制的教皇新堡葡萄酒来说，这款 2003 年年份酒非常有力。它是用 80% 的歌海娜、10% 的席拉和 10% 的慕合怀特与神索混合酿制而成，酒色呈深宝石红色或深紫红色或深紫色，带有干普罗旺斯香草、欧亚香草、海草和香料盒混合的强劲甘甜鼻嗅。这款酒相当集中，相对于当地的标准来说，酒精度也相对较高，各个成分都达 15+% 以上。它还有着悠长、集中、耐嚼的余韵，含有丰富的单宁酸和同样丰裕的精粹物。如果有一款教皇新堡葡萄酒闻起来像野外普罗旺斯香草、花朵和木材市场的味道，那么它一定是老教堂酒庄葡萄酒。它是普罗旺斯精华的经典集中体现，是一款高酒精度的酒。这款酒仍需要 4 到 5 年的时间窖藏，在释放后的 15 到 20 年内饮用为佳。

2001 Châteauneuf-du-Pape
老教堂酒庄教皇新堡红葡萄酒 2001

评分：93 分

米歇尔家族是该产区酿酒风格比较经典和传统的酒庄之一，他们仍继续生产着相当长寿和持久的教皇新堡葡萄酒。2001 年款老教堂酒庄教皇新堡红葡萄酒呈暗紫红色或暗紫色，爆发出落地胡椒、熏衣草、烘烤普罗旺斯香草、牛血、红莓和黑色樱桃利口酒混合的、巨大的普罗旺斯风格陈酿香。这款芬芳的葡萄酒表现出甘甜、宽阔和强劲的口感，单宁酸含量偏高，惊人的稠密和耐嚼，并伴有矮树丛、新鞍皮

草、焚香和黑色水果的风味。这款惊人的 2001 年年份酒需要 1 到 3 年的时间窖藏，然后在接下来的 12 到 15 年内饮用为佳。

2000 Châteauneuf-du-Pape
老教堂酒庄教皇新堡红葡萄酒 2000

评分：91 分

2000 年酿制的教皇新堡葡萄酒是南罗纳河谷，尤其是教皇新堡产区教育和旅游的体现。它包含了该产区所有的经典成分——矮树丛、矮灌丛、欧亚香草、胡椒、熏衣草、甘甜黑色樱桃和焚香。非常芬芳，而且劲力十足，这款强劲的、单宁适中的葡萄酒和非常有力的 1998 年年份酒相差无几，余韵中坚实的单宁酸表明它还能够长时间陈年。考虑到我对老教堂酒庄葡萄酒的品尝经验，大多数的一流年份酒都会在 7 到 8 年的时候达到最佳状态，且这个状态会维持 5 到 6 年，再经过大约 15 到 16 年的陈化，它们的品质才会开始有所下降。这款 2000 年年份酒估计也会这样。最佳饮用期：2006~2016 年。

老教堂酒庄教皇新堡红葡萄酒酒标

1999 Châteauneuf-du-Pape
老教堂酒庄教皇新堡红葡萄酒 1999

评分：91 分

老教堂酒庄酿制的 1999 年款教皇新堡红葡萄酒爆发出烘烤香料、欧亚香草、药草、焦油、黑色樱桃和黑莓混合的果香。这款有力、丰富、强劲的葡萄酒比大多数年份酒都要更加向前和易亲近，还有着该酒庄葡萄酒特有的丰富和口感充实的特性。建议从现在到 2020 年间享用这款性感卓越的年份酒。

1998 Châteauneuf-du-Pape
老教堂酒庄教皇新堡红葡萄酒 1998

评分：95 分

和 1990 年年份酒一样，1998 年款老教堂酒庄教皇新堡

红葡萄酒也是经典的葡萄酒，同时也是我所品尝过的两款最优质的老教堂酒庄葡萄酒之一。这款向后的年份酒散发出焚香、烘烤香草、熏衣草、欧亚香草和樱桃白兰地混合的果香，风格强劲、甘甜、宽阔而且有结构。它应该可以继续贮存15到20年。

1995 Châteauneuf-du-Pape
老教堂酒庄教皇新堡红葡萄酒 1995

评分: 90 分

1995 年款老教堂酒庄教皇新堡红葡萄酒虽然是封闭的，但却很有前景。颜色呈紫红色或石榴红色或紫色，带有烘烤香草、黑色樱桃、焚香、欧亚香草、碘酒和泥土混合的甘甜芳香。酒体适中或略显强劲，有结构而且强健，它现在仍然年轻、丰富，并且摆脱了大量的单宁酸。最佳饮用期: 2006~2014 年。

1994 Châteauneuf-du-Pape
老教堂酒庄教皇新堡红葡萄酒 1994

评分: 91 分

1994 年款老教堂酒庄教皇新堡红葡萄酒呈不透明的暗宝石红色或暗紫色，散发出甘甜的黑樱桃果酱、覆盆子果酱、烟草和模糊的欧亚香草、普罗旺斯香草混合的惊人鼻嗅，非常集中、有力，入口后口感甘甜、宽阔和耐嚼。这是一款出色的教皇新堡葡萄酒，产自该产区一直以来最不受重视的优秀酒庄。在接下来的 4 到 6 年内饮用效果应该很不错。

1990 Châteauneuf-du-Pape
老教堂酒庄教皇新堡红葡萄酒 1990

评分: 95 分

令人惊叹的 1990 年款年份酒一次比一次表现优秀，虽然它已经完全成熟，但好像仍有着 8 到 10 年的贮存能力。酒色呈暗紫红色或暗石榴红色，爆发出熏衣草、其他普罗旺斯香草、欧亚香草、黑醋栗和黑色樱桃利口酒混合的极佳陈酿香，有力、强劲，质感油滑而且丰满。这款无缝的年轻经典葡萄酒并没有坚硬的边缘，大家千万不要错过！

1989 Châteauneuf-du-Pape
老教堂酒庄教皇新堡红葡萄酒 1989

评分: 90 分

1989 年款老教堂酒庄教皇新堡红葡萄酒跟这个年份的许多年份酒一样，陈化的速度很慢。颜色仍然呈暗紫红色或暗宝石红色，散发出酸甜樱桃果香、欧亚香草、药草、皮革和猪肉混合的鼻嗅。入口后口感紧密，酒体适中或略显强劲，含有大量单宁酸，但非常均衡。我估计它的表现和很多 1978 年年份酒处于相同年龄时很像。最佳饮用期: 2007~2016 年。

1981 Châteauneuf-du-Pape
老教堂酒庄教皇新堡红葡萄酒 1981

评分: 90 分

1981 年款老教堂酒庄教皇新堡红葡萄酒呈暗石榴红色，非常深厚、集中，诱人的丰裕和奢华的口感充满口腔，不仅顺滑，而且像天鹅绒般柔软，但是却很均衡。这款葡萄酒已经完全成熟，但还没有任何丢失水果特性的迹象。这是老教堂酒庄酿制的一款与众不同的一流葡萄酒。最佳饮用期: 现在开始到 2009 年。

DOMAINE DU VIEUX TÉLÉGRAPHE
老电报酒庄

酒品：老电报酒庄教皇新堡红葡萄酒（Châteauneuf-du-Pape）

等级：教皇新堡法定产区等级葡萄酒

庄园主：布鲁尼家族（Brunier family）

地址：3 route de Châteauneuf-du-Pape,B.P.5,84370 Bedarrides, France

电话：(33) 04 90 33 00 31

传真：(33) 04 90 33 18 47

邮箱：vignobles@brunier.fr

网址：www.vignoblesbrunier.fr

联系人：丹尼尔·布鲁尼（Daniel Brunier）

参观规定：参观前必须预约

葡萄园

占地面积：总面积为 173 英亩

葡萄品种：红葡萄品种（65% 歌海娜、15% 席拉、15% 慕合怀特、5% 神索和其他品种）

平均树龄：50 年

种植密度：传统的葡萄树 3,300 株 / 公顷

平均产量：3,000 升 / 公顷

酒的酿制

　　老电报酒庄的葡萄全部都是人工挑选的，在葡萄园和酒窖中进行双重筛选。接着进行轻柔压榨和选择性去梗，然后放入温度可以控制的不锈钢酒罐中以传统方式发酵 15 到 20 天。在苹果酸 - 乳酸发酵完成后，先把葡萄酒转移到混凝土酒罐中陈化 9 个月，然后转移到卵形大木桶中陈化 10 个月左右，这些卵形大木桶的容量在 5,000 到 7,000 升之间。这个陈化期根据年份的特点来决定，一般都在 8 到 12 个月之间。大约在 20 个月后不过滤直接装瓶，在 2 年后开始投放到市场上。

年产量

　　老电报红葡萄酒：200,000 瓶

　　平均售价（与年份有关）：40~55 美元

近期最佳年份

　　2003 年，2001 年，1998 年，1995 年，1989 年，1978 年

老电报酒庄是希波吕忒·布鲁尼（Hippolyte Brunier）1898 年时建立的，位于教皇新堡产区最高的地方，即克劳高原上。这家酒庄以一个光学电报命名，因为 1792 年这个电报的发明者克劳德·蔡夫（Claude Chaffe）选择这里作为一个中转站。目前，这家庄园已经发展成为一个占地面积超过 173 英亩的大庄园，由费雷德里克·布鲁尼（Frédéric Brunier）和丹尼尔·布鲁尼共同管理，他们俩是该家族的第四代传人。

　　毫无疑问，老电报酒庄是教皇新堡产区内最著名的酒庄之一。因为葡萄园面积大，所以产量高，因此这款酒在全世界的最佳葡萄酒循环中也得到了有效分配。自从 20 世纪早期由布鲁尼家族创建以来，老电报

丹尼尔·布鲁尼和费雷德里克·布鲁尼

酒庄一直是一份家族产业，现在已经成为教皇新堡产区风土特点最特别的酒庄之一。老电报酒庄位于教皇新堡产区的东部，该区域被足球大小的岩石覆盖，整个葡萄园都位于名叫克劳园的区域内。该酒庄位于教皇新堡高原上，那里还有两个著名的酒庄，即荷东酒庄和卡布雷尔酒庄。老电报酒庄的葡萄园有着与众不同的地理优势，它们有着自己相当高温的微气候，使得布鲁尼家的葡萄采收期比该产区的许多酒庄要提前7到10天。其实在像1993这样困难的年份中，他们的葡萄早收在很大程度上促成了他们葡萄酒的成功。

在20世纪后期，老电报酒庄的财富都是由亨利·布鲁尼（Henri Brunier）创造的，我是在20世纪70年代晚期第一次与他见面的。亨利·布鲁尼是一个合群、开放、黝黑（因为总是在外劳作）而且五官分明的人，也是该产区另一个与古老粗糙的葡萄树有着模糊相似性的酿酒商。他在20世纪80年代晚期退休，把酒庄交给两个有才能的儿子——丹尼尔和费雷德里克管理。自从这两个热情的年轻人接管酒庄后，他们的所作所为在我看来，都是为了把老电报酒庄葡萄酒的质量提升到一个更高的水平。

一些古老的葡萄园中的葡萄树平均树龄为50年，其中有三分之一的树龄都超过了60年。从这些古老的葡萄园中生产出了一个传统混合，其中歌海娜占60%~70%，席拉和慕合怀特都是15%~18%，还有少量的神索。自从两兄弟接管酒庄后，他们就开始酿制一款歌海娜比例降低，而席拉和慕合怀特比例稍微增加的葡萄酒。葡萄园中的平均产量总是被有意压低，一般都为3,000升/公顷。

当他们在1979年开始酿制一款新型的陈酿时，老电报酒庄的酿酒风格确实经历了变态的退化。我在1987年介绍罗纳河谷葡萄酒的书中，已经哀叹过老电报酒庄的酿酒风格变差了，从标准、经典、陈年潜力大、深厚和强壮的教皇新堡葡萄酒，比如豪华的1978年款和出色的1972年款，变成了更加现代、水果的风格，虽然非常吸引人但却不够长寿，就像1979年前的年份酒一样。但是逐渐地，他们的风格又变得精致和优雅起来，这种变化主要发生在20世纪90年代。第二款酒是从1994年开始酿制的，叫做罗马教皇老农场葡萄酒（Vieux Mas des Papes），是以丹尼尔的住宅命名的。这款教皇新堡葡萄酒全部用歌海娜品种酿制而成，而且所用葡萄都采收自年轻的葡萄树上。另一个重要的改变是从20世纪80年代晚期开始的，老电报酒庄的葡萄酒在装瓶前已经不再进行过滤。以前他们都会进行几次过滤，在苹果酸-乳酸发酵完成后会进行硅藻土过滤，装瓶前也会过滤。为了避免丢失过多的精粹物和酒体，现在装瓶前已不再进行任何过滤了。

从酿酒的角度来讲，葡萄酒都是纯手工酿制的。他们对于葡萄的去梗处理很灵活，老藤歌海娜树上的葡萄从来不进行去梗，但是年轻葡萄树上的歌海娜，以及很大一部分的慕合怀特和席拉都会被去梗。酿酒过程中不使用任何新橡木酒桶，但发酵和培养都在洁净的不锈钢酒罐中进行，这些酒罐都被埋在著名的索莱高速公路（Autoroute de Soleil）下的一个小山丘里。8到10个月之后，再把葡萄酒从酒罐中转移到卵形大木桶中陈化，然后在自认为合适的时候装瓶。

老电报酒庄能够生产出惊人的、丰富的葡萄酒。在20世纪80年代酿制的年份酒中，没有哪一款有着1978年年份酒那样异常强烈、丰富和复杂的特性。在20世纪90年代的年份酒中，我认为1994年、1995年和1998年三款年份酒是继1978年款以来，该酒庄酿制出的最优质的葡萄酒。而令人印象深刻的2000年和

2001年两款年份酒则更加成功。老电报酒庄葡萄酒的风格既会吸引新手，又会吸引行家。这家知名的酒庄已经成为一个世界知名的酒庄，不过也是经过了很大的努力才获得的。

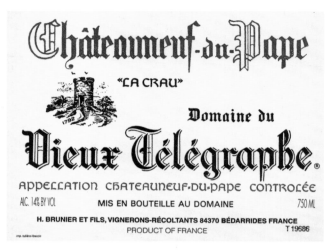

老电报酒庄教皇新堡红葡萄酒酒标

CHÂTEAUNEUF-DU-PAPE
老电报酒庄教皇新堡红葡萄酒

2003 Châteauneuf-du-Pape
老电报酒庄教皇新堡红葡萄酒 2003

评分：90~94分

老电报酒庄酿酒只使用采收自老藤葡萄树上的葡萄，因此产量相对较低，比正常水平要低40%。也正是因为如此，老电报酒庄的葡萄酒都单宁重，几乎算得上是朴素的，但却惊人的集中。酒色呈深宝石红色或深紫色，散发出覆盆子、黑色樱桃、紫菜（一种海菜，可以用来做寿司的包裹物）、胡椒和几乎压碎的矿物质混合的甘甜鼻嗅。非常厚重、强劲，是力量和优雅的完美结合，余韵中带有朴素的波尔多风格的单宁酸。这款教皇新堡葡萄酒还需要继续陈年，应该再窖藏4到6年的时间。它非常真实优质，不过仍需要耐心等待。最佳饮用期：2010~2022+。

2001 Châteauneuf-du-Pape
老电报酒庄教皇新堡红葡萄酒 2001

评分：93分

2001年款老电报酒庄教皇新堡红葡萄酒惊人、有结构而且令人印象深刻。它强劲、向后，有着巨大的深度、纯度和劲力十足的果香。它的产量为20,000箱，是用60%的歌海娜、15%的慕合怀特、10%的席拉以及15%的各种各样的其他法定品种酿制而成，与1998年年份酒相当。酒色呈深宝石红色或深紫色，并伴有咸海风、海草、液态欧亚香草、

樱桃白兰地、黑醋栗奶油和碘酒混合的甘甜芳香，其碘酒是老电报酒庄葡萄酒的一种经典芳香。这款酒有力而且结构坚固，应该很好地放置 4 到 5 年。它应该会异常的长寿，至少可以贮存 20 年。从 1998 年开始，我就首肯它为最佳的老电报酒庄葡萄酒。

2000 Châteauneuf-du-Pape
老电报酒庄教皇新堡红葡萄酒 2000

评分：91 分

优雅的 2000 年款老电报酒庄教皇新堡红葡萄酒非常迷人，酒精度为 14.8%，呈深宝石红色或深紫色，含有丰富的水果特性，余韵中含有坚实的单宁酸。它相当清新，有着含量丰富的胡椒、海草以及黑色水果的特性，还有明显的矿物质。这款强劲、甘甜的 2000 年年份酒还需要一到两年的时间窖藏，它应该可以很好地陈年 15 到 16 年。最佳饮用期：现在开始到 2018 年。

1998 Châteauneuf-du-Pape
老电报酒庄教皇新堡红葡萄酒 1998

评分：95 分

1998 年年份酒才刚刚开始发展，在我看来，它是老电报酒庄在过去的 20 年中（指 1978 年至 1998 年间）所酿制的最优质的葡萄酒。这款令人惊叹的葡萄酒呈深宝石红色或深紫色，非常集中，但是它从 2004 年才开始打开。这款非常丰富和强劲的葡萄酒相当优雅，简直就是一个尤物！最佳饮用期：2007~2020 年。

1995 Châteauneuf-du-Pape
老电报酒庄教皇新堡红葡萄酒 1995

评分：90 分

1995 年款老电报酒庄教皇新堡红葡萄酒呈深宝石红色或深紫色，散发出欧亚香草、碘酒、海草、黑色樱桃和梅子混合的甘甜芳香。酒体适中或略显强劲，厚重，结构很好，而且强健，这款酒从现在到 2015 年间会处于最佳状态。

1994 Châteauneuf-du-Pape
老电报酒庄教皇新堡红葡萄酒 1994

评分：93 分

1994 年对于老电报酒庄来说是一个冷门年份。因为这家庄园的葡萄似乎成熟很早，异常燥热的夏天使得这家酒庄在 8 月底和 9 月初就进行了采收，比很多其他酒庄都要提前很

长时间，而且赶在了梅雨季节前采收。这款年份酒散发出甘甜花香、蓝色水果、黑色水果、干普罗旺斯香草、树皮绉和泥土混合的风味。它有力、集中，而且接近完全成熟，可以继续贮存 10 年。因为这个年份并没有像 1995 年、1998 年、1999 年、2000 年和 2001 年这样的美誉，所以这款酒的价格比较低廉。

1989 Châteauneuf-du-Pape
老电报酒庄教皇新堡红葡萄酒 1989

评分：90 分

1989 年款老电报酒庄教皇新堡红葡萄酒虽然并不是该酒庄最优质的葡萄酒之一，但它一直以来表现都很好。它浓厚、甘甜而且成熟，还伴有丰富的海草、碘酒、烟草、黑色樱桃和梅子水果混合的风味，酒体适中，有轻微的单宁感。这款完全成熟的葡萄酒应该还可以贮存 10 年。

1983 Châteauneuf-du-Pape
老电报酒庄教皇新堡红葡萄酒 1983

评分：90 分

这款酒是老电报酒庄在酿酒技术很好但并不引人注目的时期酿造的最优质的葡萄酒之一。它带有香料、胡椒和泥土的风味，还有扑面的芬芳果香。这款强劲、肥厚、强健的葡萄酒是老电报酒庄在高技术时期酿制的、仅有的几款酒之一，表现出 1979 年前的古老、强壮和深厚的特点。这款葡萄酒的边缘带有些许的琥珀色或橙黄色，但还没有丢失任何水果特性。这款完全成熟的葡萄酒应该尽快饮完。

1978 Châteauneuf-du-Pape
老电报酒庄教皇新堡红葡萄酒 1978

评分：94 分

1978 年年份酒是亨利·布鲁尼酿制的最经典的一款教皇新堡葡萄酒之一，这款酒为我带来了非常大的乐趣。它带有明显的瑞士自助餐式的果香，还带有混合肥料、胡椒、黑色水果、烤肉、沃克吕兹巧克力糖、欧亚香草和焚香的风味，这样的果香很容易得到完美的 100 分。入口后，这款巨大的葡萄酒是强劲、深厚和油滑的，有着干型年份波特酒的浓缩度。这款令人惊奇的葡萄酒仍然保留着老电报酒庄的精华，也许只有 1998 年年份酒可以与之媲美。1978 年年份酒在过去的 10 年中已经达到完全成熟，但颜色仍然是暗紫红色或暗紫色，还带有一点进化的迹象，建议在接下来的 10 年内饮完。这真是一款令人惊奇的葡萄酒！

GERMANY

德国

　　因为酒标上出现的术语太混乱，以及真正的好酒产量又太低，所以德国仍然是世界上最受争议的葡萄酒产国。简单来说，德国一共有 11 个主要的葡萄酒产区，在这些产区内还有子产区。最大的被称做区域（Bereich），相当于法国的一般产区（generic appellation）。在这些区域内还有更小的产区叫做 Grosslagen，相当于法国一般产区内的某一个具体产区，比如更大的勃艮第法定产区 (Appellation Bourgogne Contrôlée) 的圣丹尼斯产区（Appellation Morey St.-Denis）。这些酒并不是产自于某一个葡萄园，而是产自一个特别产区或一个葡萄园集中的地区。在德国有 150 多个 Grosslagen，最具体的一个区叫 Einzellage，是一个独立的葡萄园。在德国类似的葡萄园有 2600 多个，这相当于法国的一个酒庄或者勃艮第产区顶级或列级酒庄指定的一个葡萄园。

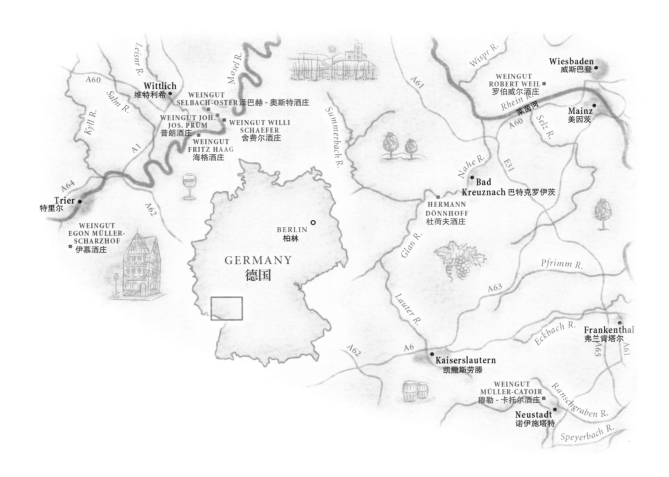

德国大多数著名的酿酒厂都坐落于以下九大产区：摩泽尔河中游地区、摩泽尔河下游地区、萨尔区、卢文区、莱茵高区、莱茵黑森区、莱茵法尔茨区（就是现在的法尔茨区）、纳赫区和法兰肯区。在接下来的章节中可能只会提到这其中的部分地区。

德国最好的葡萄酒有着严格的等级划分，比如葡萄酒有 6 个等级：珍藏葡萄酒、晚收葡萄酒、精选葡萄酒、逐粒精选葡萄酒、贵腐精选葡萄酒和冰酒，这使得德国葡萄酒的复杂情况更加的混乱。尽管珍藏葡萄酒中也有一定的残糖量，但大多数饮用这种葡萄酒的人并不会觉得特别甜。因为德国的葡萄酒中天然酸度比较高，所以大多数珍藏葡萄酒都清新可口、果香四溢，又因甜味与酸味均衡，所以甜味并不明显。但是，大多数品酒者仍能品尝出晚收葡萄酒的甜味，精选葡萄酒的甜味就更加明显了，而逐粒精选葡萄酒、贵腐精选葡萄酒和冰酒则都可以当做餐后甜酒。大多数葡萄酒的平均酒精度在 7%~9% 之间，由于种植者、栽培区域和年份的不同，某些葡萄酒的酒精度可能会高达 12%~14%。德国优质葡萄酒最有趣的特点之一是，尽管酒精度相对较低，但事实上在陈年后还是会变得更加强劲。当然，一个优秀的酿酒师在好的年份酿造出来的晚收葡萄酒和精选葡萄酒可以存放 8 到 25 年，更甜的逐粒精选葡萄酒、贵腐精选葡萄酒和冰酒则可以存放 30 到 50 年，有时甚至可长达 100 多年。

有关德国葡萄酒的另一个观点是它们不适合佐配食物。而事实上，德国葡萄酒都是在半新的大橡木桶中或不锈钢酒桶中陈化，而不像法国的葡萄酒那样在全新的橡木桶中陈化，所以德国葡萄酒可以和很多的食物灵活搭配。因为酒中的残余糖分和酒中本来带有的酸性抵消了，所以品酒师尝不出它们理论上该有的甜度。而葡萄酒在陈酿一段时间后不仅颜色上有了轻微变化，酒的香气和口感也变得更为复杂，所以喝起来更加丰厚、强劲。

当然，有一个不好的趋势就是，接下来介绍的著名酿酒商虽然都能酿出优质的葡萄酒，但是他们所能酿出的跟其他小庄园一样特别好的陈酿却很少。

HERMANN DÖNNHOFF
杜荷夫酒庄

酒品：

欧柏豪泽布鲁克园雷司令精选白葡萄酒（Riesling Oberhäuser Brücke）

尼德豪泽赫曼豪勒园雷司令精选白葡萄酒（Riesling Niederhäuser Hermannshöhle）

费尔森伯格园雷司令白葡萄酒（Riesling Schlossböckelheimer Felsenberg）

库普芬格鲁布园雷司令白葡萄酒（Riesling Schlossböckelheimer Kupfergrube）

等级：纳赫产区（Nahe）葡萄酒

庄园主：海尔姆特·杜荷夫（Helmut Dönnhoff）

地址：Bahnhofstrasse11,55585 Oberhausen/Nahe, Germany

电话：(49) 67 55 263

传真：(49) 67 55 1067

联系方式：同酒庄地址

参观规定：参观前必须预约

葡萄园

占地面积：31.5 英亩

葡萄品种：75% 雷司令，25% 白贝露（Weissburgunder）和灰皮诺（Grauburgunder）

平均树龄：30~45 年

种植密度：5,000~7,000 株 / 公顷

平均产量：3,500~4,500 升 / 公顷

酒的酿制

　　杜荷夫酒庄采用传统的工艺酿酒，首先在中性的大橡木桶中加入本土酵母进行发酵，然后于次年早春装瓶。杜荷夫的酵母是他从自己的葡萄酒中培养出来的，这种酵母的使用可以使发酵的过程变得缓慢而易于控制。

年产量

　　总产量：6,700 箱

　　平均售价（与年份有关）：35~250 美元

近期最佳年份

　　2003 年，2002 年，2001 年

如果你想品尝到新鲜纯粹、果香浓郁的葡萄酒，就应该尝一尝海尔姆特·杜荷夫的葡萄酒。他在过去的 10 年中已经一跃成为小纳赫产区的巨星。当然他并不是一个新手，而是一个有着 30 多年酿酒经验的酿酒商。杜荷夫拥有许多杰出的葡萄园，其中最著名的是尼德豪泽赫曼豪勒葡萄园，该葡萄园坐落于一片光照理想的陡峭山坡上，土壤是板岩和火山岩石的完美结合。另一个出名的葡萄园是他独家垄断的欧柏豪泽布鲁克葡萄园，最大、最艳丽和最有力的杜荷夫葡萄酒一般都产自这里。而且这些酒都有着优质雷司令葡萄酒的丰富细节、透明性、特别的矿物质等特性。

　　这个小庄园从 1750 年杜荷夫酒庄创立时就属于杜荷夫家族，我估计任何一个杜荷夫家族的人都没想到他们的葡萄酒在 20 世纪之交时，会给他们带来如此大的惊喜。这些酒拥有葡萄酒界最时尚而又最稀有的雷司令风味，值得我们好好地品味一番。

RIESLING AUSLESE NIEDERHÄUSER HERMANNSHÖHLE
尼德豪泽赫曼豪勒园雷司令精选葡萄酒

2003 Riesling Auslese Niederhäuser Hermannshöhle
尼德豪泽赫曼豪勒园雷司令精选葡萄酒 2003

评分：97 分

　　从 2003 年款尼德豪泽赫曼豪勒园雷司令精选葡萄酒中可以品出龙蒿、牛至、岩石和珍珠混合的、令人惊奇的味道，这一特点加上它的丰富和优雅让我彻底叹服。中度的酒体和绸缎般丝滑的质感，还有着香料、香草、水煮珍珠和超熟苹果等特性。在它复杂的口感中还可以品尝出红醋栗、板岩石、甜蜜的矿物质与菩提花混合的味道。这款酒美味的余韵可以持续一分多钟。最佳饮用期：2007~2035 年。

2002 Riesling Auslese Niederhäuser Hermannshöhle
尼德豪泽赫曼豪勒园雷司令精选葡萄酒 2002

评分：94 分

　　这是连续第二款让我点头称奇的海尔姆特·杜荷夫葡

萄酒。我以一个酒商和品酒师的身份，一年又一年地品尝着世界上最优质的葡萄酒，但我还不曾有过像喝杜荷夫2001年和2002年两款年份酒这样令人惊奇的经验。它们是如此的神奇、富有情感和令人惊叹，我都找不到合适的词来形容。2002年款尼德豪泽赫曼豪勒园雷司令精选葡萄酒的鼻嗅非常宽阔，丰富而且集中，由灰霉菌和香料主导。中度酒体，周边是香辣高贵的腐锈，它有着惊人的深度、强度和长度。这个庄园的两款2002年精选葡萄酒都非常适合半瓶装，因为杜荷夫自己也意识到它们不仅仅是精选葡萄酒，还可以被看做是逐粒精选葡萄酒。最佳饮用期：2010~2030年。

2001 Riesling Auslese Niederhäuser Hermannshöhle
尼德豪泽赫曼豪勒园雷司令精选葡萄酒 2001

评分：92分

2001年款尼德豪泽赫曼豪勒园雷司令精选葡萄酒不仅有着烟熏矿物质的风味，还有着黄油、白色水果和岩石的口感。中度酒体而且深厚，这款酒天鹅绒般顺滑柔软的口感可以持续30秒左右。尽管没有像杜荷夫酒庄其他的2001年优质年份酒一样，但它异常的集中和清晰的轮廓，仍可将其看做是一款非常出色的葡萄酒。建议从现在到2014年间饮用。

RIESLING AUSLESE OBERHÄUSER BRÜCKE
欧柏豪泽布鲁克园雷司令精选葡萄酒

2003 Riesling Auslese Oberhäuser Brücke
欧柏豪泽布鲁克园雷司令精选葡萄酒 2003

评分：95分

这款酒有着香水、百合、紫罗兰和苹果混合的奇特鼻嗅。宽阔、柔软、圆润，这款纯粹的葡萄酒为中度酒体，有着丰满愉快的舞者的个性和优雅。它还有着柔软、甘甜和白色水果主导的特性，充满香料味，而且这种口感一直无缝地延伸到悠长的余韵中。最佳饮用期：2007~2030年。

2002 Riesling Auslese Oberhäuser Brücke
欧柏豪泽布鲁克园雷司令精选葡萄酒 2002

评分：97分

不论从鼻嗅还是从余韵方面看，这款雷司令精选葡萄酒都像是一款逐粒精选葡萄酒。它浓烈的芳香中带有红葡萄、烟熏灰霉菌和香料混合的风味。这款酒蜜糖般的甘甜、厚重、权威，表现出惊人的丰富特性，不仅柔软，而且完美的均衡。最佳饮用期：2010~2030+。

2001 Riesling Auslese Oberhäuser Brücke
欧柏豪泽布鲁克园雷司令精选葡萄酒 2001

评分：94分

2001年款欧柏豪泽布鲁克园雷司令精选葡萄酒的鼻嗅中带有甘甜的青葱味，酒体适中或略显强劲。这款葡萄酒非常和谐、深厚并且相当有力，为饮用者带来缠绵持久的水煮梨和香料的口感。它甘美多汁、惊人的优雅，而且相当绵长，是一款上乘的精选葡萄酒，非常适合在2010至2025年之间饮用。

RIESLING EISWEIN OBERHÄUSER BRÜCKE
欧柏豪泽布鲁克园雷司令冰白葡萄酒

2003 Riesling Eiswein Oberhäuser Brücke
欧柏豪泽布鲁克园雷司令冰白葡萄酒 2003

评分：95分

2003年款雷司令冰白葡萄酒的可辨芳香中带有深厚的蜜甜灰霉菌果香。这款上乘的葡萄酒有着中度酒体，惊人的厚重、集中和绵长，会在口中留下黑樱桃酱、白巧克力和糖浆的油滑层次感。跟我品尝过的大多数超高档的、甘甜的2003年年份酒不一样，这款酒蜜糖般甘甜的口感中保持着优雅和均衡。据说这款酒最有可能贮藏好几十年，然而它的焦糖口味让我觉得它适合在接下来的15年内饮用。

2002 Riesling Eiswein Oberhäuser Brücke
欧柏豪泽布鲁克园雷司令冰白葡萄酒 2002

评分：100分

这款酒可以说是杜荷夫另一个精彩的满贯全垒打。它是如此的强烈、强劲和复杂，以至于品尝者有些畏惧。它有着杏仁和桃子酒味冷饮的果香，果香以黑醋栗、覆盆子、蜜糖般的板岩石和大量香料混合的风味为核心。如此丰富、成熟和深厚的葡萄酒竟然能够保持完美清晰的轮廓、强大的吸引力和优雅，这实在太令人惊奇了。但真正令人惊奇的是，杜荷夫在2002年从同一个葡萄园中酿制出了一款三星级冰白葡萄酒，一款他本人也认为比出众的琼浆玉液都要好的葡萄酒。简直太棒了！最佳饮用期：2015~2040+。

2001 Riesling Eiswein Oberhäuser Brücke
欧柏豪泽布鲁克园雷司令冰白葡萄酒 2001

评分：100分

采自葡萄在冰冻之前高达100奥斯勒度（Oeschle，德国用于测量葡萄成熟度的单位，100奥斯勒度相当于13%的天然潜在酒精度）的一个小块葡萄园，因此被高度浓缩，2001年款欧柏豪泽布鲁克园雷司令冰白葡萄酒是一款超级成熟和

酸度强烈的葡萄酒。这款果香四溢的葡萄酒带有甜蜜茄子、甘甜清凉茶、矿物质和香蕉混合的风味，口感宽阔、优雅、高度集中，表现出奇异的水果和草莓的口感。这是一款非常纯粹的葡萄酒，非常集中、有力、味美、优雅和有活力。品尝后，余韵依旧明显可辨，可以持续一分多钟。这样一款惊人的珍品如果继续窖藏到 2012 年或 2013 年，其品质将会更佳，并且可以继续保存 20 年甚至更久。它简直是太棒了！

RIESLING SPÄTLESE NIEDERHÄUSER HERMANNSHÖHLE
尼德豪泽赫曼豪勒园雷司令晚收葡萄酒

2003 Riesling Spätlese Niederhäuser Hermannshöhle
尼德豪泽赫曼豪勒园雷司令晚收葡萄酒 2003

评分：95 分

这款酒的果香中混有大量新鲜香草和香料混合的风味。它是一款轮廓清晰、强烈的葡萄酒，释放出浓烈的梨子、甜蜜苹果、香料、瓜蛋、覆盆子和红醋栗混合的味道，完全征服了品酒者的味蕾。对于这款具有惊人口感、深度和官能天性的葡萄酒，我给出了"性感可口"的评价。但是和其他杜荷夫 2003 晚收葡萄酒比起来，真正使得这款酒出色的是它超级精致的水果味。最佳饮用期：2006~2020 年。

2002 Riesling Spätlese Niederhäuser Hermannshöhle
尼德豪泽赫曼豪勒园雷司令晚收葡萄酒 2002

评分：96 分

这款晚收葡萄酒触动的是人的灵魂，给人以非凡缠绵的完美体验。2002 年款尼德豪泽赫曼豪勒园雷司令晚收葡萄酒倒入杯中后，会散发出液体板岩和胡椒的浓郁芳香。和欧柏豪泽布鲁克园葡萄酒一样有力、健壮和阳刚，它的香料口感中充满了梨子糖浆的风味。这款葡萄酒非常纯粹、集中和持久，它的评分之所以比同类酒的略低，是因为它在口腔中的强烈口感有着几乎不可察的下降。杜荷夫的晚收葡萄酒系列是首屈一指的，被拥立为晚收葡萄酒之王。最佳饮用期：2009~2030 年。

2001 Riesling Spätlese Niederhäuser Hermannshöhle
尼德豪泽赫曼豪勒园雷司令晚收葡萄酒 2001

评分：98 分

这款酒体适中或略显强劲的年份酒是我所品尝过的最优质的晚收葡萄酒。它带有液体矿物质和香料的风味，还有着超凡脱俗的丰富特性、深度和浓缩度，让人非常惊讶。这款厚重但极度纯粹的葡萄酒，会给品酒者带来矿物质、杏仁、泥土和烟熏板岩的、油滑的多层次口感，这种口感似乎是延绵不绝的甚至是无限的，这是奥地利著名酿酒商 F.X. 皮赫拉

(F.X.Pichler) 使用的形容词。这是一款奇妙的、可以作为参考标准的葡萄酒。最佳饮用期：2008~2020+。

RIESLING SPÄTLESE OBERHÄUSER BRÜCKE
欧柏豪泽布鲁克园雷司令晚收葡萄酒

2003 Riesling Spätlese Oberhäuser Brücke
欧柏豪泽布鲁克园雷司令晚收葡萄酒 2003

评分：93 分

这款酒有着打火石的风味和丝绸般柔滑的质感，中度酒体，非常均衡，爆发出大量白色水果、红色浆果和香料的口感。它温和、圆润，余韵异常悠长，非常适合从现在开始到 2020 年间饮用。

2002 Riesling Spätlese Oberhäuser Brücke
欧柏豪泽布鲁克园雷司令晚收葡萄酒 2002

评分：97 分

这款酒带有充满樱桃味的石英、覆盆子、矿物质和钢铁混合的芳香和口感。中度酒体、强健、有力、阳刚、宽阔强壮，有着惊人的深度和长度，还有着油滑的质感。这款集中、和谐的葡萄酒在 2010 年至 2030 年间会达到最佳状态。

2001 Riesling Spätlese Oberhäuser Brücke
欧柏豪泽布鲁克园雷司令晚收葡萄酒 2001

评分：94 分

这款酒的鼻嗅中含有新鲜柑橘水果、鲜嫩大葱和香料的风味。中度酒体，复杂丰富且令人印象非常深刻，有着绸缎般丝滑的质感和水晶般透明的特性，并散发出白色水果、嫩洋葱、矿物质和马鞭草混合的香味。最佳饮用期：2006~2018 年。

RIESLING SPÄTLESE SCHLOSSBÖCKELHEIMER FELSENBERG
费尔森伯格园雷司令晚收葡萄酒

2003 Riesling Spätlese Schlossböckelheimer Felsenberg
费尔森伯格园雷司令晚收葡萄酒 2003

评分：92 分

这款芬芳的、有着白色水果风味的葡萄酒口感宽阔、丰富、纯粹、深厚，酒体适中或略显强劲，还显露出大量棉花糖包裹的白色水果口感。这种特性在刚入口时就像跳跳糖一样热情地爆发出来，而且这种感觉并不会马上消失，而是从刚入口到吞咽后的一小段时间里一直在品尝者的口中萦绕不散。最佳饮用期：现在开始到 2020 年。

2002 Riesling Spätlese Schlossböckelheimer
Felsenberg

费尔森伯格园雷司令晚收葡萄酒 2002

评分: 95 分

这款酒倒入杯中后会爆发出甘甜的洋葱和黑醋栗的混合芳香。这款过瘾的葡萄酒给人鸭绒鹅绒般柔软顺滑的质感，以及宽阔味美的黑醋栗果汁、海盐和打火石的口感，它有力、绵长、纯粹且余味悠长。这款中度酒体的美酒很适合在2008 年至 2025 年间饮用。

RIESLING SPÄTLESE SCHLOSSBÖCKELHEIMER KUPFERGRUBE

库普芬格鲁布园雷司令晚收葡萄酒

2003 Riesling Spätlese Schlossböckelheimer
Kupfergrube

库普芬格鲁布园雷司令晚收葡萄酒 2003

评分: 93 分

这款中度酒体、性感诱惑的葡萄酒倒入杯中后，会爆发出强烈的板岩和矿物质风味。它宽阔、醇厚、长绒毛般柔软，有着强烈的水煮梨、苹果和甜板岩丰满连续的多层次口感。这款强烈、肥厚、绵长的葡萄酒很适合在接下来的 15 年内饮用。

2002 Riesling Spätlese Schlossböckelheimer
Kupfergrube

库普芬格鲁布园雷司令晚收葡萄酒 2002

评分: 97 分

这款酒酒体适中，并散发出甜甜的青葱、黑醋栗、香料和新鲜香草混合的、引人遐想的风味。这款酒用它黑醋栗、苹果、矿物质、婴儿爽身粉和梨子混合的精致口感征服

了品酒者。它有着绸缎般丝滑的质感和水晶般的纯粹，余韵悠长，可以持续一分多钟。这款酒是一款杰作，适合在 2009 年至 2030 年间饮用。

2001 Riesling Spätlese Schlossböckelheimer
Kupfergrube

库普芬格鲁布园雷司令晚收葡萄酒 2001

评分: 95 分

这款酒的芳香中含有清晰可辨的黏土味、烟熏味和泥土味。酒体适中，有着绸缎般丝滑的质感，非常纯粹，轮廓清晰，而且有着惊人的浓缩度、深度和力度。这是一款典型的纳赫产区葡萄酒，它的口感由矿物质、泥土味和烟熏打火石味主导，而不是单纯的水果味。它还拥有美妙的口感和悠长的余韵，真是一款卓越的晚收葡萄酒，非常适合在 2006 年至 2020 年间饮用。

库普芬格鲁布园雷司令晚收葡萄酒 2003 酒标

WEINGUT FRITZ HAAG

海格酒庄

酒品：

布拉尼伯格雷司令白葡萄酒（Riesling Brauneberger）

布拉尼伯格朱芬日冕园雷司令葡萄酒（Riesling Brauneberger Juffer Sonnenuhr）

等级：杜瑟蒙德·霍夫（Dusemonder Hof）海格酒庄葡萄酒

庄园主：威尔翰·海格（Wilhelm Haag）

地址：Dusemonder Str.44,D-54472 Brauneberg/Mosel, Germany

电话：(49) 6534 410

传真：(49) 6534 1347

邮箱：weingut-fritz-haag@t-online.de

网址：www.weingut-fritz-haag.de

联系人：威尔翰·海格

参观规定：参观前必须预约

葡萄园

占地面积：19 英亩

葡萄品种：100% 雷司令

平均树龄：15~70 年（平均树龄为 30 年）

种植密度：5,000~7,000 株 / 英亩

平均产量：6,000 升 / 公顷

酒的酿制

酿酒时根据葡萄的质量，会结合使用旧木桶或不锈钢酒桶进行发酵。该酒庄的葡萄产量适中，而且生产的葡萄还会经过葡萄园和酒厂两道严格的人工筛选。酿制时先用本土酵母发酵，然后把酒放在冰冷的地窖中陈化，直到次年春天再进行装瓶。

年产量

费茨·海格雷司令白葡萄酒：10,000 瓶

布拉尼伯格朱芬雷司令珍藏葡萄酒：8,000 瓶

布拉尼伯格朱芬日冕园雷司令珍藏葡萄酒：15,000 瓶

布拉尼伯格朱芬日冕园雷司令晚收葡萄酒：20,000 瓶

布拉尼伯格朱芬日冕园雷司令精选葡萄酒：25,000 瓶

布拉尼伯格朱芬日冕园雷司令逐粒精选葡萄酒：800 瓶

布拉尼伯格朱芬日冕园雷司令贵腐精选葡萄酒：300 瓶

平均售价（与年份有关）：25~150 美元

近期最佳年份

2001 年，1999 年，1997 年，1994 年，1993 年，1990 年，1985 年，1983 年，1979 年，1976 年，1975 年，1969 年，1966 年，1953 年

"杜瑟蒙德·霍夫"海格酒庄是一家历史上闻名的酒庄，位于摩泽尔河谷中部的中心。该酒庄最早是在 1605 年时出现在文件记录中，它当时位于一个村庄内，这个村庄后来以杜德蒙（Dusemond）而闻名。1925 年，为了促使布拉尼伯格朱芬日冕葡萄园和布拉尼伯格朱芬葡萄园闻名世界，这个村庄被重新命名为布拉尼伯格（Brauneberg）。而且这两个葡萄园里种的全是雷司令品种，被拿破仑视为摩泽尔区域的两颗明珠。

布拉尼伯格朱芬斜坡有着出色的微气候和深厚的板岩土质，造就了一些摩泽尔区域最强烈和高度结构感的雷司令葡萄酒。现在的庄园主是威尔翰·海格，他为自己的葡萄园严格地挑选出最适合它的微气候的接枝。在海格先生的酒窖中，有几位同事和他一块工作。他的葡萄酒产量非常低，虽然看起来毫不起眼，但是口感却相当均衡。费茨·海格葡萄酒有着金银花、苹果、李子和柑橘混合的味道，还有着反映布拉尼伯格葡萄园的板岩土质的潜在矿物质特性，这些葡萄酒仍需要几年时间才能达到充分进化的状态。事实上，这些葡萄酒在年轻的时候很难评估，因为它们都有着巨大的陈年潜力。他酿制的雷司令葡萄酒都很优雅、雅致，是摩泽尔区域内出产的最佳葡萄酒，令人印象非常深刻。

BRAUNEBERGER JUFFER SONNENUHR RIESLING AUSLESE

布拉尼伯格朱芬日冕园雷司令精选葡萄酒

2002 Brauneberger Juffer Sonnenuhr Riesling Auslese #12 (Gold Capsule)

布拉尼伯格朱芬日冕园雷司令精选葡萄酒 2002

12 号（小盒精装）

评分：90 分

2002 年款布拉尼伯格朱芬日冕园雷司令精选葡萄酒 12 号（小盒精装）表现出纯粹的水果口感，很集中，还带有板岩和石灰岩的风味。它丰富多汁，酒体轻盈或者适中，有着

绸缎般的丝滑质感。这款酒口感大方、丰富，水果驱动，还带有香甜梨子主导的口感。最佳饮用期：2009~2024 年。

2001 Brauneberger Juffer Sonnenuhr Riesling Auslese
布拉尼伯格朱芬日冕园雷司令精选葡萄酒 2001

评分：97 分

2001 年款布拉尼伯格朱芬日冕园雷司令精选葡萄酒的果香中带有糖蜜岩石、液态矿物质和金银花混合的风味。这款绝妙的葡萄酒非常优雅，简直无法用言语来形容它的有力、水晶般的透明清晰以及让人难以置信的余韵。酒体轻盈或者适中，有着绸缎般丝滑的质感，风味明显但是轻快。这款完整的葡萄酒有着复杂的个性，里面带有石英、各种各样的矿物质、马鞭草和糖蜜青柠檬混合的风味。最佳饮用期：2007~2020+。

1992 Brauneberger Juffer Sonnenuhr Riesling Auslese #16 (Long Gold Capsule)
布拉尼伯格朱芬日冕园雷司令精选葡萄酒 1992

16 号（小长盒精装）

评分：93 分

费茨·海格已经酿制出了一系列令人愉快的 1992 年年份酒。海格的 1992 年精选葡萄酒 16 号（小长盒精装），和出色的布拉尼伯格朱芬日冕园雷司令精选葡萄酒 17 号（精装盒）都产自于同一个葡萄园。但是前者更加丰富一点，有着樱桃、矿物质、蜜甜苹果的成分，非常稠密，中等甜度，酸度充分，还有着可以穿透的、透明的个性。这是一款非常出色的精选葡萄酒，虽然价格过高，但这也恰恰反映出海格的声望极高，而且这款酒的产量极低。最佳饮用期：2008~2025 年。

BRAUNEBERGER JUFFER SONNENUHR RIESLING KABINETT
布拉尼伯格朱芬日冕园雷司令珍藏葡萄酒

2001 Brauneberger Juffer Sonnenuhr Riesling Kabinett
布拉尼伯格朱芬日冕园雷司令珍藏葡萄酒 2001

评分：92 分

这款出色的 2001 年款珍藏葡萄酒一般都有着接近精选葡萄酒的深度和浓缩度。它令人愉快的果香中有着白色花朵奶油的芳香，酒体轻盈或者适中，口感丰富多汁，质感柔软。这款宽阔的葡萄酒充满强烈的矿物质风味，并满含青柠檬的味道。它口感丰富、集中，而且接近完美的均衡，真是一款惊人的珍藏葡萄酒！最好在接下来的 5 到 6 年内饮用。

BRAUNEBERGER JUFFER SONNENUHR RIESLING SPÄTLESE
布拉尼伯格朱芬日冕园雷司令晚收葡萄酒

2001 Brauneberger Juffer Sonnenuhr Riesling Spätlese
布拉尼伯格朱芬日冕园雷司令晚收葡萄酒 2001

评分 94 分

2001 年款布拉尼伯格朱芬日冕园雷司令晚收葡萄酒有着严肃端庄的鼻嗅，并带有雅致的花香、矿物质和甘甜柑橘混合的风味。入口后爆发出糖蜜柠檬、惊人清晰的风味和高贵的矿物质特性。这款有穿透力的葡萄酒异常精致和优雅，酒体轻盈或者适中，有着绸缎般丝滑的质感。它的余韵以优雅的水果为核心，非常集中并富有表现力，可以持续一分多钟。最佳饮用期：2005~2018 年。

WEINGUT MÜLLER-CATOIR
穆勒 - 卡托尔酒庄

酒品：

    穆斯巴彻埃塞斯豪特雷司兰尼葡萄酒（Rieslaner Mussbacher Eselshaut）

    哈尔特黑恩乐腾雷司令葡萄酒（Riesling Haardter Herrenletten）

    哈尔特曼德琳施埃博葡萄酒（Scheurebe Haardter Mandelring）

    哈尔特伯格加藤穆思卡特葡萄酒（Muskateller Haardter Bürgergarten）

    哈尔特伯格加藤雷司令葡萄酒（Riesling Haardter Bürgergarten）

等级：穆勒 - 卡托尔酒庄葡萄酒

庄园主：雅克布·海因里希·卡托尔（Jakob Heinrich Catoir）

地址：Mandelring 25,67433 Neustadt-Haardt,Germany

电话：(49) 63 21 28 15

传真：(49) 63 21 48 00 14

邮箱：weingut @mueller-catoir.de

网址：www.mueller-catoir.de

联系方式：欢迎致电或者致函垂询

参观规定：酒庄开放时间：周一到周五 8:00-12:00 am 和 1:00-5:00pm（不接受团队来访）

葡萄园

占地面积：50 英亩的葡萄树，其中 70% 位于平地，30% 位于上坡上。包括多种土质：重粘土、粘土和砂砾土。

葡萄品种：主要是雷司令，还有像白贝露、灰皮诺、黑品诺（Spätburgunder）、雷司兰尼（Reislaner）、施埃博（Scheurebe）和穆思卡特（Muskateller）这样的稀有品种。

平均树龄：35~50 年或者更老

种植密度：5,000~6,000 株 / 公顷

平均产量：5,400 升 / 公顷

酒的酿制

　　穆勒 - 卡托尔酒庄的葡萄酒口感非常惊人，强劲、味美，精粹物含量丰富，还有着完美的水果和酸度结构。酿酒所使用的葡萄都采收自本酒庄的葡萄园。葡萄的收成在冬天因为严格的修枝而受到限制，而在夏天因为部分葡萄被去除又会得到补充。庄园内的土壤都得到精心护理，采收时进行人工筛选，所以葡萄酒中的精粹物含量很高，酸度成熟，每个品种的特性都很明确，甚至次等的年份酒都很强劲，而且

令人印象深刻。因为酒庄的葡萄总是很晚采收，所以发酵前的果汁温度很低，发酵的速度很慢。分离之后到去除酵母的过程中都不会进行任何人工操作，直到装瓶。在装瓶储藏后，这些葡萄酒中通常会出现大量的酒石酸盐晶状体沉淀物，这些沉淀物充分说明了葡萄酒的酿制过程是天然的、没有人工操作的。

年产量

　　雷司令白葡萄酒：80,000 瓶

　　雷司兰尼葡萄酒：19,000 瓶

　　白贝露葡萄酒：12,000 瓶

　　灰皮诺葡萄酒：3,000 瓶

　　穆思卡特葡萄酒：5,000 瓶

　　施埃博葡萄酒：8,000 瓶

　　黑品诺葡萄酒：3,000 瓶

　　总产量：130,000 瓶

　　平均售价（与年份有关）：25~75 美元

近期最佳年份

　　2002 年，2001 年，1992 年，1990 年

穆勒 - 卡托尔酒庄从 1744 年开始就一直归该家族所拥有，现在已经传至第九代。数百年来，该酒庄几乎一直由女士管理：现在的庄园主是雅克布·海因里希·卡托尔，之前由他的曾祖母、祖母和母亲管理。他的儿子菲利普·大卫·卡托尔（Philipp David Catoir）是一个受过正规训练的建筑师，目前是初级任事股东。

　　在这家著名的法尔茨酒庄，酿酒工作一直由酿酒大师汉斯 - 冈特·施华兹（Hans-Günter Schwarz）负责，但在 2002 年有了短暂中断，因为施华兹于该年退休，而庄园主海因里希·卡托尔把该职位传给了一位年轻的酿酒师马丁·弗兰岑（Martin Franzen）。该酒庄在 2003 年酿制的葡萄酒都非常出色，这是因为弗兰岑第一年全年负责酿酒，但是因为弗兰岑的前任非常出色，所以他还需要非常努力。施华兹已经成为一个雷司兰尼和施埃博葡萄酒的酿制高手，而弗兰茨只是有一个好的履历，

但对于这两种葡萄酒的酿制他并没有多少经验。

穆勒-卡托尔酒庄已经酿制出了如此多款风格迥异的超级葡萄酒，因此它可以被称为法尔茨地区最优质的酒庄。还有哪个酒庄能用雷司令、穆思卡特、施埃博和雷司兰尼酿制出如此出色的葡萄酒呢？穆勒-卡托尔是德国最受欢迎的酿酒师，他在葡萄酒行家中的地位和法国的酿酒师让-弗朗索瓦·科什-杜瑞（Jean-François Coche-Dury）、孔德·拉冯（Comte Lafon）、米歇尔·尼尔伦（Michel Niellon）、奥利维耶·鸿布列什（Olivier Humbrecht）和伦纳德·鸿布列什（Leonard Humbrecht）很像。穆勒-卡托尔果香四溢的葡萄酒当然超级成熟和立体，而且异常复杂，最重要的是非常可口！希望2002年酿酒师的更换并不会影响该酒庄葡萄酒的优质。

MUSKATELLER SPÄTLESE TROCKEN HAARDTER BÜRGERGARTEN
哈尔特伯格加藤穆思卡特晚收干白葡萄酒

2003 Muskateller Spätlese Trocken Haardter Bürgergarten
哈尔特伯格加藤穆思卡特晚收干白葡萄酒 2003

评分：90 分

2003 年款哈尔特伯格加藤穆思卡特晚收干白葡萄酒的鼻嗅中带有泥土矿物质的风味和橘子的精美果香。它是一款复杂、集中的葡萄酒，表现出出色的水果口感，中度酒体，余韵相当悠长。明晰可辨的口感中带有矿物质、红色浆果和端庄的橘子风味，这对于认为大多数穆思卡特葡萄酒太平淡无奇和猛烈的读者来说，特别有吸引力。建议在接下来的 4 到 5 年内饮用。

RIESLANER BEERENAUSLESE HAARDTER BÜRGERGARTEN
哈尔特伯格加藤雷司兰尼逐粒精选葡萄酒

2003 Rieslaner Beerenauslese Haardter Bürgergarten
哈尔特伯格加藤雷司兰尼逐粒精选葡萄酒 2003

评分：92+ 分

2003 年款哈尔特伯格加藤雷司兰尼逐粒精选葡萄酒是一款出色的晚收葡萄酒，用雷司兰尼品种和雷司令、西万尼（Sylvaner）混合酿制而成，浓烈的果香中带有甘甜清凉茶、灰霉菌和热情的水果风味。酒体轻盈或者适中，甚至强劲、厚重，它深厚（几乎油滑）的口感中还带有焦糖香蕉、芒果果浆和番木瓜果浆的风味。当不计其数的 2003 年款雷司令葡萄酒让你感到腻烦的时候，这款酒却仍然保持着清新感。它是用高酸度的葡萄酿制而成，非常均衡和绵长，余韵也很纯粹。最佳饮用期：现在开始到 2030 年。

RIESLING ELSWEIN HAARDTER HERRENLETTEN
哈尔特黑恩乐腾雷司令冰白葡萄酒

1992 Riesling Eiswein Haardter Herrenletten
哈尔特黑恩乐腾雷司令冰白葡萄酒 1992

评分：99 分

几乎找不到合适的词语来合理评价 1992 年款雷司令冰白葡萄酒。它是我所品尝过的口感最优质甘甜的葡萄酒，超级丰富、惊人的均衡和清新，真是酿酒史上的一款杰作。应该在 15 到 20 年内饮用为佳。

RIESLING SPÄTLESE HAARDTER BÜRGERGARTEN
哈尔特伯格加藤雷司令晚收葡萄酒

2001 Riesling Spätlese Haardter Bürgergarten A.P. #2134
哈尔特伯格加藤雷司令晚收葡萄酒 2001（A.P. 号：2134）

评分：94 分

这款葡萄酒倒入杯中后，会爆发出白色胡椒、香料和烟草味的芳香。入口后，口感宽阔，酒体适中，呈现出多层次的丰裕的梨子、红醋栗、苹果和覆盆子的水果口感。它丰富、多汁的个性中有着美妙勾勒的极好水果口感（"丰富水果！"可以参照我的品酒笔记）。最佳饮用期：2006~2016 年。

品酒笔记：消费者们需要高度数的眼镜才能辨认出穆勒-卡托尔酒庄葡萄酒的 A.P. 号码（是 Amtliche Prufungs-nummer 的缩写，德国生产的葡萄酒如果有了这个官方认证号码，就表明该葡萄酒已经经过优质高等葡萄酒的测试），而 2001 年酿制了很多不同款的哈尔特伯格加藤雷司令晚收葡萄酒。

RIESLING SPÄTLESE HAARDTER HERRENLETTEN
哈尔特黑恩乐腾雷司令晚收葡萄酒

2003 Riesling Spätlese Haardter Herrenletten
哈尔特黑恩乐腾雷司令晚收葡萄酒 2003

评分：93 分

2003 年款哈尔特黑恩乐腾雷司令晚收葡萄酒是一款激动人心的、深厚的葡萄酒，倒入杯中后，会爆发出打火石、白垩和甘甜苹果的风味。酒中大量的梨子果肉、糖蜜苹果和强烈的香料会竞相引起品尝者的注意，虽然激烈但很集中。这款丰富多汁的葡萄酒适合在 2006 年到 2019 年之间饮用。

RIESLING SPÄTLESE TROCKEN HAARDTER BÜRGERGARTEN
哈尔特伯格加藤雷司令晚收干白葡萄酒

2003 Riesling Spätlese Trocken Haardter Bürgergarten "Im Aspen"
哈尔特伯格加藤雷司令晚收干白葡萄酒 2003 "阿斯本"

评分：90 分

穆勒-卡托尔酒庄在 2003 年酿制出了三款不同的雷司令晚收干白葡萄酒，它们虽然酿自于同一个葡萄园，但是酿酒的葡萄却采收自该园中不同的小块葡萄园，幸好该酒庄选择在酒标中列出每个小块葡萄园的名字。这三款葡萄酒中我最喜欢（这个 "最喜欢" 只是多于其他两款一点点而已）的是哈尔特伯格加藤雷司令晚收干白葡萄酒 "阿斯本"。倒入杯中后，会爆发出强烈的白色花朵和矿物质风味。入口后，这款酒体轻盈或者适中的葡萄酒会表现出超级纯粹和精致的各种风味，白色水果的复杂口感与各种精美的矿物质口感混合，而且伴随悠长的余韵一直萦绕不散。最佳饮用期：现在开始到 2010 年。

2003 Riesling Spätlese Trocken Haardter Bürgergarten "Im Breumel"
哈尔特伯格加藤雷司令晚收干白葡萄酒 2003 "布鲁麦尔"

评分：90 分

这款 2003 年款哈尔特伯格加藤雷司令晚收干白葡萄酒 "布鲁麦尔" 的果香中有着明显可辨的梨子、香料和青柠檬风味。酒体轻盈或者适中，爆发出梨子和苹果主导的个性，还有着显著强烈的潜在矿物质特性，非常集中。这款富有表现力的葡萄酒，其悠长的余韵中带有青柠檬的香味。建议在接下来的 6 年内饮用。

2001 Riesling Spätlese Trocken Haardter Bürgergarten
哈尔特伯格加藤雷司令晚收干白葡萄酒 2001

评分：90 分

2001 年款哈尔特伯格加藤雷司令晚收干白葡萄酒散发出百合花、洋槐花、梨子、青柠檬和金银花混合的鼻嗅。这款葡萄酒的核心口感是岩石个性被大量的柠檬感染渗透，有力的潜在烟熏矿物质个性也被梨子和苹果味包裹。如果它在悠长、集中的余韵充满口腔之前，个性没有变得涣散，那么它的得分将会更高。最佳饮用期：现在开始到 2014 年。

SCHEUREBE SPÄTLESE HAARDTER MANDELRING
哈尔特曼德琳施埃博晚收葡萄酒

2003 Scheurebe Spätlese Haardter Mandelring
哈尔特曼德琳施埃博晚收葡萄酒 2003

评分：93 分

2003 年款哈尔特曼德琳施埃博晚收葡萄酒是一款奇异的葡萄酒，散发出喧闹的鼻嗅和口感，其中包含着热情的水果、菠萝、芒果和大量香料的风味。强劲、丰富、奢华而且丰裕，这款集中、厚重的葡萄酒显示出苹果味包裹的余韵，而且余韵惊人的悠长。最佳饮用期：现在开始到 2013 年。

2001 Scheurebe Spätlese Haardter Mandelring
哈尔特曼德琳施埃博晚收葡萄酒 2001

评分：94 分

2001 年款哈尔特曼德琳施埃博晚收葡萄酒所用的原料来自于树龄为 35 年的葡萄树，果香中表现出桉树、新修剪草坪、葡萄和胡椒混合的风味。丰富、多层次而且奇特，这款中度酒体的美酒也表现出新鲜香草、番木瓜、芒果、菠萝、柠檬和红醋栗的芳香和口感。这是一款多肉、有力、外向型的葡萄酒，有着狂野的气质。它有着中度酒体和天鹅绒般柔滑的质感，余韵也异常豪华和悠长。建议在接下来的 12 年内饮用。

哈尔特曼德琳施埃博晚收葡萄酒 2003 酒标

WEINGUT EGON MÜLLER-SCHARZHOF
伊慕酒庄

酒品：施华索夫伯格园雷司令葡萄酒（Scharzhofberger Riesling）

等级：萨尔河产区（Saar）葡萄酒

庄园主：伊恭·慕勒（Egon Müller）

地址：Scharzhof, 5449 Wiltingen/Saar, Germany

电话：(49) 65 01 17 232

传真：(49) 65 01 150263

邮箱：egon@scharzhof.de

网址：www.scharzhof.de

联系人：伊恭·慕勒

参观规定：参观前必须预约

葡萄园

占地面积：28 英亩

葡萄品种：雷司令

平均树龄：40~50 年

种植密度：5,000~10,000 株 / 公顷

平均产量：4,500 升 / 公顷

酒的酿制

葡萄采收期晚，并经过严格挑选，不进行浸皮，必须在沉淀的 24 小时后才能进行分离。发酵时使用天然酵母，在容量为 1,000 升的老橡木酒桶（Fuder）中或不锈钢大酒桶中进行。发酵过程会持续到次年的 1 月份。酵母稳定下来后，再对葡萄酒进行分离和过滤，一般都是在 3 月份进行。使用硅藻土进行过滤，不进行澄清，但在装瓶时会进行一次无菌过滤，一般在 4 月份到 6 月份之间装瓶。

年产量

施华索夫雷司令白葡萄酒：24,000 瓶

施华索夫伯格园珍藏葡萄酒：30,000 瓶

施华索夫伯格园晚收葡萄酒：15,000 瓶

施华索夫伯格园精选葡萄酒：5,000 瓶

威尔廷金布劳恩库普珍藏葡萄酒：8,000 瓶

威尔廷金布劳恩库普晚收葡萄酒：4,000 瓶

威尔廷金布劳恩库普精选葡萄酒：2,000 瓶

如果年份条件允许的话，也会酿制很少量的逐粒精选葡萄酒、逐粒精选干白葡萄酒和冰酒。

平均售价（与年份有关）：50~100 美元

近期最佳年份（战后）

1999 年，1997 年，1994 年，1990 年，1989 年，1976 年，1975 年，1971 年，1959 年，1953 年，1949 年，1945 年

施华索夫伯格园是德国最优质的葡萄园之一。它的声望如此显赫，以至于该葡萄园出产的葡萄酒的酒标上不用标出具体的村落名字，人们购买时也知道产地是哪里，在德国只有几个葡萄园符合这种情况。施华索夫伯格园很可能最开始由罗马人栽种，自从公元 700 年左右建立以后，一直归位于特里尔市的圣玛丽安烈士（St. Marien ad Martyres）修道院所有。

法国革命后，莱茵河西岸被革命政府占领，教堂的所有财产都被夺取或变卖。伊恭·慕勒的高曾祖父 1797 年时从"法兰西共和国"政府得到伊慕酒庄。从那以后，该酒庄就一直归慕勒家族所有。

伊恭·慕勒拥有施华索夫伯格园内 21 英亩大小的原始葡萄园，还管理着威尔廷金布劳恩库普园内 10 英亩大小的加莱小庄园。施华索夫伯格园内有大约 7 英亩未嫁接的雷司令葡萄树，它们可以追溯到 20 世纪。老葡萄园都采用传统的酿酒方式，大多数工作都是手工完成的。葡萄树不够健壮，对除草剂和杂草的耐受力都很差，导致葡萄园每年都要翻耕好几次，全部都使用有机化肥。到目前为止，已经有 16 年都没有使用杀虫剂了，对于灰霉菌也不会进行任何处理和治疗。

该园葡萄的平均产量很低，一般认为 3 吨 / 英亩比较理想。果汁发酵时通常使用天然酵母，在容量为 1,000 升的酒桶内进行，而且不会人为控制发酵温度。由于采收时期（一般在 10 月底和 11 月份）的天气比较寒冷，而且酒桶的体积相对较小，所以发酵温度很少会超过 60 华氏度。整个发酵过程一直会持续到次年一月份。

在伊慕酒庄的低温酒窖内，发酵过程在葡萄酒变成干型之前通常就停止了。发酵完成后的 2 到 4 周会进行分离，然后把葡萄酒倒入酒桶中陈化，为期大约半年。一般都是在 5 月份装瓶，装瓶前不会澄清，但是会进行过滤。各个种类中比较优质的葡萄酒装瓶时不会与其他种类混合。所有的精选葡萄酒、逐粒精选葡萄酒和逐粒精选干白葡萄酒装瓶时都不会混合。

SCHARZHOFBERGER RIESLING AUSLESE
施华索夫伯格园雷司令精选葡萄酒

2003 Scharzhofberger Riesling Auslese

施华索夫伯格园雷司令精选葡萄酒 2003

评分：94 分

2003 年款施华索夫伯格园雷司令精选葡萄酒是一款非凡的葡萄酒，散发出春季花朵、白色桃子、金银花和柑橘混合的甘甜鼻嗅。它入口后表现出令人惊奇的矿物质特性，强烈、口感巨大，甘甜特性与离奇的酸度也完美均衡。这款卓越的葡萄酒好像仍然处于婴儿时期，但是却有着非常巨大的潜力。估计它可以很好地进化 20 多年。

SCHARZHOFBERGER RIESLING SPÄTLESE
施华索夫伯格园雷司令晚收葡萄酒

2002 Scharzhofberger Riesling Spätlese

施华索夫伯格园雷司令晚收葡萄酒 2002

评分：92 分

这款非常集中的雷司令葡萄酒品尝起来甜味相对比较淡，不过里面存在着明显的残余糖分，并且被美妙的潜在酸性完美均衡。这款酒的口感非常自然，带有桃子、杏仁、熟苹果和黑醋栗的风味。它有着中度酒体，几乎液态化的矿物质，穿透力很强，余韵可以持续 30 秒左右。这款惊人的葡萄带有柠檬草的风味，在陈年的过程中似乎能很好地发展。它可以现在饮用，也可以再窖藏 10 到 15 年。

WEINGUT JOH. JOS. PRÜM
普朗酒庄

酒品：

普朗酒庄温勒内日冕园雷司令葡萄酒（Riesling Weh-lener Sonnenuhr）

普朗酒庄格拉奇仙境园雷司令葡萄酒（Riesling Graacher Himmelreich）

等级：普朗酒庄葡萄酒

庄园主：曼弗雷德·普朗博士（Dr. Manfred Prüm）和沃尔夫冈·普朗（Wolfgang Prüm）

地址：Uferallee 19,54470 Bernkastel-Wehlen,Germany

电话：(49) 65 31 3091

传真：(49) 65 31 6071

联系人：曼弗雷德·普朗博士

参观规定：参观前必须预约

葡萄园

占地面积：43 英亩

葡萄品种：100% 雷司令

平均树龄：50 年

种植密度：大约 7,500 株 / 公顷

平均产量：大约 6,000 升 / 公顷（不同年份的平均产量差异很大）

酒的酿制

该酒庄的葡萄园都位于土质为灰色泥盆纪（Devonian）板岩的斜坡上，葡萄都是经过人工采收的。发酵时结合使用不锈钢酒罐和玻璃纤维酒罐。陈化是在传统的木酒桶中进行，酒桶的容量为 1,000 升。陈化过程一直持续到次年 7 月，然后装瓶。普朗酒庄葡萄酒的装瓶日期比摩泽尔地区的大多数酒庄都要晚。

年产量

普朗酒庄有四个主要的葡萄园——温勒内日冕园（Weh-lener Sonnenuhr）、格拉奇仙境园（Graacher Himmelreich）、塞尔廷阁日冕园（Zeltinger Sonnenuhr）和伯恩卡斯特尔百思图德园（Bernkasteler Badstube）。这些葡萄园的产量虽然不尽相同，但在一个比较富足的年份中，这个 43 英亩大的庄园的平均产量大约是 10,000 箱。

平均售价（与年份有关）：25~37 美元

近期最佳年份

2001 年，1999 年，1997 年，1995 年，1994 年，1990 年，1988 年，1983 年，1976 年，1971 年，1959 年，1949 年

普朗酒庄是德国最富传奇色彩的酒庄之一，的确名不虚传。这里不仅酿制出了非常特别的葡萄酒，而且这里的葡萄酒也创造了相当长寿的记录。依照德国的标准，这家酒庄并不是一个很老的酒庄。普朗酒庄由约翰·约瑟夫·普朗（Johann Josef Prüm）建立于 1911 年，酒庄名誉的建立大都是他的儿子塞巴斯蒂安（Sebastian）的功劳。塞巴斯蒂安从 18 岁时就开始在酒庄工作，而且在 20 世纪 30 年代和 40 年代的时候发展了普朗酒庄葡萄酒的独特风格。1969 年，塞巴斯蒂安·普朗过世，他的儿子曼弗雷德开始接管酒庄。现在，曼弗雷德的弟弟沃尔夫冈也在酒庄帮忙。

曼弗雷德·普朗经常说，他们已经努力把酿酒厂

部分现代化，但事实上，他们并不想改变父亲所建立的基础风格。他们仍然是非常喜欢冒险的人，经常会一再推迟葡萄的采收期，直到不能再推迟了。然而，他们所酿制的葡萄酒却总是充满精致的水果风味，而且口感超级强烈，酒精度非常低，酸度也相当清新。酒庄中有几款年份酒酿制时加入了相对大量的二氧化硫，不过长期下来，这好像保护了他们的葡萄酒，使得它们惊人的长寿。但是，这并不意味着消费者们非要推迟享受期，把新买的年份酒窖藏 3 到 5 年。他们酿制的最著名、最优质的葡萄酒都产自温勒内日冕园和格拉奇仙境园。在某些年份，他们还酿制出了一种超级优秀的精选葡萄酒，被酒庄指定为"金装酒"，因为使用的是金箔包装，所以很容易辨认。有几款精选葡萄酒的风格甚至更加丰富，这种酒被称为"长金装酒"，它们被世界上的收藏家们当做液态金子进行收藏。

RIESLING AUSLESE WEHLENER SONNENUHR
普朗酒庄温勒内日冕园雷司令精选葡萄酒

2003 Riesling Auslese Wehlener Sonnenuhr
普朗酒庄温勒内日冕园雷司令精选葡萄酒 2003

评分: 93 分

这款酒中一定量的二氧化硫散发后，就会显露出柑橘油、柠檬花、白色桃子和清新矿物质的奇特风味。这款中度酒体、甘甜的葡萄酒，其风格非常均衡，有着美好的纯粹度和质感。它应该在接下来的 15 到 20 年内甚至更久后饮用为佳。

2001 Riesling Auslese Wehlener Sonnenuhr
普朗酒庄温勒内日冕园雷司令精选葡萄酒 2001

评分: 95 分

这款酒的轮廓非常清晰，中度酒体，倒入杯中后，会爆发出奇特的矿物质特性，还混有梨子、青柠檬果汁、白色桃子和春季花朵的风味。它有着相当强烈的口感，以及清新而又热切的余韵，酒中的酸度和甘甜口感也完全均衡。它应该在接下来的 15 年内甚至更久后饮用为佳。

RIESLING KABINETT WEHLENER SONNENUHR
普朗酒庄温勒内日冕园雷司令珍藏葡萄酒

2001 Riesling Kabinett Wehlener Sonnenuhr
普朗酒庄温勒内日冕园雷司令珍藏葡萄酒 2001

评分: 92 分

2001 年款普朗酒庄温勒内日冕园雷司令珍藏葡萄酒散发出深厚、强烈的烟熏矿物质风味，还混有滑石粉和水煮梨

的芳香，并有着晚收葡萄酒（或者更优质葡萄酒）的丰富特性。这款葡萄酒有穿透力，而且精致，会给品酒者带来红醋栗、金银花、梨子和覆盆子混合的、丰富多汁的、丝绸般顺滑的口感。作为该酒庄的典型葡萄酒，这款酒会显露出一些被困的二氧化碳，不过它为这款活泼、华丽精美、雅致的葡萄酒更增添了几分情趣。建议在接下来的 6 年内饮用。

RIESLING SPÄTLESE GRAACHER HIMMELREICH
普朗酒庄格拉奇仙境园雷司令晚收葡萄酒

2001 Riesling Spätlese Graacher Himmelreich
普朗酒庄格拉奇仙境园雷司令晚收葡萄酒 2001

评分: 94 分

这款令人感动的雷司令晚收葡萄酒表现出极好的柑橘油风味，还混有花朵、桃子、金银花和香子兰奶油的特性。中度酒体，非常纯粹和热切，余韵可以持续 30 多秒。这款年轻、出色的晚收葡萄酒现在就可以饮用，在接下来的 15 年甚至更久的时间里，其口感应该都不错。

RIESLING SPÄTLESE WEHLENER SONNENUHR
普朗酒庄温勒内日冕园雷司令晚收葡萄酒

2001 Riesling Spätlese Wehlener Sonnenuhr
普朗酒庄温勒内日冕园雷司令晚收葡萄酒 2001

评分: 94 分

2001 年款普朗酒庄温勒内日冕园雷司令晚收葡萄酒有着爆发性的鼻嗅，并带有糖蜜青柠檬、烟熏板岩和白色胡椒混合的芳香。这是一款狂暴诱人的葡萄酒，口感丰富、集中、多层次，会为品酒者带来柠檬果汁、红色樱桃、黑醋栗、蓝莓、青柠檬和梨子混合的口味。它惊人的悠长余韵中还带有糖蜜覆盆子的风味。这款酒口感纯粹、优雅、有力、深厚而且强劲，经过窖藏后品质应该会更佳。最佳饮用期: 2007~2020+。

普朗酒庄温勒内日冕园雷司令晚收葡萄酒 2001 酒标

WEINGUT WILLI SCHAEFER
舍费尔酒庄

酒品：

　　舍费尔酒庄格拉奇仙境园雷司令葡萄酒（Riesling Graacher Himmelreich）

　　舍费尔酒庄格拉奇多普斯特园雷司令葡萄酒（Riesling Graacher Domprobst）

等级：舍费尔酒庄葡萄酒

庄园主：威利·舍费尔（Willi Schaefer）和克里斯多夫 W. 舍费尔（Christoph W. Schaefer）

地址：Hauptstrasse 130,D-54470 Graach,Germany

电话：(49) 65 31 8041

传真：(49) 65 31 1414

联系人：威利·舍费尔或克里斯多夫 W·舍费尔

参观规定：参观前必须预约

葡萄园

占地面积：6.6 英亩，葡萄园位于特别陡峭的山坡上（坡度达 70 度），土质为泥盆纪板岩土

葡萄品种：100% 雷司令

平均树龄：50 年（70% 是非嫁接的）

种植密度：8,000 株 / 公顷

平均产量：5,800 升 / 公顷

酒 的 酿 制

　　当我向威利·舍费尔询问他的酿酒工艺时，他只是简单地回答说："酿酒其实就是对于大自然和风土的热爱和尊重。"他接着也道出了大多数酿酒商的共同约束，即本书中所说的"更少就是更多"。舍费尔酒庄的葡萄树都种植在惊人的陡峭斜坡上，葡萄成熟后经过人工采收，酿制过程在容量为 1,000 升的老卵形大木桶中进行。葡萄酒的陈化时间为 6 个月，而且与酒糟一同进行陈化，然后会在次年的 5 月份装瓶。酒庄的目标一直都是——酿制出可以展现风土和年份特性的独特葡萄酒。

年产量

　　舍费尔酒庄格拉奇仙境园葡萄酒：12,000 瓶（这些酒的成熟度不尽相同）

　　舍费尔酒庄格拉奇多普斯特园葡萄酒：12,000 瓶（这些酒的成熟度不尽相同）

　　舍费尔酒庄温勒内日冕园葡萄酒：1,300 瓶（这些酒的成

熟度不尽相同）

　　平均售价（与年份有关）：25~80 美元

近期最佳年份

　　2002 年，2001 年，1997 年，1995 年，1993 年，1990 年，1976 年，1975 年，1971 年，1969 年，1966 年，1959 年，1953 年，1949 年，1921 年

　　舍费尔家族从 1950 年才开始管理该酒庄，现任庄园主是威利·舍费尔。威利是一个帅气的人，留有山羊胡，戴着眼镜，浑身上下都散发出一种自信心。他的儿子克里斯多夫·舍费尔从 2001 年开始也和他一起经营酒庄。该酒庄的面积只有 6.6 英亩，年产量特别

低，只有 2,200 箱左右，这应该就是该酒庄一直都没有得到大众青睐的原因。

我一直觉得舍费尔酒庄酿制的雷司令葡萄酒就是爱奢侈享受的人的专用酒——极其华丽、令人愉快，但又异常复杂、美味可口，而且非常令人叹服。威利·舍费尔现在似乎也成了一位爱奢侈享受的人，经常跟负责酿酒的儿子一起开着崭新的保时捷驰骋在摩泽尔地区的乡村道路上。他酿制的最优质的葡萄酒仍然是格拉奇多普斯特园葡萄酒和格拉奇仙境园葡萄酒。他最著名的葡萄园是温勒内日冕园，该园虽然优秀，却从没有他的格拉奇仙境园葡萄酒那样庄严崇高。这些葡萄酒非常纯粹、集中和抑制，但却不是特别有力和强烈。因为它们年轻的时候表现很出色，所以有人怀疑它们的陈年能力可能不佳，不过我尝过几款老的年份酒，发现它们并没有变差的迹象。

RIESLING AUSLESE GRAACHER DOMPROBST
舍费尔酒庄格拉奇多普斯特园雷司令精选葡萄酒

2003 Riesling Auslese Graacher Domprobst A.P. #1404
舍费尔酒庄格拉奇多普斯特园雷司令精选葡萄酒 2003 A.P. 号：1404

评分：95 分

对于舍费尔酒庄的 2003 年款格拉奇多普斯特园雷司令精选葡萄酒 2003 A.P. 号：1404，我在品酒笔记中这样写道："这简直是瓶装酒中的索菲亚·罗兰（Sophia Loren）！"它表现出覆盆子、红醋栗、滑石粉、灰霉菌和花朵的风味，这赋予了它惊人的性感和满足人感官的个性。这款酒非常柔软，而且可以带给人快感。它口感甘甜、柔软、丰富、宽阔，中度酒体或略显强劲，示范性的余韵中始终萦绕着苹果泥和红色水果的口感。最佳饮用期：2007~2030 年。

2003 Riesling Auslese Graacher Domprobst A.P. #1804
舍费尔酒庄格拉奇多普斯特园雷司令精选葡萄酒 2003 A.P. 号：1804

评分：95 分

这款 2003 年舍费尔酒庄格拉奇多普斯特园雷司令精选葡萄酒倒入杯中后，会爆发出百合花和红色浆果风味的喧闹果香。它丰富、厚重，中度酒体或略显强劲，给人覆盆子、瓜果、盐香苹果和花朵混合的多层次丝滑口感。这款深厚、有力的葡萄酒仍然惊人的纯粹和精致，还有着华丽的宽阔口感，实在让人惊叹！最佳饮用期：2009~2030 年。

2002 Riesling Auslese Graacher Domprobst A.P. #1003
舍费尔酒庄格拉奇多普斯特园雷司令精选葡萄酒 2002 A.P. 号：1003

评分：97 分

2002 年款舍费尔酒庄格拉奇多普斯特园雷司令精选葡萄酒 A.P. 号：1003，散发出的果香中带有液态矿物质、香料、马鞭草和菩提花混合的风味。中度酒体，优雅而且深厚，这款深远的精选葡萄酒表现出梨子、板岩、苹果、清新香草和香料混合的多层次和谐口感。它比 1403 号更加具有水果风味，而且与之同样明晰、绵长、复杂和典雅——不过它相较于后者缺少了少许的神奇感。最佳饮用期：2008~2038 年。这款葡萄酒简直太棒了！

2002 Riesling Auslese Graacher Domprobst A.P. #1403
舍费尔酒庄格拉奇多普斯特园雷司令精选葡萄酒 2002 A.P. 号：1403

评分：98 分

2002 年款舍费尔酒庄格拉奇多普斯特园雷司令精选葡萄酒 A.P. 号：1403 显示了盘踞力量和优雅的惊人结合，带有板岩和矿物质风味。它有着巨大的宽度、浓缩度、纯度和和谐度，并同时拥有精致、丰富、优雅、强健、深厚和惊人的、绵长的个性。能有幸品尝到这款珍品的人寥寥无几，他们一定会被它强烈的矿物质特性、惊人的复杂性和优雅的口感所折服。最佳饮用期：2009~2038 年。

2001 Riesling Auslese Graacher Domprobst A.P. #1102
舍费尔酒庄格拉奇多普斯特园雷司令精选葡萄酒 2001 A.P. 号：1102

评分：98 分

这款 2001 年舍费尔酒庄格拉奇多普斯特园雷司令精选葡萄酒的喧闹鼻嗅中，带有枪火石、烟熏板岩、海燕、甘甜青柠檬、蜜甜矿物质和水煮梨的风味。这款酒将无缝的和谐和无拘束的力量很好地结合在了一起，足以让人心醉。口感宽阔，还有着水煮梨、糖蜜苹果、红色水果、干型蜂蜜和黑醋栗混合的、无法言喻的多层次口感，而且一直贯穿于惊人的绵长和令人叹服的余韵中。最佳饮用期：2014~2030+ 年。

2001 Riesling Auslese Graacher Domprobst A.P. #0902
舍费尔酒庄格拉奇多普斯特园雷司令精选葡萄酒 2001 A.P. 号：0902

评分：97 分

2001 年款舍费尔酒庄格拉奇多普斯特园雷司令精选葡萄酒 A.P. 号：0902 有着典型的优雅个性，散发出强生婴儿爽身粉、花朵、香水和潜在泥土风味的芳香。它有着动人的深度，以及可穿透性的纯粹度、宽度和集中度。口感丰富而且完美均衡，浓烈的口感中带有各种各样矿物质、柑橘水果、石英、金银花和白色花朵混合的风味。建议在 2008 年至 2025+ 年间饮用这款精致、华丽的葡萄酒。

RIESLING AUSLESE GRAACHER HIMMELREICH
舍费尔酒庄格拉奇仙境园雷司令精选葡萄酒

2003 Riesling Auslese Graacher Himmelreich A.P. #1204
舍费尔酒庄格拉奇仙境园雷司令精选葡萄酒 2003 A.P. 号：1204

评分：93+ 分

这款葡萄酒是用该地区 10 月下旬第一次冰冻期采收的葡萄酿制而成，散发出甘甜的灰霉菌包裹的鼻嗅，还表现出类似微型冰酒的集中度和清晰轮廓。它口感有力、深厚，并且有着高度的精确性，释放出矿物质和热切水果混合的酸甜口感。最佳饮用期：2009~2030 年。

2003 Riesling Auslese Graacher Himmelreich A.P. #1604
舍费尔酒庄格拉奇仙境园雷司令精选葡萄酒 2003 A.P. 号：1604

评分：92 分

这款酒散发出的果香中带有甘甜泥土和甜蜜柑橘水果的风味。它中度酒体，质感柔软，而且极具表现力，会给品酒者带来红色浆果、青柠檬和超级成熟的黄色梅子混合的口感。这款酒丰满、肥厚，有着令人印象深刻的深度、清晰度和长度。最佳饮用期：2007~2027 年。

RIESLING BEERENAUSLESE GRAACHER DOMPROBST
舍费尔酒庄格拉奇多普斯特园雷司令逐粒精选葡萄酒

2003 Riesling Beerenauslese Graacher Domprobst
舍费尔酒庄格拉奇多普斯特园雷司令逐粒精选葡萄酒 2003

评分：94 分

2003 年款舍费尔酒庄格拉奇多普斯特园雷司令逐粒精选葡萄酒的鼻嗅中，带有精致的灰霉菌、糖蜜苹果和焦糖混合的风味。这款强烈的葡萄酒有着巨大的浓缩度和强度，表现出红色水果、板岩和金色葡萄干混合的胶状口感。它相当美妙的集中，也有着悠长、口感丰富的余韵。最佳饮用期：2007~2035 年。

RIESLING KABINETT GRAACHER DOMPROBST
舍费尔酒庄格拉奇多普斯特园雷司令珍藏葡萄酒

2003 Riesling Kabinett Graacher Domprobst A.P. #0504
舍费尔酒庄格拉奇多普斯特园雷司令珍藏葡萄酒 2003 A.P. 号：0504

评分：91 分

这又是一款高级的珍藏葡萄酒。倒入杯中后，会散发出百合花、梨子、苹果和大量香料混合的喧闹芳香。它没有仙境园珍藏葡萄酒那么奇特，酒体轻盈或适中，表现出惊人的口感，其中含有海盐包裹的板岩、丰富的矿物质、精致的猕猴桃和红色浆果混合的风味。这款高度集中的葡萄酒也显露出相当悠长的余韵。最佳饮用期：现在开始到 2013 年。

2002 Riesling Kabinett Graacher Domprobst A.P. #0703
舍费尔酒庄格拉奇多普斯特园雷司令珍藏葡萄酒 2002 A.P. 号：0703

评分：92 分

这款葡萄酒宽阔、丰富，中度酒体，爆发出香料苹果和烟熏板岩混合的鼻嗅。它有着所有优质 2002 年年份酒都有的肥厚、丰满的水果果浆特性，而且超级纯粹和生动。它热情的口感和巨大的余韵中都带有苹果、矿物质、柠檬草和黑醋栗混合的风味。还好没人告诉过威利·舍费尔这款珍藏葡萄酒不应该如此优质！最佳饮用期：2005~2020 年。

RIESLING KABINETT GRAACHER HIMMELREICH
舍费尔酒庄格拉奇仙境园雷司令珍藏葡萄酒

2003 Riesling Kabinett Graacher Himmelreich
舍费尔酒庄格拉奇仙境园雷司令珍藏葡萄酒 2003

评分：90 分

2003 年款舍费尔酒庄格拉奇仙境园雷司令珍藏葡萄酒更加的复杂，更加具有表现力。它散发出白垩、白色花朵、香料和石灰石混合的深远鼻嗅。品尝这款美酒的时候，我两次核查了酒瓶上的标签，因为如此强烈、深厚和集中的珍藏葡萄酒实在是太罕见了。入口后，它会爆发出成熟青苹果、覆盆子、红醋栗、梨子、石灰石和咸矿物质混合的、宽阔怀旧的口感，而且一直无缝地持续到惊人的悠长余韵中。最佳饮用期：现在开始到 2014 年。

舍费尔酒庄格拉奇仙境园雷司令珍藏葡萄酒 2002 酒标

2002 Riesling Kabinett Graacher Himmelreich
舍费尔酒庄格拉奇仙境园雷司令珍藏葡萄酒 2002

评分：90 分

2002 年款舍费尔酒庄格拉奇仙境园雷司令珍藏葡萄酒带有液态矿物质风味，是一款宽阔、多汁、丰富而且超级集中的葡萄酒，充满猕猴桃、青柠檬和矿物质混合的芳香和口感。它拥有出色的纯度、深度、成熟度和和谐度，还有着相当悠长的余韵。建议在接下来的 15 年内饮用。

RIESLING SPÄTLESE GRAACHER DOMPROBST
舍费尔酒庄格拉奇多普斯特园雷司令晚收葡萄酒

2003 Riesling Spätlese Graacher Domprobst A.P. #0904
舍费尔酒庄格拉奇多普斯特园雷司令晚收葡萄酒 2003 A.P. 号：0904

评分：94 分

这款 2003 年雷司令晚收葡萄酒散发出的鼻嗅中带有苹果、石灰石和白色水果混合的风味。这款丰裕、中度酒体的葡萄酒有着惊人的宽度，还爆发出水晶般透明的清新特性和神韵。它复杂、纯粹而异常绵长的个性中还带有大量石英、茶叶和梨子包裹的矿物质风味。最佳饮用期：2006~2022 年。

2003 Riesling Spätlese Graacher Domprobst A.P. #1004
舍费尔酒庄格拉奇多普斯特园雷司令晚收葡萄酒 2003 A.P. 号：1004

评分：95 分

这款 2003 年雷司令晚收葡萄酒散发出滑石粉和香水浸渍的花朵混合的怀旧芳香。它非常性感和诱人，个性丰富、庞大，包含红色浆果和矿物质特性。中度酒体或略显强劲，

口感宽阔，高度细致、纯粹，而且异常绵长。最佳饮用期：2006~2025 年。

2003 Riesling Spätlese Graacher Domprobst A.P. #1504
舍费尔酒庄格拉奇多普斯特园雷司令晚收葡萄酒 2003 A.P. 号：1504

评分：94 分

这款 2003 年雷司令晚收葡萄酒倒入杯中后，会爆发出花朵、婴儿爽身粉、香料、菩提茶和成熟苹果的风味。这款热烈、柔软、中度酒体的葡萄酒有着丝绸般柔滑的质感，而且带有百合花和水煮梨混合的、圆润而密集的口感。这款集中、大方而且绵长的葡萄酒应该适合在 2006 年至 2024 年之间饮用。

2002 Riesling Spätlese Graacher Domprobst A.P. #0903
舍费尔酒庄格拉奇多普斯特园雷司令晚收葡萄酒 2002 A.P. 号：0903

评分：93 分

这款雷司令晚收葡萄酒含有清晰的果香，很是值得品尝。酒中的红醋栗和花香风味就像激光一样深入骨髓，然后发展成为华丽动人的陈酿香。它柔软而且细致，表现出板岩、梨子和强烈的矿物质混合的、丰满的主导特性。最佳饮用期：2008~2028 年。

2002 Riesling Spätlese Graacher Domprobst A.P. #1203
舍费尔酒庄格拉奇多普斯特园雷司令晚收葡萄酒 2002 A.P. 号：1203

评分：94 分

这款晚收雷司令葡萄酒散发出的果香中带有烟草、枪火石和矿物质混合的风味。酿制这款美酒所用的葡萄都是 2002 年舍费尔酒庄最晚采收的（即 11 月 20 号才采收）。柔软、丝绸般柔滑的质感，酒体轻盈或适中，这款柔软的葡萄酒有着动人的优雅和优美的个性。它宽阔、微妙的口感中还带有香甜梨子、白色胡椒和苹果的风味。最佳饮用期：2008~2030 年。

RIESLING SPÄTLESE GRAACHER HIMMELREICH
舍费尔酒庄格拉奇仙境园雷司令晚收葡萄酒

2003 Riesling Spätlese Graacher Himmelreich
舍费尔酒庄格拉奇仙境园雷司令晚收葡萄酒 2003

评分：91 分

2003 年款舍费尔酒庄格拉奇仙境园雷司令晚收葡萄酒散发出的鼻嗅中，带有甘甜清凉茶、花朵和梨子的风味。中度酒体、质感柔滑而且十分均衡。这款美酒表现出菩提茶和甘菊混合的奶油口感，而且一直贯穿于它悠长的余韵中。这款丰满而且清新的葡萄酒适合在接下来的 12 年内饮用。

WEINGUT SELBACH-OSTER
泽巴赫 - 奥斯特酒庄

酒品：

　　泽巴赫 - 奥斯特酒庄塞尔廷阁日冕园葡萄酒（Zeltinger Sonnenuhr）

　　泽巴赫 - 奥斯特酒庄温勒内日冕园葡萄酒（Wehlener Sonnenuhr）

　　泽巴赫 - 奥斯特酒庄格拉奇多普斯特园葡萄酒（Graacher Domprobst）

　　泽巴赫 - 奥斯特酒庄塞尔廷阁仙境园葡萄酒（Zeltinger Himmelreich）

等级：摩塞尔产区葡萄酒

庄园主：约翰尼斯·泽巴赫（Johannes Selbach）

地址：Uferallee 23,D-54492 Zeltingen,Germany

电话：(49) 65 32 2081

传真：(49) 65 32 4014

邮箱：info@ selbach-oster.de

网址：www.selbach-oster.de

联系人：约翰尼斯·泽巴赫

参观规定：不接受旅游团来访；参观前必须预约

葡萄园

占地面积：35 英亩

葡萄品种：98% 雷司令，2% 白贝露（新栽种）

平均树龄：55 年（最年轻的葡萄树树龄为 20 年，最老的大约是 100 年）

种植密度：老葡萄园 8,000 株 / 公顷；新葡萄园 5,500 株 / 公顷

平均产量：老葡萄园（日冕园和部分斯克斯伯格园）：4,500~5,000 升 / 公顷；

　　　　　新葡萄园（仙境园、多普斯特园和部分斯克斯伯格园）：7,800 升 / 公顷

酒的酿制

　　很明显，约翰尼斯·泽巴赫很想要酿制出优雅、清新的葡萄酒，拥有异常的陈年潜力，含有纯粹的水果，能够展现他的葡萄园的风土特性，并且里面带有独特可辨的板岩矿物质特性。泽巴赫 - 奥斯特酒庄的葡萄都是经过人工采收的，而且通常要分两到三次进行。然后使用现代的气动压榨机轻轻地压碎，酿制冰酒用的葡萄还会进行两次老式的篮筐压榨。清澈的葡萄酒必须通过与沉淀分离才能得到，接着会在容量为 1,000 升的传统橡木卵形大桶中陈化，为了均衡还会使用一些不锈钢酒罐和玻璃纤维酒桶。

　　在通常情况下，发酵时都是使用本地酵母。如果某些葡萄酒发酵无法得到满意的干型水平，酒厂也会采用一些其他工艺。整个发酵过程都是在容量为 1,000 升到 3,000 升之间的酒桶中进行，发酵温度非常低。该酒厂能酿制出一些带有残余糖分的葡萄酒，都是因为发酵过程被人为中断了。泽巴赫喜欢让葡萄酒和它们的优质酒糟一起陈化，而且不去人为阻止，他认为这会改善葡萄酒的质感并增添果香的复杂性。最后在次年早春装瓶。

年产量

　　每一年的产量都不尽相同，珍藏葡萄酒和晚收葡萄酒的产量每年都很高，而精选葡萄酒和更高品质的葡萄酒产量则非常有限。一般说来，珍藏葡萄酒的年产量可能高达 15,000 瓶左右，而精选葡萄酒的年产量只有 1,000 多瓶。逐粒精选葡萄酒和逐粒精选干型葡萄酒的产量一般在 1,500 瓶到 2,400 瓶之间。

　　平均售价（与年份有关）：30~235 美元

近期最佳年份

　　2001 年，1990 年，1976 年，1975 年，1971 年，1959 年

　　但我必须补充一下，约翰尼斯·泽巴赫本人也非常喜欢 1997 年年份酒，因为它有着非常精美的、多层面的果香，并迷恋 1995 年、1994 年和 1983 年的年份酒。

　　泽巴赫家族虽然早在 1661 年就开始酿制葡萄酒，但是直到 1961 年泽巴赫 - 奥斯特酒庄才真正独立起来。酒庄名字中的"奥斯特"，其实是汉斯·泽巴赫的母亲婚前的名字，这样是为了把它与家族的批发生意区分开来。数年来，该酒庄一直在慢慢地扩大，现在它拥有占地面积为 35 英亩的土地。从这令人印象深刻的庄园中，每年大约可以酿制出 7,500 箱葡萄酒。约翰尼斯·泽巴赫是 1988 年进入这个家族酒业的，后来在 1993 年从他的父亲汉斯那里接管了酒庄。

　　该酒庄的葡萄酒虽然异常纯粹、透明和抑制，但是依然不容置疑的丰富和强烈，因此得到品酒者的高

度关注。我觉得一个专业的品酒者可以给出的最合适的赞美之词是，这些精美、细致的葡萄酒总是吸引着我们，让我们一直能够退一步，以便更好地审视和享受它们。而且它们并不止这些优点，你还能老是发现让自己意外的地方，它们都是酿自上乘的葡萄园，且酿酒过程中没有进行任何人工干涉，当然也是世界上最优质的雷司令葡萄酒。这些葡萄酒都酿制于最上乘的葡萄园：位于塞尔廷阁日冕园的顶级葡萄园，那里出产了最强劲、最丰满、最强烈的葡萄酒；位于格拉奇多普斯特园的出色葡萄园，那里酿制的葡萄酒带有最接近液态板岩的口感；和温勒内日冕园，那里出产的葡萄酒有着柔和的香草、花香和精致的风格，是塞尔廷阁园更加娇柔的翻版。泽巴赫家族正打算有机会的时候，再购买一些位于塞尔日冕园斜坡的小块葡萄园，他们觉得这里的葡萄园比温勒内的更优质。他们也从塞尔廷阁斯克斯伯格园和伯恩卡斯特尔百思图德园中，酿制出了一些让人印象非常深刻的葡萄酒。

RIESLING AUSLESE BERNKASTLER BADSTUBE
泽巴赫－奥斯特酒庄伯恩卡斯特尔百思图德园雷司令精选葡萄酒

2003 Riesling Auslese Bernkastler Badstube
泽巴赫-奥斯特酒庄伯恩卡斯特尔百思图德园雷司令精选葡萄酒 2003

评分：93 分

在泽巴赫-奥斯特酒庄的 2003 年年份酒中精选葡萄酒都非常出色。内敛的果香，但口感宽阔，令人印象深刻，中度酒体或略显强劲。这款雷司令精选葡萄酒有着油滑的质感和诱人、丰富的特性，爆发出很厚的、多层次的香甜红色浆果风味，还有着甘甜板岩、苹果和蜜甜矿物质口感。这款酒纯粹、深厚、多汁，有着悠长和水果风味包裹的余韵。最佳饮用期：2008~2020 年。

2002 Riesling Auslese Bernkastler Badstube
泽巴赫-奥斯特酒庄伯恩卡斯特尔百思图德园雷司令精选葡萄酒 2002

评分：94 分

我本人很喜欢这款 2002 年泽巴赫-奥斯特酒庄伯恩卡斯特尔百思图德园雷司令精选葡萄酒。倒入杯中后，会爆发出红色浆果、香料和灰霉菌混合的鼻嗅，尝起来就像逐粒精选葡萄酒和冰酒的混合。入口后，口感中带有果酱的味道，而且深厚，中度酒体，充满黑醋栗、各种各样红色水果、生姜和大量香料混合的风味。它的余韵和冰酒很像，而且异常悠长和鲜明，带有糖浆和清新香草混合的风味。最佳饮用期：2009~2035 年。

RIESLING AUSLESE ZELTINGER HIMMELREICH
泽巴赫－奥斯特酒庄塞尔廷阁仙境园雷司令精选葡萄酒

2001 Riesling Auslese Zeltinger Himmelreich
泽巴赫-奥斯特酒庄塞尔廷阁仙境园雷司令精选葡萄酒 2001

评分：90 分

这款雷司令精选葡萄酒的果香中带有矿物质、嫩煎洋葱和鲜嫩韭葱混合的芳香。口感纯粹、集中、优雅而且深厚，表现出焦糖矿物质、香料、强烈的青柠檬和松香混合的特性。最佳饮用期：现在开始到 2018 年。

RIESLING AUSLESE ZELTINGER SCHLOSSBERG
泽巴赫－奥斯特酒庄塞尔廷阁斯克斯伯格园雷司令精选葡萄酒

2003 Riesling Auslese Zeltinger Schlossberg
泽巴赫-奥斯特酒庄塞尔廷阁斯克斯伯格园雷司令精选葡萄酒 2003

评分：92 分

尽管这款雷司令精选葡萄酒的鼻嗅被硫磺所主导，但这种特性半年后就会消失。它是一款甘甜、柔软、丝绸般柔滑质感的葡萄酒，里面充满了苹果、覆盆子、红醋栗和水煮梨混合的怀旧口感。入口后会表现出有力的潜在矿物质特性，而且这种特性一直延伸到惊人的悠长余韵中。最佳饮用期：2008~2019 年。

2003 Riesling Auslese Zeltinger Schlossberg "Schmitt"
泽巴赫-奥斯特酒庄塞尔廷阁斯克斯伯格园"施密特"（Schmitt）雷司令精选葡萄酒 2003

评分：92 分

这款 2003 年雷司令精选葡萄酒的果香中带有灰霉菌包裹的菠萝和苹果风味。施密特是一小块区域，或者叫做小村庄（lieu dit），位于塞尔廷阁村日冕园内。这款酒柔软、顺滑、丰富多汁，还表现出出色的清新特性。它多肉的特性中含有灰霉菌风味，但被番石榴和矿物质的口感所覆盖。最佳饮用期：2009~2025 年。

2002 Riesling Auslese Zeltinger Schlossberg
泽巴赫－奥斯特酒庄塞尔廷阁斯克斯伯格园雷司令精选葡萄酒 2002

评分：91 分

2002 年款泽巴赫－奥斯特酒庄塞尔廷阁斯克斯伯格园雷司令精选葡萄酒有着打火石风味，口感大方、多汁而且宽阔，充满成熟的白色桃子、覆盆子和梨子的芳香和口感。中度酒体，绸缎般顺滑的质感，而且相当绵长。这款出色的精选葡萄酒适合在接下来的 25 年内饮用。

2001 Riesling Auslese Zeltinger Schlossberg
泽巴赫－奥斯特酒庄塞尔廷阁斯克斯伯格园雷司令精选葡萄酒 2001

评分：93 分

这款 2001 年雷司令精选葡萄酒的鼻嗅中混有松香、肉桂、肉豆蔻和丁香的风味。这款酒个性强健、极具表现力，还带有糖蜜红色樱桃、黑醋栗、覆盆子等水果特性，并被烟熏板岩、薄荷和白色巧克力所点缀。入口后，会爆发出宽阔

的、奇特的灰霉菌口感，完全吸引了品尝者的所有注意力。中度酒体而且丰富，它虽然不是一款精美雅致的葡萄酒，却给人丰富的、水果核心的口感，而且相当绵长。最佳饮用期：现在开始到 2020+。

RIESLING AUSLESE ZELTINGER SONNENUHR
泽巴赫－奥斯特酒庄塞尔廷阁日冕园雷司令精选葡萄酒

2003 Riesling Auslese Zeltinger Sonnenuhr
泽巴赫－奥斯特酒庄塞尔廷阁日冕园雷司令精选葡萄酒 2003

评分：93 分

2003 年款泽巴赫－奥斯特酒庄塞尔廷阁日冕园雷司令精选葡萄酒爆发出香甜苹果的鼻嗅，体积巨大，中度酒体或略显强劲，轮廓相当清晰。尽管非常丰富和深厚，但它仍然有着美妙的均衡、清新和和谐特性。这款酒有着菠萝、西番莲

果、水煮梨和覆盆子的口感，里面还有大量的灰霉菌风味。它口感深厚、集中而且纯粹，并表现出异常悠长的余韵。最佳饮用期：2008~2022 年。

2002 Riesling Auslese Zeltinger Sonnenuhr
泽巴赫 - 奥斯特酒庄塞尔廷阁日冕园雷司令精选葡萄酒 2002

评分：92 分

2002 年款塞尔廷阁日冕园雷司令精选葡萄酒的鼻嗅中散发出灰霉菌包裹的果香，中度酒体，高度集中和丰富。入口后表现出大量梨子、白色桃子、矿物质、橘子花和红色浆果混合的风味。这款美酒不仅复杂、和谐、有力，而且有着令人愉快的、富有表现力的悠长余韵，最佳饮用期：2007~2030 年。

2001 Riesling Auslese Zeltinger Sonnenuhr
泽巴赫 - 奥斯特酒庄塞尔廷阁日冕园雷司令精选葡萄酒 2001

评分：95 分

泽巴赫 - 奥斯特酒庄的 2001 年款塞尔廷阁日冕园雷司令精选葡萄酒是一款令人惊奇的葡萄酒，一款集力量、集中和强度于一身的年份酒。该酒庄的一个进口商特里·泰泽（Terry Theise）这样评价道："它尝起来简直就像是他们年轻时酿制的最优质的 1976 年年份酒一样。"这款美酒散发出令人极其愉快的鼻嗅，其中还带有焦糖洋葱、黄油、杏仁、水煮梨、糖蜜苹果、玛格丽特和黑醋栗混合的甘甜果香。它口感强劲、厚重且体积庞大，挑战品尝者去穿透它的稠密厚重。这款酒有着深厚但很均衡的核心，还散发出灰霉菌、瓜果、脆梨、焦糖包裹的苹果和活跃的青柠檬混合的烟熏风味。实质上它并不微弱，而是结合了逐粒精选葡萄酒的重量和晚收葡萄酒的风味。最佳饮用期：2010~2030 年。

RIESLING BEERENAUSLESE ZELTINGER SONNENUHR
泽巴赫 - 奥斯特酒庄塞尔廷阁日冕园雷司令逐粒精选葡萄酒

2003 Riesling Beerenauslese Zeltinger Sonnenuhr
泽巴赫 - 奥斯特酒庄塞尔廷阁日冕园雷司令逐粒精选葡萄酒 2003

评分：93 分

2003 年款塞尔廷阁日冕园雷司令逐粒精选葡萄酒显示出香料和蜜甜矿物质混合的鼻嗅，还有着灰霉菌包裹的甘甜而且相当丰富的水果风味。中度酒体或略显强劲，它的强烈口感中充满胡椒、烟草、杏仁、蜂蜜、板岩和红醋栗果酱混合的风味。这款酒表现出特别和谐的特性，以及水果风味满溢的悠长余韵，非常适合在 2008 年至 2035+ 年间饮用。

RIESLING EISWEIN BERNKASTLER BADSTUBE
泽巴赫 - 奥斯特酒庄伯恩卡斯特尔百思图德园雷司令冰白葡萄酒

2002 Riesling Eiswein Bernkastler Badstube
泽巴赫 - 奥斯特酒庄伯恩卡斯特尔百思图德园雷司令冰白葡萄酒 2002

评分：94 分

这款 2002 年雷司令冰白葡萄酒的鼻嗅中混有香料柠檬、香草柠檬和板岩的极佳果香。非常集中、纯粹和清晰，入口后会爆发出精致利口酒和泥土的口感。这款水晶般透明的葡萄酒中度酒体，而且极度优雅。最佳饮用期：2010~2040 年。

2001 Riesling Eiswein Bernkastler Badstube
泽巴赫 - 奥斯特酒庄伯恩卡斯特尔百思图德园雷司令冰白葡萄酒 2001

评分：99 分

这款 2001 年雷司令冰白葡萄酒散发出热情、强烈的果香，并带有樱桃果酱、黑醋栗、糖浆、肉桂和白色葡萄干混合的风味。这款酒有着奢华的深度，非常集中，而且有着惊人的酸度水平，以及不真实的口感纯粹度。它口感非常强烈，弥漫着各种各样红色浆果、一波又一波的糖蜜青柠檬和多层次的蜜甜板岩风味。这款惊人的、醉人的、绵长的和泥土味的葡萄酒在它释放时可能比任何现在它的购买者都要长寿。最佳饮用期：2015~2050+。这款酒简直太让人震惊了！

RIESLING EISWEIN ZELTINGER HIMMELREICH
泽巴赫 - 奥斯特酒庄塞尔廷阁仙境园雷司令冰白葡萄酒

2003 Riesling Eiswein Zeltinger Himmelreich
泽巴赫 - 奥斯特酒庄塞尔廷阁仙境园雷司令冰白葡萄酒 2003

评分：92 分

这款 2003 年仙境园雷司令冰白葡萄酒的果香中带有香料、梨子、苹果和烟熏矿物质混合的风味。它有着强劲、坚硬葡萄酒的特性，糖浆似的酒中充满了烘烤红色浆果、黄色梅子、白色水果的风味。毫无疑问，它可以贮存 30 年以上，然而它在如此年轻的时候即表现出焦糖口感，所以我建议在 2007 年至 2018 年间饮用。

2002 Riesling Eiswein Zeltinger Himmelreich

泽巴赫 - 奥斯特酒庄塞尔廷阁仙境园雷司令冰白葡萄酒 2002

评分：96 分

约翰尼斯·泽巴赫的 2002 年仙境园雷司令冰白葡萄酒是一款令人称奇的葡萄酒，表现出活龙虾的离奇怀旧芳香。它带有海洋风味和某种泥土的甜味，深厚、丰富，有着红醋栗、强烈的糖蜜青柠檬和大量香料混合的有力核心。这款葡萄酒极其纯粹动人，出奇的集中和绵长。如果经过协调的窖藏，它非常可能得到更高的评分。最佳饮用期：2013~2050 年。

2001 Riesling Eiswein Zeltinger Himmelreich "Junior"

泽巴赫 - 奥斯特酒庄塞尔廷阁仙境园"年少"（Junior）雷司令冰白葡萄酒 2001

评分：93 分

这款雷司令冰白葡萄酒带有白色胡椒、糖蜜柠檬、桉树和青柠檬混合的风味，是我所见过的价格最公道并且质量出色的冰酒。它丰满、纯粹而且热情，带有红醋栗、覆盆子、新榨胡椒和活泼的青柠檬风味。它不仅集中、有力，而且仍然是友好和向前的。它的酸度并没有像它的大多数同类款一样让人震惊。建议从现在到 2030+ 年间饮用。

RIESLING KABINETT ZELTINGER SCHLOSSBERG

泽巴赫 - 奥斯特酒庄塞尔廷阁斯克斯伯格园雷司令珍藏葡萄酒

2001 Riesling Kabinett Zeltinger Schlossberg

泽巴赫 - 奥斯特酒庄塞尔廷阁斯克斯伯格园雷司令珍藏葡萄酒 2001

评分：91 分

泽巴赫 - 奥斯特酒庄的这款 2001 年雷司令珍藏葡萄酒散发出迷人的果香，并带有花朵、甘甜矿物质和肉桂混合的清新陈酿香。这款超值的葡萄酒强烈、水晶般透明而且多层次，表现出醇厚的水果风味。对于一款珍藏葡萄酒来说，这样的水果特性让人非常惊奇。酒体轻盈或者适中，会给品酒者带来一波又一波的柔滑口感，其中充满了糖蜜柠檬、矿物质和百合花混合的风味。这款集中、宽阔和深厚的葡萄酒适合从现在开始到 2012 年间饮用。

德 国

RIESLING SPÄTLESE ZELTINGER SCHLOSSBERG

泽巴赫－奥斯特酒庄塞尔廷阁斯克斯伯格园雷司令晚收葡萄酒

2001 Riesling Spätlese Zeltinger Schlossberg
泽巴赫 - 奥斯特酒庄塞尔廷阁斯克斯伯格园雷司令晚收葡萄酒 2001

评分: 90 分

2001 年雷司令晚收葡萄酒是一款中度酒体、口感集中的葡萄酒，表现出青柠檬、矿物质和花香的风味，入口后又会表现出线性、纯粹、集中和厚重美妙的个性。它活跃的特性中还带有甘甜矿物质、香料和百合花的风味。最佳饮用期: 2006~2016 年。

RIESLING SPÄTLESE ZELTINGER SONNENUHR

泽巴赫－奥斯特酒庄塞尔廷阁日冕园雷司令晚收葡萄酒

2003 Riesling Spätlese Zeltinger Sonnenuhr
泽巴赫 - 奥斯特酒庄塞尔廷阁日冕园雷司令晚收葡萄酒 2003

评分: 90 分

尽管这款雷司令晚收葡萄酒的果香由二氧化硫主导，但它仍然极具表现力。宽阔、丰裕并且向前，入口后会带给饮酒者一波又一波超熟苹果、覆盆子和甘菊混合的丝滑口感。这是一款和谐、优雅的葡萄酒，表现出出色的深度、浓缩度和长度。最佳饮用期: 2006~2014 年。

2002 Riesling Spätlese Zeltinger Sonnenuhr
泽巴赫 - 奥斯特酒庄塞尔廷阁日冕园雷司令晚收葡萄酒 2002

评分: 91 分

这款 2002 年雷司令晚收葡萄酒的果香中带有甘甜美妙

的矿物质特性。它有着非常深厚的水果特性，酒体轻盈或者适中，有着天鹅绒般柔软的质感，还表现出棉花糖、香料、果浆和梨子混合的口感。它的余韵异常悠长，并带有甘甜白色水果的风味。最佳饮用期: 现在开始到 2025 年。

2001 Riesling Spätlese Zeltinger Sonnenuhr
泽巴赫 - 奥斯特酒庄塞尔廷阁日冕园雷司令晚收葡萄酒 2001

评分: 93 分

这款 2001 年雷司令晚收葡萄酒散发出迷人的果香，并带有强烈的烟熏矿物质、海盐和马鞭草混合的风味。这款葡萄酒丰富多汁而且口感强烈，表现出一流的宽度、浓缩度、深度和长度，以大量梨子、苹果、香料和红醋栗混合的口感征服了品酒者。它表现出惊人的优雅和纯度，将力量和优美惊人地结合在了一起。最佳饮用期: 2007~2018 年。

RIESLING TROCKENBEERENAUSLESE ZELTINGER SONNENUHR

泽巴赫－奥斯特酒庄塞尔廷阁日冕园雷司令贵腐葡萄酒

2003 Riesling Trockenbeerenauslese Zeltinger Sonnenuhr
泽巴赫 - 奥斯特酒庄塞尔廷阁日冕园雷司令贵腐葡萄酒 2003

评分: 93+ 分

这款 2003 年雷司令逐粒精选干白葡萄酒倒入杯中后，会散发出阵阵丰富有力的烟熏灰霉菌和矿物质风味。它虽然价格昂贵，但是非常丰富，有着油滑的质感，柔软、稠密、温和，还带有强烈的杏仁、白色桃子果泥和超熟的香甜水果口感。这是一款巨大、口感充实并极其丰富的葡萄酒，可能会使得这款非常甜的葡萄酒变得文雅，但它很可能会苏醒成为一款过于喧闹的葡萄酒。最佳饮用期: 2010~2040 年。

WEINGUT ROBERT WEIL
罗伯威尔酒庄

酒品：罗伯威尔酒庄肯得里希格拉芬贝格园雷司令葡萄酒
  （Riesling Kiedrich Gräfenberg）

等级：罗伯威尔酒庄葡萄酒

庄园主：三得利（Suntory）、威尔海姆·威尔（Wilhelm Weil）

地址：Mühlberg 5,65399 Kiedrich,Germany

电话：(49) 6123 2308

传真：(49) 6123 1546

邮箱：info@ weingut-robert-weil.com

网址：www. weingut-robert-weil.com

联系人：威尔海姆·威尔和约赫姆·贝克 - 科恩（Jochem Becker-Köhn）

参观规定：酒窖营业时间：周一到周五 8:00am-5:30pm，周六 10:00am-4:00pm，周日 11:00am-5:00 pm，节假日不开放

葡萄园

占地面积：160 英亩

葡萄品种：98% 雷司令，2% 黑品诺

平均树龄：25 年

种植密度：5,000~6,000 株 / 公顷

平均产量：5,500 升 / 公顷（10 年的平均数）

酒的酿制

  罗伯威尔酒庄非常严格地实施各项葡萄栽培技术，包括非常严格的剪枝、枝干打薄、去叶和刺激空气流通。所有的罗伯威尔酒庄葡萄园都采用有机耕作方式，而且不使用任何除草剂。葡萄是整串一起压榨，发酵在温度可以控制的不锈钢酒罐中进行，而酒罐的大小取决于葡萄园的大小。威尔认为酒体更加厚重的葡萄酒需要与木材适当地进行接触，而且发酵过程也要更加缓慢。不过所有的葡萄酒都是在次年的晚春时节装瓶，以保留主要的水果特性和清新性。

年产量

  威尔酿制出了很多不同的葡萄酒，但是他最著名的当属他非凡的葡萄园——肯得里希格拉芬贝格园。如果在法国，这个葡萄园肯定称得上是顶级葡萄园。1868 年，罗伯威尔酒庄第一次在这里酿酒。肯得里希村的东边有一个坡度为 60 度的斜坡，面向西南方，该酒庄的葡萄园都位于这个斜坡上。土地为岩石和黄土、沙质沃土混合的土壤，这赋予了该酒庄葡萄酒非常独特的风土特性。该酒庄生产的葡萄酒都以优雅、细腻和长寿闻名。

  罗伯威尔酒庄肯得里希格拉芬贝格园雷司令一等葡萄酒：17,000 瓶

  罗伯威尔酒庄肯得里希格拉芬贝格园雷司令晚收葡萄酒：10,000 瓶

  罗伯威尔酒庄肯得里希格拉芬贝格园雷司令精选葡萄酒：9,000 瓶

  罗伯威尔酒庄肯得里希格拉芬贝格园雷司令逐粒精选葡萄酒：2,000 瓶

  罗伯威尔酒庄肯得里希格拉芬贝格园雷司令冰白葡萄酒：2,200 瓶

  罗伯威尔酒庄肯得里希格拉芬贝格园雷司令贵腐葡萄酒：600 瓶

  平均售价（与年份有关）：50~500 美元

近期最佳年份

  2002 年，2001 年，1997 年，1990 年，1976 年，1975 年，1971 年，1964 年，1959 年，1953 年，1945 年，1934 年，1921 年，1911 年，1893 年

  这家酒庄的美好声誉都是靠产自格拉芬贝格园的雷司令葡萄酒赢得的。在 19 世纪时，产自格拉芬贝格园的葡萄酒都卖给了欧洲的很多帝王和国王，到 1900 年时，这些酒已成为欧洲价格最昂贵的葡萄酒之一。但是早在 1258 年和 1259 年时，酿自于非凡的格拉芬贝格园的葡萄酒就已经第一次出现在了文件记录中，这个葡萄园的名字意思是"莱茵河畔有重要意义的山丘"，它的家世可以追溯到那个时候，甚至更早之前。

  罗伯威尔酒庄的历史比较短，由罗伯特·威尔博士创立于 1875 年。他曾是巴黎大学文理学院（the Sorbonne）的一名德国教授，最后由于普法战争（1870~1871）的爆发而被迫离开巴黎。他的弟弟当时是肯得里希村教区教堂的神职人员和唱诗班指挥，在他的

影响下，威尔博士于 1868 年购买了肯得里希村的葡萄园，并于 1875 年将家搬到那里，之后便开始酿制葡萄酒。现在的庄园主威尔海姆·威尔是威尔家族的第四代传人。2005 年，肯得里希格拉芬贝格园的葡萄酒仍然是莱茵高地区唯一最优质的葡萄酒，而且也是每年的年份酒水平都在升高的唯一葡萄酒。

RIESLING AUSLESE KIEDRICH GRÄFENBERG
罗伯威尔酒庄肯得里希格拉芬贝格园雷司令精选葡萄酒

2003 Riesling Auslese Kiedrich Gräfenberg (Gold Cap)
罗伯威尔酒庄肯得里希格拉芬贝格园雷司令精选葡萄酒（金装酒）2003

评分：94 分

这款 2003 年雷司令精选葡萄酒（金装酒）展示出了美妙的鼻嗅，并结合了逐粒精选葡萄酒和冰酒特有的果香特性，它还表现出烟熏灰霉菌点缀的黄色水果和柠檬点缀的焦糖风味。这款深厚的葡萄酒有着巨大的丰富性，一流的纯粹度、强度和长度。它跟多数 2003 年德国高档晚收葡萄酒一样，虽然有点沉重，但是因为有着足够平衡的酸度，所以比较提神。最佳饮用期：2008~2030 年。品酒笔记：这种酒还有非金盖版的，售价是 490 美元 / 瓶。因为品尝起来没有明显的葡萄干风味，也不是特别沉重，焦糖和糖浆主导的风味也不够明显，所以并没有被评估。

2002 Riesling Auslese Kiedrich Gräfenberg
罗伯威尔酒庄肯得里希格拉芬贝格园雷司令精选葡萄酒 2002

评分：95 分

这款 2002 年格拉芬贝格园雷司令精选葡萄酒爆发出令人印象非常深刻的烟熏灰霉菌芳香。入口后，这款宽阔、中度酒体、绸缎般顺滑质感的美酒表现出芒果、西番莲果、杏仁和大量香料混合的浓烈口感。它丰富、非常集中而且完美的均衡，还拥有广阔的余韵。最佳饮用期：2015~2030 年。

德 国

2001 Riesling Auslese Kiedrich Gräfenberg
罗伯威尔酒庄肯得里希格拉芬贝格园雷司令精选葡萄酒 2001

评分：94 分

这款中度酒体的 2001 年格拉芬贝格园雷司令精选葡萄酒散发出美妙的鼻嗅，并带有惊人的红色水果果香，这是此种葡萄酒一个很好的特点。这款惊人的葡萄酒有着烘烤樱桃果酱和杏仁果酱结合的特性，并有着逐粒精选葡萄酒才有的深度和浓缩度。它非常肥厚、丰裕、质感深厚，是一款巨大的雷司令葡萄酒。最佳饮用期：2010~2025+。

2001 Riesling Auslese Kiedrich Gräfenberg (Gold Capsule)
罗伯威尔酒庄肯得里希格拉芬贝格园雷司令精选葡萄酒（金装酒）2001

评分：97 分

2001 年款罗伯威尔酒庄肯得里希格拉芬贝格园雷司令精选葡萄酒（金装酒）非常强劲和厚重，显示出蜜甜矿物质、灰霉菌和香料混合的喧闹鼻嗅。令人惊奇的是，这款酒不仅非常深厚和厚重，而且仍然相当纯粹和均衡。它简直是一款瓶装的博·杰克逊（Bo Jackson），可以悄悄地沿着界线撞倒一个 240 英镑的中后卫。最佳饮用期：2012~2030 年。

RIESLING BEERENAUSLESE KIEDRICH GRÄFENBERG
罗伯威尔酒庄肯得里希格拉芬贝格园雷司令逐粒精选葡萄酒

2001 Riesling Beerenauslese Kiedrich Gräfenberg
罗伯威尔酒庄肯得里希格拉芬贝格园雷司令逐粒精选葡萄酒 2001

评分：93 分

罗伯威尔酒庄的这款 2001 年雷司令逐粒精选葡萄酒散发出灰霉菌和胶状杏仁的风味，口感非常肥厚、丰富、厚重和集中。这款甘甜、柔软的葡萄酒柔滑、丰裕，有着天鹅绒般柔滑的质感，入口后会表现出蜜甜红色水果的特性。毫无疑问它非常出色，如果再集中一些的话，其品质会更加优秀。最佳饮用期：2018~2039 年。

RIESLING EISWEIN KIEDRICH GRÄFENBERG
罗伯威尔酒庄肯得里希格拉芬贝格园雷司令冰白葡萄酒

2002 Riesling Eiswein Kiedrich Gräfenberg
罗伯威尔酒庄肯得里希格拉芬贝格园雷司令冰白葡萄酒 2002

评分：98 分

2002 年罗伯威尔酒庄肯得里希格拉芬贝格园雷司令冰白葡萄酒是一款胶状、强劲、奇特、成熟的葡萄酒。它非常丰富但并不沉重，甘甜且异常纯粹，集中而精致。中度酒体，带有多汁的热带水果和香料口感，轮廓非常清晰，复杂而且强烈。这真是一款令人惊叹的冰酒！最佳饮用期：2015~2040+。

2001 Riesling Eiswein Kiedrich Gräfenberg
罗伯威尔酒庄肯得里希格拉芬贝格园雷司令冰白葡萄酒 2001

评分：99 分

这款 2001 年雷司令冰白葡萄酒散发出活跃的鼻嗅，并带有香甜的梨子和苹果的风味。这款令人惊叹的葡萄酒入口后表现出胶状杏仁、樱桃、白色桃子、甘菊和香料混合的口感。它惊人的丰富、完美的均衡，并表现出似乎经久不绝的余韵。这款酒口感热烈、质感深厚而且惊人的集中，拥有所有完美的特性。不过如果想要在它完全成熟的时候品尝的话，最好再放置很多年。最佳饮用期：2020~2040 年。

RIESLING SPÄTLESE KIEDRICH GRÄFENBERG
罗伯威尔酒庄肯得里希格拉芬贝格园雷司令晚收葡萄酒

2002 Riesling Spätlese Kiedrich Gräfenberg
罗伯威尔酒庄肯得里希格拉芬贝格园雷司令晚收葡萄酒 2002

评分：92 分

这款 2002 年格拉芬贝格园雷司令晚收葡萄酒散发出比较微弱的鼻嗅，其中还带有烟熏灰霉菌的风味。这款出色的晚收葡萄酒惊人的丰富、复杂和强烈，当它的鼻嗅能够完全散发出来时，肯定会更加让人欣喜并给予更高的评价。入口后表现出蜜甜矿物质、灰霉菌、香料和糖蜜青柠檬的口感，而且它令人印象深刻的悠长、多汁的余韵中也带有这些风味。最佳饮用期：2008~2020 年。

2001 Riesling Spätlese Kiedrich Gräfenberg
罗伯威尔酒庄肯得里希格拉芬贝格园雷司令晚收葡萄酒 2001

评分：92 分

2001 年款格拉芬贝格园雷司令晚收葡萄酒散发出端庄的果香，并有着巨大的丰富性、宽度和深度，它集中的水果核心中还显露出糖蜜矿物质、岩石和梨子混合的风味。这款葡萄酒仍需要窖藏才能发挥出它的最大潜力。最佳饮用期：2008~2018 年。

RIESLING TROCKENBEERENAUSLESE
KIEDRICH GRÄFENBERG

罗伯威尔酒庄肯得里希格拉芬贝格园雷司令贵腐葡萄酒

2002 Riesling Trockenbeerenauslese Kiedrich Gräfenberg

罗伯威尔酒庄肯得里希格拉芬贝格园雷司令贵腐葡萄酒 2002

评分：99 分

你是否在寻找某些非常强劲，而半瓶量的价格大约是 500 美元的葡萄酒？那么罗伯威尔酒庄有你需要的！这款 2002 年格拉芬贝格园雷司令逐粒精选干白葡萄酒散发出复杂的果香，并带有蜜甜矿物质、香料、大量灰霉菌、红色樱桃和杏仁混合的风味。这款酒有着让人惊叹的丰富性，它丰富的蜂蜜点缀的多层次水果口感征服了无数品酒者。它非常香甜、油滑质感，有着琼浆玉液般的风格，而且特别均衡，显示出厚重、奢华的红色热带水果特性。最佳饮用期：2015~2045+。这款酒简直太棒了！

2001 Riesling Trockenbeerenauslese Kiedrich Gräfenberg

罗伯威尔酒庄肯得里希格拉芬贝格园雷司令贵腐葡萄酒 2001

评分：95 分

这款 2001 年格拉芬贝格园雷司令逐粒精选干白葡萄酒中度酒体或略显强劲，散发出灰霉菌点缀的泥土和芒果果香。说得夸张一点，这款糖浆葡萄酒和 10W-40 的机油一样黏稠。如果时间会为这款酒带来焦糖水果和蜂蜜水果的稠密核心以及清晰的轮廓，那么我的分数就会显得相当低了。最佳饮用期：2015~2030+。

罗伯威尔酒庄肯得里希格拉芬贝格园雷司令贵腐葡萄酒 2002 酒标

ITALY

意大利

意大利葡萄酒的质量改革运动比其他所有国家的都要激进。在意大利两个最著名的葡萄酒生产区域——皮埃蒙特地区（Piedmont）和托斯卡纳地区（Tuscany），新闻工作者们经常争论到底使用哪种技术酿制的葡萄酒品质更佳，是现代风格还是传统风格。不过，如果知道真相，那么这两种流派其实都可以酿制出令人叹服的葡萄酒。但可以肯定的是，托斯卡纳地区和皮埃蒙特地区一直都在进行着葡萄酒的质量改革，每年都会出现很多新的酿酒商，他们似乎对自己独特的葡萄园园址比较敏感，而且一直不懈地追求卓越。虽然在托斯卡纳以南的地区已经出现了很多令人惊奇的葡萄酒，不过遗憾的是，大多数酒厂都已太古老，而酿制的葡萄酒年份也太陈旧，所以没能出现在这本书中。但是，我还是要向大家介绍以下几个酿酒区域，这些区域酿制出了很多让人非常激动的高质量葡萄酒：翁布里亚大区（Umbria）、拉齐奥大区（Lazio）、阿布鲁佐地区（Abruzzo）、坎帕尼亚地区（Campania）、西西里岛（Sicily）和萨丁尼亚岛（Sardinia）。

意大利有着各种各样的土壤风格，以及不同的微气候和很多葡萄品种，而今天的意大利之所以可以酿制出如此多种不同风格的葡萄酒，正是这些独特条件的反映。意大利的很多葡萄品种都是一些曾定居于该区域的古老部落所种植的，他们比腓尼基人（Phoenicians）来得要早很多。从历史事实来看，虽然早期的意大利酿酒风格受希腊定居者们的影响，但罗马人对待葡萄培植的态度要严肃很多，他们同时发展了葡萄树整枝和修枝系统，而且罗马帝国的衰落对于意大利的葡萄培植实践影响并不大。

尽管从传统意义上来说，意大利葡萄酒的国际名望和声誉落后于其他国家，尤其是法国，但在过去的二十多年它却经历了一次复兴。它的复兴始于20世纪60年代晚期，在70年代的时候发展速度比较沉重缓慢，但是到80年代却发展迅速，因为很多酿酒商又发现了无数的微气候园区，还有他们的祖先栽种的本地葡萄品种。

在意大利，一直都有很多与葡萄酒酿制有关的法律法规，但基本上都被忽略了，直到1963年，意大利政府通过了著名的DOC（Denominazione di Origine Controllata，即控制原产地命名生产的葡萄酒，相当于法国的法定产区酒AOC等级）和DOCG（Denominazione di Origine Controllata e Garantita，即保证控制原产地命名生产的葡萄酒）分级系统法案。这在很大程度上模仿了法国的葡萄酒命名法律，并且规定了意大利葡萄酒中需达到这两种等级葡萄酒的基本要求。1992年，该法案被发展成为四个等级的分级系统，其中包括300种DOC酒和DOCG酒，而且认可了很多意大利制造的葡萄酒品种。现在的系统有四个等级，最低的等级是vini da tavola，即一般的佐餐葡萄酒。等级稍高一点的是IGT酒，或者叫做典型产区葡萄酒（Indicazione Geografica Tipica），这种酒相当于法国的地区餐酒（vin de pays），指产自于相同的地理地区，而且一定标明了年份日期的葡萄酒。另外两种较高等级的葡萄酒就是之前提到的DOC酒和DOCG酒。但是，在意大利最大的问题是，很多最有创造力、最个性的酒庄都不愿意遵守DOC和DOCG等级法律，他们相信自己可以酿造出卓越的葡萄酒（实际上他们确实经常都能够做到），因此他们的葡萄酒最后只能冠以IGT酒或VDT酒称号。结果，法律规定的等级称号也就没有多大意义了。

这本书中提到的多数酒庄都是颇具争议的，其实主要是就以下两个方面进行争论：（1）关于葡萄酒买家之间对传统意大利葡萄酒风格和更加进步的现代风格之间的争论；（2）关于酿酒商更喜欢使用本地葡萄品种还是国际葡萄品种之间的争论。

历史和现代的趋势都说明，意大利最优质的葡萄酒大部分都生产于皮埃蒙特地区和托斯卡纳地区，所以接下来的一个章节主要就是介绍这两个地区的。

ELIO ALTARE

伊林奥特酒庄

酒品：

　　伊林奥特酒庄阿波利纳园巴罗洛红葡萄酒（Barolo Arborina）

　　伊林奥特酒庄布鲁纳特园巴罗洛红葡萄酒（Barolo Brunate）

庄园主：艾里奥·阿力塔（Elio Altare）

地址：Localita Cascina Nuova, Frazione Annunziata, 51, 12064 La Morra(CN),Italy

电话：(39) 0173 50835

传真：(39) 0173 50835

邮箱：elioaltare@ elioaltare.com

联系人：西尔维亚·阿力塔（Silvia Altare）

参观规定：参观前必须预约

葡萄园

占地面积：25 英亩

葡萄品种：阿尔巴产区内比奥罗（Nebbiolo d'Alba），阿尔巴产区巴贝拉（Barbera d'Alba），阿尔巴产区多赛托（Dolcetto d'Alba）和赤霞珠（Cabernet Sauvignon）

平均树龄：30~35 年

种植密度：5,000 株 / 公顷

平均产量：巴罗洛：4,500 千克 / 公顷；

　　　　　多赛托：7,500 千克 / 公顷

酒的酿制

　　伊林奥特酒庄的葡萄酒发酵时间极其短暂，只在旋转式发酵器中发酵 3 到 5 天，然后很快地转移到法国橡木桶中陈化，这些酒桶中 20% 是新的，80% 是两年旧或三年旧的。陈化 2 年后装瓶，装瓶前不进行过滤。这些葡萄酒都表现出天然的柔软和温和特性，体现了洛曼拉地区葡萄园的共同特点，阿力塔使用非常现代风格的酿酒方式也增添了葡萄酒的本地特性。它们虽不是最长寿的巴罗洛葡萄酒，但年轻时饮用令人非常愉快，而且有着 10 到 15 年的美妙陈年能力。除了巴罗洛葡萄酒，该酒庄还酿制了另外两款非常丰富的红葡萄酒，即维拉酒（La Villa）和拉瑞吉酒（Larigi），前者是用 60% 的巴贝拉和 40% 的内比奥罗混合酿制而成，而后者酿制时全部用的是巴贝拉。

年产量

　　伊林奥特酒庄阿波利纳园巴罗洛葡萄酒：5,500 瓶

　　伊林奥特酒庄布鲁纳特园巴罗洛葡萄酒：1,600 瓶

　　平均售价（与年份有关）：35~85 美元

近期最佳年份

　　2004 年，2003 年，2001 年，2000 年，1999 年，1998 年，1997 年，1996 年

　　充满活力的艾里奥·阿力塔被公认为是皮埃蒙特地区葡萄酒改革的刺激者之一，也是年轻一代酿酒师们追求高质量和更加现代化风格葡萄酒的模范。他本人一直都承认使用传统技术酿制的优质葡萄酒一般都需要 10 年时间的窖藏才可以饮用。同时，考虑到世界上真正理想的葡萄酒酒窖并不多，所以大多数消费者更喜欢一些年轻时就可以饮用的葡萄酒。他对于葡萄酒质量的承诺在 1997 年的年份酒中体现得最为明显，它们是他一生中酿制的最优质的葡萄酒。但是，当他发现这些酒中有四分之一以上都被木塞污染之后，他拒绝将它们投放市场。如果遇到相同的情况，大多数酿酒商可能还是会把这些酒投入市场，但和他们不一样，艾里奥连一瓶都不肯卖。

　　我第一次极力夸赞伊林奥特酒庄出色的葡萄酒是在二十多年前。我还记得当时艾里奥在皮埃蒙特还只

艾里奥·阿力塔

是一个默默无闻的酿酒商，有些葡萄酒行业的老前辈对于我给他如此之高的评价感到非常震惊，并不完全认同。但现在大多数行家都发现，阿力塔葡萄酒已经和皮埃蒙特地区很多葡萄酒一样轰动。事实上，他正酿制着一些最优质的意大利葡萄酒。

伊林奥特酒庄阿波利纳园巴罗洛红葡萄酒 1994 酒标

BAROLO ARBORINA
伊林奥特酒庄阿波利纳园巴罗洛红葡萄酒

2000 Barolo Arborina
伊林奥特酒庄阿波利纳园巴罗洛红葡萄酒 2000

评分：95 分

这款 2000 年阿波利纳园巴罗洛红葡萄酒呈暗紫红色或暗宝石红色，边缘已经出现些许琥珀色。它有着丰富的质感，非常丰富和柔软，散发出黑色水果、花朵、玫瑰精油混合的、令人愉快的芬芳陈酿香，并带有巧克力糖和焦油的风味。这是一款反常向前和早熟的葡萄酒，惊人的甘甜、宽阔和多肉，没有坚硬的边缘。它可以现在饮用，也可以在接下来的 10 年内饮用。

1999 Barolo Arborina
伊林奥特酒庄阿波利纳园巴罗洛红葡萄酒 1999

评分：92 分

这款经典的葡萄酒表现出沥青、甘甜黑醋栗水果、樱桃

水果、干普罗旺斯香草和烟草的风味，含有成熟的单宁酸，中度酒体，异常的优雅和清晰。它现在已经表现得很好，所以可以放心地饮用，建议在 10 年内喝完。

1998 Barolo Arborina
伊林奥特酒庄阿波利纳园巴罗洛红葡萄酒 1998

评分：91~93 分

1998 年阿波利纳园巴罗洛红葡萄酒爆发出令人极其愉快的芳香，并带有超级成熟的黑色樱桃、亚洲香料、新橡木和花朵混合的风味。这款葡萄酒多层次、极其集中、超级均衡和无缝，含有惊人的水果，单宁酸被很好地隐藏起来，余韵悠长，可以持续 40 秒左右。这款酒适合现在喝，也可以在接下来的 12 年内饮用。

1997 Barolo Arborina
伊林奥特酒庄阿波利纳园巴罗洛红葡萄酒 1997

评分：96 分（我品尝的是一瓶未被瓶塞污染的酒）

1997 年款阿波利纳园巴罗洛红葡萄酒呈饱满的暗宝石红色或暗紫色，散发出烟熏甘甜橡木、黑醋栗果酱、樱桃利口酒、欧亚香草和白色巧克力糖混合的惊人鼻嗅。这款动人、口感充实的巴罗洛葡萄酒异常对称（相对于它的体积来说），有着很低的酸度和近乎超级成熟的单宁酸，口感强劲，带有爆发性的水果风味，惊人的纯粹，而且含有多层次的甘油和精粹物，还没有出现坚硬的边缘。最佳饮用期：现在开始到2018 年。

1996 Barolo Arborina
伊林奥特酒庄阿波利纳园巴罗洛红葡萄酒 1996

评分：92 分

阿力塔的 1996 年阿波利纳园巴罗洛红葡萄酒会让人联想到极佳的勃艮第产区的金坡地顶级葡萄酒。这款葡萄酒呈饱满的暗宝石红色，散发出浓烈的果香，里面含有丰富的黑色樱桃果酱、泥土、吐司和花香的风味。它表现出超级成熟、丰富实在、强劲、多层次的个性，余韵中含有充足的酸度和甘甜的单宁酸。这是一款绝妙的葡萄酒，适合现在饮用，也可以在接下来的 10 年内饮用。

1995 Barolo Arborina
伊林奥特酒庄阿波利纳园巴罗洛红葡萄酒 1995

评分：91 分

阿力塔已经酿制出了一款绝妙的葡萄酒。1995 年款阿波利纳园巴罗洛红葡萄酒有着丰富多汁和奢华的质感，呈饱满的暗宝石红色或暗石榴红色。这是一款甘甜、丰富、向前但具享乐主义风格的巴罗洛葡萄酒，它强劲、非常纯粹，有着低产成熟水果的多层次复杂性，并散发出亚洲香料、烟草、香烟和黑色樱桃混合的陈酿香。最佳饮用期：现在开始到2008 年。

1994 Barolo Arborina
伊林奥特酒庄阿波利纳园巴罗洛红葡萄酒 1994

评分：90 分

这款酒表现出木西尼葡萄酒一样的复杂和细腻特性。它在释放的时候呈深宝石红色，边缘为琥珀色，表明它已经经历了一个快速进化的过程。芬芳的陈酿香中带有烘烤新橡木、成熟黑色覆盆子、樱桃水果、花朵、欧亚香草和香料混合的、异常甘甜的果香。这款酒虽然强劲并极其丰富，却没有任何沉重感。这款巴罗洛葡萄酒口感宽阔、多层次，有着令人叹服的丰富性和长度，现在处于最性感和最让人满意的时期，需要尽快饮用。

1993 Barolo Arborina
伊林奥特酒庄阿波利纳园巴罗洛红葡萄酒 1993

评分：95 分

1993 年款阿波利纳园巴罗洛红葡萄酒是这个年份最深远的年份酒之一，而且与令人惊叹的 1990 年和 1989 年两款阿波利纳园红葡萄酒比较接近。它的颜色为不透明的深宝石红色，爆发出令人惊奇的、混合的果香，并含有液态焦油、吐司、烟熏香草、黑色樱桃水果果酱和烤肉的风味。这款酒酒体适中或略显强劲，权威性的丰富，风格典雅，口感令人叹服，表现出多层次的丰裕和甘甜水果的特性，是一款惊人的、异常丰富和超级均衡的巴罗洛葡萄酒，从现在开始至2010 年间饮用为佳。

1990 Barolo Arborina
伊林奥特酒庄阿波利纳园巴罗洛红葡萄酒 1990

评分：96 分

1990 年款阿波利纳园巴罗洛红葡萄酒呈现出非常饱满和不透明的颜色，表明它是一款异常集中的葡萄酒。它散发出新鞍皮革、成熟紫红色或黑色樱桃水果和烟熏新橡木混合的巨大鼻嗅。这款诱人的年份酒因为有着美妙的成熟度，所以重度酒体，并含有多层次的耐嚼水果，还有难以捉摸的内比奥罗焦油口感。它有着巨大、宽阔和耐嚼的丰富特性，还有着甘甜的余韵。适合在接下来的 3 到 5 年或以上时间内饮用。

1988 Barolo Arborina
伊林奥特酒庄阿波利纳园巴罗洛红葡萄酒 1988

评分：96 分

阿力塔的 1988 年阿波利纳园巴罗洛红葡萄酒非常令人震惊，是内比奥罗品种的一个出色典范。它的颜色为深黑色或深宝石红色，散发出黑色水果、焦油和香料混合的巨大鼻嗅，有着爆发性的丰富性、多层次的稠密性和耐嚼的内比奥罗水果特性，还有着轰动的、温和单宁的、惊人悠长的余韵。从现在开始至少到 2012 年，大家都可以享受这款神奇的葡萄酒。

BAROLO BRUNATE
伊林奥特酒庄布鲁纳特园巴罗洛红葡萄酒

2000 Barolo Brunate
伊林奥特酒庄布鲁纳特园巴罗洛红葡萄酒 2000

评分：95 分

这是一款经典的阿力塔葡萄酒，极其诱人，散发出黑色樱桃、焦油、玫瑰花瓣、香草和新橡木混合的、令人愉快的芬芳鼻嗅。口感无缝，非常丰裕和多肉，低酸度，含有成熟的黑色樱桃、梅子、无花果和黑莓水果混合的、多层次的美妙口感。即使根据阿力塔的标准来看，这款葡萄酒都是非常向前的。建议在接下来的 10 到 12 年内饮用。

1998 Barolo Brunate
伊林奥特酒庄布鲁纳特园巴罗洛红葡萄酒 1998

评分：92~94 分

1998 年款布鲁纳特园巴罗洛红葡萄酒呈暗宝石红色或暗紫红色，表现出烟草、矿物质、草莓果酱和黑色樱桃风味的鼻嗅，并带有皮革、吐司和香料盒的风味。这款酒含有惊人的统一的木材、单宁酸和酸度，还有着复杂和多层次的口感和余韵。这款非常均衡、纯粹和无缝的葡萄酒非常让人赞赏。建议在接下来的 9 到 12 年内享用这款 1998 年巴罗洛年份酒。

1997 Barolo Brunate
伊林奥特酒庄布鲁纳特园巴罗洛红葡萄酒 1997

评分：93 分

1997 年款布鲁纳特园巴罗洛红葡萄酒表现出异常集中的水果特性和出色的精粹度，并伴有经典焦油、樱桃、玫瑰花瓣和微弱的烘烤新橡木混合的芳香。它不仅强健，而且单宁明显，有着可以持续 30 秒以上的余韵。最佳饮用期：现在开始到 2017 年。

1996 Barolo Brunate
伊林奥特酒庄布鲁纳特园巴罗洛红葡萄酒 1996

评分：90 分

1996 年款布鲁纳特园巴罗洛红葡萄酒是出名的外柔内刚。它的颜色为暗宝石红色，表现出封闭的个性，带有樱桃、焚香、烟草和干香草混合的、有力强健的口味，还有着单宁的余韵。建议在接下来的 10 到 15 年内享用。

1995 Barolo Brunate
伊林奥特酒庄布鲁纳特园巴罗洛红葡萄酒 1995

评分：90 分

出色的 1995 年款布鲁纳特园巴罗洛红葡萄酒是强健和向后的，不过却有着很好的强度和一流的成熟度，含有大量单宁酸和酒体。建议在接下来的 5 到 6 年内饮用。

MARCHESI ANTINORI

安蒂诺里酒庄

酒品：

安蒂诺里酒庄贝格瑞产区塔索红葡萄酒（Guado al Tasso Bolgheri）

安蒂诺里酒庄苏拉亚园红葡萄酒（Solaia）

安蒂诺里酒庄铁挪尼洛园红葡萄酒（Tignanello）

庄园主：玛奇塞·安蒂诺里·里亚尔（Marchesi Antinori Srl）

地址：Piazza Antinori 3, 50123 Florence(FI), Italy

电话：（39）055 23595

传真：美国进口商雷米·艾米里克（Remy Amerique）：（212）399-9494

邮箱：antinori@ antinori.it

网址：www. antinori.it

联系人：公关部

参观规定：参观前必须预约

葡萄园

占地面积：4,183 英亩

葡萄品种：赛娇维赛（Sangiovese）、赤霞珠、品丽珠（Cabernet Franc）、席拉、卡内奥罗（Canaiolo）、美乐（Merlot）和其他辅助红葡萄品种

平均树龄：葡萄树的树龄在 7 年到 50 年之间，不过大多数都是 20 年左右

种植密度：1,500~2,500 株 / 英亩

平均产量：2,000~4,000 千克 / 英亩

酒的酿制

铁挪尼洛葡萄园坐落于格雷夫山谷（the Greve Valleys）和派撒山谷（the Pesa Valleys）之间，这些山谷都位于古典基安蒂葡萄酒（Chianti Classico）酿制地区的中心，即佛罗伦萨市以南 20 英里处。著名的铁挪尼洛红葡萄酒和苏拉亚红葡萄酒都产自于该葡萄园。铁挪尼洛葡萄园由很多面向西南方的小块葡萄园组成，这些葡萄园中种植的葡萄树可以追溯到 15 世纪。铁挪尼洛葡萄酒是用 80% 的赛娇维赛、15% 的赤霞珠和 5% 的品丽珠混合酿制而成。苏拉亚葡萄园与它毗邻，而且一样种有赤霞珠和赛娇维赛。酿制苏拉亚葡萄酒的混合成分中赤霞珠占 75%，赛娇维赛占 20%，还有 5% 是卡勃耐（Cabernet）。

三个葡萄品种都是单独酿制的，然后在一个顶端开口的木制发酵器中浸渍，该发酵器的容量为 5000 升，赛娇维赛

通常浸渍 15 天以上，而品丽珠和赤霞珠在 20 天以上。苹果酸－乳酸发酵完成后，葡萄酒被转移到容量为 225 升的法国新橡木酒桶中，在酒桶中陈化 14 个月以后装瓶。

贝格瑞产区出产的塔索红葡萄酒是用 60% 的赤霞珠、30% 的美乐和 10% 的席拉混合酿制而成，这些葡萄都采自 150 英亩的葡萄树。跟它的两个姐妹款一样，所有的葡萄都是单独酿制的，不过浸渍是在不锈钢酒罐中进行，持续 12 到 14 天，然后转移到全新的法国橡木酒桶中陈化，时间至少是 14 个月，然后装瓶。

年产量

塔索红葡萄酒：10,000 箱

苏拉亚园红葡萄酒：7,000 箱

铁挪尼洛园佐餐红葡萄酒（Tignanello Vino da Tavola）：25,000~30,000 箱

平均售价（与年份有关）：30~145 美元

近期最佳年份

2001 年，2000 年，1999 年，1998 年，1997 年，1990 年，1985 年，1982 年

安蒂诺里宫殿坐落于一个有着相同名字的小广场，在托纳波尼路（via de'Tornabuoni）的尽头，站在圣盖塔诺（San Gaetano）的巴洛克教堂，可以将它尽收眼底。这个宫殿是 15 世纪中期佛罗伦萨市最漂亮的建筑之一，它是 1461 年至 1466 年间由朱利亚诺·马亚诺（Giuliano da Maiano）建造，1506 年被尼科洛·托马索·安蒂诺里（Niccolò di Tommaso Antinori）以"4,000 弗洛林币"的价格买走。安蒂诺里家族从 13 世纪初就已经定居于佛罗伦萨市了，他们是从凯伦扎诺（Calenzano）搬迁到佛罗伦萨市的。凯伦扎诺是位于佛罗伦萨市和普拉托市（Prato）之间的一个小村庄，据记录显示，他们 1188 年就已经出现在那里了。他们是一个商人世家，1285 年就加入了丝绸行业协会，后来又成为银行家协会的会员。同时，他们也生产和销售葡萄酒，并且逐渐以此为自己主要的商业贸易。

皮耶罗·安蒂诺里侯爵（Marchese Piero Antinori）

弗朗西斯科·雷迪（Francesco Redi，1626-1698 年）是一个著名的科学家兼作家，他曾在自己的名为《托斯卡纳酒》的短诗中这样赞扬该酒庄的葡萄酒："在这些高高的山丘上，安蒂诺里酒庄酿制的葡萄酒……他们的葡萄汁如此纯粹，以至于倒入杯中后，会很活跃并且起泡！"

1898 年，尼科洛侯爵的两个儿子建立了一个现代企业，把一系列迥然不同的庄园转变成为一个非常有组织的企业，这是他们从尼科洛侯爵那里直接世袭来的庄园。尼科洛侯爵于 1506 年购买了安蒂诺里宫殿，他为建立托斯卡纳葡萄酒在全世界的名望做出了巨大贡献，而且生产出了高质量的产品。经过 26 代人代代相传后，安蒂诺里的传统现在仍然存在，目前由迷人和帅气的皮耶罗·安蒂诺里引导。

安蒂诺里酒庄在过去的 50 年中，在托斯卡尼亚地区和翁布里亚大区内扩大了很多，引进了很多有关葡萄栽培和葡萄酒酿制的创新技术。5 个世纪以来，直到今天，安蒂诺里宫殿的遗址都是古老酿酒传统和家族历史持续的一种象征，而安蒂诺里这个名字也几乎是葡萄酒质量的明显保证。安蒂诺里酒庄酿制的所有葡萄酒不论价格高低，其质量都很优质。

当然，没有超级优秀的保证、能量、热情和现在酿酒商的创造力，所有这些历史也将毫无意义。皮耶罗·安蒂诺里侯爵是葡萄酒行业中真正的"好汉"之一，他和皮埃蒙特大区的安杰罗·嘉雅（Angelo Gaja）都是目光超前的创新者，他们不仅对传统保持着健全的敬意，而且不会被它们所限制。皮耶罗·安蒂诺里也是意大利现代葡萄酒质量改革的先驱之一。在这一小节中，我仅仅强调了三款葡萄酒，我认为它们是这个世界上最优质的葡萄酒之一，但其实安蒂诺里酒庄也生产着大量的其他极佳葡萄酒，例如帕西诺修道院（Badia a Passignano）古典基安蒂葡萄酒、泰纳安蒂诺里侯爵古典基安蒂存酿（Chianti Classico Riserva Tenute Marchese Antinori）和安蒂诺里别墅（Villa Antinori）古典基安蒂存酿。皮埃蒙特大区出产的令人印象深刻的葡萄酒有普莱诺巴罗洛葡萄酒（the Prunotto Barolos）和普莱诺巴贝拉葡萄酒（the Prunotto Barberas），还有他们最新酿制的宝贝，非常有前景的瑞斯卡（Tormaresca）葡萄酒，这种酒产自普利亚大区（Puglia）。

GUADO AL TASSO BOLGHERI
安蒂诺里酒庄贝格瑞产区塔索红葡萄酒

2001 Guado al Tasso Bolgheri
安蒂诺里酒庄贝格瑞产区塔索红葡萄酒 2001

评分：90 分

这是一款风格相当保守和抑制的塔索红葡萄酒，是用 60% 的赤霞珠、30% 的美乐和 10% 的席拉混合酿制而成，表现出黑加仑、烟叶、碎岩石、香料橡木和矮树丛混合的鼻嗅。中度酒体或略显强劲，有着相对朴素的单宁酸，结构巨大而且强健，还有着相当朴素的余韵，建议在 2008 年至 2016 年间饮用。

2000 Guado al Tasso Bolgheri
安蒂诺里酒庄贝格瑞产区塔索红葡萄酒 2000

评分：92 分

这款贝格瑞产区塔索红葡萄酒有着相当油滑的质感，重酒体，迸发出香料盒、烘烤香草、牛血、黑莓和咖啡混合的、非常堕落和奢侈的鼻嗅。它有着丰富的口感，劲力相对巨大的酒精，因为酒中的甘油含量很高，所以它还有多肉的、几乎甘甜的余韵。最好在接下来的 10 年内饮用。

1999 Guado al Tasso Bolgheri
安蒂诺里酒庄贝格瑞产区塔索红葡萄酒 1999

评分：94 分

1999 年款贝格瑞产区塔索红葡萄酒非常令人惊叹，含有甘甜的单宁酸，而且易亲近。它爆发出烟草、欧亚香草、浓咖啡、巧克力、香子兰和极妙的黑加仑混合的芳香。它有着非常好的浓缩度，艳丽的口味，丰裕的质感，重酒体，出色的集中，而且轮廓清晰，给人强烈、均衡、纯粹和丰富的印象。最佳饮用期：现在开始到 2016 年。

1998 Guado al Tasso Bolgheri
安蒂诺里酒庄贝格瑞产区塔索红葡萄酒 1998

评分：92 分

意大利一些非常优质的酒庄酿制红葡萄酒时使用的赤霞珠和美乐都出产于贝格瑞产区。除了波美侯产区和圣艾美隆产区，世界上没有哪个产区能够酿制出如此优质的美乐葡萄酒。1998 年款塔索红葡萄酒就是酿自于平均产量极其低的葡萄园，只有 3000 升 / 公顷，在全新的法国橡木酒桶中陈化 14 个月后装瓶，装瓶前稍加澄清。苹果酸 - 乳酸发酵也是在酒桶中完成的，因此木材被很好地同化了。这款酒呈深宝石红色或深紫色，散发出咖啡、巧克力、黑莓、黑醋栗和香子兰混合的、令人愉快的芳香。它厚重、丰富、质感柔软、果汁丰裕而且优雅，建议从现在开始到 2012 年左右饮用。

SOLAIA
安蒂诺里酒庄苏拉亚园红葡萄酒

2001 Solaia
安蒂诺里酒庄苏拉亚园红葡萄酒 2001　评分：91 分

2001 年苏拉亚园红葡萄酒是一款重酒体葡萄酒，有着真正丰裕、深厚的特性，还有着劲力十足的悠长余韵，散发出黑醋栗奶油、烟熏香草、欧亚香草、浓咖啡吐司、香子兰和巧克力混合的深厚鼻嗅。与安蒂诺里更加保守和压制的 2001 年款塔索红葡萄酒相比，这款年份酒相当丰富、艳丽，而且轮廓也非常清晰。最佳饮用期：现在开始到 2020 年。

2000 Solaia
安蒂诺里酒庄苏拉亚园红葡萄酒 2000　评分：90 分

这款 2000 年苏拉亚园红葡萄酒的酒体很强劲，泥土味强烈，散发出甘甜黑醋栗、压榨覆盆子、烟熏橡木和欧亚香草混合的风味。这款丰富的葡萄酒表现出庄严但甘甜的单宁酸，口感非常强劲，口味丰富，还有香料味。最佳饮用期：现在开始到 2015 年。

1999 Solaia
安蒂诺里酒庄苏拉亚园红葡萄酒 1999　评分：94 分

我品尝的前两瓶 1999 年苏拉亚园红葡萄酒都带有木塞味，但是第三瓶就非常出色了。这款酒集中、厚重，中度酒体或略显强劲，而且风格优雅，颜色为黑色或紫色，还散发出欧亚香草、黑莓、薄荷和黑醋栗混合的奢华陈酿香。尽管这款酒仍然年轻，但毫无疑问，它的质量与波尔多一级酒庄和二级酒庄葡萄酒的质量相当。最佳饮用期：现在开始到 2016 年。

1998 Solaia
安蒂诺里酒庄苏拉亚园红葡萄酒 1998　评分：93 分

从 20 世纪 80 年代初期开始，苏拉亚园葡萄酒一直都是意大利最出色的葡萄酒之一。这种酒的酿制很像波尔多风格，陈年时间会持续 20 年甚至更长。1998 年款苏拉亚园红葡萄酒是用 75% 的赤霞珠、20% 的赛娇维赛和 5% 的品丽珠混合酿制而成，产量为 8000 箱，装瓶前在新的法国橡木酒桶和一年旧的法国橡木酒桶中陈化了 14 个月，不进行过滤。该品种葡萄的平均产量很低，只有 3000 升 / 公顷。1998 年年份酒是一款结构古典、厚重、重酒体、年轻而且良好均衡的葡萄酒，非常适合窖藏。它的颜色为不透明的宝石红色或紫色，并伴有黑加仑、香子兰、泥土、烟草和淡淡的薄荷混合的经典陈酿香。这款向后的 1998 年年份酒温和、厚重而且集中，单宁个性比较明显。最佳饮用期：现在开始到 2020 年。

1997 Solaia
安蒂诺里酒庄苏拉亚园红葡萄酒 1997　评分：96 分

这款 1997 年苏拉亚园红葡萄酒未进行过滤，在全新的法国橡木酒桶中陈化，也是使用 75% 的赤霞珠、20% 的赛娇维赛和 5% 的品丽珠混合酿制而成，这些葡萄都采收自一个面积为 25 英亩的单一葡萄园。总共有 8000 箱。酒体颜色为蓝色或紫色，这款极妙的葡萄酒表现出雪松、香料盒、黑醋栗和微弱橡木味混合的复杂鼻嗅。葡萄的平均产量只有 3000 升 / 公顷，苹果酸 - 乳酸发酵是在铁挪尼洛庄园的酒桶中进行的。这款酒表现出令人惊奇的浓缩度，有着深厚、稠密的质感，但是并没有任何沉重或者笨重的感觉。这是一款令人兴奋的苏拉亚园葡萄酒，适合在接下来的 10 到 15 年内饮用。这款酒简直是托斯卡纳地区生产的波亚克产区一级葡萄酒！

1990 Solaia
安蒂诺里酒庄苏拉亚园红葡萄酒 1990　评分：94 分

1990 年款苏拉亚园红葡萄酒比 1990 年款铁挪尼洛园红葡萄酒更加集中，呈现出饱满的紫色，带有黑醋栗、铅笔、香子兰和烟草混合的经典国际鼻嗅。它极其丰富，有着肥厚、油滑的质感，以及高度精粹的悠长余韵。它现在虽然已经良好的均衡，而且比较可口，但它仍然没有完全进化，还有着大约 12 到 20 年的陈年潜力。在最近的苏拉亚园红葡萄酒中，我觉得它足以和超凡脱俗的 1985 年年份酒相媲美。它当然要比 1988 年年份酒丰裕得多，也更加甘甜，有果酱和丰富水果的味道。其实大多数近期的苏拉亚园年份酒的评分都是 88 分。最佳饮用期：现在开始到 2014 年。

1985 Solaia
安蒂诺里酒庄苏拉亚园红葡萄酒 1985

评分：95 分

这款苏拉亚园红葡萄酒散发出橄榄、吐司、雪松和黑醋栗混合的巨大鼻嗅，饮用起来非常享受。它的颜色为暗宝石红色或暗紫色，入口后，这款丰裕的葡萄酒口感丰富，中度酒体或略显强劲，有着耐嚼的质感、很好的酸度和集中的烟熏新橡木口味。因为酒中的单宁酸已经很快地消融，所以它的余韵悠长而且柔软。这款酒易亲近而且可口，适合现在享用。

TIGNANELLO
安蒂诺里酒庄铁挪尼洛园红葡萄酒

2001 Tignanello
安蒂诺里酒庄铁挪尼洛园红葡萄酒 2001

评分：90 分

这款铁挪尼洛园葡萄酒的质感相当柔软，而且表现力很强，一般是由 80% 的赛娇维赛、15% 的赤霞珠和 5% 的品丽珠混合酿制而成，在法国橡木酒桶中陈化一年，然后不进行过滤直接装瓶。这款酒呈深宝石红色或淡紫色，带有干香草、矮树丛、沃土味、黑色樱桃和黑醋栗混合的风味。它非常优雅和漂亮，含有明显却如丝绸般柔滑的单宁酸和中度酒体的余韵。最佳饮用期：现在开始到 2012 年。

安蒂诺里酒庄铁挪尼洛园红葡萄酒 2001 酒标

1999 Tignanello
安蒂诺里酒庄铁挪尼洛园红葡萄酒 1999

评分：91 分

1999 年款铁挪尼洛园红葡萄酒呈深宝石红色或深紫色，表现出优雅与强烈口味和力量美好结合的罕见特性。它散发出新鞍皮革、黑色樱桃、黑醋栗、木榴油、香子兰和香料盒混合的陈酿香。这款酒丰富、中度酒体，含有充分的酸度，甘甜但有着明显的单宁酸，是该酒庄酿制的连续的第三款出色的年份酒。该酒庄一直生产着激进的、现代风格的托斯卡纳红葡萄酒。最佳饮用期：现在开始到 2012 年。

1998 Tignanello
安蒂诺里酒庄铁挪尼洛园红葡萄酒 1998

评分：91 分

这款著名的托斯卡纳产区红葡萄酒的产量一共是 30000 箱。它散发出果浆水果、新鞍皮革、矮树丛、泥土和烘烤新橡木味混合的经典陈酿香。中度酒体或略显强劲，轮廓非常清晰，风格稳定而且经典。建议在接下来的 12 到 13 年内饮用。

1997 Tignanello
安蒂诺里酒庄铁挪尼洛园红葡萄酒 1997

评分：93 分

1997 年款铁挪尼洛园红葡萄酒呈深宝石红色或深紫色，散发出黑加仑、樱桃泥、香子兰和泥土混合的宽阔鼻嗅。这款葡萄酒甘甜、果酱味、质感丰裕、宽阔、集中而且低酸度，非常闪亮，而且成分奢华。尽管现在它已不容忽视，但在接下来的 5 到 10 年内饮用，口感应该也很不错。

1990 Tignanello
安蒂诺里酒庄铁挪尼洛园红葡萄酒 1990

评分：93 分

安蒂诺里的 1990 年款铁挪尼洛园葡萄酒是自相当丰裕和丰富的 1985 年年份酒以后，我所品尝过的最优质的一款葡萄酒，其酿制时所用的葡萄品种主要是赛娇维赛，还有少量的赤霞珠。这款酒呈暗宝石红色或暗紫色，丰富、柔软而且宽阔，足以为品酒者带来极大的乐趣。它散发出强劲的烟熏味和泥土味鼻嗅，并带有几乎超级成熟的樱桃水果和黑醋栗水果的风味。这款独特、香料味的葡萄酒有着重酒体，而且异常的集中和纯粹。它在接下来的 5 到 10 年内口味应该极佳。

1988 Tignanello
安蒂诺里酒庄铁挪尼洛园红葡萄酒 1988

评分：90 分

1988 年款铁挪尼洛园红葡萄酒呈深宝石红色或深紫色，鼻嗅中带有甘甜红色水果、黑色水果和烘烤新橡木混合的、有穿透性的芳香。这款酒中度酒体或略显强劲，入口后表现出美妙雅致的口味、出色的丰富性、很好的酸度和柔软的单宁酸，还有着香辣和丰富的悠长余韵。我不得不把这款铁挪尼洛园年份酒和极佳的 1985 年年份酒归为一类。最佳饮用期：现在。

1985 Tignanello
安蒂诺里酒庄铁挪尼洛园红葡萄酒 1985

评分：92 分

这款葡萄酒好像已经达到了完全成熟的状态。它的颜色是健康的深宝石红色或深紫色，鼻嗅中带有烘烤坚果、烟熏橡木、黑醋栗、雪松和皮革混合的风味，中度酒体或略显强劲，活泼的黑色水果口味被淡淡的橡木味包裹。这款多肉、柔软、成分可口的葡萄酒适合用来款待宾客。

CASTELLO DEI RAMPOLLA
冉宝拉酒庄

酒品：

    冉宝拉酒庄萨马尔科葡萄酒（Sammarco）

    冉宝拉酒庄阿尔切奥虹豆葡萄酒（Vigna d'Alceo）

庄园主：卢卡·纳波利·冉宝拉（Luca di Napoli Rampolla）

    和毛里奇亚·纳波利·冉宝拉（Maurizia di Napoli Rampolla）

地址：Località Case Sparse 22,50020 Panzano in Chianti(FI), Italy

电话：(39) 055 852001

传真：(39) 055 852533

邮箱：castellodeirampolla@ tin.it

联系人：毛里奇亚·纳波利·冉宝拉

参观规定：参观前必须预约

葡萄园

占地面积：153 英亩（其中 104 英亩为产区）

葡萄品种：赛娇维赛、赤霞珠、美乐、小味多（Petit Verdot）、霞多丽（Chardonnay）、琼瑶浆（Traminer）、长相思（Sauvignon Blanc）和玛尔维萨（Malvasia）

平均树龄：

    老葡萄树：27 年

    年轻葡萄树：2 年、3 年和 4 年

    阿尔切奥虹豆葡萄树：10 年

种植密度：

    5 英亩种植密度为 10,000 株 / 公顷

    25 英亩种植密度为 8,000 株 / 公顷

    63 英亩种植密度为 5,500 株 / 公顷

平均产量：

    赛娇维赛品种：5,000 千克 / 公顷

    卡勃耐品种：3,500 千克 / 公顷

酒的酿制

该酒庄的土质主要是石灰石，还有一些粘土和岩石。葡萄园一般都是面向南方、东南方或是西南方，海拔高度在 290 米到 380 米之间。为了重建土壤的天然均衡特性，冉宝拉酒庄近来开始推行生物动力栽培技术。

酿酒在釉质大桶中进行。葡萄发酵的温度在 26℃ 和 30℃ 之间，由大桶外流动的一层水来控制温度。陈化在卵形大橡木桶中和小法国橡木桶中进行。

冉宝拉酒庄古典基安蒂葡萄酒是用 95% 的赛娇维赛和 5% 的赤霞珠混合酿制而成。先在大钢桶中存留 3 个月，再在容量为 3,000 升的酒桶中陈化一年，然后在瓶中保存半年，最后才会投放市场出售。

萨马尔科葡萄酒是用赤霞珠和赛娇维赛混合酿制而成。第一次酿制是在 1980 年，酿制所用的葡萄都采自完全向南的葡萄园，这些葡萄园的海拔高度为 360 米，土质是岩石和泥灰岩的混合，还有很少量的粘土和石灰石。这两种葡萄是分开酿制的：赤霞珠大约持续 15 天，而赛娇维赛是 10 天左右，然后分别陈化 18 到 20 个月，赛娇维赛被放入大酒桶中陈化，而赤霞珠则放入法国波尔多橡木酒桶中陈化。为了传统提纯，萨马尔科葡萄酒要再进行 6 到 8 个月的瓶中陈化，然后才会释放。

阿尔切奥虹豆葡萄酒第一次酿制是在 1996 年，是用 85% 的赤霞珠和 15% 的小味多混合酿制而成。分离之后，它仍然存留在容量为 225 升的法国新橡木酒桶中或一年旧的法国橡木酒桶中 10 到 12 个月，然后在酒瓶中继续陈化 8 个月左右，接着才会释放。

年产量

冉宝拉酒庄古典基安蒂葡萄酒：55,000~60,000 瓶

萨马尔科佐餐红葡萄酒：28,000~32,000 瓶

阿尔切奥虹豆佐餐红葡萄酒（Vigna d'Alceo red table wine）：15,000~18,000 瓶

文代米亚（Trebianco Vendemmia）晚收甜白葡萄酒：2,500~3,000 瓶

平均售价（与年份有关）：45~245 美元

近期最佳年份

2001 年，2000 年，1999 年，1990 年，1985 年，1982 年

福勒（Faulle）的桑塔·露琪亚（Santa Lucia）庄园位于庞扎诺山谷的南部，叫做"康卡德欧"（Conca d'Oro），冉宝拉酒庄的葡萄酒都酿自于这里。从 1739 年开始，这家庄园就归纳波利·冉宝拉家族所有。他们 1970 年第一次酿酒，第一次装瓶的葡萄酒所用的葡萄采收于 1975 年。现在该庄园的生意由毛里奇

亚·纳波利·冉宝拉和卢卡·纳波利·冉宝拉共同负责。

很长时间以来，冉宝拉酒庄都是我最喜欢的托斯卡纳酿酒厂之一。我第一次在他们酒庄购买的是1983年款的萨马尔科葡萄酒。我已经说过很多次了，因为萨马尔科葡萄酒通常会显露出烟草和矿物质成分，所以它总是让我想起顶级的格拉芙葡萄酒。

SAMMARCO
冉宝拉酒庄萨马尔科葡萄酒

1999 Sammarco
冉宝拉酒庄萨马尔科葡萄酒 1999

评分：93 分

1999 年款萨马尔科葡萄酒已经成为托斯卡纳产区近 20 年来最优质的经典葡萄酒之一，是用 85% 的赤霞珠和 15% 的赛娇维赛混合酿制而成。这款酒比较紧致和封闭，但潜力却是相当惊人啊！它的颜色为深宝石红色或深紫色，散发出高级雪茄烟草、香烟、矿物质、黑加仑和香子兰混合的甘甜鼻嗅。入口后，口感厚重，中度酒体或略显强劲，超级丰富、纯粹，而且整体和谐。对于这款向后的、仍然处于初始状态的 1999 年年份酒来说，窖藏是非常必要的。最佳饮用期：2010~2025 年。这是多么经典的一款葡萄酒啊！

1998 Sammarco
冉宝拉酒庄萨马尔科葡萄酒 1998

评分：90 分

是什么让这款葡萄酒一直非常独特，尤其是与其他酿制于优质年份的年份酒相比？答案就是它的复杂性和优雅特性。它在品质上是比我尝过的法国境外所有葡萄酒都要接近优质的格拉芙葡萄酒。这款 1998 年萨马尔科葡萄酒是用 85% 的赤霞珠和 15% 的赛娇维赛混合酿制而成，显露出结构和单宁酸。此外，它还含有大量潜在的浓缩物，有着极深的深度和多层次的口感，这种口感将它与一般优质的葡萄酒区分开来，因而显得比较独特。它的颜色为饱满的宝石红色，散发出木炭、烘烤香草、热砂砾、黑加仑和樱桃混合的复杂陈酿香。它中度酒体、厚重，含有大量甘甜的单宁酸，异常纯粹，而且轮廓清晰。最佳饮用期：现在开始到 2016 年。

1995 Sammarco
冉宝拉酒庄萨马尔科葡萄酒 1995

评分：92 分

1995 年款萨马尔科佐餐葡萄酒非常令人愉快，呈暗宝石红色或暗紫色，是用大量赤霞珠和 30%~35% 的赛娇维赛酿制而成。它丰富、强劲、复杂，这款上乘的托斯卡纳葡萄酒会让人想起产自贝沙克 - 雷奥良（Pessac-Léognan）的北部格拉芙葡萄酒。倒入杯中后，会慢慢散发出烟草、焦油、铅笔、烘烤香草、丰富的黑色樱桃和黑醋栗风味。它强劲而且

优雅，有着黑色樱桃、黑醋栗和烘烤矿物质的口味。这款酒纯粹、丰富，具有结构性，但余韵中有着明显的单宁。从现在开始到 2018 年应该是它的最佳时期。

1990 Sammarco
冉宝拉酒庄萨马尔科葡萄酒 1990

评分：93 分

1990 年款萨马尔科葡萄酒有可能会成为令人极其愉快的 1985 年款一个有竞争力的对手。它的颜色为饱满的宝石红色或紫色或石榴红色，散发出成熟黑色水果、香子兰和矿物质混合的、强烈的年轻芳香。它强劲、丰富、轮廓清晰、结构美妙，含有巨大的酒体、单宁酸和精粹物。它应该可以很好地陈年到 2012 年。

1985 Sammarco
冉宝拉酒庄萨马尔科葡萄酒 1985

评分：93 分

这款酒总是让我时不时地想起经典的格拉芙红葡萄酒，有时候它又有着类似波亚克葡萄酒的铅笔和矿物质混合的芳香和鼻嗅。我最近一次品尝这款异常优雅的葡萄酒时，它表现出黑醋栗和铅笔混合的经典波亚克酒香。这款酒呈深宝石红色，柔软而且宽阔，装瓶后带有明显的新橡木和温和的单宁酸风味，不过现在已经被极其丰富的黑醋栗水果所掩饰。它的余韵悠长，有着天鹅绒般柔滑的质感。这款 1985 年萨马尔科葡萄酒需要马上喝完。

VIGNA D'ALCEO
冉宝拉酒庄阿尔切奥虹豆葡萄酒

2001 Vigna d'Alceo
冉宝拉酒庄阿尔切奥虹豆葡萄酒 2001

评分：93+ 分

这款葡萄酒呈深宝石红色或深紫色，相当封闭，但却有着上乘的潜力，它表现出黑莓、月桂树叶和烟熏法国橡木的风味。非常集中、轮廓清晰，有着很好的酸度、巨大的深度，还有着持续的欧亚香草和黑莓的口感。这是一款异常高贵、纯粹和口感实在的葡萄酒。建议在接下来的 15 年以上饮用。

2000 Vigna d'Alceo
冉宝拉酒庄阿尔切奥虹豆葡萄酒 2000

评分：98 分

不论什么原因，这款强劲的 2000 年款阿尔切奥虹豆葡萄酒在我品尝的那天非常喧闹。这款单一葡萄园葡萄酒是用 85% 的赤霞珠和 15% 的赛娇维赛混合酿制而成，是一款尝起来像胆固醇的萨马尔科葡萄酒。酒色呈深紫色，爆发出浓咖啡、甘甜液态欧亚香草、黑加仑果酱和烘烤橡木的风味。它非常强烈、超级纯粹，还有着可以持续将近一分钟的悠长余韵。这款神话般的葡萄酒可以轻松地陈年 20 年。

1999 Vigna d'Alceo
冉宝拉酒庄阿尔切奥虹豆葡萄酒 1999

评分：99 分

巨大的 1999 年款阿尔切奥虹豆葡萄酒的产量为 20,000 瓶，是用 85% 的赤霞珠和 15% 的赛娇维赛混合酿制而成，陈化过程在橡木酒桶中进行。它爆发出液态矿物质、石墨、梅子、黑醋栗奶油和樱桃利口酒混合的独特撩人鼻嗅。它惊人的集中，又相当轻盈，中度酒体到重酒体，含有甘甜的单宁酸，还有多层次的风味差别。这款酒丰富，但既不沉重也不蛮横，含有大量的甘油。它简直是一款令人兴奋的杰作，但仍然需要窖藏。最佳饮用期：现在开始到 2025 年。这款酒简直是太棒了！

1998 Vigna d'Alceo
冉宝拉酒庄阿尔切奥虹豆葡萄酒 1998

评分：92 分

1998 年款阿尔切奥虹豆葡萄酒是一款优质的葡萄酒。酒色呈不透明的紫色，是用赤霞珠、赛娇维赛和少量的席拉、小味多混合酿制而成。它体积巨大，非常优雅和复杂，比 1998 年款萨马尔科葡萄酒更加有力和丰富。刚入口时比较甘甜，然后又会显露出大量复杂的烟熏黑加仑水果、铅笔和香子兰的口味。它中度酒体、结构完美而且比较温和，含有甘甜的单宁酸。最佳饮用期：现在开始到 2017 年。

1996 Vigna d'Alceo
冉宝拉酒庄阿尔切奥虹豆葡萄酒 1996

评分：92 分

这款极佳的年份酒有一段时间和顶级梅多克葡萄酒非常相像。它的颜色为不透明的紫色，散发出大量烘烤新橡木、黑醋栗水果果酱的风味，还混有矿物质、香料和雪松的味道。这是一款有前景、内涵庄严的葡萄酒，中度酒体，出色的集中和纯粹，异常和谐，含有偏高的单宁酸。它应该还可以贮存 10 到 15 年。

冉宝拉酒庄阿尔切奥虹豆葡萄酒 1998 酒标

BRUNO CERETTO
杰乐托酒庄

酒品：

杰乐托酒庄碧高石头园巴罗洛干红葡萄酒（Barolo Bricco Rocche）

杰乐托酒庄布鲁纳特园巴罗洛葡萄酒（Barolo Brunate）

杰乐托酒庄碧高雅仙妮园巴巴莱斯科红葡萄酒（Barbaresco Bricco Asili）

庄园主：布鲁诺·杰乐托（Bruno Ceretto）和马塞洛·杰乐托（Marcello Ceretto）

地址：Località San Cassiano 34,12051 Alba Piedmont, Italy

电话：(39) 0173 282582

传真：(39) 0173 282383

邮箱：ceretto@ ceretto.com

网址：www.ceretto.com

联系人：萝勃塔·杰乐托（Roberta Ceretto）对外关系部

参观规定：参观前必须预约，时间仅限周一到周五；只接受20 人以内的团队来访

葡萄园

占地面积：248 英亩

葡萄品种：阿尔巴产区内比奥罗、阿尔巴产区巴贝拉、阿尔巴产区多赛托、阿内斯（Arneis），雷司令、卡勃耐、美乐、黑品诺（Pinot Nero）、霞多丽和莫斯卡托（Moscato）（购自于圣托斯特凡诺的一个葡萄栽培商——合作关系）

平均树龄：35 年

种植密度：3,700~4,500 株 / 公顷

平均产量：5,000~8,000 千克 / 公顷

酒的酿制

杰乐托家族一直都很喜欢用本地的传统葡萄品种酿制红葡萄酒，不过近几年来，他们也在尝试使用一些国际品种，先用这些品种试验一些新的酿酒技术，然后才会用于本地品种进行酿酒。

杰乐托酒庄有三款最优质的葡萄酒，它们都会在大钢桶中进行相对较短的浮盖发酵，时间大约是7到8天左右。在这之后，瓶塞被浸泡在酒中，进行8到10天的浸渍。所有这些操作工序都是在温度严格受控的条件下进行的，温度严格控制在28℃到30℃之间。接着葡萄酒被转移到酒罐中进行苹果酸-乳酸发酵，之后转移到法国小橡木桶中进行陈化，直到装瓶。这些小橡木桶的容积都是300升，但在酿制碧高雅仙妮园巴巴莱斯科红葡萄酒时，也会使用一些容积更小一点的酒桶。

碧高石头园位于卡斯蒂格里昂-法莱特村（Castiglione Falletto），拥有完全向南的光照，土壤基本上是含有淤泥沉沙的粘土和沙砾，里面的葡萄树都栽植于1978年。布鲁纳特园位于洛曼拉村，拥有完全东南向的光照，土壤主要是含有沙砾和沉沙的粘土，里面的葡萄树都栽植于1974年。碧高雅仙妮园位于巴巴莱斯科村，拥有南向偏西南的光照，土壤由48%的粘土、33%的沉沙和19%的沙砾组成，里面的葡萄树都种植于1969年。杰乐托认为这些葡萄酒释放后有着20年以上的陈年潜力，我同意他的这种定位。

年产量

杰乐托酒庄碧高石头园巴罗洛干红葡萄酒：6,000瓶
杰乐托酒庄布鲁纳特园巴罗洛葡萄酒：30,000瓶
杰乐托酒庄碧高雅仙妮园巴巴莱斯科红葡萄酒：6,000瓶
平均售价（与年份有关）：50~180美元

近期最佳年份

2000年，1999年，1997年，1996年，1990年，1989年，1986年，1985年，1982年，1979年，1978年，1974年，1971年

杰乐托一家

杰乐托酒庄的葡萄酒属于意大利最优雅的葡萄酒，而且似乎代表了传统酿酒方式和开明的现代酿酒方式的结合。它们都非常芬芳和新颖，而且释放后立即可以饮用。它们绝对是最强劲、最强健和最具陈年价值的皮埃蒙特巴罗洛葡萄酒和巴巴莱斯科葡萄酒，但是它们仍然有着长寿的潜力。现在新一代人也加入了该公司，即马塞洛的女儿丽莎（Lisa）和儿子亚历桑德罗（Alessandro），以及布鲁诺的女儿萝勃塔（Roberta）和儿子费德里克（Federico）。但是，布鲁诺和酒类学家马塞洛两兄弟仍然是这个优质酒庄的主要代表人物。不仅他们自己对于他们所取得的成就引以为豪，所有的皮埃蒙特人也都以他们为荣。他们严厉地批评了他们的法国同行，因为他们忽略了皮埃蒙特葡萄酒的优质。

BARBARESCO BRICCO ASILI

杰乐托酒庄碧高雅仙妮园巴巴莱斯科红葡萄酒

1999 Barbaresco Bricco Asili
杰乐托酒庄碧高雅仙妮园巴巴莱斯科红葡萄酒1999

评分：94分

这款强劲的葡萄酒拥有很好的结构和甘甜的单宁酸，中度酒体或重酒体，还散发出覆盆子、烟草、新鞍皮革和干香草混合的甘甜美妙鼻嗅。它有着一定的坚实性，但是这种酒一般都不易被察觉。这款酒应该还可以很好地陈年10到15年。它是一款非常优雅、潜力复杂的葡萄酒，完美地结合了传统的酿酒技术和先进的酿酒技术。

1996 Barbaresco Bricco Asili
杰乐托酒庄碧高雅仙妮园巴巴莱斯科红葡萄酒1996

评分：93分

酒色呈饱满的宝石红色，略显紫色，这款诱人的、暗宝石红色的1996年年份酒丰富，含有大量精粹物、单宁酸和酒体。它表现出沥青、樱桃利口酒、烟草和干香草混合的经典陈酿香。对于这个年份来说，它中度酒体或略显强劲，惊人的柔软，余韵中显露出坚实的单宁酸。最佳饮用期：现在开始到2014年。

1990 Barbaresco Bricco Asili
杰乐托酒庄碧高雅仙妮园巴巴莱斯科红葡萄酒1990

评分：95分

在所有杰乐托酒庄 1990 年巴巴莱斯科葡萄酒中，1990 年款碧高雅仙妮园葡萄酒是最芬芳和最丰富的一款。它比 1990 年碧高雅仙妮 - 法赛特园葡萄酒的颜色更深，散发出烘烤香草、坚果、橡木和甘甜成熟水果混合的、非常芳香的陈酿香。这款酒非常丰富，重酒体，有着多汁的质感和可以持续将近一分钟的悠长余韵。这是一款比例极好、堕落享乐主义的巴巴莱斯科葡萄酒，建议从现在开始到 2009 年间饮用。这款酒简直太棒了！

1989 Barbaresco Bricco Asili
杰乐托酒庄碧高雅仙妮园巴巴莱斯科红葡萄酒 1989

评分：91 分

这款精致的 1989 年碧高雅仙妮园葡萄酒有着水果特性，还带有烟熏、烘烤的香子兰风味。这款集中、多汁的葡萄酒是一款惊人的葡萄酒，丰富、饱满，含有使人沉醉的雪茄盒芳香。最佳饮用期：现在开始到 2009 年。

BAROLO BRICCO ROCCHE
杰乐托酒庄碧高石头园巴罗洛干红葡萄酒

2000 Barolo Bricco Rocche
杰乐托酒庄碧高石头园巴罗洛干红葡萄酒 2000

评分：95 分

这款酒惊人的进化，而且已经如此的复杂和可口！对于这个年份的许多葡萄酒的最终陈年潜力，我都表示怀疑，不过可以肯定的是，它们都非常丰裕。这款酒有着非常复杂的果香，以及多肉和多汁的美妙口味，是一款令人无法抗拒的葡萄酒。它的边缘已经显露出大量的琥珀色，是一款撩人的葡萄酒，散发出干香草、海藻、甘甜樱桃、梅子和葡萄甜醋混合的芬芳鼻嗅，带有丰富的多层次水果，并有着强劲的口感和复杂、柔软的质感，余韵可以持续将近一分钟。这款出色的葡萄酒适合现在和接下来的 10 到 12 年内饮用。

1999 Barolo Bricco Rocche
杰乐托酒庄碧高石头园巴罗洛干红葡萄酒 1999

评分：92 分

1999 年款碧高石头园巴罗洛干红葡萄酒呈暗宝石红色，散发出红色水果、新鞍皮革、焦油和玫瑰花瓣混合的甘甜鼻嗅，是一款风格非常优雅的葡萄酒。中度酒体，含有成熟明显的单宁酸，还有着很好的酸度和集中、悠长的余韵。最佳饮用期：2006~2016 年。

1998 Barolo Bricco Rocche
杰乐托酒庄碧高石头园巴罗洛干红葡萄酒 1998

评分：92 分

杰乐托酒庄最优质的巴罗洛年份酒应该就是这款 1998

年碧高石头园巴罗洛干红葡萄酒。它是一款强劲、甘甜、多层次、有力而且非常均衡的葡萄酒，散发出惊人的复杂芳香，并伴有木榴油、矿物质、烟草、酱油、黑色水果和焚香的混合风味。这款美酒绵长而且优雅，从现在到 2017 年间会处于最佳状态。

1997 Barolo Bricco Rocche
杰乐托酒庄碧高石头园巴罗洛干红葡萄酒 1997

评分：96 分

1997 年碧高石头园巴罗洛干红葡萄酒是一款豪华、惊人的葡萄酒，呈暗石榴红色，边缘有琥珀色，爆发出咖啡利口酒、欧亚香草、香料盒、黑色樱桃、樱桃白兰地、覆盆子和雪松混合的、极其诱人的陈酿香。它有无数维度和细微口味，还含有大量甘油。这是一款类似胆固醇的巴罗洛葡萄酒，强劲、非常集中、特别深厚和多汁，因为含有大量的甘油和成熟水果，所以口感甘甜。最佳饮用期：现在开始到 2018 年。

1996 Barolo Bricco Rocche
杰乐托酒庄碧高石头园巴罗洛干红葡萄酒 1996

评分：95 分

这款酒呈饱满的宝石红色，略显紫色，它也很丰富，含有大量精粹物、单宁酸和酒体。这款产自杰乐托酒庄的 1996 年碧高石头园巴罗洛干红葡萄酒非常轰动，它既含有大量的水果、甘油和精粹物，还有着不可思议的优雅和细腻。酒中含有丰富的黑色樱桃水果，还混有覆盆子、雪松、香橡木、欧亚香草和焦油的风味。这是一款复杂、立体、品质极佳的巴罗洛葡萄酒，从现在到 2018 年间应该会处于最佳状态。

1995 Barolo Bricco Rocche
杰乐托酒庄碧高石头园巴罗洛干红葡萄酒 1995

评分：90 分

1995 年款碧高石头园巴罗洛干红葡萄酒非常集中和厚重，散发出液态焦油、亚洲香料、焚香、雪松、大量黑色水果和一股优质烟草混合的经典鼻嗅，重酒体，还有着多层次、适度单宁的余韵。最佳饮用期：现在开始到 2015 年。

1990 Barolo Bricco Rocche
杰乐托酒庄碧高石头园巴罗洛干红葡萄酒 1990

评分：94 分

这款 1990 年碧高石头园巴罗洛干红葡萄酒倒入杯中后，会爆发出惊人的集中和令人叹服的陈酿香，并散发出液态沥青、甘甜樱桃水果果酱、烟草和水果蛋糕混合的芳香，入口后会表现出持续的厚重和雅致的口感，而且惊人的稠密，还有着甘油和精粹物的口味。这款酒深远、宽阔而且耐嚼，余韵也值得注意。它的水果特性下肯定隐藏着大量的单宁酸，所以这款酒可以现在饮用，也可以在接下来的 5 到 10 年内饮用。

杰乐托酒庄碧高石头园巴罗洛干红葡萄酒 1990 酒标

1989 Barolo Bricco Rocche
杰乐托酒庄碧高石头园巴罗洛干红葡萄酒 1989

评分：93 分

杰乐托酒庄出产的最单宁的 1989 年单一葡萄园葡萄酒就是这款 1989 年碧高石头园巴罗洛干红葡萄酒。它体积庞大、超级集中而且强健，应该还可以再贮存 10 年甚至更久。这款酒丰富，含有多层次的水果，散发出有前景的陈酿香，而且非常成熟和强烈，余韵可以持续很长时间。它最后很可能成为杰乐托酒庄最长寿的巴罗洛葡萄酒之一。

BAROLO BRUNATE
杰乐托酒庄布鲁纳特园巴罗洛葡萄酒

2000 Barolo Brunate
杰乐托酒庄布鲁纳特巴罗洛葡萄酒 2000

评分：94 分

这款 2000 年布鲁纳特园巴罗洛葡萄酒中度酒体，非常优雅，但是有结构且单宁明显，比大多数 2000 年巴罗洛年份酒的结构更加坚实，还散发出玫瑰精油、沥青、甘甜樱桃

白兰地、沃土和新鞍皮革混合的、非常精致的鼻嗅。这是一款美酒，适合在接下来的 12 到 15 年内饮用。现在还很难确定它是否能够像 1989 年和 1996 年的年份酒那样长寿，但是时间会证明一切，让我们拭目以待吧！

1997 Barolo Brunate
杰乐托酒庄布鲁纳特园巴罗洛葡萄酒 1997

评分：94 分

1997 年款布鲁纳特园巴罗洛葡萄酒呈暗石榴红色，边缘带有琥珀色，是一款进化的葡萄酒。入口后，口感厚重、强劲，单宁中度，结构特性明显且风格向后。它蕴含丰富的力量，集中而且年轻，应该在接下来的 13 到 15 年以上的时间内饮用。

1996 Barolo Brunate
杰乐托酒庄布鲁纳特园巴罗洛葡萄酒 1996

评分：93 分

这款酒呈饱满的宝石红色，略显紫色，它丰富并含有大量精粹物、单宁酸和酒体。1996 年款布鲁纳特园巴罗洛葡萄酒呈暗宝石红色，还带有中国红茶、胡椒、泥土和樱桃混合的陈酿香。它成熟、强劲，而且具有结构性，还有着杰出的深度。入口后，口感甘甜，有着坚实的余韵，这款酒需要大家稍加耐心等待。最佳饮用期：现在开始到 2016 年。

1990 Barolo Brunate
杰乐托酒庄布鲁纳特园巴罗洛葡萄酒 1990

评分：94 分

杰乐托的 1990 年年份酒都非常出色，有着含量惊人丰富的精粹物，以及丰裕和极其丰富的口味。它散发出果香味的陈酿香，还结合了各种不同的质感和余韵。这款 1990 年布鲁纳特园巴罗洛葡萄酒有着浓烈的果香和芳香，口感集中、强劲，含有甘甜的单宁酸和成熟的水果，还有着甘美多汁和立体的个性。在接下来的 5 到 10 年内饮用，效果都会很好。

1989 Barolo Brunate
杰乐托酒庄布鲁纳特园巴罗洛葡萄酒 1989

评分：93 分

1989 年款布鲁纳特园巴罗洛葡萄酒实在是令人惊叹不已！它散发出烟草、香草、甘甜黑色樱桃水果和烘烤坚果混合的、巨大的陈酿香，非常轰动。这款比例惊人、体积巨大的巴罗洛葡萄酒厚重、集中、强劲，含有多层次的口味，而且仍然保持着雅致感和优雅感。这款酒适合在接下来的 5 到 10 年内饮用。

DOMENICO CLERICO
克莱里科酒庄

酒品：

克莱里科酒庄吉纳斯特拉园巴罗洛红葡萄酒（Barolo Ciabot Mentin Ginestra）

克莱里科酒庄莫斯科尼园巴罗洛红葡萄酒（Barolo Mosconi Percristina）

克莱里科酒庄帕亚纳园巴罗洛红葡萄酒（Barolo Pajana）

庄园主：多梅尼科·克莱里科（Domenico Clerico）和朱利亚纳·克莱里科（Giuliana Clerico）

地址：Via Cucchi 67,Località Manzoni,12065 Monforte d'Alba(CN),Italy

电话：(39) 0173 78171

传真：(39) 0173 789800

邮箱：domenicoclerico@ libero.it

网址：www.marcdegrazia.com

联系人：朱利亚纳·克莱里科夫人

参观规定：参观前必须预约

葡萄园

占地面积：52 英亩

葡萄品种：阿尔巴产区的内比奥罗、巴贝拉和多赛托

平均树龄：30~40 年

种植密度：4,200 株 / 公顷

平均产量：5,500 千克 / 公顷

酒的酿制

当葡萄树上的葡萄特别多的时候，克莱里科酒庄会对其严重打薄。成熟的葡萄被采收后，会带皮放在温度可以控制的旋转钢制发酵器中浸渍，为期 5 到 10 天，然后再转移到法国小橡木酒桶中。在大多数年份中都是使用 90% 的新橡木桶和 10% 的旧橡木桶。葡萄酒在酒桶中陈化 18 到 24 个月后装瓶，且装瓶前不进行过滤。

年产量

克莱里科酒庄吉纳斯特拉园巴罗洛红葡萄酒：16,800 瓶

克莱里科酒庄莫斯科尼园巴罗洛红葡萄酒：5,500 瓶

克莱里科酒庄帕亚纳园巴罗洛红葡萄酒：6,500 瓶

平均售价（与年份有关）：20~80 美元

近期最佳年份

2001 年，2000 年，1999 年，1998 年，1997 年，1990 年

多梅尼科·克莱里科是皮埃蒙特大区非凡的酿酒商之一，他一头卷发，看起来很像从史蒂夫·马丁（Steve Martin）主演的电影中走出来的一个〝狂暴疯狂的人〞。1977 年他辞去了推销员的工作，进入家族酒庄进行全职工作。他的葡萄栽植和酿酒技术完全是靠自学得来的，不过也得到了他很多朋友的帮助，包括艾里奥·阿力塔和年轻、有活力的葡萄酒代理商马克·德·格拉奇亚（Marc de Grazia）。在 20 世纪 80 年代早期时，他第一次与马克·德·格拉奇亚见面。他拥有巴罗洛产区一些最优质的葡萄园，以及蒙福特

多梅尼科·克莱里科

达尔巴村所有最优秀和优质的葡萄园。吉纳斯特拉园是他 1983 年时购买的，帕亚纳园购于 1989 年，莫斯科尼园购于 1995 年——这是他最新购买的一个葡萄园。他的葡萄酒明显都是属于现代流派的，但是它们的陈年潜力却和一些传统陈酿一样好，比如布鲁诺·贾科萨（Bruno Giacosa）、罗伯特·孔泰尔诺（Roberto Conterno）和贾科莫·孔泰尔诺（Giacomo Conterno）酿制的葡萄酒，而且他的葡萄酒更适合年轻时饮用。大多数情况下，他的顶级巴罗洛葡萄酒都需要 2 到 4 年的瓶中陈化，而且在 20 多年内饮用为佳。

BAROLO CIABOT MENTIN GINESTRA
克莱里科酒庄吉纳斯特拉园巴罗洛红葡萄酒

2000 Barolo Ciabot Mentin Ginestra
克莱里科酒庄吉纳斯特拉园巴罗洛红葡萄酒 2000

评分：92 分

这是一款诱人的 2000 年巴罗洛年份酒，边缘带有琥珀色，惊人的向前，并有着进化的果香，闻起来好像已经陈年了 10 年一样。这里是一种赞赏。它就像一个烧肉锅里面装的巴罗洛红葡萄酒，带有大量集中的甘草、石墨浸渍的黑色樱桃、黑醋栗水果和烘烤新橡木的风味。它是一款非常集中、质感如天鹅绒般柔滑的葡萄酒，丰裕，多肉。在接下来的 10 到 12 年内饮用，其效果将会非常理想。

1999 Barolo Ciabot Mentin Ginestra
克莱里科酒庄吉纳斯特拉园巴罗洛红葡萄酒 1999

评分：91+ 分

对于 1999 年这个年份来说，这款葡萄酒相当成熟，带有无花果、黑色樱桃利口酒、烟草、泥土和干香草的风味，是一款重酒体、劲力十足的葡萄酒，似乎比克莱里科酒庄的其他 1999 年年份酒更加芬芳和清新。虽然和其他年份酒相比，它的轮廓还不够清晰，但它仍然惊人的丰裕、丰富，而且与其他更加朴素、单宁重和古典的 1999 年年份酒相比，它同表现力强的 2000 年年份酒有着更多的共同之处。最佳饮用期：2007~2018 年。

1998 Barolo Ciabot Mentin Ginestra
克莱里科酒庄吉纳斯特拉园巴罗洛红葡萄酒 1998

评分：93 分

1998 年款吉纳斯特拉园巴罗洛红葡萄酒超级精粹和动

人，一入口后就会爆发出徘徊不去的单宁酸，还有着超级精粹的黑色水果、覆盆子水果、矿物质、新橡木、欧亚香草和巧克力糖混合的风味。稍后口感巨大，还有着惊人的悠长余韵，它现在还不适合饮用。最佳饮用期：2006~2020 年。

1997 Barolo Ciabot Mentin Ginestra
克莱里科酒庄吉纳斯特拉园巴罗洛红葡萄酒 1997

评分：94 分

1997 年款吉纳斯特拉园巴罗洛红葡萄酒惊人的有力、单宁适中而且异常集中和丰富，有着让人沉醉的中期口感。酒色呈饱满的宝石红色或紫色，并伴有铅笔、雪松、黑色水果、烟草、泥土和香子兰混合的风味。这款令人惊叹不已的葡萄酒非常丰富、精粹，含有甘甜的单宁酸和轰动的余韵，还有着 20 到 30 年的陈年潜力。最佳饮用期：现在开始到 2020 年。

1996 Barolo Ciabot Mentin Ginestra
克莱里科酒庄吉纳斯特拉园巴罗洛红葡萄酒 1996

评分：90 分

1996 年吉纳斯特拉园巴罗洛红葡萄酒是一款惊人的有力、丰富和集中的葡萄酒。它呈现出深深的暗紫色，还有着超成熟的梅子、樱桃和黑醋栗鼻嗅。这款酒丰富、强劲，含有相当丰富的甘油，带有微弱的橡木味、细微的欧亚香草和花香味，是一款体积巨大并且美妙均衡的巴罗洛红葡萄酒。适合现在到 2018 年间饮用。

1995 Barolo Ciabot Mentin Ginestra
克莱里科酒庄吉纳斯特拉园巴罗洛红葡萄酒 1995

评分：91 分

1995 年款吉纳斯特拉园巴罗洛红葡萄酒散发出迷人的鼻嗅，并带有烟草、薄荷、干红色水果、香脂木和樱桃利口酒的风味。酒中含有大量甘油，低酸度，中度酒体到重酒体，惊人的丰富和多汁。读者们会发现，它几乎是 1995 年巴罗洛年份酒中最性感的一款。最佳饮用期：现在开始到 2012 年。

1994 Barolo Ciabot Mentin Ginestra
克莱里科酒庄吉纳斯特拉园巴罗洛红葡萄酒 1994

评分：91 分

1994 年吉纳斯特拉园巴罗洛红葡萄酒是一款奢华、中度酒体或略显强劲、多层次而且异常复杂的巴罗洛红葡萄酒，散发出木炭、香烟、烟草、亚洲香料、水果蛋糕和覆盆子主导的芳香。它深厚、质感丰裕而且强劲，和它的姐妹款帕亚纳园葡萄酒一样，是一款酿酒杰作。最佳饮用期：现在开始到 2007 年。

1993 Barolo Ciabot Mentin Ginestra
克莱里科酒庄吉纳斯特拉园巴罗洛红葡萄酒 1993

评分：90 分

这款表现极佳的葡萄酒再次表现出皮埃蒙特地区真正有趣的特性之一。1993 年款吉纳斯特拉园巴罗洛红葡萄酒表现出巧克力糖、泥土和香料的陈酿香，还伴有丰富的甘甜黑色樱桃水果风味。当这款酒入口后，它表现得非常甘甜和成熟，结构美妙并有着很好雕琢的个性，还拥有该年份的中度酒体到重酒体特性。这是一款纯粹、宽阔、可口和复杂的巴罗洛红葡萄酒，酸度、单宁酸和酒精度都很和谐。最佳饮用期：现在开始到 2009 年。

1990 Barolo Ciabot Mentin Ginestra
克莱里科酒庄吉纳斯特拉园巴罗洛红葡萄酒 1990

评分：94 分

1990 年款吉纳斯特拉园巴罗洛红葡萄酒是克莱里科酒庄三款 1990 年年份酒中最单宁和最封闭的一款。尽管这款酒明显保有巨大的深度和水果特性，但它的果香仍然比较封闭。它的丰富性和力量主要在口腔后部会比较明显——这总是一个好现象。它应该有着 20 年的可饮用性。最佳饮用期：现在开始到 2014 年。

1989 Barolo Ciabot Mentin Ginestra
克莱里科酒庄吉纳斯特拉园巴罗洛红葡萄酒 1989

评分：95 分

1989 年款吉纳斯特拉园巴罗洛红葡萄酒非常令人叹服，它把宏大的力量、厚重与特别的优雅、细腻特性结合在了一起——这种结合是很难也很少能够达到的。这款酒呈浓浓的暗宝石红色或暗紫色，尽管它在一开始比较抑制，但是通气后，鼻嗅中会散发出烟熏坚果、花朵、矿物质、黑色水果和红色水果混合的巨大香气。这款比例惊人的巴罗洛红葡萄酒极其丰富和深厚，从现在开始到 2012 年应该处于最佳状态。

1988 Barolo Ciabot Mentin Ginestra
克莱里科酒庄吉纳斯特拉园巴罗洛红葡萄酒 1988

评分：92 分

克莱里科酒庄的 1988 年吉纳斯特拉园巴罗洛红葡萄酒是一款上乘的葡萄酒，呈深深的暗宝石红色，散发出焦油、香料和泥土味红色水果混合的、巨大的成熟鼻嗅。入口后，它表现出超级集中、成熟、强劲和甘油主导的口感，还有单宁的余韵，但仍然是向后的和未完全进化的。最佳饮用期：现在开始到 2007 年。

1985 Barolo Ciabot Mentin Ginestra
克莱里科酒庄吉纳斯特拉园巴罗洛红葡萄酒 1985

评分：90 分

1985 年款吉纳斯特拉园巴罗洛红葡萄酒散发出液态沥青、干香草、矮树丛、甘甜黑色水果、红色水果和烟草混合

的芳香和口感。这款酒强劲，含有甘甜的单宁酸，有着出色的活力和丰富性，还有集中的余韵，是一款完全成熟、有活力、强烈的葡萄酒。这款酒已经完全成熟，但却没有表现出任何退化的迹象。最佳饮用期：现在开始到 2013 年。

1982 Barolo Ciabot Mentin Ginestra
克莱里科酒庄吉纳斯特拉园巴罗洛红葡萄酒 1982

评分：92 分

1982 年吉纳斯特拉园巴罗洛红葡萄酒异常复杂，是一款出色的葡萄酒。倒入杯中后，会爆发出干香草、熏肉、烟草、巧克力糖和泥土味黑色水果混合的陈酿香。这是一款深厚、泥土味而且完全成熟的巴罗洛红葡萄酒，个性强劲，有着田园和动物的特性。最佳饮用期：现在开始到 2011 年。

BAROLO MOSCONI PERCRISTINA
克莱里科酒庄莫斯科尼园巴罗洛红葡萄酒

2000 Barolo Mosconi Percristina
克莱里科酒庄莫斯科尼园巴罗洛红葡萄酒 2000

评分：96 分

莫斯科尼园巴罗洛红葡萄酒是以克莱里科女儿的名字命名的，可惜她在 7 岁时不幸夭折了。我不确定这款 2000 年莫斯科尼园巴罗洛红葡萄酒是否能够再贮存 10 到 12 年，但是谁在乎呢？这是一款非常奢华、奇特、劲力十足而且艳丽的巴罗洛葡萄酒，酒色呈深紫红色或深紫色，边缘已经出现琥珀色。它散发出烟熏香草、甘甜樱桃、蓝莓和些许烘烤橡木味混合的动人鼻嗅，质感丰裕，比较稠密，非常成熟，而且几乎过度成熟。这是一款惊人的丰富和集中的葡萄酒，有着至少 12 年的饮用佳期，不过估计大多数人都因为无法抵抗它的诱惑而放不了那么长时间。它已经非常复杂和进化，而进化特性也是这个年份的所有年份酒一个共有的特性。

1998 Barolo Mosconi Percristina
克莱里科酒庄莫斯科尼园巴罗洛红葡萄酒 1998

评分：92 分

1998 年款莫斯科尼园巴罗洛红葡萄酒表现出甘甜黑色水果、新橡木味、蓝莓、花朵和隐藏矿物质混合的陈酿香。这款年轻的、向后的 1998 年年份酒实在是令人惊叹，它强劲、有力、深厚而且耐嚼。最佳饮用期：现在开始到 2018 年。

1997 Barolo Mosconi Percristina
克莱里科酒庄莫斯科尼园巴罗洛红葡萄酒 1997

评分：93 分

克莱里科酒庄的 1997 年款莫斯科尼园巴罗洛红葡萄酒是单宁重的和向后的，酒色呈深宝石红色或深紫色，散发出新鞍皮革、欧亚香草、黑色樱桃和明显的玫瑰花瓣混合的芳

香。这款强劲、丰满的 1997 年年份酒果香封闭、口味巨大，含有丰富的甘油和单宁酸，但仍需要时间窖藏。最佳饮用期：2007~2030 年。

1996 Barolo Mosconi Percristina
克莱里科酒庄莫斯科尼园巴罗洛红葡萄酒 1996

评分：95 分

这是一款惊人的有力、丰富和集中的葡萄酒。深远的 1996 年莫斯科尼园巴罗洛红葡萄酒散发出黑色覆盆子利口酒风味的鼻嗅，倒入杯中后，还会出现樱桃、黑醋栗、吐司和烟草混合的风味。这款令人惊叹的巴罗洛葡萄酒厚重、有力、耐嚼、质感油滑而且绵长，表现出微弱的橡木风味和巨大水果浓缩度。它应该还可以再轻松地陈年 10 到 15 年。

1995 Barolo Mosconi Percristina
克莱里科酒庄莫斯科尼园巴罗洛红葡萄酒 1995

评分：92 分

在克莱里科酒庄的所有 1995 年年份酒中，这款惊人的莫斯科尼园巴罗洛红葡萄酒是最丰富和最完全的一款。

这是第一款年份酒，散发出樱桃白兰地、中国红茶、花朵、欧亚香草和微弱新橡木的芳香和风味。这款酒惊人的丰富、强劲、纯粹、对称和绵长。应该可以继续保存 7 到 10 年。

BAROLO PAJANA
克莱里科酒庄帕亚纳园巴罗洛红葡萄酒

2000 Barolo Pajana
克莱里科酒庄帕亚纳园巴罗洛红葡萄酒 2000

评分：94 分

2000 年款帕亚纳园巴罗洛红葡萄酒的风格很像波美侯葡萄酒，带有黑色樱桃利口酒、黑加仑、烟草和泥土混合的风味，它表现出甘甜、成熟和向前的美妙风格，酸度低，已经展现出几乎令人震惊的诱人个性。这款美酒在至少 10 年内饮用起来效果应该都很不错。这个年份对于巴罗洛葡萄酒和巴巴莱斯科葡萄酒来说，比较不同寻常，但是这款酒已经非常令人愉快了。

1999 Barolo Pajana
克莱里科酒庄帕亚纳园巴罗洛红葡萄酒 1999

评分：91+ 分

与富有表现力的 2000 年年份酒相反，1999 年款帕亚纳园巴罗洛红葡萄酒更加向后和抑制。中度酒体到重酒体，表现出石墨、矿物质、烟叶、黑加仑、樱桃水果和新橡木的风味。这款酒中度酒体、优雅而且相当纯粹，适合在接下来的 12 到 15 年内饮用。

1998 Barolo Pajana
克莱里科酒庄帕亚纳园巴罗洛红葡萄酒 1998

评分：92 分

1998 年款帕亚纳园巴罗洛红葡萄酒呈深宝石红色或深紫色，散发出丰富的新橡木味、铅笔、黑色樱桃、黑莓、欧亚香草和泥土混合的芳香。这是一款有结构、有力、强劲而且耐嚼的葡萄酒。最佳饮用期：现在开始到 2016 年。

1997 Barolo Pajana
克莱里科酒庄帕亚纳园巴罗洛红葡萄酒 1997

评分：93 分

克莱里科酒庄的 1997 年款帕亚纳园巴罗洛红葡萄酒呈饱满的紫色，散发出雪松木材、黑醋栗、欧亚香草、铅笔和矿物质风味混合的经典陈酿香，这种陈酿香会让人联想到木桐酒庄葡萄酒和拉菲酒庄葡萄酒的混合物。这款酒带有丰富的黑色水果、焦油、巧克力糖和雪茄烟盒的风味。这是一款巨大的巴罗洛葡萄酒，但并不是最向前的 1997 年年份酒之一。最佳饮用期：2004-2018 年。

1996 Barolo Pajana
克莱里科酒庄帕亚纳园巴罗洛红葡萄酒 1996

评分：94 分

这是一款惊人的有力、丰富和集中的葡萄酒。这款 1996 年帕亚纳园巴罗洛红葡萄酒和顶级的波美侯葡萄酒有着惊人的相似性，而且相当明显。这款厚重的葡萄酒含有非常纯粹的水果，散发出甘甜的烘烤果香，还有着高度集中的黑色樱桃和巧克力个性。它厚重、多层次、相当稠密、低酸度、令人印象深刻的余韵中含有适度的单宁酸。它在 2006~2020 年间应该会处于最佳状态。

1995 Barolo Pajana
克莱里科酒庄帕亚纳园巴罗洛红葡萄酒 1995

评分：90 分

从风格上来看，这款 1995 年帕亚纳园巴罗洛红葡萄酒介于勃艮第优质葡萄酒和波尔多一级葡萄酒之间。它的颜色为饱满的宝石红色或紫色，表现出丰富的黑色覆盆子和樱桃水果风味，以及淡淡的黑加仑风味。这款葡萄酒中度酒体或略显强劲、水果主导而且低酸度。从现在开始到 2012 年间应该处于最佳状态。

1994 Barolo Pajana
克莱里科酒庄帕亚纳园巴罗洛红葡萄酒 1994

评分：91 分

1994 年款帕亚纳园巴罗洛红葡萄酒散发出黑色樱桃、黑醋栗、矿物质和吐司混合的芬芳陈酿香，还带有拉菲酒庄葡萄酒风格的铅笔风味。这是一款美妙集中、轮廓清晰、厚重而且强劲的葡萄酒，相对于 1994 年这个年份来说，它有着惊人的深度和丰富性，非常纯粹而且立体。适合现在饮用。

1993 Barolo Pajana
克莱里科酒庄帕亚纳园巴罗洛红葡萄酒 1993

评分：94 分

读者们应该还记得我曾赞扬过克莱里科酒庄帕亚纳园巴罗洛红葡萄酒的第一款年份酒，即 1990 年年份酒。正如我在 1993 年年份酒的品酒笔记中所描述的那样，我的第一个词是"了不起"。我知道通过这篇笔记，读者们并不能很好地了解这款葡萄酒，所以我在此补充描述一下。这款酒呈不透明的黑色，散发出巧克力、黑色覆盆子、樱桃和巧克力糖风味的鼻嗅，有着甘甜、丰富和集中的水果口味，稍后口感会变得宽阔，质感美妙的悠长余韵则惊人的丰裕和丰富。尽管这款酒还未完全进化，但它已经可以饮用了。最佳饮用期：现在开始到 2010 年。

1990 Barolo Pajana
克莱里科酒庄帕亚纳园巴罗洛红葡萄酒 1990

评分：96 分

这款酒的鼻嗅中带有些许芳香香子兰和烟草味，可以说明它曾有新橡木味，这也让读者们很好地了解到这款酒中黑色水果和红色水果达到了很好的浓缩。因为葡萄非常成熟而且产量极低，所以这款酒特别绵长和甘甜，它的余韵可以持续一分多钟。这款相当深远的葡萄酒散发出使人沉醉的黑色水果、香料和烟草混合的芳香，还伴有淡淡的山胡桃木和欧亚香草风味。建议在接下来的 10 年内饮用。

GIACOMO CONTERNO
孔泰尔诺酒庄

酒品：

孔泰尔诺酒庄卡希纳弗朗西亚园巴罗洛红葡萄酒
（Barolo Cascina Francia）

孔泰尔诺酒庄蒙福尔蒂诺园巴罗洛存酿（Barolo Riserva Monfortino）

庄园主：罗伯特·孔泰尔诺（Roberto Conterno）

地址：Località Ornati 2,12065 Monforte d'Alba(CN), Italy

电话：(39) 0173 78221

传真：(39) 0173 787190

网址：www.conterno.it

联系人：罗伯特·孔泰尔诺先生

参观规定：参观前必须预约；只接受5到7人的小团队来访

葡萄园

占地面积：34.6英亩

葡萄品种：阿尔巴产区的内比奥罗和巴贝拉

平均树龄：28年

种植密度：4,000株/公顷

平均产量：

孔泰尔诺酒庄卡希纳弗朗西亚园巴罗洛红葡萄酒：
3,500升/公顷

孔泰尔诺酒庄蒙福尔蒂诺园巴罗洛存酿：3,500升/公顷

酒的酿制

所有的葡萄都产自于卡希纳弗朗西亚园，它是一个小庄园，位于塞拉伦加达尔巴村（Serralunga d'Alba）的一个单一小块土地上。这个葡萄园的占地面积大约为34.6英亩，面向南方和西南方。这个传统主义的堡垒使用cappello sommerso（指将瓶塞浸没）技术。葡萄的发酵在不锈钢大桶和开口的橡木大桶中进行，温度控制在28℃到30℃之间，为期3到4周左右。不会进行过滤和澄清，也不会使用浓缩器。苹果酸-乳酸发酵在天然温度下进行，这个发酵过程结束后，葡萄酒被转移到斯拉夫尼亚（Slavonian）橡木大酒桶中或大木桶中陈化——其中巴贝拉葡萄酒陈化2年，卡希纳弗朗西亚园巴罗洛葡萄酒陈化4年，而蒙福尔蒂诺园巴罗洛存酿则需陈化7年以上。一般在陈化一年后的7月中旬左右装瓶，装瓶后接着窖藏1到2年，然后释放。

年产量

在某些年份中年产量要远远低于以下平均水平。

孔泰尔诺酒庄卡希纳弗朗西亚园巴罗洛红葡萄酒：
18,000瓶

孔泰尔诺酒庄蒙福尔蒂诺园巴罗洛存酿：7,000瓶

平均售价（与年份有关）：50~275美元

近期最佳年份

罗伯特·孔泰尔诺不愿意把他的葡萄酒视为最佳年份酒，因为他说过，"这对于他人来说并不公平"。他和他已故的父亲卓凡尼（Giovanni）有着相同的酿酒哲学，即他只在葡萄质量达到特殊要求的时候才会酿制蒙福尔蒂诺园巴罗洛存酿。事实上，当葡萄的质量达不到要求时，他根本不会酿制任何葡萄酒。在1991年和1992年，他就没有酿制蒙福尔蒂诺园巴罗洛存酿和卡希纳弗朗西亚园巴罗洛红葡萄酒。他最喜欢的年份包括1996年、1995年、1990年、1989年、1988年、1987年、1985年、1982年、1978年、1974年、1971年、1970年、1968年、1964年、1961年、1958年 和1955年。孔泰尔诺拥有从1995年到2002年的空前连续的优质年份酒，这是一件最不同寻常的事情，知道这一点非常有用。而且，所有的这些年份酒都有着同样卓越的质量。

我从20世纪70年代中期就开始追随这个传统主义堡垒酿制的葡萄酒。它是保守、传统酿酒厂的典型，不会为了迎合现代口味而对自己的底线作出任何让步。罗伯特·孔泰尔诺的酿酒方式和他的父亲卓凡尼一模一样，卓凡尼是2003年过世的。事实上，孔泰尔诺家族世世代代都以相同的方式酿制巴罗洛葡萄酒：非常低产的葡萄园，成熟的葡萄，长时间的浸渍，非常持久的陈年，陈年都是在卵形的橡木桶中进行（法国人把它们称做foudres）。对于他们著名的蒙福尔蒂诺园巴罗洛存酿，孔泰尔诺家族会毫不犹豫地把它们陈年10年以上，然后才装瓶和释放。对于卡希纳弗朗西亚园巴罗洛红葡萄酒，它们会被放入旧的大橡木酒桶中进行4年以上的陈年，然后装瓶，相对于现代标准来说，这个阶段非常的长。这些真正优质的葡萄酒表

现出忠实的本土特性。这个修剪极其美妙的葡萄园位于巴罗洛产区的塞拉伦加区域。

这些葡萄酒有时候可能会让现代品酒者震惊，因为它们可以表现出田园特性，至少在生命的初期会有如此表现，有时候还拥有相对微弱的颜色和很高的可挥发酸度，这在很多科技主义者的眼中是很不同寻常的。也就是说，它们可以始终如一地发展成为深远、复杂和立体的葡萄酒，完全可以经得起时间的考验。这个酒厂的风格在罗伯特的管理下是不可能改变的，还有布鲁诺·贾科萨（Bruno Giacosa）和皮埃蒙特产区很多其他的酿酒商们，他们仍生产着世界上最传统和最反国际主义的葡萄酒。我建议在这些巴罗洛葡萄酒刚释放的 10 年内不要饮用，因为 10 年后它们的神奇特性就会表现出来。它们都是内比奥罗葡萄最优质的体现，也代表了皮埃蒙特大区的荣耀。

BAROLO CASCINA FRANCIA
孔泰尔诺酒庄卡希纳弗朗西亚园巴罗洛红葡萄酒

1999 Barolo Cascina Francia
孔泰尔诺酒庄卡希纳弗朗西亚园巴罗洛红葡萄酒 1999

评分：92 分

1999 年卡希纳弗朗西亚园巴罗洛红葡萄酒是一款经典的巴罗洛葡萄酒，呈中度的宝石红色，边缘有些许琥珀色。倒入杯中后，会爆发出烟叶、香料盒、欧亚香草、甘甜樱桃和泥土味的秋季腐烂植被混合的巨大芬芳鼻嗅。它非常强劲，并带有甘甜樱桃、欧亚香草和隐藏香草的风味。这款酒非常强烈和厚重，含有相对较高的单宁酸，还需要 5 到 6 年的时间窖藏，应该可以贮存 20 到 25 年。

罗伯特·孔泰尔诺

1995 Barolo Cascina Francia
孔泰尔诺酒庄卡希纳弗朗西亚园巴罗洛红葡萄酒 1995

评分：92 分

1995 年卡希纳弗朗西亚园巴罗洛红葡萄酒是一款年轻、厚重的葡萄酒，带有经典内比奥罗的特性，还表现出液态沥青、雪松木材、甘甜樱桃、玫瑰花瓣和巧克力糖的风味。这款巴罗洛葡萄酒强劲、深厚、耐嚼，带有诱人的泥土烟草味，它强劲、单宁个性明显、惊人的集中而且内涵丰富，可以现在饮用，也可以在接下来的 10 年甚至更久时间后饮用。这款制作完美的传统葡萄酒并不适合每个人购买，但是如果进行窖藏的话，你会得到丰厚的回报，因为它代表一种可能不会消失的酿酒风格，这是质感更加柔软、颜色更深的早期装瓶的新葡萄酒才有的特点。

1994 Barolo Cascina Francia
孔泰尔诺酒庄卡希纳弗朗西亚园巴罗洛红葡萄酒 1994

评分：90 分

1994 年款巴罗洛红葡萄酒呈宝石红色或石榴红色，还带有些许琥珀色。倒入杯中后，会爆发出中国红茶、雪松木材、熏鸭、酱油、欧亚香草和烟草的风味。这款果香的巴罗洛葡萄酒是向前的，有着甘甜、圆润和老式风格的口味，还有着粉尘状的单宁酸、美妙的甘油和浓缩度。在接下来的 7 到 10 年内饮用，其效果应该会很不错。

1993 Barolo Cascina Francia
孔泰尔诺酒庄卡希纳弗朗西亚园巴罗洛红葡萄酒 1993

评分：91 分

1993 年款卡希纳弗朗西亚园巴罗洛红葡萄酒呈暗宝石红色，略显紫色，散发出烘烤香草、烟草、焦油、樱桃白兰地和干樱桃混合的芳香，还有一定的可挥发酸度。入口后，口感深厚，中度酒体或略显强劲，余韵中有着良好的浓缩度和粉尘状的单宁酸。这款酒可以现在饮用，不过它似乎有着 10 到 15 年的进化前景。

1990 Barolo Cascina Francia
孔泰尔诺酒庄卡希纳弗朗西亚园巴罗洛红葡萄酒 1990

评分：95 分

这款令人惊叹的葡萄酒呈暗石榴红色，边缘还呈现出琥珀色，才刚刚到达青少年时期。倒入杯中后，会爆发出香料盒、新鞍皮革、甘甜香草和欧亚香草浸渍的黑色樱桃、樱桃白兰地风味的非凡鼻嗅，还带有无花果和梅子的风味。这是一款惊人的集中和劲力十足的葡萄酒，现在仍然有一定的单宁酸需要摆脱，但是却惊人的立体和绵长。这款酒才刚刚进

入成熟期，应该可以继续很好地再陈年 20 到 25 年。

1989 Barolo Cascina Francia
孔泰尔诺酒庄卡希纳弗朗西亚园巴罗洛红葡萄酒 1989

评分：94 分

孔泰尔诺家族一直认为这个年份是一个空前优质的年份，他们本来可以酿制一款蒙福尔蒂诺园葡萄酒，但是因为产量很低，所以他们决定把所有的葡萄都拿来酿制卡希纳弗朗西亚园葡萄酒。这是一款巨大、一直向后并且劲力十足的巴罗洛葡萄酒，在过去的几年中似乎已经增重相当多。我不确定它是否与 1990 年年份酒相当，但它仍然让人印象非常深刻，有着经典焦油和玫瑰花瓣风味的鼻嗅，体积巨大，边缘带有少许琥珀色，还有厚重的余韵。最佳饮用期：2006~2020+。

1988 Barolo Cascina Francia
孔泰尔诺酒庄卡希纳弗朗西亚园巴罗洛红葡萄酒 1988

评分：92 分

1988 年款卡希纳弗朗西亚园巴罗洛红葡萄酒散发出玫瑰和焦油风味的鼻嗅，口感深厚、强劲，含有挑衅的单宁酸，以及大量的成熟水果和甘油，还带有香甜樱桃、皮革和香草口味的醉人余韵。这是一款巨大、体积庞大、劲力十足的巴罗洛葡萄酒，建议在接下来的 10 年内饮用。

1985 Barolo Cascina Francia
孔泰尔诺酒庄卡希纳弗朗西亚园巴罗洛红葡萄酒 1985

评分：94 分

惊人的 1985 年款卡希纳弗朗西亚园巴罗洛红葡萄酒散发出经典的内比奥罗鼻嗅，并带有玫瑰、焦油、大多数丰富的红色水果和黑色水果的风味。这款葡萄酒油滑、强烈，含有惊人的水果，散发出美妙的芳香，还有着厚重的酒体、高含量的甘油和单宁酸。最佳饮用期：现在开始到 2012 年。

1971 Barolo Cascina Francia
孔泰尔诺酒庄卡希纳弗朗西亚园巴罗洛红葡萄酒 1971

评分：96 分

1971 年款卡希纳弗朗西亚园巴罗洛红葡萄酒是孔泰尔诺酒庄的最佳年份酒之一，也可能是我所品尝过的这种酒中的最佳年份酒。酒色呈暗石榴红色，散发出焦油、烘烤香草、润土、巧克力糖和黑色樱桃混合的强烈陈酿香。这款酒惊人的集中，含有美妙的酸度和甘甜的单宁酸。它非常厚重和强劲，带有香脂木风味的可挥发酸度，可以现在饮用，也可以再窖藏 25 年以上。这款酒简直是一项惊人的成就！

BAROLO RISERVA MONFORTINO
孔泰尔诺酒庄蒙福尔蒂诺园巴罗洛存酿

1998 Barolo Riserva Monfortino
孔泰尔诺酒庄蒙福尔蒂诺园巴罗洛存酿 1998

评分：93~96 分

有哪个人不钦佩一个到 2006 年至 2007 年才肯释放自己的葡萄酒的酿酒商？蒙福尔蒂诺园巴罗洛存酿都装在一个巨大的 foudre 中，我已经品尝过。它呈宝石红色，风格属于向前的和进化的（这是 1998 年年份酒拥有的典型风格），并散发出玫瑰精油、焦油、巧克力糖、矿物质和樱桃水果风味的甘甜鼻嗅。这款酒强劲而且美妙均衡，现在喝起来已经非常可口，不过在这些酒窖中这个特点会被认为不正常。有趣的是，孔泰尔诺两父子都认为，对他们来说，1998 年是一个比 1997 年更适合酿制蒙福尔蒂诺园巴罗洛存酿的年份。或许是因为 1998 年年份酒的风格更加有结构，而他们更喜欢这种风格。最佳饮用期：2009~2028 年。

1997 Barolo Riserva Monfortino
孔泰尔诺酒庄蒙福尔蒂诺园巴罗洛存酿 1997

评分：94 分

对于孔泰尔诺酒庄来说，1997 年蒙福尔蒂诺园巴罗洛存酿是一款反常向前的葡萄酒。它厚重、性感，含有丰富的甘油，风格强劲、集中、口感丰裕、无缝，还带有黑色樱桃、樱桃白兰地、烟草、焦油和猪肉的风味。最佳饮用期：2007~2022 年。

1996 Barolo Riserva Monfortino
孔泰尔诺酒庄蒙福尔蒂诺园巴罗洛存酿 1996

评分：96 分

这款巴罗洛葡萄酒非常有结构，潜力复杂而且风格向后，散发出玫瑰花瓣、甘甜焦油、欧亚香草、樱桃和皮革风味混合的巨大鼻嗅。它非常厚重、强劲、有力，含有惊人的单宁酸，颜色为中度的石榴红色，边缘带有些许琥珀色，还有惊人的余韵。这款酒到 2015 年左右才会达到顶峰时期，然后可以一直贮存到 2015~2030 年。

1995 Barolo Riserva Monfortino
孔泰尔诺酒庄蒙福尔蒂诺园巴罗洛存酿 1995

评分：94 分

这是优质的 1995 年蒙福尔蒂诺园存酿之一，非常集中。因为冰雹侵害的缘故，这一年的葡萄产量相当低。这款酒散发出欧亚香草、樱桃白兰地、烟草、红醋栗和樱桃的精华，还伴有明显的玫瑰花瓣和欧亚香草的风味。它成熟、强劲，含有甘甜的水果、大量的甘油和无缝的余韵，可以持续 45 秒左右。倒入杯中后，它会变得更加芳香和集中。这款酒中含有丰富的单宁酸，毫无疑问它到释放时会更加有结构。最佳饮用期：2010~2040 年。

1993 Barolo Riserva Monfortino
孔泰尔诺酒庄蒙福尔蒂诺园巴罗洛存酿 1993

评分：92 分

1993 年款蒙福尔蒂诺园巴罗洛存酿呈淡淡的石榴红色或宝石红色，毫无疑问是该年份的优质年份酒，非常具有挑战力。和所有孔泰尔诺葡萄酒一样，它装瓶前没有进行澄清和过滤，因此保留了所有的风土条件和葡萄品种特性。这款酒拥有很好的酸度、甘甜的单宁酸、丰富的酒精度、美妙的密度和多肉的质感，非常和谐和优雅，还爆发出玫瑰花瓣、焦油、新鞍皮革、甘甜黑色樱桃果酱、欧亚甘草和覆盆子风味混合的迷人芳香。它可以现在饮用，也可以在接下来的 12 年内饮用。因为大多数 1993 年年份酒都比较尖刻，而且有坚硬的边缘，所以这款酒可以被看做是皮埃蒙特大区的优质沉睡酒之一。

1990 Barolo Riserva Monfortino
孔泰尔诺酒庄蒙福尔蒂诺园巴罗洛存酿 1990

评分：96 分

这款酒呈中度的宝石红色，边缘带有琥珀色。它强烈芬芳的陈酿香中还带有烟熏烟草、樱桃果酱、陈年的巴马干酪（Parmesan cheese）、欧亚甘草、干香草和巧克力糖风味混合的鼻嗅。这是一款巨大的、老式风格的巴罗洛葡萄酒，入口后会爆发出惊人含量的精粹物，重酒体，有着含量很高的单宁酸，强劲的余韵可以持续 40 秒左右。它惊人的陈酿香实在让人无法抵抗，这款蒙福尔蒂诺园巴罗洛存酿可以再陈年 20 年！这款深远的 1990 年年份酒好像是连续的一系列优质蒙福尔蒂诺园巴罗洛葡萄酒中让人振奋的一款。1985 年、1982 年、1978 年、1971 年、1967 年和 1964 年的年份酒仍然是皮埃蒙特的经典葡萄酒。这款 1990 年蒙福尔蒂诺园巴罗洛存酿是一款需要长时间等待的超现实葡萄酒，装瓶前在卵形大木桶中陈化了 7 年时间，而以前装瓶前通常要陈化 10 年时间或者更久。

1987 Barolo Riserva Monfortino
孔泰尔诺酒庄蒙福尔蒂诺园巴罗洛存酿 1987

评分：93 分

许多酿酒商都发现自己的 1987 年巴罗洛年份酒的质量只处于中等水平，而孔泰尔诺酒庄的这款年份酒却非常成功。毫无疑问，1987 年蒙福尔蒂诺园葡萄酒是该年份最优质的巴罗洛葡萄酒。它呈饱满的黑色，散发出巧克力糖、焦油、淡淡的烟草味、黑色樱桃水果混合的巨大鼻嗅，这款酒含有大量的甘油，具有惊人的力量和丰富性，还有着相当悠长的、单宁的余韵。这是产自于一个普通年份的优质葡萄酒，从现在开始到 2020 年间应该处于最佳时期。对于满载大量新橡木、甘甜脆爽水果和简单干净口味的葡萄酒爱好者来说，一定要先品尝一下再决定是否购买这款酒。尽管这款酒非常令人惊奇，但是并不适合所有人。

1985 Barolo Riserva Monfortino
孔泰尔诺酒庄蒙福尔蒂诺园巴罗洛存酿 1985

评分：97 分

孔泰尔诺酒庄酿制了几款相对近期（当然近期这个表达并不是很合适）但已经达到某种完全成熟水平的葡萄酒，这款上乘的蒙福尔蒂诺园葡萄酒实际上就是其中之一。这款酒呈暗石榴红色，倒入杯中后，会爆发出巧克力糖、熏肉、干香草、香料盒、新鞍皮革和樱桃白兰地风味的非凡鼻嗅。它非常强劲，而且像大多数蒙福尔蒂诺园葡萄酒一样，现在质感柔软而且华丽，口感立体而且多层次，还有甘甜的、甘油浸染的悠长余韵。最佳饮用期：现在开始到 2025 年。

1971 Barolo Riserva Monfortino
孔泰尔诺酒庄蒙福尔蒂诺园巴罗洛存酿 1971

评分：100 分

这是一款完美的蒙福尔蒂诺园巴罗洛存酿！它虽仍然年轻，但却已经进入早熟时期的最初阶段，这款非凡的蒙福尔蒂诺园葡萄酒真是一个传奇。它表现出干红色水果、黑色水果、沃土、烟熏烟草、白色巧克力糖、玫瑰花瓣、猪肉和皮革风味的经典鼻嗅。这款成分厚重、风格巨大的葡萄酒还有着爆发性的果香，含有甘甜的单宁酸和含量丰满的精粹物，而且惊人的对称和纯粹。经过几个小时的醒酒后再喝，它会变得更加柔软、可口和有趣。最佳饮用期：现在开始到 2030+。

1970 Barolo Riserva Monfortino
孔泰尔诺酒庄蒙福尔蒂诺园巴罗洛存酿 1970

评分：90 分

这款庞大的 1970 年款蒙福尔蒂诺园巴罗洛存酿呈暗石榴红色，还带有大量的琥珀色，表现出泥土、干水果、香烟和烟草的风味。它口感生硬、强劲、丰富而且结构良好。最佳饮用期：现在开始到 2015 年。

1967 Barolo Riserva Monfortino
孔泰尔诺酒庄蒙福尔蒂诺园巴罗洛存酿 1967

评分：95 分

这款 1967 年蒙福尔蒂诺园巴罗洛存酿是孔泰尔诺的一项巨大成就，在过去的十年中已经达到完全成熟的状态。当葡萄酒爱好者和狂热者大谈特谈出众的蒙福尔蒂诺园葡萄酒时，由于某些原因，这款酒却被人们忽略了。它的颜色为成熟的宝石红色或石榴红色，而且琥珀色相当明显。它烟熏味和泥土味的陈酿香中还带有丰富的甘甜茶叶和干水果果香。这款酒口感甘甜、多汁、丰富、多肉，含有刚好足够的酸度和单宁酸，而且轮廓清晰。拥有这款酒的读者不要再继续贮存了，必须马上饮用。

DAL FORNO ROMANO
戴福诺酒庄

酒品：

　　戴福诺酒庄瓦尔波利塞拉高级葡萄酒（Valpolicella Su-periore）

　　戴福诺酒庄瓦尔波利塞拉阿马罗内干红葡萄酒（Amarone della Valpolicella）

庄园主： 罗曼诺·戴尔·福尔诺（Dal Forno Romano）

地址： Località Lodoletta 1, 37030 Cellore d'Illasi Verona, Italy

电话：（39）045 7834923

传真：（39）045 6528364

邮箱： info@ dalforno.net

网址： www. dalforno.net（网站仍在建设中）

联系人： 罗曼诺·戴尔·福尔诺

参观规定： 周一至周三对外开放，只接受预约访客

葡萄园

占地面积： 酒庄土地面积 30.8 英亩；租地面积 30.8 英亩

葡萄品种： 科维纳（Corvina）、荣迪内拉（Rondinella）、克罗阿迪纳（Croatina）和奥赛莱塔（Oseletta）

平均树龄： 18 年

种植密度： 老葡萄园 2,000~3,000 株 / 公顷；
　　　　　　新葡萄园 11,000~13,000 株 / 公顷

平均产量： 5,500~6,000 千克 / 公顷

酒的酿制

　　庄园主很明确地说："我的目标就是酿造最高质量水平的葡萄酒，这样我不仅可以通过葡萄酒传递给最终的消费者饮酒乐趣，还可以传递给他们情感。"葡萄酒发酵持续 2 周左右，在温度可以控制的条件下进行。然后把它们转移到另一个酒罐中进行净化，之后倒入小橡木酒桶中，阿马罗内干红葡萄酒和瓦尔波利塞拉葡萄酒都是在小橡木酒桶中陈化 3 年。成熟之后，大约在 2 月或 3 月装瓶，瓦尔波利塞拉葡萄酒在瓶中接着陈化 2 年后释放，而阿马罗内干红葡萄酒则在

瓶中陈化 3 年才释放。

年产量

戴福诺酒庄瓦尔波利塞拉阿马罗内干红葡萄酒（DOC）：9,000 瓶

戴福诺酒庄瓦尔波利塞拉高级葡萄酒（DOC）：19,000 瓶

平均售价（与年份有关）：100~400 美元

近期最佳年份

2001 年，2000 年，1998 年，1997 年，1995 年，1990 年，1985 年

戴福诺酒庄位于维罗纳以东的瓦尔迪拉西山谷（Val d'Illasi），是毫不妥协的瓦尔波利塞拉葡萄酒和阿马罗内干红葡萄酒的参考标准。该酒庄大约位于山谷的半山腰上，斜坡刚好从这里开始向山上延伸。这个农场一直都很适合酿制葡萄酒和橄榄油，这很大程度上是因为它的海拔高度（大约在海平面以上 290 米）。

戴福诺酒庄至少有四代是由同一个家族管理的，而其中至少有三代人一直在酿制葡萄酒。在该酒庄被不同的家庭成员分裂后，路易吉·戴尔·福尔诺（Luigi Dal Forno）在它的重新统一中起着重要作用。虽然他仍然保留一部分土地继续种植家畜农作物，毕竟当时这是农场唯一的收入来源，但他仍然把农场当做一个葡萄园。

在瓦尔迪拉西山谷发生巨大变化的时期，该酒庄是由路易吉的儿子罗曼诺管理的。第二次世界大战之后，由于收入减少，所以很多当地的居民都放弃了农业，繁重的农场工作也失去了对他们的吸引力。而全球化市场的繁荣和当时的机械化科技发展水平成为主要的经济问题，因此，路易吉·戴尔·福尔诺没能把葡萄酒变成一个全职产业。

罗曼诺·戴尔·福尔诺从 1983 年开始酿酒，在权衡了他的选择之后，他决定继续家族传统。1990 年，他建立了酒厂和房屋，这间房屋现在成了他的家，而且位于农场中心。这些建筑模仿了该地区 19 世纪别墅的风格，因为这种风格不仅和这里的环境很协调，而且能够反映他的酿酒哲学："实在、长寿、

复杂，但最重要的是，对天然原料的热爱，对历史和传统的尊重。"

毫无疑问，戴福诺家族是威尼托产区瓦尔波利塞拉葡萄酒和阿马罗内干红葡萄酒的主要酿酒商。罗曼诺·戴尔·福尔诺在如此短暂的时期内可以创造出如此惊人的成就，真是太了不起了。根据欧洲的酿酒标准，他的资历比较浅。但是，他的葡萄酒变得越来越强壮，已经为瓦尔波利塞拉葡萄酒和阿马罗内干红葡萄酒建立了一个新的基准点，并且重新设定了这类酒的价格和质量。不过遗憾的是，这些酒都极其难找，而且价格处于最高水平。任何品尝过戴福诺酒庄葡萄酒的人都会发现，它们可以作为所有奇妙的瓦尔波利塞拉葡萄酒和阿马罗内干红葡萄酒的参考标准。它们拥有极其高度的复杂性、丰富性和陈年潜力，表现出独特的风格，与该地区出产的其他所有葡萄酒风格都完全不同。

AMARONE DELLA VALPOLICELLA
戴福诺酒庄瓦尔波利塞拉阿马罗内干红葡萄酒

1998 Amarone della Valpolicella Vigneto di Monte Lodoletta
戴福诺酒庄洛多莱塔山阿马罗内干红葡萄酒 1998

评分：96 分

这是一款特别有力和强大的葡萄酒，接近黑色，散发出石墨、欧亚甘草、白色巧克力、浓咖啡、烤肉和大量水果风味混合的巨大鼻嗅。这款强劲、几乎超越巅峰的葡萄酒表现出惊人的清晰轮廓，非常均衡，而且相对于一款这样巨大的葡萄酒来说，它真是惊人的优雅。这款酒至少可以贮存 20 到 25 年，是一款十分奇妙的葡萄酒。最佳饮用期：2008~2025 年。

1997 Amarone della Valpolicella
戴福诺酒庄瓦尔波利塞拉阿马罗内干红葡萄酒 1997

评分：99 分

这款出人意料的 1997 年阿马罗内干红葡萄酒的酒精度高达 17.5%，在全新的法国橡木酒桶中陈年了 28 个月。它的颜色为墨色或紫色，散发出蓝莓利口酒、巧克力糖、石墨、樟脑和香子兰风味混合的奢华陈酿香。这款惊人的葡萄酒相当强劲、超级集中、非常纯粹，并且对称和绵长。这款葡萄酒绝对是一个传奇！它到底会持续多长时间呢？天知道！不

过可以肯定的是，这款酒有着15到20年的进化能力。

1996 Amarone della Valpolicella

戴福诺酒庄瓦尔波利塞拉阿马罗内干红葡萄酒 1996

评分：99 分

事实上，罗曼诺·戴尔·福尔诺的 1996 年款阿马罗内干红葡萄酒非常完美，毫无疑问是我所品尝过的最优质的阿马罗内葡萄酒。它的颜色为墨黑色或紫色，伴有石墨、黑莓、梅子、矿物质、欧亚甘草和浓咖啡混合的、异常纯粹的口味。尽管这款酒非常强烈和丰富，但它并不沉重。它的酒精度高达 17.5%，却在一定程度上很好地隐藏了！这是我所品尝过的最令人叹服的意大利葡萄酒，它应该会惊人的长寿。最佳饮用期：现在开始到 2030 年。

1995 Amarone della Valpolicella

戴福诺酒庄瓦尔波利塞拉阿马罗内干红葡萄酒 1995

评分：98 分

1995 年款阿马罗内干红葡萄酒呈不透明的紫色，接近完美。它有着超级集中的黑莓利口酒、焚香、香烟和矿物质混合的怀旧风味。这款巨大的葡萄酒强劲、厚重而且耐嚼，相对于它的大小和强度来说，它有着非凡的纯粹性和活力。从它的大小和泥土、柏油特性来看，这款阿马罗内葡萄酒的口感是后天培养出来的。当然，这款酒的精粹物含量和丰富性达到了一个新的水平，是一款良好均衡的干红葡萄酒，而且因为它奢侈的丰富特性，它高达 16.5% 的酒精度也被很好地隐藏了。这真是一个天才的杰作！至少在接下来的 20 年内非常适合饮用。

1994 Amarone della Valpolicella

戴福诺酒庄瓦尔波利塞拉阿马罗内干红葡萄酒 1994

评分：97 分

这是一款令人惊叹的阿马罗内干红葡萄酒，相对于它的集中、巨大和高浓缩度来说，它表现出的清新特性非常惊人。入口后，口感巨大但是绝不沉重。这款精致的葡萄酒显露出惊人含量的巧克力糖、香烟、黑色水果和欧亚甘草的风味。最佳饮用期：现在开始到 2020 年。

1990 Amarone della Valpolicella

戴福诺酒庄瓦尔波利塞拉阿马罗内干红葡萄酒 1990

评分：95 分

尽管我每年都会有技巧地饮用阿马罗内葡萄酒，但是我并没有饮用很多，因为我发现大多数阿马罗内葡萄酒的李子味都过重，而且稍微显得被氧化了，不够清新，还有风格比较特别。但是，面对如此令人惊叹的葡萄酒，连我自己都觉得激动不已。这款深远的 1990 年阿马罗内干红葡萄酒是阿马罗内葡萄酒中比较动人的一款。这款干型葡萄酒呈暗紫红色，比例结实，还散发出大量巧克力、香烟、焦油、甘甜的李子水果混合的诱人风味。这是一款劲力十足、内涵动人的葡萄酒，强劲、有力、丰富，而且没有坚硬的边缘，非常适合从现在到 2012 年间饮用。这是多么令人惊叹的一款葡萄酒啊！

1989 Amarone della Valpolicella

戴福诺酒庄瓦尔波利塞拉阿马罗内干红葡萄酒 1989

评分：96 分

戴福诺酒庄的 1989 年款阿马罗内干红葡萄酒是我所品尝过的最优质的葡萄酒之一。它的颜色为饱满的暗石榴红色或暗宝石红色或炭黑色。这款非凡的葡萄酒倒入杯中后，会爆发出李子、巧克力、过熟的黑色水果混合的、惊人甘甜和丰富的陈酿香，还带有淡淡的巧克力糖、雪松、欧亚甘草和香料的风味。这款深厚、油滑、干型的葡萄酒是一款内涵惊人、立体的阿马罗内葡萄酒，可以现在饮用，也可以在接下来的 18 年内饮用。不幸的是，这款酒只有 50 箱出口到美国，而据我估计大多数都分配到了我国（这里指美国）最优质的一些意大利餐馆中。它很适合在餐宴的最后与奶酪搭配饮用。

VALPOLICELLA SUPERIORE
戴福诺酒庄瓦尔波利塞拉高级葡萄酒

1998 Valpolicella Superiore
戴福诺酒庄瓦尔波利塞拉高级葡萄酒 1998

评分：93 分

这是一款惊人的 1998 年瓦尔波利塞拉葡萄酒，酒色呈饱满的宝石红色或紫色，并爆发出木榴油、梅子、李子、黑

戴福诺酒庄瓦尔波利塞拉高级葡萄酒 1998 酒标

莓、黑醋栗和矿物质混合的美妙芳香。它有着惊人的浓缩度，巨大的酒体，良好的均衡性，极佳的纯粹度，惊人的口感，还有着可以持续50秒到1分钟的余韵。最佳饮用期：现在开始到2013年。

1997 Valpolicella Superiore
戴福诺酒庄瓦尔波利塞拉高级葡萄酒 1997

评分：93 分

1997年款瓦尔波利塞拉葡萄酒呈不透明的紫色，有着深厚、甘油浸渍的质感，还有着惊人的浓缩度和良好的纯粹度，以及含量相当丰富的烟熏泥土味黑莓和樱桃水果。这款惊人的葡萄酒的口感简直太不可思议了。最佳饮用期：现在开始到2012年。

1996 Valpolicella Superiore
戴福诺酒庄瓦尔波利塞拉高级葡萄酒 1996

评分：94 分

1996年瓦尔波利塞拉高级葡萄酒是一款令人惊讶的葡萄酒。读者们必须更新自己对瓦尔波利塞拉葡萄酒的认识，才能够理解这款拳头产品。它的颜色为深紫色，陈酿香中带有相当大量的黑莓和樱桃水果味，还混有香子兰、矿物质、铅笔屑和香料的风味。这款酒强劲、质感奢华，拥有甘甜的单宁酸和无缝的余韵。这是一款巨大的、惊人的并对称的瓦尔波利塞拉葡萄酒，可以再贮存12到15年。最佳饮用期：现在开始到2018年。

1995 Valpolicella Superiore
戴福诺酒庄瓦尔波利塞拉高级葡萄酒 1995

评分：91 分

1995年瓦尔波利塞拉高级葡萄酒是一款令人震惊的葡萄酒，酒色呈不透明的暗宝石红色，带有香烟、泥土、浆果果酱和黑莓水果风味的爆发性鼻嗅。它非常丰富、精粹和强烈，重酒体，含有丰富的甘油。值得注意的是，尽管这款酒在不经过滤装瓶前在酒桶中陈化了3年，但它的新橡木味却十分微弱。它的酒精度为14.5%，相对于瓦尔波利塞拉葡萄酒来说，这一度数是比较高的。最佳饮用期：现在开始到2015年。

1992 Valpolicella Superiore
戴福诺酒庄瓦尔波利塞拉高级葡萄酒 1992

评分：90 分

这款1992年瓦尔波利塞拉高级葡萄酒爆发出巨大、烟熏、甘甜、野味和果酱的鼻嗅。它质感惊人、丰富、强劲，而且满载精粹物。入口后表现出焦油、巧克力和雪松味的甘甜浆果的水果口感，质感油滑，还有着惊人的余韵。读者们若是饮用过大量的瓦尔波利塞拉葡萄酒，一定会被这款酒的复杂性和强度所震惊。最佳饮用期：现在开始到2007年。

1988 Valpolicella Superiore
戴福诺酒庄瓦尔波利塞拉高级葡萄酒 1988

评分：91 分

毫无疑问，这是我所品尝过的最优质的一款瓦尔波利塞拉葡萄酒。你肯定没想到这款瓦尔波利塞拉葡萄酒也可以如此的复杂和丰富，有着如此巨大的陈年潜力。这款年份酒的鼻嗅中带有成熟梅子、香料和甘甜雪松风味的巨大芳香。这款葡萄酒中度酒体或略显强劲，质感油滑而且柔顺，含有丰富的水果，非常诱人，并且一直很可口。相对于瓦尔波利塞拉葡萄酒来说，它的价格似乎比较高，但它真是一款优质的红葡萄酒！最佳饮用期：现在开始到2009年。

FALESCO
发勒斯可酒庄

酒品：

发勒斯可酒庄孟提阿诺红葡萄酒（Montiano）

发勒斯可酒庄麦西丽亚洛葡萄酒（Marciliano）

庄园主：里卡多·科塔瑞拉（Riccardo Cotarella）和伦佐·科塔瑞拉（Renzo Cotarella）

地址：Località Artigiana Le Guardie 01027 Montefiascone(VT)，Italy

电话：(39) 0761 825669 或 830401 或 1825803

传真：(39) 0761 834012

邮箱：info@ falesco.net

网址：www.falesco.it

联系人：里卡多·科塔瑞拉

参观规定：酒庄对外开放时间为周一至周五 8:00am-1:00pm 和 2:00-5:00pm。参观前必须预约。

葡萄园

占地面积：750 英亩

葡萄品种：

拉齐奥地区 250 英亩：美乐、罗塞托（Roscetto）、白玉霓（Trebbiano）、玛尔维萨（Malvasia）和埃丽提科（Aleatico）

翁布里亚地区 500 英亩：赛娇维赛、美乐、赤霞珠和品丽珠

平均树龄：5~25 年

种植密度：孟提阿诺园 2,500 株 / 英亩；麦西丽亚洛园 3,000 株 / 英亩

平均产量：1,600~2,000 千克 / 英亩（红葡萄品种）

酒的酿制

在科塔瑞拉两兄弟的严格监管下，该酒庄的葡萄园都保持得很完美。他们葡萄园的种植密度一直在持续增长，目前已达到5,000~8,000株/公顷。他们也使用了比较激进的葡萄培植方式，包括幼枝定位和葡萄树打薄。根据葡萄品种和季节的条件差异，打薄比例很可能高达10%~50%。发勒斯可酒庄的基本要求是低产量和葡萄成熟。他们在尝试酿制结构丰富、个性丰满、柔软和优雅的葡萄酒。浸渍工作在温度可以控制的条件下进行，而且持续时间长，为了精粹柔软的单宁酸，还会使用不同的技术，比如压榨回收法（法语为délestage，是一种红葡萄酒发酵的方法。发酵过程中，先用重力榨汁，让葡萄汁流入一个大桶内，然后用泵抽取葡萄汁

送回一个大箱中）。孟提阿诺葡萄酒和麦西丽亚洛葡萄酒都会和酒糟一起贮存在法国小橡木桶中，经过 12 到 15 个月后进行装瓶，装瓶前既不澄清也不过滤。

年产量

发勒斯可酒庄孟提阿诺红葡萄酒：80,000 瓶

发勒斯可酒庄麦西丽亚洛葡萄酒：10,000 瓶

平均售价（与年份有关）：10~50 美元

近期最佳年份

2001 年，2000 年，1999 年，1995 年

在翁布里亚地区和拉齐奥地区，对于葡萄酒质量提升贡献最大的酿酒师是里卡多·科塔瑞拉和伦佐·科塔瑞拉，他们在 1979 年建立了发勒斯可酒庄。他们觉得这个葡萄培植地区的历史意义非常重大，而且需要进行像皮埃蒙特大区和托斯卡尼亚地区一样的质量改革。在过去，翁布里亚地区和拉齐奥地区的葡萄酒曾是罗马贵族之酒和罗马教皇之酒，但是到 20 世纪初它们却完全被遗忘了。科塔瑞拉兄弟创造了拥有先进科技水平的酒厂，他们第一次采收葡萄是在 1991

里卡多·科塔瑞拉和伦佐·科塔瑞拉

年。他们没有遵循传统智慧，而是种植了可以买到的、最优质的美乐复制品种，于1993年开始酿制著名的孟提阿诺葡萄酒，这款酒有着出色的丰富性、浓缩度、结构和优雅性。他们的巨大成就使得他们能够买下庞大的麦西丽亚洛葡萄园，该葡萄园位于奥维多（Orvieto）以南的山坡上，为发勒斯可酒庄带来了另一款非凡的葡萄酒，即麦西丽亚洛葡萄酒，这款酒全部使用赤霞珠酿制，有着卓越的丰富性和复杂性。

当伦佐·科塔瑞拉担任安蒂诺里酒庄的首席酿酒师时，是里卡多·科塔瑞拉一直在背后推动着发勒斯可酒庄的发展。科塔瑞拉家族一直和现代商业酿酒技术导致的质量下降做着斗争，他们的斗争计划包括：（1）与低产量作斗争；（2）用手工采收生理上成熟的葡萄；（3）在小橡木桶中陈年；（4）装瓶前只稍加净化，但一般不会澄清和过滤。

发勒斯可酒庄的葡萄酒都是意大利最令人激动的现代风格红葡萄酒。里卡多·科塔瑞拉是推动意大利酿酒技术进步的年轻天才酿酒师之一，还是法国的米歇尔·罗兰（Michel Rolland）精神上的好兄弟。

MARCILIANO
发勒斯可酒庄麦西丽亚洛葡萄酒

2001 Marciliano
发勒斯可酒庄麦西丽亚洛葡萄酒 2001

评分：95分

2001年款麦西丽亚洛葡萄酒呈墨宝石红色或墨紫色，是用70%赤霞珠和30%品丽珠的异常混合成分酿制而成。它散发出铅笔屑、黑莓、黑醋栗混合的极佳鼻嗅，还带有淡淡的薄荷味和烟草味。这是一款上乘的葡萄酒，口感非常宽阔、强劲，中度单宁酸，而且非常丰富和多层次。酿酒用的葡萄采收自仍然非常年轻的葡萄树。最佳饮用期：现在开始到2020年。

1999 Marciliano
发勒斯可酒庄麦西丽亚洛葡萄酒 1999

评分：94分

这款1999年年份酒是里卡多·科塔瑞拉的最新宝贝，也是麦西丽亚洛葡萄酒的第一个年份酒。在全新的法国橡木酒桶中陈年16个月后才装瓶，不进行澄清和过滤。酿制原料仍是70%赤霞珠和30%品丽珠的混合，散发出熏衣草、薄荷、黑醋栗奶油、欧亚甘草、香料盒和烘烤橡木混合的惊人复杂芳香。这款酒厚重，一入口就会表现出美妙的水果特性和丰富性。它非常优雅和精致，虽然不像孟提阿诺葡萄酒那样拥有享乐主义的特性，但却有着比它更加复杂的潜力和更加美妙的精细感，而且更加微妙。和孟提阿诺葡萄酒一样，这款麦西丽亚洛葡萄酒有着一级酒庄酒的质量，值得大家关注。最佳饮用期：现在开始到2018年。

MONTIANO
发勒斯可酒庄孟提阿诺红葡萄酒

2001 Montiano
发勒斯可酒庄孟提阿诺红葡萄酒 2001

评分：95分

2001年孟提阿诺红葡萄酒是一款奢华得几乎堕落的、丰富的葡萄酒，酒色呈深宝石红色或深紫色，散发出浓咖啡烤肉、甘甜樱桃白兰地、欧亚甘草和摩卡咖啡风味的非凡鼻嗅。与迄今为止的每一款年份酒一样，这款年份酒也是用100%的美乐酿制而成的，它非常强劲、质感丰裕、相当巨大。它已经成为意大利南部优质的美乐葡萄酒，而且达到了世界最优质美乐葡萄酒的水平。最佳饮用期：现在开始到2016年。

2000 Montiano
发勒斯可酒庄孟提阿诺红葡萄酒 2000

评分：94 分

尽管发勒斯可酒庄的 2000 年款孟提阿诺红葡萄酒不及 1999 年款和 1997 年款质量好，但是也非常接近。这款酒也是用 100% 的美乐酿制而成，并且在小橡木酒桶中陈年。它呈现出不透明的紫色，并爆发出石墨、黑莓、黑醋栗、欧亚甘草和微弱的吐司味混合的奢华芳香。它非常深厚，重酒体，含有甘甜的单宁酸，拥有多层次的、优雅的悠长余韵，适合从现在到 2020 年间饮用。这款酒简直太棒了！

1999 Montiano
发勒斯可酒庄孟提阿诺红葡萄酒 1999

评分：95 分

1999 年孟提阿诺红葡萄酒是一款深远的葡萄酒，产量为 2500 箱，是用 100% 的美乐酿制而成，在全新的法国橡木酒桶中陈年，装瓶前未进行澄清和过滤。它的颜色为深宝石红色或深紫色，散发出瑞士自助餐果香，还带有液态巧克力、浓咖啡、黑莓、樱桃、黑醋栗和香烟的风味。它强劲，惊人的纯粹，拥有多层次的质感，而且相对于它的深度来说，它惊人的清新，可以在年轻时饮用，也可以进行窖藏。对于对这些东西感兴趣的技术人员来说，它的干精粹物含量真是令人震惊，高达 37 克 / 升。最佳饮用期：现在开始到 2020 年。

1998 Montiano
发勒斯可酒庄孟提阿诺红葡萄酒 1998

评分：94 分

这款惊人的 1998 年孟提阿诺红葡萄酒呈不透明的紫色，表现出黑色樱桃利口酒、欧亚甘草和烘烤香子兰风味的惊人陈酿香。入口后会爆发出大量甘油、黑醋栗、黑色樱桃和黑莓风味的口感，倒入杯中后，还会表现出液态巧克力和烘烤橡木混合的芳香和口味，余韵可以持续 40 多秒。最佳饮用期：现在开始到 2016 年。

1997 Montiano
发勒斯可酒庄孟提阿诺红葡萄酒 1997

评分：95 分

1997 年款孟提阿诺红葡萄酒是用 100% 的美乐品种酿制而成，在法国新橡木酒桶中陈年一年后装瓶，装瓶前未进行澄清和过滤，是一款惊人的葡萄酒。它在口中建立起多层次口感，到口腔后部时突然爆发。颜色为不透明的紫色，散发出巧克力、香烟、黑色水果和吐司混合的、巨大甘甜的风味，不仅满足了人的嗅觉器官，而且取悦了人的心智欲望。这款极佳的葡萄酒纯粹、有力、结构出色，而且没有坚硬的边缘，没有高的酒精度和沉重感，是意大利制造的最优质的美乐葡萄酒之一，其产量为 1000 箱。最佳饮用期：现在开始到 2014 年。

1996 Montiano
发勒斯可酒庄孟提阿诺红葡萄酒 1996

评分：93 分

1996 年款孟提阿诺红葡萄酒酿制时在法国橡木酒桶中陈年，装瓶前未进行澄清和过滤。遗憾的是，产量只有 500 箱。它呈现出不透明的紫色，爆发出黑莓利口酒、香烟、吐司和巧克力混合的轰动鼻嗅。这款酒强劲、质感深厚、丰富、多层次、超级纯粹，余韵可以持续 30 多秒，这是一款非常集中和复杂的美乐葡萄酒，现在就可以饮用。最佳饮用期：现在开始到 2012 年。

1995 Montiano
发勒斯可酒庄孟提阿诺红葡萄酒 1995　评分：95 分

1995 年款孟提阿诺红葡萄酒的产量为 1000 箱，品质非常惊人。这款酒是用 100% 的美乐酿制而成，而且所用的葡萄都采收自拉齐奥地区山坡上的葡萄园中（海拔高度相对较高，为 980 米），装瓶前没有进行过滤，这款相当丰富的红葡萄酒是一款拳头产品。它的颜色为饱满的紫色，鼻嗅中带有熏肉、黑醋栗、巧克力和香子兰风味的极其悦人的芳香。这款酒惊人的丰富，含有美妙集中的酸度、单宁酸和木材风味，质感丰裕，多层次，比例惊人，而且异常的纯粹和丰富。这款惊人的葡萄酒虽然有着令人惊叹的强度，但却没有沉重感，是意大利南部有着强大潜力的葡萄酒的典型。最佳饮用期：现在开始到 2010 年。

1994 Montiano
发勒斯可酒庄孟提阿诺红葡萄酒 1994　评分：93 分

让科塔瑞拉特别引以为豪的两款葡萄酒是 1993 年和 1994 年孟提阿诺年份酒，它们的产量都是 1200 箱，酿自于占地面积只有 10 英亩的翁布里亚葡萄园，该园的平均产量为 2000 瓶 / 英亩（这是相当低产的）。令人印象深刻的 1994 年款孟提阿诺红葡萄酒比 1993 年款更加丰富，酒色呈不透明的紫色，带有性感的烟熏味烘烤新橡木芳香，还有着成熟集中的黑色水果特性（黑加仑和黑色樱桃），口感强烈，含有数量惊人的精粹物，中度酒体到重酒体，非常纯粹，还有多层次且有结构的丰富余韵。这真是一款令人叹服的葡萄酒！最佳饮用期：现在开始到 2010 年。

1993 Montiano
发勒斯可酒庄孟提阿诺红葡萄酒 1993　评分：90 分

1993 年年份酒是第一款孟提阿诺红葡萄酒。这款酒是用 80% 的美乐和 20% 的赤霞珠混合酿制而成，在全新的法国橡木酒桶中进行陈年，而且装瓶前未进行净化。酒色呈饱满的深紫色，散发出强烈的烟熏味香甜香子兰和黑醋栗风味的鼻嗅。它丰富、优雅，拥有权威性有力的口味，有着良好的骨架和结构，还有着悠长的余韵。尽管这款酒现在仍然年轻而且未完全进化，但它仍然是一款非常有前景的、质量一流的葡萄酒。最佳饮用期：现在开始到 2008 年。

ANGELO GAJA

嘉雅酒庄

酒品：

    嘉雅酒庄巴巴莱斯科红葡萄酒（Barbaresco）

    嘉雅酒庄圣洛伦索南园葡萄酒（Sori San Lorenzo）

    嘉雅酒庄提丁南园葡萄酒（Sori Tildin）

    嘉雅酒庄罗斯海岸园葡萄酒（Costa Russi）

    嘉雅酒庄思波斯果园葡萄酒（Sperss）

    嘉雅酒庄康泰撒园葡萄酒（Conteisa）

庄园主：安杰罗·嘉雅（Angelo Gaja）

地址：Via Torino 36,120510 Barbaresco(CN),Italy

电话：(39) 0173 635158

传真：(39) 0173 635256

邮箱：gajad@ tin.it

联系人：斯特凡诺·巴里亚尼（Stefano Bariani）和马克·拉
     贝利诺（Marco Rabellino）

参观规定：只限葡萄酒专业人士，并且只接受预约访客

葡萄园

占地面积：250 英亩

葡萄品种：阿尔巴产区内比奥罗（Nebbiolo d'Alba）、巴贝
     拉、霞多丽、长相思和赤霞珠

平均树龄：20 年

种植密度：1,120~2,200 株 / 英亩

平均产量：1,800 千克 / 英亩

酒的酿制

    从安杰罗·嘉雅的酿酒方式来看，他并不是一个现代主义者。因为他既不进行短期发酵，也不使用任何压缩器或旋转发酵器。虽然他确实会使用大量新酒桶，但酿酒技术却是传统的。发酵时一开始温度相对较高，达 30℃，然后多次循环旋转，接着发酵器中的温度降至 22℃，这时停止循环旋转，发酵时间为 7 到 10 天。然后进行发酵后的浸渍处理，为期 1 周，还有 3 周左右的完全浸皮处理。

    葡萄酒会在小橡木酒桶中陈年 1 年的时间，然后再转移到大橡木酒桶中陈年 1 年。接着装瓶，在瓶中陈年 1 到 2 年后释放。

年产量

    嘉雅酒庄巴巴莱斯科红葡萄酒：60,000 瓶

    嘉雅酒庄圣洛伦索南园葡萄酒：12,000 瓶

    嘉雅酒庄提丁南园葡萄酒：12,000 瓶

    嘉雅酒庄罗斯海岸园葡萄酒：12,000 瓶

    嘉雅酒庄思波斯果园葡萄酒：32,000 瓶

    嘉雅酒庄康泰撒园葡萄酒：18,000 瓶

    平均售价（与年份有关）：50~350 美元

近期最佳年份

    2001 年，2000 年，1998 年，1997 年，1996 年，1990 年，1989 年，1985 年，1982 年，1978 年，1971 年

法国作家巴尔扎克（Honoré de Balzac）曾经这样说过："天才或许和每个人都像，但他一定具有其他人没有的特点。"把这句话拿来形容安杰罗·嘉雅简直再合适不过了。安杰罗·嘉雅有很多特点都会让我想起现代艺术：他完美严密的话语，他有断音的演讲和他坚定而快节奏的步调。嘉雅酒庄位于巴巴莱斯科产区的一个村庄，他是嘉雅家族企业的第五代传人。安杰罗一直都支持意大利葡萄酒的质量改革，而且很多人还认为 30 年前开始了意大利的质量革命，在很大程度上都是由于嘉雅要求全世界对他的出色葡萄酒的

安杰罗·嘉雅

尊重和认可。多年来他一直是意大利最令人钦佩的酿酒师和成功商人之一，而且他确实配得上所有这些夸奖。简单地说，他历经千辛万苦才达到今天的顶级水平——这是他努力获得的！

嘉雅第一个意识到需要缩减葡萄园的产量才能提高葡萄酒的质量，所以他从 20 世纪 60 年代早期就开始缩减葡萄园的平均产量，这与当时备受推崇的传统和更好的通用哲学背道而驰。安杰罗·嘉雅最先开始使用激进的葡萄培植技术和酿酒技术，这些技术现在已经被认为是葡萄酒界的基本常识。在它变成普遍接受的教条之前的很长一段时间，他就开始从欧洲中部森林购买木材，并且在放置 3 年后，才依照自己的标准把它们制成大酒桶。葡萄酒陈年时并不是放在卵形的大橡木桶中进行（在法国被称为卵形大木桶），而是装在小橡木酒桶中进行。他在巴巴莱斯科产区拥有一些最优质的内比奥罗小块葡萄园，他从 1971 年开始把这些葡萄园隔离开，开始酿制单一葡萄园葡萄酒，即著名的圣洛伦索南园葡萄酒和提丁南园葡萄酒，后来又增加一款罗斯海岸葡萄酒。嘉雅也是意大利第一个种植非皮埃蒙特产区葡萄品种的酿酒商，1978 年时他率先种植赤霞珠，并把它称为"Darmagi"，这个词在当地方言中的意思是"真遗憾"，这正是当他告诉他父亲他的目的时，他父亲所说的话。

嘉雅相信他酿制的最优质的葡萄酒不仅可以和最优质的法国葡萄酒同时出现在餐桌上，而且还能够让后者黯然失色，他很可能是第一个有这种想法的意大利人。正因如此，他把自己的葡萄酒价格提高，以此反映它们的质量。他 20 世纪 70 年代早期时酿制的顶级葡萄酒（提丁南园葡萄酒和圣洛伦索南园葡萄酒），只有 4000 到 5000 瓶在市面上出售。他的葡萄酒质量都很卓越，而且出现在世界上最有名望的一些餐桌上和酒窖中，为皮埃蒙特产区葡萄酒赢得了一席之地，这些事实激励了皮埃蒙特大区甚至整个意大利新一代的酿酒师们。他的影响是空前的，因为他对于质量的狂热保证，使得现在很多年轻葡萄栽培者仍以他为榜样，这些栽培者都是刚开始进行自产自销。

嘉雅是一个不断革新的人，从不满足于现状。20世纪 90 年代晚期时，他决定不再在他最优质葡萄酒的标签上注明巴巴莱斯科产区葡萄酒或者巴罗洛产区葡萄酒，而只标出葡萄园的名称。这样他就可以选择在他著名的庄园葡萄酒中，即圣洛伦索南园葡萄酒、提丁南园葡萄酒、罗斯南岸葡萄酒和他的两款巴罗洛庄园葡萄酒——思波斯果园葡萄酒和康泰撒园葡萄酒，混入少量的巴贝拉品种。这样的混合是对古老皮埃蒙特历史的肯定，而且正如他所说的那样，使他能够酿制出更优质的葡萄酒，但是这一举动备受争议。

有人认为嘉雅是一个出色的市场家，也有人认为他是意大利服饰的商贩，但是他们都没发现他的葡萄酒的优质性。还有一个事实就是，尽管很多加州、南非、南美和其他地方的跨国公司都邀请他加入他们的合资企业，但是都被他拒绝了。他认为自己的出色成就必须留在意大利，留在皮埃蒙特产区内他深深喜爱的庄园里，当然还要留在他在蒙特奇诺产区（Montalcino）和保格利产区（Bolgheri）的新葡萄园中。为什么我会觉得，已经 65 岁的安杰罗·嘉雅才刚刚开始大显身手呢？

读者们应该注意，如果说这些葡萄酒都属于某一个产区的话，那就只能说属于朗格产区（Langhe）葡萄酒，因为朗格产区是该地区通用的产区。比如说，圣洛伦索南园葡萄酒、提丁南园葡萄酒和罗斯南岸葡萄酒基本上都是巴巴莱斯科产区葡萄酒，这就意味着酿制的混合成分中有 95%~96% 的内比奥罗，还加入了 4%~5% 的巴贝拉。思波斯果园葡萄酒和康泰撒园葡萄酒是用 94%~96% 的巴罗洛产区内比奥罗和大约 4~6% 的巴贝拉酿制而成。

BARBARESCO
嘉雅酒庄巴巴莱斯科红葡萄酒

2000 Barbaresco
嘉雅酒庄巴巴莱斯科红葡萄酒 2000

评分：90 分

这款酒相当成熟，含有相对较高的精粹物，还散发出甘甜泥土、烟草、红色樱桃、少量干香草和大茴香的风味。它是一款强劲的葡萄酒，对于一款嘉雅巴巴莱斯科葡萄酒来说，它已是相当好，但似乎缺少了一点复杂性。建议在它生命的前 10 到 15 年间饮用。

1999 Barbaresco
嘉雅酒庄巴巴莱斯科红葡萄酒 1999

评分：90 分

嘉雅的 1999 年巴巴莱斯科葡萄酒是一款非常优雅的葡萄酒，有着比与之相像的 2000 年款更加明显的酸度，并散发出矿物质、烟草、花朵和烟熏橡木风味混合的强劲甘甜鼻嗅。它有着甘甜的中期口感，但清新的酸味却使得余韵中的单宁酸表现出一定的尖刻性。最佳饮用期：2007~2017 年。

1998 Barbaresco
嘉雅酒庄巴巴莱斯科红葡萄酒 1998

评分：91 分

1998 年巴巴莱斯科葡萄酒是一款美酒，表现出果肉、橡木、深黑色樱桃、覆盆子、焦油和巧克力糖的风味，还有微弱的新橡木味。它厚重、强劲、质感奢华，极好的整体对称，而且含有美妙统一的单宁酸、酸度、酒精和木材味，在接下来的 12 年以上的时间内饮用为佳。

1997 Barbaresco
嘉雅酒庄巴巴莱斯科红葡萄酒 1997

评分：94 分

毫无疑问，嘉雅的这款 1997 年年份酒是他所酿制的最优质的一款巴巴莱斯科葡萄酒。这是一款精致的葡萄酒，呈深宝石红色或深紫色，爆发出黑樱桃利口酒、香烟、矿物质和花果香风味的非凡鼻嗅。这款酒强劲、丰裕而且满载水果。它应该还可以再轻松地陈年 20 年。

1996 Barbaresco
嘉雅酒庄巴巴莱斯科红葡萄酒 1996

评分：91 分

1996 年款巴巴莱斯科葡萄酒呈深宝石红色，还散发出樱桃利口酒、泥土、巧克力糖、矿物质和香料风味的向前鼻嗅。它丰富、强劲、诱人，含有适度的单宁酸，而且大部分被酒中含量丰富的水果和精粹物所隐藏，极其纯粹。我也同意它是嘉雅自 1990 年以来酿制的最优质的一款巴巴莱斯科葡萄酒。最佳饮用期：现在开始到 2016 年。

1995 Barbaresco
嘉雅酒庄巴巴莱斯科红葡萄酒 1995

评分：90 分

在皮埃蒙特大区，1995 年似乎是一个好年份，但并不是一个最佳年份，不过嘉雅的 1995 年年份酒都非常令人感动，是这个年份的明星酒。这款酒呈现出非常饱满的暗宝石红色或暗紫色，几乎是一款反典型的内比奥罗葡萄酒。它散发出欧亚甘草、樱桃水果、草莓、花朵和吐司风味的超级鼻嗅。它成熟、厚重、多汁，有着诱人、性感的特性，这是嘉雅酿制的更加向前、一般的巴巴莱斯科葡萄酒。最佳饮用期：现在开始到 2011 年。

1990 Barbaresco
嘉雅酒庄巴巴莱斯科红葡萄酒 1990

评分：93 分

我认为安杰罗·嘉雅从未酿制出比这款经典的 1990 年巴巴莱斯科葡萄酒更优质的陈酿，不过他的葡萄酒的价格和

质量都不"规则"！这款酒呈饱满的暗宝石红色，还散发出红色水果、黑色水果、坚果和雪松风味的强劲、甘甜、烘烤的鼻嗅，它口感巨大、厚重、超级集中而且多层次。这款酒有着早熟、可饮用的风格，尽管表现出一定的单宁酸特性，但它的口感仍然甘甜。这款轰动的巴巴莱斯科葡萄酒适合在接下来的 5 到 10 年内饮用。

1989 Barbaresco
嘉雅酒庄巴巴莱斯科红葡萄酒 1989

评分：91 分

嘉雅的 1989 年款巴巴莱斯科葡萄酒散发出甘甜、丰富的烟草、黑色樱桃和香料水果的风味，还有着淡淡的新橡木味。它风格强劲、有力，而且相当深厚。现在就可以饮用，不过它应该可以继续进化。最佳饮用期：现在开始到 2014 年。

CONTEISA
嘉雅酒庄康泰撒园葡萄酒

2000 Conteisa
嘉雅酒庄康泰撒园葡萄酒 2000　　评分：92 分

2000 年款康泰撒园葡萄酒呈暗宝石红色，散发出薄荷、欧亚甘草、红醋栗、樱桃和泥土的风味。倒入杯中后，还会表现出一些无花果、烟叶、烤肉和香草的味道。它有着比思波斯果园葡萄酒稍微冷酷一点的气候特点，中度酒体或略显强劲，有着坚硬的单宁酸和悠长的余韵。最佳饮用期：2007~2020+。

1999 Conteisa
嘉雅酒庄康泰撒园葡萄酒 1999　　评分：91 分

1999 年康泰撒园葡萄酒是一款单宁重、向后和有结构的葡萄酒，表现出薄荷、大茴香、干香草、梅子、无花果和红醋栗混合的风味，余韵中含有极高的尖刻单宁酸。这款酒虽然非常集中和深厚，但却几乎不可穿透并沉重向后。最佳饮用期：2010~2025 年。

1998 Conteisa
嘉雅酒庄康泰撒园葡萄酒 1998　　评分：92 分

1998 年款康泰撒园葡萄酒表现出黑色樱桃果酱、维生素、香烟、铁质、矿物质和芳香橡木风味的陈酿香，这种陈酿香在巴罗洛产区是相当独特的。入口后，又会表现出泥土、巧克力糖、铅笔、浓咖啡和樱桃混合的口味。这款令人印象深刻的葡萄酒深厚、丰富、强劲，含有适度的单宁酸和力量，在接下来的 20 年内饮用为佳。

1997 Conteisa
嘉雅酒庄康泰撒园葡萄酒 1997　　评分：98 分

1997 年款康泰撒园葡萄酒表现出欧亚甘草、液态焦油、黑色樱桃、湿润岩石和烟草风味的经典陈酿香。这款酒强

劲、质感油滑，而且非常强烈和深厚，单宁酸含量虽高但是口感甘甜。这款强壮的葡萄酒口感相当宽阔，但是并没有任何坚硬的边缘，所有的组成成分都非常纯粹和集中。这款令人惊叹的葡萄酒的产量为15000瓶。最佳饮用期：现在开始到2030年。

1996 Conteisa
嘉雅酒庄康泰撒园葡萄酒 1996

评分：93~95 分

这款1996年巴罗洛康泰撒园葡萄酒呈不透明的紫色，表现出甘甜、成熟的鼻嗅，还散发出超级成熟的黑醋栗、液态沥青、欧亚甘草和香料风味的陈酿香，相对于它的陈酿香来说，它的鼻嗅似乎过于成熟了。这款酒表现出奢华的质感和多层次的集中水果特性，重酒体，它的单宁酸被酒中的甘油、酒精和精粹物很好地隐藏了。最佳饮用期：现在开始到2020年。

COSTA RUSSI
嘉雅酒庄罗斯海岸园葡萄酒

2000 Costa Russi
嘉雅酒庄罗斯海岸园葡萄酒 2000

评分：91 分

当我品尝这款葡萄酒的时候，我总是会觉察出一些仙粉黛产区葡萄酒（Zinfandel）的风格，它似乎还表现出大量令人印象深刻的风味，里面混有白色巧克力、覆盆子、石南水果和烟熏香草的味道。干型的单宁酸，中度酒体或略显强劲，还带有梅子味和果肉味。这款酒很适合在接下来的12到15年内饮用。

1999 Costa Russi
嘉雅酒庄罗斯海岸园葡萄酒 1999

评分：92 分

1999年罗斯海岸园葡萄酒是一款中度酒体到重酒体、单宁酸坚实、稍微清新并带有酸性风格的内比奥罗葡萄酒，倒入杯中后，会爆发出法芙娜（Valrhona）巧克力、干香草、碎岩石、甘甜樱桃和烟熏浆果风味的、非常有活力和芬芳的鼻嗅。这款酒轮廓清晰，非常香甜，但是有点尖刻和向后。最佳饮用期：2008~2020 年。

1998 Costa Russi
嘉雅酒庄罗斯海岸园葡萄酒 1998

评分：92 分

1998年款罗斯海岸园葡萄酒呈暗宝石红色或暗紫色，质感柔软，含有甘甜的覆盆子果酱和樱桃水果风味，中度酒体到重酒体，有着极好的甘油和低酸度，还有着略微单宁的余韵。尽管它体积巨大，但却有着很好的细腻和美妙纯粹的水果。最佳饮用期：现在开始到2020年。

1997 Costa Russi
嘉雅酒庄罗斯海岸园葡萄酒 1997

评分：96 分

1997年款罗斯海岸园葡萄酒呈不透明的宝石红色或紫色，产量为10000瓶，表现出黑莓水果、樱桃水果、浓咖啡和木材风味混合的惊人陈酿香。这是嘉雅酒庄典型的一款最国际化风格的葡萄酒，好像也是一款加了类固醇的内比奥罗葡萄酒。它强劲，极其纯粹和对称，从现在到2025年间应该会处于最佳时期。

1996 Costa Russi
嘉雅酒庄罗斯海岸园葡萄酒 1996

评分：93 分

品尝这款1996年罗斯海岸园葡萄酒的时候我总会禁不住遐想，如果一款优质的仙粉黛葡萄酒或优质的勃艮第红葡萄酒由安杰罗·嘉雅来酿制的话，它们会有什么样的口感？这款丰富的葡萄酒散发出黑色覆盆子、紫罗兰、欧亚甘草和吐司风味混合的诱人鼻嗅，还表现出纯粹黑色水果和甘甜的烟熏橡木混合的口感。这款具有国际风格的葡萄酒强劲，拥有成熟的单宁酸和惊人的比例，非常令人叹服。从现在到2023年间应该会处于最佳时期。

1995 Costa Russi
嘉雅酒庄罗斯海岸园葡萄酒 1995

评分：90 分

1995年罗斯海岸园巴巴莱斯科葡萄酒是一款强劲、水果主导和有力的葡萄酒，含有丰富的黑色覆盆子水果、樱桃水果和烘烤橡木的风味。这款体积巨大、口感宽阔的葡萄酒甚至有点过于成熟的感觉。它应该还可以很好地再陈年15到20年，这一点也不足为奇。最佳饮用期：现在开始到2020+。

1990 Costa Russi
嘉雅酒庄罗斯海岸园葡萄酒 1990

评分：94 分

我一直觉得罗斯海岸园葡萄酒是嘉雅的巴巴莱斯科系列酒中最具新世界（指以美国、澳大利亚为代表的葡萄酒生产国家，与以法国、意大利为代表的旧世界相对）风格的一款酒，很像是优质的加州仙粉黛葡萄酒和惊人的经新橡木酒桶陈年的法国教皇新堡葡萄酒的臆定混合。1990年款罗斯海岸园葡萄酒深厚、丰富，有着果酱和黑色樱桃风味的鼻嗅，并表现出明显的内比奥罗特性，还有着炙烤蔬菜、甘甜香子兰和新橡木混合的美妙芳香。这是另一款很棒的巴巴莱斯科葡萄酒，深厚、强劲，口感耐嚼、油滑而且集中。它应该可以贮存10到15年。

1989 Costa Russi
嘉雅酒庄罗斯海岸园葡萄酒 1989

评分：90 分

这款酒是嘉雅酒庄的三款1989年单一葡萄园巴巴莱斯

科年份酒之一，也是三款年份酒中最庞大和最具新世界风格的一款。酒中的内比奥罗特性并没有我所预期的那么明显。它惊人的浓缩度和整体的均衡感非常令人钦羡，不过经过几次品酒后，我发现了一个有趣的现象，喜欢内比奥罗的人（包括我）都认为它是这些巴巴莱斯科葡萄酒中最不吸引人的一款，而倾向于更加国际化风格的人则更喜欢这款酒。不过，它仍是一款上乘的葡萄酒，适合从现在开始到2009年间饮用。

1988 Costa Russi
嘉雅酒庄罗斯海岸园葡萄酒 1988

评分: 90 分

这款强劲的1988年罗斯海岸园葡萄酒通体呈淡紫色，还散发出黑色水果和新橡木风味的明显丰富鼻嗅，它比其他单一葡萄园巴巴莱斯科葡萄酒更加庞大。所有的嘉雅酒庄巴巴莱斯科1988年年份酒都是向后的、抑制的葡萄酒，即使拔出木塞放置4天，它们仍然没有任何被氧化的迹象。它们虽然应该非比寻常的长寿，但是我并未发现它们拥有类似1985年和1982年年份酒那样的果肉含量和丰富性。最佳饮用期：现在开始到2012年。

SORI SAN LORENZO
嘉雅酒庄圣洛伦索南园葡萄酒

2000 Sorì San Lorenzo
嘉雅酒庄圣洛伦索南园葡萄酒 2000

评分: 94 分

这是一款内涵非常庄重、结构良好而且勇敢的2000年年份酒，倒入杯中后，会爆发出烘烤坚果、葡萄甜醋、多香果、雪松、烟草、丁香、黑色樱桃和黑醋栗混合的风味。中度酒体到重酒体，成熟但是单宁重的，这款强劲的葡萄酒呈深宝石红色，非常甘甜，但是比提丁南园葡萄酒的风格更加向后一点。最佳饮用期：2009-2023年。

1999 Sorì San Lorenzo
嘉雅酒庄圣洛伦索南园葡萄酒 1999

评分: 93+ 分

1999年圣洛伦索南园葡萄酒是一款强劲的葡萄酒，表现出欧亚甘草、紫罗兰、梅子、丁香、香料盒和烘烤香草混合的风味。它结构非常有力、强壮、强健而且厚重，含有相对较高的酸度和非常明显的单宁酸。最佳饮用期：现在开始到2022年。

1998 Sorì San Lorenzo
嘉雅酒庄圣洛伦索南园葡萄酒 1998

评分: 96 分

1998年圣洛伦索南园葡萄酒是一款多层面的葡萄酒，表现出铅笔、香烟、烟草、焦油、玫瑰花瓣、黑色水果和浓咖啡的风味。它现在已经具有惊人的表现力，口感柔软、性感，能满足人的感官，还有着果酱水果和烘烤橡木混合的风味。这是一款容易理解、无缝、纯粹、经典的1998年年份酒，适合在接下来的20年内饮用。

1997 Sorì San Lorenzo
嘉雅酒庄圣洛伦索南园葡萄酒 1997

评分: 98 分

1997年款圣洛伦索南园葡萄酒非常深远，是一款优雅、细致和复杂的嘉雅酒庄葡萄酒。它表现出铅笔、烘烤坚果、黑色水果、香料盒、皮革、雪松和中国红茶混合的惊人芳香。它有着向前、结构巨大、丰富和非凡优雅的个性。遗憾的是，它的产量只有10000瓶。当这款酒倒入杯中后，它还表现出日本大豆的风味。最佳饮用期：现在开始到2030年。

1996 Sorì San Lorenzo
嘉雅酒庄圣洛伦索南园葡萄酒 1996

评分: 96 分

1996年款圣洛伦索南园葡萄酒呈不透明的深紫色，散发出复杂的果香，并含有玫瑰花瓣、干香草、香料盒、雪松、大量黑色樱桃果酱和浆果混合的经典内比奥罗风味。它惊人的有力、强健，含有适度的单宁酸，有着甘甜、油滑的质感和持续40秒左右的余韵。尽管它的果香非常惊人，但是这款1996年年份酒仍然比较年轻和向后。最佳饮用期：现在开始到2025年。

1995 Sorì San Lorenzo
嘉雅酒庄圣洛伦索南园葡萄酒 1995

评分: 91 分

1995年款圣洛伦索南园巴巴莱斯科葡萄酒呈相当饱满的暗宝石红色或暗紫色，几乎是一款反典型的内比奥罗葡萄酒。它表现出明显的雪茄香烟、香料盒、雪松、黑加仑和樱桃水果的风味，还有着微弱的新橡木风味。这是一款厚重的葡萄

嘉雅酒庄圣洛伦索南园葡萄酒 1999 酒标

酒，有结构而且单宁个性明显，含有惊人的甘油，还有着饱满的紫红色，以及诱人的黑色水果、大豆和雪松的口感。最佳饮用期：现在开始到 2016 年。

1990 Sorì San Lorenzo
嘉雅酒庄圣洛伦索南园葡萄酒 1990 　评分：95 分

在嘉雅酒庄的三款单一葡萄园巴巴莱斯科葡萄酒中，这款圣洛伦索南园葡萄酒是最令人叹服的一款。1990 年圣洛伦索南园葡萄酒是一款厚重的葡萄酒，散发出香草、山胡桃木、熏肉、雪松、红色水果和黑色水果风味的、惊人但却未完全进化的鼻嗅。它相当集中，含有多层次的口感，厚重而且轰动，应该在 21 世纪的前 20 年或更长的时间内饮用。

1989 Sorì San Lorenzo
嘉雅酒庄圣洛伦索南园葡萄酒 1989 　评分：96 分

1989 年圣洛伦索南园葡萄酒是一款不朽的内比奥罗品种葡萄酒，也是一款不朽的巴巴莱斯科葡萄酒。它是我品尝过的酿自于这个葡萄园最集中的一款酒，酒中含有我在优质的 1985 年款和 1982 年款中都没有觉察到的甘甜、油滑的水果口感。虽然它仍然单宁重、向后和未完全进化，但这款巨大、丰富的葡萄酒口感非常巨大，并伴有香料、烟草和黑色樱桃的风味。从现在到 2015 年间它应该会处于最佳状态。这真是一款非凡的酿酒杰作！

1988 Sorì San Lorenzo
嘉雅酒庄圣洛伦索南园葡萄酒 1988 　评分：94 分

在三款单一葡萄园巴巴莱斯科葡萄酒中，1988 年圣洛伦索南园葡萄酒是最果香和最复杂的一款。这款强烈的葡萄酒散发出香料、香子兰、香草、雪松、红色水果和黑色水果风味的陈酿香。尽管它很芳香，但却再次被单宁酸所主导。它清新、重酒体，而且非常绵长。最佳饮用期：现在开始到 2014 年。

SORI TILDIN
嘉雅酒庄提丁南园葡萄酒

2000 Sorì Tildin
嘉雅酒庄提丁南园葡萄酒 2000 　评分：95 分

2000 年款提丁南园葡萄酒呈深宝石红色，风格非常丰裕和多汁，表明这款年份酒有着相当早熟的特性。它散发出黑色覆盆子、枣子、梅子、黑醋栗、少量巧克力糖、香烟和泥土风味混合的、几乎过于成熟的陈酿香。这款酒非常多肉、强劲，含有很好的酸度，口感相当强烈，悠长的余韵中含有统一得很好的单宁酸。对于一款年轻的嘉雅酒庄提丁南园葡萄酒来说，它有着不同寻常的早熟性和表现力。最佳饮用期：现在开始到 2020 年。

1999 Sorì Tildin
嘉雅酒庄提丁南园葡萄酒 1999 　评分：96 分

1999 年款提丁南园葡萄酒散发出烤肉、熏鸭、大豆、黑

加仑、樱桃和巧克力风味的非凡鼻嗅，似乎拥有特别芬芳的果香中所有的风味。它的口感非常强劲、厚重和集中，含有相当大量的精粹物和单宁酸。这是一款美酒，非常强烈、轮廓清晰和绵长，必定是该年份皮埃蒙特大区最佳年份酒的候选酒之一。最佳饮用期：2008-2025 年。

1998 Sorì Tildin
嘉雅酒庄提丁南园葡萄酒 1998 　评分：95 分

1998 年款提丁南园葡萄酒呈深紫色，是一款复杂的葡萄酒，表现出巧克力、咖啡、香烟、欧亚甘草和烟草的特性。相对于一款年轻的葡萄酒来说，它非常诱人，表现出大量的烟花芳香、惊人的水果浓缩度和多层次的丰富性，它比罗斯海岸园葡萄酒有着更大的强度、更多的甘油和更深的深度，还有着令人惊叹的悠长余韵。最佳饮用期：现在开始到 2025 年。

1997 Sorì Tildin
嘉雅酒庄提丁南园葡萄酒 1997 　评分：99 分

1997 年提丁南园葡萄酒是一款接近完美的、令人惊叹的葡萄酒，产量为 10000 瓶。酒色呈饱满的紫色，厚重、强劲，对于一款沉重、强健的内比奥罗葡萄酒来说，它异常有活力。这款酒在刚入口时超级甘甜，含有大量的甘油，表现出泥土、欧亚甘草、雪松、黑莓、樱桃利口酒和淡淡的蓝莓风味。这款令人惊叹的 1997 年年份酒极其丰满、相当纯粹，有着无缝的质感，可以很好地窖藏 30 年。

1996 Sorì Tildin
嘉雅酒庄提丁南园葡萄酒 1996 　评分：96 分

很多人都认为嘉雅酒庄最优质的单一葡萄园葡萄酒是提丁南园葡萄酒，他们是对的。1996 年款提丁南园葡萄酒呈着色的或饱满的宝石红色或是紫色，散发出紧致的鼻嗅，并带有黑莓、樱桃利口酒、香烟、欧亚甘草、焚香和香料盒风味混合的芳香。它口感巨大，含有多层次的水果和柔软的单宁酸，有着巨大的酒体和杰出的余韵，它是向后和强壮的。最佳饮用期：现在开始到 2030 年。

1995 Sorì Tildin
嘉雅酒庄提丁南园葡萄酒 1995 　评分：91 分

1995 年对于皮埃蒙特大区来说似乎是一个好年份，但并不是一个最佳年份，不过嘉雅酒庄的 1995 年年份酒都很令人感动，都是这个年份的明星酒。这款酒呈极其饱满的暗宝石红色或暗紫色，几乎是一款反典型的内比奥罗葡萄酒。它表现出樱桃白兰地风格的稠厚特性和丰富性，并伴有香甜黑色覆盆子水果、液态沥青、香烟、巧克力糖和吐司混合的风味。这是一款复杂、宽阔的巴巴莱斯科葡萄酒，相对于这个年份来说，它的颜色较深。它拥有超级的丰富性，重酒体，含有美妙统一的酸度、单宁酸和酒精。最佳饮用期：现在开始到 2020+。

1990 Sorì Tildin
嘉雅酒庄提丁南园葡萄酒 1990 　评分：97 分

嘉雅酒庄最巨大的一款巴巴莱斯科葡萄酒就是这款 1990

年提丁南园葡萄酒,它巨大、深厚,带有烟熏味。这是一款相当丰富和深远的葡萄酒,强劲、极其集中,含有大量隐藏的酸度和单宁酸,余韵可以持续一分多钟。建议在接下来的25年内饮用。

1989 Sorì Tildìn
嘉雅酒庄提丁南园葡萄酒 1989 评分:96 分

1989 年提丁南园葡萄酒不仅是一款不朽的内比奥罗品种葡萄酒,还是一款不朽的巴巴莱斯科葡萄酒。毫不意外,它是嘉雅酒庄巴巴莱斯科葡萄酒中最向后、单宁重、最强健和最阳刚的一款。这款酒含有大量的单宁酸,有着宽阔、丰富、多肉和宽广的个性,是最讨人喜欢的一款酒。它应该可以贮存到 2020 年。

1988 Sorì Tildìn
嘉雅酒庄提丁南园葡萄酒 1988 评分:94 分

嘉雅酒庄的 1988 年巴巴莱斯科年份酒中,我最喜欢的就是这款提丁南园葡萄酒。这款令人叹服的葡萄酒散发出烟草、黑色水果、咖啡和香草混合的甘甜风味。这款酒比其他的巴巴莱斯科葡萄酒拥有更多的酒体,也更加丰富和沉重,它有着丰富、单宁重的悠长余韵。这款酒应该还可以再贮存20 年。

SPERSS
嘉雅酒庄思波斯果园葡萄酒

2000 Sperss
嘉雅酒庄思波斯果园葡萄酒 2000 评分:95 分

2000 年思波斯果园葡萄酒是一款出色的葡萄酒,表现出这个极好的葡萄园在塞拉伦加(Serralunga)的潜力。它散发出沥青、玫瑰精油、甘甜的烟熏橡木、黑加仑、覆盆子、巧克力糖和欧亚甘草混合的经典鼻嗅和美妙芳香。这是一款十分强劲和宽阔的葡萄酒,含有大量的单宁酸,还有同样大量的精粹物和丰富性,有着良好的酸度,以及多肉、强劲的余韵。最佳饮用期:现在开始到 2035 年。

1999 Sperss
嘉雅酒庄思波斯果园葡萄酒 1999 评分:93 分

1999 年思波斯果园葡萄酒是一款非常有力的、年轻的巴罗洛葡萄酒,表现出焦油、甘甜新鞍皮革、白色花朵、矮树丛、黑色樱桃和少量白色巧克力的风味。这是一款宽阔、丰富和强劲的葡萄酒,有着巨大的潜力。最佳饮用期:2010-2030 年。

1998 Sperss
嘉雅酒庄思波斯果园葡萄酒 1998 评分:94 分

1998 年款思波斯果园葡萄酒表现出黑色水果、巧克力糖、泥土和香料盒混合的风味。这款美妙集中的葡萄酒厚重、巨大而且无缝,有着低酸度和惊人的余韵。尽管对于这

样一款年轻的巴罗洛葡萄酒来说,它已经足够进化和可口,但它仍有着 20 年的良好陈年能力。

1997 Sperss
嘉雅酒庄思波斯果园葡萄酒 1997 评分:99 分

事实上,1997 年思波斯果园葡萄酒是一款完美的葡萄酒,产量为 30000 瓶。它有着惊人的果香和多层次、丰裕、强劲的口感,并且表现出巧克力糖、泥土和黑色樱桃精华。因为酒中的甘油含量很高,水果异常集中,所以它的酸度似乎很低,但我估计在酒类研究测量体制中它的酸度就是正常标准水平了。最佳饮用期:2009-2035 年。

1996 Sperss
嘉雅酒庄思波斯果园葡萄酒 1996 评分:96 分

令人惊叹的 1996 年款思波斯果园葡萄酒呈不透明的宝石红色或紫色,还爆发出相当成熟的黑色樱桃、焦油、花朵和白色巧克力糖的风味。这是一款体积巨大、厚重的巴罗洛葡萄酒,相当强劲,有着令人叹服的强度和纯粹度,还含有大量的单宁酸,有着 20 到 30 年的陈年能力。最佳饮用期:现在开始到 2030 年。

1990 Sperss
嘉雅酒庄思波斯果园葡萄酒 1990 评分:95 分

与令人惊叹的 1989 年年份酒和出色的 1988 年年份酒相比,嘉雅酒庄的 1990 年款思波斯果园葡萄酒要更加丰富、丰满和深厚。它表现出嘉雅酒庄葡萄酒的显著特征,口感异常纯粹,拥有多层次的丰富性,重酒体,还有着温和单宁的余韵。它也显露出巨大、经典的巴罗洛鼻嗅,并带有玫瑰、黑色水果、香烟和阵阵焦油的风味。这是一款令人印象相当深刻的葡萄酒,厚重、巨大、时髦而且优雅,已经足够柔软,适合现在饮用,但它仍有着 15 到 20 年的陈年能力。

1989 Sperss
嘉雅酒庄思波斯果园葡萄酒 1989 评分:93 分

与所有的单一葡萄园巴巴莱斯科葡萄酒相比,1989 年款思波斯果园葡萄酒给人更加进化、柔软和肥厚的印象。尽管它的水果深度似乎更深,鼻嗅也更具表现力、更加甘甜和艳丽,但是对这款酒进行彻底检测后,发现其中含有相当大量的单宁酸。这款酒含有丰富、成熟、宽广和宽阔的水果,有着强劲、耐嚼的质感,并含有柔软的酸性,这些特性都使得这款巴罗洛葡萄酒堕落的丰富、复杂和令人信服。建议从现在开始到 2012 年间饮用。

1988 Sperss
嘉雅酒庄思波斯果园葡萄酒 1988 评分:92 分

1988 年款思波斯果园葡萄酒的颜色很深,含有相当精粹的水果、柔软的酸性和单宁酸。这是一款向后、未进化和潜力异常的葡萄酒。它结构紧致、强劲、强健,刚刚才开始散发出焦油、玫瑰和黑色樱桃风味的美妙鼻嗅。建议从现在开始到 2010 年间饮用。

GALARDI TERRA DI LAVORO
加拉尔迪酒庄

酒品：加拉尔迪酒庄拉物诺地区葡萄酒（Terra di Lavoro）

庄园主：加拉尔迪公司（Galardi SRL）——朵拉·卡泰洛（Dora Catello），弗朗西斯科·卡泰洛（Francesco Catello），玛丽亚·路易莎·穆雷纳（Maria Luisa Murena）

地址：S.P.Sessa-Mignano Località Vallemarina 81030 S.Carlo di Sessa Aurunca(CE),Italy

电话：(39) 0823 925003

传真：(39) 0823 925003

邮箱：galardi@ napoli.com

联系人：阿尔图罗·塞隆坦（Arturo Celentano）

参观规定：参观前必须预约

葡萄园

占地面积：27 英亩

葡萄品种：80% 艾格尼科（Aglianico），20% 红脚（Piedirosso）

平均树龄：12 年

种植密度：4.500 株 / 公顷

平均产量：5,000~6,000 千克 / 公顷

酒的酿制

从 1991 年开始，里卡多·科塔瑞拉一直是加拉尔迪酒庄的酿酒师。这是另一个珍奇的小型葡萄园，这里实践着激进的葡萄栽培技术，而且葡萄栽培、葡萄酒酿制和装瓶的各个细节都得到几乎过度的关注。基本上大部分发酵过程是在温度可以控制的钢罐中进行的，为期 2 周左右，接着在酒罐中进行苹果酸 - 乳酸发酵，为期 2 个月左右。然后葡萄酒被转移到法国橡木大桶中陈化，其中有五分之四为新桶，陈年 10 个月到 1 年的时间后装瓶。装瓶前不进行过滤，在瓶中继续再陈年 10 个月后释放。

年产量

加拉尔迪酒庄拉物诺地区葡萄酒：10,000 瓶

平均售价（与年份有关）：35~100 美元

近期最佳年份

2001 年，2000 年，1999 年，1995 年，1994 年

这个位于意大利南部的卓越酒庄因为种有艾格尼科和红脚而非常出名。艾格尼科和红脚都是本土葡萄品种，种植于那不勒斯市（Naples）外的山坡上。从本质上来看，加拉尔迪酒庄复兴了一种用本土葡萄品种酿制葡萄酒的古老传统。该酒庄的拥有者们很有先见之明地聘用了出色的翁布里亚（Umbrian）酒类学家和酿酒师里卡多·科塔瑞拉，然后这个酒庄生产的葡萄酒就突然出现在了世界舞台上，成为该地区相当有潜力的艾格尼科葡萄酒和红脚葡萄酒。该地区是一个极佳的迎风产区，拥有无数的葡萄园、栗树和橄榄树。

TERRA DI LAVORO
加拉尔迪酒庄拉物诺地区葡萄酒

2001 Terra di Lavoro
加拉尔迪酒庄拉物诺地区葡萄酒 2001

评分：99 分

2001 年拉物诺地方葡萄酒是一款强劲的葡萄酒，酒色呈墨蓝色或墨紫色，散发出木榴油、黑莓利口酒、烤焦皮革和焦土风味的非凡鼻嗅，含有惊人的、甘甜的单宁酸，还有着多层次水果的、动人的中期口感和余韵。这款酒的口感虽然几近狂野，但它仍是一款精致复杂、口感充实和巨大奇妙的葡萄酒。倒入杯中通气后，还会爆发出巧克力糖、海藻、黑莓和黑醋栗水果混合的风味。这是一款超凡脱俗的葡萄酒，可以现在饮用，也可以再窖藏 20 年以上。

2000 Terra di Lavoro
加拉尔迪酒庄拉物诺地区葡萄酒 2000

评分：98 分

2000 年款拉物诺地方葡萄酒是目前为止加拉尔迪酒庄酿制的最优质的一款葡萄酒。首先在全新的法国橡木酒桶中陈年一年，然后不进行澄清和过滤就装瓶。酒色呈不透明的紫色，还爆发出焦土、葡萄甜醋、黑莓、蓝莓、烟草和甘甜新鞍皮革风味的极佳陈酿香。这款酒强劲，含有大量的香料，还有着油滑的质感和可以持续 50 秒的柔滑余韵。尽管陈年是在全新的橡木桶中进行的，但是果香和口感中只有非常微弱的木材风味。这款奇妙的意大利红葡萄酒从现在到 2015 年间会处于最佳状态。

1999 Terra di Lavoro
加拉尔迪酒庄拉物诺地区葡萄酒 1999

评分：96 分

遗憾的是，这款酿自于加拉尔迪葡萄园的葡萄酒产量只有 200 多箱。部分过去的年份酒已经变得过于土气，毫无疑问这是由于酿制原料中的本土葡萄成分所致。虽然 1999 年的年份酒也是用 80% 的艾格尼科和 20% 的红脚混合酿制而成，但却含有甘甜的单宁酸，而且因为葡萄园周围有着被分解的火山岩土壤，因而该酒有着奇特的泥土和花岗岩特性。酒色呈不透明的黑色或紫色，陈酿香中带有集中的黑色樱桃、黑莓、皮革、欧亚甘草、铅笔屑和新橡木的风味。这款令人惊叹的 1999 年年份酒装瓶前未进行澄清和过滤，而且在法国新橡木酒桶中陈年了 12 个月。这是迄今为止最为和谐和进化的一款拉物诺地方葡萄酒。它简直是一款令人叹服的果汁！最佳饮用期：现在开始到 2018 年。

1998 Terra di Lavoro
加拉尔迪酒庄拉物诺地区葡萄酒 1998

评分：96 分

1998 年款拉物诺地方葡萄酒的产量也是 200 多箱，是用 80% 的艾格尼科和 20% 的红脚混合酿制而成，在法国新橡木酒桶中陈年 12 个月后装瓶，而且未经澄清和过滤。这款酒相当复杂，酒色呈黑色或紫色，爆发出野生黑莓、蓝莓、矿物质、香烟、烟草和欧亚甘草风味混合的芳香。不同的口味反映了它的陈酿香。这款厚重、巨大的葡萄酒含有丰富的水果、甘油、浓缩度和酒体，还有着甘甜的单宁酸、低酸度和 45 秒的惊人余韵。这款令人惊叹的葡萄酒比之前的一些年份酒更加文明、更加勇敢，虽然它已经让人震惊，但是很明显有点个人主义和土气。这款年份酒在接下来的 11 年以上饮用为佳。

1997 Terra di Lavoro
加拉尔迪酒庄拉物诺地区葡萄酒 1997

评分：95 分

你们估计还不清楚，在美国这款美酒只有 50 箱——也就是说一个州只有一箱而已。希望这款酒可以作为其他坎帕尼亚（Campania）酿酒商的指路明灯。1997 年款拉物诺地方葡萄酒是用 80% 的艾格尼科和 20% 的红脚混合酿制而成，在全新的橡木酒桶中陈年 12 个月后装瓶，之前未进行澄清和过滤。毫不意外地，它表现出所有的里卡多·科塔瑞拉葡萄酒的特性。酒色呈黑色或紫色，体积巨大，异常强烈和丰富，散发出焦油、黑色覆盆子果酱、欧亚甘草、巧克力糖和香烟混合的、令人沉醉的杰出芳香。它惊人的集中，含有大量的甘油，有着多层次的口味和轰动、纯粹的余韵，可以持续 40 多秒。对于极少数有幸获得一瓶这款年份酒的读者来说，它一定会令你惊叹不已！最佳饮用期：现在开始到 2020 年。

加拉尔迪酒庄拉物诺地区葡萄酒 1999 酒标

BRUNO GIACOSA

贾科萨酒庄

酒品：

贾科萨酒庄贾利纳镇巴巴莱斯科红葡萄酒（Barbaresco Gallina）

贾科萨酒庄圣斯特凡诺园巴巴莱斯科红葡萄酒（Barbaresco Santo Stefano）

贾科萨酒庄阿斯利园巴巴莱斯科红葡萄酒（Barbaresco Asili）

贾科萨酒庄瓦巴扎园巴巴莱斯科红葡萄酒（Barbaresco Rabajà）

贾科萨酒庄法莱特镇巴罗洛红葡萄酒（Barolo Falletto）

贾科萨酒庄法莱特镇岩石巴罗洛红葡萄酒（Barolo Le Rocche del Falletto）

贾科萨酒庄塞拉伦加镇里翁达巴罗洛红葡萄酒（Barolo Rionda di Serralunga）（现在已不再酿制）

庄园主：法米格里亚·贾科萨（Famiglia Giacosa）

地址：Via XX Settembre 52,12057 Neive(CN),Italy

电话：(39) 0173 67027

传真：(39) 0173 677477

邮箱：brunogiacosa@brunogiacosa.it

网址：www. brunogiacosa.it

联系人：布鲁诺·贾科萨（Bruna Giacosa）

参观规定：酒庄对外开放时间：周一至周五，8:00-12:00am 和 2:00-6:00pm，要求提前预约

葡萄园

占地面积：44.7 英亩

葡萄品种：阿尔巴产区的内比奥罗、巴贝拉和多赛托

平均树龄：15 年

种植密度：4,500~5,000 株 / 公顷

平均产量：4,800 升 / 公顷

酒的酿制

布鲁诺·贾科萨说："对于我们来说，传统主义哲学意味着酿制出的葡萄酒不仅带有强烈的本地葡萄树和葡萄的品种特性，还保持各种本地风土条件。我们一直都酿制着单一品种葡萄酒。我们的酿酒技术已经有所提高，而且我们还会利用轻柔挤压、压碎操作、先进的循环旋转系统以及优化的冷处理技术和热处理技术。"当然，这些神圣的酒窖中仍遵循着一些传统的规则——首先进行特别长时间的带皮浸渍，然后红葡萄酒会被倒入大的橡木酒桶中陈年。贾科萨认为技术和传统并不一定会相互矛盾。这些红葡萄酒首先在钢制容器中发酵，然后再转移到木制容器中陈年，其中多赛托陈年 3 到 4 个月，阿尔巴产区的巴贝拉和内比奥罗陈年 6 到 12 个月，巴巴莱斯科葡萄酒陈年 18 到 30 个月，而巴罗洛葡萄酒则陈年 2 到 3 年。最后不进行过滤直接装瓶。

年产量

贾科萨酒庄贾利纳镇巴巴莱斯科红葡萄酒：8,000~10,000 瓶

贾科萨酒庄圣斯特凡诺园巴巴莱斯科红葡萄酒：10,000~14,000 瓶

贾科萨酒庄阿斯利园巴巴莱斯科红葡萄酒：10,000~14,000 瓶

贾科萨酒庄瓦巴扎园巴巴莱斯科红葡萄酒：6,000~8,000 瓶

贾科萨酒庄法莱特镇巴罗洛红葡萄酒：15,000~20,000 瓶

贾科萨酒庄法莱特镇岩石巴罗洛红葡萄酒：10,000~15,000 瓶

平均售价（与年份有关）：75~170 美元

布鲁诺·贾科萨

近期最佳年份

2001 年，2000 年，1998 年，1997 年，1996 年，1990年，1989 年，1985 年，1982 年，1978 年，1971 年，1967 年，1964 年，1961 年

尽管我们都很想合理地解释一些神秘的边缘葡萄酒，但是却解释不通。布鲁诺·贾科萨的表现一直都很出色，而直到最近，他的大部分葡萄酒都是用买自其他人葡萄园的葡萄酿制的，可能有人会因此觉得这并不符合常理。近 30 年来，我一直都有购买和饮用布鲁诺·贾科萨的葡萄酒，这些葡萄酒通常在刚装瓶时相对封闭，而且没有多少趣味，但是经过 10 年的时间窖藏后，它们就会表现出让人无法抗拒的神奇魔力。我已经发现贾科萨的多款最佳年份酒都是这样，如1964 年、1971 年、1978 年、1982 年、1985 年 和 1988年的年份酒，还有对于他来说是非凡 10 年的，即 20世纪 90 年代的年份酒——1990 年、1996 年、1997 年、1998 年和 1999 年的年份酒，当然也包括标志着新千年的 2000 年年份酒。

布鲁诺·贾科萨是一个高大、帅气的人，浑身散发出坚忍的风采，会让人想起贾莱·古柏（Gary Cooper）和吉米·斯图尔特（Jimmy Stewart）。1944 年，由于盟军轰炸他就读学校所在的区域，所以他的父亲强迫他退学了，从那时候开始，他就一直在皮埃蒙特大区内的葡萄园工作。他现在已经 75 岁了，但走路时身板还是非常笔直，他狡猾的微笑有时实在是让人难以捉摸，因为他很少会表露出任何真正的情感。即使当品尝他的葡萄酒的人都已经咧嘴而笑了，大家也不知道他是什么想法。从历史角度来看，他们家族会从最优质的葡萄园中购买葡萄，而且为了他的事业，他也会遵守这个传统。但是他现在已经获得将近 45 英亩的葡萄树，其中 32 英亩在巴罗洛产区内，其他的在巴巴莱斯科产区内。事实上在皮埃蒙特大区，他的所有同事和同行都把他称为"内比奥罗品种的专家"、"伟人"或"酿酒大师"。布鲁诺·贾科萨和他优秀的酒类学家但丁 - 斯卡廖内（Dante Scaglione）一起工作，他是一个大胆的传统主义者，但是他的葡萄酒一直都保持改进和实验。他所有最优质的葡萄酒都是在不锈钢

酒罐中进行发酵，然后在大橡木酒桶中进行培养。他的酒窖非常干净，简直一尘不染，里面没有任何小橡木酒桶。他已经对葡萄树打薄进行了实验，而这种操作已经销声匿迹30年了。他的2000年年份酒好像比以前的年份酒要稍微的进化和甘甜一些，但是他在2004年11月的一次宴会上告诉我，它们的这种特性其实更大程度上是取决于这个年份带来的结果，而不是他酿酒风格的改变。

或许我能给布鲁诺·贾科萨的最大赞扬是，我在决定是否购买一款葡萄酒之前一定要先品尝，但是有一位酿酒商的葡萄酒除外——他就是内比奥罗品种的专家布鲁诺·贾科萨。

BARBARESCO ASILI
贾科萨酒庄阿斯利园巴巴莱斯科红葡萄酒

1998 Barbaresco Asili
贾科萨酒庄阿斯利园巴巴莱斯科红葡萄酒 1998

评分：93 分

贾科萨的1998年款阿斯利园巴巴莱斯科红葡萄酒呈暗宝石红色，散发出干香草、雪松、烟草、焦油和红色水果风味混合的强劲、甘甜鼻嗅。刚入口时口感丰裕，含有偏高的单宁酸和隐藏得很好的酸度。对于贾科萨来说，它是一款芬芳的葡萄酒。最佳饮用期：2006~2020 年。

1997 Barbaresco Asili
贾科萨酒庄阿斯利园巴巴莱斯科红葡萄酒 1997

评分：94 分

1997年款阿斯利园巴巴莱斯科红葡萄酒从第一次品尝至今，一直发展得非常惊人，有着贾科萨葡萄酒的典型特性。对于贾科萨酒庄来说，这款葡萄酒惊人的早熟和进化。酒色呈暗宝石红色，边缘带有琥珀色，它艳丽的鼻嗅中含有丰富的烟草、樱桃利口酒、焚香、香料盒和欧亚甘草的风味，它像糖果一样——多肉、强劲、油滑和柔顺。这款无缝的经典葡萄酒应该在年轻的时候饮用，还可以再贮存10到12年。

1995 Barbaresco Asili
贾科萨酒庄阿斯利园巴巴莱斯科红葡萄酒 1995

评分：90 分

布鲁诺·贾科萨现在拥有巴巴莱斯科产区内一小块著名的阿斯利葡萄园，从这个葡萄园他已经酿制出了优雅美妙的1995年款阿斯利园巴巴莱斯科红葡萄酒。酒色呈朦胧的淡宝石红色，边缘略带琥珀色。它的鼻嗅中散发出樱桃白兰地、干普罗旺斯香草、新鞍皮革和香烟风味混合的芳香。入口

后，它丰富的、樱桃果酱的口味中还表现出亚洲香料、大豆以及诱人的西红柿味特性。这是一款丰富多汁、结构开放、强劲的巴巴莱斯科葡萄酒，从现在到2014年间饮用为佳。

1990 Barbaresco Asili
贾科萨酒庄阿斯利园巴巴莱斯科红葡萄酒 1990

评分：96 分

贾科萨在他的小块阿斯利葡萄园酿制出了微量的巴巴莱斯科葡萄酒，产量只有2000瓶。它是巴巴莱斯科产区的木西尼葡萄酒吗？这款1990年阿斯利园巴巴莱斯科葡萄酒是一款典型、优雅、成熟、芬芳的葡萄酒，含有惊人的甘甜、和谐的樱桃水果，以及微量雪松、巧克力糖和烘烤坚果的风味。这款酒强劲，含有多层次的丰裕水果，有着很好的酸度和单宁酸，直到2010年甚至更久饮用应该都很不错。

BARBARESCO ASILI(RED LABEL RISERVA)
贾科萨酒庄阿斯利园巴巴莱斯科红葡萄酒（红标存酿）

2000 Barbaresco Asili (Red Label Riserva)
贾科萨酒庄阿斯利园巴巴莱斯科红葡萄酒（红标存酿）2000

评分：98 分

也许这是我尝过的最丰裕和最进化的布鲁诺·贾科萨年份酒。毫无疑问，这款葡萄酒很好地反映了这个年份的特性，它仍然是一款令人惊叹的葡萄酒，已经呈现出暗宝石红色，还散发出樱桃白兰地、玫瑰花瓣、欧亚甘草和烟叶风味的、美妙的、有穿透性的芬芳鼻嗅。这款酒非常强劲、相当集中，含有隐藏很好的酸度、甘甜的单宁酸、宽阔的质感和非凡的余韵。它可以进化20年，但也是一款罕见的布鲁诺·贾科萨葡萄酒，这样的酒没必要进行8到10年的投入。最佳饮用期：现在开始到2022+。

1996 Barbaresco Asili (Red Label Riserva)
贾科萨酒庄阿斯利园巴巴莱斯科红葡萄酒（红标存酿）1996

评分：98 分

1996年阿斯利园巴巴莱斯科红葡萄酒（红标存酿）是一款非常完美的葡萄酒，酒色呈深宝石红色或深紫色。这是一款英勇的葡萄酒，表现出出色的力量和优雅性。它的陈酿香一直在增进，带有黑色覆盆子、樱桃、雪茄盒、欧亚甘草和皮革风味混合的芳香。这款酒有着细致可辨的特性、非凡的丰富性、厚重的中期口感和持续将近一分钟的余韵，这些使得它令人印象非常深刻。它有着巨大的单宁酸，以及同样巨大的浓缩度、精粹物和整体的和谐性。最佳饮用期：2006~2025 年。

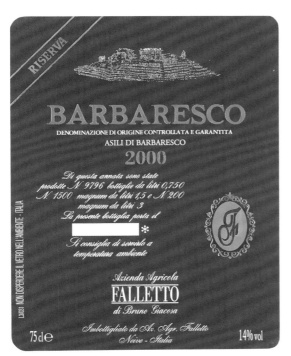

贾科萨酒庄瓦巴扎园巴巴莱斯科红葡萄酒 2000 酒标

BARBARESCO GALLINA
贾科萨酒庄贾利纳镇巴巴莱斯科红葡萄酒

1990 Barbaresco Gallina
贾科萨酒庄贾利纳镇巴巴莱斯科红葡萄酒 1990

评分：90 分

1990 年贾利纳镇巴巴莱斯科红葡萄酒是一款甘美丰富、深度集中、强劲和香甜的葡萄酒。在 2007~2010 年间饮用为佳。

1978 Barbaresco Gallina
贾科萨酒庄贾利纳镇巴巴莱斯科红葡萄酒 1978

评分：94 分

自 1978 年年份酒以后的所有贾科萨葡萄酒中，贾利纳镇巴巴莱斯科红葡萄酒是最具发展力的。它的颜色边缘带有些许琥珀色，但是它的鼻嗅中带有蘑菇、雪松、皮革、烟草、甘甜红色水果果酱和黑色水果果酱风味的强烈芳香。这款完全成熟的葡萄酒强劲、柔软、宽阔，还有着悠长的余韵，在过去的 10 年中它一直都很可口。它应该很容易保存到 2007 年到 2008 年。

BARBARESCO RABAJÀ
贾科萨酒庄瓦巴扎园巴巴莱斯科红葡萄酒

2001 Barbaresco Rabajà
贾科萨酒庄瓦巴扎园巴巴莱斯科红葡萄酒 2001

评分：96 分

这款酒好像超越了它的年份，这应该是迄今为止布鲁

诺·贾科萨酿制的最优质的一款酒。这是一款非凡、强劲、丰裕的巴巴莱斯科葡萄酒，伴有优质雪茄香烟、甘甜樱桃、森林地板、花朵（尤其是玫瑰）和欧亚甘草风味混合的、潜力非凡的芳香。它含有清新的酸性，支撑着令人印象深刻的丰富性和多层次的质感。这是一项伟大的成就，是杰出的布鲁诺·贾科萨的又一杰作。最佳饮用期：2008-2023 年。

2000 Barbaresco Rabajà
贾科萨酒庄瓦巴扎园巴巴莱斯科红葡萄酒 2000

评分：94 分

2000 年款瓦巴扎园巴巴莱斯科红葡萄酒呈暗紫红色或暗宝石红色，倒入杯中后，会爆发出强劲的、泥土的和香甜的鼻嗅，并带有丁香、肉桂、成熟樱桃和少量无花果、梅子的风味。这是一款相对多肉、耐嚼的葡萄酒，含有相当大量的酒体、单宁酸和精力十足的余韵。与嘉雅酒庄出色的 2000 年款阿斯利园巴巴莱斯科葡萄酒相比，这款酒在结构上显得更加强健一点，也更加向后一点，不过它自身还是令人印象非常深刻的。这款酒还需要耐心等待。最佳饮用期：2008~2023 年。

1998 Barbaresco Rabajà
贾科萨酒庄瓦巴扎园巴巴莱斯科红葡萄酒 1998

评分：95 分

1998 年瓦巴扎园巴巴莱斯科红葡萄酒是一款非常好的巴巴莱斯科葡萄酒。这是一款集中而且理智上有挑战力的葡萄酒，散发出大豆、泥土、糖甜樱桃水果和雪茄盒混合的复杂风味。它强劲，刚入口时口感柔软，还有着单宁的余韵。这款酒从 2007 年到 2020 年间都可以饮用。

1997 Barbaresco Rabajà
贾科萨酒庄瓦巴扎园巴巴莱斯科红葡萄酒 1997

评分：96 分

贾科萨的 1997 年款瓦巴扎园巴巴莱斯科红葡萄酒，爆发出焦糖、大豆、香草、黑色樱桃、梅子和樱桃白兰地风味的惊人鼻嗅。它厚重、强劲，有着令人惊叹的、柔滑的质感和多层次、立体的口感，并含有大量的甘油。这款酒的享乐主义和理性视角都相当令人满意。最佳饮用期：现在开始到 2020 年。

1996 Barbaresco Rabajà
贾科萨酒庄瓦巴扎园巴巴莱斯科红葡萄酒 1996

评分：96 分

1996 年款瓦巴扎园巴巴莱斯科红葡萄酒是贾科萨从这个著名的葡萄园酿制的第一款年份酒，散发出大豆、干普罗旺斯香草、新鞍皮革、红色水果和黑色水果风味的诱人鼻嗅。这款酒单宁重、强劲，有着相当大的冲击力，它相当集中，而且水果味、酒精度、单宁酸和酸度都相当美妙的集中。最佳饮用期：2006~2025 年。

BARBARESCO SANTO STEFANO
贾科萨酒庄圣斯特凡诺园巴巴莱斯科红葡萄酒

2000 Barbaresco Santo Stefano
贾科萨酒庄圣斯特凡诺园巴巴莱斯科红葡萄酒 2000　评分：92 分

　　2000 年款圣斯特凡诺园巴巴莱斯科红葡萄酒颜色的边缘已经呈现出些许淡淡的琥珀色，对于布鲁诺·贾科萨来说，这是一款风格非常开放和有点非典型的葡萄酒。它散发出生动的、令人印象非常深刻的鼻嗅，并带有甘甜樱桃、茴香、玫瑰花瓣和少量焦油的风味。这款酒相当宽阔、耐嚼、丰裕，而且惊人的向前和柔软，是一款质感宽广、非常多肉和性感的巴巴莱斯科葡萄酒。它可以现在饮用，也可以在接下来的 12 到 15 年内饮用。

1998 Barbaresco Santo Stefano
贾科萨酒庄圣斯特凡诺园巴巴莱斯科红葡萄酒 1998　评分：92 分

　　著名的圣斯特凡诺园巴巴莱斯科红葡萄酒是 1998 年最向前的一款年份酒，酒色呈中度的宝石红色，边缘已经带有琥珀色。这是一款成熟、丰裕、中度酒体或略显强劲的巴巴莱斯科葡萄酒，倒入杯中后，会爆发出新鞍皮革、茴香、香烟、烟草、樱桃白兰地和欧亚甘草风味混合的陈酿香。建议在接下来的 10 到 12 年内饮用。

1997 Barbaresco Santo Stefano
贾科萨酒庄圣斯特凡诺园巴巴莱斯科红葡萄酒 1997　评分：93 分

　　这款经典的 1997 年圣斯特凡诺园巴巴莱斯科红葡萄酒，是一款进化和艳丽的葡萄酒。酒色呈中度的宝石红色或石榴红色，边缘还带有琥珀色，并伴有黑色樱桃、烟草、皮革、香料盒、欧亚甘草和焦油风味的甘甜芳香。这款酒强劲，质感如奶油般油滑，超级集中，还有着精致的余韵。它可以现在饮用，也可以再窖藏 12 年以上。

1996 Barbaresco Santo Stefano
贾科萨酒庄圣斯特凡诺园巴巴莱斯科红葡萄酒 1996　评分：96 分

　　1996 年款圣斯特凡诺园巴巴莱斯科红葡萄酒（红标存酿）非常令人惊叹。酒色呈暗宝石红色或暗石榴红色，它的陈酿香才刚刚要打开，显露出干普罗旺斯香草、樱桃利口酒、烟草、香料盒和白色巧克力糖混合的风味。入口后，这款酒惊人的集中，相当强劲，含有大量的单宁酸，口感惊人的纯粹和甘甜，并带有樱桃止咳糖浆、欧亚甘草、香烟和干香草的口味。尽管这款 1996 年年份酒仍然年轻和紧致，但它的余韵可以持续 45 秒以上。它正进行着极其令人愉快的进化。最佳饮用期：2006~2030 年。

1995 Barbaresco Santo Stefano
贾科萨酒庄圣斯特凡诺园巴巴莱斯科红葡萄酒 1995　评分：91 分

　　当品尝贾科萨的葡萄酒时，让人觉得讽刺的一点是，虽然他并未拥有圣斯特凡诺园内的任何一株葡萄树，但他一直酿制着出自这个小块山坡葡萄园最优质的葡萄酒。1995 年款圣斯特凡诺园巴巴莱斯科红葡萄酒散发出咖啡、大豆、烟草、干香草和樱桃止咳糖浆风味的、强烈的芬芳鼻嗅。这款酒强劲，余韵中含有温和的单宁酸，是一款富有表现力、丰富、口感宽阔的巴巴莱斯科葡萄酒。它可以现在饮用，也可以在接下来的 7 到 10 年内饮用。

1989 Barbaresco Santo Stefano
贾科萨酒庄圣斯特凡诺园巴巴莱斯科红葡萄酒 1989　评分：90 分

　　与贾科萨的 1982 年款年份酒相比，这款 1989 年圣斯特凡诺园巴巴莱斯科红葡萄酒是一款坚实、封闭、相当集中的葡萄酒，只有一点点潜力暗示。通风后，它散发出甘甜、野味的樱桃和烟草风味的芳香，但是它的丰富特性在口腔后部表现得最为明显，它的强劲个性中表现出相当大量的单宁酸。这款酒的产量是 700 箱。有趣的是，贾科萨的 1989 年款圣斯特凡诺园巴巴莱斯科红葡萄酒并没有红标存酿。最佳饮用期：现在开始到 2015 年。

1988 Barbaresco Santo Stefano
贾科萨酒庄圣斯特凡诺园巴巴莱斯科红葡萄酒 1988　评分：94 分

　　1988 年款圣斯特凡诺园巴巴莱斯科红葡萄酒呈深宝石红色，是一款芬芳的葡萄酒，散发出雪松、樱桃果酱、烟草和香草风味混合的强烈陈酿香。这款酒强劲、宽阔，含有多层次的甘甜水果，立即就表现出吸引力，但它仍可以很好地进化到 2010 年到 2015 年。这款酒中丰富、深厚的水果几乎隐藏了所有的单宁酸，这是对内比奥罗品种葡萄酒可以达到最高境界的纪念！

BARBARESCO SANTO STEFANO(RED LABEL RISERVA)
贾科萨酒庄圣斯特凡诺园巴巴莱斯科红葡萄酒（红标存酿）

1990 Barbaresco Santo Stefano (Red Label Riserva)
贾科萨酒庄圣斯特凡诺园巴巴莱斯科红葡萄酒（红标存酿）1990　评分：97 分

　　1990 年圣斯特凡诺园巴巴莱斯科红葡萄酒（红标存酿）是一款拳头产品，散发出甘甜水果、熏肉、香料和水果蛋糕风味的深远鼻嗅。这款酒异常深厚、集中和强劲，惊人的丰富，有着多层次的集中质感。如果贾科萨是正确的，那么这款酒就是 1971 年款的一个现代版克隆体。最佳饮用期：现在开始到 2020 年。

1985 Barbaresco Santo Stefano (Red Label Riserva)
贾科萨酒庄圣斯特凡诺园巴巴莱斯科红葡萄酒（红标存酿）1985

评分：96 分

1985 年款圣斯特凡诺园巴巴莱斯科红葡萄酒（红标存酿）呈中度的宝石红色或石榴红色，边缘已经出现相当大量的琥珀色。倒入杯中后，它会爆发出中国红茶、香烟、烟草、樱桃和奇特香料风味混合的醉人芳香。这款酒强劲、细致、美妙、立体，含有相当大量的甘油和多层次的口味。它入口后惊人的开放，表现出惊人的强度和复杂性。这款 1985 年年份酒才刚刚达到最佳成熟状态，应该还可以再贮存 10 年。

1982 Barbaresco Santo Stefano (Red Label Riserva)
贾科萨酒庄圣斯特凡诺园巴巴莱斯科红葡萄酒（红标存酿）1982

评分：94 分

1982 年款圣斯特凡诺园巴巴莱斯科红葡萄酒（红标存酿）的果香中带有动物性、干香草、巧克力糖和泥土的风味。这款完全成熟的 1982 年年份酒强劲、轮廓清晰、单宁中度而且丰富。建议从现在开始到 2010~2015 年间饮用。

1978 Barbaresco Santo Stefano (Red Label Riserva)
贾科萨酒庄圣斯特凡诺园巴巴莱斯科红葡萄酒（红标存酿）1978

评分：96 分

这款葡萄酒仍是布鲁诺·贾科萨从这个葡萄园酿制的最卓越的葡萄酒之一，它的颜色比 1982 年、1985 年和 1988 年年份酒更暗。它散发出液态沥青、巧克力糖、动物皮毛、甘甜新鞍皮革、樱桃白兰地、干香草、香脂和黑色樱桃水果风味混合的出色鼻嗅。这款酒体积巨大，有着甘甜的单宁酸、满口的精粹物和惊人的余韵，并拥有一款现代版传奇巴巴莱斯科葡萄酒的所有特性。如果提前几个小时进行醒酒，这款酒完全可以饮用，不过它还可以继续陈年 10 到 15 年甚至更久。

1971 Barbaresco Santo Stefano (Red Label Riserva)
贾科萨酒庄圣斯特凡诺园巴巴莱斯科红葡萄酒（红标存酿）1971

评分：100 分

葡萄酒的酒瓶现在可能风格迥异，但几十年来这款酒一直是我品尝过的唯一一款最优质的意大利葡萄酒。我觉得它的品质可能会下降，但是 2003 年让我有幸获得了另一瓶纯粹完美的葡萄酒。倒入杯中后，会爆发出巧克力糖、干香草、新鞍皮革、雪松、黑色水果、红色水果、泥土和香料风味混合的、卓越的、富有表达力的鼻嗅。这款酒厚重、丰裕、强劲、惊人的均衡，但是并没有坚硬的边缘，这是一款

只要品尝过就绝不会遗忘的杰作之一。任何拥有这款酒的人都应该准备饮用它，因为继续放置可能会比较危险。

BAROLO FALLETTO
贾科萨酒庄法莱特镇巴罗洛红葡萄酒

2000 Barolo Falletto
贾科萨酒庄法莱特镇巴罗洛红葡萄酒 2000

评分：95 分

2000 年法莱特镇巴罗洛红葡萄酒是一款非常年轻、甘甜、宽阔、强劲的葡萄酒，散发出非常甘甜的鼻嗅，并带有白色花朵、烟叶、沥青和明显的玫瑰精油特性，还有少量枣子和黑色樱桃水果的风味。这款酒中含有非常成熟的单宁酸和相当巨大的浓缩度，风格比一般的布鲁诺·贾科萨葡萄酒都要向前。因为我品尝这款酒的时候它才刚刚被装瓶，所以很难确定它是否会变强，但是我的直觉告诉我，这款酒应该会在 2009 年至 2011 年间达到巅峰状态，而且至少可以贮存 20 年。对于一款年轻的布鲁诺·贾科萨巴罗洛葡萄酒来说，这款酒的风格似乎有点反常的丰裕。

1999 Barolo Falletto
贾科萨酒庄法莱特镇巴罗洛红葡萄酒 1999

评分：95 分

1999 年法莱特镇巴罗洛红葡萄酒是一款非常强劲、成熟的巴罗洛葡萄酒，散发出多香果、甘甜樱桃、新鞍皮革、烟草和矮树丛混合的风味。这款有力、强烈的葡萄酒有着宽阔的口感、高含量的单宁酸、很好的酸度和非常向后的余韵。最好让它一直在瓶中陈年直到 2009~2010 年。最佳饮用期：2008~2028+。

1998 Barolo Falletto
贾科萨酒庄法莱特镇巴罗洛红葡萄酒 1998

评分：95 分

这是一款惊人的 1998 年法莱特镇巴罗洛红葡萄酒，非常强烈和巨大。酒色呈暗紫红色，伴有玫瑰精油、液态焦油、巧克力糖和樱桃果酱风味混合的经典内比奥罗芳香，倒入杯中后，还会散发出香料盒和雪茄香烟风味的鼻嗅。它强劲、厚重、单宁有力，但是相当和谐。它在 2008 年到 2030 年间应该会达到最佳状态。

1997 Barolo Falletto
贾科萨酒庄法莱特镇巴罗洛红葡萄酒 1997

评分：93 分

布鲁诺·贾科萨告诉我，这款酒的浸渍时期持续了 60 天。他曾公开对 1997 年这个年份提出批评，认为这是一个困难的年份——过于燥热、有着葡萄干似的葡萄、低酸度、过量的糖分和酒精度。不过据说他的所有 1997 年年份酒似乎都是美酒。1997 年法莱特镇巴罗洛红葡萄酒是一款典型

强劲的葡萄酒，有着樱桃白兰地、樱桃利口酒、水果蛋糕和雪茄盒风味的杰出鼻嗅。它宽阔、多汁、强健，加上这个年份开放、向前的个性，它将会很快成熟，可以持续15到20年。最佳饮用期：现在开始到2019年。

1996 Barolo Falletto
贾科萨酒庄法莱特镇巴罗洛红葡萄酒 1996

评分：96+ 分

1996 年款法莱特镇巴罗洛红葡萄酒呈饱满的宝石红色或紫色，散发出香烟、泥土、白色巧克力糖、黑色水果、欧亚甘草和花香风味的卓越鼻嗅。这是一款经典年轻的巴罗洛葡萄酒，相当巨大，有着多层次的浓缩度、高含量的单宁酸、强健的个性以及40秒左右的余韵。它可能仍然需要耐心等待。为什么我不能去到20年以后呢？最佳饮用期：2012~2035 年。

1995 Barolo Falletto
贾科萨酒庄法莱特镇巴罗洛红葡萄酒 1995

评分：90 分

我非常喜欢出色的1995年款法莱特镇巴罗洛红葡萄酒。酒色呈中度的暗宝石红色，边缘带有些许的亮色。这款酒一入口非常甘甜，伴有雪松、香料盒、大豆、焦油、玫瑰花瓣和黑色水果风味混合的强烈鼻嗅。它重酒体，有着厚重、多层次、集中和香甜的口味。当这款强健、单宁重的葡萄酒倒入杯中后，多香果和干香草的风味会变得更加明显。建议在接下来的12年内饮用。

1993 Barolo Falletto
贾科萨酒庄法莱特镇巴罗洛红葡萄酒 1993

评分：90 分

1993 年法莱特镇巴罗洛红葡萄酒是贾科萨酒庄第一款自产自酿的葡萄酒。酒色呈深石榴红色，边缘带有些许琥珀色。它是一款深厚、丰富、非常集中的葡萄酒，伴有撩人、复杂和令人信服的鼻嗅，其中还带有干水果、雪松、香料、烤肉和烘烤香草的风味。它有着清晰、强壮和深厚的口味，显露出含量丰富的甘油，还有白色巧克力、无花果、水果蛋糕、甘甜红色水果和黑色水果的风味。这是一款具烟熏口感、丰富、细致、多汁而且强劲的巴罗洛葡萄酒，它的口感直到2008~2010年应该都会很好。

BAROLO FALLETTO(RED LABEL RISERVA)
贾科萨酒庄法莱特镇巴罗洛红葡萄酒（红标存酿）

2000 Barolo Falletto (Red Label Riserva)
贾科萨酒庄法莱特镇巴罗洛红葡萄酒（红标存酿）2000

评分：99 分

2000 年法莱特镇巴罗洛红葡萄酒（红标存酿）是一款

卓越的葡萄酒，继续彰显着布鲁诺·贾科萨的巨大成功。贾科萨已经几次对葡萄树进行打薄以降低其平均产量，这一年进行了一次。这款酒呈深宝石红色，表现出非凡的复杂性和相对进化的特性，还散发出白色巧克力糖、干香草、黑色水果、烟草、香烟、矮树丛和美妙甘甜的泥土风味。它异常的强劲，巨大的集中，相对精确和纯粹，丰裕悠长的余韵中还显露出非常成熟和甘甜的单宁酸，这是我品尝过的皮埃蒙特大区内该年份最佳年份酒的一款候选酒。最佳饮用期：2010~2030 年。

1996 Barolo Falletto (Red Label Riserva)
贾科萨酒庄法莱特镇巴罗洛红葡萄酒（红标存酿）1996

评分：98 分

1996 年款法莱特镇巴罗洛红葡萄酒（红标存酿）表现出卓越的风采和境界。酒色呈暗石榴红色或暗宝石红色，散发出精致但有前景的鼻嗅，并带有沥青、焦土、巧克力糖、黑莓、樱桃和浓咖啡混合的风味。这款强健、巨大的葡萄酒真是让我震惊。它是一款精致、事实上堪称完美的巴罗洛葡萄酒，还需要6到7年的时间窖藏，应该可以贮存30到40年。我记得我是在它装瓶之前品尝的，当时真是希望自己可以年轻20岁，而且我现在仍有着同样的想法。它简直太棒了！最佳饮用期：2012~2040 年。

1990 Barolo Falletto (Red Label Riserva)
贾科萨酒庄法莱特镇巴罗洛红葡萄酒（红标存酿）1990

评分：95 分

贾科萨的1990年巴罗洛葡萄酒都非常强劲、向后和集中，而且惊人的丰富和强烈。这款1990年法莱特镇巴罗洛红葡萄酒（红标存酿）非常巨大、结构厚实、深厚而且强健。布鲁诺·贾科萨酿制了一系列信守传统风格的巴罗洛葡萄酒，喜欢这种葡萄酒的读者将会被这款酒所震惊。最佳饮用期：2007~2025 年。

1989 Barolo Falletto (Red Label Riserva)
贾科萨酒庄法莱特镇巴罗洛红葡萄酒（红标存酿）1989

评分：94 分

贾科萨的1989年年份酒都是一流的。这款1989年法莱特镇巴罗洛红葡萄酒（红标存酿）是最向后的一款，含有惊人大量的单宁酸，但是却被它丰富、集中、深厚和耐嚼的口味很好地均衡了。这款酒强劲而且巨大，几乎无法穿透，非常高贵！建议在接下来的30年内饮用。

BAROLO RIONDA

贾科萨酒庄塞拉伦加镇里翁达巴罗洛红葡萄酒

1993 Barolo Rionda
贾科萨酒庄塞拉伦加镇里翁达巴罗洛红葡萄酒 1993

评分：91 分

这款 1993 年巴罗洛葡萄酒酿自于著名的科里纳 - 里翁达（Collina Rionda）葡萄园，从未在新橡木酒桶中发酵或陈年过，这款酒是利用这种传统酿制方式的一个出色代表。尽管它是在小橡木酒桶中陈年的，但是内比奥罗品种的特性却很明显。这款酒呈石榴红色，边缘还带有琥珀色，鼻嗅中伴有生姜、肉桂、香料和甘甜黑色樱桃水果风味混合的绝妙芳香。这款酒强劲、奇特、厚重，相当丰裕，含有坚实的单宁酸，是一款风格古老、酿制完美、口感充实的巴罗洛葡萄酒，一直到 2013~2015 年都非常适合饮用。

BAROLO RIONDA(RED LABEL RISERVA)

贾科萨酒庄里翁达巴罗洛红葡萄酒（红标存酿）

1989 Barolo Rionda (Red Label Riserva)
贾科萨酒庄里翁达巴罗洛红葡萄酒（红标存酿）1989

评分：100 分

在最近的几年中，这款酒变得越来越强壮，现在才刚刚进入青年时期。通体呈美妙的深紫红色或深石榴红色，散发出烟草、焦油、红色水果、黑色水果、雪松、巧克力糖和香烟风味混合的卓越鼻嗅。这款动人丰富的葡萄酒有着多层次的油滑质感和强劲充实的口感，而且没有坚硬的边缘，还有着可以持续一分半钟的美好余韵。这是一款不朽的葡萄酒，可以再继续经受 20 年以上的时间考验。

1978 Barolo Rionda (Red Label Riserva)
贾科萨酒庄里翁达巴罗洛红葡萄酒（红标存酿）1978

评分：98+ 分

这款酒是布鲁诺·贾科萨从这个葡萄园酿制的另一款有纪念意义的葡萄酒，它也许是我所品尝过的最强劲、最丰富、最集中的巴罗洛葡萄酒，到 2005 年时还仍然处于青年时期。通体呈美妙的暗紫红色或暗石榴红色，散发出巨大的鼻嗅，并带有碎岩石、白色巧克力糖、矮树丛、黑色梅子、无花果、雪松和焦油混合的风味，还有其他一些说不出名字

的味道。这是一款惊人的、复杂的葡萄酒，有着巨大的浓缩度、深厚的比例和强劲的口感，但是却没有任何沉重感。这款酒整体非常完美，但它仍然非常向后，徘徊不去的集中，几乎不可穿透，非常高贵，还有至少 20 年的进化潜力。这简直是一个现代传奇！最佳饮用期：现在开始到 2030 年。

BAROLO LE ROCCHE DEL FALLETTO

贾科萨酒庄法莱特镇岩石巴罗洛红葡萄酒

1999 Barolo Le Rocche del Falletto
贾科萨酒庄法莱特镇岩石巴罗洛红葡萄酒 1999

评分：95 分

这款酒需要大家非常小心，它散发出泥土、巧克力糖、干水果、烘烤坚果和矮树丛风味混合的经典鼻嗅，是一款优雅、中度酒体或略显强劲的葡萄酒。我两次品尝它的时候，它都好像几乎无法穿透。酒中含有高水平的单宁酸，还有少量薄荷和焦油的风味。这款酒虽然有点封闭，但仍然很有前景，如果继续陈年到 2010-2013 年，其品质会更佳。在接下来的 20 到 30 年内都非常适合饮用。

1998 Barolo Le Rocche del Falletto
贾科萨酒庄法莱特镇岩石巴罗洛红葡萄酒 1998

评分：96+ 分

这款有限的陈酿酿自于法莱特葡萄园内的四个区块，叫做罗卡（Le Rocche）。1998 年款法莱特镇罗卡巴罗洛红葡萄酒几近完美，这款巨大、强劲的葡萄酒非常令人惊叹。酒色呈暗紫红色，边缘带有亮色，惊人的果香中带有碎岩石、樱桃果酱和甘甜烟草混合的风味。这款酒含有大量的甘油和偏高的单宁酸，还有着惊人的悠长余韵，可以持续将近 50 秒钟。因为它现在非常令人惊叹，所以我确定它将会封闭起来，需要窖藏到 2009~2010 年。最佳饮用期：2008~2035 年。

1997 Barolo Le Rocche del Falletto
贾科萨酒庄法莱特镇岩石巴罗洛红葡萄酒 1997

评分：96 分

布鲁诺·贾科萨的 1997 年款法莱特镇罗卡巴罗洛红葡萄酒酿自于法莱特葡萄园的四个区块，有着东南向的日照。这款惊人的葡萄酒呈深紫红色或深石榴红色，有着巨大的酒体，以及甘甜、性感、多肉的中期口感和余韵。玫瑰花瓣、液态焦油和樱桃利口酒混合的风味不仅从经典的果香中爆发出来，还充满口腔和齿缝中。它非常复杂和多层次，还有着精致的质感和整体的和谐特性，对于一款贾科萨的巴罗洛葡萄酒来说，它异常的早熟，让我觉得它的口感将会非常深远，可以贮存 30 年。最佳饮用期：2007~2030 年。

LE MACCHIOLE

玛奇奥勒酒庄

酒品：

　　玛奇奥勒酒庄梅索里奥园葡萄酒（Messorio）

　　玛奇奥勒酒庄斯科里奥园葡萄酒（Scrio）

　　玛奇奥勒酒庄玛奇奥勒园葡萄酒（Macchiole）

　　玛奇奥勒酒庄帕莱奥园红葡萄酒（Paleo Rosso）

庄园主：钦齐亚·梅林·卡布米（Cinzia Merli Campolmi）

地址：Via Bolgherese 189/A,57020 Bolgheri（LI）,Italy

电话：(39) 0565 766092

传真：(39) 0565 763240

邮箱：lemecchiole@etruscan.li.it

网址：www. lemecchiole. it

联系人：钦齐亚·梅林·卡布米

参观规定：参观前必须预约

葡萄园

占地面积：44.7 英亩

葡萄品种：美乐、品丽珠、席拉、赛娇维赛、长相思、霞多
　　丽和赤霞珠

平均树龄：4~18 年

种植密度：5,000~10,000 株 / 公顷

平均产量：大约 1 磅 / 株

酒的酿制

　　该酒庄的葡萄酒都是使用成熟的葡萄酿制的，这些葡萄都是经过人工采收，而且葡萄的产量都非常低。葡萄酒发酵时是在完全分开的不锈钢大酒桶中进行的，桶中的温度都可以人为控制。接下来的苹果酸－乳酸发酵是在大酒桶中进行，在木桶中陈年 15 到 18 个月后装瓶，而且装瓶前不进行过滤。因为玛奇奥勒酒庄会酿制无数的小批陈酿，所以会使用大小不同的各种橡木桶。酿制梅索里奥园的美乐陈酿时会使用全新的小橡木酒桶。酿制斯科里奥园的席拉陈酿时也会使用容量为 225 升的法国小橡木桶，不过这些小橡木桶都是用过的。玛奇奥勒园的赛娇维赛、品丽珠和美乐混合成分也会在 225 升的酒桶中陈年，这些酒桶都是使用过一次的。最后是旗舰款葡萄酒，即帕莱奥园玫瑰红葡萄酒，它是使用 100% 的品丽珠酿制而成，其中的一半在全新的橡木酒桶中

陈酿，而另一半在使用过一年的酒桶中陈年。这些酒都是在采收的 4 年后才会投入市场。

年产量

玛奇奥勒酒庄梅索里奥园葡萄酒（100% 美乐）：5,000 瓶

玛奇奥勒酒庄斯科里奥园葡萄酒（100% 席拉）：4,000 瓶

玛奇奥勒酒庄帕莱奥园红葡萄酒（70% 赤霞珠和 30% 品丽珠）：30,000 瓶

玛奇奥勒酒庄玛奇奥勒园葡萄酒（80% 赛娇维赛、10% 品丽珠和 10% 美乐）：35,000 瓶

平均售价（与年份有关）：40~200 美元

近期最佳年份

如果前任庄园主欧亨尼奥·卡布米（Eugenio Campolmi）现在仍然在世的话，他将会毫不迟疑地推荐 1998 年，因为这个年份有着爆发性的浓缩度和力量。他还可能会推荐其他重要的年份，比如 1995 年和 1997 年，因为这两个年份把力量和优雅很好地结合在了一起。

该 酒庄的名字"玛奇奥勒"的意思是"起初的地方"。1975 年，奥托里奥·卡布米（Ottorino Campolmi）和他的儿子翁贝托（Umberto）决定出售他们为自己的饮食酿制的佐餐酒。1981 年，翁贝托的儿子欧亨尼奥接管了酒庄，并且完全改变了它。首先，他把葡萄园搬到保格利山丘的山脚下，那里的土壤更适合葡萄生长。他做出的选择虽然比较困难和激进，但他全身心地投入到葡萄树的栽植和护理工作中，他的工作转变成酒庄的主要活动。卢卡·达泰托马（Luca D'Attoma）从 1991 年开始担任该酒庄的酿酒顾问，欧亨尼奥仅仅几年内就完成了他在质量上值得赞扬的目标。遗憾的是，欧亨尼奥在 2002 年夏去世了，恰好在他成名之前——当时他只有 40 岁。但是该酒庄的使命已经被建立：保留 100% 美乐品种的纯粹性，迎接席拉品种的挑战，并逐渐改变旗舰款葡萄酒，即帕莱奥葡萄酒（Paleo）的酿制原料——从赤霞珠和品丽珠的混合转变成 100% 的品丽珠。现在该酒庄由欧亨尼奥的遗孀钦齐亚管理。

玛奇奥勒酒庄玛奇奥勒园葡萄酒 2000 酒标

MACCHIOLE
玛奇奥勒酒庄玛奇奥勒园葡萄酒

2000 Macchiole
玛奇奥勒酒庄玛奇奥勒园葡萄酒 2000

评分：90 分

2000 年款玛奇奥勒园葡萄酒是用 80% 的赛娇维赛、10% 的赤霞珠和 10% 的美乐酿制而成，在法国橡木酒桶中陈酿 14 到 16 个月后装瓶，装瓶前未进行过滤。这款酒呈深宝石红色或深紫色，并伴有液态巧克力、浓咖啡、皮革、黑色樱桃、黑醋栗和欧亚甘草风味混合的复杂陈酿香。它有着所有托斯卡纳典型葡萄酒都想拥有的相当巨大的体积、超级的成熟度和多层次、集中的余韵。最佳饮用期：现在开始到 2012 年。

1999 Macchiole
玛奇奥勒酒庄玛奇奥勒园葡萄酒 1999

评分：90 分

1999 年款玛奇奥勒园葡萄酒是用 95% 的赛娇维赛和 5% 的赤霞珠酿制而成，在法国小橡木酒桶中陈年后装瓶，装瓶前未进行澄清和过滤。它有着复杂的陈酿香，并伴有雪松、新鞍皮革、干香草、浓咖啡豆、巧克力和黑色水果（梅子和黑醋栗）混合的风味。这款酒柔软、成熟、集中而且丰富多汁，已经非常适合饮用。最佳饮用期：现在开始到 2011 年。

1998 Macchiole
玛奇奥勒酒庄玛奇奥勒园葡萄酒 1998

评分：91 分

1998 年款玛奇奥勒园葡萄酒的产量大约为 2000 箱，这款酒在大酒桶中陈化，装瓶前既没有进行澄清，也没有过滤。这款芬芳的葡萄酒倒入杯中后，会爆发出黑莓水果、黑醋栗水果、香烟和欧亚甘草风味混合的果香。这款酒是用 95% 的赛娇维赛和 5% 的赤霞珠酿制而成，是一款令人信服的葡萄酒。它风格强烈、丰裕，有着较低的酸度，中度酒体或略显强劲，还有着很好集中的烘烤橡木味。最佳饮用期：现在开始到 2010 年。

MESSORIO
玛奇奥勒酒庄梅索里奥园葡萄酒

2000 Messorio
玛奇奥勒酒庄梅索里奥园葡萄酒 2000

评分：94 分

2000 年款梅索里奥园葡萄酒酿自于一个相对有挑战性的年份，是西欧最优质的美乐葡萄酒之一，当然也是意大利制造的前二或前三名的美乐葡萄酒。酒色呈深紫红色或深紫色，散发出强劲、甘甜的鼻嗅，并带有巧克力、薄荷、意大利焙烤咖啡、黑莓和樱桃水果的风味。这款美酒相当强劲、集中和宽阔，含有甘甜的单宁酸和无缝的、集中的酸度，还有着酒精和木材的风味。它应该非常适合在接下来的 10 到 15 年内饮用。

1999 Messorio
玛奇奥勒酒庄梅索里奥园葡萄酒 1999

评分：98 分

1999 年款梅索里奥园葡萄酒是用 100% 的美乐酿制而成，在法国橡木酒桶中陈年 18 个月后装瓶，装瓶前未进行过滤。这是一款超棒的葡萄酒，酒色呈饱满的紫色。它的酒精含量高达 14.6%，从技术上来说，酒中的干精粹物含量是我所见过的最高的。这款酒是在 1995 年第一次酿制，因此从它在酒瓶中发展的情况来看，它仍然处于婴儿时期。但是，1999 年年份酒是丰满和充实的。这款巨大的葡萄酒散发出可乐、咖啡、黑莓、强烈黑色樱桃果酱、摩卡咖啡、欧亚甘草和吐司特性混合的陈酿香，它非常精致、纯粹、集中和绵长。既然这款酒的产量只有 4000 瓶，我不想太入迷，但它确实是托斯卡纳产区内最具吸引力的一款葡萄酒。最佳饮用期：2009~2019 年。

1998 Messorio
玛奇奥勒酒庄梅索里奥园葡萄酒 1998

评分：96 分

因为这款葡萄酒的销量相当小，所以即使它应该得到一

个将近完美的评分，但我还是会让我的品酒笔记保持一定的合理化。1998 年款梅索里奥园葡萄酒是用 100% 的美乐酿制而成，可以与世界上任何一款最优质的美乐葡萄酒匹敌。它有着令人兴奋的丰富性和强度，可以与酿自于波美侯高原的最优质葡萄酒相媲美。它集中的黑莓果酱和樱桃果酱风味中呈现出美乐的精华，是一款轮廓清晰、美妙平衡的葡萄酒，表现出完美结合的力量和优雅。这款酒强劲、厚重、超级集中，还有着惊人的悠长余韵，可以持续 50 秒，是酿酒史上的一款杰作，它的口感简直太不可思议了。最佳饮用期：现在开始到 2016 年。这是一款奇妙的葡萄酒，但是它的数量却如此有限，简直太令人遗憾了！

1997 Messorio
玛奇奥勒酒庄梅索里奥园葡萄酒 1997

评分：98 分

这是一款出色的葡萄酒，不仅可以与意大利制造的最优质葡萄酒相匹敌，还可以与法国和美国制造的最优质葡萄酒相媲美。遗憾的是，它的产量非常有限，大约只有 40 到 50 箱的数量可以在市场上买到，但是以后的年份产量有希望稍微增加。这款惊人的 1997 年梅索里奥美乐葡萄酒真的非常奇妙，酒色呈黑色或紫色，爆发出惊人的、丰富的鼻嗅，并带有黑色覆盆子、烟熏新橡木、干香草和雪松的风味。酒中的巧克力、新鞍皮革和令人振奋的黑色水果含量使得这款酒有着奢华、满足人感官的质感，悠长的余韵可以持续将近一分钟。考虑到它的宽阔和开放质感，这款酿酒杰作已经可以饮用。最佳饮用期：现在开始到 2015 年。

1995 Messorio
玛奇奥勒酒庄梅索里奥园葡萄酒 1995

评分：95 分

1995 年款梅索里奥美乐葡萄酒闻起来像是波美侯产区炫目的内里鹏酒庄（Le Pin）酿制的一款动人的年份酒。倒入杯中并稍加限制，会突然散发出新橡木、黑色樱桃水果果酱、椰子、多香果和欧亚甘草混合的迷人果香。这款酒厚重，惊人的集中和纯粹，有着丰富多汁的质感，还有着惊人含量的甘油、精粹物，而且相当丰富。这款闪耀的葡萄酒质感非常柔滑，现在就可以饮用。最佳饮用期：现在开始到 2012 年。

PALEO ROSSO
玛奇奥勒酒庄帕莱奥园红葡萄酒

2000 Paleo Rosso
玛奇奥勒酒庄帕莱奥园红葡萄酒 2000

评分：90 分

2000 年款帕莱奥园玫瑰红葡萄酒中度酒体，非常可口，有点进化，还散发出香烟、黑加仑、干香草、烟叶和沥青风

味混合的鼻嗅。这款酒虽然不像部分之前的年份酒那样非常深厚和丰富，但是它相当的复杂，当然是该年份一个不容否认的成功。建议在接下来的10年内饮用。

1999 Paleo Rosso
玛奇奥勒酒庄帕莱奥园红葡萄酒 1999

评分：92 分

1999 年帕莱奥园玫瑰红葡萄酒是一款惊人的葡萄酒，呈饱满的蓝色或紫色，非常深厚和强烈，还散发出石墨、碎岩石、沥青、黑色水果和干普罗旺斯香草风味混合的卓越鼻嗅。这款酒质感柔软，强劲，惊人的集中，有着甘甜、宽阔的中期口感，余韵悠长，但是并没有坚硬的边缘，这是一款强劲而且出色均衡的葡萄酒。建议在接下来的10年内饮用。

1998 Paleo Rosso
玛奇奥勒酒庄帕莱奥园红葡萄酒 1998

评分：92 分

1998 年款帕莱奥园玫瑰红葡萄酒是用 85% 的赤霞珠和 15% 的品丽珠混合酿制而成，在小橡木酒桶中陈年。它表现出类似白马酒庄（Cheval Blanc）葡萄酒的复杂特性，还散发出深远的瑞士自助餐果香，并伴有香料盒、雪松、欧亚甘草、薄荷醇、黑加仑果汁和黑莓果汁混合的风味。它中度酒体或略显强劲，有着上乘的口感，非常精致和纯粹，无缝的悠长余韵中含有良好统一的酸度、单宁酸和酒精（酒精含量为 13.5%）。最佳饮用期：现在开始到 2014 年。

1997 Paleo Rosso
玛奇奥勒酒庄帕莱奥园红葡萄酒 1997

评分：92 分

1997 年款帕莱奥园玫瑰红葡萄酒是用 80% 的赤霞珠、10% 的赛娇维赛和 10% 的品丽珠混合酿制而成，在小橡木酒桶中陈年，装瓶前未进行澄清和过滤。这是一款很有前景的葡萄酒，呈不透明的宝石红色或紫色，散发出欧亚甘草、香烟、石墨、黑莓和黑醋栗风味混合的甘甜鼻嗅。这款酒强劲，口感中有着烤肉的特性，异常纯粹和集中，含有美妙统一的酸度和单宁酸。这款拳头产品现在就可以饮用。最佳饮用期：现在开始到 2015 年。

1996 Paleo Rosso
玛奇奥勒酒庄帕莱奥园红葡萄酒 1996

评分：91 分

1996 年款帕莱奥园玫瑰红葡萄酒是用 85% 的赛娇维赛和 15% 的赤霞珠混合酿制而成，散发出巧克力、浓咖啡、摩卡咖啡和新橡木风味混合的陈酿香。它强劲、厚重、出色的集中，含有温和的单宁酸和丰富的、甘甜的黑色樱桃水果酱。酒中的低酸度和表现出的深厚、果汁的风格表明它现在就适合饮用。最佳饮用期：现在开始到 2008 年。

1995 Paleo Rosso
玛奇奥勒酒庄帕莱奥园红葡萄酒 1995

评分：90 分

1995 年款帕莱奥园玫瑰红葡萄酒是用 85% 的赛娇维赛和 15% 的赤霞珠混合酿制而成，酒色呈暗紫红色或暗紫色，散发出液态沥青、雪松、皮革、草莓果酱和樱桃白兰地风味混合的惊人鼻嗅。这款酒还散发出杰出的果香，拥有耐嚼的质感，中度酒体或略显强劲，口感丝滑，有着成熟的单宁酸、充足的酸性和悠长的余韵。最佳饮用期：现在开始到 2009 年。

SCRIO
玛奇奥勒酒庄斯科里奥园葡萄酒

2000 Scrio
玛奇奥勒酒庄斯科里奥园葡萄酒 2000

评分：90 分

2000 年斯科里奥园葡萄酒是一款强劲、集中、质感非常柔软和进化的席拉葡萄酒，倒入杯中后，会迸发出桉树、薄荷、巧克力、欧亚甘草和焦油风味混合的强劲鼻嗅。这款酒应该适合年轻时饮用，不过也可以很好地陈年 10 年以上。最佳饮用期：现在开始到 2014 年。

1999 Scrio
玛奇奥勒酒庄斯科里奥园葡萄酒 1999

评分：93 分

1999 年款斯科里奥园葡萄酒是用 100% 的席拉品种酿制的，在法国橡木酒桶中陈年 18 个月，表现出经典的席拉特性，其中混有樟脑、木榴油、黑莓利口酒、欧亚甘草和香子兰混合的风味。酒中含有惊人的精粹物和单宁酸，体积巨大，还有着纯粹、集中、悠长的余韵，这款未经过滤的美酒中的干精粹物含量几乎超出正常水平。这是一款杰出的 1999 年年份酒，但还需要耐心等待，它在 2007 年至 2018 年间应该会处于最佳状态。它是意大利出产的最令人叹服的一款席拉葡萄酒！

1998 Scrio
玛奇奥勒酒庄斯科里奥园葡萄酒 1998

评分：95 分

玛奇奥勒酒庄的斯科里奥园葡萄酒是意大利制造的最深远的席拉葡萄酒。1998 年年份酒酿自于惊人低产的葡萄园，装瓶前进行澄清和过滤，酒色呈黑色或紫色，散发出欧亚甘草、液态焦油、巧克力糖和黑莓利口酒混合的风味。这款酒强劲、丰裕，含有大量的单宁酸，但是它的甘甜个性和多层次的口感却令人叹服，应该陈年 20 年。它可以轻松地超出一些罗纳河谷的优质埃米塔日产区葡萄酒。最佳饮用期：现在开始到 2021 年。

MONTEVETRANO
蒙特维特拉诺酒庄

酒品：蒙特维特拉诺酒庄蒙特维特拉诺园葡萄酒（Monteve-trano）

庄园主：西尔维娅·伊姆帕拉托（Silvia Imparato）

地址：Via Montevetrano 3,84099 San Cipriano Picentino (SA), Italy

电话：(39) 089 882285

传真：(39) 089 882010

邮箱：montevetrano @tin.it

网址：www. montevetrano. com

联系人：西尔维娅·伊姆帕拉托

参观规定：参观前请与联系人预约

葡萄园

占地面积：11.1 英亩，但是计划延伸至 25 英亩

葡萄品种：60% 赤霞珠、30% 美乐和 10% 艾格尼科

平均树龄：10 年

种植密度：4,000 株 / 公顷

平均产量：非常低

酒的酿制

　　西尔维娅·伊姆帕拉托的葡萄酒一直由她著名的酒类学家里卡多·科塔瑞拉（Riccardo Cotarella）监控，酿制时葡萄会被完全去梗，然后进行 3 周时间的传统发酵和浸渍，接着转移到全新的法国橡木酒桶中陈年，12 个月后装瓶，之前不进行过滤。

年产量

　　蒙特维特拉诺酒庄蒙特维特拉诺园葡萄酒：大约 30,000 瓶平均售价（与年份有关）：50~80 美元

近期最佳年份

　　伊姆帕拉托女士本人是这样想的："其实我并不能确定地说。都是我的儿子们，我对他们非常严格，但是他们却改变了我的生活。我一直很喜欢 1997 年，它似乎是一个柔软的年份，我认为它有着深切的、特别的'细微区别'。目前最强壮的年份是 1993 年，但是 1995 年、1997 年和 1999 年虽然过去似乎一直有着不同的酸度，不过现在已经'非常强大'。2001 年有着强劲的个性，1992 年是最优雅的年份。"

　　西尔维娅·伊姆帕拉托和里卡多·科塔瑞拉酿制的葡萄酒一直是意大利南部最具特色的葡萄酒之一。从第一次酿制开始，这款酒就一直是保守葡萄培植技术和科塔瑞拉非凡酿酒技术的证明。遗憾的是，这个占地面积只有 11.1 英亩的小葡萄园每年只生产 500 箱的葡萄酒，这种酒是用 60% 的赤霞珠、30% 的美乐和 10% 的艾格尼科混合酿制而成。这些葡萄酒现在全新的法国橡木酒桶中陈年 12 个月，然后装瓶，装瓶前不进行澄清和过滤。令人惊奇的是，所有的新橡木味都被水果完全吸收了。我很喜欢这些酒的独特风格。不论各个年份的条件如何，每一年蒙特维特拉诺园葡萄酒都会散发出大量惊人的黑莓、蓝莓和黑色覆盆子的水果风味，中度酒体或略显强劲，水果主导，而且个性复杂、出色。它们还表现出淡淡的矿物质风味，相当的纯粹和对称，有着 10 年到 20 年的进化潜力。从风格上来看，它们很像意大利版的寇金家族（Colgin）或布莱恩特（Bryant）家族葡萄园的赤霞珠葡萄酒，而且通常有着惊人的复杂性和丰富性。

MONTEVETRANO
蒙特维特拉诺酒庄蒙特维特拉诺园葡萄酒

2001 Montevetrano
蒙特维特拉诺酒庄蒙特维特拉诺园葡萄酒 2001

　　评分：95 分

　　2001 年款蒙特维特拉诺园葡萄酒是一个卓越的成就，这款厚重的葡萄酒几乎呈黑色或宝石红色，散发出液态欧亚甘草、石墨、黑莓、黑醋栗和些许碎矿物质风味混合的巨大鼻嗅。这款出色的葡萄酒强劲、丰富、宽阔、惊人的纯粹，可以在接下来的 10 到 15 年内饮用。

2000 Montevetrano
蒙特维特拉诺酒庄蒙特维特拉诺园葡萄酒 2000

　　评分：94 分

　　2000 年蒙特维特拉诺园葡萄酒是一款丰裕的葡萄酒，异常的纯粹，中度酒体到重酒体，含有美妙集中的单宁酸、酸度和木材。它卓越的果香轮廓中带有蓝莓、香料盒、白色花

朵和各种各样的水果风味。这款酒有着无缝的特性，以及令人叹服的强度和长度。2003 年时，我打开了一瓶 1993 年年份酒，它当时还在以缓慢的速度陈年，而且仍然前倾但是却非常有前景，有着巨大的力量、优雅和和谐，它唯一的缺点就是还没有表现出最佳状态。最佳饮用期：现在开始到 2015 年。

1999 Montevetrano
蒙特维特拉诺酒庄蒙特维特拉诺园葡萄酒 1999

评分：94 分

1999 年款蒙特维特拉诺园葡萄酒的产量为 19000 瓶，是用 60% 的赤霞珠、30% 的美乐和 10% 的艾格尼科酿制的，这些葡萄树的产量都相当低，装瓶前未进行澄清和过滤。这款优雅卓越的葡萄酒呈深宝石红色或深紫色，爆发出蓝莓馅饼、黑醋栗、矿物质和紫罗兰风味混合的甘甜鼻嗅。这款出色、纯粹的葡萄酒深厚，中度酒体或略显强劲，和谐，含有隐藏得很好的液态矿物质特性。这款酒可以现在饮用，亦可以在接下来的 12 年内饮用。

1998 Montevetrano
蒙特维特拉诺酒庄蒙特维特拉诺园葡萄酒 1998

评分：92 分

1998 年款蒙特维特拉诺园葡萄酒是一个不同凡响的成功，它将优雅、力量和强度很好地结合在了一起。这款酒也表现出蒙特维特拉诺酒庄的标志性黑莓和黑色覆盆子成分，而且美妙的纯粹和对称，中度酒体或略显强劲，有着高度集中的悠长余韵。遗憾的是，这款酒的产量只有 2000 瓶，彼时酒庄的占地面积只有 4 英亩（后来才扩展到 11.1 英亩）。和其他大多数在里卡多·科塔瑞拉监控下酿制的葡萄酒一样，这款酒也是在法国新橡木酒桶中陈年，然后未进行澄清和过滤直接装瓶。这款 1998 年年份酒在接下来的 6 到 11 年内饮用，其效果应该都很不错。

1997 Montevetrano
蒙特维特拉诺酒庄蒙特维特拉诺园葡萄酒 1997

评分：96 分

这款酒有着惊人的复杂性和丰富性。西尔维娅·伊姆帕拉托是一颗闪耀的明星。令人惊奇的是，该款酒里面的新橡木味已经完全被水果吸收。从风格上来看，它可以被看做是意大利版的寇金或布莱恩特家族葡萄园的赤霞珠葡萄酒。倒入杯中后，会迸发出温和的黑莓、活跃的蓝莓和花香风味的惊人芬芳鼻嗅。这款酒呈不透明的紫色，有着多层次的自然质感，强劲，惊人的集中，立体，简直太不可思议了。这是一款奇妙的葡萄酒，很可能是蒙特维特拉诺酒庄酿制的最优质的葡萄酒——考虑到其他年份酒已经非常惊人，这款酒也一样让人震惊。最佳饮用期：现在开始到 2020 年。

1996 Montevetrano
蒙特维特拉诺酒庄蒙特维特拉诺园葡萄酒 1996

评分：94 分

蒙特维特拉诺酒庄蒙特维特拉诺园葡萄酒 2000 酒标

这款酒至少有 20 年的陈年潜力。酒色呈不透明的紫色，还散发出黑色覆盆子奶油、烘烤香草和烤肉风味混合的、厚重的、深厚的陈酿香。入口后，这款酒丰富、强劲，有着油滑的质感，含有大量的黑莓水果和甘甜的单宁酸，还有着多层次、深厚、低酸度的余韵。最佳饮用期：现在开始到 2012 年。

1995 Montevetrano
蒙特维特拉诺酒庄蒙特维特拉诺园葡萄酒 1995

评分：92 分

跟这款酒的许多年份酒一样，1995 年款蒙特维特拉诺园葡萄酒很好地结合了优雅、丰富和优质玛歌酒庄（Château Margaux）葡萄酒的强度，还有着顶级波美侯葡萄酒的多汁和多肉特性，比如拉康斯雍酒庄（La Conseillante）葡萄酒。这款深紫色的葡萄酒倒入杯中后，会迸发出惊人含量的甘甜蓝莓水果和黑醋栗水果，还有着甘甜、成熟和纯粹的芳香及果味。入口后，口感超级集中，有着多层次的口味，中度酒体到重酒体，完美的均衡，还有着罕见的细腻和力量的完美结合。这款酒现在已经足够柔软，而且丰富和完美均衡，可以立即饮用。这是一款美妙、丰满、优雅的葡萄酒，它的口感简直太不可思议了。最佳饮用期：现在开始到 2010 年。

1994 Montevetrano
蒙特维特拉诺酒庄蒙特维特拉诺园葡萄酒 1994

评分：93 分

1994 年款蒙特维特拉诺园葡萄酒呈不透明的紫色，是一款惊人集中的葡萄酒，散发出虽然紧致但是有前景的鼻嗅，其中还带有香子兰、巧克力、黑醋栗和野生蓝莓的风味。这款优雅、丰富但口感有力的葡萄酒强劲、丰富、多层次，含有大量的精粹物，口味甘甜，将优雅和力量惊人地结合在了一起。这款酒应该可以再贮存 6 到 7 年。和它令人极其愉快的先前款一样，这款年份酒也是在全新的法国阿利埃（Allier）橡木酒桶中陈年后装瓶，且装瓶前未进行澄清和过滤。

LUCIANO SANDRONE
桑德罗尼酒庄

酒品：

桑德罗尼酒庄卡努比园巴罗洛干红葡萄酒（Barolo Cannubi Boschis）

桑德罗尼酒庄葡园巴罗洛干红葡萄酒（Barolo Le Vigne）

庄园主：鲁契亚诺·桑德罗尼（Luciano Sandrone）

地址：Via Pugnane 4,12060 Barolo(CN),Italy

电话：(39) 0173 560023

传真：(39) 0173 560907

邮箱：info@ sandroneluciano.com

网址：www. sandroneluciano.com

联系人：芭芭拉·桑德罗尼夫人（Mrs. Barbara Sanfrone）

参观规定：参观前必须预约

葡萄园

占地面积：54.3 英亩

葡萄品种：阿尔巴产区的内比奥罗、巴贝拉、多赛托和巴罗洛产区的内比奥罗

平均树龄：35 年

种植密度：5,000 株 / 公顷

平均产量：6,500 千克 / 公顷

酒的酿制

　　鲁契亚诺·桑德罗尼的葡萄酒的特征就是产量极低，而且葡萄非常成熟。他的葡萄酒酿制方式相对传统，酿制过程持续 10 到 14 天，部分苹果酸 - 乳酸发酵在法国橡木酒桶中进行。但在过去的 10 年中，桑德罗尼更喜欢使用容量为 200 升的更大的塔诺（法语 tonneaux），而不是容量只有 55 升的法国小橡木酒桶，所以现在在他现代化的酒厂中，这两种酒桶都有。他的酒厂位于巴罗洛村附近。

年产量

　　桑德罗尼酒庄卡努比园巴罗洛干红葡萄酒：14,000 瓶

　　桑德罗尼酒庄葡园巴罗洛干红葡萄酒：16,000 瓶

　　平均售价（与年份有关）：25~115 美元

近期最佳年份

　　2001 年，2000 年，1999 年，1998 年，1997 年，1996 年，1990 年，1985 年，1982 年

鲁契亚诺·桑德罗尼和他的妻子都是巴罗洛地区卓越的酿酒师。1977 年之前，他们夫妇二人都在巴罗洛玛奇塞工作，但是这一年他们在本地的巴罗洛村外获得了一小块土地。很快地，他们都成为葡萄酒的狂热者，首先酿制了 1982 年和 1985 年年份酒，接着又酿制了另一款酒，这款酒是我所给出的最高评分的巴罗洛葡萄酒之一，即 1990 年年份酒。无论是葡萄园还是酿酒厂，他们都会非常全面地关注每一个细节，他们也因此酿制出了不同混合品种的葡萄酒，这些酒不仅遵守革新主义，而且遵循传统主义。桑德罗尼当然很清楚自己的葡萄园：他的卡努比葡萄园位于一个非常美妙的地方，有着东南向的光照，是一个非凡的葡萄园；而他的维戈内葡萄园是巴罗洛产区的另一个顶级葡萄园，位于一个虽然不出名但是却可以酿制出卓越葡萄酒的地方。该酒庄的葡萄酒都出色地表达出了内比奥罗品种的特性，还将力量和优雅完美地结合在了一起。

桑德罗尼酒庄卡努比园巴罗洛干红葡萄酒 2000 酒标

BAROLO CANNUBI BOSCHIS

桑德罗尼酒庄卡努比园巴罗洛干红葡萄酒

2000 Barolo Cannubi Boschis
桑德罗尼酒庄卡努比园巴罗洛干红葡萄酒 2000

评分：97 分

根据桑德罗尼的标准来看，这款酒的风格非常向前，边缘还有些许蔓延的琥珀色。它散发出异常芬芳的鼻嗅，并带有黑色水果、液态欧亚甘草、巧克力糖、焦油和玫瑰花瓣混合的风味。这款美酒非常丰裕、强劲，轮廓清晰，纯粹度惊人，而且强烈集中。尽管对于一款桑德罗尼葡萄酒来说，它有点反常的向前，但它却是 2000 年年份酒中少有的几款不用在瓶中陈年的美酒之一。它的低酸度和快速进化进程将使得这款酒在 2008 年到 2018 年间极其可口。

1999 Barolo Cannubi Boschis
桑德罗尼酒庄卡努比园巴罗洛干红葡萄酒 1999

评分：90 分

对于桑德罗尼葡萄酒来说，1999 年款卡努比园巴罗洛干红葡萄酒有着中度酒体的风格，它散发出雪松木材、干香草、甘甜樱桃白兰地、淡淡的玫瑰精油和巧克力糖混合的风味。这款中度酒体的葡萄酒有着一定程度的尖刻性，还有着含量偏高的单宁酸和悠长的余韵。最佳饮用期：2008~2018 年。

1998 Barolo Cannubi Boschis
桑德罗尼酒庄卡努比园巴罗洛干红葡萄酒 1998

评分：94~96 分

1998 年款卡努比园巴罗洛干红葡萄酒呈深宝石红色或深紫色，爆发出矿物质、黑色樱桃利口酒、新鞍皮革和吐司风味混合的惊人陈酿香。这款有力、成熟的葡萄酒表现出强劲的口感，含有丝滑的单宁酸、很低的酸度和极高含量的甘油，还有着奶油口感的复杂、多层次、超级纯粹的内比奥罗葡萄特性。最佳饮用期：2006~2020 年。

1997 Barolo Cannubi Boschis
桑德罗尼酒庄卡努比园巴罗洛干红葡萄酒 1997

评分：96 分

1997 年卡努比园巴罗洛干红葡萄酒是一款奇妙的葡萄酒，呈饱满的暗石榴红色，散发出黑色水果、矿物质、焦土、香烟、干香草和湿润岩石混合的甘甜鼻嗅，非常令人震惊。这款体积巨大、优雅的巴罗洛葡萄酒惊人的集中，相当油滑，轮廓也超级清晰，含有惊人的精粹物，还有立体的中期口感和余韵。这真是一款令人惊叹的葡萄酒！最佳饮用期：现在开始到 2020 年。

1996 Barolo Cannubi Boschis
桑德罗尼酒庄卡努比园巴罗洛干红葡萄酒 1996

评分：94~96 分

1996 年款卡努比园巴罗洛干红葡萄酒非常令人惊叹，散发出黑醋栗、樱桃利口酒和花朵风味混合的果香。它厚重、华丽而且强劲，有着惊人的强度和多层次的精粹物。这款酒强健、集中、宽阔而且有力，还需要时间窖藏。最佳饮用期：2006~2020 年。

1994 Barolo Cannubi Boschis
桑德罗尼酒庄卡努比园巴罗洛干红葡萄酒 1994

评分：90 分

桑德罗尼的 1994 年年份酒是一款风格娇柔、优雅的巴罗洛葡萄酒，呈中度的宝石红色，散发出烟熏、黑色樱桃和覆盆子风味的诱人鼻嗅，它的芳香中还带有矿物质和新橡木的风味。入口后，它表现得宽阔、绵长，并且相当细腻和优雅。这款酒并不是 1990 年款风格的拳头产品，但它仍是一款优雅的葡萄酒，有着杰出的纯粹度和和谐个性。建议尽快把它喝光。

1993 Barolo Cannubi Boschis
桑德罗尼酒庄卡努比园巴罗洛干红葡萄酒 1993

评分：92 分

1993 年款卡努比园巴罗洛干红葡萄酒呈暗宝石红色，比较抑制，但散发出甘甜、优雅的鼻嗅，并带有烤肉、烘烤坚果、矮树丛和黑色水果混合的风味。倒入杯中后，还会出现液态焦油和玫瑰花瓣的风味。这款酒比大多数 1993 年年份酒的结构更加坚实，它是一款强劲的葡萄酒，相当有特性，不仅出色的集中，还有着宽阔的甘甜水果核心。最佳饮用期：现在开始到 2012 年。

1990 Barolo Cannubi Boschis
桑德罗尼酒庄卡努比园巴罗洛干红葡萄酒 1990

评分：100 分

桑德罗尼在 1990 年似乎取得了比 1982 年、1985 年、1988 年和 1989 年更高的成就，他从卡努比葡萄园酿制出了近乎完美的 1990 年巴罗洛葡萄酒。这款让全世界轰动的巴罗洛葡萄酒的产量只有 1600 箱，如果你有幸能够接触到几瓶，千万要毫不犹豫地出手哦！这款深远的巴罗洛葡萄酒惊人的丰富，超级均衡，口感深厚。它表现出惊人强烈的陈酿香，并带有玫瑰、黑色樱桃、新鞍皮革和淡淡的焦油风味。美妙的丰富性和非凡的清晰性是它的标志性特征。这款巨大的葡萄酒会为大家带来极具吸引力的口感和饮酒经历，但千万不要被它的立即可饮用性给误导了。因为很多 1989 年和 1990 年巴罗洛葡萄酒都非常甘甜和早熟，以至于大家经常会忘记高含量的水果下隐藏着大量单宁酸。这款 1990 年卡努比园干红葡萄酒现在应该正处于高峰时期，至少还可以贮存20年甚至更久。这真是一款超棒的葡萄酒！

1989 Barolo Cannubi Boschis
桑德罗尼酒庄卡努比园巴罗洛干红葡萄酒 1989

评分：97 分

在桑德罗尼令人印象深刻的葡萄酒中，1989 年款卡努比园巴罗洛干红葡萄酒是另一款珍宝。对于一款 1989 年年份酒来说，这款酒比较内向，酒色呈深紫色，散发出烟熏新橡木、黑色水果和焦油混合的开放鼻嗅。它丰富、强劲，有着多层次的口味，入口后惊人的多维度和持久。最佳饮用期：现在开始到 2010 年。

1988 Barolo Cannubi Boschis
桑德罗尼酒庄卡努比园巴罗洛干红葡萄酒 1988

评分：93 分

桑德罗尼的 1988 年款卡努比园葡萄酒很可能可以与 1985 年年份酒匹敌，但它会不会像 1982 年款那样令人震惊呢？这款酒风格传统，惊人的强烈，散发出湿润泥土和黑色水果风味混合的极佳鼻嗅。这款酒中含有感人、耐嚼、成熟、丰裕的水果，还有比多数酿酒商酿制的葡萄酒都要柔软的单宁酸，以及巨大悠长、劲力十足的余韵。最佳饮用期：现在开始到 2010 年。

1982 Barolo Cannubi Boschis
桑德罗尼酒庄卡努比园巴罗洛干红葡萄酒 1982

评分：95 分

这款酒代表了内比奥罗葡萄酒可以达到的高度。这款崇高的葡萄酒散发出香烟、皮革、黑色樱桃和巧克力糖风味混合的巨大鼻嗅，口感宽阔、强劲、丰富，含有很好的酸度和惊人悠长的闪亮余韵。桑德罗尼已经酿制出了一款令人惊叹的巴罗洛葡萄酒。最佳饮用期：现在开始到 2009 年。

BAROLO LE VIGNE
桑德罗尼酒庄葡园巴罗洛干红葡萄酒

2000 Barolo Le Vigne
桑德罗尼酒庄葡园巴罗洛干红葡萄酒 2000

评分：93 分

2000 年款维戈内园巴罗洛干红葡萄酒呈暗石榴红色，边缘还带有一点亮色和琥珀色，倒入杯中后，会散发出非常堕落和近乎奢侈的鼻嗅，并表现出清新甘甜的碎红色水果和碎黑色水果风味，还有着淡淡的枣子、无花果、烟叶和巧克力糖的味道。它的酸度相当低，非常多肉、丰裕和强劲，感觉就像一款 8 到 10 年的老巴罗洛葡萄酒，但是它也表现出美妙的水果特性、油滑的质感和非常诱人的口感。建议在接下来的 10 到 16 年内饮用。

1999 Barolo Le Vigne
桑德罗尼酒庄葡园巴罗洛干红葡萄酒 1999

评分：91+ 分

1999 年维戈内园巴罗洛年份酒是一款暗宝石红色葡萄酒，散发出多香果、香草、焦油、巧克力糖、甘甜草莓和樱桃水果混合的陈酿香，倒入杯中后，还会出现一点点覆盆子的风味。这款酒优雅，中度酒体，美妙的精粹，轮廓非常清新美好，虽然不是一款拳头产品，但却是一款非常经典的巴罗洛葡萄酒。它在 2007 年至 2015 年间应该会达到最佳状态。

1998 Barolo Le Vigne
桑德罗尼酒庄葡园巴罗洛干红葡萄酒 1998

评分：95 分

1998 年维戈内园巴罗洛干红葡萄酒是一款立体的葡萄酒，散发出巨大层次的黑色樱桃水果、玫瑰花瓣、焦油、香脂木、矿物质和微弱的新橡木风味。这款精致、年轻的巴罗洛葡萄酒强劲、超级集中而且异常纯粹，从现在到 2020 年间应该处于最佳状态。

1997 Barolo Le Vigne
桑德罗尼酒庄葡园巴罗洛干红葡萄酒 1997

评分：94 分

1997 年款维戈内园巴罗洛干红葡萄酒呈暗宝石红色，边缘带有琥珀色。它散发出惊人的果香，并伴有花朵、黑色水果、铅笔、香料盒和矿物质混合的风味。这是一款典型的桑德罗尼葡萄酒，对于黑莓和樱桃水果口味来说，它有着卓越的精粹度和强度。倒入杯中后，酒中的矿物质和焦油风味会变得更加明显。这是一款惊人、华丽、纯粹和有着玛歌酒庄风格的巴罗洛葡萄酒，建议从现在开始到 2018 年间饮用。

1996 Barolo Le Vigne
桑德罗尼酒庄葡园巴罗洛干红葡萄酒 1996

评分：90~92 分

1996 年款维戈内园巴罗洛干红葡萄酒呈暗宝石红色或暗紫色，是一款优雅、体积巨大、整体均衡的巴罗洛葡萄酒。这款酒有着甘甜的单宁酸，具有测量、有力、丰富的风格，还混有含量丰富的黑色水果、矿物质、香料和干香草的风味。最佳饮用期：现在开始到 2018 年。

1995 Barolo Le Vigne
桑德罗尼酒庄葡园巴罗洛干红葡萄酒 1995

评分：90 分

1995 年维戈内园巴罗洛干红葡萄酒是一款经典的葡萄酒，散发出焦油、玫瑰花瓣和樱桃利口酒风味混合的明显芳香。中度酒体到重酒体，风格丝滑、开放和可亲近，有着甘甜、宽阔的口味，以及令人愉快的质感和经典的余韵，而且没有任何坚硬的边缘。这款酿制精美的巴罗洛葡萄酒现在就可以饮用。最佳饮用期：现在开始到 2013 年。

1993 Barolo Le Vigne
桑德罗尼酒庄葡园巴罗洛干红葡萄酒 1993

评分: 92 分

桑德罗尼的 1993 年款维戈内园巴罗洛干红葡萄酒是用来自 5 个单独的小块葡萄园的葡萄混合酿制而成,比该年份的卡努比园巴罗洛干红葡萄酒更加早熟和奇特。酒色呈暗宝石红色,爆发出波美侯葡萄酒风格的甘甜鼻嗅,其中还带有巧克力、咖啡和黑色樱桃果酱混合的风味。中度酒体到重酒体,有着多汁、柔软的质感和劲力十足、丰富的余韵。最佳饮用期: 现在开始到 2012 年。

1990 Barolo Le Vigne
桑德罗尼酒庄葡园巴罗洛干红葡萄酒 1990

评分: 95 分

1990 年,桑德罗尼酿制了 100 箱这款单一葡萄园巴罗洛葡萄酒。尽管这款酒比 1990 年款卡努比园葡萄酒更加进化,但却没有后者那么单宁和强健,不过这仍是一款惊人成熟、丰富、质感油滑的葡萄酒,气味和口感都令人十分愉快。最佳饮用期: 现在开始到 2014 年。

1985 Barolo Le Vigne
桑德罗尼酒庄葡园巴罗洛干红葡萄酒 1985

评分: 94 分

这款 1985 年巴罗洛葡萄酒告诉了我们为什么桑德罗尼如此出名。虽然 2002 年我品尝它的时候它仍然年轻,但它当时已经呈现出暗紫红色或暗紫色,还爆发出黑色水果、矿物质、沥青和矮树丛风味混合的甘甜鼻嗅。这款酒强劲,含有甘甜的单宁酸,没有坚硬的边缘,惊人的纯粹,而且多维度,是一款虽然年轻但令人惊叹和活跃的巴罗洛葡萄酒。最佳饮用期: 现在开始到 2015 年。

1982 Barolo Le Vigne
桑德罗尼酒庄葡园巴罗洛干红葡萄酒 1982

评分: 95 分

虽然 1982 年款巴罗洛葡萄酒有点土气,但是仍有着令人钦羡的特性。酒色呈暗石榴红色,边缘还有些许琥珀色。精妙的芳香中带有大量香料、丰富的红色水果果酱、黑色水果果酱、烟草、大豆、欧亚甘草、焦油和香烟混合的风味。这款酒极其强劲、有力和集中,余韵中含有丰富的单宁酸,是一款巨大、成熟的巴罗洛葡萄酒。最佳饮用期: 现在开始到 2014 年。

LIVIO SASSETTI（PERTIMALI）
佩萨利维奥酒庄

酒品：

佩萨利维奥酒庄蒙塔奇诺产区布瑞内罗红葡萄酒（Brunello di Montalcino）

佩萨利维奥酒庄蒙塔奇诺产区布瑞内罗存酿（Brunello di Montalcino Riserva）

庄园主：利维奥·萨塞蒂（Livio Sassetti）和费戈里·萨塞蒂（Figli Sassetti）

地址：Azienda Agricola Pertimali Podere Pertimali 329, 53024 Montalcino（SI），Italy

电话：（39）0577 848721

传真：（39）0577 848721

邮箱：lsasset@tin.it 或 info@ sassettiliviopertimali.it

网址：www. sassettiliviopertimali.com

联系人：洛伦佐·萨塞蒂（Lorenzo Sassetti）

参观规定：参观前必须预约

葡萄园

占地面积：40.8 英亩

葡萄品种：赛娇维赛格罗索、赤霞珠、莫斯卡黛罗（Moscadello）和托斯卡纳白玉霓

平均树龄：20 年

种植密度：4,000 株 / 公顷

平均产量：6,000 千克 / 公顷

酒的酿制

该酒庄的葡萄酒都在不锈钢酒罐中发酵，为期 2 周。对于佩萨利维奥酒庄蒙塔奇诺产区布瑞内罗红葡萄酒来说，这种酒被保留在不锈钢酒罐中陈年 8 个月，然后转移到斯拉夫尼亚大橡木酒桶中陈年 3 年。装瓶前不进行过滤，葡萄酒在继续陈年 16 个月后才会被投放市场。佩萨利维奥酒庄所做的一件不同寻常的事就是在木质酒桶中陈年 3 年后，有一半的蒙塔奇诺产区布瑞内罗红葡萄酒会在那年夏天进行装瓶，而另一半则 5 个月后再进行装瓶。

年产量

佩萨利维奥酒庄蒙塔奇诺产区布瑞内罗红葡萄酒：

40,000~50,000 瓶

平均售价（与年份有关）：25~65 美元

近期最佳年份

1999 年，1997 年，1995 年，1990 年，1988 年，1985 年，1975 年，1970 年，1964 年，1961 年

该 酒庄位于蒙塔奇诺村北部一个叫做蒙托索利（Montosoli）的地区。利维奥·萨塞蒂出身于一个一直生产葡萄酒、橄榄油和谷物的古老家族，他从 20 世纪 60 年代开始完全投身于葡萄酒酿制事业中。现在，他的儿子——洛伦佐和鲁契亚诺，正继续着先辈们的事业。

BRUNELLO DI MONTALCINO
佩萨利维奥酒庄蒙塔奇诺产区布瑞内罗红葡萄酒

1998 Brunello di Montalcino
佩萨利维奥酒庄蒙塔奇诺产区布瑞内罗红葡萄酒 1998

评分：91 分

对于 1998 年这个年份来说，这款蒙塔奇诺产区布瑞内罗红葡萄酒比较典型，有着向前的风格，散发出烘烤香草、新鞍皮革、沥青、巧克力糖、香料盒、甘甜樱桃水果和黑醋栗水果风味混合的美妙芳香。这款酒圆润、大方、复杂，而且已经相当进化，现在就可以饮用。最佳饮用期：现在开始到 2010 年。

1997 Brunello di Montalcino
佩萨利维奥酒庄蒙塔奇诺产区布瑞内罗红葡萄酒 1997

评分：96 分

读者们应该注意，从 1997 年的蒙塔奇诺产区布瑞内罗红葡萄酒开始，酒标上不再强调酒庄的名字，而变成庄园主利维奥·萨塞蒂的名字。这个系列的葡萄酒一直都是出众的布瑞内罗葡萄酒，这款 1997 年年份酒有着惊人的爆发性果香和集中、绵长、强烈的口味。奢华的果香中表现出干普罗旺斯香草、烤肉、大豆、香料盒、沥青、巧克力糖和黑色水果混合的风味，而且一直萦绕不散，口感中带有新鞍皮革和黑色水果果酱的特性。这款酒质感丰裕，强劲，极其纯粹，还有着强烈的嗅觉享受。酒中含有较低的酸度、很高的甘油和巨大的水果，这些都表明这款酒现在就可以饮用，而且在接下来的 10 到 15 年内口感都很不错。妈妈咪呀！

1995 Brunello di Montalcino
佩萨利维奥酒庄蒙塔奇诺产区布瑞内罗红葡萄酒 1995

评分：91 分

萨塞蒂的 1995 年款蒙塔奇诺产区布瑞内罗红葡萄酒是我所品尝过的最优质的一款 1995 年年份酒。酒色呈暗石榴红色或暗宝石红色，还伴有雪松精油、干烟草、欧亚甘草、亚洲香料、黑色樱桃水果和黑醋栗水果混合的复杂特性。这款布瑞内罗葡萄酒大方、强劲，含有甘甜的水果，少量或适中的单宁酸，还有着悠长的余韵，它现在就可以饮用。最佳饮用期：现在开始到 2012 年。

1991 Brunello di Montalcino
佩萨利维奥酒庄蒙塔奇诺产区布瑞内罗红葡萄酒 1991

评分：90 分

在 1996 年后半年时，我参加了一次蒙塔奇诺产区玫瑰红葡萄酒和布瑞内罗红葡萄酒盲品会，在这次品酒会中，所有与会的 12 位品酒者都更喜欢前者。这里我们可以学到什么教训呢？蒙塔奇诺产区布瑞内罗红葡萄酒是更加严肃的葡萄酒，但蒙塔奇诺产区玫瑰红葡萄酒却更加可口、向前、向上，水果特性也更丰富，而且无需耐心等待就可以享用。一款优质的布瑞内罗葡萄酒总是需要在酒窖中窖藏 7 到 10 年，然而玫瑰红葡萄酒在它生命的前 5 年到前 7 年就可以饮用了。虽然 1991 年款蒙塔奇诺产区布瑞内罗红葡萄酒不是 1990 年款葡萄酒，但它仍是一款出色的葡萄酒。酒色呈深宝石红色或深石

榴红色，散发出欧亚甘草、香烟、烤肉和香草风味的芬芳鼻嗅。它厚重、集中，有着惊人的柔软和质感柔滑的悠长余韵。这款1991年年份酒在1997年就已经表现出向前、可口和复杂的特性，这让我非常惊讶。最佳饮用期：现在开始到2010年。

1990 Brunello di Montalcino

佩萨利维奥酒庄蒙塔奇诺产区布瑞内罗红葡萄酒1990

评分：94分

1990年蒙塔奇诺产区布瑞内罗红葡萄酒是一款强劲、宽阔的葡萄酒，呈暗宝石红色，还散发出香料、雪松、烟草和水果蛋糕风味混合的鼻嗅。还有着更加值得一提的长度，给人留下开放、宽阔的深刻印象。这款布瑞内罗葡萄酒含有大量的单宁酸和酒精，还有着15到20年甚至更久的生命潜力。这是一款令人惊叹的蒙塔奇诺产区布瑞内罗红葡萄酒，可以现在饮用，也可以进行窖藏。最佳饮用期：现在开始到2016年。

1988 Brunello di Montalcino

佩萨利维奥酒庄蒙塔奇诺产区布瑞内罗红葡萄酒1988

评分：95分

1988年蒙塔奇诺产区布瑞内罗红葡萄酒是一款有启发性的、超棒的葡萄酒，超级精粹。酒色呈不透明的深宝石红色或深紫色，散发烘烤坚果、黑色水果、香草和亚洲香料风味混合的、超级有前景的鼻嗅。这款酒相当丰富，而且完美均衡，有着惊人的纯粹度和立体的口感。如果你有幸遇到这款美酒，一定要出手哦！最佳饮用期：现在开始到2010年。

1985 Brunello di Montalcino

佩萨利维奥酒庄蒙塔奇诺产区布瑞内罗红葡萄酒1985

评分：92分

相对于佩萨利维奥酒庄上乘的1982年和1983年两款布瑞内罗年份酒来说，这款1985年蒙塔奇诺产区布瑞内罗红葡萄酒是一款杰出的延续酒。酒色呈不透明的深色，散发出烤肉、新鞍皮革和烘烤黑色水果风味混合的巨大鼻嗅。这款丰裕、极其丰富的葡萄酒轮廓相当清晰，有着强烈、强劲的口味。对于一款布瑞内罗葡萄酒来说，它惊人的柔软，现在就可以饮用。最佳饮用期：现在开始到2008年。

BRUNELLO DI MONTALCINO RISERVA

佩萨利维奥酒庄蒙塔奇诺产区布瑞内罗存酿

1997 Brunello di Montalcino Riserva
佩萨利维奥酒庄蒙塔奇诺产区布瑞内罗存酿1997

评分：92分

1997年款蒙塔奇诺产区布瑞内罗存酿呈不透明的紫色或宝石红色，爆发出深厚、强劲的口味，比一般陈酿含有更好的单宁酸，余韵也更加尖刻，因此它的得分也较低。尽管它没有一般瓶装酒的丰富性、水果强度、惊人的爆发性果香和浓缩度，但它仍是一款美妙多肉、皮革风味的布瑞内罗葡萄酒，应该可以再很好地陈酿10到13年甚至更久。不论什么时候我都很乐意享用这款葡萄酒。

1995 Brunello di Montalcino Riserva
佩萨利维奥酒庄蒙塔奇诺产区布瑞内罗存酿1995

评分：90分

1995年款蒙塔奇诺产区布瑞内罗存酿是一个绝对安全的选择，这款强劲、甘甜的葡萄酒散发出蘑菇、黑色水果、泥土、焚香和皮革风味混合的、令人愉快的陈酿香，烟草口味中混有樱桃、梅子和泥土风味。这款酒优雅、甘甜、纯粹而且复杂，现在就可以饮用，不过一直到2010年它的口感都会不错。

1993 Brunello di Montalcino Riserva
佩萨利维奥酒庄蒙塔奇诺产区布瑞内罗存酿1993

评分：91分

1993年款蒙塔奇诺产区布瑞内罗存酿爆发出雪松、雪茄香烟茶、大豆和樱桃白兰地风味混合的醉人鼻嗅。这款强劲的葡萄酒丰富、香甜，带有胡椒风味，含有相当大量的水果和甘油，还有着适度的单宁酸，从现在到2012年间应该处于最佳时期。

1990 Brunello di Montalcino Riserva
佩萨利维奥酒庄蒙塔奇诺产区布瑞内罗存酿1990

评分：94分

1990年蒙塔奇诺产区布瑞内罗存酿是一款比例巨大、异常复杂的葡萄酒。虽然我不能说它的品质比一般陈酿更加优秀，但是它们都有着相同的水果丰裕性、个性和深度。最佳饮用期：现在开始到2016年。

1988 Brunello di Montalcino Riserva
佩萨利维奥酒庄蒙塔奇诺产区布瑞内罗存酿1988

评分：94分

1988年蒙塔奇诺产区布瑞内罗存酿是一款比例巨大、异常复杂的葡萄酒。虽然我不能说它比大多数一般陈酿品质更佳，但在很大程度上，它有着同样的水果丰裕性、个性和深度，而且还有着额外维度的复杂性和芳香特性。酒色呈暗宝石红色，这款强劲、宽阔的葡萄酒一入口时口感非常好。更值得一提的是它的长度，给人开放和宽阔的深刻印象。酒中含有大量的单宁酸和酒精，还有着15到20年甚至更久的、令人愉快的长寿潜力。它是一款令人惊叹的蒙塔奇诺产区布瑞内罗存酿，可以现在饮用，也可以继续窖藏。像这样一款奇妙的葡萄酒，加上产量极低，所以实在很难找到。最佳饮用期：现在。

PAOLO SCAVINO
斯卡维诺酒庄

酒品：

斯卡维诺酒庄菲亚斯克布里克园巴罗洛干红葡萄酒
（Barolo Bric del Fiasc）

斯卡维诺酒庄卡努比园巴罗洛干红葡萄酒（Barolo
Cannubi）

斯卡维诺酒庄阿依奇亚塔罗卡园巴罗洛干红葡萄酒
（Barolo Rocche dell' Annunziata）

庄园主：恩里克·斯卡维诺（Enrico Scavino）

地址：Borgata Garbelletto Via Alba-Barolo 59,12060 Castiglione
Falletto（CN），Italy

电话：（39）0173 62850

传真：（39）0173 62850

邮箱：info@ aziendapaoloscavino.it

网址：www. aziendapaoloscavino.it/home.htm

联系人：恩丽卡·斯卡维诺小姐（Enrica Scavino）

参观规定：参观前必须预约

葡萄园

占地面积：50 英亩

葡萄品种：阿尔巴产区的内比奥罗、巴贝拉、多赛托、长相
思、霞多丽和赤霞珠

平均树龄：35 年

种植密度：4,500~5,000 株 / 公顷

平均产量：6,000 千克 / 公顷

酒的酿制

恩里克·斯卡维诺是另一位使用旋转式发酵器的现代
主义酿酒商。该酒庄的葡萄酒进行过 7 到 10 天的简短浸渍，
然后转移到全新的法国橡木酒桶中陈化，12 个月后进行装瓶，
装瓶之前不进行过滤。因为大多数年份中斯卡维诺都会进行
绿色采收，所以葡萄的产量总是很低。

年产量

斯卡维诺酒庄菲亚斯克布里克园巴罗洛干红葡萄酒：
8,800 瓶

斯卡维诺酒庄卡努比园巴罗洛干红葡萄酒：2,700 瓶

斯卡维诺酒庄罗卡园巴罗洛干红葡萄酒：2,500 瓶

平均售价（与年份有关）：35~120 美元

近期最佳年份

2001 年，2000 年，1999 年，1998 年，1997 年，1996 年，
1990 年

恩里克·斯卡维诺的现代酒窖位于卡斯蒂格里昂 - 法莱特村，他和他的两个女儿——恩丽卡和伊莉莎（Elisa），在这里酿制出了非常现代流派的葡萄酒，而且这些葡萄酒都有着非常好的陈年潜力。这些葡萄酒非常美味可口和复杂，表现出立体的巴罗洛葡萄酒芳香和口感，显露出对新橡木使用的惊人判断力，不仅有力、强烈，而且还有着优雅和独特性。该酒庄创立于 1921 年，但在过去的 10 到 15 年才开始具有成功表现，而这一成功在很大程度上都是由于恩里克·斯卡维诺和他女儿的出色贡献。斯卡维诺酒庄位于卡斯蒂格里昂 - 法莱特村，还有他们著名的菲亚斯克布里克葡萄园也位于这里，但是他们还有一些葡萄园位于洛曼拉（La Morra）村。虽然斯卡维诺家族因为他们的努力应该大受赞扬，但是革新派葡萄酒代理商马克·德·格拉奇亚（Marc de Grazia）的影响也不容忽视，因为正是他发现了这家酒庄，并且帮助其促进质量上的改进。

BAROLO BRIC DEL FIASC

斯卡维诺酒庄菲亚斯克布里克园巴罗洛干红葡萄酒

2000 Barolo Bric del Fiasc
斯卡维诺酒庄菲亚斯克布里克园巴罗洛干红葡萄酒 2000

评分：94 分

2000 年菲亚斯克布里克园年份酒是一款非常向前、复杂和艳丽的巴罗洛葡萄酒，呈暗石榴红色，边缘已经出现些许琥珀色。巨大的鼻嗅中带有新鞍皮革、皮革、巧克力糖、多香料、丁香、非常成熟的黑色樱桃水果和黑醋栗水果混合的风味，还混有烟草和欧亚甘草风味的惊人芳香。入口后，它口感纯粹、柔软、强劲、稠密、多汁，含有非常低的酸度和成熟的单宁酸。它现在的吸引力已经令我无法抵抗，那为什么还要耽误别人享受这款令人满意的葡萄酒呢？最佳饮用期：现在开始到 2015 年。

1998 Barolo Bric del Fiasc
斯卡维诺酒庄菲亚斯克布里克园巴罗洛干红葡萄酒 1998

评分：92 分

1998 年菲亚斯克布里克园巴罗洛干红葡萄酒是一款引人注目和刺激撩人的葡萄酒。它有着惊人的浓缩度、相当巨大的力量、巨大的酒体，以及非常纯粹、集中的风格。这款巴罗洛葡萄酒中含有令人印象深刻的黑色水果、欧亚甘草、矿物质、沥青、泥土和巧克力特性，它的纯粹性、精粹物含量和无缝特性非常值得注意。最佳饮用期：现在开始到 2016 年。

1997 Barolo Bric del Fiasc
斯卡维诺酒庄菲亚斯克布里克园巴罗洛干红葡萄酒 1997

评分：95 分

1997 年款菲亚斯克布里克园巴罗洛干红葡萄酒有着巨大的结构，并表现出樱桃果酱的精华。它是一款有力、强劲的葡萄酒，显露出明显的黑色樱桃利口酒风味的果香和口感，含有巨大的精粹物和甘油，还有着 14.5%~15% 的酒精度。对于一款美妙巨大的葡萄酒来说，它相当纯粹、轮廓清晰和均衡。最佳饮用期：现在开始到 2020 年。

1996 Barolo Bric del Fiasc
斯卡维诺酒庄菲亚斯克布里克园巴罗洛干红葡萄酒 1996

评分：91~94 分

1996 年款菲亚斯克布里克园巴罗洛干红葡萄酒呈饱满的紫红色，散发出烟熏黑色樱桃风味的鼻嗅，爆炸性、多肉的口味中含有丰富的甘油，有着进化和诱人的个性，异常强烈

而且完美均衡。奇特的亚洲香料和水果蛋糕果香使得它更加复杂。最佳饮用期：现在开始到 2018 年。

1995 Barolo Bric del Fiasc
斯卡维诺酒庄菲亚斯克布里克园巴罗洛干红葡萄酒 1995

评分：91 分

1995 年款菲亚斯克布里克园巴罗洛干红葡萄酒是向后的，散发出香烟、焦油、大豆、黑色樱桃水果、黑莓水果和吐司的风味。它强劲、集中、宽阔、柔软而且诱人，余韵中含有 13.5% 的酒精度和适度的单宁酸，建议从现在到 2011 年间饮用这款酒。

1994 Barolo Bric del Fiasc
斯卡维诺酒庄菲亚斯克布里克园巴罗洛干红葡萄酒 1994

评分：91 分

1994 年虽然是一个困难的年份，但是斯卡维诺仍然努力地跟进他杰出的 1993 年年份酒。这款 1994 年菲亚斯克布里克园巴罗洛干红葡萄酒表现出类似玛歌酒庄葡萄酒风格的鼻嗅，并带有紫罗兰、黑加仑、沥青和烘烤新橡木的风味。入口后，它深厚、丰富而且强劲，有着该年份明显的丝滑质感，还有着低酸度和向上、向前、进化的个性。这款质感深厚、集中、多层次而且满足人感官的巴罗洛葡萄酒非常可口。最佳饮用期：现在。

1993 Barolo Bric del Fiasc
斯卡维诺酒庄菲亚斯克布里克园巴罗洛干红葡萄酒 1993

评分：95 分

1993 年年份酒虽然没有优质的 1990 年年份酒的力量、强度和精粹物，但是它们的质量却不相上下。这款超棒的 1993 年菲亚斯克布里克园巴罗洛干红葡萄酒是该年份最佳巴罗洛葡萄酒的候选酒。酿酒所用的葡萄采收自树龄为 45 年的葡萄树，使用了三分之一的新橡木酒桶。这款强劲、轰动的巴罗洛葡萄酒惊人的丰富，超级均衡，而且非常深远。这款酒异常丰富，中度酒体或略显强劲，伴有穿透性的芬芳陈酿香，其中还带有黑色樱桃、新鞍皮革、焦油、玫瑰花瓣和微弱的香甜吐司混合的风味。它轮廓惊人的清晰，极其集中，含有美妙统一的酸度、单宁酸和酒精。最佳饮用期：现在开始到 2012 年。

1990 Barolo Bric del Fiasc
斯卡维诺酒庄菲亚斯克布里克园巴罗洛干红葡萄酒 1990

评分：96 分

斯卡维诺的 1990 年年份酒都是巨大匀称、体态优美的葡萄酒，而且有着卓越的丰富性和复杂性。这款 1990 年菲

亚斯克布里克园巴罗洛干红葡萄酒呈最饱满的颜色，爆发出亚洲香料、烟熏新橡木、黑色樱桃和香草风味混合的复杂鼻嗅，其中的陈酿香表明它是一款悦人和向前风格的葡萄酒。这款酒非常厚重，相当有结构，还含有大量的单宁酸，令人震惊的余韵中表现出含量丰富的水果果酱、甘油和劲力十足的酒精。建议从现在到 2010 年间饮用这款轰动的巴罗洛葡萄酒。

1989 Barolo Bric del Fiasc
斯卡维诺酒庄菲亚斯克布里克园巴罗洛干红葡萄酒 1989

评分：92+ 分

在 20 世纪 90 年代中期时，我有机会品尝了斯卡维诺的一系列微型垂直年份的菲亚斯克布里克园巴罗洛干红葡萄酒，其中包括 1990 年、1989 年、1988 年、1985 年和 1982 年的年份酒。所有这些酒的酿制风格都很传统，没有在小橡木酒桶中陈年。这款 1989 年年份酒非常令人惊叹，虽然比 1990 年款的单宁更加明显，但却没有后者含量丰富的甘油、精粹物和巨大的水果。这款酒应该可以轻松地陈年 15 到 20 年以上。同时拥有这两款年份酒的读者，将能够在它们进化时进行对比，这是多么幸运啊！

BAROLO CANNUBI
斯卡维诺酒庄卡努比园巴罗洛干红葡萄酒

2000 Barolo Cannubi
斯卡维诺酒庄卡努比园巴罗洛干红葡萄酒 2000

评分：93 分

2000 年款卡努比园巴罗洛干红葡萄酒呈暗紫红色或暗石榴红色，边缘已经出现些许琥珀色，它散发出液态欧亚甘草、玫瑰精油、干香草、甘甜浆果和欧亚甘草浸渍的黑醋栗风味的鼻嗅。它丰富多汁，有着中度到强劲的口味，低酸度，含有非常成熟的单宁酸和相当大量的甘油及酒精。建议在接下来的 10 年内饮用这款美酒。

1998 Barolo Cannubi
斯卡维诺酒庄卡努比园巴罗洛干红葡萄酒 1998

评分：92 分

1998 年款卡努比园巴罗洛干红葡萄酒是一款强劲、无缝的葡萄酒，表现出黑色樱桃果酱、黑色樱桃利口酒、泥土、矿物质、新鞍皮革、咖啡、欧亚甘草、烟草和新木材味道的精华，但是口感却丝毫不沉重。这是一款劲力十足、优雅、纯粹、经典的巴罗洛葡萄酒，建议从现在到 2015 年间饮用。

1997 Barolo Cannubi
斯卡维诺酒庄卡努比园巴罗洛干红葡萄酒 1997

评分：95 分

这款非凡的 1997 年卡努比园巴罗洛干红葡萄酒呈饱满的宝石红色或紫色，爆发出黑色水果、铅笔、矿物质、香烟和欧亚甘草风味的精致陈酿香。它强劲、丰裕，含有明显的单宁酸，是一款有结构、强健、稠密、惊人集中的葡萄酒。从现在到 2020 年间将会处于最佳状态。

1996 Barolo Cannubi
斯卡维诺酒庄卡努比园巴罗洛干红葡萄酒 1996

评分：90~93 分

1996 年款卡努比园巴罗洛干红葡萄酒呈暗紫红色或宝石红色，散发出大量樱桃、香烟、烟草和新鞍皮革混合的风味。这款强劲、质感柔软和令人极其愉快的巴罗洛葡萄酒含有卓越的精粹物，可以现在饮用，也可以继续窖藏 10 到 12 年。

1995 Barolo Cannubi
斯卡维诺酒庄卡努比园巴罗洛干红葡萄酒 1995

评分：91 分

1995 年卡努比园巴罗洛干红葡萄酒是一款非常性感的葡萄酒。酒色呈暗宝石红色，伴有烟草、香烟、咖啡、黑色水果和吐司风味混合的奢华鼻嗅。这款酒厚重、质感柔滑、强劲而且丝滑，没有任何坚硬的边缘。这款满足人感官的葡萄酒现在就可以享用。最佳饮用期：现在开始到 2009 年。

1994 Barolo Cannubi
斯卡维诺酒庄卡努比园巴罗洛干红葡萄酒 1994

评分：90 分

1994 年款卡努比园巴罗洛干红葡萄酒呈深宝石红色或深石榴红色，爆发出烟熏香草、甘甜浆果、樱桃水果、欧亚甘草和香料盒风味的芬芳陈酿香。这款巴罗洛葡萄酒丰富、集中、多层次、中度酒体或略显强劲、纯粹、多汁而且丝滑，应该现在饮用。

1993 Barolo Cannubi
斯卡维诺酒庄卡努比园巴罗洛干红葡萄酒 1993

评分：92 分

1993 年卡努比园巴罗洛干红葡萄酒是斯卡维诺 1993 年三款年份酒中最向后的一款，酿制时使用了一般的新橡木酒桶。酒色呈暗宝石红色或暗紫色，伴有不愿散发的香烟、泥土和黑色樱桃果香的鼻嗅。这款酒表现出的丰富性和良好统一的单宁酸及酸度，都给人留下了美好的深刻印象。悠长的余韵可以持续将近一分钟。这款年轻的 1993 年巴罗洛葡萄酒是我所品尝过的最不进化的一款，在接下来的 8 到 12 年内口感仍将不错。

1990 Barolo Cannubi
斯卡维诺酒庄卡努比园巴罗洛干红葡萄酒 1990

评分：95 分

斯卡维诺的 1990 年年份酒都是巨大匀称、体态优美的葡萄酒，而且有着卓越的丰富性和复杂性。这款 1990 年卡努比园巴罗洛干红葡萄酒惊人的优雅，有着美妙的深度和丰富性。它表现出优雅与相当巨大的力量和丰富性的美妙结合。酿酒所用的葡萄都非常成熟，而且采收自产量很低的葡萄树，它们的甘甜个性实在令人惊叹。这款复杂、闪耀的葡萄酒已经成熟。最佳饮用期：现在开始到 2011 年。

1989 Barolo Cannubi
斯卡维诺酒庄卡努比园巴罗洛干红葡萄酒 1989

评分：96 分

斯卡维诺的三款 1989 年巴罗洛葡萄酒都非常令人惊叹。这款 1989 年卡努比园巴罗洛干红葡萄酒是酿酒史上的一个传奇，它惊人的鼻嗅中带有甘甜黑色水果、欧亚甘草、烤肉和烟熏新橡木的风味。这款酒极其丰富，惊人的丰裕，有着立体的个性和轮廓清晰的、惊人的悠长余韵。最佳饮用期：现在开始到 2012 年。

BAROLO ROCCHE DELL'ANNUNZIATA
斯卡维诺酒庄阿侬奇亚塔罗卡园巴罗洛干红葡萄酒

1998 Barolo Rocche dell' Annunziata
斯卡维诺酒庄阿侬奇亚塔罗卡园巴罗洛干红葡萄酒 1998

评分：94 分

不可否认，1998 年阿侬奇亚塔罗卡园巴罗洛干红葡萄酒是一款精彩的葡萄酒。这款强劲、成熟、优雅、纯粹的巴罗洛葡萄酒中表现出黑色水果、咖啡、香烟、新橡木、欧亚甘草和焚香精妙结合的风味。它有着爆发性的果香和同样的口感，还有着可以持续 50 秒左右的余韵。酒中的单宁酸非常甘甜而且美妙集中。最佳饮用期：现在开始到 2018 年。

1996 Barolo Rocche dell' Annunziata
斯卡维诺酒庄阿侬奇亚塔罗卡园巴罗洛干红葡萄酒 1996

评分：95 分

这款 1996 年年份酒是斯卡维诺在这个经典年份酿制的优质葡萄酒之一。它的颜色为健康的深宝石红色，鼻嗅中带有烟熏木炭、欧亚甘草、吐司、黑色樱桃、焚香、烟草和皮革混合的风味。它强劲、巨大、超级均衡，含有美妙统一的单宁酸和酸度，悠长的余韵可以持续将近一分钟。这款深远的巴罗洛葡萄酒可以现在饮用，也可以在接下来的 10 到 15 年内饮用。

1995 Barolo Rocche dell' Annunziata
斯卡维诺酒庄阿侬奇亚塔罗卡园巴罗洛干红葡萄酒 1995

评分：92 分

1995 年款阿侬奇亚塔罗卡园巴罗洛干红葡萄酒呈暗宝石红色，散发出木材、香烟、多香料、黑色水果和烟草混合的

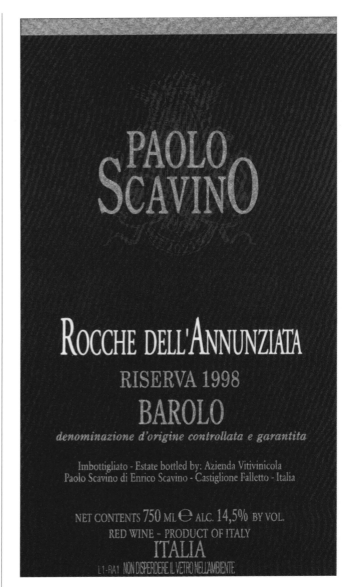

斯卡维诺酒庄阿侬奇亚塔罗卡园巴罗洛干红葡萄酒 1998 酒标

强烈芳香，爆发出极大的精粹物，重酒体，含有丰富的甘油。虽然它拥有柔滑、进化的个性，而且内涵巨大、非常丰富，但是细微差别却并不明显。最佳饮用期：现在开始到 2014 年。

1993 Barolo Rocche dell' Annunziata Riserva
斯卡维诺酒庄阿侬奇亚塔罗卡园巴罗洛存酿 1993

评分：94 分

这款 1993 年阿侬奇亚塔罗卡园巴罗洛存酿是该年份优质的巴罗洛葡萄酒之一。酒色呈深深的暗石榴红色或暗宝石红色，散发出惊人甘甜的鼻嗅，并伴有铅笔、黑加仑、樱桃、香烟、烤肉、吐司和香子兰混合的风味。酿酒所用的葡萄都采收自树龄为 56 年的葡萄树，它宽阔、丰富，含有大量的水果和精粹物。这款深远的巴罗洛葡萄酒强劲，有着徘徊不去的深厚和强烈，成功地把力量、丰富性、优雅感、和谐和细腻结合在了一起。最佳饮用期：现在开始到 2013 年。

SOLDERA（CASE BASSE）
索尔代拉酒庄

酒品：

　　索尔代拉酒庄蒙塔奇诺产区布瑞内罗红葡萄酒（Brunel-lo di Montalcino）

　　索尔代拉酒庄因提斯提埃提葡萄酒（Intistieti）

庄园主：奇安弗兰科·索尔代拉（Gianfranco Soldera）

地址：Località Case Basse,53024 Montalcino(SI),Italy

电话：(39) 355 7727311

传真：(39) 0577 846135

邮箱：gianfranco.soldera@ casebasse.it

网址：www. soldera.it

联系人：奇安弗兰科·索尔代拉

参观规定：参观前必须预约

葡萄园

占地面积：17.3 英亩已经用来酿酒，5 英亩最近刚栽种

葡萄品种：意大利赛娇维赛（Sangiovese Grosso）

平均树龄：25 年

种植密度：3,300~4,400 株 / 公顷

平均产量：非常低，事实上该酒庄并没有给出每株葡萄树或每英亩的产量

酒的酿制

　　该酒庄葡萄树的产量非常低，葡萄酒会被放入大斯拉夫尼亚（Slavonian）法国卵形大橡木酒桶中陈年，经过 4 到 5 年甚至更久的陈化后装瓶，装瓶前不进行澄清和过滤。为了酿制最纯粹、最天然的凯斯 - 贝斯葡萄园葡萄酒，发酵时不加酵母，也不进行任何技术操作。

年产量

　　索尔代拉酒庄蒙塔奇诺产区布瑞内罗红葡萄酒：8,000-

奇安弗兰科·索尔代拉

16,000 瓶

平均售价（与年份有关）：120~370 美元

近期最佳年份

1999 年，1985 年，1979 年

我所认识的每个见过庄园主奇安弗兰科·索尔代拉的人对他都有着相同的印象——他是一个坚定不移的完美主义者。他酿制出优质的葡萄酒，但是好像并不愿意卖给任何人，除非他们拥有符合他要求的"资格"，索尔代拉本人有一套自己的先决条件。他的凯斯-贝斯葡萄园种植于 1973 年，占地面积 17.3 英亩，从这个葡萄园中索尔代拉一共酿制了三款葡萄酒：一款叫做因提斯提埃提的佐餐葡萄酒，两款布瑞内罗葡萄酒，还有一款是只在顶级年份才会酿制的存酿。

索尔代拉的葡萄园有着东南向的光照，而且位于海拔高度为 320 米的地方。

BRUNELLO DI MONTALCINO
索尔代拉酒庄蒙塔奇诺产区布瑞内罗红葡萄酒

1999 Brunello di Montalcino
索尔代拉酒庄蒙塔奇诺产区布瑞内罗红葡萄酒 1999

评分：95+ 分

这款 1999 年年份酒呈暗紫红色或暗石榴红色，有着欧亚甘草、雪松精油、香料盒、新鞍皮革和敞开的木炭火焰风味混合的爆发性陈酿香，还带有干香草、甘甜梅子、樱桃和黑醋栗水果的风味。和大多数年份中的索尔代拉葡萄酒一样，这款非常有力、强劲、集中的葡萄酒散发出卓越的果香，各个成分都很美妙和谐。它有着美妙的纯粹度、令人叹服的复杂性和劲力十足的悠长余韵。它虽然仍然十分年轻，但却有着 15 到 20 年的美妙进化前景。

1997 Brunello di Montalcino
索尔代拉酒庄蒙塔奇诺产区布瑞内罗红葡萄酒 1997

评分：94 分

这款 1997 年年份酒呈暗宝石红色或暗石榴红色，散发出大豆、成熟红色水果、香烟、香草和皮革烤肉混合的卓越鼻嗅。这款酒中含有相对较高的单宁酸，拥有非常集中的入口口感和中期口感，还有着可以持续一分多钟的悠长余韵。通气后，它还会散发出香脂醋、甘甜樱桃、梅子和无花果的风味。最佳饮用期：现在开始到2017年。

1993 Brunello di Montalcino
索尔代拉酒庄蒙塔奇诺产区布瑞内罗红葡萄酒 1993

评分：90 分

这款1993年年份酒呈暗紫红色或暗石榴红色，散发出水果蛋糕、亚洲香料、焚香、花朵、黑色水果、红色水果、泥土和矿物质风味混合的迷人鼻嗅。它是我所闻过的拥有最复杂陈酿香的葡萄酒之一。入口后，它甘甜、成熟、圆润，有着卓越的纯粹度和成熟度，但令人惊讶的是，它没有那些诱人和持久芬芳的葡萄酒那样的重量。这款酒中度酒体，有着多层次、柔软美妙的质感，应该从现在到2010年间饮用。

1990 Brunello di Montalcino
索尔代拉酒庄蒙塔奇诺产区布瑞内罗红葡萄酒 1990

评分：98 分

这款酿自于凯斯 - 贝斯葡萄园的葡萄酒是一款现代经典的葡萄酒，而且是我所品尝过的最优质的布瑞内罗葡萄酒之一。酒色呈深宝石红色，散发出丰富、复杂、动人的鼻嗅，并带有烘烤香草、甘甜红色水果果酱、黑色水果果酱、雪松、香料和橡木混合的风味。这款酒极其有力、强劲，含有多层次的高度集中和成熟的水果。它天鹅绒般柔滑的质感和多层次的水果隐藏了它高含量的单宁酸。这款酒现在就可以饮用，但是还可以轻松地陈年。最佳饮用期：现在开始到2015年。

1988 Brunello di Montalcino
索尔代拉酒庄蒙塔奇诺产区布瑞内罗红葡萄酒 1988

评分：93 分

这是一款体积巨大、强烈芬芳的布瑞内罗葡萄酒，散发出非常奇特和堕落的陈酿香，并带有烤肉、山胡桃木、香烟、桃子果酱、红色水果、黑色水果、咖啡和香料混合的风味。这款葡萄酒强劲，丰富，口感柔软，含有大量的甘油和精粹物，是一款多肉、立体、质感柔滑的葡萄酒，现在就可以饮用。最佳饮用期：现在开始到2011年。

BRUNELLO DI MONTALCINO RISERVA CASE BASSE
索尔代拉酒庄凯斯 - 贝斯园蒙塔奇诺布瑞内罗存酿

1999 Brunello di Montalcino Riserva Case Basse
索尔代拉酒庄凯斯 - 贝斯园蒙塔奇诺布瑞内罗存酿 1999

评分：96 分

这款卓越的1999年年份酒呈暗紫红色或暗石榴红色，很可能是索尔代拉在过去10年中所酿制的最优质的一款布瑞内罗葡萄酒。它散发出醉人、艳丽的陈酿香，并带有液态欧亚甘草、干香草、胡椒、焚香、樱桃和香烟混合的风味。这款强劲的布瑞内罗葡萄酒和所有的索尔代拉葡萄酒一样，有着危险且有点明显易挥发的酸度。这是一款传奇的葡萄酒，有着卓越的果香和多层次的质感，以及奢华的中期口感和余韵。想要寻找技术上干净、精确、没有灵魂的葡萄酒的读者们，会在一系列葡萄酒单的最后找到这款酒，而且会完全令人叹服。它有着20到25年的进化能力。最佳饮用期：现在开始到2030年。

1995 Brunello di Montalcino Riserva Case Basse
索尔代拉酒庄凯斯 - 贝斯园蒙塔奇诺布瑞内罗存酿 1995

评分：96 分

这款1995年年份酒呈中度的石榴红色或宝石红色，散发出巧克力糖果汁、烤肉、矿物质、香烟、红色水果、黑色水果、欧亚甘草、中国红茶和焚香混合的奇特鼻嗅，而且每10秒左右就会表现出稍微的区别。它表现出欧颂酒庄葡萄酒风格的紧缩性，有力，集中，有着钢铁般的轮廓，而且相当精致。这并不是一款羞涩的葡萄酒，它的酒精度为14%。这款卓越葡萄酒的口感真是不可思议。最佳饮用期：现在开始到2020年。

1994 Brunello di Montalcino Riserva Case Basse
索尔代拉酒庄凯斯 - 贝斯园蒙塔奇诺布瑞内罗存酿 1994

评分：90 分

这款1994年年份酒是索尔代拉所酿制的最奇特、最复杂和最有个性的布瑞内罗葡萄酒之一，有着强烈的爆炸性果香。酒色呈暗宝石红色或暗石榴红色，散发出香料盒、雪松、大豆、肉桂、红色水果、黑色水果、泥土和巧克力糖风味混合的惊人鼻嗅。没有几款葡萄酒有着这样强烈和复杂的果香。入口后，它中度酒体或略显强劲，有着甘甜的成熟度、坚实的单宁酸和纯粹集中的余韵。建议在接下来的 10 到 13 年内饮用。

1993 Brunello di Montalcino Riserva Case Basse
索尔代拉酒庄凯斯 - 贝斯园蒙塔奇诺布瑞内罗存酿 1993

评分：95 分

1993 年凯斯 - 贝斯园蒙塔奇诺布瑞内罗存酿是一款令人感动的葡萄酒。它有着多层次的水果和甘甜的单宁酸，超级成熟，而且非常复杂和对称，并散发出烟草、生姜、大豆、烤肉、黑色樱桃、梅子和吐司风味混合的惊人陈酿香。这款异常复杂和强劲的布瑞内罗葡萄酒现在就可以饮用，也可以再窖藏 5 到 10 年。这款有特性而且出色的葡萄酒并不适合每个人（没有几个人可以买得起），但它确实是一款非常新颖和复杂的葡萄酒。

1991 Brunello di Montalcino Riserva Case Basse
索尔代拉酒庄凯斯 - 贝斯园蒙塔奇诺布瑞内罗存酿 1991

评分：94 分

读者们可能都记得我对两款 1990 年布瑞内罗陈酿的狂热品酒笔记。1991 年，索尔代拉只酿制了一款存酿，这款动人的布瑞内罗葡萄酒就是得到我首肯的 1991 年年份酒。酒色呈暗宝石红色，边缘带有些许琥珀色，卓越的鼻嗅中带有烤肉、甘甜黑色樱桃、亚洲香料、香脂醋和香烟混合的撩人芳香。它超级丰富，惊人的甘甜，含有纯粹的水果，重酒体，还有多层次的深度，余韵可以轻松地持续 35 到 40 秒。这是一款极好、卓越、惊人丰富的布瑞内罗葡萄酒，已经非常可口，而且有着有前景的陈年潜力。最佳饮用期：现在开始到 2010 年。

BRUNELLO DI MONTALCINO RISERVA INTISTIETI
索尔代拉酒庄因提斯提埃提蒙塔奇诺布瑞内罗存酿

1995 Brunello di Montalcino Riserva Intistieti
索尔代拉酒庄因提斯提埃提蒙塔奇诺布瑞内罗存酿 1995

评分：98 分

这款 1995 年因提斯提埃提蒙塔奇诺布瑞内罗存酿拥有奇妙的果香、细微区别的口味和复杂特性。它显露出亚洲香料的风味，有着奇特、惊人的焚香鼻嗅和异常成熟、梦幻般的芳香。它还有着干型、多层次和诱人的质感，以及可以持续将近一分钟的悠长余韵。

这款酒好像每 10 秒钟就会有变化，显露出撩人的果香和口感。简单地说，我还没有品尝过任何与之相似的葡萄酒，它带给这位狂热酿酒商多么荣耀的名望啊！据我估计，这款酒的最佳饮用期是现在开始到 2020+。

TENUTA DELL' ORNELLAIA
奥纳亚酒庄

酒品：

奥纳亚酒庄奥纳亚园葡萄酒（Ornellaia）

奥纳亚酒庄马赛托园葡萄酒（Masseto）

庄园主： 康斯特莱辛·布兰兹（Constellation Brands）

地址： Via Bolgherese 191,57020 Bolgheri(LI),Italy

电话：（39）0565 718242

传真：（39）0565 718230

邮箱： info@ ornellaia.it

网址： www. ornellaia.com

联系人： 公共关系部

参观规定： 参观前必须预约

葡萄园

占地面积： 160.5 英亩的葡萄园，酒庄面积 207.5 英亩

葡萄品种： 赤霞珠、美乐和品丽珠

平均树龄： 20~25 年

种植密度： 5,000~7,000 株 / 公顷

平均产量： 3,500~4,500 升 / 公顷

酒的酿制

该酒庄有两个主要的葡萄园所在地：一个是叫做奥纳亚园的原始葡萄园，酒厂就位于这里；另一个是贝拉瑞亚园（Bellaria），位于保格利小镇的正东方。这些葡萄园的土质多样，但主要是海积土、淤积土和火山土。

在对葡萄进行人工采收和完全去梗后，会对葡萄酒进行发酵，一部分在木酒桶中进行，一部分在不锈钢酒罐中进行，发酵温度一直低于 30℃。不同小块葡萄园的葡萄都分开酿制。苹果酸 - 乳酸发酵的时间很长，平均时间为一个月，甚至更久。然后葡萄酒会被转移到法国橡木大酒桶中，其中 70% 为新桶，30% 为旧桶。苹果酸 - 乳酸发酵始终是在大酒桶中进行的。

葡萄酒会在温度可以控制的酒窖中陈年 18 个月，陈年时装在木桶中，12 个月之后，著名的酿酒咨询师米歇尔·罗兰（Michel Rolland）会对其进行混合。葡萄酒装瓶前会稍微进行澄清，但绝不会过滤。

马赛托葡萄酒的产量一般只有 2,000 到 2,400 箱左右，是接近 100% 的美乐葡萄酒。但是奥纳亚园葡萄酒似乎是由赤霞珠主导，还有少量的品丽珠，最近还加入了一点小味多。

年产量

奥纳亚酒庄奥纳亚园葡萄酒：8,000~12,500 箱

奥纳亚酒庄马赛托园葡萄酒：2,000~2,400 箱

平均售价（与年份有关）：75~200 美元

近期最佳年份

2001 年，1999 年，1998 年，1997 年

洛多维科·安蒂诺里（Lodovico Antinori）于 1981 年创建了奥纳亚酒庄，值得注意的是此后该酒庄的葡萄酒所取得的成就。安蒂诺里受到西施佳雅酒庄（Sassicaia）的庄园主尼古拉·因奇萨侯爵（Nicolò Incisa della Rochetta）的激发，梦想酿制真正卓越的葡萄酒。2001 年，加州的罗伯特 - 蒙大维（Robert Mondavi）公司购买了整个奥纳亚酒庄，从此以后该酒庄变成一个完全由美国拥有的公司，在此之前该公司只拥有一小部分股份【注1】。该酒庄的酿酒技术一直是由两个法国人负责——托马斯·杜豪（Thomas Duroux）和酒类学咨询师米歇尔·罗兰，但是杜豪最近离开了奥纳亚酒庄，回到法国波尔多产区的宝马酒庄（Château Palmer）工作。

奥纳亚酒厂的外形是现代的五边形，是用钢铁、混凝土和木材建造而成，看起来似乎更像一个位于纳帕谷产区而不是托斯卡纳产区的酒厂。该酒庄会结合使用不锈钢大酒桶和顶端开口的橡木发酵器，还有许多法国小橡木酒桶。

【注1】：后来，康斯特莱辛·布兰兹购买了罗伯特 - 蒙大维公司，因此拥有了奥纳亚庄园，但他们是否会再次出售这份资产还无法定论。

意大利

MASSETO
奥纳亚酒庄马赛托园葡萄酒

2001 Masseto
奥纳亚酒庄马赛托园葡萄酒 2001

评分: 96 分

2001 年马赛托园葡萄酒是一款卓越的葡萄酒，散发出白色巧克力、意大利焙炒咖啡、黑莓、樱桃、些许烤香草和香烟风味混合的极佳鼻嗅。它丰裕、强劲，有着满足人感官的质感，相当纯粹，还有着劲力十足和强劲的余韵。这款奢华的葡萄酒最好在接下来的 10 到 12 年内饮用。

1999 Masseto
奥纳亚酒庄马赛托园葡萄酒 1999

评分: 94 分

1999 年款马赛托园葡萄酒呈深宝石红色或深紫色，散发出甘甜橡木、黑色覆盆子、黑莓、黑醋栗、新木材和欧亚甘草混合的惊人陈酿香。这款令人印象深刻的美酒结构坚实，中度酒体或略显强劲，非常优雅，但它仍需要窖藏，应该可以陈年 15 年以上。最佳饮用期: 2007~2019 年。

1995 Masseto
奥纳亚酒庄马赛托园葡萄酒 1995

评分: 91 分

1995 年马赛托园葡萄酒是一款上乘的单一葡萄园美乐葡萄酒，由优秀的托斯卡纳酿酒商酿制。它是一款佐餐葡萄酒，酒色呈饱满的暗宝石红色或暗紫色，散发出黑色樱桃果酱、巧克力和烟熏新橡木混合的甘甜鼻嗅。虽然酒中含有大量的单宁酸，但是却被相当巨大的浓缩度、甘油和香料所掩饰。最佳饮用期: 现在开始到 2016 年。

1994 Masseto
奥纳亚酒庄马赛托园葡萄酒 1994

评分: 91 分

丰富的 1994 年款马赛托园葡萄酒表现出大量的甘甜新橡木风味，还有着明显的吐司风味。这款马赛托园葡萄酒并没有 1995 年年份酒进化。这款强劲、香甜、丰富的葡萄酒有着宽阔的口感。最佳饮用期: 现在开始到 2012 年。

1993 Masseto
奥纳亚酒庄马赛托园葡萄酒 1993

评分: 91 分

1993 年款马赛托园葡萄酒呈饱满的深宝石红色或深紫色，表现出丰富甘甜的烘烤橡木风味，含有大量非常纯粹和甘甜的水果，重酒体，而且非常柔软。在盲品会上，这款酒很容易被误当做一款出众的波尔多右岸葡萄酒。这款 1993 年葡萄酒现在就可以饮用。最佳饮用期: 现在开始到 2010 年。

ORNELLAIA
奥纳亚酒庄奥纳亚园葡萄酒

2001 Ornellaia
奥纳亚酒庄奥纳亚园葡萄酒 2001

评分: 92 分

2001 年款奥纳亚园葡萄酒呈暗宝石红色或暗紫色，倒入杯中后，会爆发出黑色橄榄、巧克力和浓咖啡的风味，还有大量黑加仑和雪松味黑莓水果味道。它表现出很好的结构性，有着美妙的甘甜特性、淡淡的欧亚甘草和非常强劲的余韵。这款酒已经可以饮用，但还有着 10 到 15 年的进化前景。

1998 Ornellaia
奥纳亚酒庄奥纳亚园葡萄酒 1998

评分: 93 分

相对于一般多肉的奥纳亚葡萄酒来说，这款 1998 年年份酒的酿制风格相对有结构一些。酒色呈饱满的深宝石红色或深紫色，散发出吐司、香料、香烟、黑色水果和石墨风味混合的陈酿香。这款酒强劲、集中，异常的纯粹和绵长，在 2005~2018 年间将会达到最佳状态。这款酒真是令人印象非常深刻。

1997 Ornellaia
奥纳亚酒庄奥纳亚园葡萄酒 1997

评分: 94 分

这款 1997 年年份酒很可能具有奥纳亚酒庄酿制的葡萄酒所有的最佳特性，尤其是奢华性。酒色呈深紫色，散发出新橡木风味包裹的烟熏浓咖啡和黑色樱桃果酱混合的果香。

奥纳亚酒庄奥纳亚园葡萄酒 2001 酒标

这款酒强劲、丰裕、深厚，而且果汁丰富，是一款低酸度、无缝的经典葡萄酒。它可以现在饮用，也可以在接下来的10年甚至更久的时间内饮用。

1995 Ornellaia
奥纳亚酒庄奥纳亚园葡萄酒 1995

评分：92 分

1995年奥纳亚园葡萄酒毫无疑问是另一款令人惊讶的葡萄酒，可以算做自1988年以来连续的一系列顶级葡萄酒之一。酒色呈饱满深厚的宝石红色或紫色，鼻嗅中带有烘烤咖啡、黑色樱桃利口酒、黑醋栗和香料风味混合的陈酿香。入口后，口感丰富、强劲，含有良好统一的木材味、单宁酸和酸度。这款酒纯粹、年轻，现在就可以饮用，是一款有内涵并且让人印象深刻的葡萄酒。最佳饮用时间：现在开始到2011年。

1990 Ornellaia
奥纳亚酒庄奥纳亚园葡萄酒 1990

评分：92 分

1990年奥纳亚园葡萄酒是该酒庄酿制的另一款上乘葡萄酒，可以看做是上乘的1988年款的后继酒。它肥厚、柔软，满载黑色樱桃和黑醋栗水果，并掺有来自新橡木酒桶的香子兰风味。这款强劲、质感柔滑、丰裕的葡萄酒适合从现在到2008年间饮用。

1988 Ornellaia
奥纳亚酒庄奥纳亚园葡萄酒 1988

评分：93 分

这款出色的葡萄酒是我所品尝过的最优质的托斯卡纳产区红葡萄酒之一。它的颜色为动人的黑色或紫色，鼻嗅中带有黑色梅子、黑醋栗、欧亚甘草和甘甜新橡木风味混合的强烈美妙芳香。入口后，口感异常丰裕和丰富，含有足够吸引人的酸度，延绵丰富的水果口感下还隐藏着大量的单宁酸，爆发性的余韵也一直萦绕不散。这款杰出的葡萄酒现在就可以饮用，甚至非常可口，而且贮存期还有希望超过21世纪的前10年。最佳饮用期：现在开始到2012年。

TENUTA DI ARGIANO

阿加诺酒庄

酒品：阿加诺酒庄索伦高干红葡萄酒（Solengo）

庄园主：诺埃米·马罗内·琴扎诺女伯爵（Countess Noemi Marone Cinzano）

地址：Argiano S.R.L.Sant'Angelo in Colle,53020 Montalcino（SI），Italy

电话：(39) 0577 844037

传真：(39) 0577 844210

邮箱：argiano@ argiano.net

网址：www. argiano.net

联系人：佩佩·斯奇布·格拉西亚尼博士（Pepe Schib Graciani）

参观规定：参观前必须预约

葡萄园

占地面积：118.6 英亩

葡萄品种：赛娇维赛、赤霞珠、美乐和席拉

平均树龄：12 年

种植密度：5,000~7,000 株 / 公顷

平均产量：0.8~1.0 千克 / 株

酒的酿制

阿加诺酒庄使用传统方法对葡萄酒进行酿制，在温度可以控制的不锈钢大桶中进行。葡萄的浸渍为期 15 天。发酵过程中，温度严格控制在 28℃到 30℃之间。苹果酸 - 乳酸发酵完成后，会经过几次过酒工作以去除沉重的酒糟，然后葡萄酒被转移到酒窖中，放入法国小橡木酒桶中和传统大橡木酒桶中陈年。最后葡萄酒被转移到不锈钢大桶中装瓶，装瓶前也要进行过酒，不过不会进行过滤。每年所有的葡萄酒都同时装瓶，以保证每瓶酒的一致性。

年产量

阿加诺酒庄索伦高干红葡萄酒：40,000 瓶

平均售价（与年份有关）：25~75 美元

近期最佳年份

2001 年，2000 年，1999 年，1998 年，1997 年

阿加诺葡萄园

人们认为阿加诺是一个古老的地方，位于欧奇亚（Orcia）河谷的山丘上，海拔高度在300米以上，欧奇亚河位于锡耶纳省（Siena）托斯卡纳地区的蒙塔奇诺以南几公里处。当地的历史学家认为阿加诺这个名字可能是指一个亚尼天坛座（Ara Jani），或者是一座古代罗马两面神的庙宇，又或者是有一个名叫阿加的人曾经住过的地方。

巴达萨尔·佩鲁齐（Baldassare Peruzzi）于1581年至1596年间建造了阿加诺酒厂的总部，即阿加诺别墅。这个文艺复兴时期的建筑呈马蹄形，已经经受住了时间的严酷考验。在过去的数个世纪里，它的主人也换了很多个，从一个贵族家庭传给另一个。有记录证明，阿加诺别墅周围的葡萄园最早出现于16世纪。加埃塔尼（Gaetani）家族是在19世纪末获得这家酒庄的，自从1992年开始，一直由诺埃米·马罗内·琴扎诺女伯爵管理，酒类学家贾科莫·塔西斯（Giacomo Tachis）担任咨询师。

该酒庄位于一个山顶高原上，占地247英亩。目前有118英亩的葡萄园，25英亩的橄榄树小树林，还有几小块可以耕种和放牧的土地。葡萄园内的土壤是由泥灰质石灰岩和一些黏土组成。葡萄园的地点非常令人满意，因为它们都面向南方，有着完美的正午光照，还有着通风性良好的海拔高度。所有的葡萄都是经过人工采收，然后装成小箱运到酒窖中，运送途中避免挤压。

2000年，该酒庄新建了一个发酵用的酒窖，里面安装了最新的技术设备，可以对葡萄汁和葡萄酒进行最精密的分析。这个酒窖还有埋于地下的管道通向原始的陈年酒窖中，陈年酒窖位于别墅的正下方，里面仍然装有大量大酒桶和小橡木酒桶。原来的这些酒窖内的环境基本上都是固定不变的，不过随着季节的更替会稍有变动，因此在这里面葡萄酒可以在大木桶中自然陈年。

1995年，贾科莫·塔西斯在阿加诺酒庄酿制了第一款上乘的托斯卡纳葡萄酒。考虑到特殊微气候的潜力，主要是受沿海区域低沼泽区吹来的海风的影响，他在葡萄园中栽种了赤霞珠、美乐和席拉。每个葡萄品种都是分开酿制的，然后再以33%的比例混合在一起。葡萄酒的陈年在法国新橡木酒桶中进行，为期16个月，结果这些葡萄酒都成为具有托斯卡纳天赋和平稳波尔多风格的葡萄酒。

SOLENGO
阿加诺酒庄索伦高干红葡萄酒

2000 Solengo
阿加诺酒庄索伦高干红葡萄酒2000

评分：95分

毫无疑问，2000年款索伦高干红葡萄酒有着杰出的品质，是用等量的赤霞珠、美乐、席拉和非常少量的小味多混合酿制而成。酒色呈不透明的宝石红色或紫色，散发出黑醋栗奶油、黑莓、浓咖啡、欧亚甘草和新鞍皮革混合的惊人芳香。这款美酒强劲、非常集中、纯粹、质感美妙，有着45秒左右的悠长余韵。这款不成熟、年轻的黑美人有着卓越的进化潜力。最佳饮用期：2008~2022年。

1999 Solengo
阿加诺酒庄索伦高干红葡萄酒1999

评分：94分

1999年索伦高干红葡萄酒是一款上乘的葡萄酒，是用等量的赤霞珠、美乐、赛娇维赛和席拉混合酿制而成。酒色呈不透明的紫色，表现出美妙成熟的黑莓水果和黑醋栗水果的果香，还伴有皮革、巧克力、泥土和木材的风味。这款酒厚重、丰裕、强劲，余韵中含有甘甜的单宁酸，虽然仍然年轻而且尚未进化，但是很有前景。从现在到2015年间饮用口感应该都很不错。

1998 Solengo
阿加诺酒庄索伦高干红葡萄酒1998

评分：91分

1998年索伦高干红葡萄酒是一款非常优质的葡萄酒，是用诱人的葡萄混合酿制，然后在全新的法国橡木酒桶中陈年，16个月后装瓶。酒色呈不透明的紫色或宝石红色，散发出经典黑加仑和黑莓风味的陈酿香，其中还混有优质的烘烤橡木和烘烤浓咖啡的风味。这款酒强烈，中度酒体到重酒体，耐嚼，丰富，有着多层次的中期口感，含有甘甜的单宁酸，是一款口感充实的干红葡萄酒，现在就可以饮用。最佳饮用期：现在到2014年。

1997 Solengo
阿加诺酒庄索伦高干红葡萄酒1997

评分：94分

深远的1997年索伦高干红葡萄酒是一款佐餐葡萄酒，是用赛娇维赛、赤霞珠和非常少量的席拉混合酿制而成，非常令人惊叹。酒色呈不透明的紫色，散发出黑醋栗奶油、新鞍皮革、烘烤新橡木、欧亚甘草和花朵风味混合的美妙甘甜鼻嗅。这款酒爆发出惊人的丰富风味，口感巨大、强劲，但是没有丝毫的沉重感，低酸度，成熟悦人，余韵可以持续35秒。我估计这款令人叹服的专属红葡萄酒将来会很出色。最佳饮用期：现在开始到2016年。

1996 Solengo
阿加诺酒庄索伦高干红葡萄酒 1996

评分：94 分

阿加诺酒庄的1996年索伦高干红葡萄酒是一款迷人的葡萄酒，是用赤霞珠、赛娇维赛、美乐和席拉混合酿制而成，产量为500箱。酒色呈饱满的宝石红色或紫色，爆发出黑莓果酱、黑醋栗、吐司和香料风味混合的卓越鼻嗅。这款酒强劲，有着一流的深度、多层次的质感、低低的酸度和迷人的余韵，内涵令人印象深刻，是一款带有烟熏味、丰富、奇特、易亲近的干红葡萄酒，应该可以很好地陈年。最佳饮用期：现在开始到2012年。

1995 Solengo
阿加诺酒庄索伦高干红葡萄酒 1995

评分：92 分

1995年款索伦高干红葡萄酒呈饱满的深宝石红色或深紫色，爆发出黑加仑、巧克力、香烟和难以捉摸的花香味混合的惊人鼻嗅。它绵长，厚重，异常丰富，重酒体，特别纯粹，低酸度，有力，质感丝滑，这款葡萄酒隐藏着一些令人印象深刻的单宁酸。入口后，口感异常丰富和多层次，但现在尚未完全进化，不过它仍有着相当大的潜力。最佳饮用期：现在开始到2015年。

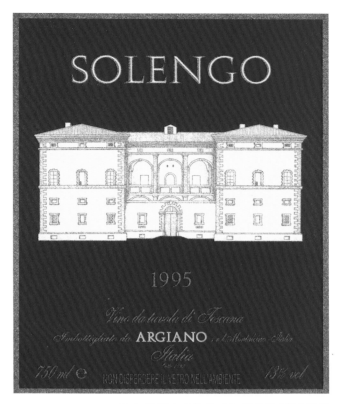

阿加诺酒庄索伦高干红葡萄酒 1995 酒标

TENUTA SAN GUIDO
西施小教堂

酒品：西施小教堂西施佳雅干红葡萄酒（Sassicaia）

庄园主：尼古拉·因奇萨侯爵（Marchese Nicolò Incisa della Rochetta）

地址：Località Le Capanne 27,57020 Bolgheri（LI），Italy

电话：（39）0565 762003

传真：（39）0565 762017

邮箱：info@sassicaia.com

网址：www. sassicaia.com

联系人：尼古拉·因奇萨侯爵、多托尔·塞巴斯蒂亚诺·罗萨（Dottore Sebastiano Rosa）

参观规定：参观前必须与他们的分销商预约

葡萄园

占地面积：173 英亩，都处于保格利镇内的西施佳雅 DOC 产区内

葡萄品种：85% 赤霞珠，15% 品丽珠

平均树龄：25~30 年

种植密度：4,000~5,000 株 / 公顷

平均产量：1 千克 / 株

尼古拉·因奇萨侯爵

酒的酿制

葡萄酒的酿制在温度可以控制的不锈钢酒桶中进行，这些酒桶的容量在 3,500 升到 11,000 升之间。浸渍的时间大约为 2 周。陈年时在容量为 225 升的 33% 新的法国橡木酒桶中进行，为期 2 年。

年产量

西施小教堂西施佳雅干红葡萄酒：180,000 瓶

平均售价（与年份有关）：75~165 美元

近期最佳年份

2000 年，1998 年，1997 年，1995 年，1993 年，1990 年，1988 年，1985 年，1982 年，1978 年，1975 年

该酒庄生产的这款葡萄酒是意大利最著名的葡萄酒之一，酿制成分以赤霞珠为主。已故的马里奥·因奇萨（Mario Incisa della Rocchetta），即西施佳雅酒庄的现任庄园主尼古拉的父亲，拒绝遵守意大利的葡萄酒法，因为他觉得这些律法过于死板和保守。因此他决定违背法律，只是尽自己最大努力酿制最优质的葡萄酒，而且把它叫做佐餐葡萄酒。他相信在自己巨大的酒庄内，即位于托斯卡纳大区保格利镇的西施小教堂，他可以种植出卓越的赤霞珠品种，并用其酿制出卓越的赤霞珠葡萄酒。现在酿制这款一等葡萄酒时，即西施佳雅干红葡萄酒，会加入 25% 的品丽珠。从第一次酿制到现在，它的产量已显著增加，还有另一款酒叫做西施小教堂红葡萄酒（Guidalberto），产量是 10,000 箱，而该酒庄的总产量在 25,000 箱左右。

据尼古拉所说，在 20 世纪 20 年代时，他的父亲一直梦想到比萨市（Pisa）做一名学生，学习酿制一款以波尔多葡萄酒为模范的"高贵"葡萄酒。赤霞珠品种可以带来一种他认为崇高的陈酿香，他认为西施小教堂的砂砾质土壤将会非常理想。西施佳雅在托斯卡

纳方言里的意思是"岩石般坚硬的土地"。西施佳雅葡萄酒从 1948 年到 20 世纪 60 年代中期都有酿制，但当时只是在酒庄内部消耗。当这款酒进化后，马里奥发现它其实有着比他想象中更大的潜力。

所有最初的葡萄酒都是酿自于同一个葡萄园，该园位于一个叫做切诺堡（Castiglioncello）的地区。1965年，马里奥又在两个新葡萄园中种植了赤霞珠和品丽珠，这两个葡萄园就变成了新西施佳雅葡萄园的主要组成部分，它们位于切诺堡，这里的海拔高度比最初的葡萄园大约低 800 米。1968 年的第一款年份酒备受好评，而其他的，就像他们所说的那样，已成为历史。自从尼古拉管理酒庄后，除了把旧的发酵用的大木桶换成温度可以控制的不锈钢酒罐外，其他基本没什么变化。

西施佳雅葡萄酒获得了巨大的商业成功，而且得到了国际性赞誉，这使得它成为意大利质量改革运动，尤其是在托斯卡纳产区内的质量改革，一个有影响力的标杆；也成为托斯卡纳沿岸卓越葡萄园发展运动的催化剂，尤其是推动了保格利地区内的葡萄园发展。它是赢得国际赞誉的一流葡萄酒之一，而它是一款赤霞珠葡萄酒的事实，又提高了它的境界水平，增加了它的高贵性和神秘性，并提升了它与波尔多葡萄酒在对比中的竞争力。

现在我们要问的问题是："西施佳雅葡萄酒是不是和 1985 年、1988 年和 1990 年的年份酒一样优质呢？1985 年年份酒是我品尝过的最优质的一款。"它的产量当然更高了，但即使是 20 世纪 90 年代的年份酒，也从没有达到 80 年代三款最优质葡萄酒的高度，不过它仍是世界上的优质葡萄酒之一，表现出了意大利生长的赤霞珠和品丽珠的异常优雅的特性。

SASSICAIA
西施小教堂西施佳雅干红葡萄酒

1999 Sassicaia
西施小教堂西施佳雅干红葡萄酒 1999

评分：91+ 分

1999 年西施佳雅干红葡萄酒是一款风格非常优雅的葡萄酒，散发出干香草、雪松、烟草、香烟、甘甜红醋栗和黑加仑混合的风味。这款酒中度酒体，口味精致，含有美妙统一的木材味和香甜的单宁酸，还有悠长的余韵。酒色呈深宝石红色或淡紫色，表现出托斯卡纳海岸线上生长的赤霞珠的精致优雅风格。最佳饮用期：2006~2016 年。

1998 Sassicaia
西施小教堂西施佳雅干红葡萄酒 1998

评分：90 分

1998 年款西施佳雅干红葡萄酒呈暗宝石红色，带有明显的紫色，还散发出雪松、香料盒、欧亚甘草和黑加仑风味混合的经典鼻嗅。这款酒中度酒体，有力，精粹，丰富，优雅，而且良好均衡，应该还可以再进化 12 到 17 年。

1995 Sassicaia
西施小教堂西施佳雅干红葡萄酒 1995

评分：92 分

这款卓越的 1995 年年份酒还有 12 到 14 年的陈年潜力。这款酒呈几乎不透明的宝石红色或紫色，爆发出铅笔、吐司、矿物质、欧亚甘草和黑加仑风味混合的迷人鼻嗅。倒入杯中后，还会出现紫罗兰和花香的风味。入口后，它紧致、单宁明显，但却超级集中，相当纯粹。它有着甘甜和丰富的中期口感，而这一特性正是优质葡萄酒和好酒的区别所在。这款酒的余韵可以持续 30 秒以上。1995 年款西施佳雅干红葡萄酒似乎可以和该酒庄的其他顶级年份酒相媲美。最佳饮用期：现在开始到 2020 年。

1990 Sassicaia
西施小教堂西施佳雅干红葡萄酒 1990

评分：94 分

1990 年款西施佳雅干红葡萄酒似乎是几近完美的 1985

年年份酒以来，该酒庄酿制的最优质的一款葡萄酒。酒色呈饱满的紫色，几乎是黛蓝的颜色，爆发出动人但是却未进化的年轻果香，并带有甘甜的、几乎过于成熟的黑加仑、雪松、烟草和烘烤新橡木的风味。这款酒强劲，有着惊人的浓缩度和精粹物含量，是一款单宁适中、超级纯粹和轮廓清晰的赤霞珠葡萄酒，含有足够低的酸性和足够甘甜的单宁酸，使得它现在就可以饮用。这款酒应该可以一直喝到 2010 年。

1988 Sassicaia
西施小教堂西施佳雅干红葡萄酒 1988

评分：90 分

这是一款结构坚实、中度重量、抑制的西施佳雅干红葡萄酒，酒色呈令人印象深刻的暗宝石红色，散发出芬芳和超级成熟的鼻嗅，并带有黑色水果、烘烤香子兰的味道，还有新橡木酒体陈年赋予的风味。入口后，这款酒非常集中，酸性清新，惊人的余韵中含有大量单宁酸、甘油和酒精。尽管它既没有超凡脱俗的 1985 年款多维度，也没有后者集中，还不如 1983 年款丰裕，但它仍是一款出色的葡萄酒，达到了托斯卡纳产区的赤霞珠品种葡萄酒可以达到的最高水平。最佳饮用期：现在开始到 2012 年。

1985 Sassicaia
西施小教堂西施佳雅干红葡萄酒 1985

评分：100 分

我在 1997 年的盲品会上喝过这款葡萄酒，而且我频繁地品尝它，每次都会给它一个完美的评分［而且在很多盲品上，我经常会把它误当做一款木桐酒庄（Mouton Rothschild 的 1986 年年份酒）］。在 1997 年的盲品会上，它的表现非常杰出。酒色仍然是不透明的紫色，除了原来的黑醋栗、黑色覆盆子、黑莓、柏油和吐司个性，陈酿香中还开始出现雪松和巧克力糖混合的二等芳香。这款酒异常厚重、集中和强劲，含有多层次的集中水果，并且与酒中甘甜的单宁酸美妙均衡，还有良好统一的酸性，余韵可以持续将近一分钟。这是一款有纪念意义的赤霞珠葡萄酒，也是在 20 世纪酿制的最优质的一款葡萄酒。在一次又一次的品尝之后，让我更加确定它是一款质量超现实的葡萄酒。尽管在 1997 年的品酒会上它已经 11 岁了，但它却仍然年轻。我猜它从现在到 2025 年间会处于最佳状态。多么不可思议的一款葡萄酒啊！

TUA RITA

图瓦 - 丽塔酒庄

酒品：

　　图瓦 - 丽塔酒庄雷迪加菲葡萄酒（Redigaffi）

　　图瓦 - 丽塔酒庄诺特里朱斯托葡萄酒（Giusto di Notri）

庄园主：丽塔·图瓦（Rita Tua）和维尔吉利奥·比斯蒂（Virgilio Bisti）

地址：Località Notri 81,57028 Suvereto（LI）,Italy

电话：(39) 0565 829237

传真：(39) 0565 827891

邮箱：info@tuarita.it

网址：www. tuarita.it

联系人：斯特凡诺·弗拉斯科拉（Stefano Frascolla）

参观规定：只限几个人参观，而且参观前必须预约

葡萄园

占地面积：54 英亩

葡萄品种：美乐、赤霞珠、品丽珠和赛娇维赛

平均树龄：12 年

种植密度：8,000 株 / 公顷

平均产量：4,200 千克 / 公顷

酒的酿制

　　成熟的葡萄，很低的产量，在酒桶中陈年 16 到 18 个月，装瓶前不进行过滤，这些都是图瓦 - 丽塔酒庄的惯用做法。

年产量

　　图瓦 - 丽塔酒庄雷迪加菲葡萄酒：1994 年至 2001 年间为 3,200 瓶；2001 年为 5,800 瓶

　　图瓦 - 丽塔酒庄诺特里朱斯托葡萄酒：1994 年至 2001 年间为 15,000 瓶；2001 年为 23,000 瓶

　　平均售价（与年份有关）：25~180 美元

近期最佳年份

　　1999 年的特点是集中，2000 年的特点是优雅，这些都是庄园主们的看法；我还想加上 2001 年、1998 年、1997 年和 1996 年

该酒庄位于著名的托斯卡纳沿海区域保格利镇，是在 1985 年获得的，现在已经因为意大利一些最好的酿酒咨询师而增色不少，包括里卡多·科塔瑞拉（Riccardo Cotarella）、卢卡·达托马（Luca d'Attoma）和斯特凡诺·奇奥斯欧力（Stefano Chioccioli），该酒庄的葡萄酒很快变成了传奇。在庄园主们丽塔·图瓦和维尔吉利奥·比斯蒂的领导下，1988 年、1997 年和 1998 年在古老的苏维雷托村外种植了一个小葡萄园。很快该酒庄就因为它的两款葡萄酒而赢得了国际声誉，一款叫做雷迪加菲葡萄酒，是一款 100% 美乐葡萄酒；另一款叫做诺特里朱斯托葡萄酒，是一款美乐和赤霞珠混合的葡萄酒。这两款酒都是在法国酒桶中陈年的。

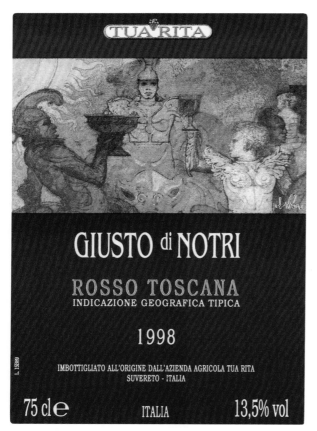

图瓦 - 丽塔酒庄诺特里朱斯托葡萄酒 1998 酒标

GIUSTO DI NOTRI
图瓦 – 丽塔酒庄诺特里朱斯托葡萄酒

2001 Giusto di Notri
图瓦 - 丽塔酒庄诺特里朱斯托葡萄酒 2001

评分：95 分

2001 年诺特里朱斯托葡萄酒是一款非常有力、复杂的葡萄酒，散发出烤肉、干普罗旺斯香草、铅笔屑、碎岩石、黑醋栗奶油和黑莓混合的风味。酒色呈黑色或紫色，它强劲，有着无缝统一的酸性、单宁酸和木材味，以及迷人的余韵，而且没有坚硬的边缘。最佳饮用期：现在开始到 2020 年。

2000 Giusto di Notri
图瓦 - 丽塔酒庄诺特里朱斯托葡萄酒 2000

评分：95 分

2000 年款诺特里朱斯托葡萄酒呈不透明的紫色，是一款令人印象深刻的葡萄酒。它是用 65% 的赤霞珠、30% 的美乐和 5% 的品丽珠混合酿制而成，在全新的法国橡木酒桶中陈年，20 个月后装瓶，装瓶前未进行过滤。这款酒虽然需要醒酒才能展现自己的内涵，但它仍是一款惊人丰富的葡萄酒，带有黑莓、木榴油、巧克力糖、香子兰和欧亚甘草混合的风味，表现出强劲、有力和集中的风格，对于一款如此强烈和丰富的葡萄酒来说，它惊人的精致和谐。余韵可以持续 40

秒到 45 秒。最佳饮用期：2007~2020 年。

1999 Giusto di Notri
图瓦 - 丽塔酒庄诺特里朱斯托葡萄酒 1999

评分：96 分

1999 年款诺特里朱斯托葡萄酒呈不透明的紫色，是一款强壮、严肃的葡萄酒，在小橡木酒桶中陈年，装瓶前既没有澄清也没有过滤。这款酒是用 65% 的赤霞珠和 35% 的美乐混合酿制而成，还伴有杂草、烟叶、浓咖啡、香烟、巧克力、黑加仑和黑莓风味混合的惊人芳香。它厚重、强劲、深厚、稠密、丰富而且纯粹，应该还可以再贮存 12 年甚至更久。遗憾的是，这款酒的产量只有 800 箱。

1998 Giusto di Notri
图瓦 - 丽塔酒庄诺特里朱斯托葡萄酒 1998

评分：93 分

1998 年诺特里朱斯托葡萄酒是一款令人惊叹的葡萄酒，是用 60% 的赤霞珠和 40% 的美乐混合酿制，在法国橡木酒桶中陈年，其中一半为新桶，装瓶前未进行澄清和过滤。这款酒呈深暗的宝石红色或紫色，散发出液态法芙娜巧克力、黑莓、香烟和吐司风味混合的陈酿香。它丰富、强劲、超级集中，有着无缝的质感和低酸度，还有着可以持续 40 秒左右的余韵，是一款巨大、强劲的葡萄酒。建议从现在到 2012 年间饮用。

1997 Giusto di Notri
图瓦 - 丽塔酒庄诺特里朱斯托葡萄酒 1997

评分：90 分

1997 年款诺特里朱斯托葡萄酒非常出色，是用 60% 的赤霞珠和 40% 的美乐混合酿制而成，在法国橡木酒桶中陈年，装瓶前既未澄清也没有过滤。酒色呈暗宝石红色或暗紫色，散发出烘烤新橡木、铅笔、黑加仑、巧克力和香烟混合的美妙芳香。这款酒多层次、丰富，但是却向后，未充分进化，余韵中含有丰富的单宁酸，如果继续窖藏的话，应该会有进步。酒的酸度低，而且含有甘甜的水果，这使得它马上就可以饮用，但是它还没有发展出二等芳香。最佳饮用期：现在开始到 2012 年。

1996 Giusto di Notri
图瓦 - 丽塔酒庄诺特里朱斯托葡萄酒 1996

评分：90 分

1996 年款诺特里朱斯托佐餐葡萄酒的产量只有 450 箱，是用 60% 的赤霞珠和 40% 的美乐混合酿制而成。它是一款出色的葡萄酒，酒色呈暗宝石红色或暗紫色，爆发出欧亚甘草、黑加仑和阵阵普罗旺斯橄榄混合的强烈鼻嗅。这款酒强劲、深厚、多层次，含有偏高的单宁酸，余韵有点尖刻，还有集中、成熟和有力的口感，是一款纯粹、和谐的葡萄酒。它从现在到 2012 年间应该会处于最佳状态。

1994 Giusto di Notri
图瓦 - 丽塔酒庄诺特里朱斯托葡萄酒 1994
评分：93 分

1994 年款诺特里朱斯托佐餐葡萄酒呈饱满不透明的紫色，它看起来很像是一款木桐酒庄深远的年份酒，还散发出黑加仑、甘甜烘烤橡木、巧克力、香烟和欧亚甘草风味混合的迷人鼻嗅。这款酒美妙均衡，超级纯粹，异常的集中和绵长，中度酒体到重酒体，有着丝滑、甘甜的多层次口味，还有着卓越的强度和良好的均衡性。虽然它已经可以饮用，但是还可以继续美好地进化。最佳饮用期：现在开始到 2016 年。

REDIGAFFI
图瓦 - 丽塔酒庄雷迪加菲葡萄酒

2001 Redigaffi
图瓦 - 丽塔酒庄雷迪加菲葡萄酒 2001　评分：97 分

2001 年雷迪加菲葡萄酒是一款卓越的葡萄酒，有着相当强烈的意大利焙炒咖啡、液态巧克力、黑色樱桃利口酒和无花果混合的鼻嗅，还有少量的梅子风味。这款酒呈深紫色，几乎通体深暗，还有着强劲、烟熏、泥土味的丰富性，以及巨大的稠密性和丰裕性，是一款使用生长于托斯卡纳海岸线的美乐酿制的惊人葡萄酒。最佳饮用期：现在开始到 2018 年。

2000 Redigaffi
图瓦 - 丽塔酒庄雷迪加菲葡萄酒 2000　评分：100 分

奇妙的 2000 年款雷迪加菲葡萄酒呈墨色或紫色，是用 100% 的美乐酿制而成，装瓶前未经澄清和过滤，产量只有 400 箱。这款酒有着令人惊奇的独特性和强度，爆发出液态欧亚甘草、优质意大利焙炒咖啡、黑色樱桃、黑醋栗利口酒、白色花朵和吐司风味混合的惊人鼻嗅。它非常强烈，极其成熟，相当纯粹，余韵可以持续将近一分钟，简直是一款梦想之酒！酒中的干型精粹物含量是所有干红葡萄酒中最高的，而且它高达 15% 的酒精度也被含量丰富的甘油和水果很好地隐藏了。它真是一款出色的葡萄酒！这款酒树立了酿酒师斯特凡诺·奇奥斯欧力、庄园主丽塔·图瓦与维尔吉利奥·比斯蒂的名望。最佳饮用期：2007~2018 年。

1999 Redigaffi
图瓦 - 丽塔酒庄雷迪加菲葡萄酒 1999　评分：99 分

1999 年款雷迪加菲葡萄酒的干型精粹物含量为惊人的 36 克/升，这一含量超过了大多数最佳年份的顶级波美侯产区葡萄酒！这款酒的产量为 250 箱，是用 100% 的美乐酿制而成，装瓶前未进行澄清和过滤，是一款我们能够得到的最接近完美的葡萄酒。它的酒色为饱满的深蓝色或深紫色，有力、纯粹的鼻嗅中散发出香烟、欧亚甘草、黑色樱桃和黑莓混合的风味。它爆发出惊人的浓缩度，有着美妙厚重和稠密的中期口感，还有着可以持续将近一分钟的余韵。这是一款极具吸引力的果汁。最佳饮用期：现在开始到 2015 年。

1998 Redigaffi
图瓦 - 丽塔酒庄雷迪加菲葡萄酒 1998　评分：96 分

1998 年雷迪加菲葡萄酒是一款深远的葡萄酒，产量只有 2,000 多瓶。一般情况下我不会引述干型精粹物的含量，毕竟口感比含量更加重要。但是我实在不能不注意到这款酒的干型精粹物含量，它是我所见过的含量最高的一款葡萄酒，竟然高达 39 克/升！这款酒是用 100% 的美乐酿制而成，在全新的法国阿利埃（Allier）和特隆赛（Tronçais）酒桶中陈年，装瓶前既未澄清也未过滤。酒色呈不透明的紫色，是一款有力且内涵巨大的葡萄酒，散发出极好的黑加仑、梅子和黑莓的水果特性，还有着香料盒、巧克力和香子兰混合的风味。这款和谐的葡萄酒含有大量的精粹物和甘油。它惊人的纯粹，令人印象深刻，含有丰富的单宁酸，但几乎完全被它超级的丰富特性所隐藏。这款美酒从现在到 2020 年间应该处于最佳状态。

1997 Redigaffi
图瓦 - 丽塔酒庄雷迪加菲葡萄酒 1997　评分：94 分

这款酒有着托斯卡纳海岸地区美乐的潜力，是一款经典的当地美乐葡萄酒。1997 年款雷迪加菲葡萄酒呈黑色或紫色，是一款令人惊叹的葡萄酒，爆发出巧克力、黑莓、烟草混合的巨大鼻嗅和口味。它有着强劲的个性，含有大量精粹物和成熟果实果汁，有着动人的余韵长度（45 秒以上），相当纯粹和对称。最佳饮用期：现在开始到 2012 年。

1996 Redigaffi
图瓦 - 丽塔酒庄雷迪加菲葡萄酒 1996　评分：94 分

1996 年款雷迪加菲佐餐葡萄酒是用 100% 的美乐酿制而成，这些美乐采收自产量大约为 2,000 千克/英亩的葡萄园。对于这款酒，我的品酒笔记中的第一个词是感叹词"哇哦！"它散发出樱桃利口酒、香烟、咖啡、香子兰和黑色水果果酱混合的爆发性鼻嗅，是一款轮廓超级清晰、丰富、多层次、多方面的葡萄酒，重酒体，异常的纯粹和集中，有着满足人感官的质感和有力、迷人的余韵。酒中高含量的精粹物和丰富性隐藏了极高的单宁酸和酒精。最佳饮用期：现在开始到 2012 年。

1994 Redigaffi
图瓦 - 丽塔酒庄雷迪加菲葡萄酒 1994　评分：93 分

1994 年款雷迪加菲葡萄酒是用 100% 的美乐酿制而成，是一款超棒的葡萄酒。我估计如果波美侯地区的克里斯蒂安·穆义（Christian Moueix）和米歇尔·罗兰品尝了这款酒的话，将会惊讶不已，因为它含有典型的美乐特性——巧克力、摩卡咖啡、黑色樱桃果酱、吐司和微弱的香草风味。这款酒异常丰富、强劲、丰裕，正如我热情的品酒笔记中所写的那样——"内涵巨大"。它重酒体，低酸度，有着丰富多层次的耐嚼特性和果酱的水果味，余韵可以持续 30 多秒，真是一款极佳的美乐葡萄酒。在接下来的 5 到 8 年或者更长的时间内，其口感应该都很不错。

ROBERTO VOERZIO

沃尔奇奥酒庄

酒品：

沃尔奇奥酒庄拉塞拉园巴罗洛葡萄酒（Barolo La Serra）

沃尔奇奥酒庄布鲁纳特园巴罗洛葡萄酒（Barol Brunate）

沃尔奇奥酒庄斯丽桂园巴罗洛葡萄酒（Barolo Cerequio）

沃尔奇奥酒庄布鲁纳特园卡帕洛特老藤存酿巴罗洛（Barolo Vecchie Viti dei Capalot e delle Brunate Riserva）

庄园主：罗伯托·沃尔奇奥（Roberto Voerzio）

地址：Località Cerreto 7,12064 La Morra（CN）,Italy

电话：(39) 173 509196

传真：(39) 173 509196

邮箱：voerzioroberto@libero.it

联系人：罗伯托·沃尔奇奥的员工

参观规定：参观前必须电话预约

葡萄园

占地面积：21.65 英亩

葡萄品种：阿尔巴产区的多赛托、内比奥罗、巴贝拉和赤霞珠

平均树龄：拉塞拉园 18 年；布鲁纳特园 15~40 年；斯丽桂园 12~26 年；卡帕洛特园 50 年

种植密度：4,000~6,000 株 / 公顷

平均产量：4,000 千克 / 公顷

酒的酿制

该酒庄的庄园主罗伯托·沃尔奇奥是一个非常狂热、毫不妥协的完美主义者，他对于选择完全成熟的葡萄非常痴迷。葡萄先由人工采收回来，放入 3 到 3.5 吨的不锈钢酒罐中发酵，为期 2 周，发酵温度控制在 30℃ 到 35℃ 之间，苹果酸 - 乳酸发酵也在这里面完成。然后，通常是在 11 月底，葡萄酒被转移到 60 加仑的橡木酒桶中陈年，为期 20 到 28 个月。在这一过程结束时，葡萄酒会再次被转移到不锈钢酒罐中，几个月后进行装瓶，装瓶之前不会进行过滤。在瓶中再陈年 12 个月后释放。该酒庄葡萄酒中的二氧化硫含量是皮埃蒙特大区最低的。

年产量

沃尔奇奥酒庄阿侬奇亚塔波佐园 D.O.C. 巴贝拉葡萄酒（Barbera d'Alba D.O.C. Vigneto Pozzo dell'Annunziata Riserva）：1,500 大瓶（magnum，容量为 2 夸脱）

沃尔奇奥酒庄布鲁纳特园 D.O.C.G. 巴罗洛葡萄酒：3,500 瓶

沃尔奇奥酒庄斯丽桂园 D.O.C.G. 巴罗洛葡萄酒：4,000 瓶

沃尔奇奥酒庄布鲁纳特园 D.O.C.G. 巴罗洛存酿：1,200 大瓶（magnum，容量为 2 夸脱）

沃尔奇奥酒庄阿侬奇亚塔或陀罗格隆尼罗卡园 D.O.C.G. 巴罗洛葡萄酒（Barolo D.O.C.G. Rocche dell'Annunziata/Torroglione）：5,000 瓶

沃尔奇奥酒庄巴罗洛产区萨尔玛萨园 D.O.C.G. 巴罗洛葡萄酒（Barolo D.O.C.G. Sarmassa di Barolo）：650 大瓶（magnum，容量为 2 夸脱）

沃尔奇奥酒庄普利亚维诺园 D.O.C. 多赛托葡萄酒（Dolcetto d'Alba D.O.C. Priavino）：18,000 瓶

沃尔奇奥酒庄韦格纳塞拉园 D.O.C. 朗格玫瑰红葡萄酒（Langhe Rosso D.O.C. Vignaserra）：8,000 瓶

平均售价（与年份有关）：75~500 美元

近期最佳年份

2001 年，2000 年，1999 年，1998 年，1997 年，1996 年，1990 年，1989 年，1988 年

尽管罗伯托·沃尔奇奥的酒庄占地面积不到 22 英亩，但他却很快成为皮埃蒙特大区的超级明星。从质量方面看，他真是太火了，酿制出了该地区最深远的巴贝拉葡萄酒和一些最崇高、复杂的巴罗洛葡萄酒。他推崇有机耕种方式，而且狂热支持对葡萄树进行打薄。他的葡萄园中的葡萄树在采收之前通常已经被打薄 50%，每株葡萄树上只剩下四五串葡萄，而与之对应的是，大多数纳帕葡萄园的葡萄树上平均每株只有 30 到 50 串葡萄。沃尔奇奥是一个现代主义者，他的葡萄酒发酵时会加入酵母，发酵时结合使用法国塔朗索（Taransaud）新橡木酒桶和维卡尔（Vicard）新橡木酒桶。

在过去的 10 年中，沃尔奇奥已经生产出一些意大利最惊人的、成熟和复杂的葡萄酒。事实上，可以说没有人能酿制出比阿侬奇亚塔波佐园葡萄酒更优质的葡萄酒。除了他在 1998 年购得的巴罗洛产区的萨尔玛萨小块葡萄园，他还有三个葡萄园——斯丽桂园、拉塞拉园和布鲁纳特园，从这三个葡萄园中酿制不同的陈酿，产

量分别为 350~400 箱、400 箱和 300 箱。卡帕洛特单一葡萄园陈酿酿自于布鲁纳特园内种有最古老葡萄树的一小块园地。这款酒只用容量为 2 夸脱的大酒瓶装瓶，大约有 1,000 瓶，也只在顶级年份才会酿制。2000 年，沃尔奇奥增加了一款顶级葡萄酒，即阿侬奇亚塔波佐园葡萄酒。所以从 2000 年开始，该酒庄已经开始酿制 6 款顶级年份酒，而 1997 年和之前的年份都只是 4 款。

BAROL BRUNATE
沃尔奇奥酒庄布鲁纳特园巴罗洛葡萄酒

2000 Barolo Brunate
沃尔奇奥酒庄布鲁纳特园巴罗洛葡萄酒 2000

评分：94 分

2000 年款布鲁纳特园巴罗洛葡萄酒散发出惊人的果香，并带有玫瑰花瓣、巧克力、块菌油、甘甜樱桃、黑醋栗、烟草和枣子混合的风味。这是一款强劲的葡萄酒，没有坚硬的边缘，含有非常甘甜、集中的单宁酸，低酸度，还有着丰裕、强劲的余韵。这款酒可以现在饮用，也可以再窖藏 12 到 15 年。

1998 Barolo Brunate
沃尔奇奥酒庄布鲁纳特园巴罗洛葡萄酒 1998

评分：92 分

1998 年款布鲁纳特园巴罗洛葡萄酒厚重、强健而且阳刚，散发出丰富的黑莓和樱桃利口酒混合的果香，还混有香子兰、欧亚甘草、烟草和玫瑰花瓣的风味。这款巴罗洛葡萄酒中度酒体或略显强劲，口感甘甜、宽阔，已经出色地吸收了新橡木风味。最佳饮用期：现在开始到 2016 年。

1997 Barolo Brunate
沃尔奇奥酒庄布鲁纳特园巴罗洛葡萄酒 1997

评分：92 分

1997 年布鲁纳特园巴罗洛葡萄酒是一款强劲、单宁重的葡萄酒，酒色呈不透明的深宝石红色或深紫色，散发出黑醋栗、黑色樱桃、樱桃白兰地、欧亚甘草、香烟、块菌和新橡木风味混合的丰富陈酿香。倒入杯中后，还会出现咖啡和巧克力的风味。它惊人的稠密、强劲，水果个性中还带有烘烤的特性。这款向后、强劲的巴罗洛葡萄酒仍需要时间窖藏。最佳饮用期：2007~2025 年。

1996 Barolo Brunate
沃尔奇奥酒庄布鲁纳特园巴罗洛葡萄酒 1996

评分：95 分

1996 年款布鲁纳特园巴罗洛葡萄酒呈黑色或紫色，非常惊人和巨大。它体积巨大，含有大量的酒精，还有着含量很高的单宁酸和令人惊叹的精粹物。这款多层次、耐嚼的葡萄酒有着动人的前景。尽管它固执向后，拥有奇妙的成熟度，

沃尔奇奥酒庄布鲁纳特园巴罗洛葡萄酒 2000 酒标

但是却如此巨大，仍需要一到两年的时间进化。最佳饮用期：2006~2030 年。

1998 Barolo Brunate
沃尔奇奥酒庄布鲁纳特园巴罗洛葡萄酒 1988

评分：91 分

罗伯托·沃尔奇奥的三款 1988 年巴罗洛年份酒都很出色，因为它们都还年轻而且尚未充分进化，所以很难从中选出我最喜欢的一款。这款 1988 年布鲁纳特园巴罗洛葡萄酒是三款中最强壮、最强健和最强劲的一款，也是最集中和单宁重的一款。如果所有的单宁酸都融入酒中，那么它也将拥有最高的长寿潜力。最佳饮用期：现在开始到 2007 年。

BAROLO VECCHIE VITI DEI CAPALOT E DELLE BRUNATE RISERVA
沃尔奇奥酒庄布鲁纳特园卡帕洛特老藤存酿巴罗洛

2000 Barolo Vecchie Viti dei Capalot e delle Brunate Riserva
沃尔奇奥酒庄布鲁纳特园卡帕洛特老藤存酿巴罗洛 2000

评分：98 分

2000 年布鲁纳特园卡帕洛特巴罗洛存酿是一款极美的葡

萄酒，尽管它比我设想的要进化和向前很多，但它仍是一款令人叹服的葡萄酒。通体呈深紫红色或深紫色，边缘还带有一点点亮光。这是一款巨大的葡萄酒，含有大量的甘油和黑色樱桃水果，还有淡淡的新鞍皮革、香料盒、烟草和多香料混合的风味。这款巨大、厚重、强劲的葡萄酒还需要在酒瓶中陈年。最佳饮用期：2009~2025年。

1998 Barolo Vecchie Viti dei Capalot e delle Brunate Riserva

沃尔奇奥酒庄布鲁纳特园卡帕洛特老藤存酿巴罗洛 1998

评分：95分

这款1998年布鲁纳特园卡帕洛特巴罗洛存酿的产量为1,200大瓶，酿自于沃尔奇奥最古老的葡萄树（树龄为50年）。这款酒的强度、体积、力量、浓度、口感和精粹物都在慢慢地有所增加，这真是一款不可思议的葡萄酒。酒色呈深宝石红色或深紫色，伴有黑色樱桃、樱桃糖浆、浓咖啡、吐司和烤肉风味混合的、强劲深厚的鼻嗅。这款厚重、巨大、单宁适中的1998年年份酒还需要窖藏。最佳饮用期：2009~2030年。

1997 Barolo Vecchie Viti dei Capalot e delle Brunate Riserva

沃尔奇奥酒庄布鲁纳特园卡帕洛特老藤存酿巴罗洛 1997

评分：98分

这款杰出的1997年布鲁纳特园卡帕洛特巴罗洛存酿是一款该年份的最优质巴罗洛葡萄酒的候选酒。这款巨大的葡萄酒，表现出维生素、咖啡、巧克力、黑色樱桃利口酒、欧亚甘草和吐司风味混合的芳香和口味，再加上一入口时大量甘油和精粹物的极佳口感，有着多层次的口味，余韵中含有甘甜的单宁酸，余味可以持续一分钟左右。这款酒中隐藏着大量的单宁酸，因此从理论上讲，它仍需要陈年。这简直是酿酒史上的一款杰作！最佳饮用期：2010~2030年。

1996 Barolo Vecchie Viti dei Capalot e delle Brunate Riserva

沃尔奇奥酒庄布鲁纳特园卡帕洛特老藤存酿巴罗洛 1996

评分：93+分

这款深远的1996年布鲁纳特园卡帕洛特巴罗洛存酿呈深宝石红色或深紫色，爆发出黑色樱桃、覆盆子和黑莓风味混合的纯粹果香。它多层次、立体，拥有甘甜的中期口感和轰动的余韵，这款巨大、劲力十足的巴罗洛葡萄酒应该可以毫不费力地再陈年10到20年。这款酒真是令人印象深刻啊！

1995 Barolo Vecchie Viti dei Capalot e delle Brunate Riserva

沃尔奇奥酒庄布鲁纳特园卡帕洛特老藤存酿巴罗洛 1995

评分：91分

1995年布鲁纳特园卡帕洛特巴罗洛存酿是一款深厚、耐嚼的葡萄酒，散发出惊人的果香，有着雪茄香烟、中国红茶、新橡木、樱桃利口酒和干香草混合的风味。这款巴罗洛葡萄酒相当强劲和丰富，对于一款1995年年份酒来说，它惊人的巨大。它含有令人惊叹的精粹物，有着可以持续将近一分钟的余韵。虽然这款酒相当丰富和有力，但是可以亲近，现在就可以饮用。最佳饮用期：现在开始到2014年。

BAROLO CEREQUIO
沃尔奇奥酒庄斯丽桂园巴罗洛葡萄酒

1999 Barolo Cerequio
沃尔奇奥酒庄斯丽桂园巴罗洛葡萄酒 1999

评分：93分

1999年斯丽桂园巴罗洛葡萄酒是一款中度酒体或略显强劲的葡萄酒，散发出玫瑰花瓣、巧克力糖、新鞍皮革、香草、甘甜樱桃、梅子和无花果混合的风味，有着美妙的质感和令人印象深刻的浓缩度，还带有香甜的橡木味和沃土的气息。这款非常美妙的1999年年份酒可以现在饮用，也可以再窖藏12到15年。

1998 Barolo Cerequio
沃尔奇奥酒庄斯丽桂园巴罗洛葡萄酒 1998

评分：90分

1998年款斯丽桂园巴罗洛葡萄酒呈暗宝石红色或暗紫色，是一款有结构和向后的葡萄酒。这款酒酿自于一个向南的葡萄园，安杰罗·嘉雅（Angelo Gaja）从这个葡萄园酿制了康泰撒葡萄酒（Conteisa）。这款单宁风格的、有结构的、死板的巴罗洛葡萄酒，满载黑色樱桃水果、玫瑰花瓣和焦油的风味。最佳饮用期：2006~2020年。

1997 Barolo Cerequio
沃尔奇奥酒庄斯丽桂园巴罗洛葡萄酒 1997

评分：92分

自相矛盾的1997年款斯丽桂园巴罗洛葡萄酒拥有精致的纯度和开放的陈酿香，但是却有抑制、单宁、有力和向后的口味。它厚重、丰富，有着该年份的深厚个性，从现在到2020年会处于最佳时期。

1996 Barolo Cerequio
沃尔奇奥酒庄斯丽桂园巴罗洛葡萄酒 1996

评分：91分

1996年款斯丽桂园巴罗洛葡萄酒呈不透明的宝石红色或紫色，含有相当大量的单宁酸和精粹物，但是非常向后、封闭和坚实。它强劲、有力而且丰富，不过却一直向后和固执。它含有所有美酒该具备的成分，但是买主需要耐心等待。最佳饮用期：2010~2025年。

1988 Barolo Cerequio
沃尔奇奥酒庄斯丽桂园巴罗洛葡萄酒 1988

评分：91 分

1988 年斯丽桂园巴罗洛葡萄酒是一款丰富、紧致的葡萄酒，含有甘甜水果的美妙内部核心，还有芬芳的焦油风味和内比奥罗鼻嗅。最佳饮用期：现在开始到 2015 年。

BAROLO LA SERRA
沃尔奇奥酒庄拉塞拉园巴罗洛葡萄酒

1999 Barolo La Serra
沃尔奇奥酒庄拉塞拉园巴罗洛葡萄酒 1999

评分：93 分

1999 年款拉塞拉园巴罗洛葡萄酒呈深宝石红色或深紫色，散发出大量浆果、碎岩石、薄荷、少量浓咖啡和欧亚甘草混合的风味。这款酒中度酒体，非常优雅，相当丰富、甘甜和强烈。最佳饮用期：2008~2020 年。

1998 Barolo La Serra
沃尔奇奥酒庄拉塞拉园巴罗洛葡萄酒 1998

评分：91 分

1998 年拉塞拉园巴罗洛葡萄酒是一款风格细腻的葡萄酒，酒色呈深宝石红色，散发出甘甜黑色樱桃、茴香、香子兰和香料风味混合的性感鼻嗅。它有着柔滑的质感，重酒体，整体均衡，这都表明这款酒不仅在年轻时口感不错，而且还可以在接下来的 8 到 12 年内享用。

1997 Barolo La Serra
沃尔奇奥酒庄拉塞拉园巴罗洛葡萄酒 1997

评分：92 分

1997 年拉塞拉园巴罗洛葡萄酒是一款性感的葡萄酒，酒色呈深宝石红色或深紫色，散发出黑醋栗、黑色樱桃和欧亚甘草混合的风味。它有着巨大、耐嚼的质感，含有大量的甘油，还有着柔软、柔滑如奶油般的余韵。尽管这款酒现在已经让人无法抗拒，但是经过窖藏后会发展得更加细致。最佳饮用期：现在开始到 2020 年。

1996 Barolo La Serra
沃尔奇奥酒庄拉塞拉园巴罗洛葡萄酒 1996

评分：93 分

1996 年拉塞拉园巴罗洛葡萄酒是一款上乘的葡萄酒，酒色呈不透明的宝石红色或紫色，散发出黑色水果（黑莓、浆果以及少量覆盆子）的果香。它超级纯粹，高度精粹，有力且体积巨大，含有口感尖刻的单宁酸，还有着可以持续 40 秒左右且内涵令人印象深刻的余韵。这款向后、纯粹、相当集中的巴罗洛葡萄酒还需要耐心等待。最佳饮用期：2008~2025 年。

PORTUGAL

葡萄牙

　　葡萄牙的佐餐葡萄酒在世界各地的市场上已经越来越常见，不过它们仍需要改进。毫无疑问，这些令人兴奋的葡萄牙佐餐酒有着巨大的潜力，对于大多数人来说，葡萄牙意味着波特酒，尤其是优质的年份波特酒。简单地说，这些酒都是掺和了白兰地的红葡萄酒，这样就会阻止发酵，酿制出甘甜、而且酒精度又高的葡萄酒。

　　在18世纪到19世纪期间，波特酒的贸易主要被英国葡萄酒商人控制，他们会购买成桶的波特酒，然后从海上运到英国，有空时再进行装瓶。事实上，所有最优质的波特酒葡萄园都位于杜罗河谷（Douro Valley），这里是波特酒的生产中心。19世纪中期，这里的葡萄园因为霉菌的侵害而受到毁坏，20年后又再次遭受到根瘤蚜的侵袭。但是，20世纪时波特酒又重新振作起来，现在很多消费者都认为它是世界上最文明、最复杂的餐后酒精饮料。

　　在葡萄牙有很多生产波特酒的顶级酒厂，不过以下的章节中只介绍了其中三大最优质的酒厂。

FONSECA
芳塞卡酒庄

酒品：芳塞卡酒庄年份波特酒（Vintage Port）

等级：波特酒——葡萄牙

庄园主：芳塞卡 - 吉马良斯葡萄酒公司（Fonseca-Guimaraens Vinhos SA），董事长艾利斯特·罗伯特森（Alistair Robertson）

地址：P.O.Box 1313, E.C.Santa Marinha, 4401-501 Vila Nova de Gaia, Portugal

电话：(351) 223 742 800

传真：(351) 223 742 899

邮箱：marketing@fonseca.pt

网址：www.fonseca.pt

联系人：埃娜·玛格丽特·莫尔加多女士（Ana Margarida Morgado）

参观规定：帕纳斯卡尔园（Quinta do Panascal）对外开放时间：周一到周五，10:00am-6:00pm；6 月到 10 月的周末，11 月到 2 月的所有国定假日都不开放。可以品酒和语音旅游

葡萄园

占地面积：帕纳斯卡尔园 108.7 英亩葡萄树；克鲁塞罗园（Quinta do Cruzeiro）32 英亩葡萄树；圣安东尼奥园（Quinta de Santo Antonio）14.8 英亩葡萄树

葡萄品种：

帕纳斯卡尔园：16% 国产多瑞加（Touriga Nacional）、29% 弗兰克多瑞加（Touriga Francesa）、32% 罗丽红（Tinta Roriz）、2% 卡奥红（Tinto Cao）、8% 巴罗卡红（Tinta Barroca）、8% 阿玛雷拉红（Tinta Amarela）和 5% 其他品种

克鲁塞罗园：1% 国产多瑞加、31% 弗兰克多瑞加、19% 罗丽红、32% 巴罗卡红、4% 阿玛雷拉红和 13% 其他品种

圣安东尼奥园：12% 国产多瑞加、33% 弗兰克多瑞加、18% 罗丽红、2% 卡奥红、17% 巴罗卡红、7% 阿玛雷拉红和 11% 其他品种

平均树龄：30 年

种植密度：3,500 株 / 公顷

平均产量：3,000~3,500 升 / 公顷

酒的酿制

对于年份波特酒来说，葡萄都是放在 lagare（指用来用脚踩压和发酵葡萄的石槽）中压榨，为期 3 天，直到葡萄中大约一半的天然糖分转化成酒精才停止，这样会为中性葡萄酒精增加 77% 的酒精度。葡萄汁和葡萄酒精的比例是四比一。波特酒被贮存在旧的大橡木酒桶中陈年，直到第二年春天才被转移到诺瓦的盖亚城直至成熟。年份波特酒仍然保留在容量为 25,000~100,000 升的大橡木酒桶中陈年，2 年后装瓶和出售。晚装瓶年份波特酒（或叫 LBV 波特酒）会在大橡木酒桶中继续陈年 4 到 6 年，然后装瓶和出售，出售时即可饮用。芳塞卡公司还出产茶色波特酒（或叫 Tawny 波特酒），有 10 年、20 年、30 年和 40 年的，这些茶色波特酒是放在容量为 630 升的"管道"（老酒桶）中陈年的，等到成熟出现茶色后才会装瓶。每一款茶色波特酒的年份标示的都是它的平均年份，而且这些波特酒一般都会一年进行一次分离。

年产量

芳塞卡酒庄年份波特酒：8,000~14,000 瓶

平均售价（与年份有关）：60~100 美元

近期最佳年份

2000 年，1997 年，1994 年，1992 年，1985 年，1983 年，1977 年，1970 年，1963 年

1822 年，M.P. 吉马良斯（M. P. Guimaraens）购买了现有的蒙泰罗有限公司（Monteiro & Co.）的芳塞卡波特酒船务公司（Port shippers of Fonseca），25 年后，芳塞卡公司出产了第一款年份酒。在接下来的一个世纪中，该公司开拓了一个欣欣向荣的市场，并且购买了很多葡萄园，包括 1973 年购买的克鲁塞罗园、1978 年购买的帕纳斯卡尔园和 1979 年购买的圣安东尼奥园。

该酒庄酿制的年份波特酒总是最艳丽、最丰裕和最奇特的，有着与其他同类酒完全不同的特性。不论是带有亚洲香料或是香脂成分，

还是巨大、奇特的芳香，芳塞卡波特酒都是独一无二的。它也比其他年份波特酒稍微快速达到完全成熟的状态，而且还有着保持自己水果特性持续 30 到 40 年的卓越能力。

FONSECA VINTAGE PORT
芳塞卡酒庄年份波特酒

2000 Fonseca Vintage Port
芳塞卡酒庄年份波特酒 2000

评分：95 分

这款 2000 年年份波特酒呈深宝石红色或深紫色，散发

出奇特、丰裕的芳香，并带有黑色水果、花朵、焚香和欧亚甘草混合的风味。这款质感油滑、强劲的波特酒是该年份最集中的波特酒之一，它甘甜、宽阔而且多肉。这款体积巨大但是非凡平衡的葡萄酒惊人的向前和易亲近（以芳塞卡酒庄的标准来看）。最佳饮用期：2006~2025 年。

1997 Fonseca Vintage Port
芳塞卡酒庄年份波特酒 1997

评分：93 分

相对于一款芳塞卡葡萄酒来说，这款 1997 年年份酒的重量有点偏轻，但却非常迷人。酒色呈暗宝石红色或暗紫色，散发出花香般奇特艳丽的陈酿香，表现出甘甜、多肉的风格，但是并不非常沉重或巨大。这款酒有着劲力十足的酒

精、甘甜的单宁酸和天鹅绒般柔滑的质感，还有着令人愉快的余韵。我更加希望这款酒拥有更多的重量、结构和强度，虽然它比一般的芳塞卡葡萄酒更轻，但仍是一款出色的葡萄酒。最佳饮用期：现在开始到2020年。

1994 Fonseca Vintage Port
芳塞卡酒庄年份波特酒1994

评分：97 分

这款酒是所有1994年年份酒中最令人惊叹的一款，酒色呈不透明的紫色，是一款奇特、艳丽和炫目的波特酒。这款波特酒极其芬芳和强烈，散发出黑醋栗果酱、胡椒、欧亚甘草和巧克力糖混合的风味，非常引人注意。它惊人的丰富和强烈，有着极好的长度和整体的平衡性，还有着巨大的中期口感、多层次的口味、油滑的质感和轰动的余韵。这款酒中所有的成分都很恰当，白兰地和单宁酸良好的统一集中，甚至被大量的水果和甘油很好地隐藏了。最佳饮用期：现在开始到2035年。

1992 Fonseca Vintage Port
芳塞卡酒庄年份波特酒1992

评分：97 分

芳塞卡的1992年年份酒是一款崇高的年轻波特酒，可以与该酒庄的很多优质葡萄酒相媲美，比如1985年、1977年、1970年和1963年年份酒。这款巨大的年份波特酒呈现出将近不透明的黑色或紫色，散发出黑色水果果酱、欧亚甘草、巧克力和香料混合的爆炸性鼻嗅。这款多层次、内涵巨大的波特酒极其强劲，质感油滑，余韵可以持续一分多钟。这款动人的波特酒可以很好地陈年30到40年。

1985 Fonseca Vintage Port
芳塞卡酒庄年份波特酒1985

评分：90 分

这款1985年年份酒可以被看做是该年份最成功的一款酒之一，不过我认为上乘的1983年年份酒和超凡脱俗的1977年年份酒都要更优质一些。酒色呈深宝石红色或深紫色，散发出东方香料盒的芳香。这款1985年年份酒是一款宽阔、甘甜、口味宽广的葡萄酒，有着出色的深度、浓缩度和均衡性，它的余韵中含有固定的酒精度和单宁酸。最佳饮用期：现在开始到2025年。

1983 Fonseca Vintage Port
芳塞卡酒庄年份波特酒1983

评分：92 分

1983年年份酒是一款芳香华丽（欧亚甘草、焚香和香脂的风味）、强劲、奶油和相当向前的葡萄酒，还显示出优秀的长度和个性。完全成熟后，它应该可以贮存到2015年至2020年。

1977 Fonseca Vintage Port
芳塞卡酒庄年份波特酒1977

评分：93+ 分

1977年年份酒在瓶中已经进化得很好，是芳塞卡酒庄在1970年到1992年间酿制的最优质的波特酒。但是我觉得它并没有最优质芳塞卡年份酒的卓越浓缩度。2004年品尝这款酒的时候，它似乎并没有第一次品尝时那么令人印象深刻。虽然酒体边缘出现些许琥珀色，但是芳香中仍表现出明显的芳塞卡果香，并混有水果果酱、碎坚果、焚香、香脂和梅子的风味。它中度酒体或略显强劲，比大多数年份酒更加偏干型，余韵中含有强健的单宁酸，好像处于青少年时期的末尾，而且正开始发展，因此我可能低估了它的品质。最佳饮用期：现在开始到2030年。

1970 Fonseca Vintage Port
芳塞卡酒庄年份波特酒1970

评分：97 分

1970年年份酒是一款卓越的年份波特酒，有力、奇特而且立体，通体呈暗紫红色，略带浅琥珀色。倒入杯中后，会爆发出令人沉醉的芳香，并带有焚香、欧亚甘草、焦糖、黑色水果、红色水果和新鞍皮革混合的风味，这是一款质感油滑、强劲、如天鹅绒般柔滑的葡萄酒。这款动人的波特酒最终会达到完全成熟的状态，而且应该可以再保持20多年。

1963 Fonseca Vintage Port
芳塞卡酒庄年份波特酒1963

评分：96 分

这款1963年年份酒似乎和1977年款是一个模子里刻出来的，但是前者似乎更加优质，这主要是因为它已经完全成熟。这款结构强健、集中的年份酒比大多数芳塞卡葡萄酒的结构更加坚实和阳刚。它散发出焦油、欧亚甘草、红色水果、黑色水果、焦土、咖啡和皮革风味混合的芬芳陈酿香，是一款强劲、坚实的葡萄酒，它还含有大量的甘油。这款酒还没有表现出任何下降的趋势。最佳饮用期：现在开始到2035年。

QUINTA DO NOVAL
诺瓦尔酒庄

酒品：

　　诺瓦尔酒庄年份波特酒（Vintage Port）

　　诺瓦尔酒庄国家年份波特酒（Vintage Port Nacional）

等级：波特酒——葡萄牙

庄园主：AXA 米莱西梅斯集团（AXA Millesimes）

地址：Av.Diogo Leite 256,4400-III Vila Nova de Gaia, Portugal

电话：(351) 223 770 270

传真：(351) 223 750 365

网址：www.quintadonoval.com

联系人：Av.Diogo Leite 256,4400-III Vila Nova de Gaia, Portugal

参观规定：参观前必须预约

葡萄园

占地面积：247 英亩

葡萄品种：国产多瑞加、卡奥红、弗兰克多瑞加、罗丽红、
　　　　巴罗卡红、索绍（Sousao）和阿玛雷拉红

平均树龄：30 年

种植密度：多变

平均产量：3,000 升 / 公顷

酒的酿制

　　诺瓦尔酒庄是一个不同寻常的优质传统波特酒酒厂，因为它更加强调葡萄园的重要性。这个公司以它的葡萄园命名，而且完全位于杜罗河谷，该酒庄酿制的主要年份波特酒，即诺瓦尔酒庄国家年份波特酒和诺瓦尔酒庄年份波特酒，都是单一葡萄园葡萄酒，这些都非常有意义。他们的目的是酿制经典的年份波特酒，而且这些酒能够和谐和优雅地表现出诺瓦尔酒庄的风土条件。该酒庄会在葡萄园中对葡萄进行一次严格筛选，葡萄产量低，还会在品尝室再次进行严格筛选，所以葡萄酒的产量很低。酿酒技术是传统技术和现代技术的结合，所有的诺瓦尔酒庄的葡萄都放在 lagare 中压榨，而且一直都是这样，但是酿酒标准和对卫生条件的要求都非常严格。诺瓦尔酒庄的另一个不同寻常之处是，它有一个种满非嫁接葡萄树的小块葡萄园，占地面积约为 5 英亩。诺瓦尔酒庄国家年份波特酒就是酿自于这里，这款独特的年份波特酒有着出色的质量和寿命。

年产量

　　诺瓦尔酒庄年份波特酒：10,000~20,000 瓶

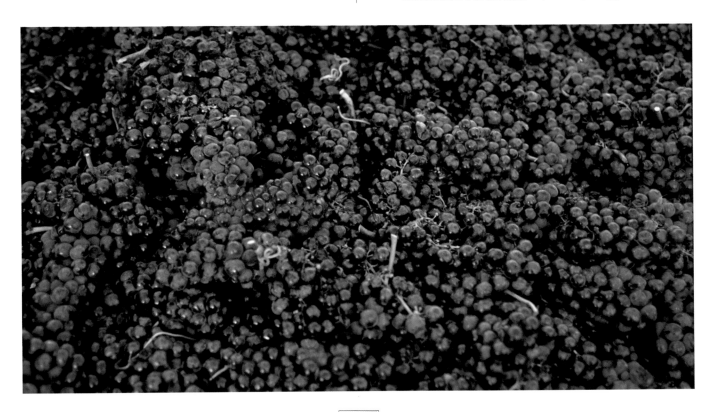

诺瓦尔酒庄国家年份波特酒：2,000 瓶
平均售价（与年份有关）：75~450 美元

近期最佳年份

2000 年，1997 年，1994 年，1967 年，1966 年，1963 年，1962 年（只有诺瓦尔酒庄国家年份波特酒），1960 年，1955 年，1934 年，1931 年

诺瓦尔酒庄的名字是 1715 年第一次出现在土地登记簿上的。19 世纪时，该酒庄因为和维拉尔 - 达伦子爵（Vilar D'Allen）联姻而传给了他。维拉尔 - 达伦子爵以在诺瓦尔举办疯狂的宴会而出名，这些宴会是为了从巴黎歌舞场（the Folies Bergère）引进舞女。

到 19 世纪 80 年代，杜罗河谷已经被根瘤蚜侵害，和许多酒庄一样，诺瓦尔酒庄也被迫出售。1894 年，该酒庄被著名的波特船务公司——安东尼奥·约瑟·达希尔瓦（António José da Silva）购买。达希尔瓦重新种植了酒庄的葡萄园，而且修整了酒庄的建筑。接着由他的女婿路易斯·瓦斯孔塞洛斯·博尔图（Luiz Vasconcelos Porto）接管酒庄，路易斯对酒庄进行了一次大规模的现代化改革，把狭窄破旧的梯形平台变成今天宽阔刷白的平台，这样不仅可以更好地利用空间，而且可以得到更好的光照。他也建立了诺瓦尔酒庄在英国的声誉，把目标集中在牛津、剑桥和一些私人俱乐部。

诺瓦尔酒庄的声誉建立在 1931 年年份酒的释放上——这款酒可以被看做是 20 世纪最轰动的波特酒（当然也是最宽阔的一款）。因为世界经济的衰退和 1927 年款仍在市场上广泛装运销售，所以只有三家船务公司申报了这款 1931 年年份酒。

诺瓦尔酒庄一直都是一个创新者。它在 20 世纪 20 年代第一次使用印刷图文的酒瓶，它也是在旧茶色波特酒酒标上标明年份（10 年、20 年和 40 年以上）这一概念的先锋。1958 年，它又成为第一个释放晚装瓶年份（LBV）波特酒的酒庄，即 1954 年款诺瓦尔酒庄 LBV 波特酒。

1963 年，路易斯的两个孙子——费尔南多（Fernando）和路易斯·万·泽勒尔（Luiz Van Zeller）接管了公司。另一个大规模的现代化改革是设备更换，包括新的酿酒设备、新的栽植设备和大多数葡萄酒在诺瓦德盖亚城进行装瓶。1963 年只有 15% 的诺瓦尔酒庄波特酒在这里装瓶，而 15 年后这一比例变为 85%。

1981 年秋，一场大火席卷了诺瓦尔酒庄的厂房、装瓶设备和诺瓦德盖亚城的办公室，烧毁了 350,000 升的库存和 20,000 瓶 1978 年年份酒，以及两个多世纪有着宝贵价值的记录。接下来的一年，该家族的新一代进入了公司，即克里斯蒂亚诺·万·泽勒尔（Cristiano Van Zeller）和特丽莎·万·泽勒尔（Teresa Van Zeller），他们俩是路易斯·瓦斯孔塞洛斯·博尔图的曾孙，当年分别为 23 岁和 22 岁。

1982 年，诺瓦尔酒庄开始大面积建造厂房。1986 年，葡萄牙政府更改了船运法律，允许波特酒酒庄直接从杜罗河谷出口葡萄酒。诺瓦尔酒庄成为从这一新立法中得利的第一家主要酒庄，它接着在 1989 年宣布要把自己的库存转移到杜罗河谷。

1993 年 5 月，万·泽勒尔家族把公司卖给了 AXA 米莱西梅斯集团，该集团是世界上最大的保险集团之一。AXA 集团已经拥有很多领先的波尔多酒庄，比如碧尚女爵酒庄（Pichon-Lougueville Comtesse de Lalande）、肯德 - 布朗酒庄（Cantenac Brown）和位于匈牙利托凯产区（Tokay）一个名叫野猪岩（Disznoko）的酒庄。这次诺瓦尔酒庄的交易包括这个占地 358 英亩的酒庄和所有的库存与生产设备。

1993 年 10 月，英国人克里斯蒂安·谢埃里被任命为诺瓦尔酒庄的市场总监。1994 年，诺瓦尔酒庄开始进行主要的质量改革运动，包括重新种植和修理葡萄

园、建立新的酿酒中心、改善杜罗厂房，以及在杜罗建设新的仓库和装瓶设备。谢埃里管理该酒庄后，通过很多巨大的投资，已经把诺瓦尔酒庄推到了波特酒酒厂的最高等级。

QUINTA DO NOVAL VINTAGE PORT
诺瓦尔酒庄年份波特酒

2000 Quinta do Noval Vintage Port
诺瓦尔酒庄年份波特酒 2000

评分：92 分

这款 2000 年年份波特酒呈饱满的蓝色或紫色或黑色，散发出石墨、黑醋栗奶油、欧亚甘草和香料混合的独特陈酿香。一入口的口感令人印象非常深刻，有着甘甜的单宁酸、重酒体，还非常的集中。这是一款甘甜、丰富多汁、早熟的葡萄酒，有着悠长的余韵，并表现出巧克力的风味。最佳饮用期：2008~2030 年。

1997 Quinta do Noval Vintage Port
诺瓦尔酒庄年份波特酒 1997

评分：100 分

这款 1997 年年份波特酒是我所品尝过的最优质的一款诺瓦尔酒庄葡萄酒。它是该年份的最佳年份酒，酒色呈黑色或紫色，爆发出惊人的陈酿香（其中带有浓咖啡、黑莓、欧亚甘草、焦油和花朵的风味），相当集中，重酒体，还有着出色层次的深度和丰富性。这款深远的年份波特酒甘甜宜人，惊人的集中和强劲，堪称是个传奇。诺瓦尔酒庄的产量一般都是接近 4,000 箱，但是 1997 年却只酿制了 1,200 箱，因此非常不容易买到。最佳饮用期：现在开始到 2035 年。

1994 Quinta do Noval Vintage Port
诺瓦尔酒庄年份波特酒 1994

评分：95 分

这款 1994 年年份波特酒可能是近十年来我所品尝过的该酒庄最优质的一款正规年份波特酒。不幸的是，它的产量相当低，只有 800 箱左右。因为该酒庄的拥有者——法国的 AXA 集团，想要在刚获得该酒庄时表现出自己对于质量的重视和要求。这款酒呈不透明的宝石红色或紫色，有着惊人的纯粹度和丰富性，重酒体，中度甘甜，还有多层次的水果果酱和很好统一的酒精。余韵中虽然含有一定量的单宁酸，但它仍是一款体积巨大、口感权威而且优雅的波特酒。最佳饮用期：现在开始到 2035 年。

QUINTA DO NOVAL VINTAGE PORT NACIONAL
诺瓦尔酒庄国家年份波特酒

1997 Quinta do Noval Vintage Port Nacional
诺瓦尔酒庄国家年份波特酒 1997

评分：98+ 分

这款 1997 年国产年份波特酒呈黑色或紫色，散发出石墨、黑莓、矿物质和浓咖啡混合的、紧致的、抑制的风味。它强劲，质感油滑，极其集中和厚重，还需要 10 到 15 才可以饮用。它应该能够和 1997 年款年份波特酒匹敌，并且最终会超过后者。这款酒可以贮存 20 到 30 年。最佳饮用期：2018~2050+。

1994 Quinta do Noval Vintage Port Nacional
诺瓦尔酒庄国家年份波特酒 1994

评分：96 分

这款 1994 年国产年份波特酒带有深厚的紫色色调，散发出黑莓、蓝莓、坚果、焦土和石墨混合的甘甜芳香。它强劲、有力而且向后，有着惊人的浓缩度、巨大的单宁酸和悠长、令人惊叹的余韵。最佳饮用期：2015~ 2045 年。

1970 Quinta do Noval Vintage Port Nacional
诺瓦尔酒庄国家年份波特酒 1970

评分：96 分

这款 1970 年国产年份波特酒呈暗紫红色或暗紫色，边缘略带亮光，表现出甘甜无花果、黑莓、黑醋栗、巧克力、梅子和水果蛋糕风味混合的巨大烟熏鼻嗅。这款强劲的波特酒才刚刚度过青少年时期，倒入杯中后，还会出现欧亚甘草的风味。它美妙、纯粹、集中，含有大量的单宁酸，直到 2040 年应该都会一直处于巅峰状态。

1963 Quinta do Noval Vintage Port Nacional
诺瓦尔酒庄国家年份波特酒 1963

评分：98 分

这款 1963 年年份酒呈暗紫红色或暗石榴红色，边缘略带琥珀色。这款巨大的波特酒有着优质的力量、单宁酸、肌肉和浓缩度，散发出成熟枣子、无花果、黑莓、咖啡和巧克力混合的上乘风味。对于一款 40 年左右的葡萄酒来说，它仍然惊人的年轻，是一款年份波特酒杰作，有着不朽的潜力。最佳饮用期：2008~2050 年。

TAYLOR FLADGATE
弗拉德盖特酒庄

酒品：弗拉德盖特酒庄年份波特酒（Vintage Port）

等级：波特酒——葡萄牙

庄园主：泰勒 - 弗拉德盖特 & 耶特曼（Yeatman）葡萄酒公司，在北美洲大家只知道该公司叫"弗拉德盖特酒庄"，而不知道"泰勒酒庄"这个名字；董事长艾利斯特·罗伯特森（Alistair Robertson）

地址：P.O.Box 1311,E.C.Santa Marinha,4401-501 Vila Nova de Gaia,Portugal

电话：(351) 223 742 800

传真：(351) 223 742 899

邮箱：marketing@taylor.pt

网址：www.taylor.pt

联系人：埃娜·玛格丽特·莫尔加多女士（Ana Margarida Morgado）

参观规定：诺瓦德盖亚城的酒厂对外开放时间：周一到周五，10:00am-6:00pm；只有 8 月份的周末才会开放。

葡萄园

占地面积：瓦尔热拉斯葡萄园（Quinta de Vargellas）：187.7 英亩葡萄树

泰拉 - 费塔葡萄园（Quinta de Terra Feita）：148.2 英亩葡萄树

容科葡萄园（Quinta de Junco）：101.3 英亩葡萄树

葡萄品种：

瓦尔热拉斯葡萄园：25% 国产多瑞加、25% 弗兰克多瑞加、22% 罗丽红、6% 卡奥红、7% 巴罗卡红、5% 阿玛瑞拉红和 10% 其他品种

泰拉 - 费塔葡萄园：13% 国产多瑞加、27% 弗兰克多瑞加、22% 罗丽红、4% 卡奥红、13% 巴罗卡红、7 % 阿玛瑞拉红和 14% 其他品种

容科葡萄园：20% 国产多瑞加、15% 弗兰克多瑞加、20% 罗丽红、10% 卡奥红、20% 巴罗卡红和 15% 阿玛瑞拉红

平均树龄：40 年

种植密度：3,500 株 / 公顷

平均产量：3,000~3,500 升 / 公顷

酒的酿制

对于年份波特酒来说，葡萄都是在石头的 lagare 中用脚压榨的，为期 3 天。当葡萄中大约一半的天然糖分都转化成酒精的时候，发酵才会结束，此时中性葡萄的酒精度已经增加了 77%。葡萄汁和葡萄酒精的比例是四比一。波特酒会被贮存在旧的大橡木酒桶中，直到第二年春天葡萄酒才会被转移到诺瓦德盖亚城陈年。年份波特酒会在大橡木酒桶中贮存陈年，酒桶的容量在 25,000 升和 100,000 升之间，2 年后装瓶并出售。10 年、20 年、30 年和 40 年的茶色波特酒放置在容量为 630 升的"管道"（旧酒桶）中陈年，成熟后装瓶。每一个年份都会根据该款茶色波特酒的平均年龄制定年份。这些波特酒一般一年进行一次分离。

年产量

弗拉德盖特酒庄年份波特酒：与年份有密切关系，不过平均年产量为 20,000 瓶

平均售价（与年份有关）：60~100 美元

近期最佳年份

2000 年，1997 年，1994 年，1992 年，1983 年，1977 年，1970 年，1963 年，1955 年

除了产量有限的诺瓦尔酒庄国家年份波特酒外，弗拉德盖特酒庄的葡萄酒是最昂贵的年份波特酒。原因非常明显，首先，这些年份波特酒极其长寿；第二，它们都有着卓越的丰富性和复杂性。我个人觉得它们很像拉图酒庄的年份波特酒。在投入市场后，它们仍需要 10 到 15 年的时间才会接近青少年时期，而且能够贮存 30 到 40 年。虽然它们既不是最闪耀的年份波特酒，也没有芳塞卡葡萄酒的艳丽性、丰裕性和奇特性，但它们仍然像是银行里的金子一样弥足珍贵。

该酒庄一点都不年轻，早在 1692 年就被创建了。它是第一家在著名的杜罗河谷购买房地产的波特酒厂。1844 年，该公司取了"泰勒-弗拉德盖特 & 耶特曼公司"这样一个名字。最近几年来，它已经成为一个帝国，获得了著名的芳塞卡波特酒酒厂，接着又购买了克罗夫特（Croft）公司和著名的德拉福尔斯（Delaforce）公司。不过这些都没有改变泰勒年份波特酒固有的优秀品质。

TAYLOR FLADGATE
泰勒 - 弗拉德盖特年份波特酒

2000 Taylor Fladgate
泰勒 - 弗拉德盖特年份波特酒 2000

评分：98 分

泰勒的 2000 年年份酒是该年份最饱满的蓝色或紫色或

黑色的葡萄酒之一，品尝起来像是拉图酒庄的一款类固醇年轻年份酒。倒入杯中后，会爆发出石墨、黑莓利口酒、黑醋栗奶油和烟草风味混合的芳香。它惊人的集中，内涵巨大，含有甘甜而且成熟的单宁酸，酸度很好，还有多层次的水果和精粹物，堪称是该年份最佳波特酒的主要候选酒。最佳饮用期：2010~2040年。

1997 Taylor Fladgate
泰勒-弗拉德盖特年份波特酒 1997

评分：96 分

这款 1997 年葡萄酒呈饱满的黑色或紫色，散发出蓝莓、黑莓、欧亚甘草和贴纸风味混合的惊人鼻嗅。这款令人惊叹的年份波特酒是该年份的明星酒之一。它相当强劲，含有丝滑的单宁酸，惊人的集中和纯粹，有着多层次的口味，并具

有进化和向前的个性。这是一款精致且早熟的 1997 年年份波特酒。最佳饮用期：现在开始到 2030 年。

1994 Taylor Fladgate
泰勒-弗拉德盖特年份波特酒 1994

评分：97 分

在所有年轻的年份波特酒中，泰勒的葡萄酒总是最向前的，不过仍具有变得最崇高的潜力。这款经典酿制的年份酒呈不透明的紫色，满载蓝莓和黑醋栗的风味。它表现出高含量的单宁酸和抑制的风格，但它有着巨大的结构、巨大的酒体、惊人的中期口感和卓越的长度。与更加有风格、更加闪亮和向前的 1992 年波特酒相比，这是一款年轻、丰富、有力的泰勒波特酒，与 1977 年和 1970 年的年份酒更为相像。最佳饮用期：2008~2045 年。

1992 Taylor Fladgate
泰勒 - 弗拉德盖特年份波特酒 1992

评分：100 分

毫无疑问，泰勒的这款 1992 年年份波特酒是我所品尝过的最优质的年轻波特酒，它代表了最精华的年份波特酒。它的酒色为不透明的黑色或紫色，鼻嗅中带有矿物质、黑醋栗、黑莓、欧亚甘草和香料风味混合的惊人芳香，而且异常的纯粹，可穿透性也很强，不过这仍是一款未成形的婴儿期葡萄酒。如果拉图酒庄酿制一款晚收赤霞珠葡萄酒，我估计它闻起来就是这样。入口后，这款酒简直是超凡脱俗，表现出多层次的集中和黑色水果口感，还有集中的单宁酸和结构。这是一款巨大、相当丰富和强劲的波特酒，年轻时比泰勒的 1983 年、1977 年和 1970 年年份酒要诱人很多。它含有惊人的水果，相当强烈，极其丰裕，而且都因它惊人的结构出色地显现出来。这款有纪念意义的、可贮存 30 到 50 年的波特酒是葡萄酒狂迷者的必买之酒！还有一个值得注意的事实是，这款 1992 年泰勒葡萄酒是该公司为了庆祝 300 周年纪念而酿制的，泰勒还为这款年份酒设计了特别的酒瓶。最佳饮用期：现在开始到 2035 年。

1983 Taylor Fladgate
泰勒 - 弗拉德盖特年份波特酒 1983

评分：94 分

泰勒的波特酒年轻时虽然惊人的向后，但是仍令人印象深刻。在所有的年份波特酒中，这款泰勒葡萄酒需要最长的时间才能成熟，甚至完全成熟后，似乎仍有着内在的力量和坚实特性，使它得以继续贮存 10 年。这款 1983 年年份波特酒有着美妙的果香和柔软特性（柔软性是这个迷人年份的一个特性），而且口感有力、悠长、深厚。最佳饮用期：现在开始到 2015 年。

1977 Taylor Fladgate
泰勒 - 弗拉德盖特年份波特酒 1977

评分：96 分

这款固执、进化速度慢的年份波特酒呈暗紫红色或暗石榴红色，边缘还表现出琥珀色。这款巨大的葡萄酒强劲、深厚，表现出高度的单宁酸、力量感、结构性和浓缩度，但是还没有达到青少年时期。经过 250 多年的陈年，这款体积巨大的波特酒仍然年轻，而且表现出更加复杂的果香，不过口感仍然比较紧致。最佳饮用期：2010~2030 年。

1970 Taylor Fladgate
泰勒 - 弗拉德盖特年份波特酒 1970

评分：96 分

这款极佳的波特酒才刚刚达到青少年时期，酒色呈暗石榴红色，边缘略带琥珀色。它非常丰富，酒体巨大，散发出液态欧亚甘草、沥青、梅子、水果蛋糕和甘甜黑醋栗风味混合的卓越鼻嗅，有着美妙甘甜、宽阔的中期口感，还有着轰动的余韵。这款酒在接下来的 20 年内都会为大家带来奢华的饮酒体验。

1963 Taylor Fladgate
泰勒 - 弗拉德盖特年份波特酒 1963

评分：95 分

这款 1963 年泰勒葡萄酒已经完全成熟，卓越的果香中表现出烟熏无花果、泥土、红色水果果酱、黑色水果果酱、焦油、新鞍皮革和烘烤香草混合的风味。它强劲但甘甜，含有良好统一的单宁酸和酸度，从现在到 2025 年间饮用都将非常不错。

1955 Taylor Fladgate
泰勒 - 弗拉德盖特年份波特酒 1955

评分：96 分

1955 年泰勒葡萄酒是一款令人惊叹的年份波特酒，因为它的结构仍有着一定的坚实特性。酒色呈暗紫红色，边缘带有中度的琥珀色。这款酒散发出碎岩石、梅子、甘甜黑醋栗和核桃风味混合的陈酿香，它深厚、强健、有力、有结构而且轮廓清晰。这款美妙的年份波特酒已经完全成熟，还没有任何下降的趋势，在瓶中已经出现了相当大量的沉淀物。建议在接下来的 20 年内饮用。

SPAIN

西班牙

　　西班牙的葡萄酒历史比法国和意大利都要短。和欧洲西部的很多区域一样，也是罗马人最先把葡萄栽培技术带到这个美丽国度的。当时摩尔人（Moors）占据了西班牙的大部分地区，直到13世纪他们被打败，这段时期内西班牙的葡萄栽培技术一直都由摩尔人掌握。

　　西班牙葡萄酒的现代时期开始于19世纪晚期，是从里奥哈产区（Rioja）开始的。在20世纪早中期，西班牙葡萄酒的变化很小，到了20世纪60年代，几个酒庄才开始得到国际关注。直到最近，西班牙葡萄酒的产量在很大程度上都是由巨大的合作企业控制的，因为数量远比质量重要。西班牙葡萄酒的进口商声称，在20世纪70年代晚期正式通过的新宪法，为比以前任何时候都多的葡萄酒产区带来了可信度，这一新宪法赋予各个产区权威机构更多的权利和自主性。这一说法的真实性仍有待核查，因为25年前，在里奥哈产区以外没有几款能让人感兴趣的葡萄酒。但是，现在的西班牙却成了创造性和创新性的一个启示性标杆，不论是产自西北部的里奥哈白克萨斯（Baixas）产区的清新、芬芳的干白葡萄酒，还是产自很有前途的产区的红葡萄酒，这些产区有托罗产区（Toro）、纳瓦拉产区（Navarra）、杜罗河区（Ribera del Duero）、普里奥勒托产区（Priorato）和胡米利亚产区（Jumilla）。

　　可能除了在意大利，没有哪个国家的人比西班牙人更加热衷实验新葡萄酒酿造技术。20到25年前开始于西班牙的充满激情的改革，有了一系列摆脱企业控制的运动，而且这一改革已经为现在的葡萄酒质

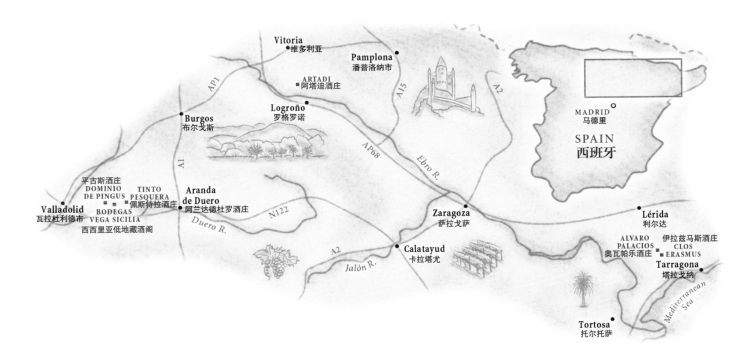

量带来了深远的影响。酿酒商们不断地重新发掘出很多已经被摒弃的葡萄栽培区域，而且对于同世界葡萄酒竞争采取清新开明的态度。里奥哈产区最著名的、具有历史意义的葡萄园现在仍然非常重要，不过它们已经被很多其他产区的葡萄园抢去了风头。也许里奥哈仍然是最著名的西班牙葡萄酒产区，但它绝不是最让人激动的产区。位于普里奥勒托产区、杜罗河区和托罗产区的许多新酒厂，以及诸如耶克拉产区（Yecla）、胡米利亚产区和阿利坎特产区（Alicante）这些突然出现的新来者都不断引起世界葡萄酒消费者的惊叹。很多最优质的葡萄酒都是产自于一些十年多历史的老酒厂，而不是今天的新酒厂，以下的几条会向大家证明这一点。当然，与在世界上其他葡萄栽培区域一样，很多葡萄酒新闻工作者喜欢的消遣就是争论现代酿酒风格和传统酿酒风格在西班牙表现出的相对优势，但是两者在西班牙的表现似乎与其在世界上其他葡萄栽培区的表现有点不同，因为西班牙人再次发掘出了古老的葡萄园，而且更新了古老的设备。事实上，西班牙已经变成了一个葡萄酒风格非常多样、超级迷人的国家，这里生产的某些葡萄酒已经表现出被遗忘良久的果香、质感和口感，而且有足够的新奇葡萄酒能够取悦革新主义者。

ARTADI

阿塔迪酒庄

酒品：

阿塔迪酒庄丰年葡萄酒（Artadi Grandes Añadas）

阿塔迪酒庄老派高葡萄酒（Artadi Pagos Viejos）

阿塔迪酒庄埃尔皮松园葡萄酒（Artadi Viña El Pisón）

庄园主：胡安·卡洛斯·洛佩兹·德拉卡尔（Juan Carlos Lopez de Lacalle）

地址：Bodegas Artadi-Cosecheros-Alaceses SA,Ctra.De Logrono s/n 01300 Laguardia (Alava),Spain

电话：(34) 945 60 01 19

传真：(34) 945 60 08 50

邮箱：info@ tartadi.com

网址：www.tartadi.com

联系人：埃娜·伊莎贝尔·罗德里格兹（Ana Isabel Rodriguez）

参观规定：只限葡萄酒进口商和分配商

葡萄园

占地面积：173 英亩

葡萄品种：棠普尼罗（Tempranillo）

平均树龄：15~90 年，大部分都在 25 到 40 年间

种植密度：3,500 株 / 公顷

罗均产量：3,500 升 / 公顷

酒的酿制

该酒庄的葡萄通过手工采收，并且在五个部分组成的分拣台上进行筛选。平台的前四个部分是用来为葡萄手工去梗的，然后葡萄被放到最后的第个五部分，这个部分是震动的，这样葡萄就可以被筛选出来。筛选出来的葡萄被放置在容量为 110 到 170 升的大桶中，4 天后开始发酵（使用天然酵母）。一旦葡萄酒的酒精发酵过程结束，就会被转移到大酒桶中进行苹果酸 - 乳酸发酵和陈年。

埃尔皮松葡萄园是一个 50 年的单一葡萄园（事实上是一个围起来的葡萄园，周围被一圈石头墙围着），除了它以外，其他葡萄园的范围都是由葡萄树的树龄来组织划分的。阿塔迪酒庄的酿酒哲学是根据葡萄园的年份长短和质量潜力大小来划分不同葡萄酒的质量。长年生长葡萄酒只在最佳年份才会酿制，而且酿酒所用的葡萄都采收自最古老的葡萄园（葡萄树的树龄都在 70 年以上）。老派高园葡萄酒酿自于平均树龄为 50 年以上的葡萄园。

所有的葡萄酒都会放在大酒桶中进行苹果酸 - 乳酸发酵。阿塔迪酒庄的顶级葡萄酒，即老派高园葡萄酒、长年生长葡萄酒和埃尔皮松园葡萄酒，根据不同葡萄酒本身的情况以及不同年份的情况，还要转移到新橡木酒桶中相应地陈年 14 到 18 个月。

年产量

阿塔迪酒庄老派高葡萄酒：40,000~50,000 瓶

阿塔迪酒庄丰年葡萄酒：8,000~11,000 瓶

阿塔迪酒庄埃尔皮松园葡萄酒：7,000~9,000 瓶

平均售价（与年份有关）：35~120 美元

近期最佳年份

2001 年，1998 年，1996 年，1995 年，1994 年

在拉瓜迪亚这个古老的西班牙城镇，人们可能会认为里奥哈产区的未来就在阿塔迪酒庄的酒窖中决出胜负。阿塔迪酒庄坐落在通往罗格罗诺市（Logrono）的大路旁。

胡安·卡洛斯·洛佩兹·德拉卡尔是西班牙最具创造力、最出色并有远见卓识的酿酒商之一，他一直领导着阿塔迪酒庄。该酒庄创立于 1985 年，当时是一个合资企业，到 1992 年才变成一个私人企业。短短的两年后，拉卡尔就开始酿造出一些西班牙（和世界上）最优质的葡萄酒。在他的领导下，阿塔迪酒庄通过改变适应了里奥哈产区的地形，还引进了一些优质的理念，比如低产量、在木桶中进行苹果酸 - 乳酸发酵和使用法国橡木酒桶。拉卡尔 45 岁左右，个子高高的，是一个热切、充满激情的人，也是一个革新主义者。他摒弃了里奥哈产区的传统理念，对葡萄酒的装瓶时间比较早，一般在大的橡木酒罐中陈年 8 到 20 年就装瓶。葡萄酒的等级是根据陈年

胡安·卡洛斯·洛佩兹·德拉卡尔

的年数而不是葡萄树的树龄来划分的，主要分为珍藏级（Crianza）、陈酿级（Reserva）和特级陈酿（Gran Reserva）三个等级。他用老藤棠普尼罗葡萄树上的葡萄酿制出了一款单一葡萄园佳酿，叫做埃尔皮松园葡萄酒。阿塔迪酒庄的葡萄酒是世界上最激动人心的葡萄酒。

ARTADI GRANDES AÑADAS
阿塔迪酒庄丰年葡萄酒

2001 Artadi Grandes Añadas
阿塔迪酒庄丰年葡萄酒 2001　评分：98 分

　　2001 年长年生长葡萄酒是一款奇妙的美酒，酒色呈墨色或紫色，将优雅与强大的力量和口味强度很好地结合在了一起。它就像一款西班牙版的风行康特乔治酒庄（Comte de Vogue）木西尼葡萄酒（Musigny）——酿制于最佳年份。这是一款有结构、成熟、惊人强烈的红葡萄酒，果香中带有香料盒、紫罗兰、覆盆子、黑莓、梅子、樱桃和确凿的矿物质风味。余韵可以持续一分多钟，给人远远没有成熟的印象。虽然它现在已经可以为大家带来很大的乐趣，但它在 2007 到 2027 年间才会处于最佳状态。

1998 Artadi Grandes Añadas
阿塔迪酒庄丰年葡萄酒 1998　评分：96 分

　　酿制 1998 年款长年生长葡萄酒时使用的棠普尼罗全部摘自树龄在 70 年到 100 年之间的老藤葡萄树。这款酒单宁个性明显，高度精粹，并含有大量的酒体。这款一直向后、巨大的葡萄酒有着惊人的浓缩度、纯粹度和整体的平衡性。它绵长、集中，有着 40 到 50 秒的余韵，是一款经典而又非凡的里奥哈产区葡萄酒。除了在里奥哈这个葡萄培植区域，在世界上其他任何地方都找不到这款美酒。最佳饮用期：现在开始到 2031 年。

1994 Artadi Grandes Añadas Reserva Especial
阿塔迪酒庄丰年特选陈酿红葡萄酒 1994

　　评分：96 分

　　这款 1994 年长年生长特选陈酿红葡萄酒酿自于一个单一棠普尼罗品种葡萄园，该园种植于 80 到 100 年前，葡萄酒在全新的法国橡木酒桶中陈年了 40 个月。这款葡萄酒大约有 100 箱（6 瓶装）出口到美国。这款令人满意的理智型兼享乐型葡萄酒是我所品尝过的最令人叹服最杰出的里奥哈产区酒。它拥有惊人的丰富性，倒入杯中后会爆发出奇妙的烟熏黑色水果味鼻嗅。这款酒强劲，异常丰富，含有多层次的水果，有着美妙统一的酸度、单宁和木材味，还有着巨大悠长的余韵，可以持续 45 秒左右，简直太不可思议了！它也是我所品尝过的最昂贵的一款里奥哈产区葡萄酒之一，它还有着 20 年的陈年潜力。这款酒真是酿酒史上的一款杰作，更是阿塔迪酒庄的荣耀啊！最佳饮用期：现在开始到 2020 年。

ARTADI PAGOS VIEJOS
阿塔迪酒庄老派高葡萄酒

2001 Artadi Pagos Viejos
阿塔迪酒庄老派高葡萄酒 2001　评分：97 分

　　酿制这款葡萄酒使用的棠普尼罗全部采收自树龄为 75 年的老藤葡萄树，而且在全新的法国橡木酒桶中陈年了 18 个月。这款非凡的红葡萄酒相当饱满和强烈，酒色呈墨色或宝石红色或紫色，散发出铅笔屑、黑色水果、蓝色水果、烘焙浓咖啡和花香风味混合的奢华陈酿香。这款强劲、厚重的 2001 年年份酒有着多层次的口味、甘甜集中的单宁酸和木材，还有着可以持续将近一分钟的余韵。这款引人入胜的里奥哈产区酒适合现在到 2015 年间饮用。

阿塔迪酒庄老派高葡萄酒 2001 酒标

2000 Artadi Pagos Viejos
阿塔迪酒庄老派高葡萄酒 2000　评分：94 分

　　2000 年老派高园葡萄酒是一款厚重、丰富的葡萄酒，酒色呈饱满的紫色或宝石红色，有着多层次、宽阔的质感，余韵中还带有橡木、精粹物和甘油的特性。最佳饮用期：现在开始到 2018 年。

1999 Artadi Pagos Viejos
阿塔迪酒庄老派高葡萄酒 1999　评分：90 分

　　1999 年老派高园葡萄酒是一款完美无瑕的葡萄酒，酿制时使用的棠普尼罗全部采收自树龄在 60 年左右的老藤葡萄树，而且放在法国橡木酒桶中陈年。酒色呈深宝石红色或深紫色，散发出覆盆子、樱桃、矿物质和淡淡的香料木材风味混合的、甘甜沃尔奈产区（Volnay）风格的陈酿香。它中度酒体、绵长、集中而且良好平衡，从现在一直到 2010 年都可以饮用。

1998 Artadi Pagos Viejos
阿塔迪酒庄老派高葡萄酒 1998　评分：96 分

　　这款上乘的 1998 年年份酒是我所品尝过的最优质的里奥哈产区葡萄酒之一。酒色呈深宝石红色或深紫色，伴有紫罗兰、黑色水果、矿物质、烘烤新橡木和烟草风味混合的甘甜鼻嗅。这款酒强劲，美妙纯粹，相对于它异常的体积来说惊人的对称，还有着轮廓惊人清晰的余韵。简单地说，它是一款卓越的葡萄酒！最佳饮用期：现在开始到 2025 年。

1996 Artadi Pagos Viejos
阿塔迪酒庄老派高葡萄酒 1996　评分：93 分

这款 1996 年老派高园葡萄酒呈暗宝石红色或暗紫色，一共有 400 箱（6 瓶装）出口到美国，是一款惊人的里奥哈产区葡萄酒。它爆发出铅笔、红醋栗、黑加仑、香料盒、雪松和烟草风味混合的复杂陈酿香。这款酒酿自于低产的葡萄树，表现出令人愉快的中期口感，有着巨大的深度和纯粹度，还有着能够持续将近 40 秒的余韵。这款令人惊叹的葡萄酒适合现在到 2025 年间饮用。

ARTADI PAGOS VIEJOS RESERVA
阿塔迪酒庄老派高陈酿级葡萄酒

1995 Artadi Pagos Viejos Reserva
阿塔迪酒庄老派高陈酿级葡萄酒 1995

评分：96 分

这是一款令人惊叹的葡萄酒，但是产量只有 350 箱。酿制时使用的棠普尼罗都产自海拔高度很高的地区，葡萄酒在法国橡木酒桶中陈年，装瓶前未进行过滤。它有着非凡的优雅和纯粹性，还有着卓越的强度和对称性。1995 年款老派高园陈酿级葡萄酒产自 50 岁树龄的葡萄树，酒色呈不透明的紫色，散发出黑莓和樱桃利口酒混合的上乘纯粹鼻嗅，其中还混有吐司、烟草、矿物质和大茴香风味的芳香。它集中、丰富，代表了棠普尼罗品种的精华，是一款中度酒体或略显强劲并且和谐的葡萄酒，适合现在到 2020 年间饮用。

1994 Artadi Pagos Viejos Reserva
阿塔迪酒庄老派高陈酿级葡萄酒 1994

评分：92 分

酿制 1994 年款老派高园陈酿级葡萄酒使用的棠普尼罗采收自一个种植于海拔高度为 2000 米的葡萄园，葡萄树的树龄都为 50 年。这款酒经过很长时间的发酵和浸渍之后，被转移到全新的法国橡木酒桶中陈年，为期 32 个月。我觉得这款酒最出色的地方在于它的橡木味非常微弱，这就告诉读者，这款酒中的水果特性有多么的丰富和集中。这是一款强劲的葡萄酒，酒色为饱满的暗宝石红色或暗紫色，散发出铅笔、黑醋栗、黑莓、矿物质和香子兰混合的感叹鼻嗅。它丰裕、丰富，质感极好，还有着性感、开放、糖蜜的水果口感，而且没有坚硬的边缘，余韵可以持续 30 秒以上。这是一款酿自于极佳年份的、相当复杂的、令人叹服和印象深刻的里奥哈产区葡萄酒。最佳饮用期：现在开始到 2014 年。

ARTADI VIÑA EL PISÓN
阿塔迪酒庄埃尔皮松园葡萄酒

2001 Artadi Viña El Pisón
阿塔迪酒庄埃尔皮松园葡萄酒 2001

评分：98+ 分

埃尔皮松园葡萄酒是一款纯棠普尼罗陈酿，酿酒用的葡萄都采收自一个种植于 1945 年的单一葡萄园，园中的土壤全部是石灰石。葡萄的产量很低，只有 1,800~2,200 升 / 公顷。葡萄酒陈年是在法国橡木酒桶中进行，为期 18 到 24 个月。潜力完美的 2001 年款埃尔皮松园葡萄酒在所有方面都更胜一筹。它虽然拥有异常强烈的口味，但仍然非常轻盈。最佳饮用期：2007~2020 年。

2000 Artadi Viña El Pisón
阿塔迪酒庄埃尔皮松园葡萄酒 2000

评分：96 分

2000 年埃尔皮松园葡萄酒是一款丰富、深远的葡萄酒，酒色呈深宝石红色或深紫色，重酒体，相当精致，爆发出多层次的甘甜草莓、樱桃、覆盆子和黑加仑混合的果香，还混有矿物质、微弱的木材和花香的风味。最佳饮用期：现在开始到 2018 年。

1998 Artadi Viña El Pisón
阿塔迪酒庄埃尔皮松园葡萄酒 1998

评分：95 分

1998 年款埃尔皮松园葡萄酒使用的棠普尼罗也采收自一个种植于 1945 年的葡萄园中，产量只有 2,200 升 / 公顷，放在新法国橡木酒桶中陈年 18 到 24 个月。酒色呈深宝石红色或深紫色，散发出覆盆子果酱、樱桃和烟熏新橡木风味混合的极佳鼻嗅。倒入杯中后，还会出现石墨特性的、更加复杂的花香型果香。这款酒性感、优雅、中度酒体或略显强劲，酿制精美，表现出非凡的风格和特性，超越了一款里奥哈产区葡萄酒所有的境界。最佳饮用期：现在开始到 2016 年。

1996 Artadi Viña El Pisón
阿塔迪酒庄埃尔皮松园葡萄酒 1996

评分：94 分

1996 年款埃尔皮松园葡萄酒产量惊人的有限，酿酒所用的葡萄采收自一个种植于 1931 年的葡萄园，而且园中的土壤全为石灰石。这款葡萄酒惊人的丰富、复杂和深远，酒色呈深宝石红色或深紫色，散发出甘甜黑色水果、香子兰、花朵和矿物质风味混合的芳香，余韵可以持续一分钟左右。这款令人叹服的里奥哈产区葡萄酒强劲，超级集中，从现在到 2025 年间将会处于最佳状态。不幸的是，这款酒只有 300 箱（6 瓶装）出口到美国，不过非常值得大家花精力去寻觅物色。

1994 Artadi Viña El Pisón
阿塔迪酒庄埃尔皮松园葡萄酒 1994

评分：93 分

酿制这款葡萄酒的棠普尼罗采收自一个种植于 1945 年的葡萄园，园中的土壤全为石灰石。葡萄酒放在法国橡木酒桶中陈年，为期 24 个月。这款令人惊叹的葡萄酒呈饱满不透明的宝石红色或紫色，鼻嗅中表现出黑莓、雪茄烟盒、矿物质和吐司的风味。这款酒轮廓清晰，强劲，质感美妙，在口腔后部会表现出爆发性的丰富和强烈特性——这一直都是长寿的表现。最佳饮用期：现在开始到 2018 年。

CLOS ERASMUS

伊拉兹马斯酒庄

酒品：伊拉兹马斯园红葡萄酒（Clos Erasmus）
等级：普里奥拉产区（Priorat）DOQ 葡萄酒
庄园主：达芙妮·格洛里安（Daphne Glorian）
地址：C/La Font 1,43737 Gratallops(Tarragona),Spain
电话：(34) 977 83 94 26
传真：(34) 977 83 94 26
邮箱：closerasmus@ terra.es
联系人：达芙妮·格洛里安
参观规定：参观前必须预约

葡萄园

占地面积：17.3 英亩在产；6.2 英亩是 2004 年新种植的
葡萄品种：70% 歌海娜、20% 赤霞珠和 10% 席拉
平均树龄：8~50+ 年
种植密度：2,000~6,500 株 / 公顷
平均产量：1,800 升 / 公顷

酒的酿制

　　伊拉兹马斯酒庄从 1989 年开始实行有机耕作，从 2004 年开始所有的葡萄园都采用生物动力的方式进行耕作。葡萄被采收后，马上在 2℃的低温条件下进行冷却，而且会对所有葡萄进行轻微压榨，然后加入本地酵母进行发酵。从各个

达芙妮·格洛里安

小块的葡萄园中采收的葡萄分开进行酿制，因此酒桶的体积较小，在 1,500 升到 2,000 升之间，而且酿制时直接在酒桶中进行。伊拉兹马斯园红葡萄酒在大木桶或容积为 225 升的大酒桶中发酵。伊拉兹马斯酒庄不喜欢采用反复循环的淋皮（remontage，就是把下面的葡萄汁打到上面，均匀地冲刷上面的葡萄渣，让它们在酿制过程中均匀地混合，同时也让空气流通），而更喜欢对葡萄进行翻揉踩皮（pigeage，就是用一根杆把葡萄皮压入葡萄酒中，以取得细致释放的颜色，使酒味更加和谐），他们认为这是一种更柔和的精粹方式。浸渍过程通常持续 28 到 35 天。葡萄酒还会在酒桶中进行苹果酸 - 乳酸发酵。伊拉兹马斯园红葡萄酒会放在全新的法国酒桶中陈年，为期 18 个月，通常会在酒厂中保存 3 到 4 个月之后再装运。

年产量

　　伊拉兹马斯园红葡萄酒：5,000 瓶
　　平均售价（与年份有关）：51~75 美元

近期最佳年份

　　2001 年，1998 年，1995 年，1994 年

　　达芙妮·格洛里安出生于瑞士，并且在那里长大，后来嫁给了美国著名的精品进口商埃里克·所罗门（Eric Solomon）。20 世纪 90 年代早期，她和朋友瑞尼·巴尔比尔（René Barbier）、阿瓦罗·帕拉西欧（Alvaro Palacios）一同前往普里奥勒托产区（Priorato）参观时，被说服购买了一片土地，于是他们决定合三人之力复兴这个长时间被遗忘和遗弃的葡萄培植区域。正如她所说的，一天内她就变成了一小块葡萄园的主人，还成了真正的酿酒商。她决定以哲学家伊拉兹马斯·冯·鹿特丹（Erasmus von Rotterdam）的名字为她的葡萄园和葡萄酒命名。伊拉兹马斯是《愚人颂》(In Praise of Folly) 这篇文章的作者，考虑到这次投资活动的轻率甚至疯狂，这个名字似乎再合适不过了。但事实上，达芙妮·格洛里安很快就成为西班牙年轻而富有激情的酿酒商之一，她非

常认真地要把这个偏远的区域带到新的高度。

普里奥勒托产区位于海拔高度为 100 到 700 米的地方，拥有火山岩、石英岩、板岩和片岩组成的奇特土壤。在海拔更高的地方，土壤主要是片岩。普里奥勒托产区是一个拥有丰富的山景、野花和甘草的一个特别地方。这里也有着悠久的酿酒历史，天主教加尔都西会（11 世纪成立于法国）修士（Carthusian）1162 年在普里奥勒托产区建立了一个修道院，这些古老的、已被毁坏的修道院酒窖表明 8 个多世纪之前这里就已经有人酿制过葡萄酒。但是直到 1975 年，这个区域才被公认为一个合法的西班牙葡萄培植产区。

CLOS ERASMUS
伊拉兹马斯园红葡萄酒

2001 Clos Erasmus
伊拉兹马斯园红葡萄酒 2001

评分：98 分

这款伊拉兹马斯园红葡萄酒有着惊人的强度，产量为 415 箱，是用 78% 的歌海娜、17% 的赤霞珠和 5% 的席拉混合酿制而成，陈年时放在全新的法国橡木酒桶中进行。酒色呈墨色或紫色，散发出精致但有前景的陈酿香，并混有洋槐花、覆盆子、黑莓、蓝莓、烟草和矿物质精华的风味。这款惊人集中的 2001 年年份酒有着非凡的丰富性、很好隐藏的酸度、坚实的单宁酸和多层次的口感，这正好暗示了它的最终潜力。这款酿酒杰作非常需要耐心，它把普里奥勒托产区的优雅和丰富性，与低产量和成熟水果带来的非凡集中性和强度很好地结合在了一起。最佳饮用期：2008~2020+。

2000 Clos Erasmus
伊拉兹马斯园红葡萄酒 2000

评分：96 分

2000 年伊拉兹马斯园红葡萄酒是一款拳头产品，酒色呈饱满的宝石红色或紫色，散发出黑色水果果酱、液态矿物质、香子兰和香料风味混合的极佳鼻嗅。它有着一流的纯粹度、巨大的丰富性和强劲、悠长（45 秒）的余韵。这款酒在 2006 至 2020 年间饮用将会非常美妙。

1999 Clos Erasmus
伊拉兹马斯园红葡萄酒 1999

评分：93 分

1999 年款伊拉兹马斯园红葡萄酒是用 65% 的歌海娜、20% 的赤霞珠和 15% 的席拉混合酿制而成，在全新的法国橡木酒桶中陈年，葡萄的产量只有 1000 千克 / 英亩。它的酒色为暗宝石红色或暗紫色，散发出甘甜、纯粹的覆盆子、黑醋

伊拉兹马斯园红葡萄酒 2001 酒标

栗、木榴油和矿物质风味混合的优雅芳香。它有着复杂的口味、巨大的纯粹度和悠长的余韵，而且没有坚硬的边缘。最佳饮用期：现在开始到 2018 年。

1998 Clos Erasmus
伊拉兹马斯园红葡萄酒 1998

评分：99 分

令人惊叹的 1998 年款伊拉兹马斯园红葡萄酒几近完美。它呈现出饱满不透明的蓝色或紫色，接近墨色。倒入杯中后，会爆发出成熟纯粹的覆盆子、紫罗兰、黑莓、湿润岩石和烟熏烘烤橡木风味混合的醉人芳香。这款拳头产品有力，质感油滑，超级精粹，有着丰富和集中的口味，还爆发出含量丰富的水果、甘油、精粹物、单宁酸和奢华的个性。这款酒表现出坚实、有结构的边缘，超级集中的果香和稠密的质感使得它可以马上饮用。这是另一款酿酒史上的杰作！最佳饮用期：2007~2030 年。

1997 Clos Erasmus
伊拉兹马斯园红葡萄酒 1997

评分：93 分

1997 年款伊拉兹马斯园红葡萄酒呈深宝石红色或深紫色，散发出矿物质、烘烤新橡木、蓝莓、黑色覆盆子和黑醋栗水果混合的风味，是一款强劲、内涵惊人和高度精粹的葡萄酒。这款尚未完全进化的 1997 年年份酒美妙纯粹，有着充分隐藏的酸度和轮廓清晰、有结构、强健、集中的余韵。因为它丰富的水果和柔软特性，所以易亲近。最佳饮用期：现在开始到 2020 年。

1996 Clos Erasmus
伊拉兹马斯园红葡萄酒 1996

评分：90 分

1996 年款伊拉兹马斯园红葡萄酒的产量只有 300 箱，产

自于产量只有 1,800 升 / 公顷的葡萄园。酒色呈暗宝石红色或暗紫色，散发出香甜、橡木味主导的鼻嗅，还混有黑色樱桃和覆盆子水果的风味。这款酒现在口味香甜，而且由木材味道主导，它强劲、丰富而且有前景。最佳饮用期：现在开始到 2015 年。

1995 Clos Erasmus
伊拉兹马斯园红葡萄酒 1995

评分：96 分

1995 年款伊拉兹马斯园红葡萄酒含有非凡水平的精粹物，丰富性也很出色。它的产量只有 280 箱，酒精度为 14.6%。这款酒在我饮用前已经打开 24 个小时了，但是仍未表现出任何被氧化或者水果特性退化的迹象，这不是一款羞涩的葡萄酒。它巨大、厚重、有力，呈现出深深的波特酒风格的紫色，散发出浸渍黑色水果、矿物质和法国橡木风味混合的芳香。它的口感巨大，而且异常纯粹，优质得几乎有点过头——不过我喜欢！最佳饮用期：现在开始到 2020 年。

1994 Clos Erasmus
伊拉兹马斯园红葡萄酒 1994

评分：99 分

酿制这款酒使用的歌海娜采收自老藤葡萄树，席拉和赤霞珠采收自年轻一点的葡萄树，葡萄树都生长于梯田形的葡萄园中。它是我所品尝过的最激动人心的一款葡萄酒，遗憾的是，它的产量只有 300 箱，不过全部都出口到了美国。它在全新的法国橡木酒桶中陈年，装瓶前未进行澄清和过滤。1994 年被视为西班牙空前优质的年份之一，因此这款酒比卓越的 1993 年和 1992 年年份酒更加有潜力就一点也不足为奇

了。试想一下，一款柏图斯酒庄红葡萄酒（Pétrus）、乐王吉尔红葡萄酒（L'Evangile）、稀雅丝酒庄（Rayas）教皇新堡红葡萄酒和加州纳帕谷地（Napa）的 1993 年款寇金赤霞珠红葡萄酒（1993 Colgin Cabernet Sauvignon）的混合酒。它的酒色为不透明的黑色或紫色，鼻嗅中带有黑莓、黑色覆盆子、矿物质和来自新橡木酒桶的微弱香子兰风味混合的且惊人丰富和纯粹的陈酿香。这款令人惊叹的葡萄酒极其丰富和厚重，惊人的集中和精粹，建议从现在到 2021 年间饮用。

1993 Clos Erasmus
伊拉兹马斯园红葡萄酒 1993

评分：94 分

1993 年伊拉兹马斯园红葡萄酒是一款令人惊叹的葡萄酒。酒色呈不透明的宝石红色或紫色，散发出黑色水果、液态沥青、烘烤新橡木、巧克力糖、欧亚甘草风味混合的惊人芬芳鼻嗅。这款巨大但良好均衡的葡萄酒相当强劲，有着多层次的口味，是酿酒史上的一款杰作。最佳饮用期：现在。

1992 Clos Erasmus
伊拉兹马斯园红葡萄酒 1992

评分：93 分

出色的 1992 年款伊拉兹马斯园红葡萄酒被浸渍了 5 个多星期（指延展 cuvaison——法语名词，指葡萄带皮浸泡发酵）。这款奇妙的葡萄酒呈深色，表现出超级丰富的黑色樱桃果酱、黑醋栗水果和烘烤新橡木（酿酒时使用了全新的橡木酒桶）混合的风味。这款酒强劲，有着多层次的口味和甘甜的中期口感，还有着悠长、丰富、轮廓清晰的余韵。最佳饮用期：现在开始到 2015 年。

ALVARO PALACIOS
奥瓦帕乐酒庄

酒品：奥瓦帕乐酒庄艾米塔红葡萄酒（L'Ermita）

等级：普里奥拉产区（Priorat）

庄园主：阿瓦罗·帕拉西欧（Alvaro Palacios）

地址：C/Afores,s/n 43737 Gratallops(Tarragona),Spain

电话：(34) 977 83 91 95

传真：(34) 977 83 91 97

邮箱：alvaropalacios @ ctv.es

联系人：布兰卡·巴特维尔（Blanca Bathevell）

参观规定：参观前必须预约

葡萄园

占地面积：艾米塔园（L'Emita）5.93 英亩在产；多菲园
（Finca Dofi）22.24 英亩

葡萄品种：艾米塔园（80% 歌海娜和 20% 赤霞珠）；多菲园
（55% 歌海娜、30% 赤霞珠、10% 席拉和 5% 美乐）

平均树龄：艾米塔园 28~75 年；多菲园 9~19 年

种植密度：艾米塔园 2,230 株 / 英亩；多菲园 1,540 株 / 英亩

平均产量：艾米塔园 1,000 升 / 公顷；多菲园 1,500~2,000 升 /
公顷

酒的酿制

　　阿瓦罗·帕拉西欧是艾米塔园背后的缔造者，他简洁地
说："酿酒哲学就是表现出风土条件最透明最纯粹的特性。"
奥瓦帕乐酒庄的葡萄园都位于陡坡上，呈梯田状，而且园中
的葡萄树都被去除顶部，这种独特的整枝系统使得葡萄园耕
种时可以使用骡子。葡萄都是通过手工去梗的。浸渍过程持
续 25 天，发酵在大橡木酒桶中进行，而且还会不停地用力
向下按。自 1999 年以来，苹果酸 - 乳酸发酵都是在酒桶中进
行的。葡萄酒会进行蛋白澄清，但不会进行过滤。酒会放在
全新的法国小橡木酒桶中陈年 16 到 18 个月。

年产量

　　艾米塔园：3,000 瓶

　　多菲园：22,500 瓶

　　平均售价（与年份有关）：200 美元

近期最佳年份

　　2003 年，2001 年，1999 年，1998 年，1995 年，1994 年

阿瓦罗·帕拉西欧在四十几岁的时候，似乎就已
经功成名就了。帕拉西欧出生于里奥哈产区一
个著名的酿酒世家——他们家族拥有帕拉西欧 - 雷蒙
德酒庄（Bodegas Palacios Remondo）。他二十几岁时
在柏图斯酒庄（Château Pétrus）和卓龙酒庄（Château
Trotanoy）跟着克里斯蒂安·穆义（Christian Moueix）
学习酿酒。后来又跟着加泰罗尼亚地区的瑞尼·巴尔比
尔（Catalonian René Barbier）来到普里奥勒托产区，这
里古老的土壤和高质量的潜力给他留下了深刻的印象，
所以他决定在这个相对落后的葡萄培植地区建造自己
的葡萄园，该区位于巴塞罗那西南方 85 英里处。正如
帕拉西欧所说的，因为普里奥勒托产区内"产量太低，

阿瓦罗·帕拉西欧

地域太不适合，大多数操作都需要手工完成"，从而很多人认为这个产区不可能成为一个商业酿酒地区，在这里几乎没有任何盈利的机会，但事实证明这些否定主义者大错特错了。

第一款艾米塔红葡萄酒酿制于 1993 年，而且很快就成为西班牙现代酿酒业中的一颗超级明星。这款陈酿主要是用 80%~90% 的老藤歌海娜和余量的赤霞珠及老藤佳利酿（Carignan）混合酿制而成，在西班牙和国际上都引起了很大的反响。阿瓦罗·帕拉西欧的酿酒厂位于一个山顶上，可以俯瞰整个狼嚎村。奥瓦帕乐酒庄采用的是先进的现代酿酒技术，这不仅表明他对酒庄的酿酒工艺产生了重要影响，而且对西班牙酿酒技术的革新做出了不懈的努力。

帕拉西欧跟他的一些同行一样，已经扩展了他的影响范围。他已经开始在比埃尔索产区（Bierzo）酿制有趣的葡萄酒，比埃尔索是一个已被长期遗忘的、更加有挑战性的葡萄培植地区。可以确定的是，这本书中之所以提到帕拉西欧，是因为他用普里奥勒托产区

的老藤歌海娜酿制出了很高境界的葡萄酒。阿瓦隆·帕拉西欧长得很好看，有一张娃娃脸，还有着灿烂的笑容和黑黑的眼睛，是西班牙最有远见卓识的酿酒商之一。现在还不能确定他要复兴的下一个西班牙落后葡萄培植地区是哪一个。

L'ERMITA
奥瓦帕乐酒庄艾米塔红葡萄酒

2001 L' Ermita
奥瓦帕乐酒庄艾米塔红葡萄酒 2001

评分：96 分

酿制 2001 年款艾米塔红葡萄酒使用的歌海娜（占混合比例的 85%）都采收自树龄为 60 年的去顶葡萄树，其他的 15% 则采收自老藤葡萄树的佳利酿和年轻一点葡萄树的赤霞珠。2001 年的产量只有 1,500 升 / 公顷。这款陈酿的产量为 500 箱，在全新的法国橡木酒桶中陈年，代表了普里奥勒托产区和这个特别葡萄园的本质。酒色呈黑色或紫色，爆发出木炭、黑莓、覆盆子、樱桃白兰地、液态欧亚甘草和浓咖啡混合的非凡鼻嗅。这款酒强劲，质感油滑，含有甘甜的单宁酸和大量的水果及甘油，是一款非凡均衡的葡萄酒。它非常

强烈，还有着杰出的陈年潜力。最佳饮用期：2007-2020 年。

1998 L'Ermita
奥瓦帕乐酒庄艾米塔红葡萄酒 1998

评分：97 分

1998 年款艾米塔红葡萄酒是一款拳头产品，也是自 1994 年和 1995 年年份酒以来最优质的一款葡萄酒。酒色呈不透明的紫色，个性强劲，含有丰富的甘甜橡木和大量的甘油，爆发出一流黑莓、黑醋栗和樱桃水果风味的中期口感和余韵。这款酒中含有偏高的新橡木风味，但是经过一定时间的陈年后将会被更好地统一。这是一款令人印象深刻并极具表现力的葡萄酒。最佳饮用期：现在开始到 2021 年。

1996 L'Ermita
奥瓦帕乐酒庄艾米塔红葡萄酒 1996

评分：92 分

1996 年款艾米塔红葡萄酒呈饱满的紫色，极具表现力的鼻嗅中爆发出吐司、烘烤咖啡、巧克力、樱桃果酱糖果、矿物质和新橡木风味混合的芳香。这款酒强劲、厚重、深厚，有着油滑的质感，比 1995 年和 1994 年年份酒有着更低的酸度和更好的酒精度，是一款多肉、耐嚼、阳刚的葡萄酒，有着艳丽的个性和巨大的余韵。它超级强烈，但却非常均衡，尤其是相对于它的比例而言。最佳饮用期：现在开始到 2020 年。

1995 L'Ermita
奥瓦帕乐酒庄艾米塔红葡萄酒 1995

评分：94 分

1995 年款艾米塔红葡萄酒像是 1994 年年份酒的一款复制品，虽然没有后者的巨大力量和强度，但品质却毫不逊色。这款酒呈不透明的紫色，果香中表现出更多的吐司、烤肉汁（jus de viande）、黑莓和花香的风味，好像比 1994 年年份酒稍微进化一点。入口后，这款酒深厚、有力、丰富，含有低酸度，有着更加甘甜和集中的单宁酸（与巨大的 1994 年款相比），以及多层次的精粹物和口味，还有着可以持续 40 秒左右的余韵。这是一款卓越的葡萄酒，有着杰出的风格、强度和口味。最佳饮用期：现在开始到 2020 年。

1994 L'Ermita
奥瓦帕乐酒庄艾米塔红葡萄酒 1994

评分：97 分

这款 1994 年艾米塔红葡萄酒的产量惊人的小。它的酒色为饱满的墨色或紫色，爆发性的鼻嗅中带有惊人含量的甘甜黑莓和樱桃利口酒的水果风味。尽管它强劲、巨大而且厚重，但是尝起来并不沉重，酒中还含有大量的水果、甘油、单宁酸和精粹物。这款耐嚼、甘油浸渍、惊人强烈的葡萄酒含有现代传奇酒所需的所有成分。最佳饮用期：现在开始到 2020 年。

TINTO PESQUERA
佩斯特拉酒庄

酒品：

佩斯特拉酒庄特级陈酿干红葡萄酒（Pesquera Gran Reserva）

佩斯特拉酒庄杰纳斯特级陈酿干红葡萄酒（Pesquera Janus Gran Reserva）

庄园主：亚历杭德罗·费尔南德斯（Alejandro Fernandez）和他的家人

地址：Calle Real 2,47315 Pesquera de Duero (Valladolid), Spain

电话：(34) 988 87 00 37

传真：(34) 988 87 00 88

邮箱：lfernandez@pesqueraafernandez.com

网址：www.grupopesquera.com

联系人：露西亚·费尔南德斯（Luciá Fernández）

参观规定：参观前必须预约

葡萄园

占地面积：494 英亩

葡萄品种：100% 棠普尼罗

平均树龄：大约 15 年

种植密度：2,000~2,200 株 / 公顷

平均产量：4,000~4,500 升 / 公顷

酒的酿制

费尔南德斯家族的酿酒哲学一直都集中于对葡萄园进行殷勤周到的护理，以及对葡萄采收日期的精确把握，大部分都是使用分串采收的方式，并且保持酿酒过程的谨慎、自然。经过充分但是并不过度的浸渍之后，使用天然酵母进行自然发酵。一开始，费尔南德斯把葡萄酒放在叫做 lagare（指用脚压榨和发酵葡萄的石槽，更多的用于年份波特酒的发酵）的混凝土酒槽中发酵，但不久之后他就决定建造一些不锈钢发酵酒罐，这些酒罐从 1982 年开始投入使用。

年轻的葡萄酒直接转移到新橡木酒桶中进行苹果酸 - 乳酸发酵，这一发酵过程也是自发的。净化完全是通过分离达到的。不进行过滤或冷却稳定处理。陈年时主要使用来源各异的美国橡木酒桶，不过一些特殊葡萄酒也会使用各种法国和西班牙橡木酒桶。珍藏级干红葡萄酒陈年 18 个月后装瓶，陈酿级干红葡萄酒陈年 2 年后装瓶，特级陈酿干红葡萄酒陈年 30 个月后装瓶。在投放市场前，各款葡萄酒还会进行不同时期的瓶中陈年，其中珍藏级干红葡萄酒 6 个月，陈酿级干红葡萄酒 1 年，而特级陈酿干红葡萄酒仍是 30 个月。

年产量

佩斯特拉酒庄珍藏级干红葡萄酒（Tinto Pesquera Crianza）：500,000 瓶

佩斯特拉酒庄陈酿级干红葡萄酒（Pesquera Reserva）：90,000 瓶

佩斯特拉酒庄特级陈酿干红葡萄酒：30,000 瓶

佩斯特拉酒庄杰纳斯特级陈酿干红葡萄酒：10,000 瓶（只酿制了五款年份酒）

佩斯特拉酒庄千禧珍藏干红葡萄酒（Pesquera Millennium）：10,000 瓶（只酿制了一款年份酒，即 1996 年年份酒）

平均售价（与年份有关）：85 美元

近期最佳年份

2001 年，2000 年，1999 年，1996 年，1995 年，1994 年，1992 年，1991 年，1986 年，1982 年

从成功的方面来看，只有位于杜罗河畔（Ribera del Duero）的维加西西里酒庄（Vega Sicilia）能够与亚历杭德罗·费尔南德斯的佩斯特拉酒庄相匹敌。费尔南德斯是一个现代版的成功传奇，酿造着相当丰富

亚历杭德罗·费尔南德斯

但价格却相对合理的葡萄酒。他出生于 1932 年, 14 岁时辍学务农。他当过木匠、鞋匠, 还当过农场机器的发明家(为了改善甜菜和非葡萄作物的培植)。但是他和他的妻子埃斯佩兰萨(Esperanza), 还有他们的四个女儿都梦想着酿制出一款世界一流的葡萄酒。1972 年, 他利用自己农具公司的贷款建立了一个酿酒厂。酒类学家德奥菲罗·雷耶斯(Teofio Reyes)是他的主要助手(兼良师益友)之一, 而且对他的酿酒风格有着决定性的影响。德奥菲罗强调葡萄应该更加成熟, 而在木桶中陈年的时间要缩短。在西班牙葡萄培植处于萧条时期, 而且葡萄园中的葡萄树都被连根拔起, 取而代之的是满地的甜菜时, 费尔南德斯却开始自己种植葡萄园, 并在 1975 年释放了自己的第一款葡萄酒。大多数西班牙葡萄酒都是在酒窖中陈年, 只有完全成熟后才会释放, 而佩斯特拉酒庄葡萄酒却与众不同, 它们像优质的波尔多葡萄酒那样, 都在瓶中陈年。该酒庄的葡萄酒都呈墨宝石红色或墨紫色, 含有巨大的水果和大量的橡木, 相当成熟和强烈, 还有大量的结构和单宁酸。它们很快被视为现代标准下西班牙葡萄酒可以达到的最高境界。

费尔南德斯的长相很像他的一株石榴红色的老藤棠普尼罗葡萄树, 他在继续建造自己的帝国时, 允许自己的女儿在酒厂中发挥着更加积极的作用。1989 年, 由于他的佩斯特拉酒庄在经济方面的成功, 他得以建造了一个新的酒窖——哈查园(Condado de Haza)。这个酒窖每年都会出产 60,000 多箱葡萄酒。最近, 他又在托罗产区内(Toro)购买了一个占地面积将近 2,000 英亩的庄园, 并且把生意扩展到西班牙西部的萨莫拉省(Zamora)。费尔南德斯历经万难最终成为酿酒界的一个传奇, 因为把世界的注意力都吸引到了杜罗河畔, 所以在很多同行中备受推崇。他和他的佩斯特拉酒庄取得的巨大成功, 迫使西班牙政府在 1982 年官方权威认证了该葡萄培植地区的合法性。对于一个从未接受过任何正规酒类学教育和培训的人来说, 所有这些成就都是非常令人叹服的。

PESQUERA GRAN RESERVA
佩斯特拉酒庄特级陈酿干红葡萄酒

1995 Pesquera Gran Reserva
佩斯特拉酒庄特级陈酿干红葡萄酒 1995

评分: 91 分

1995 年款特级陈酿干红葡萄酒呈深宝石红色或深石榴红色或深紫红色, 散发出泥土、欧亚甘草、黑色水果、矮树丛和香甜新橡木风味混合的甘甜鼻嗅。中度酒体或略显强劲, 含有清新的酸度和出色的深度, 还有着成熟的特性及复杂性。在接下来的 10 到 15 年内, 它的口感应该都很不错。

1994 Pesquera Gran Reserva
佩斯特拉酒庄特级陈酿干红葡萄酒 1994

评分：92 分

1994 年款特级陈酿干红葡萄酒呈深紫红色或深宝石红色或深紫色，散发出泥土、甘草、黑色水果果酱和橡木风味混合的甘甜芳香，是一款质感丰裕、圆润、清新的葡萄酒，重酒体，含有温和的单宁酸，拥有易亲近但有结构的个性。最佳饮用期：现在开始到 2016 年。

PESQUERA JANUS GRAN RESERVA
佩斯特拉酒庄杰纳斯特级陈酿干红葡萄酒

1995 Pesquera Janus Gran Reserva
佩斯特拉酒庄杰纳斯特级陈酿干红葡萄酒 1995

评分：94 分

1995 年款杰纳斯特级陈酿干红葡萄酒是一款强劲的葡萄酒（这款陈酿之前只在 1994 年、1991 年、1986 年和 1982 年四个年份酿制过），它惊人的年轻和有活力，不过已经在橡木酒桶中陈年 3 年了。遗憾的是，它的产量只有 1,000 多箱。它的酒色为深宝石红色或深紫色，带有孜然香料、奶油橡木、液态欧亚甘草、大量黑加仑和樱桃水果风味混合的陈酿香。这款丰裕、稠密、强劲、健壮的 1995 年年份酒含有大量的单宁酸，但基本上被含量丰富的水果和精粹物给隐藏了。劲力十足的余韵可以持续 40 秒以上。这款强劲、出色的杜罗河畔葡萄酒应该可以一直轻松地陈年到 2019 年。

1994 Pesquera Janus Gran Reserva
佩斯特拉酒庄杰纳斯特级陈酿干红葡萄酒 1994

评分：97 分

1994 年款杰纳斯特级陈酿干红葡萄酒可能是佩斯特拉酒庄酿制的最优质的葡萄酒。这款酒有着惊人的丰富性、强度和潜在复杂性。它是一个温和的巨人，没有坚硬的边缘，含量深远、丰富、集中的黑色水果与烟熏、香甜新橡木风味美妙地结合在一起。考虑到它甘甜、丰裕和多汁的个性，它应该一直到 2012 年都可以饮用。

DOMINIO DE PINGUS

平古斯酒庄

酒品：平古斯红葡萄酒（Pingus）

庄园主：皮特·西赛克（Peter Sisseck）

地址：Calle matador s/n,47300 Quintanilla de Onesimo
(Valladolid), Spain

电话：(34) 639 83 38 54

传真：(34) 983 48 40 20

邮箱：pingus @ telefonica.net

联系人：皮特·西赛克

参观规定：只限专业人士

葡萄园

占地面积：平古斯（Pingus）11.1 英亩；平古斯之花（Flor
de Pingus）37 英亩

葡萄品种：丹魄（Tinto Fino，是棠普尼罗的衍生品种）

平均树龄：平古斯 75 年；平古斯之花 15 年

种植密度：老藤葡萄树 3,000~4,000 株 / 公顷；新葡萄种植园
4,000~6,000 株 / 公顷

平均产量：平古斯 800~1,200 升 / 公顷；平古斯之花 1,500~
2,000 升 / 公顷

酒的酿制

葡萄都是手工去梗的，这样就能选出大量完美而且没有
破皮的浆果。发酵是在容积为 2,000 升的木制小发酵器中进
行的，发酵器是上端开口的。因为发酵器的空间较小，所以
发酵温度从不会高过 28℃。平古斯葡萄酒还会进行长时间
（14 天左右）的冷浸处理，发酵时使用天然酵母。每天进行
两到三次翻揉踩皮（pigeage，就是用一根杆把葡萄皮压入葡
萄酒中，以取得细致释放的颜色，使酒味更加和谐）。发酵后
还会进行短时间的分离和长时间的酒糟接触，但是不会进行
微氧化处理。葡萄酒会在酒桶中陈年 20 到 23 个月。装瓶前
不进行澄清和过滤。

年产量

平古斯：3,700~6,800 瓶

平古斯之花：40,000 瓶

平均售价（与年份有关）：230 美元

近期最佳年份

2003 年，2001 年，2000 年，1999 年，1996 年，1995 年

皮特·西赛克天生是一个有活力的年轻丹麦人，好
像他的大部分时间都是在西班牙和法国的路途中
度过的。他 1995 年创立了平古斯酒庄，当时只有 11.1
英亩大且相当古老的丹魄葡萄树。"平古斯"这个名字
是一个双关语：在丹麦俚语中的意思是"皮特"，它也
是一部著名欧洲卡通片的名字。但是这家酒庄一点都
不有趣，尤其是（爱讽刺的人士将会指出）价格高得
出奇，但是考虑到它的葡萄酒的卓越品质，葡萄酒市
场还是非常乐意接受的。

这个葡萄园位于杜罗河畔的中心区域，葡萄树都
种植在拉奥拉地区（La Horra）的砂砾质土壤中。西赛
克的目标是使用不干涉主义酿酒策略酿造出世界一流
的纯天然葡萄酒，以使得风土条件和葡萄品种的特性
成功地表现出来。从 2000 年开始，平古斯酒庄开始转
用生物动力耕作方式，既然葡萄园已经采用了有机耕
作方式，那么这样一个决定也是必然的。

平古斯红葡萄酒是西班牙车库酒（一般都是产量

极低、特点鲜明且价格极高的葡萄酒）的精髓，在通往瓦拉杜利德市的高速公路旁一个真实的车库中酿制。

PINGUS
平古斯红葡萄酒

2001 Pingus
平古斯红葡萄酒 2001

评分：95 分

2001 年款平古斯红葡萄酒呈不透明的宝石红色或紫色，结构坚实，比非常丰富、艳丽的 2000 年年份酒更加封闭和向后。它一入口就表现出出色的水果特性，酒体巨大，有着烤肉、普罗旺斯香草、胡椒、香料盒、雪茄香烟和大量孜然烟草浸渍的黑莓和黑醋栗混合的口味。余韵可以持续将近一分钟。最佳饮用期：2010~2028 年。

2000 Pingus
平古斯红葡萄酒 2000

评分：96 分

2000 年款平古斯红葡萄酒比较反常，是一款夸张、极其丰富的葡萄酒。酒色呈墨色或紫色，爆发出牛血、薰衣草、普罗旺斯香草、落地胡椒、液态欧亚甘草、大量黑莓和黑醋栗奶油水果风味混合的奢华芳香。这款酒强劲、有力、丰富、烟熏，非常强烈，有着油滑的质感和劲力十足的余韵，在接下来的 15 到 20 年内饮用，其效果应该都很不错。最佳饮用期：2007~2025 年。

1999 Pingus
平古斯红葡萄酒 1999

评分：98 分

1999 年平古斯红葡萄酒是一款接近完美并令人惊叹的葡萄酒，酒色呈不透明的宝石红色或紫色，爆发出大量的精粹物，极其集中，还有着相当强烈的黑莓和樱桃果香及口感，并混有焚香、咖啡、巧克力和烘烤新橡木的风味。这是一款强劲的葡萄酒，有着甘油浸渍的、深厚的、稠密的余韵，还伴有丰裕的精粹物和丰富特性。单宁酸几乎被酒中含量丰富的水果和浓缩度所掩盖。最佳饮用期：现在开始到 2025 年。

1998 Pingus
平古斯红葡萄酒 1998

评分：90 分

1998 年款平古斯红葡萄酒表现出巧克力、浓咖啡和皮革的特点，有着宽阔的中期口感，酒色为不透明的深宝石红色或深紫色，中度酒体到重酒体，含有温和的单宁酸、美妙的纯粹度和甘甜的特性。尽管它品质优秀，但并不是西赛克最杰出的葡萄酒之一。最佳饮用期：现在开始到 2020 年。

1996 Pingus
平古斯红葡萄酒 1996

评分：96 分

1996 年平古斯红葡萄酒是一款令人震惊的葡萄酒，现在仍在增重，多维的个性中也仍在增添更多细微区别的成分。它爆发性的芳香由香烟、黑莓果酱、黑加仑水果、焚香、欧亚甘草、雪松和吐司风味所组成。入口后非常巨大，有着奢华的质感和巨大的酒体，还有着高含量的甘油和多层次的中期口感。这款令人惊叹的葡萄酒已经进化，可以饮用。最佳饮用期：现在开始到 2018 年。

1995 Pingus
平古斯红葡萄酒 1995

评分：98 分

1995 年款平古斯红葡萄酒呈不透明的紫色，散发出黑色水果、巧克力糖和很好集中的微弱吐司风味混合的、异常甘甜的鼻嗅。这款酒厚重、巨大而且强劲，含有多层次集中、纯粹的水果，还有着大量的甘油和美妙甘甜的单宁酸。尽管大家觉得它尝起来比较像波尔多葡萄酒，但它也有自己的风格，有点介于圣爱美隆（St.-Emillion）产区的瓦朗德鲁酒庄葡萄酒（Valandraud）、佩斯特拉酒庄（Pesquera）的杰纳斯特级陈酿葡萄酒（Janus）和维加西西里酒庄（Vega Sicilia）的独一珍藏葡萄酒（Unico）之间！这款酒可以毫不费力地陈年 25 到 30 年以上。它真是一款出色的酿制精品！最佳饮用期：现在开始到 2027 年。

BODEGAS VEGA SICILIA
维加西西里酒庄

酒品：

    维加西西里酒庄独藏葡萄酒（Unico Reserva）

    维加西西里酒庄混合特选葡萄酒（Unico Reserva Especial）

庄园主：阿尔瓦雷斯（Alvarez）家族

地址：Carretera Nacional,122,Km.323,47359 Valbuena de Duero (Valladolid),Spain

电话：(34) 983 68 01 47

传真：(34) 983 68 02 63

邮箱：vegasicilia @vega-sicilia.com

网址：www. vega-sicilia.com

联系人：拉斐尔·阿隆索·桑托斯（Rafael Alonso Santos）联系电话：(34) 916 31 09 13

参观规定：只限专业人士，而且参观前必须预约

葡萄园

占地面积：296 英亩

葡萄品种：棠普尼罗，赤霞珠，美乐，马尔贝克（Malbec）——没有精确的混合模式，但是顶级的年份酒大约都包括 70% 的棠普尼罗，20% 的赤霞珠，剩下的 10% 为美乐和马尔贝克

平均树龄：30 年

种植密度：2,200 株 / 公顷

平均产量：700~2,100 升 / 公顷

酒的酿制

    维加西西里酒庄从 1864 年创立开始，一直都采用传统的酿酒技术，目标是酿制出在葡萄园和酒厂中最不受人工干涉的葡萄酒。葡萄酒的发酵在橡木桶、不锈钢酒桶和环氧树脂内衬的混凝土大桶中进行，接下来的苹果酸 - 乳酸发酵也是在环氧树脂内衬的混凝土大桶中进行。酒厂还使用了不同大小（容量在 7,000 到 20,000 升之间）的美国大木桶和法国大木桶。独一珍藏的酿制相当灵活，一般情况下是在小橡木酒桶中陈年（酒桶有新有旧），为期 2 到 4 年，然后转移到大橡木酒桶中混合和净化。独一珍藏只在最优质的年份中才会酿造，据说有些年份酒会在木桶中保存将近 16 年（比如巨大的 1970 年年份酒）的时间。

年产量

    维加西西里酒庄独藏葡萄酒：40,000~100,000 瓶

    维加西西里酒庄混合特选葡萄酒（三种年份酒的混合）：13,000~15,000 瓶

    平均售价（与年份有关）：220 美元

近期最佳年份

    1999 年，1996 年，1994 年，1991 年，1990 年，1989 年，1987 年，1986 年，1985 年，1983 年，1982 年，1981 年，1976 年，1975 年，1974 年，1970 年，1968 年，1966 年，1964 年，1962 年

维加西西里酒庄酿制的葡萄酒是西班牙的国王之酒，也是世界上最受崇拜的葡萄酒之一。该酒庄位于瓦拉杜利德市以东25英里处，有着一个单独、迎风的风土条件。在过去一个多世纪的时间里，它已经成为西班牙酿制的最知名和最昂贵的葡萄酒。该葡萄园是1864年由莱坎达先生（Señor Lecanda）种植的，用的是从法国波尔多产区引进的剪枝技术。早期的年份酒并没有特色，只在里奥哈地区内装瓶和出售，直到20世纪时才开始有所好转。该酒庄最开始时被称作莱坎达酒庄（Bodegas de Lecanda），之后又叫做埃雷罗酒庄（Antonio Herrero），直到20世纪早期才拥有现在的名字，即维加西西里酒庄。

20世纪20年代，该酒庄的一些年份酒在国际葡萄酒节中大受赞扬。在20世纪40年代、50年代和60年代，唐·杰西·埃纳多内（Don Jesus Anadon）负责酿制了很多优质的年份酒。1964年，在该酒庄被卖给一个叫做诺侬曼（Neumann）的捷克（Czech）或者委内瑞拉（Venezuelan）家族后，他仍留在酒庄中继续工作。埃纳多内很有远见地邀请了出色的年轻酒类学家马亚诺·加西亚（Mariano Garcia）加入，马亚诺对维加西西里酒庄进行了微调，帮助它建立了西班牙最优质葡萄酒的名声。在酒厂工作30年之后，加西亚于1998年辞职，据维加西西里酒庄的首席执行官巴博鲁·阿尔瓦雷斯（Pablo Alvarez）称，这主要是因为他的其他酿酒项目与维加西西里酒庄的职责相冲突。

有精力而且具有远见卓识的阿尔瓦雷斯仍然为他

的家族管理着维加西西里酒庄，酒庄仍实行着有创见的酿酒技术，而且拥有鼓舞人心的质量。另外，酒庄的庄园主已经在托罗产区（Toro）扩展了一个令人激动的新项目。托罗产区其实是一个有前景的葡萄培植区域，只是目前还没有引起广大葡萄酒消费者的注意而已。

VEGA SICILIA UNICO RESERVA
维加西西里酒庄独藏葡萄酒

1994 Vega Sicilia Unico Reserva
维加西西里酒庄独藏葡萄酒 1994

评分：98+ 分

维加西西里酒庄已经酿制出了很多款深远的葡萄酒，但是这款 1994 年年份酒可能是自两款传奇葡萄酒（即 1970 年和 1968 年年份酒）之后最优质的一款年份酒。这是一款真正奇妙的葡萄酒，酒色呈不透明的宝石红色或紫色，爆发出惊人甘甜、宽阔的陈酿香，并带有甘甜樱桃、黑加仑、巧克力糖、欧亚甘草和焦土风味混合的芳香。它强劲、有效力、有力、轮廓清晰，含有清爽的酸度和甘甜但并不明显的单宁酸，有着多维度、宽阔且多层次的口感，还有着纯粹、清新的余韵。这款酒足以载入史册。最佳饮用期：现在开始到2035 年。

1991 Vega Sicilia Unico Reserva
维加西西里酒庄独藏葡萄酒 1991

评分：95 分

1991 年款独一珍藏葡萄酒是维加西西里酒庄的一款旗舰酒，酒色呈美妙的深紫色或深宝石红色。它是一款年轻卓越的葡萄酒，散发出甘甜香子兰的鼻嗅，还混有黑加仑、樱桃利口酒、花朵、香料盒和烟叶的风味。这款酒强劲、强烈，含有甘甜的单宁酸，极其厚重和纯粹，有着多层次的口感，是一款尚未完全进化的 1991 年年份酒，表现出与自身力量相对的优雅特性。最佳饮用期：2007~2029 年。

1990 Vega Sicilia Unico Reserva
维加西西里酒庄独藏葡萄酒 1990

评分：94 分

对于一款独一珍藏葡萄酒来说，这款 1990 年年份酒表现出相对不够进化的风格。酒色呈不透明的深紫红色或深石榴红色，鼻嗅中伴有明显的甘甜烘烤橡木风味，还有着大量黑色樱桃和黑醋栗水果的风味。它极其年轻、有活力和强劲，具有过度成熟的特性，含有低酸度和偏高单宁酸，还有着重酒体、多层次和集中的个性。最佳饮用期：现在开始到2026 年。

1989 Vega Sicilia Unico Reserva
维加西西里酒庄独藏葡萄酒 1989

评分：94 分

轰动的 1989 年独一珍藏葡萄酒呈暗宝石红色或暗紫色，爆发出梅子、黑加仑、香子兰、焦糖和巧克力风味混合的、甘甜芬芳的陈酿香。它相当厚重，有着丰裕、明显和强劲的口感，非常纯粹，能够持续一分钟左右的余韵中含有温和的单宁酸。最佳饮用期：2006~2033 年。

1987 Vega Sicilia Unico Reserva
维加西西里酒庄独藏葡萄酒 1987

评分：92 分

1987 年款独一珍藏葡萄酒呈不透明的宝石红色或紫色，还伴有甘甜樱桃、花朵、欧亚甘草和烘烤橡木风味混合的宜人芳香。它强劲，相当活泼，有质感，还有着优雅、悠长和诱人的余韵。毋庸置疑，这是一款上乘的果汁。最佳饮用期：现在开始到 2022 年。

1986 Vega Sicilia Unico Reserva
维加西西里酒庄独藏葡萄酒 1986

评分：92 分

1986 年款独一珍藏葡萄酒呈不透明的紫红色或石榴红色，是一款和谐的葡萄酒，含有美妙的甘油，重酒体，单宁酸含量丰富，风格虽然向后但却颇有前景。这款酒虽然没有 1985 年、1983 年和 1981 年三款年份酒易亲近，但得分却可能更高。它仍需要时间进行窖藏，维加西西里酒庄的葡萄酒中没有几款像它这样在释放后仍需窖藏的。最佳饮用期：现在开始到 2025 年。

1985 Vega Sicilia Unico Reserva
维加西西里酒庄独藏葡萄酒 1985

评分：93 分

1985 年款独一珍藏葡萄酒相当复杂，低酸度，表现出樱桃、无花果和梅子混合的、丰满圆润并丰富的口味。酒色呈深宝石红色或深紫色，而且没有任何琥珀色。它的鼻嗅中带有烟草、香烟、焦油和大量甘甜黑樱桃水果混合的芳香。这款酒强劲，有着多层次和细致的个性，以及高含量的甘油（因此口味甘甜），还有着丰富多汁、圆润和内涵美妙的余韵，是一款真实优雅、美味可口的独一珍藏葡萄酒。最佳饮用期：现在开始到 2013 年。

1983 Vega Sicilia Unico Reserva
维加西西里酒庄独藏葡萄酒 1983

评分：95 分

巨大、不透明的 1983 年独一珍藏葡萄酒肥厚而且葡萄个性明显，拥有巨大口味的浓缩度，有着宽阔、甘甜、果酱的黑加仑水果特性，并伴有香甜的橡木风味，还有着悠长、强壮、香甜的余韵。毫无疑问，这款酒中含有数量惊人的精粹物。最佳饮用期：现在开始到 2020 年。

1982 Vega Sicilia Unico Reserva
维加西西里酒庄独藏葡萄酒 1982

评分：95 分

1982 年款独一珍藏葡萄酒比 1985 年款更加肥厚和丰富，

酒色呈暗紫红色或暗石榴红色，散发出一系列复杂的果香，并带有甘甜烟草、烘烤香草、焦油、樱桃白兰地和焦糖混合的风味。它强劲、质感稠厚，拥有向前、肥厚、成熟的口味，有着低酸度，杰出的余韵中含有丰富的甘油，这是一款多水、享乐型、奢华丰富的独一珍藏葡萄酒。最佳饮用期：现在开始到 2025 年。

1981 Vega Sicilia Unico Reserva
维加西西里酒庄独藏葡萄酒 1981

评分：95 分

1981 年款独一珍藏葡萄酒比 1982 年和 1985 年两款年份酒更加抑制，有着与经典梅多克（Médoc）葡萄酒即拉菲酒庄（Lafite Rothschild）葡萄酒相似的个性。这款中度酒体的葡萄酒散发出铅笔、焦油、香烟、黑加仑、杂草和烟草风味混合的鼻嗅，拥有美妙的水果、柔软的质感和悠长的余韵。虽然没有 1982 年和 1985 年年份酒那样艳丽和宽阔，但它仍是一款别致、复杂的葡萄酒，芳香、口味和余韵中含有诱人的铅笔和烟熏风味。最佳饮用期：现在开始到 2015 年。

1976 Vega Sicilia Unico Reserva
维加西西里酒庄独藏葡萄酒 1976

评分：93 分

强劲、体积巨大的 1976 年独一珍藏葡萄酒散发出烟熏、烘烤的鼻嗅，表明葡萄的生长季节非常干燥、高温。这款酒的多方面、诱人的陈酿香中带有丰富含量的黑色樱桃果酱，以及甘甜烘烤香子兰橡木的风味。它入口后表现出甘甜、多汁、丰裕的水果口感，低酸度，有着高含量的甘油和酒精度，还有着多层次的丰富性。最佳饮用期：现在开始到 2015 年。

1975 Vega Sicilia Unico Reserva
维加西西里酒庄独藏葡萄酒 1975

评分：96 分

对于维加西西里酒庄来说，1975 年一直是一个优质的年份，它有望成为该酒厂历史上最优质的葡萄酒之一。这款酒呈饱满美妙的深宝石红色或深紫色，散发出紧致但丰富的鼻嗅，并带有黑色水果、红色水果、香料和烘烤橡木的风味。这款酒深厚，酒体巨大，含有大量的精粹物，将力量和丰富性惊人地结合在了一起，还有着相当巨大的结构和清晰轮廓。它堪称是维加西西里酒庄的一个传奇。最佳饮用期：现在开始到 2025 年。

1970 Vega Sicilia Unico Reserva
维加西西里酒庄独藏葡萄酒 1970

评分：96 分

这款酒爆发出优雅、复杂的陈酿香，还带有雪松精油、黑莓、樱桃利口酒和香子兰混合的风味。它有着丰裕的质感，惊人的油滑，活泼并有活力，超级成熟，刚入口时表现出强劲、超级集中的口感，还有着丰富多汁的中期口感和余韵。这是一款无缝的经典葡萄酒，750 毫升装非常出色，2 夸脱的大瓶装也同样令人叹服。最佳饮用期：现在开始到 2035 年。

1968 Vega Sicilia Unico Reserva
维加西西里酒庄独藏葡萄酒 1968

评分：98 分

这真是一款令人惊叹的葡萄酒！鼻嗅中带有甘甜黑色梅子果酱、黑色樱桃果酱、黑醋栗果酱、宜人烟熏香子兰、花香和欧亚甘草风味混合的丰富陈酿香，会带给人相当震撼的嗅觉体验。它相当强劲，非常丰富和油滑，拥有多层次的水果果酱，还有着足够的酸度和温和的单宁酸，这款巨大的葡萄酒有着非常集中的结构成分，整体都很均衡。这款惊人的年轻和集中的独一珍藏葡萄酒清新而且相当有前景，它在葡萄酒历史上可以与 20 世纪 60 年代的 10 年中一系列最优质红葡萄酒齐名。最佳饮用期：现在开始到 2025 年。

1966 Vega Sicilia Unico Reserva
维加西西里酒庄独藏葡萄酒 1966

评分：95 分

1966 年款独一珍藏葡萄酒散发出巨大、芬芳、有穿透力的陈酿香，并带有甘甜黑色樱桃水果果酱、雪松、香烟和泥土的风味。酒色呈饱满的暗宝石红色，边缘带有淡淡的琥珀色。这款比例美妙、风格堕落的维加西西里酒庄葡萄酒强劲、多水、柔滑，虽然现在已经完全成熟，但它仍表现出均

衡、清新和精粹物含量惊人的特性，这表明它应该可以轻易地贮存到 2015 年。

1964 Vega Sicilia Unico Reserva
维加西西里酒庄独藏葡萄酒 1964

评分：94 分

这款酒拥有优雅、香甜的雪松和黑加仑风味，会让人想起经典的圣 - 朱利安产区（St.-Julien）葡萄酒和波亚克产区（Pauillac）葡萄酒。所有的新橡木风味因为葡萄酒的进化已经被很好地隐藏。它中度酒体或略显强劲，拥有丰裕的质感、吸引人的甘甜成熟水果内核和柔软、轻微单宁的余韵。这是一款完全成熟、酿造精妙的维加西西里酒庄葡萄酒，酒中的力量和细腻特性相当均衡。最佳饮用期：现在开始到 2010 年。

1962 Vega Sicilia Unico Reserva
维加西西里酒庄独藏葡萄酒 1962

评分：95 分

这款深厚的 1962 年年份酒呈饱满的暗宝石红色，一直是一款令人愉快的葡萄酒。它巨大、芬芳的陈酿香中带有红色水果果酱、黑色水果果酱、香草、香子兰、香烟和雪松混合的风味。这款强劲的葡萄酒有着甘甜、大方的口味和淡淡的单宁酸，以及可以持续 30 到 40 秒钟的余韵。这款杰出的独一珍藏葡萄酒虽然已经完全成熟，但是仍然清新、有活力和活泼。最佳饮用期：现在开始到 2015 年。

UNITED STATES

美国

CALIFORNIA
加州

事实上只有加州生产的葡萄酒在全世界各地均有销售。毫无疑问，该产区的优质葡萄酒仍然被葡萄酒界的香子兰和巧克力口味、霞多丽和赤霞珠所主导。但是，正如加州的一些酿酒厂，包括本书中提到的世界上的顶级酒庄所证实的那样，用变化无常的黑品诺酿制的葡萄酒，用席拉、歌海娜、慕合怀特酿制的葡萄酒，以及所谓的隆河葡萄酒协会（Rhône Rangers）推行的罗纳河谷品种葡萄酒都已经取得了相当巨大的进步。当然，世界上排名前48或前60名的酿酒厂都能酿制出与世界上其他任何地方一样优质和多维度的葡萄酒，不过加州的酿酒行业仍是一个年轻的工业，很多酿酒厂甚至10年到20年的老酒厂，也仍在尝试着寻找合适的葡萄园、恰当的原料混合比例和适合的特征。

当然，加州地区历史悠久的酿酒哲学——包括酿酒商对葡萄园的痴迷，在酒窖中对工业酿酒工艺的偏爱，以及对巨大、简单和纯洁无瑕的葡萄酒的专注——都已经发展进步了。酿酒商们现在开始冒险探索，他们意识到葡萄酒的质量有80%~90%取决于葡萄园，而不是来自一些拥有几个硕士学位的高技术、高学历的酒类学家们的建议，他们甚至经常不是为了乐趣而饮酒。酿酒时过分努力地想要塑造葡萄酒的芳香、口味、灵魂和个性，其实恰恰会剥夺它们的这些特性。

现在，这种使葡萄酒丧失精华的酿酒传统对于很多酿酒厂来说，仍是一个很大的问题，但是本书中接下来要提到的酒厂并不存在这样的问题。这种传统工业的葡萄酒加工思想已经被另一种思想所替代，这种思想尊重葡萄园本身以及它们的独特性，还有手工操作下酿制的葡萄酒所具有的个性和灵魂。不论你喜不喜欢，很多法国酿酒商和法国投资者对此的影响却是毋庸置疑的，他们在加州花费了大量的时间，而且很多人现在都已定居了下来。法国葡萄酒仍然是世界葡萄酒的参考标准，因为法国葡萄酒达到了最高水平，口感异常强烈却并不沉重或笨重，所以加州产区中越来越多能够生产最优质葡萄酒的酿制商纷纷开始仿效他们的做法。

ABREU VINEYARD
艾伯如酒庄

酒品：

艾伯如酒庄石南牧场赤霞珠红葡萄酒（Cabernet Sauvignon Madrona Ranch）

艾伯如酒庄托尔维洛斯园赤霞珠红葡萄酒（Cabernet Sauvignon Thorevilos）

庄园主：大卫·艾伯如（David Abreu）

地址：P.O.Box 89,Rutherford,CA 94573

电话：(1) 707 963-7487

传真：(1) 707 963-5104

邮箱：info@abreuvineyard.com

网址：www.abreuvineyard.com

联系人：布拉德·格莱姆斯（Brad Grimes）

参观规定：谢绝参观和品酒

葡萄园

占地面积：马韭纳酒园（Madrona Ranch）25 英亩；托尔维洛斯园（Thorevilos）20 英亩

葡萄品种：赤霞珠、品丽珠、美乐和小味多

平均树龄：马韭纳酒园 25 年；托尔维洛斯园 15 年

种植密度：大多数新栽种的葡萄树植株间距都是 3 米，行距为 6 米。马韭纳酒园和托尔维洛斯园的一些老藤葡萄树植株间距是 4~6 米，行距为 8 米。种植密度倾向于越来越稠密。

平均产量：老藤葡萄树 2,200 千克／英亩；年轻葡萄树不足 2,000 千克／英亩

酒的酿制

大卫·艾伯如和本书中提到的大多数酿酒商一样，认为葡萄酒的质量始于采收葡萄的葡萄园。艾伯如酒庄的葡萄采收都在清早进行，因为此时的温度较低。采收下来的葡萄被放入只可容纳 30 磅葡萄的小托盘里。去梗前先进行筛选，去梗后再进行第二次筛选，去掉所有被毁坏的葡萄和植物的其他部分。一般先进行 3 到 5 天的冷浸处理后再开始发酵，发酵时基本上会使用整个浆果。在一个相对较长时间的浸渍过程之后（一般为 3 到 4 周），葡萄酒开始在全新的法国橡木酒桶中进行苹果酸-乳酸发酵，接着在大酒桶中陈年两年时间，装瓶后在瓶中再陈年两年才释放。

年产量

马韭纳酒园：6,000 瓶

托尔维洛斯园：2,400 瓶

平均售价（与年份有关）：150~175 美元

近期最佳年份

2003 年，2002 年，2001 年，2000 年，1997 年，1995 年

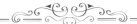

大卫·艾伯如是一个孜孜不倦的葡萄栽培者，他经常向加州一些最优秀的酿酒商咨询，大家都认为艾伯如是以一个完美主义者的态度对待葡萄园种植和护理的。他拥有马韭纳酒园，该葡萄园位于圣-海伦娜产区西部的春山（Spring Mountain）山脚下，1980 年园中被种上了赤霞珠葡萄树和品丽珠葡萄树，1986 年增加了美乐葡萄树，2000 年又种了少量的小味多葡萄树。他还拥有托尔维洛斯园，该园在 1990 年被种上了赤霞珠、品丽珠、美乐和小味多葡萄树。艾伯如酒庄的第一款年份酒酿制于 2000 年，而且因此有了成为加州产区最卓越葡萄酒之一的天生潜力。

艾伯如酒庄的另外两个葡萄园才刚刚开始投入生产，里面都种的是波尔多品种。一个叫做卡贝拉葡

大卫·艾伯如

萄园（Cappella），位于马韭纳酒园的南方，种植于2000年。另一个种植于2001年，此园位于豪威尔山（Howell Mountain）的顶部。

　　大卫·艾伯如以葡萄栽培家的身份最为出名，但是他的葡萄酒质量却显示了他在葡萄园中的非凡工作，即保持平均产量比其他同行都低，通过在酒桶中酿酒来美化他的葡萄酒，而且酿制过程中几乎没有任何人工干涉。他不会对葡萄酒进行任何酸化或净化处理，这样他们的葡萄酒就代表了他们葡萄园天然装瓶的精髓。另外，正如在接下来的品酒笔记中所显示的那样，该酒庄的葡萄酒都有着卓越的陈年潜力。

ABREU CABERNET SAUVIGNON MADRONA RANCH
艾伯如酒庄石南牧场赤霞珠红葡萄酒

2003 Abreu Cabernet Sauvignon Madrona Ranch
艾伯如酒庄石南牧场赤霞珠红葡萄酒 2003

评分：93~95 分

　　2003 年款马韭纳酒园赤霞珠红葡萄酒虽然既没有 2001 年款的力量和结构，也没有 2002 年款的甘甜、稠密和艳丽特性，但却拥有充裕的浓缩度、优雅和细腻。这是一款美味、娇柔的赤霞珠葡萄酒，酒色呈深紫色，散发出液态欧亚甘草、樟脑、洋槐花、新鞍皮革和丰富黑色水果风味混合的惊人鼻嗅。毫不意外，这款酒是一款中度酒体到重酒体、丰富、良好均衡和易亲近的葡萄酒，比 2001 年和 2002 年两款年份酒更早进入完全成熟的状态。最佳饮用期：2007~2020 年。

2002 Abreu Cabernet Sauvignon Madrona Ranch
艾伯如酒庄石南牧场赤霞珠红葡萄酒 2002

评分：94~96 分

　　在我品尝这款 2002 年马韭纳酒园赤霞珠红葡萄酒的那天，它正要被装瓶。这款酒和 2001 年款取自相同的模子，是一款强烈的葡萄酒，拥有一级波尔多酒庄葡萄酒的比例。这款酒非常纯粹和强烈，散发出亚洲香料、大豆、烟熏孜然风味、黑莓、黑醋栗奶油、紫罗兰、欧亚甘草和焚香混合的、异常复杂的鼻嗅。它有着多维度的中期口感和宜人性感的余韵，余韵中还含有大量却甘甜的单宁酸。在 2002 年这样一个更具挑战性的年份，艾伯如酒庄却仍旧酿制出了出色的葡萄酒。最佳饮用期：2008~2028 年。

2001 Abreu Cabernet Sauvignon Madrona Ranch
艾伯如酒庄石南牧场赤霞珠红葡萄酒 2001

评分：97+ 分

　　2001 年款马韭纳酒园赤霞珠红葡萄酒现在仍处于婴儿时期，不过天哪，它拥有多么积极向上的潜力啊！酒色呈撩人的墨紫色，伴有花朵、木材烟味、欧亚甘草、烟草、黑莓和

黑醋栗风味混合的奢华芳香。这款酒强劲、完美和谐、异常集中，有着可以持续一分钟左右的余韵，在 2011 年到 2030+ 年间应该会处于最佳状态。

2000 Abreu Cabernet Sauvignon Madrona Ranch
艾伯如酒庄石南牧场赤霞珠红葡萄酒 2000

评分：92 分

　　2000 年马韭纳酒园赤霞珠红葡萄酒是一款令人愉快的葡萄酒，也是该年份最佳年份酒的候选酒，是用 93% 的赤霞珠、7% 的品丽珠和小味多混合酿制而成。酒色呈墨紫色，爆发出紫罗兰、黑莓、蓝莓和咖啡风味混合的奢华芳香。这是一款中度酒体到重酒体的葡萄酒，质感柔软，风格易亲近。最佳饮用期：现在开始到 2018 年。

1999 Abreu Cabernet Sauvignon Madrona Ranch
艾伯如酒庄石南牧场赤霞珠红葡萄酒 1999

评分：93 分

　　1999 年款马韭纳酒园赤霞珠红葡萄酒是用 90% 的赤霞珠、5% 的品丽珠和 5% 的小味多混合酿制而成，酒色呈饱满的紫色，散发出咖啡豆、欧亚甘草、焚香、蓝莓和黑莓风味混合的悦人陈酿香。这款酒异常尖刻的余韵中含有更多的单宁酸，但它仍然非凡复杂，而且应该会超级长寿。这款美酒的产量为 500 箱，在 2006 年到 2025 年间应该会处于最佳状态。

1998 Abreu Cabernet Sauvignon Madrona Ranch
艾伯如酒庄石南牧场赤霞珠红葡萄酒 1998

评分：93 分

　　艾伯如的这款 1998 年马韭纳酒园赤霞珠红葡萄酒惊人的成功，它也是该年份大约六大超级明星之一。他在酿制这款酒时非常冷酷无情，他说 1998 年的天气非常寒冷，所以他把一多半的作物都剪掉了，以强化剩余葡萄的成熟性。这款酒是用 90% 赤霞珠、5% 的品丽珠和 5% 的小味多混合酿制而成，酒色呈不透明的蓝色或紫色，散发出黑色橄榄、欧亚甘草、新鞍皮革、黑醋栗和蓝莓风味混合的爆发性鼻嗅。它柔和、柔软，质感丰裕，应该可以毫不费力地进化到 2020 年。

1997 Abreu Cabernet Sauvignon Madrona Ranch
艾伯如酒庄石南牧场赤霞珠红葡萄酒 1997

评分：100 分

　　这款 1997 年年份酒呈不透明的黑色或紫色，爆发出烤肉、焦土、黑莓、黑醋栗奶油、矿物质和吐司风味混合的悦人陈酿香。剧烈的果香搭配惊人强烈和无缝的口感，还有强劲的丰裕性，极其的纯粹和对称，多维度的余韵可以持续将近一分钟。这款酒可以一直持续到 2031 年，这是酿酒史上的一款杰作！

1996 Abreu Cabernet Sauvignon Madrona Ranch
艾伯如酒庄石南牧场赤霞珠红葡萄酒 1996

评分：98 分

　　1996 年款马韭纳酒园赤霞珠红葡萄酒表现出蓝莓、黑

莓、黑醋栗奶油的个性，还带有烟熏橡木、新鞍皮革、欧亚甘草、干香草和矿物质的风味。这款酒宽阔，惊人的强烈、纯粹，而且整体对称，它的余韵中含有明显的单宁酸。最佳饮用期：现在开始到2030年。

1995 Abreu Cabernet Sauvignon Madrona Ranch
艾伯如酒庄石南牧场赤霞珠红葡萄酒 1995

评分：95 分

1995 年马韭纳酒园赤霞珠红葡萄酒是一款惊人卓越的赤霞珠葡萄酒。酿制时的混合成分中包含 5% 的品丽珠和 5% 的小味多，但是品酒时却一点都显示不出来。和所有的艾伯如酒庄葡萄酒一样，这款酒也在全新的塔朗索（Taransaud）橡木酒桶中陈年，酒色呈不透明的紫色，爆发出蓝莓、黑莓、黑醋栗、欧亚甘草、矿物质和烟熏烘烤橡木风味混合的惊人陈酿香。倒入杯中后，它还爆发出强烈的果香，入口后，所有的陈酿香风味都表现了出来。高含量的甘油和精粹物中还表现出深厚多汁的黑色水果特性，并有甘甜的单宁酸和美妙的酸度作支撑。这是一款质感满足人感官的拳头产品，而且非常和谐，是该年份最优质的葡萄酒之一。最佳饮用期：现在开始到2025年。

1994 Abreu Cabernet Sauvignon Madrona Ranch
艾伯如酒庄石南牧场赤霞珠红葡萄酒 1994

评分：94 分

这款 1994 年马韭纳酒园赤霞珠红葡萄酒呈紫色，惊人的丰富和厚重，散发出黑莓、蓝莓和黑醋栗风味的鼻嗅，还有淡淡的紫罗兰风味和微弱的新橡木味。入口后，这款酒中异常精粹的水果很好地隐藏了单宁酸的影响，中度酒体到重酒体，拥有丝滑而且有力的个性。最佳饮用期：现在开始到2022年。

1993 Abreu Cabernet Sauvignon Madrona Ranch
艾伯如酒庄石南牧场赤霞珠红葡萄酒 1993

评分：94 分

1993 年款马韭纳酒园赤霞珠红葡萄酒酿自一个被公认为"糟糕"的年份。酒色呈惊人的暗紫色，爆发出甘甜、果酱的烘烤黑色水果、水果蛋糕、雪松和黑色块菌混合的气味。这款酒含有大量的精粹物和甘油，是一款宽阔、耐嚼、纯粹的赤霞珠葡萄酒，可以轻易地储存到2025年。这是多么优质的一款葡萄酒啊！

ABREU CABERNET SAUVIGNON THOREVILOS
艾伯如酒庄托尔维洛斯园赤霞珠红葡萄酒

2003 Abreu Cabernet Sauvignon Thorevilos
艾伯如酒庄托尔维洛斯园赤霞珠红葡萄酒 2003

评分：95~97 分

毫无疑问，2003 年款托尔维洛斯园赤霞珠红葡萄酒是该年份最令人叹服的葡萄酒之一。酒色呈暗紫色，拥有丰富的黑莓、雪松、咖啡和蓝莓特性，有着丝滑的质感，中度酒体到重酒体，还有着满足人感官的余韵。这款酒应该在早期时就可以饮用，而且在 20 年甚至更久的时间里饮用都会非常可口。

2002 Abreu Cabernet Sauvignon Thorevilos
艾伯如酒庄托尔维洛斯园赤霞珠红葡萄酒 2002

评分：98~100 分

2002 年款托尔维洛斯园赤霞珠红葡萄酒和 2001 年款风格一样……不过它比后者更加出色。这款葡萄酒稍微早熟和水果向前一点，酒色呈墨蓝色或墨紫色，散发出黑莓、蓝莓、香子兰、焚香、欧亚甘草和香烟风味混合的爆发性奇特陈酿香。它强劲、异常丰富，含有口感充实的精粹物，还有着无缝统一的酸度、单宁酸、木材味和酒精。这款酒真是引人入胜！最佳饮用期：2009~2030 年。

2001 Abreu Cabernet Sauvignon Thorevilos
艾伯如酒庄托尔维洛斯园赤霞珠红葡萄酒 2001

评分：99 分

2001 年托尔维洛斯园赤霞珠红葡萄酒是一款惊人而且完美的葡萄酒，是用 85% 的赤霞珠、10% 的品丽珠和 5% 的小味多混合酿制而成。酒色呈不透明的紫色，爆发出蓝莓利口酒、意大利式焙烤咖啡、巧克力和黑色巧克力糖风味混合的撩人芳香。入口后，它表现出雪松、巧克力、黑醋栗、蓝莓和花朵的口味，还有着惊人的矿物质特性。这款强劲、质感丰裕的 2001 年年份酒是最优质的一款红葡萄酒。最佳饮用期：2008~2030 年。

2000 Abreu Cabernet Sauvignon Thorevilos
艾伯如酒庄托尔维洛斯园赤霞珠红葡萄酒 2000

评分：92 分

这款 2000 年托尔维洛斯园赤霞珠红葡萄酒是用 88% 的赤霞珠、10% 的品丽珠和 2% 的小味多混合酿制而成，是酿自于占地面积为 20 英亩的托尔维洛斯园的第一款葡萄酒，该葡萄园由大卫·艾伯如和埃里克·弗曼（Eric Forman）共同所有。这是一款厚重、甘甜并带有黑加仑口味的葡萄酒，还辅有焦土、雪松和花朵的风味。这款酒由水果主导（主要是蓝色水果和黑色水果），拥有波美侯（Pomerol）风格的多水和多汁特性，非常适合从现在到2018 年间饮用。

艾伯如酒庄托尔维洛斯园赤霞珠红葡萄酒 1996 酒标

ALBAN VINEYARDS
奥尔本酒庄

酒品：

    奥尔本酒庄歌海娜红葡萄酒（Grenache）

    奥尔本酒庄洛林园席拉红葡萄酒（Syrah Lorraine Vineyard）

    奥尔本酒庄雷瓦园席拉红葡萄酒（Syrah Reva Vineyard）

    奥尔本酒庄西摩园席拉红葡萄酒（Syrah Seymour's Vineyard）

庄园主：约翰·奥尔本（John Alban）和洛林·奥尔本（Lorraine Alban）

地址：8575 Orcutt Road, Arroyo Grande,CA 93420

电话：（1）805 546-0305

传真：（1）805 546-9879

邮箱：john@albanvineyards.com

网址：www.albanvineyards.com

联系人：约翰·奥尔本

参观规定：抱歉，本酒厂谢绝参观

葡萄园

占地面积：目前已种植面积为 60 英亩，还有 60 英亩可以种植

葡萄品种：维欧尼（Viognier）、瑚珊、歌海娜和席拉

平均树龄：14 年

种植密度：1,000~2,400 株 / 英亩

平均产量：维欧尼 2,000 千克 / 英亩；席拉 2,500 千克 / 英亩；歌海娜 1,000 千克 / 英亩；瑚珊 1,500 千克 / 英亩

酒的酿制

约翰·奥尔本说过："奥尔本酒庄一直信奉的理念是，衡量一款葡萄酒优质与否的真正标准是看它能为品酒者带来怎样的乐趣。我们不认为有所谓的高贵葡萄品种，我们一直在不懈地追求着所有葡萄酒的潜在高贵性；高贵性不是天生就有的，而是靠每次装瓶实现的……通过在一个相对不出名的产区内种植一些不出名或被忽视的葡萄品种（1990 年），我们能够自由地对其进行预料，也能够集中于自己的目标。当时用加州瑚珊和黑歌海娜（Grenache Noir）品种酿制葡萄酒还没有任何参考标准——因为之前并没有人使用它们酿制葡萄酒。同样，在埃德娜溪谷（Edna Valley）席拉和维欧尼品种之前也是不存在的。利用这些前所未有的葡萄品种，我们已经努力使大家因为我们的风土条件而心跳加快，使大家因为我们的独特性而两眼放光，使大家更加渴望我们的传统。"

奥尔本怀着这样的目标，对各种葡萄酒进行不同的处理。不过所有的奥尔本葡萄都生长于高压条件下，因此产量自然很低，葡萄酒都是分小份进行发酵，发酵时使用本土酵母，这样分小份发酵使得每个小块葡萄园中的葡萄可以单独发酵，而酿酒师也可以非常灵活地对其进行混合，还可以分离出主要的葡萄园地点。所有的葡萄酒都在完成基本发酵和二次发酵后才会装瓶，装瓶前不进行澄清和过滤。

席拉和歌海娜的发酵都是分成相当于一到三酒桶的数量进行的，而且发酵容器的顶端是开口的。一旦发酵开始每天都会进行循环旋转，直到浆果足够柔软，且不足 150 磅的人都可以用手把它们压下为止。接着混合使用按压和循环操作，直到葡萄酒的结构变得合适，葡萄皮的单宁酸和各种口味的精粹物都完全表现出来。然后葡萄酒会流入新酒桶或者一年旧的酒桶中——其中 95% 或者 95% 以上的为法国酒桶。不考虑糖分的含量，在橡木酒桶中完成基本发酵和二次发酵。葡萄酒不经澄清和过滤直接装瓶，在酒桶中陈年 18 到 23 个月后在重力的作用下自己流入酒瓶中。

歌海娜品种通常比席拉加热更快，而且冷却也更快，通常也更早进行压榨。约翰·奥尔本是这样解释的："席拉远比歌海娜稳定，可以进行更长时间的引导；而歌海娜可能几乎不需要使用额外的引导。"

年产量

奥尔本酒庄雷瓦园席拉红葡萄酒：8,400 瓶

奥尔本酒庄洛林园席拉红葡萄酒：3,000 瓶

奥尔本酒庄西摩园席拉红葡萄酒：1,000 瓶

奥尔本酒庄歌海娜红葡萄酒：3,000 瓶

平均售价（与年份有关）：25~85 美元

近期最佳年份

歌海娜和席拉——2002 年，2001 年，1997 年，1996 年

1989 年，约翰·奥尔本在一个美丽的山坡上定居，从这里可以俯瞰整个埃德娜溪谷，他从第二年开始种植自己的葡萄园。奥尔本出身于一个医生世家，但他打破家族传统成为了一名葡萄培植家和酒类

学家。他曾在博若莱产区（Beaujolais）和北罗纳河谷产区（the northern Rhône）做过学徒。他拥有占地面积为60英亩的葡萄园（广义上说是120英亩），园中种满了罗纳河谷葡萄品种，还有极小的一块种的是霞多丽。他每年只酿制5,000箱葡萄酒，因为他会把一部分葡萄卖给一些最好的罗纳河谷葡萄品种酿制商，美国膜拜酒（Sine Qua Non）的酿制者曼弗雷德·克兰克尔（Manfred Krankl）是他最主要的客户。所有的奥尔本酒庄葡萄酒都是在小酒桶、大点的橡木桶或卵形大木桶中陈年，然后混合装瓶，装瓶前既不澄清也不过滤。这个酒庄是罗纳河谷品种在加州的参考标准。简单地说，约翰·奥尔本不仅说到而且做到了。低产量，成熟水果，谨慎操作，加上不干涉政策，这些方法都使得该酒庄的葡萄酒越来越令人惊叹。

奥尔本是加州最善于表达的酿酒商和葡萄培植者之一，他一直在想为什么欧洲可以种植和发酵500多种不同的葡萄，而加州却只使用了6种左右。他还记得庆祝自己24岁生日时，一个朋友给了自己一杯空笛幽产区（Condrieu）葡萄酒，这是他第一次饮用空笛幽产区葡萄酒，他把这杯酒视为自己人生中"最有价值

的杯酒之一"。当时他还对葡萄酒一无所知，但他第二天就开始搜集所有能够得到的关于空笛幽这个微型产区的资料，最终奥尔本成为加州产区内采用罗纳河谷葡萄品种酿酒的先驱之一。

奥尔本在加州大学戴维斯分校（University of California，Davis）获得了酒类学硕士学位，但他仍然对罗纳河谷非常痴迷，为了对这个传说中的区域进行进一步了解，他开始接受一些学徒工作。他意识到加州实际上并没有罗纳河谷最高贵的3种葡萄，即歌海娜、瑚珊和维欧尼，即使有，也很可能是一些为了混合的劣质商业衍生品种。他利用自己从法国带回来的剪枝开始繁殖树苗，在一个温室中大范围种植，后来便发展成为种植一个葡萄园，该葡萄园位于一个完全未预见到的不出名的区域，但是该区却拥有罗纳河谷品种的培植潜力。约翰·奥尔本认为是那些先进的、有激情的葡萄酒买家和支持奥尔本酒庄早年年份酒的侍酒师，让他能够继续自己的事业。他们都是他的倡导者，他们培养了当时那个尚处于婴儿或者雏形时期的加州罗纳河谷葡萄酒运动，也把加州葡萄酒从黑白时代（赤霞珠和霞多丽）转入奥尔本戏称的"多彩和可口"时代。

以我的经验判断，约翰·奥尔本一直都是加州最优秀的葡萄培植者之一。早期时他的酿酒技术不够稳定，时不时的略显粗糙，但是现在每一年的年份酒和每一次的酒窖参观都表明他的技术已经非常娴熟。毫无疑问，他的葡萄园中培育出的葡萄是加州地区质量最惊人的，而且他的酿酒技术现在也达到了同样的水准。

GRENACHE
奥尔本酒庄歌海娜红葡萄酒

2003 Grenache
奥尔本酒庄歌海娜红葡萄酒 2003　评分：89~92 分

2003 年款歌海娜红葡萄酒呈暗宝石红色或暗紫色，散发出液态欧亚甘草、樱桃白兰地、黑色樱桃和浆果风味混合的甘甜果香。它正在增重，不过单宁酸仍然尖刻和粗糙。这款酒还需要软化才能得到预期中的得分。最佳饮用期：2006~2014 年。

2002 Grenache
奥尔本酒庄歌海娜红葡萄酒 2002　评分：95 分

对于洛林·奥尔本和约翰·奥尔本来说，在所有 2002 年的红葡萄酒中，这款葡萄酒是一款优质的年份酒。这款 2002 年歌海娜红葡萄酒（酿制时的混合成分中有 15% 的席拉）装瓶的几天后我品尝过一次，它完全能够引人注目。唯一的问题是，因为收成相当微小（600 千克/英亩），所以它的实际产量微乎其微。葡萄去梗后加入本土酵母在顶端开口的发酵器中发酵，期间进行按压和循环旋转，这可能是奥尔本家族酿制出的最优质的一款歌海娜葡萄酒。这款葡萄酒呈深紫色，是我所见过的颜色最深的一款，倒入杯中后，会散发出覆盆子、樱桃白兰地、黑莓、大茴香和沃土风味混合的经典陈酿香。酒精度高达 15.3%，这款巨大的歌海娜葡萄酒证明了埃德娜溪谷内这一品种的优质性。建议在接下来的 10 到 12 年或更久的时间内饮用。

2001 Grenache
奥尔本酒庄歌海娜红葡萄酒 2001　评分：92 分

2001 年款歌海娜红葡萄酒是用 80% 的歌海娜和 20% 的席拉混合酿制而成，酒色呈不透明的蓝色或紫色，有着胡椒、樱桃白兰地、覆盆子和黑莓混合的醇香和口感。它有着稠密的质感，中度酒体到重酒体，风格悦人向前，适合在接下来的 10 年内饮用。

2000 Grenache
奥尔本酒庄歌海娜红葡萄酒 2000　评分：93 分

这款歌海娜红葡萄酒呈深宝石红色或深紫色，散发出覆盆子、樱桃白兰地、黑莓、欧亚甘草和胡椒混合的极佳芳香。它强劲、稠密而且丰裕，毫无疑问是一款丰富、强烈、

真实的歌海娜葡萄酒，应该可以进化 10 到 15 年。这是多么让人意外的一款葡萄酒啊！

1999 Grenache
奥尔本酒庄歌海娜红葡萄酒 1999　评分：90 分

1999 年款歌海娜红葡萄酒显露出甘甜的樱桃白兰地和覆盆子水果特性。它性感、丰裕，属于享乐型的葡萄酒。我在品酒笔记中这样写道："一款类固醇似的黑品诺红葡萄酒。"因为它爆发出的水果和甘油特性，建议在接下来的 4 到 6 年内饮用。

1997 Grenache
奥尔本酒庄歌海娜红葡萄酒 1997　评分：90 分

我喜欢这款 1997 年歌海娜红葡萄酒。这款酒呈深暗的宝石红色或紫色，爆发出黑色覆盆子利口酒、樱桃和香料混合的歌海娜果香。它强劲、集中，口感充实，是一款宽阔、耐嚼、美妙丰富的歌海娜葡萄酒，可以现在饮用，也可以在接下来的 6 年内饮用。这款酒真是令人印象深刻！

SYRAH LORRAINE VINEYARD
奥尔本酒庄洛林园席拉红葡萄酒

2003 Syrah Lorraine Vineyard
奥尔本酒庄洛林园席拉红葡萄酒 2003
评分：94~97 分

洛林园席拉红葡萄酒是以约翰·奥尔本那位拥有乌黑油亮秀发的妻子命名的。该葡萄园中的土壤为岩石质，含有丰富的小块岩石和少量黏土。在奥尔本的所有席拉葡萄酒中，这款酒总是最满足人感官、最丰裕，也是最诱人的一款。这款 2003 年年份酒呈饱满的黑色或紫色，表现出巨大的强度和惊人的浓缩度，还有着悠长、耐嚼、轰动的余韵。与雷瓦园葡萄酒相比，这款酒非常进化。最佳饮用期：2008~2020 年。

2002 Syrah Lorraine Vineyard
奥尔本酒庄洛林园席拉红葡萄酒 2002　评分：96 分

这款洛林园席拉红葡萄酒是一款艳丽的葡萄酒，散发出黑莓利口酒、液态欧亚甘草、洋槐花、碎岩石和淡淡的蓝莓风味混合的动人鼻嗅。它无缝，惊人的集中，有着强劲、宽阔的口感，惊人悠长的余韵可以持续一分多钟。建议在它生命的前 10 到前 12 年间饮用。

2001 Syrah Lorraine Vineyard
奥尔本酒庄洛林园席拉红葡萄酒 2001　评分：94 分

2001 年款洛林园席拉红葡萄酒通体呈饱满的紫色，表现出洋槐花和黑莓混合的爆发性果香，重酒体，有着惊人的酸度。它内涵惊人、深厚、多层次，有着相当巨大的口味维度和特性，在接下来的 10 年或更久的时间内饮用将会非常美妙。

2000 Syrah Lorraine Vineyard
奥尔本酒庄洛林园席拉红葡萄酒 2000　评分: 93 分

2000 年款洛林园席拉红葡萄酒呈饱满的墨色或黑色或紫色，爆发出液态欧亚甘草、黑莓利口酒和洋槐花风味混合的迷人鼻嗅。这款酒强劲、巨大，单宁浓郁，但是成熟，是一款惊人丰富的葡萄酒。它在 2 到 3 年后应该会达到最佳状态，然后可以贮存 15 年以上。

1999 Syrah Lorraine Vineyard
奥尔本酒庄洛林园席拉红葡萄酒 1999　评分: 90 分

1999 年款洛林园席拉红葡萄酒有着饱满的色泽和很高的精粹度，显示出结构、优雅、力量和浓缩度的良好结合，酒中的木材味、单宁酸和酸性也美妙的统一。这款向后的葡萄酒应该可以很好地再陈年 10 到 12 年。

1998 Syrah Lorraine Vineyard
奥尔本酒庄洛林园席拉红葡萄酒 1998　评分: 93 分

1998 年款洛林园席拉红葡萄酒呈饱满不透明的暗紫色，是一款顶呱呱的葡萄酒，散发出熏肉、摩卡咖啡、欧亚甘草和黑醋栗奶油风味混合的酒香。这款席拉葡萄酒强劲，质感油滑，惊人的丰富，充满活力而健壮，内涵上乘，已经完全打开。它现在仍然年轻，应该可以再优雅地进化 8 到 10 年。

1997 Syrah Lorraine Vineyard
奥尔本酒庄洛林园席拉红葡萄酒 1997　评分: 91 分

1997 年款洛林园席拉红葡萄酒呈黑色或宝石红色或紫色，中度有力的果香中还带有黑莓、焦油和欧亚甘草的风味。这款酒深厚、丰富、强劲、集中，而且美妙纯粹，表现出力量、丰富和对称的个性，应该还有 6 到 8 年的进化潜力。

1995 Syrah Lorraine Vineyard
奥尔本酒庄洛林园席拉红葡萄酒 1995　评分: 90 分

这款上乘的葡萄酒呈饱满的暗宝石红色或暗紫色，轰动的果香中带有胡桃木烟熏、熏肉和黑醋栗水果的风味。这款席拉葡萄酒口感丰裕、强劲、集中、多汁且耐嚼，现在已经拥有足够低的酸度和足够甘甜的水果，可以立即饮用，不过它还有着 4 到 9 年的美妙进化潜力。

SYRAH REVA VINEYARD
奥尔本酒庄雷瓦园席拉红葡萄酒

2003 Syrah Reva Vineyard
奥尔本酒庄雷瓦园席拉红葡萄酒 2003

评分: 93~95 分

2003 年款雷瓦园席拉红葡萄酒酿自于奥尔本酒庄一个很低温的葡萄园，园中的下层土壤中含有相当大量的黏土。它的酒色为暗紫色，伴有黑莓、黑醋栗和欧亚甘草风味混合的悦人芳香。这款酒强劲、丰裕，似乎是一款惊人成功的葡萄酒。最佳饮用期：2007~2018 年。

2002 Syrah Reva Vineyard
奥尔本酒庄雷瓦园席拉红葡萄酒 2002

评分: 95+ 分

2002 年款雷瓦园席拉红葡萄酒的表现惊人的优秀。它的酒色为不透明的紫色，伴有黑醋栗奶油、黑莓、少量新橡木、焦油和甘甜皮革混合的经典陈酿香。它是一款令人惊叹的葡萄酒，厚重，丰裕，强劲，含有美妙的矿物质特性和结构。在接下来的 10 到 15 年内饮用口感应该都很不错。

2001 Syrah Reva Vineyard
奥尔本酒庄雷瓦园席拉红葡萄酒 2001

评分: 93+ 分

2001 年款雷瓦园席拉红葡萄酒呈饱满的蓝色或紫色，散发出液态欧亚甘草、碎岩石、黑醋栗奶油、黑莓、胡椒和香料风味混合的巨大鼻嗅。这款席拉葡萄酒能满足人的感官，丰富而且强烈，拥有可以持续 40 秒左右的余韵。这是一款美酒，在接下来的一到两年里应该会达到最佳状态，可以贮存 10 到 15 年。

2000 Syrah Reva Vineyard
奥尔本酒庄雷瓦园席拉红葡萄酒 2000

评分: 94 分

2000 年款雷瓦园席拉红葡萄酒呈饱满的蓝色或紫色，散发出稍微退化的鼻嗅，但是通风一个小时到一个半小时后，又会出现黑莓、沥青、烧焦皮革和木材混合的极佳风味。这款年轻、尚未完全进化但是很有前景的 2000 年年份酒中度酒体到重酒体，中度单宁，从现在到 2015 年间应该会处于最佳状态。

1999 Syrah Reva Vineyard
奥尔本酒庄雷瓦园席拉红葡萄酒 1999

评分：90 分

1999 年款雷瓦园席拉红葡萄酒呈不透明的紫色，散发出熏肉、黑醋栗、香甜橡木的风味，有着埃米塔日产区葡萄酒的风格和特点。它酿自于该葡萄园最寒冷的区域，也许这就是它与法国葡萄酒最相像的原因。这款陈酿的产量一共有 700 箱，应该可以再很好地陈年 8 到 10 年。

1998 Syrah Reva Vineyard
奥尔本酒庄雷瓦园席拉红葡萄酒 1998

评分：90 分

1998 年款雷瓦园席拉红葡萄酒呈暗宝石红色或暗紫色，散发出熏肉、香烟、黑莓和欧亚甘草风味混合的经典鼻嗅。这款席拉葡萄酒强劲、丰富，黑色水果和香烟的特性中还带有香子兰风味。这款酒现在已经可以饮用，不过应该可以再很好地陈年 8 年。

1997 Syrah Reva Vineyard
奥尔本酒庄雷瓦园席拉红葡萄酒 1997

评分：92 分

1997 年款雷瓦园席拉红葡萄酒呈饱满的紫色，表现出超级成熟的特性，还有明显的黑莓水果、黑醋栗水果和欧亚甘草的风味。这款酒强劲，超级丰富，完美纯粹，是埃德娜溪谷一款独特的席拉葡萄酒。建议在接下来的 6 到 11 年内饮用。

SYRAH SEYMOUR'S VINEYARD
奥尔本酒庄西摩园席拉红葡萄酒

2003 Syrah Seymour's Vineyard
奥尔本酒庄西摩园席拉红葡萄酒 2003

评分：95~100 分

这款 2003 年西摩园席拉红葡萄酒是这种葡萄酒中一个奇妙的典型，该葡萄园以约翰·奥尔本的父亲命名。这款酒是所有这些陈酿中最进化的一款，表现出经典的洋槐花、黑莓利口酒、黑醋栗、沥青和欧亚甘草的特性。这款传奇之酒中的酸性、单宁酸和木材味无缝地良好统一，它在释放时将会令人惊叹。最佳饮用期：2009~2020 年。

2002 Syrah Seymour's Vineyard
奥尔本酒庄西摩园席拉红葡萄酒 2002

评分：95~97 分

2002 年款西摩园席拉红葡萄酒呈墨色或紫色，散发出焦土、黑醋栗奶油、液态焦油、樟脑和所有黑色水果风味混合的巨大陈酿香。这款酒一流强劲的口味非常宽阔、丰富、深远、集中，而且质感柔滑。这款酒在 2 到 3 年后一定会成为一款令人愉快的席拉葡萄酒，它应该可以轻易地贮存 12 到 15 年。

2001 Syrah Seymour's Vineyard
奥尔本酒庄西摩园席拉红葡萄酒 2001

评分：95+ 分

据说，这款酒的酿制过程中选用了最优质的酒桶（对于该酒厂来说这是一项艰巨的任务），它超级集中、果香四溢且余味绵长。酒色呈蓝色或紫色，表现出多肉的口味，还有着黑莓、摩卡咖啡、可可豆、泥土和黑醋栗奶油的口感。这款令人惊奇的葡萄酒是酿酒史上的一款杰作，它丰富、宽广而且非凡均衡，在接下来的 10 到 15 年内饮用为佳。这真是一款超赞的葡萄酒！

2000 Syrah Seymour's Vineyard
奥尔本酒庄西摩园席拉红葡萄酒 2000

评分：96 分

2000 年款西摩园席拉红葡萄酒是一款奢华的陈酿，也是一款类固醇似的席拉葡萄酒。即使瓶子不封口放置两周，它也没有表现出任何被氧化的迹象，真是太让人惊奇了！这款酒呈墨色或蓝色或紫色，有着干型年份波特酒的风格。这款酒风格油滑，深厚，耐嚼，表现出焦土、黑莓利口酒和沥青的风味，相当精粹而且多维度。这是酿酒史上的一款杰作，所有隆河葡萄酒协会的葡萄酒狂热爱好者都应该努力寻得一到两瓶这款奥尔本酒庄的琼浆玉液。最佳饮用期：现在开始到 2017 年。

1999 Syrah Seymour's Vineyard
奥尔本酒庄西摩园席拉红葡萄酒 1999

评分：91 分

1999 年款西摩园席拉红葡萄酒的产量是 150 箱。它的酒色为不透明的紫色，散发出黑莓、黑醋栗、烘烤橡木、熏肉和香子兰风味混合的经典席拉鼻嗅。这款酒强劲，多层次，丰富，厚重，烟熏味，是一款成分令人印象深刻的葡萄酒。它从现在到 2014 年间应该会处于最佳状态。

1998 Syrah Seymour's Vineyard
奥尔本酒庄西摩园席拉红葡萄酒 1998

评分：90 分

1998 年款西摩园席拉红葡萄酒现在仍然相对坚实和封闭。它的酒色为不透明的宝石红色或紫色，厚重、耐嚼且单宁浓郁，是一款更加向后的葡萄酒，新橡木风味也更加明显。它满载集中的黑莓和黑醋栗口味，还有少量的香烟和矮树丛风味，应该可以再贮存 10 到 16 年。

ARAUJO ESTATE WINES
阿劳霍酒庄

酒品：

阿劳霍酒庄艾西尔园赤霞珠红葡萄酒（Cabernet Sauvignon Eisele Vineyard）

阿劳霍酒庄艾西尔园席拉红葡萄酒（Syrah Eisele Vineyard）

庄园主：巴特·阿劳霍（Bart Araujo）和达芙妮·阿劳霍（Daphne Araujo）

地址：Eisele Vineyard, 2155 Pickett Road, Calistoga, CA 94515

电话：（1）707 942-6061

传真：（1）707 942-6471

邮箱：bart@araujoestate.com 或 daphne@araujoestate.com

网址：www.araujoestatewines.com

联系人：巴特·阿劳霍

参观规定：酒庄不对外开放

葡萄园

占地面积：40 英亩

葡萄品种：赤霞珠、品丽珠、小味多、美乐、席拉、长相思和维欧尼

平均树龄：12 年

种植密度：1,100~1,800 株 / 英亩

平均产量：2,500-3,000 千克 / 英亩

酒的酿制

为了保持每个葡萄园的地理位置的细微特征，每个葡萄园中葡萄的采收和发酵都是分开进行的，所有的葡萄都由酒庄的园丁手工采收。最近，有 15 块被分离开来的土地专门种植了赤霞珠，其中 5 块专门种植了席拉。葡萄去梗前后会在分拣台上进行两次筛选，然后浆果不经泵打即被传送到发酵酒罐中。

加入本土酵母进行基本发酵，结束后，葡萄酒被转移到法国橡木酒桶中进行苹果酸 - 乳酸发酵。酿制赤霞珠葡萄酒时全部使用新酒桶，而酿制席拉葡萄酒时只有一半是新酒桶。赤霞珠葡萄酒陈年 22 个月后装瓶，而席拉葡萄酒只陈年 15 个月。

年产量

阿劳霍酒庄艾西尔园赤霞珠红葡萄酒：24,000 瓶

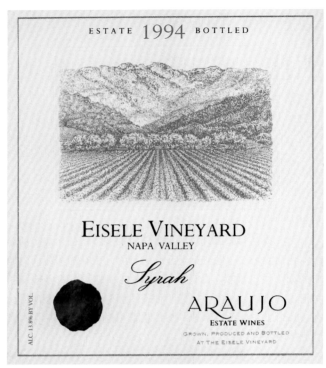

阿劳霍酒庄葡萄酒酒标

阿劳霍酒庄艾西尔园席拉红葡萄酒：4,000 瓶

平均售价（与年份有关）：50~125 美元

近期最佳年份

赤霞珠：2003 年，2002 年，2001 年，1999 年，1996 年，1995 年，1994 年，1993 年，1992 年，1991 年

席拉：2002 年，1999 年，1998 年

自1971 年以来，加州一些最具陈年价值和口味最强烈的赤霞珠葡萄酒都是酿自于生长在艾西尔葡萄园的葡萄。艾西尔葡萄园位于纳帕谷最北部附近的阶地上，恰好位于卡利斯托加市的正东方。这个占地 40 英亩的葡萄园北靠岩壁山脉（Palisades Mountains），因为沐浴着从粉笔山谷（the Chalk Hill Gap）吹过来的西风而比较凉爽，土壤为温暖的鹅卵石，生产出少量异常集中的葡萄。酿制于这个卓越地方的葡萄酒将直白的特点、清晰精致的口味、美妙的质感、深厚的浓缩度非常好地结合在了一起，不仅没有沉重感，还拥有陈年后变得深远复杂的潜力。

艾西尔葡萄园最初是在 19 世纪 80 年代被种植的，当时园中种满了仙粉黛和雷司令，从那以后就一直在爬藤，直到 1964 年才第一次种植卡勃耐。

米尔特·艾西尔（Milt Eisele）和芭芭拉·艾西尔（Barbara Eisele）在 1969 年购买了这个占地面积为 137 英亩的庄园，其中葡萄园占地面积为 35 英亩。一开始他们把自己收获的葡萄卖给当地的合作社，但是他们发现自己的葡萄有着卓越的品质，已故的葡萄酒专家巴尼·罗兹（Barney Rhodes）和哈利·沃（Harry Waugh）也建议他们为自己的葡萄酒创造一个葡萄园称号。于是他们与山脊庄园（Ridge Vineyards）的酿酒师保罗·德雷珀（Paul Draper）取得了联系，德雷柏在 1971 年酿制了第一款艾西尔园赤霞珠葡萄酒。这款划时代的葡萄酒是加州产区最先以葡萄园命名的卡勃耐葡萄酒之一，这款酒在瓶中放置 30 年以上后会变得优雅和美妙。很多人都认为它是纳帕谷出产的最优质的葡萄酒之一。1972 和 1973 年，他们把葡萄卖给了罗伯特 - 蒙大维酒厂（Robert Mondavi Winery），该酒厂用它们酿制了卡勃耐珍藏葡萄酒。1974 年，科恩 - 克里克酒厂（Conn Creek Winery）酿制了第二款以艾西尔葡萄园命名的卡勃耐葡萄酒，这款酒也拥有同样令人印象深刻的寿命，倍受好评。

1975 年，葡萄酒幻想家约瑟夫·菲尔普斯（Joseph Phelps）开始从艾西尔葡萄园酿制一系列卡勃耐葡萄酒，这些酒最后都成为了传奇。在约瑟夫·菲尔普斯购置葡萄期间，使用这些葡萄酿制的葡萄酒都显示出艾西尔葡萄园无与伦比的特点和质量。1991 年一共出产了两款意义重大的艾西尔园卡勃耐葡萄酒——菲尔普斯从该葡萄园装瓶的葡萄酒，和第一款阿劳霍酒庄赤霞珠葡萄酒。

阿劳霍家族于 1990 获得了这家酒庄。从那时候开始，所有葡萄园的葡萄都无一例外地用来酿制本酒庄装瓶的葡萄酒。

托尼·索特（Tony Soter）是阿劳霍酒庄最初的咨询酒类学家，他于 1993 年雇佣弗朗索瓦·佩斯空（Françoise Peschon）担当自己的酿酒助理。弗朗索瓦出生于卢森堡（Luxembourg），在加州长大，后来在加州大学戴维斯分校获得了酒类学学位。她从波尔多大学完成研究生学业后，来到奥比昂酒庄（Chàteau Haut-Brion）见习，后来又回到加州加入纳帕谷的鹿跃酒窖（Stag's Leap Wine Cellars），在这里工作 7 年后加入了阿劳霍酒庄。她 1996 年成为酿酒师，期间托尼和他的同事米亚·克莱恩（Mia Klein）一直担任她的咨询师，直到 1998 年托尼退休。阿劳霍酒庄始终如一的特征在很大程度上都源于弗朗索瓦对葡萄园和葡萄酒积累的经验，以及她对酿制表现葡萄园特性葡萄酒的专注。

米歇尔·罗兰（Michel Rolland）是法国备受尊敬的咨询酒类学家，他也于 2000 年加入了阿劳霍团队。

阿劳霍酒庄的目标是，酿制能够清晰表现该酒庄风土条件独特性的世界一流的葡萄酒。他们认为有机耕作和生物动力耕作方式是种植该地区独一无二的葡萄最有效和可持续的方式，还可以通过改善土壤的质量从而提高葡萄酒的口味。

为了酿制该酒庄的旗舰葡萄酒，占地面积 40 英亩的艾西尔葡萄园中四分之三的土地上种植着赤霞珠和它的伙伴品种——品丽珠、小味多和美乐。结果酿制出的葡萄酒强烈地表现出艾西尔葡萄园的风土条件，显示出黑醋栗、黑莓、黑色樱桃、雪松、巧克力和板岩特性的口味，还有着悠长的矿物质余韵。艾西尔葡萄园的卡勃耐因为它们集中而不沉重的个性、油滑的质感和几十年的陈年能力而闻名。

在约瑟夫·菲尔普斯的要求下，席拉在 1978 年时第一次被米尔特·艾西尔种植于该园，但是由于市场对席拉葡萄酒的需求不大，所以酿制以艾西尔葡萄园命名的席拉葡萄酒这一计划被搁浅了。1986 年，席拉葡萄树被芽接到卡勃耐葡萄树上，不过大约有 100 株席拉葡萄树并没有任何改变。后来阿劳霍家族发现了少有的这些没有变化的席拉葡萄树，并且在 1991 年和 1993 年用它们酿制了葡萄酒，之后席拉这种古老而高贵的葡萄品种就被正式认可了，他们就增加了葡萄园中的植株数。有一些席拉发酵时还会加入维欧尼，其比例大约为 5%。阿劳霍的席拉葡萄酒是一款深远、神秘、令人叹服的葡萄酒，从另一个方面表现出艾西尔葡萄园风土条件的独特性。

这个可以当做参考标准的酒厂一直都是加州北部地区内我最喜欢的一个酒厂。从我 1974 年第一次品尝

科恩 - 克里克艾西尔葡萄酒开始，我就一直是艾西尔园赤霞珠葡萄酒的一个忠实爱好者。该酒庄的庄园主达芙妮·阿劳霍和巴特·阿劳霍让我备受鼓舞，他们已经利用这里一流的风土条件建立了一个世界一流的酒厂和葡萄园，不仅酿制着令人惊叹的赤霞珠葡萄酒，还酿制着惊人的席拉葡萄酒。

CABERNET SAUVIGNON EISELE VINEYARD
阿劳霍酒庄艾西尔园赤霞珠红葡萄酒

2003 Cabernet Sauvignon Eisele Vineyard
阿劳霍酒庄艾西尔园赤霞珠红葡萄酒 2003

评分：96~98 分

2003 年款艾西尔园赤霞珠红葡萄酒的产量为 1600 箱，是用 95% 的赤霞珠和 5% 的小味多混合酿制而成，酿酒师弗朗索瓦说他们可能扭曲了这一混合，不过随着它的进化，这一说法似乎并不正确。这款酒的酒精度比 2002 年和 2001 年年份酒都要高，但却同样强烈和饱满。它散发出花朵、矿物质、黑色水果和香烟混合的优雅风味，酒中含有美妙的水果，中度酒体到重酒体，相当强烈，余韵可以持续将近一分钟。与更加能够满足成人感官的 2002 年年份酒和更加强健的 2001 年年份酒相比，这款卡勃耐葡萄酒的风格更加现代化。这款酿制精美的卡勃耐葡萄酒在释放的一年后应该就可以饮用。它将会美妙地进化 15 到 20 年。

2002 Cabernet Sauvignon Eisele Vineyard
阿劳霍酒庄艾西尔园赤霞珠红葡萄酒 2002

评分：98~100 分

精致的 2002 年款艾西尔园赤霞珠红葡萄酒有可能会非常完美。这款酒的产量为 1650 箱，是用 92% 的赤霞珠、5% 的品丽珠和 3% 的小味多混合酿制而成，它们都采自产量相当低的葡萄园。它表现出上乘的强度、口味、优雅和高贵性，还爆发出矿物质、欧亚甘草、雪松、黑醋栗奶油、香子兰和香料风味混合的、令人惊叹的复杂鼻嗅。它异常丰富、细致和精致，极好地表现出赤霞珠的特性，还表现出拥有纳帕谷卡勃耐的力量和效力的波尔多葡萄酒的优雅特性。这款酒是一款杰作，可以现在饮用，也可以继续窖藏 20 年以上。

2001 Cabernet Sauvignon Eisele Vineyard
阿劳霍酒庄艾西尔园赤霞珠红葡萄酒 2001

评分：97 分

2001 年款艾西尔园赤霞珠红葡萄酒产自于种有大量葡萄树的葡萄园，产量总共为 1700 箱，是用 75% 的赤霞珠和 25% 的品丽珠混合酿制而成。它的酒色为饱满的紫色，散发出黑醋栗、吐司、泥土和少量雪松混合的抑制的但却令人印象深刻的鼻嗅。这款酒强劲，多层次，完美均衡，将力量

和优雅美妙地结合在了一起。它开始稍稍有点封闭，但是与 2002 年和 2003 年年份酒相比，它似乎更加强健。最佳饮用期：2008~2025 年。

2000 Cabernet Sauvignon Eisele Vineyard
阿劳霍酒庄艾西尔园赤霞珠红葡萄酒 2000

评分：91 分

2000 年款艾西尔园赤霞珠红葡萄酒的产量为 1700 箱，是用 84% 的赤霞珠、9% 的品丽珠、7% 的小味多和美乐混合酿制而成。这个年份酿制的葡萄酒更加轻盈，所以这款陈酿有着波尔多葡萄酒的风格。这款有结构的、芬芳的卡勃耐葡萄酒散发出黑加仑、泥土和紫丁香（这种风味会让人想起玛歌酒庄（Château Margaux）葡萄酒）混合的醇香。这款酒呈深宝石红色或深紫色，中度酒体，质感美妙，稍微有点尖刻，但是出色的纯粹和均衡。依照阿劳霍酒庄的标准，这款酒重量更轻，是一款相当均衡和可亲近的葡萄酒。建议在接下来的 10 到 12 年内饮用。

1999 Cabernet Sauvignon Eisele Vineyard
阿劳霍酒庄艾西尔园赤霞珠红葡萄酒 1999

评分：95 分

1999 年款艾西尔园赤霞珠红葡萄酒的产量为 1750 箱，是用 85% 的赤霞珠、7% 的品丽珠、5% 的小味多和 3% 的美乐混合酿制而成，散发出焚香、黑醋栗奶油、矿物质和花朵混合的爆发性陈酿香。它中度酒体或略显强劲，非常和谐，刚入口时口感甘甜，还有着甘甜的余韵。这是一款显示力量和丰富性并与优雅相关的经典葡萄酒。很明显，批判加州不能酿制出优雅葡萄酒的国外媒体绝对没有品尝过这款酒。最佳饮用期：现在开始到 2020 年。

1998 Cabernet Sauvignon Eisele Vineyard
阿劳霍酒庄艾西尔园赤霞珠红葡萄酒 1998

评分：92 分

1998 年款艾西尔园赤霞珠红葡萄酒比平常装瓶要早一点，因为这个年份没有之前年份的厚重和集中特性。这款酒柔软、优雅，散发出香烟、黑加仑、香料盒和雪松风味混合的、复杂并进化的陈酿香。入口后，这款酒非常向前，表现出甘甜的单宁酸、悦人的丰富性和集中的水果特性，还有着惊人集中的酸度。这款诱人的葡萄酒现在就可以饮用，也可以在接下来的 12 到 15 年内饮用。

1997 Cabernet Sauvignon Eisele Vineyard
阿劳霍酒庄艾西尔园赤霞珠红葡萄酒 1997

评分：92 分

1997 年艾西尔园赤霞珠红葡萄酒是一款美酒。酒色呈健康的宝石红色或紫色，散发出经典的、尚未进化但却很有前景的果香，并带有矿物质、雪松、香烟和黑加仑的风味。这款酒中度酒体或略显强劲，惊人的纯粹，有着甘甜、多汁

的中期口感，余韵中表现出成熟的单宁酸。出众的 1997 年年份酒是一款抑制的经典葡萄酒。最佳饮用期：现在开始到 2020 年。

1996 Cabernet Sauvignon Eisele Vineyard
阿劳霍酒庄艾西尔园赤霞珠红葡萄酒 1996

评分：94 分

1996 年款艾西尔园赤霞珠红葡萄酒呈饱满的紫色，散发出黑色水果、吐司、矿物质、微弱焦油和木材烟风味混合的迷人鼻嗅。这款酒强劲，惊人的纯粹，拥有多层次的中期口感和余韵，是一款极具表现力、纯粹、有力和骨架巨大的葡萄酒。最佳饮用期：现在开始到 2014 年。

1995 Cabernet Sauvignon Eisele Vineyard
阿劳霍酒庄艾西尔园赤霞珠红葡萄酒 1995

评分：98 分

1995 年款艾西尔园赤霞珠红葡萄酒呈饱满的紫色或黑色，散发出甘甜香子兰的果香，还混有引人入胜的黑加仑、矿物质、奇特香料、咖啡和吐司的风味。这款微妙有力的巨大葡萄酒并没有任何过分的表现。这是一款经典的纳帕谷葡萄酒，强劲，相当丰富，而且仍然均衡和对称。这款惊人的赤霞珠葡萄酒应该可以毫不费力地陈年 30 年或者更久。最佳饮用期：现在开始到 2030 年。

1994 Cabernet Sauvignon Eisele Vineyard
阿劳霍酒庄艾西尔园赤霞珠红葡萄酒 1994

评分：95 分

1994 年款艾西尔园赤霞珠红葡萄酒呈惊人饱满的暗紫色。尽管没有 1993 年年份酒有力，也没有 1995 年年份酒集中，但它仍是一款深远丰富、质感丝滑的葡萄酒，顺滑的单宁酸和多层次的黑醋栗、黑莓、淡淡的矿物质水果之间也奇妙的均衡。这款酒倒出 45 分钟左右后会令人印象更加深刻，它可以很好地陈年 15 到 20 年。

1993 Cabernet Sauvignon Eisele Vineyard
阿劳霍酒庄艾西尔园赤霞珠红葡萄酒 1993

评分：96 分

1993 年款艾西尔园赤霞珠红葡萄酒呈不透明的紫色，鼻嗅中带有香烟、巧克力、黑加仑、欧亚甘草和矿物质风味。入口后，这款酒表现出惊人的密度、浓缩度、甘甜的水果和单宁酸，还有着 30 到 40 秒的余韵。尽管这款酒中有着高含量的新橡木，但是已经被它的精粹物和集中的水果完全吸收。对于一款 1993 年年份酒来说，它表现出了不同寻常的早熟特性，余韵中隐藏着大量的单宁酸，但是却被卓越的丰富性很好地隐藏了。这款美酒注定可以毫不费力地陈年 20 到 25 年。

1992 Cabernet Sauvignon Eisele Vineyard
阿劳霍酒庄艾西尔园赤霞珠红葡萄酒 1992

评分：96 分

1992 年款艾西尔园赤霞珠红葡萄酒是酿自于这个一流葡萄园的另一款惊人的葡萄酒。它散发出黑加仑、矿物质和香料风味混合的甘甜、纯粹鼻嗅。这款酒强劲、有力，单宁明显，而且尚未完全进化，还有着 10 到 15 年的陈年潜力。这是一款非常丰富的赤霞珠葡萄酒，出色的均衡和纯粹。最佳饮用期：现在开始到 2020 年。

1991 Cabernet Sauvignon Eisele Vineyard
阿劳霍酒庄艾西尔园赤霞珠红葡萄酒 1991

评分：95 分

这款动人的加州卡勃耐葡萄酒表现出令人激动的力量和优雅的结合。酒色呈不透明的紫色，含有大量糖蜜、矿物质、欧亚甘草、花香和黑加仑水果混合的鼻嗅，重酒体，异常纯粹，有着集中并被很好隐藏的酸性和单宁酸，还有着惊人悠长的余韵。

SYRAH EISELE VINEYARD
阿劳霍酒庄艾西尔园席拉红葡萄酒

2003 Syrah Eisele Vineyard
阿劳霍酒庄艾西尔园席拉红葡萄酒 2003

评分：93~95 分

这款 2003 年艾西尔园席拉红葡萄酒拥有 2002 年年份酒甘甜的单宁酸和惊人的强度，但却没有后者的长度、力量和整体深度。这款酒发酵时加入了 5% 的维欧尼。建议在接下来的 7 到 8 年内饮用。

2002 Syrah Eisele Vineyard
阿劳霍酒庄艾西尔园席拉红葡萄酒 2002

评分：95 分

2002 年款艾西尔园席拉红葡萄酒呈黑色或紫色，相当成熟，散发出黑莓、木炭和白色花朵混合的风味。这款酒的酿制风格强劲、丰裕，我建议在它生命的前 7 到前 10 年内饮用。

2001 Syrah Eisele Vineyard
阿劳霍酒庄艾西尔园席拉红葡萄酒 2001

评分：94 分

这款令人叹服的 2001 年艾西尔园席拉红葡萄酒的产量为 200 箱，混合成分中维欧尼占 4%，为它那令人印象深刻的陈酿香（黑莓利口酒、花朵、巧克力糖和少量熏肉的风味）增添了些许的魅力和丰富性。这款酒强劲、非常强烈和纯粹，可能是目前为止阿劳霍酒庄酿制出的最优质的一款席拉葡萄酒。最佳饮用期：现在开始到 2016 年。

2000 Syrah Eisele Vineyard
阿劳霍酒庄艾西尔园席拉红葡萄酒 2000

评分：92 分

2000 年艾西尔园席拉红葡萄酒是一款高级、有限的葡萄酒，产量只有 470 箱。酒色呈暗宝石红色或暗紫色，有着深厚、耐嚼的黑莓水果特性，还有着少量白色胡椒、洋槐花和沃土的风味。这款酒厚重、柔软，含有甘甜的单宁酸，在接下来的 5 到 6 年内应该都很可口。

1999 Syrah Eisele Vineyard
阿劳霍酒庄艾西尔园席拉红葡萄酒 1999

评分：92 分

1999 年款艾西尔园席拉红葡萄酒是用 94% 的席拉和 6% 的维欧尼混合酿制而成，酒色呈不透明的紫色或宝石红色，爆发出液态沥青、石墨、黑莓利口酒、咖啡和少量胡椒混合的悦人、复杂果香。这款强劲的席拉葡萄酒不论大小，表现出惊人的清新、细腻和优雅特性。它绵长、丰富，有着法国葡萄酒的风格。最好在接下来的 5 到 10 年内饮用。

1997 Syrah Eisele Vineyard
阿劳霍酒庄艾西尔园席拉红葡萄酒 1997

评分：90 分

1997 年艾西尔园席拉红葡萄酒是一款性感、惊人进化和相当芬芳的葡萄酒，有着该年份特有的宽阔果香和诱人个性。这款酒的酒色为饱满的暗紫色，散发出明显的香烟、熏肉、吐司、热带水果、黑莓、金银花、胡椒和香料风味混合的鼻嗅。这款酒进化、多汁、丰富、集中，相对于它的强度来说惊人的精致。这款美妙的席拉葡萄酒可以再很好地陈年 5 到 6 年。

1996 Syrah Eisele Vineyard
阿劳霍酒庄艾西尔园席拉红葡萄酒 1996

评分：92 分

1996 年艾西尔园席拉红葡萄酒是一款强劲、强壮的葡萄酒，表现出明显的胡椒、黑莓和黑醋栗风味。这款对称、体积巨大的葡萄酒丰富、纯粹，含有甘甜的单宁酸和巨大的力量，还有着与它的体积和力量相对应的优雅性。这款酒现在就可以饮用，也可以再贮存 5 到 10 年，或者更久。

1995 Syrah Eisele Vineyard
阿劳霍酒庄艾西尔园席拉红葡萄酒 1995

评分：97 分

令人惊叹的 1995 年艾西尔园席拉红葡萄酒是我所品尝过的最优质的新世界席拉葡萄酒之一。它的酒色为不透明的紫色，陈酿香中带有木柴火、欧亚甘草、黑莓果酱、黑醋栗和明显的黑色巧克力糖、欧亚甘草等爆发性风味。这款酒强劲、丰富，拥有动人的精粹口味，还有着 35 秒左右的余韵，是一款深远、美妙的席拉葡萄酒，这款酒 5 到 7 年后饮用最佳。

BERINGER VINEYARDS
贝林格酒庄

酒品：贝林格酒庄私藏赤霞珠红葡萄酒（Cabernet Sauvignon Private Reserve）

庄园主：贝林格 - 伯拉斯酒庄（Beringer Blass Wine Estates）

地　址：2000 Main Street,St.Helena,CA 94574(physical address); P.O.Box 111,St.Helena,CA 94574(mailing address)

电话：（1）707 963-7115

传真：（1）707 963-1735

邮箱：Beringer.Vineyards@beringerblass.com

网址：www.beringer.com

联系人：公共关系部艾莉森·辛普森（Allison Simpson）

参观规定：除感恩节和圣诞节外，每天都接受参观和品酒。开放时间：夏季（6 月到 10 月）10am-6pm；冬季（11 月到 3 月）10am-5pm。欲了解详情请致电（707）963-4812

葡萄园

占地面积：贝林格酒庄拥有纳帕谷 2,134 英亩和骑士山谷（Knights Valley）600 英亩的种植土地，或者说拥有这些土地的长期租赁协议。他们的特选珍藏卡勃耐葡萄酒是他们产量最有限的葡萄酒之一（产量通常都在 10,000 和 15,000 箱之间）。

葡萄品种：在纳帕谷和骑士山谷：840 英亩霞多丽，442 英亩美乐，322 英亩赤霞珠，94 英亩品丽珠，82 英亩席拉，73 英亩黑品诺，还有各种各样的其他品种，包括维欧尼、约翰内斯堡（Johannesberg）雷司令、马尔贝克、小味多、品丽珠等。

平均树龄：不同品种和葡萄园之间的差异很大。

种植密度：植株间距各不相同，一般都是 8'×6'、8'×5'、6'×7' 和 6'×6'

平均产量：不同品种和葡萄园之间的差异很大，赤霞珠是 2,000~4,000 千克 / 英亩

酒的酿制

大体说来，葡萄酒大师埃德·斯布拉贾（Ed Sbragia）和酿酒商劳里·胡克（Laurie Hook）都努力尽可能地从葡萄中精粹葡萄园的特性，并且在均衡的葡萄酒中将葡萄园的特性表现出来。斯布拉贾说："假如一个葡萄园有能力生产出成熟、集中的葡萄，那么我在葡萄真正成熟之前就采收它们只是浪费机会。"从风格上来说，贝林格酒庄的葡萄酒都非常强烈，在保持良好均衡的同时还拥有复杂的果香和口味。

与葡萄酒质量有关的首要关键因素是葡萄培植，包括季节更替时注意护理葡萄树，管理好遮蓬以保证每一串葡萄都可以最大程度地接受光照，必要时还需摘下一些葡萄以保证葡萄树的平衡等，还有就是对葡萄采收的日期做出正确的判断。20 多年来，贝林格酒庄的葡萄培植团队都是由葡萄园经理鲍勃·施泰因豪尔（Bob Steinhauer）领导，他们和酿酒师共同努力以保证生产出最优质的葡萄酒。施泰因豪尔说："现在已经发展到我从埃德脸上的表情就能看出他在想什么。"埃德和劳里在葡萄采收的时候，每天上午都会花几个小时穿梭于各个葡萄园中，对葡萄进行品尝，以便更好地了解葡萄和葡萄树的发展状态。他们对于采收期的判断一般基于葡萄的口味、葡萄皮留下的口感、葡萄籽的样子和葡萄树的状态。

酿制特选珍藏赤霞珠红葡萄酒时，埃德更喜欢使用法国内弗斯（Nevers）橡木酒桶对葡萄酒进行传统陈年。根据葡萄的生长地点（山坡葡萄园或者谷底葡萄园）和年份的条件不同，陈年时期一般为一年半到两年。装瓶后，葡萄酒通常还会再继续陈年一年半到两年的时间。

年产量

贝林格酒庄纳帕谷特选珍藏赤霞珠红葡萄酒：10,000 箱平均售价（与年份有关）：75~100 美元

近期最佳年份

2002 年，2001 年，1999 年，1997 年，1994 年，1992 年，1991 年，1987 年，1986 年，1985 年，1978 年

1875 年 9 月 3 日那天，雅克布·贝林格（Jacob Beringer）以 14,500 美元的价格购买了占地面积为 215 英亩的房产，该房产现在仍处于贝林格酒庄的纳帕谷酒庄的中心位置。这次购买包括一个两层的农舍［现在已成为赫德森（Hudson）的房屋］，和一个占地面积为 28 英亩的葡萄园，即圣 - 海伦娜家庭葡萄园（St. Helena Home Vineyard），现在面积已经增至 48 英亩。该园中已经种满了白雷司令、恰贝尔特（Chappelt）和赤霞珠。第二年，雅克布·贝林格和弗雷德里克·贝林格（Fredrick Beringer）共同建立了贝林格兄弟酒厂。1876 年是他们第一年采收葡萄，葡萄酒的产量大约为 18,000 箱。

接着在 1919 年进入禁酒时期（Prohibition）。贝林格兄弟继续耕种自己 200 英亩大小的葡萄园，到 1933 年禁酒撤销时，他们大约酿制了 15,000 箱〝圣坛〞葡萄酒。那时酒庄正在种植青长相思（Sauvignon Vert）、约翰尼斯堡雷司令（Johannisberg Riesling）、赤霞珠、小席拉（Petite Syrah）、阿利坎特（Alicante）、金夏瑟拉（Golden Chasselas）、沙美龙（Semillon）、古旦代尔（Gutedel）、绿匈牙利葡萄（Green Hungarian）和汉堡（Burger）。

1976 年，贝林格兄弟用两款特别的瓶装酒来庆祝酒厂的百年纪念——1974 年款霞多丽白葡萄酒和 1973 年款赤霞珠红葡萄酒，它们均酿自于圣 - 海伦娜家庭葡萄园。埃德·斯布拉贾也在这一年被聘用为助理酿酒师。1980 年，该酒庄第一次释放了几款特选珍藏葡萄酒，它们都在橙县博览会（Orange County Fair）上赢得了金牌，即 1978 年款特选珍藏霞多丽白葡萄酒和 1977 年款特选珍藏卡勃耐葡萄酒，以前叫做莱蒙酒园（Lemmon Ranch）葡萄酒，也就是现在的夏博园（Chabot）葡萄酒。

贝林格酒庄的葡萄酒有着始终如一的优点，即它们的内涵都很长寿。2001 年，这家酒厂在庆祝 125 周年纪念时，为在酒厂工作 15 年（最长的达 47 年！）

以上的 125 名员工颁发了勋章，其中至少有 100 人都是在酿酒部门和葡萄园工作。埃德·斯布拉贾认为长时间留守的员工可以被视为有着〝复合兴趣〞的有经验者。

我甚至想不起有任何一款贝林格酒庄的特选珍藏年份酒让人失望过。更让人羡慕的是，他们在保持 10,000 箱到 15,000 箱产量的同时，还能保持葡萄酒的出色质量。统计学家应该注意到特选珍藏葡萄酒的混合成分中赤霞珠一直占 97% 以上，而且葡萄酒会放在全新的橡木酒桶中陈年 22 个月到 2 年。我发现贝林格酒庄所有的葡萄酒都有一个共性，它们会表现出与含量丰富的水果和甘油很好搭配的烟熏、巧克力和欧亚甘草特性。这些特选珍藏是消费者最安全的选择之一，因为它们始终如一地表现出卡勃耐品种特选的优秀性和精确性。

特别令人钦佩的一点是，贝林格酒庄已经达到这样的规模、地位和重要性，但仍然坚持继续把自己的葡萄酒质量推向更高的高度。尽管这个酒庄现在已取得了极高的声誉，但是这个具有历史意义的酒厂中似乎没有人满意于保持所谓的地位一说。贝林格酒庄的表现一直都惊人的出色。

CABERNET SAUVIGNON PRIVATE RESERVE
贝林格酒庄私藏赤霞珠红葡萄酒

2002 Cabernet Sauvignon Private Reserve
贝林格酒庄私藏赤霞珠红葡萄酒 2002

评分：91~93 分

这款 2002 年特选珍藏赤霞珠红葡萄酒在我品尝的时候是葡萄味的、尚未完全进化和初等的，不过它表现出大量的水果和强劲、劲力十足、高甘油含量的风格。我敢肯定，进一步的酒桶陈年会使它变得更加复杂。最佳饮用期：2010~2022 年。

2001 Cabernet Sauvignon Private Reserve
贝林格酒庄私藏赤霞珠红葡萄酒 2001

评分：96 分

埃德·斯布拉贾把贝林格酒庄所有的 2001 年赤霞珠陈酿都混合在一起，就有了这款最优质的赤霞珠葡萄酒，即 2001 年款特选珍藏赤霞珠红葡萄酒，产量为 11,000 箱，是真正神圣的卡勃耐神酒。从统计学家的角度来看，44% 来自施泰恩豪尔葡萄园（Steinhauer Vineyard），1% 来自班克罗夫特酒园（Bancroft Ranch），17% 来自欧索酒园（Rancho del Oso），3% 来自夏博园（Chabot），13% 来自圣 - 海伦娜家庭

酒园（St. Helena Home Ranch），还有 12% 来自马斯顿葡萄园（Marston Vineyard）。这是一款卓越的葡萄酒，体积巨大而且优雅，爆发出黑醋栗奶油、巧克力和烟熏橡木的经典风味。这款强劲的赤霞珠葡萄酒呈饱满的紫色，非常满足人的感官，并且相当集中和强烈，还有着可以持续将近一分钟的余韵，是贝林格酒庄酿制出的最优质的葡萄酒之一。它是对出色的埃德·斯布拉贾的称颂。最佳饮用期：2007~2023 年。

1999 Cabernet Sauvignon Private Reserve
贝林格酒庄私藏赤霞珠红葡萄酒 1999

评分：90 分

1999 年款特选珍藏赤霞珠红葡萄酒呈暗宝石红色或暗紫色，散发出烟草、雪松精油、香料盒和黑加仑风味混合的、受波尔多影响的甘甜陈酿香。这款酒单宁适中、中度酒体，还有着坚实的余韵，但仍需要耐心等待。品尝这款酒的时候，你会发现它明显是用生长于凉爽气候中的葡萄酿制而成的。最佳饮用期：现在开始到 2014 年。

1997 Cabernet Sauvignon Private Reserve
贝林格酒庄私藏赤霞珠红葡萄酒 1997

评分：94 分

1997 年款特选珍藏赤霞珠红葡萄酒呈不透明的紫红色或紫色，散发出烟熏香草、液态欧亚甘草和黑加仑果酱风味混合的上乘鼻嗅。这款性感、劲力十足的赤霞珠葡萄酒强劲，有着丝滑的质感和丰裕的个性，它在年轻时会比较可口，还可以贮存 18 到 20 年。最佳饮用期：现在开始到 2020 年。

1996 Cabernet Sauvignon Private Reserve
贝林格酒庄私藏赤霞珠红葡萄酒 1996

评分：91 分

1996 年款特选珍藏赤霞珠红葡萄酒比 1995 年款更加集中，含有更高的单宁酸。我知道它是一个权衡后的选择，但我估计这款年份酒年轻时没有 1995 年款性感。这款酒呈暗宝石红色或暗紫色，散发出更多欧亚甘草的风味，还有明显的吐司、黑加仑水果果酱和香料的风味。这款特选珍藏红葡萄酒有结构、强劲而且有力，适合从现在到 2019 年间饮用。

1995 Cabernet Sauvignon Private Reserve
贝林格酒庄私藏赤霞珠红葡萄酒 1995

评分：93 分

1995 年款特选珍藏赤霞珠红葡萄酒呈深紫色，是一款强劲、爆发性丰富的葡萄酒，表现出成熟的水果特性。它散发出烟熏橡木、大量黑醋栗、淡淡雪茄和雪松混合的风味，表现出多层次、多维度的口感。这款满足人感官的、诱人的葡萄酒现在饮用口感就很不错，不过还可以毫不费力地陈年 10 到 15 年。

1994 Cabernet Sauvignon Private Reserve
贝林格酒庄私藏赤霞珠红葡萄酒 1994

评分：94 分

贝林格酒庄的特选珍藏一直是我最喜欢的加州卡勃耐葡

萄酒之一，尤其是自 20 世纪 70 年代晚期以来的年份酒。它们年轻时既可以饮用，还可以很好地陈年，明显可以在 20 年的时间里很好地进化，并保持自己的水果特性。极佳的 1994 年款特选珍藏赤霞珠红葡萄酒呈不透明的紫色，表现出烘烤橡木的悦人鼻嗅，有着丝滑和集中的质感，并含有不引人注意的酸度和单宁酸。它有着多层次的丰富性和卓越的均衡性，含有甘甜和纯粹的水果，还有着可以持续将近 30 秒的余韵。这些葡萄酒都在全新的橡木酒桶中陈年，酿制的混合成分中赤霞珠占 97% 以上，剩余的为品丽珠。令人惊奇的是，最终的成品酒中橡木风味一点都没显示出来，这表明这些葡萄酒都非常集中，而且酿制技术非常出色。和很多纳帕产区（Napa）和索诺玛产区（Sonoma）的顶级 1994 年份酒一样，这款酒还可以很好地陈年 10 到 12 甚至更久。

1993 Cabernet Sauvignon Private Reserve
贝林格酒庄私藏赤霞珠红葡萄酒 1993

评分：92 分

这款酒呈不透明的紫色，表现出糖蜜、烟熏、巧克力、欧亚甘草和黑加仑风味混合的、有前景的鼻嗅，还有着深厚、有力、强劲的口味。正常情况下，这些特选珍藏都有着早熟和丝滑的特性，以及向前的丰富性。这款 1993 年特选珍藏葡萄酒的果香非常有益，但是表现出最初入口的甘甜水果口感之后，它就会显现出明显的单宁感。这是一款出色的葡萄酒，有着长远的前景。与悦人早熟的 1994 年、1992 年、1991 年和 1990 年四款年份酒相比，它当前的吸引力稍逊一筹。最佳饮用期：现在开始到 2015 年。

1992 Cabernet Sauvignon Private Reserve
贝林格酒庄私藏赤霞珠红葡萄酒 1992

评分：96 分

1992 年款特选珍藏赤霞珠红葡萄酒呈不透明的颜色，表现出烟熏、巧克力风味的巨大鼻嗅，还有着大量的黑色水果。这是一款柔软、质感满足人感官、强劲的葡萄酒，有着卓越的浓缩度和纯度。这款赤霞珠葡萄酒有着圆润、悦人、甘美多汁的风格，可以再贮存 7 年以上。最佳饮用期：现在开始到 2010 年。

1991 Cabernet Sauvignon Private Reserve
贝林格酒庄私藏赤霞珠红葡萄酒 1991

评分：96 分

贝林格酒庄的这款 1991 年特选珍藏赤霞珠红葡萄酒拥有出色的浓缩度、烟熏味的美妙鼻嗅以及油滑质感的黑色水果和红色水果，它有着甘甜、大方、堕落丰富的口味，还有着低酸度和满足人感官的、悠长的多汁余韵。这款惊人的卡勃耐葡萄酒在接下来的 7 年甚至更久的时间内口感应该都很不错。最佳饮用期：现在开始到 2010+ 年。

1990 Cabernet Sauvignon Private Reserve
贝林格酒庄私藏赤霞珠红葡萄酒 1990

1990 年款特选珍藏赤霞珠红葡萄酒内涵大方，酒色为暗紫色，是一款丰富、丰裕、强劲的葡萄酒，满载多层次的口味，有着含量丰富的多汁水果和甜的单宁酸，还有着中度数量的丰富橡木味。它虽然没有 1991 年款强劲和集中，但仍是一款上乘的纳帕谷赤霞珠葡萄酒。在接下来的 3 到 6 年内口感应该仍会很好。最佳饮用期：现在开始到 2009 年。

1987 Cabernet Sauvignon Private Reserve
贝林格酒庄私藏赤霞珠红葡萄酒 1987

评分：93 分

这款 1987 年珍藏足以和极佳的 1986 年款匹敌。它的酒色为暗宝石红色或暗石榴红色，散发出一流的陈酿香，它美妙的风味中还有着巧克力、香甜新橡木、香草、黑醋栗和烟草混合的酒香。入口后，它强劲、满足人感官、香甜，而且满载水果和甘油，酒中的单宁酸含量足够支撑它再窖藏 5 到 6 年。和 1986 年款一样，它的单宁酸非常柔软，幸运的是，酸度也不会阻止它的即时可饮用性。这是一款酿制精巧、复杂的赤霞珠葡萄酒，它不能在零售商的货架上逗留多长时间了。最佳饮用期：现在开始到 2009 年。

1986 Cabernet Sauvignon Private Reserve
贝林格酒庄私藏赤霞珠红葡萄酒 1986

评分：90 分

1986 年特选珍藏赤霞珠红葡萄酒是一款完全成熟、开放的葡萄酒，现在非常可口。它的酒色为暗石榴红色，边缘带有些许琥珀色。这是一款强劲、甘甜、宽阔、耐嚼的葡萄酒，散发出欧亚甘草、泥土、果酱和黑色水果风味混合的、强劲的、甘甜的鼻嗅，没有任何坚硬的边缘，酸性和单宁酸都被丰满、奢华的赤霞珠很好地集中了。最佳饮用期：现在。

1985 Cabernet Sauvignon Private Reserve
贝林格酒庄私藏赤霞珠红葡萄酒 1985

评分：90 分

贝林格酒庄的 1985 年特选珍藏是一款上乘、完全成熟（相对于这个年份来说比较反常）、中度酒体到重酒体的赤霞珠红葡萄酒，散发出巧克力、香草、黑加仑风味混合的诱人鼻嗅，还有着丰富、丰满、宽阔、甘甜、果酱的口味，以及诱人的、香甜的、柔软多汁的余韵。相对于一款 1985 年年份酒来说，它成熟的速度很快，不过既然它没有表现出任何疲劳的迹象，那么大家也不必急着饮用。在接下来的 3 到 5 年内，它应该仍会继续保持现在的高度优秀特性。

1987 Cabernet Sauvignon Private Reserve
贝林格酒庄私藏赤霞珠红葡萄酒 1978

评分：93 分

这是一款令人惊叹的葡萄酒，现在仍然出色有活力，酒色呈暗紫红色或暗石榴红色，通体颜色饱满。它强劲、烟熏和泥土味的鼻嗅中混有橡木味，倒入杯中后，还会表现出黑莓、黑醋栗、巧克力和咖啡的风味。入口后，这款酒强劲、丰裕，而且非常丰富。这是一款极佳的葡萄酒，才刚刚度过青春期，堪称是酿酒史上的一款杰作，也可以证明最佳加州卡勃耐葡萄酒可以贮存多长时间。最佳饮用期：现在开始到 2015 年。

BRYANT FAMILY VINEYARD
布莱恩特家族

酒品：布莱恩特家族赤霞珠红葡萄酒（Bryant Family Caber-net Sauvignon）

庄园主：芭芭拉·布莱恩特（Barbara Bryant）和小唐纳德·布莱恩特（Donald Bryant Jr.）

地址：Winery:1567,Sage Canyon Road St.Helena CA 94574
行政办公室（邮寄名单咨询）：密苏里州（Missouri）圣 - 路易斯（St. Louis）市场街（Market Street）701 号 1200 室（Suite 1200）（邮编：63101）

电话：酒厂：(1) 707 963-0480；
行政办公室：(1) 314 231-8066

传真：(707) 963-5104

邮箱：酒厂：bryantwinery@covad.net；
行政办公室：donald.bryant@bryantgroupinc.com 或 bill.wirth@bryantgroupinc.com

联系人：酒厂酿酒师，菲利普·梅尔卡（Philippe Melka）；咨询酒类学家，米歇尔·罗兰（Michel Roland）；酒窖大师，安娜·蒙蒂切利（Anna Monticelli）；设施工程师，丹尼尔·沃伊特科维亚克（Daniel Wojtkowiak）；行政办公室：行政总裁，比尔·维尔特（Bill Wirth）

参观规定：酒厂不对外开放

葡萄园

占地面积：15 英亩的土地上种有葡萄树
葡萄品种：赤霞珠，只用来酿制庄园葡萄酒
平均树龄：5 年
种植密度：2,000 株 / 英亩
平均产量：1,500 千克 / 英亩

酒的酿制

　　布莱恩特家族酒厂本着尽可能酿制最优质葡萄酒的酿酒目标而建立。该酒厂一共有三层，整个处于一个重力流系统中。

　　采收葡萄时，他们会对其进行精心挑选。同一葡萄树的向阳和向阴面分开采摘，每个小块葡萄园的不同部分也分开采摘。采摘下来的葡萄被装在小采收篮中送到酒厂，每个篮子只装半篮满。接着进行筛选、去梗和再次筛选，然后在重力的作用下倒入酒罐中。

　　所有的葡萄都在顶端开口的不锈钢大桶中发酵，这些大桶都是为每个葡萄园块区量身定制的。接着葡萄酒被放入全新的法国酒桶中陈年，为期 18 个月。发光酒（即未贴标签的葡萄酒）装瓶放置一年后再贴标签。

年产量

　　布莱恩特家族赤霞珠葡萄酒
　　装在设备中的葡萄酒：平均为 900~1,000 箱
　　酿制完成的葡萄酒：大约为 2,000+ 箱
　　平均售价（与年份有关）：150~200 美元

近期最佳年份

　　2002 年，2000 年，1999 年，1997 年，1996 年，1995 年，1994 年，1993 年，1992 年

布莱恩特家族选择了一个非常陡峭的山坡葡萄园，里面有大小不一的岩石，还有充足的光照。

　　正是因为这个葡萄园美妙的地形才生产出如此卓越的葡萄酒。一阵阵西风吹过山脉，接着拂过亨尼西湖（Lake Hennessey）冰冷的湖面，然后直接吹入布莱恩特葡萄园。这条通路带给该葡萄园独特的个性，还加强了葡萄的质量，因为在炎炎夏日这些西风可以为葡萄降温。

　　因为园中有着理想的光照比例（上午光照为 60%，下午为 40%），和多岩石葡萄园的排水系统，所以葡萄树可以扎根很深，这样就获得了充足的水分。

为了使葡萄树的两边都可以被凉爽的西风吹到，该葡萄园已经被重新配置。由于葡萄树之间的间距很小，而且每株葡萄树的产量很低，所以该庄园酿制出了一款比例崇高的卡勃耐葡萄酒。一开始，即1992年至2001年间，该庄园的酿酒师是海伦·特雷（Helen Turley），之后由菲利普·梅尔卡（Phillipe Melka）和米歇尔·罗兰（Michel Rolland）担任。

尽管该酒庄从1992年才开始酿制第一款年份酒，但是从这个靠近纳帕谷普里查德山（Pritchard Hill）的山坡葡萄园中酿制出的葡萄酒已经达到了神话般的境界。这是质量已达到世界水平的葡萄酒，当然也达到了所有一级波尔多酒庄葡萄酒的成熟性和潜在复杂性。迄今为止，它已经拥有卓越的丰富性、复杂性和和谐特性，还有着20年以上的进化和提升潜力。

CABERNET SAUVIGNON
布莱恩特家族赤霞珠红葡萄酒

2003 Cabernet Sauvignon
布莱恩特家族赤霞珠红葡萄酒 2003

评分：96~98 分

由于前酿酒师海伦·特雷和约翰·韦特劳弗（John Wet-laufer）的离开引起的动乱和骚动，以及他们与唐·布莱恩特（Don Bryant）之间的法律纠纷之后，该酒庄又慢慢地稳定了下来，并再次证明了自己也拥有纳帕产区最优质的风土条件。2002年的葡萄培植并不是由菲利普·梅卡尔和他的布莱恩特团队负责，不过他从2003年开始酿制葡萄酒并且全权负责葡萄的培植。这款2003年年份酒的产量为400箱，其中一半的产量来自2002年，因为梅卡尔和他的团队想要显示自己有能力在该庄园的古老制度下酿制出迄今为止最优质的布莱恩特家族葡萄酒。发酵是在专为布莱恩特家族设计的顶端开口的小发酵器中进行的。这款酒非常卓越，通体呈黑色或紫色，爆发出蓝莓利口酒、黑莓利口酒、烘烤香料、山胡桃木、洋槐花和意大利式焙烤咖啡风味混合的非凡鼻嗅。这款酒是用100%的赤霞珠酿制而成，拥有上乘的强度，相当复杂，相对于它的大小和力量来说（酒精度为15%），它的口感可谓惊人的优雅和细腻。参照成熟波尔多年份酒的标准判断，它的酸度非常良好，pH值（为3.75）也很正常。布莱恩特家族的2003年年份酒是该年份最佳年份酒的候选酒之一。最佳饮用期：2008~2022+。

2002 Cabernet Sauvignon
布莱恩特家族赤霞珠红葡萄酒 2002　　评分：96 分

这款2002年赤霞珠红葡萄酒的产量为800箱，在2004年6月装瓶。它散发出蓝莓、黑莓、巧克力和烟熏混合的经典布莱恩特风味。酿制的过程中使用了全新的塔朗索酒桶。

这是一款强劲、口感有力、质感美妙并且相当纯粹的葡萄酒，虽然悠长、劲力十足的余韵中甘油含量很高，但却很好地集中了口感甘甜的单宁酸。最佳饮用期：2006~2020年。

2000 Cabernet Sauvignon
布莱恩特家族赤霞珠红葡萄酒 2000　　评分：95 分

2000年赤霞珠红葡萄酒是一款惊人的酿酒杰作。在2000年的年份酒中，像这款酒这样的质量是非常罕见和难得的，它在瓶中的表现比在酒桶中还要出色。这款酒的酒色为不透明的黑色或宝石红色或紫色，惊人的果香混合成分中包含液态欧亚甘草、矿物质、烟熏吐司、黑莓和黑醋栗风味。它强劲、深厚、多汁，是一款能满足人感官的葡萄酒，可以现在饮用，也适合在接下来的15到16年内饮用。这是一款出色的葡萄酒，从未被超越，只有几款加州北部产区的2000年年份酒可与之相媲美。

1999 Cabernet Sauvignon
布莱恩特家族赤霞珠红葡萄酒 1999　　评分：95 分

想要更加有结构和拥有波尔多风格单宁酸的读者可以试试这款1999年赤霞珠红葡萄酒。单宁酸拥有结构和年轻波尔多葡萄酒的尖刻特性。它的鼻嗅中带有液态欧亚甘草、烟熏孜然、巧克力糖、泥土、黑莓、黑醋栗、咖啡、石墨和蓝莓混合的风味。因为这款酒中的单宁酸更加放肆，所以它明显比2000年款和2001年款更加强健，但是却不那么诱人。它的余韵异常悠长，和2000年款相比，这款年份酒还需要耐心等待。最佳饮用期：2007-2025年。附言：这款酒倒入杯中后，它的果香会让人想起另一款葡萄酒，即1983年款宝马庄（Palmer）葡萄酒。

1998 Cabernet Sauvignon
布莱恩特家族赤霞珠红葡萄酒 1998　　评分：93 分

1998年赤霞珠红葡萄酒是一款优质的葡萄酒。虽然它并没有表现出多少重量，但它仍是一款强劲、深厚和集中的葡萄酒。它的酒色为深紫红色或深紫色，是一款丰富多汁、强劲、质感满足人感官的葡萄酒。这款酒进化的果香中混有香烟、雪松、橄榄酱、黑莓、黑醋栗奶油和油榴油的风味，表现出超级的强度，还有着低酸度和甘甜、纯粹的口味。这款醉人的葡萄酒是用极其成熟的赤霞珠酿制而成的，而酿制条件并不是很理想。这款酒在接下来的20年内饮用效果都将不错。

1997 Cabernet Sauvignon
布莱恩特家族赤霞珠红葡萄酒 1997　　评分：100 分

我已经饮用了好几瓶这款布莱恩特家族的1997年赤霞珠红葡萄酒。它是我所尝过的最惊人的年轻红葡萄酒，酒色为黑色或紫色，拥有无缝的质感和惊人高水平的强度（表现完美的黑醋栗、黑莓、蓝莓、浓咖啡、巧克力和欧亚甘草风味），是一款强劲、巨大而且优雅的葡萄酒。这款爆发性丰富、深厚、高度精粹的红葡萄酒整体都很均衡。它是一款令人叹服且有历史意义的赤霞珠葡萄酒，在接下来的30到35年内饮用效果都会不错。它很好地证明布莱恩特家族的普里

查德山赤霞珠，有可能是重新定义赤霞珠品种优质性的葡萄酒之一。

1996 Cabernet Sauvignon
布莱恩特家族赤霞珠红葡萄酒 1996　评分：99 分

1996 年款赤霞珠红葡萄酒呈不透明的紫色，散发出令人惊叹的奇特陈酿香，其中带有北京烤鸭脆皮、黑莓、黑醋栗、烘烤橡木和燃烧木炭混合的风味。它惊人的强烈，含有空前高量的干精粹物和甘油。这款享乐型的拳头产品满载水果果酱，并与充足的酸度和单宁酸很好地均衡。这款令人惊叹的赤霞珠葡萄酒可以现在饮用，也可以再窖藏 20 年。这真是一款令人吃惊的葡萄酒啊！

1995 Cabernet Sauvignon
布莱恩特家族赤霞珠红葡萄酒 1995　评分：97 分

1995 年款赤霞珠红葡萄酒呈不透明的紫色，它强劲，散发出甘甜芬芳的黑醋栗果酱、野生蓝莓、花香和矿物质混合的鼻嗅。虽然使用了全新的塔朗索橡木酒桶进行酿制，但是却只表现出明显的吐司风味。在口中，这款酒相当稠密和丰富，既不沉重也不松弛。它有着卓越的纯度、清晰的轮廓和多层次的丰富、集中的水果风味，好像是 1995 年年份酒中的一颗超级明星。因为甘甜的单宁酸和低酸度，所以它在年轻时就可以饮用，不过这款美酒仍可以再贮存 20 到 25 年。它有可能成为一款完美的葡萄酒吗？最佳饮用期：现在开始

到 2027 年。

1994 Cabernet Sauvignon
布莱恩特家族赤霞珠红葡萄酒 1994　评分：93 分

1994 年款赤霞珠红葡萄酒爆发出黑醋栗、奶油、蓝莓、紫罗兰、大黄、矿物质和香料混合的撩人鼻嗅。它闻起来像是乐王吉尔红葡萄酒（L'Evangile）、克里奈堡葡萄酒（Clinet）和木桐酒庄葡萄酒（Mouton Rothschild）的混合。这款强劲的葡萄酒呈不透明的紫色或黑色，满含大量的水果、甘油和精粹物。这款内涵惊人、非凡均衡的葡萄酒中所有的成分都很恰当。酒中水果的纯度、丰富性、甘甜性和深度都表明它的潜力有限。最佳饮用期：现在开始到 2015 年。

1993 Cabernet Sauvignon
布莱恩特家族赤霞珠红葡萄酒 1993　评分：94 分

卓越的 1993 年款赤霞珠红葡萄酒呈不透明的黑色或紫色，散发出黑色覆盆子、黑醋栗、香子兰、欧亚甘草和香料风味混合的巨大陈酿香。这款酒超级丰富，拥有甘甜的单宁酸和宽阔的口感，还有着惊人的余韵。它可以再贮存 10 年。

1992 Cabernet Sauvignon
布莱恩特家族赤霞珠红葡萄酒 1992　评分：91 分

1992 年款赤霞珠红葡萄酒的产量为 1,000 箱，呈现出令人印象深刻的黑色或紫色，单宁浓郁，相当集中，重酒体，余韵非常丰富。最佳饮用期：现在开始到 2008 年。

COLGIN CELLARS

寇金酒园

酒品：

 寇金酒园合兰园赤霞珠红葡萄酒（Cabernet Sauvignon Herb Lamb Vineyard）

 寇金酒园特伊卡松山园赤霞珠红葡萄酒（Cabernet Sauvignon Tychson Hill Vineyard）

 寇金酒园凯瑞亚德园红葡萄酒（Cariad Proprietary Red Wine）

庄园主：寇金合作伙伴有限责任公司（Colgin Partners LLC），公司总裁安妮·寇金（Ann Clogin）

地址：P.O.Box 254,St.Helena,CA 94574

电话：(1) 707 963-0999

传真：(1) 707 963-0996

邮箱：info@colgincellars.com

网址：www.colgincellars.com

联系人：安妮·寇金

参观规定：酒厂不对外开放

葡萄园

占地面积：九号庄园（IX Estate）20 英亩；特伊卡松山园（Tychson Hill Vineyard）2.5 英亩。他们也会有选择性地从合兰园（Herb Lamb Vineyard）、大卫·艾伯如（David Abreu）的马韭纳酒园和托尔维洛斯园中购买一些葡萄。

葡萄品种：赤霞珠、美乐、品丽珠、小味多和席拉

平均树龄：九号庄园 4 年；特伊卡松山园 7 年；马韭纳酒园 15 年；合兰园 16 年（现在会有选择性地重新种植）

种植密度：九号庄园和特伊卡松山园的植株间距为 3'×6'（大约为 2,400 株/英亩）

平均产量：2,000 千克/英亩

酒的酿制

寇金酒园的酿酒哲学是，努力把优秀山坡葡萄园中葡萄的最佳特性带入葡萄酒中，并让它们尽可能地"表现自己"。为了使葡萄园的潜在特性充分发挥出来，他们强调低产量、水分和营养的均衡，以及生理上完全成熟的葡萄。葡萄的成熟性主要依据它们的口感来判断，不过也会把实验室测试的结果作为参考。

为了保证葡萄达到最佳状态，他们在采收葡萄时会非常小心地处理，包括在大清早进行采摘，摘下后放入容量为 35 磅的小箱子中，然后谨慎地从葡萄园中运到一个冷藏卡车中，以保证温度稳定和防止葡萄破皮。一到达酒厂，他们就对葡萄进行轻柔筛选，一共筛选两次，一次是"整串"的时候进行，一次是去梗后对"整个葡萄"进行筛选。在两次筛选完成后，葡萄在重力的作用下进入一个现代先进技术的不锈钢酒罐中，在这里进行最初的漫长冷浸处理和发酵。发酵时会结合使用人工酵母和天然酵母，一般持续 2 到 3 周，在此期间每天进行两次循环旋转。接下来是延展浸渍，一般持续一个月到 40 天。

苹果酸-乳酸发酵通常进行两个月，是在专为温暖酒窖设计的酒桶中进行的，这样能使葡萄酒变得更加复杂。有时在苹果酸-乳酸发酵时会对葡萄酒进行分离。对于年轻的葡萄酒还会进行轻微的硫化处理以保护它们。接着葡萄酒一般会在酒桶中陈年一年半到两年时间，陈年用的酒桶都是经过精心挑选的混合类型，一般首选全新的塔朗索橡木酒桶。陈

年用的酒窖温度一般保持在 55 度。葡萄酒不进行澄清和过滤直接装瓶，装瓶后继续陈年 10 个月到一年才会装运。

年产量

特伊卡松山园：大约 300 箱（12 瓶装）

合兰园：大约 350 箱

凯瑞亚德园（Cariad）：大约 500 箱

九号庄园：他们会从该庄园酿制两款纳帕谷红葡萄酒，大约各 750 箱

九号庄园（席拉）：大约 500 箱

平均售价（与年份有关）：165~175 美元

近期最佳年份

2002 年，2001 年，1999 年，1997 年，1996 年，1995 年，1994 年，1993 年

自从寇金酒园的酿酒师海伦·特雷（Helen Turley）从纳帕产区的合兰园酿制了一些令人惊叹的赤霞珠葡萄酒之后，该酒庄在 20 世纪 90 年代迅速闻名起来。最初的年份酒都是惊人撩人和相当丰富的葡萄酒。寇金酒园的女庄主安娜·寇金是一个时尚、有魅力的女人，她的丈夫乔·文德（Joe Wender）对优质葡萄酒非常痴迷。他们两都对仅仅从他人的顶级葡萄园购买葡萄并不满意，于是开始自己培植葡萄。他们拥有我见过的最杰出的葡萄园和庄园，它们位于可以俯瞰亨尼西湖的高高的山丘上，最终会有大约 750 箱波尔多庄园混合葡萄酒，以及最多 500 箱的本庄园席拉葡萄酒。毫无疑问，如果这本书再版的话，这些葡萄酒也完全有资格出现在书中。但是，现在寇金和文德最优质的三款葡萄酒是他们的特伊卡松山园赤霞珠葡萄酒、合兰园赤霞珠葡萄酒，以及酿自圣 - 海伦娜的马韭纳酒园，即凯瑞亚德葡萄园的专有混合型波尔多葡萄酒（主要成分是赤霞珠）。

海伦·特雷的离开并没有预料中那么具有破坏性，因为安娜·寇金很快决定聘请全职酿酒师马克·奥博特（Mark Aubert），马克在彼特 - 麦克酒厂（Peter Michael winery）的表现很优秀。马克与葡萄园经理大卫·艾伯如、波尔多酿酒咨询师阿兰·雷诺（Alain Raynaud）组成了一个相当让人印象深刻的团队，他们在监管葡萄

园和酿酒方面很有天赋。毫无疑问，寇金酒园是世界上管理最谨慎和热情的酒厂之一，从九号庄园中酿制了几款新葡萄酒后，酒庄的名声更加显赫了。九号庄园是之前提到的占地面积为 120 英亩的小块葡萄园，从这里可以俯瞰整个亨尼西湖，它位于海拔高度为 950 米到 1,400 米的地方。

CABERNET SAUVIGNON HERB LAMB VINEYARD
寇金酒园合兰园赤霞珠红葡萄酒

2003 Cabernet Sauvignon Herb Lamb Vineyard
寇金酒园合兰园赤霞珠红葡萄酒 2003

评分：91~94 分

优雅的 2003 年款合兰园赤霞珠葡萄酒的产量为 225 箱，散发出烟草、熏衣草、香料盒、黑加仑和欧亚甘草混合的风味，是一款中度酒体或略显强劲的葡萄酒，拥有持久、丰富和集中的风格。它有着悦人的丰富性、大量的口味和温和的单宁酸，但是没有 2002 年款和 2001 年款的重量、深度和无缝特性。最佳饮用期：2007~2018 年。

2002 Cabernet Sauvignon Herb Lamb Vineyard
寇金酒园合兰园赤霞珠红葡萄酒 2002

评分：96 分

2002 年款合兰园赤霞珠红葡萄酒的产量为 220 箱，酒色呈深紫色，散发出烤肉、干香草、落地胡椒、浓咖啡、黑莓、黑醋栗和蓝莓风味混合的强劲、丰富陈酿香。这款内涵庄重而且优雅的卡勃耐葡萄酒强劲、厚重而且丰富，拥有甘甜的单宁酸和惊人的可亲近特性——这是这款激动人心的葡萄酒独有的个性。最佳饮用期：现在开始到 2020 年。

2001 Cabernet Sauvignon Herb Lamb Vineyard
寇金酒园合兰园赤霞珠红葡萄酒 2001

评分：95+ 分

2001 年款合兰园赤霞珠红葡萄酒的产量为 360 箱，酒色呈饱满的深紫色，散发出不很奇特的巧克力、黑莓、蓝莓、清凉茶和花香的风味。这款酒深厚、多汁、丰裕、漆黑，拥有黑醋栗奶油和欧亚甘草风味的口味。这款惊人的卡勃耐葡萄酒拥有甘甜的单宁酸、美妙的质感、一流的纯度和清晰轮廓，这些特性都表明它应该是 1997 年以来最优质的一款合兰园葡萄酒。最佳饮用期：现在开始到 2018 年。

2000 Cabernet Sauvignon Herb Lamb Vineyard
寇金酒园合兰园赤霞珠红葡萄酒 2000

评分：91 分

2000 年款合兰园赤霞珠红葡萄酒散发出非凡、奇特的陈

酿香，其中还带有花朵（可能是天竺葵吧）、薄荷、大量蓝莓、黑醋栗和焦油混合的风味。这是一款强壮的葡萄酒，它厚重、丰富、强劲，在接下来的 10 到 12 年内饮用效果应该都很不错。

1999 Cabernet Sauvignon Herb Lamb Vineyard
寇金酒园合兰园赤霞珠红葡萄酒 1999

评分：95 分

1999 年款合兰园赤霞珠红葡萄酒倒出酒瓶后的表现比在酒桶中会好很多。它的酒色为不透明的紫色，散发出石墨、黑醋栗奶油和欧亚甘草混合的极佳芳香，拥有强劲、多层次、集中的口味，而且超级均衡和稠密。惊人甘甜的单宁酸和爆发性的余韵已经很好地进化了。最佳饮用期：现在开始到 2020+。

1998 Cabernet Sauvignon Herb Lamb Vineyard
寇金酒园合兰园赤霞珠红葡萄酒 1998

评分：90 分

这款合兰园赤霞珠红葡萄酒酿自于 1998 年这个困难的年份，酒色呈深紫红色或深紫色，散发出矿物质、黑莓和黑醋栗混合的甘甜芳香，中度酒体到重酒体，拥有出色的质感、成熟的单宁酸和进化的个性。毫无疑问，它是该年份酿制的一款成功的葡萄酒，建议在接下来的 9 到 12 年内饮用。

1997 Cabernet Sauvignon Herb Lamb Vineyard
寇金酒园合兰园赤霞珠红葡萄酒 1997

评分：99 分

1997 年款合兰园赤霞珠红葡萄酒呈饱满的黑色或紫色，散发出黑莓、蓝莓、熏衣草、欧亚甘草和吐司风味混合的迷人鼻嗅，是一款强劲、深远的葡萄酒。它有着无缝、柔滑的质感，还有着多层次的集中水果和可以持续 45 秒左右的余韵。没有给它 100 分，我是不是过于保守估计了？最佳饮用期：现在开始到 2025 年。

1996 Cabernet Sauvignon Herb Lamb Vineyard
寇金酒园合兰园赤霞珠红葡萄酒 1996

评分：97 分

1996 年款合兰园赤霞珠红葡萄酒呈饱满的黑色或紫色，拥有这个酒庄的标志性特点，即散发出蓝莓果酱、淡紫色花朵、烟熏新橡木和黑醋栗风味混合的诱人鼻嗅，倒入杯中后还会出现欧亚甘草和奇特的亚洲香料的芳香。它相当强劲和丰富，拥有比 1997 年款更加明显的单宁酸，这款体积巨大而且异常丰富的葡萄酒饮用起来像黑醋栗或蓝莓利口酒。它还有着令人惊奇的甘甜单宁酸和 40 秒左右的非凡余韵。最佳饮用期：现在开始到 2022 年。

1995 Cabernet Sauvignon Herb Lamb Vineyard
寇金酒园合兰园赤霞珠红葡萄酒 1995

评分：98 分

1995 年款合兰园赤霞珠红葡萄酒呈明显不透明的黑色或紫色，惊人的果香中带有黑莓、覆盆子、蓝莓、黑醋栗、微弱的新橡木和淡淡的花香（可能是合金欢或紫丁香吧）风味。入口后，这款酒强劲，相当柔软和丰裕，还表现出纯粹的水果特性。最佳饮用期：现在开始到 2020 年。

1994 Cabernet Sauvignon Herb Lamb Vineyard
寇金酒园合兰园赤霞珠红葡萄酒 1994

评分：96 分

1994 年合兰园赤霞珠红葡萄酒完全是一款干型葡萄酒，但它甘甜的水果口感却很像巧克力、淡淡的甘草、黑醋栗或蓝莓味块糖、香子兰冰激凌在口中融化后的美味混合。这款强劲的葡萄酒丝滑、诱人、丰裕，质感满足人感官，而且异常芬芳、宽阔和丰富。除此之外，这款酒也非常优雅和均衡，没有任何沉重感或过量的单宁酸和酸度。最佳饮用期：现在开始到 2020+。

1993 Cabernet Sauvignon Herb Lamb Vineyard
寇金酒园合兰园赤霞珠红葡萄酒 1993

评分：95 分

1993 年款合兰园赤霞珠红葡萄酒呈不透明的宝石红色或紫色，鼻嗅中带有黑醋栗、蓝莓、黑色覆盆子、香草和吐司的风味，拥有悦人的丰富、甘甜（因为含有精粹物而不是糖分）口味，重酒体，含有大量的甘油，强烈的余韵中带有美妙成熟的单宁酸，肯定可以持续 40 秒以上。这是一款非凡的赤霞珠葡萄酒，可以再继续陈年 12 年以上。这真是酿酒史上的一款杰作！

1992 Cabernet Sauvignon Herb Lamb Vineyard
寇金酒园合兰园赤霞珠红葡萄酒 1992

评分：96 分

1992 年款合兰园赤霞珠红葡萄酒呈暗紫色，散发出黑莓、蓝莓、烟熏烘烤橡木和矮树丛风味混合的甘甜鼻嗅。它的质感相当丰裕、稠密和丰富，含有丰富的甘甜成熟水果，足够的酸度和成熟的单宁酸刚好均衡。这款强劲的葡萄酒已经足够柔软，现在就可以饮用，不过它还有着至少 5 到 10 年的进化前景。

CABERNET SAUVIGNON TYCHSON HILL VINEYARD
寇金酒园特伊卡松山园赤霞珠红葡萄酒

2003 Cabernet Sauvignon Tychson Hill Vineyard
寇金酒园特伊卡松山园赤霞珠红葡萄酒 2003

评分：93~95 分

2003 年款特伊卡松山园赤霞珠红葡萄酒的产量为 250 箱，表现出雪松浸渍的黑醋栗水果的纯粹和高贵性，中度酒体到重酒体，惊人的集中和清晰。这款酒悠长、劲力十足，丰富的余韵中含有温和且甘甜的单宁酸。最佳饮用期：

2007~2020 年。

2002 Cabernet Sauvignon Tychson Hill Vineyard
寇金酒园特伊卡松山园赤霞珠红葡萄酒 2002

评分：100 分

惊人的 2002 年款特伊卡松山园赤霞珠红葡萄酒是用 100% 的赤霞珠酿制而成，散发出巧克力、烤肉浓烟、黑醋栗奶油、碎岩石和春季花朵混合的、惊人芬芳的陈酿香。这款酒相当集中，而且多维度，拥有多层次的口味和一分多钟的动人余韵，它的纯度、和谐性和对称性都非常惊人。它在 2009 年到 2028 年间应该会处于最佳状态。

2001 Cabernet Sauvignon Tychson Hill Vineyard
寇金酒园特伊卡松山园赤霞珠红葡萄酒 2001

评分：96+ 分

2001 年款特伊卡松山园赤霞珠红葡萄酒呈墨色或紫色，惊人的集中，还散发出黑莓、黑醋栗奶油、吐司、白色巧克力和香子兰冰激凌混合的、悦人纯粹的醇香。它惊人的绵长、纯粹和厚重，但是比较精致，这款酒拥有巨大的结构和美妙、甘甜、集中的单宁酸，不过我却感觉它只展现了自己的部分个性。它还需要 7 到 8 年的瓶中陈年，应该可以贮存 30 年。这真是一款出色的葡萄酒！

2000 Cabernet Sauvignon Tychson Hill Vineyard
寇金酒园特伊卡松山园赤霞珠红葡萄酒 2000

评分：92 分

2000 年特伊卡松山园赤霞珠红葡萄酒是一款经典、纯粹的赤霞珠葡萄酒，表现出黑醋栗奶油、烟草和雪松的特点。这款纯粹的 2000 年年份酒极具表现力，丰富，中度或强劲的口味，惊人的成熟，还有着令人惊奇的单宁酸，而且惊人的持久。建议在接下来的 12 到 15 年内饮用。

CARIAD PROPRIETARY RED WINE
寇金酒园凯瑞亚德园红葡萄酒

2003 Cariad Proprietary Red Wine
寇金酒园凯瑞亚德园红葡萄酒 2003

评分：95~99+ 分

2003 年凯瑞亚德园红葡萄酒是该年份一款有潜力的葡萄酒，产量为 500 箱，是用 65% 的赤霞珠、25% 的美乐、5% 的品丽珠和 5% 的小味多混合酿制而成。它的酒色为乌黑的墨色，伴有液态欧亚甘草、樟脑、黑莓、黑醋栗、香料盒、泥土、新鞍皮革和石墨混合的惊人酒香。它强劲、惊人的集中，拥有多层次、高楼大厦似的口感，质感动人的余韵中带有甘甜的单宁酸。这款美酒释放时就可以饮用，还可以贮存 20 年或者更久。这款 2003 年年份酒也许会和 2002 年款一样优秀或者更胜一筹——这就说明问题了！最佳饮用期：2009~2022 年。

2002 Cariad Proprietary Red Wine
寇金酒园凯瑞亚德园红葡萄酒 2002

评分：97 分

2002 年款凯瑞亚德园红葡萄酒是用 58% 的赤霞珠、28% 的美乐、7% 的品丽珠和 7% 的小味多混合酿制而成，产量为 520 箱，酿自于马韭纳酒园和托尔维洛斯园。它是强劲、丰富的圣艾美隆产区（St.-Emilion）或格拉芙产区（Graves）混合酒的加州混合版本，表现出波尔多风格葡萄酒的结构，满载单宁酸，还有一定的紧致特性。它异常优雅，口感无缝、强劲，但没有任何沉重感，还带有奇特的橙皮、落地胡椒、焚香、印第安香料、巧克力、黑莓和黑醋栗的特性。倒入杯中后，它还会表现出多肉、月桂树叶、烟熏北京烤鸭和新鞍皮革的特性。这款独特的红葡萄酒在它生命早期时即可饮用，也可以再陈年 20 年或者更久。

2001 Cariad Proprietary Red Wine
寇金酒园凯瑞亚德园红葡萄酒 2001

评分：98 分

2001 年凯瑞亚德园红葡萄酒其实是一款完美的葡萄酒，是用 55% 的赤霞珠、31% 的美乐、7% 的品丽珠和 7% 的小味多混合酿制而成。这款无缝的葡萄酒呈饱满的宝石红色或紫色，带有瑞士自助餐式的果香，还有着法芙娜巧克力、雪茄烟草、黑莓、黑加仑、欧亚甘草、焚香和浓咖啡混合的风味。刚入口时口感甘甜，中期口感满足人感官，惊人的余韵中单宁酸几不可辨，这是一款拥有非凡质量和独特性的庄园

红葡萄酒。倒入杯中后，还有细致的风味会进化，每次呷饮时似乎都更加丰富。我不确定它是否应该得到 100 分。最佳饮用期：现在开始到 2028 年。

2000 Cariad Proprietary Red Wine
寇金酒园凯瑞亚德园红葡萄酒 2000

评分：94 分

我最喜欢的 2000 年寇金酒园葡萄酒就是这款凯瑞亚德园红葡萄酒，它是用 55% 的赤霞珠、35% 的美乐、5% 的品丽珠和 5% 的小味多混合酿制而成，简直是寇金酒园酿制的圣艾美隆产区葡萄酒的加州版本。酒色呈深宝石红色或深紫色，散发出木榴油、烟叶、烘烤咖啡、巧克力、香烟、泥土味黑加仑和黑莓水果混合的艳丽鼻嗅。它拥有美妙的复杂性，有着坚实、有结构和单宁酸的骨架，中度酒体到重酒体，醉人的纯粹。毫无疑问，这款惊人的 2000 年年份酒是该年份最佳年份酒之一。最佳饮用期：现在开始到 2016 年。

1999 Cariad Proprietary Red Wine
寇金酒园凯瑞亚德园红葡萄酒 1999

评分：91 分

1999 年款凯瑞亚德园红葡萄酒是用波尔多风格葡萄酒的混合成分酿制，其中赤霞珠占 55%，美乐占 35%，品丽珠和小味多各占 5%，很容易被当做是一款高级梅多克产区葡萄酒。它散发出雪松、香料盒、矿物质、黑醋栗和沃土风味的复杂鼻嗅，还拥有良好统一的甘甜橡木味，有着多层次的质感、奇妙的优雅性、甘甜的水果和惊人的长度。很难想象这款酒竟然在全新的塔朗索酒桶中陈年，因为酒桶带给它的影响几不可查。它的余韵中仍带有尖刻感，所以还需要一到两年的时间窖藏。最佳饮用期：2006~2018 年。

DALLA VALLE VINEYARDS
达拉维酒园

酒品：

达拉维酒园玛雅园红葡萄酒（Maya Proprietary Red Wine）

达拉维酒园赤霞珠园红葡萄酒（Cabernet Sauvignon Estate）

庄园主：直子·达拉·瓦里（Naoko Dalla Valle）

地址：P.O.Box 329,Oakville,CA 94562

电话：(1) 707 944-2676

传真：(1) 707 944-8411

邮箱：info@DallaValleVineyards.com

网址：www. DallaValleVineyards.com

参观规定：酒庄不对外开放

葡萄园

占地面积：21 英亩

葡萄品种：赤霞珠和品丽珠

平均树龄：14 年

种植密度：植株间距为 6'×10' 或 4'×8'

平均产量：1,500 千克／英亩

酒的酿制

　　达拉维酒园的葡萄酒都产自红色土壤的奥克维尔长廊，从这里可以俯瞰纳帕谷。葡萄酒发酵在封装的不锈钢酒罐中进行。为了优化完善对颜色、质感和口味的精粹，循环旋转的频率和周期，以及发酵的温度都会得到严密的控制。质感会通过压榨前延展浸渍葡萄皮的时期得到进一步优化。浸渍时期从 21 天到 36 天不等，其中发酵前浸渍为 2 到 3 天，发酵为一到两周，发酵后浸渍为 4 到 21 天。压榨之后，葡萄酒会在 60%-80% 的新法国酒桶中分开陈年，苹果酸 - 乳酸发酵也是在这里进行的，而且每 3 到 4 个月还会进行一次分离。次年葡萄采收之前或之后不久对它们进行混合。在酒桶中陈年 22 个月左右后进行装瓶。

年产量

　　赤霞珠葡萄酒：2,000 箱

　　梅雅园佐餐红葡萄酒：400 箱

　　平均售价（与年份有关）：60~140 美元

近期最佳年份

　　2001 年，2000 年，1999 年，1998 年，1997 年，1995 年，1994 年，1992 年，1991 年

达拉维酒园是一个家族拥有的小酒厂，创建于 1986 年，位于纳帕谷的奥克维尔山坡东部。当时古斯塔夫·达拉·瓦里（Gustav Dalla Valle）和直子·达拉·瓦里是怀着开发一个餐馆和温泉疗养所的目的来到纳帕谷的，结果他们发现了一个位于纳帕谷西部山丘的小地方，包括一个疗养所和 5 英亩大小的葡萄园，这里有一个惊人的全景视角。随着时间的推移，他们的计划也有了变化。

古斯塔夫·达拉·瓦里移民到美国，建立了斯库巴普罗公司（Scubapro），一个经营潜水仪器和设备的制造公司。不过在意大利，他的家族已经有超过 175 年的涉足葡萄酒行业的历史，所以在奥克维尔建立酒厂是必然的。他们在 1984 年到达纳帕谷之后不久，便种植了大约 16 英亩的赤霞珠和品丽珠葡萄园，还及时为 1986 年的第一次采收和压榨建立了一个托斯卡纳产区（Tuscan）风格的漂亮酒厂。

梅雅园（Maya's vineyards）位于一个特别的小型场所，这里生长着一些最优质的葡萄，这个葡萄园是以古斯塔夫和直子的女儿命名的。1988 年，该园的第一批葡萄成熟了，而且用不同葡萄园的葡萄酿成的葡萄酒是分开装瓶的。

古斯塔夫·达拉·瓦里在 1995 年 11 月过世，不过他已经在自己的有生之年见证和享受了消费者们对于他的葡萄酒不断增长的热忱和需求。达拉维酒园葡萄酒的最优质量仍被保持并且提高着。该酒庄从 20 世纪 90 年代晚期开始施行大规模的重新种植项目，并且不断地监管和升级自己的酿酒设备。在酿酒师米亚·克莱恩（Mia Klein）和葡萄园园长福斯托·西斯内罗斯（Fausto Cisneros）的帮助下，直子·达拉·瓦里仍继续管理着酒厂。

在十年多一点的时间里，达拉维酒园已经跃居到加州赤霞珠葡萄酒和庄园红葡萄酒的最高等级。达拉维酒园玛雅园红葡萄酒的产量非常微小，通常包括 45%-55% 的品丽珠。毫不夸张地说，达拉维酒园品丽珠红葡萄酒是我在新世界品尝过的最优质的品丽珠红葡萄酒。

我觉得我没必要跟大家强调达拉维酒园葡萄酒极其难找这一事实，不过该酒园会一直酿制出如此卓越的葡萄酒吗？

CABERNET SAUVIGNON ESTATE

达拉维酒园赤霞珠园红葡萄酒

2003 Cabernet Sauvignon
达拉维酒园赤霞珠园红葡萄酒 2003

评分：88~91 分

2003 年款赤霞珠园红葡萄酒是用 85% 的赤霞珠和 15% 的品丽珠混合酿制而成，散发出月桂树叶、烟草、香烟、沃土、欧亚甘草和黑醋栗水果风味混合的优雅甘甜鼻嗅。这款酒中度酒体，优雅，含有甘甜诱人的单宁酸，还有着柔软的余韵。它在年轻时和经过 10 到 14 年进化后的饮用效果都应该很不错。

2002 Cabernet Sauvignon
达拉维酒园赤霞珠园红葡萄酒 2002

评分：92 分

2002 年赤霞珠园红葡萄酒是一款强壮的葡萄酒，酒色呈深紫色，散发出黑醋栗奶油、沥青和矿物质风味，中度酒体到重酒体，美妙纯粹，悠长、劲力十足的余韵中充满香料盒、泥土、香草和雪松的特性。这款酒非常向前，适合在接下来的 15 年内享用。

2001 Cabernet Sauvignon
达拉维酒园赤霞珠园红葡萄酒 2001

评分：92 分

2001 年款赤霞珠园红葡萄酒呈深宝石红色或深紫色，散发出矿物质、欧亚甘草、洋槐花、黑莓和黑醋栗混合的芳香。这款酒单宁明显，中度酒体，结构紧致，拥有悠长的余韵，还需要相当长时间的窖藏。最佳饮用期：2009~2016 年。

2000 Cabernet Sauvignon
达拉维酒园赤霞珠园红葡萄酒 2000

评分：90 分

2000 年款赤霞珠园红葡萄酒呈暗宝石红色或暗紫色，是一款中度酒体并且时髦的葡萄酒，散发出糖蜜、沃土、纯粹黑醋栗、欧亚甘草和香料盒混合的风味。最好在接下来的 10 年内饮用。

1999 Cabernet Sauvignon
达拉维酒园赤霞珠园红葡萄酒 1999

评分：94 分

1999 年款赤霞珠园红葡萄酒呈不透明的紫色，爆发出异常甘甜的水果味，还有明显的液态欧亚甘草、黑加仑利口酒和少量蓝莓、花朵混合的风味。这款酒绵长、成熟、强劲，拥有比该年份更加明显和酸涩的单宁酸。它在 2006 年至 2021 年间将会处于最佳状态。

1998 Cabernet Sauvignon
达拉维酒园赤霞珠园红葡萄酒 1998

评分：93 分

1998 年赤霞珠园红葡萄酒是一款强劲、令人惊叹的葡萄酒，拥有美妙的特性和丰富性，还有着黑加仑水果、欧亚香草、烟草和香烟混合的风味。它虽然不像某些年份酒那样丰裕，但它仍然异常集中、绵长，有着顶级波尔多年份酒的成熟特性。最佳饮用期：现在开始到 2018 年。达拉维酒园的 1998 年年份酒是该年份最佳年份酒的候选酒。

1997 Cabernet Sauvignon
达拉维酒园赤霞珠园红葡萄酒 1997

评分：93 分

1997 年款赤霞珠园红葡萄酒呈不透明的紫色，爆发出矿物质、黑加仑和香甜橡木风味混合的悦人鼻嗅。这款酒强劲、有结构、强健而且多维度，现在就可以饮用，不过最好再窖藏一到两年，然后在接下来的 10 到 15 年内饮用。

1996 Cabernet Sauvignon
达拉维酒园赤霞珠园红葡萄酒 1996

评分：93 分

1996 年赤霞珠园红葡萄酒是一款有力、集中的葡萄酒，酒色呈深宝石红色或深紫色。它强劲而且强健，表现出丰富大量的黑加仑水果、黑莓、矿物质、雪松和中国红茶混合的风味。相对于一款成分稍微有点劣质的年份酒来说，它的单宁酸是甘甜的。这款酒可以现在饮用，也可以再陈年 20 年或者更久。

1995 Cabernet Sauvignon
达拉维酒园赤霞珠园红葡萄酒 1995

评分：94 分

1995 年款赤霞珠园红葡萄酒呈不透明的蓝色或黑色或紫色，散发出甘甜的黑醋栗果香，还混有泥土、香料、香烟和烤肉的风味。这款厚重、有力、强健和集中的葡萄酒有着巨大的口感，单宁酸也许比 1994 年款的更加甘甜——想象中。它可以再轻易地陈年 8 到 10 年甚至更久。

1994 Cabernet Sauvignon
达拉维酒园赤霞珠园红葡萄酒 1994

评分：94 分

1994 年款赤霞珠园红葡萄酒拥有强劲、多层次的个性，还有着大量的单宁酸，充足的泥土味黑加仑和梅子风味水果来均衡它的结构。酒色呈不透明的紫色，单宁酸含量较高，还有着多层次的悦人水果和宜人的强度。这款酒可以贮存 10 到 15 年。

1993 Cabernet Sauvignon
达拉维酒园赤霞珠园红葡萄酒 1993

评分：93 分

1993 年款赤霞珠园红葡萄酒含有如此大量的甘甜黑加仑水果，所以外行都可以辨别出这款酒的成分。它的酒色为不透明的石榴红色或紫色，散发出中等强烈的黑醋栗、烟熏、香草和泥土风味混合的鼻嗅。这款酒惊人的集中，非常强健，含有大量的甘甜单宁酸。它可以轻易地储存 20 年。

主要是因为根瘤蚜对该葡萄园带来的损害和重新种植的结果，与 1992 年款相比，这款 1993 年年份酒的产量降低了 40%。1994 年年份酒的产量同样很低。

1992 Cabernet Sauvignon
达拉维酒园赤霞珠园红葡萄酒 1992

评分：95 分

达拉维酒园的 1992 年款赤霞珠园红葡萄酒是继轰动的 1990 年和 1991 年年份酒之后，另一款有价值的葡萄酒。它拥有美妙的水果精粹度，散发出黑色水果、香料和橡木风味混合的巨大甘甜鼻嗅，重酒体，拥有多层次的丰富性，还有着该酒庄葡萄酒一贯的多维度和多层次口感。这款 1992 年年份拥有悦人的个性，这使得它成为一款比 1991 年和 1990 年年份酒更加优化和满足人感官的葡萄酒，而且它还有着 5 到 7 年的陈年潜力。

1991 Cabernet Sauvignon
达拉维酒园赤霞珠园红葡萄酒 1991

评分：94 分

1991 年款赤霞珠园红葡萄酒呈饱满不透明的深紫色，散发出黑色樱桃、黑醋栗、矿物质和香子兰风味混合的超级甘甜纯粹鼻嗅。这款酒拥有非凡的丰富性，重酒体，有着成熟的单宁酸和轰动的余韵。它还有着 10 年的进化前景。

1990 Cabernet Sauvignon
达拉维酒园赤霞珠园红葡萄酒 1990

评分：93 分

1990 年款赤霞珠园红葡萄酒呈现出惊人的深色，散发出烟熏黑醋栗、巧克力和欧亚甘草混合的巨大陈酿香。入口后，它是一款有力的葡萄酒，拥有美妙的内涵和良好的结构，充足的酸度和单宁酸足以支撑它巨大的体积，它还有着惊人的余韵。他们告诉我葡萄的平均产量只有 2,000 千克 / 英亩。这款酒拥有轻松陈年 20 年的潜力。最佳饮用期：现在开始到 2013 年。

MAYA PROPRIETARY RED WINE
达拉维酒园玛雅园红葡萄酒

2002 Maya Proprietary Red Wine
达拉维酒园玛雅园红葡萄酒 2002

评分：93 分

梅雅园红葡萄酒一直都是用 55% 的赤霞珠和 45% 的品丽珠混合酿制而成。因为 2002 年时该园正在被重新种植，所以这款酒的产量只有 300 箱。它的酒色为深宝石红色或深紫色，散发出蓝莓、覆盆子、碎岩石、干香草、淡淡的香烟风味的丰富奢华醇香，还有着悠长的余韵。尽管它不像之前的年份酒那样轰动，但它仍是一款重量适中、向后的葡萄酒，还需要 5 到 7 年的瓶中陈年。它应该可以储存 20 年。

2001 Maya Proprietary Red Wine
达拉维酒园玛雅园红葡萄酒 2001

评分：92 分

2001 年款梅雅园红葡萄酒呈深宝石红色或深紫色，散发出普罗旺斯香草、新鞍皮革、香料盒、雪松和黑加仑风味混合的、抑制但有前景的芳香。这款酒拥有美妙的强度和纯度，中度酒体，有着高含量的单宁酸和尖刻的、波尔多风格的余韵。这款酒还需要 4 到 5 年的时间窖藏，应该可以贮存 20 到 25 年。

2000 Maya Proprietary Red Wine
达拉维酒园玛雅园红葡萄酒 2000　评分：91 分

2000 年款梅雅园红葡萄酒是一款重量适中、优雅的葡萄酒，表现出香料盒、焚香、沃土、干香草、黑醋栗奶油和烟熏橡木的特性。它中度酒体，可爱而且向前，在接下来的 8 到 12 年内口感都将不错。

1999 Maya Proprietary Red Wine
达拉维酒园玛雅园红葡萄酒 1999　评分：97 分

1999 年梅雅园红葡萄酒实际上是一款完美的葡萄酒，拥有惊人的油滑性、丰富性、水果性和优雅性。生长于这些红色火山岩土壤中的赤霞珠竟然能够酿制出如此强烈和优雅的葡萄酒，这实在是太令人惊叹了！这款酒强劲、深远、集中而且多层次，散发出黑醋栗、蓝莓、黑莓、浓咖啡、香烟、泥土和香子兰混合的风味。不知道为什么，这款 1999 年梅雅园红葡萄酒比赤霞珠陈酿更加向前。最佳饮用期：现在开始到 2024 年。

1998 Maya Proprietary Red Wine
达拉维酒园玛雅园红葡萄酒 1998　评分：96 分

达拉维酒园的这款 1998 年梅雅园红葡萄酒，和赤霞珠红葡萄酒都是该年份最佳年份酒的候选酒。这是一款令人惊奇的葡萄酒，拥有多层次的水果和甘甜的单宁酸，没有草本植物、酸涩感或者单薄感。对于该年份来说是一款酿酒杰作，它丰满而且完美均衡。最佳饮用期：现在开始到 2020 年。

1997 Maya Proprietary Red Wine
达拉维酒园玛雅园红葡萄酒 1997　评分：99 分

1997 年款梅雅园红葡萄酒呈饱满的蓝色或紫色，接近完美，散发出黑醋栗奶油、香烟、香料盒、铁质和浓咖啡风味混合的复杂酒香。这款酒拥有稠密的质感和巨大、集中、成熟的水果风味，还有着非凡的酒体和无缝、多层次的余韵，酒中的单宁酸、酸度和酒精都很好的统一。这真是一款深远的葡萄酒！最佳饮用期：现在开始到 2030 年。

1996 Maya Proprietary Red Wine
达拉维酒园玛雅园红葡萄酒 1996　评分：96 分

1996 年款梅雅园红葡萄酒是用赤霞珠和品丽珠混合酿制而成，散发出新鞍皮革、梅子、黑加仑、矮树丛和欧亚甘草混合的强烈鼻嗅，是一款强劲、非常集中的葡萄酒，拥有甘甜的单宁酸，有着深厚、异常纯粹和集中的中期口感，以及质感丰裕的余韵。它惊人的开放和可口，但是表面下隐藏着更多的单宁酸。最佳饮用期：现在开始到 2025 年。

1995 Maya Proprietary Red Wine
达拉维酒园玛雅园红葡萄酒 1995　评分：96 分

这款惊人的 1995 年梅雅园红葡萄酒和这 10 年中所有的优质梅雅园葡萄酒酿自同一种模子。它的单宁酸可能比 1994 年款的更加成熟，但这款酒仍是一款尚未完全进化、巨大和未成形的葡萄酒。不过很明显，这款酒将会是另一款传奇葡萄酒。最佳饮用期：2007~2023 年。

1994 Maya Proprietary Red Wine
达拉维酒园玛雅园红葡萄酒 1994　评分：99 分

1994 年梅雅园红葡萄酒是一款奇妙的葡萄酒。这款酒的酒色为饱满不透明的紫色，散发出抑制但却美妙甘甜的泥土、橡木、矿物质和黑色水果的醇香。它强劲，含有大量的甘油和精粹物，这款酒中体积巨大的单宁酸好像被惊人的、多层次的水果口味很好地隐藏了。尽管它在装瓶前比我预料中的更加易亲近，但它仍有着 15 到 20 年的进化潜力。

1993 Maya Proprietary Red Wine
达拉维酒园玛雅园红葡萄酒 1993　评分：98 分

1993 年梅雅园红葡萄酒是一款超棒的葡萄酒。酒色呈不透明的紫色，伴有逐渐明显的岩石、黑醋栗果酱、沥青和熏肉风味的陈酿香，倒入杯中后会马上爆发出来。这款酒拥有不可思议的浓缩度和有力的单宁酸，以及可以持续 45 秒以上的余韵。这是一款内涵卓越、良好均衡的葡萄酒，可以毫不费力地陈年到 2025 年。

1992 Maya Proprietary Red Wine
达拉维酒园玛雅园红葡萄酒 1992　评分：98+ 分

1992 年梅雅园红葡萄酒是一款奇妙的葡萄酒。酒色呈暗紫色，倒入杯中后，会爆发出强烈的黑加仑、香草、雪松和香料风味混合的陈酿香。它风格强劲，表现出大量的多层次的甘甜、丰富水果，是一款体积巨大、撩人丰富、多维度的葡萄酒，可以再储存 5 到 15 年。这真是酿酒史上的一款杰作！

1991 Maya Proprietary Red Wine
达拉维酒园玛雅园红葡萄酒 1991　评分：99 分

1991 年款梅雅园红葡萄酒是用等量的赤霞珠和品丽珠混合酿制而成，酒色呈黑色或紫色，散发出花朵、矿物质、黑色水果、香子兰和香料风味混合的、令人叹服的陈酿香。它表现出巨大精粹的水果，重酒体，超级纯粹和均衡，拥有温和的单宁酸和相当多层次的口感，所有的强度和丰富性都出色地显现出来，而且没有任何沉重感。它可能拥有 25 年的陈年潜力，也是几年中百分葡萄酒最有竞争力的候选酒。这真是酿酒史上的一款杰作啊！

1990 Maya Proprietary Red Wine
达拉维酒园玛雅园红葡萄酒 1990　评分：96 分

1990 年款梅雅园红葡萄酒是用等量的赤霞珠和品丽珠混合酿制而成，是一款巨大的葡萄酒。它的酒色为超级饱满不透明的黑色或宝石红色，散发出泥土、黑醋栗、香烟和大量甘甜水果风味混合的、紧致但有前景的鼻嗅。入口后，它会变得比一般的卡勃耐葡萄酒更加丰富，单宁感也会更为明显。它的余韵悠长、甘甜，令人叹服。最佳饮用期：现在开始到 2012 年。

DOMINUS ESTATE
达慕思酒厂

酒品：达慕思酒厂多明纳斯园红葡萄酒（Dominus）

庄园主：克里斯蒂安·穆义（Christian Moueix）

地址：2570 Napanook Road Yountville,CA 94599

电话：(1) 707 944-8954

传真：(1) 707 944-0547

邮箱：dominus@napanet.net

网址：www.dominusestate.com

联系人：财务和行政总监朱利安·莱维坦（Julia Levitan）

参观规定：由于使用许可非常受限，恕不接受访客

葡萄园

占地面积：120 英亩

葡萄品种：80% 赤霞珠，10% 品丽珠，5% 美乐，5% 小味多

平均树龄：15~25 年

种植密度：老藤葡萄树的植株间距为 10'×7'，相当于 622 株/英亩；年轻葡萄树的植株间距为 9'×5'，相当于 968 株/英亩

平均产量：3,000 千克/英亩

酒的酿制

　　庄园主克里斯蒂安·穆义是世界上少有的能在美国和法国两国酿制优质葡萄酒的几人之一，所以大家可能对他的期望较高。达慕思酒厂是一个运营方式极具法国风格的酒厂，酿酒哲学是绝对的波尔多方式：对葡萄园给予完美的关注，为期 3 周的经典波尔多式发酵，在酒桶中（一半新橡木酒桶和一半一年旧的酒桶）陈年 18 个月，使用蛋白澄清，不进行过滤，这样使得每款酒从最开始时就已经被塑造出异常优雅、出色的法国个性。克里斯蒂安·穆义早期酿制年份酒时，得到了著名酿酒师克里斯·菲尔普斯（Chris Phelps）、大卫·雷米（David Ramey）和丹尼尔·拜伦（Daniel Baron）的帮助，但是后来完全变成了纯法国阵容，得到了波尔多产区的著名酒类学家让-克劳德·贝鲁埃（Jean-Claude Berrouet）和全职法国酿酒师鲍里斯·夏佩（Boris Champy）的帮助，还有鲍里斯的助手让-玛丽·莫雷兹（Jean-Marie Maureze）的辅助。

年产量

　　多明纳斯园（Dominus）：85,000 瓶（第一款年份酒酿制于 1993 年，该款年份酒的等级较低）

　　纳帕庐园（Napanook）：50,000 瓶（第一款年份酒酿制于 1996 年）

　　平均售价（与年份有关）：30~120 美元

近期最佳年份

　　2002 年，2001 年，1997 年，1994 年，1991 年，1990 年，1987 年，1985 年，1984 年

　　人们认为叫做纳帕庐园的达慕思酒厂葡萄园是纳帕谷内最先种植的葡萄园之一，因此它被认为是一个历史上的里程碑。传奇人物约翰·丹尼尔（John Daniel）于 1946 年购买了这个葡萄园，在辉煌的伊哥路（Inglenook）时代它是出产最优质葡萄酒的基地。丹尼尔的两个女儿——玛茜·史密斯（Marcie Smith）和罗宾·莱尔（Robin Lail），她们在 1982 年与克里斯蒂安·穆义合作成立了达慕思酒厂。1995 年元月，穆义买下了她们的股份，成了现在唯一的庄园主。该酒

克里斯蒂安·穆义

厂是由著名的瑞士建筑师赫索格和德梅隆（Herzog and de Meuron）所设计，对于这种迷人的设计，一般人看到后要么喜欢要么讨厌（我属于前者）。该建筑是用岩石建造的，外面用一种细铁丝包围着，实际上看起来像是葡萄园风土条件的一种扩展，但是它非常实用，特别是与当地的风景非常协调。

达慕思酒厂的风格虽然已经发生了变化，但是仍保持着明显的法国个性。最初的年份酒，即1983年至1989年的年份酒，一直有点单宁突出和粗糙，不过其中有几款已经美妙成熟，证明了克里斯蒂安·穆义最开始在预定目标方面的直觉。从1990年开始，酒中的单宁酸明显变得更加柔软，而葡萄酒在年轻时也更易亲近，这种风格一直保持到21世纪早期。达慕思酒厂的葡萄酒会非常美妙，也会相当深远，这当然是1991年年份酒的特性之一。1990年、1997年和2001年年份酒与1991年和1994年年份酒非常接近。这些酒尝起来都像优质的波尔多产区葡萄酒，但明显是用成熟的纳帕产区葡萄酿制而成。和其他加州赤霞珠葡萄酒放在一起品尝时，它们总是非常突出，像是与众不同的法国风格葡萄酒，与同类款完全不同。

正如一开始克里斯蒂安·穆义狡猾的说法一样，这些酒表现出纳帕产区的风土条件，但却拥有波尔多产区的精神。

DOMINUS PROPRIETARY RED WINE
达慕思酒厂多明纳斯园红葡萄酒

2003 Dominus
达慕思酒厂多明纳斯园红葡萄酒 2003

评分：92~95 分

2003年款多明纳斯园红葡萄酒的产量为4,800箱，是用88%的赤霞珠、7%的品丽珠和5%的小味多混合酿制而成，是一款坚实、单宁浓郁的葡萄酒，表现出干香草、香烟、新鞍皮革、咖啡、甘甜樱桃白兰地和黑加仑风味混合的芳香和口味。虽然该酒厂认为它比2002年款更加柔软和优雅，但是它却更加强健和有力，拥有长时间的进化潜力。它应该会在2010年至2025+年间处于最佳状态。

2002 Dominus
达慕思酒厂多明纳斯园红葡萄酒 2002

评分：96 分

我认为这款2002年多明纳斯园红葡萄酒是继1991年和

1994年年份酒之后最优质的一款葡萄酒。它的产量为4,500箱，是用85%的赤霞珠、8%的品丽珠、4%的小味多和3%的美乐混合酿制而成，这些葡萄都摘自产量在1,800千克/英亩到2,800千克/英亩之间的葡萄园中。克里斯蒂安·穆义告诉我，经过分析，这款酒的酚醛材料含量比2002年更高，不过酸度也更高，这一点让所有人都非常惊讶。这款酒呈饱满的深紫色，爆发出烘烤咖啡、黑加仑、樱桃、可可豆、雪松、雪茄香烟和新鞍皮革混合的非凡芳香。它经典、强劲的口感中包含美妙的结构、巨大的深度、大量的单宁酸和多层次、集中而且优雅的余韵。很难预测这款美酒何时会达到最佳成熟状态，我只能猜到它还需要3到5年的瓶中陈年，应该可以贮存25年。

2001 Dominus
达慕思酒厂多明纳斯园红葡萄酒 2001

评分：95 分

酿制完美的2001年款多明纳斯园红葡萄酒呈深紫红色或深紫色，散发出可可豆、雪松、咖啡、烘烤香草和大量黑色水果风味混合的、有前景的芳香。这款酒的产量为7,000箱，是用81%的赤霞珠、10%的品丽珠、4%的美乐和5%的小味多混合酿制而成。它丰富，中度酒体或略显强劲，含有甘甜但明显的单宁酸，拥有多层次的中期口感，以及带有明显单宁酸的悠长余韵。这款酒还需要3到4年的时间窖藏，它应该可以贮存20年。

1997 Dominus
达慕思酒厂多明纳斯园红葡萄酒 1997

评分：94 分

1997年款多明纳斯园红葡萄酒是用86.5%的赤霞珠、9%的品丽珠和4.5%的美乐混合酿制而成，表现惊人的美妙。它拥有14.1%的酒精度和足以让很多新世界酒类学家都震颤的pH值（大约3.95）。这是一款清新、质感丝滑、丰裕的葡萄酒，散发出烘烤香草、咖啡、黑色樱桃果酱和梅子味水果风味混合的悦人鼻嗅。亚洲香料、欧亚甘草、黑莓、樱桃、烟草香料风味增添了这款酒的复杂性。这款多明纳斯园红葡萄酒非常进化，并且悦人的对称。这款中度酒体到重酒体、非常集中的葡萄酒现在饮用会非常令人愉快，不过它还可以轻易地陈年10到12年。

1996 Dominus
达慕思酒厂多明纳斯园红葡萄酒 1996

评分：92 分

1996年款多明纳斯园红葡萄酒是用82%的赤霞珠、10%的品丽珠、4%的美乐和4%的小味多混合酿制而成，酒精度达14.2%。尽管这款酒缺少1994年和1991年年份酒的力量、强度和令人叹服的特性，但它与这两款不朽的葡萄酒差距并不大。烘烤咖啡、巧克力、干香草、黑色水果和樱桃白兰地风味混合的巨大鼻嗅非常强烈和令人信服。这款酒

表现出惊人的丰富性，中度酒体到重酒体，低酸度，拥有多水、丰裕的质感和一流的纯度。这款酿制精美的1996年年份酒是该年份少有的几款成功柔化酒中高度单宁酸的葡萄酒之一。它应该可以很好地进化20年。这款酒是多么令人印象深刻啊！

1995 Dominus
达慕思酒厂多明纳斯园红葡萄酒1995

评分：93分

克里斯蒂安·穆义和他有才能的酿酒团队继续重新设定着纳帕谷葡萄酒的参考标准。这款1995年多明纳斯园红葡萄酒的产量为6,000箱，是用80%的赤霞珠、10%的品丽珠、6%的小味多和4%的美乐混合酿制而成，是一款成熟、丰满、柔软、口感宽阔的葡萄酒，含有丰富、大量的黑加仑水果。它强劲、低酸度、超级集中和纯粹，从质量上讲，它达到了1992年和1990年年份酒的水平。虽然它没有1996年和1994年款有力和强烈，但它仍是一款体积巨大、集中、丰富的葡萄酒。在接下来的20年内饮用效果都会非常杰出。

1994 Dominus
达慕思酒厂多明纳斯园红葡萄酒1994

评分：99分

曾经有一段时间，我对这款1994年多明纳斯园红葡萄酒毫无抵抗力。这款酒的产量为8,000箱，是用70%的赤霞珠、14%的品丽珠、12%的美乐和4%的小味多混合酿制而成。这个年份中，抽芽174天后就对葡萄进行了采收，对于世界上任何葡萄酒产区来说，这一时期都是非常引人注目的。这是一款惊人深厚和丰富的葡萄酒，拥有波美侯产区优

质葡萄酒的质感，不过酿制的主要成分是赤霞珠。酒色呈深紫色，散发出黑色水果果酱、香料、香烟、沃土和巧克力糖风味混合的惊人芬芳鼻嗅。入口后，这款酒强劲，拥有惊人的精粹物含量和丰富性，但没有任何沉重感和粗糙感。这款无缝的多明纳斯园红葡萄酒没有坚硬的边缘，因为它的酸度、单宁酸和酒精度与酒中含量丰富的成熟水果美妙地协调统一了。这款酒早期即可以饮用，不过它仍有着25年以上的贮存潜力。

1992 Dominus
达慕思酒厂多明纳斯园红葡萄酒1992

评分：95分

1992年款多明纳斯园红葡萄酒和1990年款风格相似。它表现出开放、丰裕、丰富和温和的特性，还有着豪华的泥土、黑醋栗、香草、咖啡、巧克力、摩卡咖啡和冰激凌混合的风味。这款酒丰富、强劲，拥有深厚、稠密的口味，低酸度，是一款向前、异常集中、易懂的多明纳斯园红葡萄酒，美妙的口感应该还会继续保持10到12年。

1991 Dominus
达慕思酒厂多明纳斯园红葡萄酒1991

评分：98分

这款1991年年份酒是迄今为止最优质的多明纳斯园红葡萄酒，不过1994年年份酒可能与之不相上下。这款酒惊人的宽阔、丰富、复杂、芬芳、集中，各个方面都令人叹服。酒色呈不透明的宝石红色或紫色，表现出大量甘甜水果果酱，还混有焦油、欧亚甘草、泥土风味和清新黑色巧克力糖的香味。这款酒相当集中，质感丰裕，能满足人的感官，

还含有大量的多汁水果。这是一款令人惊叹的波美侯产区风格葡萄酒，拥有非凡的纯度和和谐性。它应该可以再贮存 10 到 15 年。

1990 Dominus
达慕思酒厂多明纳斯园红葡萄酒 1990

评分：95 分

在 1997 年的盲品会上，我误把这款 1990 年多明纳斯园红葡萄酒当做一款梅多克产区葡萄酒。它拥有雪松、香料、烟草和黑加仑风味的鼻嗅，有着甘甜、强劲的口味以及高含量的单宁酸和低酸度。现在回想起来，我估计与深远的 1991 年年份酒相比，这款优质的 1990 年年份酒当时的表现有点让我惊讶。这是一款上乘的多明纳斯园红葡萄酒，1997 年刚刚开始封闭。它丰富、有力，还有 10 年以上的贮存能力。

1989 Dominus
达慕思酒厂多明纳斯园红葡萄酒 1989

评分：92 分

毫无疑问，1989 年款多明纳斯园红葡萄酒是该年份最优质的赤霞珠葡萄酒。它的酒色为暗宝石红色或暗紫色，鼻嗅中带有黑色水果、雪松、香草和香甜木材混合的甘甜、芬芳风味。入口后，它异常集中，中度酒体到重酒体，还有着权威性的丰富和悠长的余韵。我估计其他人和我一样，很难解释为什么这款酒品尝起来更像一款波美侯产区葡萄酒而不是纳帕产区卡勃耐葡萄酒。有趣的是，穆义解释说这款 1989 年葡萄酒成功的关键是在雨季结束后等了 6 到 7 天才进行采收，所以葡萄酒摆脱了过度的潮湿性。最佳饮用期：现在开始到 2009 年。

1987 Dominus
达慕思酒厂多明纳斯园红葡萄酒 1987

评分：96 分

这个年份，加州有很多酿酒商都酿制出了深远的卡勃耐葡萄酒，即罗伯特 - 蒙大维酒厂的珍藏葡萄酒（Robert Mondavi Reserve）、邓恩庄园的豪威尔山葡萄酒（Dunn Howell Mountain）和蒙特兰那酒园葡萄酒（Chateau Montelena），这款 1987 年多明纳斯园红葡萄酒就是该年份的优质葡萄酒之一。这款酒表现出丰富的宝石红色，散发出强烈香甜和芬芳的鼻嗅，其中还带有烘烤香子兰橡木、黑醋栗和雪松的风味。入口后，这款中度酒体或略显强劲的葡萄酒表现出相当大量的单宁酸，还有着良好统一的酸度和丰裕、丰富、香甜的余韵。最佳饮用期：现在开始到 2015 年。

1986 Dominus
达慕思酒厂多明纳斯园红葡萄酒 1986

评分：92 分

这款酒的酒色仍然是深暗的宝石红色，并带有紫色色调。它厚重、集中而且纯粹，含有丰富的黑醋栗水果，还混有泥土、香料和矿物质的风味。从我第一次品尝以来，这款体积巨大、集中的葡萄酒似乎就以冰川的速率陈年。因为它良好统一和低酸度，所以这款酒比较易亲近。它应该会继续进化，在接下来的 5 到 6 年内饮用效果都将不错。

1985 Dominus
达慕思酒厂多明纳斯园红葡萄酒 1985

评分：94 分

1985 年款多明纳斯园红葡萄酒非常出色，因为它拥有烟熏、成熟的黑醋栗和泥土味的鼻嗅，还有着甘甜、强劲、集中的口味和丰裕、悠长、耐嚼的余韵。它是我所品尝过的最向前和早熟的多明纳斯园红葡萄酒之一。它在瓶中表现出庄园主克里斯蒂安·穆义的顶级波美侯产区年份酒才会有的柔软、柔滑的质感。这款酒在接下来的 4 到 10 年内口感应该会仍然美妙。

1984 Dominus
达慕思酒厂多明纳斯园红葡萄酒 1984

评分：94 分

我在盲品会上经常会误把这款酒当做一款顶级的波美侯产区葡萄酒，尽管它的酿制原料中美乐占了很大比例。成熟的黑醋栗水果、咖啡和甘甜的黑色樱桃风味混合的复杂陈酿香已经变得越来越复杂和强烈。这款清新的葡萄酒强劲、丰裕而且柔软，似乎已经达到了诱人的最佳成熟状态。它应该可以轻易地再贮存 3 到 6 年甚至更久。

1983 Dominus
达慕思酒厂多明纳斯园红葡萄酒 1983

评分：90 分

这是第一款多明纳斯园年份酒，产量只有 2,100 箱。虽然这款酒非常向后、强劲且单宁突出，并拥有尖刻的波尔多产区葡萄酒的个性，但它仍继续表现出相当巨大的前景。鼻嗅中带有潮湿的森林果香，还混有丰富的黑醋栗果酱、雪松、欧亚甘草甚至些许东方香料的风味。这款高度精粹、非常丰富的葡萄酒应该会相当长寿。各种迹象都表明它正在摆脱单宁酸的影响，拥有必要的水果精粹物和浓缩度后，它将会非常和谐。毫无疑问，它是最优质的 1983 年加州赤霞珠葡萄酒之一。最佳饮用期：现在开始到 2010 年。

DUNN VINEYARDS
邓恩庄园

酒品：

邓恩庄园豪威尔山赤霞珠红葡萄酒（Cabernet Sauvignon Howell Mountain）

庄园主：邓恩庄园有限责任公司（邓恩家族）

地址：P.O.Box 886 Angwin,CA 94508

电话：（1）707 965-3642

传真：（1）707 965-3805

网址：建设中

联系人：兰迪·邓恩（Randy Dunn）

参观规定：酒庄不对外开放，谢绝参观和旅游

葡萄园

占地面积：34 英亩

葡萄品种：赤霞珠

平均树龄：10 年

种植密度：1,000 株 / 英亩

平均产量：3,300 千克 / 英亩

酒的酿制

很明显，从一开始邓恩庄园就一直拥有可以酿制出非常长寿和复杂葡萄酒的葡萄，这种特性是其他所有庄园的葡萄都没有的。兰迪·邓恩的酿酒方式在过去的 24 年中基本保持不变。在葡萄的糖分能够酿制出酒精度在 13.5%-3.8% 之间的葡萄酒时，他就会对其进行手工采收。对于红葡萄酒的质量来说，成熟的水果口味是最基本的。邓恩认为没必要等到葡萄成熟到能够酿制出酒精度超过 14% 的葡萄酒才进行采收。

葡萄被去梗和压榨后放入不锈钢发酵器中发酵，发酵器中的温度是可以控制的，每天至少进行 3 次循环旋转。当酒罐里的葡萄汁中没有残余糖分后，自由流动的果汁被转移出去，余下的果汁被压榨。

葡萄酒陈年的时间为 30 个月，放入容积为 60 加仑的半新法国橡木酒桶中进行，酒桶都放在非常寒冷潮湿的地道中。苹果酸 - 乳酸发酵最初在不锈钢酒桶中进行，一般到第一年的 12 月份在酒桶中完成。在装瓶前不久才会对葡萄酒进行混合，会对其进行过滤，但绝不会澄清。

邓恩庄园隐藏在豪威尔山山顶的树林中，该酒厂最主要的变化就是对酿酒设备进行了升级。为了酿制出更加巨大和有陈年价值的红葡萄酒，邓恩也进行了一些葡萄培植方面的改革——一些可以生产出更加优质葡萄的农耕操作，比如更

大程度地打薄和去幼芽，以获得更充足的光照等。邓恩庄园已经形成了自己的风格，而且很受欢迎，邓恩一直避免让自己的酿酒方式趋于所谓的前卫派。

年产量

邓恩庄园豪威尔山赤霞珠红葡萄酒：第一款年份酒是 1979 年年份酒（产量为 660 箱），之后产量稍有增加；1980 年年份酒（825 箱）；1981 年年份酒（940 箱）；1982 年年份酒（1,250 箱）；1986 年的年产量已经趋于平稳，刚好超过 2,000 箱。

非常优质的纳帕谷赤霞珠葡萄酒大约也有 2,000 箱。

平均售价（与年份有关）：40~55 美元

近期最佳年份

2002 年，2001 年，1997 年，1996 年，1995 年，1994 年，1992 年，1991 年，1990 年，1987 年，1985 年，1984 年，1982 年

兰迪·邓恩最开始是一个家庭酿酒师。1971 年，加州大学戴维斯分校的教授在一个周五的晚上给他打电话，询问他是否想要学习如何酿酒。因为那位教授当时正在研究一种新的葡萄杀虫剂。邓恩选择对葡萄进行称重，那些未经治疗的葡萄他就拿来培植，因此他的试验就成了他在酿酒学方面的第一个经历，那一年是 1971 年。之后，他参加了加州大学戴维斯分校的所有酒类学课程。1975 年，邓恩被佳慕斯酒园（Caymus）聘用为"葡萄压榨助理"，并一直在那里工作到 1985 年。

邓恩庄园刚开始基本上没有任何预算可言，因为他们没有钱。正如邓恩所说的那样："甚至是在 20 年前，小酒厂也很容易担负巨额债款，所以绝不可能会盈利。"但是邓恩却保持他的酒厂规模微小，在释放了 1979 年年份酒之后，人们开始狂热崇拜和购买他的葡萄酒。

豪威尔山子产区和纳帕谷的其他区域有所不同，因为这里的海拔高度高达 2,000 米，所以春季时葡萄

树破芽比谷底要晚。纳帕谷经常会大雾重重，而且直到上午 10 点都保持 55℃ 到 57℃ 的高温。不过在邓恩庄园，白天的温度虽然会低大约 10℃ 到 15℃，而更温暖的夜晚则使得庄园的葡萄树可以赶上谷底的葡萄树，因此采收日期相差无几。

砖红色的火山岩土壤一般比较薄，很容易晒干，再加上大雾的影响，如果在采收时期遇上梅雨，则非常不利。邓恩庄园则有着非常有利的条件。这里的葡萄树从早上 6 点半开始就可以享受到阳光的照耀，再加上一点和煦的微风，土壤和浆果非常干燥，所以葡萄一般都不会腐烂。这和谷底更加沉重的土壤和寒冷的大雾刚好相反，后者会阻止葡萄变干。一般都认为，对于酿制深色葡萄酒来说，日夜温差（高温的白天／低温的夜晚）是必不可少的，但这样的观点似乎并不适合豪威尔山，因为邓恩的红葡萄酒都是最深色的纳帕产区葡萄酒。

邓恩的基本哲学是保持葡萄酒简单和产量微小。正如他所说的那样："如果你酿制出一到两款数量有限的葡萄酒，你就可以真正地使你的酿酒操作合理化。微小的产量让你有时间进行每一步操作——修枝、开拖拉机、维修、市场营销、文书工作和酿酒。如果产量增加的话，像这样选择每天干什么是绝对不可能的。"

如果怪兽哥斯拉（Godzilla）（美国一部怪兽电影中因为核试验的缘故，受辐射的海域产生的一只巨型怪兽——译者注）要喝加州的赤霞珠葡萄酒，它肯定会选邓恩的赤霞珠葡萄酒。任何有规律地品尝过兰迪·邓恩的赤霞珠葡萄酒的人都知道，这些酒包含以下特点：（1）卓越的色彩和丰富性；（2）含有巨大单宁的结构个性；（3）悦人的纯度；（4）超现实的陈年潜力。不久前我刚品尝过邓恩庄园从 1982 年至今的所有顶级葡萄酒，令人惊叹的是，它们几乎按照预定的方式发展，不过它们仍含有异常大量的纯粹黑醋栗奶油、黑色覆盆子和黑莓水果的风味。

从该庄园的第一款年份酒即 1979 年年份酒开始，我就一直紧紧追随着邓恩庄园的赤霞珠葡萄酒，我惊奇地发现这些葡萄酒的品质一直都始终如一。邓恩认为葡萄酒应该进行过滤，但不进行澄清，他通过使用过滤技术为自己葡萄酒的野性力量和力度带来一定的精致特性。虽然现在这样下定论还为时过早，不过邓恩的葡萄酒的弱点将会是缺少瓶中的陈酿香。邓恩坚信过滤与此无关，他的红葡萄酒最终会显现出更多的果香进化特性，这只是个时间问题而已。

尽管邓恩已经取得了巨大成功，但是他的葡萄酒产量仍然保持在一般水平。每年大约有 4,000 到 5,000

兰迪·邓恩

箱的产量，一般都是一半来自纳帕谷装瓶，另一半来自豪威尔山装瓶。这两种葡萄酒在个性和质量上都很相似，不过纳帕谷葡萄酒有时候会显现出更少的酸涩单宁酸。但是，盲品会上的品尝结果显示这两种葡萄酒都拥有相似的果香和口味。不过在陈年特性方面，豪威尔山红葡萄酒更能证明它的世界水平。

也许潜在的买家需要问自己的问题是，对于邓恩的红葡萄酒他们会投入多大的耐心？因为这些酒都美好均衡，而且含有成熟、集中和甘甜的水果，所以年轻时饮用不会觉得遗憾。不过以我的经验判断，这些葡萄酒至少12年后才会开始发展二等果香。它们都是经典、非常长寿的山区赤霞珠葡萄酒，拥有40到50年的窖藏能力。

CABERNET SAUVIGNON HOWELL MOUNTAIN
邓恩庄园豪威尔山赤霞珠红葡萄酒

2003 Cabernet Sauvignon Howell Mountain
邓恩庄园豪威尔山赤霞珠红葡萄酒 2003

评分：92~94+ 分

有力的2003年款豪威尔山赤霞珠红葡萄酒很可能比2001年和2002年两款年份酒更加丰富和丰满，真是一个反典型的场面。它的酒色为深蓝色或深紫色，散发出黑醋栗、蓝莓、矿物质和花朵混合的强劲、丰富鼻嗅。这款酒丰富、强劲而且有力，单宁明显，是一款经典的邓恩葡萄酒。最佳饮用期：2012~2030 年。

2002 Cabernet Sauvignon Howell Mountain
邓恩庄园豪威尔山赤霞珠红葡萄酒 2002

评分：91~93+ 分

2002年款豪威尔山赤霞珠红葡萄酒呈墨蓝色或墨紫色，散发出纯粹的覆盆子、猪肉、新鞍皮革和花朵的甘甜芳香。这款甘甜、丰富、多肉的葡萄酒酿自不同寻常的成熟葡萄，表现出比多数豪威尔山年份酒更易亲近的个性。兰迪·邓恩说降低产量非常重要，所以他在2002年和2001年都从葡萄树上去除了40%的葡萄。这款绵长、集中的2002年年份酒可能并不是最强劲的豪威尔山葡萄酒，但是它将在2009年到2024年间为大家带来美好愉快的饮酒经历。

2001 Cabernet Sauvignon Howell Mountain
邓恩庄园豪威尔山赤霞珠红葡萄酒 2001

评分：93+ 分

2001年款豪威尔山赤霞珠红葡萄酒呈饱满的紫色，散发出洋槐花、蓝莓、黑莓和覆盆子风味混合的陈酿香。这是一款强劲、强烈、单宁突出和有力的葡萄酒，应该先窖藏5到10年，然后在接下来的20到25年内饮用。

1997 Cabernet Sauvignon Howell Mountain
邓恩庄园豪威尔山赤霞珠红葡萄酒 1997

评分：95 分

巨大的1997年豪威尔山赤霞珠红葡萄酒是一款超级有力、惊人集中的50年葡萄酒。它散发出黑莓果酱、黑醋栗果酱、矿物质和微弱橡木风味混合的果香和口味，是一款相当丰富和庞大的赤霞珠葡萄酒，可以毫不费力地陈年半个世纪。最佳饮用期：2015~2050 年。

1996 Cabernet Sauvignon Howell Mountain
邓恩庄园豪威尔山赤霞珠红葡萄酒 1996

评分：96 分

1996年款豪威尔山赤霞珠红葡萄酒呈黑色或蓝色或紫色，拥有油滑和深厚的质感。这款巨大无比的葡萄酒表现出美妙甘甜的中期口感、悦人的纯度和整体的对称性，这些都表明了它的优质。它拥有奢华层次的浓缩度，有着出色甘甜的单宁酸和低酸度，以及可以持续40秒左右的余韵。最佳饮用期：2009~2040 年。

1995 Cabernet Sauvignon Howell Mountain
邓恩庄园豪威尔山赤霞珠红葡萄酒 1995

评分：96 分

1995年款豪威尔山赤霞珠红葡萄酒在各个方面都表现出纳帕谷的特性，但是入口后的口感有点沉重，有着更加挑衅的单宁刺激感，而且更加绵长。这款酒拥有淡淡矿物质的黑莓水果和黑醋栗水果风味，酒体巨大，而且异常纯粹和绵长，它应该再放置7到10年后再饮用。毫无疑问，它将可以一直保持到2050年，1995年是一个惊人的年份。我估计邓恩庄园的1995年年份酒和令人惊叹的1994年年份酒在质量上将会有很大差别。

1994 Cabernet Sauvignon Howell Mountain
邓恩庄园豪威尔山赤霞珠红葡萄酒 1994

评分：96 分

大家要设法找到这款巨大的1994年款豪威尔山赤霞珠红葡萄酒。这款酒呈黑色或紫色，令人陶醉的黑醋栗奶油风味中还增加了几种更加细微的风味（矿物质、欧亚甘草和花香风味）。这款葡萄酒强劲，拥有惊人水平的精粹物和密度，对于有耐心或者是想为孩子们购买葡萄酒的读者来说，这是一款出色的赤霞珠葡萄酒，拥有长寿的良好天性。最佳饮用期：2006~2030 年。

1993 Cabernet Sauvignon Howell Mountain
邓恩庄园豪威尔山赤霞珠红葡萄酒 1993

评分：95 分

1993年款豪威尔山赤霞珠红葡萄酒呈不透明的黑色，单

宁非常明显，显示出惊人的纯度和强度，是一款口感宽阔、沉重的葡萄酒，含有大量成熟的单宁酸。这是一款巨大的赤霞珠葡萄酒，可能还需要继续窖藏。1993 年这个年份受到一些不合理的艰难压力，但邓恩庄园是酿制出出色的 1993 年年份酒的另一个酿酒商。最佳饮用期：现在开始到 2016 年。

1992 Cabernet Sauvignon Howell Mountain
邓恩庄园豪威尔山赤霞珠红葡萄酒 1992

评分：96 分

1992 年款豪威尔山赤霞珠红葡萄酒拥有该年份的特征之一，即拥有葡萄的满足人感官、丰裕和柔软的天性，所以它才如此不可思议。邓恩的所有葡萄酒都拥有巨大、厚重和丰富的个性，不过这款酒有着更加甘甜、宽阔和耐嚼的中期口感。这款 1992 年豪威尔山红葡萄酒还可以存放 20 到 30 年。

1991 Cabernet Sauvignon Howell Mountain
邓恩庄园豪威尔山赤霞珠红葡萄酒 1991

评分：93 分

1991 年款豪威尔山赤霞珠红葡萄酒明显比 1992 年和 1993 年年份更加深厚，精粹度也更高。它是一款巨大、丰富、有力的葡萄酒，拥有巨大的深度，还有着大量的单宁

酸。最佳饮用期：现在开始到 2025 年。

1990 Cabernet Sauvignon Howell Mountain
邓恩庄园豪威尔山赤霞珠红葡萄酒 1990

评分：96 分

虽然邓恩的赤霞珠红葡萄酒在 1988 年和 1989 年两个困难年份中质量骤降，不过 1990 年年份酒却表现出非凡的丰富性、深度、力量和惊人的单宁酸。这款巨大的 1990 年豪威尔山赤霞珠红葡萄酒虽然表现出巨大的单宁酸，但是却相当集中。它含有明显的矿物质、黑醋栗和花香混合的鼻嗅，还有着丰富、强劲、厚重、高度精粹和单宁酸的个性。它可不可以算做是自 1984 年以来最丰富的一款邓恩赤霞珠红葡萄酒？最佳饮用期：现在开始到 2020 年。

1987 Cabernet Sauvignon Howell Mountain
邓恩庄园豪威尔山赤霞珠红葡萄酒 1987

评分：94 分

虽然这款酒已经有 17 年了，但是它仍然非常年轻，酒色呈暗宝石红色或暗紫色，散发出纯粹的黑醋栗风味，还混有些许森林地被物、欧亚甘草和泥土的风味。这款酒强劲，相当丰富，拥有丰裕和天鹅绒般柔滑的质感，还有着甘甜的

单宁酸和可以持续 40 到 45 秒的余韵。这是一款体积巨大而且相当厚重的赤霞珠红葡萄酒，正在变得均衡，虽然它已经有 17 年了，不过尝起来仍像一款 5 到 6 年的葡萄酒。最佳饮用期：现在开始到 2020+。

1986 Cabernet Sauvignon Howell Mountain
邓恩庄园豪威尔山赤霞珠红葡萄酒 1986

评分：95 分

1986 年款豪威尔山赤霞珠红葡萄酒呈不透明的紫色，表现出惊人的丰富性和强度，拥有巨大的单宁酸和厚重的口感，还有着封闭但是惊人悠长、内涵美妙的余韵。这款酒并不是一款明显的 17 年葡萄酒，反而可以被当做年轻很多的加州赤霞珠红葡萄酒。建议在接下来的 10 到 20 年内饮用。

1985 Cabernet Sauvignon Howell Mountain
邓恩庄园豪威尔山赤霞珠红葡萄酒 1985

评分：90 分

1985 年款豪威尔山赤霞珠红葡萄酒呈暗紫色，呈现出口感充实的高精粹物含量，拥有耐嚼的口感，还有惊人的单宁酸水平作支撑。毫无疑问，这是一款令人印象深刻的葡萄酒，拥有长寿的特性。最佳饮用期：2007~2016 年。

1984 Cabernet Sauvignon Howell Mountain
邓恩庄园豪威尔山赤霞珠红葡萄酒 1984

评分：94 分

这款巨大无比的 1984 年豪威尔山赤霞珠红葡萄酒呈饱满的紫色，相当向后、封闭、坚硬、坚挺，单宁浓郁，有着不可名状的陈酿香，拥有相当丰富和集中的口味，还有着大量的单宁酸。最佳饮用期：现在开始到 2018 年。

1982 Cabernet Sauvignon Howell Mountain
邓恩庄园豪威尔山赤霞珠红葡萄酒 1982

评分：96 分

轰动的 1982 年款豪威尔山赤霞珠红葡萄酒已经摆脱了大部分单宁酸，呈现出含量丰富的甘甜黑醋栗水果。这款强劲的葡萄酒的气味和口感都非常令人愉悦，鼻嗅中带有大部分豪威尔山葡萄酒所具有的矿物质成分，还有着淡淡的美妙橡木味，以及生动纯粹的黑醋栗和黑色覆盆子的水果风味。尽管这款出色、丰裕、多肉、耐嚼的葡萄酒表现出明显的单宁感，但整体印象是多汁、惊人的丰富和绵长。这款悦人的赤霞珠葡萄酒在 4 到 5 年内口感应该仍然不错。在一次盲品会上，邓恩的赤霞珠红葡萄酒力敌多数 1982 年波尔多产区葡萄酒。

HARLAN ESTATE

贺兰酒庄

酒品：贺兰酒庄红葡萄酒（Harlan Estate Proprietary Red）

庄园主：H. 威廉姆·贺兰（H. William Harlan）

地址：P.O.Box 352,Oakville,CA 94562

电话：(1) 707 944-1441

传真：(1) 707 944-1444

邮箱：info@harlanestate.com

网址：www. harlanestate.com

联系人：经理唐·韦弗（Don Weaver）

参观规定：谢绝参观和品酒

葡萄园

占地面积：36 英亩

葡萄品种：70% 赤霞珠，20% 美乐，8% 品丽珠，2% 小味多

平均树龄：

　　17 年：50%

　　6~11 年：33%

　　4 年：17%

种植密度：一半为 700 株 / 英亩，另一半为 2,200 株 / 英亩

平均产量：2,000 千克 / 英亩

酒的酿制

贺兰酒庄的酿酒哲学当然是尽量保持葡萄酒的天然品质，对待葡萄和发酵的策略非常温和。使用小型采收托盘，严格地对成串葡萄分类，去梗，不压碎，然后对已去梗的葡萄进行分类（这在葡萄酒行业是非常罕见的）。为了不对葡萄汁进行泵打，会使用最温和的精粹方式。先对葡萄酒进行轻微的向下按压和循环旋转，然后在顶端开口的小发酵器中发酵，这些发酵器是专为提供和谐单宁酸而设计的，有着更加恒定的温度。接着在全新的法国小橡木酒桶中进行苹果酸 - 乳酸发酵，发酵后，葡萄酒仍会留在酒桶中与酒糟一起陈年，时间大约是 23 到 36 个月。通常不经澄清和过滤就装瓶。

年产量

贺兰酒庄纳帕谷红葡萄酒：19,000 瓶（目前的平均数）；28,000 瓶（在葡萄园成熟）

少女园（The Maiden）纳帕谷红葡萄酒：10,000 瓶（目前的平均数）；14,000 瓶（在葡萄园中成熟）

第一款商业年份酒：1996 年 1 月释放的 1990 年年份酒

最优质的近期年份酒：2005 年 5 月释放的 2001 年年份酒

贺兰酒庄葡萄酒和少女园葡萄酒的酒标上都有一个有寓意的图案，这个图案遵循着钞票上的凹刻传统。这种历史悠久、艰苦细致的方法强化了葡萄酒的真实性，使得它们拥有永恒的优雅性。

平均售价（与年份有关）：100~175 美元

近期最佳年份

2002 年，2001 年，1998 年，1997 年，1996 年，1995 年，1994 年，1993 年，1992 年，1991 年

━━━━━━━◆━━━━━━━

贺兰酒庄以奥克维尔的西部山丘为背景，从纳帕谷有寓意的阶地中拔地而起。该酒庄拥有 240 多英亩的天然风景——长有橡木的小圆丘和山谷，大约 15% 的土地上种有葡萄树。

贺兰酒庄建立于 1984 年，目的是建立美国最出色的葡萄酒酒庄之一。比尔·贺兰（Bill Harlan）是一个非常时髦的人，也是一个非常出名的房地产开发商，他拥有纳帕谷内精致的森林山庄度假胜地（Meadowood Resort）。比尔·贺兰有着灰白的头发和精心修剪的山羊胡，看起来很像一个高贵的西班牙征服者。他一直有一个坚决的单一目的，这在很大程度上解释了为什么贺兰酒庄能在如此短暂的时间内取得如此巨大的成就，酿制出如此质量非凡的葡萄酒。比尔·贺兰曾经说过他的"使命是始终如一地酿制最优质和最长寿的葡萄酒……从本质上说，就是在加州产区创立一个一级酒庄"。

贺兰酒庄的首次葡萄园扩展是在 1984 年进行的，当时的葡萄园只有 6 英亩。在过去的 19 年中，他们持续地慢慢种植葡萄树，到今天，葡萄树的种植已经完成。目前已有 36 英亩的栽种面积，而且葡萄树的品种都非常经典：赤霞珠、美乐、品丽珠和小味多。这些令人印象深刻的山坡葡萄园都位于纳帕谷的西边，可以俯瞰整个玛莎葡萄岛（Martha's Vineyard）。

这些葡萄园散布在排水良好的山坡的"油水区"，都非常珍奇美丽——竖直的葡萄树生长于断裂岩石上的贫瘠土壤中，还有一些生长在等高的梯田中，符合当地的地形。他们的农耕和培植方式是非常坚定不移的，强调葡萄树的柔弱和低产，这都需要相当耐心的护理。

自从 1990 年第一年酿制葡萄酒开始，贺兰酒庄就已经酿制出加州最令人印象深刻的赤霞珠葡萄酒之一。在酿制这种葡萄酒的过程中，比尔·贺兰绝不做出任何让步。在他的酿酒师鲍勃·莱维（Bob Levy）和法国咨询酒类学家米歇尔·罗兰的帮助下，比尔·贺兰酿制出一款精致、丰富和复杂的葡萄酒。这款酒拥有顶级加州产区葡萄酒的强度，雅致、复杂并且具有优雅感，这使得它明显可以被当做一款顶级的加州产区葡萄酒。1996 年，在一次顶级 1990 年和 1989 年波尔多产区酒的盲品会上，我插了 1991 年款贺兰酒庄红葡萄酒，它得到了像 1990 年款拉图酒庄（Latour）酒、1990 年款玛歌酒庄（Margaux）酒和 1990 年款帕图斯酒庄（Pétrus）酒一样令人印象深刻的评分。此后我使用 1992 年、1994 年和 1995 年贺兰酒庄葡萄酒来重复品

酒，这些贺兰酒庄葡萄酒同样让人狂喜。这种酒很可能被当做一款优质加州红葡萄酒与等量的奥比昂教会庄园（La Mission Haut-Brion）酒、白马酒庄（Cheval Blanc）酒、木桐酒庄（Mouton Rothschild）酒的混合，对于不受收入限制和有能力找到几瓶的买家来说，这款轰动的葡萄酒是一款必买品。

贺兰酒庄酿制的葡萄酒拥有所有优质的元素——个性、力量与优雅的结合，非凡的复杂性，卓越的陈年能力，令人叹服的丰富性，并且丝毫没有笨重感。迄今为止，该酒庄酿制的所有年份酒都表现出能够在瓶中进化 20 到 30 年以上的迹象。1995 年，他们的第二种酒——少女园红葡萄酒首次酿制，这是对这个山坡葡萄园中的葡萄进行更加严格的筛选后酿制出的葡萄酒。

完美的葡萄酒非常少见，历史告诉我，像贺兰酒庄这样拥有极大抱负的酒厂将继续推动质量的发展。贺兰酒庄的目标很简单——低产量，成熟的水果，没有花哨的发酵操作，自然的培养，而且不进行净化就装瓶。

HARLAN ESTATE PROPRIETARY RED
贺兰酒庄红葡萄酒

2002 Harlan Estate
贺兰酒庄葡萄酒 2002

评分：96~100 分

2002 年 9 月第三个星期的巨大热浪带给葡萄额外的柔软性，而出色的 2002 年款贺兰酒庄葡萄酒正好反映出这一特点。它是迄今为止我所品尝过的最宜人、最早熟的贺兰酒庄葡萄酒。酒色呈墨紫色，爆发出卡布奇诺咖啡、巧克力、黑醋栗奶油、香烟、欧亚甘草和石墨风味混合的非凡鼻嗅。它惊人的强劲，质感油滑，低酸度，单宁酸含量高但却柔软，还有着轰动、艳丽的余韵，是迄今为止我所品尝过的最堕落和具有奢华水果特性的贺兰酒庄葡萄酒。一旦装入瓶中，它的质量将会回升，这一点都不足为奇。最佳饮用期：2006~2020+。

2001 Harlan Estate
贺兰酒庄葡萄酒 2001

评分：100 分

我在四种不同的情况下品尝过这款葡萄酒，它在橡木桶中陈年了 28 个月才装瓶，而且未进行澄清和过滤，是一款卓越的葡萄酒，会被当做是一款木桐酒庄酒、奥比昂教会庄园酒和玫瑰庄园（Montrose）酒的混合。它在风格上综合了更加优雅、有结构和轮廓更加清晰的 1994 年年份酒与夸张、稠密、有着波特酒风格的 1997 年年份酒。虽然我几个月前已经饮用过这款非凡的 2001 年贺兰酒庄葡萄酒的瓶装，不过它仍然是我的旅途之酒。酒色呈墨紫色，伴有铅笔屑、咖啡、新鞍皮革、液态欧亚甘草、雪松精油、黑加仑利口酒和紫罗兰风味混合的惊人陈酿香。它拥有爆发性的丰富性和奇妙、强劲的质感，还有着惊人的纯度、浓缩度、复杂性和高贵性，这些都是传奇之酒的特性。最佳饮用期：2009~2028+。

2000 Harlan Estate
贺兰酒庄葡萄酒 2000

评分：91 分

2000 年款贺兰酒庄葡萄酒呈深暗的宝石红色或紫色，散发出焙烤咖啡、焦土、黑加仑、雪松和淡淡的薄荷脑混合的格拉芙产区（Graves）风格的芳香。这款酒比一般的葡萄酒更加轻盈，不过有着中度酒体到重酒体，优雅，含有柔软的单宁酸，还有着丝滑、早熟的个性和质感。这款酒现在就可以饮用，建议在接下来的 12 年内喝完。

1999 Harlan Estate
贺兰酒庄葡萄酒 1999

评分：92 分

1999 年款贺兰酒庄葡萄酒散发出甘甜香子兰、薄荷脑、浓咖啡、巧克力和黑醋栗风味混合的中度强烈的酒香。这款酒中度酒体到重酒体，温和而且优雅。它比以前年份的葡萄酒更加抑制，而且没有它们强烈，反映出 1999 年的生长季节比较凉爽。不过，它仍然是一款出色的葡萄酒。它的余韵悠长、优雅，而且带有波尔多产区葡萄酒的风格。它没有贺兰酒庄 1991 年至 1998 年间酿制的葡萄酒那样奇妙，我会把它列在所有这些酒的最后。最佳饮用期：现在开始到 2016 年。

1998 Harlan Estate
贺兰酒庄葡萄酒 1998　评分：95 分

这款 1998 年贺兰酒庄葡萄酒是该年份最佳年份酒的候选酒，酿制于产量为 900 千克／英亩的葡萄园，这是一项令人惊叹的成就。酒色呈不透明的紫红色或紫色，爆发出浓咖啡、矿物质、蓝莓、黑莓、烟草、欧亚甘草、亚洲香料和烤肉风味混合的奢华鼻嗅。入口后，这款酒无缝、强劲，质感油滑，拥有美妙甘甜的单宁酸和多层次的浓缩度，这是酿酒史上的一款杰作。在 1998 年这样的年份竟然能酿制出这样优质的葡萄酒，简直太不可思议了！最佳饮用期：现在开始到 2030 年。

1997 Harlan Estate
贺兰酒庄葡萄酒 1997　评分：100 分

1997 年款贺兰酒庄葡萄酒是用 80% 的赤霞珠、20% 的美乐和品丽珠混合酿制而成，是一款内涵巨大、深远丰富的葡萄酒，简直太不可思议了。酒色呈不透明的紫色，爆发出香子兰、矿物质、咖啡、黑莓、欧亚甘草和黑醋栗风味混合的、令人惊叹的剧增陈酿香。入口后，它多层次、开放有力而且温和。酸度、单宁酸和酒精被它超现实的丰富性和非凡的个性很好地均衡了，余韵可以持续一分多钟。最佳饮用期：现在开始到 2030 年。

1996 Harlan Estate
贺兰酒庄葡萄酒 1996　评分：98 分

1996 年款贺兰酒庄葡萄酒呈不透明的紫色，表现出非凡的强度。它散发出香甜的黑加仑、烟草、雪松和水果蛋糕风味的陈酿香，重酒体，结构中含有大量的甘油和集中的水果，轰动的余韵中带有温和的单宁酸。这是大家希望尝到的最集中和成熟的红葡萄酒之一。最佳饮用期：现在开始到 2030 年。

1995 Harlan Estate
贺兰酒庄葡萄酒 1995　评分：99 分

1995 年款贺兰酒庄葡萄酒几乎像 1994 年款一样完美。它在瓶装后已经变得更加优质，而且仍然是我所品尝过的最卓越的年轻赤霞珠葡萄酒之一。它的酒色为不透明的紫色，散发出香烟、咖啡豆、黑色水果、蓝色水果、矿物质和烘烤香草风味混合的鼻嗅。这款酒相当强劲，惊人的纯粹，精致均衡，有着无缝的个性，而且整体和谐，余韵可以持续 40 秒以上。最佳饮用期：现在开始到 2027 年。

1994 Harlan Estate
贺兰酒庄葡萄酒 1994　评分：100 分

对于这款 1994 年贺兰酒庄葡萄酒我能说些什么呢？我连续三年品尝这款酒，每一次它都能达到我对完美的每一个要求。酒色呈不透明的紫色，伴有倒入杯中后剧增的惊人果香，还有着极佳含量的黑加仑、矿物质、烟熏香草、雪松精油、咖啡和吐司混合的风味。入口后，这款无缝的传奇之酒表现出重酒体、惊人的纯粹和丰富的多层次精致水果，还有着可以持续 40 秒左右的余韵。它应该可以轻易地贮存 30 年以上。每一个可能的边缘缺口——酸度、酒精、单宁酸和木材味——都出色地交织在一个似乎透明精致的模式中。这款体积巨大的葡萄酒表现出醉人的果香，拥有奇妙的口味和深度，但却没有任何沉重感和粗糙感，所以它才会如此非凡。贺兰酒庄的 1994 年年份酒倒入杯中后会变得接近不朽。

1993 Harlan Estate
贺兰酒庄葡萄酒 1993　评分：95 分

1993 年款贺兰酒庄葡萄酒应该和 1992 年款一样杰出。它的酒色为不透明的紫色，拥有令人惊叹的成熟性、纯度和潜力。这款酒厚重、强劲，散发出巧克力、吐司、矿物质和黑加仑风味混合的鼻嗅，拥有丰富、强劲和耐嚼的质感，被成熟的单宁酸很好地支撑着。而且它的余韵中表现出更加明显的单宁酸，特别是与 1992 年和 1994 年年份酒相比。最佳饮用期：现在开始到 2021 年。

1992 Harlan Estate
贺兰酒庄葡萄酒 1992

评分：96 分

贺兰酒庄的 1992 年款葡萄酒呈深紫色，散发出矿物质、黑加仑、吐司和香料风味混合的甘甜鼻嗅。它丰裕、丰富、重酒体，拥有很集中的甘甜单宁酸，是一款宽阔而且优雅的葡萄酒，拥有多层次口味的轻柔口感。这款酒易亲近，而且仍然年轻，不够成熟。在接下来的 12 年内饮用效果应该都很不错。

1991 Harlan Estate
贺兰酒庄葡萄酒 1991

评分：98 分

1991 年贺兰酒庄葡萄酒是一款深远优质的葡萄酒。在盲品会上，它会被当做最出色的葡萄酒之一，而且大多数品酒者都会把它误当成一款梅多克产区一级酒庄葡萄酒。酒色呈不透明的紫色，散发出矿物质、水果蛋糕、雪松、烘烤新橡木和纯粹黑加仑水果风味混合的、惊人复杂和甘甜的鼻嗅。尽管这款酒的口感巨大，但是却出色的均衡，拥有高水平的单宁酸，不过被含量丰富的甘甜成熟水果很好地隐藏了，还有大量的甘油和精粹物。我对这款 1991 年贺兰酒庄葡萄酒的评分一直都在 90 到 95 分之间，不过在这次拥有如此之多的优质葡萄酒的盲品会上，它却成为了一个一流赢家。这款酒现在就可以饮用，而且可以贮存 20 到 30 年。

KISTLER VINEYARDS
吉斯特勒酒庄

酒品：

吉斯特勒酒庄吉斯特勒园霞多丽白葡萄酒（Chardonnay Kistler Vineyard）

吉斯特勒酒庄麦克雷园霞多丽白葡萄酒（Chardonnay McCrea Vineyard）

吉斯特勒酒庄藤蔓山园霞多丽白葡萄酒（Chardonnay Vine Hill Vineyard）

吉斯特勒酒庄蒂雷尔园霞多丽白葡萄酒（Chardonnay Durell Vineyard）

吉斯特勒酒庄凯思琳特酿霞多丽白葡萄酒（Chardonnay Cuvée Cathleen）

吉斯特勒酒庄凯瑟琳特酿黑品诺红葡萄酒（Pinot Noir Cuvée Catherine）

吉斯特勒酒庄伊丽莎白特酿黑品诺红葡萄酒（Pinot Noir Cuvée Elizabeth）

庄园主：斯蒂芬·吉斯特勒（Stephen Kistler）和吉斯特勒家族

地址：4707 Vine Hill Road,Sebastopol,CA 95472

电话：（1）707 823-5603

传真：（1）707 823-6709

邮箱：mfbixler@kistlerwine.com

网址：www.kistlerwine.com

联系人：马克·比克斯勒（Mark Bixler）

参观规定：酒庄不对外开放

葡萄园

占地面积：210 英亩

葡萄品种：霞多丽、黑品诺和席拉

平均树龄：最古老的有 36 年，最年轻的种植于 2002 年

种植密度：植株间距各不相同：1'×7' / 4'×7' / 4'×8' / 5'×7' / 5'×8' / 5'×10' / 6'×10'

平均产量：最低产量为 500~2,000 千克 / 英亩；最高产量为 2,000~3,000 千克 / 英亩

酒的酿制

从最开始，吉斯特勒酒庄的参考标准就是勃艮第产区的白葡萄酒。酿酒师史蒂夫·吉斯特勒（Steve Kistler）和他的助手马克·比克斯勒都专注于使用单一葡萄园的葡萄来发展霞多丽白葡萄酒的经典口味和果香。吉斯特勒在酿制霞多丽白葡萄酒时，一直都是对整串葡萄进行压榨，然后在不同比例（范围在 50%-75% 之间）的法国新橡木酒桶中发酵。他们更喜欢混合使用本土酵母和人工酵母，而且整个苹果酸 - 乳酸发酵都是在橡木酒桶而不是不锈钢酒罐中进行的。所有的霞多丽白葡萄酒都会和酒糟一起放入酒桶中陈年一年，然后分离，转移到一个稳定的酒罐中，半年后装瓶，不进行澄清和过滤。在酿制黑品诺红葡萄酒时，葡萄被去梗，但是绝不压碎，他们在开始发酵前会先进行为期 5 天左右的冷浸处理。黑品诺红葡萄酒都是在 2 到 4 吨的顶端开口的发酵器中进行发酵，只使用本土酵母，在 3 到 4 周的 cuvaison（法语名词，指葡萄带皮浸泡发酵）之后，在酒桶中进行天然的苹果酸 - 乳酸发酵。大约使用 85% 的法国新橡木酒桶，葡萄酒在木桶中陈年 14 到 16 个月，不进行任何分离，最后都集合在一个装瓶酒罐中进行装瓶，不进行澄清和过滤。

年产量

霞多丽白葡萄酒：

吉斯特勒园：900~2,700 箱（自 1986 年以来）

麦克雷园：1,800~3,600 箱（自 1988 年以来）

藤蔓山园：1,800~2,700 箱（自 1988 年以来）

蒂雷尔园：900~1,800 箱（自 1986 年以来）

凯思琳葡萄酒：0~500 箱（自 1992 年以来）

黑品诺红葡萄酒：

凯瑟琳葡萄酒：250~500 箱（自 1991 年以来）

伊丽莎白葡萄酒：250~500 箱（自 1999 年以来）

平均售价（与年份有关）：60~150 美元

近期最佳年份

霞多丽白葡萄酒：2003 年，2002 年，2001 年，2000 年，1999 年，1997 年，1994 年，1992 年，1990 年，1988 年，1987 年，1979 年

黑品诺红葡萄酒：2003 年，2002 年，2001 年，2000 年，1999 年，1996 年，1994 年，1992 年，1991 年

1978 年，史蒂夫·吉斯特勒和他的家人在梅亚卡玛斯山（Mayacamas Mountains）建立了这个小酒厂，第一次酿酒是在 1979 年，这款 1979 年霞多丽年份酒的总产量为 3,500 箱。1992 年，他们又在俄罗斯河畔（Russian River）建立了一个拥有先进现代酿酒技术的酒厂，恰好位于藤蔓山路旁。该酒庄目前的平均产量在 20,000 箱左右，其中霞多丽白葡萄酒为 15,000 箱，黑品诺红葡萄酒为 5,000 箱。

从一开始，吉斯特勒酒庄就有两大负责人——庄园主兼酿酒师史蒂夫·吉斯特勒和他的助手马克·比克斯勒。吉斯特勒在斯坦福大学（Stanford University）获

得了文学学士学位，之后又分别在加州大学戴维斯分校和弗雷斯诺州立大学（Fresno State）学习，在成立吉斯特勒酒庄前，他还在山脊葡萄园（Ridge）担任了两年的助理酿酒师。马克·比克斯勒在麻省理工学院获得了学位，然后又在加州大学伯克利分校（the University of California at Berkeley）学习，之后在弗雷斯诺州立大学担任化学教授，后来又辗转来到费泽尔酒厂（Fetzer Vineyards），在那里待了两年。

吉斯特勒酒庄达到了加州葡萄酒的质量高峰。特别让人钦佩的是，他们非常艰难地才达到这一高峰——是通过自己的努力达到的。

每次到吉斯特勒酒庄参观时，我都很受触动，为他们写下了一篇又一篇的颂扬之词，因为史蒂夫和马克付出了很大的心血才酿制出质量卓越的葡萄酒。我似乎一直重复着同样的评语，但这个酒厂却酿制出了很多惊人的葡萄酒。吉斯特勒酒庄的霞多丽白葡萄酒现在已经闻名遐迩，不过我相信他们的黑品诺红葡萄酒最终会更加出名。所有的葡萄酒都是在 100% 的新橡木酒桶中发酵，产量很低（只有 250 到 500 箱），装瓶前既不进行澄清也不进行过滤。他们正在努力把二氧化硫的剂量降到最低水平，以使葡萄酒尽可能地具有表现力。这些黑品诺红葡萄酒在盲品会上非常容易被

当做是最优质的勃艮第产区红葡萄酒。

史蒂夫·吉斯特勒和马克·比克斯勒认为酿制顶级霞多丽白葡萄酒和黑品诺红葡萄酒的关键是耐心。有些年份的口味可能很早就会表现出来，但是有些年份的则会非常晚。霞多丽白葡萄酒很容易被当做勃艮第产区的特级白葡萄酒，因为它们拥有惊人的液态矿物质性、美妙的结构和惊人的纯度。同时，这些酒也反映了他们独特的葡萄园地理特性。所有特性都充分表现出来，先进行缓慢的苹果酸-乳酸发酵，然后进行分离，接着放入稳定的酒罐中，最后不进行过滤直接装瓶，所有的操作都有条不紊地缓慢进行。经过过去10年的品尝，我已经估出霞多丽白葡萄酒的陈年潜力。它们一般在3到5年后会达到最佳状态，而且这种最佳状态维持8到9年后才会开始下降。虽然以很多勃艮第产区白葡萄酒的标准来看，这种酒并不是传奇，但是对于加州产区的霞多丽白葡萄酒来说，它们相当长寿，可以贮存更长时间。但是衡量一款葡萄酒的长寿能力，并不是通过它贮存的时间长短，而是根据它进化的时间长短来判定。

CHARDONNAY CUVÉE CATHLEEN
吉斯特勒酒庄凯思琳特酿霞多丽白葡萄酒

2003 Chardonnay Cuvée Cathleen
吉斯特勒酒庄凯思琳特酿霞多丽白葡萄酒 2003

评分：99 分

吉斯特勒酒庄的凯思琳霞多丽白葡萄酒是以吉斯特勒一个女儿的名字命名的。酿制这款 2003 年年份酒时，选用了酒庄最优质的酒桶。毋庸置疑，这是一款性感、劲力十足的葡萄酒。它的产量大约为 500 箱，它结合了加州产区最优质葡萄酒的复杂性、矿物质性和一款法国勃艮第产区白葡萄酒的清晰轮廓。这是一款体积巨大、惊人优雅和复杂的葡萄酒，含有非常丰富的热带水果、些许柑橘油和碎岩石，还有着钢铁般的坚硬骨架。这款美酒非常绵长、高贵，令人印象深刻。在接下来的 7 到 8 年内饮用效果都应该不错。

2002 Chardonnay Cuvée Cathleen
吉斯特勒酒庄凯思琳特酿霞多丽白葡萄酒 2002

评分：96 分

2002 年款凯思琳霞多丽白葡萄酒似乎比藤蔓山园霞多丽白葡萄酒和吉斯特勒园霞多丽白葡萄酒更加抑制。我很怀疑这一实际情况，但它尝起来就是这种感觉。不过，你还是可以在任何时候为我提供这款酒——因为它是如此的优质。它有力、丰富，带有惊人的矿物质特性，很像是一款已经增进了好几个层次的科什-杜瑞（Coche-Dury）的卡尔通-查理曼葡萄酒（Corton-Charlemagne）。它的轮廓相当清晰，但是仍然非常神秘，是一款令人惊叹的霞多丽白葡萄酒，应该会在两年后达到最佳状态，然后还可以再贮存 10 年。

2001 Chardonnay Cuvée Cathleen
吉斯特勒酒庄凯思琳特酿霞多丽白葡萄酒 2001

评分：96 分

这款 2001 年凯思琳霞多丽白葡萄酒也是选用该酒庄最优质的酒桶酿制，酒色为淡淡的金色，产量为 6,396 瓶，散发出奶油蛋卷、黄油梨、蜜甜柑橘油和榛子风味混合的醇香。这款出众的葡萄酒丰裕、强劲、深厚，拥有一流的密度和丰富性，表现出霞多丽的精华。这款酒现在已经让人无法抗拒，不过还可以轻易地陈年 7 到 9 年。

2000 Chardonnay Cuvée Cathleen
吉斯特勒酒庄凯思琳特酿霞多丽白葡萄酒 2000

评分：95 分

2000 年款凯思琳霞多丽白葡萄酒的产量为 500 箱，史蒂夫·吉斯特勒和马克·比克斯勒认为它表现出了最优质酒桶的特性。它显现出多碎石的液态矿物质性，还混有橘子果酱、榛子油、糖甜柑橘、白色桃子和柠檬花混合的深远口味。它拥有上乘的纯度、惊人的口感、美妙的结构和清晰的轮廓。这款惊人的霞多丽杰作（由于霞多丽白葡萄酒在每个年份都有酿制）在 10 年内饮用效果都应该不错。

1999 Chardonnay Cuvée Cathleen
吉斯特勒酒庄凯思琳特酿霞多丽白葡萄酒 1999

评分：97 分

1999 年款凯思琳霞多丽白葡萄酒非常出色。它丰富、丰满，由矿物质主导，拥有油滑的口味，美妙纯粹，有着惊人的多层次口感，但没有任何沉重或者夸大其词的感觉。这是史蒂夫·吉斯特勒和马克·比克斯勒的光辉成就。这款深远的霞多丽白葡萄酒可以与最优质的勃艮第产区特级葡萄酒相媲美。如果你不信，那就把它放在盲品会上进行品尝，我已经试过很多次了。建议在接下来的 6 到 7 年内饮用。

1998 Chardonnay Cuvée Cathleen
吉斯特勒酒庄凯思琳特酿霞多丽白葡萄酒 1998

评分：95 分

和 1998 年款藤蔓山园霞多丽白葡萄酒一样，这款霞多丽白葡萄酒也在风格上表现出进化的特性。它拥有史蒂夫·吉斯特勒大多数最成功的葡萄酒所具有的力量和浓缩度，但是它也有一定的抑制性，还伴有几年前只有最优质的勃艮第产区特级葡萄酒才有的出色的复杂性和优雅性。

1998 年凯思琳霞多丽白葡萄酒是一款令人惊叹的美妙

和轮廓清晰的葡萄酒，拥有所有可测量剂量的鼻嗅和口感。它的整体印象是惊人的集中、完美的和谐，有着惊人的密度和丰富性，以及只有优质葡萄酒才拥有的多层次、强烈的中期口感和余韵。它应该还会拥有 10 年以上的有趣进化特性。最佳饮用期：现在开始到 2010 年。

1997 Chardonnay Cuvée Cathleen
吉斯特勒酒庄凯思琳特酿霞多丽白葡萄酒 1997

评分：94 分

很难找到足以形容这款 1997 年凯思琳霞多丽白葡萄酒的形容词。这款酒也是用精选出的酒桶酿制的，史蒂夫·吉斯特勒和马克·比克斯勒相信利用这些酒桶会酿制出最丰富和最成熟的葡萄酒。这款酒比其他出色陈酿稍微优质一点，拥有非凡的丰富性、长度和强度。倒入杯中后，会爆发出多层次的水果、烟草、黄油爆米花、热带水果和矿物质的风味，而且异常强烈和美妙均衡。这款惊人、强劲的葡萄酒应该再陈年 3 到 5 年。最佳饮用期：现在开始到 2008 年。

CHARDONNAY DURELL VINEYARD
吉斯特勒酒庄蒂雷尔园霞多丽白葡萄酒

2003 Chardonnay Durell Vineyard
吉斯特勒酒庄蒂雷尔园霞多丽白葡萄酒 2003

评分：93 分

这款 2003 年蒂雷尔园霞多丽白葡萄酒还可以被描述为一款加入了柠檬油和蛋羹的矿物质利口酒。这款酒呈淡淡的金色，边缘还带有绿色色调，在颜色上比麦克雷园葡萄酒更加进化一点。它大方、强劲、丰富，拥有令人振奋、充满活力的酸度，为所有组成成分带来了清新特性和香味。这款酒也拥有 4 到 5 年的陈年潜力，不过据我估计它将更加长寿。

2002 Chardonnay Durell Vineyard
吉斯特勒酒庄蒂雷尔园霞多丽白葡萄酒 2002

评分：92 分

2002 年款蒂雷尔园霞多丽白葡萄酒呈淡淡的麦秆色或绿色，散发出柠檬油和香子兰奶油冻风味的新鲜、脆爽、酸甜香气。这款酒倒入杯中后，还会表现出柠檬、橘子皮、菠萝、大量岩石和矿物质混合的风味。它清新、芬芳，轮廓异常清晰，可能拥有 5 到 8 年甚或更久的陈年能力。

2001 Chardonnay Durell Vineyard
吉斯特勒酒庄蒂雷尔园霞多丽白葡萄酒 2001

评分：94 分

动人的 2001 年款蒂雷尔园霞多丽白葡萄酒呈淡淡的金色，周围还表现出绿色色调，有着更加抑制的陈酿香，并散发出矿物质和柑橘油的风味。这款酒拥有出色的酸度、丰富的矿物质特性和悠长、集中的余韵，是一款紧致但有前景的

葡萄酒，品尝起来像是一款特级法国夏布利白葡萄酒（Chablis）和勃艮第产区顶级黄金坡（Côte d'Or）白葡萄酒的混合。它在接下来的 5 到 7 年内饮用效果都应该不错。

2000 Chardonnay Durell Vineyard
吉斯特勒酒庄蒂雷尔园霞多丽白葡萄酒 2000

评分：95 分

轰动的 2000 年蒂雷尔园霞多丽白葡萄酒是一款强烈、如钢铁般坚硬的葡萄酒。它酿制于一款老温特（old Wente）霞多丽克隆品种，拥有非凡的质感、成熟性和重量，有着液态矿物质的特性，惊人的清晰，还有可以持续将近 40 秒钟的动人余韵——相对于一款干白葡萄酒来说非常卓越。它拥有花香的芬芳，还混有矿物质和柑橘水果的风味，这在酿制于该年份的最优质葡萄酒中非常普遍。建议在接下来的 10 年内享用。

1999 Chardonnay Durell Vineyard
吉斯特勒酒庄蒂雷尔园霞多丽白葡萄酒 1999

评分：96 分

如果考虑到它表现出的液态矿物质特性，以及金银花和热带水果风味混合的出色鼻嗅，这款令人惊叹的 1999 年蒂雷尔园霞多丽白葡萄酒尝起来像是一款特级骑士 - 梦拉谢（Chevalier-Montrachet）白葡萄酒或者是一款墨尔索 / 采石工人园（Meursault-Perrières）一级白葡萄酒。这款酒强劲，相对于如此大小的葡萄酒来说，它还拥有非凡的清晰轮廓。这款非凡的霞多丽白葡萄酒将毫无拘束的力量、丰富性与不同寻常的优雅性、精致性很好地结合在了一起。这是一款拥有美妙结构并且崇高的葡萄酒，在接下来的 6 到 7 年内饮用效果应该都很不错。

1998 Chardonnay Durell Vineyard
吉斯特勒酒庄蒂雷尔园霞多丽白葡萄酒 1998

评分：92 分

1998 年蒂雷尔园霞多丽白葡萄酒是一款紧致、向后的葡萄酒。因为微气候相当寒冷，所以蒂雷尔园的葡萄总是最后采收。这款 1998 年年份酒拥有相当巨大的力量和强度，它强劲的丰富特性中还带有矿物质、柑橘、柠檬花和橘子皮的成分。它表现出良好的酸度和力量，所有的成分都非常合理和美妙均衡。这款酒的良好饮用效果应该还可以再保持 2 到 4 年。

1997 Chardonnay Durell Vineyard
吉斯特勒酒庄蒂雷尔园霞多丽白葡萄酒 1997

评分：91 分

这款 1997 年蒂雷尔园霞多丽白葡萄酒拥有多种热带水果，而且并没有完全抛弃复杂的矿物质特性，喜欢拥有这些特性的霞多丽白葡萄酒的读者将会对这款 1997 年年份酒非常满意。这里的岩石质土壤缺少活力，加上像海德（Hyde）

这样的一些克隆品种，酿制出的葡萄酒有着芬芳的酸度，中度酒体到重酒体，拥有出色的成熟特性和纯度，还有大量柑橘花、柠檬水果、淡淡的桃子和菠萝混合的风味。这款酒应该拥有 8 到 10 年的不同寻常的寿命。最佳饮用期：现在开始到 2008 年。

CHARDONNAY KISTLER VINEYARD
吉斯特勒酒庄吉斯特勒园霞多丽白葡萄酒

2003 Chardonnay Kistler Vineyard
吉斯特勒酒庄吉斯特勒园霞多丽白葡萄酒 2003

评分：95 分

2003 年款吉斯特勒园霞多丽白葡萄酒拥有卡尔通 - 查德曼（Corton-Charlemagne）风格的个性。它展现出洋槐花、核果、液态岩石的风味，还表现出些许柑橘花、苹果皮、淡淡的榛子和柠檬黄油混合的鼻嗅，是一款强劲、坚硬、由矿物质主导的葡萄酒，不可否认，它令人印象非常深刻。虽然它非常向后，但是却拥有一直持续的集中内核。建议在接下来的 7 到 8 年内饮用。

2002 Chardonnay Kistler Vineyard
吉斯特勒酒庄吉斯特勒园霞多丽白葡萄酒 2002

评分：95 分

2002 年款吉斯特勒园霞多丽白葡萄酒令人惊叹的成熟，还有液态矿物质的特性，为这款体积巨大、高于生活的霞多丽白葡萄酒带来巨大的均衡性和相称性。它是一款令人叹服、强劲、深厚的葡萄酒，带有烟熏榛子的特性，还混有柑橘、柠檬、热带水果、少量柑曼怡（Grand Marnier）和焦糖的特性。这款强劲、集中、完美均衡的葡萄酒还有很多特性会持续保持优质。它在接下来的 10 年内饮用效果都应该不错。

2001 Chardonnay Kistler Vineyard
吉斯特勒酒庄吉斯特勒园霞多丽白葡萄酒 2001

评分：95 分

2001 年吉斯特勒园霞多丽白葡萄酒是一款结构紧致的葡萄酒。酒色呈淡淡的金色，含有相当大量的甘油和力量，它表现出液态矿物质特性，拥有强劲、丰富、有结构的风格，而且非常集中。这款酒的大多数特性都是到口腔后部才会体现出来。这款酒让我想起路易斯·拉图葡萄酒（Louis Latour）中的一款混合 - 梦拉谢白葡萄酒（Bâtard-Montrachet）。这款动人的霞多丽白葡萄酒拥有出色的长度、丰富性、清晰性和纯度，在 6 到 8 年内饮用效果都将不错。

2000 Chardonnay Kistler Vineyard
吉斯特勒酒庄吉斯特勒园霞多丽白葡萄酒 2000

评分：90 分

结构紧致的 2000 年款吉斯特勒园霞多丽白葡萄酒会让

人想起特级普西尼 - 梦拉谢（Puligny-Montrachet）白葡萄酒。它散发出柠檬味蜜甜葡萄柚、橘子皮和黄油柑橘风味的果香，还伴有微弱的液态岩石和烘烤杏仁的风味。它中度酒体到重酒体，悠长的余韵中带有令人心神爽快的酸度。和所有的吉斯特勒酒庄霞多丽白葡萄酒一样，这款酒优雅、抑制、细致，而且口味强烈。最佳饮用期：现在。

1999 Chardonnay Kistler Vineyard
吉斯特勒酒庄吉斯特勒园霞多丽白葡萄酒 1999

评分：93 分

1999 年款吉斯特勒园霞多丽白葡萄酒爆发出甘甜白玉米、湿润岩石、糖甜柑橘、香烟和热带水果风味混合的杰出芳香。它强劲，拥有卓越的长度和强度。这款出色的葡萄酒应该还可以贮存 4 到 5 年。

1998 Chardonnay Kistler Vineyard
吉斯特勒酒庄吉斯特勒园霞多丽白葡萄酒 1998

评分：94 分

1998 年吉斯特勒园霞多丽白葡萄酒是一款丰富、奇妙的葡萄酒，酿制于一个种有伊甸山（Mount Eden）克隆品种的葡萄园。这款酒相当强劲，拥有惊人的纯度，有力、集中和蜂蜜味的口味中还带有黄油、香烟、烘烤坚果和矿物质的细微风味。奶油般的质感被良好的酸度支撑着，吐司、砂砾和板岩风格的丰富特性与水果混合，使得它成为一款令人叹服、口味强烈的霞多丽白葡萄酒。这款酒的良好饮用效果应该还可以再保持 2 到 4 年甚或更久。

1997 Chardonnay Kistler Vineyard
吉斯特勒酒庄吉斯特勒园霞多丽白葡萄酒 1997

评分：92 分

1997 年款吉斯特勒园霞多丽白葡萄酒酿制于伊甸山的克隆品种，据称这种品种是来自勃艮第产区的卡尔通 - 查德曼葡萄园的手提箱型克隆品种。这款多维度的葡萄酒拥有丰富、强劲、奶油般的质感，有着一流的黄油和蜂蜜水果，还混有微弱的吐司、美妙丰富的水果、白色花朵、黄油爆米花和液态砂砾混合的风味。它将力量和细腻很好地结合在了一起，良好的饮用效果应该还可以再保持一到两年。

CHARDONNAY MCCREA VINEYARD
吉斯特勒酒庄麦克雷园霞多丽白葡萄酒

2003 Chardonnay McCrea Vineyard
吉斯特勒酒庄麦克雷园霞多丽白葡萄酒 2003

评分：95 分

2003 年款麦克雷园霞多丽白葡萄酒拥有更像夏布利白葡萄酒（Chablis）风格的个性，因为它带有惊人的矿物质特性，还混有柠檬皮、橘子皮和淡淡的热带水果风味。它中度酒体到重酒体，口感厚重、丰富、多层次、向后、抑制，但却有力。在接下来的 5 到 7 年内饮用效果仍将不错。

2002 Chardonnay McCrea Vineyard
吉斯特勒酒庄麦克雷园霞多丽白葡萄酒 2002

评分：93 分

强劲的 2002 年款麦克雷园霞多丽白葡萄酒表现出与众不同的混合成分，即泥土、液态矿物质、葡萄柚、黄油柑橘的风味，以及如钢铁般坚硬和略微不成熟的口味，这会让人想起强劲的加了类固醇的法国夏布利白葡萄酒。这款尖刻、强烈并且令人印象深刻的霞多丽白葡萄酒应该可以很好地陈年 7 到 8 年的时间。

2001 Chardonnay McCrea Vineyard
吉斯特勒酒庄麦克雷园霞多丽白葡萄酒 2001

评分：90 分

2001 年款麦克雷园霞多丽白葡萄酒呈淡淡的金色，散发出黄油爆米花和金银花混合的芬芳鼻嗅，中度酒体到重酒体，还有着纯粹、质感美妙、悠长的余韵。在接下来的 4 到 5 年内它的饮用效果应该仍旧不错。

2000 Chardonnay McCrea Vineyard
吉斯特勒酒庄麦克雷园霞多丽白葡萄酒 2000

评分：90 分

2000 年麦克雷园霞多丽白葡萄酒是一款清爽的、柠檬的、芬芳的葡萄酒，带有柠檬黄油、葡萄和各种柑橘风味的特性。这款酒拥有高酸度和微弱的木材味，与 1996 年勃艮第葡萄酒的风格很相似，它应该还可以再陈年 4 到 5 年。对于寻求丰裕、清新和奢华水果味葡萄酒的读者来说，这款酒将是稳妥的选择，尽管它惊人的矿物质特性让人印象很深刻。它的产量为 2,700 箱。

1999 Chardonnay McCrea Vineyard
吉斯特勒酒庄麦克雷园霞多丽白葡萄酒 1999

评分：93 分

1999 年款麦克雷园霞多丽白葡萄酒的产量为 2,000 箱，表现出强烈的液态矿物质特性。它有着白加仑的风味，并带有柑橘油和白色水果风味的强劲个性，还有着轮廓惊人清晰的余韵。它集中，相当具有勃艮第产区葡萄酒的风格，应该还可以贮存 10 年。最佳饮用期：现在开始到 2010 年。

1998 Chardonnay McCrea Vineyard
吉斯特勒酒庄麦克雷园霞多丽白葡萄酒 1998

评分：91 分

1998 年款麦克雷园霞多丽白葡萄酒是用一种低产的老温特克隆品种酿制而成，它所具有的柠檬、黄油、柑橘味风格中，表现出惊人的矿物质特性。它强劲、复杂，会让人想起特级夏桑尼 - 梦拉谢（Chassagne-Montrachet）白葡萄酒。这款酒倒入杯中后会变得更加复杂，它有力、丰富、集中，而且良好均衡。在 2 到 4 年内饮用效果应该仍将不错。

1997 Chardonnay McCrea Vineyard
吉斯特勒酒庄麦克雷园霞多丽白葡萄酒 1997

评分：92 分

1997 年款麦克雷园霞多丽白葡萄是用一种老温特克隆品种酿制而成，显示出了这一品种所具有的柠檬、黄油、柑橘和矿物质风格。它中度酒体到重酒体，出色的集中，中期口感相当丰富和有结构，令人愉快的优雅、纯粹和整体均衡，强烈的酸度为这款葡萄酒带来惊人的清新特性。最佳饮用期：现在。

CHARDONNAY VINE HILL VINEYARD
吉斯特勒酒庄藤蔓山园霞多丽白葡萄酒

2003 Chardonnay Vine Hill Vineyard
吉斯特勒酒庄藤蔓山园霞多丽白葡萄酒 2003

评分：97 分

藤蔓山园是一个环绕酒厂的葡萄园，2003 年款霞多丽白葡萄酒就酿自于该园，它似乎是该年份最佳霞多丽白葡萄酒的候选酒之一。这是一款真正深远的葡萄酒，拥有橘子、橘子果酱和柠檬奶油冻混合的惊人鼻嗅，是一款多层次、强劲的葡萄酒，拥有上乘的纯度和惊人的矿物质特性，在口中结构会增加很多，余韵中带有被良好、清爽的酸度支撑的相当高调的口味。它是一款奇妙的霞多丽白葡萄酒，很可能被当做一款加州版的骑士 - 梦拉谢白葡萄酒。这款酒年轻，尚未完全进化，我怀疑它在 1 到 3 年后将会达到最佳状态，并且可以持续 10 年以上。

2002 Chardonnay Vine Hill Vineyard
吉斯特勒酒庄藤蔓山园霞多丽白葡萄酒 2002

评分：95 分

2002 年藤蔓山园霞多丽白葡萄酒（藤蔓山园与吉斯特勒园毗邻）是一款令人惊叹的葡萄酒，尝起来像是一款加州版的优质混合 - 梦拉谢白葡萄酒。这是一款厚重、丰富、多层次、多维度的霞多丽白葡萄酒，在口中结构会增加很多，显示出液态矿物质、柠檬皮、柑橘油、橘子果酱和酒糟混合的风味。和它的姐妹款一样，散发出微弱的橡木气息，有着美妙的纯度、巨大的口感、重酒体和崇高的风格，但是仍需要耐心等待。最佳饮用期：现在开始到 2012 年。

2001 Chardonnay Vine Hill Vineyard
吉斯特勒酒庄藤蔓山园霞多丽白葡萄酒 2001

评分：95 分

2001 年藤蔓山园霞多丽白葡萄酒是一款出色的葡萄酒，结构紧致但强劲有力，拥有由相当大量的酸度作支撑的油滑质感。这款令人愉快的葡萄酒表现出柑橘油、黄油热带水果、矿物质和烘烤坚果的特性。它强劲、纯粹，结构良好，是一款惊人的葡萄酒，良好的饮用效果还可以保持 5 到 8 年。

2000 Chardonnay Vine Hill Vineyard
吉斯特勒酒庄藤蔓山园霞多丽白葡萄酒 2000

评分：91 分

2000 年款藤蔓山园霞多丽白葡萄酒绵长而且有结构。它拥有橘子果酱、橘子、柑橘油、白色水果和微弱木材混合的风味，还有着液态矿物质的特性。它中度酒体到重酒体，惊人的芬芳，是一款令人惊叹的霞多丽白葡萄酒。建议在接下来的 6 到 7 年内享用。

1999 Chardonnay Vine Hill Vineyard
吉斯特勒酒庄藤蔓山园霞多丽白葡萄酒 1999

评分：95 分

1999 年藤蔓山园霞多丽白葡萄酒是一款超棒的葡萄酒。它表现出明显的矿物质特性，还有白色水果、柑橘油、坚果、矿物质、香烟和黄油风味混合的悦人鼻嗅。这款酒拥有惊人的强度和纯度，有着宽阔、多层次的中期口感，是一款口感开放、有力、完美均衡、抑制的霞多丽白葡萄酒。它将会拥有一个悠长和令人叹服的进化过程。最佳饮用期：现在开始到 2007 年。

1998 Chardonnay Vine Hill Vineyard
吉斯特勒酒庄藤蔓山园霞多丽白葡萄酒 1998

评分：95 分

1998 年款藤蔓山园霞多丽白葡萄酒非常深远，是一款令人惊叹的霞多丽白葡萄酒。令人惊奇的是，这个占地面积 15 英亩的葡萄园，其产量只有微小的 2,300 千克，这款酒代表了酿自于藤蔓山园霞多丽品种的精髓。它异常精致，口感强烈，展现出令人愉快的纯粹水果特性，这种特性表明它是一款强劲、完美均衡的葡萄酒，带来令人着迷的饮酒体验。它可以贮存 10 年以上，进化得像一款特级勃艮第白葡萄酒一样。最佳饮用期：现在开始到 2010+。

1997 Chardonnay Vine Hill Vineyard
吉斯特勒酒庄藤蔓山园霞多丽白葡萄酒 1997

评分：92 分

1997 年款藤蔓山园霞多丽白葡萄酒是用海德克隆品种和第戎（Dijon）勃艮第克隆品种混合酿制而成，是一款更加抑制的葡萄酒，拥有更高的酸度。它表现出微量的冷却钢铁和湿润岩石的风味，还有着在某些霞多丽白葡萄酒中会发现的液态矿物质特性。这款酒中度酒体到重酒体，拥有出色的深度。最佳饮用期：现在。

PINOT NOIR CUVÉE CATHERINE
吉斯特勒酒庄凯瑟琳特酿黑品诺红葡萄酒

2003 Pinot Noir Cuvée Catherine
吉斯特勒酒庄凯瑟琳特酿黑品诺红葡萄酒 2003

评分：94~96 分

2003 年款凯瑟琳黑品诺红葡萄酒呈宝石红色或紫色，散发出强劲、成熟的覆盆子和黑醋栗水果的鼻嗅，还有些许花香味，以及森林地被物和淡淡的新橡木风味。这款酒拥有美妙的纯度，中度酒体到重酒体，还有着拥有良好酸度的悠长余韵。最佳饮用期：2007~2016 年。

2002 Pinot Noir Cuvée Catherine
吉斯特勒酒庄凯瑟琳特酿黑品诺红葡萄酒 2002

评分：95 分

2002 年款凯瑟琳黑品诺红葡萄酒酿自于吉斯特勒园，产量为 500 箱，表现出花朵、黑色覆盆子、樱桃和森林地被物混合的奇妙风味。它中度酒体，绵长而且权威，令人印象深刻。良好的饮用效果应该还可以保持 10 到 12 年。

2000 Pinot Noir Cuvée Catherine
吉斯特勒酒庄凯瑟琳特酿黑品诺红葡萄酒 2000

评分：96 分

深远的 2000 年款凯瑟琳黑品诺红葡萄酒拥有卓越的成熟性和丰富性，散发出强烈的紫罗兰芳香，还混有黑莓利口酒和樱桃利口酒的风味。这款非凡的黑品诺红葡萄酒的良好口感应该还可以持续 9 到 11 年。

1999 Pinot Noir Cuvée Catherine
吉斯特勒酒庄凯瑟琳特酿黑品诺红葡萄酒 1999

评分：95 分

1999 年款凯瑟琳黑品诺红葡萄酒是用一系列从吉斯特勒园精选的最佳酒桶酿制的，散发出烤肉、泥土、巧克力糖、黑莓、覆盆子和烟熏樱桃水果风味混合的陈酿香。这款酒体积巨大，重酒体，质感油滑，拥有惊人的酸度轮廓。这款不朽的黑品诺红葡萄酒的口感简直太不可思议了，它明年应该会达到最佳状态，这种状态会持续 12 到 15 年甚至更久。

1998 Pinot Noir Cuvée Catherine
吉斯特勒酒庄凯瑟琳特酿黑品诺红葡萄酒 1998

评分：95 分

1998 年款凯瑟琳黑品诺红葡萄酒呈深宝石红色或深紫色，散发出花香、黑色覆盆子和樱桃风味的惊人鼻嗅。令人叹服的水果纯度还带来樱桃果酱、草莓和香烟味的果香，以及淡淡的紫罗兰风味（也许是紫丁香吧）。这款酒重酒体，有着良好隐藏的酸度和甘甜的单宁酸，这些特点造就了这款奢华的葡萄酒。最佳饮用期：现在开始到 2012 年。

1997 Pinot Noir Cuvée Catherine
吉斯特勒酒庄凯瑟琳特酿黑品诺红葡萄酒 1997

评分：95 分

这款酒拥有 14% 的酒精度，但是完全被它动人的浓缩度、精粹物和整体的相称性给修饰了。这是一款强劲的黑品诺红葡萄酒，酒色呈深宝石红色或深紫色，散发出黑莓、覆盆子、樱桃利口酒、欧亚甘草、香烟和猪肉风味混合的醇香。这款酒耐嚼，但是并不沉重，虽然没有表现出任何单宁的特性，但是酒中的水果、甘油和精粹物下却隐藏了大量的单宁酸。最佳饮用期：现在。

PINOT NOIR CUVÉE ELIZABETH
吉斯特勒酒庄伊丽莎白特酿黑品诺红葡萄酒

2003 Pinot Noir Cuvée Elizabeth
吉斯特勒酒庄伊丽莎白特酿黑品诺红葡萄酒 2003

评分：92~95 分

虽然我不喜欢在女儿之间进行选择，但是吉斯特勒的伊丽莎白黑品诺红葡萄酒是以他另一个女儿的名字命名的。与 2003 年款伊丽莎白黑品诺红葡萄酒相比，我更喜欢吉斯特勒的 2003 年款凯瑟琳黑品诺红葡萄酒。这款酒表现出覆盆子、石榴、樱桃和梅子的果香，拥有清爽、尖酸的酸度和一些花朵的特性，有着令人愉快的、中度酒体的中期口感，还有着拥有活跃酸度的美妙余韵。这就像在挑选冠军赛马一样，因为它们都是令人印象深刻的黑品诺红葡萄酒，不过酿制风格远比之前的吉斯特勒黑品诺红葡萄酒娇柔和精致。最佳饮用期：2007~2019 年。

2002 Pinot Noir Cuvée Elizabeth
吉斯特勒酒庄伊丽莎白特酿黑品诺红葡萄酒 2002

评分：95 分

2002 年伊丽莎白黑品诺红葡萄酒是一款令人惊叹的葡萄酒，因为它中度酒体到重酒体的个性中似乎含有更多层次的口味，所以比 2002 年款凯瑟琳黑品诺红葡萄酒稍微优质一点。这款酒散发出奇妙的花香、覆盆子和樱桃白兰地混合的鼻嗅，还伴有淡淡的吐司和些许碎岩石的风味，拥有美妙的质感和活跃的酸度。这款酒可以毫不费力地陈年 10 到 15 年，这一点都不足为奇。当然正如我去年所说的那样，它是一款令人惊叹的黑品诺红葡萄酒，会被当做一款加州版的木西尼葡萄酒（Musigny）。

2000 Pinot Noir Cuvée Elizabeth
吉斯特勒酒庄伊丽莎白特酿黑品诺红葡萄酒 2000

评分：99 分

2000 年款伊丽莎白黑品诺红葡萄酒非常深远。它的酒色为不透明的紫色，散发出白色花朵、矿物质、黑色覆盆子、樱桃和吐司混合的悦人芳香。因为单宁酸含量高，所以它稍微有点紧致。这款酒还爆发出多层次的口味，有着惊人的纯度和水果强度，余韵可以持续将近一分钟。最佳饮用期：现在开始到 2015 年。

1999 Pinot Noir Cuvée Elizabeth
吉斯特勒酒庄伊丽莎白特酿黑品诺红葡萄酒 1999

评分：96 分

1999 年款伊丽莎白黑品诺红葡萄酒呈深紫色，产量为 150 箱。蓝莓利口酒和杂交草莓利口酒浸渍的矿物质和紫罗兰特性使得这款酒爆发出醉人的鼻嗅。入口后，这款酒口感奢华，惊人的清新和活跃。这款酒拥有惊人的浓缩度、纯度和整体相称性。最佳饮用期：现在开始到 2012 年。

MARCASSIN
马尔卡森酒庄

酒品：

马尔卡森园霞多丽白葡萄酒（Chardonnay Marcassin Vineyard）

马尔卡森园黑品诺红葡萄酒（Pinot Noir Marcassin Vineyard）

蓝色滑脊黑品诺红葡萄酒（Pinot Noir Blue Slide Ridge）

三姐妹园霞多丽白葡萄酒（Chardonnay Three Sisters Vineyard）

庄园主：海伦·特雷（Helen Turley）和约翰·韦特劳弗（John Wetlaufer）

地址：P.O.Box 332, Calistoga,CA 94515

电话：(1) 707 258-3608（马尔卡森的语音信箱）

传真：(1) 707 942-5633

参观规定：谢绝公众来访

葡萄园

占地面积：8.5~18.5 英亩

蓝色滑脊葡萄园和三姐妹葡萄园位于索诺玛（Sonoma）海岸线上的同一个山脊上，由马丁奈里家族（Martinelli）负责扩展和种植，不过都是遵照马尔卡森酒庄的规范进行的，马丁奈里酒厂（Martinelli Winery）与马尔卡森酒庄各占一半股份。

葡萄品种：霞多丽和黑品诺

平均树龄：老藤葡萄树 8.5~12 年

种植密度：各不相同，不过植株间距非常稠密

平均产量：2,000~3,000 千克／英亩，取决于葡萄树的树龄

酒的酿制

马尔卡森酒庄在酿制霞多丽葡萄酒时，首先是在非常寒冷的条件下对整串葡萄进行压榨，然后加入本土酵母进行发酵。海伦·特雷会把葡萄酒发酵成为干型的，然后才进行苹果酸-乳酸发酵，接着和酒糟一起进行酿制，并且对酒糟进行搅拌，为期 6 到 8 个月。在酒桶中陈年一年后，对葡萄酒进行分离，这也是唯一的一次分离操作，然后放入酒罐中装瓶。所有的葡萄酒都在 100% 的法国兄弟公司出产的（François Frères）新酒桶中陈年一年后装瓶，装瓶前不进行过滤。酿制黑品诺红葡萄酒时，先对葡萄进行去梗，不会将葡萄压碎，然后在 2,500-3,000 千克的不锈钢发酵器中发酵。这些温度可以控制的发酵酒罐非常矮胖，有一部分葡萄酒在

发酵前还要进行 3 到 4 天的冷浸处理。发酵是自发开始的，还会稍微对其通气和轻柔地循环旋转。在 100% 的法国兄弟公司出产的新酒桶中陈年一年后，对葡萄酒稍微进行挤压，在重力的作用下转移到酒桶中，在这里进行唯一一次分离后装瓶。和霞多丽葡萄酒一样，装瓶前不进行过滤。

年产量

马尔卡森园霞多丽白葡萄酒：400 箱

马尔卡森园黑品诺红葡萄酒：600 箱

蓝色滑脊黑品诺红葡萄酒：400 箱

三姐妹园霞多丽白葡萄酒：400 箱

平均售价（与年份有关）：75 美元

近期最佳年份

2002 年，2001 年，2000 年，1998 年，1996 年

庄园主兼酿酒师海伦·特雷是一个个子高高、体态优美、金发碧眼的女人，拥有北欧人（Viking）一样的体形。她的丈夫约翰·韦特劳弗和她都认为一个顶级的葡萄园必须拥有多种土质、较高的海拔和独特的微气候。他们的马尔卡森葡萄园种植在太平洋正东方的一个山脊上，拥有不同寻常的光照和斜坡。他们的葡萄培植方式非常激进，集中于采收完全成熟而且成熟性一致的葡萄。通过一丝不苟的葡萄培植技术，他们似乎在各个年份都能达到这一标准。马尔卡森葡萄园的土壤是 18 到 24 英寸厚的砂砾质沃土，下面是海相火山岩形成的高度断裂的岩石，即人们熟知的绿岩或玄武岩。他们拥有不同寻常的排水系统，这使得这些葡萄园在很多方面与其他索诺玛海岸的葡萄园区分开来，那些葡萄园没有纯粹的岩石，但是拥有黏土。

海伦·特雷和约翰·韦特劳弗的酿酒哲学引起越来越多的关注，这对于葡萄酒消费者和加州葡萄酒的境界来说，是非常幸运的。特雷女士是一个意志坚定、相当有才华的女人，她从罗伯特-蒙大维酒厂开始自己的事业，现已成为加州一些最优质酒厂的首席咨询师。

约翰·韦特劳弗和海伦·特雷

她也给年轻一代的酿酒师们带来了积极的影响，即更加专注于追求葡萄园和葡萄品种的所有特质。一直主导加州产区葡萄酒酿制的是加州大学戴维斯分校的技师们，他们一直都从心理上回避工业食品加工处理，但是特雷却恰好相反。特雷女士和她的丈夫，还有越来越多与他们意见一致的同行，一同支撑起了加州葡萄酒，在我看来，这是加州葡萄酒辉煌的黄金时代的希望。

马尔卡森酒庄的霞多丽葡萄酒都是未经澄清和过滤直接装瓶的，显示出了霞多丽品种的卓越性。在勃艮第产区专家参与的盲品会上，我每年都使用几乎我全部的分配量，将马尔卡森葡萄酒与法国最优质的梦拉谢葡萄酒（Montrachets）、骑士 - 梦拉谢葡萄酒（Chevalier-Montrachets）、混合 - 梦拉谢葡萄酒（Bâtard-Montrachets）和卡尔通 - 查德曼葡萄酒（Corton-Charlemagnes）放在一起对比。大多数时候，马尔卡森葡萄酒都得到了勃艮第葡萄酒狂热爱好者们的最高赞誉。马尔卡森酒庄的成功并没有什么秘密可言——低产量，不进行人工干涉的酿酒哲学，避免所有加入野生酵母发酵的操作，不进行酸化处理，也不进行澄清和过滤，结合神奇的方式酿制出了一款款拥有锋利清晰度和复杂性的强烈葡萄酒。

海伦·特雷和约翰·韦特劳弗仍然名列世界顶级酿酒商的前茅，酿制着世界上最奇妙和复杂的葡萄酒。他们的葡萄酒销往世界各地，不过有一些倾向于纳帕谷当地的餐馆，尤其是法国洗衣房餐厅（French Laundry，该餐厅位于著名的葡萄酒之乡纳帕谷，是全球最顶尖的餐厅之一——译者注）和位于纽约的一些餐厅，比如丹尼尔餐厅（Daniel，位于纽约曼哈顿上东区，是世界一流的高档餐厅之一，非常奢华——译者注）和伯纳丁餐厅（Le Bernardin，位于纽约曼哈顿中心区，是位列美国前五的法式海鲜餐厅——译者注），它们似乎会得到引人注目的分配量。对于喜欢加州霞多丽葡萄酒的爱好者来说，除了大量最优质的勃艮第白葡萄酒之外，最成熟、复杂和令人叹服的葡萄酒要数马尔卡森葡萄酒了。

马尔卡森酒庄酿制的未经过滤的霞多丽葡萄酒也是世界上最集中和最撩人的葡萄酒，拥有不可思议的复杂程度和均衡特性，着实令人惊叹！

CHARDONNAY MARCASSIN VINEYARD
马尔卡森园霞多丽白葡萄酒

2002 Chardonnay Marcassin Vineyard
马尔卡森园霞多丽白葡萄酒 2002

评分：96+ 分

和往常一样，2002 年款马尔卡森园霞多丽白葡萄酒也是所有马尔卡森酒庄霞多丽葡萄酒中最高贵和复杂的一款葡萄酒，不过毫无疑问，它已经封闭起来了。这款厚重、耐嚼的 2002 年年份酒比经典的加州霞多丽更像一款顶级勃艮第白葡萄酒。它有力、集中、深远，还需要一到两年的瓶中陈年，应该可以贮存 10 年或更久。

2001 Chardonnay Marcassin Vineyard
马尔卡森园霞多丽白葡萄酒 2001

评分：96 分

马尔卡森葡萄园是新世界真正的特级葡萄园之一，从 1996 年第一款年份酒开始，酿自于该园的葡萄酒一直是各个年份最佳霞多丽年份酒的候选酒。2001 年款马尔卡森园霞多丽白葡萄酒拥有酒糟和金银花风味的强劲鼻嗅，爆发出岩石利口酒、黄油和焦糖柑橘的风味。这款酒拥有少量的热带水果和巨大成熟的油桃风味，还有着香烟和矿物质的特性。这款美妙的霞多丽葡萄酒在 2 到 3 年后应该会达到最佳状态，而且这种状态会持续 10 年。

2000 Chardonnay Marcassin Vineyard
马尔卡森园霞多丽白葡萄酒 2000

评分：98 分

精致的 2000 年马尔卡森园霞多丽白葡萄酒是一款宽广、悦人芬芳的葡萄酒，酒色呈淡淡的绿色或金色，表现出相当大的力量，还有榛子、白色桃子、柑橘油和其他奇特水果相混合的风味。它拥有美妙的深度和相当清晰的轮廓，有坚实的酸度作支撑，还有可以持续不足 50 秒的余韵。最佳饮用期：2014 年。

1999 Chardonnay Marcassin Vineyard
马尔卡森园霞多丽白葡萄酒 1999

评分：97+ 分

1999 年款马尔卡森园霞多丽白葡萄酒会让人想起尼尔伦酒庄（Niellon）的 1985 年款混合 - 梦拉谢白葡萄酒或骑士 - 梦拉谢白葡萄酒。它表现出非凡、集中的蜜甜菠萝水果、糖甜柑橘和柠檬皮、液态岩石混合的风味，还有酒糟味的余韵。这款酒多层次，拥有上乘的纯度。这款艺术品在接下来的 10 到 12 年中饮用效果应该不错。

1998 Chardonnay Marcassin Vineyard
马尔卡森园霞多丽白葡萄酒 1998

评分：99 分

1998 年马尔卡森园霞多丽白葡萄酒是一款杰出的葡萄酒！它拥有 14.9% 的酒精度，很好地隐藏在层叠的果香和口味之下，表明这是一款用碎海贝、糖甜柑橘、金银花和柠檬黄油酿制的利口酒。这款酒丰富、强劲、质感油滑，拥有很好的酸度，为这款酒的强度、浓缩度和非凡的余韵提供了意义重大的结构。事实上这是一款完美的霞多丽葡萄酒——应该说是另一款！建议在接下来的 10 年内喝完。

1997 Chardonnay Marcassin Vineyard
马尔卡森园霞多丽白葡萄酒 1997

评分：96 分

1997 年款马尔卡森园霞多丽白葡萄酒虽然紧致，但仍散发出柑橘、榛子和柑橘油利口酒的悦人风味，拥有高水平的酸度，有着向后、强劲的口感和可以持续 40 秒以上的余韵。它应该可以毫不费力地陈年 10 年。

1996 Chardonnay Marcassin Vineyard
马尔卡森园霞多丽白葡萄酒 1996

评分：99 分

1996 年款马尔卡森园霞多丽白葡萄酒爆发出空前程度的复杂性、丰富性和独特性，还有趣味性。这是一款卓越的葡萄酒，拥有并存的复杂性、优雅性和细腻性，还有无拘束的力量、丰富性和多层次的口味。这款 1996 年马尔卡森园霞多丽白葡萄酒应该还有至少 6 到 7 年的美好口感。它真是太棒了！

CHARDONNAY THREE SISTERS VINEYARD
三姐妹园霞多丽白葡萄酒

2002 Chardonnay Three Sisters Vineyard
三姐妹园霞多丽白葡萄酒 2002

评分：96 分

这款 2002 年三姐妹园霞多丽白葡萄酒表现出烟熏榛子、焦糖、黄油柑橘混合的风味。虽然强劲、多层次、厚重而且艳丽，但与我 2003 年品尝时相比仍是封闭的。最佳饮用期：2006~2013 年。

2001 Chardonnay Three Sisters Vineyard
三姐妹园霞多丽白葡萄酒 2001

评分：95 分

2001 年三姐妹园霞多丽白葡萄酒是一款清爽的葡萄酒，拥有矿物质特性，轮廓清晰，还有微弱的丰富性。这款强劲的葡萄酒散发出柑橘花、杏仁蛋白软糖、柑橘油、碎岩石和淡淡的烟熏风味。它拥有美妙的蜜甜丰富性、美妙的清晰轮廓和悠长的余韵，我甚至尝出了淡淡的番木瓜风味。建议在接下来的 7 到 10 年内饮用。

2000 Chardonnay Three Sisters Vineyard
三姐妹园霞多丽白葡萄酒 2000　评分：92 分

  2000 年款三姐妹园霞多丽白葡萄酒表现出令人愉快的矿物质特性和丰富的柠檬油特性，重酒体，拥有完美的优秀品质。最佳饮用期：现在开始到 2009 年。

1999 Chardonnay Three Sisters Vineyard
三姐妹园霞多丽白葡萄酒 1999　评分：97 分

  1999 年款三姐妹园霞多丽白葡萄酒拥有蜜甜柠檬、烟熏榛子、矿物质、菠萝和淡淡的热情水果混合的醇香。这款酒在口中异常绵长，橡木味被美妙地统一了，它很像是一款特级葡萄酒。建议在接下来的 4 到 6 年内享用。

1998 Chardonnay Three Sisters Vineyard
三姐妹园霞多丽白葡萄酒 1998　评分：92 分

  1998 年款三姐妹园霞多丽白葡萄酒表现出大量的矿物质、柠檬和蜜甜柑橘的特性，还有被很好隐藏的酸度。它有着奶油冻复杂性，余韵中还带有菠萝和烟熏橡木的风味。最佳饮用期：现在开始到 2012 年。

PINOT NOIR BLUE SLIDE RIDGE
蓝色滑脊黑品诺红葡萄酒

2002 Pinot Noir Blue Slide Ridge
蓝色滑脊黑品诺红葡萄酒 2002　评分：90+ 分

  事实上，这款 2002 年蓝色滑脊黑品诺红葡萄酒在一年前是完美的，它好像正处在一个不同寻常的阶段。我品尝出了一些明显的挥发性酸度，它拥有梅子果酱、动物和混合物的特性，有着宽广、撩人的口味，重酒体，非常厚重，还有罗曼尼 - 康帝酒庄（Domaine de la Romanée-Conti，缩写 DRC）葡萄酒风格的花香和森林地被物风味。因为它所有的积极特性，有一些发展很快的特征可能今后会成为缺陷。这是一款向后的葡萄酒，很难分辨它将会发展成什么样——因此我的评分中用了一个问号。最佳饮用期：2007~2013 年。

2001 Pinot Noir Blue Slide Ridge
蓝色滑脊黑品诺红葡萄酒 2001　评分：92 分

  2001 年款蓝色滑脊黑品诺红葡萄酒散发出润土、新鲜蘑菇、砂砾、大茴香、梅子和樱桃混合的芬芳陈酿香。这款酒表现出该葡萄园的独特芳香和非凡质量，它还显露出反典型的香草风味。建议在接下来的 7 到 10 年内饮用这款野味、丰富、复杂的 2001 年年份酒。

2000 Pinot Noir Blue Slide Ridge
蓝色滑脊黑品诺红葡萄酒 2000　评分：96 分

  2000 年款蓝色滑脊黑品诺红葡萄酒拥有该葡萄园葡萄酒都具有的非凡果香，我认为它是一款加了类固醇的罗曼尼 - 康帝酒庄李其堡葡萄酒（DRC Richebourg）的候选酒。它撩人的瑞士自助餐式果香中散发出蓝莓、黑莓、森林地被物、蘑菇和野味混合的风味。它拥有相当大的水果强度，中度酒体到重酒体，有着出色的酸度水平，还有着悠长、有结构、令人惊叹的余韵。这是一款令人叹服的黑品诺红葡萄酒，适合在接下来的 7 到 8 年内饮用。

1999 Pinot Noir Blue Slide Ridge
蓝色滑脊黑品诺红葡萄酒 1999　评分：98 分

  1999 年款蓝色滑脊黑品诺红葡萄酒由纯粹的黑色水果组成，还混有花香的弦外之音。它厚重、丰裕、非常稠密，拥有卓越的纯度和浓缩度。它有可能被当做一款新世界版本的罗曼尼 - 康帝酒庄的拉塔希葡萄酒（La Tache），或李其堡葡萄酒，或克劳杜卡酒庄（Claude Dugat）的特级葡萄酒，或杜嘉特庄园（Dugat-Py）的特级葡萄酒。这是一款超棒的葡萄酒，接近完美。最佳饮用期：现在开始到 2010 年。

1998 Pinot Noir Blue Slide Ridge
蓝色滑脊黑品诺红葡萄酒 1998　评分：98 分

  1998 年款蓝色滑脊黑品诺红葡萄酒比 1999 年、2000 年和 2001 年年份酒更有秋季森林的风格，散发出类似特级勃艮第葡萄酒的芳香，并带有梅子利口酒、大豆、矮树丛和烤肉混合的风味。这款酒拥有甘甜的黑莓水果风味，有着明显的泥土和动物风格的特性。这是一款令人叹服的黑品诺红葡萄酒。最佳饮用期：现在开始到 2010 年。

1997 Pinot Noir Blue Slide Ridge
蓝色滑脊黑品诺红葡萄酒 1997　评分：96 分

  1997 年款蓝色滑脊黑品诺红葡萄酒呈饱满的紫红色或紫色，惊人的复杂，质感丰裕，慷慨丰富，还散发出蓝莓、黑色樱桃、薰衣草和烟熏橡木风味混合的悦人醇香。这款酒强烈、强劲，惊人的集中，质感满足人感官，拥有悠长的余韵，是一款惊人的葡萄酒。最佳饮用期：现在开始到 2008 年。

PINOT NOIR MARCASSIN VINEYARD
马尔卡森园黑品诺红葡萄酒

2002 Pinot Noir Marcassin Vineyard
马尔卡森园黑品诺红葡萄酒 2002　评分：96 分

  出色的 2002 年款马尔卡森园黑品诺红葡萄酒爆发出大量的蓝色水果、红色水果和黑色水果，还有年轻、集中、强劲的风味，拥有令人印象深刻的矿物质特性，是一款带有湿润岩石、美妙水果、花香、森林地被物风味的利口酒。它拥有出色的酸度，依照加州黑品诺红葡萄酒的标准来看，它应该会不同寻常的长寿。它应该可以贮存 10 到 15 年。

2001 Pinot Noir Marcassin Vineyard
马尔卡森园黑品诺红葡萄酒 2001　评分：93 分

  2001 年款马尔卡森园黑品诺红葡萄酒呈紫红色或宝石红色，散发出泥土、猪肉和香烟的风味，拥有莫雷 - 圣丹尼斯产区（Morey-St.-Denis）风格的梅子、蘑菇、森林地被物和

花朵的特性。这款酒丰富，中度酒体到重酒体，单宁温和，而且有结构，建议在 2007 年到 2015 年间享用。

2000 Pinot Noir Marcassin Vineyard
马尔卡森园黑品诺红葡萄酒 2000

评分：97 分

动人的 2000 年款马尔卡森园黑品诺红葡萄酒仍在继续发展，它将会变得更加复杂。这是一款优质的葡萄酒，中度酒体到重酒体，散发出玫瑰花瓣、熟食店、春季花朵、蓝色水果、黑色水果、微弱的覆盆子、可乐和薄荷油混合的风味。这款深远、相当细致、有力、丰富的黑品诺红葡萄酒爆发出惊人的清晰轮廓和个性。最佳饮用期：现在开始到 2014 年。

1999 Pinot Noir Marcassin Vineyard
马尔卡森园黑品诺红葡萄酒 1999

评分：95 分

1999 年款马尔卡森园黑品诺红葡萄酒没有豪华的蓝色滑脊黑品诺红葡萄酒艳丽。它表现出更加动物、梅子、覆盆子和泥土的特性（我还想到了猪肉），是一款持续向后的葡萄酒，拥有由矿物质主导的个性。它还拥有美妙的结构和纯度，有着多层次的水果和强度。最佳饮用期：2004~2014 年。

1998 Pinot Noir Marcassin Vineyard
马尔卡森园黑品诺红葡萄酒 1998

评分：98 分

1998 年款马尔卡森园黑品诺红葡萄酒很像是特级木西尼葡萄酒和诸如石头园（Clos de la Roche）等庄园的特级葡萄酒的混合，这是一项非凡的成就。这款结构坚实和清晰的葡萄酒，表现出无花果、梅子利口酒、黑色樱桃、湿润岩石、熏鸭、悦人的红色水果和黑色水果混合的风味。它很像一款勃艮第葡萄酒，散发出野味和泥土味，拥有令人惊叹的甘甜水果，很好地隐藏了 14.9% 的酒精度。这款黑品诺红葡萄酒在年轻时饮用效果会不错，它还可以贮存至少 10 年。

1997 Pinot Noir Marcassin Vineyard
马尔卡森园黑品诺红葡萄酒 1997

评分：95 分

1997 年马尔卡森园黑品诺红葡萄酒是一款封闭、向后的葡萄酒，酒色呈暗宝石红色或暗紫色，散发出堆肥、泥土、梅子、无花果、黑色樱桃和覆盆子混合的醇香。它的表现像是一款来自莫雷 - 圣丹尼产区的特级葡萄酒，拥有令人心旷神怡的酸度，还有着深厚且集中的余韵和一流的纯度。它将可以贮存 10 到 12 年。

1996 Pinot Noir Marcassin Vineyard
马尔卡森园黑品诺红葡萄酒 1996

评分：95 分

要简单了解这款出色的 1996 年马尔卡森园黑品诺红葡萄酒的实质，就是要意识到它会让品酒者想起最优质的特级葡萄酒，比如我所品尝过的石头园葡萄酒和圣丹尼斯园（Clos St.-Denis）葡萄酒。它拥有卓越的矿物质特性，还有着惊人集中的梅子、黑色樱桃、蓝莓、黑莓的水果特性。这款酒强劲、厚重、集中而且酒精味重。最佳饮用期：现在开始到 2012 年。

PETER MICHAEL WINERY
彼特麦克酒园

酒品：

彼特麦克酒园罂粟园红葡萄酒（Les Pavots Proprietary Red）

彼特麦克酒园好山坡园霞多丽白葡萄酒（Chardonnay Belle Côte）

彼特麦克酒园我的乐趣霞多丽白葡萄酒（Chardonnay Mon Plaisir）

彼特麦克酒园采石场霞多丽白葡萄酒（Chardonnay La Carrière）

彼特麦克酒园本土特酿霞多丽白葡萄酒（Chardonnay Cuvée Indigène）

彼特麦克酒园红点霞多丽白葡萄酒（Chardonnay Point Rouge）

庄园主：彼特·迈克尔爵士（Sir Peter Michael）

地址：12400 Ida Clayton Road Calistoga,CA 94515

电话：(1) 707 942-4459

传真：(1) 707 942-8314

邮箱：info@petermichaelwinery.com

网址：www.petermichaelwinery.com

联系人：总经理比尔·维尼尔（Bill Vyenielo）

参观规定：参观前必须预约

葡萄园

占地面积：112 英亩葡萄树

葡萄品种：霞多丽，长相思，黑品诺，卡勃耐，美乐，品丽珠，小味多

平均树龄：霞多丽葡萄树种植于 1991 年至 1994 年间；卡勃耐、美乐、品丽珠和小味多种植于 1989 年

种植密度：植株间距在 3'×6' 和 5'×8' 的范围内

平均产量：2,500 千克 / 英亩

酒的酿制

　　彼特麦克酒园利用人工操作和天然发酵的葡萄酒的精髓酿制出了几款主要的葡萄酒。首要的是，对葡萄进行非常轻柔的处理。彼特麦克酒园的所有葡萄酒都是人工采收的，为了避免压实和防止葡萄破裂，它们都被装在小容量的原木中。在酒厂中，第二重要的就是对葡萄进行一丝不苟的分类。今天每一个大酒厂内都有一个分类平台，彼特麦克酒园的分类平台是一个复杂、标准的分类平台，这个专门设计的平台可以在重力的作用下，把葡萄传输到用来压榨白葡萄酒和为酿制红葡萄酒的原料去梗的地方，事实上不会给每一颗葡萄造成损害或者缺陷。红色葡萄在去梗后甚至会再次进行分类，以去除可能为葡萄酒带来苦涩单宁酸的每一颗葡萄、小葡萄梗或其他任何植物材料。

　　所有的霞多丽葡萄都是整串进行压榨的，这样可以发酵出最柔和、最细腻的纯葡萄果汁。酿酒师在酿制白葡萄酒和红葡萄酒时都会使用勃艮第产区的技术。白葡萄酒与酒糟一起陈年，为期 6 到 9 个月，在酒桶中完成苹果酸 - 乳酸发酵后，还会对酒糟进行搅拌。这一操作的周期是每周至少一次，这样会增加葡萄酒的圆润性和复杂性。大多数霞多丽葡萄酒与酒糟一同发酵的时间一共是 10 到 14 个月。接着对葡萄酒进行分离，之后装在一个冷藏的酒罐中，不进行任何过滤直接装瓶。罂粟园霞多丽葡萄酒也会加入本土酵母进行天然发酵，最近还开始进行长期的扩展浸渍，为期短到 21 天，长到 56 天，2001 年年份酒就经过了长达 56 天的浸渍。酿制顶级罂粟园葡萄酒时会精选酒园内一系列最优质的酒桶，而彼特·迈克尔对于法国橡木酒桶的使用非常谨慎。每一个精选过的酒桶都适合各种独特的风土条件和葡萄酒，范围是少到 20% 的新橡木酒桶，多到 80% 的新橡木酒桶。

年产量

彼特麦克酒园罂粟园红葡萄酒：30,000 瓶

彼特麦克酒园好山坡园霞多丽白葡萄酒：24,000 瓶

彼特麦克酒园我的乐趣霞多丽白葡萄酒：22,000 瓶

彼特麦克酒园采石场霞多丽白葡萄酒：21,000 瓶

彼特麦克酒园本土特酿霞多丽白葡萄酒：6,000 瓶

彼特麦克酒园红点霞多丽白葡萄酒：2,000 瓶

平均售价（与年份有关）：60~120 美元

近期最佳年份

霞多丽白葡萄酒：2003 年，2002 年，2001 年，1997 年，1996 年，1983 年

罂粟园：2002 年，2001 年，1997 年，1994 年，1992 年，1991 年

彼特麦克酒园拥有地理位置适合、管理细致的山坡葡萄园，自从 1987 年第一次酿制葡萄酒以来，他们的目标都是从这些葡萄园中酿制出世界水平的质量独特的葡萄酒。该酒园的酿酒哲学可以被定义为新古典主义——结合了最优秀的新世界和旧世界酿酒知识和传统。不可否认，在过去的 15 年中，新世界的酿酒技术，以及可以在酒厂和葡萄园中毫无阻碍地自由实验已经取得了惊人的进步。彼特麦克酒园的旧世界经典实践（对葡萄进行手工分类，使用本土酵母发酵，不对葡萄酒进行过滤）模仿了法国最优秀的酿酒商，即对葡萄酒的酿制进行最低限度的干涉，这使得他们的葡萄酒成了葡萄园最天然和最真实的表达。

加州产区一些最优秀的酿酒人才都曾进出过彼特麦克酒园，包括海伦·特雷（Helen Turley）、马克·奥博特（Mark Aubert）、瓦内莎·黄（Vanessa Wong）和勃艮第产区的卢克·莫莱（Luc Morlet），卢克最近开始担任彼特麦克酒园的酿酒师。

在 20 世纪 80 年代晚期，彼特麦克酒园率先使用葡萄中带有的天然酵母进行发酵，结果葡萄酒表现出更加复杂的果香，并拥有惊人的质感、圆润性和长度。在那个时候，他们加入了"本土葡萄酒"这一称号来纪念这项天然"本土"技术，这种技术现在使用于每一款彼特麦克酒园葡萄酒的酿制过程中。

这一方法的贡献已经使彼特·迈克尔成为索诺玛县和整个世界最令人振奋的酿酒商之一。英国人彼特·迈克尔爵士很有远见地雇佣了出色的海伦·特雷来监管他们的葡萄酒酿制（特雷女士为了追求自己的事业，现在已经离开了彼特麦克酒园），现在的葡萄园和酿酒团队也仍在分享着特雷女士的酿酒哲学。不可否认，该酒园目前释放的以及将要释放的葡萄酒都是出色的葡萄酒。该酒园可以酿制出非凡的苏维翁（Sauvignon）葡萄酒，多层次、深远丰富的霞多丽葡萄酒，以及具有波尔多风格的复杂的优等红葡萄酒，这对于一个酒厂来说是非常少见的。

彼特麦克酒园所有的顶级葡萄酒，包括霞多丽葡萄酒，在装瓶前都不进行过滤，因为过滤对霞多丽葡萄酒的陈年过程有害。举个例子：彼特·迈克尔酿制了两款1988年我的乐趣霞多丽葡萄酒，一款进行了过滤（这一款很可能已经被买走了），另一款未经过滤（因为海伦·特雷在酒标上画了一个红色圆点，所以叫做红色圆点葡萄酒）。这两款酒除了在装瓶时操作不同，其他酿制操作基本一致。我在1994年进行访问时尝过这两款酒，过滤过的葡萄酒并不新鲜，缺少陈酿香中的水果特性，而且口味短暂、紧致。而未经过滤的"红色圆点"我的乐趣葡萄酒则是蜜甜、活跃和丰富的，没有丧失任何清新和水果特性。

彼特麦克酒园的罂粟园红葡萄酒每年的混合操作都不一样，但是混合成分一般都包括至少70%的赤霞珠、5%~15%的美乐和5%~15%的品丽珠，而且会使用60%的法国新橡木酒桶。结果酿制出的葡萄酒和其他所有加州产区以赤霞珠为基础的葡萄酒一样，类似一款有结构、丰富、复杂的圣-朱利安产区（St.-Julien）葡萄酒或波亚克产区（Pauillac）葡萄酒。这款酒比大多数波尔多葡萄酒更加宽阔和深厚。读者们要知道罂粟园葡萄酒的酿制风格并不向上，其水果特性也并不突出，所以需要马上饮用。它们都是丰富、强劲、复杂、抑制的葡萄酒，可以远距离运输。据说，彼特麦克酒园的罂粟园葡萄酒已经名列空前成功的年份酒。

该酒园位于美丽的骑士山谷，在纳帕谷和索诺玛县边界的不远处，读者们应该去参观一下这个酒厂。这里不仅葡萄酒的质量卓越，酒厂员工们的承诺和天赋也很值得赞赏。

CHARDONNAY BELLE CÔTE
彼特麦克酒园景秀山坡霞多丽白葡萄酒

2003 Chardonnay Belle Côte
彼特麦克酒园景秀山坡霞多丽白葡萄酒 2003

评分：95 分

彼特麦克酒园的所有2003年年份酒中，产量最高的就是这款景秀山坡霞多丽白葡萄酒，它的产量为2,900箱，酒精度为15%。它散发出奇特的荔枝、菠萝和橘子果酱风味（显示了它相当成熟的特性），还有精致、复杂的结构，所以这款强劲的霞多丽葡萄酒倒入杯中后非常轰动，相对于它的大小和力量来说，这款酒的轮廓非常美妙。这是一款非常动人的葡萄酒，而且容易买到。最佳饮用期：现在开始到2013年。

2002 Chardonnay Belle Côte
彼特麦克酒园景秀山坡霞多丽白葡萄酒 2002

评分：95 分

2002年景秀山坡霞多丽白葡萄酒是一款强劲的葡萄酒。它是一款强劲、奇特的霞多丽葡萄酒，充满纯粹的热带水果特性，表现出烟熏榛子和荔枝坚果混合的惊人风味，风格成熟而且悦人的均衡，拥有明确的加州个性，不过比大多数拥有如此大小和强度的加州霞多丽葡萄酒的轮廓更加清晰。这款酒主要是用霞多丽的老温特克隆品种酿制而成，这些葡萄都生长于黏土主导的土壤中。在它生命的前3到4年饮用最佳。

2001 Chardonnay Belle Côte
彼特麦克酒园景秀山坡霞多丽白葡萄酒 2001

评分：94 分

2001年款景秀山坡霞多丽白葡萄酒表现出奇特的热带水果风味，拥有多层次、丰裕的质感，中度酒体到重酒体，没有跑马场园葡萄酒那样明显的矿物质特性，它还有多层次的美妙水果和惊人的余韵。这款出色的葡萄酒的良好口感应该还会持续4到6年。

1999 Chardonnay Belle Côte
彼特麦克酒园景秀山坡霞多丽白葡萄酒 1999

评分：90 分

1999年款景秀山坡霞多丽白葡萄酒是酿自于好山坡园园的第四款年份酒，是用霞多丽的三种克隆品种［即老温特、胡德（Rued）和瑟（See）］酿制而成。它散发出热带水果、柠檬皮、梨子和矿物质风味混合的果香和口味。这款权威性丰富、复杂和优雅的霞多丽葡萄酒中度酒体，轮廓清晰，美妙集中，散发出奇特的花香和香料风味，还有很好集中的橡木味。它的良好口感应该还可以继续保持一到两年。

酒，酿自于一个充满白色火山灰土壤的葡萄园，并且完全在路易斯-拉图的酒桶中陈年。它拥有精致的液态矿物质特性，还有柑橘油与奇特热带水果（比如番木瓜和百香果）混合的悦人果香。它是我最近品尝过的最独特优质的霞多丽葡萄酒之一，它强劲、美妙均衡，拥有醉人的口感穿透力以及卓越、多层次、多维度的感觉。这款酒把法国的细腻和加州的力量出色地结合在了一起，它在接下来的 5 到 7 年内口感应该仍将不错，甚或更久。

2001 Chardonnay La Carrière
彼特麦克酒园采石场霞多丽白葡萄酒 2001

评分：94 分

轰动的 2001 年款采石场霞多丽白葡萄酒表现出蜜甜柑橘、液态矿物质、花香和奇特热带水果的特性，还有着惊人的清晰轮廓、质感、酒体和丰富性。尽管我觉得它的酸度太高，不过这款酒比 2000 年款更加集中，拥有更深的深度和更多的水果。这款出色的葡萄酒应该可以再很好地陈年 4 到 7 年。

1999 Chardonnay La Carrière
彼特麦克酒园采石场霞多丽白葡萄酒 1999

评分：91 分

1999 年款采石场霞多丽白葡萄酒表现出烘烤榛子和岩石的特性，还有丰富的香料、黄油梨和番木瓜水果。这款酒酿自于产量非常低的葡萄园，只有 1,700 千克 / 英亩。它拥有奶油般的质感和奇特水果风味的中期口感，还有着成熟、丰富的余韵，余韵中带有良好隐藏的酸度。这是一款出色的霞多丽葡萄酒，饮用效果应该还可以持续一到两年。

CHARDONNAY CUVÉE INDIGÈNE
彼特麦克酒园本土特酿霞多丽白葡萄酒

2003 Chardonnay Cuvée Indigène
彼特麦克酒园本土特酿霞多丽白葡萄酒 2003

评分：97 分

2003 年款本土特酿霞多丽白葡萄酒的产量为 500 箱，散发出强劲的烟熏烘烤坚果风味的鼻嗅，还混有金银花、黄油柑橘和焦糖奶油的特性，余韵悠长、丰富、富含矿物质，还有着良好的酸度和清晰的轮廓。这款美酒也表现出些许白色桃子风味，应该可以很好地陈年 7 到 8 年。

2002 Chardonnay Cuvée Indigène
彼特麦克酒园本土特酿霞多丽白葡萄酒 2002

评分：95+ 分

这款 2002 年本土特酿霞多丽白葡萄酒酿自于一个种满霞多丽葡萄树的小块葡萄园，该葡萄园叫做上谷仓（the Up-

CHARDONNAY LA CARRIÈRE
彼特麦克酒园采石场霞多丽白葡萄酒

2003 Chardonnay La Carrière
彼特麦克酒园采石场霞多丽白葡萄酒 2003

评分：97 分

2003 年款采石场霞多丽白葡萄酒尝起来像是一款卡尔通-查德曼酒庄的特级葡萄酒，散发出酵母、泥土和矿物质利口酒风格的风味。这是一款令人十分愉快并且强劲的葡萄酒，拥有令人心旷神怡的酸度，一些劲力十足、蜜甜的感觉和橘子花特性也增添了它的复杂性。它酿自于火山灰（凝灰岩）土壤的葡萄园中。这款酒应该还可以饮用 5 到 7 年。

2002 Chardonnay La Carrière
彼特麦克酒园采石场霞多丽白葡萄酒 2002

评分：95 分

2002 年采石场霞多丽白葡萄酒是一款法国风格的葡萄

per Barn）或高尔酒园（Gauer Ranch），杰斯·杰克逊（Jess Jackson）买下它之后，将它改名为亚历山大谷山酒园（Alexander Valley Mountain Estate）。高尔酒园是因为海伦·特雷而闻名的。这款 2002 年年份酒表现出奇妙的黄油柑橘、奶油蛋卷和成熟柑橘的风味，拥有惊人的矿物质特性，还有着强劲、多层次、集中、强烈的风格。它被令人心旷神怡的酸度很好地均衡了，它的酸度还提供了清新且有活力的个性。最佳饮用期：现在开始到 2014 年。

2001 Chardonnay Cuvée Indigène
彼特麦克酒园本土特酿霞多丽白葡萄酒 2001

评分：95 分

轰动的 2001 年款本土特酿霞多丽白葡萄酒拥有油滑的质感，散发出香烟、酒糟、桃子、金银花和柠檬皮风味混合的陈酿香，厚重、深厚、强劲的口味中拥有很好的结构、丰富性和纯度。这是一款上乘的霞多丽葡萄酒，建议在接下来的 8 到 9 内年享用。

1999 Chardonnay Cuvée Indigène
彼特麦克酒园本土特酿霞多丽白葡萄酒 1999

评分：93 分

1999 年款本土特酿霞多丽白葡萄酒散发出烟熏热带水果、桃子、杏仁和梨子风味混合的与众不同的果香。这款葡萄酒绵长、强劲、多层次，拥有惊人的质感和令人十分愉快的纯度，含有大量水果，可以与最优质的勃艮第特级葡萄酒相媲美。这款本土特酿霞多丽白葡萄酒丰富、集中的风格中还带有酒糟和烟熏的风味。它是一款年轻、纯粹、超级集中的霞多丽葡萄酒，可以在一年内享用（不过它应该可以持续贮存将近 10 年）。最佳饮用期：现在开始到 2006 年。

1998 Chardonnay Cuvée Indigène
彼特麦克酒园本土特酿霞多丽白葡萄酒 1998

评分：96 分

1998 年款本土特酿霞多丽白葡萄酒口感极佳，表现出爆发性的柠檬、黄油和蜂蜜口味，还混有热带水果、矿物质、烟熏和酒糟的成分，并且表现出柑橘或柑子的风味。最佳饮用期：现在。

CHARDONNAY MON PLAISIR
彼特麦克酒园我的乐趣霞多丽白葡萄酒

2003 Chardonnay Mon Plaisir
彼特麦克酒园我的乐趣霞多丽白葡萄酒 2003

评分：94 分

2003 年款我的乐趣霞多丽白葡萄酒散发出奇妙的柠檬黄油和热带水果风味，还有淡淡的奶油蛋卷和榛子风味。这是一款宽广、多口味、集中、多汁、劲力十足的霞多丽葡萄

酒，建议在接下来的 4 到 5 年内饮用。

2002 Chardonnay Mon Plaisir
彼特麦克酒园我的乐趣霞多丽白葡萄酒 2002

评分：94 分

2002 年我的乐趣霞多丽白葡萄酒是一款强劲、质感美妙、丰裕的葡萄酒，表现出蜜甜菠萝、橘子果酱和油滑的口味，还有令人心旷神怡的酸度作支撑。这款强劲、丰富、生机勃勃的霞多丽葡萄酒的表现已经圆满。建议在接下来的 3 到 5 年内饮用。

2001 Chardonnay Mon Plaisir
彼特麦克酒园我的乐趣霞多丽白葡萄酒 2001

评分：93 分

2001 年款我的乐趣霞多丽白葡萄酒爆发出橘子果酱、苹果皮、黄油柑橘、香子兰和微弱木材味混合的奇妙甘甜风味。这是一款强劲、丰富、纯粹的葡萄酒，拥有惊人的酸度，可以为它带来清新特性和清晰轮廓。它的良好口感应该还可以持续 4 到 6 年。

1999 Chardonnay Mon Plaisir
彼特麦克酒园我的乐趣霞多丽白葡萄酒 1999

评分：91 分

彼特麦克酒园最艳丽的霞多丽葡萄酒之一是我的乐趣葡萄酒。1999 年款我的乐趣霞多丽白葡萄酒是用老温特克隆品种酿制而成，这些葡萄都生长于杰斯·杰克逊的亚历山大山谷山区酒庄葡萄园，整个陈年过程都是在 50% 的法国新橡木酒桶中进行的。它豪华的陈酿香中表现出丰富的热带水果特性。这款享乐主义风格的霞多丽葡萄酒倒入杯中后，还会散发出柑橘、成熟蜜甜苹果和黄油柑橘风味混合的果香。集中的木材味提供了微弱的香子兰和吐司风味，也增加了葡萄酒的复杂个性。它中度酒体到重酒体，纯粹，绵长，集中，充足的酸度带来清新和集中的特性。它的良好口感还将继续保持一到两年的时间。

CHARDONNAY POINT ROUGE
彼特麦克酒园红点霞多丽白葡萄酒

2003 Chardonnay Point Rouge
彼特麦克酒园红点霞多丽白葡萄酒 2003

评分：98 分

所谓的首领葡萄酒（tête de cuvée），或者每年从一系列最优质的酒桶中精选的葡萄酒，就会被冠以红色圆点的称号。20 世纪 80 年代晚期，海伦·特雷曾在第一次装瓶的葡萄酒酒瓶上画上红色圆点，这一称号就是这样来的。这款葡萄酒有目的地推进了霞多丽葡萄酒的发展。它拥有惊人的纯度、强度和成熟性，有着宽广、宽阔的口味，散发出非凡花

香、金银花、橘子果酱、柠檬油、芒果和番木瓜等奇特热带水果风味混合的芳香。像其他所有同类型酒一样，它的木材味被良好的酸度很好地统一了。最近的霞多丽年份酒，尤其是这些由卢克·莫莱（Luc Morlet）监控酿制的葡萄酒，都呈现出淡淡的麦秆色，周围还带有绿色色调，与出众的法国勃艮第白葡萄酒有着类似的颜色。莫莱告诉我们，这是由叶绿素带来的，并且认为这是一款葡萄酒良好稳定和陈年的迹象。2001 年、2002 年和 2003 年年份酒都有这种色彩特点。最佳饮用期：现在开始到 2014 年。

2002 Chardonnay Point Rouge
彼特麦克酒园红点霞多丽白葡萄酒 2002

评分：98 分

这款 2002 年红色圆点霞多丽白葡萄酒是加州两或三款最卓越的霞多丽葡萄酒之一，表现出美妙的强度、巨大的酒体和厚重的水果，还拥有完美的均衡性和纯度。它散发出金银花、橘子果酱和甘甜油滑柑橘的风味，还有精确的清晰性、良好的酸度和极好的纯度，以及可以持续 35 到 40 秒的巨大余韵。和所有的这些霞多丽葡萄酒一样，它是一款卓越的葡萄酒。最佳饮用期：现在开始到 2014 年。

2001 Chardonnay Point Rouge
彼特麦克酒园红点霞多丽白葡萄酒 2001

评分：96 分

2001 年款红色圆点霞多丽白葡萄酒呈淡淡的绿色或金色，散发出烘烤榛子、金银花、橘子皮、和甘甜柑橘混合的芳香。这款宽阔、有力、丰满的葡萄酒爆发出大量口味，拥有令人心旷神怡的隐藏酸度、清晰的轮廓与惊人的纯度和长度。这款深远的霞多丽葡萄酒可以与最优质的勃艮第特级白葡萄酒匹敌——而且远远不止如此！它的良好口感应该可以持续 10 年甚至更久。

1999 Chardonnay Point Rouge
彼特麦克酒园红点霞多丽白葡萄酒 1999

评分：94 分

1999 年红色圆点霞多丽白葡萄酒是一款封闭的、尚未完全进化的葡萄酒，但毫无疑问，它拥有巨大的潜力。它爆发出蜜甜柑橘、橙子、柑子、液态矿物质和烟熏榛子风味混合的果香。红色圆点葡萄酒中表现出的明显液态矿物质特性，也是某些更加优质葡萄酒的主要特性，比如来自梦拉谢园、骑士 - 梦拉谢园和墨尔索 / 采石人工园（Meursault-Perrières）等特级勃艮第葡萄园的葡萄酒。它的余韵可以持续 40 多秒。这是一款向后的葡萄酒，进化过程应该会比较缓慢。最佳饮用期：现在开始到 2010 年。这真是一款接近完美的葡萄酒！

1998 Chardonnay Point Rouge
彼特麦克酒园红点霞多丽白葡萄酒 1998

评分：95 分

1998 年款红色圆点霞多丽白葡萄酒呈淡淡的金色，呈现出蜜甜热带水果和柑橘混合的新兴鼻嗅。它拥有精致的浓缩度和惊人的独特性，重酒体，还有着惊人的纯度和清晰轮廓。最佳饮用期：现在。

1997 Chardonnay Point Rouge
彼特麦克酒园红点霞多丽白葡萄酒 1997

评分：98 分

1997 年款红色圆点霞多丽白葡萄酒表现出惊人的质感，有着动人的黄油、酒糟鼻嗅，还有微弱的烘烤橡木味。这款异常丰富和集中的霞多丽葡萄酒中还有百香果、柑橘、蜜甜柠檬和矿物质对比的风味。这款令人惊叹、劲力十足的葡萄酒拥有完美的均衡特性，在接下来的一到两年内应该仍有不错的饮用效果。

LES PAVOTS PROPRIETARY RED
彼特麦克酒园罂粟园红葡萄酒

2003 Les Pavots Proprietary Red
彼特麦克酒园罂粟园红葡萄酒 2003

评分：92~94 分

2003 年款罂粟园红葡萄酒的体积、浓缩度和表现力都不如 2001 年和 2002 年年份酒。这款酒是用 61% 的赤霞珠、22% 的品丽珠、13% 的美乐和 4% 的小味多混合酿制而成，产量为 2,975 箱。这款红葡萄酒中度酒体到重酒体，厚重、集中、绵长而且丰富，散发出紫罗兰（或者是洋槐花吧？）、意大利焙炒咖啡、巧克力、香烟和黑加仑混合的花香味鼻嗅。进化到这一阶段，它还没有表现出 2002 年和 2001 年年份酒的深度、长度和潜力，不过它仍是一款令人印象深刻的葡萄酒。建议在 2008 年至 2020 年间饮用。

2002 Les Pavots Proprietary Red
彼特麦克酒园罂粟园红葡萄酒 2002

评分：98 分

罂粟园红葡萄酒是加州优质的干红葡萄酒之一，好像变得越来越有力了。这款 2002 年年份酒是迄今为止最优质的一款罂粟园红葡萄酒。它是一款不朽的葡萄酒，是用 71% 的赤霞珠、12% 的美乐、10% 的品丽珠和 7% 的小味多混合酿制而成。更好的消息是——这款非凡的葡萄酒的产量为 2,800 箱。这款酒呈深紫色，散发出液态欧亚甘草、白色巧克力、黑醋栗奶油、欧亚甘草和焚香风味混合的非凡鼻嗅。这款酒拥有丝滑丰裕和奇妙的口感，有着强劲的力量，不过它的重量较轻，它还拥有美妙的清晰轮廓、活力和清新特性。它拥有一流的纯度和可以持续 50 秒以上的余韵，这些都是现代的加州传奇葡萄酒才会拥有的特性。这款美酒已经开始良好地陈年，而且可以轻易地持续 18 到 22 年。

2001 Les Pavots Proprietary Red
彼特麦克酒园罂粟园红葡萄酒 2001

评分：95 分

2001 年款罂粟园红葡萄酒比去年的评分高了几分，毫无疑问，这是因为它已经从装瓶操作中恢复过来，并且在瓶中继续进化。这款酒的产量为 1,853 箱，是用 72% 的赤霞珠、16% 的美乐、10% 的品丽珠和 2% 的小味多混合酿制而成，表现出花香、蓝莓、黑莓和欧亚甘草风味混合的鼻嗅，还有烟熏黑加仑风味作背景。这款酒拥有良好的丰富性和与众不同的格拉芙产区风格的焦土口味。这款强劲、优雅、纯粹、轮廓清晰的 2001 年年份酒经过 1 到 3 年的窖藏将会变得更加优质。它应该可以很好地陈年 20 年。

1999 Les Pavots Proprietary Red
彼特麦克酒园罂粟园红葡萄酒 1999

评分：90 分

1999 年款罂粟园红葡萄酒呈深紫色，表现出黑醋栗、橄榄酱、樱桃、欧亚甘草和微弱木材味混合的甘甜醇香。这款酒中度酒体，拥有冷气候的质感，有着明显的单宁酸和波尔多产区风格的余韵。这款酒适合从现在到 2015 年间饮用，它的产量只有 2,342 箱。

1997 Les Pavots Proprietary Red
彼特麦克酒园罂粟园红葡萄酒 1997

评分：96 分

1997 年款罂粟园红葡萄酒是用 79% 的赤霞珠、12% 的美乐和 9% 的品丽珠混合酿制而成。酒色呈蓝色或黑色或紫色，散发出吐司、黑莓、黑醋栗奶油、欧亚甘草和雪松风味混合的非凡陈酿香。这款酒强劲，拥有丝滑的单宁酸，低酸度，有着多层次、集中、纯粹的黑色水果香，还有微弱的烘烤橡木味。这款酒可以在早期饮用，不过它应该在 2 到 4 年后才会达到最佳状态，并且可以持续 20 年甚或更久。

1996 Les Pavots Proprietary Red
彼特麦克酒园罂粟园红葡萄酒 1996

评分：96 分

1996 年罂粟园红葡萄酒是一款精力充沛的葡萄酒，酒色呈不透明的紫色或蓝色，是用 74% 的赤霞珠、20% 的美乐和 6% 的品丽珠混合酿制而成。它的鼻嗅中带有黑莓、欧亚甘草、黑醋栗和吐司风味混合的醇香。这款酒超级精粹，轮廓清晰，还伴有烟熏、欧亚甘草、亚洲香料和黑莓的风味，能带来令人惊叹的饮酒体验。这款惊人的葡萄酒产量大约为 2,800 箱。最佳饮用期：现在开始到 2025 年。

1995 Les Pavots Proprietary Red
彼特麦克酒园罂粟园红葡萄酒 1995

评分：91 分

1995 年款罂粟园红葡萄酒是用 73% 的赤霞珠、14% 的

美乐和 13% 的品丽珠混合酿制而成，酒色呈黑色或宝石红色或紫色，天然酒精度达 13.9%。它散发出烟草、薰衣草和黑醋栗风味混合的甘甜鼻嗅，中度酒体，拥有单宁的优雅口味，有着出色的纯度、成熟性和长度，还有标准、抑制的风格。与 1996 年款和 1994 年款相比，这款红葡萄酒的即时可得性稍差。它丰富、比例良好，是加州产区内可以与雅致的梅多克长宁区葡萄酒相对的葡萄酒。最佳饮用期：现在开始到 2020 年。

1994 Les Pavots Proprietary Red
彼特麦克酒园罂粟园红葡萄酒 1994

评分：94 分

1994 年款罂粟园红葡萄酒呈饱满的深紫色，已经呈现出黑醋栗、紫罗兰、欧亚甘草和诱人的香甜橡木味混合的悦人鼻嗅。这款酒甘甜、丰富，对于一款罂粟园葡萄酒来说，它具有惊人的表现力。它中度酒体到重酒体，拥有甘美多汁、多层次的口味，还有着出色的深度与诱人集中的单宁酸和酸度。最佳饮用期：现在开始到 2026 年。

1993 Les Pavots Proprietary Red
彼特麦克酒园罂粟园红葡萄酒 1993

评分：92 分

西海岸的新闻界对 1993 这个年份有很多怀疑，而这款 1993 年罂粟园红葡萄酒是该年份令人印象深刻的另一款葡萄酒。酒色呈深宝石红色或深紫色，散发出香烟、香料、吐司和黑色水果风味混合的复杂鼻嗅。它中度酒体到重酒体，拥有甘甜、丰富水果的内核，有着出色的纯度和有力且优雅的个性。这款多层次、多维度的葡萄酒适合年轻时饮用，不过它仍可以贮存 10 到 15 年以上。最佳饮用期：现在开始到 2016 年。

1992 Les Pavots Proprietary Red
彼特麦克酒园罂粟园红葡萄酒 1992

评分：91 分

1992 年款罂粟园红葡萄酒会让人想起顶级圣 - 朱利安产区葡萄酒或波亚克产区葡萄酒，这是第一款已经开始表现出些许雪松、铅笔和黑醋栗混合的复杂芳香的年份酒。它中度酒体到重酒体，拥有令人印象深刻的丰富性。这款多层次、强劲、均衡的葡萄酒比它三款年轻的姐妹款更快表现出魅力和二等果香，它至少还可以贮存 10 年。最佳饮用期：现在开始到 2016 年。

1991 Les Pavots Proprietary Red
彼特麦克酒园罂粟园红葡萄酒 1991

评分：91 分

1991 年款罂粟园红葡萄酒具有波尔多产区葡萄酒的风格，散发出芬芳、纯粹的黑加仑风味鼻嗅。它丰富，有着中度酒体到重酒体的口味，还有良好支撑的酸度和温和的单宁酸，它悠长的余韵将力量、强度和细腻惊人地结合在了一起。它可以再贮存 10 年。最佳饮用期：现在开始到 2014 年。

ROBERT MONDAVI WINERY

罗伯特 - 蒙大维酒厂

酒品：

    罗伯特 - 蒙大维酒厂珍藏赤霞珠葡萄酒（Cabernet Sauvignon Reserve）

    罗伯特 - 蒙大维酒厂托卡隆园珍藏赤霞珠葡萄酒（Cabernet Sauvignon To Kalon Reserve）

庄园主：星座葡萄酒企业（Constellation Brands）——全球最大的葡萄酒生产商

地址：7801 St.Helena Highway,Oakville,CA 94562

电话：(1) 707 259-9463 或 1-888-RMONDAVI

传真：(1) 707 968-2174

邮箱：info@robertmondaviwinery.com

网址：www. robertmondaviwinery.com

参观规定：罗伯特 - 蒙大维酒厂是葡萄酒教育和参观项目的一个领导者。除了复活节、感恩节、圣诞节和元旦外，酒厂每天上午9点到下午5点都对外开放。参观者每天都有很多时间和机会参观葡萄园和酒厂，不过最好提前进行预约。酒厂还为从新手到专业水平的葡萄酒学习者提供各种不同的其他参观和品酒活动以及相关课程。

葡萄园

占地面积：整体面积：1,540 英亩

    奥克维尔地区（Oakville District）托卡隆葡萄园（To Kalon Vineyard）：513 英亩的种植面积

    鹿跃地区（Stags Leap District）瓦坡山葡萄园（Wappo Hill Vineyard）：261 英亩的种植面积

    卡内罗斯地区（Carneros District）惠奇卡山丘葡萄园（Huichica HillsVineyard）：405 英亩的种植面积

葡萄品种：赤霞珠，富美白（Fume Blanc），长相思，黑品诺，霞多丽，美乐，仙粉黛（Zinfandel），长相思贵腐葡萄（Sauvignon Blanc Botrytis），奥罗莫斯卡托（Moscato d'Oro），还有少量其他品种（品丽珠、马尔贝克、小味多、沙美龙）

平均树龄：各不相同（10~25 年）

    古老园区：30~50 年

    高植株密度的根瘤蚜病害后的园区：10+ 年

种植密度：该酒厂的植株间距根据土壤、微气候和葡萄品种而确定，不过根瘤蚜病害后的新种园区的植株间距较小，而古老一点的园区植株间距则较大

平均产量：3,000~4,000 千克 / 英亩

酒的酿制

    蒙大维酒厂对于每一个葡萄品种都采用不同的酿酒技术，为使葡萄品种和葡萄园的个性发挥到极致，还会对酿酒技术进行微调。大体说来，蒙大维酒厂尽可能地使用温和、天然的酿酒方法，包括广泛使用天然酵母进行发酵，在合适的地方进行天然的苹果酸 - 乳酸发酵，在 100% 的法国橡木酒桶中陈年，而且装瓶前不进行过滤。

    提姆·蒙大维（Tim Mondavi）说："我们在酿制珍藏赤霞珠葡萄酒的过程中，为了获得强烈水果的优雅特性，为了精粹更多的特性和口味，我们结合使用重力作用和有力的人工操作，只对最优质的葡萄串进行分类，使用橡木酒罐发酵，进行长时间的扩展浸皮，使用在地底下贮藏了一年的酒桶，而且全部是法国橡木酒桶，还会对葡萄酒逐桶进行分离，以使得净化过程比较自然，而且尽可能地不过滤就装瓶。"

年产量

    罗伯特 - 蒙大维酒厂纳帕谷珍藏赤霞珠葡萄酒：120,000-150,000 瓶

    罗伯特 - 蒙大维酒厂托卡隆园珍藏赤霞珠葡萄酒：6,000 瓶

    平均售价（与年份有关）：150 美元

近期最佳年份

    2002 年，2001 年，2000 年，1999 年，1994 年，1992 年，1991 年，1990 年，1987 年，1984 年，1978 年，1974 年，1973 年，1971 年

无可非议，这个令人肃然起敬的纳帕谷酒厂对加州产区葡萄酒酿制的质量和指导都有着相当大的影响，它将葡萄园和酒厂的质量都推到了更高的水平，它的表现仍然令人称赞。误认为大小和质量无关的读者们肯定会被一款款蒙大维酒厂非凡的葡萄酒表现出的优质所震惊。加州产区酿制的葡萄酒通常比较尖刻，而且失去了精华，这都是因为加入了过量的酸，而且过度地澄清和过滤，但是蒙大维酒厂的珍藏红葡萄酒从 1987 年开始就打破了这一传统。事实上，现在蒙

大维酒厂所有的顶级白葡萄酒在装瓶前也不再进行过滤——这一做法保证了该家族葡萄酒的优雅性。

我每年到蒙大维酒厂的参观都是一次学习历程。他们在葡萄园和酒厂中不停进行的相当大量的试验，在我看来是空前和无敌的。它对于卓越和质量的保证虽然已经得到世界范围的认可，但它仍在继续挑战极限，这样一个酒厂实在是振奋人心。

到目前为止，罗伯特·蒙大维家族中有四代人都是葡萄酒酿制商，他们从 1966 年开始经营旗舰罗伯特 - 蒙大维酒厂，他们对酿制特别的葡萄酒有着明显的激情。蒙大维家族移民到世界上优质的葡萄酒产区，学会尊重风土条件的概念，并且坚信在纳帕谷产区内可以生产出优质的葡萄酒。事实上，罗伯特·蒙大维（Robert Mondavi）和他的两个儿子——提姆和迈克尔，可以说是纳帕谷产区最先彻底理解和创造优质欧洲风格葡萄酒的人，他们酿制的葡萄酒可以和非常优质的法国葡萄酒和意大利葡萄酒相媲美。

该酒厂在葡萄树培植和酿酒革新方面一直都是个领导者。在 20 世纪 60 年代晚期，该酒厂引进了冷发酵、不锈钢酒罐和法国小橡木酒桶的使用，这在当时的加州酿酒产业中基本上是前所未闻的。更新近一点的革新包括——温和的酿酒技术以提高葡萄酒的质量，高密度种植的葡萄园以减少每株葡萄树的产量并增加口味的集中性，还有天然葡萄培植实践以保护环境以及葡萄园中的工人，这些改进都推进了酿酒工业中酿酒方法和种植方法的基本改变。

蒙大维酒厂也是葡萄酒旅游业最有力的提倡者之一，他们认为葡萄酒也是风俗文化的一部分，在饮食和艺术的庆祝中才能被最好地欣赏，他们也是这么做的。罗伯特 - 蒙大维酒厂是最先对参观者开放的酒厂之一，也是最先提供有意义的旅游和品酒服务的酒厂之一。他们后来还继续增加了一些烹饪项目、音乐会、艺术品展览和其他文化项目，包括从 1976 年就开始进行的大厨项目，在美国大部分的这些活动都是首次开展的。每年夏天，蒙大维酒厂都会赞助一次音乐节，作为一个大筹款者为纳帕谷的交响乐筹集资金。

最近多数关于蒙大维酒厂运转的报道都集中在它的帝国大厦上，这一举动并不是所有人都殷切期待的，批评家们也贬低了他们在管理方面的变化以及酒厂对外开放这一事实。但事实是，罗伯特 - 蒙大维酒厂仍然是结合经典传统酿酒技术进行革新的基地，而且继续酿制着世界上一些最优质的葡萄酒，这些葡萄酒尊敬

罗伯特·蒙大维（Robert Mondavi）、迈克尔·蒙大维（Michael Mondavi）
和提姆·蒙大维（Tim Mondavi）

地反映了罗伯特·蒙大维以及他的家人对于葡萄酒质量的终生奉献。他们的法人政见现在似乎已经主导了头条要闻，抛开这些政见不说，他们的遗产已经能够得到有力的保证，而且该酒厂在加州和世界优质葡萄酒的历史上都占有一席之地。

该酒厂的销售业务以及 2004 年它易主成为巨大的星座葡萄酒企业名下资产，当然让公众对酒厂的看法产生了深远的影响，但愿他们仍让蒙大维家族掌管这个奥克维尔最重要的酒庄。

蒙大维酒厂虽然也酿制着很多其他顶级葡萄酒，但这是一个优质的赤霞珠葡萄酒产地，他们最优质的两款葡萄酒是罗伯特 - 蒙大维酒厂珍藏赤霞珠葡萄酒，以及最近才开始酿制的托卡隆园珍藏赤霞珠葡萄酒。

CABERNET SAUVIGNON RESERVE

罗伯特 - 蒙大维酒厂珍藏赤霞珠葡萄酒

2002 Cabernet Sauvignon Reserve
罗伯特 - 蒙大维酒厂珍藏赤霞珠葡萄酒 2002

评分：92 分

新潮、优雅的 2002 年珍藏赤霞珠葡萄酒的产量为 8,300

箱，是用 83% 的赤霞珠、7% 的美乐与等量的品丽珠、小味多和马尔贝克混合酿制而成，表现出力量和优雅的美妙结合。这款中度酒体、美妙均衡、优雅的珍藏葡萄酒倒入杯中后，会爆发出雪松精油、黑醋栗奶油、香料盒和干香草混合的醇香，它有点像蒙大维酒厂的 1978 年年份酒。2002 年款葡萄酒整体和谐、均衡而且细腻。建议在接下来的 15 年内饮用。

2001 Cabernet Sauvignon Reserve
罗伯特 - 蒙大维酒厂珍藏赤霞珠葡萄酒 2001

评分：94+ 分

自 1991 年、1990 年和 1987 年三款年份酒以来，2001 年款珍藏赤霞珠葡萄酒是最优质的私人珍藏葡萄酒，这款酒非常卓越。它的产量为 8,000 箱，是用 88% 的赤霞珠、10% 的品丽珠以及少量的美乐和小味多混合酿制而成。这款葡萄酒温和巨大，伴有香烟、樟脑、黑醋栗奶油、雪松和水果蛋糕风味混合的芳香。它有力，完美均衡，出色的集中，拥有良好统一的木材味、酸度和单宁酸，还有将近一分钟的悠长余韵，酒色呈饱满的宝石红色或紫色，是一款奇妙的赤霞珠葡萄酒。最佳饮用期：现在开始到 2020+。

2000 Cabernet Sauvignon Reserve
罗伯特 - 蒙大维酒厂珍藏赤霞珠葡萄酒 2000

评分：91 分

这款 2000 年珍藏赤霞珠葡萄酒是这个困难年份最优质

的葡萄酒之一，是用 80% 的赤霞珠、14% 的品丽珠、6% 的美乐和马尔贝克混合酿制而成。酒色呈深紫色，表现出黑加仑、欧亚甘草、沃土、少量薄荷和新橡木风味混合的优雅甘甜芳香。这款优雅的赤霞珠红葡萄酒成熟、绵长而且集中，中度酒体到重酒体，拥有出色的纯度和浓缩度，还有持久的余韵。它在 2006 年至 2020 年间将会处于最佳状态。

1997 Cabernet Sauvignon Reserve
罗伯特 - 蒙大维酒厂珍藏赤霞珠葡萄酒 1997

评分：92 分

我在 2000 年品尝这款珍藏赤霞珠葡萄酒时，它似乎正在经历一个相对封闭的阶段。倒入杯中后，它表现出很像圣朱利安产区内宝嘉龙酒庄（Ducru-Beaucaillou）葡萄酒或是雄狮酒庄（Léoville-Las-Cases）葡萄酒的风格，还有着矿物质、雪松精油、黑加仑、烟草和香料混合的风味。这款丰富的葡萄酒呈暗宝石红色或暗紫色，拥有非凡复杂的果香，中度酒体到重酒体，有着紧致的结构，余韵中还有大量的单宁酸。它的产量为 20,000 箱。最佳饮用期：现在开始到 2025 年。

1996 Cabernet Sauvignon Reserve
罗伯特 - 蒙大维酒厂珍藏赤霞珠葡萄酒 1996

评分：92 分

1996 年款珍藏赤霞珠葡萄酒虽然可能和奥克维尔葡萄酒相差无几，但是酿制风格却稍有不同。它的酒色为不透明的紫色，在它中度强烈的果香中，表现出更多香子兰、少量薄荷和大量黑加仑的水果风味。这款酒的余韵中还表现出该年份的一些干型单宁酸（这都是因为该年份有压力的葡萄园条件产生的）。这款酒比 1996 年款奥克维尔葡萄酒更加新潮、抑制，但却没有后者丰富。这款出色的葡萄酒适合从现在到 2025 年间饮用。

1996 Cabernet Sauvignon 30th Anniversary Reserve
罗伯特 - 蒙大维酒厂三十年周年纪念珍藏赤霞珠葡萄酒 1996

评分：95 分

这款 1996 年三十周年纪念珍藏赤霞珠葡萄酒拥有崇高性、丰富性和宽度。这款装瓶特别的葡萄酒是一款惊人的葡萄酒，产量大约为 1,000 箱。它的酒色为不透明的紫色，拥有黑莓、黑醋栗、吐司、欧亚甘草和亚洲香料混合的惊人陈酿香。它风格强劲、集中、超级精粹，事实上它拥有所有特性。它艳丽的风格中表现出多层次的水果、甘油、精粹物和甘甜单宁酸。这款酒单宁酸的水平虽然高，但是它的丰富性和长度也很巨大。总之，这是一款动人的葡萄酒。最佳饮用期：现在开始到 2030 年。

1995 Cabernet Sauvignon Reserve
罗伯特 - 蒙大维酒厂珍藏赤霞珠葡萄酒 1995

评分：93 分

1995 年款珍藏赤霞珠葡萄酒拥有很好的前景和未加工的

材料，还有一流的水果和丰富性。它中度酒体，表现出黑加仑、矿物质、吐司和微弱的铅笔风味和口味。基于这次的品酒，我会降低我的总体评分，不过它仍然是一款非凡的加州赤霞珠葡萄酒，酿制风格惊人的优雅和雅致。最佳饮用期：现在开始到 2018 年。

1994 Cabernet Sauvignon Reserve
罗伯特 - 蒙大维酒厂珍藏赤霞珠葡萄酒 1994

评分：98 分

这款葡萄酒呈不透明的紫色，它紧致的鼻嗅和口味中仍然表现出足够深远的果香和口味，这使得它名列蒙大维最动人的葡萄酒之一。它的鼻嗅中带有玛歌酒庄葡萄酒或木桐酒庄葡萄酒风格的黑醋栗、铅笔、花香的醇香，而且由大量的黑加仑水果作支撑。至于口感，我的品酒笔记是"优质的内涵"。这款酒强劲、多层次、多维度，而且惊人的良好均衡，拥有异常丰富和强烈的内部深度和核心，所有这些特性都是在没有任何迫人的重量、单宁酸或酒精的情况下完成的。它的余韵可以持续 35 秒以上。因为它含有奢华的水果风味，这款酒在年轻时就易亲近，所以在它达到完全状态很久之前就可以饮用。但是，对于原则上喜欢再等 3 到 8 年的人而言，这款酒将会发展成为一款惊人的加州红葡萄酒，并表现出罕见的复杂、优雅和丰富特性。它从现在到 2025 年间应该会处于最佳状态。

1993 Cabernet Sauvignon Reserve
罗伯特 - 蒙大维酒厂珍藏赤霞珠葡萄酒 1993

评分：93 分

1993 年款珍藏赤霞珠葡萄酒在酒厂中比 1992 年款表现得更加优秀，呈现出集中、杰出饱满的暗紫色，还散发出巧克力、香烟、香子兰豆和丰富的黑加仑水果风味混合的、美妙甘甜和强烈的陈酿香。这款酒的口感比 1992 年款更加精粹，拥有更加甘甜、宽阔、甘油浸渍的中期口感和余韵。尽管它和 1992 年款含有一样多的单宁酸，但单宁酸却比后者更加成熟和良好集中。这款 1993 年年份酒还可以陈年 15 到 20 年。最佳饮用期：现在开始到 2025 年。

1991 Cabernet Sauvignon Reserve
罗伯特 - 蒙大维酒厂珍藏赤霞珠葡萄酒 1991

评分：97 分

惊人的 1991 年款珍藏赤霞珠葡萄酒是纳帕谷红葡萄酒的精髓，在风格上综合了波尔多葡萄酒的优雅和纳帕谷葡萄酒成熟、强烈和大方的水果特性。它才刚刚达到最佳成熟状态，这一状态应该会保持 10 到 20 年。

1990 Cabernet Sauvignon Reserve
罗伯特 - 蒙大维酒厂珍藏赤霞珠葡萄酒 1990

评分：96 分

这款葡萄酒才刚刚拥有惊人美妙的饮用效果。田园式、强劲、深厚的 1990 年年份酒在定位上是一款加州葡萄酒。它满载各种口味，但是与无缝的 1991 年年份酒相比，它的单宁酸更加粗糙。最佳饮用期：现在开始到 2014 年。

1987 Cabernet Sauvignon Reserve
罗伯特－蒙大维酒厂珍藏赤霞珠葡萄酒 1987

评分：97 分

这款卓越的葡萄酒是向后的和未进化的，但即使是新手也能辨认出它的巨大潜力。这款葡萄酒呈饱满不透明的暗紫色，还没有表现出任何陈年的迹象。烟熏、橡木味、黑加仑、香草和香子兰风味的巨大鼻嗅，只是暗示了它经过进一步进化将会达到的境界。这款葡萄酒强劲、耐嚼、超级集中，单宁中度，被甘甜、堕落、丰富、厚重和高度精粹的口味所包围。理想中它仍需要 7 到 8 年的时间窖藏。这是一款 25 年到 30 年的加州赤霞珠葡萄酒，才刚刚开始变得开化。这是酿酒史上一款有传奇潜力的葡萄酒！最佳饮用期：现在开始到 2024 年。

1978 Cabernet Sauvignon Reserve
罗伯特－蒙大维酒厂珍藏赤霞珠葡萄酒 1978

评分：90 分

1978 年珍藏赤霞珠葡萄酒一直都是一款 90 分的葡萄酒。它仍然是一款美妙的红葡萄酒，表现出雪松、烟草和黑加仑水果的风味。它中度酒体到重酒体，完全成熟，一入口就表现出甘甜的成熟特性，出色的纯粹，还有着悠长、柔软的余韵。这款葡萄酒应该可以再保存 2 到 4 年。

1974 Cabernet Sauvignon Reserve
罗伯特－蒙大维酒厂珍藏赤霞珠葡萄酒 1974

评分：93 分

这款完全成熟的葡萄酒是该年份一颗始终不变的明星，还没有表现出任何丢失水果特性的迹象。它的酒色为饱满的暗紫红色或暗石榴红色，边缘有淡淡的琥珀色。陈酿香一直都非常值得夸耀，带有黑醋栗、胡椒、香草、欧亚甘草、雪松和亚洲香料风味混合的强烈醇香。这款酒强劲，超级均衡，拥有顶级、高度精粹的葡萄酒才有的多层次、宽阔的丰富特性，酸度虽低但是坚固，单宁酸几乎完全融化。这是一款惊人、丰裕、复杂的加州赤霞珠葡萄酒，在接下来的几年中饮用效果应该仍然不错。

1971 Cabernet Sauvignon Reserve
罗伯特－蒙大维酒厂珍藏赤霞珠葡萄酒 1971

评分：90 分

1971 年款珍藏赤霞珠葡萄酒是拥有珍藏之一称号的第一款年份酒，其中含有重要比例的品丽珠，它一直是更加令人叹服的珍藏葡萄酒之一。它在 20 世纪 70 年代时达到了最佳状态，而且良好的饮用效果保持了很多年。在 1997 年 10 月的一次品酒会上，我给了这款酒 90 分的评分，但是我必须说明它拥有 96 分的陈酿香，它在口中似乎变得更干。这款酒仍有着惊人的芳香，会让人想起白马酒庄顶级年份酒和黑醋栗主导的经典加州红葡萄酒之间的混合。在口中，它绝不是一款拳头产品，但却是一款中度酒体、雅致的葡萄酒，拥有比力量更加引人注意和可靠的和谐性。它的水果口味才刚刚开始变得干透，单宁酸和酸度也变得更加明显。这款酒在过去的 25 年中都有着美妙的饮用效果，它还将继续保持下去。

CABERNET SAUVIGNON TO KALON RESERVE
罗伯特－蒙大维酒厂托卡隆园珍藏赤霞珠葡萄酒

2001 Cabernet Sauvignon To Kalon Reserve
罗伯特－蒙大维酒厂托卡隆园珍藏赤霞珠葡萄酒 2001

评分：95+ 分

2001 年款托卡隆园珍藏赤霞珠葡萄酒的产量为 1,000 箱，酿自于树龄为 31 年的葡萄树。这是一款有力、结构坚实的葡萄酒，散发出木炭、奶油黑加仑、沃土和烟叶混合的风味。尽管它 3.78 的 pH 值相对较高，似乎暗示了一种更加向前的风格，但它仍然徘徊不去的向后，而且没有珍藏赤霞珠葡萄酒易亲近。它是一款经典的奥克维尔赤霞珠葡萄酒，它可能没有珍藏葡萄酒或者蒙大维吧葡萄酒（M-Bar）那样

大方和复杂，但它几乎太过向后，所以目前还不能进行充分评估。它还需要 5 到 6 年的时间窖藏，适合在接下来的 20 到 25 年内饮用。

2000 Cabernet Sauvignon To Kalon Reserve
罗伯特 - 蒙大维酒厂托卡隆园珍藏赤霞珠葡萄酒 2000

评分：91+ 分

2000 年款托卡隆园珍藏赤霞珠葡萄酒含有丰富的石墨和黑醋栗口味。这款强烈集中的葡萄酒产量为 1,000 箱，是用 97% 的赤霞珠和 3% 的品丽珠混合酿制而成。它酿自于位于奥克维尔的蒙大维家族葡萄园，酒色呈饱满的宝石红色或紫色，爆发出黑醋栗奶油、香子兰、欧亚甘草、烟草和香烟风味混合的甘甜鼻嗅。这款酒在口中口感甘甜，中度酒体到重酒体，拥有杰出的精致特性和纯度。它综合了玛歌酒庄葡萄酒的风格和鹿跃产区红葡萄酒的芬芳风格，而且更加有力、有结构，是一款更加具有波亚克风格的奥克维尔葡萄酒。最佳饮用期：2008~2025+。

1999 Cabernet Sauvignon To Kalon Reserve
罗伯特 - 蒙大维酒厂托卡隆园珍藏赤霞珠葡萄酒 1999

评分：90 分

1999 年款托卡隆园珍藏赤霞珠葡萄酒是用 100% 的赤霞珠酿制而成。虽然这款酒的余韵比较尖刻，但它表现出杰出的质感。甘甜的黑加仑和黑色樱桃水果被微弱的橡木味和杂草、烟草味所包围，但是高含量的单宁酸表明它应该还需要一到两年的时间窖藏。它应该可以贮存 20 到 25 年。

1997 Cabernet Sauvignon To Kalon Reserve
罗伯特 - 蒙大维酒厂托卡隆园珍藏赤霞珠葡萄酒 1997

评分：94 分

1997 年款托卡隆园珍藏赤霞珠葡萄酒是用 100% 的赤霞珠酿制而成，是一款出色的葡萄酒。酒色呈暗宝石红色或暗紫色，散发出雪松、黑色水果、新鞍皮革和矿物质风味混合的、悦人宽阔和复杂的鼻嗅。它在口中很强劲，表现出比之前稍高含量的单宁酸和尖刻性，但是毫无疑问，这款酒拥有深度和多层次的口味，还有着宽阔的质感和悠长、让人安心、集中的余韵。它应该可以陈年至少 30 年。最佳饮用期：现在开始到 2030 年。

CHÂTEAU MONTELENA
蒙特兰那酒园

酒品：蒙特兰那酒园庄园赤霞珠葡萄酒（Cabernet Sauvignon Estate）

庄园主：全权合伙人詹姆斯·L·巴莱特（James L. Barrett）；有限责任合伙人劳拉·G·巴莱特（Laura G. Barrett）；有限责任合伙人詹姆斯·P·博·巴莱特（James P. "Bo" Barrett）

地址：1429 Tubbs Lane Calistoga,CA 94515

电话：(1) 707 942-5105

传真：(1) 707 942-4221

邮箱：customer-service@montelena.com

网址：www.montelena.com

联系人：汤姆·因雷（Tom Inlay）

参观规定：酒园每天上午9点半到下午4点对外开放，重要的节假日除外

葡萄园

占地面积：200英亩耕种面积，还有52英亩签有长期租赁合同

葡萄品种：赤霞珠、霞多丽、仙粉黛、品丽珠和美乐

平均树龄：20年

种植密度：植株间距在8'×12'和5'×10'的范围内

平均产量：2,000~2,500千克/英亩

酒的酿制

所有的赤霞珠葡萄酒都是在温度可以控制的不锈钢酒罐中发酵的，这样是为了提供一个温暖（70℃~80℃）、缓慢的发酵环境，而不是高温、快速的发酵环境。每天进行两次手工循环旋转。当从葡萄皮中精粹出足够的颜色和单宁酸后（一般是8到40天），葡萄酒被排出装入另一个橡木酒罐中或不锈钢酒罐中进行进一步的净化，然后转入酒桶中。苹果酸-乳酸发酵是在大橡木酒桶中进行的，酒桶的容量为1,200-3,000加仑。挑选和混合都是在次年元月进行的。葡萄酒陈年时使用的是法国橡木酒桶，一般都来自内弗斯（Nevers）。蒙特兰那酒园酿制庄园红葡萄酒时会使用20%到25%的新橡木酒桶，其他的葡萄酒则使用更老的酒桶（达7年老）。红葡萄酒的桶装陈年程序的目的是软化葡萄酒，增加细微的香料味，而不是增加橡木味。庄园红葡萄酒会在橡木酒桶中陈年22个月，然后装瓶，在瓶中接着陈年18个月后释放。

年产量

蒙特兰那酒园庄园赤霞珠葡萄酒：108,000瓶

平均售价（与年份有关）：85~125美元

近期最佳年份

整体最均衡的葡萄酒：1997年，1994年，1990年，1986年，1978年

最强劲的葡萄酒：2002年，2001年，1999年，1996年，1987年，1984年

最具波尔多产区风格的葡萄酒：1991年，1985年，1979年

挑战性年份中的最优质葡萄酒：2000年，1998年，1989年，1983年

蒙特兰那酒园由参议员艾尔弗雷德·塔布斯（Alfred Tubbs）创立于1882年，巴莱特家族只是管理该酒园的第二个家族。到19世纪90年代，蒙特兰那酒园已经成为北纳帕谷主要的酿酒厂之一。禁酒时期过后，虽然塔布斯的后裔仍继续耕作葡萄园，但塔布斯的孙子查平·F·塔布斯（Chapin F. Tubbs）在"二战"开始时就停止了对酒厂的管理，于是蒙特兰那酒园成为纳帕谷的幽灵酒厂之一，直到1972年吉姆·巴莱特（Jim Barret）入伙重建了这个酒庄。巴莱特团队意识到该葡萄园的潜力后，开始雄心勃勃地重新种植，将禁酒时期的葡萄品种换成了赤霞珠。酒庄葡萄园的主要部分都是在1972年至1974年间种植的。

博·巴莱特（Bo Barret）和吉姆·巴莱特（Jim Barret）

自从合伙人确定了质量第一而不是数量更为重要之后，很多新葡萄树被种植于圣-乔治（St. George）砧木上，不过这些葡萄树的产量只是后来流行的 AXR 砧木的一半。后来证明这一决定非常明智，因为这些新栽种的葡萄树现在仍然在产，而且在 20 世纪 80 年代和 90 年代纳帕谷流行的根瘤蚜流行病害中，它们并没有受到影响。结果，蒙特兰那酒园拥有纳帕谷产区最古老成熟的卡勃耐葡萄树。这些葡萄树的产量并不高，这样使得蒙特兰那酒园葡萄酒的特征之一是水果超级浓缩。

卡勃耐葡萄树种植后的第七年才出售第一瓶葡萄酒。为了避免经济自杀，巴莱特团队和他们的酿酒师麦克·格吉驰（Mike Grgich）在酿制赤霞珠、霞多丽、雷司令和仙粉黛时，主要是用购买的葡萄进行的，这是为了在等待庄园葡萄园能生产的同时，能够保持自己存活。

博·巴莱特是一个实事求是的、有超凡魅力的高个子男人，他从 1982 年就开始担任酿酒师，不过他从 1973 年就开始在各个年份酿酒。他的父亲——吉姆·巴莱特，担任该酒庄严肃正经、大胆无畏的领导者和精神领袖。从最开始巴莱特家族就一直持有相同的土地、相同的葡萄树（大多数）、相同的小面积地块和相同专注的专业小团队，以及对地方和质量同样坚定的保证。

现代社会好像总是在寻找新星，但是这个酒厂在将近 30 年的时间里一直都是赤霞珠超级英雄！蒙特兰那酒园的庄园赤霞珠葡萄酒仍然是加州产区内最卓越的红葡萄酒之一。我从 20 世纪 70 年代早期就开始跟随它，即使在最困难的年份，该酒园的葡萄酒饮用效果依然美妙。家庭葡萄园是如此的始终如一，以至于在像 1989 年和 1998 年这样困难的年份中，该酒园的葡萄酒也比同类款优质很多。

购买蒙特兰那酒园的赤霞珠葡萄酒就像是购买蓝筹股，随着陈年时间的推移，它们会变得越来越优质。正如我参加过的垂直品酒会上所证实的那样，它们仍然相对年轻，还有 20 年的陈年能力！

CABERNET SAUVIGNON ESTATE
蒙特兰那酒园庄园赤霞珠葡萄酒

2003 Cabernet Sauvignon Estate
蒙特兰那酒园庄园赤霞珠葡萄酒 2003

评分：92~95 分

2003 年款庄园赤霞珠葡萄酒是蒙特兰那酒园另一款巨大的成功之作。它的酒精度为 14.3%，并不是一款羞怯之酒。酒色呈深紫色，伴有黑醋栗奶油、香烟、泥土和森林地被物风味混合的、强劲甘甜的芳香。这款酒拥有高贵的纯度、丰裕的入口口感和中期口感，还有悠长、丰富、单宁重的和强劲的余韵。这款酒表明它应该适合在 2010 年到 2020+ 年间饮用。

2002 Cabernet Sauvignon Estate
蒙特兰那酒园庄园赤霞珠葡萄酒 2002

评分：95+ 分

2002 年款庄园赤霞珠葡萄酒是巴莱特家族酿制的最有力的红葡萄酒之一，它会让人想起深远的 1987 年款葡萄酒。这款酒是用 99% 的赤霞珠和 1% 的品丽珠混合酿制而成，酒精度为 14.3%。它散发出动人的、甘甜的黑醋栗奶油鼻嗅，还混有牛血、欧亚甘草和矮树丛的风味。这款 2002 年年份酒强劲，比更加有结构和强劲的 2001 年款更加艳丽，含有更多的甘油和更高的酒精度。这款耐嚼的葡萄酒应该会比更加坚硬的 2001 年款提前几年达到最佳饮用状态。最佳饮用期：2008~2025 年。

2001 Cabernet Sauvignon Estate
蒙特兰那酒园庄园赤霞珠葡萄酒 2001

评分：95+ 分

2001 年款庄园赤霞珠葡萄酒是博·巴莱特最优质的葡萄酒之一，虽然结构紧致，但是通气 24 个小时后，它会表现出向上的潜力。这款酒呈深宝石红色或深紫色，散发出碎岩石、黑醋栗奶油、淡淡的欧亚甘草风味混合的鼻嗅，是一款强劲、纯粹、深远的葡萄酒，它在 2010 年至 2025 年间将会处于最佳状态。它是用 96% 的赤霞珠和 4% 的品丽珠混合酿制而成的，酒精度为 14.1%。

2000 Cabernet Sauvignon Estate
蒙特兰那酒园庄园赤霞珠葡萄酒 2000

评分：90 分

这款惊人的庄园赤霞珠葡萄酒是加州产区内生产的最长寿的葡萄酒之一，一般可以贮存 15 到 30 年。2000 年款庄园赤霞珠葡萄酒是用 97% 的赤霞珠和 3% 的品丽珠混合酿制而成，酒色呈深紫色，散发出黑加仑的甘甜芳香，拥有宽阔、强劲的口感，表现出惊人的优雅性和易亲近性，还有着杰出的纯度和多层次的悠长余韵。这是一款成功的 2000 年赤霞珠红葡萄酒，可以现在饮用，也可以在接下来的 12 到 15 年内饮用。

1999 Cabernet Sauvignon Estate
蒙特兰那酒园庄园赤霞珠葡萄酒 1999

评分：95 分

1999 年款庄园赤霞珠葡萄酒被博·巴莱特认为是一款"巨大的"葡萄酒。这款酒呈饱满的墨色或紫色，爆发出异常厚重的水果和黑醋栗风味，含有巨大的单宁酸、酒体和精粹物。它是一款实在、口感明显、绵长、强劲的赤霞珠红葡萄酒，只适合拥有冷藏酒窖和有耐心的行家购买。最佳饮用期：2006~2030 年。

1998 Cabernet Sauvignon Estate
蒙特兰那酒园庄园赤霞珠葡萄酒 1998　评分：93 分

　　1998 年款庄园赤霞珠葡萄酒的产量为 13,000 箱，很多怀疑主义者都说该年份是北海岸线上一个非常坏的年份，但是这款葡萄酒将会证明他们是错的。它的酒色为不透明的宝石红色或紫色，散发出沃土、新鞍皮革、巧克力、黑色樱桃水果和黑加仑水果风味混合的悦人芳香，重酒体，余韵中带有成熟的单宁酸，倒入杯中后，还会出现雪松和香料盒的风味。尽管在上次品尝时，它比大多数 4 年的蒙特兰那酒园赤霞珠红葡萄酒更加进化，但毫无疑问，经过 15 到 16 年的陈年后，它仍将为大家带来相当大的饮酒乐趣。酿制出这款令人印象深刻的 1998 年赤霞珠葡萄酒，对于巴莱特家族来说是一个荣耀，它也是该年份少有的几颗明星之一。

1997 Cabernet Sauvignon Estate
蒙特兰那酒园庄园赤霞珠葡萄酒 1997　评分：98 分

　　1997 年款庄园赤霞珠葡萄酒呈不透明的紫色，拥有厚重、耐嚼、强劲的个性，散发出丰富的黑醋栗、矿物质和泥土的风味。这是一款酿制出色、超级集中、纯粹的拳头产品，拥有甘甜的单宁酸和惊人的余韵。这款奢华、多层次、深远集中的赤霞珠红葡萄酒已经增加了额外的重量，酒精度为 14%。它是一款拥有 25 到 30 年长寿能力的候选酒。最佳饮用期：现在开始到 2030 年。

1996 Cabernet Sauvignon Estate
蒙特兰那酒园庄园赤霞珠葡萄酒 1996　评分：93 分

　　1996 年庄园赤霞珠葡萄酒是一款巨大的葡萄酒，呈现出严苛、单宁重而且集中的特性，酒精度为 13.5%。这款酒强劲但封闭，拥有悦人纯粹的黑色水果，还含有有力的沃土风味、水果和精粹物。它仍需要 2 到 3 年的时间进行窖藏，应该可以轻易地贮存到 21 世纪的前 20 年到 30 年。

1995 Cabernet Sauvignon Estate
蒙特兰那酒园庄园赤霞珠葡萄酒 1995　评分：94 分

　　这款 1995 年赤霞珠葡萄酒可能与另一家酒厂的 1994 年款葡萄酒一样强壮。这款年份酒的酒色为不透明的紫色，它强劲、有力，散发出黑醋栗、沃土、矮树丛和香料混合的经典风味。它含有巨大的酒体，振奋但有着甘甜的单宁酸，并与酒中的其他成分很好地统一。它还有轰动的中期口感和可以持续 30 秒的余韵。最佳饮用期：现在开始到 2025 年。

1994 Cabernet Sauvignon Estate
蒙特兰那酒园庄园赤霞珠葡萄酒 1994　评分：95 分

　　1994 年款庄园赤霞珠葡萄酒已经开始摆脱封闭的状态，表现出相当大的潜力。它的酒色为饱满的黑色或紫色，散发出悦人纯粹的黑莓和黑醋栗风味混合的果香。由于酒中爆发出的黑色水果含量和巨大、耐嚼的甘油含量以及动人的余韵，所以它的烘烤橡木味很难察觉。最佳饮用期：现在开始到 2013 年。

1993 Cabernet Sauvignon Estate
蒙特兰那酒园庄园赤霞珠葡萄酒 1993　评分：91 分

　　1993 年款庄园赤霞珠葡萄酒是所有 1993 年到 1996 年庄园红葡萄酒中最尖锐、单宁最重的一款。它是一款沉重、强壮、有力的葡萄酒，酒色为深紫色，带有成熟、甘甜的黑色水果口味，有着相当巨大的力度和深度，还有着香甜、强劲、单宁酸的余韵。这款酒拥有毫不费力陈年 20 年所需的所有成分。最佳饮用期：现在开始到 2017 年。

1992 Cabernet Sauvignon Estate
蒙特兰那酒园庄园赤霞珠葡萄酒 1992　评分：95 分

　　1992 年款庄园赤霞珠葡萄酒比 1993 年款稍微丰富一些。为了纪念蒙特兰那酒园的第二十份赤霞珠年份酒（1972 年至 1992 年间），这款酒的酒标上多了一条线。它的酒色为不透明的宝石红色或紫色，散发出黑色水果和矿物质风味混合的甘甜、果酱鼻嗅。这款酒酒体巨大，拥有甘甜的成熟水果内核，还有悠长、低酸度、丰裕的余韵。这款赤霞珠红葡萄酒丰富、丰满，注定有 20 年以上的令人愉快的饮用效果。最佳饮用期：现在开始到 2015 年。

1991 Cabernet Sauvignon Estate
蒙特兰那酒园庄园赤霞珠葡萄酒 1991　评分：95 分

　　蒙特兰那酒园令人惊叹的 1991 年庄园赤霞珠葡萄酒是一款非凡的葡萄酒，甚至能与该酒厂深远的 1987 年款相匹敌。它的酒色为不透明的深紫色，鼻嗅中带有明显的蒙特兰那酒园特征——丰富纯粹的黑醋栗、矿物质和香料盒风味混合的醇香。这款酒强劲，惊人的丰富，高度精粹，含有中度到高度的单宁酸，是一款年轻、丰富、惊人、轰动的纳帕谷赤霞珠葡萄酒之一。它的黑醋栗水果内核带来特别的味道，千万不要错过哦！最佳饮用期：现在开始到 2020 年。

1990 Cabernet Sauvignon Estate
蒙特兰那酒园庄园赤霞珠葡萄酒 1990　评分：93 分

　　1990 年庄园赤霞珠葡萄酒是一款向后，但却杰出集中、宽广、口味宽阔、强劲的红葡萄酒，含有高水平的单宁酸。它有着惊人含量的高度精粹物和黑加仑水果，它们被烘烤橡木味很好地包围了，令人印象非常深刻。这是一款还可以贮存 20 到 30 年的葡萄酒。最佳饮用期：现在开始到 2024 年。

1989 Cabernet Sauvignon Estate
蒙特兰那酒园庄园赤霞珠葡萄酒 1989　评分：91 分

　　我坚信 1989 年庄园赤霞珠葡萄酒是这个有害年份中酿制成的前三或前四的优质红葡萄酒之一。这款酒相当强劲，单宁明显，在由黑醋栗主导的陈酿香中带有烟熏和巧克力的成分。消费者们应该在他们最喜欢的零售商那里留意这款葡萄酒。最佳饮用期：现在开始到 2014 年。

1987 Cabernet Sauvignon Estate
蒙特兰那酒园庄园赤霞珠葡萄酒 1987　评分: 98 分

蒙特兰那酒园已经酿制出如此多款动人的红葡萄酒，以至于几乎很难相信他们的 1987 年庄园赤霞珠葡萄酒竟会更加优质，比他们之前酿制的所有非凡葡萄酒都更加深远。这款酒呈黑色或紫色，散发出丰富的黑醋栗、紫罗兰和欧亚甘草风味混合的非凡陈酿香，拥有巨大精粹的口味、动人的深度、超级的成熟特性和可以持续一分钟以上的余韵。这些特点都告诉我，它很可能是蒙特兰那酒园生产的最集中和最长寿的赤霞珠葡萄酒。它的精粹物水平惊人的高，而且非常均衡。最佳饮用期：现在开始到 2025 年。

1986 Cabernet Sauvignon Estate
蒙特兰那酒园庄园赤霞珠葡萄酒 1986　评分: 96 分

这款优质的葡萄酒呈黑色或紫色，散发出惊人、甘甜、纯粹的黑醋栗风味鼻嗅，拥有巨大的酒体和丰富性，所有成分都完全和谐——水果、木材味、酒精、酸度和单宁酸。这款 1986 年年份酒虽仍然异常年轻和有活力，但是它的颜色和口味却都没有任何陈年的迹象，是一款非凡的葡萄酒，似乎是该年份最佳年份酒的合法候选酒。最佳饮用期：现在开始到 2016 年。

1985 Cabernet Sauvignon Estate
蒙特兰那酒园庄园赤霞珠葡萄酒 1985　评分: 92 分

蒙特兰那酒园的 1985 年款庄园赤霞珠葡萄酒的评分一直都是在 90 分到 95 分之间，虽然经过将近 10 年的陈年，但它仍然惊人的向后。1991 年、1987 年和 1985 年三款年份酒有潜力成为这个优质酒厂目前为止酿制的最长寿的三款红葡萄酒。在 1995 年的一次品酒会上，这款年份酒还未进化，仍然年轻。它的酒色呈不透明的宝石红色或紫色，散发出黑醋栗水果、泥土、矿物质和橡木味混合的、封闭但却很有前景的鼻嗅。这款高度精粹、强健、轰动的葡萄酒强劲、相当集中和纯粹，现在终于可以饮用了。它是一款可能拥有 10 年以上寿命的葡萄酒。最佳饮用期：现在开始到 2015 年。

1984 Cabernet Sauvignon Estate
蒙特兰那酒园庄园赤霞珠葡萄酒 1984　评分: 92 分

蒙特兰那酒园的葡萄酒在年轻时都拥有令人十分愉快的潜力，再次品尝时会好很多。这款 1984 年赤霞珠葡萄酒表现出该年份向前、果酱的黑醋栗和其他黑色水果的特性。它相当丰富、强劲，口味集中，高度精粹，还有大量的甘油，余韵中带有温和的单宁酸。它的优点——纯度、丰富性和丰裕特性，还有坚实的单宁酸作支撑，这些应该可以使它的良好饮用效果保持 5 年。最佳饮用期：现在开始到 2010 年。

1982 Cabernet Sauvignon Estate
蒙特兰那酒园庄园赤霞珠葡萄酒 1982　评分: 90 分

1982 年款庄园赤霞珠葡萄酒非常优雅、完全成熟，散发出檀香木、泥土、黑加仑、淡淡的樱桃和微弱的烟灰缸混合的风味，酒色呈暗紫红色或暗石榴红色，边缘带有些许琥珀色。它中度酒体到重酒体，宽阔，但是相当优雅，余韵中才刚刚开始表现出一些干型的酸涩单宁。最好在接下来的 2 到 3 年内饮用。

1980 Cabernet Sauvignon Estate
蒙特兰那酒园庄园赤霞珠葡萄酒 1980　评分: 90 分

1980 年款庄园赤霞珠葡萄酒的颜色相当深，而且相当年轻，散发出黑醋栗和新橡木味混合的纯粹芳香，是一款强劲、口感宽阔、柔软的葡萄酒，已经摆脱了大量单宁酸，现在已达到最佳成熟状态。它美妙的质感和绵长的口味已经完全表现出来。最佳饮用期：现在。

1978 Cabernet Sauvignon Estate
蒙特兰那酒园庄园赤霞珠葡萄酒 1978　评分: 95 分

这款 1978 年庄园赤霞珠葡萄酒通体呈暗紫红色或暗石榴红色，是空前优质的蒙特兰那酒园赤霞珠葡萄酒之一，虽然已经过了 27 年，但它仍然变得越来越强壮。倒入杯中后，它爆发出欧亚甘草、烟草、黑加仑、雪松和其他各种各样多汁黑色水果风味混合的巨大、甘甜鼻嗅。它相当丰裕、有力，能够满足人感官的需求，还含有美妙统一的单宁酸和酸度，是一款劲力十足、多维度的赤霞珠葡萄酒，它证明了纳帕谷和蒙特兰那酒园最优质红葡萄酒卓越的陈年特性。这款酒刚刚度过青少年时期，仍然有 10 到 12 年的青春期。

1977 Cabernet Sauvignon Estate
蒙特兰那酒园庄园赤霞珠葡萄酒 1977　评分: 91 分

这款劲力十足的赤霞珠红葡萄酒仍然是一款非常有活力、强劲的葡萄酒，边缘表现出些许的琥珀色，鼻嗅中带有新鞍皮革、黑莓、黑醋栗、梅子混合的风味，入口后表现出真实的酒体，余韵中开始出现一些泥土味的单宁酸，但是异常强烈和丰富。它现在已经完全成熟，很可能在接下来的 3 到 4 年内饮用效果最好。

NEWTON VINEYARDS
牛顿酒庄

酒品：

牛顿酒庄极品美乐红葡萄酒（Epic Merlot）

牛顿酒庄未过滤霞多丽白葡萄酒（Chardonnay Unfiltered）

牛顿酒庄未过滤赤霞珠葡萄酒（Cabernet Sauvignon Unfiltered）

庄园主：彼特·牛顿（Peter Newton）、淑华·牛顿（Su Hua Newton）和克里科（Clicquot）责任有限公司

地址：2555 Madrona Avenue St.Helena,CA 94574

电话：(1) 707 963-9000

传真：(1) 707 963-5408

邮箱：marketing@newtonvineyard.com

网址：www. newtonvineyard.com

联系人：淑华·牛顿博士

参观规定：参观前必须预约

葡萄园

　　牛顿酒庄是加州产区内最华丽的山区酒庄之一，占地面积总共为120英亩，葡萄园散布于一大片小圆丘和陡峭山坡组成的面积为565英亩的大农场中。牛顿酒庄还拥有加利洛产区内（Carneros）一个占地面积只有20英亩的更小的葡萄园。葡萄树的平均树龄大约为25年，为了增加葡萄园的密度，他们在植株间也种了一些葡萄树，这些葡萄树的树龄在

10到12年之间。

　　葡萄品种：美乐、品丽珠、赤霞珠、小味多、霞多丽和维欧尼。

酒的酿制

　　淑华·牛顿出生于中国，她经常引用中国的谚语："顺天者存，逆天者亡。"从酒厂入口处花园里灿烂的花朵到山坡上完美无瑕的葡萄培植，尽可能地生产最优质的葡萄是牛顿酒庄的运行法则。葡萄的采收时间是从黎明到上午11点，这样可以保证运到酒厂的葡萄都是非常低温的。他们深远的未过滤霞多丽葡萄酒使用的是天然的酿制方式，果汁经过非常短暂时间的稳定后，就直接被倒入酒桶中利用天然酵母自行发酵。寒冷的地下酒窖使得发酵过程非常缓慢，他们借鉴了勃艮第酿酒商的一个良好方法，即为了避免从葡萄酒中去除任何风土条件的特性和易碎的水果，他们会避免过多地bâtonnage（法语词，指搅拌酒糟）。在大多数年份，霞多丽葡萄酒的完整发酵都需要8个月左右，之后葡萄酒被混合，然后在酒桶中继续保存7到10个月，这个时间长度取决它的浓缩度水平。

　　淑华·牛顿是加州产区内最先酿制未过滤霞多丽葡萄酒的酿酒商之一，她承认这并不是一个容易的决定，因为她的同事认为她太疯狂了，她的大多数分销商和助理酿酒师也都威胁她要联合抵制未过滤葡萄酒。但她仍坚持这一计划，主要是因为她对让·弗朗索瓦·科什·杜瑞（Jean-François Coche-Dury）和多米尼克·拉冯（Dominique Lafon）酿制的最优质勃艮第葡萄酒的钦佩，这一不过滤传统保持了一年又一年。

　　至于红葡萄酒，他们对待每一个小块葡萄园都像照顾一个小孩。他们的每一个酿酒决定——是在不锈钢发酵器中发酵还是在开口的木制发酵器中发酵，要进行多少次循环旋转，是在酒罐中还是在酒桶中进行苹果酸-乳酸发酵——这都取决于每一个小块葡萄园的特性。简单地说，每一个年份都需要不同的程序，在酿制他们具有世界水平的极品美乐葡萄酒（并不是每个年份都会酿制）和未过滤赤霞珠葡萄酒时，都是没有所谓的通用程序的。葡萄酒一般都是在发酵之后进行混合，混合后倒入不同的法国橡木酒桶中陈年，每3个月进行一次分离，22个月后不经澄清和过滤直接装瓶。牛顿酒庄拥有明显的博尔德莱（Bordelais）风格的葡萄酒酿制方式，毫无疑问，这一酿酒方式的成功源于他们的法国葡萄酒咨询师，即著名的米歇尔·罗兰（Michel Roland）的经典建议。

淑华·牛顿

年产量

牛顿酒庄未过滤霞多丽白葡萄酒：48,000 箱

牛顿酒庄极品美乐红葡萄酒：只在特别的年份酿造，产量最高为 12,000 箱

牛顿酒庄未过滤赤霞珠白葡萄酒：30,000 箱

平均售价（与年份有关）：35~65 美元

近期最佳年份

2002 年，2001 年，1997 年，1994 年，1992 年，1990 年

牛顿酒庄的创建灵感来自于一个更加著名和古老的酒厂——斯特林庄园（Sterling），该酒厂也归淑华·牛顿和她的丈夫彼特·牛顿所有。在那时，他们最喜欢的葡萄酒总是来自他们的钻石山庄园（Diamond Mountain vineyards），他们出售斯特林庄园以后，就开始在西纳帕谷山区寻找适合更高海拔种植的斜坡。最后他们在春山找到了，春山地区有很多漂亮的庄园，

牛顿酒庄是其中葡萄培植出色和漂亮的庄园之一。寒冷的夜晚，以及从北方和西北方向吹来的冷风给这些高海拔的葡萄园营造了一个比谷底庄园更加寒冷的微气候。淑华·牛顿经常引用来自普利尼-梦拉谢酒庄（Puligny-Montrachet）已故的文森特·勒弗莱夫（Vincent Leflaive）和来自奥比昂酒庄（Haut-Brion）的伟大酿酒师兼管理者吉恩·德尔马斯（Jean Delmas）的话语，她说他们两人都说过——你只要热爱你的土地，培养你的葡萄树，大自然会帮你完成其他的。

很明显，淑华·牛顿现在似乎已经完全控制了牛顿酒庄的日常运行，她学得很快。她在 1983 年时说自己能够酿制出优质的赤霞珠葡萄酒，她是第一个这么说的人，但是当时她的助理酿酒师说服她加入了尖刻的酸度，所以毁了葡萄酒。所有酿自于这个漂亮山区酒庄的葡萄酒都是世界上最天然的葡萄酒。当然，三款经典之一的未过滤霞多丽葡萄酒，我从 1992 年年份酒开始就一直品尝和购买每一款年份酒（相对于加州产区的霞多丽来说，这款酒拥有惊人的寿命，通常为 6 到 10 年）。

另外两款经典是极品美乐（只有在最佳的年份才会酿制）和未过滤赤霞珠葡萄酒，这两款很可能比其他多数纳帕谷葡萄酒更像优质的法国波尔多葡萄酒。它们都是优雅、抑制但又权威性的葡萄酒，拥有相当大的纯度和强度，每一款都有 20 年以上的寿命。

CABERNET SAUVIGNON UNFILTERED
牛顿酒庄未过滤赤霞珠葡萄酒

2003 Cabernet Sauvignon Unfiltered
牛顿酒庄未过滤赤霞珠葡萄酒 2003 评分：92~94 分

2003 年牛顿酒庄令人印象最深刻的葡萄酒就是这款未过滤赤霞珠葡萄酒。它通体呈深宝石红色或深紫色，散发出黑巧克力、黑醋栗奶油、矮树丛和梅子风味混合的惊人鼻嗅。它深厚，中度酒体到重酒体，拥有出色的丰富性和多层次、多肉的口感。最佳饮用期：2008~ 2020+。释放日期：2007 年春。

2002 Cabernet Sauvignon Unfiltered
牛顿酒庄未过滤赤霞珠葡萄酒 2002 评分：91+ 分

2002 年款未过滤赤霞珠葡萄酒呈深宝石红色或深紫色，绝对需要耐心等待。它紧致、有结构，散发出黑加仑粉末、雪松和欧亚甘草风味混合的、抑制但却很有前景的鼻嗅。这款酒在口中表现出梅子、大茴香和矮树丛的风味，酸度很好，单宁坚实，但是却相当集中，复杂性也让人印象深刻。最佳饮用期：2007~2018 年。

2001 Cabernet Sauvignon Unfiltered
牛顿酒庄未过滤赤霞珠葡萄酒 2001 评分：90 分

2001 年款未过滤赤霞珠葡萄酒是以一种典型的 vin de garde（适合长时间陈年的）欧洲风格酿制的。这款红葡萄酒呈深紫色，中度酒体到重酒体，带有烟叶、雪松精油、黑加仑和泥土混合的经典风味，结构坚实，非常集中。但是，它还需要很久才会完全可亲近。最佳饮用期：2008~2020 年。

2000 Cabernet Sauvignon Unfiltered
牛顿酒庄未过滤赤霞珠葡萄酒 2000 评分：90~91 分

2000 年未过滤赤霞珠葡萄酒（酿制这款葡萄酒时加入了少量的品丽珠和小味多）是一款具有出色潜力的葡萄酒。这款酒表现出向后、深厚、烟熏的黑加仑水果与泥土、香料盒、雪松和新鞍皮革混合的风味。它单宁浓郁并且耐嚼，还需要 5 到 6 年的时间在瓶中陈年。最佳饮用期：2008~2020 年。

1999 Cabernet Sauvignon Unfiltered
牛顿酒庄未过滤赤霞珠葡萄酒 1999 评分：91 分

出色的 1999 年款未过滤赤霞珠葡萄酒拥有液态欧亚甘草、黑醋栗奶油、烟熏橡木和淡淡的森林地被物混合的纯粹风味。这款有力、强劲的 1999 年年份酒会让人想起一款新世界版的著名波亚克葡萄酒，比如宝德根庄园（Pontet-Can-et）葡萄酒或木桐酒庄葡萄酒。这真是一款惊人的葡萄酒！最佳饮用期：现在开始到 2025 年。

1996 Cabernet Sauvignon Unfiltered
牛顿酒庄未过滤赤霞珠葡萄酒 1996 评分：93 分

1996 年款未过滤赤霞珠葡萄酒呈不透明的紫色，有着强壮、接近巨大的结构，含有大量的单宁酸，拥有相当大的力量、深度和力度。对于一款牛顿酒庄的赤霞珠葡萄酒来说，它反常的粗糙和强壮，应该可以毫不费力地陈年 20 到 30 年。有远见的购买者应该清楚，这款年份酒可能还需要一到两年的时间窖藏才能将一些单宁酸完全融化。牛顿酒庄的赤霞珠红葡萄酒拥有比美乐葡萄酒更加宽广和有结构的口感。

1995 Cabernet Sauvignon Unfiltered
牛顿酒庄未过滤赤霞珠葡萄酒 1995 评分：92 分

1995 年款未过滤赤霞珠葡萄酒单宁坚实，但结构经典，表现出丰富的黑醋栗水果和沃土风味，还伴有吐司和花香的味道。这款酒口感绵长，拥有宽阔的质感、完美无瑕的对称性和良好的整体均衡性，余韵中带有单宁的影响，还有出色的成熟特性和口感。它应该非常长寿，不过在早期就可以饮用。最佳饮用期：现在开始到 2020 年。

1993 Cabernet Sauvignon Unfiltered
牛顿酒庄未过滤赤霞珠葡萄酒 1993 评分：92 分

与 1992 年款相反，1993 年款未过滤赤霞珠葡萄酒（也是未经澄清和过滤的）更加早熟和悦人，拥有似乎更低的酸度和更加柔滑的质感，有着美妙的丰富性和丰裕、向前的黑醋栗水果特性，非常容易理解。它高度精粹、丰富、丰满，没有任何坚硬的边缘，不像更加有结构和单宁浓郁的 1992 年款那样，这款年份酒可以毫不费力地再陈年 12 到 17 年。

1992 Cabernet Sauvignon Unfiltered
牛顿酒庄未过滤赤霞珠葡萄酒 1992 评分：92 分

1992 年未过滤赤霞珠葡萄酒是一款有力的葡萄酒，有着黑醋栗的风味和口味。它的酒色呈不透明的宝石红色或紫色，拥有年轻、宽阔的果香和口味，口感深厚而宽阔。这款酒现在就可以饮用，还可以贮存 10 到 15 年。

1991 Cabernet Sauvignon Unfiltered
牛顿酒庄未过滤赤霞珠葡萄酒 1991 评分：94 分

1991 年未过滤赤霞珠葡萄酒是一款卓越、轰动的葡萄酒，散发出黑加仑、巧克力糖、香子兰、矿物质、花香和薄荷醇风味混合的惊人鼻嗅。它巨大，拥有惊人的精粹度、美妙的均衡特性和可以持续一分多钟的余韵，这款崇高的葡萄酒应该可以和牛顿酒庄的 1990 年年份酒相匹敌。它还可以再保存 5 到 7 年。

1990 Cabernet Sauvignon Unfiltered
牛顿酒庄未过滤赤霞珠葡萄酒 1990 评分：95 分

这款 1990 年未过滤赤霞珠葡萄酒是牛顿酒庄第一款进行 25 天到 35 天扩展浸渍的葡萄酒，在最后混合时加入了重要比例的品丽珠。这款丰富、强劲、令人惊叹的葡萄酒，散发出巧克力、雪松和黑醋栗风味混合的巨大鼻嗅，拥有惊人集中的口味和坚实、甘甜的单宁酸，还有足够带给它吸引力和清晰轮廓的酸度。这款酒未进行过滤。最佳饮用期：现在开始到 2012 年。

CHARDONNAY UNFILTERED
牛顿酒庄未过滤霞多丽白葡萄酒

2003 Chardonnay Unfiltered
牛顿酒庄未过滤霞多丽白葡萄酒 2003

评分：97 分

尽管没有 2002 年款令人印象深刻，但是酿制精美的 2003 年款未过滤霞多丽白葡萄酒散发出美妙的酒糟、油桃和奶油蛋卷的香味，还有淡淡的芥末和橘子皮风味。这款美酒中度酒体到重酒体，成熟、厚重、宽阔而且丰富，在接下来的 5 到 6 年内饮用效果应该都不错。

2002 Chardonnay Unfiltered
牛顿酒庄未过滤霞多丽白葡萄酒 2002

评分：96 分

2002 年款未过滤霞多丽白葡萄酒让我非常震惊，它是加州产区内最优质的霞多丽葡萄酒之一，酿自于一个有着 30 年历史的葡萄园，园中种满了老温特克隆品种。这款葡萄酒最近表现出很好的陈年效果，像我品尝过的悦人的 1992 年年份酒。不过，我还是更喜欢在它们生命的前 6 到 7 年饮用。这款有力、宽广但美妙多层次的葡萄酒和谐而且纯粹，倒入杯中后，散发出巨大的花香和白色桃子混合的鼻嗅，还混有些许油滑柑橘和热带水果（主要是菠萝）的风味。它在杯中还会出现著名的石油味，这是我经常在梦拉谢葡萄酒和墨尔索／采石人工园（Meursault-Perrières）葡萄酒中发现的一个特性。这款酒拥有良好的酸度，应该会是该年份的顶级霞多丽葡萄酒之一。

2001 Chardonnay Unfiltered
牛顿酒庄未过滤霞多丽白葡萄酒 2001

评分：94 分

令人叹服的 2001 年款未过滤霞多丽白葡萄酒散发出柑橘油、柠檬花、黄油爆米花风味混合的、抑制但有力的陈酿香。这款酒有着强劲、多层次、有结构的风格，还有令人十分愉快的丰富性。它是一款有力、强烈的霞多丽葡萄酒，倒出酒瓶后的表现远比倒出酒桶时要好。在接下来的 6 到 7 年内，它的饮用效果都将不错。

1999 Chardonnay Unfiltered
牛顿酒庄未过滤霞多丽白葡萄酒 1999

评分：91 分

牛顿酒庄的 1999 年未过滤霞多丽白葡萄酒，表现出大量的结构和美妙的蜜甜柑橘、橙子、烟熏榛子、热带水果的特性。它非常优雅，拥有惊人的质感和美妙的矿物质特性，中度酒体到重酒体，有着在口中雅致展开的口味。这款严肃、有着勃艮第风格的葡萄酒将会持续 5 到 6 年，相对于加州霞多丽葡萄酒的寿命来说，它与众不同的长寿。

EPIC MERLOT
牛顿酒庄极品美乐红葡萄酒

2002 Epic Merlot
牛顿酒庄极品美乐红葡萄酒 2002

评分：92~94 分

2002 年款极品美乐红葡萄酒散发出扣人心弦的鼻嗅，其中还带有梅子果酱、樱桃果酱、香料盒、焚香和淡淡的欧亚甘草混合的风味。这款酒超级丰富，重酒体，有着成熟的美乐口味，还有被很好隐藏的酸度、结构和坚实的单宁酸，这使得它优雅且口感具有权威性。这款美酒注定有 20 年的寿命。最佳饮用期：2007~2024 年。

2001 Epic Merlot
牛顿酒庄极品美乐红葡萄酒 2001

评分：93+ 分

在优质年份，淑华·牛顿会精选最优质的桶装酒，称为极品，是一种由美乐主导的葡萄酒。未经过滤的 2001 年款极品美乐红葡萄酒可能会被误当做一款波美侯产区葡萄酒或圣-爱美隆产区葡萄酒。它的酒色呈饱满的宝石红色或紫色，倒入杯中后，爆发出泥土、欧亚甘草、黑色樱桃利口酒、摩卡咖啡、可可豆和淡淡的白色巧克力风味混合的陈酿香。这款仍然年轻的美乐葡萄酒非常诱人，中度酒体到重酒体，含有很好的酸度和坚实的单宁酸，仍需要 2 到 4 年的时间窖藏，它应该可以贮存 20 年。

2000 Epic Merlot
牛顿酒庄极品美乐红葡萄酒 2000

评分：90 分

2000 年款极品美乐红葡萄酒表现出巧克力、可可豆、甘甜樱桃水果和黑加仑水果风味混合的复杂特性。它是一款具有波尔多风格的葡萄酒，含有偏高的单宁酸，中度酒体，有着有结构、强健的风度。最佳饮用期：现在开始到 2016 年。

1999 Epic Merlot
牛顿酒庄极品美乐红葡萄酒 1999

评分：91 分

1999 年款极品美乐红葡萄酒表现出徘徊不去的向后特性，有着强烈和集中的口感，含有高水平的单宁酸和结构，还有令人印象深刻的多层次丰富性和精粹物。这款酒深厚，散发出黑色水果、浓咖啡、巧克力和泥土混合的风味，还有干型的尖刻余韵。它还需要耐心等待。最佳饮用期：2006~2020 年。

PRIDE MOUNTAIN VINEYARDS
傲山庄园

酒品：

    傲山庄园赤霞珠红葡萄酒（Cabernet Sauvignon）

    傲山庄园酒商精选美乐红葡萄酒（Merlot Vintner's Select）

    傲山庄园珍藏赤霞珠红葡萄酒（Cabernet Sauvignon Reserve）

    傲山庄园品丽珠红葡萄酒（Cabernet Franc）

    傲山庄园珍藏克莱尔红葡萄酒（Reserve Claret）

庄园主：普拉伊德家族（Pride family）

地址：4026 Spring Mountain Road,St. Helena,CA94574

电话：（1）707 963-4949

传真：（1）707 963-4848

邮箱：contactus@pridewines.com

网址：www.pridewines.com

联系人：温迪·布鲁克斯（Wendy Brooks）

参观规定：欢迎预约访客和品酒者

葡萄园

占地面积：总面积为 220 英亩，其中 82 英亩的土地上栽有葡萄树

葡萄品种：赤霞珠，美乐，品丽珠，小味多，席拉，赛娇维赛，维欧尼，霞多丽

平均树龄：16~30 年

种植密度：山坡的周围和山坡上都各不相同

平均产量：3,500 千克 / 英亩

酒的酿制

    傲山庄园的土地覆盖了梅亚卡玛斯山脊（Mayacamas）的顶峰，并且沿着县界的两边蜿蜒而下。沿着这条山脊的土壤类型和深度有很大的不同，结果这种地质马赛克导致葡萄园中的葡萄都呈小区域成熟。每年这些成熟的小块都被分开采收和培植，以获得它们独特的葡萄栽培个性，结果每一种葡萄酒都被放在法国橡木桶中进化。为了从每一块土地上酿制出最完美的葡萄酒，这些酒桶都是经过精心挑选的，以完善葡萄的个性。葡萄酒的陈年在酒桶中进行，一般为期 18 个月到 2 年，陈年结束后，最终会被集中混合到一起。傲山庄园有趣的操作之一就是，在葡萄被转移到新橡木酒桶之前，它们会被放在老橡木酒桶中一段时间，之后在装瓶前才完成真正的最终混合，这与其他大多数酒厂都有所不同。在酿制葡萄酒时也会进行最低程度的加工，但不进行澄清和过滤。

年产量

    傲山庄园赤霞珠红葡萄酒：6,200 箱

    傲山庄园珍藏赤霞珠红葡萄酒：1,300 箱

    傲山庄园珍藏克莱尔红葡萄酒：400 箱

    傲山庄园酒商精选美乐红葡萄酒：300 箱

    傲山庄园品丽珠红葡萄酒：1,200 箱

    平均售价（与年份有关）：40~130 美元

近期最佳年份

2003 年，2002 年，2001 年，1999 年，1997 年

这个山顶葡萄园拥有几种不同的土壤类型，而且地表的 25%~40% 覆盖有岩石。事实上，在某些葡萄园中并没有上层土壤，但是却有良好的排水系统和全方位的光照。傲山庄园位于海拔高度为 2,000 米以上的山脊上，位于浓雾线以上。该庄园的葡萄园种植于 1869 年，被认为是第一个在春山上种植的葡萄园，它的第一座酒厂建立于 1890 年，叫做顶峰酒厂（Summit Winery）。

    酿酒师罗伯特·弗利（Robert Foley）当然是北加

已故的吉姆·普拉伊德（Jim Pride）

州产区内伟大的天才之一，他从一开始就在傲山庄园工作，已经受到庄园主吉姆·普拉伊德（Jim Pride）的全权委托，不过很遗憾他在 2004 年过世了。在傲山庄园的历史中，虽然普拉伊德 - 弗利式管理的时期相对较短，但他们的成就却非常惊人。

CABERNET FRANC
傲山庄园品丽珠红葡萄酒

2002 Cabernet Franc
傲山庄园品丽珠红葡萄酒 2002

评分：93 分

2002 年款品丽珠红葡萄酒呈深宝石红色或深紫色，散发出我喜欢的具有穿透力的果香和花香，以及蓝莓和薄荷醇混合的风味。实际上，这款酒是用 75% 的品丽珠和 25% 的美乐混合酿制而成。这款心爱的葡萄酒倒入杯中后会爆发出艳丽的芳香。它相当集中，口味强烈，而且酒体轻盈，拥有超现实和非凡的口味。在加州产区，品丽珠可以为葡萄酒带来一些特别的特性，看到这款酒表现得如此优秀，真是感觉太好了！它现在已经可以饮用，而且应该可以贮存 10 到 15 年。

2001 Cabernet Franc
傲山庄园品丽珠红葡萄酒 2001

评分：95 分

这款出色的 2001 年品丽珠红葡萄酒很难找到，它是用 75% 的品丽珠和 25% 的美乐混合酿制而成。这款强烈、中度酒体的 2001 年年份酒表现出了品丽珠的花香和蓝莓的特性，还有着卓越的优雅特性和口感。它是一款享乐主义兼理智型的葡萄酒，应该可以很好地陈年 10 到 15 年，但是现在有谁能够抗拒它的诱惑呢？

1999 Cabernet Franc
傲山庄园品丽珠红葡萄酒 1999

评分：94 分

1999 年品丽珠红葡萄酒是一款惊人、相当有结构的葡萄酒，它爆发出花香和黑色水果风味的鼻嗅，还有隐藏的矿物质和泥土风味。它中度酒体到重酒体，拥有非凡的轻盈感，余韵一直萦绕不去。这款酒中含有大量的甘甜单宁酸，还有丰富的水果和精粹物，傲山庄园对品丽珠葡萄酒的酿制技术确实非常惊人。这款酒略微带有上乘的口味和果香强度，但却不像如此丰富和丰满的葡萄酒那样沉重。最佳饮用期：现在开始到 2018 年。

1998 Cabernet Franc
傲山庄园品丽珠红葡萄酒 1998

评分：94 分

惊人的 1998 年款品丽珠红葡萄酒是傲山庄园在这个困难年份中取得的一项令人瞩目的成就。它的酒色为深紫色，伴有雪松、香料盒、黑色水果、香烟和泥土风味混合的悦人陈酿香。在口中，它表现出瑞士自助餐式的甘甜黑色水果和淡淡的干普罗旺斯香草风味。这款丰富、复杂的 1998 年年份酒丰裕、强劲，拥有惊人的浓缩度和奇异的轻盈感。它可以现在饮用，也适合在接下来的 10 年内饮用。这款酒真是太棒了！

1997 Cabernet Franc
傲山庄园品丽珠红葡萄酒 1997

评分：93 分

卓越的 1997 年款品丽珠红葡萄酒呈不透明的紫色，爆发出黑加仑、小红莓利口酒、新橡木和烘烤风味混合的惊人甘甜鼻嗅。这款葡萄酒耐嚼、强劲、异常巨大，经过一到两年的窖藏后应该会变得更加复杂。它应该可以贮存将近 20 年。最佳饮用期：现在开始到 2020 年。

1996 Cabernet Franc
傲山庄园品丽珠红葡萄酒 1996

评分：91 分

这款葡萄酒是用 75% 的品丽珠和 25% 的美乐混合酿制而成，已经相当丰满，酒色呈深宝石红色或深紫色，散发出黑色樱桃、香草和香料风味混合的杰出鼻嗅。在口中，这款品丽珠红葡萄酒很丰富，拥有比我在酒厂中品尝时于原始品酒笔记中记载的更多层次的口味。这款上乘、中度酒体到重酒体的葡萄酒优雅，而且拥有强大的力量和丰富性。在以后的 5 到 10 年内饮用效果应该仍然不错。

1995 Cabernet Franc
傲山庄园品丽珠红葡萄酒 1995

评分：92 分

对于一款品丽珠红葡萄酒来说，这款酒呈现出不同寻常的深黑色或深紫色，还散发出欧亚甘草、矮树丛、红醋栗、黑加仑和吐司风味混合的甘甜鼻嗅。这款葡萄酒惊人的集中，优雅性有点持续，绵长、丰富、中度酒体到重酒体的口味中表现出黑色水果的精华。这款酒中含有足够的酸度和些许单宁酸，不过它卓越的纯度和相称性都是这款非凡葡萄酒的明显特征。最佳饮用期：现在开始到 2016 年。

CABERNET SAUVIGNON
傲山庄园赤霞珠红葡萄酒

2002 Cabernet Sauvignon
傲山庄园赤霞珠红葡萄酒 2002

评分：92 分

2002 年赤霞珠红葡萄酒是一款柔软且艳丽的葡萄酒，比 2001 年款更加易亲近。它的产量为 5,000 箱，是用 100% 的赤霞珠酿制而成。酒色呈深宝石红色或深紫色，散发出烟叶、黑加仑、欧亚甘草和香烟风味混合的经典鼻嗅。这款酒中度酒体到重酒体，拥有柔软的质感和诱人有结构的口感，还有着柔软、劲力十足的余韵。建议在接下来的8到10年内饮用。

2001 Cabernet Sauvignon
傲山庄园赤霞珠红葡萄酒2001

评分：95+分

2001年款赤霞珠红葡萄酒是有结构而且封闭的。它的酒色为墨色或紫色，散发出纯粹的黑醋栗奶油风味，还混有欧亚甘草、香烟和雪茄烟草的风味。这款酒拥有惊人的质感、强度和纯度，并以甘甜的单宁味为背景。它的气味和口感都会带来非常惊人的体验，应该会在2006年至2020年间达到最佳状态。

1998 Cabernet Sauvignon
傲山庄园赤霞珠红葡萄酒1998

评分：90分

出色的1998年款赤霞珠红葡萄酒呈暗宝石红色或暗紫色，相对于该年份的葡萄酒来说，它还表现出惊人的丰裕性。这款酒惊人的优雅，拥有丰富的黑加仑水果，有着厚重、耐嚼的中期口感和多肉的质感，以及低酸度和单宁的余韵。这是一款经典的赤霞珠红葡萄酒，重量适中，而且出色的成熟、丰富和均衡。建议在接下来的10年内饮用。

1997 Cabernet Sauvignon
傲山庄园赤霞珠红葡萄酒1997

评分：91~93分

1997年款赤霞珠红葡萄酒呈不透明的黑色或紫色，散发出黑加仑、矿物质、香烟、欧亚甘草和新橡木混合的动人风味。它强劲，拥有惊人的精粹物和力量，酸度、单宁酸和潜在的尖刻成分也与这款酒的个性很好的协调统一。这是一款巨大、成熟、完美均衡的赤霞珠红葡萄酒，天然酒精度高达14.1%。最佳饮用期：现在开始到2020年。

1994 Cabernet Sauvignon
傲山庄园赤霞珠红葡萄酒1994

评分：90分

1994年赤霞珠红葡萄酒是一款巨大、内涵惊人的葡萄酒，酒色呈不透明的紫色，含有大量的烟熏黑加仑水果，与在新酒桶中陈年带有的烘烤橡木味很好地融合在一起。它强劲、丰富、有力强健，而且单宁浓郁，是一款令人印象深刻、巨大的赤霞珠红葡萄酒。相对于它巨大的体积来说，它完美的均衡。最佳饮用期：现在开始到2015年。

CABERNET SAUVIGNON RESERVE
傲山庄园珍藏赤霞珠红葡萄酒

2002 Cabernet Sauvignon Reserve
傲山庄园珍藏赤霞珠红葡萄酒2002

评分：98分

2002年款珍藏赤霞珠红葡萄酒是用100%的赤霞珠酿制而成，酒色呈墨宝石红色或墨紫色，散发出黑醋栗奶油、樱桃、些许香子兰和香料风味混合的悦人甘甜鼻嗅。这款酒丰裕、强劲，拥有油滑的质感和轰动的余韵，而且没有坚硬的边缘。它的进化速度好像比2001年款更快，但是谁会对此抱怨呢？这仍是一款可以保存15到18年的葡萄酒。

2001 Cabernet Sauvignon Reserve
傲山庄园珍藏赤霞珠红葡萄酒2001

评分：99分

2001年珍藏赤霞珠红葡萄酒是一款强力完美的葡萄酒，已经在新旧橡木酒桶中陈年了30个月左右，现在已装瓶。这款酒的产量为1,300箱，是用100%的赤霞珠酿制而成，在橡木桶中陈年了27个月，它表现出悦人清新、有活力但是超级集中的水果特性。通体呈墨蓝色或墨紫色，散发出黑醋栗奶油、欧亚甘草、樟脑和淡淡的香子兰风味混合的惊人鼻嗅。这款酒动人的丰富，拥有非凡的强度和多维度的口感，以及惊人的浓缩度和深度。它还需要一到三年的瓶中陈年，应该可以毫不费力地进化20年甚或更久。

1999 Cabernet Sauvignon Reserve
傲山庄园珍藏赤霞珠红葡萄酒1999

评分：94分

1999年珍藏赤霞珠红葡萄酒是一款封闭的葡萄酒，表现出惊人集中的黑醋栗奶油水果、欧亚甘草、矿物质和烘烤橡木味混合的芳香和口味，余韵中还带有高含量的单宁酸。考虑到它的单宁轮廓，它品尝起来像是一款体积过于巨大的波尔多葡萄酒，不过仍有着相当丰富、非凡的水果、甘油和精粹物。对于这款酒最基本的要求是，需要有耐心。最佳饮用期：2006~2025年。

1998 Cabernet Sauvignon Reserve
傲山庄园珍藏赤霞珠红葡萄酒1998

评分：95分

1998年款珍藏赤霞珠红葡萄酒呈不透明的紫色，是一款异常强劲、有力的葡萄酒，相对于一款同样美妙精粹和丰富的葡萄酒来说，它拥有不可思议的细腻和和谐特性。这款酒拥有甘甜的单宁酸，还有着良好集中的酸度、木材味和酒精，同时伴以纯粹的黑醋栗奶油、欧亚甘草、矿物质、香烟和焚香混合的风味，惊人的余韵可以持续将近45秒。这款酒现在就可以饮用，但是应该可以轻易地陈年20年。这款珍藏葡萄酒的产量有限，只有450箱，是一款非常令人叹服的加州产区葡萄酒。

1997 Cabernet Sauvignon Reserve
傲山庄园珍藏赤霞珠红葡萄酒1997

评分：97分

1997年款珍藏赤霞珠红葡萄酒的丰富性非常不真实，尽管它的风格强烈、强劲且异常集中，但它仍拥有均衡感和清晰轮廓。它的酒色为饱满的墨紫色，果香中带有铅笔心、矿物质、黑莓、黑醋栗和花朵的混合风味。这款酒相当强劲，拥有惊人的纯度、充实丰富的口感、甘甜的单宁酸和低酸度，尽管它还未开始发展二等风味，但是它已经表现出深远的饮用特性。最佳饮用期：现在开始到 2025 年。

1996 Cabernet Sauvignon Reserve
傲山庄园珍藏赤霞珠红葡萄酒 1996

评分：99 分

事实上，完美的 1996 年珍藏赤霞珠红葡萄酒是用 100% 的赤霞珠酿制而成。这款惊人集中、多层次的葡萄酒呈不透明的紫色，散发出矿物质、花朵、黑色水果和香料风味混合的深远陈酿香，并表现出赤霞珠的本质特性。令人惊奇的是，这款酒既不笨重，也不压迫，惊人、集中的个性中带有橡木、酸度和单宁酸混合的特性，其余韵可以持续将近一分钟。遗憾的是，它的饮用性相当有限，不过它仍是一款相当令人叹服的葡萄酒！最佳饮用期：2008-2025 年。这款惊人的葡萄酒真是太不可思议了！

1995 Cabernet Sauvignon Reserve
傲山庄园珍藏赤霞珠红葡萄酒 1995

评分：91 分

有前景的 1995 年款珍藏赤霞珠红葡萄酒呈不透明的紫色，鼻嗅中带有异常甘甜和丰富的黑醋栗特性，还有着纯粹、轮廓清晰、强劲的口味，把力量和优雅很好地结合在了一起。这款葡萄酒有结构，而且单宁浓郁，还需要一到两年的时间窖藏。最佳饮用期：现在开始到 2025 年。

1994 Cabernet Sauvignon Reserve
傲山庄园珍藏赤霞珠红葡萄酒 1994

评分：95 分

这款葡萄酒呈不透明的紫色，尽管它异常强烈和深厚，但它巨大、相当丰富且并不沉重。酒中含有足够带来清新特性的酸度，还有大量甘甜、集中的单宁酸。这款体积巨大、内涵动人的珍藏赤霞珠红葡萄酒应该还可以贮存 10 年以上。

RESERVE CLARET
傲山庄园珍藏克莱尔红葡萄酒

2002 Reserve Claret
傲山庄园珍藏克莱尔红葡萄酒 2002

评分：98 分

2002 年款珍藏波尔多红葡萄酒呈不透明的紫色，表现出比 2002 年款珍藏赤霞珠葡萄酒更加发展的果香和复杂性。它爆发出巧克力、黑莓、蓝莓、黑醋栗和欧亚甘草的混合风味，有着能满足人感官的质感，以及甘美多汁的果香。它现在已经很可口，年轻时将会让人难以抗拒，也能贮存 12 到 15 年。

2001 Reserve Claret
傲山庄园珍藏克莱尔红葡萄酒 2001

评分：99 分

2001 年款珍藏波尔多红葡萄酒和 2001 年款珍藏赤霞珠葡萄酒一样，都是潜力完美的葡萄酒。这款酒的产量为 450 箱，是用 2/3 的美乐和 1/3 的赤霞珠混合酿制而成。这是一款令人惊叹的葡萄酒，酒色为深紫色，散发出铅笔屑、黑莓、黑醋栗奶油、巧克力和意大利式焙烤咖啡风味混合的鼻嗅。这款酒强劲、丰裕、多层次，拥有相当纯粹和持久的口感。这款惊人的葡萄酒是一款山地葡萄栽培方式下的产物，现在就可以饮用，不过它目前仍是一款青少年葡萄酒，正在进化中，还可以陈年 15 到 20 年。

1999 Reserve Claret
傲山庄园珍藏克莱尔红葡萄酒 1999

评分：96 分

1999 年款珍藏波尔多红葡萄酒呈不透明的紫色，爆发出浓咖啡、黑莓、黑醋栗、枫糖浆和香子兰风味混合的奢华甘甜陈酿香。它口感绵长、多层次、多维度、甘甜而且深厚，拥有不可思议的油滑感和浓缩度。不过，这款酒非常均衡，惊人的纯粹和绵长。最佳饮用期：现在开始到 2020 年。

1998 Reserve Claret
傲山庄园珍藏克莱尔红葡萄酒 1998

评分：93 分

1998 年款珍藏波尔多红葡萄酒呈不透明的紫色，是用 60% 的美乐、35% 的赤霞珠和 5% 的小味多混合酿制而成，表现出红色水果、黑色水果、香子兰、矮树丛和摩卡咖啡混合的风味。这款酒绵长，质感丰裕，拥有低酸度和惊人的水果风味，以及多水、宽阔的中期口感，还有着轰动、绵长的余韵。这真是一款令人叹服的葡萄酒！建议在接下来的 12 到 15 年内饮用。

1997 Reserve Claret
傲山庄园珍藏克莱尔红葡萄酒 1997

评分：95 分

1997 年款珍藏波尔多红葡萄酒呈不透明的紫色，散发出甘甜黑莓、黑醋栗奶油和矿物质风味混合的奢华陈酿香，它超级丰富，异常集中，拥有巨大的酒体，但它并没有压迫性或者难以控制的感觉。这款多维度、巨大的葡萄酒还表现出美妙的纯度和清晰的轮廓。尽管从发展的角度来看它仍处于婴儿时期，但是因为成熟的单宁酸和惊人集中的水果风味，这款酒很易亲近。最佳饮用期：现在开始到 2025 年。

1996 Reserve Claret
傲山庄园珍藏克莱尔红葡萄酒 1996

评分：95 分

1996 年款珍藏波尔多红葡萄酒是用 63% 的美乐、32% 的赤霞珠和 5% 的小味多混合酿制而成。这是一款悦人均衡、超级集中而且相当对称的葡萄酒，含有丰富的黑色水果、香甜新橡木、矿物质、欧亚甘草和烘烤香草的混合风味。这款酒强劲，拥有樱桃利口酒风格的丰富水果，还有大量的甘油和惊人的精粹物，而且毫无坚硬的边缘，其柔滑的余韵可以持续 40 秒以上。这是一款令人惊叹的葡萄酒，口感非常不可思议。最佳饮用期：现在开始到 2020 年。

1995 Reserve Claret
傲山庄园珍藏克莱尔红葡萄酒 1995

评分：90 分

有前景的 1995 年款珍藏波尔多红葡萄酒是用等量的赤霞珠、美乐和少量的小味多混合酿制而成，酒色呈饱满的宝石红色或紫色，散发出黑色樱桃、黑醋栗和矿物质风味混合的厚重鼻嗅。它深厚、强劲，拥有有力的口味和出色的丰富性，以及多层次、悠长的余韵。最佳饮用期：现在开始到 2020 年。

MERLOT VINTNER'S SELECT
傲山庄园酒商精选美乐红葡萄酒

2002 Merlot Vintner's Select
傲山庄园酒商精选美乐红葡萄酒 2002

评分：93 分

2002 年款精选美乐红葡萄酒的产量为 400 箱，在口中表现出慢慢增加的浓缩度、复杂性和持久性。这款丰裕、劲力十足的葡萄酒表现出令人十分愉快的液态咖啡风味，还混有黑莓、樱桃利口酒、淡淡的香烟和矮树丛的风味，它惊人的有力和丰富，是一款异常纯粹、厚重的葡萄酒，也是加州产区内最优质的一款美乐葡萄酒。建议在接下来的 10 年内饮用。

2001 Merlot Vintner's Select Mountaintop Vineyard
傲山庄园山顶葡萄园精选美乐红葡萄酒 2001

评分：97 分

惊人的 2001 年款山顶葡萄园精选美乐红葡萄酒是我所品尝过的北加州产区内最优质的美乐葡萄酒的候选酒。我是和鲍勃·弗利（Bob Foley）一起品尝的这款葡萄酒，我忍不住问自己："他到底是怎么酿制出如此优质的美乐葡萄酒的？！"这款出色的葡萄酒散发出浓咖啡、巧克力和黑色樱桃利口酒混合的风味，是一款惊人集中、丰富、优雅的葡萄酒，而且没有任何坚硬的边缘。这款无缝的经典葡萄酒值得大家用心去寻获一两瓶，它是如此的令人惊叹……还要说明的是，我并不是一个新世界美乐葡萄酒的狂热者！建议在接下来的 12 到 15 年内饮用。

1999 Merlot Vintner's Select Mountaintop Vineyard
傲山庄园山顶葡萄园精选美乐红葡萄酒 1999

评分：94 分

1999 年山顶葡萄园精选美乐红葡萄酒是一款新酒，是从吉姆·普拉伊德和罗伯特·弗利最喜欢的美乐葡萄酒中精选混合而成，其混合成分中大约有 20% 的赤霞珠。这是一款"竭尽全力"式的葡萄酒——酒色呈不透明的紫色，散发出液态软糖和深黑色樱桃的风味，拥有紧致但非常集中的口味。考虑到这款酒的酿制年份非常寒冷，因此它的深度、水果甘甜性和单宁丰富性都非常惊人。这是一款我所品尝过的最优质的加州美乐葡萄酒之一。在接下来的 12 到 15 年内饮用效果将会很好。

RIDGE VINEYARDS
山脊庄园

酒品：

    山脊庄园蒙特贝罗园红葡萄酒（Monte Bello Vineyard）（主要成分为赤霞珠）

    山脊庄园盖瑟维尔园红葡萄酒（Geyserville）（主要成分为仙粉黛）

    山脊庄园利顿之春园红葡萄酒（Lytton Springs）（主要成分为仙粉黛）

庄园主：山脊庄园股份有限公司；股东大冢明彦（Akihiko Otsuka）；首席执行官保罗·德雷珀（Paul Draper）

地址：17100 Monte Bello Road, P.O.Box 1810, Cupertino, CA 95015

电话：(1) 408 867-3233

传真：(1) 408 868-1350

邮箱：wine@ridgewine.com

网址：www.ridgewine.com

联系人：迈克尔·派瑞（Michael Perry）

参观规定：蒙特贝罗的品酒室，周六到周日上午 11:00 到下午 4:00 对外开放，工作日对外售酒，参观访问前请提前致电预约；利顿之春的品酒室，位于加州希尔兹堡（Healdsburg）利顿之春路 650 号（邮编：95448），每天上午 11:00 到下午 4:00 对外开放

葡萄园

占地面积：总共为 653.3 英亩

葡萄品种：赤霞珠，美乐，小味多，品丽珠，霞多丽，仙粉黛，小席拉，佳利酿（Carignane），慕合怀特，席拉，歌海娜，维欧尼，紫北塞（Alicante Bouschet）

平均树龄：老葡萄树种植于 1880 年，新葡萄树种植于 2003 年

    蒙特贝罗葡萄园（波尔多品种）：35 年

    利顿之春葡萄园（仙粉黛和传统混合品种）：33 年

    盖瑟维尔葡萄园（仙粉黛和传统混合品种）：47 年

种植密度：310~1,350 株 / 英亩

平均产量：1,600~2,800 千克 / 英亩

酒的酿制

    山脊庄园所有的波尔多品种都是在酒桶中进行天然的苹果酸 - 乳酸发酵，而且葡萄酒与酒糟一起陈年至少 3 个月。有趣的歪解之一是，山脊庄园与世界上大多数的顶级赤霞珠酿酒商不同，他总是使用美国白色橡木酒桶。他们一直用最优质的法国橡木桶进行着各种实验，到目前为止，已有将近 20 年的时间，不过他们始终都更喜欢把采收自他们蒙特贝罗园的葡萄放在干燥的美国白色橡木桶中酿制。而且酿制蒙特

贝罗园赤霞珠葡萄酒时会使用 100% 的新橡木酒桶，不过在酿制另外两款优质仙粉黛红葡萄酒时却几乎不用，即利顿之春园红葡萄酒和盖瑟维尔园红葡萄酒。

年产量

    山脊庄园蒙特贝罗园红葡萄酒：46,400 瓶

    山脊庄园利顿之春园红葡萄酒：139,000 箱

    山脊庄园盖瑟维尔园红葡萄酒：121,500 箱

    平均售价（与年份有关）：25~125 美元

近期最佳年份

    蒙特贝罗葡萄园（波尔多品种）：2002 年，2001 年，1999 年，1997 年，1996 年，1995 年，1992 年，1991 年，1988 年，1985 年，1978 年，1981 年，1977 年，1974 年，1971 年，1970 年，1968 年，1964 年，1962 年

    利顿之春葡萄园（仙粉黛和传统混合品种）：2001 年，1999 年，1995 年，1990 年，1987 年，1974 年，1973 年

    盖瑟维尔葡萄园（仙粉黛和传统混合品种）：2002 年，2001 年，1999 年，1997 年，1993 年，1987 年，1977 年，1973 年，1970 年

山脊庄园位于高高的圣 - 克鲁兹山上（Santa Cruz Mountains），拥有陡峭的圣 - 安德烈亚斯断层（San Andreas Fault）视角，长期以来它一直是高质量

保罗·德雷珀

加州葡萄酒的一个经典参照标准。虽然山脊庄园现在已经有了一个日本庄园主，但是长期在职的酿酒师保罗·德雷珀仍继续对该葡萄园的管理和葡萄酒的酿制负全责。

在过去的40年中，山脊庄园的重要目标之一一直是辨认出能够酿制最优质葡萄酒的葡萄园，使其不与其他葡萄园混淆，而且绝不使用机械方式和化学方式对葡萄酒进行加工处理。保罗·德雷珀的职位仍被新庄园主保留着，他认为世界上最优质的葡萄酒应该"代表一些比工业加工过程更加现实、更加真实的东西"。

山脊庄园的历史让人印象非常深刻。山脊本身是由石灰岩组成的，长12英里，可以追溯至一亿年以前。最初的酒厂建立于1886年，但是直到1949年它才在一个石灰岩下层土的区域种上了赤霞珠葡萄树，他们认为那里的气候和波尔多产区一样寒冷。山脊庄园从1962年才开始进入全面的商业运营。著名的蒙特贝罗园中种有最优质的葡萄树，位于旧金山以南20英里处。有记载显示，蒙特贝罗酒厂是由奥塞亚·佩隆（Osea Perrone）于1886年建立的，他是一名来自意大利北部的医生。他沿着陡峭的斜坡周围建造梯田，第一次把葡萄树种植在海拔高度为2700米的地方，并且在1892年对第一款蒙特贝罗年份酒进行装瓶。这个酒厂在禁酒时期停止了酿酒，随后便被遗弃了。

现在的山脊庄园由三个共同在斯坦福研究院（Stanford Research Institute）工作的朋友以及他们的妻子所建立，即戴夫·本尼恩（Dave Bennion）和他的妻子弗兰·本尼恩（Fran Bennion）、赫尤·克莱恩（Hew Crane）和他的妻子苏·克莱恩（Sue Crane）、查理·罗森（Charlie Rosen）和他的妻子布兰奇·罗森（Blanche Rosen），他们在20世纪50年代晚期开始在群山中寻找一片土地，便于周末时带他们的孩子到这里野营。1959年时，他们从一个叫威廉·肖特（William Short）的退休神学专家那里购买了这个庄园；1962年，该酒厂重新开始运营。山脊庄园著名的酒标是由已故的吉姆·罗伯特森（Jim Robertson）设计的，这一酒标从一开始就没有发生多大变化。之后，在一个朋友家，戴夫·本尼恩和他的妻子弗兰·本尼恩偶遇了保罗·德雷珀。尽管德雷珀不是一个酒类学家（他在斯坦福大学就读时的专业是哲学），但他非常了解葡萄酒，1969年，他加入了山脊庄园，并开始担任酿酒师。正如他们所说的那样，其他的都是历史。

1986年，一个出生于日本的优质葡萄酒收藏家大冢明彦购买了山脊庄园，他很有远见地留下保罗·德雷珀继续担任酿酒师，他也是该庄园主要股东之一，负责庄园的运营。虽然盖瑟维尔葡萄园只是签订了长期的租赁协议，但是特伦塔杜斯葡萄园（Trentadues）、蒙特贝罗葡萄园和利顿之春葡萄园都归酒厂所有，只不过前两个葡萄园和后一个葡萄园分别是在两次交易中购买的。最近多恩·雷森（Donn Reisen）成为该庄园的总裁，多恩已经在山脊庄园中工作一段时间了，不过保罗·德雷珀仍继续担任酿酒师和首席执行官。唯一最主要的改变应该是利顿之春酒厂的建立，这样可以现场酿制葡萄酒，而不用再把葡萄船运到蒙特贝罗园。

CABERNET SAUVIGNON MONTE BELLO
山脊庄园蒙特贝罗园赤霞珠红葡萄酒

2002 Monte Bello Proprietary Red
山脊庄园蒙特贝罗园红葡萄酒2002

评分：94+分

2002年款蒙特贝罗园红葡萄酒是用赤霞珠、美乐和小味多混合酿制而成，比2001年款的赤霞珠成分比例更高。这款强劲、单宁浓郁的红葡萄酒散发出白色巧克力、炭化橡木、黑加仑、焦油、雪松和泥土风味混合的芳香，它的中期口感并没有之前的姐妹款那样多肉和肥厚。这款有结构、值得陈年的2002年年份酒应该适合在2011年至2030年间饮用。

2001 Monte Bello Proprietary Red
山脊庄园蒙特贝罗园红葡萄酒2001

评分：96分

山脊庄园的蒙特贝罗园红葡萄酒是加州产区最长寿的赤霞珠葡萄酒之一。这款2001年蒙特贝罗园红葡萄酒是这个有历史意义的庄园的40周年纪念佳酿。酒色呈饱满的紫色，爆发出烟熏橡木、梅子、雪松精油、浓咖啡、黑色樱桃和黑醋栗风味混合的奢华芳香。这款强劲、宽广、口味宽阔的葡萄酒表现出高含量的单宁酸和巨大的余韵。在盲品会上，我一直误把这些葡萄酒当做法国波尔多产区酒，而且低估了它们的陈年能力，因为它们可以贮存30年以上。这款葡萄酒90%以上都是在新美国橡木桶中陈年的，不过它从没有表现出多汁液的美国橡木特性，因为这些酒桶的制作工艺一流。这款一流的2001年蒙特贝罗园红葡萄酒在2012年至2035年间应该会处于最佳状态。

2000 Monte Bello Proprietary Red
山脊庄园蒙特贝罗园红葡萄酒 2000

评分：90 分

2000 年款蒙特贝罗园红葡萄酒是用 75% 的赤霞珠、23% 的美乐和 2% 的品丽珠混合酿制而成，是一款惊人向前的山脊庄园蒙特贝罗园葡萄酒。酒色呈深宝石红色或深紫色，伴有甘甜的烘烤橡木味，以及黑醋栗奶油、欧亚甘草和葡萄干风味的果香。它中度酒体到重酒体，质感美妙、优雅，拥有柔软的单宁酸和向前的风格（从酿酒师保罗·德雷珀的典型风格来看，这是让人惊讶的），在瓶中会变得相当坚实，可以贮存 12 到 13 年。最佳饮用期：现在开始到 2016 年。

1997 Cabernet Sauvignon Monte Bello
山脊庄园蒙特贝罗园赤霞珠红葡萄酒 1997

评分：91+ 分

1997 年款蒙特贝罗园赤霞珠红葡萄酒呈不透明的紫色，散发出黑加仑、矿物质和烟熏橡木风味的优雅鼻嗅。这款酒中度酒体到重酒体，单宁特性明显，还需要 5 年时间的窖藏。这款酒不是一款拳头产品，不过它比往常风格更加优雅和细腻。和之前的蒙特贝罗园葡萄酒一样，它也需要很长时间才能复苏，可以贮存 20 到 30 年。最佳饮用期：2008~2028 年。

1996 Cabernet Sauvignon Monte Bello
山脊庄园蒙特贝罗园赤霞珠红葡萄酒 1996

评分：95 分

1996 年款蒙特贝罗园赤霞珠红葡萄酒是用 80% 的赤霞珠、11% 的美乐和 9% 的小味多混合酿制而成，酒精度高达 13.4%，用于酿酒的葡萄是从该葡萄园 40% 的作物中严格精选出来的。这是一款轰动、有力、集中的蒙特贝罗园葡萄酒，酒色呈不透明的紫色，鼻嗅中带有大量的香甜橡木风味，表现出深厚、多层次、集中的风格。虽然酒中含有大量的单宁酸，但它比 1997 年款更加甘甜，也更加集中和精粹。它的口味中带有淡淡的橡木味，不过被矿物质和果酱的黑色水果所主导。这是一款惊人的蒙特贝罗园葡萄酒，还有 25 年以上的寿命。

1995 Cabernet Sauvignon Monte Bello
山脊庄园蒙特贝罗园赤霞珠红葡萄酒 1995

评分：91 分

事实上，这款 1995 年蒙特贝罗园葡萄酒是一款庄园红葡萄酒，是用 69% 的赤霞珠、18% 的美乐、10% 的小味多和 3% 的品丽珠混合酿制而成，酿制原料严格精选自仅仅 1/4 的收成。保罗·德雷珀认为这是所有 20 世纪 90 年代蒙特贝罗园葡萄酒中最强劲、最强壮和最强健的一款，它还需要 5 到 10 年的时间窖藏。酒色呈饱满的宝石红色或深紫色，它仍然向后，散发出矿物质、橡木和微弱的黑色水果风味混合的封闭鼻嗅。在口中，它体积巨大、单宁浓重、丰富而且绵长，不过接近生硬粗暴，因为酒中的单宁酸含量太高。这款

年轻、强健、巨大的蒙特贝罗园葡萄酒还需要好好地窖藏。最佳饮用期：2010~2035 年。

1994 Cabernet Sauvignon Monte Bello
山脊庄园蒙特贝罗园赤霞珠红葡萄酒 1994

评分：91+ 分

在 1996 年 3 月的一次品酒会上，这款 1994 年蒙特贝罗园赤霞珠红葡萄酒是最向后的红葡萄酒之一。考虑到它尖刻、单宁酸和坚硬的风格，它几乎反抗视察。它的酒色为不透明的紫色，伴有酿制出色、成熟、丰富的葡萄酒的风味和口感，不过它还需要至少 3 到 5 年的时间窖藏，才能摆脱足够的单宁酸而变得比较文雅。尽管它应该会是一款好酒，但是却不像 1995 年、1992 年和 1991 年三款年份酒那样让人确信。这款酒在年轻时会很好地表现出完全的潜力。已经说过 1995 年、1994 年和 1993 年款蒙特贝罗园葡萄酒都令人印象非常深刻，也许这款 1994 年年份酒是最不宽阔的一款——至少目前为止是这样。

1993 Cabernet Sauvignon Monte Bello
山脊庄园蒙特贝罗园赤霞珠红葡萄酒 1993

评分：93 分

1993 年蒙特贝罗园赤霞珠红葡萄酒是一款紧致、深色、纯粹、丰富、强劲的红葡萄酒，表现出香子兰、黑色覆盆子、黑醋栗和矿物质风味混合的、中度强烈的陈酿香。这款丰富的葡萄酒口感深厚，含有高水平的单宁酸，有着充足的酸度和悠长、强健、内涵惊人的余韵。最佳饮用期：现在开始到 2015 年。

1992 Cabernet Sauvignon Monte Bello
山脊庄园蒙特贝罗园赤霞珠红葡萄酒 1992

评分：97 分

这款 1992 年年份酒似乎是山脊庄园酿制的最优质的蒙特贝罗园赤霞珠红葡萄酒之一。只有 40% 的作物用于最终的混合，混合成分中赤霞珠占 75%、美乐占 11%、小味多占 10%，还有 4% 是品丽珠。酒色呈黑色或紫色，散发出矿物质、黑醋栗、欧亚甘草和香料风味混合的深远鼻嗅，它惊人的丰富，拥有爆发出多层次水果特性的美妙中期口感。惊人的纯度，良好隐藏的酸度，相当甘甜、成熟的单宁酸，这些特性都使得它成为另一款令人叹服的葡萄酒。这款 1992 年蒙特贝罗园葡萄酒需要良好的窖藏条件，应该还有 20 到 25 年的寿命。最佳饮用期：现在开始到 2028 年。

1991 Cabernet Sauvignon Monte Bello
山脊庄园蒙特贝罗园赤霞珠红葡萄酒 1991

评分：92 分

1991 年蒙特贝罗园赤霞珠红葡萄酒是一款一流的葡萄酒，表现出波尔多葡萄酒的经典尖刻性，散发出欧亚甘草、黑醋栗和铅笔风味混合的、含蓄但高度丰富的陈酿香。它是一款丰富、几乎标准的葡萄酒，比较抑制，但是相当强

烈，表现出出色的精粹口味，重酒体，含有大量的单宁酸。考虑到大多数蒙特贝罗园葡萄酒的进化速度很慢，这款酒再过 2 到 5 年才有可能达到完全成熟的状态。最佳饮用期：2008~2030 年。

1990 Cabernet Sauvignon Monte Bello
山脊庄园蒙特贝罗园赤霞珠红葡萄酒 1990

评分：93 分

1990 年款蒙特贝罗园葡萄酒仍然向后、单宁浓烈和丰富，才刚刚接近青少年时期。它散发出黑醋栗、矿物质和橡木风味混合的、相当有前景的鼻嗅。它中度酒体到重酒体，拥有清新的酸度和悠长、紧致、封闭的余韵。对于喜欢这款酒的读者而言，还需要相当大的耐心。最佳饮用期：2007~2017 年。

1987 Cabernet Sauvignon Monte Bello
山脊庄园蒙特贝罗园赤霞珠红葡萄酒 1987

评分：90 分

1987 年蒙特贝罗园葡萄酒是一款深远的山区红葡萄酒之一，应该可以贮存 20 到 25 年。因为这款酒的产量非常低，所以并不容易买到。这款酒呈暗黑色或暗宝石红色，散发出矿物质、黑加仑、烘烤橡木味混合的、成熟丰富但却抑制的陈酿香。它异常集中、强劲，而且相当坚实和封闭，通气后还会出现些许兴旺的欧亚甘草、黑加仑和香子兰的口味。这款酒余韵悠长，但单宁味表现得太过浓烈。这是一款体积巨大、完美均衡的葡萄酒，适合在本世纪的前 20 年内饮用。最佳饮用期：现在开始到 2020 年。

1985 Cabernet Sauvignon Monte Bello
山脊庄园蒙特贝罗园赤霞珠红葡萄酒 1985

评分：94 分

这款年份酒呈美妙的宝石红色或紫色，没有任何陈年的迹象。它是一款强劲、丰裕的葡萄酒，含有大量的单宁酸，散发出黑醋栗水果、铅笔、花朵和矿物质风味混合的甘甜鼻嗅。这款巨大、厚重、轮廓清晰而且集中的葡萄酒应该会与众不同的长寿。建议从现在到 2030 年间饮用。

1984 Cabernet Sauvignon Monte Bello
山脊庄园蒙特贝罗园赤霞珠红葡萄酒 1984

评分：95 分

这款轰动的赤霞珠红葡萄酒呈饱满的紫色，边缘没有表现出任何琥珀色或进化的迹象。鼻嗅中带有不明显的黑色水果、矿物质和欧亚甘草风味混合的纯粹芳香。这款酒相当强劲，层次丰富，含有由甘油主导的甘甜的水果果酱风味，并被怡神的酸度和大量单宁酸所支撑，是一款体积巨大、比例良好并惊人均衡的赤霞珠红葡萄酒，可能拥有 10 到 15+ 年的寿命。那么，还有什么更新鲜的吗？最佳饮用期：现在开始到 2024 年。

GEYSERVILLE PROPRIETARY RED
山脊庄园盖瑟维尔园红葡萄酒

2002 Geyserville Proprietary Red
山脊庄园盖瑟维尔园红葡萄酒 2002　　评分：92 分

2002 年盖瑟维尔园红葡萄酒是山脊庄园另一款可以作为参考标准的葡萄酒。这款酒是用 84% 的仙粉黛、12% 的佳利酿和 4% 的小席拉混合酿制而成，爆发出黑色浆果、樱桃白兰地、润土和欧亚甘草风味混合的、丰富奢华的陈酿香。酒色呈宝石红色或紫色，它强劲、有力，拥有良好的酸度，惊人的优雅，是一款劲力十足的 2002 年年份酒，适合在接下来的 7 到 8 年内饮用。

2001 Geyserville Proprietary Red
山脊庄园盖瑟维尔园红葡萄酒 2001　　评分：91 分

2001 年盖瑟维尔园红葡萄酒是一款美酒，是用 74% 的仙粉黛、18% 的佳利酿和 8% 的小席拉混合酿制而成。它的酒色为深宝石红色或深紫色，表现出覆盆子、多荆棘水果、橡木、胡椒和葡萄干风味混合的、紧致但却有前景的鼻嗅。这款厚重、强劲、有结构、能满足人感官的葡萄酒口感非常丰富和引人注目，尽管它的果香没有与口味同步，但它仍是这款著名葡萄酒的一个非凡例子。它的酒精度高达 14.4%，但被一些浓厚的浓缩物给很好地掩饰了。建议在接下来的 5 到 6 年内饮用。

1999 Geyserville Proprietary Red
山脊庄园盖瑟维尔园红葡萄酒 1999　　评分：91 分

1999 年盖瑟维尔园红葡萄酒是一款例外的葡萄酒，它是用 68% 的仙粉黛、16% 的佳利酿和 16% 的小席拉混合酿制而成，酒精度为 14.8%，散发出黑加仑、樱桃白兰地、矿物质、烟熏橡木、泥土和香料风味混合的醇香。它拥有一流的浓缩度、杰出的清晰轮廓、巨大的纯度和口感充实的精粹物，但却丝毫没有沉重感。悠长的余韵进一步美化了这款动人的、由仙粉黛主导的葡萄酒。建议在接下来的 4 到 5 年内饮用。

1998 Geyserville Proprietary Red
山脊庄园盖瑟维尔园红葡萄酒 1998　　评分：90 分

1998 年盖瑟维尔园红葡萄酒是一款经典的葡萄酒，是用 74% 的仙粉黛、15% 的小席拉、10% 的佳利酿和 1% 的慕合怀特混合酿制而成，拥有波尔多葡萄酒的复杂性和优雅性，酒精度为 14.1%。这款酒在我品尝的那天比较抑制，不过倒入杯中后，会散发出矿物质、烟熏木材、红醋栗、黑加仑和干香草风味混合的甘甜馨香。这款上等、优雅、抑制但却权威性丰富的仙粉黛葡萄酒适合在接下来的一到两年内饮用。

1997 Geyserville Proprietary Red
山脊庄园盖瑟维尔园红葡萄酒 1997　　评分：91 分

1997 年款盖瑟维尔园红葡萄酒是用 74% 的仙粉黛、15% 的佳利酿、10% 的小席拉和 1% 的慕合怀特混合酿制而

成，酒精度为 14.9%，具有成熟浆果的爆发性果香和口味，还混有梅子、樱桃、覆盆子和烟熏木材的风味。这款进化、向前、具有享乐主义的葡萄酒结构紧致、宽阔，在接下来的一到两年内饮用效果都将不错。

LYTTON SPRINGS PROPRIETARY RED
山脊庄园利顿之春园红葡萄酒

2002 Lytton Springs Proprietary Red
山脊庄园利顿之春园红葡萄酒 2002　评分：93 分

在仙粉黛地区最著名的名字之一就是利顿之春。山脊庄园的 2002 年款利顿之春园红葡萄酒是用 75% 的仙粉黛、20% 的小席拉和 5% 的佳利酿混合酿制而成，酒色呈深宝石红色或深紫色，爆发出多荆棘的蓝莓和黑莓水果风味混合的、强劲甘甜的鼻嗅，重酒体，酸度良好，还混有胡椒、沃土和欧亚甘草的风味。虽然这款美酒肯定可以继续陈年 10 年，不过它在接下来的 5 到 6 年内应该会处于最佳状态。

2001 Lytton Springs Proprietary Red
山脊庄园利顿之春园红葡萄酒 2001　评分：92 分

2001 年利顿之春园红葡萄酒是一款上乘的葡萄酒，是用 76% 的仙粉黛、17% 的小味多和 7% 的佳利酿混合酿制而成，酒精度为 14.7%。这款酒拥有多种多样的维度，还有着果酱、多荆棘的覆盆子、黑醋栗水果、欧亚甘草、香料和胡椒风味的混合鼻嗅，这让我非常震惊。它的酒色为深紫色，伴有丰富、强劲的口感，还有着悠长、无缝的余韵。建议在接下来的 5 到 6 年内享用这款超级可口的仙粉黛葡萄酒。

1999 Lytton Springs Proprietary Red

山脊庄园利顿之春园红葡萄酒 1999　评分：90 分

1999 年利顿之春园红葡萄酒是山脊庄园的一款非凡葡萄酒。它是用 70% 的仙粉黛、17% 的小席拉、10% 的佳利酿和 3% 的慕合怀特混合酿制而成，酒色呈深宝石红色或深紫色，爆发出浆果果酱、淡淡的覆盆子和草莓风味混合的、强劲甘甜的陈酿香。这款酒优雅、强劲，拥有多层次的口味、一流的纯度和微弱的美国橡木风味，还有着丰满、悠长的余韵，适合在接下来的 3 到 5 年内饮用。

1998 Lytton Springs Proprietary Red
山脊庄园利顿之春园红葡萄酒 1998　评分：90 分

1998 年利顿之春园红葡萄酒是一款经典的山脊庄园葡萄酒，酒色呈深宝石红色或深紫色，酒精度为 14.3%，是用 77% 的仙粉黛、16% 的小席拉、4% 的慕合怀特、2% 的佳利酿和 1% 的阿利坎特（Alicante）混合酿制而成，爆发出多荆棘水果、红醋栗、黑加仑、矿物质、胡椒和香烟风味混合的甘甜鼻嗅。它中度酒体到重酒体，通气后表现出干普罗旺斯香草的特性。这是一款多肉、美妙纯粹、比例惊人的仙粉黛葡萄酒，可以现在饮用，也可以在接下来的一到两年内饮用。

1997 Lytton Springs Proprietary Red
山脊庄园利顿之春园红葡萄酒 1997　评分：92 分

1997 年款利顿之春园红葡萄酒是用 80% 的仙粉黛、15% 的小席拉、2% 的佳利酿、2% 的慕合怀特和 1% 的歌海娜混合酿制而成，酒色呈饱满的紫色，酒精度为 14.9%，表现出巧克力糖、欧亚甘草、沃土、黑莓利口酒和杨桃风味混合的奢华陈酿香。它拥有多层次的浓缩度，中期口感中含有甘甜的甘油，还有着轰动、集中、质感丰裕的余韵。这款酒适合在接下来的一到两年或者更久的时间内饮用。

SCREAMING EAGLE

啸鹰酒庄

酒品：

    啸鹰酒庄赤霞珠红葡萄酒（Cabernet Sauvignon）

庄园主：简·菲利普斯（Jean Phillips）

地址：P.O.Box 134,Oakville,CA 94562

电话：(1) 707 944-0749

传真：(1) 707 944-9271

参观规定：酒庄不对外开放

葡萄园

占地面积：大约 57 英亩

葡萄品种：赤霞珠、品丽珠和美乐

平均树龄：大约 15 年

种植密度：植株间距在 5'×5' 和 6'×11' 之间

平均产量：2,000~4,000 千克 / 英亩

酒的酿制

    我不停地问简·菲利普斯，为了得到如此纯粹的水果，她做了什么。从本质上看来，她的解释就是"更少就是更多"，而且她想展现"我们葡萄园的特征"。酿酒方式一直都是——健康的葡萄采收，成熟的赤霞珠水果加入少量的品丽珠和小味多进行混合，其实并没有什么秘密可言——产量低，在葡萄的白利糖度（Brix，在园艺上用来衡量水果的成熟度）达到 24 时采收（这样很正常），葡萄酒放在法国圣哥安（Seguin-Moreau）酒桶（大约 65% 新的）中陈年，18 个月后装瓶，装瓶之前稍加过滤或完全过滤。在啸鹰酒庄的酿酒过程中会进行相当大量的用力向下按压操作，还会使用半吨的小发酵器，这也许是菲利普斯能够酿制出如此卓越的水果质量的秘诀所在。另一方面，也有可能仅仅是风土条件与庄园主对出色葡萄酒痴迷的结合。还有，不要忘了酒类咨询学家的贡献，即纳帕谷产区的海迪·巴莱特（Heidi Barrett）。

年产量

    啸鹰酒庄赤霞珠红葡萄酒：500~850 箱

    平均售价（与年份有关）：125~300 美元

近期最佳年份

    2002 年，2001 年，1999 年，1997 年，1995 年，1994 年，1992 年

这个运营方式令人印象深刻的酒庄由房地产代理人简·菲利普斯管理。菲利普斯女士在纳帕谷底地理条件较好的地方拥有 57 英亩的土地，她每年可以从这里选择最优质的葡萄来酿制 500 到 800+ 箱葡萄酒，酿酒是在一个面积微小的石头酒厂里进行的，该酒厂位于一个可以俯瞰山谷的石头山上。从她 1992 年第一次出售葡萄酒开始，啸鹰酒庄在很多方面都是产量有限、高质量、超级昂贵的加州葡萄酒的代表。只有邮寄名单中的消费者购买价格比较现实，而在二级市场（拍卖市场）中，这些葡萄酒的价格已经猛增至 700 到 1000 美元每瓶。

啸鹰酒庄的葡萄酒是奥克维尔走廊（Oakville Corridor）生长的赤霞珠的出色表达，奥克维尔走廊是纳帕产区内的油水区。虽然在释放时易亲近，但是第一款年份酒现在仍是相对年轻的葡萄酒，它们发展缓慢但是质量有保障。简·菲利普斯已经快速地获得了良好名望。她似乎喜欢经常骑着她的杜卡迪摩托车（Ducati）。从啸鹰酒庄建立初始，我每年都会去该酒庄品酒，我一直都觉得简·菲利普斯旺盛的经历和脚踏实地的个性非常鼓舞人心。她通过自己的朋友罗伯特·蒙大维（Robert Mondavi）认识了海迪·巴莱特，巴莱特是蒙特兰那酒园责任人之一博·巴莱特的妻子，也是纳帕谷最受人尊敬的酒类咨询学家之一，巴莱特一直是啸鹰酒庄唯一的酿酒师。

菲利普斯从 1986 年的一次零星酿制开始，逐渐获得她的产业。葡萄园都种在纳帕河以东一个最向西方的斜坡上，土壤为岩石质，还拥有一流的排水系统。即使在最炎热的年份，该园的葡萄也绝不会表现出煮熟或烘焙的特性。57 英亩的土地中只有很小一部分葡萄用于葡萄酒的生产，而且在已故的安德烈·切利斯夫（André Tchelistcheff）的建议下，园中种植的主要品种是 7 号克隆品种（Clone 7）。正是黑加仑或黑醋栗水果使得啸鹰酒庄的葡萄酒相当惊人，它们可能是除去黑

簡・菲利普斯

醋栗果汁之外对黑醋栗最奢华丰富的表达了。这些葡萄酒拥有惊人的纯度、杰出的浓缩度和丰富性，而且没有任何沉重感或者笨重感，也没有不均衡感。除非你有幸能够发现一个纳帕谷的葡萄酒商店或餐馆，否则想要获得一瓶啸鹰酒庄葡萄酒的唯一方式就是让自己名列该酒庄的邮寄名单中。

简·菲利普斯已经为所有享受过如此卓越成功的人做了美妙的总结，"我只是追随自己的真心，我一直觉得自己正做着自己真正热爱的事情。如果我做成功了，那就太好了；如果没有，至少我享受自己的生活。这是我一直以来推崇的哲学。"

CABERNET SAUVIGNON
啸鹰酒庄赤霞珠红葡萄酒

2003 Cabernet Sauvignon
啸鹰酒庄赤霞珠红葡萄酒 2003

评分：95~97 分

2003 赤霞珠红葡萄酒是啸鹰酒庄酿制的一款上乘葡萄酒，不过产量非常低，只有 600 箱。酒色呈深紫色，散发出木炭浸渍的黑醋栗奶油、欧亚甘草、石墨和微弱的香子兰风味混合的甘甜鼻嗅。这款 2003 年年份酒强劲、厚重、有力，比处于相同年纪的 2002 年款拥有更多的单宁酸和结构，看起来拥有 20 到 25 年的寿命。最佳饮用期：2009~2025 年。（释放日期：2006 年）

2002 Cabernet Sauvignon
啸鹰酒庄赤霞珠红葡萄酒 2002

评分：99 分

2002 年款赤霞珠红葡萄酒会让人想起 1992 年年份酒，它从一开始就表现出早熟的特性，不过却拥有 20 到 25 年的贮存能力。通体呈深紫色，释放出黑醋栗奶油、甘甜樱桃、欧亚甘草和香烟风味混合的悦人纯粹鼻嗅。这款酒能美妙地满足人的感官，强劲且惊人的优雅，还拥有持续将近一分钟的余韵。它比 2001 年和 2003 年两款年份酒有更强的表现力。最佳饮用期：2008~2025 年。

2001 Cabernet Sauvignon
啸鹰酒庄赤霞珠红葡萄酒 2001

评分：98 分

2001 年款赤霞珠红葡萄酒的产量只有 450 箱，是用 88% 的赤霞珠、10% 的美乐和 2% 的品丽珠混合酿制而成。酒色为深紫色，散发出黑加仑利口酒、欧亚甘草、淡淡的泥土、香烟和不引人注意的吐司风味混合的经典鼻嗅。这是一款有力、厚重、年轻、单宁重的葡萄酒，表现出啸鹰酒庄经典的特征，即芳香、纯粹、高贵、异常强烈的黑加仑水果特性和强劲无缝的风格。最佳饮用期：2010~2025+ 年。

啸鹰酒庄酒标

1999 Cabernet Sauvignon
啸鹰酒庄赤霞珠红葡萄酒 1999

评分：97 分

已经装瓶的 1999 年款赤霞珠红葡萄酒和我在 2001 年早期时预期的一样深远，它是使用 88% 的赤霞珠、10% 的美乐和 2% 的品丽珠混合酿制而成。酒色呈不透明的紫色，爆发出黑醋栗奶油、木炭和花香特性混合的悦人纯粹鼻嗅。这款酒丰裕、厚重、丰富，拥有非凡的纯度和稠密的质感，和还有令人印象深刻的潜在单宁酸，可以支撑它巨大但优雅的个性。毫无疑问，它是该年份最佳年份酒的候选酒之一。最佳饮用期：现在开始到 2020 年。

1998 Cabernet Sauvignon
啸鹰酒庄赤霞珠红葡萄酒 1998

评分：94 分

1998 年款赤霞珠红葡萄酒是 2000 年 6 月下旬装瓶的，比我最初猜想的效果要更好。它的酒色为饱满的宝石红色或紫色，爆发出黑醋栗、矿物质和香烟风味混合的、有表现力的陈酿香。这款多结构、圆润的葡萄酒表现出甘甜和良好统一的单宁酸，拥有美妙的中期口感和余韵，还有着惊人的纯度和口感。这款酒可以现在饮用，也可以在接下来的 10 到 15 年内饮用。

1997 Cabernet Sauvignon
啸鹰酒庄赤霞珠红葡萄酒 1997

评分：100 分

啸鹰酒庄的 1997 年赤霞珠红葡萄酒是一款完美的葡萄

酒，没有比它更好的了。这款强劲、多维度的经典葡萄酒非常惊人，代表了黑醋栗、黑莓、矿物质、欧亚甘草和吐司的精华，拥有卓越的纯度和对称性，还有可以持续将近一分钟的余韵。它拥有足以进化将近 20 年的整体相称性。最佳饮用期：现在开始到 2020 年。

1996 Cabernet Sauvignon
啸鹰酒庄赤霞珠红葡萄酒 1996

评分：98 分

1996 年款赤霞珠红葡萄酒表现出大量的结构，酒色呈不透明的紫色，表现出黑莓和黑醋栗风味的特性。它质感丝滑、惊人的集中，美妙的均衡，每一种成分——酸度、酒精度、单宁酸和精粹物，都表现得完美无瑕。最佳饮用期：现在开始到 2020 年。

1995 Cabernet Sauvignon
啸鹰酒庄赤霞珠红葡萄酒 1995

评分：99 分

1995 年款赤霞珠红葡萄酒是我所希望尝到的接近完美的葡萄酒。酒色呈不透明的紫色，表现出动人纯粹的黑加仑水果特性，还混有覆盆子、紫罗兰和良好掩饰的甘甜香子兰风味。这款葡萄酒强劲，拥有杰出的强度和精致的对称性，还有非常吸引人的中期口感和余韵。这是一款令人叹服、惊人地诱人的赤霞珠红葡萄酒，可以现在饮用，也可以再窖藏 12 到 18 年。我没有给它 100 分，似乎对它不够公平。

1994 Cabernet Sauvignon
啸鹰酒庄赤霞珠红葡萄酒 1994

评分：94 分

1994 年款赤霞珠红葡萄酒呈不透明的紫色，向前和令人十分愉快的鼻嗅中散发出瑞士自助餐式的黑色水果风味，还

伴有微弱的烘烤橡木味和矿物质风味。这款酒强劲，拥有无缝、多汁的质感，是一款深远、大方的葡萄酒，内涵丰富惊人，其余韵可以持续 35 秒。这款葡萄酒令人十分愉快，年轻时就可以饮用，也可以再窖藏 12 到 17 年。

1993 Cabernet Sauvignon
啸鹰酒庄赤霞珠红葡萄酒 1993

评分：97 分

1993 年赤霞珠红葡萄酒是一款卓越的葡萄酒，与 1992 年款一样。酒色呈不透明的紫色，表现出黑加仑、黑醋栗水果、矿物质、优质甘甜橡木风味混合的丰富、纯粹和果酱的鼻嗅。这款酒又有一系列非常丰富、质感丰裕、超级精粹的水果特性，被橡木味和甘甜的单宁酸所支撑。它相当绵长、纯粹和丰富，是一款令人叹服的赤霞珠红葡萄酒，丝毫没有坚硬的边缘。它完美均衡，相当集中，而且激动人心，在接下来的 15 年内饮用效果将会不错。

1992 Cabernet Sauvignon
啸鹰酒庄赤霞珠红葡萄酒 1992

评分：99 分

1992 年款啸鹰酒庄赤霞珠红葡萄酒是一款令人印象异常深刻的葡萄酒。酒色呈不透明的紫色，散发出果酱黑加仑和微弱的烘烤橡木风味混合的动人鼻嗅。这款酒的果香非常惊人，甚至表现出更加丰富和强烈的口感，带有多层次的比例惊人的成熟、强烈水果味。它重酒体，非常纯粹，还有甘甜的、奶油的、高度精粹的黑加仑或黑醋栗水果内核，单宁酸几乎被巨大的精粹度和丰富性所隐藏。所有的成分都出色的集中和均衡，它的余韵真是太令人惊叹了！这是一款第一次释放时就令人惊叹的葡萄酒，应该可以毫不费力地陈年到 2015 年。

SHAFER VINEYARDS
谢弗葡萄园

酒品：

谢弗葡萄园山坡精选赤霞珠红葡萄酒（Cabernet Sauvignon Hillside Select）

庄园主：总裁道格·谢弗（Doug Shafer）；董事长约翰·谢弗（John Shafer）

地址：6154 Silverado Trail, Napa, CA 94558

电话：(1) 707 944-2877

传真：(1) 707 944-9454

邮箱：info@shafervineyards.com

网址：www. shafervineyards.com

联系人：道格·谢弗

参观规定：参观前必须预约

葡萄园

占地面积：200 英亩

葡萄品种：赤霞珠，霞多丽，赛娇维赛，美乐，席拉；还有少量用于混合的品种，即品丽珠和小席拉

平均树龄：10 年

种植密度：1,100 株／英亩

平均产量：3,500 千克／英亩

酒的酿制

谢弗家族只是简单地说"让水果决定风格"，但实际操作远比说起来要困难得多，因为要想让水果主导酿酒过程，就必须要求他们掌握自己葡萄园中每一个园区葡萄树的详细情况。他们坦承自己的葡萄园能够生产出"强劲、明显、没有过多限制的口味"，而且"我们利用园中的气候追求真正成熟的水果，这样的水果能为我们带来巨大的口味以及大量的色彩、浓缩度和精粹物"。

在谢弗葡萄园，约翰·谢弗和道格·谢弗的酿酒团队，以及出色的伊莱亚斯·费尔南德斯（Elias Fernandez）已经负责酿酒 20 年了。只有蒙特兰那酒园和其他少数几个酒庄拥有相同的酿酒阵容，而且长时间里做着相同的事情。谢弗家族都是学习能力很强的人，他们很早就意识到，加州大学戴维斯分校和其他葡萄酒专家规定的标准酿酒秘诀（要求在橡木桶中陈年 18 个月）并不适合酿自于他们最优质葡萄园的山坡精选赤霞珠葡萄酒。所以在 20 世纪 80 年代，"该秘诀被他们摒弃了"，他们的山坡精选赤霞珠葡萄酒在酒桶中陈年的时间延长为 24 个月，后来又增至 34 个月。

年产量

谢弗葡萄园山坡精选赤霞珠红葡萄酒：28,800 瓶（2,400 箱）

平均售价（与年份有关）：100~150 美元

近期最佳年份

2003 年，2002 年，2001 年，1999 年，1997 年，1996 年，1995 年，1994 年，1992 年，1991 年，1985 年，1978 年

谢弗葡萄园的山坡精选赤霞珠红葡萄酒是世界上最奇妙的赤霞珠葡萄酒之一，也是一款真正的原厂地葡萄酒。谢弗家族声称在纳帕产区的优

质年份中，这是目前为止最易酿制的葡萄酒。不过在遭受旱灾的年份中，没有任何保湿能力的贫瘠土壤则会导致葡萄树落叶。能够用来酿制山坡精选赤霞珠红葡萄酒的葡萄都很小，一般都和蓝莓差不多大小，不过园中种了不同的克隆品种。现在，山坡精选赤霞珠红葡萄酒的年产量只有 2,400 箱，它们很快就会被相当忠实的谢弗葡萄酒爱好者一抢而空。

该酒厂由约翰·谢弗创立，他从 1978 年就开始酿酒，再过几年约翰就 50 岁了。当初在企业界取得巨大成功之后，约翰开始参观加州的葡萄酒界，想要开拓人生的第二事业。在参观了几个地方之后，他更加喜欢一个被忽视的葡萄园，该园占地面积 30 英亩，园中种着各种各样的白葡萄品种和红葡萄品种，还有一座荒废的房屋。虽然已经有几个纳帕产区著名的葡萄培植商拒绝了这个地方，不过这并没有给约翰·谢弗带来任何阻碍，因为这里具有他正在寻找的东西——山坡上拥有稀薄的火山岩土壤和快速的排水系统。另外，它还位于山谷的最南端，即现在著名的鹿跃区，这样葡萄园就会拂过从旧金山湾（San Francisco Bay）吹来的中午炎热而傍晚寒冷的阵阵微风。最后，他购买了这块占地面积为 209 英亩的地产，并且很快就搬到了这里，放弃了芝加哥的企业生活，成为一个葡萄培植商。一开始，他的葡萄都卖给了圣-海伦娜的合作社，然后这些葡萄用卡车运到盖洛兄弟（Gallo Brothers）位于莫德斯托市（Modesto）的巨大工业种植园，与勃艮第葡萄进行混合。后来，因为他的葡萄质量非常优秀，所以当地的酿酒商开始以更高的价格购买。在 1977 年一款家庭酿制的葡萄酒获得成功后，约翰·谢弗决定大胆尝试，于是酿制了第一款年份酒，即 1978 年款谢弗葡萄园赤霞珠红葡萄酒。他的儿子道格在加州大学戴维斯分校学习酒类学和葡萄栽培，毕业之后于 1983 年成为谢弗葡萄园的全职酿酒师。一年后，伊莱亚斯·费尔南德斯也加入了他的酿酒队伍中。从此以后，他们组成的团队就一直负责葡萄酒的酿制。道格·谢弗和伊莱亚斯·费尔南德斯都很快承认，在前四年到前五年中，他们都是按照自己所学的方法酿酒，结果酿制出的葡萄酒虽然非常稳定、可靠、完全不会腐烂，但却一点趣味都没有，而且口味非常普通。"从 1986 年开始，我们摒弃了教科书，因为我们想要倾听葡萄

道格·谢弗、约翰·谢弗和伊莱亚斯·费尔南德斯

酒，我们想要酿制有生长地方特色的葡萄酒，我们想要强劲、多汁、明显、享乐主义的葡萄酒，而不仅仅是一些安全可靠的东西。"虽然一些早期的年份酒非常出色，但毫无疑问，从 20 世纪 90 年代早期开始，谢弗葡萄园的葡萄酒质量得到了进一步的提升，结果酿制出了一些世界上最优质的葡萄酒。尤其是他们的山坡精选赤霞珠红葡萄酒，堪称世界上最令人叹服的红葡萄酒之一。正如谢弗家族有点自省式的说法一样："2004 年，我们庆祝了自己 25 年的酿酒历史，虽然在以往的经历中我们已有不错的成就，但我们也不能故步自封。归根结底——每一年你都有一次射击机会，正如查理·布朗（Charlie Brown）过去常常说的那样，'你要么成为英雄，要么变成靶子'。在葡萄生长和酿酒过程的每一个环节中，一共可能有上百种情况会出错。虽然对于如何酿制一款葡萄酒我们已经学到了很多，但是通常只要有几步出错的话我们就会沦为靶子。"

CABERNET SAUVIGNON HILLSIDE SELECT
谢弗葡萄园山坡精选赤霞珠红葡萄酒

2003 Cabernet Sauvignon Hillside Select
谢弗葡萄园山坡精选赤霞珠红葡萄酒 2003

评分: 94~98 分

2003 年是一个比 2001 年和 2002 年更轻的年份，这款 2003 年山坡精选赤霞珠红葡萄酒表现出超现实的优雅、抑制和魅力，可能会被当做一款优质的梅多克葡萄酒和鹿跃区赤霞珠葡萄酒的混合。这是一款中度酒体到重酒体、纯粹、集中的葡萄酒，表现出花朵、黑加仑、蓝莓和矿物质混合的风味。尽管它现在仍然年轻，还在酒桶中未装瓶，但却拥有惊人的无缝个性。这款酒表现出了自己的风格、高贵性和特性，在几年后的释放时应该可以亲近。它看起来像是另一款拥有 20 年陈年潜力的葡萄酒。

2002 Cabernet Sauvignon Hillside Select
谢弗葡萄园山坡精选赤霞珠红葡萄酒 2002

评分: 98~100 分

2002 年款山坡精选赤霞珠红葡萄酒和有结构的、抑制的 2001 年款一样令人印象深刻，但是它比后者更加强健和艳丽。这款酒表现出黑醋栗奶油、香烟、欧亚甘草、樟脑和香子兰风味混合的爆发性鼻嗅。这款强健、奢华、丰富、丰裕、厚重、耐嚼的 2002 年年份酒拥有低酸度和相当大的浓缩度，还有惊人的余韵。它比 2001 年款更加奢华、多汁和满足人感官，年轻时将会极具表现力，应该可以陈年 20 到 25 年甚或更久。

2001 Cabernet Sauvignon Hillside Select
谢弗葡萄园山坡精选赤霞珠红葡萄酒 2001

评分: 99 分

2001 年山坡精选赤霞珠红葡萄酒是一款潜在完美的葡萄酒。这款墨紫色的红葡萄酒在口中会建立起摩天大楼，拥有多样的维度和惊人层次的口味，它美妙精致，相当纯粹，还散发出异常纯粹的黑醋栗奶油、碎岩石、花朵、甘甜橡木混合的风味，拥有惊人有力且完美均衡的中期口感，还有着可以持续 70 秒钟的甘甜余韵。这款奇妙的赤霞珠红葡萄酒是一款最优质的葡萄酒。

2000 Cabernet Sauvignon Hillside Select
谢弗葡萄园山坡精选赤霞珠红葡萄酒 2000

评分: 93 分

2000 年款山坡精选赤霞珠红葡萄酒今年的表现比去年还要好。虽然没有某些更加神圣的年份酒那样的重量和陈年价值，不过它仍是一款内涵严肃的葡萄酒。通体呈深宝石红色或深紫色，散发出黑醋栗奶油、欧亚甘草、石墨、香料和雪松风味混合的、令人十分愉快的鼻嗅，它比大多数年份酒更加向前、强劲、集中，而且美妙诱人。建议在接下来的 15 年内饮用。

谢弗葡萄园山坡精选赤霞珠红葡萄酒 2001 酒标

1999 Cabernet Sauvignon Hillside Select
谢弗葡萄园山坡精选赤霞珠红葡萄酒 1999

评分: 97 分

1999 年款山坡精选赤霞珠红葡萄酒是该年份最优质的年份酒之一。酒精度高达 14.9%，但是因为它惊人的浓缩度和强度，酒精度并不明显。它的酒色为饱满不透明的紫色，散发出香子兰、黑莓利口酒、碎矿物质和淡淡的白色花朵混合的风味。它拥有惊人的强度和相当大的纯度，重酒体，还有着非凡、无缝的余韵（相对于很高的尖刻单宁酸来说，这一点令人相当惊讶）。建议把这款 1999 年年份酒继续窖藏 2 到 3 年，然后在接下来的 20 年或者更久的时间内享用。这真是一款出色的葡萄酒！

1998 Cabernet Sauvignon Hillside Select
谢弗葡萄园山坡精选赤霞珠红葡萄酒 1998

评分: 94 分

1998 年款山坡精选赤霞珠红葡萄酒是该年份最佳年份酒的候选酒之一。它仍在继续增重，而且我每次品尝时，它都变得更加优质。它的酒色为不透明的紫色，伴有石墨、香子兰、黑加仑利口酒和矿物质风味混合的悦人醇香。这款丰富、强劲的红葡萄酒拥有甘甜的单宁酸和多层次的质感，还有可以持续 45 到 50 秒的余韵。这款酒是困难年份中一项了不起的成就。最佳饮用期：现在开始到 2017 年。

1997 Cabernet Sauvignon Hillside Select
谢弗葡萄园山坡精选赤霞珠红葡萄酒 1997

评分：99 分

奇妙的 1997 年款山坡精选赤霞珠红葡萄酒是一款完美的葡萄酒吗？这款葡萄酒是最令人惊叹的一款赤霞珠葡萄酒。倒入杯中后，它会爆发出甘甜的、非常丰富的黑加仑、梅子、樱桃、吐司、矿物质和香烟风味混合的陈酿香。酒色呈不透明的紫色，异常强烈、强劲，惊人的均衡，这款完美无瑕的赤霞珠葡萄酒从现在到 2030 年间将处于最佳状态。它是我所品尝过的最优质的一款年轻赤霞珠葡萄酒，代表了纳帕产区红葡萄酒的精髓，而且还将优雅的特性和力量结合在了一起。

1996 Cabernet Sauvignon Hillside Select
谢弗葡萄园山坡精选赤霞珠红葡萄酒 1996

评分：98 分

1996 年款山坡精选赤霞珠红葡萄酒是该年份的超级明星之一。酒色呈不透明的紫色，拥有一流的果香、巨大的酒体、美妙的水果精粹度、上乘的纯度、整体的对称性和 40 秒左右的余韵。这款令人惊叹的红葡萄酒表现出非凡的强度（但丝毫没有沉重感），有着完美统一的酸度、单宁酸和酒精度，还拥有 30 年的美妙饮用效果。最佳饮用期：现在开始到 2030 年。

1995 Cabernet Sauvignon Hillside Select
谢弗葡萄园山坡精选赤霞珠红葡萄酒 1995

评分：99 分

1995 年款山坡精选赤霞珠红葡萄酒拥有非常肥厚的中期口感。这款强劲、丰富的葡萄酒中含有大量的单宁酸，它向我们展示了最优质的加州红葡萄酒如何把非凡的力量、丰富性、优雅和均衡结合在一起。这是一款惊人的葡萄酒，一款值得拥有的独特葡萄酒！最佳饮用期：现在开始到 2030 年。

1994 Cabernet Sauvignon Hillside Select
谢弗葡萄园山坡精选赤霞珠红葡萄酒 1994

评分：99 分

1994 年款山坡精选赤霞珠红葡萄酒是一款奇妙的葡萄酒。我在日本的一次品酒会上品尝过它，日本人对它的狂热正如我的评分所暗示的那样。当获悉他们很可能不能购买很多箱这款葡萄酒时，他们都变得垂头丧气！这款 1994 年年份酒结合了该年份惊人的成熟、甘美多汁的水果和罕见水平的优雅和细腻特性。这款酒非常丰富，而且极其均衡和优雅。它的酒色为饱满的宝石红色或紫色，伴有梅多克葡萄酒风格的铅笔味和果香，还混有黑醋栗、雪松、矿物质和香料的风味。我在自己最近的品酒笔记中写过四次"很棒"这一词语，这是我对这款葡萄酒在所有其他品酒笔记中的真实写照。它强劲、无缝、质感丝滑，拥有满足人感官的丰富性，还有着惊人的纯度和可以持续 40 秒以上的余韵。最佳饮用

期：现在开始到 2025 年。

1993 Cabernet Sauvignon Hillside Select
谢弗葡萄园山坡精选赤霞珠红葡萄酒 1993

评分：94 分

1993 年山坡精选赤霞珠红葡萄酒是一款出色的葡萄酒，质量上与 1991 年款和 1992 年款非常接近。酒色呈不透明的紫色，爆发出欧亚甘草、黑加仑、矿物质和香子兰风味混合的甘甜、烟熏鼻嗅。它巨大、丰富、强劲，拥有惊人的浓缩度和精粹度，但是它的单宁个性比 1992 年款和 1994 年款显得更加突出。这是一款体积巨大、良好均衡并且有力的赤霞珠葡萄酒，建议从现在到 2020 年间饮用。

1992 Cabernet Sauvignon Hillside Select
谢弗葡萄园山坡精选赤霞珠红葡萄酒 1992

评分：95 分

在这款 1992 年山坡精选赤霞珠红葡萄酒释放之前，我就已经赞扬过它的优点了。现在它已经被投入市场了，表现和我所期望的一样惊人。它的酒色为不透明的暗紫色，释放出矿物质、成熟黑醋栗水果、雪松、巧克力和微弱的香草风味混合的深远复杂鼻嗅。这款酒强劲、丝滑，拥有多层次、高度精粹的水果风味，非凡均衡，美妙纯粹，已经非常可口了。考虑到它的发展，它仍处于婴儿时期，不过现在饮用也没有任何问题。最佳饮用期：现在开始到 2012 年。

1991 Cabernet Sauvignon Hillside Select
谢弗葡萄园山坡精选赤霞珠红葡萄酒 1991

评分：94 分

这款轰动的赤霞珠葡萄酒呈年轻的紫色，散发出甘甜的黑加仑、香子兰和泥土风味的鼻嗅，有着极其成熟、甘甜的水果和较高的口味精粹度，还有良好统一的酸度和单宁酸。这款酒多层次、多维度，有着完全成熟的口感，而且没有丝毫坚硬的边缘或粗糙感。此外，它还有杰出的均衡性和浓缩度。3.63 的 pH 值带给这款酒多汁和向上的口感，还有耐嚼、宽阔、多层次的质感。这款酒拥有 30 年以上的陈年潜力，真是一款令人惊讶的 1991 年年份酒！最佳饮用期：现在开始到 2020 年。

1990 Cabernet Sauvignon Hillside Select
谢弗葡萄园山坡精选赤霞珠红葡萄酒 1990

评分：92 分

1990 年款山坡精选赤霞珠红葡萄酒是山坡精选的第一款年份酒，装瓶时未进行无菌过滤，表现出远远优质的果香强度和复杂度。倒入杯中后，它会爆发出红色水果、黑色水果、香甜橡木、烘烤香草、吐司和香子兰混合的甘甜风味。这款酒拥有重酒体，极高的水果精粹度，大量的甘油，和耐嚼、比例悦人、柔软、丰富的口味，口味中没有坚硬、单宁的结构和如此精粹水平的葡萄酒经常带有的沉重感。最佳饮用期：现在开始到 2020 年。

SINE QUA NON
西恩夸农酒庄

酒品：

该酒庄的葡萄酒每一年都会换名字，但是一共有四款：一款由席拉主导的混合葡萄酒，一款由歌海娜主导的混合葡萄酒，一款由瑚珊主导的混合白葡萄酒，以及一款克兰科尔先生甘甜葡萄酒。

庄园主： 伊莱恩·克兰科尔（Elaine Krankl）和曼弗雷德·克兰科尔（Manfred Krankl）

地址： Office,918 El Toro Road,Ojai,CA 93023；Winery, 1750N. Ventura Ave.,#5,Ventura,CA 93001

电话：（1）805 640-0997

传真：（1）805 640-1230

邮箱： mkrankl@netzero.net

联系人： 伊莱恩·克兰科尔和曼弗雷德·克兰科尔

参观规定： 谢绝品酒和参观，"特殊"拜访请致电预约

葡萄园

占地面积： 22.9 英亩契约葡萄园，不过全部或者大部分将被去除，因为庄园耕地开始全面生产；庄园葡萄园占地面积为 30 英亩

葡萄品种： 席拉、歌海娜、黑品诺、瑚珊、霞多丽和维欧尼，还有用于酿制冰白葡萄酒的琼瑶浆，以及用于酿制餐后甜酒即麦秆葡萄酒的沙美龙

平均树龄： 合同葡萄园中 12 年；庄园葡萄园中 3 年（新种植）

种植密度： 合同葡萄园中 871~1,675 株／英亩；庄园葡萄园中 2,420 株／英亩

平均产量： 白葡萄品种 2,000 千克／英亩；红葡萄品种 1,700 千克／英亩

酒的酿制

曼弗雷德·克兰科尔说："我们的目的是酿制完美成熟、强劲、口味完整而且仍然有活力和灵活的葡萄酒，它们应该保持着雅致和个性，还能够表现出各个年份的独特性。"

"我们的酿酒哲学是超级温柔地对待葡萄酒、葡萄汁和葡萄，所以不会进行循环选装操作。从葡萄园采收到装瓶的整个操作过程中都极其细心地进行操作，对水果进行长时间的小心分类，以去除所有不理想的部分，比如叶子、茎干、葡萄籽以及不够成熟或者腐烂的浆果。除非万不得已，否则不会澄清和过滤。酿制白葡萄酒时使用 40%-60% 的法国新橡木酒桶（无数的树木和桶匠），而酿制红葡萄酒时使用 60%~100% 的新橡木酒桶（无数的树木和桶匠）。白葡萄酒在酒桶中陈年 13 到 15 个月（某些瑚珊葡萄酒更久），黑品诺红葡萄酒为 9 到 13 个月，席拉和歌海娜红葡萄酒都是 18 到 24 个月，贵腐精选白葡萄酒（TBA）和麦秆白葡萄酒（Vin de Paille）则是 3 年以上。"2001 年，克兰科尔开始尝试把特殊的席拉葡萄酒放在橡木桶中陈年 38 到 40 个月。

年产量

白葡萄酒：6,000 瓶

席拉红葡萄酒：8,500 瓶

歌海娜红葡萄酒：3,200 瓶

冰白葡萄酒：900 瓶（半瓶装）

贵腐精选白葡萄酒：1,450 瓶（半瓶装）

麦秆白葡萄酒：1,350 瓶（半瓶装）

平均售价（与年份有关）：60~95 美元

近期最佳年份

席拉红葡萄酒：2003 年，2002 年，2000 年，1997 年

歌海娜红葡萄酒：2002 年，2000 年

白葡萄酒：2003 年，2002 年，2001 年，2000 年，1999 年，1995 年

冰白葡萄酒酒：2002 年，2000 年，1999 年

贵腐精选白葡萄酒：2002 年，2000 年，1999 年

麦秆白葡萄酒：2002 年，2001 年，2000 年，1999 年，1998 年

在其他酒厂进行尝试之后，伊莱恩·克兰科尔和曼弗雷德·克兰科尔从 1994 年开始创建自己的品牌和酒厂，即西恩夸农酒庄。他们使用采收自比恩 - 纳西多庄园（Bien Nacido Vineyard）ZA 区（Block ZA）的葡萄酿制了少量的席拉葡萄酒。克兰科尔夫妇以酿酒过程中让自己的感觉来引导自己为自豪，实验室中没有任何数据或科技设备。他们相信优质的葡萄酒先在葡萄园中酿制，然后到酒厂中，酿酒过程中的每一步操作都是坚定不移而且特别温柔的。

西恩夸农酒庄是世界上最具创造力的酒庄之一，他们酿制的世界水平的葡萄酒拥有非凡的复杂性和个性，克兰科尔夫妇完全致力于对完美的追求。我怀疑在他们的酒厂或仓库中，每一个细节都会得到关注。该酒厂位于文图拉（Ventura）的商业区边缘处，与几家令人震惊的废物堆积场毗邻。产自于西恩夸农酒庄的罗纳河谷品种葡萄酒得到的评分一直都在 90 分以上。奥地利出生的曼弗雷德·克兰科尔与著名的奥地利酿酒师阿洛伊斯·克拉赫（Alois Kracher）联手，酿制出了数量有限的冰白葡萄酒和麦秆白葡萄酒，这些葡萄酒似乎都在"克兰科尔先生"名下，它们都是真正华贵的葡萄酒，口感令人非常惊讶。

西恩夸农酒庄的隆河红葡萄酒协会葡萄酒都像是工匠生产的艺术品。克兰科尔在庄园中无休止地工作，以保证生产出相对低产的、最成熟的、最健康的葡萄。接着，他通过发酵和培养过程传播水果的信息，天然装瓶的目标是让饮酒者品到每一个年份和每一种品种混合的坚定不移的精髓。尽管这些葡萄酒的价格相对比较昂贵（考虑到它们在瓶中的表现，这价格是合理

曼弗雷德·克兰科尔和伊莱恩·克兰科尔

的），不过它们都是由曼弗雷德·克兰科尔贴上标签的艺术品，似乎没有人能够得到很多瓶，而需求却是永无止境的。令人高兴的一个好消息是，克兰科尔夫妇已经买下了圣-芭芭拉市（Santa Barbara）北部的一大片土地，其中 22 英亩位于圣-丽塔（Santa Rita Hills）。他们还买下了文图拉县的一个酒园，其中有 6 英亩的葡萄园已经被种植。因此以后能买到的西恩夸农酒庄葡萄酒可能会多几箱，这也能够抚慰不能得到足够的这些卓越佳酿的葡萄酒爱好者们。

天呐，我真希望世界上有更多像伊莱恩·克兰科尔和曼弗雷德·克兰科尔这样的小酿酒商！

DESSERT WINES
西恩夸农酒庄餐后甜酒

2002 Mr. K. The Iceman Eiswein（Gewurztraminer）
西恩夸农酒庄克兰科尔先生冰人冰白葡萄酒（琼瑶浆）2002

评分：96 分

2002 年款克兰科尔先生冰人冰白葡萄酒是用采收自巴布科克葡萄园（Babcock Vineyard）的琼瑶浆酿制而成，喝起来像是一款惊人丰富和清爽的逐粒精选葡萄酒。它拥有甘甜、蜜甜的个性，相当丰富，轮廓美妙清晰，还有惊人的余韵。这些葡萄酒看起来像机油一样，但却拥有一流的隐藏酸度、上乘的清新性和纯度。酒中的残余糖分为 272 克 / 升，最终的酒精度是 12%，所有的酸度是 7.6 克 / 升。最佳饮用期：现在开始到 2020 年。

2002 Suey TBA（100% Botrytised Roussanne）
西恩夸农酒庄苏伊贵腐精选白葡萄酒（100% 贵腐瑚珊）2002

评分：100 分

2002 年款苏伊贵腐精选白葡萄酒是用 100% 的被贵腐感染的瑚珊酿制而成，这些葡萄都逐粒采收自奥尔本葡萄园（Alban Vineyard），在新橡木酒桶中陈年了 38.5 个月，采收时残糖量接近 59.7%——这个数字是前所未闻的。装瓶时，残余糖分为 241 克 / 升，最终的酒精度是 12.5%。它看起来像是一款传奇酒，遗憾的是，它的产量只有 597 瓶（半瓶装）。它会陈年得如同 1921 年款依奎姆葡萄酒（Yquem）和 1949 年款克里芒葡萄酒（Climens）那般优雅吗？天知道！不过喜欢奇妙、个性的葡萄酒，酿制工艺细心谨慎的琼浆玉液，甚至痴迷于细心的采收和葡萄培植的读者都要不遗余力

买一瓶这款惊人的葡萄酒。它现在已经达到了最佳状态。最佳饮用期：现在开始到 2030+。

2001 Mr. K. The Nobleman（Chardonnay）
西恩夸农酒庄克兰科尔先生贵族白葡萄酒（霞多丽）2001

评分：97 分

2001 年克兰科尔先生贵族白葡萄酒（霞多丽）是一款丰富、甘甜、油滑的葡萄酒，看起来像是一款贵腐精选葡萄酒，拥有易激动、有活力的酸度，相对于它的巨大和丰富来说是很难想象的。它的残余糖分为 255 克 / 升，酸度为惊人的 11.1 克 / 升，最终的酒精度为 11.7%。

2001 Mr. K. The Strawman（Botrytised Semillon）
西恩夸农酒庄克兰科尔先生稻草人白葡萄酒（贵腐沙美龙）2001

评分：97 分

2001 年款克兰科尔先生稻草人白葡萄酒是用 100% 的沙美龙酿制而成的，酿制风格与麦秆白葡萄酒一样。它的残余糖分为惊人的 371 克 / 升，总酸度为 8.63 克 / 升，最终的酒精度为 10%。这款酒拥有非凡的丰富性、蜜甜的复杂性和可以持续一分钟以上的余韵。这款甘甜的西恩夸农酒庄葡萄酒几乎无法令人形容，任何有机会得到它们的人真是太幸运了！现在还不能确定它们经过陈年后会变成什么样子，因为在加州还没有人酿制出这样的葡萄酒，不过它们肯定可以进化 20 年以上。

红葡萄酒

2002 Just for the Love of It（Syrah）
西恩夸农酒庄只为爱它红葡萄酒（席拉）2002

评分：100 分

这款 2002 年只为爱它红葡萄酒酷似（至少在果香上）吉佳乐世家的罗第丘产区莫林葡萄园单一葡萄园葡萄酒，它是目前为止我所尝过的最优质的加州产区席拉葡萄酒。这款酒的产量为 1,000 箱，是用 96% 的席拉、2% 的歌海娜和 2% 的维欧尼混合酿制而成，这些来自奥尔本葡萄园、比恩-纳西多葡萄园和斯多普曼葡萄园（Stolpman）的葡萄接近等量，还有一小部分葡萄来自于阴影谷（Shadow Canyon）和白鹰葡萄园（White Hawk）。它爆发出黑醋栗奶油、吐司、黑莓、欧亚甘草、烧烤佐料和奇特花香风味混合的撩人芳香。这款经典的葡萄酒极其强劲，拥有惊人的强度和美妙的纯度，还有着令人惊叹的长度和可以持续一分钟以上的余韵，是一款必买品。它现在已经易亲近，在接下来的 10 到 15 年内饮用效果仍将不错。

2002 SQN（Grenache/Syrah）

西恩夸农酒庄 SQN 红葡萄酒（歌海娜／席拉）2002

评分：96+ 分

我在加州所尝过的以歌海娜为基础的、最优质的葡萄酒是曼弗雷德·克兰科尔的 2000 年款匿名葡萄酒（Incognito），不过他的这款 2002 年款 SQN 也毫不逊色。这款酒是用 80% 的歌海娜和 20% 的席拉混合酿制而成，酿酒用的葡萄中大部分都采收自奥尔本葡萄园，还有重要的一部分采自斯多普曼葡萄园和阴影谷。这款酒装瓶前在木桶中陈年了 19 个月，装瓶前既未澄清也未过滤，它的产量只有 110 箱。酒色呈深紫色，伴有欧亚甘草、樱桃白兰地、黑加仑、泥土和少量烟熏吐司背景风味混合的惊人陈酿香。这款惊人的葡萄酒拥有极高的强度、多维度的口味和悠长的余韵。它在 2 到 3 年后将达到最佳状态，应该可以良好陈年 10 年或者更久。

2001 Midnight Oil（Syrah）

西恩夸农酒庄子夜机油红葡萄酒（席拉）2001

评分：96 分

完美无瑕的 2001 年款子夜机油红葡萄酒是用 95.5% 的席拉、3% 的歌海娜和 1.5% 的维欧尼混合酿制而成，这些葡萄采收自四个不同的葡萄园，即奥尔本葡萄园、斯多普曼葡萄园、比恩 - 纳西多葡萄园和白鹰葡萄园。值得高兴的一个好消息是，这款令人叹服的葡萄酒产量为 950 箱。这款酒拥有"子夜"的黑色，以及 10W-40（这一数字表示机油的黏度等级，其中前者是低温黏度等级，有 0W、5W、10W、15W、20W、25W 几个等级，后者是高温黏度等级，有 20、30、40、50、60 几个等级——译者注）机油的黏度，伴有紫罗兰、洋槐花、液态欧亚甘草、樟脑、黑莓、黑醋栗奶油和微弱的烘烤新橡木风味混合的醇香。它爆发出惊人的质感，有着良好隐藏的酸度和成熟的单宁酸，以及一分钟左右的余韵。这款惊人的葡萄酒可以与 2000 年款相抗衡，似乎是到 2002 年为止克兰科尔酿制的最优质的以席拉为基础的葡萄酒。最佳饮用期：现在开始到 2020 年。

2001 On Your Toes（Syrah）

西恩夸农酒庄踮脚红葡萄酒（席拉）2001

评分：99 分

2001 年款踮脚席拉红葡萄酒是克兰科尔进行的一次实验，为了赶上马赛尔·吉佳乐（Marcel Guigal）在酿制他的顶级罗第丘单一葡萄园葡萄酒时惊人的酒桶陈年时间（在 100% 的新橡木酒桶中陈年 42 个月），这款酒在酒桶中陈年的时间更长。2001 年年份酒是用 70% 的奥尔本葡萄园葡萄和 30% 的斯多普曼葡萄园葡萄混合酿制而成，看起来非常有前景，可能最终会与只为爱它葡萄酒一样令人叹服。它通体呈深紫色，散发出熏肉、樟脑、香子兰、欧亚甘草、黑醋栗

奶油和黑莓风味混合的悦人鼻嗅。它还拥有迷人的强度、惊人的均衡性和对称性，以及和谐、丰裕、悠长的余韵，且余韵中还带有明显的花香成分。这款酒酿制精美，在接下来的 10 到 12 年内饮用效果都会很理想。

2001 Ventriloquist（Grenache/Syrah）

西恩夸农酒庄腹语者红葡萄酒（歌海娜／席拉）2001

评分：92 分

2001 年款腹语者红葡萄酒是用 82% 的歌海娜和 18% 的席拉混合酿制而成，60% 的葡萄采自奥尔本葡萄园，32% 采自斯多普曼葡萄园，还有 8% 采自阴影谷。这款葡萄酒的产量大约为 400 箱。虽然它没有 2000 年款匿名葡萄酒那样超现实的奇妙，不过这款令人惊叹的葡萄酒酿自于更寒冷的生长季节。它的酒色为饱满的紫色，爆发出红色水果、淡淡的欧亚甘草、泥土和席拉为背景的风味混合的美妙馨香。它拥有美妙的纯度和令人愉快的深度与质感，还有可以持续 45 秒以上的余韵，余韵中含有比其他克兰科尔葡萄酒更多的尖刻单宁酸。最佳饮用期：现在开始到 2015 年。

2000 In Flagrante（Syrah）

西恩夸农酒庄当场红葡萄酒（席拉）2000

评分：96 分

2000 年款当场红葡萄酒是一款世界水平的撩人葡萄酒，产量为 725 箱，是用 86% 的席拉、10% 的歌海娜和 4% 的维欧尼混合酿制而成。它表现出很多与 2001 年款子夜机油葡萄酒和 2002 年款只为爱它葡萄酒相同的果香和口味成分。这款无缝的葡萄酒呈黑色，满载黑莓、蜂蜜和花朵的芳香，还有异常悠长、集中的余韵。和所有的优质葡萄酒一样，品酒笔记或者其他词语都不足以形容它的美妙。在最近的西恩夸农酒庄席拉葡萄酒中，它是其中一款惊人优雅和有力的葡萄酒，带有明显的法国葡萄酒风格。最佳饮用期：现在开始到 2015 年。

2000 Incognito（Grenache/Syrah）

西恩夸农酒庄匿名红葡萄酒（歌海娜／席拉）2000

评分：98 分

2000 年款匿名红葡萄酒是目前为止克兰科尔酿制的最优质的以歌海娜为基础的葡萄酒，它是用 95% 的歌海娜和 5% 的席拉混合酿制而成。酒色呈黑色或宝石红色或紫色，散发出超级丰富和成熟的黑色樱桃、黑加仑、黑莓、欧亚甘草、胡椒和其他极其美好风味混合的、非常奇特的鼻嗅。这款酒极其丰裕、有结构和纯粹，拥有可以持续 65 秒以上的余韵。不可否认，这是我所尝过的最优质的加州产区歌海娜葡萄酒，它可以作为有些人挑战各方面质量极限的参考标准——葡萄培植、葡萄酒酿制和酒窖管理，这是克兰科尔的又一项

荣耀。它在接下来的 10 到 15 年中饮用效果都将不错，不过有谁能等那么长时间呢？

1999 Icarus（Grenache/Syrah/ Viognier）
西恩夸农酒庄伊卡洛斯红葡萄酒（歌海娜／席拉／维欧尼）1999

评分：91 分

1999 年款伊卡洛斯红葡萄酒在我两次品尝中都表现差不多。这款酒是用 80% 的歌海娜、18% 的席拉和 2% 的维欧尼混合酿制而成，其中 3/4 的葡萄采收自奥尔本葡萄园，另外 1/4 采收自斯多普曼葡萄园。它的酒色为深宝石红色，伴有甘甜黑色樱桃和樱桃白兰地风味的果香，还有隐藏的胡椒和泥土味。它强劲、单宁适中，是一款尖刻且结构紧致的葡萄酒。因为这些葡萄酒都需要通气，所以在饮用前最好先进行 45 分钟的醒酒。最佳饮用期：现在开始到 2015 年。

1999 The Marauder（Syrah）
西恩夸农酒庄掠夺者红葡萄酒（席拉）1999

评分：95 分

1999 年款掠夺者红葡萄酒是一款异常丰富的葡萄酒，是用 100% 的席拉酿制而成，这些席拉采收自奥尔本葡萄园、斯多普曼葡萄园和比恩 - 纳西多葡萄园。它是一款结构紧致并满载黑莓和黑醋栗水果的葡萄酒，还伴有微弱的樟脑和欧亚甘草风味。这款酒丰满、丰富，拥有 14 到 18 年的优雅进化潜力。

1998 Syrah E-Raised
西恩夸农酒庄伊莱恩发酵席拉红葡萄酒 1998

评分：95 分

1998 年款伊莱恩发酵席拉红葡萄酒是一款优质的葡萄酒。混合的席拉来自不同的葡萄园，主要来自圣路易斯 - 奥比斯波（San Luis Obispo）产区内的奥尔本葡萄园，以及位于圣 - 芭芭拉的比恩 - 纳西多葡萄园和斯多普曼葡萄园。它的酒色为黑色，果酱风味明显，而且超级强烈。这款酒拥有惊人的浓缩度，巨大且耐嚼，还有黑莓、樱桃、黑醋栗、木榴油、胡椒和香子兰风味混合的爆发性口味。倒入杯中后，它还会出现焙炒咖啡、欧亚甘草、香烟和烧烤佐料的风味，为葡萄酒带来另一个维度的复杂性。最佳饮用期：现在开始到 2015 年。

1997 Syrah Imposter McCoy
西恩夸农酒庄假麦科伊席拉红葡萄酒 1997

评分：96 分

这款酒酒瓶上稀奇古怪的插图反映了曼弗雷德·克兰科尔异想天开的一面，但是正如酒标上所写的那样，"真相在瓶内"。到 2000 年初，我就已经和同样如饥似渴的朋友一起喝掉了两瓶 1997 年款假麦科伊席拉红葡萄酒（产量为 529

箱）。它是一款深厚、多汁、巨大的席拉葡萄酒，奔涌出丰富含量的欧亚甘草浸渍的黑莓水果、香烟、咖啡和多肉的风味。这款酒口感充实、实在、厚重，酒精度高达 15.3%，还有高含量的甘油，低酸度，这些使得它易亲近。不过我估计它还可以轻易地陈年 5 到 15+ 年。最佳饮用期：现在开始到 2020 年。

1996 Against the Wall（Syrah）
西恩夸农酒庄靠墙红葡萄酒（席拉）1996

评分：94 分

西恩夸农酒庄已经酿制出了一些令人惊叹的席拉葡萄酒，酿酒用的葡萄主要来自圣 - 芭芭拉产区内最优质的葡萄园——奥尔本葡萄园、斯多普曼葡萄园和比恩 - 纳西多葡萄园。酒色呈不透明的黑色或紫色，散发出黑醋栗、黑莓果酱、焦油、胡椒和香料风味混合的鼻嗅。这款强劲、丝滑的席拉葡萄酒深厚、巨大、丰满、惊人的丰富和宽阔，拥有令人惊叹的纯度，以及充实口感的甘油和精粹物。这款酒看上去似乎现在就可以饮用，不过我估计它可以毫不费力地再陈年 5 到 10 年甚至更久。最佳饮用期：现在开始到 2012 年。

1995 The Other Hand（Syrah）
西恩夸农酒庄另一只手红葡萄酒（席拉）1995

评分：92 分

1995 年款另一只手红葡萄酒是用 100% 的席拉酿制而成，这些席拉采收自三个葡萄园——奥尔本葡萄园、比恩 - 纳西多葡萄园和斯多普曼葡萄园，它们分别位于埃德娜溪谷（Edna Valley）、圣玛丽亚（Santa Maria）和洛斯 - 奥里沃斯镇（Los Olivos）。这款拳头产品在橡木桶中陈年 18 个月，其中 70% 为新桶。酒色呈不透明的紫色，散发出黑色水果（主要是黑莓和黑醋栗）、微弱的香烟、吐司、欧亚甘草、大量植物材料和香料混合的美妙风味。这款体积巨大的席拉葡萄酒强劲，华丽地表现出美妙的多层次、接近无缝的水果、丰富的甘油和精粹物，它现在就可以饮用。这款葡萄酒也让我觉得，这个地区的酒厂应该拔掉他们的黑品诺葡萄树，换而栽上席拉葡萄树！这款上乘的席拉葡萄酒还可以毫不费力地再陈年 9 年以上。最佳饮用期：现在开始到 2012 年。

1995 Red Handed （Grenache/ Syrah/Viognier）
西恩夸农酒庄红手红葡萄酒（歌海娜 / 席拉 / 维欧尼）1995

评分：95 分

1995 年款红手红葡萄酒的产量有限，它是用 43% 的歌海娜、40% 的席拉和 17% 的慕合怀特混合酿制，在橡木桶中陈年了 18 个月，其中一半为新桶。这款酒有望成为一款南加州产区的教皇新堡葡萄酒，非常接近享乐主义南罗纳河谷葡萄酒的特性。令人遗憾的是，它只有 80 箱（6 瓶装）的产量。酒色为令人印象深刻的饱满红色或黑色或紫色，散发出雪茄烟盒、水果蛋糕、雪松、胡椒、普罗旺斯香草、辉煌水平的樱桃利口酒和其他黑色水果风味混合的馨香。橡木的影响架构了这款葡萄酒，却没有过多地影响它的果香和口味。这款酒相当强劲、丰富、耐嚼，个性丰满（它是另一款反映了酿酒者个性的葡萄酒），拥有多维度的口感，有着美妙统一的酒精度、酸度和单宁酸，还拥有独特的个性和惊人的质量。最佳饮用期：现在开始到 2014 年。

白葡萄酒

2003 Proprietary White Sublime Isolation （Chardonnay/Roussanne/Viognier）
西恩夸农酒庄崇高独立庄园干白葡萄酒（霞多丽 / 瑚珊 / 维欧尼）2003

评分：95 分

令人惊叹的 2003 年款崇高独立庄园干白葡萄酒是用 44% 的霞多丽、37% 的瑚珊和 19% 的维欧尼混合酿制而成，这些葡萄都采收自奥尔本葡萄园。这是一款结构惊人、丰裕、强劲的干白葡萄酒，轻柔的口感既不夸耀也不沉重，还伴有柑橘花、金银花、黄油、封蜡和热带水果风味混合的鼻嗅。我怀疑这是曼弗雷德·克兰科尔版的法国南罗纳河谷葡萄酒，但是它也拥有自己独特的风格。考虑到它的个性、强烈的特性、巨大的活力和清晰的轮廓，它应该可以灵活搭配多种菜肴。它是酿酒史上的一款杰作，但是信不信由你，它并不是我在这个酒厂尝过的最优质的干白葡萄酒。我估计它的良好口感可以继续保持 5 到 7 年，也许更久。

2002 Proprietary White Whisperin'E（Roussanne/ Viognier/Chardonnay）
西恩夸农酒庄低语的伊莱恩庄园白葡萄酒（瑚珊 / 维欧尼 / 霞多丽）2002

评分：95 分

2002 年款的庄园白葡萄酒名叫低语的伊莱恩，是用 50% 的瑚珊、31% 的维欧尼和 19% 的霞多丽混合酿制而成，它们中的大部分都采自奥尔本葡萄园，还有一小部分采自斯多普曼葡萄园。它的产量为 524 箱，酒色为淡淡的金色。这款强劲的葡萄酒散发出烟熏榛子、奇特荔枝、金银花、桃子和蜜蜡风味混合的一流芳香，它拥有多层次的质感，可以使余韵中重新表现出惊人的进化性、酸度和轻盈感——这是拥有如此力量、维度和强度的葡萄酒一个令人惊叹的特性。建议在接下来的 5 到 7 年内饮用。

2001 Proprietary White Albino （Chardonnay/ Roussanne/ Viognier）
西恩夸农酒庄白化现象庄园白葡萄酒（霞多丽 / 瑚珊 / 维欧尼）2001

评分：95 分

2001 年款白化现象庄园白葡萄酒是用 46% 的霞多丽、40% 的瑚珊和 14% 的维欧尼混合酿制而成，它们大部分都采自大阿罗约市（Arroyo Grande）的约翰·奥尔本的葡萄园和斯多普曼葡萄园。这款强劲的干白葡萄酒拥有惊人的强度（饮用前需要 30 到 45 分钟的时间醒酒），散发出荔枝核、柑橘油、金银花和玫瑰花瓣风味混合的芳香。它惊人的丰富，尽管体积巨大（天然酒精度为 15.1%），但轮廓美妙清晰且惊人的轻盈，余韵中还带有相当大量的风味。最佳饮用期：现在开始到 2012 年。

2001 Rien Ne Va Plus （Roussanne）
西恩夸农酒庄一切都没用了干白葡萄酒（瑚珊）2001

评分：98 分

这款 2001 年一切都没用了干白葡萄酒是我目前为止所尝过的最令人惊叹的一款干白葡萄酒。它是用 100% 的瑚珊酿制而成，和酒糟一起陈年了相当长的时间，我品尝时的最初印象是它像优质的巴锡白葡萄酒（Barsac）风格的 2001 年款克里芒葡萄酒（Climens）。但是，这款西恩夸农酒庄葡萄酒实在是干透了，没有任何明显的甘甜味。首先我更加喜欢低语的伊莱恩葡萄酒和 2003 年款的庄园干白葡萄酒，不过经过 30 到 45 分钟的醒酒之后，这款一切都没用了干白葡萄酒就成了奇特果香和口味的交响乐。这款酒厚重、丰富、强劲，拥有完美无瑕的均衡特性、一流蜜甜的丰富性和美妙统一的木材味，不可否认，它是迄今为止最优质的新世界瑚珊葡萄酒。至于另一个令人印象深刻的特性，就是它金黄色的酒液倒入杯中被氧化后似乎会变得更加闪亮，这是一项惊人的成就！遗憾的是，它的产量不足 100 箱。最佳饮用期：现在开始到 2018 年。

2000 Proprietary White The Hussy（Roussanne）
西恩夸农酒庄轻佻的女子庄园白葡萄酒（瑚珊）2000

评分：93 分

2000 年款轻佻的女子白葡萄酒是用 100% 的瑚珊酿制而成，葡萄都采收自斯多普曼葡萄园和奥尔本葡萄园。它的酒色为淡淡的金色，伴有惊人堕落水平的水果和奢华的甘油，还有强劲、轮廓惊人清晰的干型余韵。这是一款加州产区最具创造力的奢华白葡萄酒。最佳饮用期：现在开始到 2011 年。

轻佻的女子庄园葡萄酒酒标

PHILIP TOGNI VINEYARD
托格尼酒园

酒品：托格尼酒园赤霞珠红葡萄酒（Cabernet Sauvignon）

庄园主：丽莎·托格尼（Lisa Togni）、比吉塔·托格尼（Birgitta Togni）和菲利普·托格尼（Philip Togni）

地址：P.O.Box 81, St. Helena CA 94574

实际地址：3780 Spring MountainRoad,St. Helena,CA 94574

电话：（1）707 963-3731

传真：（1）707 963-9186

网址：www.philiptognivineyard.com

联系人：菲利普·托格尼

参观规定：只有极少数个人可以通过预约进行参观。除了邮寄名单上的顾客，他们通常不接受其他参观预约

葡萄园

占地面积：10.5 英亩

葡萄品种：82% 赤霞珠，15% 美乐，2% 品丽珠，1% 小味多。所有葡萄都用来酿制一款葡萄酒；还有 0.5 英亩的黑汉堡（Black Hamburgh）

平均树龄：12 年

种植密度：519~871 株 / 英亩

平均产量：3,500 千克 / 英亩 ~5,000 升 / 公顷

酒的酿制

托格尼酒园的酿酒哲学是，酿制适合春山（Spring Mountain）地区条件的经典的波尔多风格葡萄酒。葡萄非常成熟的时候才会采收，不过葡萄中仍含有足够的酸度。发酵温度较高，达 85 华氏度（约为 29.4℃），然后进行 4 周左右的完全浸渍或 cuvaison（法语名词，指葡萄带皮浸泡发酵）。托格尼酒园仍使用老式的威尔姆斯（Willmes）气囊压榨，然后把葡萄酒转移到容积为 225 升的内弗斯（Nevers）酒桶中，这些桶都是由法国著名的纳达里（Nadalie）和塔朗索（Taransaud）制桶公司制作。葡萄酒在 40% 的新橡木酒桶中陈年，为期 19 到 20 个月，期间每 3 个月进行一次波尔多风格的分离。在过去，葡萄酒通常要用蛋白进行澄清，但是到 20 世纪 90 年代，菲利普·托格尼开始质疑这一操作是否真正拥有任何好的效果，而且从此以后不再对葡萄酒进行澄清和过滤。苹果酸 - 乳酸发酵在酒桶中自发进行，然后会对各桶葡萄酒进行品尝，其中最优质的桶酒就被选的托格尼酒园赤霞珠红葡萄酒。

这里拥有加州产区最长寿的赤霞珠葡萄酒。如果你品尝

了托格尼在夏普利（Chappellet）酒庄和古威逊（Cuvaison）庄园工作时酿制的最奇妙的葡萄酒，就会对此深有体会，因为这些优质的年份酒（以 1969 年款夏普利葡萄酒为例）都远未超过巅峰时期。这些葡萄酒都被贴上了他自己的酒标，而且都贮藏得很好，它们仍然有活力，最重要的是，它们相对比较年轻。即使是在 20 世纪 80 年代中期时酿制的早期年份酒，也都尚处于青少年时期。

年产量

托格尼酒园赤霞珠红葡萄酒：20,000 瓶

平均售价（与年份有关）：50~80 美元

近期最佳年份

2003 年，2001 年，1997 年，1996 年，1995 年，1994 年，1992 年，1991 年，1990 年，1987 年，1986 年，1985 年，1984 年 –

菲利普·托格尼的外貌和已故演员乔治·C·斯考特（George C. Scott）惊人的相像，而且很可能足够坚韧和与众不同，足以在电影《巴顿将军》（Patton）中担任主演。像托格尼所说的那样，所有的托格尼葡萄酒的"酿制风格与很久很久以前的波尔多葡萄酒风格一样"。

托格尼是一个隐藏在春山地区陡峭山坡中的艺术酿酒师，他继续酿制着加州产区最集中的、墨黑色的赤霞珠葡萄酒。我越喝菲利普·托格尼的红葡萄酒，就越敬佩他的成就。1969 年款夏普利赤霞珠红葡萄酒是菲利普·托格尼的传奇葡萄酒之一，它仍然是我所尝过的最让人难忘的加州产区红葡萄酒。托格尼从 20 世纪 80 年代早期开始，在他的小精品酒厂酿制的赤霞珠葡萄酒都和 1969 年款完全一样深远，甚至更加优质。大多数葡萄酒的水果口味和单宁酸总是会相互抗衡，而且最终单宁酸胜出，不过托格尼的葡萄酒却是例外。在垂直品酒会上，他在 20 世纪 80 年代的早期年份中酿制的赤霞珠红葡萄酒现在仍然卓越。这些都是惊人年轻的葡萄酒，仍然拥有惊人的水果浓缩度。更老的年份酒尝起来仍然上乘，其中 1991 年和 1990 年年份酒都得到了 90 分左右的评分。1985 年款赤霞珠葡萄酒稍微轻盈一点，但这款厚重的年份酒内涵相当美妙，相对于其他赤霞珠葡萄酒来说，也许它被低估了。

托格尼的葡萄酒一般都是使用波尔多风格进行酿制，混合原料中赤霞珠占 82%、美乐占 15%，还有 3%

是品丽珠，在法国小橡木酒桶中陈年 22 个月（其中 25% 到 40% 为新桶），是加州产区内最丰富、最复杂的红葡萄酒之一。每次我有机会回去品尝更古老的年份酒时，这款葡萄酒复杂果香的发展情况都让我印象非常深刻。让人更加宽慰的是，这些红葡萄酒在瓶中陈年后会变得令人印象更加深刻。托格尼酒园的第一款赤霞珠年份酒酿制于 1983 年，这款酒现在不仅仍然年轻，而且是在对其他大多数纳帕酒厂来说一个并不突出的年份酿制的顶级葡萄酒之一。长期以来，托格尼都信奉——不对葡萄酒进行酸化，装瓶前也绝不澄清和过滤。

托格尼是加州产区一个传奇式的酿酒商，但他却是该行业中最不会推销自己的人——不过拥有这些优质的葡萄酒，为什么不让它们为自己扬名呢？既然将近 70% 的托格尼葡萄酒都是直接卖给葡萄酒消费者，那么想要这些葡萄酒的买家就必须先在托格尼酒厂的邮寄名单中进行登记。

菲利普·托格尼似乎天生就会酿制优质的赤霞珠葡萄酒，但是有谁会想到优质的赤霞珠葡萄出产于纳帕谷的春山上呢？他 1955~1957 年间在波尔多大学学习时，有幸跟着艾米尔·佩诺（Emile Peynaud）学习，并且在该校获得了国家级酒类学家证书（Diplôme National d'Oenologie）。他开玩笑说，他是在波尔多做了大部分研究，学习了他所有的偏见和特质。他的经历让人印象颇为深刻，先后在法国、埃尔及利亚、智力还有加州工作过，然后在 1983 年和妻子比吉塔一块儿创立了自己的公司。他们迷人的女儿丽莎已经在法国和澳大利亚进修了欧洲有关葡萄酿制的知识，包括葡萄的采收和葡萄园管理。很明显，如果菲利普·托格尼认为庄园中那些陡峭山坡变得太陡，而自己不能再像以前如同一头山羊一样矫健地攀爬的时候，丽莎将会接手酒庄。

CABERNET SAUVIGNON
托格尼酒园赤霞珠红葡萄酒

2003 Cabernet Sauvignon
托格尼酒园赤霞珠红葡萄酒 2003

评分：92-94+ 分

菲利普·托格尼酿制出了很多经典、长寿、坚定不移的葡萄酒。他的葡萄酒低产，使用本土酵母发酵，在酒桶中进行苹果酸 - 乳酸发酵，没有任何投机或愚蠢的行为，这款出色的 2003 年赤霞珠红葡萄酒就是由他酿制的。这款深紫色的葡萄酒产量为 2,100 箱，它丰富、强劲、单宁适中，散发出黑加仑、黑莓、干香草、白色巧克力和香烟混合的美妙陈酿香，酒中含有统一的酸度、单宁酸和木材味。这款 2003 年年份酒不像某些托格尼红葡萄酒那样很需要耐心（一般 5 到 10 年），不过它应该会在 2010 年至 2023 年间处于最佳状态。

2001 Cabernet Sauvignon
托格尼酒园赤霞珠红葡萄酒 2001

评分：96 分

2001 年款赤霞珠红葡萄酒是自 20 世纪 90 年代中期以来，托格尼酿制的最优质的红葡萄酒。它在瓶中的表现甚至比在酒桶中更优秀。更为可喜的是，它的产量为 2,100 箱，相对于这个庄园微不足道的产量标准而言，这可以说是一个巨大无比的数字。这款酒呈墨色或黑色，鼻嗅中带有液态欧亚甘草、黑醋栗奶油、洋槐花、烤肉、橄榄酱和微弱的吐司风味混合的惊人醇香。这款红葡萄酒丰裕，满足人感官，拥有巨大的酒体，而且甘甜的单宁酸和充足的酸度出色的均衡，它拥有完美无瑕的相称性和惊人的纯度，以及可以持续 50 秒的余韵。这是托格尼的优质赤霞珠葡萄酒之一，托格尼在过去的 25 年中酿制出了无数款如此优质的葡萄酒。喜欢刺激的人可

能在它年轻时就享受过这款酒，不过我更倾向于再窖藏 4 到 5 年，然后在接下来的 20 年内饮用。这是一项出色的成就！

2000 Cabernet Sauvignon
托格尼酒园赤霞珠红葡萄酒 2000

评分：91 分

2000 年款赤霞珠红葡萄酒的表现很好，它中度酒体，表现出波尔多葡萄酒的风格，产量为 1,600 箱。这款优美、丰富、集中的红葡萄酒散发出雪松、香料盒、黑加仑、微弱橡木味和淡淡的新鞍皮革风味。相对于这一年份来说，它是一款相当成功的葡萄酒。最佳饮用期：现在开始到 2018 年。

1999 Cabernet Sauvignon
托格尼酒园赤霞珠红葡萄酒 1999

评分：91 分

1999 年款赤霞珠红葡萄酒呈深紫色，散发出黑加仑利口酒、欧亚甘草、森林地被物和蕨类植物风味混合的强劲、香甜鼻嗅。它甘甜，中度酒体到重酒体，深厚而且有结构，余韵中带有波尔多葡萄酒风格的单宁轮廓。这款酒还需要耐心等待。最佳饮用期：2007~2026+。

1998 Cabernet Sauvignon
托格尼酒园赤霞珠红葡萄酒 1998

评分：90 分

1998 年款赤霞珠红葡萄酒呈深宝石红色或深紫色。酿酒用的葡萄都是在 10 月 30 号到 11 月 4 号之间采收的（为了保证葡萄的成熟性，其中有一半都被剪掉了），它散发出橄榄酱、欧亚甘草、黑加仑、烟熏香草和泥土风味混合的馨香。这款酒表现出丰富的黑色水果特性，拥有出色的丰富性和复杂性。它适合早期饮用，也可以轻易地再陈年 12 年或者更久。最佳饮用期：现在开始到 2015+ 年。

1997 Cabernet Sauvignon
托格尼酒园赤霞珠红葡萄酒 1997

评分：95 分

极佳的 1997 年款赤霞珠红葡萄酒是自托格尼的 1992 年款以来质感最丰裕的一款托格尼葡萄酒，它是用 82% 的赤霞珠、15% 的美乐和 3% 的品丽珠混合酿制而成。它的酒色为饱满的紫色，散发出黑莓、黑醋栗、矿物质、干香草和烟熏橡木风味混合的、惊人但却仍然抑制的鼻嗅。这款酒强劲、纯粹、深厚，拥有奶油般的质感，它上乘的浓缩度很好地隐藏了其中极高但却甘甜的单宁酸。托格尼的葡萄酒都拥有非凡的陈年潜力，不过这款酒实在让人难以抗拒。最佳饮用期：现在开始到 2025+。

1996 Cabernet Sauvignon
托格尼酒园赤霞珠红葡萄酒 1996

评分：96 分

1996 年款赤霞珠红葡萄酒是一款轰动、巨大的葡萄酒，

酒色呈不透明的紫色，拥有杰出的潜力。它散发出欧亚甘草、巧克力、黑醋栗、普罗旺斯香草和吐司风味混合的动人鼻嗅。这款酒多汁、强劲、异常有力和向后，在一到两年内应该仍可以饮用，而且可以美妙地陈年 30 年。

1995 Cabernet Sauvignon
托格尼酒园赤霞珠红葡萄酒 1995

评分：95 分

在托格尼酒园，最主要的葡萄酒是赤霞珠红葡萄酒，它们都拥有非凡的浓缩度、口味维度和陈年潜力。1995 年出产了大量极佳的葡萄酒（也有一些葡萄酒带有尖刻的单宁酸和柔和的个性），这款 1995 年赤霞珠红葡萄酒便是这个年份中闪亮成功的一款。酒色呈不透明的紫色，散发出黑莓水果、蓝莓水果、黑醋栗水果、巧克力和橄榄风味混合的、非常强烈的鼻嗅。这款内涵惊人、单宁中度的葡萄酒厚重，由水果主导，含有惊人水平的甘油和精粹物，经过一到两年的窖藏后应该会达到最佳状态。菲利普·托格尼又酿制出了另一款拥有 25 年以上陈年潜力的葡萄酒。

1994 Cabernet Sauvignon
托格尼酒园赤霞珠红葡萄酒 1994

评分：97 分

该酒厂为了做实验，保留了 50 箱左右最优质的年份酒，要等 10 年后再释放。其中最近释放的这款 1994 年赤霞珠红葡萄酒是一款华贵的葡萄酒，对于我来说，它是托格尼的前六或前七款最佳的葡萄酒之一。这款酒令人十分愉快的芳香中带有梅子、无花果、黑醋栗奶油、香烟、山胡桃席拉和高级雪茄烟草混合的风味。鉴于这款赤霞珠红葡萄酒的结构、密度、丰富性和芳香，它在盲品会中很可能被误当做一款优质的波亚克（Pauillac）葡萄酒。这款 1994 年年份酒才刚刚开始进入青少年时期，尽管它还有 20 到 25 年的寿命，不过它现在已经可以饮用。这是纳帕谷传奇酿酒师之一的菲利普·托格尼酿制的一款具有纪念意义的赤霞珠红葡萄酒！

1993 Cabernet Sauvignon
托格尼酒园赤霞珠红葡萄酒 1993

评分：94 分

1993 年赤霞珠红葡萄酒是一款复杂的红葡萄酒，才刚刚接近青少年中期。它的口感像是波亚克葡萄酒和圣-朱利安葡萄酒的混合。这款果香味令人激动的 1993 年年份酒倒入杯中后，会散发出雪松、香料盒、黑加仑和烟叶风味的芳香。它的酒色为暗紫红色或暗紫色或暗石榴红色，边缘有淡淡的亮色。这款酒丰富，中度酒体到重酒体，拥有令人印象深刻的纯度和强度。它现在的饮用效果已经非常美妙，应该还可以再进化 10 到 15 年。

1992 Cabernet Sauvignon
托格尼酒园赤霞珠红葡萄酒 1992

评分：97 分

自从装瓶以来，这款 1992 年赤霞珠红葡萄酒就一直表现出陈年后获得的非凡丰富性和丰裕性。这款酒呈饱满的暗紫色，散发出果酱、梅子、黑色樱桃、香草和香料风味混合的鼻嗅，拥有宽阔、耐嚼、强劲的口味，还有着上乘的深度、温和的单宁酸、低酸度和轰动的鼻嗅。它的良好饮用效果应该还可以持续 10 年以上。最佳饮用期：现在开始到 2014+。

1991 Cabernet Sauvignon
托格尼酒园赤霞珠红葡萄酒 1991

评分：96+ 分

1991 年款赤霞珠红葡萄酒拥有梅子、木材烟、黑醋栗和干香草风味混合的、非常芬芳的陈酿香。酒色呈暗紫色，表现出美妙甘甜的黑色樱桃、香甜水果和黑醋栗的口味。它重酒体，有着油滑的质感和非常大量的水果，并很好地掩饰了酒中温和的单宁酸。它现在已经达到最佳成熟状态，这一状态应该还可以再维持 10 年或者更久。

1990 Cabernet Sauvignon
托格尼酒园赤霞珠红葡萄酒 1990

评分：96 分

1990 年赤霞珠红葡萄酒是一款拥有惊人强度的葡萄酒，它充分地证明了托格尼有能力采收成熟、甘甜的葡萄。据托格尼所说，1990 年的产量最低，这可能就是这款年份酒拥有非凡浓缩度和强度的原因。它表现出被甘甜烘烤橡木味支撑的成熟水果特性，还有着果酱黑色樱桃和黑加仑的口味。最佳饮用期：现在开始到 2018 年。

1985 Cabernet Sauvignon
托格尼酒园赤霞珠红葡萄酒 1985

评分：93 分

这款年轻、未进化的 1985 年年份酒是一款极具表现力的托格尼赤霞珠红葡萄酒，毫无疑问是该年份的顶级葡萄酒之一。酒色呈不透明的紫红色或紫色，散发出雪松、香烟、果酱黑莓和黑醋栗水果风味混合的巨大、芬芳鼻嗅。这款强烈、口感充实、年轻、有力的葡萄酒拥有上乘的浓缩度、惊人的隐藏酸度和温和的单宁酸，它还有 10 到 12 年的进化能力。最佳饮用期：现在开始到 2015 年。

WASHINGTON
华盛顿州

　　尽管华盛顿州在优质葡萄酒市场上扮演的角色越来越重要，但它似乎仍然没有一个合适的身份。世界上每一个著名的葡萄酒产区出产的葡萄酒，质量都是参差不齐的，但是华盛顿产区却只酿制出了少量卓越的葡萄酒，其中最令人叹服的葡萄酒都产自于奎尔瑟达溪酒庄（Quilceda Creek winery）。事实上，华盛顿州能够酿制出如此强度、复杂和惊人质量的葡萄酒，就表明了它所拥有的潜力，不过遗憾的是，出于某些我不知道的原因，华盛顿州还是酿制出了太多普通甚至劣质的葡萄酒。不过，消费者们应该关注这个产区，因为它的进步潜力是非常无限的。

　　事实上从葡萄培植方面来看，华盛顿州所有最优质的葡萄酒都来自哥伦比亚谷（Columbia Valley）产区，它包括雅吉瓦（Yakima）和瓦拉瓦拉（Walla Walla）等子产区。哥伦比亚谷产区位于华盛顿州的西南部，基本上是一个沙漠地区，通向俄勒冈州（Oregon）的边界，并且稍微向内延伸了一点。由于来自太平洋的降雨，西雅图（Seattle）可能拥有相当大的降雨量，以及热带丛林般的沿海气候，不过降雨大都落在了奥林匹克山（Olympic Mountains）的西面斜坡上。在瓦拉瓦拉山谷和雅吉瓦山谷，所有葡萄树的生长都离不开灌溉。除了灌溉良好的农场和葡萄园，这里都是寸草不生的荒地。从气候角度来看，这个区域在夏天拥有重要的光照和热量，但是昼夜温差很大，而且哥伦比亚谷产区的温差比加州的大部分地区都要大。这就解释了为什么该区域最优质的葡萄酒拥有天然的清新酸度，这些葡萄酒都是使用波尔多产区品种进行酿制的，相当丰富和集中。

　　华盛顿州还有一些其他的正统酒厂，不过没有一家接近奎尔瑟达溪酒庄的卓越的世界水平。奎尔瑟达溪酒庄酿制出了很多令人叹服的葡萄酒，它们都拥有不可否认的丰富性和复杂性，我希望其他酒厂都可以赶上这个完美运营的酒厂。

QUILCEDA CREEK

奎尔瑟达溪酒庄

酒品：

奎尔瑟达溪酒庄赤霞珠红葡萄酒（Cabernet Sauvignon）

奎尔瑟达溪酒庄夏普园赤霞珠红葡萄酒（Cabernet Sauvignon Champoux Vineyard）

奎尔瑟达溪酒庄珍藏赤霞珠红葡萄酒（Cabernet Sauvignon Reserve）

庄园主：奎尔瑟达溪酒庄（Quilceda Creek）

地址：11306 52nd Street SE,Snohomish,WA 98290

电话：(1) 360 568-2389

传真：(1) 360 568-1609

邮箱：alex@quilcedacreek.com

网址：www.quilcedacreek.com

联系人：亚历克斯·戈利齐（Alex Golitzin）

参观规定：酒庄不对公众开放

葡萄园

占地面积：32 英亩

葡萄品种：赤霞珠、美乐和品丽珠

平均树龄：赤霞珠 18 年，美乐 7 年，品丽珠 8 年

种植密度：

夏普葡萄园（Champoux Vineyards）：726 株 / 英亩和 968 株 / 英亩

戈利齐葡萄庄园（Golitzin Estate Vineyards）：2,074 株 / 英亩（第一箱葡萄酒酿制于 2004 年）

平均产量：2,500~3,000 千克 / 英亩

酒的酿制

奎尔瑟达溪酒庄把自己的物质和精神资源都集中于唯一的一个品种——赤霞珠。虽然也会酿制少量的美乐，不过数量非常有限，因为华盛顿州每 5 到 6 年都会经历一次非常低温的冬天，而美乐对此过于敏感。奎尔瑟达溪酒庄还会使用可能不够优质的赤霞珠或美乐，酿制一种未进入等级划分的红葡萄酒。

为了在保持赤霞珠品种特性的情况下发展葡萄酒的果香，该酒庄在酿制赤霞珠葡萄酒时通常会掺入不到 5% 的美乐或品丽珠。他们的目标是酿制一款在释放时就已经可口，但仍有 20 年以上陈年潜力的葡萄酒。

葡萄只有在品尝起来完全成熟时才会进行采摘，然后对葡萄进行去梗和相当轻微的挤压，接着葡萄在重力的作用下

进入发酵器。发酵是使用特定的商业酵母菌种进行的，精粹是通过按压酒帽完成的。发酵过程一直持续到葡萄酒变为干型（不再有任何残余糖分），然后才把葡萄酒抽入法国新橡木酒桶中。分离和苹果酸 - 乳酸发酵都是在酒桶中进行的。

所有的葡萄酒都会在酒桶中陈年，大约 22 个月后进行装瓶。不对葡萄酒进行澄清和过滤。在瓶中陈年 9 个月后释放。

年产量

奎尔瑟达溪酒庄赤霞珠红葡萄酒：38,000 瓶

平均售价（与年份有关）：50~75 美元

近期最佳年份

2002 年，2001 年，1999 年，1998 年，1994 年，1989 年，1983 年

亚历克斯·戈利齐在"二战"初期出生于法国，而且战争期间居住于巴黎，其实是他在

亚历山大·戈利齐（Alexander Golitzin）、珍妮特·戈利齐（Jeanette Golitzin）和保罗·戈利齐（Paul Golitzin）

背后推动了奎尔瑟达溪酒庄的创立。1946 年，他们家族从法国移民到加州，并且在离纳帕谷很近的旧金山定居。他的叔叔，即著名的安德烈·切利斯夫（André Tchelistcheff），当时正担任碧流酒庄（Beaulieu Vineyards）的酿酒师。

1974 年，在切利斯夫的帮助下戈利齐酿制了自己的第一桶赤霞珠葡萄酒。接下来又酿制了另外三款年份酒和另外三桶葡萄酒，1978 年时该酒厂正式建立，并且在 1979 年酿制了第一款奎尔瑟达溪酒庄红葡萄酒。4 年后，这款葡萄酒在西雅图的葡萄酒酿制学会节（Enological Society Festival）上获得了金牌和特等奖，它也是那天唯一获得此殊荣的红葡萄酒。

现在，戈利齐的儿子保罗已经成为奎尔瑟达溪酒庄内主要的酿酒师。保罗的事业以卓越的 1988 年款珍藏赤霞珠葡萄酒开始，他在推动奎尔瑟达溪酒庄葡萄酒质量提升方面做出了杰出贡献。虽然受到两个伟大酿酒师的影响——他的父亲亚历克斯·戈利齐和叔公安

德烈·切利斯夫，但是保罗却形成了自己的酿酒风格。他酿制的葡萄酒强劲、优雅均衡，拥有水果、多层次的橡木味和圆润的单宁酸。它们在释放时已经非常有趣，而且还可以窖藏 20 年以上。正如保罗所说的那样，"它们充满了乐趣"。

这本书中提到的所有酿酒厂中，奎尔瑟达溪酒庄可能是唯一一个仍然不为人所熟知的葡萄酒厂，甚至大多数非常博学的葡萄酒狂热者可能都不知道。其实该酒庄的葡萄酒都是奇妙的世界一流的葡萄酒。

CABERNET SAUVIGNON
奎尔瑟达溪酒庄赤霞珠红葡萄酒

2002 Cabernet Sauvignon
奎尔瑟达溪酒庄赤霞珠红葡萄酒 2002

评分：98 分

2002 年款赤霞珠红葡萄酒呈暗宝石红色，产量为 3,400 箱，酿制原料中包含 2% 的美乐和 1% 的品丽珠。它表现出

黑莓、焦油、紫罗兰、香草和黑醋栗风味混合的
芳香，拥有天鹅绒般柔滑的质感和可穿透的特性。
它惊人地把力量和优雅毫不费力地结合在一起，带
有明显的红色樱桃、黑莓、覆盆子、黑醋栗和香料
风味混合的口感。这款宽广、宽阔的葡萄酒相当丰
富、清新、柔软，含有大量的甘甜单宁酸，还有着
相当悠长的余韵。最佳饮用期：2007-2019 年。

2001 Cabernet Sauvignon
奎尔瑟达溪酒庄赤霞珠红葡萄酒 2001

评分：97 分

2001 年款赤霞珠红葡萄酒呈饱满的黑色，继
续延续了该酒庄一系列出色成功的葡萄酒。它强烈的果香中
表现出巨大深度的黑莓和黑醋栗水果风味。这款葡萄酒集
中、向后、深厚，中度酒体到重酒体，拥有非凡的均衡性、
纯度、核心和长度。它有力、轮廓清晰，带有黑醋栗、果酱
黑莓水果的口感，其余韵可以在口中持续将近一分钟。最佳
饮用期：2008~2020+。

2000 Cabernet Sauvignon
奎尔瑟达溪酒庄赤霞珠红葡萄酒 2000

评分：94 分

2000 年款赤霞珠红葡萄酒呈暗宝石红色，它的鼻嗅中
带有黑莓口味的法国优诺（Yoplait）酸奶风味，还有着烘烤
橡木味和淡淡的欧亚甘草风味。这是一款强劲的葡萄酒，有
力，有机构，满载黑加仑、黑莓和香料的风味。它厚重的水
果与强健坚实的结构甚为匹配。最佳饮用期：2008~2020 年。

1999 Cabernet Sauvignon
奎尔瑟达溪酒庄赤霞珠红葡萄酒 1999

评分：98 分

奢华的 1999 年款赤霞珠红葡萄酒呈暗宝石红色，散
发出让人垂涎的果香，其中还带有极具表现力的黑莓、烘
烤橡木和烤肉香料的风味。这款口感充实的杰作中度酒体
到重酒体、深厚、集中、精美、均衡，满载稠密的果酱黑
色水果和黑醋栗水果。它把优雅和力量很好地结合在一起，
会让人想起玛歌酒庄（Châteaux Margaux）奇妙的 1990 年
年份酒。这款质感柔滑的葡萄酒已经完满，拥有极佳的水
果深度、深远的个性和长期窖藏所必备的结构。最佳饮用
期：2006~2020 年。

1998 Cabernet Sauvignon
奎尔瑟达溪酒庄赤霞珠红葡萄酒 1998

评分：96 分

1998 年赤霞珠红葡萄酒是一款令人震惊的暗色葡萄酒，
丰富的果香中带有黑莓果酱、杜松浆果和香料的风味，它拥
有惊人的宽度、幅度、浓缩度和力量。这款强劲的美酒满载
层次丰富的黑莓、梅子和黑醋栗水果，惊人的水果风味覆盖

奎尔瑟达溪酒庄赤霞珠红葡萄酒 1999 酒标

了含量丰富的丝滑单宁酸。另外，它还表现出异常悠长的余
韵。建议从现在到 2016 年间饮用。

1997 Cabernet Sauvignon
奎尔瑟达溪酒庄赤霞珠红葡萄酒 1997

评分：94 分

1997 年款赤霞珠红葡萄酒是用 89% 的赤霞珠、9% 的
美乐和 2% 的品丽珠混合酿制而成，它散发出喧闹的迷迭香
和黑色水果风味的鼻嗅。这款葡萄酒中度酒体到重酒体，强
劲、宽广、耐嚼，满载黑色水果、香料和淡淡的焦油。它强
健而且集中，可饮用性可以一直保持到 2020 年。

1996 Cabernet Sauvignon
奎尔瑟达溪酒庄赤霞珠红葡萄酒 1996

评分：95 分

1996 年款赤霞珠红葡萄酒呈饱满的暗紫色，是用 85%
的赤霞珠、9% 的美乐和 6% 的品丽珠混合酿制而成，它优
雅、性感的果香中表现出甘甜樱桃、草本香料和糖甜黑莓的
风味。这是一款令人高兴、中度酒体、和谐的葡萄酒，拥有
蓝莓、黑醋栗和香料混合的口味。它无缝、轮廓清晰，而且
拥有和谐、相称和轮廓清晰的余韵，这在新世界是非常罕见
的。最佳饮用期：现在开始到 2018 年。

1995 Cabernet Sauvignon
奎尔瑟达溪酒庄赤霞珠红葡萄酒 1995

评分：92 分

1995 年款赤霞珠红葡萄酒呈暗宝石红色，混入了 12%
的美乐，相对于这款以赤霞珠为主导的葡萄酒来说比例较
高。它表现出令人印象深刻的、成熟的和紫罗兰风味的鼻
嗅，还有着惊人层次的黑莓、黑加仑、黑醋栗和花香风味。
这款葡萄酒中度酒体到重酒体，优雅，轮廓清晰，强烈集
中，多口味，但是并没有达到轰动的 1994 年款的水平。这
款质感丝滑的葡萄酒年轻时就表现出戈利齐葡萄酒的精
髓——光滑、精致、集中，还有令人十分愉快的高含量甘甜

水果。最佳饮用期：现在开始到 2010+。

1994 Cabernet Sauvignon
奎尔瑟达溪酒庄赤霞珠红葡萄酒 1994

评分：94 分

1994 年款赤霞珠红葡萄酒散发出黑色水果、红色水果、铅笔、细微的橡木和香料风味混合的、深深令人叹服的醇香。这款强劲、集中、耐嚼的葡萄酒深厚、厚重，相对于如此巨大的葡萄酒来说轮廓极其清晰。它把力量和优雅很好地结合在一起，会让人想起 1986 年款玛歌酒庄葡萄酒，即该著名酒庄所酿制的最优质的葡萄酒之一。我第一次在斯诺霍米什的酒厂中品尝这款酒时，戈利齐还担心它过于强劲和有力，可我却发现自己竟然处于一种非常罕见的境地，要向这款葡萄酒的酿制者为它的品质辩护！在后来的一次品尝中，这款酒没有它年轻时那样有活力，戈利齐非常欣喜地发现它变得更加集中和优雅。这是一款真正华贵的葡萄酒，可以非凡美妙地陈年。建议从现在到 2015+ 年间饮用。

1991 Cabernet Sauvignon
奎尔瑟达溪酒庄赤霞珠红葡萄酒 1991

评分：90 分

奎尔瑟达溪酒庄葡萄酒的特征是非常纯粹，而且酒体和结构相当巨大，没有丧失任何一流的黑醋栗水果特性，还带有微弱的优质橡木味。除了在华盛顿州，其他地方很难见得到奎尔瑟达溪酒庄的葡萄酒，这一点真是太令人遗憾了！该州的沙文主义葡萄酒狂热者把这些巨大的葡萄酒都留给了自己，不过我们又能怪谁呢？最佳饮用期：现在开始到 2015 年。

1990 Cabernet Sauvignon
奎尔瑟达溪酒庄赤霞珠红葡萄酒 1990

评分：90 分

1990 年款赤霞珠红葡萄酒是一款深厚、丰富、强劲的葡萄酒，酒色饱满，含有丰富的甘甜黑醋栗水果，并与烘烤新橡木风味巧妙地结合在了一起。这款酒成熟、集中、优雅、和谐，拥有良好统一的酸度、单宁酸和酒精度，它应该适合从现在到 2008 年间饮用。

CABERNET SAUVIGNON CHAMPOUX VINEYARD
奎尔瑟达溪酒庄夏普园赤霞珠红葡萄酒

1997 Cabernet Sauvignon Champoux Vineyard
奎尔瑟达溪酒庄夏普园赤霞珠红葡萄酒 1997

评分：91 分

1997 年款夏普园赤霞珠红葡萄酒呈中度的宝石红色到深

宝石红色，表现出奶油味、甘甜的康涅狄格州（Connecticut）白玉米和黑色樱桃的混合芳香。它中度酒体到重酒体，质感如绸缎般柔滑，是一款强烈并拥有黑莓和黑色樱桃口味的葡萄酒。这款极具表现力和多口味的葡萄酒从一入口的口感到悠长、无缝和集中的余韵都有着出色的表现。最佳饮用期：现在开始到 2008 年。

CABERNET SAUVIGNON RESERVE
奎尔瑟达溪酒庄珍藏赤霞珠红葡萄酒

1990 Cabernet Sauvignon Reserve
奎尔瑟达溪酒庄珍藏赤霞珠红葡萄酒 1990

评分：96 分

奎尔瑟达溪酒庄的珍藏葡萄酒都是非常丰富、复杂的葡萄酒。1990 年款珍藏赤霞珠红葡萄酒并没有 1988 年款和 1989 年款进化，它表现出巧克力、黑醋栗、香草和矿物质风味的巨大鼻嗅，有着丰富、强劲的口味，而且伴有恰到好处的甘甜烘烤新橡木味。这款葡萄酒拥有异常良好统一的酸度，以及高含量但却甘甜、成熟的单宁酸，还有可以持续将近一分钟的余韵。这是一款华盛顿州出产的惊人优质的赤霞珠葡萄酒。最佳饮用期：现在开始到 2010 年。

1989 Cabernet Sauvignon Reserve
奎尔瑟达溪酒庄珍藏赤霞珠红葡萄酒 1989

评分：96 分

1989 年珍藏赤霞珠红葡萄酒是一款非常丰富、复杂的葡萄酒，遗憾的是，只有 200 箱在售。这是一款令人惊叹的葡萄酒，它拥有雪松、黑醋栗、矿物质和香子兰风味混合的巨大鼻嗅。这款酒重酒体，拥有惊人的纯度和美妙精粹的口味，还有轮廓惊人清晰和美妙均衡的多层次水果。这真是酿酒史上的又一款杰作！最佳饮用期：现在开始到 2013 年。

1988 Cabernet Sauvignon Reserve
奎尔瑟达溪酒庄珍藏赤霞珠红葡萄酒 1988

评分：94 分

1988 年款珍藏赤霞珠红葡萄酒表现出香料、雪松、黑醋栗水果风味的巨大鼻嗅，它厚重、超级丰富、口味集中、重酒体，拥有令人十分愉快的质感和完美无瑕的均衡感。自始至终，这都是一款上乘的赤霞珠葡萄酒，它从现在到 2013 年间的饮用效果应该不错。

一些前景较好的酒庄

法国／阿尔萨斯（Alsace）

博特 - 盖伊乐酒庄（Domaine Bott-Geyl）
地址：本勃朗海姆市（Beblenheim）小酒庄街（rue du Petit Château）1 号（邮编：68980）
电话：33 3 89 47 90 04
传真：33 3 89 47 97 33

阿伯堡酒庄（Domaine Albert Boxler）
地址：涅德莫石维尔市（Niedermorschwihr）三角宿一街（rue Trois Epis）78 号（邮编：68230）
电话：33 3 89 27 11 32
传真：33 3 89 27 70 14

阿伯曼酒庄（Domaine Albert Mann）
地址：维托斯海姆市（Wettolsheim）酒庄街（rue du Château）13 号（邮编：68920）
电话：33 3 89 80 62 00
传真：33 3 89 80 34 23

澳大利亚（Australia）

阿蒙拉（Amon-Ra）（由格莱佐葡萄酒厂制造）
格莱佐葡萄酒厂（Glaetzer Wines）总部：
南澳塔奴丹市（Tanunda）巴洛萨山谷路（Barossa Valley Way）34 号（邮编：5352）
电话：61 8 8563 0288
传真：61 8 8563 0218
网址：www.glaetzer.com

凯斯勒酒庄（Kaesler）
地址：南澳努里乌特帕市（Nuriootpa），邮政信箱 852 号（邮编：5355）
电话：61 8 8562 4488
传真：61 8 8562 4499
网址：www.kaesler.com.au

凯利卡努酒庄（Kilikanoon）
地址：南澳奥本市（Auburn），邮政信箱 205 号（邮编：5451）
电话：61 8 8843 4377
传真：61 8 8843 4377
网址：www.kilikanoon.com.au

露纹酒庄（Leeuwin Estate）
地址：西澳弗里曼特尔市（Fremantle），邮政信箱 724 号（邮编：6959）
电话：61 8 9430 4099
传真：61 8 9430 5687
网址：www.leeuwinestate.com.au

米多罗酒庄（Mitolo）
地址：南澳弗吉尼亚市（Virginia），邮政信箱 520 号（邮编：5120）
电话：61 8 8282 9012
传真：61 8 8282 9062
网址：www.mitolowines.com.au

罗克福德酒庄（Rockford）
地址：南澳塔奴丹市（Tanunda），邮政信箱 142 号（邮编：5352）
电话：61 8 8563 2720
传真：61 8 8563 3787
网址：www.rockfordwines.com.au

罗斯登酒庄（Rusden）
地址：南澳塔奴丹市（Tanunda），邮政信箱 257 号（邮编：5352）
电话：61 8 8563 2976
传真：61 8 8563 0885
网址：www.rusdenwines.com.au

双手酒庄（Two Hands）
地址：南澳沃克维尔区（Walkerville），邮政信箱 94 号（邮编：5081）

电话：61 8 8367 0555

传真：61 8 8367 0655

网址：www.twohandswines.com

御兰堡酒庄（Yalumba）

地址：南澳安格斯顿镇（Angaston），邮政信箱 10 号（邮编：5353）

电话：61 8 8561 3200

传真：61 8 8561 3465

网址：www.yalumba.com

奥地利（Austria）

高博古堡（Schloss Gobelsburg）

地址：朗根洛伊斯镇（Langenlois）城堡路（Schlosstrasse）16 号（邮编：A-3550）

电话：43 2734 2422

网址：www.gobelsburg.at

阿琴酒庄（Weingut Alzinger）

地址：翁特莱本村（Unterloiben）11 号（邮编：3601）

电话：43 2732 77900

网址：www.alzinger.at

吉德乐酒庄（Weingut Hiedler）

地址：朗根洛伊斯镇（Langenlois）罗森山旁（Am Rosen-hügel）13 号（邮编：A-3550）

电话：43 2734 2468

传真：43 2734 24685

网址：www.hiedler.at

海奕施酒庄（Weingut Hirsch）

地址：朗根洛伊斯镇（Langenlois）卡门村（Kammern）浩特街（Hauptstrasse）76 号（邮编：3493）

电话：43 2735 2460

传真：43 2735 34089

网址：www.weingut-hirsch.at

法国／波尔多（Bordeaux）

美景梦多酒庄（Bellevue Mondotte）

地址：库姆斯圣劳伦（Saint-Laurent-des-Combes）（邮编：33330）

邮寄地址：圣 - 爱美隆产区（Saint-Emilion）柏菲酒庄转

（Château Pavie）（邮编：33330）

电话：33 5 57 55 43 43

传真：33 5 57 24 63 99

网址：www.chateaupavie.com

班尼尔酒庄（Branaire Ducru）

地址：圣 - 朱利安产区（Saint-Julien）（邮编：33250）

电话：33 5 56 59 25 86

传真：33 5 56 59 16 26

网址：www.branaire.com

嘉芙丽酒庄（Château Canon La Gaffelière）

地址：圣 - 爱美隆产区（Saint-Emilion）SCEV 奈佩格伯爵郡（SCEV Comtes de Neipperg）BP 34 号（邮编：F-33330）

电话：33 5 57 24 71 33

传真：33 5 57 24 67 95

网址：www.neipperg.com

伊格利斯庄园（Clos l'Eglise）

地址：波美侯产区（Pomerol）（邮编：33500）

邮寄地址：里奥南村（Léognan）高伯格堡（Haut-Bergey）BP 49 号转（邮编：33850）

电话：33 5 56 64 05 22

传真：33 5 56 64 06 98

圣 - 马丁庄园（Clos St.-Martin）

地址：圣 - 爱美隆产区（Saint-Emilion）（邮编：33330）

电话：33 5 57 24 71 09

传真：33 5 57 24 69 72

宝嘉隆酒庄（Ducru Beaucaillou）

地址：圣 - 朱利安产区龙船酒庄（Saint-Julien-Beychevelle）（邮编：33250）

电话：33 5 56 73 16 73

传真：33 5 56 59 27 37

网址：www.chateau-ducru-beaucaillou.com

高柏丽堡（Haut-Bailly）

地址：里奥南村（Leognan）（邮编：33850）

电话：33 5 56 64 75 11

传真：33 5 56 64 53 60

网址：www.chateau-haut-bailly.com

芳宝庄园（Magrez Fombrauge）

地址：圣 - 爱美隆产区（Saint-Emilion）巴尔德圣克里斯托夫（Saint-Christophe des Bardes）（邮编：33330）

电话：33 5 57 24 77 12

传真：33 5 57 24 66 95

网址：www.fombrauge.com

玛拉嘉利酒庄（Marojallia）

地址：玛歌村（Margaux）波尔多路（Route de Bordeaux）（邮编：33460）

邮寄地址：布斯卡市（Le Bouscat）解放大道（avenue de la Libération）287 号（邮编：33110）

电话：33 5 56 49 69 50

传真：33 5 56 42 62 88

黑教皇城堡（Pape-Clément）

地址：佩萨克（Pessac）南瑟尔 - 巴尔德医生街（avenue du Dr Nancel Penard）（邮编：33600）

邮寄地址：佩萨克 BP164 号（邮编：33600）

电话：33 5 57 26 38 38

传真：33 5 57 26 38 39

网址：www.pape-clement.com

帕菲德凯斯堡（Château Pavie Decesse）

地址：圣 - 爱美隆产区（Saint-Emilion）（邮编：33330）

邮寄地址：圣 - 爱美隆产区（Saint-Emilion）柏菲酒庄转（Château Pavie）（邮编：33330）

电话：33 5 57 55 43 43

传真：33 5 57 24 63 99

网址：www.chateaupavie.com

里鹏庄园（Le Pin）

地址：波美侯产区（Pomerol）（邮编：33500）

邮寄地址：比利时（Belgium）艾提科夫（Etikhove）卡特贝克庄园（Hof te Cattebeke）博斯纳尔（Bossenaar）14 号（邮编：9680）

电话（法国）：33 5 57 51 33 99

传真（法国）：33 5 57 31 09 66

电话（比利时）：32 55 31 17 59

传真（比利时）：32 55 31 09 66

宝德根酒庄（Pontet-Canet）

地址：波亚克产区（Pauillac）宝德根酒庄（Château Pontet-Canet）125 号（邮编：33250）

电话：33 5 56 59 04 04

传真：33 5 56 59 26 63

网址：www.pontet-canet.com

苏士杜玛力酒庄（Sociando Mallet）

地址：卡杜瑞尼圣瑟琳（Saint-Seurin-de-Cadourne）（邮编：33180）

电话：33 5 56 73 38 80

传真：33 5 56 73 38 88

威登庄园（Vieux Château Certan）

地址：波美侯产区（Pomerol）（邮编：33500）

电话：33 5 57 51 17 33

传真：33 5 57 25 35 08

网址：www.vieux-chateau-certan.com

法国／勃艮第（Burgundy）

阿诺恩特庄园（Domaine Arnaud Ente）

地址：墨尔索（Meursault）马泽拉路（rue Mazeray）12 号（邮编：21190）

电话：33 3 80 21 66 12

传真：同上

罗伯特阿诺庄园（Domaine Robert Arnoux）

地址：冯内 - 侯马内村（Vosne-Romanee）国道 74 线（Route Nationale 74）3 号（邮编：21700）

电话：33 3 80 61 08 41

传真：33 3 80 61 36 02

大德园庄园（Domaine du Clos de Tart）

地址：莫雷圣丹尼斯（Morey-Saint-Denis）特级葡萄酒路（Route des Grands Crus）7 号（邮编：21220）

电话：33 3 80 34 30 91

传真：33 3 80 51 86 70

文森当瑟酒庄（Domaine Vincent Dancer）

地址：夏瑟尼 - 蒙哈榭（Chassagne-Montrachet）桑德内路（Route Santenay）23 号（邮编：21190）

电话：33 3 80 21 94 48

传真：33 3 80 21 39 48

杜雅克庄园（Domaine Dujac）

地址：莫雷圣丹尼斯（Morey-Saint-Denis）商业路（rue

de la Bussiere) 7 号（邮编：21220）

电话：33 3 80 34 01 00

传真：33 3 80 34 01 09

网址：www.dujac.com

艾伯诺庄园（Domaine des Epeneaux）或康特阿曼庄园（Comte Armand）

地址：波马尔（Pommard）莱格里斯广场（Place de l'Eglise）（邮编：21630）

电话：33 3 80 24 70 50

传真：33 3 80 22 72 37

文森乔丹庄园（Domaine Vincent Girardin）

地址：墨尔索（Meursault）夏普林路（Chemin Champs Lin）（邮编：21190）

电话：33 3 80 20 81 00

传真：33 3 80 20 81 10

网址：www.vincentgirardin.com

亨利古奇斯庄园（Domaine Henri Gouges）

地址：纽特圣乔治（Nuits-Saint-Georges）莫林路（rue du Moulin）7 号（邮编：21704）

电话：33 3 80 61 04 40

传真：33 3 80 61 32 84

网址：www.gouges.com

格洛菲尔酒庄（Domaine Robert Groffier）

地址：莫雷圣丹尼斯（Morey-Saint-Denis）特级葡萄酒路（Route des Grands Crus）3 号（邮编：21220）

电话：33 3 80 34 31 53

传真：33 3 80 34 15 48

拉发热庄园（Domaine Michel Lafarge）

地址：沃尔奈（Volnay）山脊路（Rue La Combe）（邮编：21190）

电话：33 3 80 21 61 61

传真：33 3 80 21 67 83

雷修诺酒庄（Domaine Lecheneaut）

地址：纽特圣乔治（Nuits-Saint-Georges）瑟伊莱路（rue des Seuillets）14 号（邮编：21700）

电话：33 3 80 61 05 96

传真：33 3 80 61 28 31

玛格尼恩酒庄（Maison Frédéric Magnien）

地址：莫雷圣丹尼斯（Morey-Saint-Denis）国家路（Route Nationale）26 号（邮编：21220）

电话：33 3 80 58 54 20

传真：33 3 80 51 84 34

MM 庄园（Domaine Michel Magnien）

地址：莫雷圣丹尼斯（Morey-Saint-Denis）黎波多路（rue Ribordot）4 号（邮编：21220）

电话：33 3 80 51 82 98

传真：33 3 80 58 51 76

梅奥 - 卡沐泽庄园（Domaine Méo-Camuzet）

地址：冯内 - 侯马内村（Vosne-Romanée）特级葡萄酒路（Route des Grands Crus）11 号（邮编：21700）

电话：33 3 80 61 11 05

传真：33 3 80 61 11 05

网址：www.meo-camuzet.com

莫尔泰庄园（Domaine Denis Mortet）

地址：吉福香柏恬产区（Gevrey-Chambertin）莱格里斯路（rue de l'Eglise）22 号（邮编：21220）

电话：33 3 80 34 10 05

传真：33 3 80 34 16 26

佩罗 - 米诺庄园（Domaine H. Perrot-Minot）

地址：莫雷圣丹尼斯（Morey-Saint-Denis）特级葡萄酒路（Route des Grands Crus）54 号（邮编：21220）

电话：33 3 80 34 32 51

传真：33 3 80 34 13 57

网址：www.perrot-minot.com

美国／加利福尼亚（California）

大卫亚瑟酒庄（David Arthur）

地址：加州圣海伦娜产区（St. Helena）圣峡谷路（Sage Canyon Road）1521 号（邮编：94574）

电话：（707）963-5190

传真：（707）963-3711

网址：www.davidarthur.com

拉温彻酒庄（L'Aventure）

地址：加州帕索罗布斯产区（Paso Robles）活橡树路

（Live Oak Road）2815 号（邮编：93446）

电话：(805) 227-1588

传真：(805) 227-6988

网址：www.aventurewine.com

邦德园（Bond）

地址：加州奥克维尔（Oakville），邮政信箱 352 号，贺兰酒庄（Harlan Estate）（邮编：94562）

电话：(707) 944-1441

传真：(707) 944-1444

网址：www.harlanestate.com

布鲁尔 - 克里夫顿酒园（Brewer-Clifton）

地址：加州帕隆波克（Lompoc）工业路（Industrial Way）1704 号（邮编：93436）

电话：(805) 735-9184

传真：(805) 735-9185

网址：www.brewerclifton.com

卡莱尔酒园（Carlisle）

地址：加州圣罗莎（Santa Rosa），邮政信箱 556 号（邮编：95402）

电话：(707) 566-7700

传真：(707) 566-7200

网址：www.carlislewinery.com

钻石溪酒庄（Diamond Creek）

地址：加州卡利斯托加（Calistoga）钻石山路（Diamond Mountain Road）1500 号（邮编：94515）

电话：(707) 942-6926

传真：(707) 942-6936

网址：www.diamondcreekvineyards.com

杜摩尔酒庄（DuMOL）

地址：加州奥林达（Orinda）艾尔赛雷诺路（El Sereno）11 号（邮编：94563）

电话：(925) 254-8922

传真：(925) 254-8942

网址：www.dumol.com

哈特福德庄园（Hartford Court）

地址：加州弗雷斯特维尔（Forestville）马蒂内利路（Martinelli Road）8075 号（邮编：95436）

电话：(808) 588-0234 或 (707) 887-1756

传真：(707) 887-7158

网址：www.hartfordwines.com

豪布斯酒庄（Paul Hobbs）

地址：加州塞巴斯托波尔（Sebastopol）格拉文施泰因公路北（Gravenstein Highway North）3355 号（邮编：95472）

电话：(707) 824-9879

传真：(707) 824-5843

网址：www.paulhobbswinery.com

沙漏酒庄（Hourglass）

地址：加州圣海伦娜产区（St. Helena）亚当街（Adams Street）1104 号 103 室（Suite 103）瑞奇酒业公司（Ricky Sander Wine Company）（邮编：94574）

电话：(707) 968-9332

传真：(707) 968-9337

网址：www.rswco.com

百亩庄园（Hundred Acre Vineyard）

地址：加州卢瑟福产区（Rutherford），邮政信箱 380 号（邮编：94573）

电话：(707) 967-9398

传真：(707) 968-9658

网址：www.rswco.com

孔斯伽德酒庄（Kongsgaard）

地址：加州奥克维尔（Oakville），邮政信箱 349 号（邮编：94562）

电话：(707) 963-5918

传真：(707) 963-5919

网址：www.kongsgaard.com

昆宁酒庄（Kunin Wines）

地址：加州圣芭芭拉产区（Santa Barbara）梯田路（Terrace Road）458 号（邮编：93109）

电话：(805) 689-3545

传真：(805) 564-4172

网址：www.kuninwines.com

卡劳多酒庄（Linne Calodo）

地址：加州帕索罗布斯产区（Paso Robles）奥克达尔路（Oakdale Road）3845 号（邮编：93446）

电话：(805) 227-0797

明日之星

传真：（805）227-4868

网址：www.linnecalodo.com

欧佳葡萄园（Ojai Vineyard）

地址：加州橡树景（Oak View），邮政信箱952号（邮编：93109）

电话：（805）649-1674

传真：（805）649-4651

网址：www.ojaivineyard.com

派克斯酒窖（Pax Wine Cellars）

地址：加州圣罗莎（Santa Rosa）科菲巷（Coffey Lane）3352-D号（邮编：95403）

电话：（707）591-0782

传真：（707）591-0784

网址：www.paxwines.com

洛奇奥利酒庄（Rochioli Vineyard and Winery）

地址：加州希尔兹堡（Healdsburg）西侧路（Westside Road）6192号（邮编：95448）

电话：（707）433-2305

传真：（707）433-2358

塞克萨姆酒庄（Saxum）

地址：加州帕索罗布斯产区（Paso Robles）柳树溪路（Willow Creek Road）2810号（邮编：93446）

电话：（805）610-0363

传真：（805）238-2268

网址：www.saxumvineyards.com

西维酒庄（Seavey）

地址：加州圣海伦娜产区（St. Helena）康恩山谷路（Conn Valley Road）1310号（邮编：94574）

电话：（707）963-8339

传真：（707）963-0232

网址：www.seaveyvineyard.com

石龙酒庄（Sloan Estate）

地址：加州卢瑟福产区（Rutherford），邮政信箱507号（邮编：94573）

电话：（707）967-8627

传真：（707）967-8918

网址：www.sloanestate.com

斯波兹伍德酒庄（Spottswoode）

地址：加州圣海伦娜产区（St. Helena）麦当娜街（Madrona Avenue）1902号（邮编：94574）

电话：（707）963-0134

传真：（707）963-2886

网址：www.spottswoode.com

回环山脊酒庄（Switchback Ridge）

地址：加州卡利斯托加（Calistoga）西尔维拉多路（Silverado Trail）4292号（邮编：94515）

邮寄地址：加州圣海伦娜产区（St. Helena）亚当街（Adams Street）1104号103室（Suite 103）（邮编：94574）

电话：（707）967-8987

传真：（707）569-9255

网址：www.swithbackridge.com

塔布拉斯溪酒庄（Tablas Creek）

地址：加州帕索罗布斯产区（Paso Robles）埃德莱达路（Adelaida Road）9339号（邮编：93446）

电话：（805）610-0363

传真：（805）238-2268

网址：www.tablascreek.com

泰利庄园（Talley Vineyards）

地址：加州大峡谷（Arroyo Grande）洛佩兹驱动路（Lopez Drive）3031号（邮编：93420）

电话：（805）489-0446

传真：（805）489-0996

网址：www.talleyvineyards.com

特雷酒窖（Turley Wine Cellars）

地址：加州圣海伦娜产区（St. Helena）圣海伦娜公路（St. Helena Highway）3358号（邮编：94574）

电话：（707）963-0940

传真：（707）963-8683

网址：www.turleywinecellars.com

维利泰酒庄（Verite）

地址：加州希尔兹堡（Healdsburg）托马斯路（Thomas Road）4611号（邮编：95448）

电话：（707）433-9000

传真：（707）431-1261

智利 (Chile)

阿尔马维瓦酒庄 (Almaviva)

地址：普恩特 - 奥托市 (Puente Alto) 卡西利亚 (Casilla) 圣罗莎路 (Avda. Santa Rosa) (邮编：08219)

电话：56 2 852 9300

传真：56 2 852 5405

网址：www.almavivawinery.com

拉博斯托尔酒庄 (Casa Lapostolle)

地址：圣地亚哥 (Santiago) 维塔库拉市 (Vitacura) 维塔库拉路 (Av. Vitacura) 5250 号 Of.901

电话：56 2 426 99 60

传真：56 2 426 99 66

德国 (Germany)

香薰本酒庄 (Weingut Emrich-Schönleber)

地址：纳赫产区 (Nahe) 莫辛根 (Monzingen) 纳赫酒街 (Naheweinstrasse) 10a (邮编：55569)

电话：49 67 51 27 33

传真：49 67 51 48 64

网址：www.schoenleber.de

莱茨酒庄 (Weingut Josef Leitz)

地址：纳赫产区莱茵河路德斯海姆 (Rüdesheim-am-rhein) 特奥多 - 豪斯街 (Theodor-Heuss-Strass) 5 号 (邮编：D-65385)

电话：49 67 224 87 11

传真：49 67 224 7658

网址：www.leitz-wein.de

福利喜酒庄 (Weingut Schäfer-Fröhlich)

地址：波科诺 (Bockenau) 舒尔街 (Schulstrass) 6 号 (邮编：D-55595)

电话：49 67 58 65 21

传真：49 67 58 87 94

网址：www.weingut-schaefer-froehlich.de

圣尤班丝酒庄 (Weingut St.Urbans-Hof)

地址：摩泽尔产区 (Mosel) 莱文 (Leiwen) 奥克诺米拉 - 尼克 - 维斯 (Oekonomierat Nic. Weis) 圣尤班丝 (St. Urbans-Hof) (邮编：D-54340)

电话：49 65 0793 770

传真：49 65 0793 7730

网址：www.weingut-st-urbans-hof.de

意大利 (Italy)

艾格尼酒庄 (Allegrini)

地址：瓦尔波利塞拉弗玛尼 (Fumane di Valpolicella) 柯奇拉 (Corte Giara) (邮编：37022)

电话：39 45 683 2011

传真：39 45 770 1774

网址：www.allegrini.it

波索拉酒庄 (Tommaso Bussola)

地址：佩雷托区 (Loc. S. Peretto) 尼格拉 (Negrar) (VR) 莫里尼 - 图瑞路 (Via Molino Turri) 30 号 (邮编：37024)

电话：39 45 750 1740

传真：39 45 210 9940

网址：www.bussolavini.com

柏德利 - 孔泰尔诺酒庄 (Poderi Aldo Conterno)

地址：阿尔巴蒙福尔特 (Monforte d'Alba) (CN) 商业区 (Localita Bussia) 48 号 (邮编：12065)

电话：39 173 78150

传真：39 173 787240

网址：www.il-vino.com/poderialdoconterno

法托利亚酒庄 (Fattoria di Felsina)

地址：诺沃堡百拉登加 (Castelnuovo Berardenga) (SI) S.S.484 基安蒂加纳 (S.S.484Chiantigiana) 101 号 (邮编：53019)

电话：39 577 355 117

冯拓迪酒庄 (Fontodi)

地址：基安蒂潘佐诺 (Panzano in Chianti) (FI) (邮编：50020)

电话：39 55 852 005

传真：39 55 852 537

网址：www.fontodi.it

马司卡雷洛酒庄 (Giuseppe Mascarello)

地址：卡斯蒂格里昂 - 法莱特村 (Castiglione Falletto) (CN) 格罗索街 (Strada del Grosso) 1 号 (邮编：12060)

酒厂和酒窖地址：梦切罗 (Monchiero) (CN) 博高诺沃路 (via Borgonuovo) 108 号 (邮编：12060)

电话：39 173 79 21 26

传真：39 173 79 21 24

网址：www.mascarello1881.com

路易吉 - 皮拉酒庄（Luigi Pira）

地址：阿尔巴塞拉伦加（Serralunga d'Alba）（CN）XX 九月路（Via XX Settembre）9 号（邮编：12050）

电话：39 173 613 106

宝乐山庄（Podere Rocche dei Manzoni）

地址：阿尔巴蒙福尔特（Monforte d'Alba）（CN）曼佐尼 - 索普拉尼区（loc. Manzoni Soprani）3 号（邮编：12065）

电话：39 173 78421

传真：39 173 787161

网址：www.barolobig.com

雷利酒庄（Quintarelli）

地址：尼格拉（Negrar）塞雷路（Via Cerè）1 号（邮编：37024）

电话：39 45 750 0016

传真：39 45 601 2301

斯皮耐塔酒庄（La Spinetta di Giuseppe Rivetti）

地址：卡斯塔格诺尔兰泽（Castagnole Lanze）阿侬兹亚塔路（Via Annunziata）17 号（邮编：14054）

电话：39 141 877 396

传真：39 141 877 566

网址：www.la-spinetta.com

维耶蒂酒庄（Vietti）

地址：卡斯蒂格里昂 - 法莱特村（Castiglione Falletto）（CN）维托里奥 - 威尼托广场（Piazza Vittorio Veneto）5 号（邮编：12060）

电话：39 173 62825

传真：39 173 62941

网址：www.vietti.com

法国／朗格多克 - 鲁西荣 (Languedoc-Roussillon)

派雷酒庄（Domaine La Grange des Peres）

地址：阿尼亚那（Aniane）（邮编：34150）

电话：33 4 67 57 70 55

传真：33 4 67 57 32 04

纳格丽酒庄（Château de la Negly）

地址：富勒瑞 - 奥德（Fleury-d'Aude）（邮编：11560）

电话：33 4 68 32 26 28

传真：33 4 68 32 10 69

邮箱：lanegly@wanadoo.fr

法国／罗纳河谷（Rhone Valley）

克里斯蒂亚酒庄（Domaine de Cristia）

地址：库尔铁松（Courthezon）福伯格圣乔治（Fauburg-Saint-Georges）33 号（邮编：84350）

电话：33 4 90 70 89 15

屈耶隆酒庄（Yves Cuilleron）

地址：沙瓦奈（Chavanay）维尔利奥（Verlieu）（邮编：42410）

电话：33 4 74 87 02 37

传真：33 4 74 87 05 62

威奈尔酒庄（Domaine Grand Veneur）

地址：奥朗日市（Orange）教皇新堡路（Route de Châteauneuf-du-Pape）阿兰 - 热姆葡萄园（Vignobles Alain Jaume et Fils）（邮编：84100）

电话：33 4 90 34 68 70

传真：33 4 90 34 43 71

网址：www.domaine-grand-veneur.com

雷米兹耶赫酒庄（Domaine des Remizières）

地址：麦赫库侯（Mercurol）雷米兹耶赫区（Quartier les Remizières）（邮编：26600）

电话：33 4 75 07 44 28

传真：33 4 75 07 45 87

圣柯思梅酒庄（Château Saint Cosme）

地址：吉恭达斯（Gigondas）路易斯 - 巴璐乐（Louis Barroul）（邮编：84190）

电话：33 4 90 65 80 80

梵蒂冈葡萄酒厂（Cuvée du Vatican）

地址：教皇新堡（Châteauneuf-du-Pape）库尔铁松路（Route de Courthezon）10 号第冯提 - 菲利西恩庄园（SCEA

Diffonty Felicien et Fils）（邮编：84231）

电话：33 4 90 83 70 51

传真：33 4 90 83 50 36

邮箱：cuvee-du-vatican@mnet.fr

西班牙（Spain）

孔德酒庄（J.C.Conde）

地址：布尔戈斯（Burgos）杜罗河阿兰达（Aranda de Duero）皮泽洛（Pizarro）s/n（邮编：09400）

电话：34 669 403 169

传真：34 947 511 861

网址：www.bodegasconde.com

穆加藏酒阁（Bodegas Muga）

地址：里奥哈产区（La Rioja）哈罗（Haro）埃斯塔松区 s/n（Barrio de la Estacion）（邮编：26200）

电话：34 941 311 825

传真：34 941 312 867

网址：www.bodegasmuga.com

乌瓦圭勒拉酒庄（Bodega Uvaguilera）

地址：布尔戈斯（Burgos）杜罗河阿兰达（Aranda de Duero）阿圭勒拉区 5,400 千米（Crta. de la Aguilera Km. 5400）（邮编：09400）

电话：34 947 54 54 19

传真：34 947 54 69 04

网址：www.uvaguilera.com

萨斯特勒酒庄（Hermanos Sastre）

地址：布尔戈斯（Burgos）拉霍拉（La Horra）圣佩德罗（San Pedro）s/n（邮编：09311）

传真：34 947 542 108

网址：www.vinasastre.com

努曼西亚酒庄（Numanthia）

地址：扎莫拉（Zamora）瓦尔德芬亚斯（Valdefinjas）里

阿勒（Real）s/n（邮编：49882）

电话：34 980 560 012

传真：34 941 33 43 71

邮箱：vega-de-toro@fer.es

罗兰 - 托拉酒庄（Rotllan Torra）

地址：塔拉戈纳（Tarragona）8 号百兰达（Balandra no.8）普里奥拉托罗亚（Torroja del Priorat）（邮编：43737）

电话：977 839 285

传真：933 050 112

网址：www.rotllantorra.com

美国／华盛顿州（Washington）

安德烈威尔酒厂（Andrew Will Winery）

地址：华盛顿州瓦逊岛（Vashon Island）S.W. 银行路（S.W.Bank Road）12526 号（邮编：98070）

电话：（206）463-9227

传真：（206）463-3524

网址：www.andrewwill.com

迪里尔酒厂（DeLille Winery）

地址：华盛顿州伍丁维尔（Woodinville），邮政信箱 2233 号（邮编：98072）

电话：（425）489-0544

传真：（425）402-9295

网址：www.delillecellars.com

捷纽克酒厂（Januik Winery）

地址：华盛顿州伍丁维尔（Woodinville）144 号 NE 大街（144th Ave. NE）19730 号（邮编：98072）

电话：（425）481-5502

网址：www.januikwinery.com

Acetic（醋味的）：无论多么优质的葡萄酒都会含有一定量的醋酸（acetic acid）。如果醋酸含量超过一定的范围，葡萄酒就会有强烈的醋味。

Acidity（酸）：葡萄酒中的酸对于它的口感和品质起着决定性作用。葡萄酒中通常含有四种天然酸——柠檬酸、酒石酸、苹果酸和乳酸。天气燥热的年份出产的葡萄酒往往酸度较低，而湿冷的年份出产的葡萄酒酸度则较高。适当含量的酸可以保持葡萄酒的清新和活力，但是酸度过高则会导致酒的味道变酸变差。

Aftertaste（余味）：正如这个词的表面意思一样，指葡萄酒被咽下或者吐出后在口中留下的味道。这个词是长度或余韵的同义词，这里的余味主要是指长度。口中的余味（当然是宜人的余味）越长，说明葡萄酒的质量越好。

Aggressive（侵略性的）：指葡萄酒中含有大量单宁或酸度很高，非常干涩，尚需陈年。

Angular（生糙的）：指口感不够圆润，纯度和浓度较低的葡萄酒。年份不好时酿造的酒或酸度过高的酒通常都是生糙的。

Aroma（果香）：形容葡萄酒的香气有两个词汇，即aroma和bouquet。其中aroma用来形容年份较新的葡萄酒的香气（我们常说的果香），aroma经过一段时间的陈酿后得到的香气被称为bouquet（我们称之为陈酿香）。

Astringent（收敛感）：收敛感主要是单宁带给我们的口感，并不能简单地作为衡量葡萄酒质量好坏的标准。葡萄酒的收敛感强，可能是因为太年轻或单宁含量高，需要时间陈酿以变得柔和；也可能是因为葡萄酒质量不佳，酿酒的葡萄中混入了果梗或枝叶。通常酒中单宁含量越高，葡萄酒的收敛感就越强。

Austere（酸涩的）：酸涩的葡萄酒通常口味不佳，这种酒通常坚实、干涩，不够丰满醇厚。不过波尔多葡萄酒虽然在前几年都是酸涩的，但随着多年的陈化，会变得越来越醇厚。

Backward（向后的）：这种酒一般比较稳定且多处于封闭状态，还需更长时间的封装才会有更高的纯度和更大的吸引力。

Balance（均衡）：葡萄酒最重要的品质之一就是良好的平衡，代表果香、单宁、酒精、酸度达到了协调统一。均衡的葡萄酒一般都很匀称，而且陈化越久越香醇。

Barnyard（脏腐气味）：指由于使用了不干净的酿酒桶或其他酿酒设备卫生条件不达标而使酒中掺杂了农田的不干净的糟粕气味。

Berrylike（浆果的）：正如这个词所暗示的意义一样，很多葡萄酒尤其是未在橡木桶中足够陈酿的波尔多新酒都有着浓烈的浆果味，饮用者可能品出黑莓、覆盆子、黑樱桃、桑葚，甚至是草莓和蔓越橘的味道。

Big（强劲的）：指口感强烈丰满的重酒体葡萄酒。一般说来，波尔多产区的重酒体葡萄酒和罗纳河产区的重酒体葡萄酒并不一样，但是波尔多出产的最佳年份酒都非常丰满、强劲、有深度。

Biodynamic viticulture（生物动力葡萄栽培）：参照鲁道夫·史代纳（Rudolf Steiner）的最新理论，生物动力耕种是真正的有机葡萄栽培。生物动力葡萄栽培专家发现了土壤、葡萄树、人类和宇宙之间更具哲理的共生关系。更加纯粹的生物动力种植者在整个葡萄种植过程中不会使用任何非天然的方法，只会进行必要的硫化处理来防止葡萄腐烂或发霉。这是整个葡萄园管理哲学的精髓，而且这本书中所提到的一些著名的葡萄酒厂商都采用了这种方法，包括普利尼蒙哈榭白葡萄酒（Puligny-Montrachet）的勒夫莱夫酒侯（Domaine Leflaive）、艾尔米塔什酒（Hermitage）的夏布提酒侯（Chapoutier）和伏弗莱白葡萄酒（Vouvray）的岳特酒侯（Huet）。

Black currant（黑加仑）：波尔多红葡萄酒通常都会有明显的黑加仑果味，它的味道可能极其微弱，也可能很浓烈。

Body（酒体）：指葡萄酒在经过上下颚时所产生的味觉的重度和厚度。强度醇烈的葡萄酒，其浓缩度通常比较大，酒精和甘油含量也较高。

Botrytis cinerea（贵腐菌）：这种真菌会在特定的气候条件下（通常是暖湿交替的气候下）侵入葡萄皮层引起葡萄自然脱水，进而高度浓缩。被它侵染的葡萄虽然也有腐烂的，但是大部分葡萄并没有烂而仅仅只是干缩了，因此葡萄中的香气和糖分更加明显，可以酿出特别优质的甜白葡萄酒。波尔多著名的甜白葡萄酒产区——巴萨克产区和苏玳产区，正是使用这样的葡萄酿造出了优质的甜白葡萄酒。

Bouquet（陈酿香）：葡萄酒在瓶中陈酿一段时间后，酒香就会从果香转化为陈酿香，这时的酒闻起来就不仅仅只有葡萄香味。

Brawny（强壮的）：一款厚重、激烈、强劲的葡萄酒，虽然不一定优雅精致，但是一定有足够的浓度和风味。

Breadth and character（宽度和特性）：宽度形容葡萄酒非常宽阔，口感相对较复杂，也有可能质地比较深厚。特性泛指特性单一的葡萄酒，是一个特殊表达，通常是褒义。

Briery（刺激的）：指酒劲强烈、口感辛辣的葡萄酒。提到这个词时，我通常会想到加州的仙粉黛产区而不是波尔多产区的葡萄酒。

Brilliant（清澈透亮的）：描述葡萄酒的颜色。这种葡萄酒颜色清晰，无杂质，无混浊。

Browning（变成棕色）：经过陈化的红葡萄酒，颜色都会从宝石红色或紫色变成深宝石红色，然后渐变成琥珀色镶边的宝石红色，最后变成棕色包裹的宝石红色。当葡萄酒变成棕色时，就说明它已完全成熟，达到了最佳状态。

Carbonic maceration（碳气浸渍）：这是一种使葡萄酒变得柔和馥郁的酿造方法。先把整串葡萄放入酿酒桶中，然后向里面灌入碳气，这种方法能增加葡萄酒的果香味，而不会提高酒的浓度和单宁。

Cedar（雪松）：波尔多产区生产的红葡萄酒陈酿后通常都有一种淡淡的或浓烈的雪松香味，也是复杂的陈酿香的香味之一。

Chewy（耐嚼的）：比较粘稠、甘油含量高而且有软黏感的葡萄酒，通常都被形容为耐嚼的。在好的年份里酿造的浓缩度高的葡萄酒通常都有这种特性。

Closed（封闭状态的）：这个词用来指某些由于年份太短，酒质无法得到充分发展和完美体现的葡萄酒。波尔多新酒在装瓶后的两到三个星期通常会处于封闭状态。封闭状态持续的时间取决于酿酒年份和贮藏条件，有可能持续几年甚至十几年之久。

Complex（复杂的）：这是各种用来形容葡萄酒的术语中最主观的一个。一款复杂的葡萄酒一般有着多种微妙的气味和复杂的口感，特别能吸引品酒者，让他们百喝不厌。

Concentrator（浓缩器）：浓缩器是酿酒商近30年来才开始使用的酿酒设备，通常有两种类型。最常用的浓缩器是用反渗透作用达到浓缩目的，另一种叫做entrophy的浓缩器则是利用真空系统去除葡萄中的水分，这两种浓缩器都必须谨慎使用，以免浓缩了无需浓缩的原料。在比较坏的年份会有更多的酒商们使用浓缩器，但是它的使用并不能代替其他的传统栽培工艺或者弥补这一年葡萄产量低的缺陷。更重要的是，千万不要忘了酿酒过程中使用浓缩器的弊端。比如说酒中未成熟的单宁含量高，这些基本不会体现出来的缺陷可能在使用浓缩器后会变得尤为明显。

Corked（带有木塞味的）：指由于使用了不洁净或不合格的软木塞而致使葡萄酒带有的木塞味渐渐地变成明显的霉味，甚至掩盖了原有的果香味。从技术角度来说，这样一瓶木塞味葡萄酒是被三氯乙酸（TCA）——即2,4,6三氯苯甲醚污染了。

Decadent（放纵的）：如果你很喜欢吃巧克力和冰淇淋的话，你就能体会到吃一块带乳脂软糖和生奶油的香草圣代是什么感觉。假如你特别喜爱葡萄酒，那么一瓶醇厚、香气馥郁、酒体丰满、极尽奢华质感的葡萄酒便足以让你迷失心智、放纵自己。

Deep（深厚的）：和浓缩基本同义，形容葡萄酒具有丰醇、浓缩、口舌生津的特性。

Delicate（精致的）：正如这个词所暗含的意思那样，指葡萄酒酒体轻盈，口味清淡而微妙。这种酒因为含蓄、不张扬的特性而受人推崇。白葡萄酒通常比红葡萄酒要精致。

Delineated（轮廓清晰的）：形容葡萄酒完美的轮廓和清晰的分辨度。

Density of plantation（种植密度）：这是一个比较微妙的概念，种植密度基本上是指每英亩或每公顷所种植葡萄树的棵数。正如这本书中所体现出的那样，不同葡萄园的种植密度差异很大，但是大体上来看，欧洲葡萄园的种植密度比新世界大部分葡萄园的密度要高二到五倍。多年的栽培经验表明，葡萄树的种植密度越大，它的树根为了汲取足够的营养扎根就会越深，这种情况下长出的葡萄通常颗粒小且质量低。

Diffuse（扩散的）： 指轮廓模糊、口感混乱、气味分散的葡萄酒。如果红葡萄酒被饮用时的温度太高，口味往往就是扩散的。

Dumb（哑型的）： 哑型酒通常也就是处于封闭状态下的葡萄酒，但是这个词含有轻蔑义。封闭状态中的酒可能只需要时间来酝酿自己丰富和强劲的特性；而哑型酒就是一款劣酒，陈酿也不能改善它的特性。

Earthy（泥土味的）： 这个词的词义可褒可贬。但是，我个人更喜欢用这个词来描述清新、干净、肥沃的土壤所散发出的气息，而且泥土味比木材味或块菌味更加强烈。

Elegant（优雅的）： 人们多用优雅来形容白葡萄酒，而较少用于形容红葡萄酒。但是轻盈优美、酒体平衡的波尔多红葡萄酒也可以用优雅来形容。

Evolved（进化的）： 这个形容词表明葡萄酒已相对成熟，而且进化速度比预期中的要快。

Exuberant（兴高采烈的）： 如性格外向、容易亢奋的人一样，葡萄酒也会因为满溢的果香味而显得张扬且激烈旺盛。

Fat（肥厚的）： 在波尔多气候炎热的年份里，葡萄会达到一种超级成熟的状态，这样酿出的酒丰醇、浓缩、酸度低。通常被形容为肥厚的酒，是赞美酒质较好。如果酒过于肥厚，那就成了劣酒，一般形容为松弛的。

Fermentation（发酵）： 葡萄酒的酿造过程十分简单。在收获之后，葡萄通常先被去梗，然后放入敞开的或封闭的，用水泥、木材、不锈钢或玻璃纤维制成的大的酿酒桶中。压榨过后开始发酵，这个过程中糖分开始转化为酒精。在酒精发酵后，大量红葡萄酒仍留在酒桶中，并且马上开始进行苹果酸-乳酸发酵。此过程中苹果酸会软化，并且逐渐转化成乳酸。然而大部分传统的酿酒商尤其是勃艮第的酿酒商，他们会把葡萄酒转移到另一个酒桶中进行苹果酸-乳酸发酵。红葡萄酒的发酵温度一般比白葡萄酒的发酵温度要高，相对于不同的发酵方法所采用的步骤也不同。事实上，整本书都在讨论这个主题。简单地说，红葡萄酒酿制的关键就是酿酒商要决定压榨前是否将葡萄全部去梗或者部分去梗。好的酿酒商在酿制白葡萄酒时通常会将葡萄全部集中压榨，并且发酵时葡萄汁中几乎不含葡萄皮。而红葡萄酒的发酵中浸皮时间可能长达一个月甚至更久。

Fining（澄清）： 指酿酒过程中加入不同的澄清剂来去除杂质的传统工艺。最常用的澄清剂是蛋白，近来膨润土（粉末状黏土）和明胶用得也比较多。这些试剂会和悬浮的杂质在罐底或桶底形成沉淀。很多经验丰富的酿酒商一般情况下都会让酒自然沉淀，而不会采用任何可能剥夺葡萄酒香气、口感或质感的步骤或方法，只有在葡萄酒需要澄清的时候才进行澄清。

Flabby（松弛的）： 指过于肥腻、酸度低、结构不佳的葡萄酒。这种酒缺乏层次感，而且口味笨重。

Fleshy（多肉的）： 它是耐嚼的、肉质的和牛肉的同义词。指葡萄酒的强度、酒精度和精粹度都很高，而且甘油含量一般也较高。

Floral（花香的）： 很多葡萄酒都带有花香味，有的是玫瑰花香，如琼瑶浆白葡萄酒和瑚珊白葡萄酒；有的是洋槐花香，如玛珊白葡萄酒；有的是金银花香，如白诗南白葡萄酒和霞多丽白葡萄酒。

Focused（集中的）： 指葡萄酒的气味、芳香和口感都是明确且清晰易辨的。优质葡萄酒的香气和口感都应该是集中的；反之这种酒就像没有焦点的图案一样扩散且不清晰，不是好酒。

Fortified（加强的）： 指加入白兰地或中性酒精而提高酒精度的葡萄酒。

Forward（向前的）： 指魅力和特性充分已显露的葡萄酒。即使有时葡萄酒并不完全成熟，但是饮用起来还是相当美味的。它与向后的意思相反。

Foudre（大木桶）： 指尺寸非常大的大木制酒桶，比典型的酒桶（法语中叫 barrique）大十到一百倍，容量大概是 225 升（合 59 加仑）。酒桶的尺寸有很大差别，从橡木桶（demi-muids）（容量为 500 到 600 升）到大木桶，意大利语叫做 botti。澳大利亚人把更大的酿酒桶叫做 hogshead，容量为 300 升甚至更多。另一个常用来形容这种大酒桶的词是 punchcon，容量一般为 450 到 500 升。

Fresh（清新的）： 指用新采摘的、干净的葡萄酿制而成的葡萄酒。不论对于新酒还是老酒来说，清新都是一种宜人的特性。它与走味的意思相对。

Fruity（果味的）： 葡萄酒专家通常用果味来形容有浓烈水果风味的葡萄酒。大家都知道，一款葡萄酒尤其是一款优质的葡萄酒不仅应该带有产地的风味，还应该带有原料的果香味。

Full-bodied（强劲的）： 指精粹度高、酒精度高和甘油含量丰富的葡萄酒。

Garrigue（加里格斯群落）： 在罗纳山谷南部和普罗旺斯地区，有很多小酒庄和斜坡，这个法语词就是指那些长满矮灌丛和普罗旺斯香草的小斜坡。正因如此，罗纳山谷南部出产的葡萄酒除了带有普罗旺斯香草的味道，还有着绿矮灌丛的味道，其中包含了或浓或淡的泥土味和香草味。

Glycerin（甘油）： 甘油是所有葡萄酒中都会含有的发酵时产生的副产物，它会使葡萄酒的质感更润滑，酒体更丰满。葡萄酒的酒精度越高，甘油含量也越高，即使收获期晚的葡萄酿成的酒也是这样。

Green（未成熟的）： 指用未成熟的葡萄所酿制的酒。这种酒通常缺乏丰满、醇厚的口感，而且带有植物的生浆味。一些出产于波尔多的坏年份，比如 1972 年和 1977 年的葡萄酒通常都是这样。

Hard（苦烈的）： 指粗糙的、有单宁涩味或者酸度过高的葡萄酒。波尔多的年份酒在年轻时可能是苦烈的，但绝对不会是粗烈的。

Harsh（粗烈的）： 指过于苦烈的葡萄酒。不论新酒还是陈酒，如果口感粗烈那么就是劣酒。

Hectare（公顷）： 土地的测量单位，1 公顷约相当于 2.47 英亩。欧洲的葡萄园通常以公顷为测量单位。

Hectoliters per hectare（百升/公顷）： 这是大多数欧洲酿酒商提供自己葡萄园产量时会用到的计量单位，美国相应的计量单位是吨/英亩。1500 升/公顷大约相当于 1 吨/英亩。这个单位是通用的。虽然在实际生产中是以每一颗葡萄树长出的葡萄的重量来计量的，表示为千克/棵或磅/棵，但是一般情况下酿酒商都不会提供这样的数据。

Hedonistic（兴奋型的）： 某些葡萄酒是内省的理智型酒，而有一些则是高度欣快的兴奋型酒。兴奋型的葡萄酒经常被批评有过度的蛊惑作用，但实质上它们只是因口味悦人而令人极度迷醉。

Herbaceous（草木香的）： 很多葡萄酒都带有明显的草木味，比如麝香草、薰衣草、迷迭草、牛至、茴香和罗勒的味道。

Herbes de Provence（普罗旺斯香草）： 普罗旺斯地区因为长满了生命力顽强的野生香草而著名，其中包括薰衣草、麝香草、鼠尾草、迷迭香和茴香等。罗纳山谷出产的葡萄酒尤其是产自于南部的葡萄酒中都含有这些香草的味道，不仅给人嗅觉更给人味觉以美妙的享受。

Hollow（空洞的）： 这种葡萄酒口感稀泽，缺乏深度和浓度。它是浅的近义词。

Honeyed（蜂蜜的）： 巴萨克白葡萄酒、苏玳白葡萄酒和其他甜葡萄酒都会具有这种特性，这种酒带有蜂蜜的香味和口感。

Hot（热灼的）： 这个词并不是说葡萄酒的温度太高而无法饮用，而是指葡萄酒的酒精度太高，因此在吞咽时喉咙处有灼烧感。通常酒精含量超过 14.5% 的葡萄酒就会有热灼的口感。

Inox vats（不锈钢大桶）： 这个词是法语中的葡萄酒发酵和贮藏过程中使用的不锈钢大桶。

Intensity（强度）： 这是优质葡萄酒的最大特性之一，会增加酒的吸引力。高强度的葡萄酒必须是均衡协调，而不是厚重甜腻的。这种葡萄酒通常都充满活力，香气馥郁，有层次感而且质感很强。

Jammy（果酱的）： 指用相当成熟的葡萄酿制出的果味浓郁的葡萄酒。这种酒浓缩度高，味美可口且充满水果精华。像 1961 年和 1982 年这些好的酿酒年份中生产的葡萄酒浓缩度都极好，可称为果酱葡萄酒。

Kisselguhr filtration system（过滤系统）： 这是一个使用硅藻土而不是纤维素或者现已禁用的石棉作为过滤材料的过滤系统。

Leafy（叶味的）： 这和葡萄中的草本味很接近，但是体现的主要是叶味而不是草香味。叶味太浓的葡萄酒会有很强的植物口感或者不成熟的感觉。

Lean（单调的）：是指纤细的葡萄酒，虽然并不丰满和肥厚，但是仍然可口宜人。

Lees（酒糟）：指在发酵过程前后自然悬浮在葡萄酒中的沉积物。如果葡萄酒未被过度净化，那么大多数的沉积物最终将会在发酵后或在酒桶中进行陈化时沉降。酒糟中主要是失去活力的酵母菌细胞和蛋白质。现代的酿酒家都模仿了经过勃艮第人长期实践的酿造霞多丽的方法，会把酒糟留在酒桶中一起发酵。他们认为这样能增加酒的质感、芳香和复杂性，进而保留酒的一些天然特性，当然前提是这些酒糟都是健康的。"和酒糟一起陈化"这个词刚好证实了这种做法。

Lively（活泼的）：意同清新的或华而不实的，通常都是酸度适中的新酒，而且解渴爽口。

Long（绵长的）：优质葡萄酒一个非常有吸引力的特性就是余味悠长。这里的长度是指葡萄酒的余韵长度，意即在你吞下一口酒之后，口中的余味持续的时间长短，好的长度可达三十秒甚至几分钟。通常来说，酒质越好，余味就越长。

Lush（味美的）：指天鹅绒般柔软的、温和的、丰醇的葡萄酒，而且往往还具有浓缩度高和肥厚的特性，但绝不是生涩或粗烈的。

Massive（厚重的）：好年份生产的葡萄酒如果具有强劲、浓缩和丰醇等特性，就可以用厚重来形容。比如说1961年的拉图葡萄酒和帕图斯葡萄酒，以及1982年的帕图斯葡萄酒都是具有代表性的厚重葡萄酒。

Meaty（肉质的）：耐嚼的、多肉的葡萄酒通常都可以用肉质的来形容。

Microbullage（微气泡冲击）：这是法国西南部马德兰地区发展的一种软化单宁的技术。这种技术是向装满红葡萄酒的酒罐或酒桶中加入小剂量的可控制氧气来达到效果的，相当于英语中的微氧技术。和任何其他技术一样，它也需要谨慎使用和严密监测。批评家声称这种技术促使葡萄酒酿制趋于统一化，但是还有一些优秀的支持者包括著名的波尔多酿酒顾问米歇尔·罗兰（Michel Rolland）和史蒂凡·德朗科（Stephane Derenoncourt），他们认为如果谨慎地使用这种技术，那肯定比不断地换桶对酒质的影响要小。换桶是指把葡萄酒从这个酒桶转移到另一个酒桶，这些支持者声称这种做法对葡萄酒的整体健康更加

暴力和危险。跟使用大多数技术一样，找出一个平衡的方法才是最关键的，而关于这种技术使用的争论恰恰忽略了这一点。

Monocépage（单品种）：指完全只用单一的葡萄品种所酿造出的葡萄酒。

Monopole（垄断独占的）：指被一个所有者单独拥有的葡萄园。这个词也会出现在由这样的葡萄园生产的葡萄酒的商标标签上。

Morsellated（法语）：很多葡萄园的土地被分割成块，不同的种植者拥有自己的一块地，这样的葡萄园被称为 morsellated。

Mouth-filling（充满口腔的）：丰醇浓缩的葡萄酒果汁含量高，酒精和甘油含量也高，在饮用后口中会有充实的口感，也会被形容为耐嚼的、肉质的、肥厚的。

Nose（鼻嗅）：指用嗅觉器官嗅到的葡萄酒的气味和香味。

Oaky（橡木味）：大多数上等的波尔多葡萄酒都会在小橡木桶中陈化一年到两年半的时间。这些橡木桶都是全新的，会使酿出的葡萄酒带有吐司或香草的味道。如果葡萄酒不够丰醇浓缩，橡木味可以覆盖酒的其他香味。但是，如果葡萄酒丰醇浓缩，酿酒师就会谨慎使用新橡木桶，以使橡木味和酒的果香味完美结合而酿制出完美风味的好酒。

Off（变质）：指葡萄酒口味不正，或存在一定程度的缺陷。

Organic farming（有机耕作）：这是一个葡萄栽培系统，这个系统中不会为了提高葡萄产量或防止害虫而使用工业合成的复合肥，或者向土壤中加入任何非有机添加剂。虽然对于纯粹的有机耕作到底应该怎么操作人们的意见并不统一，但普遍都认为不能使用任何杀虫剂、杀菌剂和化肥。

Overripe（过熟的）：这是指葡萄酒一个不好的特性。指的是葡萄成长的时间太长而过熟，失去了酸性，制成的葡萄酒口感过重而不均衡。在炎热地区的葡萄园里，如果葡萄收获期太晚，常会发生这种情况。

Oxidized（氧化的）：如果葡萄酒在酿造或陈化过程中过度地暴露在空气中，就会失去清新的口感而产生陈腐的气味和口感，这种酒就是被氧化了。

Peppery（胡椒味的）：许多罗纳产区的葡萄酒都有明显的黑胡椒芳香和辛辣口味果香。有些波尔多葡萄酒

也会有这种味道。

Perfumed（香水味的）：这个词更适合用来形容芳香的白葡萄酒，但是一些干红葡萄酒和甜红葡萄酒也可能会有强烈的香水味。

pH（pH值）：这是酿酒商用来测量葡萄的成熟度和酿好的葡萄酒中酸度水平的化学单位（指溶液中的氢离子数量）。大多数红葡萄酒比白葡萄酒的pH值高很多（酸性较低），但并不能绝对地说葡萄酒的pH值达到多少就是好葡萄酒。一般酿好装瓶的白葡萄酒pH值在3.0到3.5之间，而红葡萄酒的pH值通常在3.5到4.0之间。葡萄越成熟气候越温暖，葡萄酒的pH值就会越高。即使炎热年份出产的冷气候品种pH值也有可能高达4.0。

Pigéage（踩皮，法语）：使葡萄汁和酒帽充分接触的两种最常见的方法之一，即将酒帽用工具温和的压入酒液。这个工序每天要做几次或者很多次，以提炼发酵汁中的色泽、口味和单宁。

Plummy（梅子味的）：丰醇浓郁的葡萄酒通常带有成熟梅子的气味和口感，这样的葡萄酒就是带梅子味的。

Ponderous（沉笨的）：它的意思和稠厚相近但又有区别。稠厚一般用来形容葡萄酒厚重、丰醇、浓度适当，而沉笨则指葡萄酒过于稠厚且口感沉闷。

Percocious（早熟的）：指成熟很快的葡萄酒，还可以指虽然陈年了很长时间但口感柔软温和的葡萄酒。

Pruny（梅干味的）：用过熟的葡萄酿制出的葡萄酒会带有梅干味，但这种酒都是劣质酒。

Raisiny（葡萄干味的）：用晚熟的葡萄酿制出的餐后酒通常都会带有一点葡萄干味，一些波特酒和雪利酒也会有悦人的葡萄干味。但对于大多数波尔多干葡萄酒来说，有葡萄干味是一个大缺陷。

Residual sugar（残糖量）：尽管大多数佐餐葡萄酒的残糖量（即酒中剩下的糖分）可能很少，但从技术上来说它们都是干型的。葡萄酒中的残糖量一般决定了葡萄酒是干型、半干型还是甜型的：残糖量低于0.5%的葡萄酒是干型葡萄酒；残糖量在0.6%和1.4%之间的是半干型葡萄酒，但是消费者们通常觉得这是干型葡萄酒；残糖量高于1.5%的葡萄酒是甜型葡萄酒，此时即使是刚入门的品酒者也能尝出它的甜味。而餐后甜葡萄酒的残糖量则可能超过5%。

Reverse osmosis（反渗透作用）：这项使酒透过一层薄膜以去除水分的技术，通常是用来浓缩葡萄酒或者改善酒的酸性、易挥发等不好特性。和其他所有技术一样，关键问题还是在于实际使用，因为过度使用或是用得不足都会影响酒的质量。很多一流的酿酒商只在多雨潮湿的季节才会使用反渗透浓缩器，或者只是用于最稀释的水果。任何浓缩机器的问题就在于它们会把所有原料都浓缩掉。比如说，如果酒中存在尖刻生涩的单宁，这时使用浓缩器只会使酒的这个缺陷更加明显。

Rich（丰醇的）：指醇厚、果味浓郁的葡萄酒。

Ripe（成熟的）：指用成熟度恰到好处的葡萄酿造的葡萄酒。相应地，用半熟的葡萄所酿制的酒称为半熟的酒，而用过熟的葡萄酿成的酒则称为过熟的酒。

Round（圆润的）：这是优质葡萄酒的必要特征。没有单宁涩味的成熟的红葡萄酒就具有这种特征，还有单宁较弱酸性也弱的适合短期内饮用的年轻红葡萄酒也是这样的。

Savory（口味佳的）：形容某些圆润、口感好、品饮起来趣味无穷的葡萄酒。

Shallow（淡薄的）：指味道清淡寡薄如水、浓缩度很低的葡萄酒。

Sharp（尖刻的）：这是一种令人不悦的特征，形容某些带苦味感觉且尖锐刺激的葡萄酒。

Silky（丝滑的）：它和柔软的、唯美的同义。丝滑的葡萄酒应该是温和的或者醇香的，而不是苦烈或者刺激的。

Smoky（烟熏味的）：由于土壤或者陈化葡萄酒用的酒桶的原因，有些葡萄酒可能会带有独特的烟熏味。也就是说，一些风土条件会使葡萄酒产生烟熏味（比如波尔多的格拉芙产区和罗亚尔河谷的普伊芙美产区），一些新橡木酒桶的使用也会使酒产生烟熏味。

Soft（柔和的）：指圆润的、果味浓的、酸度弱的、无刺激性的、单宁度适中的葡萄酒。

Spicy（香料味的）：葡萄酒通常会带有胡椒、桂皮和其他出名香料的芳香而闻起来带有香料味，这些刺激性气味的综合就形成了香料味。

Stale（走味的）：指某些乏味、厚重的葡萄酒，这些酒要么因氧化了要么因酸度不当而缺乏清新的口感。

Stalky（茎味的）： 这个词与植物性相近。但是它经常指葡萄酒可能与植物的茎接触太多，因而产生了不成熟的、植物性的、带茎味的特征。

Supple（柔软的）： 指柔和、味美、似天鹅绒般丝滑、特别圆润可口的葡萄酒。这是葡萄酒一个特别诱人的特征，因为它表明葡萄酒和谐平衡。

Tannic（单宁的）： 葡萄酒中的单宁是从葡萄皮和茎干中萃取出来的。单宁、酸度和酒精是葡萄酒的生命线。单宁会给年轻的葡萄酒带来强硬、粗糙的口感，但会随着时间的流逝逐渐消失不见。单宁性的葡萄酒是指年份短还不能饮用的葡萄酒。

Tart（酸的）： 指尖刻、酸性、刺激、不成熟的葡萄酒。一般来说，酸的波尔多红葡萄酒都是令人不快的。

TCA（三氯乙酸污染）： 这是一个用来指有缺陷的或被发霉的木塞污染了的葡萄酒的专业术语。TCA 就是 2,4,6 三氯苯甲醚。据专家们估计，有 3% 到 7% 的葡萄酒已经被 TCA 污染了。因为氯气净化产品的使用，有很多酿酒商的年份酒都因为 TCA 污染而被毁了。

Thick（深厚的）： 指丰厚、成熟、浓缩而酸度低的葡萄酒。

Thin（单薄的）： 它跟浅薄的是同义词。形容口味清淡似水、酒体缺乏的葡萄酒，反正拥有很多令人不快的特征。

Tightly knit（紧密的）： 一些年份短的优质葡萄酒，其酸度和单宁度适当且酿制精湛，往往可以称为紧密的。它意味着这些酒还处于封闭状态，尚需陈年。

Toasty（吐司味的）： 葡萄酒通常会有一股烤面包味，这是因为葡萄酒陈化时使用的酒桶里面被烘焙过的原因。

Tobacco（烟草味）： 很多格拉芙红葡萄酒都带有清新的烟草味，这是一种独特而美妙的气味。

Troncais oak（Tronçais 橡木）： 一种产于法国中部 Troncais 森林的橡木。

Unctuous（油滑的）： 形容葡萄酒甘醇味美、强劲浓烈，有着柔和丝软的果香味。巴萨克产区和苏玳产区出产的甜葡萄酒一般都是油质的。

Unfiltered（未经过滤的）： 指未经过任何离心处理、冷稳定处理或者薄膜或纤维素滤板过滤就装瓶的葡萄酒。这些都是酿酒商为了酿造出极高质量的葡萄酒而进行了手工处理的葡萄酒。有人争论说轻度的粗过滤并不会影响葡萄酒的芳香、质地和口感。跟其他酿酒技术一样，这还是一个与均衡有关的问题，一些有缺陷的酒本该被过滤的，但从总体上来说，未经过滤就装瓶的葡萄酒通常能体现出酿酒商们所保留的年份、葡萄园和酒的完整性。

Unfined（未澄清的）： 指为了保护葡萄酒的全葡萄园和年份的风味以及口感清晰的特点而未经澄清的葡萄酒。

Vegetal（植物味的）： 这是一种令人不快的特征。未成熟的葡萄酿制的葡萄酒通常带有植物味，轻微的植物味可以使葡萄酒更加宜人复杂，但这种味道若是过重的话，就会变成葡萄酒的一个大缺陷。

Vieilles vignes（法语）： 这是法语中代表老酒的一个经典表达。因为没有什么明确规定，所以酿酒商们可以随意使用。

Viscous（粘稠的）： 指相对浓缩的、肥厚的葡萄酒。这种葡萄酒果汁浓稠、甘油含量丰富、酒精含量也较高。如果酸度适当，这种酒口感极佳；若是酸度不够的话，口感则会肥腻笨重。

Volatile（挥发性的）： 指有醋味的葡萄酒。如果酒中的乙酸菌过量，就会产生一股醋味，这种酒称之为劣质酒。

Woody（木材味的）： 形容某些有太重橡木味的葡萄酒。葡萄酒的香气和口感中的橡木味都有一个度，超过了这个度，葡萄酒就会有木材味，酒中原有的果香味就会因为过度的橡木陈年而被掩盖。但是有一点值得大家注意，很多刚装瓶的新酒在此后一年左右的时间里通常会有明显的橡木味。但是味道集中的葡萄酒会吸收这种橡木味，所以在 4 到 10 年之后这种味道就会完全消失。当然问题的关键在于葡萄酒是否有足够的果香味和集中度来吸收橡木味。

Yields（产量）： 指一个封闭的葡萄园的产量。在欧洲，产量是单位面积里所产葡萄酒的容量，用百升 / 公顷表示；而在新世界，产量是单位面积里所产葡萄的重量，用吨 / 英亩表示。而更有实际意义的量词是磅 / 棵或千克 / 棵，但是一般的酿酒商都不会给出这样的数据。

鸣谢

像此书这样的书籍都是集众人之力所作，但如果书畅销，只有作者会得到很多荣誉和嘉奖，而这些做出巨大贡献的幕后工作者则鲜为人知。在以下的几页中，我想尽力改变这种状况，希望至少这一现状能稍微有所改变。

致所有帮助《葡萄酒倡导者》（The Wine Advocate）进行信息搜集和编辑处理的工作人员，我在此向大家致以深深的谢意。包括我的长期助理和本书的真正智囊琼·帕斯曼（Joan Passman），如果没有她替我把关，并且帮我处理日常工作，真不知道我的事业将会是什么样子。还有工作认真努力的自由职业者安妮特·皮亚泰克（Annette Piatek），她已经帮我做事多年，搜集和整理信息时非常细心，并且把信息汇编成方便实用的形式；她还负责从罗伯特·帕克（Robert Parker）电子网站的数据库中搜取大量的品酒笔记，并进行编辑整理，然后插入相应的章节中。在有关阿尔萨斯、奥地利、勃艮第、德国和华盛顿等章节中，和我一起工作多年的同事皮埃尔·安东尼·罗万尼（Pierre-Antoine Rovani）也非常慷慨地为我提供了大量的品酒笔记。

编辑阿曼达·穆雷（Amanda Murray）也从专业的出版角度精简修饰了我冗长的评论，并帮我清楚明确地表达了一些观点。简单地说，由于她的努力，让本书质量有了明显的改善，我非常感谢她为此所作出的努力。在此也向S&S出版团队的其他工作者表示感谢，包括安妮·奥尔（Annie Orr）、艾佳·谢卫列（Aja Shevelew）、琳达·丁勒（Linda Dingler）、乔尔·阿维罗姆（Joel Avirom）、梅根·戴·希利（Meghan Day Healey）和彼特·麦卡洛克（Peter McCulloch）。

每一个作者都需要周围人的支持和关怀，我得到的帮助恐怕远多于此。我美丽的妻子帕翠西娅（Patricia）总是为我出谋划策，在我遇事不顺时也总是在一旁鼓励我。还有我的爱狗乔治（George），一只英国斗牛犬，它在我工作的大部分时间都陪着我。这只英国斗牛犬因为在电影《美酒家族》（Mondovino）中的出色表演而获得了2004年戛纳电影节的最佳动物表演奖，但却在之后不久就死掉了。不过好在它的好友巴吉度猎犬胡弗（Hoover）仍然陪伴着我，这只猎犬刚出生不久，为了纪念我不朽的父亲，我给它取名为斗牛犬伙伴（Buddy the Bulldog）。

我也要感谢我的两位好友——聪明的文稿代理人兼美食家罗伯特·莱舍尔（Robert Lescher）和我精神上的大哥帕克·B. 史密斯博士（Dr. Park B. Smith）。

还要感谢这份特别的名单中提到的156位酿酒商。他们用心灵酿造出了如此令人惊叹的葡萄酒，正是他们在葡萄园和酒窖中不懈的工作维持着我已经持续了超过25年的事业。

最后我还要由衷地感谢以下的朋友、支持者和顾问：

吉姆·阿瑟诺特（Jim Arseneault）

安托尼·巴顿（Anthony Barton）

露丝·柏森（Ruth Bassin）

已故的布鲁斯·柏森（Bruce Bassin）

贺维·博罗德（Herve Berlaud）

比尔·布莱彻（Bill Blatch）

托马斯 B. 博瑞（Thomas B. Bohrer）

巴瑞·邦卓夫（Barry Bondroff）

丹尼尔·布鲁德（Daniel Boulud）

罗温娜·布鲁斯廷（Rowena Braunstein）

马克·布鲁斯廷（Mark Braunstein）

克里斯托夫·卡纳（Christopher Cannann）

迪克·卡瑞特（Dick Carretta）

吉恩-米歇尔·凯兹（Jean-Michel Cazes）

科瑞恩·瑟赛诺（Corinne Cesano）

吉恩-马里·夏多尼尔（Jean-Marie Chadronnier）

吉恩-路易斯·夏墨路夫妇（Jean-Louis Charmolue）

夏尔·舍瓦里耶（Charles Chevallier）

鲍勃·科里纳（Bob Cline）

杰弗雷·戴维斯（Jeffrey Davies）

休伯特·德·布瓦德（Hubert de Bouard）

吉恩·德尔马斯（Jean Delmas）

安妮·德尔马斯（Annie Delmas）

吉恩-休伯特·德隆（Jean-Hubert Delon）

已故的米歇尔·德隆（Michel Delon）

吉恩-路克·勒都（Jean-Luc Le Du）

艾尔伯特 H. 杜德利三世（Albert H. Dudley III）

芭芭拉·埃德尔曼（Barbara Edelman）

费德烈·安吉瑞（Federic Engerer）

迈克尔·埃策尔（Michael Etzel）

保罗·埃万斯（Paul Evans）

泰瑞·弗盖（Terry Faughey）

我的情感灵魂伴侣、充满传奇色彩的费茨凯道

(Fitzcarraldo)

乔尔·弗雷茨曼（Joel Fleischman）

道格·福拉华（Doug Flower）

开本·嘉斯科顿女士（Capbern Gasqueton）

劳伦斯·高戴克（Laurence Godec）

贝尔纳·高戴克（Bernard Godec）

丹·格林（Dan Green）

乔苏·哈拉瑞（Josue Harari）

亚历桑德拉·哈丁（Alexandra Harding）

大卫·休琴博士（Dr. David Hutcheon）

芭芭拉·G.·雅克比（Barbara G. Jacoby）

史蒂夫·R.R.乔卡比（Steve R.R. Jocaby）

约翰内斯·詹姆斯（Joanne James）

乔·詹姆斯（Joe James）

让-保罗·乔弗雷特（Jean-Paul Jauffret）

丹尼尔·约翰内斯（Daniel Johnnes）

娜塔莉尔·约翰斯顿（Nathaniel Johnston）

阿奇·约翰斯顿（Archie Johnston）

丹尼斯·约翰斯顿（Denis Johnston）

埃德·乔娜（Ed Jonna）

伊莱恩·克兰克（Elaine Krankl）

曼弗莱德·克兰克（Manfred Krankl）

贝尔纳·马格雷（Bernard Magrez）

帕特里克·马诺图（Patrick Maroteaux）

帕特·摩根罗特（Pat Morgenroth）

维克多·雨果·摩根罗特（Victor Hugo Morgenroth）

克里斯蒂安（Christian）

吉恩-弗朗索瓦（Jean-Francois）

已故的吉恩-皮埃尔·莫伊克（Jean-Pierre Moueix）

杰瑞·摩菲（Jerry Murphy）

贝尔纳·尼古拉斯（Bernard Nicolas）

吉尔·诺曼（Jill Norman）

波尔多（Bordeaux）的奥纳克家族（Oenarchs）

巴尔的摩（Baltimore）的奥纳克家族弗朗索瓦·皮诺特（François Pinault）

弗兰克·波尔卡（Frank Polk）

保罗·彭塔耶（Paul Pontallier）

布鲁诺·普拉特斯（Bruno Prats）

让-吉耶姆·普拉特斯（Jean-Guillaume Prats）

朱迪·布鲁斯（Judy Pruce）

阿兰·雷诺博士（Dr. Alain Raynaud）

玛莎·雷丁顿（Martha Reddington）

德米尼克·瑞纳德（Dominique Renard）

米歇尔·理查德（Michel Richard）

艾伦·里奇曼（Alan Richman）

戴尼·罗兰德（Dany Rolland）

米歇尔·罗兰（Michel Rolland）

伊芙·罗万尼（Yves Rovani）

罗伯特·罗伊（Robert Roy）

卡洛·罗素（Carlo Russo）

埃德·桑兹（Ed Sands）

艾瑞克·赛玛瑞勒（Erik Samazcuilh）

鲍勃·辛德勒（Bob Schindler）

阿尼克·辛格（Ernic Singer）

贝琪·索博列维斯基（Betsy Sobolewski）

艾略特·斯特恩（Elliott Staren）

丹尼尔·塔斯特-劳顿（Daniel Tastet-Lawton）

乐迪·蒂格（Lettie Teague）

阿兰·傅天（Alain Vauthier）

史蒂文·维林（Steven Verlin）

彼得·维赞（Peter Vezan）

罗伯特·费福昂（Robert Vifian）

索尼娅·弗戈（Sonia Vogel）

珍妮·王（Jeanyee Wong）

杰哈德·伊韦诺（Gérard Yvernault）

鸣　谢

图片授权

第4页至第5页：矶法图片库（CEPHAS）（矶法图片库拥有世界上最专业的葡萄酒和葡萄园图片资源，译者注）/R&K·慕斯彻奈茨（R & K Muschenetz）；

第5页：矶法图片库/戴安娜·米尔斯（Diana Mewes）；

第16页：矶法图片库/奈杰尔·布里茨（Nigel Blythe）；

第22页：矶法图片库/迈克·海润肖（Mike Herringshaw）；

第24页：矶法图片库/伊恩·肖（Ian Shaw）；

第27页：矶法图片库/戴安娜·米尔斯（Diana Mewes）；

第29页：矶法图片库/米克·洛克；

第31页：矶法图片库/伊恩·肖；

第33页：矶法图片库/米克·洛克；

第34页：矶法图片库/伊恩·肖；

第37页：矶法图片库/奈杰尔·布里茨；

第39页：矶法图片库/斯多克福德（StockFood）；

第42页：全球图片库（the Global Photo Library）提供；

第46页：全球图片库提供；

第51页：宾地·威尔士（Bindy Welsh），靛蓝图片（Indigo Images）；

第56页：全球图片库提供；

第82页：矶法图片库/赫伯特·莱曼（Herbert Lehmann）；

第88页：矶法图片库/赫伯特·莱曼；

第91页：格莱士酒庄（Weingut Weinlaubenhof Kracher）提供；

第102页：全球图片库提供；

第131页：瑟伯沃斯特出版（Serge Bois-Prevost）提供；

第133页：瑟伯沃斯特出版提供；

第135页：矶法图片库/伊恩·肖；

第140页：全球图片库提供；

第147页：矶法图片库/米克·洛克；

第157页：全球图片库提供；

第161页：矶法图片库/米克·洛克；

第165页：全球图片库提供；

第166-167页：全球图片库提供；

第173页：矶法图片库/米克·洛克；

第174页：全球图片库提供；

第178页：全球图片库提供；

第184页：矶法图片库/米克·洛克；

第185页：全球图片库提供；

第189页：全球图片库提供；

第193页：矶法图片库/米克·洛克；

第219页：全球图片库提供；

第222页：伯尔丁拍摄（Photo Burdin）；

第224页：伯尔丁拍摄；

第226页：矶法图片库/史蒂芬·沃尔芬登（Stephen Wolfenden）；

第231页：雷吉斯·杜威葛诺（Régis Duvignau）；

第233页：雷吉斯·杜威葛诺；

第239页：M. 勒·科伦（M. Le Collen）；

第255页：矶法图片库/赫伯特·莱曼；

第274-275页：矶法图片库/米克·洛克；

第276页：矶法图片库/米克·洛克；

第280页：矶法图片库/米克·洛克；

第291页：矶法图片库/赫伯特·莱曼；

第296页：矶法图片库/米克·洛克；

第297页：矶法图片库/米克·洛克；

第303页：矶法图片库/米克·洛克；

第306页：全球图片库提供；

第310页：顶部中心：玛丽-皮埃尔·莫雷尔拍摄（Photo Marie-Pierre Morel）；

第313页：矶法图片库/米克·洛克；

第320页：凯歌酒厂（Veuve Clicquot Ponsardin）提供；

第328页：矶法图片库/米克·洛克；

第332页：矶法图片库/米克·洛克；

第335页：矶法图片库/米克·洛克；

第346页：矶法图片库/米克·洛克；

第352页：全球图片库提供；

第360页：矶法图片库/杰拉尔丁·诺曼（Geraldine Norman）；

第361页：矶法图片库/米克·洛克；

第373页：矶法图片库/米克·洛克；

第376页：全球图片库提供；

第385页：詹姆斯·安丹逊（James Andanson）；

第395页：全球图片库提供；

第407页：艾曼纽·佩兰（Emmanuel Perrin）；

第411页：矶法图片库/米克·洛克；

第417页：帕特里克·托瑞南（Patrick Taurignan）；

第422页：矶法图片库/米克·洛克；

第 423 页：矶法图片库 / 杰拉尔丁·诺曼；

第 446 页：布鲁尼葡萄种植区（Vignobles Brunier）提供；

第 447 页：布鲁尼葡萄种植区提供；

第 450 页：矶法图片库 / 米克·洛克；

第 455 页：矶法图片库 / 克莱·麦克拉克兰（Clay McLachlan）；

第 472 页：罗宾·海德（Robin Head）；

第 476-477 页：罗宾·海德；

第 484 页：全球图片库提供；

第 506-507 页：全球图片库提供；

第 527 页：阿图罗·塞伦塔诺（Arturo Celentano）；

第 551 页：全球图片库提供；

第 555 页：安杰罗·托诺里尼（Angelo Tonolini）；

第 556 页：安杰罗·托诺里尼；

第 560 页：矶法图片库 / 米克·洛克；

第 581 页：全球图片库提供；

第 583 页：全球图片库提供；

第 597 页：珍奇葡萄酒公司（The Rare Wine Co.）提供；

第 598-599 页：阿瓦罗·帕拉西欧（Alvaro Palacios）；

第 603 页：矶法图片库 / 戴安娜·米尔斯；

第 604 页：矶法图片库 / 米克·洛克；

第 610 页：斯蒂芬·罗斯菲尔德（Steven Rothfeld）2005 年出版；

第 613 页：迈克尔·兰蒂斯（Michael Landis）；

第 631 页：杰恩·L. 莫兰德摄影（Jen L. Molander Photography）；

第 633 页：杰恩·L. 莫兰德摄影；

第 653 页：斯蒂芬·罗斯菲尔德 2005 年出版；

第 654-655 页：斯蒂芬·罗斯菲尔德 2005 年出版；

第 666 页：肯特·汉森（Kent Hanson）；

第 667 页：马特·菲利普斯（Matt Phillips）；

第 669 页：马特·菲利普斯；

第 679 页：阿尔·弗朗西斯（Al Francis）2001 年出版

所有其他图片都由个人葡萄园提供

本书葡萄酒品牌索引

标注★的葡萄酒可在酒美网 www.winenice.com 购买

标注★的葡萄酒可在酒美网 www.winenice.com 购买

标注★的葡萄酒可在酒美网 www.winenice.com 购买

本书葡萄酒品牌索引

	评分	葡萄酒品牌	页码
96	91~97 分	Chardonnay Vine Hill Vineyard（吉斯特勒酒庄藤蔓山园霞多丽白葡萄酒）	P662
97	92~98 分	Charmes-Chambertin Domaine Claude Dugat（克劳德·杜卡酒庄夏尔姆·香贝丹葡萄酒）	P255
98	93~97 分	Charmes-Chambertin Domaine Dugat-py（杜嘉特·派酒庄夏尔姆·香贝丹葡萄酒）	P260
99	91~96 分	Château Angelus（金钟酒庄正牌干红）★	P129
100	91~100 分	Château Ausone（欧颂酒庄正牌干红）★	P133
101	89~100 分	Château Cheval Blanc（白马酒庄正牌干红）★	P136
102	89~100 分	Château Climens（克利芒酒庄）	P232
103	90~100 分	Château d'Yquem（伊甘酒庄）★	P240
104	90~96 分	Château de Valandraud（瓦伦德罗酒庄）	P228
105	92~100 分	Château Haut-Brion（奥比昂酒庄正牌红葡萄酒）★	P153
106	90~96 分	Château L'Eglise-Clinet（克里奈教堂堡正牌红葡萄酒）	P144
107	90~98 分	Château L'Evangile（乐王吉尔堡正牌红葡萄酒）★	P148
108	90~100 分	Château La Mission Haut-Brion（修道院红颜容酒庄）★	P191
109	90~100 分	Château Lafite Rothschild（拉菲酒庄正牌红葡萄酒）★	P158
110	91~100 分	Château Lafleur（花堡正牌红葡萄酒）	P163
111	90~100 分	Château Latour（拉图酒庄正牌干红）★	P168
112	91~96 分	Château Léoville Barton（利奥维耶 - 巴顿酒庄正牌红葡萄酒）★	P172
113	90~96 分	Château Leoville Poyferre（波菲酒庄）★	P179
114	90~100 分	Château Leoville-Las-Cases（雄狮酒庄）★	P175
115	90~95 分	Château Lynch-Bages（林卓贝斯酒庄）★	P182
116	90~100 分	Château Margaux（玛歌酒庄）★	P186
117	90~100 分	Château Montrose（玫瑰酒庄）★	P198
118	90~100 分	Château Mouton Rothschild（木桐酒庄）★	P201
119	88~98 分	Château Palmer（宝马酒庄）★	P207
120	90~100 分	Château Pavie（柏菲酒庄）	P210
121	90~96 分	Château Pichon-Longue ville Baron（碧尚男爵酒庄葡萄酒）★	P218
122	90~99 分	Château Rieussec（拉菲丽丝酒庄）★	P236
123	90~96 分	Château Trotanoy（卓龙酒庄）★	P226
124	92~97 分	Châteauneuf-du-pape Barbe Rac（教皇新堡洛马克红葡萄酒）	P349
125	90~93 分	Châteauneuf-du-Pape Clos de Beauvenir（博维尼园教皇新堡特级葡萄酒）	P412
126	92~99 分	Châteauneuf-du-pape Clos Des Papes（教皇堡教皇新堡葡萄酒）	P372
127	90~95 分	Châteauneuf-du-pape Clos du Mont-Olivet（蒙特 - 奥里维庄园教皇新堡葡萄酒）	P369
128	94~100 分	Châteauneuf-du-pape Cuvee Centenaire（凯优酒庄教皇新堡百年特酿）	P344

标注 ★ 的葡萄酒可在酒美网 www.winenice.com 购买

标注★的葡萄酒可在酒美网 www.winenice.com 购买

标注★的葡萄酒可在酒美网 www.winenice.com 购买

标注★的葡萄酒可在酒美网 www.winenice.com 购买

标注★的葡萄酒可在酒美网 www.winenice.com 购买

标注★的葡萄酒可在酒美网 www.winenice.com 购买

标注★的葡萄酒可在酒美网 www.winenice.com 购买

	评分	葡萄酒品牌	页码
324	93~94 分	Riesling Privat（尼玖酒庄雷司令私藏葡萄酒）★	P95
325	94~96 分	Riesling Rangen De Thann Clos St.-Urbain（辛特 - 鸿布列什酒庄塔恩兰根圣尤班庄园雷司令葡萄酒）	P121
326	91~95 分	Riesling Schlossberg Cuvee Ste.-Catherine（温巴赫酒庄斯克拉斯伯格圣 - 凯瑟琳特酿雷司令葡萄酒）	P110
327	97 分	Riesling Schlossberg Quintessence De Grains Nobles（温巴赫酒庄斯克拉斯伯格雷司令浓粹贵腐葡萄酒）	P111
328	94 分	Riesling Schlossberg Selection Degrains Nobles（温巴赫酒庄斯克拉斯伯格雷司令贵腐精选葡萄酒）	P111
329	90~92 分	Riesling Schlossberg（温巴赫酒庄斯克拉斯伯格雷司令葡萄酒）	P110
330	92~93 分	Riesling Senftenberger Hochâcker（尼玖酒庄仙佛丁堡豪埃格园雷司令葡萄酒）	P95
331	92~95 分	Riesling Smaragd Achleiten（普拉格庄园奥切雷腾园祖母绿雷司令葡萄酒）	P101
332	91~96 分	Riesling Smaragd Dürnsteiner Kellerberg（皮希勒酒庄斯泰纳塔凯勒堡祖母绿雷司令葡萄酒）	P99
333	92~94 分	Riesling Smaragd Klaus（普拉格庄园奥切雷腾园祖母绿雷司令葡萄酒）	P101
334	94~95 分	Riesling Smaragd Singerriedel（赫兹伯格酒庄辛格雷戴尔园祖母绿雷司令葡萄酒）	P87
335	91~94 分	Riesling Smaragd Wachstum Bodenstein（普拉格庄园成长的博登施泰因祖母绿雷司令葡萄酒）	P101
336	93~95 分	Riesling Spätlese Graacher Domprobst（舍费尔酒庄格拉奇多普斯特园雷司令晚收葡萄酒）	P470
337	94 分	Riesling Spätlese Graacher Himmelreich Weingut Joh. Jos. Prüm（普朗酒庄格拉奇仙境园雷司令晚收葡萄酒）★	P466
338	91 分	Riesling Spätlese Graacher Himmelreich Weingut Willi Schaefer（舍费尔酒庄格拉奇仙境园雷司令晚收葡萄酒）	P470
339	94 分	Riesling Spätlese Haardter Bürgergarten（哈尔特伯格加藤雷司令晚收葡萄酒）	P461
340	93 分	Riesling Spätlese Haardter Herrenletten（哈尔特黑恩乐腾雷司令晚收葡萄酒）	P462
341	92 分	Riesling Spätlese Kiedrich Gräfenberg（罗伯威尔酒庄肯得里希格拉芬贝格园雷司令晚收葡萄酒）★	P482
342	95~98 分	Riesling Spätlese Niederhäuser Hermannshöhle（尼德豪泽赫曼豪勒园雷司令晚收葡萄酒）	P456
343	93~97 分	Riesling Spätlese Oberhäuser Brücke（欧柏豪泽布鲁克园雷司令晚收葡萄酒）	P456
344	92~95 分	Riesling Spätlese Schlossböckelheimer Felsenberg（费尔森伯格园雷司令晚收葡萄酒）	P456
345	93~97 分	Riesling Spätlese Schlossböckelheimer Kupfergrube（库普芬格鲁布园雷司令晚收葡萄酒）	P457
346	90 分	Riesling Spätlese Trocken Haardter Bürgergarten（哈尔特伯格加藤雷司令晚收干白葡萄酒）	P462
347	94 分	Riesling Spätlese Wehlener Sonnenuhr（普朗酒庄温勒内日冕园雷司令晚收葡萄酒）★	P466
348	90 分	Riesling Spätlese Zeltinger Schlossberg（泽巴赫 - 奥斯特酒庄塞尔廷阁斯克斯伯格园雷司令晚收葡萄酒）	P476
349	90~93 分	Riesling Spätlese Zeltinger Sonnenuhr（泽巴赫 - 奥斯特酒庄塞尔廷阁日冕园雷司令晚收葡萄酒）	P478
350	95~99 分	Riesling Trockenbeerenauslese Kiedrich Gräfenberg（罗伯威尔酒庄肯得里希格拉芬贝格园雷司令贵腐葡萄酒）	P483
351	93 分	Riesling Trockenbeerenauslese Zeltinger Sonnenuhr（泽巴赫 - 奥斯特酒庄塞尔廷阁日冕园雷司令贵腐葡萄酒）	P478
352	93~100 分	Roennfeldt Road Cabernet Sauvignon（伦费尔特路赤霞珠）	P61
353	98~100 分	Roennfeldt Road Shiraz（伦费尔特路席拉）	P62
354	91~99 分	Romanée-Conti（罗曼尼·康帝葡萄酒）	P301
355	91~99 分	Romanée-St.-Vivant（罗曼尼·圣·伟岸葡萄酒）	P288
356	95~99 分	Runrig（托布雷酒庄小块土地葡萄酒）	P78

本书葡萄酒品牌索引

标注★的葡萄酒可在酒美网 www.winenice.com 购买

度量衡单位对照表

1 英亩 =0.404686 公顷 =4046.86 平方米 = 6.07 亩

1 公顷 =10000 平方米 =2.4711 英亩 =100 公亩 =15 亩

1 亩 =666.67 平方米

1 升（1 公升） = 0.001 立方米

1 加仑（美）=3.785 升 =231 立方英寸

1 夸脱（美）=0.946 升 =0.000946 立方米

华氏度 =32+ 摄氏度 ×1.8

图书在版编目（CIP）数据

罗伯特·帕克世界顶级葡萄酒及酒庄全书 ／（美）帕克著；焦志倩，王晶晶译．
—北京：北京联合出版公司，2012.6
ISBN 978-7-5502-0774-5

Ⅰ．①罗… Ⅱ．①帕… ②焦… ③王… Ⅲ．①葡萄酒－介绍－世界
Ⅳ．① TS262.6

中国版本图书馆 CIP 数据核字 (2012) 第 124817 号

北京市版权局著作权登记号
图字 01-2012-3984

THE WORLD'S GREATEST WINE ESTATES: A MODERN PERSPECTIVE
by ROBERT M. PARKER, JR.
Original English language edition Copyright © 2005 BY ROBERT M. PARKER, JR.
Copyright © 2005 BY ROBERT M. PARKER, JR.
Chinese translation copyright © 2012 by Beijing Zito Books Co., Ltd.
All Rights Reserved.
This Simplified Chinese characters edition arranged with SIMON & SCHUSTER INC. through
BIG APPLE AGENCY, INC., LABUAN, MALAYSIA

罗伯特·帕克
世界顶级葡萄酒及酒庄全书

作者：[美] 罗伯特·帕克

译者：焦志倩　王晶晶

丛书主编：黄利　　监制：万夏

项目策划：紫圖圖書 ZITO® 北京玖美电子商务有限公司

责任编辑：张萌

特约编辑：李媛媛　吴旭博

北京联合出版公司出版
（北京市西城区德外大街 83 号楼 9 层　100088）
北京瑞禾彩色印刷有限公司印刷　新华书店经销
820 千字　889 毫米 ×1194 毫米　1/16　48 印张
2012 年 7 月第 1 版　2013 年 5 月第 3 次印刷
ISBN 978-7-5502-0774-5
定价：599 元

ZITO 延伸阅读

◎ 中国第一奢侈品购买、收藏与投资图鉴大指南

◎ 提供全球最经典、最奢华、最值得购买珍藏的名品市场价格和全球购买方法指导

茅台酒收藏投资指南

200款1951~2012年
最具投资价值的茅台珍品
定价：99元

陈年白酒收藏投资指南

中国第一本全系列专业
白酒指南
定价：99元

2012-2013 进口葡萄酒购买指南

中国第一本专业葡萄酒年鉴
300瓶年度性价比最高的葡萄酒
定价：99元

威士忌鉴赏购买指南

101瓶一生必喝的经典威士忌
定价：99元

欧米茄投资购买指南

获得天文台认证
数量最多的腕表品牌
定价：199元

百达翡丽大图鉴

500款主流、经典、限量、
古董表款大全集
定价：198元

劳力士大图鉴

2000款主流、经典、限量、
古董表款大全集
定价：199元

陀飞轮大图鉴

43大顶级腕表品牌
800款典藏陀飞轮大全集
定价：198元

经典名表大图鉴

30大国际奢侈腕表品牌
1000款最值得购买与珍藏的
经典腕表
定价：98元

经典名表大图鉴

100个世界顶级腕表品牌
1500款年度新款腕表
定价：199元

行家这样买宝石（第二版）

亚洲顶级宝石专家详述81种宝石
的鉴别、真实价值与市场价格
定价：98元

雪茄圣经鉴赏购买指南

"烟草制品的圣经"！
原大尺寸，标注价格
定价：399元

女性名牌大图鉴

世界最有名的包袋、
鞋履、腕表、珠宝大全集
定价：99 元

经典名牌大图鉴

2000款永不过时的奢侈经典
45大国际奢侈品牌
定价：98 元

路易威登大图鉴

2800款路易威登经典名牌
限量真品大全集
定价：99 元

爱马仕大图鉴 （2012 年全面升级）

2198种爱马仕经典名包、
限量珍藏及最新手袋大全集
定价：99 元

青花瓷器拍卖投资大指南

43件故宫院藏青花瓷器珍品
457件近年国内外顶级拍品
定价：198元

黄花梨家具拍卖投资大指南

54件故宫院藏黄花梨珍品
210件近年国内外顶级拍品
定价：199元

紫砂器拍卖投资大指南

48件故宫院藏紫砂珍品
217件近年国内外顶级拍品
定价：199元

紫檀家具拍卖投资大指南

64件故宫院藏紫檀珍品
130件近年国内外顶级拍品
定价：199元

ZITO 意见反馈及质量投诉

　　紫图图书上的 **ZITO** 专有标识代表了紫图的品质。如果您有什么意见或建议，可以致电或发邮件给我们，我们有专人负责处理您的意见。您也可登录我们的官网 www.zito.cn，在相应的每本书下留下纠错意见，纠错人将得到实物奖励。如果您购买的图书有装订质量问题，也可与我们联系，我们将直接为您更换。

联系电话：010－64360026－103　　　　联系人：总编室

联系邮箱：kanwuzito@163.com　　　　紫图官网：www.zito.cn

ZITO 官网试读：先读后买，买得放心

强烈建议您进入官网试读

紫图官网：http://www.zito.cn/

奇迹童书：http://www.qijibooks.com/

试读其他高清晰电子书，先看后买！

紫图淘宝专营店：http://ztts.tmall.com （直接买，更划算）

紫图微博：http://t.sina.com.cn/zito （每日关注，阅读精彩）

奇迹微博：http://t.sina.com.cn/1874772085 （有爱，有梦想）

进入紫图官网每本书都有高清晰试读！

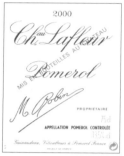